"碳中和多能融合发展"丛书编委会

主　编：

刘中民　中国科学院大连化学物理研究所所长/院士

编　委：

包信和　中国科学技术大学校长/院士

张锁江　中国科学院过程工程研究所研究员/院士

陈海生　中国科学院工程热物理研究所所长/研究员

李耀华　中国科学院电工研究所所长/研究员

吕雪峰　中国科学院青岛生物能源与过程研究所所长/研究员

蔡　睿　中国科学院大连化学物理研究所研究员

李先锋　中国科学院大连化学物理研究所副所长/研究员

孔　力　中国科学院电工研究所研究员

王建国　中国科学院大学化学工程学院副院长/研究员

吕清刚　中国科学院工程热物理研究所研究员

魏　伟　中国科学院上海高等研究院副院长/研究员

孙永明　中国科学院广州能源研究所副所长/研究员

葛　蔚　中国科学院过程工程研究所研究员

王建强　中国科学院上海应用物理研究所研究员

何京东　中国科学院重大科技任务局材料能源处处长

"十四五"国家重点出版物出版规划项目

国家出版基金项目
NATIONAL PUBLICATION FOUNDATION

碳中和多能融合发展丛书

刘中民　主编

烯烃氢甲酰化

夏春谷　严　丽　刘建华/著

科学出版社
龙门书局
北京

内 容 简 介

本书是作者基于其所在研究团队二十多年来从事氢甲酰化催化剂及其工艺过程研发的成果积累，并结合国内外相关文献撰写的一部学术专著，涵盖了氢甲酰化反应的整个基础和应用范畴。本书以氢甲酰化反应为中心，内容涉及氢甲酰化反应的催化体系、生产工艺、研究进展以及未来的应用展望，尤其是在催化剂设计合成、机理研究、应用催化以及配套的工艺装置等方面都给出了详尽的说明。

本书可供煤化工、石油化工、精细化工以及高新技术领域的学者和工程技术人员使用，也可供高等院校相关专业教师和研究生参考。

图书在版编目（CIP）数据

烯烃氢甲酰化 / 夏春谷，严丽，刘建华著. -- 北京：龙门书局，2024. 12.
（碳中和多能融合发展丛书 / 刘中民主编）. -- ISBN 978-7-5088-6514-0

Ⅰ . TQ221.2

中国国家版本馆 CIP 数据核字第 2024MZ7060 号

责任编辑：吴凡洁　高　微　孙　曼 / 责任校对：王萌萌
责任印制：师艳茹 / 封面设计：有道文化

科 学 出 版 社
龙 门 书 局　出版
北京东黄城根北街 16 号
邮政编码：100717
http://www.sciencep.com

北京中科印刷有限公司印刷
科学出版社发行　各地新华书店经销
*

2024 年 12 月第 一 版　开本：787×1092　1/16
2024 年 12 月第一次印刷　印张：28 1/2
字数：673 000
定价：168.00 元
（如有印装质量问题，我社负责调换）

2020 年 9 月 22 日，习近平主席在第七十五届联合国大会一般性辩论上发表重要讲话，提出"中国将提高国家自主贡献力度，采取更加有力的政策和措施，二氧化碳排放力争于 2030 年前达到峰值，努力争取 2060 年前实现碳中和"。"双碳"目标既是中国秉持人类命运共同体理念的体现，也符合全球可持续发展的时代潮流，更是我国推动高质量发展、建设美丽中国的内在需求，事关国家发展的全局和长远。

要实现"双碳"目标，能源无疑是主战场。党的二十大报告提出，立足我国能源资源禀赋，坚持先立后破，有计划分步骤实施碳达峰行动。我国现有的煤炭、石油、天然气、可再生能源及核能五大能源类型，在发展过程中形成了相对完善且独立的能源分系统，但系统间的不协调问题也逐渐显现，难以跨系统优化耦合，导致整体效率并不高。此外，新型能源体系的构建是传统化石能源与新型清洁能源此消彼长、互补融合的过程，是一项动态的复杂系统工程，而多能融合关键核心技术的突破是解决上述问题的必然路径。因此，在"双碳"目标愿景下，实现我国能源的融合发展意义重大。

中国科学院作为国家战略科技力量主力军，深入贯彻落实党中央、国务院关于碳达峰碳中和的重大决策部署，强化顶层设计，充分发挥多学科建制化优势，启动了"中国科学院科技支撑碳达峰碳中和战略行动计划"（以下简称行动计划）。行动计划以解决关键核心科技问题为抓手，在化石能源和可再生能源关键技术、先进核能系统、全球气候变化、污染防控与综合治理等方面取得了一批原创性重大成果。同时，中国科学院前瞻性地布局实施"变革性洁净能源关键技术与示范"战略性先导科技专项（以下简称专项），部署了合成气下游及耦合转化利用、甲醇下游及耦合转化利用、高效清洁燃烧、可再生能源多能互补示范、大规模高效储能、核能非电综合利用、可再生能源制氢/甲醇，以及我国能源战略研究等八个方面研究内容。专项提出的"化石能源清洁高效开发利用"、"可再生能源规模应用"、"低碳与零碳工业流程再造"、"低碳化、智能化多能融合"四主线"多能融合"科技路径，有望为实现"双碳"目标和推动能源革命提供科学、可行的技术路径。

"碳中和多能融合发展"丛书面向国家重大需求，响应中国科学院"双碳"战略行动计划号召，集中体现了国内，尤其是中国科学院在"双碳"背景下在能源领域取得的关键性技术和成果，主要涵盖化石能源、可再生能源、大规模储能、能源战略研究等方向。丛书不但充分展示了各领域的最新成果，而且整理和分析了各成果的国内国际发展情况、产业化情况、未来发展趋势等，具有很高的学习和参考价值。希望这套丛书可以为能源领域相关的学者、从业者提供指导和帮助，进一步推动我国"双碳"目标的实现。

中国科学院院士

2024 年 5 月

前言

氢甲酰化反应是指以烯烃、CO 和 H_2 为原料，在过渡金属催化下一步生成多一个碳原子的醛的过程。氢甲酰化反应是人类的一个重大发现，羰基是最重要的基团之一，是碳碳单键生成和周围位置断裂反应的先决条件。自然界中只有很少的微生物能够与有毒的 CO 反应生成含氧有机化合物。目前，可以通过酶催化来制备的含氧有机化合物都是分子量比较小的化合物，如乙酸、乙醇、丁醇等，而高分子量的含氧有机化合物的合成在自然生命体中较为少见。

在合成化学中，可以通过羰基化反应在有机化合物分子内引入羰基和其他基团而生成含氧有机化合物，其中通过烯烃氢甲酰化反应制备含氧有机化合物的研究已经有八十多年的历史，该反应已经发展成为碳一(C_1)化学化工与石油化工、煤化工紧密结合的桥梁，也是当前 C_1 资源高值化利用的重要研究方向之一。由于氢甲酰化反应产物中的醛基是最活泼的基团之一，一般将其进一步转化为稳定的产物。例如，可以进行加氢成醇、氧化成酸、胺化以及歧化、缩合、缩醛化等一系列反应，得到系列的醇、酸、胺等单、多官能团化合物，或者将其再加工，进一步转化为醚、更长链的醇或者胺、酯、酸等，由此便形成了以氢甲酰化为核心、内容丰富且庞大的产品网络，应用涉及与日常生活及工业生产密切相关的多个领域。

在国家"双碳"目标的引导下，在中国科学院战略性先导科技专项(A 类)"变革性洁净能源关键技术与示范"和国家自然科学基金的支持下，国内许多科研团队立足于原创技术，对氢甲酰化技术用于工业生产进行关键技术攻关，并取得了一系列的突破。例如，采用具有原始创新性的单原子催化剂的乙烯多相氢甲酰化工业装置成功投产，同时，该多相氢甲酰化技术可以拓展到其他烯烃氢甲酰化生产醛的过程中；通过了由中国化工学会组织的项目评价的"碳八烯烃氢甲酰化制备异壬醇"技术具有创新性和自主知识产权，整体水平达到了国际先进水平，填补了国内异壬醇技术的空白。

近几十年来，氢甲酰化领域的发展十分迅速，新发现和新成果不断涌现，在一部著作中总结所有的内容已经不太可能，故本书主要阐述氢甲酰化的基础理论和笔者所从事研究的内容。本书旨在满足相关产业发展的需要，尽可能地介绍氢甲酰化反应的催化体系、生产工艺、研究进展以及未来的应用展望。全书共 7 章，分别为：绪论、铑催化的氢甲酰化反应、多孔有机聚合物负载的新型多相氢甲酰化催化技术、钴催化的氢甲酰化反应、碳八烯烃氢甲酰化合成异壬醇合成技术、其他金属催化的烯烃氢甲酰化反应和氢甲酰化产品深加工。

　　本书由中国科学院兰州化学物理研究所(简称中科院兰州化物所)的夏春谷、中国科学院大连化学物理研究所(简称中科院大连化物所)的严丽和中科院兰州化物所的刘建华三位研究员担纲撰写。其中，第 1 章由严丽和刘建华合作完成，第 2 章由严丽执笔，第 3 章由严丽、姜淼和李存耀执笔，第 4 章由刘建华、夏春谷执笔，第 5 章由刘建华、夏春谷、郎栋执笔，第 6 章由刘建华执笔，第 7 章由严丽执笔。本书撰写过程中还得到了两家研究机构多位老师的支持和帮助，在此深表感谢。

　　由于氢甲酰化反应涉及的范围广泛，加之作者能力有限，因此在取材和论述方面难免存在不妥之处，敬请广大读者批评和指正。

作　者

2024 年 2 月

目录

第1章

绪　　论

1.1　催化化学与 C_1 化学简介

化学工业与人类的生产和生活息息相关，是国民经济发展的支柱产业。半个世纪以来，化学工业在综合利用资源、发展新的工业生产流程、工业污染的防治以及新能源的开发等方面，都是依靠催化过程作为主要手段来完成的。催化在现代化学工业中占据着极为重要的地位，催化剂是催化过程的核心，目前 80%以上的化工产品是借助催化剂生产出来的。催化剂是一种在化学反应中能改变反应物的化学反应速率，且本身的质量和化学性质在化学反应前后都没有发生改变的物质。按催化反应系统物相的均一性进行分类，可将催化反应分为均相催化、非均相(多相)催化和酶催化。如表 1.1 所示，均相催化剂和非均相催化剂存在显著差异[1]。

表 1.1　均相催化剂和非均相催化剂的比较

比较项目	均相催化剂	非均相催化剂
活性中心	全部金属原子 均一 有确定的结构	仅表面金属原子 不均一 结构不确定
化学计量关系	明确	不定
催化剂浓度	低	高
调变的可能性	较大	较小
反应条件	温和	较苛刻
扩散问题	不存在	存在
传热问题	容易解决	不易解决
反应性能	高活性、高选择性	活性和选择性一般不如均相
催化剂制备	易于重复	对制备工艺有要求
催化剂与产物的分离	存在问题	容易
应用范围	受限(连续化困难)	广泛应用
抗毒性	较差	较好

均相催化中催化剂与反应物同处一相，活性组分与反应物料接触充分，活性中心利用率高，不存在固体催化剂表面不均一性和内扩散等问题；均相催化包含定义明确的单

活性中心，非常有助于理解活性中心与底物的相互作用、过渡态的结构以及深入探讨反应机理；均相催化普遍具有高活性、高选择性、副反应少和反应条件温和等优点[2-4]，但是均相催化剂从反应体系中的分离困难大大限制了其实际应用。非均相催化剂金属原子利用率低，活性组分分布不均匀，活性与选择性相对较低，但是易于分离和具有长期稳定性的特点使其成为目前大多数工业催化过程的主流。然而非均相催化剂的制备、表征及反应机理的深入探讨等一直是很有挑战性的课题。制备出同时具有均相催化和非均相催化优点的高效催化剂一直是人们梦寐以求的目标。

C$_1$化学研究化学反应过程中反应物只含一个碳原子的反应。20 世纪 70 年代，合成气（syngas，CO+H$_2$）作为有机合成工业基础原料的合成路线（即所谓的 C$_1$ 化学），引起了人们的广泛重视。由于 C$_1$ 化学的基础物质是 CO 和 H$_2$，是从含碳资源容易得到的，因此，C$_1$ 化学能够处于未来化学产业的核心[5-9]。随着研究的不断深入，人们对 C$_1$ 化学的认识不断拓展。现在 C$_1$ 化学的研究对象是分子中只含一个碳原子的化合物，如一氧化碳、二氧化碳、甲烷、甲醇等。C$_1$ 资源来源非常广泛，可以从石油、煤炭、天然气、工业废气、生物质中获得，CO、CO$_2$ 是从煤的气化得到的，CH$_4$ 是天然气的主要成分。以甲烷（CH$_4$）、合成气（CO 和 H$_2$）、CO$_2$、CH$_3$OH、HCHO 等为初始反应物，可以制备出许多大宗的基本化工原料和种类繁多、经济附加值高的精细化学品。因此，C$_1$ 化学实际上就是新一代的煤化工和天然气化工，其主要作用是解决石油日益短缺的问题，利用煤来制备液体燃料和化学品。C$_1$ 化学已经成为催化化学研究领域的一个重要研究热点，其核心是选择催化化学转化、小分子的活化和定向转化，把握 C$_1$ 化学的关键是催化剂，如何开发优良的催化剂决定着 C$_1$ 化学的成败。同时，惰性 C$_1$ 小分子的活化，以及 C$_1$ 分子向具有广泛用途的其他碳氢化合物的选择性转化等课题，也是当前科学界具有极大吸引力和挑战性的议题。

1.2　羰基化反应

羰基化（carbonylation）反应是在有机化合物分子内引入羰基和其他基团而生成含氧化合物的一类反应。凡是涉及利用 CO 或者有机金属化合物来在最终的化合物中形成羰基（—CO—）片段的反应均可以称为羰基化反应[10]。近年来，在羰基化研究中还出现了 CO$_2$、甲醛、N,N-二甲基甲（乙）酰胺等作为羰基源的新反应。很显然，羰基化反应是 C$_1$ 化学应用的典型反应之一。

第一例完全确定的羰基化反应是 1938 年德国鲁尔化学（Ruhrchemie）公司的奥托·罗兰（Otto Roelen）在研究费-托合成时偶然发现的氢甲酰化（hydroformylation）反应[11]，即在钴催化剂存在下，乙烯与一氧化碳及氢气反应生成含氧的二乙基甲酮和丙醛，这个偶然的发现在羰基合成研究领域具有划时代的意义，从此开辟了均相反应的新纪元。随后，Reppe 等[12,13]又发现，若以水、醇、胺等能提供氢的化合物代替分子氢，用第Ⅷ族过渡金属的羰基化合物为催化剂，可使炔、烯等不饱和化合物羰基化而生成相应的酸、酯、酰胺类衍生物，并称之为羰基化反应，或者简称氢羧化(hydrocarboxylation)反应、氢酯化(hydroesterification)反应。这类反应最初所采用的催化剂主要有 $Ni(CO)_4$、$Fe(CO)_5$、$HCo(CO)_4$ 等剧毒、不稳定的羰基金属化合物，反应通常在非常高的温度(100~300℃)和压力(10~100MPa)下进行，所以它在工业应用中的实用性是非常有限的。尽管如此，这些催化技术仍然成为由丙烯合成 1-丁醛和由乙炔合成丙烯酸的工业基础。20 世纪60~70年代，有机金属化学的发展，特别是由于 Wilkinson[14-16]、Heck[17]和 Tsuji[18,19]等的研究工作，许多以有机膦为配体的钯和铑配合物，如 $Pd(PPh_3)_2Cl_2$、$Rh(CO)(PPh_3)_2Cl$、$RhCl(PPh_3)_3$等被成功开发，使羰基合成迎来了发展契机。采用这些改进的稳定催化剂，羰基化反应能够实现在较低的温度和压力下进行，后来更加深入的研究工作使得羰基合成化学迅速发展，甲醇羰基化制乙酸、乙酸甲酯羰基化制乙酸酐、苄基氯羰基化制苯乙酸等羰基化过程已经成功实现工业化。经过几十年的发展，羰基化反应研究的底物已由最初的烃类化合物拓展到醇、酚、硝基化合物、胺类化合物、有机卤化物等，所得到的官能团化产物遍及大宗化学品、精细化学品、特殊化学品以及聚酮、聚酯、聚碳酸酯、聚酰胺等聚合材料(图 1.1)[20-26]。

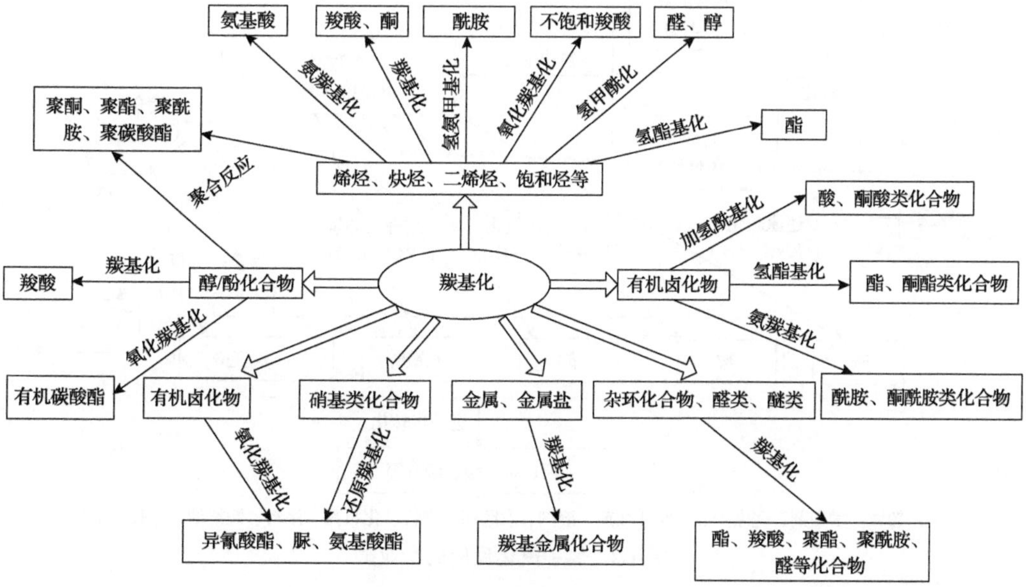

图 1.1　羰基化反应的反应范畴

与传统的有机合成相比，羰基化反应具有如下优点：①以价廉、丰富的 CO、CO/H_2 为原料；②反应条件温和、选择性好；③反应过程中副产物最小化，某些反应还能实现 100%原子经济性，达到既充分利用资源又具有环境友好性的双重目标；④替代剧毒的 HCN、光气等；⑤大多数反应一步完成，有效地减少合成步骤，提高目标产物的收率，具有较强的经济性。此外，通过这种催化合成方法能够制备出很多传统方法难以得到的化合物，从这一点来讲，羰基化催化合成可以看作是对许多化合物传统合成方法的革新。

1.3 氢甲酰化反应的研究背景及意义

羰基合成领域研究最为悠久和成熟的烯烃氢甲酰化反应，是指以烯烃、合成气为原料，在过渡金属催化下一步生成多一个碳的醛的过程，该 100%原子经济性反应由于可充分利用资源和符合绿色化学发展趋势，已经发展成为 C_1 化学化工与石油化工、煤化工紧密结合的桥梁，也是当前 C_1 资源高值化利用的重要研究方向之一。但是由于氢甲酰化反应的产物醛不稳定，醛基是最活泼的基团之一，其下游利用主要是将醛进一步转化为稳定的产物。例如，可以进行加氢成醇、氧化成酸、胺化以及歧化、缩合、缩醛化等一系列反应，得到系列的醇、酸、胺等单、多官能团化合物，或者将其再加工，进一步转化为醚、更长链的醇或者胺、酯、酸等，由此便形成了以氢甲酰化为核心、内容丰富且庞大的产品网络，应用涉及与日常密切相关的多个领域(图 1.2)[27]。

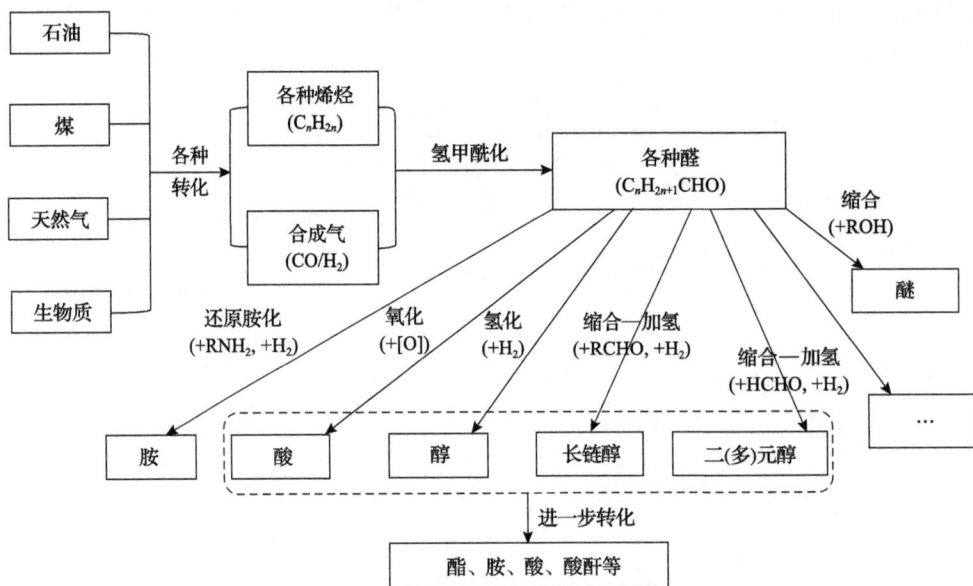

应用领域：增塑剂、洗涤剂、表面活性剂、溶剂、农医药、香料、化妆品、涂料、润滑油、橡胶加工等

图 1.2 氢甲酰化反应的产业链

同时烯烃原料多种多样(如乙烯、丙烯、丁烯，低碳烯烃的二聚、三聚、四聚过程加工得到的各种不同碳数的烯烃，石蜡裂解、费-托合成得到的混合烯烃等)，带来氢甲酰化产品的多元化，使得氢甲酰化这一关键重要技术，在基本有机原料及精细化工等领域中发挥着不可或缺的作用。迄今，氢甲酰化反应仍是均相催化过程工业应用的成功典范之一，所制备的醛、醇及其衍生物被大量应用于增塑剂、洗涤剂、表面活性剂、医药、溶剂和香料等多个行业[28-30]。目前，全世界利用氢甲酰化反应生成醛、醇的能力已经超过 2000 万 t/a，年需求量保持 4%的增速。其中丙烯氢甲酰化合成丁辛醇(丁醇、2-乙基己醇)的过程最为重要，所得到的辛醇主要用于合成增塑剂邻苯二甲酸二辛酯

（DOP），截至 2023 年底，全球丁辛醇生产能力达到 1700 万 t/a，其中国内的产能已经突破 550 万 t/a。

近年来，石油化工、煤化工、合成气化工、生物质化工等技术的快速发展，使得烯烃和合成气的来源更加丰富和多样化（例如，在国内蓬勃发展的甲醇制乙烯/丙烯过程、费-托合成直链 α-烯烃过程、低碳烷烃脱氢制丙烯/丁烯过程、乙烷裂解制乙烯，在国外发展的生物质发酵乙醇或异丁醇脱水生成生物基乙烯或异丁烯，加上处于工业化应用前期的甲烷氧化偶联制乙烯、合成气一步法直接制低碳烯烃技术等），这使得氢甲酰化反应能够建立在更加广泛的原料基础上，因此，其在国内化学工业中的重要地位更加凸显，特别是通过烯烃氢甲酰化合成种类繁多、经济附加值高的醇、醛、酸、酯、胺等，成为烯烃后续产业链向差异化、精细化、高端化方向发展的重要研究，备受学术界及工业界青睐。

1.4　氢甲酰化反应的催化体系概述

烯烃氢甲酰化反应所使用的催化剂主要是金属配合物催化剂，其主要结构为 $HM(CO)_mL_{4-m}$。经由配体改性的金属羰基氢化物催化剂由于催化性能良好，被广泛地应用于烯烃氢甲酰化反应中。具有氢甲酰化活性的金属都具有不饱和的 d 轨道，此轨道既可以接受配体的孤对电子，也可以通过 d→d 或者 d→π 反馈键反馈电子给配体，进而形成较为稳定的金属羰基配合物。不同的金属催化活性差异很大，各种金属活性排布的顺序为 Rh≫Co≫Ir≈Ru>Os>Pt>Pd≫Fe>Ni[31]。Rh 与 Co 是公认的具有良好氢甲酰化活性与工业应用价值的金属。Rh 对氢甲酰化反应的活性最高，反应条件温和，被广泛用于学术和应用研究；Co 的氢甲酰化活性虽然低于 Rh，且反应条件比 Rh 苛刻，但是价格比 Rh 低廉，抗毒性能优异，且具有加氢活性，可将产物醛还原成醇，也具有广泛的工业应用前景。其他的金属所表现出的活性都比较低，仅具有科学研究价值。

在氢甲酰化反应中，除了中心金属外，配体也能显著影响氢甲酰化反应的活性。目前，只有三价的磷类化合物可被用作辅助性配体与活性金属配位形成金属配合物催化剂催化氢甲酰化反应。与磷处于同一主族的其他元素的三价化合物虽然被相关专利申请保护过，但是应用遥遥无期。第 VA 族元素与 Rh 结合在氢甲酰化反应中的活性顺序为 Ph$_3$P≫Ph$_3$N>Ph$_3$As≈Ph$_3$Sb>Ph$_3$Bi[32,33]。胺类配体活性与化学选择性低于膦，容易形成副产物[34]；少数情况下，硫类配体也被用于与双核 Rh 配合物配位，但在催化过程中硫类配体很大概率无法保持配位状态[35]。

在氢甲酰化反应的工业化进程中，主要经历了五代催化剂的更迭，均为均相催化体系。

第一代催化剂：羰基 Co 配合物催化剂；

第二代催化剂：叔膦配体修饰的羰基 Co 催化剂；

第三代催化剂：无配体修饰的羰基 Rh 催化剂；

第四代催化剂：油溶性 Rh 与膦配体配合物催化剂；

第五代催化剂：水溶性的 Rh 与膦配体配合物催化剂。

发展的趋势是由低活性的 Co 到高活性的 Rh，从无配体修饰到膦配体修饰，反应条件趋于温和，化学选择性不断提升。表 1.2 给出了五代催化剂在氢甲酰化反应中的生产工艺条件及催化性能[36]。

表 1.2　五代催化剂在氢甲酰化反应中的生产工艺条件和催化性能比较

比较项目	第一代催化剂	第二代催化剂	第三代催化剂	第四代催化剂	第五代催化剂
活性金属	Co	Co	Rh	Rh	Rh
有无配体	无	有	无	有	有
活性中心	$HCo(CO)_4$	$HCo(CO)_3L^1$	$HRh(CO)_4$	$HRh(CO)L_3^1$	$HRh(CO)L_3^2$
反应温度/K	423～453	433～473	373～413	333～393	383～430
反应压力/MPa	20～30	5～15	20～30	1～5	4～6
催化剂与烯烃比例/%	0.1～1	0.6	10^{-4}～0.01	0.01～0.1	0.001～1
液体流速/h^{-1}	0.5～2	0.1～0.2	0.3～0.6	0.1～0.2	>0.2
产品	醛	醇	醛	醛	醛
醛的选择性	低	低	高	高	高
活性	低	较低	高	较高	较高
正异比	80:20	88:12	50:50	92:8	>95:5
毒物的敏感性	不敏感	不敏感	不敏感	敏感	不敏感

注：$L^1 = P(C_6H_5)_3$；$L^2 = P(m\text{-}C_6H_4SO_3Na)_3$。

第一代催化剂是 $Co_2(CO)_8$，在反应条件下，$Co_2(CO)_8$ 在反应体系中转化成活性物种 $HCo(CO)_4$，由于活性物种极易分解，为了保证活性物种的稳定性，需要维持极高的合成气压力，因此，此方法被称为高压钴法。

为了降低羰基 Co 催化剂的反应压力，壳牌公司利用膦配体改性羰基 Co 催化剂，提出了配体改性的低压钴法，反应压力得到了较大的降低，催化剂的正构醛选择性得到了较大提升的同时，催化剂加氢性能也得到增强，主要产品为醇。

在 20 世纪 50 年代末，研究发现相比于 Co，Rh 具有更高的氢甲酰化催化活性。无配体修饰的 Rh 催化剂的活性中心为 $HRh(CO)_4$，且其活性可达到 Co 的 100～1000 倍，反应条件更加温和，同时产品醛的选择性较好。但是，该催化剂的正异比较低，即使对于结构最简单的丙烯，其正异比也难以达到 1:1。另外，Rh 催化剂的价格过于昂贵，这一劣势远超过其在氢甲酰化反应活性上的优势。

为了提升 Rh 系催化剂对氢甲酰化反应的区域选择性，20 世纪 60 年代初期诞生了以苯为溶剂的油溶性铑膦配合物催化剂，是第四代氢甲酰化催化剂。其中，以 Wilkinson 等研发的 $HRhCO(PPh_3)_3$ 催化剂最负盛名，该催化剂具有更高的催化活性及更温和的反应条件。研究人员在综合考虑反应活性、选择性及价格等因素的基础上对不同的膦配体进行筛选，结果发现三苯基膦的效果最优[37]。由于第四代催化剂的优异性能，1976 年美国联合碳化物公司(Union Carbide Corporation, UCC)投资建立了以 HRhCO(PPh₃)₃ 为催化剂的氢甲酰化反应工厂以生产附加值较高的产品醛。

　　第四代氢甲酰化催化剂是油溶性的, 催化剂与反应体系是互溶的, 产品与催化剂的分离一般采用蒸馏的办法, 容易造成催化剂的热解失活, 而 Rh 属于储量较低的贵金属, 从资源有效利用及成本的角度考虑, 催化剂中活性金属 Rh 流失量必须降至最低。为了解决催化剂热解失活及流失的问题, 1984 年, 罗纳-普朗克(Rhone-Poulenc)公司和鲁尔化学公司合作, 成功开发了水溶性催化剂 HRh(CO)(TPPTS)₃[TPPTS=P(m-C₆H₄SO₃Na)₃](第五代氢甲酰化催化剂)[38,39], 该工艺被命名为 RCH/RP 工艺。催化剂中的配体 TPPTS 是水溶性的, 使得配合物催化剂在水中具有较好的溶解性, 同时丙烯在水中也具有较好的溶解度, 可以保证反应物与催化活性中心的充分接触, 反应完成后溶解了产物的有机相和溶解了催化剂的水相静置分层, 通过倾倒的方法, 可以较为容易地实现产品与催化剂的分离。这种容易操作的分离方法免除了蒸馏过程造成的催化剂热解失活, 不但减少了 Rh 的损失, 还节约了能源, 同时以水为溶剂价格低且环保。然而, RCH/RP 工艺要求作为原料的烯烃具有一定的水溶性, 随着碳链增长, 烯烃在水中的溶解性快速下降, 因此该工艺只适用于低碳烯烃的氢甲酰化反应。对于高碳烯烃的氢甲酰化反应, 目前普遍采用的还是高压钴法。

　　基于此, 本书将围绕该过程所涉及的众多过渡金属化合物(配合物)、含氮配体/膦配体, 以及近年来迅速发展的非一氧化碳为羰基源的氢甲酰化、负载型催化剂催化的烯烃氢甲酰化、氢甲酰化反应的工业过程应用等展开论述, 内容涵盖氢甲酰化反应相关的基础理论到工业应用实例。另外, 结合国内外的研究现状, 以及国内烯烃资源的多样化来源, 对氢甲酰化反应的未来进行展望, 以期为氢甲酰化的研究以及推动在国内的工业应用提供借鉴。

参 考 文 献

[1] 钱延龙, 廖世健. 均相催化进展[M]. 北京: 化学工业出版社, 1990.

[2] Parshall G W. Homogeneous Catalysis: The Applications and Chemistry of Catalysis by Soluble Transition Metal Complexes[M]. New York: Wiley-Interscience, 1980.

[3] Hagen J. Industrial Catalysis: A Practical Approach[M]. 3rd ed. Weinheim: Wiley-VCH, 2015.

[4] Weissermel K, Arpe H J. Industrial Organic Chemistry[M]. 2nd ed. Weinheim: Wiley-VCH, 1993.

[5] Sahebdelfar S, Ravanchi M T, Nadda A K. C₁ Chemistry: Principles and Processes[M]. New York: CRC Press, 2022.

[6] Bhaduri S, Mukesh D. Homogeneous Catalysis: Mechanisms and Industrial Applications[M]. Weinheim: Wiley-VCH, 2014.

[7] Falbe J. New Syntheses with Carbon Monoxide[M]. Berlin: Springer-Verlag, 1980.

[8] 蔡启瑞, 彭少逸. 碳一化学中的催化作用[M]. 北京: 化学工业出版社, 1995.

[9] 日本催化学会. C₁化学: 创造未来的化学[M]. 陆世维译. 北京: 宇航出版社, 1990.

[10] Keim W. Catalysis in C₁ Chemistry[M]. Dordrecht: Springer, 1983.

[11] Roelen O. Verfahren zur herstellung von sauerstoffhaltigen verbindungen: DE 849548[P]. 1938-09-20.

[12] Reppe W. Verfahren zur herstellung von acrylsaeure oder ihren substitutionserzeugnissen: DE 855110[P]. 1952-11-10.

[13] Reppe W, Carbonylierung I. Über die umsetzung von acetylen mit kohlenoxyd und verbindungen mit reaktionsfähigen wasserstoffatomen synthesen α,β-ungesättigter carbonsäuren und ihrer derivate[J]. Justus Liebigs Annalen Der Chemie, 1953, 582(1): 1-37.

[14] Osborn J A, Young J F, Wilkinson G. Mild hydroformylation of olefins using rhodium catalysts[J]. Chemical Communications (London), 1965, (2): 17-18.

[15] Evans D, Yagupsky G, Wilkinson G. The reaction of hydridocarbonyltris (triphenylphosphine) rhodium with carbon monoxide, and of the reaction products, hydridodicarbonylbis (triphenylphosphine) rhodium and dimeric species, with hydrogen[J]. Journal of the Chemical Society A: Inorganic, Physical, Theoretical, 1968, 11: 2660-2665.

[16] Evans D, Osborn J A, Wilkinson G. Hydroformylation of alkenes by use of rhodium complex catalysts[J]. Journal of the Chemical Society A: Inorganic, Physical, Theoretical, 1968, 12: 3133-3142.

[17] Heck R F. Palladium Reagents in Organic Synthesis[M]. London: Academic Press, 1985.

[18] Tsuji J. Organic Synthesis with Palladium Compounds[M]. Berlin: Springer-Verlag, 1980.

[19] Tsuji J. Palladium Reagents and Catalysis: Innovations in Organic Catalysis[M]. New York: John-Wiley & Sons, 1997.

[20] Beller M. Catalytic Carbonylation Reactions[M]. Berlin: Springer-Verlag, 2006.

[21] Colquhoun H M, Thompson D J, Twigg M V. Carbonylation: Direct Synthesis of Carbonyl Compounds[M]. New York: Plenum Press, 1991.

[22] 殷元骐. 羰基合成化学[M]. 北京: 化学工业出版社, 1996.

[23] van Leeuwen P W N M, Claver C. Rhodium Catalyzed Hydroformylation[M]. New York: Kluwer Academic Publishers, 2006.

[24] Ferenc J. Aqueous Organometallic Catalysis[M]. New York: Kluwer Academic Publishers, 2006.

[25] Dyson P J, Geldbach T J M. Catalysed Reaction in Ionic Liquid[M]. New York: Kluwer Academic Publishers, 2006.

[26] Cornils B, Herrmann W A. Aqueous-phase Organometallic Catalysis[M]. Weinheim: Wiley-VCH, 2004.

[27] Cornils B, Herrmann W A, Beller M, et al. Applied Homogeneous Catalysis with Organometallic Compounds: A Comprehensive Handbook in Four Volumes[M]. Weinheim: Wiley-VCH, 2017.

[28] Taddei M, Mann A. Hydroformylation for Organic Synthesis[M]. Berlin: Springer, 2013.

[29] Franke R, Selent D, Börner A. Applied hydroformylation[J]. Chemical Reviews, 2012, 112 (11): 5675-5732.

[30] Börner A, Franke R. Hydroformylation: Fundamentals, Processes, and Applications in Organic Systhesis[M]. Weinheim: Wiley-VCH, 2016.

[31] Pruchnik F P. Organometallic Chemistry of Transition Elements[M]. New York: Plenum Press, 1990.

[32] Carlock J T. A comparative study of triphenylamine, triphenylphosphine, triphenylarsine, triphenylantimony and triphenylbismuth as ligands in the rhodium-catalyzed hydroformylation of 1-dodecene[J]. Tetrahedron, 1984, 40 (1): 185-187.

[33] Mizoroki T, Kioka M, Suzuki M, et al. Behavior of amine in rhodium complex-tertiary amine catalyst system active for hydrogenation of aldehyde under oxo reaction conditions[J]. Bulletin of the Chemical Society of Japan, 1984, 57: 577-578.

[34] Parday A J, Suarez J D, Ortega M C, et al. Hydroformylation of synthetic naphtha catalyzed by a dinuclear *gem*-dithiolato-bridged rhodium (Ⅰ) complex[J]. The Open Catalysis Journal, 2010, 3: 44-49.

[35] Vargas R, Rivas A B, Suarez J D, et al. Hydroformylation of hex-1-ene by a dinuclear *gem*-dithiolato-bridged rhodium catalyst under CO/H_2O conditions[J]. Catalysis Letters, 2009, 130: 470-475.

[36] Herrmann W A, Kohlpaintner C W. Water-soluble ligands, metal complexes, and catalysts: Synergism of homogeneous and heterogeneous catalysis[J]. Angewandte Chemie International Edition in English, 1993, 32 (11): 1524-1544.

[37] Pruett R L, Smith J A. Low-pressure system for producing normal aldehydes by hydroformylation of α-olefins[J]. The Journal of Organic Chemistry, 1969, 34 (2): 327-330.

[38] Kohlpaintner C W, Fischer R W, Cornils B. Aqueous biphasic catalysis: Ruhrchemie/Rhone-Poulenc oxo process[J]. Applied Catalysis A: General, 2001, 221 (1/2): 219-225.

[39] Bohnen H W, Cornils B. Hydroformylation of alkenes: An industrial view of the status and importance[J]. Advances in Catalysis, 2003, 34 (17): 1-64.

第 2 章

铑催化的氢甲酰化反应

2.1 氢甲酰化反应的反应热力学

化学热力学是物理化学和热力学的一个分支学科，它主要研究化学反应中伴随着的能量变化，从而对化学反应的方向和进行的程度做出准确的判断。通俗地讲，化学热力学主要从能量的角度来预测化学反应在理论上是否可行，反应过程是放热还是吸热，主要研究"化学反应热"方面的问题。在化学反应中，1mol 物质的变化(指主要的生成物或反应物)所吸收的热量称为化学反应热，简称反应热。根据热力学第一定律可知，在定温、定压(或定容)下，化学反应过程中所吸收或释放的热量就是焓变，反应热等于反应过程焓(或内能)的变化 ΔH(或 ΔU)。化学反应中吸收热量的反应称为吸热反应。在吸热反应中，反应物具有的总能量小于生成物具有的总能量，生成物分子成键时释放出的总能量小于反应物分子断键时吸收的总能量，$\Delta H > 0$。化学反应中放出热量的反应称为放热反应。在放热反应中，反应物具有的总能量大于生成物具有的总能量，生成物分子成键时释放出的总能量大于反应物分子断键时吸收的总能量，$\Delta H < 0$。

氢甲酰化反应一般是强放热反应，反应热约为 125kJ/mol，反应过程中热量的移除至关重要。氢甲酰化反应的原料主要为不饱和化合物和甲醇，不饱和化合物主要是烯烃和烯烃衍生物(不饱和醇、醛、酯、醚、含卤素和含氮化合物等)。烯烃包括直链和支链的 $C_2 \sim C_{17}$ 单烯烃，其中直链烯烃主要是乙烯、丙烯、1-丁烯和 2-丁烯，以及 α-烯烃和内烯烃(双键不在链端)的混合物，支链烯烃主要是异戊烯，由 C_3、C_4 烯烃齐聚得到的己烯、辛烯、壬烯和十二烯以及由异丁烯、1-丁烯和 2-丁烯二聚和共聚得到的庚烯等。

本节主要研究最简单的乙烯和丙烯氢甲酰化的反应热。

2.1.1 乙烯多相氢甲酰化反应热力学研究

1. 热力学基本数据(表 2.1)

表 2.1　热力学基本数据

组分	状态	$\Delta_f H_m^\ominus$ /(kJ/mol)	$\Delta_f G_m^\ominus$ /(kJ/mol)	$S_m^\ominus$ /[J/(mol·℃)]	C_P /[J/(mol·℃)]
H_2	g	0	0	130.680	28.84
CO	g	−110.53	−137.16	197.660	29.14

续表

组分	状态	$\Delta_f H_m^{\ominus}$ /(kJ/mol)	$\Delta_f G_m^{\ominus}$ /(kJ/mol)	$S_m^{\ominus}$ /[J/(mol·℃)]	C_P /[J/(mol·℃)]
C_2H_4	g	52.292	68.178	—	—
C_3H_6O	l	−185.6	−142.632	—	—

注：$\Delta_f H_m^{\ominus}$ 为标准摩尔生成焓，$\Delta_f G_m^{\ominus}$ 为标准摩尔生成 Gibbs 自由能；$S_m^{\ominus}$ 为标准摩尔熵；C_P 为摩尔定压热容。

2. 计算结果

原料乙烯、合成气在催化剂存在下进行氢甲酰化反应生成丙醛，主要反应如下：
主反应：

$$C_2H_4 + CO + H_2 \longrightarrow C_3H_6O$$
（乙烯）　（一氧化碳）（氢气）　　（丙醛）

副反应：

(1)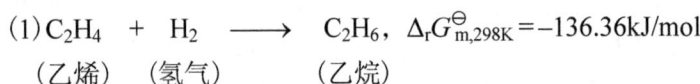
$C_2H_4 + H_2 \longrightarrow C_2H_6$，$\Delta_r G_{m,298K}^{\ominus} = -136.36$ kJ/mol
　（乙烯）　（氢气）　　（乙烷）

(2)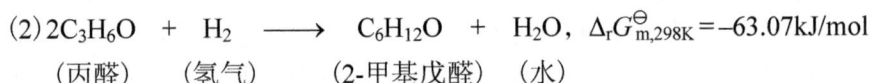
$2C_3H_6O + H_2 \longrightarrow C_6H_{12}O + H_2O$，$\Delta_r G_{m,298K}^{\ominus} = -63.07$ kJ/mol
　（丙醛）　（氢气）　　（2-甲基戊醛）　（水）

(3)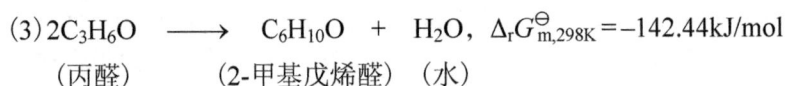
$2C_3H_6O \longrightarrow C_6H_{10}O + H_2O$，$\Delta_r G_{m,298K}^{\ominus} = -142.44$ kJ/mol
　（丙醛）　　　（2-甲基戊烯醛）　（水）

主反应的热力学计算结果见表 2.2。

表 2.2　主反应的热力学计算结果

反应	$\Delta_r H_{m,298K}^{\ominus}$/(kJ/mol)	$\Delta_r G_{m,298K}^{\ominus}$/(kJ/mol)	$K_{P,298K}$
$CH_2{=\!=}CH_2 + CO + H_2 \longrightarrow CH_3CH_2CHO$	−157.06	−73.33	7.15×10^{12}

注：$K_{P,298K}$ 为标准温度下压力平衡常数。

由乙烯氢甲酰化生成丙醛主反应的标准摩尔反应焓为 −157.06kJ/mol 可知，乙烯氢甲酰化反应是强放热反应，因此反应过程中需要及时移除热量，以免局部过热，同时反应热的利用对减少乙烯氢甲酰化工业化装置的能耗指标至关重要。

2.1.2　丙烯多相氢甲酰化反应热力学研究

1. 热力学基本数据 (表 2.3)

表 2.3　热力学基本数据

组分	状态	$\Delta_f H_m^{\ominus}$/(kJ/mol)	$\Delta_f G_m^{\ominus}$/(kJ/mol)	$S_m^{\ominus}$/[J/(mol·℃)]	C_P/[J/(mol·℃)]
H_2	g	0	0	130.680	28.84
CO	g	−110.53	−137.16	197.660	29.14

续表

组分	状态	$\Delta_f H_m^{\ominus}$/(kJ/mol)	$\Delta_f G_m^{\ominus}$/(kJ/mol)	$S_m^{\ominus}$/[J/(mol·℃)]	C_P/[J/(mol·℃)]
C_3H_6	g	20.0	62.8	266.6	64.3
n-C_4H_8O	g	−204.9	−114.8	243.7	103.4
i-C_4H_8O	g	−85.8	−64.6	—	183.44

2. 计算结果

原料丙烯、合成气在催化剂存在下，进行氢甲酰化反应生成丁醛，主要反应如下。

主反应：

(1) CH₂CHCH₃ + CO + H₂ ⟶ CH₃CH₂CH₂CHO
　　（丙烯）　（一氧化碳）（氢气）　　（正丁醛）

(2) CH₂CHCH₃ + CO + H₂ ⟶ (CH₃)₂CHCHO
　　（丙烯）　（一氧化碳）（氢气）　　（异丁醛）

副反应：

(1) CH₂CHCH₃ + H₂ ⟶ CH₃CH₂CH₃，$\Delta_r G_{m,298K}^{\ominus}$ =−124.9kJ/mol
　　（丙烯）　（氢气）　　（丙烷）

(2) 2CH₃CH₂CH₂CHO + H₂ ⟶ CH₃CH(CH₂CH₃)(CH₂)₃CHO + H₂O，
$$\Delta_r G_{m,298K}^{\ominus} =−129.0\text{kJ/mol}$$
　　（丁醛）　　（氢气）　　　　（2-乙基己醛）

(3) 2CH₃CH₂CH₂CHO ⟶ CH₃CH(CH₂CH₃)CH₂CHCHCHO + H₂O，
$$\Delta_r G_{m,298K}^{\ominus} =−19.72\text{kJ/mol}$$
　　（丁醛）　　　　（2-乙基 2-己烯醛）

主反应的热力学计算结果见表 2.4。

表 2.4 主反应的热力学计算结果

反应	$\Delta_r H_{m,298K}^{\ominus}$/(kJ/mol)	$\Delta_r G_{m,298K}^{\ominus}$/(kJ/mol)	$K_{P,298K}$
CH₃CH=CH₂+CO+H₂ ⟶ CH₃CH₂CH₂CHO	−123.8	−48.4	2.96×10^9
CH₃CH=CH₂+CO+H₂ ⟶ CH₃CHCH₃ | CHO	−130.1	−53.7	2.52×10^9

由丙烯氢甲酰化反应生成丁醛主反应的标准摩尔反应焓为−123.8kJ/mol 和−130.1kJ/mol 可知，该反应是强放热反应。在常温和常压下的平衡常数很大，所以丙烯氢甲酰化反应在热力学上很有利，反应主要由动力学因素控制。而副反应在热力学上也很有利，此外，从热力学数据来看，要调整产物的正异构比例，必须使目标反应在动力学上占绝对优势，因此，催化剂的选择和反应条件的控制就尤为关键了。

2.1.3 低碳烯烃氢甲酰化反应的热力学特点

根据 2.1.1 小节和 2.1.2 小节的低碳烯烃氢甲酰化反应的热力学研究结果可知：乙烯

和丙烯的氢甲酰化反应都是强放热反应，在反应器的设计中必须注意到这一点，应增加必要的冷却装置，移走多余的热量，维持反应的等温区。否则，反应区的温度迅速升高，会使催化剂烧结，缩短催化剂的寿命。由于上述研究的所有反应中 $\Delta_r G_m^\ominus$ 均小于 0，所以低碳烯烃氢甲酰化反应在热力学上是有利的；$K_{P,298K}$ 远大于 0，所以低碳烯烃氢甲酰化反应在动力学上也是有利的；$\Delta_r H_m^\ominus$ 小于 0，所以低温有利于氢甲酰化反应，但是低温下反应速率减慢。因此，寻找低温下活性、选择性好的催化剂应是主要的努力方向。

2.2 氢甲酰化反应的反应机理

2.2.1 均相氢甲酰化反应的反应机理

在 20 世纪 60 年代初期，Slaugh 和 Mulineaux 在壳牌公司位于美国埃默里维尔市的实验室发现用叔膦修饰的 Rh 配合物作为烯烃氢甲酰化反应催化剂具有特别优良的反应性能。60 年代中期，Wilkinson 发明三苯基膦羰基氢化 Rh 催化剂 HRhCO(PPh₃)₃[1,2]，该催化剂具有更高的活性、更佳的选择性和更温和的反应条件。后来人们从反应速率、选择性及价格方面对不同的叔膦进行研究，认为三苯基膦最佳[3]。因此，Wilkinson 催化剂在氢甲酰化反应中的作用和反应机理成为研究者重点关注的研究方向。人们普遍认为由Heck 和 Breslow 设想的钴催化氢甲酰化的机理[4]，可以应用于膦修饰的羰基 Rh 催化剂。动力学研究得出：三苯基膦 Rh 催化剂的加入，表明烯烃到氢化铑配合物的迁移是限速步骤[5-7]，反应速率依赖于膦配体的浓度或一氧化碳的分压[8]。

Wilkinson 等对均相催化体系氢甲酰化反应机理进行了详细的研究，其结果表明：在氢甲酰化反应条件下，HRh(CO)$_m$(PPh₃)$_n$ 型配合物有多种存在形式，如图 2.1 所示。

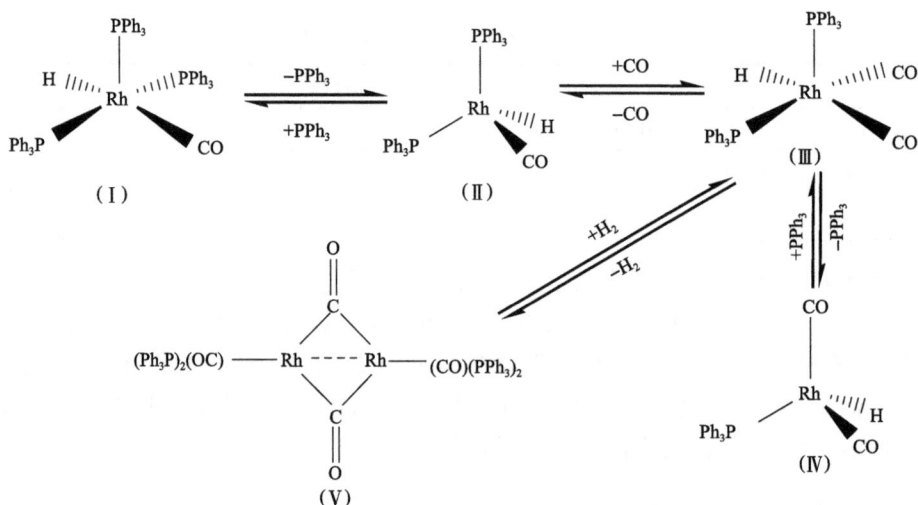

图 2.1 HRh(CO)$_m$(PPh₃)$_n$ 型配合物的物种平衡

　　其中，（Ⅲ）和（Ⅳ）对烯烃氢甲酰化具有催化活性，（Ⅳ）比（Ⅲ）具有更小的空间位阻及更高的催化活性，但不利于直链醛的生成，（Ⅲ）、（Ⅳ）对烯烃加氢的催化活性很低。物种（Ⅱ）是一种活泼的烯烃加氢催化剂。当体系中膦配体浓度太低时，（Ⅳ）将进一步失去配体而失活。随着膦配体浓度的增加，（Ⅲ）的浓度相对增加，继续增加膦配体的浓度，体系中（Ⅲ）开始转化为配位饱和的（Ⅰ），部分物种（Ⅲ）还会转化成氢甲酰化活性很低的稳定物种（Ⅴ），催化活性下降。

　　铑膦配合物催化氢甲酰化反应的机理有三种：缔合机理、PPh_3 解离机理及 CO 解离机理。三种机理的差别在于烯烃进攻铑膦配合物的方式不同。缔合机理[图 2.2(a)]认为烯烃直接进攻配位饱和的 $HRh(CO)_2(PPh_3)_2$，而三苯基膦解离机理[图 2.2(b)]与 CO 解离机理[图 2.2(c)]则认为烯烃分别进攻 $HRh(CO)_2(PPh_3)$ 和 $HRh(CO)(PPh_3)_2$。由于图 2.1 中存在的平衡关系，所以三种机理有可能同时并存。一般认为缔合机理是最主要的[1,9,10]。对机理的细节也有一些其他的解释[11,12]。

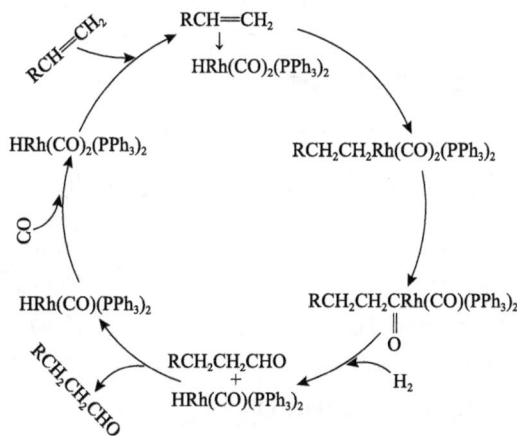

(a) 铑膦配合物催化氢甲酰化缔合机理

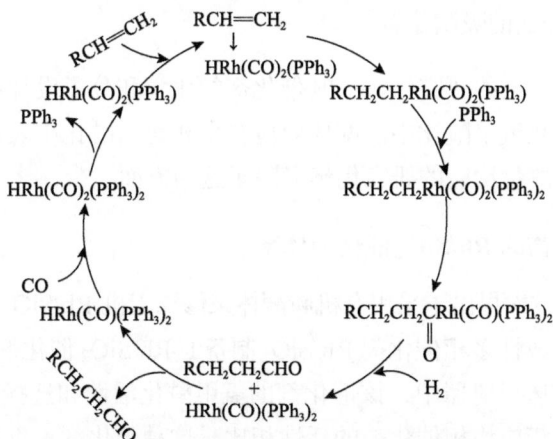

(b) 铑膦配合物催化氢甲酰化 PPh_3 解离机理

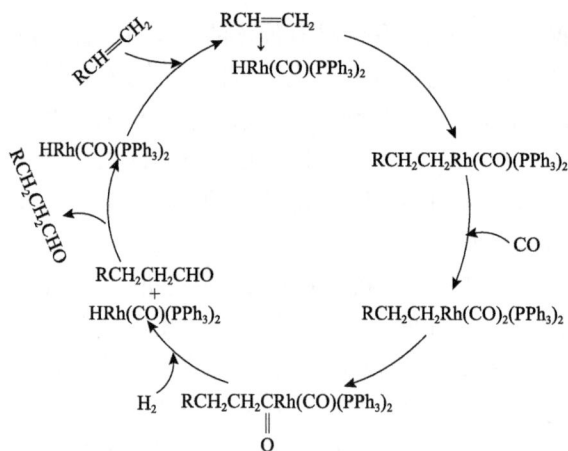

(c) 铑膦配合物催化氢甲酰化CO解离机理

图 2.2　铑膦配合物催化氢甲酰化反应机理

2.2.2　多相催化氢甲酰化反应的反应机理

多相催化法应用于氢甲酰化反应之后，关于多相催化氢甲酰化反应机理的研究日益增多。Chuang 等[13,14]用同位素示踪技术研究了乙烯氢甲酰化的反应机理：

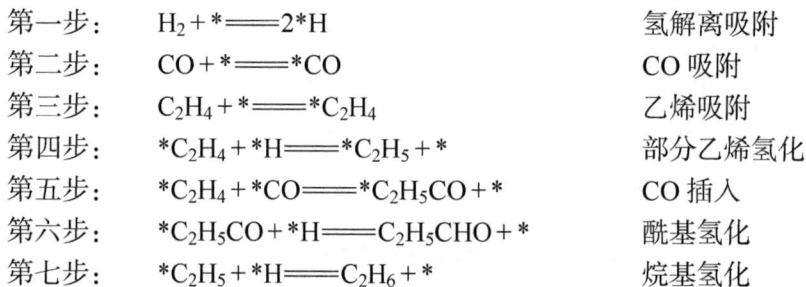

第一步：　　$H_2 + * \Longrightarrow 2*H$　　　　　　　　　　　氢解离吸附

第二步：　　$CO + * \Longrightarrow *CO$　　　　　　　　　　CO 吸附

第三步：　　$C_2H_4 + * \Longrightarrow *C_2H_4$　　　　　　　　乙烯吸附

第四步：　　$*C_2H_4 + *H \Longrightarrow *C_2H_5 + *$　　　　部分乙烯氢化

第五步：　　$*C_2H_4 + *CO \Longrightarrow *C_2H_5CO + *$　　CO 插入

第六步：　　$*C_2H_5CO + *H \Longrightarrow C_2H_5CHO + *$　酰基氢化

第七步：　　$*C_2H_5 + *H \Longrightarrow C_2H_6 + *$　　　　烷基氢化

其中，*表示催化剂表面的吸附位置。

多相催化是一个复杂的研究领域，其催化剂的化学和分子设计虽已经提出多时，但至今仍很难解决。均相氢甲酰化中的配体效应在多相氢甲酰化中表现为助剂效应和载体效应，目前多相氢甲酰化反应的研究仍然局限于这两方面。

2.2.3　有机膦配体修饰的 Rh/SiO$_2$ 催化剂体系

丁云杰、严丽等首次提出了采用有机膦配体来修饰无机 Rh/SiO$_2$ 催化剂的概念[15-18]。用有机膦配体 L 直接改性多相催化剂 Rh/SiO$_2$ 制备 L-Rh/SiO$_2$ 催化剂，在 373K 和 1.0MPa 的温和条件下的浆态床反应器中，该催化剂的氢甲酰化活性和选择性远远高于 Rh/SiO$_2$ 催化剂，尽管难以与相应均相催化剂的活性相比。这种催化剂不仅具有均相催化剂的较高活性和选择性，而且具有多相催化剂易分离的优点。

不同有机膦配体改性的催化剂活性顺序为：P (OPh$_3$)-Rh/SiO$_2$＞PPh$_3$-Rh/SiO$_2$＞PCy$_3$-Rh/

SiO_2，选择性顺序则与之相反。在活化和反应过程中，纳米金属 Rh 在 CO 的作用下，在载体或纳米晶粒的表面上被氧化成孤立的 Rh^+，$L-Rh/SiO_2$ 催化剂中 Rh^+ 与膦配体发生化学配位作用，原位生成了均相催化剂活性铑膦配合物。并且其化学配位键的键强度及配位作用前后增加的键能有如下顺序：$PCy_3-Rh/SiO_2 > PPh_3-Rh/SiO_2 > P(OPh_3)-Rh/SiO_2$，这说明膦配体给电子的能力越强，与中心金属作用的能力越强，催化剂体系越稳定，对氢甲酰化反应的催化活性越低，选择性越高。氧化态三苯基膦给电子能力较弱，故 $OPPh_3-Rh/SiO_2$ 的催化活性及选择性最低，与 Rh/SiO_2 的催化性能相当。也就是说，有机膦配体给电子的能力太强或者没有给电子能力，$L-Rh/SiO_2$ 的氢甲酰化活性都不高。

作者团队的研究结果[19]表明，PPh_3-Rh/SiO_2 氢甲酰化反应中 Rh 金属原子线式吸附位上配位 1.92 个 PPh_3 再线式吸附 CO 形成催化剂的唯一活性中心，大部分纳米 Rh 金属仍保持晶粒状态。以 PPh_3-Rh/SiO_2 中表面暴露的一个 Rh 原子和配体 PPh_3、CO、H_2、烯烃的共同作用为例提出了有机配体修饰的 PPh_3-Rh/SiO_2 催化剂活性中心的动态模型(图 2.3)。

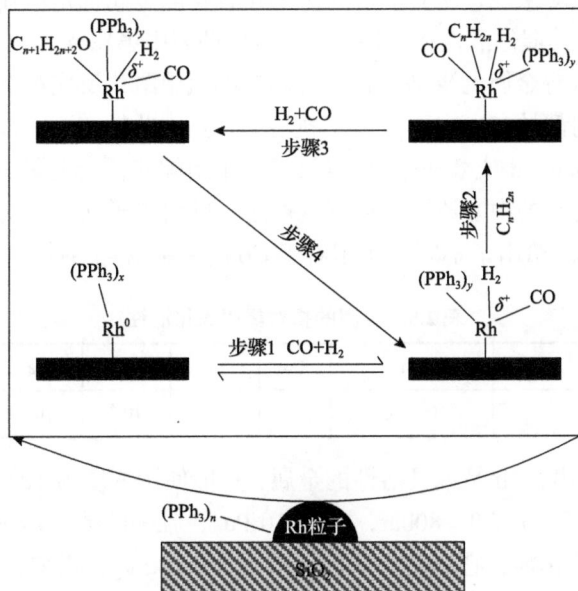

图 2.3　PPh_3-Rh/SiO_2 催化剂活性中心的动态模型

2.3　氢甲酰化反应的催化剂研究进展

氢甲酰化反应自发现以来，最开始是以羰基钴为催化剂。研究认为氢甲酰化反应的催化活性物种是 $HCo(CO)_4$，但 $HCo(CO)_4$ 不稳定，容易分解，产品的正异构比例较低，须在很高的 CO 分压下进行。为此进行了许多研究改进工作，以提高其稳定性和选择性，改进的方法是改变配体和中心原子。

由于羰基钴催化剂操作压力高，催化剂活性低，生成的副产物较多，原料烯烃利用率较低，且需要复杂的循环回收过程。因此，人们寻求其他元素代替钴，主要集中在羰基铑催化剂的研究。最早认识到氢甲酰化反应铑基催化剂的潜在优点远超钴基催化剂是在 20 世纪 50 年代末[20]。元素周期表中第二过渡金属铑在第一过渡金属钴的正下方,比钴元素多 1 个 18 电子壳层,两者最外层结构差别不大,在性质上相似。铑的原子半径大,易形成配位数高的配合物,所以羰基铑的活性比羰基钴高很多;铑在反应中空间位阻小,产物正异比低,所以羰基铑可看成是高效的异构化催化剂。

羰基铑的主要组成是 $Rh(CO)_{12}$ 和 $Rh_2(CO)_8$,而起活性作用的是 $HRh(CO)_4$。在高温和高压下,铑的化合物与合成气($CO+H_2$)反应,可制得羰基铑。羰基铑与羰基钴的催化性能差别为:①羰基铑的催化活性比羰基钴高 $10^2 \sim 10^4$ 倍;②羰基铑比羰基钴的产物正异比低;③羰基铑比羰基钴对烯烃的异构能力强;④羰基铑操作条件温和,可在较低压力下操作;⑤羰基铑的加氢活性低,醛醛缩合、醇醛缩合反应较少发生。

2.3.1 氢甲酰化反应催化中心金属的研究进展

对于氢甲酰化反应来说,所有能形成羰基化合物的金属都是潜在的活性中心金属,但对于不同的金属,其催化活性相差很大。元素周期表中第Ⅷ族元素中的 Co、Rh、Ru、Ir、Pt、Fe、Pd 和 Os 等金属的羰基配合物对烯烃的氢甲酰化反应都有催化作用[21]。这些金属的外层电子结构都具有未饱和 d 电子轨道的特点,此轨道既可以接受配体的孤对电子,也可以通过形成 $d \rightarrow d$ 或 $d \rightarrow \pi$ 反馈键反馈电子给配体,当金属与含有孤对电子的配体作用时,成为配合物的中心原子或离子,产生空的价电子轨道,对烯烃的氢甲酰化反应有催化作用。表 2.5 给出了不同金属相对于 Co 的氢甲酰化活性[22]。

表 2.5　金属的相对氢甲酰化活性

金属	Rh	Co	Ru	Mn	Fe	Cr,Mo,W,Ni
相对氢甲酰化活性	$10^3 \sim 10^4$	1	10^{-2}	10^{-4}	10^{-6}	~ 0

从表 2.5 可以看出,Rh 是最具活性的金属,一般使用浓度为 10～100mg/kg,反应条件比较温和($T<140℃$,$P=20\sim80bar$,$1bar=10^5Pa$),唯一的缺点是 Rh 是贵金属,价格昂贵。其次是钴基催化剂,它的使用浓度一般为 1～10g/kg,需要比较苛刻的反应条件($T \geqslant 190℃$,$P=200\sim350bar$)[21]。除了特定用途外,因其他金属的氢甲酰化活性均较低,仅具有科学研究价值。

目前,氢甲酰化反应催化剂的研究主要集中在以下四种过渡金属:Co、Rh、Pt 和 Ru,其中 Pt 和 Ru 催化剂主要限于学术研究,而真正用于工业规模生产的只有 Co 和 Rh,Co 和 Rh 具有优异的催化活性,几乎所有工业化过程均以这两种金属作为催化剂。对于氢甲酰化工业催化过程,在 20 世纪 40 年代发现的是 Co 体系,70 年代以后 Rh 体系有了迅速发展,新建装置几乎全部采用 Rh 催化体系。金属前体在 CO/H_2 作用下生成氢化羰基配合物,由此产生的系统称为未改性的 Co 或 Rh 催化剂系统;在许多工艺中添加了更适宜的含有 P 原子作为给电子体的配体,这些系统称为(配体)改性催化剂系统。

Bohnen 和 Cornils 对已经工业化的氢甲酰化反应过程进行了分类[23],主要包括五代催化剂。

第一代催化剂：羰基钴催化剂；

第二代催化剂：叔膦配体改性的羰基钴催化剂；

第三代催化剂：羰基铑催化剂；

第四代催化剂：油溶性铑膦配合物催化剂；

第五代催化剂：水溶性铑膦配合物催化剂。

前两代催化剂使用的是 Co 作为活性中心金属，操作压力高，被称为高压钴法。由于催化剂活性低，生成副产物较多，原料烯烃利用率较低，且需要复杂的分离回收过程。因此研究人员致力于寻求可以代替 Co 的活性金属，其中研究最多的当属活性较高的 Rh 基催化剂。

催化剂整体的发展趋势是活性中心金属由 Co 变为 Rh，从无配体修饰到有配体修饰，反应条件不断趋于温和，催化性能逐步提升。对于氢甲酰化反应来说，$HM(CO)_xL_y$ 类型的过渡金属配合物是最适合的催化剂，其中 M 代表过渡金属，L 代表修饰的有机配体。

铑催化氢甲酰化的初步研究是于 20 世纪 50 年代末进行的[24,25]，比钴催化的氢甲酰化反应晚了 20 年[26]。最初，以简单的 $RhCl_3$ 和 Rh/Al_2O_3 作为前体制备的铑基催化剂的活性都比钴基化合物强，而且对底物中其他官能团的耐受性更强。Wilkinson 等 1965 年首次将 PPh_3 配体修饰的 Rh 配合物催化剂应用于氢甲酰化反应，这项研究是具有革命性里程碑意义的成果[1]，随后，配体改性的 Rh 基配合物催化剂成为氢甲酰化反应中研究最广泛的催化剂，但是，未经修饰的 Rh 催化剂前体，如 $Rh_4(CO)_{12}$[27-29]、$[Rh(CO)_2(Cl)]_2$[30]、$[Rh(CO)_2(acac)]_2$[31]和$[Rh(cod)(OAc)]_2$[32]也有很多研究。

2.3.2 均相氢甲酰化反应膦配体的研究进展

Rh-P 体系的均相烯烃氢甲酰化催化剂展现了优异的催化活性和化学选择性，因此进一步对该体系进行研究。为了获得更好的催化效果，研究者认为，除了中心金属的选择以外，配体的选择也是至关重要的。

在均相氢甲酰化反应中，有机配体的研究经历了以下过程(图 2.4)[33]。1965 年，Wilkinson 等[1]首次将 PPh_3 配体修饰的 Rh 配合物催化剂应用于氢甲酰化反应。几年之后，催化性能比较好的亚磷酸酯(phosphite)类型配体[如 $P(OPh)_3$ 和 $P(O\text{-}o\text{-}^tBuPh)_3$]被继相开发出来。1996 年，van Leeuwen 等[34]开发出了首例亚磷酰胺(phosphoramidite)型配体，紧接着 Herrmann 等[35]又探究了卡宾配体在氢甲酰化反应中的应用。当中心金属为 Rh 时，配体的不同也会显著影响最终形成的配合物催化剂的活性，活性排序为 $P(OPh)_3 \gg PPh_3 \gg Ph_3N > Ph_3As$，$Ph_3Sb > Ph_3Bi$[36]。目前在学术及应用领域研究最多的是三价 P 配体。

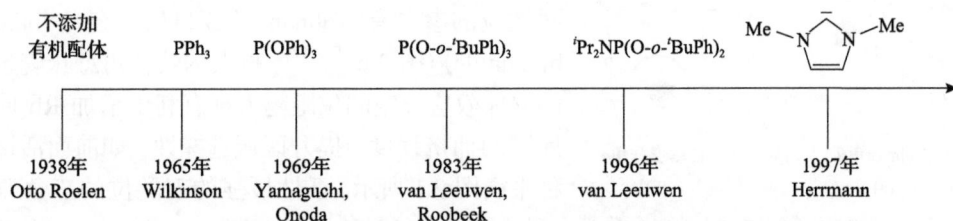

不添加有机配体	PPh_3	$P(OPh)_3$	$P(O\text{-}o\text{-}^tBuPh)_3$	$^iPr_2NP(O\text{-}o\text{-}^tBuPh)_2$	Me—N⤢N—Me
1938年 Otto Roelen	1965年 Wilkinson	1969年 Yamaguchi, Onoda	1983年 van Leeuwen, Roobeek	1996年 van Leeuwen	1997年 Herrmann

图 2.4 均相氢甲酰化反应中所用的有机配体发展史

根据含有的 P—C、P—O、P—N 键的数目，膦配体可分为膦(phosphine)、亚磷酸酯、胺膦(aminophosphine)及亚磷酰胺等。

配体的影响主要体现在电子效应、空间效应以及其与中心金属配位的数目三个方面。Rh-P 体系的均相氢甲酰化催化剂中，配体对催化性能的影响非常显著。配体的电子效应是首要的影响因素，主要取决于膦配体给受电子的相对能力(图 2.5)[37]。也就是说，膦配体的 P 原子上越是缺电子[38]，即 π-受体能力越强，σ-供体能力越弱，与 Rh 形成配合物后就越会导致中心 Rh 原子上电子对向配体方向偏移，导致 Rh 原子电子云密度越低，烯烃更容易插入，同时 CO 也更容易从 Rh 原子上解离，使配合物催化剂具有更高的活性。那么形成的铑膦配合物会导致中心 Rh 原子更容易缺电子，这样 Rh 原子反馈于 CO 的电子变少，削弱了 Rh—CO 键，十分有利于 CO 的解离，进而加快了反应速率。

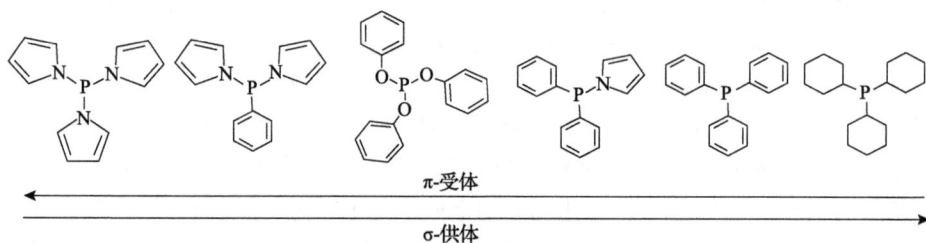

图 2.5　不同膦配体的 π-受体及 σ-供体能力比较

通过改变与 P 原子直接相连的原子能有效地改变 P 原子的电子云密度[39]。以 P 原子周围连接的都是 C 原子的状态为基础，当 C 原子被 O 原子或 N 原子取代时，P 原子上电子云密度随着 C 原子数量的减少而下降[40-42]。只含有 P—C 结构的膦配体被称为芳基膦或者烷基膦配体，含 P—O 结构的膦配体被称为亚磷酸酯配体，含 P—N 结构的膦配体被称为亚磷酰胺配体。对应的配体在与 Rh 形成配合物催化剂后，也证明了相比于只有 P—C 键的膦配体，P—O 或 P—N 键的存在显著提升了催化体系的活性。

配体的空间效应也是影响 Rh-P 催化剂的因素。正如前面反应机理中所提及，决定氢甲酰化反应的区域选择性，也就是生成直链醛还是支链醛的关键步骤是烯烃插入步骤。而 Rh 原子周围空间的拥挤程度会影响烯烃插入时的中间体构型，Rh 周围中间体越拥挤，中间体构型越有利于正构醛的形成，因此，配体的结构往往具有较强的空间效应。

Tolman 综述了配体效应[43,44]。在此之前，配体对金属反应或性能的影响主要是依据电子效应。研究表明，空间效应至少与电子效应一样重要，决定了配合物的稳定性。定量描述配体空间效应的参数有 Tolman 角或自然咬合角(natural bite angle)(图 2.6)[45-47]。越大的咬合角意味着越强的立体效应，空间位阻越大越有利于增加 Rh 原子周围的拥挤程度，提升区域选择性。如前面活性物种平衡图 2.1 所示，活性最强的五配位的三角双锥活性中间体有两种构型，即 ee 构型和 ea 构型。

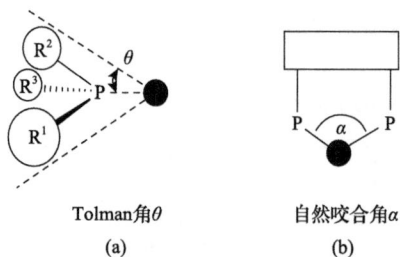

图 2.6　定量描述膦配体立体效应参数

ee 构型的咬合角约为 120°，而 ea 构型的咬合角为 90°，因此，ee 构型三角双锥活性中间体中 Rh 周围具有更强的立体效应，插入的烯烃更容易形成正构醛。

相比于单齿膦配体，二齿或者多齿膦配体能够提供更大的空间位阻。目前研究人员为了获得较高的产物醛正异比，开发出了一系列大立体位阻的双齿及多齿配体。比较有代表性的就是双齿配体 biphephos[48-50]、xantphos[51] 和 bisbi[52] 等（图 2.7）。因其较大的咬合角，与 Rh 形成的配合物催化剂在氢甲酰化反应中常可以获得较高的产物醛正异比。其中，biphephos 在不对称氢甲酰化反应中展示了很高的区域选择性。

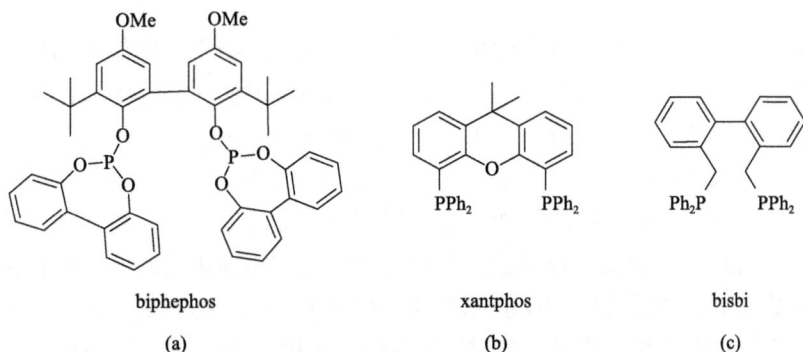

biphephos	xantphos	bisbi
(a)	(b)	(c)

图 2.7 几种常见的大立体位阻的双齿配体

除了电子及空间效应外，配体与中心金属 Rh 配位的数目也会影响 Rh-P 催化剂的催化活性和区域选择性，合适的有机配体可以逐步取代配位的 CO，如图 2.8 所示。反应平衡的移动取决于配体的浓度、配体的性质和 CO 分压。在催化反应过程中，要尽量避免形成没有配体配位的 $HRh(CO)_4$，但是膦配体过量时，CO 几乎被完全取代，形成 $HRhP_4$，没有底物插入的空间，氢甲酰化的效率都会降低。因此，要控制配位化合物以 $HRh(CO)_3P$、$HRh(CO)_2P_2$ 和 $HRh(CO)P_3$ 等形式存在，才能有效地进行氢甲酰化反应。尽管不同膦配体及浓度时形成的活性中间体不尽相同，但膦配体与 CO 相比，σ-供体能力强，π-受体能力较差；空间效应方面，膦配体由于尺寸较大，所以在 Rh 配合物中产生的空间位阻较大，而 CO 强的键合力及大的空间位阻都会阻碍烯烃的氧化加成。另外，强拉电子的

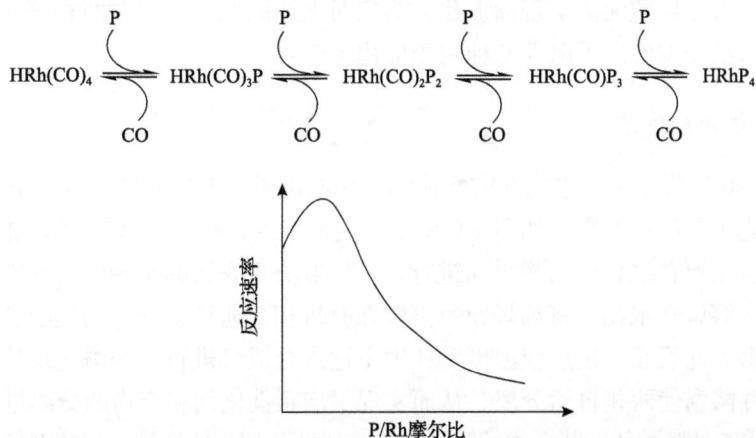

图 2.8 不同 P 浓度时形成的 Rh-H 化合物平衡物种及火山型曲线

膦配体会诱导 CO 快速被烯烃取代，导致高的反应速率，但是缺电子的 Rh 配合物催化剂容易加速烯烃异构化副反应的速率。这个复杂的过程可以通过 PPh$_3$ 修饰的 Rh 催化剂体系的研究结果表现出来。P/Rh 摩尔比对反应速率的影响呈火山型曲线(图 2.8)[53,54]。

2.4 多相氢甲酰化反应的研究进展

均相催化反应条件温和，催化效率高，但是从反应产物中分离催化剂是工业生产中不可逾越的难题。低沸点的醛(≤C$_5$)可以通过蒸馏简单地移除，这个操作需要在催化剂和产物能保持稳定的温度下进行。然而，大部分的铑催化剂在 100℃ 以上就会发生分解、流失，另外在蒸馏的过程中，有机缩合反应会随着温度的升高而出现，从而降低产物的收率，且高沸点物质会在后续的操作中慢慢累积而改变反应介质，将强烈影响反应的收率和选择性。因此，多相催化技术被广泛研究以解决均相催化的问题。多相化技术是在均相催化的基础上，使催化剂与反应原料和产物处于不同的物相中。为了得到兼具两类催化剂优点的新型催化剂，研究人员对均相催化剂多相化进行了广泛的研究。总的来说，多相氢甲酰化技术可归结为两大类：两相催化和均相催化剂固载化。

2.4.1 两相氢甲酰化催化反应研究进展

两相催化主要特征是使用两种互不相溶的液相，一相含有催化剂溶液，另一相含有未反应的反应物及产物，通过简单倾析的方法实现较为容易的催化剂回收过程，同时又能充分利用均相催化剂的固有优势。1984 年，以水溶性膦配体三间磺酸基三苯基膦钠盐(TPPTS)和 Rh 的 Wilkinson 型配合物[HRh(CO)(TPPTS)$_3$]为催化剂的丙烯两相氢甲酰化反应技术，在德国鲁尔化学公司获得工业应用，至 1999 年已建有两套年产 30 万 t 的正丁醛工业装置[55]，即前文提到的氢甲酰化反应第五代 RCH/RP 催化剂工艺，该技术成功开发了适用于丙烯氢甲酰化的水/有机两相催化体系。但是对于水溶性差的高碳烯烃原料，反应活性太差导致无法实现商业化。为应对上述问题，人们对两相催化进行了广泛的研究，目前已经发展出了以下 6 种两相催化工艺。

1. 水/有机两相体系

20 世纪 90 年代以来，水溶性膦配体和两相催化研究工作的进展特别引人瞩目。水/有机两相催化工艺的基本原理如图 2.9 所示，通常认为，在一个水/有机两相共存的体系中，催化反应主要在水相或两相界面进行，具体取决于底物的水相溶解性能。将水溶性配体和催化剂溶解在水相，将烯烃原料溶解在有机相，通过搅拌令两相混合使催化剂与烯烃进行接触，而后在一定反应温度和压力下通入合成气进行氢甲酰化反应，反应结束后停止搅拌并降温使两相自然分离，从而实现了均相催化剂和产物的分离过程。

在新的水溶性膦配体不断合成的同时，水/有机两相催化体系的适用范围日益拓宽[56,57]，通过向有机膦分子引入亲水的强极性官能团，可以合成各种类型的水溶性膦配体。已见

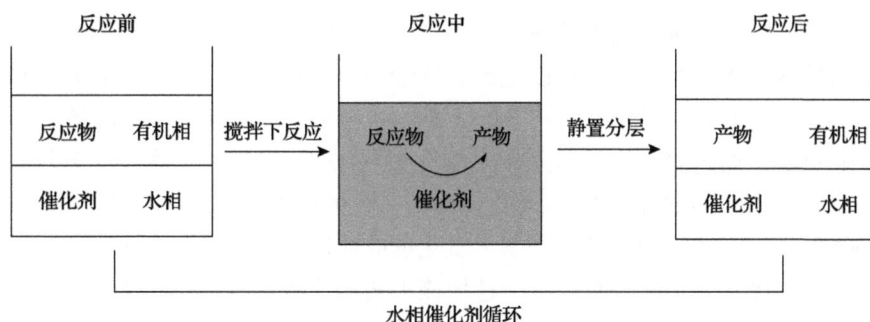

图 2.9 水/有机两相催化体系原理

报道的亲水性官能团主要包括磺酸基、羧基、季铵盐、羟基和聚氧乙烯醚链等[58,59]。磺酸基取代三苯基膦 TPPMS1[60]和 TPPTS2（图 2.10）因合成方法简单、催化性能良好而在各类反应中广泛使用。

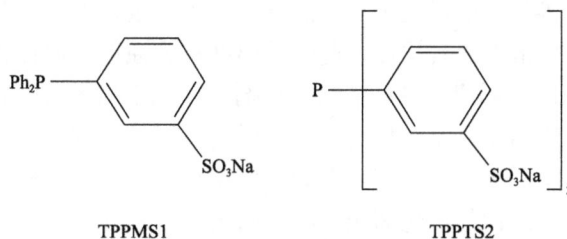

图 2.10 TPPMS1 和 TPPTS2 配体示意图

丙烯两相氢甲酰化连续反应中，Rh/BISBIS、Rh/NORBOS 和 Rh/BINAS 催化剂体系比已工业化的 Rh/TPPTS 体系显示出更优越的催化性能（表 2.6）[61-63]。在 P/Rh 摩尔比大为降低的同时，催化剂的转换频率（turnover frequency，TOF）、选择性和收率均有大幅度提高。Rh/BINAS 体系的 TOF 高达 178.5h^{-1}，在当时已有文献报道的丙烯氢甲酰化催化剂中活性最佳[62]。膦配体的空间结构对反应的选择性影响显著。BINAS 和 BISBIS 由于是双齿配体而存在螯合效应，有利于正构醛的生成，其丁醛正构率分别高达 98%和 97%；而对于单齿膦配体 NORBOS，其丁醛正构率仅为 81%。

表 2.6 水溶性铑膦配合物催化剂的两相氢甲酰化反应性能比较

催化剂名称	P/Rh 摩尔比	TOF/h^{-1}	正异比	收率
Rh/TPPTS	80	15.0	94/6	0.20
Rh/BISBIS	6.7	97.7	97/3	1.26
Rh/NORBOS	13.5	117.7	81/19	0.37
Rh/BINAS	6.8	178.5	98/2	1.02

底物烯烃的水相溶解性能对两相氢甲酰化反应速率有很大的影响。丙烯的水溶性足以使其氢甲酰化反应受动力学控制；但对于碳数大于 6 的高碳烯烃，其水溶性过低而导致反应被传质控制，因此氢甲酰化收率一般很低[64]，从而使该体系不适用于高碳烯烃的氢甲酰化[65]。为了解决烯烃溶解性对催化性能的影响，研究人员通过添加表面活性剂来

改善催化性能。由于季铵盐阳离子 $[RN^+(CH_3)_3]$ 中烷基 R 链会影响烯烃的溶解度，将季铵盐表面活性剂引入两相体系，可以使高碳烯烃在微乳化层中与催化剂充分接触，大大提升高碳烯烃的转化率。Cornils 等[66]将季铵盐引入 RCH/RP 工艺，1-己烯的转化率由 20%提升至 90%。通过将十六烷基三甲基溴化铵(CTAB)引入两相体系，李贤均、陈华等[67]使 1-十二烯由几乎不转化升至转化率 61.3%。虽然表面活性剂的引入能够提高水/有机两相体系中高碳烯烃的溶解度和氢甲酰化反应活性，但是由于催化剂和原料只能在反应界面混合，催化剂不易分离回收，这使该工艺的优势大打折扣，从而影响其大范围应用。

2. 温控相转移催化体系

温控相转移催化(thermoregulated phase-transfer catalysis，TRPTC)体系是基于具有浊点特性的温控配体在有机溶剂中可能存在临界溶解温度(CST)的设想而设计的一种两相催化体系，由金子林等[68-72]最早提出。当温度上升到一定程度时，非离子表面活性剂溶解度急剧下降而析出，溶液出现浑浊，此时的温度称为浊点。温控相转移催化过程的特点是由温控配体与 Rh 等形成的黏稠液状催化剂，在低于临界溶解温度时不溶于有机溶剂而自成一相，当反应温度升至临界溶解温度以上时，催化剂溶于有机相而呈一均相体系；当反应结束冷却至低于临界溶解温度时，催化剂又从产物相析出，体系恢复两相，可以通过倾析方便地将产物与催化剂相分离，如图 2.11 所示。

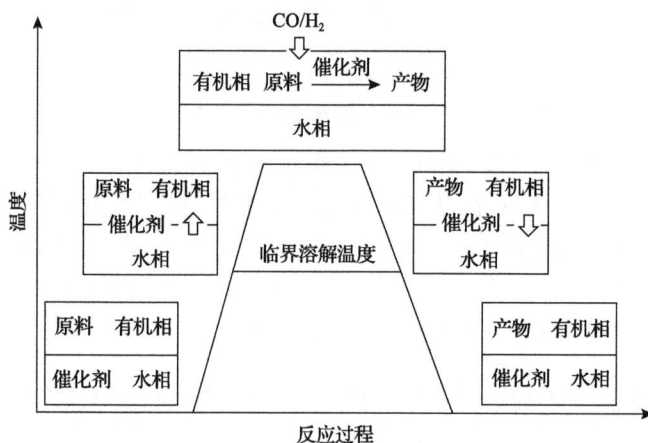

图 2.11　温控相转移催化的基本原理

金子林等利用非离子表面浊点特性，设计了含有醚键的配体，在低温时该配体的醚键会与水中的氢原子相互作用形成氢键，当温度升高到浊点温度时，催化剂会由水相进入有机相，而反应温度高于浊点温度，所以在反应过程中催化剂和反应原料处在同一相，充分接触，拥有良好的催化效果。反应结束后，当温度下降到浊点温度以下，催化剂从有机相回归水相，与产物分离。他们以 $C_6 \sim C_{12}$ 高碳烯烃为反应原料，在该反应体系下测试反应活性及催化剂稳定性。结果显示，1-十二烯氢甲酰化反应转化率可以达到 93.6%以上，体系冷却后两相界面清晰，分离方便，且催化剂可以保持催化活性使用 4 次以上。

除了对配体进行修饰，使其能进行温控相转移催化外，研究者们还发现将三苯基膦连接在聚乙二醇侧链上，也能达到类似的效果。在室温下，接在聚乙二醇侧链上的三苯基膦与 Rh 形成的配合物溶解在水相，但经过加热会进入有机相催化反应，待反应体系再次冷却后催化剂会再次返回水相，而产物留在有机相。两相的分离十分方便，且 Rh 的流失量可以忽略[73]。

温控相转移催化具有"均相反应、两相分离"的特色。也就是说，温控相转移催化过程将均相催化和多相催化完美地结合起来，实现了一相反应、两相分离的目的。因此与水油两相体系相比，温控相转移催化体系反应原料的水溶性不再是反应速率的控制因素。温控相转移催化体系的产品醛的正异比很低，催化剂循环使用活性的考察结果表明，对高碳直链端烯烃，经 10 次循环后，活性呈现较明显的下降趋势。因此，对于该催化体系，设计并合成大空间位阻的温控多齿配体可能是一个比较热门的研究方向。

3. 氟两相催化体系

虽然水/有机两相催化和温控相转移催化提高了高碳烯烃的氢甲酰化活性，但是高碳烯烃的氢甲酰化反应的应用仍然受到了限制。1994 年，Horváth 等[74,75]开发出一类新型的无水两相催化体系，即氟两相体系(fluorous biphase system，FBS)，并将其成功地应用于高碳烯烃氢甲酰化反应。这个体系的基本原理如图 2.12 所示，是根据氟代溶剂与常见有机溶剂的混溶性随温度变化的原理进行运作。也就是说，在操作温度下，氟代溶剂和有机溶剂混溶，而在室温下，两类溶剂互不相溶，以实现催化剂的分离回收。

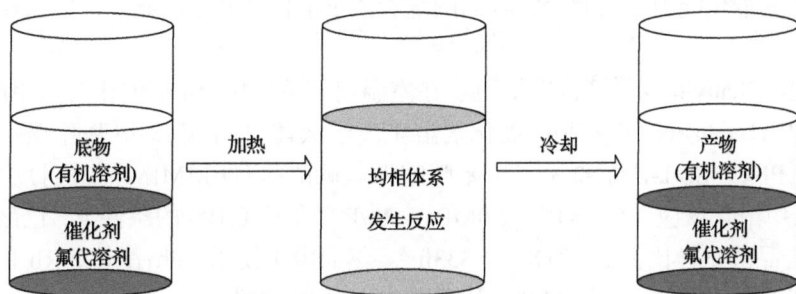

图 2.12 氟两相催化的基本原理

由氟相和有机相构成的氟两相体系，其本质是氟碳化合物微弱的分子间作用力导致其与大部分有机溶剂不溶。氟相由全氟化烷烃和氟化催化剂组成，有机相由有机溶剂和底物组成。在较高的反应温度下，氟相和有机相形成均一的单相；而在反应结束后，氟相和有机相在室温下重新分成两相，完成催化剂的分离回收[74]。氟两相催化的根本要求是在较低温度下催化剂易溶于氟碳化合物组成的氟相而不溶于有机相。催化剂的这种性能是通过设计和合成带有足够氟化基团的膦配体实现的，一般情况下会使用 2～3 个碳原子的亚甲基来间隔膦配体中的 P 原子和具有强吸电子效应的全氟化基团，以保证膦配体具有较好的配位能力[74,76]。3-($1H,1H,2H,2H$-全氟化辛基)膦($P[CH_2CH_2(CF_2)_5CF_3]$)是能够满足上述原则的一个氟化膦配体。在 $C_6F_{11}CF_3$/甲苯两相体系中，$Rh/P[CH_2CH_2(CF_2)_5CF_3]$ 催化剂对 1-十二烯氢甲酰化反应的催化性能优越，醛收率达 85%，且分离后的有机相中未发现 Rh 的流失[74]。

Horváth 等将含大量氟基的烷基链引入膦配体，并以全氟甲基环己烷和甲苯为溶剂，以 1-癸烯为原料，产物醛收率可达 98%，催化剂循环使用 9 次以上还保持 30000 以上的总转化数(TON)[74,75]。不过，对于该催化体系，由于配体在醛中有一定溶解性，会造成活性组分的流失。

为了解决活性组分流失问题，研究人员进行了大量相关研究。研究发现[76-81]，通过改变膦配体上氟基的数量，调控膦配体上含氟烷基链的长度以及改变溶剂的组合，可显著减少活性组分的流失，同时保持优异的催化活性和产物选择性。

作为一类新型的两相体系，氟两相催化特别适用于因传质控制而难以在水/有机两相体系进行的反应，解决了传统两相催化不适用于高碳烯烃氢甲酰化的问题，且具有醛收率高、催化剂易回收的特点，但是氟两相催化中的配体合成路线复杂，且氟代溶剂成本高，而且全氟代烷溶剂对臭氧层有一定的威胁，随着环保意识日益增强和环保标准愈发严苛，氟两相体系工业化应用的可能性极低。

4. 离子液体两相催化体系

20 世纪 90 年代末，以离子液体为溶剂的离子液体两相体系得到了很大的进展。离子液体是在室温下或者至少在反应温度下为液体的盐，具有高熔点、低挥发性，且可由设计其组成调控其对有机化合物溶解性的特点。离子液体具有能够溶解有机化合物(如高碳烯烃)的潜力，作为具有极性但是弱配位能力的溶剂，它们可以溶解离子催化剂而不明显改变其催化能力，因此研究者们围绕着离子液体展开了高碳烯烃的氢甲酰化反应研究。

1996 年，Chauvin 等[82,83]首次报道了在室温离子液体中 Rh 基催化的氢甲酰化反应。该工作将 Rh(acac)(CO)$_2$/PPh$_3$ 催化剂溶于离子液体 1-丁基-3-甲基咪唑六氟磷酸盐([BMIM][PF$_6$])和 1-乙基-2,3-二甲基咪唑四氟硼酸盐([EMMIM][BF$_4$])中，探究了 1-戊烯的氢甲酰化反应。在 353K、2.0MPa、Rh/P 摩尔比 0.106 的条件下，己醛的收率可达 99%，产品醛正异比为 3，TOF 为 333h^{-1}。然而由于使用 PPh$_3$ 配体，Rh 催化剂在反应底物和产品中也有一定的溶解度，从而造成少量 Rh 流失。

Karodia 等[84]以高熔点的季鏻盐离子液体为溶剂，以铑配合物为催化剂，以 1-己烯为原料进行氢甲酰化反应测试。利用季鏻盐离子液体熔点高的特点，在高温反应，在低温分离。该体系催化剂和产品方便分离，且催化剂循环性能好，多次使用后仍能保持活性。

Wasserscheid 等[85]以咪唑鎓盐([BMIM][PF$_6$])离子液体为溶剂，以 1-辛烯为原料，测试了二茂 Co 双膦配体/Rh(CO)$_2$(acac)催化体系对氢甲酰化反应的催化性能。该催化体系在 100℃、1MPa 条件下，获得的 TOF 值为 800h^{-1}且产品醛的正异比高达 16.2。值得一提的是，在该离子膦配体存在的条件下，反应仅发生在离子液体相中，反应后仅发现约 0.5% 的 Rh 流失在产品层中。Wasserscheid 等发现用离子胍盐修饰中性膦配体可以有效地将 Rh 配合物催化剂固载于离子液体中。例如，胍盐修饰的 PPh$_3$ 配体在氢甲酰化反应中可以将 Rh 流失量降低至约 0.07%。

虽然离子液体的性能优异，但是其价格较高，尤其是高纯度离子液体的提纯工艺复杂、生产成本高，且含卤素的离子液体在反应过程中容易产生 HCl 和 HF 等有毒有害气体，危害环境，这限制了其工业化应用。针对这一问题，研究者们将稳定的基团引入离子液体替代卤素[86,87]，并已取得了良好的催化效果，也有了工业应用的报道[88]。

5. 超临界流体两相催化体系

在两相催化体系中，反应原料的溶解性对反应性能有较大的影响。超临界流体是一种溶解性极强的液体，可以溶解大多数的低中极性有机溶剂和永久性气体。如果配合物催化剂也能溶于超临界流体，则可以实现真正意义上的均相催化反应，提高催化反应性能。超临界 CO_2(supercritical CO_2，$scCO_2$)是一种无毒、廉价易得的环境友好型介质，在温度高于临界温度 $T_c=31.26℃$，压力高于临界压力 $P_c=72.9atm$($1atm=1.01325\times10^5Pa$)的状态下，性质会发生变化，其密度近于液体，黏度近于气体，扩散系数为液体的 100 倍，因而具有惊人的溶解能力，可以溶解许多中低极性的有机分子，并可以与气体完全混合，在超临界流体两相催化体系中有着广泛的应用。

Rathke 等[89]以 $Co_2(CO)_8$ 为催化剂，在 $scCO_2$ 中测试了丙烯氢甲酰化反应。他们发现，由于催化剂在 $scCO_2$ 中溶解性不高，反应速率受限，但反应在该体系中的活化能低于在普通有机溶剂中的活化能。

在高碳烯烃氢甲酰化反应中，大多数有机膦铑配合物催化剂在 $scCO_2$ 中溶解性较差，为了提高金属配合物催化剂在 $scCO_2$ 介质中的溶解度，研究者对所用的配体进行了改性，用含芳烃取代的配体代替原来的含烷烃取代的配体[90]，并用全氟烃基对芳基进行修饰，从而显著提高了催化剂的溶解度[80,91-94]。Bhattacharyya 等[95]对比了 Rh/PPh_3 与 $Rh/P[C_6H_4(CH_2)_2(CF_2)_6F]_3$ 催化体系在 $scCO_2$ 介质中 1-辛烯氢甲酰化反应性能，在 333K、CO 和 H_2 分压各为 3.0MPa 的条件下，结果发现在 $scCO_2$ 介质中 Rh/PPh_3 催化剂的催化效率(转化率为 26%，正异比为 3.5)远低于在 $scCO_2$ 介质中的 $Rh/P[C_6H_4(CH_2)_2(CF_2)_6F]_3$ 催化剂(转化率为 92%，正异比为 4.6)。Erkey 等[96-99]系统研究了含氟配体与铑的配合物 $HRh(CO)[P-(3,5-(CF_3)_2-C_6H_3)_3]_3$ 催化的 $scCO_2$ 中的高碳烯烃氢甲酰化反应。在温和反应温度(338K)下，Wilkinson 型配合物 $HRh(CO)[P-(3,5-(CF_3)_2-C_6H_3)_3]_3$ 催化 1-辛烯的 TOF 值高达 $15000h^{-1}$。

Koeken 等[100]合成了 $P-[3,5-(CF_3)_2-C_6H_3]_3$ 配体，与 Rh 配合形成催化剂并催化 1-辛烯氢甲酰化，在 343K、P/Rh 比为 50:1 的条件下，反应的 TOF 值最高可达 $7830h^{-1}$，且催化剂能保持长时间活性，这都说明了超临界流体在两相催化氢甲酰化反应中的巨大潜力。

超临界 CO_2 中的氢甲酰化是通过反应后简单地改变介质密度来分离产物和催化剂的有趣方法，虽然 CO_2 具有无毒和廉价易得等特点而成为一种最常用的超临界介质，然而其不足之处是大多数过渡金属催化剂在 $scCO_2$ 介质中难溶或不溶，从而大大制约了 $scCO_2$ 介质中过渡金属催化反应的进一步发展和工业化应用。

6. 超临界流体/离子液体两相催化体系

在超临界流体两相和离子液体两相的基础上，Cole-Hamilton 课题组[101,102]利用超临界流体/离子液体两相催化体系，设计并实现了连续的氢甲酰化反应(图 2.13)。由 scCO$_2$ 和离子液体组合形成的超临界流体/离子液体两相体系结合了两者的特点。在该体系中，烯烃、合成气及 scCO$_2$ 同处一相，离子化的 Rh 催化剂溶于离子液体相中，反应原料烯烃和合成气被 scCO$_2$ 送入反应器，原料与催化剂充分反应后，溶解了产品的反应液被 scCO$_2$ 带出反应器，将 CO$_2$ 挥发掉后即得到相应的产品。scCO$_2$ 不但可以和某些离子液体混溶，同时还可以萃取出在离子液体相中的反应产物。他们以 Rh$_2$(OAc)$_4$/PhP(C$_6$H$_4$SO$_3$)$_2$ 作为催化剂，[PMIM]$_2$/[BMIM][PF$_6$] 作为离子液体，以 1-己烯为反应原料，在最佳反应条件下，1-己烯转化率可达到 40%，产物醛选择性为 83.9%，正异比为 6:1，流失到产物中 Rh 的量可以忽略不计。在 100℃、2MPa 合成气压力、20MPa 总压的条件下，1-壬烯的连续氢甲酰化反应进行 33h，TOF 值维持在 8h^{-1}，正壬醛选择性达 76%，正异比为 3.2，Rh 流失量小于 1ppm(1ppm=10^{-6})。

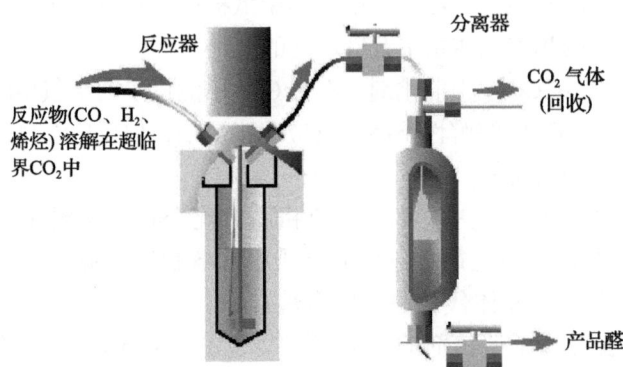

图 2.13   超临界流体/离子液体两相反应流程图

值得注意的是，scCO$_2$ 不但作为反应溶剂促使反应发生，同时引入了反应原料，将产物引出反应器，这有利于反应的进行。同时，与传统两相体系相比，该技术还实现了工艺上的连续反应，有较好的工业化价值，Thomas Swan & Co. Ltd.使用该技术的催化装置已经落成[103]。

2.4.2   氢甲酰化反应均相催化固载化研究进展

两相体系的研究虽然解决了对高碳烯烃催化性能不佳的问题，但是受限于催化剂与产物的分离，两相体系难以进行连续反应，同时两相溶剂的存在也会增加催化剂的回收与产物的分离难度。与之相比，将均相催化剂固载化就不会有此类问题，因此固载化技术也是氢甲酰化反应的研究热点。常见的固载化思路为：无机载体固载化、担载液相催化剂和聚合物载体固载化。

1. 无机载体固载化

无机载体固载化是将配合物催化剂部分接枝在无机载体上。无机载体固载化主要有两种方法：一种是通过物理作用(如物理吸附、氢键、静电相互作用等)将过渡金属配合物催化剂负载到无机载体上；另一种是通过化学键合的方式将配合物催化剂中的配体部分固定到无机载体上，如图 2.14 所示。因化学键合方式固载的金属配合物催化剂更稳定，所以该类型催化剂的研究较为广泛。

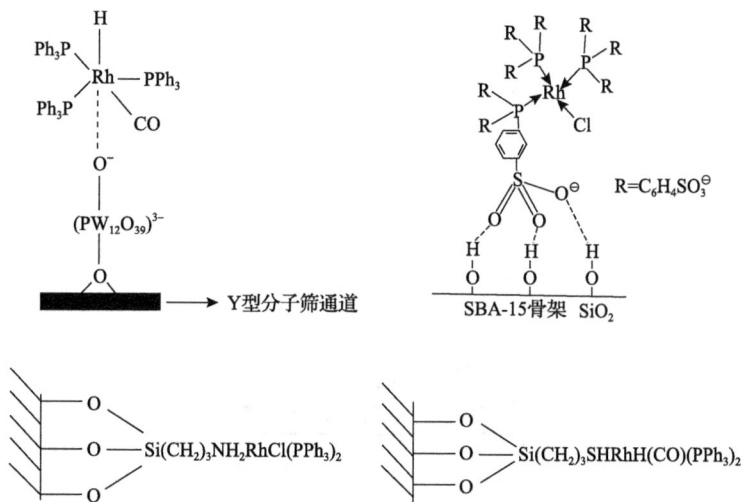

图 2.14　不溶性载体固载化的均相催化剂的示意图

常用的无机载体有硅胶、氧化铝、氧化锌、黏土、分子筛、活性炭、碳纳米管和石墨烯等。研究表明，载体的比表面积、孔尺寸和分布以及表面的化学状态会影响催化剂的反应性能。无机载体固定的效果和它的比表面积和孔隙结构、表面的化学状态有关，如表面吸附水、羟基等。采用磷钨酸将 HRh(CO)(PPh₃)₃ 配合物固载在 Y 型分子筛上[104]，或将 HRh(CO)(PPh₃)₃ 锚定在 Na-Y 分子筛、MCM-41 和 MCM-48[22]等介孔材料中所制备的固载化均相催化剂都表现出了很好的稳定性、重复使用性和活性。这类不溶性载体上固载化的催化剂在各种直链和支链的烯烃中都有报道[104,105]。一种用硫醇将 HRh(CO)(PPh₃)₃ 绑定在 SiO₂ 上的催化剂甚至表现出比均相催化还高的氢甲酰化活性[106]。氨化的 MCM-41 上固载化 Rh₄(CO)₁₂ 催化剂在环己烯氢甲酰化反应中表现出很高的活性和选择性[107]。

以二氧化硅为载体固载化氢甲酰化催化剂主要有两种形式：一种是二氧化硅直接固载铑金属；另一种是二氧化硅同时锚定配体与铑金属。第一种方法面临的问题是活性组分膦配体易于流失而导致催化剂活性显著下降[108,109]，膦配体补充以后，活性可以恢复，但是工业生产中操作麻烦。经过对催化剂制备工艺不断创新与改进，丁云杰、严丽等成功地将 Rh 纳米粒子和膦配体同时锚定在 SiO₂ 载体上(图 2.15)，在反应中配体会与活性金属 Rh 原位配位形成 Rh-P 活性物种，这使得催化剂在固定床乙烯氢甲酰化反应中表现出极佳的稳定性[110-114]。

活性炭为载体固载 Rh 催化剂的方法也有研究，采用浸渍法将 Rh 盐负载至活性炭，煅烧后制得催化剂。但是，由于缺少膦配体，该类催化剂对产物醛的活性和选择性普遍偏低，无实用意义。也有研究人员通过分子筛包覆或者酸处理等方式对活性炭载体进行改性，可以部分提升催化性能，但是无法做到同时拥有高的化学选择性与区域选择性[115-118]。

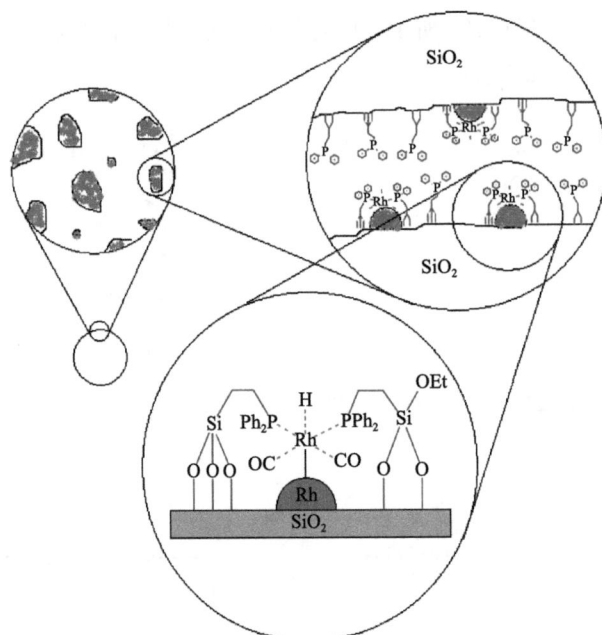

图 2.15　DPPTS-Rh/SiO$_2$ 催化剂的结构模型

　　分子筛为载体固载氢甲酰化催化剂的研究一般采用分子筛锚定含 N/P 配体，而后用配体与 Rh 配位进行烯烃氢甲酰化催化反应[119-122]。N 原子与 P 原子为常用的配位原子，用分子筛锚定含对应原子配体的方式也不同。对于 N 原子，多是使用带有氨基和烷氧基的硅酯或者硅烷对分子筛进行处理，在分子筛内部形成含有大量配位位点，同时具有支化结构的高分子链，与 Rh 配位催化反应。对于 P 原子，则是在膦配体上引入含烷基侧链，通过对分子筛的处理让硅与侧链相连接，以此锚定膦配体，催化反应进行。如表 2.7 所示，虽然分子筛为载体固载氢甲酰化催化剂对高碳烯烃有良好的转化率，然而此方法也存在诸多问题。以 N 为配位原子时，对分子筛修饰操作简便，但固载化的催化剂对醛选择性不佳；以 P 为配位原子时，催化剂选择性高，但是对分子筛修饰方法复杂，且分子筛固载的氢甲酰化催化剂的区域选择性不佳[123-125]。

表 2.7　分子筛固载氢甲酰化催化剂催化反应性能

载体/催化剂	底物	转化率/%	选择性/%	正异比	Rh 流失率/%
MCM-41/APTES	1-辛烯	93	34.0	1.0	—
MCM-41/AEPMDMS	1-辛烯	94	43.0	0.9	—

续表

载体/催化剂		底物	转化率/%	选择性/%	正异比	Rh 流失率/%
SBA-15/TPTES		1-辛烯	94	46.0	1.2	—
SBA-15/AEPMDMS		1-辛烯	94	47.7	1.1	
SiO₂/AEPMDMS		1-辛烯	94	38.5	1.2	
SiO₂/AEPMDMS		1-辛烯	93	41.3	1.1	—
SBA-15	RhCl₃			99.0	0.5	—
	RhCl(CO)(PPh₃)₂	1-辛烯	100	98.0	1.6	1.3
	RhCl(PPh₃)₃			98.0	2.2	—
SBA-15/nixantphos		1-辛烯	91	96.0	47.0	$<3\times10^{-9}$
MCM-41		苯乙烯	99	81.0	0.2	微量

近年来,将 Rh 以单原子形式分散和固载于金属氧化物表面所制备的单原子催化剂,相关研究也比较多。Rh 单原子催化剂作为氢甲酰化催化剂的方法实现了贵金属原子利用效率最大化,在烯烃氢甲酰化领域表现出优异的活性和醛选择性,张涛、王爱琴研究团队在此方面取得了优异的成果[126-129]。然而此方法制备的催化剂虽然催化性能优异,但是催化剂制备流程复杂,工业化难度较大。

磁性纳米颗粒具有较高的比表面积,同时可以利用其磁性达到分离的效果,因而常被研究者用作固载化氢甲酰化催化剂的载体。常用的载体为超顺磁性氧化铁纳米颗粒(SPION),而 Fe_3O_4 纳米颗粒很难官能团化,研究者通常都是通过对膦配体进行预处理[130-132],才能将其锚定在 Fe_3O_4 纳米颗粒载体上(图 2.16)。此方法制备的固载化催化剂易于分离,但是膦配体的锚定并不十分牢固,金属活性中心容易流失,且此方法固载化的催化剂在活性、醛选择性方面表现一般,还停留在实验室研究阶段。

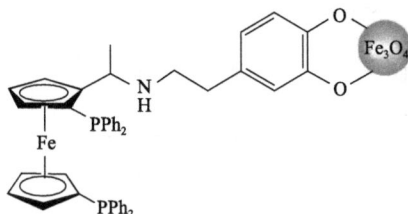

图 2.16　Fe_3O_4@dop-BPPF 结构图

虽然无机载体的化学、机械及热稳定性一般比较好,但无机载体固载化方法面临的主要问题也是催化剂循环使用稳定性较差。配体与活性金属之间的配位键容易断链、重组,使得活性金属流失,从而造成催化性能下降。由于 Rh 金属价格十分昂贵,其流失量必须控制在 1ppm 以下才有工业应用前景。"瓶中造船"技术能在一定程度上减少金属流失[133]。即便如此,目前为止唯一实现商业化的均相固载化催化剂是利用静电将 $[RhI_2(CO)_2]^-$ 固定在离子交换树脂上的催化剂,其应用于甲醇羰基化反应[134]。但是这种技术还是没有解决金属流失问题,而是开发了一种金属回收技术。采用该技术的日本某工厂在工艺流程下游建立了铁离子交换床以吸附流失的 Rh 金属,一定时间以后,对交换床上吸附的金属 Rh 统一进行回收。

2. 担载液相催化剂

20 世纪 80 年代初期,Scholten 等[135-141]和 Hjortkjaer 等[142,143]开发了氢甲酰化反应中的担载液相催化剂(SLPC)。SLPC 的制备方法是先将 Rh 配合物催化剂溶于高沸点、低挥发性的液体薄膜中,然后再将该液体薄膜吸附在多孔固体材料上制得。作为担载液相的溶液主要有三丁酸盐、四甘醇、聚乙二醇、三苯基磷酸盐和三苯基膦(反应温度 $T > 373K$ 时为液体)。随后,担载水相催化剂(SAPC)以担载液相催化剂为基础发展起来,不同之处是采用水作为溶剂,从而使溶剂与反应底物和产品不互溶。随着离子液体的广泛应用,还出现了担载离子液体相(supported ionic liquid phase,SILP)催化剂的概念[144-148]。SILP 催化剂的制备方法是将含有催化剂的离子液体薄膜通过物理吸附作用负载于大比表面积的多孔固体材料表面上。上述几种催化剂均归为担载液相催化剂。

三苯基膦作为担载液相一方面可以有效地分散 Rh 配合物,达到比较高的 P/Rh 摩尔比,从而取得较高的选择性,另一方面还可以提高其抗失活的能力。目前最满意的结果是每克 SiO_2 上负载 0.6g PPh_3。但是,担载液相催化剂只限于反应底物为气相的反应,类似长链烯烃的液相反应底物会溶解担载液相中的液体,使催化剂很快失活。另外,在反应条件下担载液相催化剂中的液体流失还会造成金属颗粒的凝结,从而导致催化剂失活,因此反应气体进入反应器之前要预先吸饱液体。流化床可以部分缓解这个问题[56]。担载液相催化剂在催化丙烯氢甲酰化方面有过报道[149],但是近年来这方面的研究有所衰落。1987 年,曾经有一个采用担载液相催化剂催化丙烯氢甲酰化的大型工厂宣称落成[150,151],但是至今仍然没有担载液相催化剂商业化的报道。

　　担载水相催化剂已有很多综述报道[152]。1989 年,Davis 和 Hanson 等[153]首先提出了这个概念,见图 2.17,并将这种催化剂广泛应用于氢甲酰化反应[154-157]。国内袁友珠等[158,159]用固定床加压流动态反应器研究了 SAPC 对十一碳烯酸甲酯等的氢甲酰化反应,得到了较好的结果,烯烃转化率达 82%～97%,醛的选择性为 98%～100%,但是,催化剂失活后,补水并不能恢复催化剂的活性。李贤均等[160]将水溶性 RhCl(CO)(TPPTS)$_3$ 负载于扩孔硅胶上,在高压釜中研究该催化剂的 1-己烯氢甲酰化催化性能,反应温度、总压、CO/H$_2$ 分压和 P/Rh 摩尔比对 SAPC 的影响和 HRhCO(PPh$_3$)$_3$ 催化剂有相似规律。张敬畅等[161]在丙烯氢甲酰化反应中报道了 SAPC 的性能。

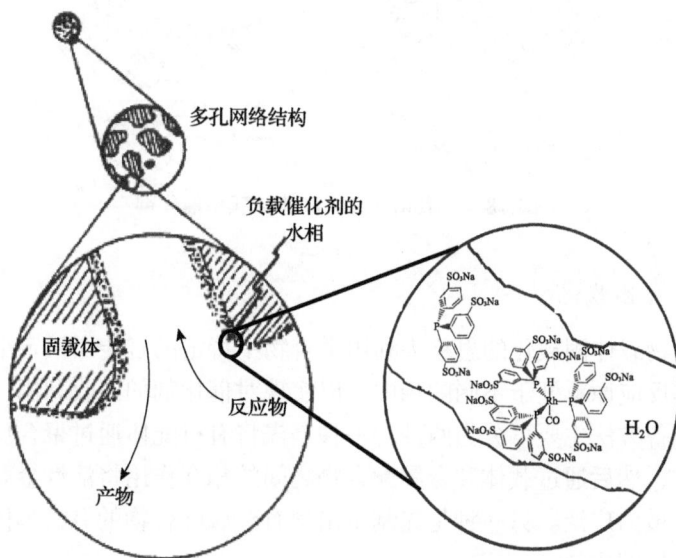

图 2.17　担载水相催化剂的结构和催化基本原理

　　担载水相催化剂适用于与水完全不互溶的液体底物,如使用长链烯烃与水溶性催化剂的反应,但是这种催化剂仍然很难在工业生产中应用。担载水相催化剂的活性依赖于固体中的水含量(质量分数),最佳含量是 3%～7%。过高或过低的水含量都会使催化剂的活性下降,而连续操作过程中几乎不可能严格测量或控制水含量。TPPTS 这种水溶性的配体在反应条件下会有损失,且不能通过简单地添加配体获得补偿。最重要的是,贵金属 Rh 的回收问题依然没有得到解决。但是对于催化剂成本很小的反应,如在制药工业,担载水相催化剂做出了很多贡献。

　　与有机溶剂相比,离子液体更为环保,并且由于蒸气压低,也容易将催化剂与产物分离。Haumann 等[148,162]以 biphephos 为配体,与 Rh 配位形成催化剂,溶解在离子液体[EMIM][NTf₂][1-乙基-3-甲基咪唑啉双(三氟甲基磺酰基)亚胺]中，再以 SiO₂ 为载体负载催化剂(图 2.18)。Rh/biphephos-SILP 催化体系在混合 C₄ 烯烃的固定床氢甲酰化反应中表现出较好的活性及较高的正构醛选择性(99%)，但是催化剂的稳定性较差。有趣的是，作者发现原料中微量的水使 biphephos 配体发生分解产生酸性物质，加速了醛醛缩合反应的发生，生成的高沸点副产物累积于离子液体薄膜中，造成催化剂的失活。通过对原料除水净化及添加除酸剂，催化剂可以持续稳定运行 800h。SILP 催化体系的缺点是在催化反应过程中生成的高沸点副产物会累积于离子液体薄膜中，阻碍反应物扩散到活性位点，进而影响反应速率。目前，Rh/SILP 催化体系仅适用于气相烯烃氢甲酰化反应，在高碳烯烃氢甲酰化反应中通常伴随 Rh 流失的现象。

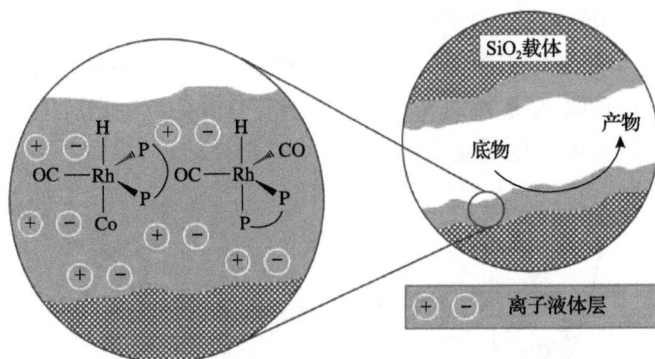

图 2.18　二氧化硅离子液体负载型催化剂

3. 聚合物载体固载化

传统的聚合物载体固载化的思路为利用聚合物中特定的官能团锚定金属配合物催化剂，使催化剂和反应原料处于不同的相中，以实现对催化剂的回收利用。聚合物载体固载化催化剂的制备方法主要可分为两种：一种是先将有机配体通过聚合反应生成含有配体官能团的载体，然后通过载体和金属配合物之间的相互作用将活性金属配合物固载，这种方法的研究最为广泛。另一种是先制备出含有金属配合物的有机单体，然后再将此单体聚合得到目标催化剂。

Jana 和 Tunge[163]将乙烯基 biphephos 与苯乙烯共聚得到溶解性可调的聚合物载体，再与 Rh(acac)(CO)₂ 配位制得聚合物固载化催化剂。聚合物在有机溶剂中的溶解度可以通过调节聚合物的分子量来控制。利用聚合物在非极性溶剂中可溶的性质，通过形成沉淀并过滤的方式来进行催化剂的分离回收。该催化剂应用在 1-辛烯氢甲酰化反应中(60℃，0.6MPa，P/Rh 比为 3)，1-辛烯的转化率高达 92%，但是醛的正异比仅为 3.35。

通过原子转移自由基聚合反应，Rinaldo Poli 等[164]合成了一系列聚苯乙烯负载三苯基膦配体的聚合物，并将其应用于 1-辛烯的氢甲酰化反应中。结果发现，使用聚合物固载化催化剂的产品醛正异比要优于使用均相 Rh(acac)(CO)₂/PPh₃ 催化体系，但活性较差。研究表明，聚合物链中的 PPh₃ 配体间距对催化反应性能的影响很关键(图 2.19)。当聚合物链短时，刚性强，PPh₃ 配体距离近，有利于形成 ee 构型，产品醛正异比高；而当聚合物链长时，PPh₃配体距离远，聚合物延展性好，易于折叠，易形成 ea 构型，产品醛正异比相对较低一些。

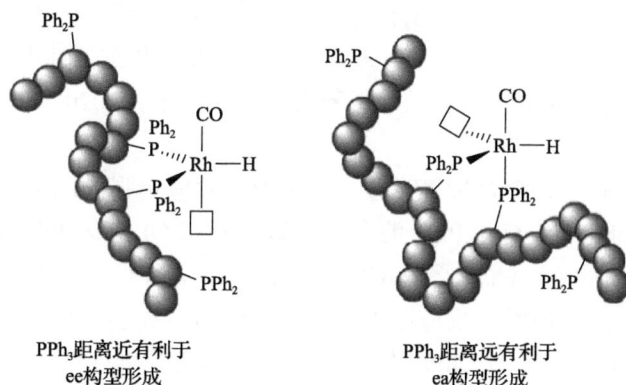

图 2.19　聚合物链中形成的两种不同构型的三角双锥活性中间体 ee/ea-HRh(CO)(polymer-PPh₃)₂
□表示配位点

　　值得一提的是，此类聚合物固载化催化剂在循环使用过程中，通常会因活性金属的流失而导致反应活性下降，且聚合物载体的高温热稳定性比较差。另外，聚合物载体在有机溶剂中有一定的溶胀性能，这种溶胀性会影响活性位点的可及性，进而影响反应性能。

　　丁云杰、严丽研究团队开发了一种新型的聚合物固载催化剂，他们合成了一系列具有多级孔道结构、大比表面积以及良好热稳定性的多孔有机配体(porous organic ligand，POL)聚合物，这种聚合物在催化剂中兼具载体和配体双重功能，是氢甲酰化催化剂固载化的理想载体。姜淼等首先制备了含三苯基膦单体的编织芳基网络聚合物(KAP)，固载 Rh 制成的多相催化剂在氢甲酰化反应中表现出良好的活性和稳定性，但是选择性不好[165]。深入研究后，他们认为该体系催化剂中膦配体浓度对催化性能影响很大。较低的膦配体浓度不利于固载活性金属，活性中心 Rh 容易流失，催化剂易失活。在前期研究的基础上，以乙烯基功能化的三苯基膦(3vPPh₃)配体为单体，通过溶剂热聚合法，他们成功制备了三苯基膦浓度很高的多孔有机配体(POL-PPh₃)[166,167]，结构如图 2.20 所

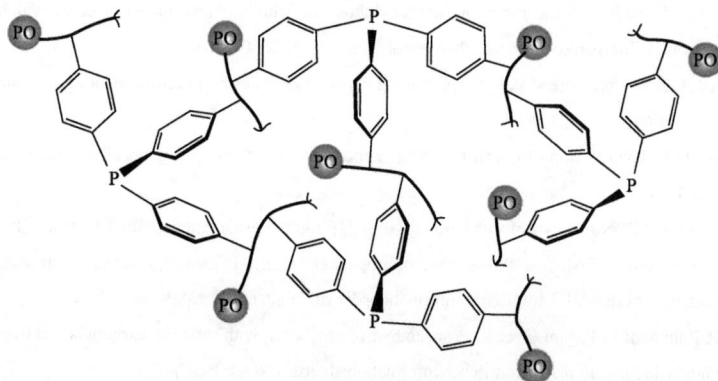

图 2.20　三苯基膦多孔有机配体结构图

示。POL-PPh$_3$ 具有高比表面积（1086m^2/g）、大孔容（1.70cm^3/g）以及良好的热稳定性（≥ 400℃时热稳定）等特性，采用湿式浸渍法制备了负载型 Rh/POL-PPh$_3$ 催化剂。在 393K、1.0MPa 的反应条件下，Rh/POL-PPh$_3$ 催化剂在乙烯氢甲酰化反应中展现出良好的催化性能，TOF 值稳定保持在 4000h^{-1} 以上，连续使用 1000h 催化剂活性中心几乎无流失。年产 5 万 t 的乙烯氢甲酰化制丙醛及其加氢制丙醇工业装置于 2020 年投产[168]，并平稳运行至今。

在上述研究基础上，李存耀等设计合成了位阻效应更强的乙烯基功能化的二齿亚磷酸酯配体 biphephos，并与 3vPPh$_3$ 混合共聚制备了 CPOL-bp&PPh$_3$ 聚合物，聚合物收率 100%，并用浸渍的方法制备了 Rh/CPOL-bp&PPh$_3$ 系列催化剂[169]。该催化剂在高碳端烯烃和内烯烃釜式氢甲酰化反应中展现出优异的活性和选择性。在固定床丙烯氢甲酰化反应测试中，在 343K、0.5MPa 的温和条件下，该催化剂展现出优异的活性（TOF 为 1209.0h^{-1}）、化学选择性（93.0%）与区域选择性（正异比为 24.2），并且在 1000h 的连续稳定性测试中保持稳定。进一步的研究表明，聚合物骨架中的两种膦配体协同作用是该催化剂优异催化性能的根源[170]。

贾肖飞等用相同的思路设计合成了乙烯基功能化二齿亚磷酰胺配体 BPa，再与 3vPPh$_3$ 混合共聚并制备成 Rh 基催化剂。在 373K、2.0MPa 的温和条件下该催化剂在 1-己烯氢甲酰化反应中展现出良好的催化性能，醛的选择性达到 92.0%，醛正异比高达 25.4，且催化剂至少能循环使用 10 次而活性无明显下降[171]。

与其他固载方式相比，以聚合物为载体的 Rh 基负载型催化剂实现了对 Rh 原子最大程度的利用，实现了催化剂活性、选择性及稳定性的统一。同时，由于聚合物载体高比表面积、大孔容、优异热稳定性及易于功能化的特点，该体系在多相催化领域也被广泛应用，并取得了大量的成果[172,173]。

参 考 文 献

[1] Evans D, Osborn J A, Wilkinson G. Hydroformylation of alkenes by use of rhodium complex catalysts[J]. Journal of the Chemical Society A: Inorganic, Physical, Theoretical, 1968, 12: 3133-3142.

[2] Evans D, Yagupsky G, Wilkinson G. The reaction of hydridocarbonyltris (triphenyl phosphine) rhodium with carbon monoxide, and of the reaction products, hydridodicarbonylbis (triphenylphosphine) rhodium and dimeric species, with hydrogen[J]. Journal of the Chemical Society A: Inorganic, Physical, Theoretical, 1968, (11): 2660-2665.

[3] Pruett R L, Smith J A. A low-pressure system for producing normal aldehydes by hydroformylation of α-olefins[J]. The Journal of Organic Chemistry, 1969, 34 (2): 327-330.

[4] Heck R F, Breslow D S. The reaction of cobalt hydrotetracarbonyl with olefins[J]. Journal of the American Chemical Society, 1961, 83 (19): 4023-4027.

[5] Slaugh L H, Mullineaux R D. Novel hydroformylation catalysts[J]. Journal of Organometallic Chemistry, 1968, 13: 469-477.

[6] Gregorio G, Montrasi G, Tampieri M, et al. Propene hydroformylation with tris- (triphenylphosphine) -carbonyl rhodium hydride. Ⅰ. Chemistry of the catalytic-system[J]. Chimischer Informationsdienst, 1980, 62 (5): 389-394.

[7] d'Oro Cavalieri P, Raimondi L, Pagani G, et al. Propene hydroformylation with rhodium carbonyls and triphenylphosphine. Ⅱ. Kinetics of butyraldehyde formation[J]. Chimischer Informationsdienst, 1980, 62: 572-579.

[8] Moulijn J A, van Leeuwen P W N M, van Santen R A. Catalysis: An Integrated Approach to Homogeneous, Heterogeneous and

Industrial Catalysis[M]. Amsterdam: Elsevier, 1993.

[9] Wilkinson G, O'Connor C. Selective homogeneous hydrogenation of alk-1-enes using hydridocarbonyltris (triphenylphosphine) rhodium (Ⅰ) as catalyst[J]. Journal of the Chemical Society A: Inorganic, Physical, Theoretical, 1968, 11: 2665-2671.

[10] Brown C K, Wilkinson G. Homogeneous hydroformylation of alkenes with hydridocarbonyltris (triphenylphosphine) rhodium (Ⅰ) as catalyst[J]. Journal of the Chemical Society A: Inorganic, Physical, Theoretical, 1970, 11: 2753-2764.

[11] Schurig V. On the nature of carbonyl rhodium (Ⅰ) β-ketoenolates as olefin hydroformylation catalysts: A comment[J]. Journal of Molecular Catalysis, 1979, 6 (1): 75-77.

[12] Kastrup R V, Merola J S, Oswald A A. P-31 NMR-studies of equilibria and ligand-exchange in triphenylphosphine rhodium complex and related chelated bisphosphine rhodium complex hydroformylation catalyst systems[J]. Advances in Chemistry Series, 1982, 196: 43-64.

[13] Brundage M A, Chuang S S. Experimental and modeling study of hydrogenation using deuterium step transient response during ethylene hydroformylation[J]. Journal of Catalysis, 1996, 164 (1): 94-108.

[14] Brundage M A, Chuang S S, Hedrick S A. Dynamic and kinetic modeling of isotopic transient responses for CO insertion on Rh and Mn-Rh catalysts[J]. Catalysis Today, 1998, 44 (1-4): 151-163.

[15] Zhu H J, Ding Y J, Yan L, et al. The PPh$_3$ ligand modified Rh/SiO$_2$ catalyst for hydroformylation of olefins[J]. Catalysis Today, 2004, 93: 389-393.

[16] Zhu H J, Ding Y J, Yan L, et al. Recyclable heterogeneous Rh/SiO$_2$ catalyst enhanced by organic PPh$_3$ ligand[J]. Chemistry Letters, 2004, 33 (5): 630-631.

[17] 朱何俊, 丁云杰, 严丽, 等. 有机-无机杂化 L-Rh/SiO$_2$ 氢甲酰化催化剂的研究 Ⅰ: PPh$_3$-Rh/SiO$_2$ 的催化性能及表征[J]. 催化学报, 2004, 25 (8): 653-658.

[18] 朱何俊, 丁云杰, 严丽, 等. 有机-无机杂化 L-Rh/SiO$_2$ 氢甲酰化催化剂的研究 Ⅱ: L-Rh/SiO$_2$ 的催化性能及表征[J]. 催化学报, 2004, 25 (8): 659-663.

[19] 朱何俊. 多相-匀相杂化催化剂 L-Rh/SiO$_2$ 上烯烃氢甲酰化的研究[D]. 大连: 中国科学院大连化学物理研究所, 2003.

[20] Beller M, Cornils B, Frohning C D, et al. Progress in hydroformylation and carbonylation[J]. Journal of Molecular Catalysis A, 1995, 104 (1): 17-85.

[21] Gonsalvi L, Guerriero A, Monflier E, et al. The role of metals and ligands in organic hydroformylation//Taddei M, Mann A. Hydroformylation for Organic Synthesis[M]. Berlin: Springer, 2013: 4.

[22] Wiese K D, Obst D. Hydroformylation//Beller M. Catalytic Carbonylation Reactions[M]. Berlin: Springer, 2006.

[23] Bohnen H W, Cornils B. Hydroformylation of alkenes: a industrial view of the status and importance[J]. Advances in Catalysis, 2002, 47: 1-64.

[24] Aldridge C L, Fasce E V, Jonassen H B. Heterogeneous character of hydroformylation catalysis[J]. The Journal of Physical Chemistry, 1958, 62 (7): 869-870.

[25] Breslow D S, Heck R F. Mechanism of the hydroformylation of olefins[J]. Chemistry & Industry, 1960, 17: 467.

[26] Natta G, Ercoli R, Castellano S, et al. The influence of hydrogen and carbon monoxide partial pressures on the rate of the hydroformylation reaction[J]. Journal of the American Chemical Society, 1954, 76 (15): 4049-4050.

[27] Pino P, Oldani F, Consiglio G. On hydrogen activation in the hydroformylation of olefins with Rh$_4$(CO)$_{12}$ or Co$_2$(CO)$_8$ as catalyst precursors[J]. Journal of Organometallic Chemistry, 1983, 250 (1): 491-497.

[28] Ojima I. New aspects of carbonylations catalyzed by transition-metal complexes[J]. Chemical Reviews, 1988, 88 (7): 1011-1030.

[29] Lazzaroni R, Raffaelli A, Settambolo R, et al. Regioselectivity in the rhodium-catalyzed hydroformylation of styrene as a function of reaction temperature and gas pressure[J]. Journal of Molecular Catalysis, 1989, 50 (1): 1-9.

[30] Botteghi C, Paganelli S, Bigini L, et al. Hydroformylation of 1-aryl-1-(2-pyridyl) ethenes catalyzed by rhodium complexes[J]. Journal of Molecular Catalysis, 1994, 93 (3): 279-287.

[31] Basoli C, Botteghi C, Cabras M A, et al. Hydroformylation of some functionalized olefins catalyzed by rhodium (Ⅰ)

complexes with pydiphos and its P-oxide[J]. Journal of Organometallic Chemistry, 1995, 488: 20-22.

[32] Doyle M P, Shanklin M S, Zlokazov M V. Regioselective hydroformylation of alkenes catalyzed by di(n-carboxylato) rhodium(Ⅰ) complexes[J]. Synlett, 1994, (8): 615-616.

[33] Börner A, Franke R. Hydroformylation: Fundamentals, Processes, and Applications in Organic Systhesis[M]. Weinheim: Wiley-VCH Verlag GmbH, 2016.

[34] van Rooy A, Burgers D, Kamer C J, et al. Phosphoramidites: Novel modifying ligands in rhodium catalysed hydroformylation[J]. Recueil des Travaux Chimiques des Pays-Bas, 1996, 115(11/12): 492-498.

[35] Herrmann W A, Fischer J, Öfele K, et al. N-heterocyclic carbene complexes of palladium and rhodium: Cis/trans-isomers[J]. Journal of Organometallic Chemistry, 1997, 530(1/2): 259-262.

[36] Carlock J T. A comparative study of triphenylamine, triphenylphosphine, triphenylarsine, triphenylantimony and triphenylbismuth as ligands in the rhodium-catalyzed hydroformylation of 1-dodecene[J]. Tetrahedron, 1984, 40(1): 185-187.

[37] Franke R, Selent D, Börner A. Applied hydroformylation[J]. Chemical Reviews, 2012, 112(11): 5675-5732.

[38] Diebolt O, Tricas H, Freixa Z, et al. Strong π-acceptor ligands in rhodium-catalyzed hydroformylation of ethene and 1-octene: operando catalysis[J]. ACS Catalysis, 2013, 3(2): 128-137.

[39] Beller M, Cornils B, Frohning C D, et al. Progress in hydroformylation and carbonylation[J]. Journal of Molecular Catalysis A: Chemical, 1995, 104(1): 17-85.

[40] Mathey F. Phosphorus-Carbon Heterocyclic Chemistry: The Rise of a New Domain[M]. Amsterdam: Pergamon, 2001.

[41] Praetorius J M, Kotyk M W, Webb J D, et al. Rhodium N-heterocyclic carbene carboxylato complexes: Synthesis, structure determination, and catalytic activity in the hydroformylation of alkenes[J]. Organometallics, 2007, 26(4): 1057-1061.

[42] Gil W, Trzeciak A M, Ziólkowski J J. Rhodium(Ⅰ) N-heterocyclic carbene complexes as highly selective catalysts for 1-hexene hydroformylation[J]. Organometallics, 2008, 27(16): 4131-4138.

[43] Tolman C A. Steric effects of phosphorus ligands in organometallic chemistry and homogeneous catalysis[J]. Chemical Reviews, 1977, 77(3): 313-348.

[44] Tolman C A. Phosphorus ligand exchange equilibriums on zerovalent nickel. A dominant role for steric effects[J]. Journal of the American Chemical Society, 1970, 92: 2956-2965.

[45] Casey C P, Whiteker G T. The natural bite angle of chelating diphosphines[J]. Israel Journal of Chemistry, 1990, 30(4): 299-304.

[46] Goertz W, Kamer P C J, van Leeuwen P W N, et al. Application of chelating diphosphine ligands in the nickel-catalysed hydrocyanation of alk-1-enes and ω-unsaturated fatty acid esters[J]. Chemical Communications, 1997, (16): 1521-1522.

[47] Gensow M N B, Freixa Z, van Leeuwen P W N M. Bite angle effects of diphosphines in C—C and C—X bond forming cross coupling reactions[J]. Chemical Society Reviews, 2009, 38(4): 1099-1118.

[48] Billig E, Abatjoglou A G, Bryant D R. Homogeneous rhodium carbonyl compound-phosphite ligand catalysts and process for olefin hydroformylation: US 4769498[P]. 1988-09-06.

[49] Vogl C, Paetzold E, Fischer C, et al. Highly selective hydroformylation of internal and terminal olefins to terminal aldehydes using a rhodium-BIPHEPHOS-catalyst system[J]. Journal of Molecular Catalysis A: Chemical, 2005, 232(1-2): 41-44.

[50] Behr A, Obst D, Schulte C, et al. Highly selective tandem isomerization-hydroformylation reaction of trans-4-octene to n-nonanal with rhodium-BIPHEPHOS catalysis[J]. Journal of Molecular Catalysis A: Chemical, 2003, 206(1-2): 179-184.

[51] Kranenburg M, van der Burgt Y E M, Kamer P C J, et al. New diphosphine ligands based on heterocyclic aromatics inducing very high regioselectivity in rhodium-catalyzed hydroformylation: effect of the bite angle[J]. Organometallics, 1995, 14(16): 3081-3089.

[52] Casey C P, Whiteker G T, Melville M G, et al. Diphosphines with natural bite angles near 120° increase selectivity for n-aldehyde formation in rhodium-catalyzed hydroformylation[J]. Journal of the American Chemical Society, 1992, 114(14): 5535-5543.

[53] van Leeuwen P W N M, Claver C. Rhodium Catalyzed Hydroformylation[M]. Boston: Kluwer Academic Publisher, 2000.

[54] Beller M, Renken A, Santen R. et al. From Principles to Applications[M]. Weinheim: Wiley-VCH Verlag GmbH, 2012.

[55] Wiebus E, Cornils B. Industrial-scale oxo synthesis with an immobilized catalyst[J]. Chemie Ingenieur Technik, 1994, 66（7）: 916-923.

[56] Herrmann W A, Kohlpaintner C W. Water-soluble ligands, metal complexes, and catalysts synergism of homogeneous and heterogeneous catalysis[J]. Angewandte Chemie International Edition in English, 1993, 32（11）: 1524-1544.

[57] Kiji J, Okano T. Reviews on Heteroatom Chemistry[M]. Tokyo: MYU, 1994.

[58] Joó F, Tóth Z. Catalysis by water-soluble phosphine complexes of transition metal ions in aqueous and two-phase media[J]. Journal of Molecular Catalysis, 1980, 8（4）: 369-383.

[59] 郑晓来, 王艳华, 左焕培. 水溶性膦配体的合成及进展[J]. 分子催化, 1996, 10（1）: 70-80.

[60] Ahrland S, Chatt J, Davies N R, et al. Relative tendencies of similar organic derivatives of nitrogen（Ⅲ）, phosphorus（Ⅲ）, arsenic（Ⅲ）, oxygen（Ⅱ）, sulphur（Ⅱ）and selenium（Ⅱ）to form complexes with silver ions[J]. Nature, 1957, 179（4571）: 1187-1188.

[61] Herrmann W A, Albanese G P, Manetsberger R B, et al. New process for the sulfonation of phosphane ligands for catalysts[J]. Angewandte Chemie International Edition in English, 1995, 34（7）: 811-813.

[62] Herrmann W A, Kohlpaintner C W, Manetsberger R, et al. Water-soluble metal complexes and catalysts. 7. New efficient water-soluble catalysts for two-phase olefin hydroformylation: BINAS-Na, a superlative in propene hydroformylation[J]. Journal of Molecular Catalysis A: Chemical, 1995, 97（2）: 65-72.

[63] Wiebus E, Cornils B. Aqueous catalysts for organic-reactions[J]. Chemtech, 1995, 25（1）: 33-38.

[64] Russell M J H. Water-soluble rhodium catalysts: A hydroformylation system for the manufacture of aldehydes for the fine chemicals market[J]. Platinum Metals Reviews, 1988, 32（4）: 179-186.

[65] Bahrmann H, Cornils B. Preparation of aldehydes. DE 3415968[P]. 1985-10-31.

[66] Cornils B, Konkol W, Bahrman H. Process for the preparation of 8- and 9-formyltricyclo-（5,2,1,0,2,6）-decene-3. DE 3447030[P]. 1986-07-03.

[67] Chen H, Li Y Z, Chen J R, et al. Micellar effect in high olefin hydroformylation catalyzed by water-soluble rhodium complex[J]. Journal of Molecular Catalysis A: Chemical, 1999, 149（1-2）: 1-6.

[68] Chen R F, Liu X Z, Jin Z L. Thermoregulated phase-transfer ligands and catalysis: Part Ⅵ Two-phase hydroformylation of styrene catalyzed by the thermoregulated phase-transfer catalyst OPGPP/Rh[J]. Journal of Organometallic Chemistry, 1998, 571（2）: 201-204.

[69] Jiang J, Wang Y H, Liu C, et al. Thermoregulated phase transfer ligands and catalysis: Ⅶ Cloud point of nonionic surface-active phosphine ligands and their thermoregulated phase transfer property[J]. Journal of Molecular Catalysis A: Chemical, 1999, 147（1）: 131-136.

[70] 郑晓来, 陈瑞芳, 金子林. 温控相转移配体及催化（V）: 单, 双-对聚氧乙烯基三苯基膦的合成及其催化性能研究[J]. 高等学校化学学报, 1998, 19（4）: 574-576.

[71] 金子林, 梅建庭. 温控相转移催化: 水/有机两相催化新进展[J]. 高等学校化学学报, 2000, 21（6）: 941-946.

[72] Jin Z L, Zheng X, Fell B. Thermoregulated phase transfer ligands and catalysis. Ⅰ. Synthesis of novel polyether-substituted triphyenylphosphines and application of their rhodium complexes in two-phase hydroformylation[J]. Journal of Molecular Catalysis A: Chemical, 1997, 116（1）: 55-58.

[73] Zheng X L, Jiang J Y, Liu X Z, et al. Thermoregulated phase transfer ligands and catalysis. Ⅲ. Aqueous/organic two-phase hydroformylation of higher olefins by thermoregulated phase-transfer catalysis[J]. Catalysis Today, 1998, 44（1-4）: 175-182.

[74] Horváth I T, Rábai J. Facile catalyst separation without water: Fluorous biphase hydroformylation of olefins[J]. Science, 1994, 266（5182）: 72-75.

[75] Horváth I T, Rabai J. Fluorous multiphase catalyst or reagent systems for environmentally friendly oxidation or hydroformylation or extraction processes: US 5463082[P]. 1995-10-31.

[76] Bianchini C, Frediani P, Sernau V. Zwitterionic metal-complexes of the new triphosphine NaO$_3$S（C$_6$H$_4$）CH$_2$C（CH$_2$PPh$_2$）$_3$ in

liquid biphasic catalysis: an alternative to Teflon "ponytails" for facile catalyst separation without water[J]. Organometallics, 1995, 14 (12): 5458-5459.

[77] Hope E G, Stuart A M. Fluorous biphase catalysis[J]. Journal of Fluorine Chemistry, 1999, 100 (1): 75-83.

[78] Foster D F, Adams D J, Gudmunsen D, et al. Hydroformylation in fluorous solvents[J]. Chemical Communications, 2002, 7: 722-723.

[79] Mathivet T, Monflier E, Castanet Y, et al. Perfluorooctyl substituted triphenylphosphites as ligands for hydroformylation of higher olefins in fluorocarbon/hydrocarbon biphasic medium[J]. Comptes Rendus Chimie, 2002, 5(5): 417-424.

[80] Hughes R P, Trujillo H A. Selective solubility of organometallic complexes in saturated fluorocarbons: Synthesis of cyclopentadienyl ligands with fluorinated ponytails[J]. Organometallics, 1996, 15 (1): 286-294.

[81] Kleijn H, Jastrzebski J T, Gossage R A, et al. Ortho-bis(amino)arylnickel(II) halide complexes containing perfluoroalkyl chains as model catalyst precursors for use in fluorous biphase systems[J]. Tetrahedron, 1998, 54 (7): 1145-1152.

[82] Chauvin Y, Mussmann L, Olivier H. A novel class of versatile solvents for two-phase catalysis: Hydrogenation, isomerization, and hydroformylation of alkenes catalyzed by rhodium complexes in liquid 1,3-dialkylimidazolium salts[J]. Angewandte Chemie International Edition in English, 1996, 34 (23-24): 2698-2700.

[83] Chauvin Y, Olivier H, Mussmann L. Process for the hydroformylation of olefins, EP776880[P]. 1997-06-04.

[84] Karodia N, Guise S, Newlands C, et al. Clean catalysis with ionic solvents-phosphonium tosylates for hydroformylation[J]. Chemical Communications, 1998, (21): 2341-2342.

[85] Wasserscheid P, Waffenschmidt H. Ionic liquids in regioselective platinum-catalysed hydroformylation[J]. Journal of Molecular Catalysis A: Chemical, 2000, 164 (1): 61-67.

[86] Kong F Z, Jiang J Y, Jin Z L. Ammonium salts with polyether-tail: new ionic liquids for rhodium catalyzed two-phase hydroformylation of 1-tetradecene[J]. Catalysis Letters, 2004, 96 (1/2): 63-65.

[87] Wasserscheid P, van Hal R, Bösmann A. 1-n-butyl-3-methylimidazolium ([bmim]) octylsulfate: an even 'greener' ionic liquid[J]. Green Chemistry, 2002, 4 (4): 400-404.

[88] Rogers R D, Seddon K R. Ionic liquids: solvents of the future[J]. Science, 2003, 302 (5646): 792-793.

[89] Rathke J W, Klingler R J, Krause T R. Propylene hydroformylation in supercritical carbon dioxide[J]. Organometallics, 1991, 10(5): 1350-1355.

[90] Jessop P, Hsiao Y, Ikariya A T, et al. Homogeneous catalysis in supercritical fluids: hydrogenation of supercritical carbon dioxide to formic acid, alkyl formates, and formamides[J]. Journal of the American Chemical Society, 1996, 118 (2): 344-355.

[91] Yazdi A V, Beckman E J. Design of highly CO_2-soluble chelating-agents for carbon-dioxide extraction of heavymetals[J]. Journal of Materials Research, 1995, 10 (3): 530-537.

[92] Yazdi A V, Beckman E J. Design of highly CO_2-soluble chelating agents. 2. Effect of chelate structure and process parameters on extraction efficiency[J]. Industrial & Engineering Chemistry Research, 1997, 36 (6): 2368-2374.

[93] Kainz S, Koch D, Baumann W, et al. Perfluoroalkyl-substituted arylphosphanes as ligands for homogenous catalysis in supercritical carbon dioxide[J]. Angewandte Chemie International Edition in English, 1997, 36 (15): 1628-1630.

[94] Jentoft R E, Gouw T H. Apparatus for supercritical fluid chromatography with carbon dioxide as the mobile phase[J]. Analytical Chemistry, 1972, 44 (4): 681-686.

[95] Bhattacharyya P, Gudmunsen D, Hope E G, et al. Phosphorus(III) ligands with fluorous ponytails[J]. Journal of the Chemical Society, Perkin Transactions 1, 1997, 1 (24): 3609-3612.

[96] Davis T, Erkey C. Hydroformylation of higher olefins in supercritical carbon dioxide with HRh(CO)[P(3,5-(CF$_3$)$_2$-C$_6$H$_3$)$_3$]$_3$[J]. Industrial & Engineering Chemistry Research, 2000, 39 (10): 3671-3678.

[97] Palo D R, Erkey C. Homogeneous catalytic hydroformylation of 1-octene in supercritical carbon dioxide using a novel rhodium catalyst with fluorinated arylphosphine ligands[J]. Industrial & Engineering Chemistry Research, 1998, 37 (10): 4203-4206.

[98] Palo D R, Erkey C. Effect of ligand modification on rhodium-catalyzed homogeneous hydroformylation in supercritical carbon dioxide[J]. Organometallics, 2000, 19 (1): 81-86.

[99] Palo D R, Erkey C. Homogeneous hydroformylation of 1-octene in supercritical carbon dioxide with[RhH(CO)(P(p-CF$_3$C$_6$H$_4$)$_3$)$_3$][J]. Industrial & Engineering Chemistry Research, 1999, 38 (5): 2163-2165.

[100] Koeken A C J, de Bakker S J M, Costerus H M, et al. Evaluation of pressure and correlation to reaction rates during homogeneously catalyzed hydroformylation in supercritical carbon dioxide[J]. The Journal of Supercritical Fluids, 2008, 46 (1): 47-56.

[101] Sellin M F, Cole-Hamilton D J. Hydroformylation reactions in supercritical carbon dioxide using insoluble metal complexes[J]. Journal of the Chemical Society, Dalton Transactions, 2000, (11): 1681-1683.

[102] Sellin M F, Webb P B, Cole-Hamilton D J. Continuous flow homogeneous catalysis: Hydroformylation of alkenes in supercritical fluid-ionic liquid biphasic mixtures[J]. Chemical Communications, 2001, (8): 781-782.

[103] Licence P, Ke J, Sokolova M, et al. Chemical reactions in supercritical carbon dioxide: From laboratory to commercial plant[J]. Green Chemistry, 2003, 5 (2): 99-104.

[104] Mukhopadhyay K, Chaudhari R V. Heterogenized HRh(CO)(PPh$_3$)$_3$ on zeolite Y using phosphotungstic acid as tethering agent: A novel hydroformylation catalyst[J]. Journal of Catalysis, 2003, 213 (1): 73-77.

[105] Mukhopadhyay K, Mandale A B, Chaudhari R V. Encapsulated HRh(CO)(PPh$_3$)$_3$ in microporous and mesoporous supports: Novel heterogeneous catalysts for hydroformylation[J]. Chemistry of Materials, 2003, 15 (9): 1766-1777.

[106] Huang L, Kawi S. An active and stable RhH(CO)(PPh$_3$)$_3$-derived SiO$_2$-tethered catalyst via a thiol ligand for cyclohexene hydroformylation[J]. Catalysis Letters, 2003, 90 (3-4): 165-169.

[107] Huang L, Wu J C, Kawi S. Rh$_4$(CO)$_{12}$-derived functionalized MCM-41-tethered rhodium complexes: Preparation, characterization and catalysis for cyclohexene hydroformylation[J]. Journal of Molecular Catalysis A: Chemical, 2003, 206 (1-2): 371-387.

[108] Li X M, Ding Y J, Jiao G P, et al. Hydroformylation of methyl-3-pentenoate over a phosphite ligand modified Rh/SiO$_2$ catalyst[J]. Journal of Natural Gas Chemistry, 2008, 17 (4): 351-354.

[109] Li X M, Ding Y J, Jiao G P, et al. Phosphite ligand modified supported rhodium catalyst for hydroformylation of internal olefins to linear aldehydes[J]. Chemical Research in Chinese Universities, 2009, 25 (5): 738-739.

[110] Li X M, Ding Y J, Jiao G P, et al. A new concept of tethered ligand-modified Rh/SiO$_2$ catalyst for hydroformylation with high stability[J]. Applied Catalysis A: General, 2009, 353 (2): 266-270.

[111] Zhu H J, Ding Y J, Yin H M, et al. Supported rhodium and supported aqueous-phase catalyst, and supported rhodium catalyst modified with water-soluble TPPTS ligands[J]. Applied Catalysis A: General, 2003, 245 (1): 111-117.

[112] Yan L, Ding Y J, Zhu H J, et al. Ligand modified real heterogeneous catalysts for fixed-bed hydroformylation of propylene[J]. Journal of Molecular Catalysis A: Chemical, 2005, 234 (1): 1-7.

[113] Liu J, Yan L, Ding Y J, et al. Promoting effect of Al on tethered ligand-modified Rh/SiO$_2$ catalysts for ethylene hydroformylation[J]. Applied Catalysis A: General, 2015, 492: 127-132.

[114] Song X G, Ding Y J, Chen W M, et al. Formation of 3-pentanone via ethylene hydroformylation over Co/activated carbon catalyst[J]. Applied Catalysis A: General, 2013, 452: 155-162.

[115] Ma Z H, Liu X N, Yang G H, et al. Hydroformylation of mixed octenes catalyzed by supported rhodium-based catalyst[J]. Fuel Processing Technology, 2009, 90 (10): 1241-1246.

[116] Li X G, Zhang Y, Meng M, et al. Silicalite-1 membrane encapsulated Rh/activated-carbon catalyst for hydroformylation of 1-hexene with high selectivity to normal aldehyde[J]. Journal of Membrane Science, 2010, 347 (1/2): 220-227.

[117] Tan M H, Wang D, Ai P P, et al. Enhancing catalytic performance of activated carbon supported Rh catalyst on heterogeneous hydroformylation of 1-hexene via introducing surface oxygen containing groups[J]. Applied Catalysis A: General, 2016, 527: 53-59.

[118] Ganga V S R, Dabbawala A A, Munusamy K, et al. Rhodium complexes supported on nanoporous activated carbon for selective hydroformylation of olefins[J]. Catalysis Communications, 2016, 84: 21-24.

[119] Li P, Kawi S. SBA-15-based polyamidoamine dendrimer tethered Wilkinson's rhodium complex for hydroformylation of

styrene[J]. Journal of Catalysis, 2008, 257 (1): 23-31.

[120] Li P, Kawi S. Dendritic SBA-15 supported Wilkinson's catalyst for hydroformylation of styrene[J]. Catalysis Today, 2008, 131 (1/2/3/4): 61-69.

[121] Bae J A, Song K C, Jeon J K, et al. Effect of pore structure of amine-functionalized mesoporous silica-supported rhodium catalysts on 1-octene hydroformylation[J]. Microporous and Mesoporous Materials, 2009, 123 (1/2/3): 289-297.

[122] Zhou W, He D H. Anchoring RhCl (CO) (PPh$_3$)$_2$ to -PrPPh$_2$ modified MCM-41 as effective catalyst for 1-octene hydroformylation[J]. Catalysis Letters, 2009, 127 (3/4): 437-443.

[123] Zhou W, Li Y M, He D H. Substrate influences on activity and stability of SBA-15-Pr-anchored Rh-P complex catalysts for olefin hydroformylation[J]. Applied Catalysis A: General, 2010, 377 (1/2): 114-120.

[124] Zhou W, He D H. Lengthening alkyl spacers to increase SBA-15-anchored Rh-P complex activities in 1-octene hydroformylation[J]. Chemical Communications, 2008, 44 (44): 5839-5841.

[125] Zhou W, He D H. A facile method for promoting activities of ordered mesoporous silica-anchored Rh-P complex catalysts in 1-octene hydroformylation[J]. Green Chemistry, 2009, 11 (8): 1146-1154.

[126] Lang R, Li T B, Matsumura D, et al. Hydroformylation of olefins by a rhodium single-atom catalyst with activity comparable to RhCl (PPh$_3$)$_3$[J]. Angewandte Chemie International Edition, 2016, 55 (52): 16054-16058.

[127] Li T B, Chen F, Lang R, et al. Styrene hydroformylation with *in situ* hydrogen: Regioselectivity control by coupling with the low-temperature water-gas shift reaction[J]. Angewandte Chemie International Edition, 2020, 59 (19): 7430-7434.

[128] Kontkanen M L, Tuikka M, Kinnunen N M, et al. Hydroformylation of 1-hexene over Rh/nano-oxide catalysts[J]. Catalysts, 2013, 3 (1): 324-337.

[129] Wang L B, Zhang W B, Wang S P, et al. Atomic-level insights in optimizing reaction paths for hydroformylation reaction over Rh/CoO single-atom catalyst[J]. Nature Communications, 2016, 7 (1): 24036.

[130] Shaikh M N, Bououdina M, Jimoh A A, et al. The rhodium complex of bis (diphenylphosphinomethyl) dopamine-coated magnetic nanoparticles as an efficient and reusable catalyst for hydroformylation of olefins[J]. New Journal of Chemistry, 2015, 39 (9): 7293-7299.

[131] Shaikh M N, Aziz M A, Helal A, et al. Magnetic nanoparticle-supported ferrocenylphosphine: A reusable catalyst for hydroformylation of alkene and Mizoroki-Heck olefination[J]. RSC Advances, 2016, 6 (48): 41687-41695.

[132] Ma Y B, Qing S J, Li N N, et al. The effect of metal-ligand affinity on Fe$_3$O$_4$-supported Co-Rh catalysts for dicyclopentadiene hydroformylation[J]. International Journal of Chemical Kinetics, 2015, 47 (10): 621-628.

[133] Davis M E, Saldarriaga C, Rossin J A. Synthesis and catalysis of transition metal-containing zeolite A[J]. Journal of Catalysis, 1987, 103 (2): 520-523.

[134] Rajenahally J, Natte K, Neumann H, et al. Transition metal-catalyzed utilization of methanol as C$_1$ source in organic synthesis[J]. Angewandte Chemie, 2017, 56 (23): 6384-6394.

[135] Gerritsen L A, van Meerkerk A, Vreugdenhil M H, et al. Hydroformylation with supported liquid phase rhodium catalysts: Part I . General description of the system, catalyst preparation and characterization[J]. Journal of Molecular Catalysis, 1980, 9 (2): 139-155.

[136] Gerritsen L A, Herman J M, Klut W, et al. Hydroformylation with supported liquid phase rhodium catalysts: Part II The location of the catalytic sites[J]. Journal of Molecular Catalysis, 1980, 9 (2): 157-168.

[137] Gerritsen L A, Herman J M, Scholten J J F. Hydroformylation with supported liquid phase rhodium catalysts: Part III Influence of the type of support, the degree of pore filling and organic additives on the catalytic performance[J]. Journal of Molecular Catalysis, 1980, 9 (3): 241-256.

[138] Gerritsen L A, Klut W, Vreugdenhil M H, et al. Hydroformylation with supported liquid phase rhodium catalysts: Part IV The application of various tertiary phosphines as solvent ligands[J]. Journal of Molecular Catalysis, 1980, 9 (3): 257-264.

[139] Gerritsen L A, Klut W, Vreugdenhil M H, et al. Hydroformylation with supported liquid phase rhodium catalysts: Part V The kinetics of propylene hydroformylation[J]. Journal of Molecular Catalysis, 1980, 9 (3): 265-274.

[140] de Munck N A, Notenboom J P A, de Leur J E, et al. Gas phase hydroformylation of allyl alcohol with supported liquid phase rhodium catalysts[J]. Journal of Molecular Catalysis, 1981, 11 (2-3): 233-246.

[141] Pelt H L, Gerritsen L A, van der Lee G, et al. Preparation and properties of supported liquid-phase catalysts for the hydroformylation of alkenes[J]. Studies in Surface Science and Catalysis, 1983, 16: 369-384.

[142] Hjortkjaer J, Scurrell M S, Simonsen P. Supported liquid-phase hydroformylation catalysts containing rhodium and triphenylphosphine[J]. Journal of Molecular Catalysis, 1979, 6 (6): 405-420.

[143] Hjortkjaer J, Scurrell M S, Simonsen P, et al. Supported liquid phase hydroformylation catalysts containing rhodium and triphenylphosphine. Effects of additional solvents and kinetics[J]. Journal of Molecular Catalysis, 1981, 12 (2): 179-195.

[144] Mehnert C P, Cook R A, Dispenziere N C, et al. Supported ionic liquid catalysis: A new concept for homogeneous hydroformylation catalysis[J]. Journal of the American Chemical Society, 2002, 124 (44): 12932-12933.

[145] Mehnert C P. Supported ionic liquid catalysis[J]. Chemistry: A European Journal, 2005, 11 (1): 50-56.

[146] Riisager A, Fehrmann R, Haumann M, et al. Supported ionic liquid phase (SILP) catalysis: An innovative concept for homogeneous catalysis in continuous fixed-bed reactors[J]. European Journal of Inorganic Chemistry, 2006, (4): 695-706.

[147] Haumann M, Jakuttis M, Werner S, et al. Supported ionic liquid phase (SILP) catalyzed hydroformylation of 1-butene in a gradient-free loop reactor[J]. Journal of Catalysis, 2009, 263 (2): 321-327.

[148] Haumann M, Dentler K, Joni J, et al. Continuous gas-phase hydroformylation of 1-butene using supported ionic liquid phase (SILP) catalysts[J]. Advanced Synthesis and Catalysis, 2007, 349 (3): 425-431.

[149] Kalck P, Monteil F. Use of water-soluble ligands in homogeneous catalysis[J]. Advances in Organometallic Chemistry, 1992, (34): 219-284.

[150] Scholten J J F, van Hardeveld R. Chemical and technical aspects of hydroformylation of olefins with supported liquid-phase rhodium catalysts[J]. Chemical Engineering Communications, 1987, 52 (1-3): 75-92.

[151] Herman J M, Rocourt A P A F, van den Berg P J, et al. The industrial hydroformylation of olefins with rhodium-based supported liquid phase catalyst (SLPC): Part Ⅵ　General predesign of a large-scale SLPC plant for the hydroformylation of propylene[J]. The Chemical Engineering Journal, 1987, 35 (2): 83-103.

[152] Davis M E. Supported aqueous-phase catalysis[J]. Chemtech, 1992, 22 (8): 498-502.

[153] Arhancet J P, Davis M E, Merola J S, et al. Hydroformylation by supported aqueous-phase catalysis: A new class of heterogeneous catalysts[J]. Nature, 1989, 339 (6224): 454-455.

[154] Arhancet J P, Davis M E, Merola J S, et al. Supported aqueous-phase catalysts[J]. Journal of Catalysis, 1990, 121 (2): 327-339.

[155] Guo I, Hanson B E, Toth I, et al. Bis[tris (m- (sodium sulfonato) phenyl) phosphine] hexacarbonyl dicobalt, $CO_2(CO)_6$ $(P (m\text{-}C_6H_4SO_3Na)_3)_2$, in a supported aqueous phase for the hydroformylation of 1-hexene[J]. Journal of Organometallic Chemistry, 1991, 403 (1-2): 221-227.

[156] Guo I, Hanson B E, Toth I, et al. Hydroformylation of 1-hexene with Pt $(P (m\text{-}C_6H_4SO_3Na)_3)_2Cl_2$ and its tin chloride analogue on a controlled-pore glass[J]. Journal of Molecular Catalysis, 1991, 70 (3): 363-368.

[157] 袁友珠, 杨意泉, 张鸿斌, 等. 担载型水溶性膦铑配合物催化剂研究[J]. 高等学校化学学报, 1993, 14 (6): 863-865.

[158] 袁友珠, 陈鸿博, 蔡启瑞. SiO₂ 负载的磺化三苯膦铑配合物催化高碳烯氢甲酰化[J]. 应用化学, 1993, 10 (4): 13-17.

[159] 袁友珠, 刘爱民, 杨意泉, 等. SiO₂ 负载的磺化三苯膦铑配合物催化高碳烯氢甲酰化及反应中的氘逆同位素效应[J]. 分子催化, 1993, 7 (6): 439-445.

[160] 刘海超, 陈华, 黎耀忠, 等. 负载水溶性铑-膦配合物催化 1-己烯氢甲酰化反应的研究[J]. 分子催化, 1994, 8 (1): 22-28.

[161] 张敬畅, 曹维良, 陈锡荣. 负载水相催化剂 SAPC 的制备及其在丙烯氢甲酰化中的应用[J]. 分子催化, 1998, (13): 35-41.

[162] Haumann M, Jakuttis M, Franke R, et al. Continuous gas-phase hydroformylation of a highly diluted technical C₄ feed using supported ionic liquid phase catalysts[J]. ChemCatChem, 2011, 3 (11): 1822-1827.

[163] Jana R, Tunge J A. A homogeneous, recyclable polymer support for Rh (Ⅰ)-catalyzed C—C bond formation[J]. The Journal

of Organic Chemistry, 2011, 76(20): 8376-8385.

[164] Cardozo A F, Manoury E, Julcour C, et al. Preparation of polymer supported phosphine ligands by metal catalyzed living radical copolymerization and their application to hydroformylation catalysis[J]. ChemCatChem, 2013, 5(5): 1161-1169.

[165] Jiang M, Ding Y J, Yan L, et al. Rh catalysts supported on knitting aryl network polymers for the hydroformylation of higher olefins[J]. Chinese Journal of Catalysis, 2014, 35(9): 1456-1464.

[166] Sun Q, Jiang M, Shen Z J, et al. Porous organic ligands (POLs) for synthesizing highly efficient heterogeneous catalysts[J]. Chemical Communications, 2014, 50(80): 11844-11847.

[167] Jiang M, Yan L, Ding Y J, et al. Ultrastable 3V-PPh$_3$ polymers supported single Rh sites for fixed-bed hydroformylation of olefins[J]. Journal of Molecular Catalysis A: Chemical, 2015, 404: 211-217.

[168] 宁波巨化化工科技有限公司. 正丙醇工业装置开车创先河[J]. 浙江化工, 2020, 51(9): 21-26.

[169] Li C Y, Xiong K, Yan L, et al. Designing highly efficient Rh/CPOL-bp&PPh$_3$ heterogenous catalysts for hydroformylation of internal and terminal olefins[J]. Catalysis Science & Technology, 2016, 6(7): 2143-2149.

[170] Li C Y, Yan L, Lu L L, et al. Single atom dispersed Rh-biphephos&PPh$_3$@porous organic copolymers: Highly efficient catalysts for continuous fixed-bed hydroformylation of propene[J]. Green Chemistry, 2016, 18(10): 2995-3005.

[171] Jia X F, Liang Z Y, Chen J B, et al. Porous organic polymer supported rhodium as a reusable heterogeneous catalyst for hydroformylation of olefins[J]. Organic Letters, 2019, 21(7): 2147-2150.

[172] Li C Y, Sun K J, Wang W L, et al. Xantphos doped Rh/POPs-PPh$_3$ catalyst for highly selective long-chain olefins hydroformylation: Chemical and DFT insights into Rh location and the roles of Xantphos and PPh$_3$[J]. Journal of Catalysis, 2017, 353: 123-132.

[173] Wang Y Q, Yan L, Li C Y, et al. Heterogeneous Rh/CPOL-bp&P(OPh)$_3$ catalysts for hydroformylation of 1-butene: The formation and evolution of the active species[J]. Journal of Catalysis, 2018, 368: 197-206.

第 3 章

多孔有机聚合物负载的新型多相氢甲酰化催化技术

3.1　多孔有机聚合物材料的交联方法及性能

多孔有机聚合物(porous organic polymers，POPs)[1-9]是一类具有较大比表面积和丰富孔道结构的聚合物多孔材料。相对于传统无机材料的难功能化，多孔有机聚合物具有灵活的可修饰性；相对于金属有机骨架(metal-organic frameworks，MOFs)材料的不稳定性，多孔有机聚合物具有良好的稳定性。多孔有机聚合物材料的优点主要体现在：多孔有机聚合物多数由一些较轻的化学元素(如氢、碳、氮、氧等)组成，因此密度较小；多孔有机聚合物材料通常采用共价键连接，材料的稳定性大大增强；多孔有机聚合物材料在构建时较易引入一些官能团，因此可以实现在特定领域的应用。

目前，根据不同的构建方式，可以将多孔有机聚合物材料分为以下几种类型：①共价有机骨架(covalent organic frameworks，COFs)材料，它是通过可逆反应缩合形成的具有晶体结构的多孔聚合物材料；②超交联聚合物(hypercrosslinked polymers，HCPs)，它是通过密集的交联来阻止高分子链的紧密堆积从而形成的多孔聚合物材料；③共轭微孔聚合物(conjugated microporous polymers，CMPs)，它是通过刚性的单体反应形成大的共轭体系撑出孔道结构所得到的微孔聚合物材料；④固有微孔聚合物(polymers of intrinsic microporosity，PIMs)，它是通过刚性或者扭转的分子结构迫使高分子链无法有效占据自由空体积而形成的微孔聚合物材料；⑤基于自由基聚合构筑的多孔有机聚合物材料。

多孔有机聚合物因灵活的可修饰性和良好的稳定性，广泛应用于气体吸附[10-14]、物质分离[15-17]、传感[18,19]等领域。近年来，多孔有机聚合物在催化领域的应用引起了研究者们的高度关注，下面分别对提及的几种材料的合成及其在催化领域的应用进行简要介绍。

3.1.1　共价有机骨架材料

共价有机骨架材料主要通过动态共价键如 B—O 或 C=N 等来构筑。2005 年，首例 COFs 材料由 Yaghi 课题组[8]报道合成，制得的 COF-1 和 COF-5 材料具有高热稳定性(温度达 500～600℃)、高比表面积($711m^2/g$ 和 $1590m^2/g$)和均一规整的二维孔道结构。2007 年，该课题组[20]又成功合成了具有三维孔道结构的 COFs 材料，比表面积高达 $4210m^2/g$。图 3.1 给出了目前用于制备 COFs 材料的几个代表性的动力学反应[21]。

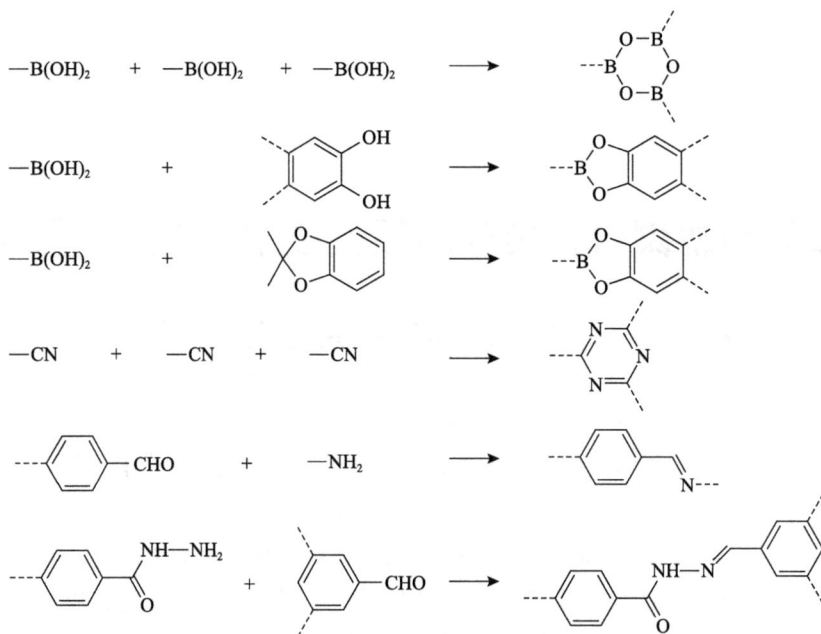

图 3.1 COFs 材料合成用到的可逆缩合反应

2011 年，兰州大学王为等[22]首次报道了 COFs 材料在多相催化中的应用。他们以对苯二胺与 1,3,5-均三苯甲醛为原料，通过可逆缩合反应形成 COF-LZU1 材料，其 BET 比表面积为 410m²/g，该材料骨架中丰富的 N 原子可以与 Pd 进行配位，最终制得的 Pd/COF-LZU1 材料在 Suzuki 偶联反应中表现出很好的催化活性，产物收率大多在 95% 以上，催化剂循环使用 4 次未见明显失活。

姜东林等[23]通过后合成策略将手性吡咯烷引入 COFs 材料骨架中得到手性催化材料 Pyr-COF，并将其应用于醛对硝基烯烃的不对称 Michael 加成反应中。COFs 材料因其具有晶体结构，从理论上可以实现多孔晶体材料的设计和合成。

虽然目前 COFs 材料的应用领域还不是很广泛，但是因其较大的比表面积、规整的结构和可控的合成策略等优点，COFs 材料展示了良好的应用前景。

3.1.2 超交联聚合物

如上所述，超交联聚合物是通过密集的交联来阻止高分子链的紧密堆积从而形成多孔结构，它是迄今首先实现工业化的纯有机多孔材料。近十几年来，它因制备方法简单、热稳定性高、原料成本低廉和比表面积大等优点，而引起全世界研究者们的广泛关注，每年出版的文献数和引文数都呈现出显著增长的趋势。超交联聚合物的合成方法可以划分为三种[1]：前体树脂后交联法、一步交联法、外部交联法。下面详细地介绍超交联聚合物合成方法的研究进展。

1)前体树脂后交联法

前体树脂后交联法的形成过程[24]整体上可以理解为：首先，非交联或低交联度的高分子链在溶剂中溶解或溶胀而分散；然后，通过外部的交联剂使其快速交联；最后，干燥除去溶剂就可获得永久的多孔结构材料。

　　Sherrington 小组[25,26]先将乙烯基苄基氯(VBC)和二乙烯基苯(DVB)形成凝胶态前体树脂，然后利用三氯化铁催化的傅克烷基化反应合成了超交联聚合物(图 3.2)。其中，最大的比表面积可以达到 2090m²/g。研究人员考察了傅克烷基化反应时间对比表面积的影响：反应开始 15min 内，比表面积从 0m²/g 急剧增大到 1200m²/g；随后反应 18h 内，比表面积从 1200m²/g 逐渐增大到 2090m²/g。研究人员还考察了傅克烷基化反应的催化剂类型对比表面积的影响。在相同的条件下，三氯化铁、三氯化铝和四氯化锡三种催化剂中，三氯化铁催化的傅克烷基化反应可以获得最高的比表面积。结合研究结果可以看出，通过调节傅克烷基化的反应时间、傅克烷基化的催化剂类型以及原料中 VBC 和 DVB 的比例等，可以获得不同比表面积的超交联聚合物。

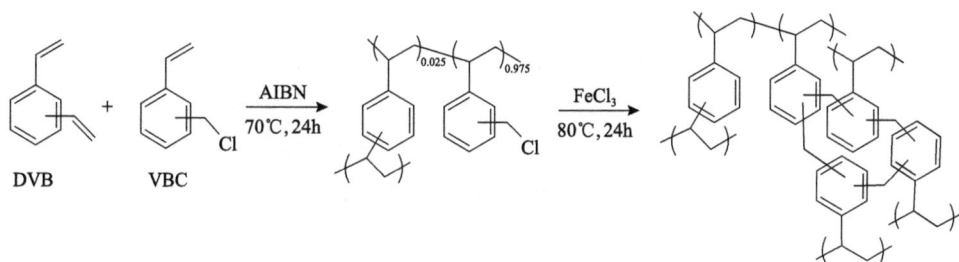

图 3.2　Sherrington 小组聚合物合成路线

　　随后不久，Cooper 小组[27]只采用单一的 VBC 作单体，悬浮聚合后再通过傅克烷基化反应后交联，得到直径为 50～200μm 的球形微孔聚合物。这种聚合物材料的 BET 比表面积为 1466m²/g，HK 模型计算其孔径在 0.75nm 左右，且孔径分布相对窄细。将其用于氢气的吸附研究，在 77K 和 15bar 条件下，氢气的吸附量可达到 3.04wt%(质量分数)，这在当时是储氢量最高的有机聚合物材料。

　　除了聚苯乙烯类的超交联聚合物外，Germain 等[28]还合成了聚苯胺类型的超交联聚合物。研究者采用 Ullmann 和 Buchwald 偶联反应，对聚苯胺和苯二胺进行共聚后交联，得到了以氮原子为连接点的超交联聚合物。实验探究表明，Buchwald 偶联反应更有利于生成高比表面积的聚合物；同时不同的溶剂对形成材料的比表面积影响较大。虽然所得到的超交联聚合物的比表面积最高只有 316m²/g，但其氢气的吸附熔高达 18kJ/mol，结果表明这种材料在室温可逆储氢领域有潜在的应用价值。

　　为了获得更高的比表面积，Germain 等[29]将聚苯胺与二碘甲烷或多聚甲醛发生后交联形成亚甲基连接的网状结构。整个反应过程中不需要用到路易斯酸催化剂，也不会产生氯化氢废气，所得聚合物的比表面积可以达到 632m²/g。将这种材料用于氢气的吸附研究，在 77K 和 30bar 条件下，氢气的吸附量能够达到 2.2wt%。采用同样的合成思路，Germain 等[30]将聚吡啶与二碘甲烷、三碘甲烷或三碘化硼发生后交联形成亚甲基或次甲基等连接的网状结构(图 3.3)。其中，以亚甲基为连接点的超交联聚合物比表面积可以达到 732m²/g，在 77K 和 4bar 条件下，氢气的吸附量可达到 1.6wt%。

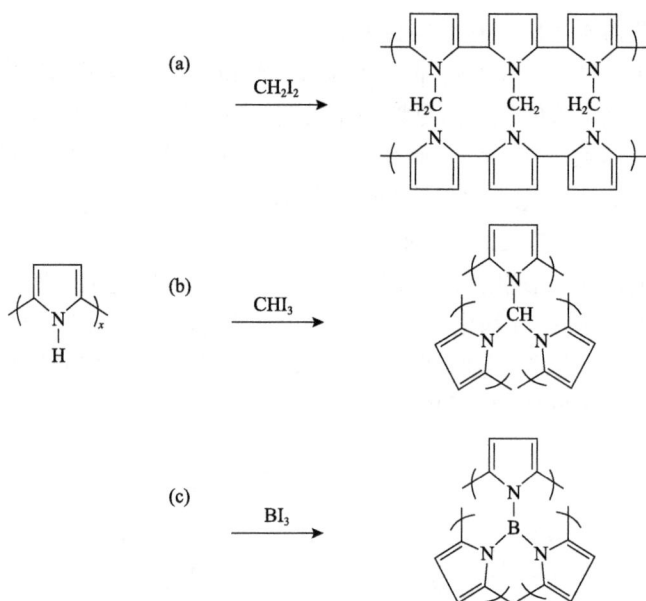

图 3.3　Germain 小组聚合物合成路线

2) 一步交联法

前体树脂后交联法是在合成前体树脂的前提下，通过交联剂的后交联而形成超交联聚合物。与此相对应的是一步交联法[31]，即在不使用前体树脂的条件下，直接将小分子单体通过交联的方法一步合成超交联聚合物。经常使用的小分子单体主要是含有双氯甲基的芳环单体，如二氯亚甲基苯（DCX）、4,4-二氯亚甲基-1,1-联苯（BCMBP）和二氯亚甲基蒽（BCMA）等（图 3.4）。

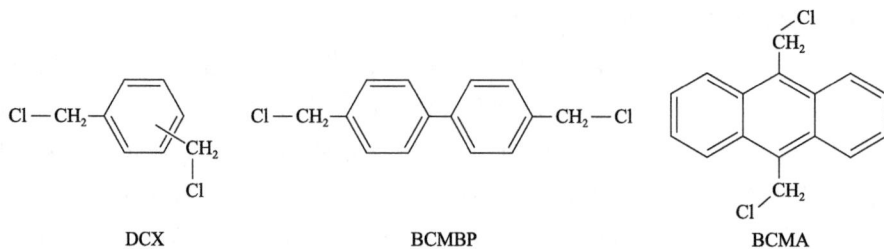

图 3.4　经常使用的小分子单体

Copper 小组[31,32]采用 DCX、BCMBP 和 BCMA，通过一步傅克烷基化反应，实现了 DCX 邻、间或对位的均聚，对位 DCX 与 BCMBP 的共聚，对位 DCX 与 BCMA 的共聚，合成了一系列超交联聚合物。其中，对位 DCX 与 BCMBP 共聚得到的聚合物，最大比表面积可以达到 1904m²/g。将材料用于氢气的吸附研究，在 77K 和 15bar 条件下，对位 DCX 与 BCMBP 共聚得到的聚合物氢气吸附量可达到 3.68wt%，对位 DCX 自聚得到的聚合物氢气吸附量可以达到 3.17wt%。

Schwab 小组[33]用 BCMBP 同芴基单体共聚，一步交联合成了超交联聚合物。使用的芴基单体主要有芴（FLUO）、9,9-螺二芴（sFLUO）、氧芴（DBF）、硫芴（DBT）。通过引入这些芴基单体，合成了一系列高比表面积的超交联聚合物，以氧芴作单体合成的聚合物比表面积可以达到 $1800m^2/g$。将材料用于甲烷的吸附研究，分别测试了在 298K、35bar 和 298K、100bar 条件下的吸附性能。其中，以氧芴作单体合成的聚合物，在 35bar 条件下甲烷吸附量可达 9.9wt%，在 100bar 条件下甲烷吸附量可达 13.5wt%。同样也测试了材料对于氢气的吸附能力，以芴作单体合成的聚合物在 77K、1bar 条件下，氢气吸附量能够达到 1.63wt%。

3）外部交联法

一步交联法是在不专门引入交联剂的前提下，利用单体之间的自聚或共聚形成超交联聚合物。与此相对应的是外部交联法[1]，其是通过专门引入交联剂"编织"刚性芳环骨架形成超交联聚合物。

华中科技大学的谭必恩小组[34]采用二甲氧基甲烷作交联剂对刚性的芳环分子进行一步傅克烷基化，得到主要为微孔结构的高比表面积的超交联聚合物（图 3.5）。刚性的芳环分子包括苯、甲苯、氯苯、苯酚、联苯、三苯基苯等。此方法的副产物只有甲醇，反应条件温和，原料价格低廉，可以用于大规模生产。最重要的是，不同的骨架前体和交联剂比例可以形成多样化的多孔结构，使其具有潜在的应用价值。图 3.6 展示了不同单体形成聚合物的氮气吸附等温线和孔径分布。其中，以苯作单体形成的聚合物比表面积可以达到 $1391m^2/g$。研究人员将此类聚合物应用于氢气和二氧化碳气体的吸附研究，以三苯基苯作单体形成的聚合物表现出最好的氢气和二氧化碳气体吸附能力。在 77K 和 1.13bar 条件下，氢气吸附量可以达到 1.58wt%；在 273K 和 1bar 条件下，二氧化碳吸附量可以达到 15.9wt%。

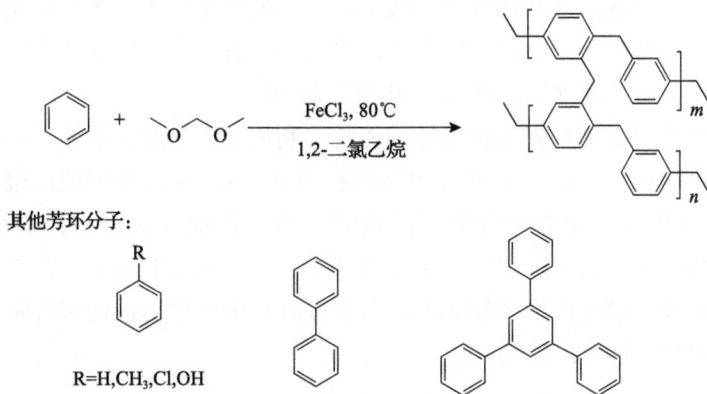

其他芳环分子：

R=H,CH₃,Cl,OH

图 3.5　外部交联法合成路线

Copper 小组[35]根据此种合成思路，将手性的联萘酚单体成功地引入超交联聚合物中。到目前为止，利用手性单体所形成的多孔聚合物较少，其发展主要受限于形成材料的比表面积低和合成步骤烦琐，难以实际应用。而 Copper 小组利用外部交联的方法，直接形成了具有手性联萘酚单体的超交联聚合物。实验表明，手性联萘酚单体具有比萘酚单体更高的比表面积，同时材料在吸附二氧化碳方面也表现出极高的发展潜力。

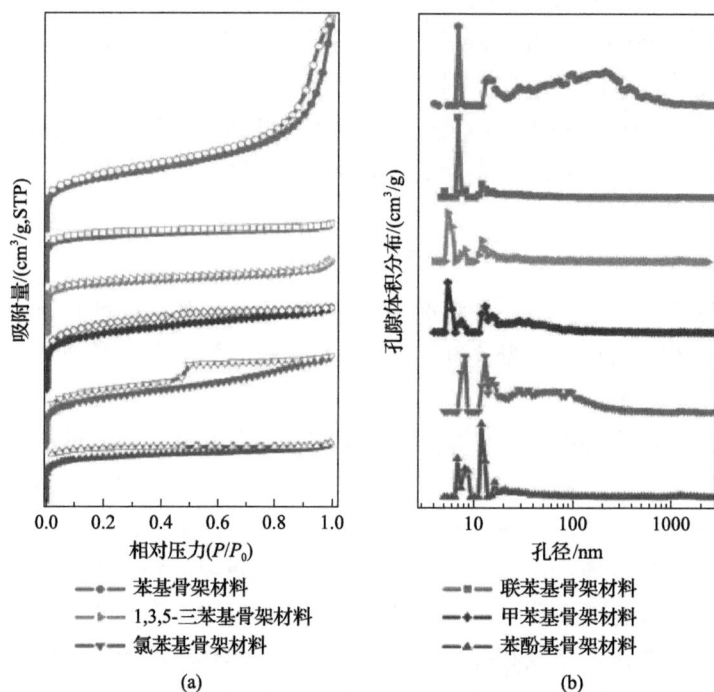

图 3.6　不同单体形成聚合物的氮气吸附等温线(a)和孔径分布(b)

Copper 小组[12]又将苯胺作为共单体引入超交联聚合物中。很多理论证明，氨基官能团在二氧化碳捕捉方面具有优异的表现，因此开展了将此种聚合物应用于吸附二氧化碳能力的测试。研究测试了不同比例的苯胺单体所形成的聚合物对于二氧化碳和氮气两种气体的吸附选择性的影响。由测试结果可以得出，随着聚合物中苯胺单体比例的增加，二氧化碳相对于氮气的吸附选择性从 15.9 增长到 49.2。

谭必恩小组[36]打破芳环骨架作单体的传统，利用杂环骨架作单体，一步傅克烷基化形成超交联聚合物(图 3.7)。杂环单体(如噻吩、吡啶、呋喃等)所形成的聚合物在二氧化碳捕捉方面表现出极为优异的性能。以噻吩为单体形成的聚合物比表面积可以达到 726m²/g，在 77K 和 1.13bar 条件下，氢气吸附量可以达到 1.11wt%，在 273K 和 1bar 条件下，二氧化碳吸附量可达到 12.7wt%。对于以吡啶为单体形成的聚合物，二氧化碳相对于氮气的吸附选择性可以达到 117。

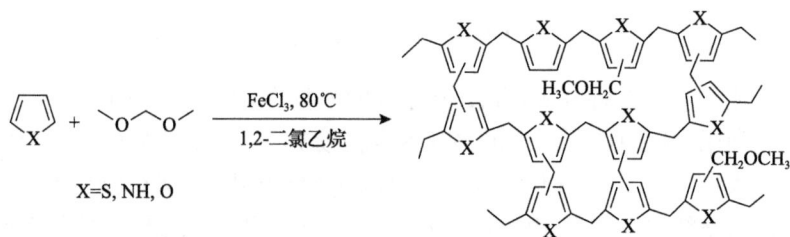

图 3.7　杂环单体形成聚合物合成路线

3.1.3　共轭微孔聚合物

共轭微孔聚合物(CMPs)是通过刚性的单体反应形成大的共轭体系撑出孔道结构所得到的一类微孔(孔直径小于 2nm)材料。从分子水平设计角度来看，CMPs 材料的特点之一是构建单体具有多样性，可以从苯基拓展到芳基、大环及杂环芳香单元等。从合成观点来看，可以利用 Suzuki 偶联、Sonogashira-Hagihara 偶联、氧化偶联、Yamamoto 偶联和 Schiff 碱反应等来有效地制备各种各样的 CMPs 材料。通过选择合适的构建单体和交联合成方式，可以调控 CMPs 材料的孔结构来优化骨架并使材料具有不同特性。

例如，2007 年 Cooper 等[31]利用 Sonogashira-Hagihara 偶联反应首次报道合成了一系列聚芳基乙炔共轭微孔聚合物(PAE CMPs)材料。尽管这些材料是无定形的，但可以通过调控刚性单体的长度来改变 PAE 共轭微孔聚合物的微孔孔径分布及比表面积等结构参数，最大比表面积可达 $834m^2/g$(表 3.1)。

表 3.1　不同类型 CMPs 材料的孔结构参数

CMPs 材料	炔烃单体	卤代芳烃单体	比表面积 /(m²/g)	微孔比表面积 /(m²/g)	微孔孔容 /(cm³/g)	总孔容 /(cm³/g)	平均孔径 /nm
CMP-1			834 (728)	675	0.33 (0.34)	0.47	1.107
CMP-2			634 (562)	451	0.25 (0.24)	0.53	1.528
CMP-3			522 (409)	350	0.18 (0.17)	0.26	1.903
CMP-4			744 (645)	596	0.29 (0.26)	0.39	1.107

注：括号内外数据采用不同测量模型计算得到。

目前，CMPs 材料已经被应用于传感、气体吸附与捕集、储能技术及光发射等领域，更重要的是其在多相催化方面的应用也取得了很大的进展。制备 CMPs 材料作为多相催化剂，常采用自下而上的策略将催化基团直接引入 CMPs 材料骨架中。例如，Cooper 等[37]通过一锅法或后修饰法制备了一种基于环状金属 Ir 配合物的金属有机 CMPs 材料，在不同底物的还原胺化反应中表现出高的活性，与均相 Ir 催化的活性相差无几。另外，CMPs 材料中的杂原子也可以作为配位点稳定金属催化剂，如中科院大连化物所丁云杰与厦门大学詹庄平[38]合作，制备了一系列含有炔键的联吡啶 CMPs 材料作为多相配体(图 3.8)，将其应用于 Pd 催化的简单中性烯烃和苯基硼酸酯的选择性氧化 Heck 偶联反应中，获得了非常高的线型产物选择性。姜东林等[39,40]、Thomas 等[41]和王为等[42]也通过选择不同的结构单体设计合成出不同种类的 CMPs 材料,并研究了其在 Pd 催化的碳碳偶联反应、转移加氢及醇类酰化等催化反应中的应用。

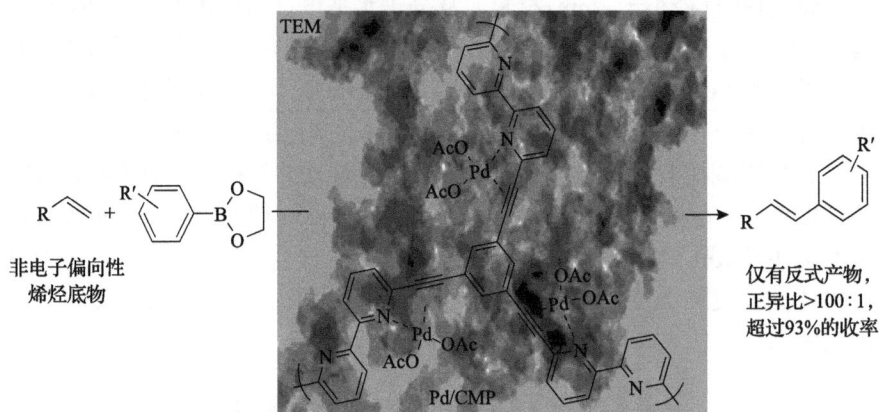

图 3.8　Pd-CMP-1 催化的选择性氧化 Heck 偶联反应

3.1.4　固有微孔聚合物

固有微孔聚合物(PIMs)是通过刚性或者扭转的分子结构,迫使高分子链无法有效占据自由空体积而形成的一类微孔材料。这类材料主要通过不可逆反应合成,利用刚性扭曲的单体分子产生孔道结构。

2002 年,McKeown 和 Budd 等[43]首次合成了螺环连接的基于 Fe-卟啉骨架的 PIMs 材料(图 3.9),比表面积可达 $866m^2/g$,最终制备的 FeP-PIM 材料在催化对苯二酚氧化反应中表现出优异的催化活性。

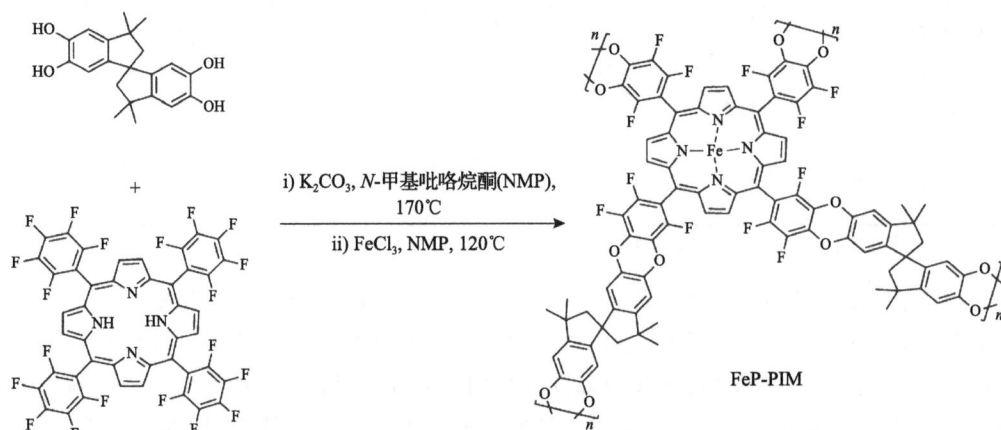

图 3.9　基于 Fe-卟啉骨架的固有微孔聚合物材料的合成

2003 年,McKeown 等[44]合成了首例含有类似联吡啶骨架的功能化 PIMs 材料(图 3.10),比表面积达 $775m^2/g$。通过后修饰法引入 $PdCl_2$ 至材料骨架中,得到的 Pd-PIMs 材料在催化 Suzuki 偶联反应中获得了很好的活性。循环使用一次后，发现有 20%金属 Pd 流失，但是继续循环使用 4 次，活性没有出现持续下降。

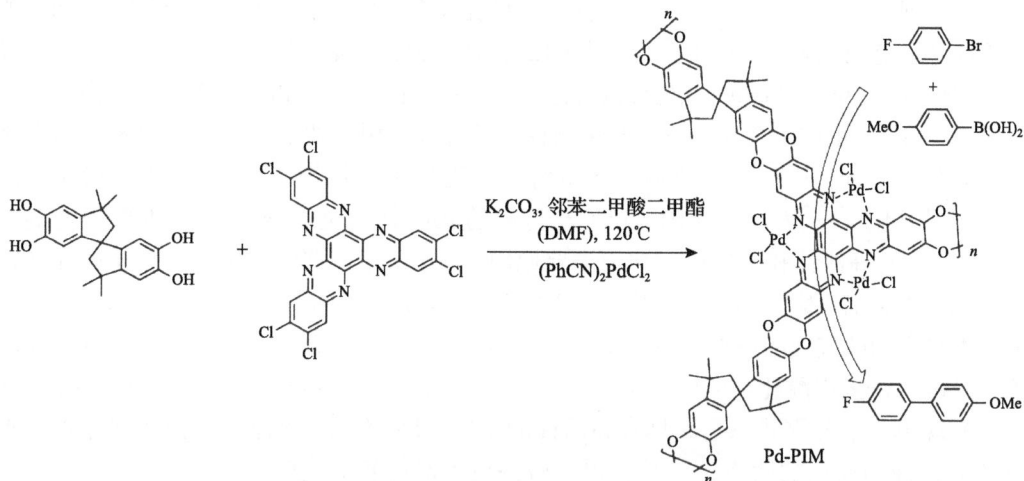

图 3.10　基于类似联吡啶骨架的功能化固有微孔聚合物材料的合成及催化应用

　　PIMs 材料一般包括可溶的和不可溶的网络聚合物材料，其中可溶的 PIMs 材料可以加工制膜，这也是 PIMs 材料与其他多孔有机材料的主要区别。

3.1.5　基于自由基聚合构筑的多孔有机聚合物

　　上述多孔有机聚合物材料常通过金属催化的偶联反应制备，会造成最终制备的产物中残存金属催化剂，进一步影响用该材料制备的催化剂的催化反应性能，使得应用这类催化剂的催化过程变得更加复杂。另外，有些多孔有机聚合物材料是通过不完全的缩合反应制得的，所以制备原料不能实现完全的定量转化，导致多孔有机聚合物材料的收率降低。因此为了解决这些问题，研究人员又开发出在不使用金属催化剂的条件下，收率接近 100%的多孔有机聚合物合成策略，典型的例子就是基于自由基反应构建的聚合物材料。

　　利用该合成策略，韩布兴课题组[45]采用二乙烯基苯 (DVB) 作为交联剂，将 1-乙烯基咪唑交联至聚合物骨架中，制得的不溶于有机溶剂的无孔聚合物材料 (图 3.11)，在 CO_2 与环氧化合物加成反应中表现出较好的催化性能。

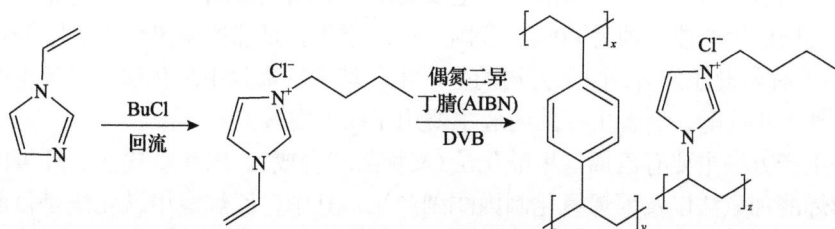

图 3.11　聚合物负载的离子液体合成路线

浙江大学肖丰收课题组[46]利用溶剂热聚合法，在不使用金属和模板剂的条件下，合成了系列多孔聚二乙烯基苯聚合物，收率接近 100%。还可以通过选择不同的溶剂类型来调控此类多孔有机聚合物的孔径分布及多级孔道结构。

在溶剂热聚合法的基础上，肖丰收和中科院大连化物所丁云杰研究团队[47]共同报道了乙烯基官能团化有机配体的合成(图 3.12)，并通过自由基反应构建了一系列具有良好热稳定性、多级孔道结构的多孔有机配体(POL)聚合物。其中 POPs-PPh₃ 聚合物自负载金属 Rh 后得到的 Rh/POPs-PPh₃ 催化剂在高碳烯烃氢甲酰化反应中表现出较好的催化活性和化学选择性[48]。丁云杰研究团队对该催化剂开展了进一步研究，将其应用于固定床氢甲酰化反应，发现催化剂上单原子分散的 Rh 活性中心及多重 Rh—P 配位键的存在，是其具有高活性和优异稳定性的主要原因。但是由于该催化剂中只包含单膦配体，立体效应不显著，因此产品醛的正异比较低。为了解决上述问题，采用溶剂热共聚技术，丁云杰研究团队成功制备出 Rh/CPOL-bp&P 和 Rh/CPOL- xantphos&PPh₃ 催化剂，在丙烯和高碳烯烃氢甲酰化反应中，获得较高的反应活性及产品醛正异比，并发现 Rh 活性中心呈现单原子分散状态是其具有高活性的主要原因，而 Rh 物种与聚合物载体骨架中两种 P 物种均配位的状态，使其获得了较高的产品醛正异比[49-51]。

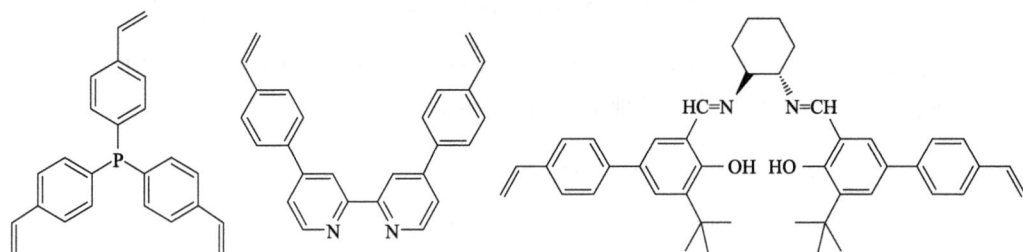

图 3.12　构建多孔有机配体所需的乙烯基官能团化单体

3.2　乙烯多相氢甲酰化

3.2.1　乙烯多相氢甲酰化研究背景

丙醛是一种重要的精细化工原料，主要用于生产正丙醇、丙酸、三羟甲基乙烷以及丙酮肟等化工中间体，在橡胶、油漆、塑料、医药、香料、农业、轻纺以及饲料等行业具有广泛的用途。目前，全球丙醛生产主要集中于美国、德国、中国和南非等国家和地区，其中美国的生产能力约为 60%。我国生产厂家主要是淄博诺奥化工有限公司与扬子石化-巴斯夫有限责任公司，两家公司的生产工艺均为乙烯氢甲酰化法，前者生产的丙醛主要用于加工正丙醇，后者生产的丙醛主要用于加工丙酸。

丙醛生产方法主要有乙烯氢甲酰化法(又称羰基合成)、丙醇氧化法、环氧丙烷异构化法、丙烯醛加氢法以及丙烯氧化制丙酮副产法，其中，乙烯氢甲酰化法是目前世界上工业化生产丙醛的主要方法。乙烯氢甲酰化法是以乙烯、一氧化碳、氢气为原料，以钴和铑膦配合物为催化剂合成丙醛。随着催化剂的不断改进，乙烯氢甲酰化制备丙醛的方法也经历了很大的变化。20 世纪 50 年代，工业化生产丙醛采用羰基钴或叔膦改性的钴作为催化剂高压羰基合成法生产丙醛；70 年代中期，美国联合碳化物公司、英国戴维公司、庄信万丰(Johnson Matthey，JM)公司三家公司联合开发了以 HRh(CO)(PPh₃)₃ 为催化剂的低压羰基合成法，并且 UCC 于 1975 年采用此方法在得克萨斯州实现了工业化生产。低压羰基合成法具有反应条件温和、反应活性和选择性高、传热效果好等优点，但最大的缺点是催化剂与反应产物分离和回收困难，工业生产成本较高。

羰基合成丙醛工业化生产的方法主要是采用以 HRh(CO)(PPh₃)₃ 为催化剂的低压羰基合成法，该方法的研究主要集中在催化剂的改进和反应条件的选择上。日本专利 JP 05246925 中对 Rh 的配体进行了改变，制备出新的均相催化剂。一些学者仍是以 HRh(CO)(PPh₃)₃ 为催化剂对乙烯氢甲酰化合成丙醛的反应条件进行研究。Malolm 等采用 HRh(CO)(PPh₃)₃ 作催化剂，产物丙醛的选择性相当高，催化剂浓度、进料比和流速对乙烯的转化率也影响很大，因此选择合适的反应条件是提高收率的因素之一。Kiss 等也进行了相关方面的研究，在 100℃、1MPa、进料 $C_2H_4/CO/H_2=1/1/1$ 的反应条件下氢甲酰化反应的选择性高达 99.7%，他们还从动力学的角度研究了各种反应物的浓度对乙烯氢甲酰化反应的影响。一些专利在产品的分离、催化剂的回收方面做了改进，使催化剂的寿命延长、生产成本降低。美国专利 US 5087763 用吸收剂将产品与未反应的烯烃分离，再将未反应的烯烃送回反应器循环使用。美国专利 US 5675041 用 HRh(CO)(PPh₃)₃ 催化剂对含有 $C_{2\sim5}$ 烯烃、炔烃等多组分气体直接进行氢甲酰化反应，可以得到多种醛的产品，使原有的只能用高纯度的乙烯进行氢甲酰化反应的工艺得以发展，生产成本大幅降低。

由于均相催化乙烯氢甲酰化合成丙醛必须要有产物分离这一步骤，生产成本大大增加。为了解决这一问题，人们试图开发一种兼具均相催化和多相催化优点的均相多相化催化剂。近年来，大量的氢甲酰化均相多相化技术不断涌现，但其反应稳定性差和活性低的问题一直得不到解决，阻碍了其工业化的应用。为了开发新的均相固载化催化剂，期望解决目前固载化体系存在的稳定性差和活性低的问题。中科院大连化物所利用其在氢甲酰化催化剂技术方面的多年积累，于 2000 年起开始乙烯氢甲酰化制丙醛的多相催化剂及其工艺的研究。2012 年开始，中科院大连化物所研究团队在分子水平上设计并合成出乙烯基官能团化的含磷或氮原子的有机配体单体，制备出以高度裸露的磷或氮原子骨架为结构单元、具有大比表面积、多级孔结构特点的有机聚合物材料，此类聚合物材料具有载体和配体的双重功能，与氢甲酰化活性金属单原子(铑和钴)形成具有多重配位结构和高稳定性的单原子催化剂，并将此催化剂应用于乙烯多相氢甲酰化生产丙醛的固定床工艺的研究。项目经过长期的开拓性研究，在催化剂研制、工业化催化剂放大生产等方面取得了一系列技术发明和创新，形成了具有自主知识产权的乙烯氢甲酰化法制丙醛及其加氢制正丙醇专利专有整套技术(工艺技术软件包及性能优异的催化剂)。

下面采用乙烯基官能团化的三苯基膦(记为 3vPPh₃)作为单体，通过溶剂热聚合形成多孔聚合物材料(记为 POPs-PPh₃)[47,48,52-54]。以 POPs-PPh₃ 为载体，制备多相催化剂 Rh/POPs-PPh₃，考察该催化剂在乙烯氢甲酰化反应中的催化活性和稳定性。同时，结合多种表征技术，深入研究 Rh/POPs-PPh₃ 催化剂具有良好的反应活性和稳定性的原因。

3.2.2 乙烯多相氢甲酰化催化剂制备和表征

1. 催化剂的制备

所有操作均是 N_2 气氛下在手套箱或 Schlenk 装置上进行的。所有试剂均经过 CaH_2 回流脱水和 N_2 气氛脱氧处理。

1)3vPPh$_3$ 单体的具体合成步骤

在冰水浴和氮气氛围下,向带有磁搅拌子的 100mL 三口圆底烧瓶中依次加入 0.5g 镁粉、10mL 四氢呋喃(THF),所得反应混合物搅拌 2h;逐滴加入 4g 对溴苯乙烯和 10mL 四氢呋喃的混合溶液,所得反应混合物搅拌 2h;逐滴加入 6g 三氯化磷和 10mL 四氢呋喃的混合溶液,所得反应混合物搅拌 2h;再加入 10mL 水搅拌 0.5h,然后萃取反应混合物,过滤后旋转蒸发脱除溶剂。获得的初级产品经硅胶柱层析提纯,获得白色固体,即为 3vPPh$_3$ 单体(图 3.13)。

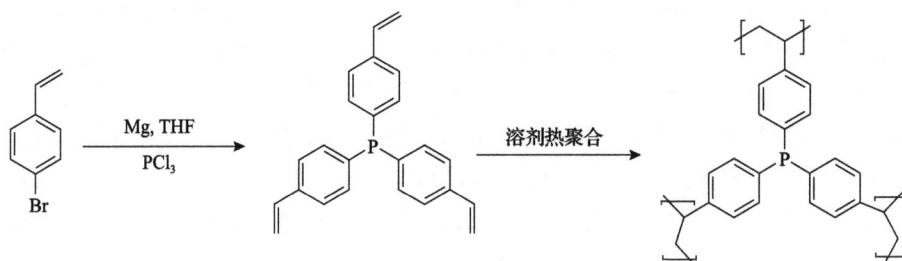

图 3.13 POPs-PPh$_3$ 聚合物的合成方法示意图

2)POPs-PPh$_3$ 聚合物的具体合成步骤

在 298K 和 N_2 气氛下,将 1g 3vPPh$_3$ 单体溶于 10mL 四氢呋喃溶剂中,向上述溶液中加入 25mg 偶氮二异丁腈作为自由基引发剂,搅拌 1h。将搅拌好的溶液移至水热釜中,于 373K 和 N_2 气氛下利用溶剂热聚合法进行聚合 24h。待上述聚合后的溶液冷却至室温,333K 条件下真空抽走溶剂得到白色粉末状固体,即为 POPs-PPh$_3$ 聚合物(图 3.13)。

3)Rh/POPs-PPh$_3$ 催化剂的具体制备方法

在 298K 和 N_2 气氛下,将 50.1mg Rh(CO)$_2$(acac)溶于 100mL 四氢呋喃溶剂中,加入 1g POPs-PPh$_3$ 聚合物,将此混合物在 298K 和 N_2 气氛下搅拌 24h,然后在 333K 条件下真空抽走溶剂得到浅黄色粉末状固体,即为 Rh/POPs-PPh$_3$ 催化剂。

2. 催化剂的表征

样品的比表面积和孔径分布测定在 Micromeritics 公司的 ASAP 2040 M 型吸附分析仪上进行。所有样品预先在 373K 处理 20h。孔径分布分析采用非定域密度泛函理论(NLDFT)方法。X 射线衍射(XRD)测定在 PANalytical 公司的 X'Pert PRO 型 X 射线衍射仪上进行。Cu K$_\alpha$ 辐射源,管压 40kV,管流 40mA,扫描速率 10°/min,扫描范围 $2\theta=10°\sim 70°$。透射电子显微镜(TEM)测定在日本电子株式会社(JEOL)JEM-2000EX 型透射电子显微镜上进行。将样品在无水乙醇中超声分散后，将其滴加到铜网上，自然干燥后在透射电子显微镜上观测。扫描电子显微镜(SEM)测定在 FEI Quanta 200F 型扫描电子显微镜上进行。高角环形暗场扫描透射电子显微镜(HAADF-STEM)测定在 JEOL JEM-ARM200F 电子显微镜上进行。热重(TG)实验在 Netzsch STA 449F3 型热重分析仪上进行，催化剂装填量为 9.0mg。在 N_2 气氛下，从 293K 升温至 923K，升温速率 10K/min。X 射线吸收精细结构谱(XAFS)在上海同步辐射光源的 BL14W1 光束、BL-9C 线站上进行。^{13}C 固体核磁(^{13}C MAS NMR)实验在 Varian 公司 Infinityplus 型核磁共振波谱仪上进行。2.5mm ZrO_2 转子，弛豫时间 3.0s，转动频率 12kHz。^{31}P 固体核磁(^{31}P MAS NMR)实验仪器同上，2.5mm ZrO_2 转子，振动频率 161.8MHz，弛豫时间 3.0s，转动频率 10kHz，以 85% H_3PO_4 为化学位移的参考外标。傅里叶变换红外光谱(FTIR)测定在 Bruker 公司的 Tensor 27 型红外光谱仪上进行，分辨率为 4.0cm^{-1}，32 次扫描累加，扫描范围 4000~400cm^{-1}。Rh 含量测定采用电感耦合等离子体原子发射光谱(ICP-AES)在 IRIS Intrepid Ⅱ XSP(Thermo Electron Corp.)仪器上进行。

3. 催化剂反应评价及分析方法的建立

乙烯氢甲酰化小试反应评价在固定床微型反应器上进行(图 3.14)。反应器由内径为 9mm 的 316L 不锈钢制成，催化剂床层的上下部装填石英砂，用来固定催化剂。在一定的反应条件下，催化剂在固定床反应器中进行反应。反应生成的产物丙醛用 70mL 去离子水吸收后取样，以乙醇为内标物，在 Agilent 7890A 型气相色谱仪上，使用配有 HP-5 毛细柱的氢火焰离子化检测器(FID)分析;生成的乙烷与未反应的原料气一起由十通阀取样进入 Agilent 7890A 型气相色谱仪，通过 Porapark QS 填充柱进行分离，使用热导检测器(TCD)分析。

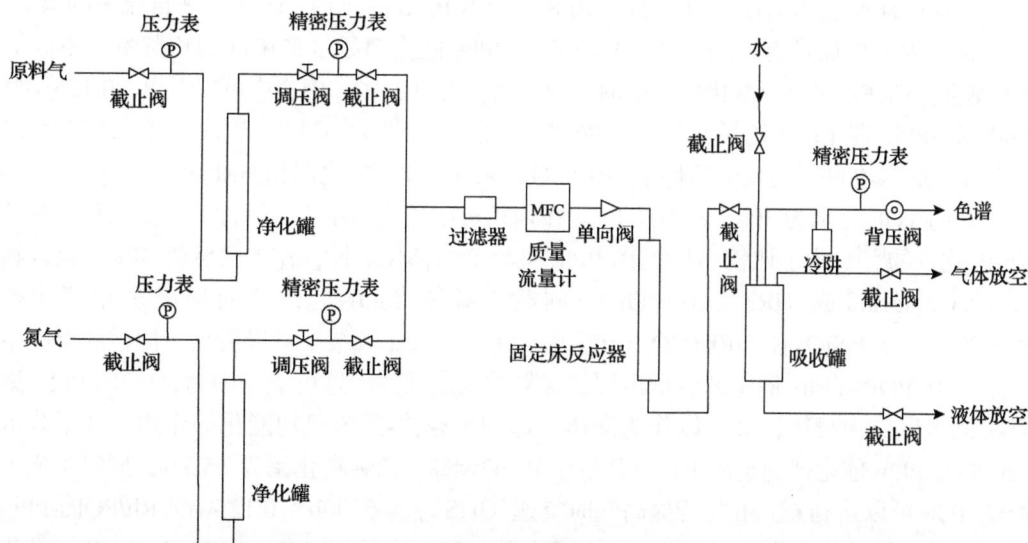

图 3.14　固定床实验装置示意图

乙烯氢甲酰化的液相产物含量采用内标法进行计算，以无水乙醇为内标物，计算产品中丙醛、甲基戊醛及甲基戊烯醛的质量。乙烯氢甲酰化的气相产物含量采用归一化方法进行计算。

乙烯的转化率计算公式：

$$转化率 = \frac{M_{丙醛} + M_{甲基戊醛} \times 2 + M_{甲基戊烯醛} \times 2 + M_{乙烷}}{原料气中乙烯摩尔浓度 \times 气体流速 \times 时间} \times 100\%$$

产物的选择性（Sel）计算公式：

$$Sel_{丙醛} = \frac{M_{丙醛}}{M_{丙醛} + M_{甲基戊醛} \times 2 + M_{甲基戊烯醛} \times 2 + M_{乙烷}} \times 100\%$$

$$Sel_{甲基戊醛} = \frac{M_{甲基戊醛} \times 2}{M_{丙醛} + M_{甲基戊醛} \times 2 + M_{甲基戊烯醛} \times 2 + M_{乙烷}} \times 100\%$$

$$Sel_{甲基戊烯醛} = \frac{M_{甲基戊烯醛} \times 2}{M_{丙醛} + M_{甲基戊醛} \times 2 + M_{甲基戊烯醛} \times 2 + M_{乙烷}} \times 100\%$$

$$Sel_{乙烷} = \frac{M_{乙烷}}{M_{丙醛} + M_{甲基戊醛} \times 2 + M_{甲基戊烯醛} \times 2 + M_{乙烷}} \times 100\%$$

3.2.3　乙烯多相氢甲酰化催化剂催化性能

1. 乙烯氢甲酰化反应结果

评价 Rh/POPs-PPh$_3$ 催化剂在乙烯氢甲酰化反应中的催化性能，采用固定床反应器，这样可以保证反应的活性组分来自多相 Rh/POPs-PPh$_3$ 催化剂，而不是来自流失的 Rh-P 化合物。为了更加具有应用价值，Rh/POPs-PPh$_3$ 催化剂尽量采用低的负载量。不同的 Rh 基催化剂在乙烯氢甲酰化反应中的表现归纳于表 3.2 中。由表中可以看出，0.125wt% Rh/POPs-PPh$_3$ 催化剂下乙烯转化率为 96.2%，丙醛选择性为 96.1%，生成丙醛的 TOF 可以达到 4530h^{-1}。在同样的反应条件下，Rh(CO)$_2$(acac)/SiO$_2$ 催化剂和 HRh(CO)(PPh$_3$)$_3$/SiO$_2$ 催化剂的 TOF 分别为 30h^{-1} 和 1091h^{-1}。在均相氢甲酰化体系中，活性组分是均相可溶的 Rh-P 化合物[55]。为了比较 Rh/POPs-PPh$_3$ 催化剂的催化活性，作者团队将 Rh-P 化合物 [Rh(CO)$_2$(acac) 或 HRh(CO)(PPh$_3$)$_3$] 固载于载体 SiO$_2$ 上，从而形成多相催化剂 Rh(CO)$_2$(acac)/SiO$_2$ 和 HRh(CO)(PPh$_3$)$_3$/SiO$_2$。通过比较结果可以看出，同样的反应条件下，Rh/POPs-PPh$_3$ 催化剂展示出更加优异的反应活性。这可能是因为，POPs-PPh$_3$ 聚合物既可以作为载体，又可以作为配体，起到了载体-配体双功能化的作用。如果降低 Rh/POPs-PPh$_3$ 催化剂的金属 Rh 负载量至 0.063wt%，乙烯转化率为 65.3%，同时生成丙醛的 TOF 可以达到 6166h^{-1}。若提高气时空速（GHSV）至 5000h^{-1}，0.125wt% Rh/POPs-PPh$_3$ 催化剂的乙烯转化率为 88.8%，TOF 能够达到 10373h^{-1}；而 0.063wt% Rh/POPs-PPh$_3$ 催化剂的乙烯转化率为 45.5%，TOF 为 10534h^{-1}。此时，两个催化剂的 TOF 值均达到了最高点，并且两者几乎相同。结合以上反应数据能够看出，Rh/POPs-PPh$_3$ 催化剂在固定床乙烯氢甲酰化反应中展现出优异的反应活性。

表 3.2　不同的 Rh 基催化剂上乙烯氢甲酰化反应性能

序号	催化剂名称	Rh 负载量/wt%	乙烯转化率/%	选择性/%	TOF/h^{-1}
1[a]	Rh/POPs-PPh$_3$	0.125	96.2	96.1	4530
2[a]	Rh/POPs-PPh$_3$	0.063	65.3	96.4	6166
3[a]	Rh(CO)$_2$(acac)/SiO$_2$	0.125	0.6	99.9	30
4[a]	HRh(CO)(PPh$_3$)$_3$/SiO$_2$	0.125	22.4	99.5	1091
5[b]	Rh/POPs-PPh$_3$	0.125	88.8	95.4	10373
6[b]	Rh/POPs-PPh$_3$	0.063	45.5	94.6	10534

a. 反应条件：反应压力 1.0MPa(C$_2$H$_4$/CO/H$_2$=1/1/1)，反应温度 393K，气时空速 2000h^{-1}。
b. 反应条件：反应压力 1.0MPa(C$_2$H$_4$/CO/H$_2$=1/1/1)，反应温度 393K，气时空速 5000h^{-1}。

作者团队首先对原料气的气体进料空速进行了优化，选用的原料气的气时空速分别为 1000h^{-1}、2000h^{-1}、3000h^{-1}、4000h^{-1} 和 5000h^{-1}。具体反应数据总结在表 3.3 中。不难发现，随着原料气时空速的升高，乙烯的转化率略有下降，但产物丙醛的 TOF 值显著增加。产物丙醛的选择性随着气时空速的提高而不断降低，副产物乙烷的选择性不断增加。

表 3.3　气时空速对 Rh/POPs-PPh$_3$ 催化剂上乙烯多相氢甲酰化反应性能的影响 [a]

气时空速/h^{-1}	乙烯转化率/%	选择性/%				TOF/h^{-1}
		丙醛	甲基戊醛	甲基戊烯醛	乙烷	
1000	98.4	95.8	0.4	0.7	3.1	2310
2000	92.6	95.2	0.3	0.9	3.6	4320
3000	89.0	95.2	0.4	0.9	3.5	6228
4000	87.5	94.3	0.3	0.9	4.5	8086
5000	86.7	93.9	0.4	0.8	4.9	9973

a. 反应条件：T=120℃，P=1.0MPa，C$_2$H$_4$/CO/H$_2$=1/1/1，Rh 负载量 0.125wt%。

表 3.4 列出反应温度对 Rh/POPs-PPh$_3$ 催化剂上乙烯多相氢甲酰化反应性能的影响。

表 3.4　反应温度对 Rh/POPs-PPh$_3$ 催化剂上乙烯多相氢甲酰化反应性能的影响 [a]

反应温度/℃	乙烯转化率/%	选择性/%				TOF/h^{-1}
		丙醛	甲基戊醛	甲基戊烯醛	乙烷	
90	70.1	99.2	—	0.2	0.6	3407
100	77.0	98.8	0.1	0.3	0.8	3728
110	86.7	97.0	0.1	0.6	2.3	4121
120	92.6	95.3	0.3	0.8	3.6	4324
130	97.5	94.3	0.4	0.8	4.5	4505
140	96.4	94.8	0.5	0.9	3.8	4478

a. 反应条件：气时空速 2000h^{-1}，P=1.0MPa，C$_2$H$_4$/CO/H$_2$=1/1/1，Rh 负载量 0.125wt%。

从表中数据不难发现，随着反应温度的升高，乙烯转化率迅速提高，当反应温度从 90℃上升到 140℃时，乙烯转化率从 70.1%增加到 96.4%。产物丙醛的选择性随着温度的升高而降低，而副产物乙烷的选择性不断提高，温度从 90℃上升到 140℃时，乙烷的选择性从 0.6%增加到 3.8%。综上所述，温度的升高有利于提高乙烯转化率，但促进了副产物乙烷的生成。

作者团队考察了反应压力对 Rh/POPs-PPh$_3$ 催化剂上乙烯多相氢甲酰化反应性能的影响。反应结果列于表 3.5。表中数据显示，当压力从 0.5MPa 增加到 1.0MPa 时，乙烯转化率从 74.8%增加到 92.0%，随着压力的继续升高，乙烯转化率缓慢增加。产物丙醛的选择性随着压力的升高，没有发生明显的变化。

表 3.5　反应压力对 Rh/POPs-PPh$_3$ 催化剂上乙烯多相氢甲酰化反应性能的影响 [a]

反应压力/MPa	乙烯转化率/%	选择性/%				TOF/h^{-1}
		丙醛	甲基戊醛	甲基戊烯醛	乙烷	
0.5	74.8	96.3	0.1	0.5	3.1	3530
1.0	92.0	95.6	0.2	0.8	3.4	4310
1.5	92.1	95.9	0.3	0.8	3.0	4328
2.0	93.8	96.0	0.3	0.8	2.9	4412
2.5	96.2	95.8	0.4	0.8	3.0	4516

a. 反应条件：气时空速 2000h^{-1}，C$_2$H$_4$/CO/H$_2$=1/1/1，Rh 负载量 0.125wt%。

随后，作者团队评价了 0.125wt% Rh/POPs-PPh$_3$ 催化剂在乙烯氢甲酰化反应中的 1008h 稳定性实验。由图 3.15 可以看出，对于 0.125wt% Rh/POPs-PPh$_3$ 催化剂在 1008h 的连续反应中，乙烯转化率没有出现明显的下降，从而表明 Rh/POPs-PPh$_3$ 催化剂具有良好的稳定性，这对于均相固载化催化剂是十分重要的[56,57]。根据 ICP-AES 结果（表 3.6）可以看出，反应前后 0.125wt% Rh/POPs-PPh$_3$ 催化剂的金属 Rh 含量分别为 0.12044wt%和 0.12062wt%。同时，收集的反应产物中检测不到金属 Rh 物种（<0.01ppm）。

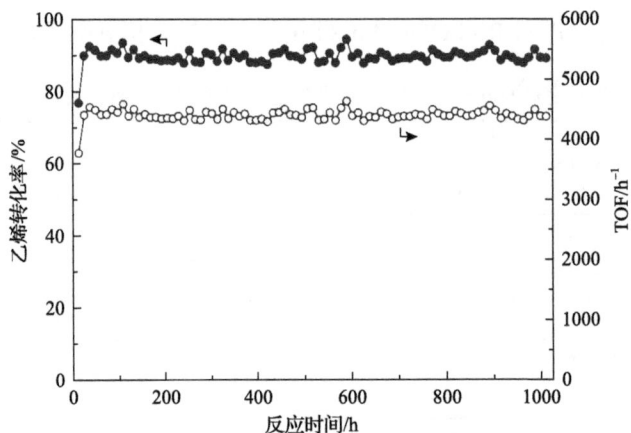

图 3.15　0.125wt% Rh/POPs-PPh$_3$ 催化剂在乙烯氢甲酰化反应中稳定性实验

反应条件：反应压力 1.0MPa（C$_2$H$_4$/CO/H$_2$=1/1/1），反应温度 393K，气时空速 2000h^{-1}

表 3.6　反应前后的 0.125wt% Rh/POPs-PPh₃ 催化剂金属 Rh 含量 [a]

样品名称	Rh 含量/wt%
0.125wt% Rh/POPs-PPh₃（新鲜催化剂）	0.12044
0.125wt% Rh/POPs-PPh₃（反应后催化剂，1008h）	0.12062

a. ICP-AES 测量金属 Rh 含量。

为了测试 Rh/POPs-PPh₃ 催化剂实际工业应用的可行性，作者团队对催化剂抗硫性能进行了验证。表 3.7 列出了 Rh/POPs-PPh₃ 催化剂抗有机硫（硫醚）验证反应数据。采用 1-辛烯为反应原料，当反应时间为 12h 时，未加入硫醚的 1-辛烯氢甲酰化反应转化率为 98.20%、壬醛选择性为 83.81%，正异比为 9.14，壬醛 TOF 为 419h⁻¹；加入 1000ppm 硫醚的 1-辛烯氢甲酰化反应转化率为 98.17%、壬醛选择性为 85.38%，正异比为 9.51，壬醛 TOF 为 427h⁻¹。反应 12h 原料 1-辛烯接近完全转化，为了验证在反应原料未完全转化情况下，催化剂抗有机硫反应情况，将反应时间缩短为 1h。当反应时间为 1h 时，未加入硫醚的 1-辛烯氢甲酰化反应转化率为 69.53%、壬醛选择性为 83.56%，正异比为 9.70，壬醛 TOF 为 3550h⁻¹；加入 1000ppm 硫醚的 1-辛烯氢甲酰化反应转化率为 69.08%、壬醛选择性为 83.99%，正异比为 9.85，壬醛 TOF 为 3545h⁻¹。由上述实验结果可以看出，向 1-辛烯氢甲酰化反应体系加入 1000ppm 硫醚，对 Rh/POPs-PPh₃ 催化剂催化性能没有影响，说明 Rh/POPs-PPh₃ 单原子催化剂可以抵抗有机硫的影响。

表 3.7　Rh/POPs-PPh₃ 催化剂抗有机硫验证反应数据 [a]

反应时间/h	反应名称	转化率/%	选择性/%			正异比	TOF/h⁻¹
			壬醛	异构辛烯	辛烷		
12	1-辛烯	98.20	83.81	13.55	2.64	9.14	419
	1-辛烯+1000ppm 硫醚	98.17	85.38	12.14	2.48	9.51	427
1	1-辛烯	69.53	83.56	14.57	1.87	9.70	3550
	1-辛烯+1000ppm 硫醚	69.08	83.99	14.14	1.87	9.85	3545

a. 反应条件：T=383K，P=1MPa，Rh 负载量 0.25wt%。

随后，对 Rh/POPs-PPh₃ 催化剂抗无机硫（H₂S）性能进行了验证。采用乙烯作反应原料，选用固定床反应器，在连续反应过程中通入 1000ppm H₂S，测试其对乙烯氢甲酰化反应性能的影响。由表 3.8 反应数据可见，未通入 1000ppm H₂S 时，其丙醛 TOF 为 4317h⁻¹；向反应系统通入 1000ppm H₂S 反应 2h 取样，其丙醛 TOF 迅速降至 318h⁻¹；当反应系统停止通入 1000ppm H₂S，乙烯混合气继续进行氢甲酰化反应时，短暂中毒的 Rh/POPs-PPh₃ 催化剂反应性能可以重新恢复，停止通入 1000ppm H₂S 反应 8h 后，其丙醛 TOF 为 4527h⁻¹，且在后续连续反应中反应性能保持稳定。由上述实验结果可以看出，向乙烯氢甲酰化反应体系加入 1000ppm H₂S 会使 Rh/POPs-PPh₃ 催化剂短暂中毒，当 1000ppm H₂S 停止通入反应系统，催化剂反应性能可在较短时间内恢复至正常水平，说明 Rh/POPs-PPh₃ 单原子催化剂抵抗无机硫会发生短暂中毒再恢复的情况。

表 3.8 Rh/POPs-PPh₃ 催化剂抗无机硫验证反应数据 [a]

反应时间/h	TOF/h⁻¹	备注
16	4317	—
18	318	反应系统通入 1000ppm H₂S
19	229	—
23	2761	反应系统停止通入 1000ppm H₂S
27	4527	—
39	4727	—
47	4575	—
63	4521	—

a. 反应条件：T=383K，P=1MPa，Rh 负载量 0.25wt%。

结合以上实验结果可以看出，Rh/POPs-PPh₃ 催化剂不但具有良好的反应活性，更重要的是展现出优异的稳定性。为了深入研究 Rh/POPs-PPh₃ 催化剂具有优异反应性能的原因，作者团队利用多种表征手段，重点探究 Rh/POPs-PPh₃ 催化剂上金属 Rh 物种存在状态以及 Rh/POPs-PPh₃ 催化剂上 Rh 物种同载体中 P 原子之间的配位情况。

2. Rh/POPs-PPh₃ 催化剂的表征分析

1）N₂ 物理吸附表征

如表 3.9 所示，POPs-PPh₃ 聚合物和 Rh/POPs-PPh₃ 催化剂的 BET 比表面积分别为 981m²/g 和 921m²/g，孔容分别为 1.45cm³/g 和 1.32cm³/g。图 3.16 展示了 POPs-PPh₃ 聚合

表 3.9 POPs-PPh₃ 聚合物和 Rh/POPs-PPh₃ 催化剂的 BET 比表面积和孔容

样品名称	BET 比表面积/(m²/g)	孔容/(cm³/g)
POPs-PPh₃	981	1.45
Rh/POPs-PPh₃	921	1.32

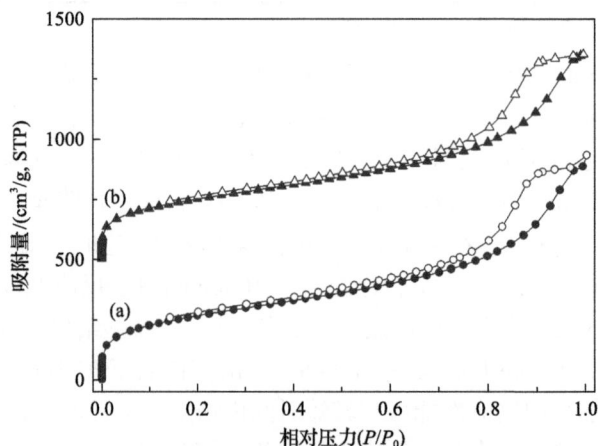

图 3.16 POPs-PPh₃ 聚合物 (a) 和 2.0wt% Rh/POPs-PPh₃ 催化剂 (b) 的等温吸附曲线

物和 2.0wt% Rh/POPs-PPh$_3$ 催化剂的等温吸附（N$_2$ 吸脱附）曲线。由图 3.18 可以看出，POPs-PPh$_3$ 聚合物具有多级孔道结构，且当负载金属 Rh 形成 Rh/POPs-PPh$_3$ 催化剂时，材料中多级孔道结构的特征得以保留。POPs-PPh$_3$ 聚合物和 2.0wt% Rh/POPs-PPh$_3$ 催化剂的孔径分布（图 3.17）也证明这种材料具有多级孔道结构的特征。

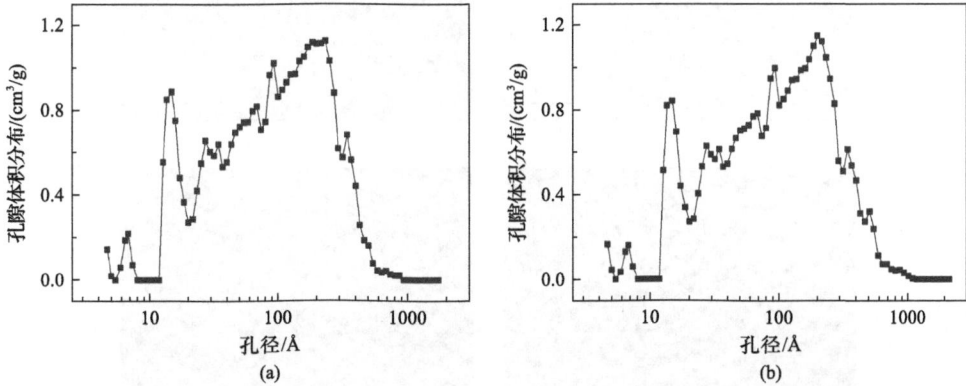

图 3.17　POPs-PPh$_3$ 聚合物（a）和 2.0wt% Rh/POPs-PPh$_3$ 催化剂（b）的孔径分布曲线

2）SEM 表征

反应前和反应后 2.0wt% Rh/POPs-PPh$_3$ 催化剂的 SEM 和能量色散 X 射线谱映射（EDS mapping）（元素面分布）图呈现于图 3.18 中。结合反应前后催化剂的 EDS mapping 图可以看出，Rh、P、C 三种元素都均匀地分散在催化剂上，没有发现一个位置出现某种元素集中分布的情况。同时，通过反应前后催化剂的 SEM 图，可以证实 Rh/POPs-PPh$_3$ 催化剂具有多级孔道结构的特征。

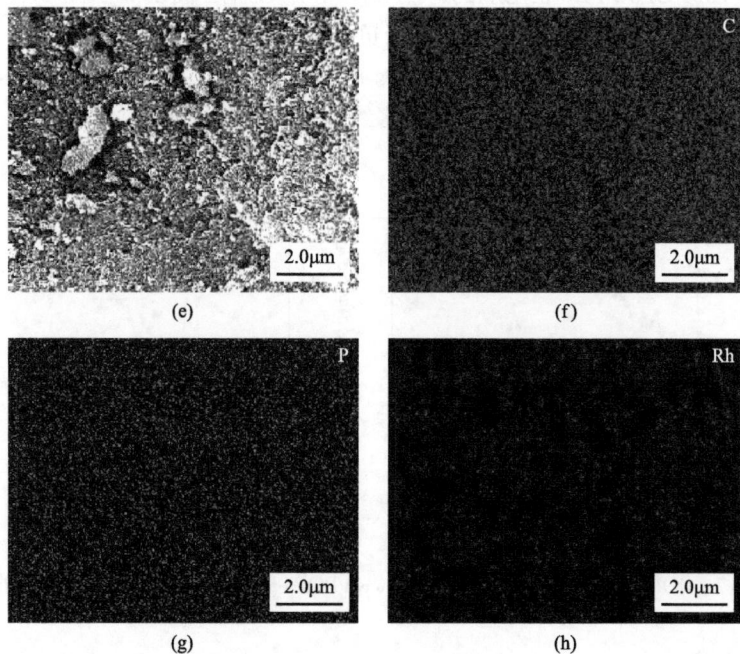

图 3.18 反应前[(a)～(d)]、后[(e)～(h)]2.0wt% Rh/POPs-PPh₃ 催化剂的 SEM 和 EDS mapping 图

3）TG 表征

选用聚合物材料作为多相催化剂的载体时，热稳定性是考察聚合物材料的重要因素。通过 POPs-PPh₃ 聚合物和 2.0wt% Rh/POPs-PPh₃ 催化剂的热重曲线（图 3.19）可以看出，无论是 POPs-PPh₃ 聚合物还是 2.0wt% Rh/POPs-PPh₃ 催化剂都具有良好的热稳定性，热分解温度可以达到 723K。这种高的热稳定性同目前聚合物材料中热稳定性优异的材料相当。一般情况下，聚合物材料因热稳定性的限制，其作为载体应用于多相催化领域受到阻碍。POPs-PPh₃ 聚合物和 Rh/POPs-PPh₃ 催化剂因具有优异的热稳定性，可以较大范围地应用于多相催化领域。

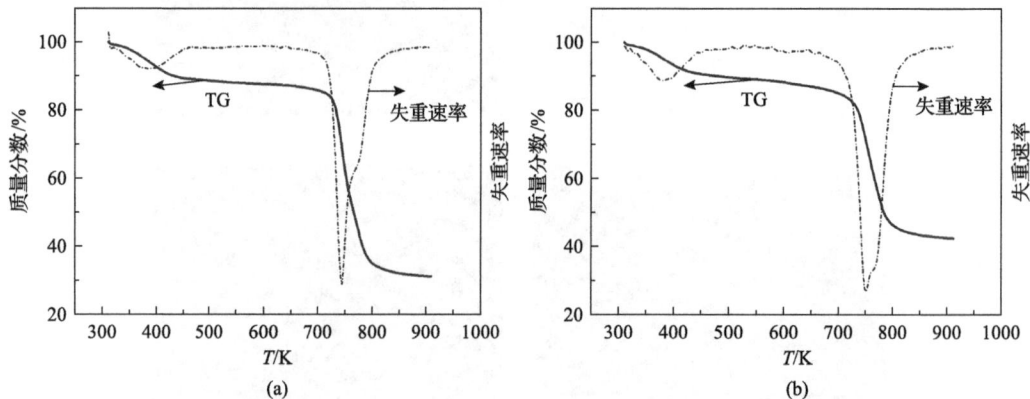

图 3.19 POPs-PPh₃ 聚合物(a)和 2.0wt% Rh/POPs-PPh₃ 催化剂(b)的 TG-DTG 曲线

4）HAADF-STEM 表征

图 3.20 给出了 Rh/POPs-PPh₃ 催化剂的 HAADF-STEM 图。由图 3.20 可以看出，对于新鲜的 0.125wt% Rh/POPs-PPh₃ 催化剂［图 3.20（a）］，金属 Rh 物种呈完全单原子状态分散在具有多级孔道结构的 POPs-PPh₃ 载体上。当此催化剂在乙烯氢甲酰化反应中连续反应 1008h 后，重新观察催化剂可以看出［图 3.20（b）］，0.125wt% Rh/POPs-PPh₃ 催化剂上的金属 Rh 物种仍然保持独立分散的状态，没有发现任何烧结或团聚现象。在反应前后的 0.125wt% Rh/POPs-PPh₃ 催化剂上，金属 Rh 物种都能够均匀地分散在 POPs-PPh₃ 载体上。这是因为 POPs-PPh₃ 聚合物具有多级孔道结构，大部分金属 Rh 物种可以穿过孔壁，进入载体的内表面，均匀地分散在载体内表面上。根据文献报道[58-62]可以得出，这种活性组分的分布方式对于提高固载化催化剂的稳定性是十分有利的。POPs-PPh₃ 载体的内比表面积较高，即使提高金属 Rh 负载量，Rh 物种仍能独立且均匀地分散在 POPs-PPh₃ 载体上。由图 3.20（c）和（d）可以看出，在反应 504h 后的 2wt% Rh/POPs-PPh₃ 催化剂上，金属 Rh 物种仍然保持单分散状态，没有出现烧结或团聚的现象。

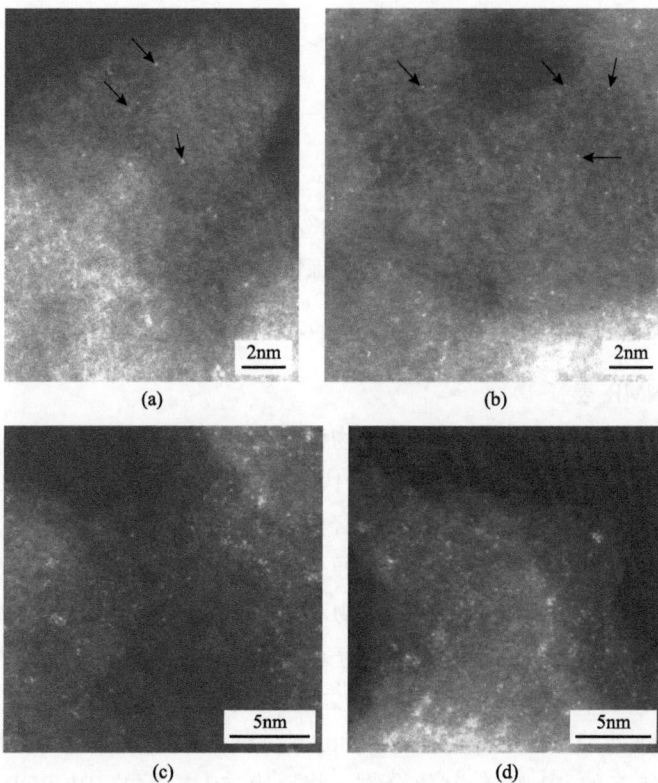

图 3.20　Rh/POPs-PPh₃ 催化剂的 HAADF-STEM 图

（a）反应前的 0.125wt% Rh/POPs-PPh₃ 催化剂；（b）反应 1008h 后的 0.125wt% Rh/POPs-PPh₃ 催化剂；
（c）、（d）反应 504 h 后的 2.0wt% Rh/POPs-PPh₃ 催化剂

5）EXAFS 表征

图 3.21 给出了 Rh/POPs-PPh₃ 催化剂的 EXAFS 谱图。从 EXAFS 谱图可以看出，在

反应 1008h 后的 0.125wt% Rh/POPs-PPh$_3$ 催化剂上[图 3.21(a)]，存在 Rh—P 键和 Rh—C 键[63,64]，并没有发现 Rh—Rh 键[65]。这表明整个催化剂上，Rh 物种均匀地单分散在载体上，这个结果同前面的 HAADF-STEM 结果吻合。同时说明 Rh/POPs-PPh$_3$ 催化剂上的 Rh 物种同 POPs-PPh$_3$ 载体上的 P 原子发生配位作用，形成了 Rh—P 配位键。作者团队也观察了 2wt% Rh/POPs-PPh$_3$ 催化剂[图 3.21(b) 和(c)]，可以看出反应前后的 2wt% Rh/POPs-PPh$_3$ 催化剂上，能够观察到的现象同 0.125wt% Rh/POPs-PPh$_3$ 催化剂一致。即催化剂上只发现有 Rh—P 键和 Rh—C 键，并不存在 Rh—Rh 键。

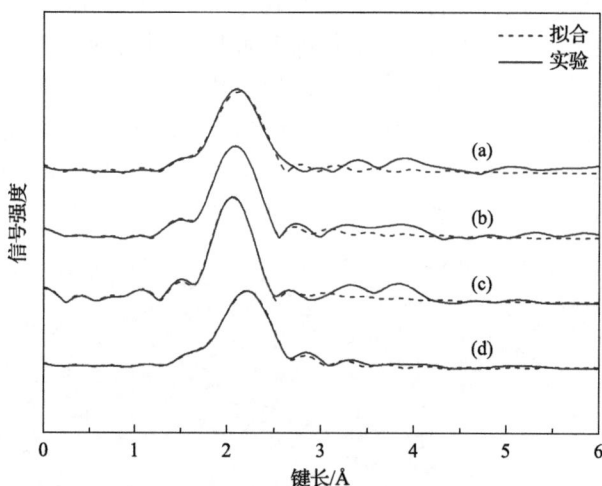

图 3.21　Rh/POPs-PPh$_3$ 催化剂的 EXAFS 谱图

(a)反应 1008h 后的 0.125wt% Rh/POPs-PPh$_3$ 催化剂；(b)反应 504h 后的 2.0wt% Rh/POPs-PPh$_3$ 催化剂；
(c)反应前的 2.0wt% Rh/POPs-PPh$_3$ 催化剂；(d)HRh(CO)(PPh$_3$)$_3$ 标样

6) ^{31}P MAS NMR 表征

固体 ^{31}P MAS NMR 表征可以提供 Rh 物种和 POPs-PPh$_3$ 载体之间相互作用的直接证据。如图 3.22 所示，–5.8ppm 处的 NMR 峰代表了 3vPPh$_3$ 单体中未配位的 P 原子[66]，而 26.4ppm 处的 NMR 峰代表了同 Rh 物种已经配位的 P 原子[60]。26.4ppm 处的 NMR 峰的出现表明 Rh 物种同 POPs-PPh$_3$ 载体中的 P 原子发生了配位作用，从而形成 Rh-P 化合物。根据文献的报道[60,66]，形成 Rh-P 羰基化合物对于提高氢甲酰化反应的活性是十分有利的。由图 3.22 可以看出，当新鲜的催化剂在反应条件下经合成气处理后，26.4ppm 处的 NMR 峰逐渐增强，同时–5.8ppm 处的 NMR 峰强度慢慢减弱。同样，当新鲜的催化剂连续反应 504h 后，26.4ppm 处的 NMR 峰增强，–5.8ppm 处的 NMR 峰减弱，表明 Rh/POPs-PPh$_3$ 催化剂上形成了更多的 Rh-P 羰基化合物。将反应 504h 后的 Rh/POPs-PPh$_3$ 催化剂与 HRh(CO)(PPh$_3$)$_3$/POPs-PPh$_3$ 样品相比较，两者的 ^{31}P MAS NMR 谱图的峰位置和峰强度几乎一致。

7)反应气吸附原位 FTIR 表征

Rh(CO)$_2$(acac)样品、POPs-PPh$_3$ 载体、Rh/POPs-PPh$_3$ 催化剂的 FTIR 谱图列于图 3.23

中。对于 Rh(CO)$_2$(acac)，FTIR 谱图的吸收峰出现在 2064cm^{-1} 和 2006cm^{-1} 两处，这两个吸收峰归属为 Rh(CO)$_2$(acac) 中羰基的振动峰。当将 Rh(CO)$_2$(acac) 作为金属 Rh 的前体负载于 POPs-PPh$_3$ 载体上时，在 1979cm^{-1} 位置观察到一个吸收峰，这个吸收峰归属为 Rh/POPs-PPh$_3$ 催化剂中羰基的振动峰[67]。比较结果可以看出，Rh(CO)$_2$(acac) 作为金属 Rh 的前体在形成催化剂的过程中，Rh 物种同 POPs-PPh$_3$ 载体之间发生了化学作用。如图 3.24 所示，当 Rh 物种负载于 POPs-PPh$_3$ 载体上时，在 FTIR 谱图中可以观察到 506cm^{-1} 位置出现一个振动峰，此振动峰归属为 Rh—P 配位键[60]。这个结果说明 Rh 物种同 POPs-PPh$_3$ 载体上的 P 原子之间发生了配位作用。

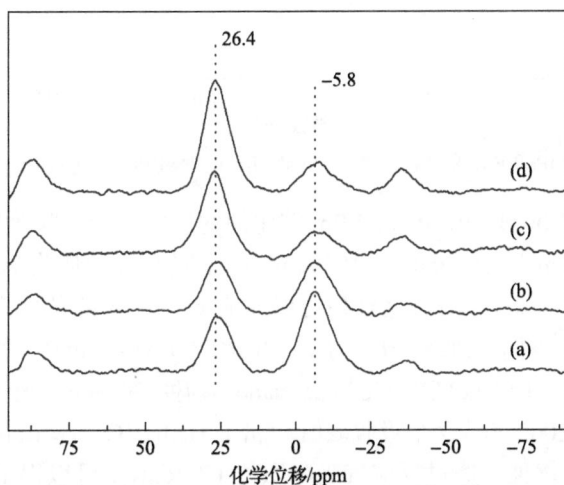

图 3.22　Rh/POPs-PPh$_3$ 催化剂的 ^{31}P MAS NMR 谱

(a) 反应前的 2.0wt% Rh/POPs-PPh$_3$ 催化剂；(b) 合成气处理的 2.0wt% Rh/POPs-PPh$_3$ 催化剂；
(c) 反应 504h 后的 2.0wt% Rh/POPs-PPh$_3$ 催化剂；(d) 2.0wt% HRh(CO)(PPh$_3$)$_3$/POPs-PPh$_3$ 样品

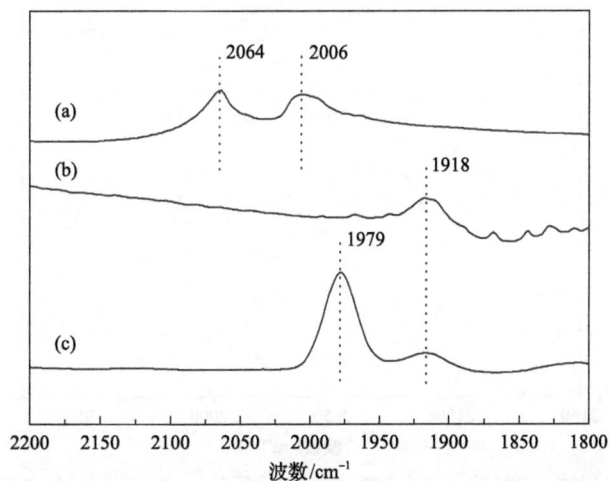

图 3.23　Rh(CO)$_2$(acac) 样品 (a)、POPs-PPh$_3$ 载体 (b)、2.0wt% Rh/POPs-PPh$_3$ 催化剂 (c) 的 FTIR 谱

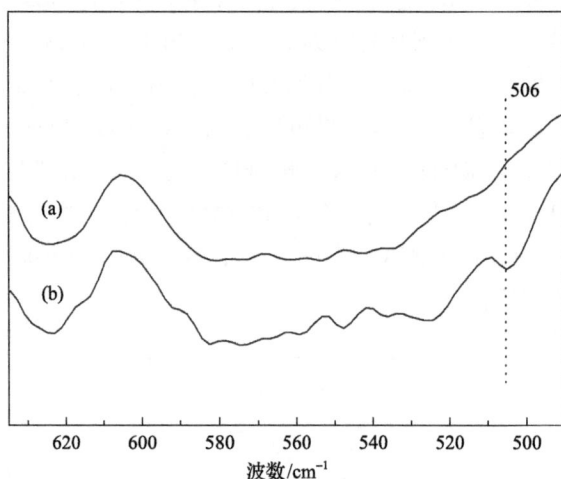

图 3.24　POPs-PPh$_3$ 聚合物(a)和 2.0wt% Rh/POPs-PPh$_3$ 催化剂(b)的 FTIR 谱

图 3.25 显示了 2.0wt% Rh/POPs-PPh$_3$ 催化剂的反应混合气吸附原位 FTIR 谱图。其中，2054cm^{-1}、2002cm^{-1}、1992cm^{-1}、1959cm^{-1} 四个吸收峰归属为 HRh(CO)$_2$(P-frame)$_2$ 物种[68,69]。HRh(CO)$_2$(P-frame)$_2$ 化合物可以形成 ea 和 ee 两种构型的配合物。其中，2054cm^{-1} 和 1992cm^{-1} 两个吸收峰归属为 ee-HRh(CO)$_2$(P-frame)$_2$ 物种，而 2002cm^{-1} 和 1959cm^{-1} 两个吸收峰归属为 ea-HRh(CO)$_2$(P-frame)$_2$ 物种。2078cm^{-1} 吸收峰归属于 HRh(CO)(P-frame)$_3$ 物种[70]。2002cm^{-1} 这个吸收峰既归属于 HRh(CO)$_2$(P-frame)$_2$ 物种，也归属于 HRh(CO)(P-frame)$_3$ 物种。通过反应气吸附原位 FTIR 谱图可以得出，在 Rh/POPs-PPh$_3$ 催化剂上生成的活性物种 HRh(CO)$_2$(P-frame)$_2$ 和 HRh(CO)(P-frame)$_3$ 与传统的均相催化剂 HRh(CO)(PPh$_3$)$_3$ 是一致的。

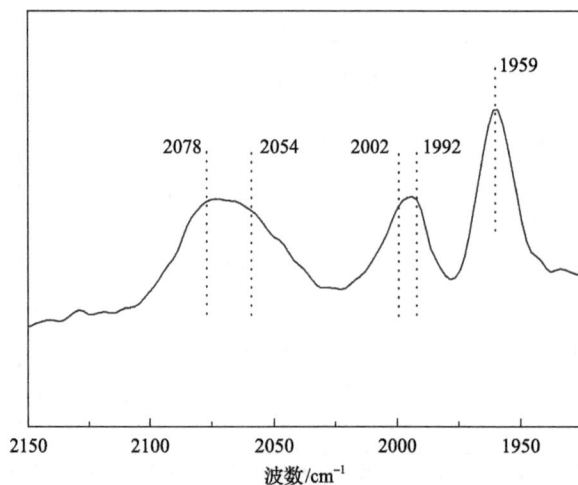

图 3.25　2.0wt% Rh/POPs-PPh$_3$ 催化剂的反应混合气吸附原位 FTIR 谱

3. 讨论

^{31}P MAS NMR 表征结果(图 3.22)说明反应 504h 后的 Rh/POPs-PPh$_3$ 催化剂的 NMR 谱图与 HRh(CO)(PPh$_3$)$_3$/POPs-PPh$_3$ 样品是相似的。在原位 FTIR 谱图(图 3.25)中，当 Rh/POPs-PPh$_3$ 催化剂被反应混合气处理后，可以观察到归属于 HRh(CO)$_2$(P-frame)$_2$ 物种和 HRh(CO)(P-frame)$_3$ 物种的吸收振动峰。^{31}P MAS NMR 表征和原位 FTIR 表征结果表明，在 POPs-PPh$_3$ 载体表面形成了 Rh—P 配位键，同时 Rh/POPs-PPh$_3$ 催化剂的烯烃氢甲酰化反应机理与传统的均相 HRh(CO)(PPh$_3$)$_3$ 化合物相似[71,72]，相应的反应机理图展示于图 3.26 中。由反应机理图可以看出，HRh(CO)$_2$(P-frame)$_2$ 物种和 HRh(CO)(P-frame)$_3$ 物种在动态平衡中相互转化。

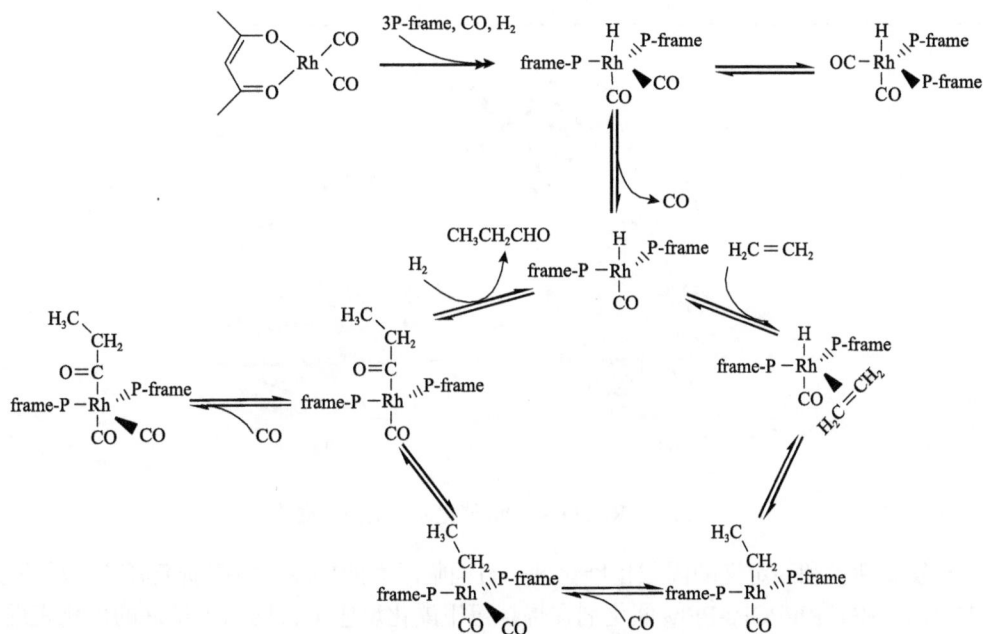

图 3.26　Rh/POPs-PPh$_3$ 催化剂的反应机理图

EXAFS 谱图的拟合结果(表 3.10)表明，Rh—P 配位键的键长为 2.22～2.28Å，Rh—C 配位键的键长为 1.67～1.70Å。根据 EXAFS 的拟合结果，Rh/POPs-PPh$_3$ 催化剂上的每个 Rh 物种包含 3 个 Rh—P 配位键和 1 个 Rh—C 配位键。高的 P/Rh 摩尔比促进了氢甲酰化反应中活性物种的生成。根据以上的分析和讨论，可以推断出 Rh/POPs-PPh$_3$ 催化剂的可能结构模型(图 3.27)。结构模型包含两种情况，每种情况都是 1 个 Rh 物种与 3 个暴露的 P 原子相互配位。一种结构模型是 1 个 Rh 物种与 2 个暴露的 P 原子在同一个平面，同时另一个 P 原子垂直于这个平面[图 3.27(a)]；另一种模型是 1 个 Rh 物种与 3 个暴露的 P 原子都在同一个平面[图 3.27(b)]。载体 POPs-PPh$_3$ 中 P 物种的刚性结构，导致 Rh—P 配位键形成了扭曲结构，因此，3 个 Rh—P 配位键中的 1 个配位键很容易断裂，而使 CO 物种插入，从而使 HRh(CO)(P-frame)$_3$ 物种转化成 HRh(CO)$_2$(P-frame)$_2$ 活性物种，因此开启了烯烃氢甲酰化反应的大门[73]。

表 3.10   Rh/POPs-PPh₃ 催化剂的 EXAFS 拟合数据

样品	化学键	配位数	键长/Å	$\Delta\sigma^2/10^{-3}\text{Å}^2$	R 值/%
0.125wt% Rh/POPs-PPh₃(反应后)	Rh—C	1	1.67	7.64	0.82
	Rh—P	3	2.26	4.5	
2.0wt% Rh/POPs-PPh₃(反应后)	Rh—C	1	1.70	7.1	0.37
	Rh—P	3	2.24	3.5	
2.0wt% Rh/POPs-PPh₃(反应前)	Rh—C	1	1.70	1.6	0.32
	Rh—P	3	2.22	3.3	
HRh(CO)(PPh₃)₃	Rh—C	1	1.68	14.7	0.08
	Rh—P	3	2.28	4.7	

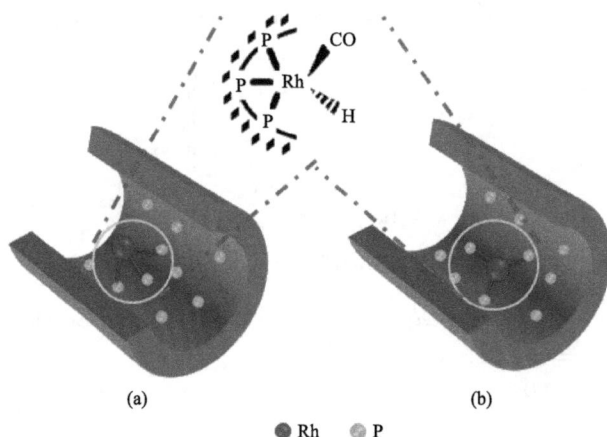

图 3.27   Rh/POPs-PPh₃ 催化剂的结构示意图

开发高活性和稳定性的固载化催化剂一直面临巨大的挑战，引起研究者的广泛关注。在本节内容中，Rh/POPs-PPh₃ 催化剂在烯烃氢甲酰化反应中，展示了良好的催化表现。这种催化剂之所以能展现出良好的反应活性和稳定性，主要有以下两点原因：第一，通过 HAADF-STEM 和 EXAFS 表征结果可以看出，反应前后的催化剂上 Rh 物种均呈现出单原子分散的状态，从而使 Rh/POPs-PPh₃ 催化剂展现出高的 TOF 值；第二，通过大量表征可以看出，Rh/POPs-PPh₃ 催化剂上的 Rh 物种与 POPs-PPh₃ 聚合物中裸露的 P 原子之间形成多重较强的 Rh—P 配位键，从而防止 Rh 物种的流失和团聚，因此催化剂表现出优异的稳定性。

3.3   丙烯多相氢甲酰化

3.3.1   丙烯多相氢甲酰化研究背景

在所有烯烃的氢甲酰化反应中，丙烯氢甲酰化是最重要的。丙烯氢甲酰化的产品丁醛占全世界所有醛消耗量的 50% 以上[74]，丙烯氢甲酰化的产品有正丁醛和异丁醛两种，都是用量较大的化学品 (图 3.28)。

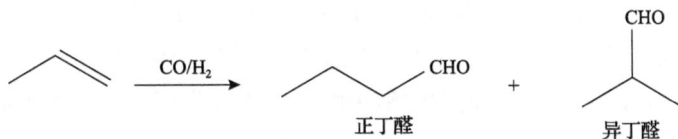

图 3.28　丙烯氢甲酰化反应合成正丁醛和异丁醛的路线图

丙烯氢甲酰化的产品之一正丁醛加氢可制备正丁醇，可用作脂肪、蜡、树脂、虫胶、清漆等的溶剂，或制造油漆、人造纤维、洗涤剂等。正丁醛氧化可制备正丁酸，主要用于丁酸酯类和纤维素丁酸酯的合成。正丁醛最大的用途是发生羟醛缩合反应制备不饱和的 C_8 醛，进一步加氢还原后可以制备 2-乙基己醇，而 2-乙基己醇与邻苯二甲酸发生酯化反应可以制备目前 PVC (聚氯乙烯) 塑料中应用广泛的增塑剂 DEHP，与己二酸反应制备 DEHA，DEHA 可以用作增塑剂、液压剂、飞机发动机的润滑剂等[55] (图 3.29)。

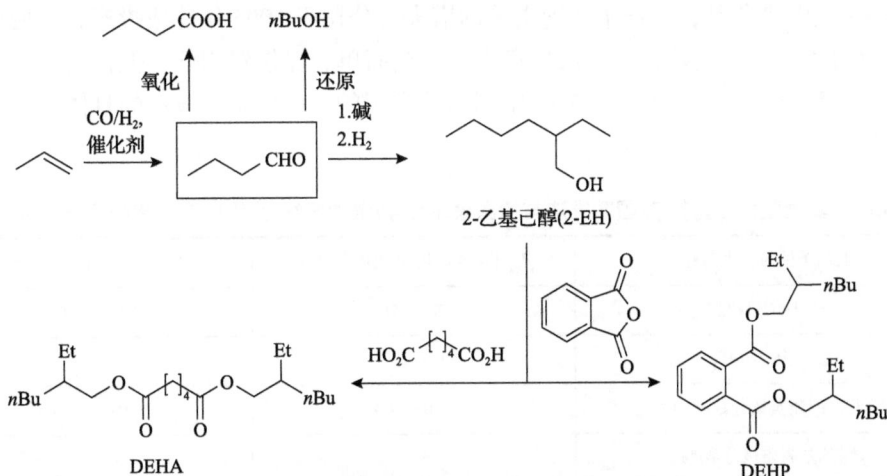

图 3.29　丙烯氢甲酰化制备正丁醛及后续转化途径

丙烯氢甲酰化反应的另一个产品异丁醛也是非常重要的化学品，加氢可制备异丁醇，是涂料、增塑剂、抗臭氧剂、香料和药物的重要原料。异丁醛与甲醛和三乙胺催化加氢缩合可制得重要化工原料新戊二醇，可用于生产聚酯、不饱和树脂、高档涂料、增塑剂、合成润滑油、石化产品添加剂和稳定剂、油墨助剂等。目前国内仅涂料业年需求新戊二醇就将近 1 万 t。异丁醛氧化法还可用于制备甲基丙烯酸甲酯 (MMA)，是有机玻璃的重要原料。而异丁醛经氧化、脱水重排、缩合加氢等步骤可制备出重要的可降解塑料聚酯共单体 2,2,4,4-四甲基-1,3-环丁二醇 (CBDO)[75] (图 3.30)。

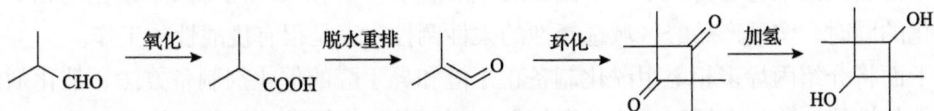

图 3.30　异丁醛制备可降解塑料聚酯共单体 2,2,4,4-四甲基-1,3-环丁二醇路线图

丙烯氢甲酰化的工业生产目前采用的主要是均相催化工艺，在工业丙烯氢甲酰化反应的发展历史中，一共经历了五代催化剂的变革，分别为羰基 Co 催化剂、叔膦配体改性的羰基 Co 催化剂、羰基 Rh 催化剂、油溶性铑膦配合物催化剂、水溶性的铑膦配合物催化剂。发展的基本趋势是由 Co 到 Rh，从无配体到有配体，反应条件不断趋于更加温和，催化性能不断得到提升。目前丙烯氢甲酰化的工业生产主要依赖于低压铑法，即第四代和第五代催化工艺。

低压羰基合成法首先由美国联合碳化物公司、英国戴维公司和庄信万丰公司联合开发成功。该法采用的催化剂的商品名为 ROPAC，一般为三(三苯基膦)羰基氢铑、乙酰丙酮三羰基铑和乙酰丙酮三苯基膦配体。随后德国鲁尔化学公司和法国罗纳-普朗克公司成功开发出水溶性铑膦配合物催化剂[76]。此外，日本三菱化成公司几乎与美国联合碳化物公司同时开发出铑膦催化剂的低压羰基合成技术。随着新型催化剂的不断开发，合成技术不断进步，低压羰基合成法由第一代气相循环法发展到液相循环法。20 世纪 90 年代丙烯羰基合成技术又一次取得新进展，美国联合碳化物公司/英国戴维公司开发了一种双亚磷酸酯改性 Rh 催化剂，该技术装置由美国塔夫特公司于 1995 年建成投产，它使羰基合成技术取得了一个新突破。该方法投资少、工艺简单、操作费用低，催化剂损失少、铑用量低，非常具有发展前景。表 3.11 中列出最常用的低压羰基合成法的具体工艺条件和技术指标。

表 3.11　美国联合碳化物/英国戴维法与德国鲁尔化学/法国罗纳-普朗克法工艺条件与技术指标

工艺条件与技术指标	美国联合碳化物/英国戴维法	德国鲁尔化学/法国罗纳-普朗克法
反应温度/℃	90～120	50～130
反应压力/MPa	1.6～1.8	1～5
催化剂铑质量分数/ppm	250～400	10～1000
三苯基膦质量分数/%	0.5～30	—
丙烯转化率/%	91～93	98
丁醛选择性/%	>95	—
丁醛正异比	(10～12):1	15:1

在实际的工业生产中，由于要维持均相铑膦配合物的稳定性，工业操作中配体通常是过量加入的，这样就导致丁醛产品中正构醛和异构醛的调节比例范围很窄(正异比调节范围局限在 9～15)，一定程度上限制了企业生产的机动化和利润最大化。另外，工业上目前使用的均相和两相工艺都面临贵金属 Rh 流失的问题，需要不断地补充新鲜催化剂以维持装置的平稳运行，增加了额外的生产成本[77]。在实现丙烯氢甲酰化均相催化剂多相化的同时，实现产品醛区域选择性的柔性调控一直是很有挑战性的工作。

下面将介绍丙烯多相氢甲酰化制备正丁醛和异丁醛的催化剂制备方法、催化剂的表征和催化性能。着重介绍正异比较高的催化剂制备、表征及其催化性能。

3.3.2 Rh/CPOL-bp&P 系列催化剂制备和表征

1. Rh/CPOL-bp&P 系列催化剂的制备

均相的 biphephos 配体与 Rh 形成的配合物咬合角在 120°左右，配体的立体效应显著，非常有利于直链正构醛的产生。另外，biphephos 配体是亚磷酸酯类型的，相较于烷膦配体，是较弱的 σ-供体和较强的 π-受体，这样的电子效应导致 Rh-biphephos 配合物中心金属 Rh 上缺电子，CO 在催化循环中更容易解离完成插入的过程，使得 Rh-biphephos 配合物催化剂具有较高的活性。综合来看，biphephos 的特定结构使得其具有优异的电子效应与立体效应，进而导致 Rh-biphephos 配合物催化剂氢甲酰化反应的活性高，产品醛的正异比好[78]。由于 Rh-biphephos 配合物的优异性能，将其固载下来制备适合于氢甲酰化的高效非均相催化剂是非常有意义的。

Tunge 课题组对 biphephos 配体的固载化进行了首次尝试[79,80]，Jana 和 Tunge 将氯代亚磷酸酯接枝到低聚合度的聚合物骨架上制备出 JanaPhos（图 3.31）。通过控制聚合物的分子量使 JanaPhos 溶于极性溶剂，不溶于非极性溶剂，实现了 JanaPhos 的循环使用。但是由于接枝的方法可能并未在聚合物中形成类似 biphephos 的结构，抑或是聚合物中 P 浓度较低，Rh/JanaPhos 催化 1-辛烯的氢甲酰化反应中产品醛的正异比仅为 3.35，远低于 Rh-biphephos 均相催化体系。

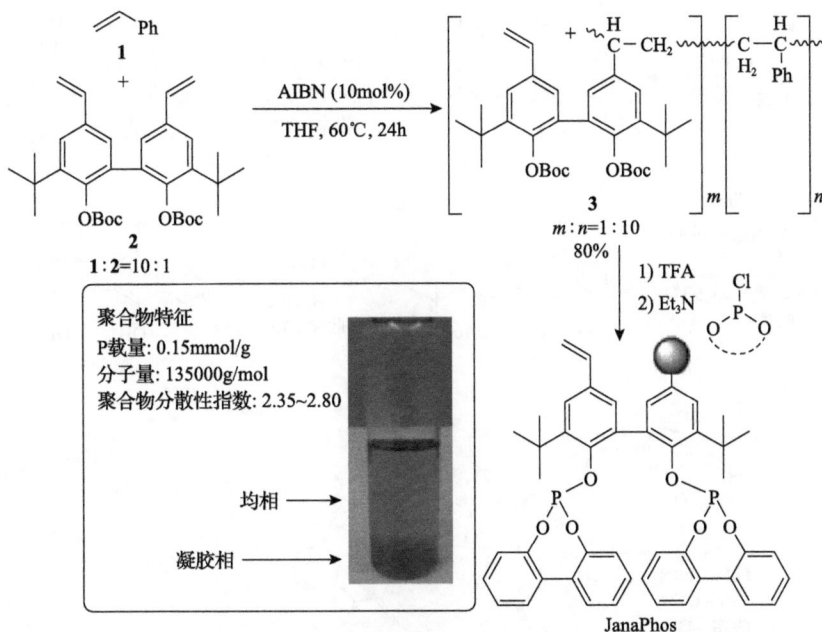

图 3.31 JanaPhos 的合成路线图

中科院大连化物所丁云杰课题组通过改造均相的 biphephos 配体的合成路线，制备出乙烯基官能团化的 vinyl biphephos 配体，通过溶剂热聚合法与 3vPPh$_3$ 共聚制备 CPOL-bp&P 共聚物，进而制备了聚合物自负载型的 Rh/CPOL-bp&P 非均相催化剂。Rh/CPOL-bp&P 催化剂非常适合无溶剂、操作简单的固定床丙烯氢甲酰化工艺，催化剂活性高，正丁醛选择性好。同时应用 HAADF-STEM、EXAFS 等多种表征手段对 Rh/CPOL-bp&P 催化剂展开深入的研究[50]。

首先介绍 vinyl biphephos 单体合成的具体步骤。通过不断优化路线，最终确定的合成路线如图 3.32 所示。合成的 vinyl biphephos 配体的 ^{1}H NMR、^{31}P NMR、^{13}C NMR 谱图数据如图 3.33～图 3.35 所示。vinyl biphephos 配体的分子式为 $C_{48}H_{44}O_6P_2$，高分辨质谱（HRMS）在 779.2697 处有信号，而 $[M+H]^+$ 的质荷比 m/z 理论值为 779.2686，验证了 vinyl biphephos 的成功合成。

本小节用来制备含膦有机聚合物自负载型催化剂用到的单体如图 3.36 所示，其中（a）是 vinyl biphephos，合成路线如图 3.32 所示，（b）是 3vPPh₃，其合成路线详见 3.2 节，（c）是根据文献[52]合成的，（d）在 Aldrich 试剂公司购得。biphephos 配体根据文献[79]合成，SiO₂（20～40 目）由青岛海洋化工有限公司提供。

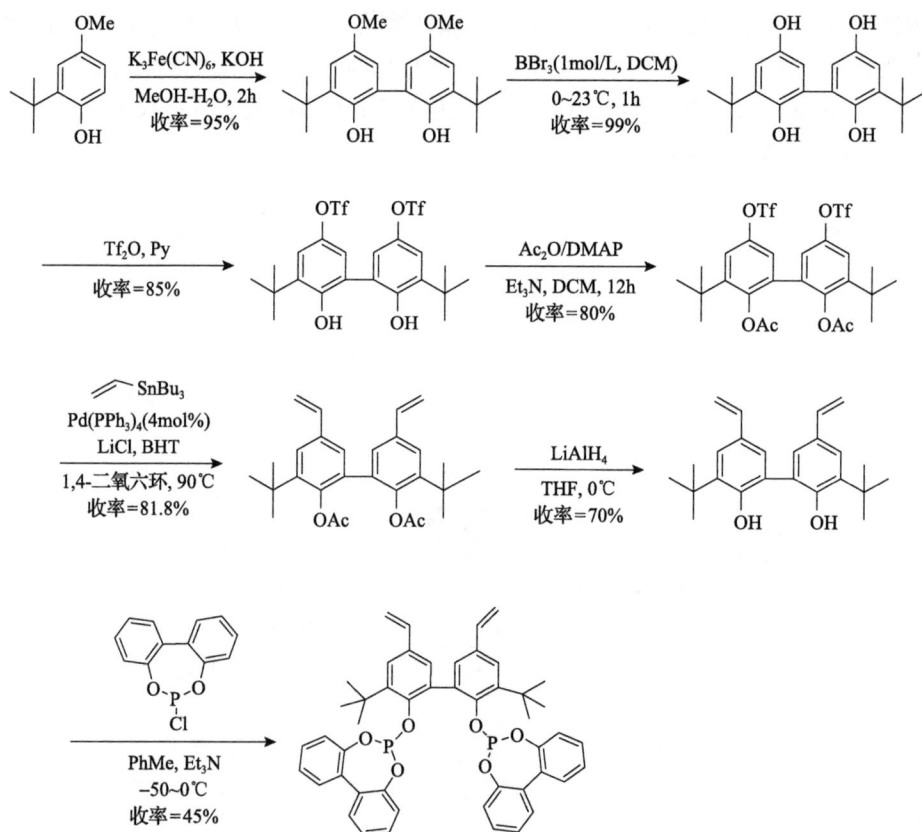

图 3.32　vinyl biphephos 的合成路线

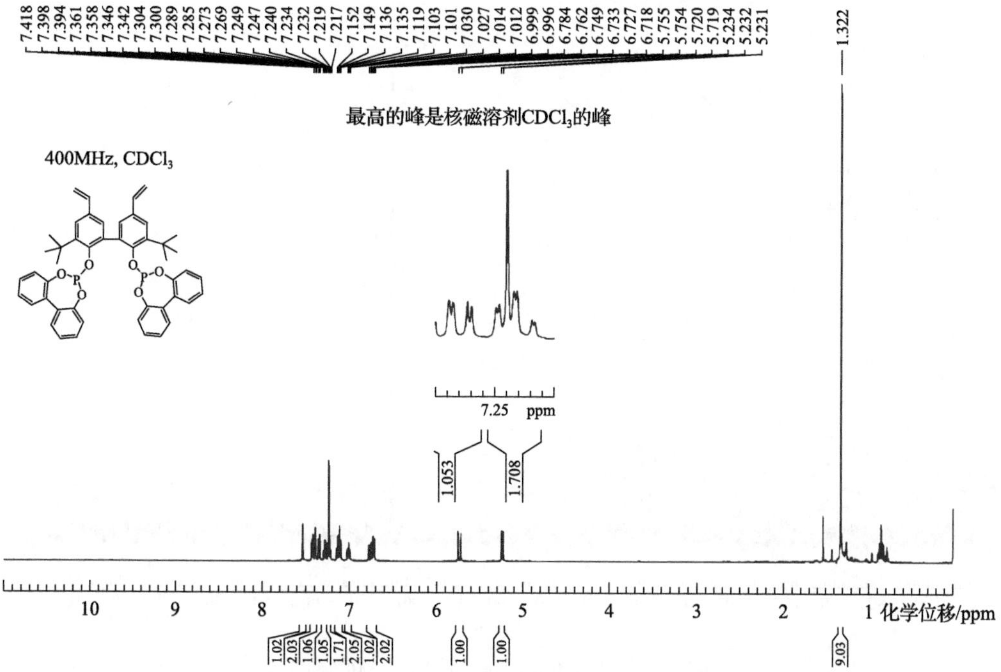

最高的峰是核磁溶剂CDCl₃的峰

400MHz, CDCl₃

7.25　ppm

图 3.33　vinyl biphephos 的 ¹H NMR 谱图

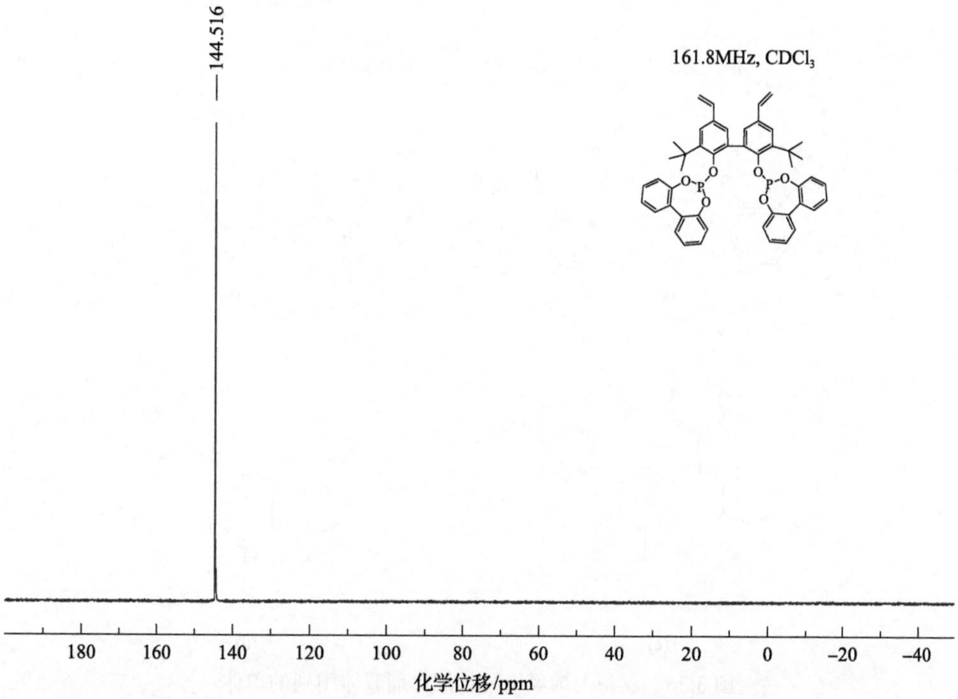

161.8MHz, CDCl₃

图 3.34　vinyl biphephos 的 ³¹P NMR 谱图

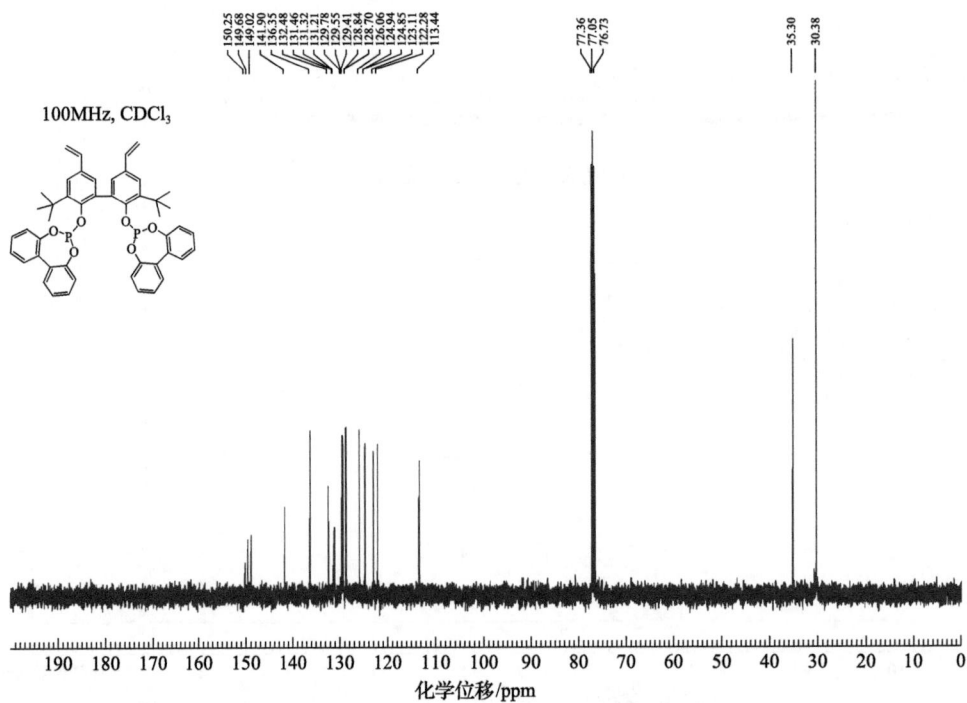

图 3.35 vinyl biphephos 的 ^{13}C NMR 谱图

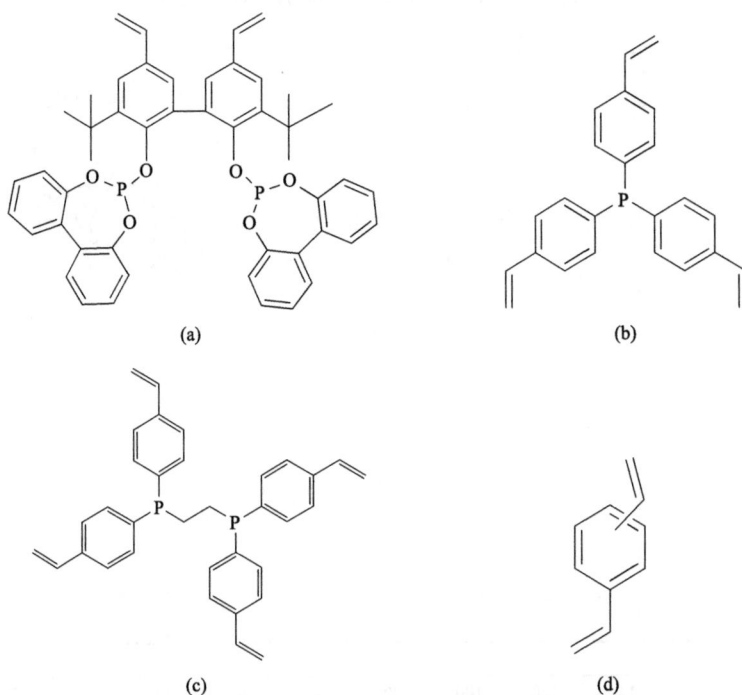

图 3.36 制备丙烯氢甲酰化催化剂载体用到的单体

(a) vinyl biphephos；(b) 3vPPh$_3$；(c) 4vdppe；(d) DVB

CPOL-bp&P 系列聚合物是用图 3.36(a)和(b)单体共聚得来的。举例来说，在手套箱中，1.0g 3vPPh₃ 和 0.10g vinyl biphephos 配体放入含有聚四氟乙烯内衬的 50mL 高压釜中，加入 10mL 四氢呋喃充分溶解，搅拌均匀后加入 25mg 引发剂 AIBN，搅拌 10min，将釜密封好并放入 100℃烘箱中静置 24h。冷至室温后，65℃真空抽除溶剂 THF，即可得到 CPOL-1bp&10P 聚合物。其他的聚合物按照类似的步骤合成。

CPOL-0.5bp&10P：1.0g 3vPPh₃ 和 0.05g vinyl biphephos 配体在高压釜中溶剂热聚合制得。

CPOL-2bp&10P：1.0g 3vPPh₃ 和 0.2g vinyl biphephos 配体在高压釜中溶剂热聚合制得。

CPOL-3bp&10P：1.0g 3vPPh₃ 和 0.3g vinyl biphephos 配体在高压釜中溶剂热聚合制得。

CPOL-3.75bp&10P：1.0g 3vPPh₃ 和 0.375g vinyl biphephos 配体在高压釜中溶剂热聚合制得。

CPOL-bp&DVB：1.0g DVB［二乙烯基苯，图 3.36(d)］和 0.05g vinyl biphephos 配体在高压釜中溶剂热聚合制得。

CPOL-bp&dppe：1.0g 4vdppe［图 3.36(c)］和 0.05g vinyl biphephos 配体在高压釜中溶剂热聚合制得。

POL-PPh₃ 及 POL-dppe：3vPPh₃ 及 4vdppe 配体分别在高压釜中溶剂热聚合制得。

Rh/CPOL-bp&P 系列催化剂是通过浸渍法制备的。举例来说，Ar 保护氛围下，3.5mg Rh(CO)₂(acac)溶于 20mL 四氢呋喃，搅拌均匀后，加入合成的 CPOL-1bp&10P 聚合物 1.0g，室温下搅拌 24h，布氏漏斗过滤催化剂，并用四氢呋喃清洗 3 次，65℃真空干燥 5h，即可得到 Rh/CPOL-1bp&10P 催化剂。催化剂上最终的金属 Rh 负载量用电感耦合等离子体原子发射光谱(ICP-AES)进行测试，Rh 的负载量为 0.130wt%。

用相同的 Rh(CO)₂(acac)的四氢呋喃溶液浸渍 1.0g 相应的聚合物可制得其他的系列 Rh/CPOL-bp&P、Rh/POL-PPh₃、Rh/POL-4vdppe、Rh/CPOL-bp&DVB 及 Rh/CPOL-bp&dppe 催化剂。

传统的 Rh-biphephos/SiO₂ 催化剂是按照下列方法制备的：Ar 保护氛围下 3.5mg Rh(CO)₂(acac)和 10.0mg biphephos 溶于 20mL 四氢呋喃，完全溶解后加入 1.0g 20～40 目的 SiO₂ 室温搅拌 24h，布氏漏斗过滤，并用四氢呋喃清洗 3 次，65℃真空干燥 5h 得到 Rh-biphephos/SiO₂ 催化剂。

2. Rh/CPOL-bp&P 系列催化剂的表征

不同双膦、单膦配体含量的 CPOL-bp&P 系列聚合物的 N₂ 物理吸脱附曲线如图 3.37(a)所示，五种共聚物均显示了 I 型和 IV 型叠加曲线，证明聚合物是多级孔道结构的。图 3.37(b)用 NLDFT 算法计算得出的聚合物的孔径分布曲线进一步证明了多级孔道结构的存在，孔径主要分布在 0.70nm、0.84nm、1.38nm、2～18nm。表 3.12 给出了 CPOL-bp&P 共聚物的比表面积和总孔容数据，随着制备共聚物时 vinyl biphephos:3vPPh₃ 的质量比由 0.022 增加至 0.131，共聚物的孔越来越丰富，比表面积和总孔容由 1195m²/g 和 2.62cm³/g 增加至 1589m²/g 和 3.82cm³/g。而二膦配体比例进一步增加时，比表面积和总孔容都是降低的。用完全相同的聚合手段，vinyl biphephos 无法聚合，说明其聚合活性低，因而如果聚合时 vinyl biphephos 的比例过高是不利于聚合物的交联生长的。

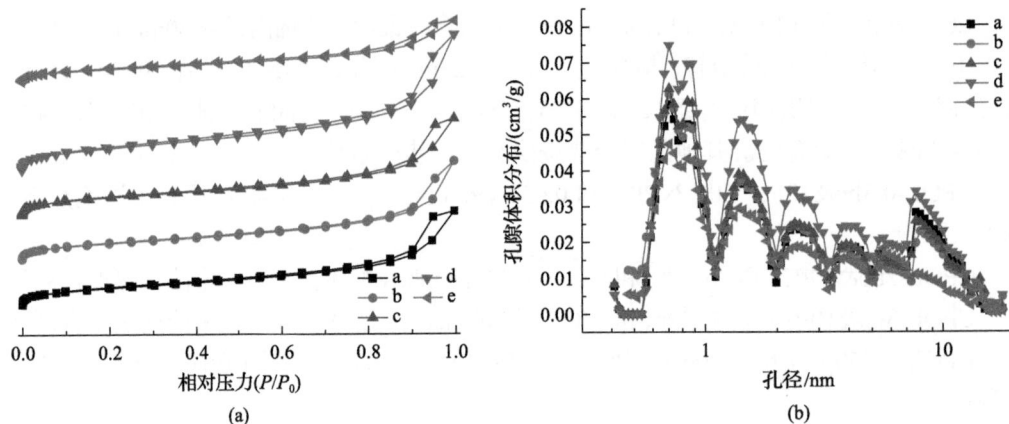

图 3.37　CPOL-bp&P 系列聚合物的 N_2 吸脱附（a）和孔径分布曲线（b）

a～e 分别为 CPOL-0.5bp&10P、CPOL-1bp&10P、CPOL-2bp&10P、CPOL-3bp&10P、CPOL-3.75bp&10P

表 3.12　CPOL-bp&P 系列聚合物的比表面积与总孔容数据

样品	vinyl biphephos : 3vPPh₃（质量比）	比表面积/(m²/g)	总孔容/(cm³/g)
POL-PPh₃	0	1086	1.70
CPOL-0.5bp&10P	0.022	1195	2.62
CPOL-1bp&10P	0.044	1201	2.79
CPOL-2bp&10P	0.087	1271	2.72
CPOL-3bp&10P	0.131	1589	3.82
CPOL-3.75bp&10P	0.164	907.3	1.72

　　基于 CPOL-bp&P 系列聚合物制备的聚合物自负载型催化剂的 N_2 吸脱附曲线如图 3.38（a）所示，还是表现为 Ⅰ 和Ⅳ型的叠加，图 3.38（b）进一步证明了制备出的催化剂的多级孔道结构性质。而与相应的聚合物相比，制备出的 Rh/CPOL-bp&P 系列催化剂的比表面积和总孔容略微降低，并未发生太大的变化（表 3.13）。

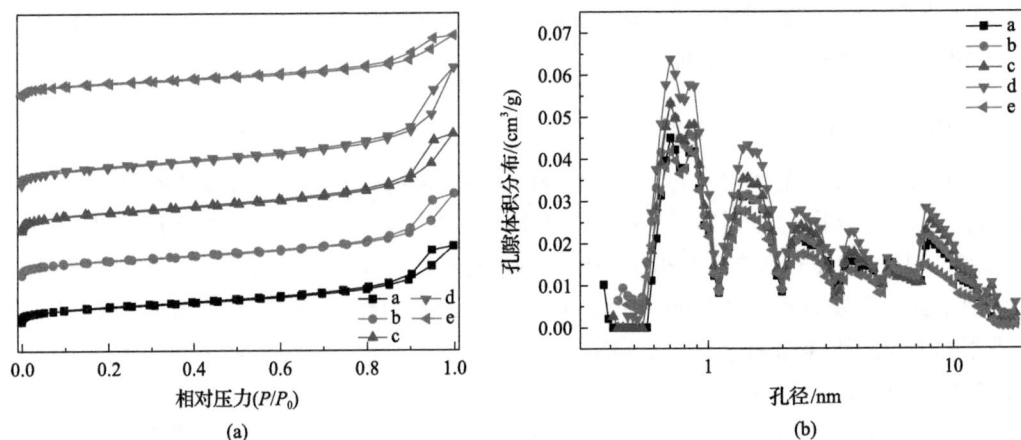

图 3.38　Rh/CPOL-bp&P 系列催化剂的 N_2 吸脱附（a）和孔径分布曲线（b）

a～e 分别为 Rh/CPOL-0.5bp&10P、Rh/CPOL-1bp&10P、Rh/CPOL-2bp&10P、Rh/CPOL-3bp&10P、Rh/CPOL-3.75bp&10P

表 3.13　Rh/CPOL-bp&P 系列催化剂的比表面积与总孔容数据

样品	vinyl biphephos∶3vPPh₃（质量比）	比表面积/(m²/g)	总孔容/(cm³/g)
Rh/CPOL-0.5bp&10P	0.021869	978.4	2.11
Rh/CPOL-1bp&10P	0.043738	1059	2.32
Rh/CPOL-2bp&10P	0.087476	1105	2.67
Rh/CPOL-3bp&10P	0.131215	1300	3.32
Rh/CPOL-3.75bp&10P	0.164018	844.3	1.71

　　Rh/CPOL-bp&P 系列催化剂的多级孔道结构非常有利于反应物和产物的扩散，大的比表面积提供了足够的活性物种暴露度，预计在丙烯氢甲酰化中，Rh/CPOL-bp&P 催化剂可展示出很好的活性。相比较而言，Rh/CPOL-bp&DVB 催化剂的比表面积为 845.3m²/g，总孔容为 0.93cm³/g（由图 3.39 等温吸附曲线计算而来），而基于等温吸附曲线计算出来的孔径分布曲线显示 CPOL-bp&DVB 聚合物和 Rh/CPOL-bp&DVB 催化剂的孔径主要分布在 3nm 以下（图 3.40），比较不利于传质，预计 Rh/CPOL-bp&DVB 活性比 Rh/CPOL-bp&P 系列催化剂活性低一些。

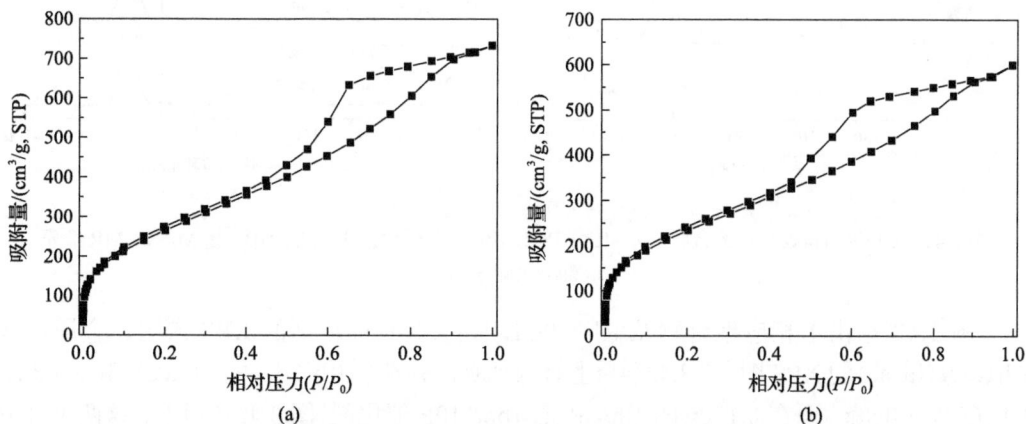

图 3.39　CPOL-bp&DVB(a) 及 Rh/CPOL-bp&DVB(b) 的 N₂ 吸脱附曲线

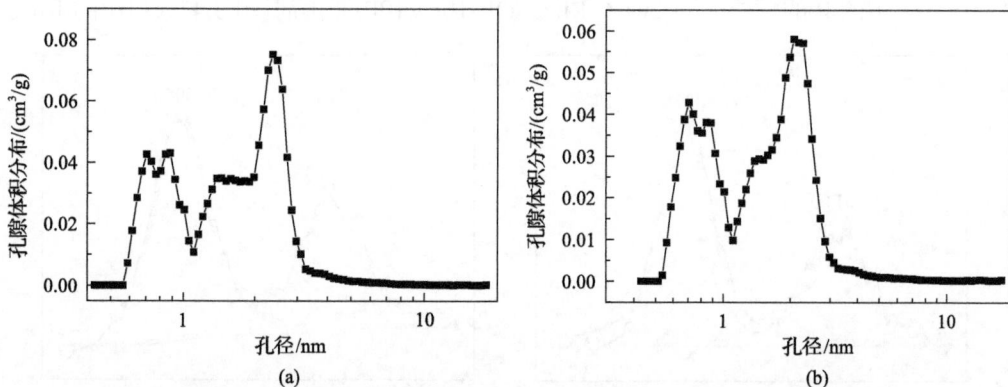

图 3.40　CPOL-bp&DVB(a)、Rh/CPOL-bp&DVB(b) 的孔径分布曲线

CPOL-1bp&10P 聚合物的固体 ^{31}P MAS NMR 谱图如图 3.41(a) 所示，为了区分真正的峰和边带，采取 8k 和 10k 的转动频率进行了两组测试，边带会随着转动频率的升高而移动，进而确定了 –6.4ppm 和 145.0ppm 处为真正的峰。这两组峰分别归属为已经嵌入到聚合物骨架中的 PPh$_3$ 和 biphephos 单元的峰。在图 3.41(b) 中，Rh/CPOL-1bp&10P 催化剂 0.125wt% 和 2wt% Rh 负载量的固体 ^{31}P MAS NMR 谱图与 CPOL-1bp&10P 聚合物是基本一致的，在 24.4ppm 处出现了一个新的峰，且随着 Rh 负载量的增加，24.4ppm 处的峰强度在增加，这里的峰归属为与 Rh 配位的 PPh$_3$ 单元。而在 145.0ppm 处的双膦配体的峰略微向高场处移动，这种现象是骨架中 biphephos 单元与 Rh 配位造成的。由于制备的催化剂 Rh 载量较少，因此 P 核磁共振谱图变化不是太明显。但是可以确定的是，在聚合及催化剂制备过程中两种 P 物种都是稳定的。

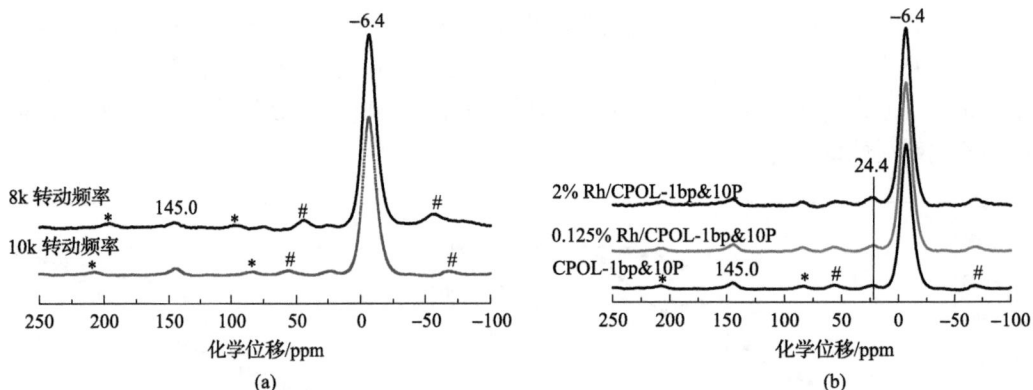

图 3.41　CPOL-1bp&10P 聚合物(a)、Rh/CPOL-1bp&10P 催化剂(b)的固体 ^{31}P MAS NMR 表征
*和#代表旋转边带

图 3.42 给出了相应聚合物及 Rh/CPOL-1bp&10P 催化剂的 XPS 谱图，金属前体 Rh(CO)$_2$(acac) 的 XPS 图[图 3.42(a)]上有两个峰，分别是 Rh 3d$_{3/2}$ 的 314.0eV 和 Rh 3d$_{5/2}$ 的 309.2eV 的峰。而在 0.130wt% Rh/CPOL-1bp&10P 催化剂[图 3.42(b)]上，这两个峰分别低移至 313.5eV 和 308.7eV，证明了 Rh 上电子云密度相对增强，这主要归因于 Rh 与聚合物骨架中的 P 的配位。而 2wt% Rh/CPOL-1bp&10P 催化剂[图 3.42(c)]中的 Rh 3d

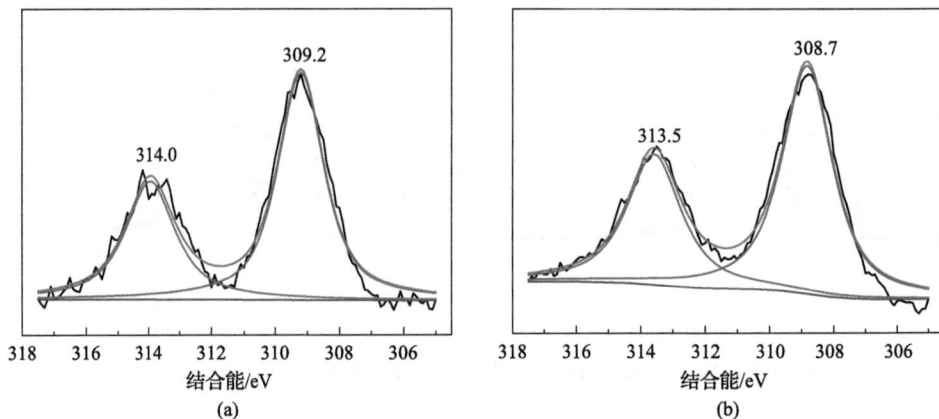

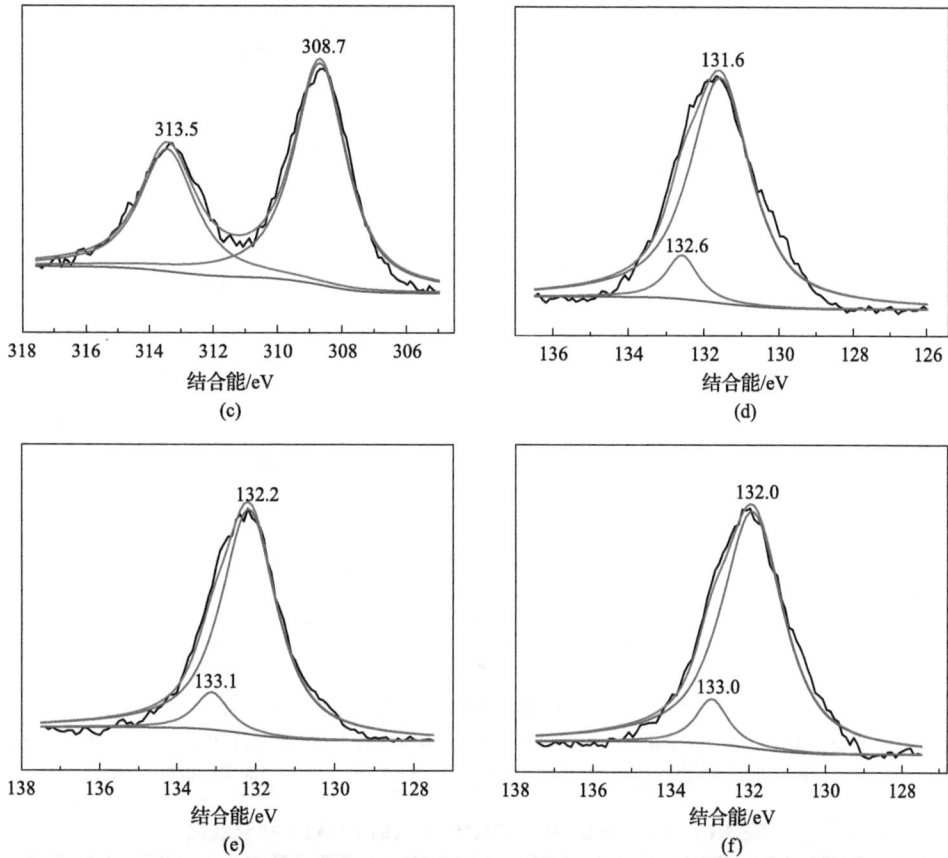

图 3.42　Rh(CO)$_2$(acac)中 Rh 物种(a)、0.130wt% Rh/CPOL-1bp&10P 催化剂中 Rh 物种(b)、2wt% Rh/CPOL-1bp&10P 催化剂中 Rh 物种(c)、CPOL-1bp&10P 聚合物中 P 物种(d)、0.130wt% Rh/CPOL-1bp&10P 中 P 物种(e)、2wt% Rh/CPOL-1bp&10P 催化剂中 P 物种(f)的 XPS 谱图

电子出现了相同的现象。CPOL-1bp&10P 聚合物的 XPS 图［图 3.42(d)］上可以分出来两个峰，分别是 PPh$_3$ 和 biphephos 单元的 P 2p 电子在 131.6eV 和 132.6eV 的峰。在 0.130wt% 的 Rh/CPOL-1bp&10P 催化剂［图 3.42(e)］上，这两个峰分别高移至 132.2eV 和 133.1eV，说明催化剂中两种 P 物种上电子云密度均相对减弱，这主要是因为两种 P 物种与 Rh 的配位。而在图 3.42(f)中，2.0wt% Rh/CPOL-1bp&10P 的催化剂显示出了类似的现象。X 射线光电子能谱表征有效地证明了 Rh/CPOL-1bp&10P 催化剂中 Rh 与两种 P 物种的配位。

　　为了进一步研究 Rh/CPOL-1bp&10P 催化剂中 Rh 周围的配位状态，丁云杰研究团队对催化剂进行了 Rh 的 EXAFS 表征，结果如图 3.43 所示。从对 Rh(CO)$_2$(acac)、HRh(CO)(PPh$_3$)$_3$ 和 Rh(acac)(biphephos)标准品的谱图拟合可以得出 Rh 与 CO 配位的 Rh—C 键键长为 1.83Å，而 Rh 与乙酰丙酮 acac 中的 O 配位的 Rh—O 键键长为 2.08Å，Rh 与单膦配体 PPh$_3$ 配位的 Rh—P 键键长为 2.33Å，Rh 与双膦配体 biphephos 配位的 Rh—P 键键长为 2.17Å。相关的结果列于表 3.14 中。

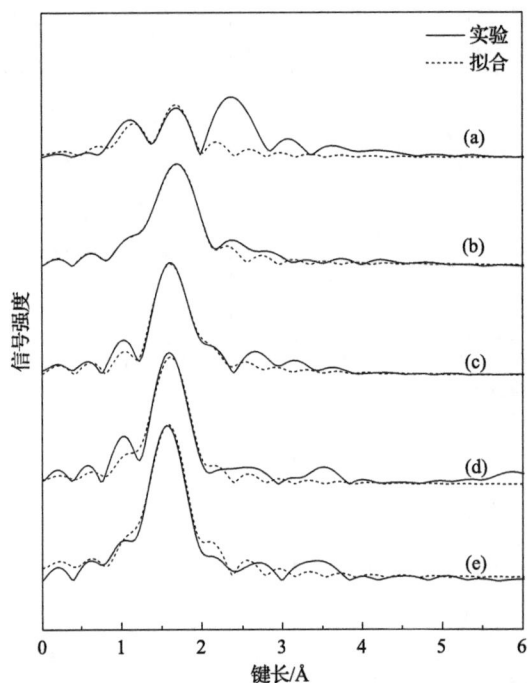

图 3.43　Rh/CPOL-1bp&10P 催化剂的 EXAFS 拟合

(a) Rh(CO)₂(acac)；(b) HRh(CO)(PPh₃)₃；(c) Rh(acac)(biphephos)均相配合物；(d) 新鲜 0.13wt% Rh/CPOL-1bp&10P 催化剂；(e) 使用后 0.13wt% Rh/CPOL-1bp&10P 催化剂(使用时间 1008h)

表 3.14　Rh/CPOL-1bp&10P 催化剂的 EXAFS 拟合数据

样品	化学键	配位数	键长/Å	$\Delta\sigma^2/10^{-3}\text{Å}^2$	R 值/%
Rh(CO)₂(acac)	Rh—C	2	1.83	3.1	0.79
	Rh—O	2	2.08	4.4	
HRh(CO)(PPh₃)₃	Rh—C	1	1.80	7.0	0.02
	Rh—P	3	2.33	6.5	
Rh(biphephos)(acac)	Rh—O	2	2.09	4.4	0.69
	Rh—P	2	2.17	2.6	
0.13wt% Rh/CPOL-1bp&10P 催化剂(新鲜)	Rh—O	2	2.06	4.4	0.78
	Rh—P	2.8	2.22	7.1	
0.13wt% Rh/CPOL-1bp&10P 催化剂(使用后)	Rh—C	1	1.74	6.9	0.38
	Rh—P	3	2.19	3.4	

　　基于这些标准品的结果，对新鲜的和 1008h 使用后的 Rh/CPOL-1bp&10P 催化剂中 Rh 的配位状态进行了研究，拟合结果见表 3.14。新鲜的 Rh/CPOL-1bp&10P 催化剂中每个 Rh 周围有 2 个 Rh—O 键，大约 3 个 Rh—P 键。而 Rh—P 键的键长大约在 2.22Å，介

于 Rh-PPh$_3$(2.33Å) 和 Rh-biphephos(2.17Å) 的 Rh—P 配位键键长之间。证明活性金属 Rh 与聚合物骨架中的两种 P 均是配位的，3 个 Rh—P 键最可能的结果是平均一个 Rh 原子与骨架中的一个 biphephos 配体单元和一个 PPh$_3$ 配体单元配位。使用后的 Rh/CPOL-1bp&10P 催化剂中，平均每个 Rh 还是有 3 个 Rh—P 键，归属为 Rh 原子与骨架中的一个 biphephos 配体单元和一个 PPh$_3$ 配体单元配位，而 Rh 周围不再有 Rh—O 键，这说明在原位合成气反应氛围下，乙酰丙酮配位基团被 CO 的配位替换了下来。

而新鲜和 1008h 使用后催化剂的 EXAFS 测试中均未发现 Rh—Rh 键的信号，说明催化剂上 Rh 是呈现单原子的分散状态的，并且在 1008h 的反应过程中并未发现 Rh 的团聚现象，说明由于 Rh 原子与 CPOL-1bp&10P 聚合物中的高浓度 P 的多重 Rh—P 配位键作用，Rh 是处于一个相对稳定状态的。

EXAFS 表征结果同时给出了催化剂上活性物种逐步形成的过程，第一步是金属前体 Rh(CO)$_2$(acac) 中的 Rh—CO 键断裂并与 CPOL-1bp&10P 聚合物中的两种 P 均发生配位作用，形成了新鲜催化剂中的初步活性物种。第二步，在原位的合成气反应氛围下，CO 和 H$_2$ 将新鲜催化剂中的 Rh—O 键进一步替换下来，原位形成氢甲酰化的活性物种。而拟合结果显示平均一个 Rh 有 3 个 Rh—P 键，这比经典的 Rh 与大立体位阻的二膦配体形成的配合物 ee 构型和 ea 构型 Rh 活性中心周围的立体位阻都要大。因而 Rh/CPOL-1bp&10P 在固定床的丙烯氢甲酰化反应中显示出很好的丁醛正异比，比 Rh/CPOL-bp&DVB 的正构丁醛选择性还要高很多。

图 3.44 给出了新鲜的和 1008h 使用后的 Rh/CPOL-1bp&10P 催化剂的 HAADF-STEM 图，从图(a)中可以非常清晰地看出 Rh 是呈现单原子分散状态的，这进一步验证了 EXAFS 拟合的结果。而在图(b)中，在固定床丙烯氢甲酰化反应 1008h 后的催化剂中 Rh 也未出现团聚的现象，还是单原子分散的状态，这主要归因于 Rh 与催化剂中的高浓度、大量暴露的 P 形成的多重 Rh—P 配位键，这种较强的配位作用有效地阻碍了 Rh 物种的流失团聚，同时 Rh 与单膦和双膦配体的配位增强了 Rh 周围的立体效应，预计会使得丙烯氢甲酰化反应时丁醛的正异比较高。

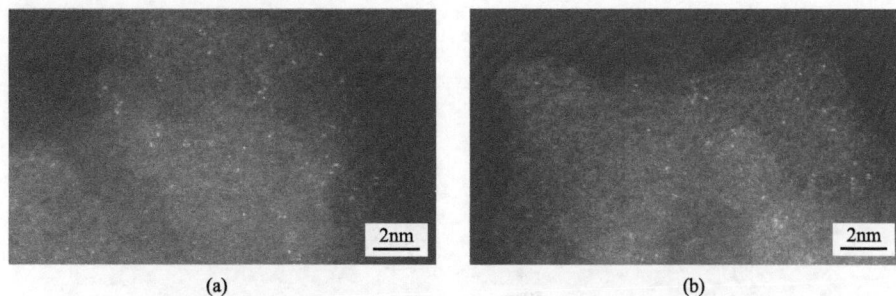

图 3.44　Rh/CPOL-1bp&10P 催化剂的 HAADF-STEM 图
(a)新鲜催化剂样品；(b)1008h 使用后的催化剂样品

图 3.45(a) 给出了 CPOL-1bp&10P 聚合物的 SEM 图，从图中可以看出制备的材料是无序生长的，并且显示出丰富的孔结构。而新鲜的和 1008h 使用后的 Rh/CPOL-1bp&10P

催化剂 SEM 图与 CPOL-1bp&10P 聚合物类似, 都是多级孔道结构的, 开阔的孔道结构非常有利于反应物丙烯和产品丁醛的扩散, 有利于催化剂活性的提升。从 SEM 图上还可以看出孔结构的稳定性, 催化剂制备及使用过程中并未发生孔道结构的坍塌等现象。

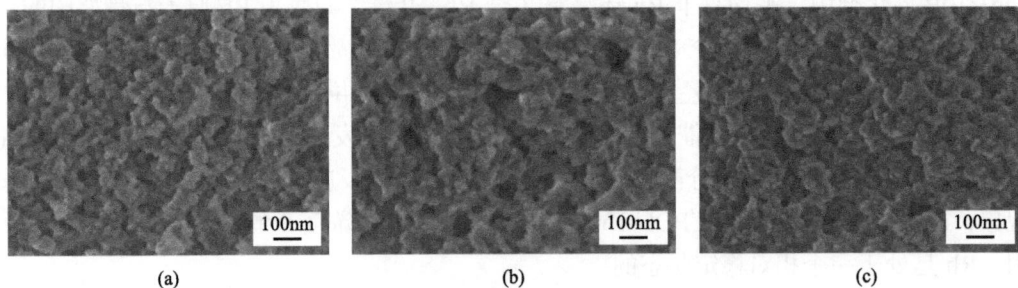

图 3.45 Rh/CPOL-1bp&10P 催化剂的 SEM 图

(a) CPOL-1bp&10P; (b) 新鲜 0.130wt% Rh/CPOL-1bp&10P 催化剂; (c) 1008h 使用后的 0.130wt% Rh/CPOL-1bp&10P 催化剂

图 3.46 为 CPOL-1bp&10P 聚合物的 TEM 图, 进一步证明了聚合物中多级孔道结构的存在, 同时在高倍和低倍模式下看, 聚合物都是随机无序生长的。而在图 3.47 所示的新鲜 Rh/CPOL-1bp&10P 催化剂 TEM 图中看到, 多级孔道结构得以保留, 同时高倍和低倍模式下均未发现 Rh 团聚为纳米微粒的现象, 进一步验证了 Rh 的高分散性。1008h 使用后的 Rh/CPOL-1bp&10P 催化剂的 TEM 图与新鲜催化剂的 TEM 图类似(图 3.48), 催化剂的多孔结构未发生变化, 同时未发现团聚的 Rh 颗粒。这主要是由 Rh 与聚合物

图 3.46 CPOL-1bp&10P 聚合物的 TEM 图

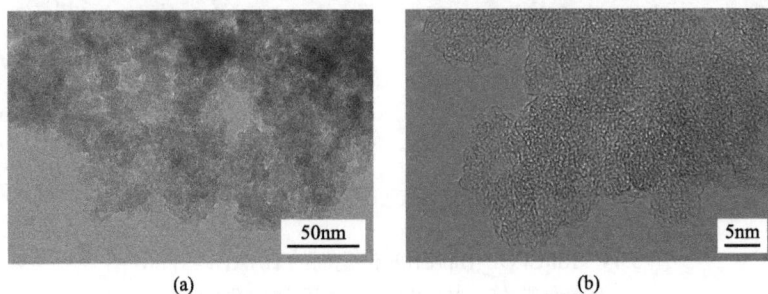

图 3.47 Rh/CPOL-1bp&10P 新鲜催化剂的 TEM 图

图 3.48　1008h 使用后的 Rh/CPOL-1bp&10P 催化剂的 TEM 图

载体中高浓度 P 的多重 Rh—P 配位键作用导致的，较强的配位作用阻碍了高度分散的 Rh 的团聚。

图 3.49 是 CPOL-1bp&10P 聚合物材料及 Rh/CPOL-1bp&10P 催化剂 XRD 谱图，图 3.49(a)展现了典型的无定形材料的谱线，说明了聚合物在生长时的无序性。为了确认谱线的信号完全来自样品，同时采集了硅基样品台的 XRD 谱线，如图 3.49(d)所示，验证了图 3.49(a)信号的可靠性。在图 3.49(b)和(c)中，新鲜和1008h 使用后的聚合物自负载型的 Rh/CPOL- 1bp&10P 催化剂的 XPS 谱与图 3.49(a)基本类似，未发现 Rh 纳米粒

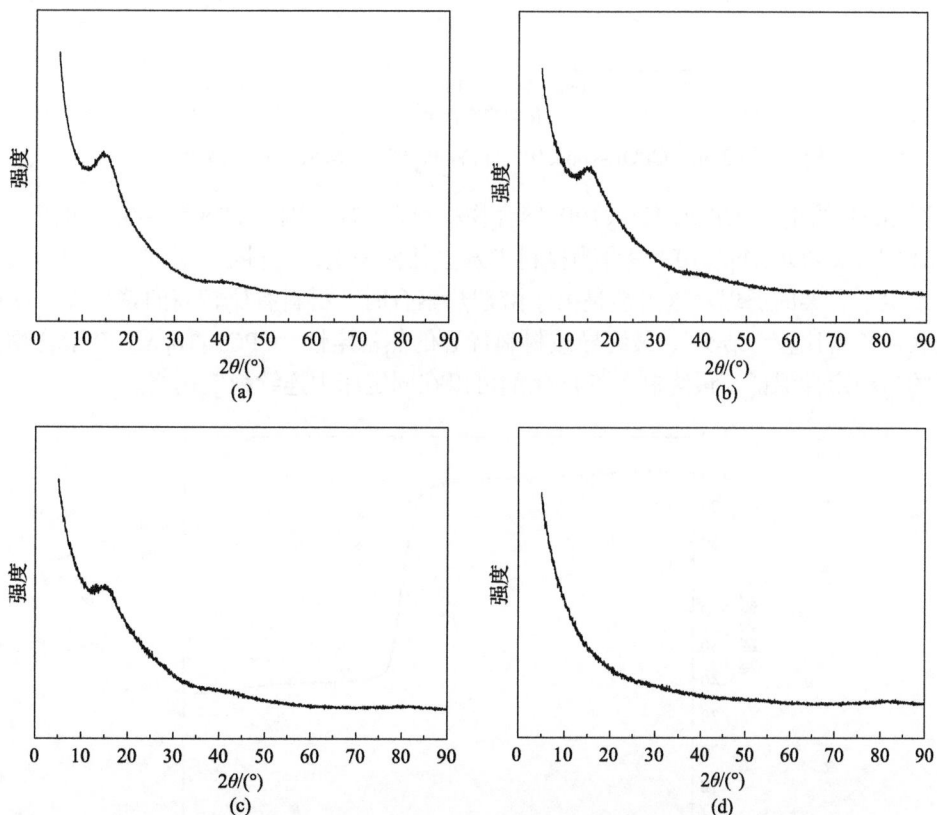

图 3.49　Rh/CPOL-1bp&10P 催化剂及相应聚合物载体的 XRD 谱图
(a)CPOL-1bp&10P；(b)新鲜 0.130wt% Rh/CPOL-1bp&10P 催化剂；(c)1008h 使用后
0.130wt%Rh/CPOL-1bp&10P 催化剂；(d)硅基样品台

子衍射峰的存在，进一步证明了 Rh 在聚合物上的高分散性。同时说明在催化剂制备和使用过程中，催化剂结构是稳定的，体相基本未发生变化。

CPOL-1bp&10P 聚合物的固体 ^{13}C MAS NMR 谱图如图 3.50 所示，CPOL-1bp&10P 聚合物的固体 ^{13}C MAS NMR 谱图上 120～150ppm 的宽峰来源于苯环上的碳，*位置处为此峰的边带。25～50ppm 处归属于聚合物中已经聚合的乙烯基。在 113ppm 处很小的峰归属为未聚合的乙烯基，113ppm 处的峰非常小，说明聚合物中只有很少的未聚合的乙烯基官能团，证明了聚合物具有较高的聚合度。较大的聚合度使制备的催化剂具有较好的稳定性，1000h 稳定性测试中未发生骨架坍塌等现象。

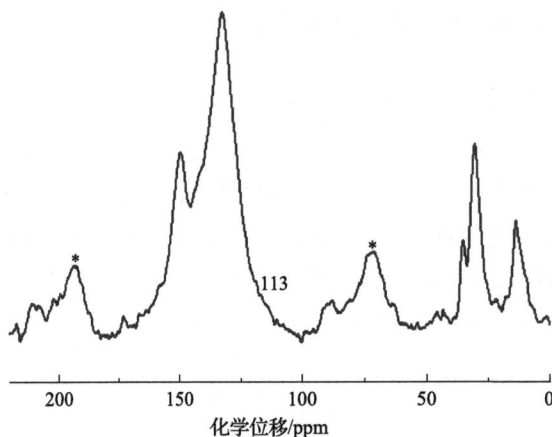

图 3.50　CPOL-1bp&10P 材料的固体 ^{13}C MAS NMR 谱图

图 3.51 给出了 CPOL-1bp&10P 聚合物材料在 N_2 氛围下的热重曲线。可以看到在 420℃以下，CPOL-1bp&10P 聚合物材料未发生任何失重，材料是稳定的，而在 420℃以上才发生了骨架的坍塌。这可能是由于溶剂热聚合时，材料有比较高的聚合度，使得材料交联生长得比较"结实"，最终导致材料优异的热稳定性。CPOL-1bp&10P 聚合物材料优异的热稳定性保证了最终制备的催化剂可以在固定床中连续稳定运行。

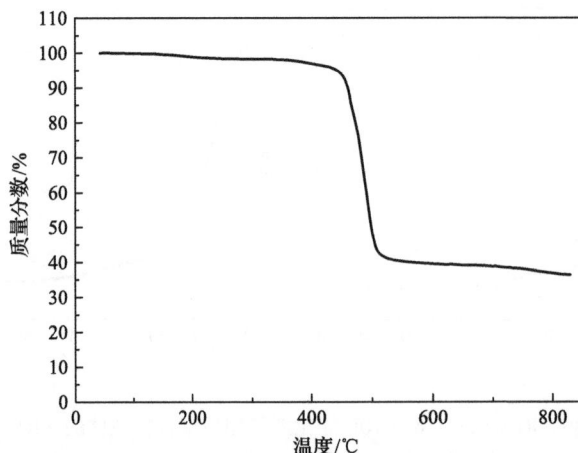

图 3.51　CPOL-1bp&10P 材料在 N_2 氛围下的热重曲线

Rh/CPOL-1bp&10P 催化剂的原位透射傅里叶变换红外光谱是在 Bruker Nicolet iS50 仪器上进行的。材料压片后放入原位透射池中，70℃下 N_2 吹扫 60min，随后通入常压下的丙烯混合气（C_3H_6/CO/H_2=1/1/1），用红外光谱仪原位跟踪反应，每 5min 采集一次谱图，结果列于图 3.52 中。1728cm^{-1} 处的峰归属为产品丁醛中的 C=O 双键的伸缩振动，2713cm^{-1} 和 2814cm^{-1} 处的峰归属为产品丁醛中的 C—H 键伸缩振动。2116cm^{-1} 和 2173cm^{-1} 处的峰来源于 CO 气体。而 1641cm^{-1}、1666cm^{-1}、1813cm^{-1} 和 1838cm^{-1} 处的峰来源于原料丙烯。从原位红外图中可以看出，即使在非常温和（反应温度 70℃，反应压力为常压）的条件下，也可以明显地看到 1728cm^{-1}、2713cm^{-1} 及 2814cm^{-1} 处丁醛的峰快速增强，而相应原料的峰快速减弱。原位透射傅里叶变换红外光谱的结果显示出 Rh/CPOL-1bp&10P 催化剂具有较高的丙烯氢甲酰化反应活性。

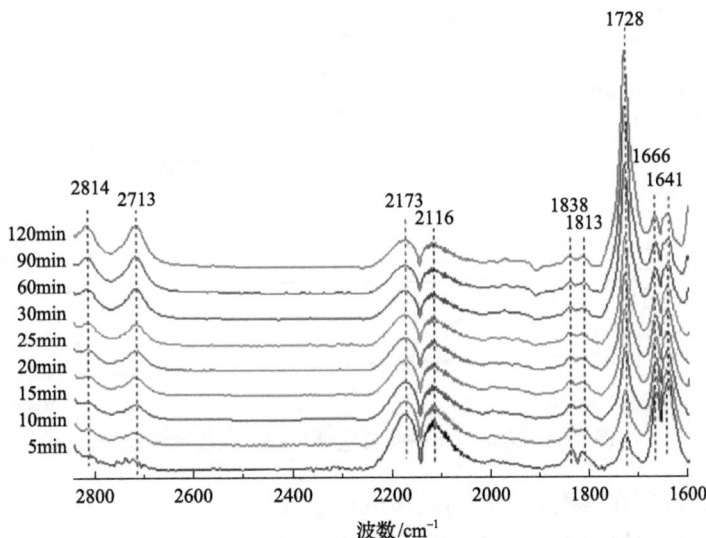

图 3.52　Rh/CPOL-1bp&10P 的原位透射 FTIR 谱图

为了测试 Rh/CPOL-1bp&10P 新鲜及 1008h 使用后的 Rh 含量，将聚合物催化剂用王水和 H_2O_2 在微波消解仪中充分消解，定容至一定体积后用 ICP-AES 仪器测试液体中的 Rh 含量，进而折算为聚合物催化剂中的金属负载量，结果如表 3.15 所示。可以看出新鲜的 Rh/CPOL-1bp&10P 催化剂中 Rh 含量为 0.130wt%，1008h 使用后的为 0.131wt%，催化剂中 Rh 含量几乎未发生变化。为了验证结果的可靠性，将液体产品浓缩至一定体积，用灵敏的 ICP-MS 模式测试 Rh，未发现有 Rh 的流失现象。这可能是由于 Rh 与催化剂骨架中的 P 形成多重 Rh—P 配位键，牢固的配位作用阻碍了 Rh 的流失。因而催化剂具有良好的反应稳定性。

表 3.15　Rh/CPOL-1bp&10P 新鲜及 1008h 反应后的 Rh 含量测试结果

样品	Rh 含量/wt%
Rh/CPOL-1bp&10P（新鲜样品）	0.130
Rh/CPOL-1bp&10P（1008h 使用后样品）	0.131

3. Rh/CPOL-bp&P 系列催化剂上固定床丙烯氢甲酰化反应性能

丙烯氢甲酰化反应在作者团队自主搭建的固定床微型反应器(简易流程如图 3.53 所示)上进行。反应器是内径为 9mm 的不锈钢列管式反应器。催化剂填装量为 0.3g。丙烯预混气(C_3H_6/CO/H_2=1/1/1)通过调压阀控制好压力，质量流量计控制好流速后从反应器上端通过催化剂床层。从反应器出来的产品通过装有 100mL 去离子水的吸收罐进行捕集。尾气用配备有 Porapark QS 填充柱(3m 长，内径为 3mm)、热导检测器的 Aglient 7890A 气相色谱仪在线分析。吸收罐中的产品醛放入取样瓶，加入乙醇作为内标，在配备 HP-5 毛细管柱(30m 长，内径为 0.32mm)、氢火焰离子化检测器(FID)的 Aglient 7890A 气相色谱仪上进行离线分析。

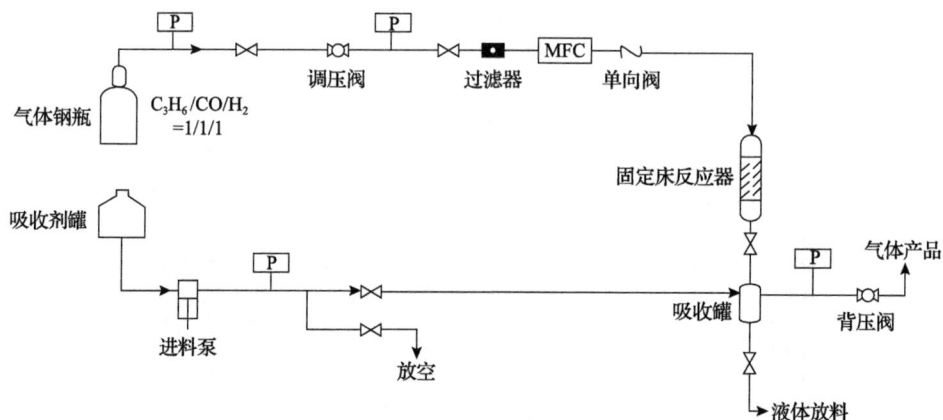

图 3.53　丙烯氢甲酰化反应评价固定床装置流程图

气体样品分析用在线模式，色谱具体运行参数如下。

柱箱温度：40℃保留 5min，5℃/min 升温至 150℃。使用 He 气作为载气，流速控制在 22mL/min。

进样器温度维持在 120℃，He 气流速控制在 25mL/min。热导检测器温度控制在 250℃，He 气作为参比气，流速控制在 30mL/min。

色谱预先用比例已知的 H_2、CO、C_3H_6、C_3H_8 混合气进行校正。

液体样品分析用离线模式，色谱具体运行参数如下。

柱箱温度：40℃保留 5min，5℃/min 升温至 100℃，保留 5min 后 10℃/min 升温至 175℃。使用 He 气作为载气。

进样器汽化室温度维持在 250℃，压力维持在 27.58kPa，分流比控制在 50:1。柱前压控制在 27.58kPa。氢火焰离子化检测器温度控制在 220℃，氢气流速控制在 30mL/min，空气流速维持在 300mL/min。

以乙醇作为内标分析反应产物，色谱预先用内标、原料、产品的纯品进行校正。

首先测试了相同反应条件(Rh 负载量是 0.13wt%，反应时间 12h，反应压力 P= 0.5MPa，混合气组成 C_3H_6/CO/H_2=1/1/1，反应温度 T=70℃，混合气气时空速=1500h^{-1})下不同类型催化剂在固定床丙烯氢甲酰化反应中的表现，结果如表 3.16 所示。使用 Rh/POL- PPh_3

催化剂，丙烯的 TOF 为 214.2h^{-1}，丁醛的选择性为 97.5%，正丁醛/异丁醛的比例（正异比）为 7.3。而二膦配体 4vdppe 聚合最终制备的 Rh/POL-dppe 催化剂上，丙烯的 TOF 值为 175.0h^{-1}，产品丁醛选择性为 97.4%，正异比为 7.9，产品的正异比并未比 Rh/POL-PPh$_3$ 催化剂提升多少，说明在 Rh/POL-dppe 催化剂中，Rh 周围的立体效应并不明显。更有意思的是，在相同条件下，Rh/CPOL-bp&DVB 催化剂上丙烯几乎是不发生反应的，当温度升高至 100℃时，丙烯的 TOF 值为 348.0h^{-1}，丁醛选择性为 94.5%，正异比提升至 13.2，正异比的提升主要是由聚合物骨架中 biphephos 配体的立体效应引起的。而在单膦配体 3vPPh$_3$ 和双膦配体 vinyl biphephos 共聚制备出的催化剂 Rh/CPOL-1bp&10P 上，丙烯的 TOF 可达 1209.0h^{-1}，丁醛正异比为 24.2，丁醛选择性为 93.0%。两种二膦配体 vinyl biphephos 和 4vdppe 共聚制备出的 Rh/CPOL-bp&dppe 催化剂上丁醛的正异比也比较高，为 20.9，丁醛选择性为 96.9%，但是丙烯的 TOF 只有 180.5h^{-1}。表 3.16 第 7 行同时给出了传统型的 Rh-biphephos/SiO$_2$ 催化剂反应性能，丙烯的 TOF 为 356.3h^{-1}，丁醛选择性较低，为 86.1%，而丁醛的正异比为 15.6。通过比较可以看出 Rh/CPOL-1bp&10P 催化剂在固定床丙烯氢甲酰化反应中的绝对优势，丙烯的 TOF 值比较高，同时醛的选择性和区域选择性都较好。

表 3.16 不同类型催化剂上固定床丙烯氢甲酰化反应结果 [a]

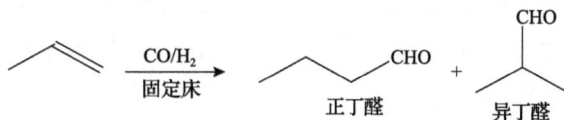

序号	催化剂	TOF/h^{-1}	选择性 [b]/%	正异比
1	Rh/POL-PPh$_3$	214.2	97.5	7.3
2	Rh/POL-dppe	175.0	97.4	7.9
3	Rh/CPOL-bp&DVB	痕量	—	—
4	Rh/CPOL-bp&DVB[c]	348.0	94.5	13.2
5	Rh/CPOL-1bp&10P	1209.0	93.0	24.2
6	Rh/CPOL-bp&dppe	180.5	96.9	20.9
7	Rh-biphephos/SiO$_2$	356.3	86.1	15.6

a. 反应条件：Rh 负载量 0.13wt%，反应时间 12h，P=0.5MPa（C$_3$H$_6$/CO/H$_2$=1/1/1），T=70℃，气时空速 1500h^{-1}。
b. 产物醛在产品中的比例。
c. 反应条件：Rh 负载量 0.13wt%，反应时间 12h，P=0.5MPa（C$_3$H$_6$/CO/H$_2$=1/1/1），T=100℃，气时空速 1500h^{-1}。

丁云杰团队还制备出单膦和双膦配体含量不同的 Rh/CPOL-bp&P 系列催化剂，图 3.54 给出了系列催化剂的反应性能。从图 3.54 可以看出，由 Rh/CPOL-0.5bp&10P 到 Rh/CPOL-3bp&10P，随着催化剂骨架中二膦配体含量的不断增多，丙烯的 TOF 值由 1100h^{-1} 增加至 1500h^{-1}，而继续增加催化剂骨架中二膦配体的量，丙烯的 TOF 是降低的（Rh/CPOL-3.75bp&10P 催化剂）。由 Rh/CPOL-0.5bp&10P 至 Rh/CPOL-3.75bp&10P，随着催化剂骨架中二膦配体的不断增多，丁醛的正异比不断升高，由 21.3 增加至 31.4。

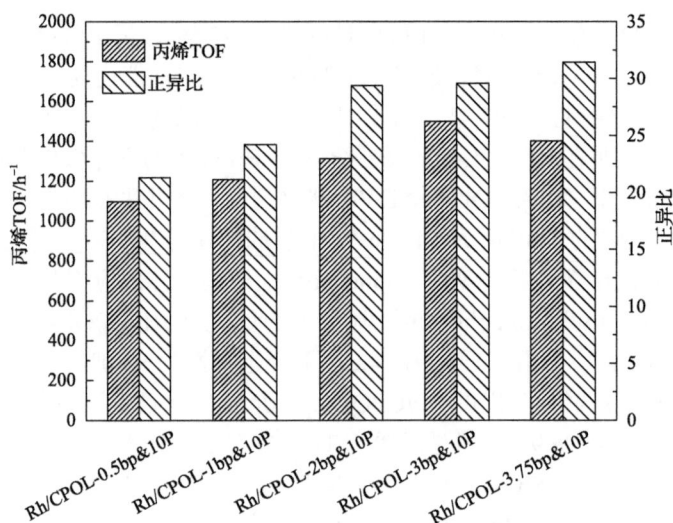

图 3.54　Rh/CPOL-bp&P 系列催化剂上丙烯氢甲酰化反应结果

反应条件：Rh 负载量 0.13wt%，反应时间 12h，P=0.5MPa（C_3H_6/CO/H_2=1/1/1），T=70℃，气时空速 1500h^{-1}

图 3.55 给出了不同 Rh 负载量的 Rh/CPOL-1bp&10P 催化剂上丙烯氢甲酰化的反应结果。当金属 Rh 负载量为 0.05wt%时，丙烯 TOF 高达 3290h^{-1}，正异比可达 65.0，高的金属 Rh 负载量会导致 TOF 和正异比的下降，当 Rh 负载量为 1.5wt%时，丙烯 TOF 为 738.6h^{-1}，正异比下降为 7.4。

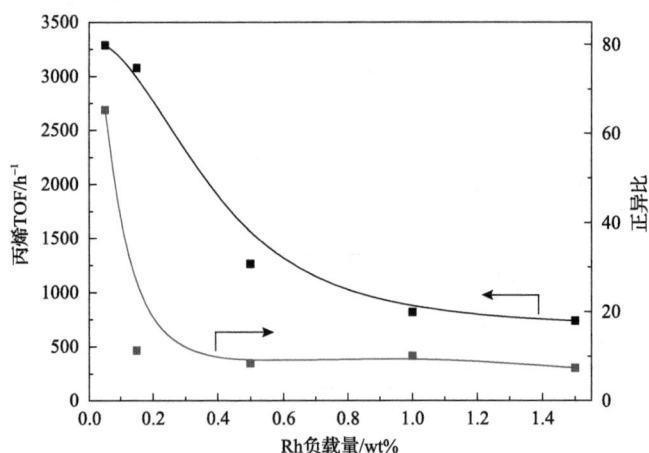

图 3.55　不同 Rh 负载量的 Rh/CPOL-1bp&10P 催化剂上丙烯氢甲酰化反应结果

反应条件：反应时间 4h，P=0.5MPa（C_3H_6/CO/H_2=1/1/1），T=70℃，气时空速 1500h^{-1}

丁云杰团队以 Rh/CPOL-1bp&10P 催化剂为代表，探究反应温度、压力、气时空速对 Rh/CPOL-1bp&10P 催化剂上丙烯氢甲酰化反应的影响。

首先控制反应时间为 4h，丙烯混合气（C_3H_6/CO/H_2=1/1/1）压力为 0.5MPa，气时空速为 1500h^{-1}时，探究反应温度对丙烯氢甲酰化性能的影响，结果如图 3.56 所示。当反应温度为 50℃时，丙烯 TOF 为 380h^{-1}，而产品丁醛的正异比为 36.5。升高温度至 110℃，丙烯 TOF 上升至 2816h^{-1}而丁醛的正异比同时下降至 7.7。继续升温至 130℃，丙烯的 TOF

值下降为 2510h^{-1}，正异比下降为 4.0 左右。也就是说，高温有利于丙烯 TOF 的提高，但是会降低丁醛的正异比，过高的温度对二者都是不利的。

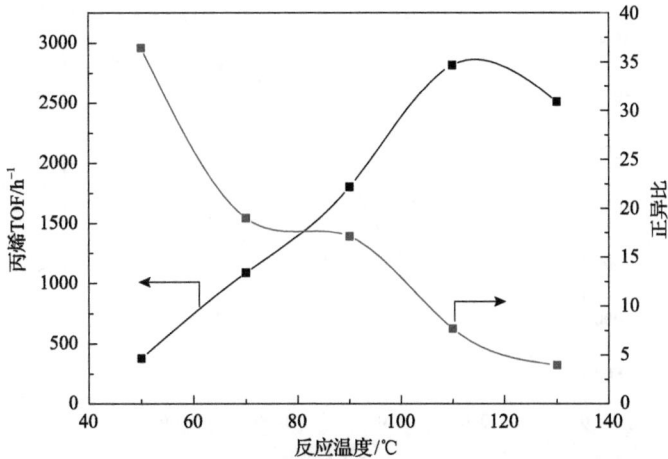

图 3.56   温度对 Rh/CPOL-1bp&10P 催化剂上丙烯氢甲酰化性能的影响
反应条件：Rh 负载量 0.13wt%，反应时间 4h，P=0.5MPa（C_3H_6/CO/H_2=1/1/1），气时空速 1500h^{-1}

接着，控制反应温度为 70℃，反应时间为 4h，丙烯混合气（C_3H_6/CO/H_2=1/1/1）气时空速为 1500h^{-1}，探究了丙烯混合气压力对反应性能的影响。如图 3.57 所示，在表压为 0MPa（常压）时，丙烯 TOF 值为 393h^{-1}，丁醛正异比为 36.0，随着压力升高至 3.0MPa，丙烯 TOF 上升为 4555h^{-1}，正异比下降为 11.3。压力的升高有利于丙烯 TOF 值的提高，但是会降低丁醛的正异比。

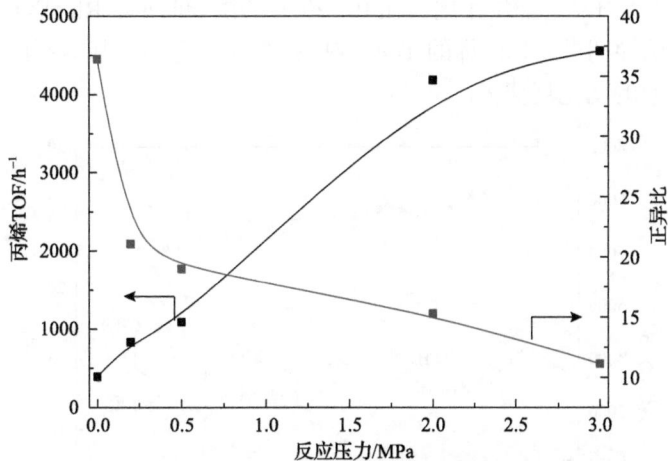

图 3.57   压力对 Rh/CPOL-1bp&10P 催化剂上丙烯氢甲酰化性能的影响
反应条件：Rh 负载量 0.13wt%，反应时间 4h，T=70℃，气时空速 1500h^{-1}

图 3.58 给出了混合气（C_3H_6/CO/H_2=1/1/1）气时空速对反应性能的影响，气时空速为 500h^{-1} 时，丙烯 TOF 为 638h^{-1}，正异比为 28.0。气时空速为 4500h^{-1} 时，TOF 上升至 3334h^{-1}，正异比下降为 11.0。这可以理解为较低的气时空速给了底物充分与活性中心

Rh 接触的时间，造成了较高区域选择性(产品丁醛正异比高)，但是单位时间内与 Rh 接触的丙烯数量变少了，因此丙烯 TOF 值降低。较高的气时空速下的情况与之相反。

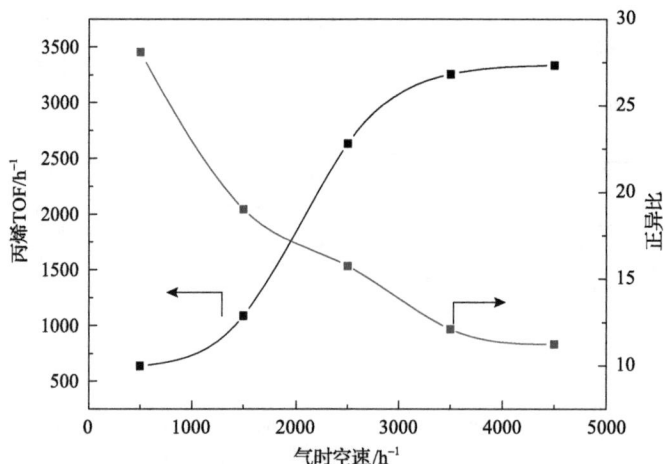

图 3.58　气时空速对 Rh/CPOL-1bp&10P 催化剂上丙烯氢甲酰化性能的影响
反应条件：Rh 负载量 0.13wt%，反应时间 4h，T=70℃，P=0.5MPa(C_3H_6/CO/H_2=1/1/1)

图 3.59 给出了温度为 70℃，丙烯混合气(C_3H_6/CO/H_2=1/1/1)压力为 0.5MPa，气时空速为 1500h^{-1} 时 Rh/CPOL-1bp&10P 催化剂的稳定性曲线。0～200h 之间，丙烯的 TOF值先升高至 2000h^{-1} 后降低至 800h^{-1} 左右，在之后 200～1000h 的 800h 中，丙烯的 TOF值一直稳定在 800h^{-1} 左右。而 1000h 的稳定性测试过程中，丁醛的正异比一直维持在 23以上，有略微的降低现象存在。制备的 Rh/CPOL-1bp&10P 骨架中是包含两种 P 物种的，Rh 和其中的两种 P 均发生配位作用，在 0～200h 的诱导时期，Rh 或许一直在寻找最稳定的配位状态。诱导期过后，丙烯的 TOF 维持在 800h^{-1} 左右，基本不再发生变化，丁醛的正异比具有相似的变化规律。

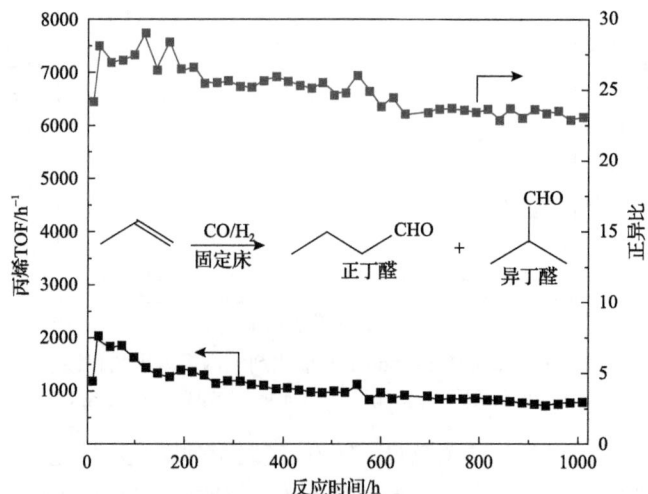

图 3.59　固定床中 Rh/CPOL-1bp&10P 催化剂的稳定性测试
反应条件：Rh 负载量 0.13wt%，T=70℃，P=0.5MPa(C_3H_6/CO/H_2=1/1/1)，气时空速 1500h^{-1}

　　文献[77]给出了工业上目前应用最广泛的两相 RCH/RP 丙烯氢甲酰化工艺参数,以水溶性的磺化三苯基膦配体与 Rh 形成的配合物作为催化剂(图 3.60),反应温度 120℃,反应压力在 5MPa 左右,正丁醛的选择性为 93%~97%。固定床丙烯氢甲酰化反应时,在保持较高的正丁醛选择性(96%左右,丁醛正异比为 23 左右)前提下,反应温度和压力分别只有 70℃和 0.5MPa,这大大降低了能耗。同时反应时不需要添加任何溶剂,操作简单,无任何废物排放。与两相催化体系相比,丁云杰团队开发的无溶剂的固定床丙烯氢甲酰化的方法具有一定的优势(图 3.61)。

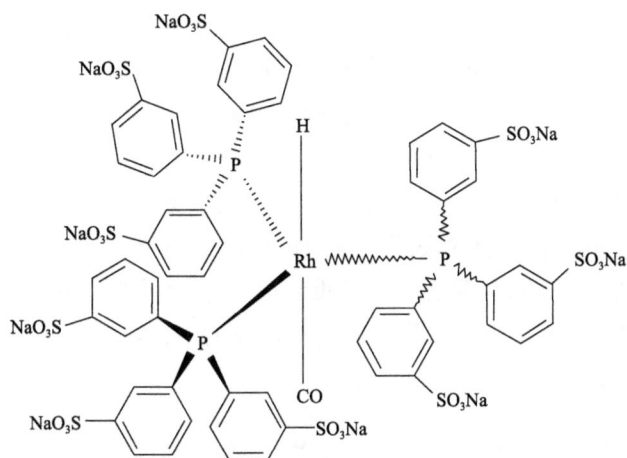

图 3.60　应用广泛的两相 RCH/RP 丙烯氢甲酰化催化剂的结构

图 3.61　丙烯多相氢甲酰化清洁生产工艺示意图

3.3.3　具有较高异丁醛选择性的丙烯多相氢甲酰化催化剂的设计

前面提到，丙烯氢甲酰化的产品异丁醛也是非常重要的化学品，因而研发具有较高异丁醛选择性的丙烯多相氢甲酰化催化剂是非常重要的。

二级氧化膦(secondary phosphine oxide，SPO)配体立体位阻效应小，与 Rh 配位后 Rh 周围空间开阔，在烯烃氢甲酰化中正构醛选择性会低一些。丁云杰团队[81]首先制备了乙烯基官能团化的 vinyl SPO 单体，路线如图 3.62 所示。273K 氩气保护下，9g 对氯苯乙烯溶于 50mL 2-甲基四氢呋喃，搅拌均匀待用。1.7g 镁屑放入烧瓶中，将烧瓶温度升至 333K，滴加 5mL 左右对氯苯乙烯和 2-甲基四氢呋喃的混合溶液，格氏试剂引发后继续滴加混合溶液，维持滴加温度为 65℃。滴加结束后保温 1h 得对氯苯乙烯的格氏试剂溶液。后降温至 0℃，加入 4.5g 亚磷酸二乙酯与 50mL 的混合溶液，滴加完成后继续反应 1h。加入 10mL 饱和 NH₄Cl 溶液湮灭反应，混合液分为两层，将上层油层取出，60℃下蒸馏除去溶剂得淡黄色油状液体，加入 10mL 正庚烷将混合溶剂加热至 60℃充分溶解，后降温至 0℃重结晶并干燥后即可得到二苯乙烯基氧化膦 6.05g。图 3.63～图 3.65 分别为二苯乙烯基氧化膦的 ^{1}H NMR、^{13}C NMR 和 ^{31}P NMR 谱图。

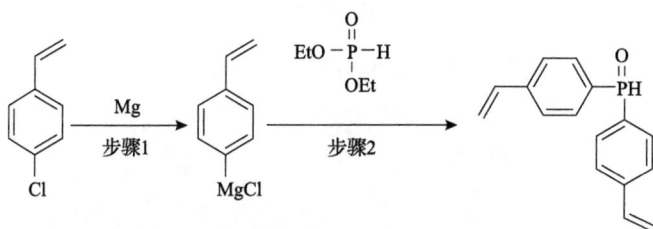

图 3.62　vinyl SPO 合成路线图

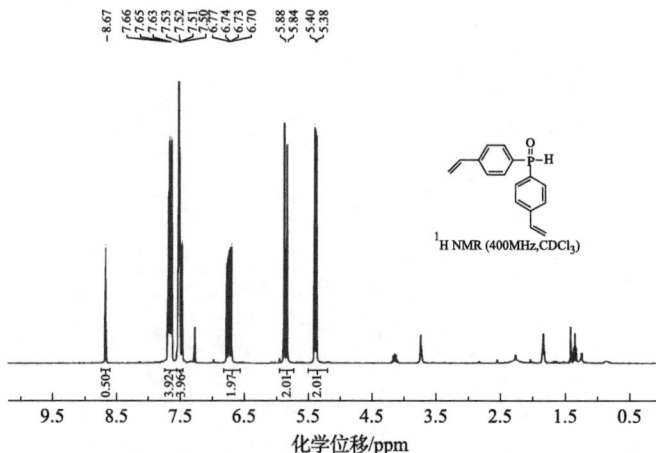

图 3.63　vinyl SPO 的 ^{1}H NMR 谱图

141.72
141.70
135.83
131.08
130.97
129.95
126.68
126.55
116.87

¹³C NMR (100MHz,CDCl₃)

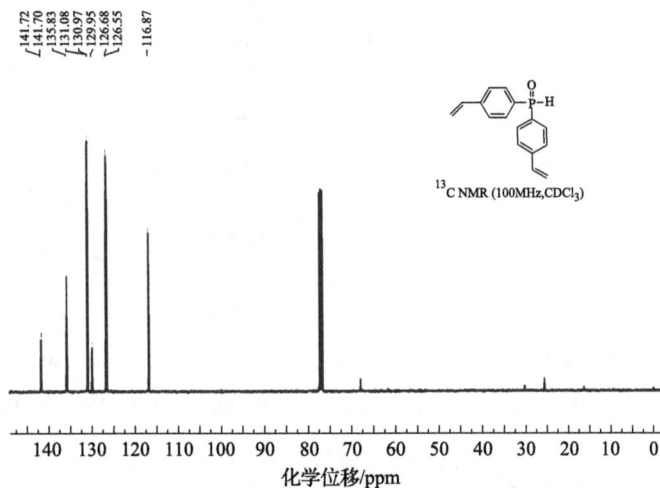

图 3.64　vinyl SPO 的 ¹³C NMR 谱图

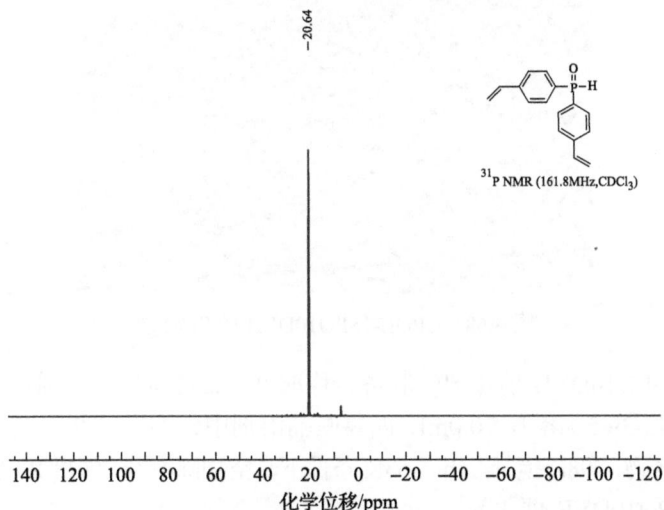

20.64

³¹P NMR (161.8MHz,CDCl₃)

图 3.65　vinyl SPO 的 ³¹P NMR 谱图

　　CPOL-1SPO10DVB 聚合物的制备：在 298K 和惰性气体氛围保护下，将 5.0g 二苯乙烯基氧化膦单体和 50.0g 交联剂二乙烯基苯［图 3.36(d)］溶于 550.0mL 四氢呋喃溶剂中，向上述溶液中加入 1.0g 自由基引发剂偶氮二异丁腈，搅拌 2h 得预聚体。将预聚体转移至高压釜中，于 373K 和惰性气体氛围保护下利用溶剂热聚合法聚合 24h。待聚合釜冷却至室温，室温条件真空抽走溶剂，即得到由二苯乙烯基氧化膦与二乙烯基苯共聚的聚合物 CPOL-1SPO10DVB，收率 100%。图 3.66 为 CPOL-1SPO10DVB 的 N$_2$ 吸脱附曲线，图 3.67 为 CPOL-1SPO10DVB 的孔径分布图。计算得出 CPOL-1SPO10DVB 的 BET 比表面积为 848.3m^2/g，总孔容为 1.002cm^3/g。从孔径分布图上可以看出 CPOL-1SPO10DVB 的孔径主要分布在 0.4～3nm，呈现出多级孔结构分布。图 3.68 是 CPOL-1SPO10DVB 的 SEM 图，进一步印证了多级孔结构的存在。

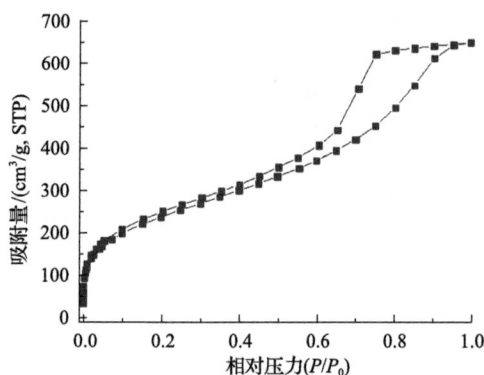

图 3.66 CPOL-1SPO10DVB 的 N_2 吸脱附曲线

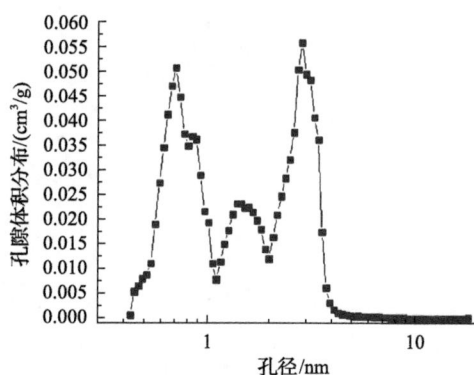

图 3.67 CPOL-1SPO10DVB 的孔径分布图

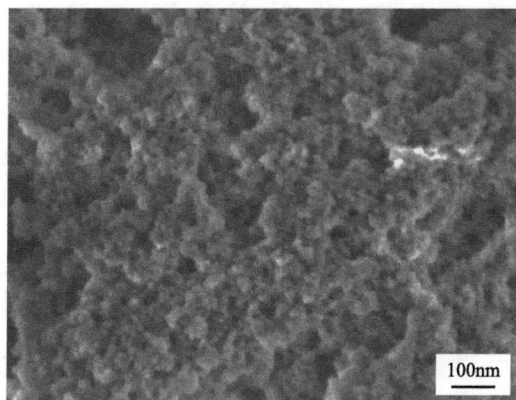

图 3.68 CPOL-1SPO10DVB 的 SEM 图

Rh/CPOL-1SPO10DVB 催化剂的制备：称取 9.0mg(1,5-环辛二烯)2,4-戊二酮铑（Ⅰ）(CAS 号为 12245-39-5)溶于 10.0mL 四氢呋喃溶剂中，加入 1.0g 上述制得的 CPOL-1SPO10DVB 聚合物，298K 搅拌 24h，363K 条件下真空抽除溶剂，即得 Rh 负载量为 0.3wt% 的 Rh/CPOL-1SPO10DVB 催化剂。

在 110℃，1MPa 混合气 (C_3H_6/CO/H_2=1/1/1)，气时空速 1000h^{-1} 反应条件下，测试了 Rh/CPOL-1SPO10DVB 的丙烯氢甲酰化反应性能。丙烯 TOF 值为 822.5h^{-1}，丁醛选择性为 99.1%，产品丁醛的正异比为 1.09。该类型多相催化剂在维持较高丙烯氢甲酰化活性的同时，实现了较高的异丁醛选择性。这种较高异丁醛选择性的多相丙烯氢甲酰化催化剂在工业上要求多产异丁醛的场合是非常适用的。

3.4 丁烯多相氢甲酰化

3.4.1 引言

近年来，选用价廉易得的 C_4 混合烯烃替代昂贵的端烯烃作为原料进行氢甲酰化反应成为 C$_4$ 烯烃下游产品的发展新趋势，产品是新型环境友好型增塑剂的主要生产原料。C$_4$ 混合烯烃为原料的主要问题是 2-丁烯的异构化-氢甲酰化串联反应区域选择性较差且活性低。在均相催化体系中，具有显著立体位阻及电子效应的双齿及多齿膦配体催化体系已被大量地报道，用于内烯烃异构化-氢甲酰化串联反应，获得了很好的反应效果，如 xantphos、biphephos、naphos 等配体。但是均相催化中催化剂难以循环使用的问题一直制约着工业应用，所以采用均相催化剂固载化和两相催化技术分别对原有的 Rh/双齿膦配体催化体系进行优化改进，可以降低氢甲酰化催化剂回收的难度。然而这些体系中，多相化过程中活性下降明显、催化剂区域选择性及稳定性较差、操作工艺较为复杂等问题仍然存在。

　　针对上述问题，丁云杰等采用具有较好的 π-受体效应和较大的空间位阻的双齿 biphephos 配体（vinyl biphephos），将其官能团化，再与易得的 3vPPh$_3$ 单体共聚，制备出具有高比表面积、多级孔道结构的多孔有机聚合物材料，再负载金属 Rh 后可以制得多相 Rh/CPOL-bp&P 催化剂，并将其应用于 C$_4$ 烯烃/混合烯烃氢甲酰化反应中。丁云杰等详细考察了上述多孔有机聚合物催化剂在 C$_4$ 烯烃氢甲酰化反应中的催化性能；结合多种表征技术，深入研究了单膦与双膦配体在 Rh/CPOL-bp&P 催化剂中对催化性能的贡献，为氢甲酰化反应催化剂的设计合成提供支撑数据。

3.4.2　Rh/CPOL-bp&P 催化剂在丁烯多相氢甲酰化反应中的应用

1. Rh/CPOL-bp&P 催化剂的制备

　　图 3.69 给出了 POL-PPh$_3$、CPOL-bp&P 及 CPOL-bp&Ph 三种聚合物材料的合成路线和结构示意图[47, 50]。

2. Rh/CPOL-bp&P 催化剂的表征

　　如图 3.70 所示，在 CPOL-bp&P 聚合物的固体 ^{13}C MAS NMR 谱图中，聚合物骨架中聚合以后的 "—CH$_2$CH$_2$—" 单元出现在 25～45ppm 处的新峰，未聚合的乙烯基官能团对应 115ppm 处的小峰，从峰面积比对来看，CPOL-bp&P 聚合物的聚合度很高。

　　图 3.71 给出了 vinyl biphephos 和 3vPPh$_3$ 两种单体的液体 ^{31}P NMR 谱图，以及 0.125wt% Rh/CPOL-bp&P 和 0.125wt% Rh/CPOL-bp&Ph 两种催化剂的固体 ^{31}P MAS NMR 谱图。Rh/CPOL-bp&P 催化剂中［图 3.71（a）］，3vPPh$_3$ 和 vinyl biphephos 的 P 化学位移分别出现在 –5.8ppm 和 145.3ppm 处，而图 3.71（c）和（d）给出了聚合反应前的 vinyl biphephos 和 3vPPh$_3$ 的 P 化学位移分别出现在 144.5ppm 和 –6.78ppm 处。鉴于文献已报道的 CPOL-bp&P 聚合物中，3vPPh$_3$ 及 vinyl biphephos 配体的化学位移分别在 –5.6ppm 和 146.3ppm 处[49]，因此，Rh/CPOL-bp&P 催化剂中，Rh 物种与两种配体发生了配位作用，导致两种 P 配体的化学位移发生变化。Rh/CPOL-bp&P 催化剂中 27.3ppm 处的峰可以归属为 Rh 与 PPh$_3$ 部分配位的物种及膦的氧化物种。在仅含有双齿膦配体的 Rh/CPOL-bp&Ph 催化剂上［图 3.71（b）］，固体 ^{31}P MAS NMR 谱图中可以发现 144.8ppm 处的峰，CPOL-bp&P 中的峰出现在 146.3ppm 处，比较发现，^{31}P MAS NMR 峰向高场移动更多，表明 Rh 物种

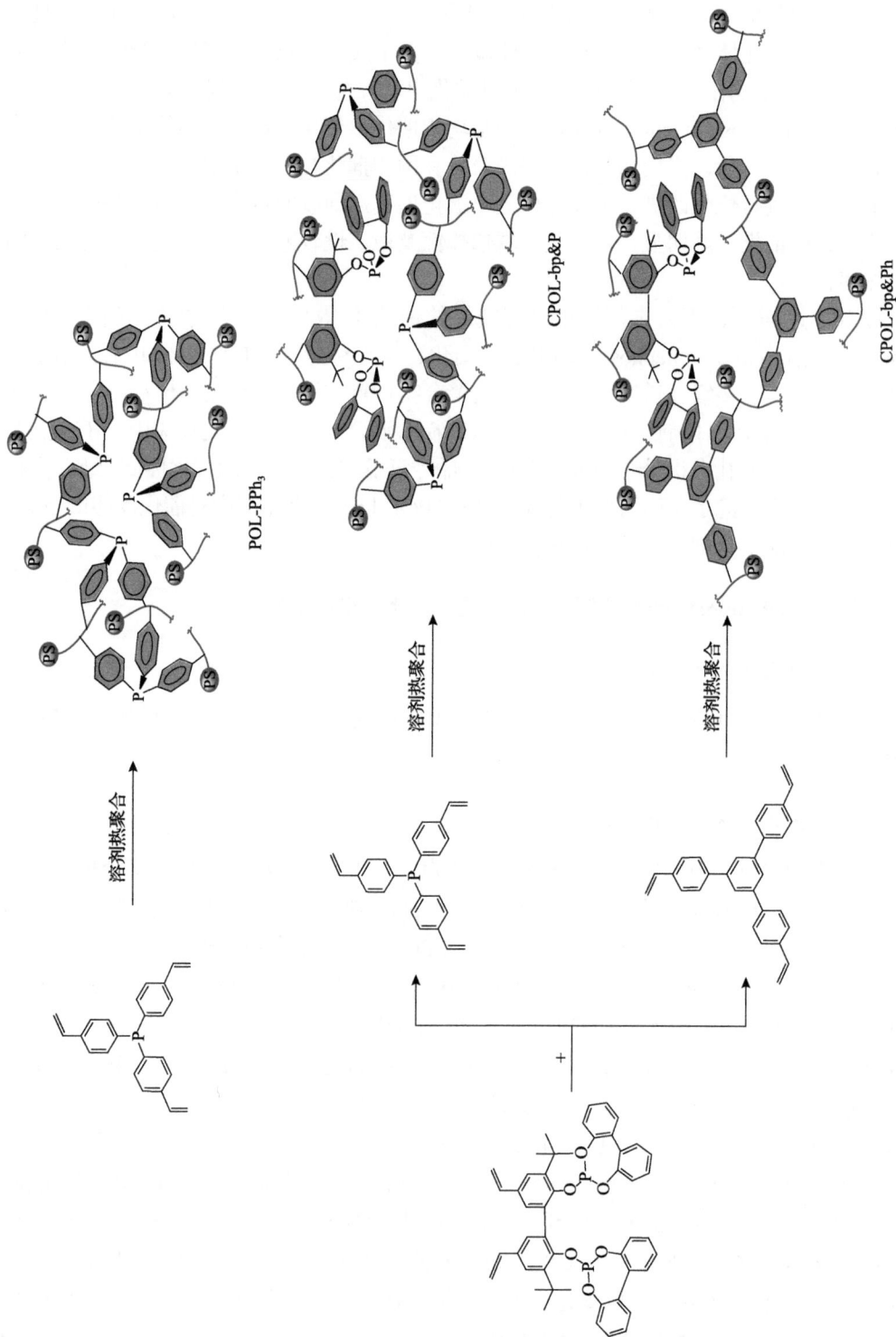

图3.69　POL-PPh₃、CPOL-bp&P和CPOL-bp&Ph聚合物合成路线示意图

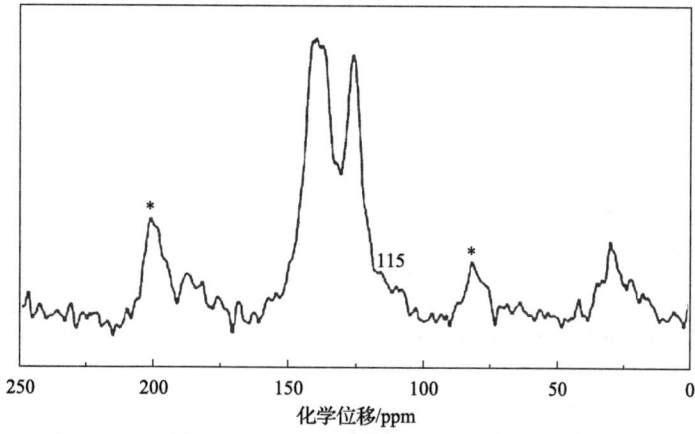

图 3.70　CPOL-bp&P 聚合物的 ^{13}C MAS NMR 谱图

*处为相应峰的旋转边带

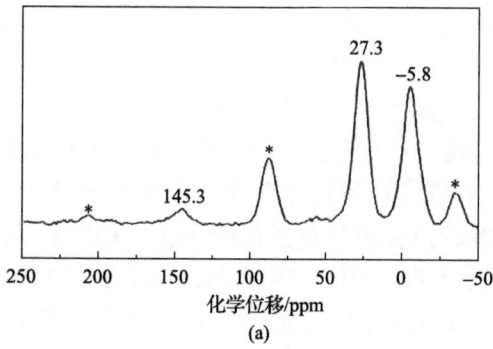
(a)

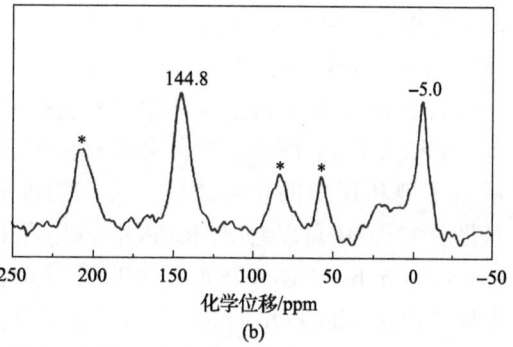
(b)

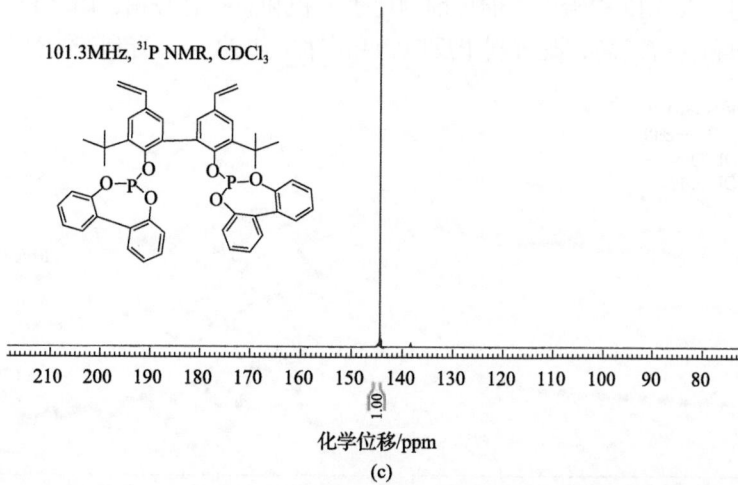
(c)

161.8MHz, ^{31}P NMR, CDCl$_3$

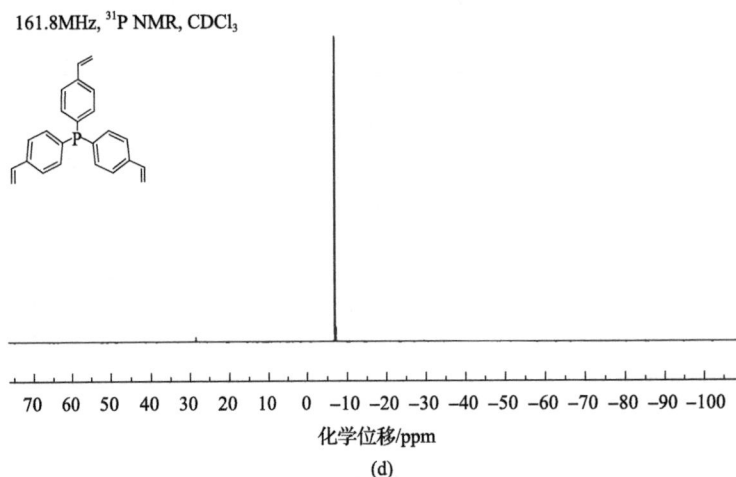

(d)

图 3.71 0.125wt% Rh/CPOL-bp&P（a）和 0.125wt% Rh/CPOL-bp&Ph（b）两种催化剂的固体 ^{31}P MAS NMR 谱图以及 vinyl biphephos（c）和 3vPPh$_3$（d）两种单体的液体 ^{31}P NMR 谱图

*处为相应峰的旋转边带

与聚合物骨架中 biphephos 配体发生了更多的配位，而−5.0ppm 处的峰可能是 biphephos 配体的部分分解物种[82]。^{31}P NMR 谱图表征证明 Rh/CPOL-bp&P 催化剂中的 vinyl biphephos 配体和 3vPPh$_3$ 配体中的 P 物种都与 Rh 物种发生了配位作用。

如图 3.72（a）所示，四种多孔有机聚合物自负载型催化剂的 N$_2$ 吸脱附等温线均显示出 I 型和 IV 型的叠加曲线，表明四种催化剂都具有微孔和介孔的多级孔道结构。从图 3.72（b）中可以看出，Rh/POL-PPh$_3$ 和 Rh/CPOL-bp&P 催化剂孔径分布规律相似，而 Rh/POL-PhPh$_3$ 与 Rh/CPOL-bp&Ph 催化剂孔径分布曲线类似，表明 3vPPh$_3$ 和 3v-PhPh$_3$ 单体分别在 Rh/CPOL-bp&P 和 Rh/CPOL-bp&Ph 催化剂中作为交联剂和共聚单体影响聚合物的孔结构。表 3.17 中给出了催化剂的比表面积和总孔容数据，Rh/CPOL-bp&P 催化剂的比表面积和孔容最高，既有利于反应物和产物的扩散，又有利于活性位点的分散，

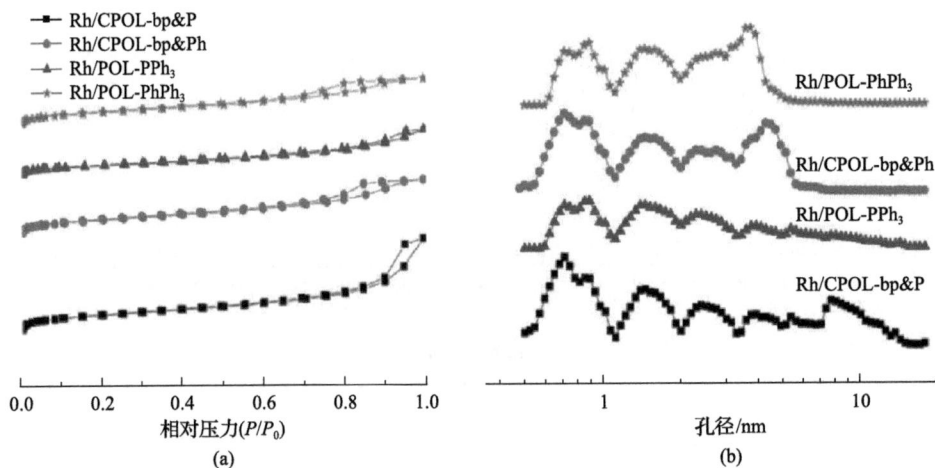

图 3.72 各种 Rh/POPs 催化剂的 N$_2$ 吸脱附等温线（a）和孔径分布（b）

表 3.17　各种催化剂的比表面积和总孔容数据

催化剂	单体组分	比表面积/(m²/g)	总孔容/(cm³/g)
Rh/CPOL-bp&P	biphephos 和 PPh₃	1252	2.85
Rh/CPOL-bp&Ph	biphephos 和 PhPh₃	1116	1.66
Rh/POL-PPh₃	PPh₃	756	1.37
Rh/POL-PhPh₃	PhPh₃	983	1.41

因此，活性位点与底物 1-丁烯接触更充分，反应活性更高。目前的文献报道中，均相 Rh-biphephos 体系的 1-丁烯氢甲酰化的正异比是 50[83]，均相 Rh-PPh₃ 体系是 5.8[84]，多相 Rh/CPOL-bp&P 催化体系是 62.8，上述对比结果表明，CPOL-bp&P 聚合物的多级孔道结构具有一定程度的空间限域效应，有利于聚合物骨架中 Rh 物种与 P 物种形成特定的 Rh—P 配位键，从而使该催化剂具有较高活性及高区域选择性。

图 3.73 给出了 0.125wt% Rh/CPOL-bp&P 和 0.125wt% Rh/CPOL-bp&Ph 两种催化剂反应前后的 SEM 图。两种催化剂的 SEM 图[图 3.73（a）和（b）]显示，两者具有相似的孔道结构及表面形貌，具有包括微孔和介孔的丰富孔道结构，聚合物的生长都是随机无序的，进一步表明这两种催化剂均具有多级孔道结构。另外，反应后的 0.125wt% Rh/CPOL-bp&P 和 0.125wt% Rh/CPOL-bp&Ph 催化剂[图 3.73（c）和（d）]中，无序的多级孔道结构特征都得到了很好的保留，证明这种多级孔道结构在反应过程中是稳定的。

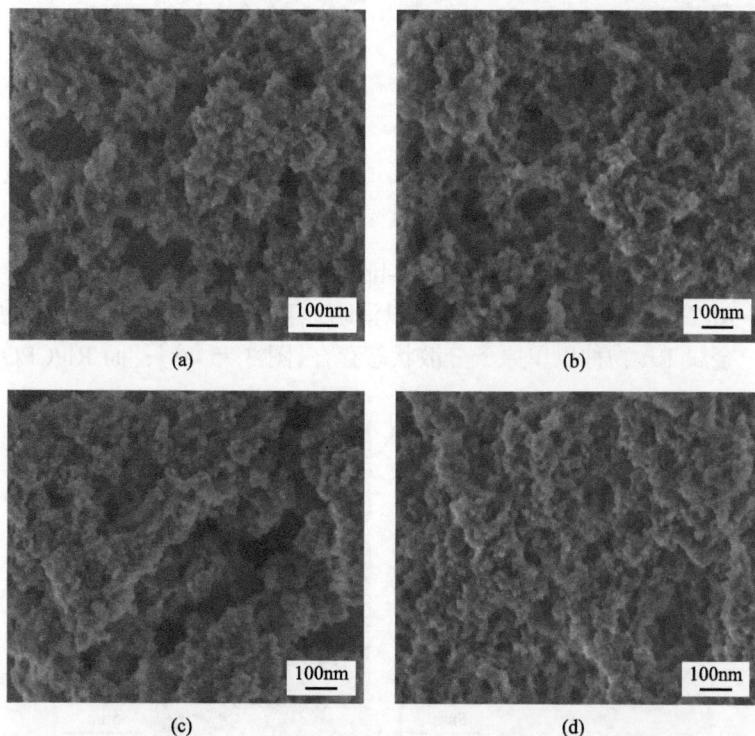

图 3.73　新鲜的 0.125wt% Rh/CPOL-bp&P（a）、0.125wt% Rh/CPOL-bp&Ph（b）和反应后的 0.125wt% Rh/CPOL-bp&P（c）、0.125wt% Rh/CPOL-bp&P（d）催化剂的 SEM 图

图 3.74 给出了 0.125wt% Rh/CPOL-bp&P 和 0.125wt% Rh/CPOL-bp&Ph 两种催化剂反应前后的 TEM 图，同样证实了两种催化剂具有多级孔道结构。两种催化剂反应前后的 TEM 图中未发现明显的 Rh 团聚为纳米颗粒的现象，证明金属 Rh 呈现较高的分散状态，且反应过程中 Rh 未发生团聚。

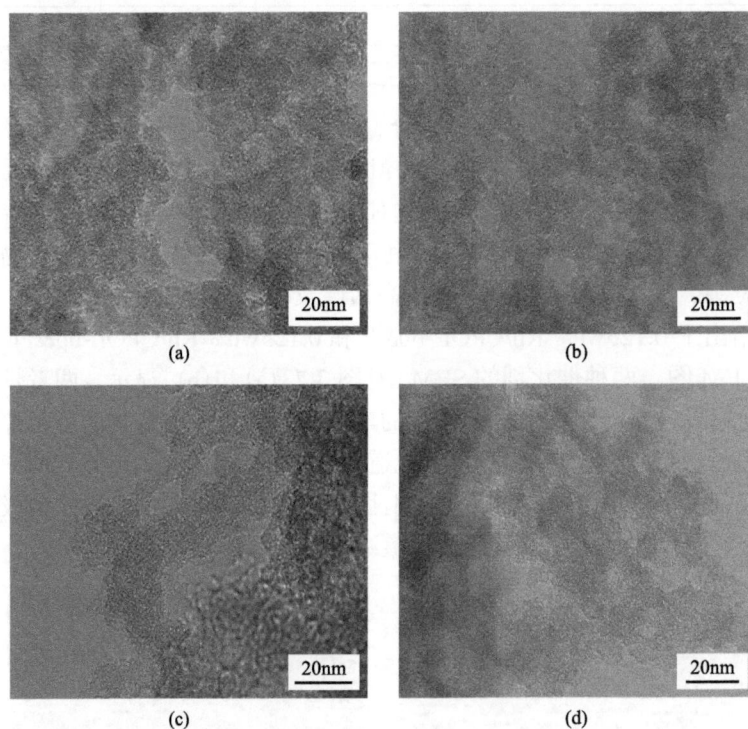

图 3.74 新鲜的 0.125wt% Rh/CPOL-bp&P（a）、0.125wt% Rh/CPOL-bp&Ph（b）和反应后的
0.125wt% Rh/CPOL-bp&P（c）、0.125wt% Rh/CPOL-bp&Ph（d）催化剂的 TEM 图

从新鲜的 Rh/CPOL-bp&P 及 Rh/CPOL-bp&Ph 催化剂的 HAADF-STEM 图（图 3.75）中可以看出，Rh/CPOL-bp&P 催化剂上可以清晰地看到 CPOL-bp&P 聚合物载体具有多级孔道结构，金属 Rh 物种以单原子分散状态存在［图 3.75（a）］；而 Rh/CPOL-bp&Ph 催

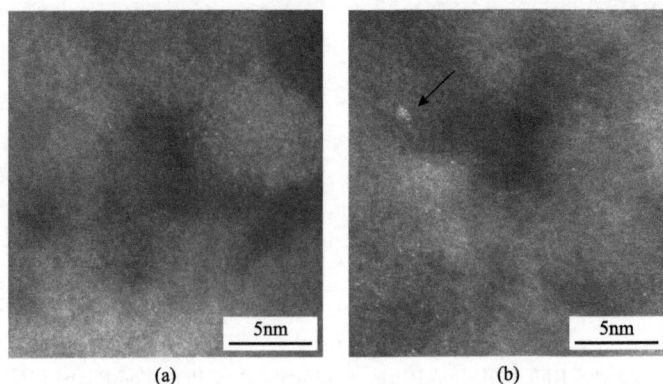

图 3.75 Rh/CPOL-bp&P（a）、Rh/CPOL-bp&Ph（b）催化剂的 HAADF-STEM 图

化剂上却发现了明显的 Rh 颗粒，说明 Rh 颗粒在 Rh/CPOL-bp&Ph 催化剂上有团聚现象 [图 3.75(b)]，原因是膦浓度含量较低，部分铑没有配位形成配合物。因此，催化剂聚合物骨架中丰富的且可配位的膦配体有助于金属 Rh 物种与其形成较强的多重 Rh—P 配位键，并阻碍 Rh 物种的流失和团聚，同时 Rh 物种与聚合物骨架中单双膦配体均配位形成的铑膦配合物增强了 Rh 周围的空间位阻，使其在 1-丁烯氢甲酰化反应中可以获得更高的醛正异比。

图 3.76 给出了 CPOL-bp&P 和 CPOL-bp&Ph 两种聚合物载体及 Rh/CPOL-bp&P 和 Rh/CPOL-bp&Ph 两种催化剂的 P 2p 和 Rh 3d 的 XPS 谱图。从图 3.76(a) 和 (b) 可以看出，CPOL-bp&P 载体在 132.5eV 和 131.3 eV 出现了两个结合能峰，分别是 biphephos 单元和 PPh$_3$ 单元的 P，而在 Rh/CPOL-bp&P 催化剂上相应的峰值出现微小的增加，这是由于聚合物骨架中 Rh 物种与两种 P 物种发生了配位作用。从 CPOL-bp&Ph 聚合物及 Rh/CPOL-bp&Ph 催化剂 [图 3.76(c) 和 (d)] 的 P 2p XPS 谱图中可以看出，负载 Rh 金属后，结合能增加得更多，证明在 Rh/CPOL-bp&Ph 催化剂上，与 Rh 物种发生了配位作用的 biphephos 配体中的 P 位点更多。

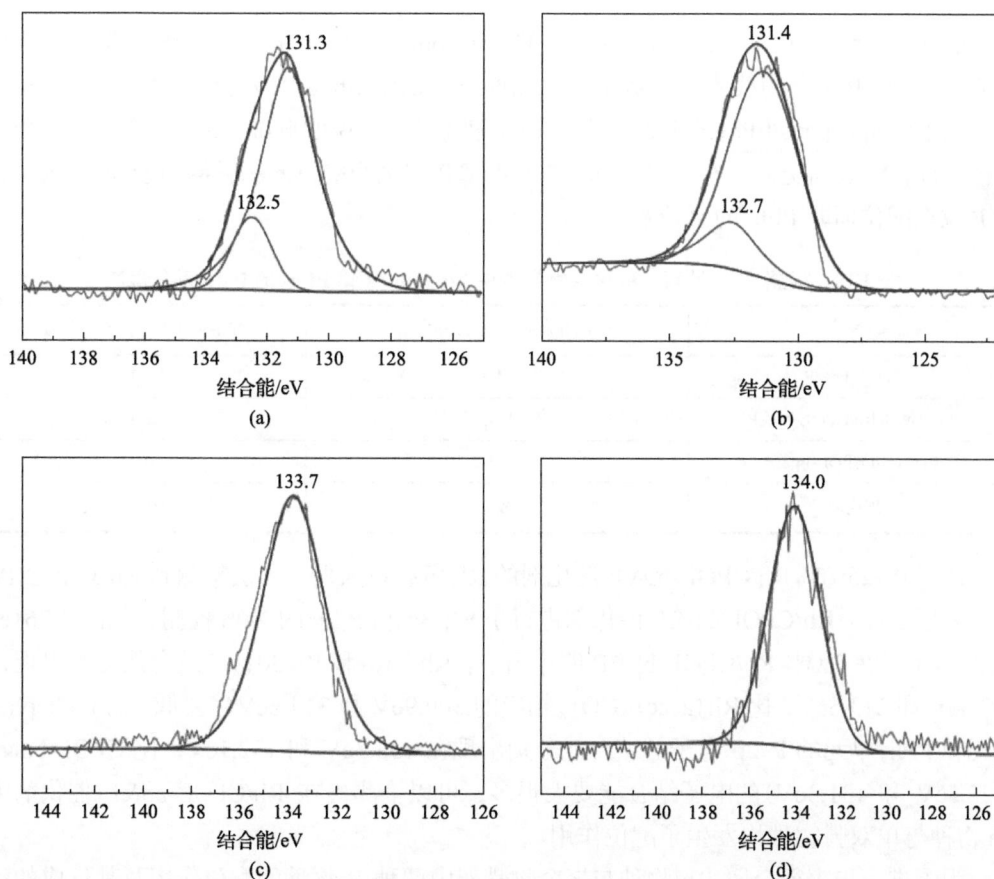

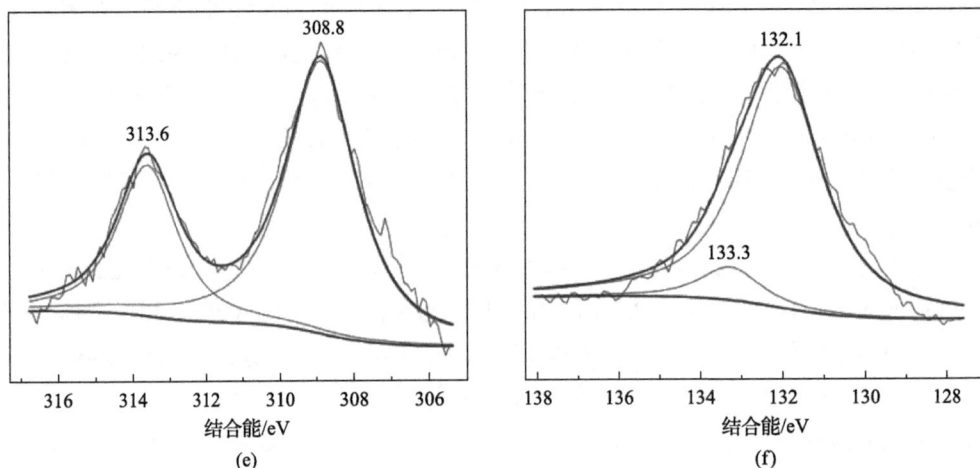

图 3.76 样品 XPS 谱图

(a) CPOL-bp&P 的 P 2p XPS 谱图；(b) 0.125wt% Rh/CPOL-bp&P 的 P 2p XPS 谱图；(c) CPOL-bp&Ph 的 P 2p XPS 谱图；(d) 0.125wt% Rh/CPOL-bp&Ph 的 P 2p XPS 谱图；(e) 2wt% Rh/CPOL-bp&P 的 Rh 3d XPS 谱图；(f) 2wt% Rh/CPOL-bp&P 的 P 2p XPS 谱图

表 3.18 给出了根据 XPS 结果计算出的 biphephos 和 PPh$_3$ 的 P 2p 百分含量，无论是在 CPOL-bp&P 聚合物载体上还是在 0.125wt% Rh/CPOL-bp&P 及 2wt% Rh/CPOL-bp&P 催化剂上，biphephos/PPh$_3$ 的 P 2p 比值均高于理论比值，说明 biphephos 的含量在聚合物载体及催化剂表面更高一些，说明 Rh/CPOL-bp&P 催化剂中，Rh 物种倾向于同 biphephos 的 P 位点配位而非 PPh$_3$ 的 P 位点。

表 3.18 根据 XPS 计算出的聚合物骨架中 biphephos 和 PPh$_3$ 的 P 2p 百分含量

样品	biphephos 的 P 2p 百分含量/%	PPh$_3$ 的 P 2p 百分含量/%
CPOL-bp&P	14.3	85.7
0.125wt% Rh/CPOL-bp&P	16.7	83.3
2wt% Rh/CPOL-bp&P	9.1	90.9
理论值	8.3	91.7

由于 0.125wt% Rh/CPOL-bp&P 催化剂的 Rh 负载量太低，无法检测到 Rh 3d 的 XPS 谱，采用 2wt% Rh/CPOL-bp&P 催化剂进行了 Rh 3d 和 P 2p 的 XPS 检测，如图 3.76(e) 和 (f) 所示。在 2wt% Rh/CPOL-bp&P 催化剂中，Rh 3d$_{5/2}$ 和 Rh 3d$_{3/2}$ 的结合能分别出现在 308.8eV 和 313.6eV，比 Rh(acac)(CO)$_2$ 相应的 309.9eV 和 314.6eV[85]要低。而 biphephos 单元和 PPh$_3$ 单元的 P 2p 电子的结合能分别出现在 133.3eV 和 132.1eV，比 CPOL-bp&P (132.5eV 和 131.3eV) 的电子结合能要大很多，可以推测出在 Rh/CPOL-bp&P 催化剂中 Rh 物种与单双膦物种均发生了配位作用。

为了进一步表征金属 Rh 物种与聚合物骨架中两种 P 物种的配位作用及其形成的活性物种，采用合成气吸附原位 FTIR 技术表征了 Rh/CPOL-bp&Ph、Rh/CPOL-bp&P 和

Rh/POL-PPh$_3$ 三种催化剂。如图 3.77 所示,三种催化剂上均形成了五配位三角双锥 H-Rh 活性化合物中间体,与均相的催化活性物质类似。在 Rh/POL-PPh$_3$ 催化剂上[图 3.77(c)],出现了 2049cm^{-1}、2017cm^{-1}、1967cm^{-1} 和 1945cm^{-1} 四个吸收峰,可归属为 HRh(CO)$_2$ (PPh$_3$-PS)$_2$ 物种[69,86],以下用"PS"代表聚合物骨架。HRh(CO)$_2$(PPh$_3$-PS)$_2$ 化合物可以形成 ee 和 ea 两种构型的配合物,其中 ee 构型的两个吸收峰在 2049cm^{-1} 和 1967cm^{-1},ea 构型的两个吸收峰在 2017cm^{-1} 和 1945cm^{-1}。Rh/CPOL-bp&P 催化剂[图 3.77(b)]上出现了五个红外吸收峰,在 1945cm^{-1}、1976cm^{-1}、2017cm^{-1}、2049cm^{-1} 和 2068cm^{-1},这些特征峰类似于均相 Rh/phosphine-phosphite 催化体系在合成气氛下有机溶剂中的原位红外吸收峰[87,88]。其中 1976cm^{-1} 和 2049cm^{-1} 两个吸收峰是 ee-HRh(CO)$_2$(bp&P-PS) 物种,而 1945cm^{-1} 和 2017cm^{-1} 两个吸收峰归属于 ea-HRh(CO)$_2$(bp&P-PS) 物种,此外,2068cm^{-1} 吸收峰为 HRh(CO)(PPh$_3$)$_3$ 物种[70]。在 Rh/CPOL-bp&Ph[图 3.77(a)] 催化剂上,3v-PhPh$_3$ 单体取代了 3vPPh$_3$ 单体,出现了 1997cm^{-1}、2017cm^{-1}、2031cm^{-1} 和 2073cm^{-1} 四个吸收峰,可归属于 HRh(CO)$_2$(biphephos-PS) 物种[89-93]。其中 2073cm^{-1} 和 2017cm^{-1} 两个吸收峰代表 ee 构型物种,而 2031cm^{-1} 和 1997cm^{-1} 两个吸收峰代表 ea 构型物种。

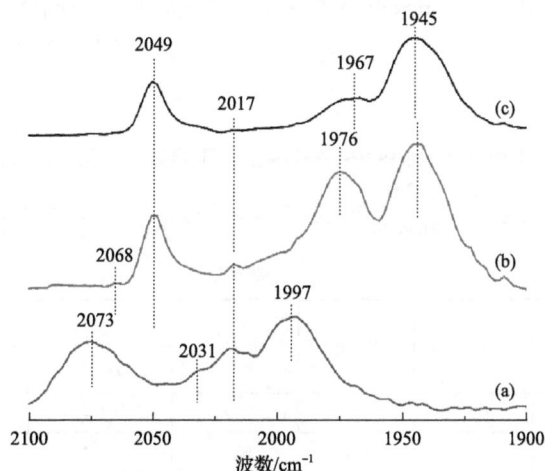

图 3.77 Rh/CPOL-bp&Ph(a)、Rh/CPOL-bp&P(b)、Rh/POL-PPh$_3$(c) 催化剂的合成气吸附原位 FTIR 谱图

与其他两种催化剂相比,Rh/CPOL-bp&Ph 催化剂的红外振动峰向高波数方向移动,说明 biphephos 配体具有较好的 π-受体效应,易于接受 Rh 的反馈电子,使 Rh—CO 键减弱,因此其红外振动峰向低频方向移动。相应地,通过比较 Rh/CPOL-bp&P 和 Rh/POL-PPh$_3$ 催化剂发现,1976cm^{-1} 的吸收峰比 1967cm^{-1} 向高波数方向移动 9cm^{-1},表明不同催化剂聚合物骨架中配体的电子效应各不相同。总体来说,具有良好 π-受体效应的 biphephos 配体使 ν_{CO} 向高波数方向移动[90],Rh/CPOL-bp&Ph 催化剂的红外吸收峰波数最高。另外,吸收峰的相对强度也与 ee/ea 异构体的比值相关[42],可推断出 Rh/CPOL-bp&P 催化剂上 ee/ea 异构体的比例比 Rh/POL-PPh$_3$ 催化剂高。综上所述,在 Rh/CPOL-bp&P 催化剂上,大量丰富的 PPh$_3$ 配体协同具有良好 π-受体效应及大空间位阻的 biphephos 配体与

Rh 物种配位，促进了五配位 H-Rh 活性物种的形成，尤其是 ee 异构体物种，这可能是该催化剂具有较高的 1-丁烯氢甲酰化反应活性及高区域选择性的主要原因。

3. Rh/CPOL-bp&P 催化剂上 1-丁烯氢甲酰化反应结果

表 3.19 给出了不同 Rh/POPs 催化剂在 1-丁烯氢甲酰化反应中的催化结果。在相同反应条件下，Rh/CPOL-bp&P 催化剂的 1-丁烯氢甲酰化反应活性、区域选择性（正异比）及化学选择性（醛的选择性）都远高于 Rh/POL-PPh₃ 和 Rh/CPOL-bp&Ph 催化剂，原因是 Rh/POL-PPh₃ 和 Rh/CPOL-bp&Ph 催化剂中仅含有一种膦配体。而 vinyl biphephos 配体具有较大的空间位阻，不能自聚形成聚合物，因此选取与 3vPPh₃ 结构类似的单体 1,3,5-三（4-乙烯基苯）基苯（3v-PhPh₃）作为交联剂。3v-PhPh₃ 单体自聚的多孔有机聚合物自负载 Rh 基催化剂命名为 Rh/POL-PhPh₃，并进行了 1-丁烯氢甲酰化反应性能测试，结果表明其催化性能很差，证明在 Rh/CPOL-bp&Ph 催化剂中，3v-PhPh₃ 交联剂对催化性能的贡献可以忽略不计。以双膦和单膦配体共聚制备的 Rh/CPOL-bp&P 催化剂在 1-丁烯氢甲酰化反应中表现出最优的催化活性、醛的区域选择性及化学选择性，原因可能是 CPOL-bp&P 聚合物骨架中的 PPh₃ 配体和 biphephos 配体与 Rh 物种之间具有协同作用，其中 biphephos 基团的合适空间位阻对区域选择性贡献比较大，而 PPh₃ 基团中的高 P 浓度有益于其作为共配体与金属 Rh 配位。

表 3.19   不同种类 Rh/POPs 催化剂上 1-丁烯氢甲酰化反应性能评价 [a]

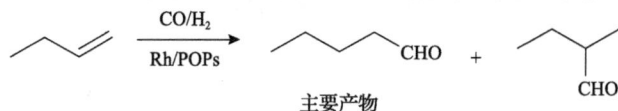

主要产物

催化剂名称	转化率/%	TOF/h⁻¹	正异比	产物选择性/%		
				戊醛	2-丁烯	丁烷
Rh/POL-PPh₃	1.53	490	5.1	81.4	2.3	16.3
Rh/CPOL-bp&P	26.0	11200	62.2	94.2	3.6	2.2
Rh/CPOL-bp&Ph	15.1	5754	44.2	75.9	19.3	4.8
Rh/POL-PhPh₃	0.64	36	4.9	13.7	—	86.3

a. 反应条件：催化剂 0.10g，取样时间 24h，反应压力 2MPa（CO/H₂=1），反应温度 80℃，Rh 负载量 0.125wt%，气时空速 8000h⁻¹，1-丁烯进料量 3.2g/h。

不同 vinyl biphephos/PPh₃ 比例的 Rh/CPOL-bp&P 催化剂上 1-丁烯氢甲酰化反应性能见图 3.78。戊醛的 TOF 值和正异比同时随着 vinyl biphephos/PPh₃ 质量比的增加而提高，可能是 biphephos 基团浓度对聚合物骨架中电子效应和空间环境的影响。由于 vinyl biphephos 配体合成过程烦琐且成本昂贵，所以选择 Rh/CPOL-1bp&10P 催化剂（简单命名为 Rh/CPOL-bp&P）进行深入系统的研究。

如图 3.79 所示，在相同反应条件下，在 1-丁烯氢甲酰化反应中，对 Rh/CPOL-bp&P 及 Rh/CPOL-bp&Ph 催化剂的稳定性进行了评测。由于两种催化剂的诱导期不同，在诱

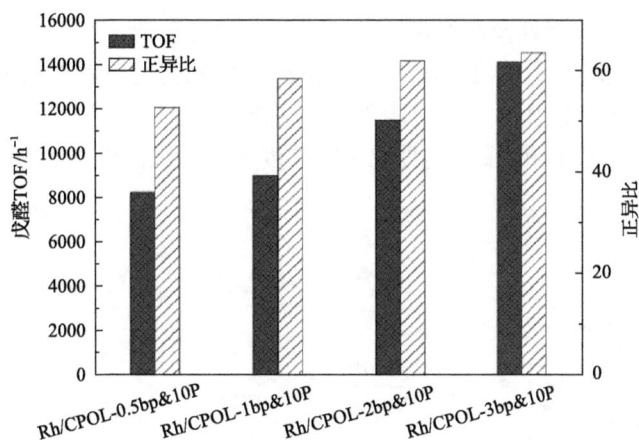

图 3.78　不同 vinyl biphephos/PPh₃ 质量比的 Rh/CPOL-bp&P 催化剂上 1-丁烯氢甲酰化反应结果

反应条件：催化剂 0.10g，取样时间 12h，反应压力 2MPa（CO/H₂ = 1），反应温度 80℃，Rh 负载量 0.125wt%，
气时空速 8000h⁻¹，1-丁烯进料量 3.2g/h

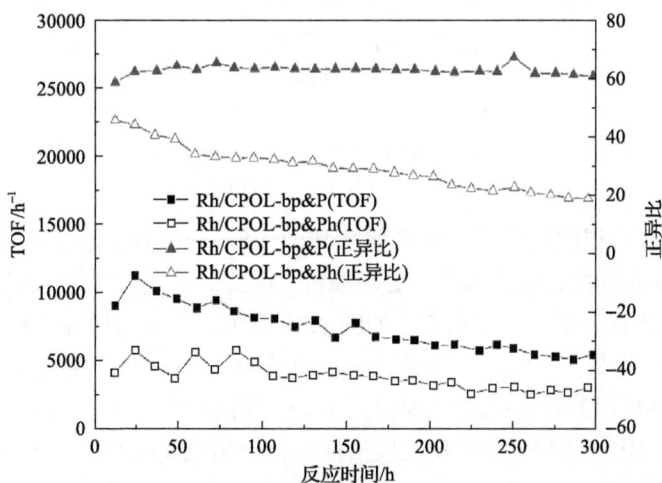

图 3.79　Rh/CPOL-bp&P 及 Rh/CPOL-bp&Ph 催化剂的 1-丁烯氢甲酰化稳定性能测试比较

反应条件：催化剂 0.10g，反应压力 2MPa（CO/H₂ =1），反应温度 80℃，Rh 负载量 0.125wt%，
气时空速 8000h⁻¹，1-丁烯进料量 3.2g/h

导期内，Rh 物种与聚合物骨架中的膦配体不断调整，寻求最佳的配位状态，因此在 100h 内，Rh/CPOL-bp&P 催化剂的活性先升高后下降，而 Rh/CPOL-bp&Ph 催化剂上的戊醛 TOF 值在 4000～5600h⁻¹ 范围内波动；在 100～300h 时间内，Rh/CPOL-bp&P 催化剂的戊醛 TOF 值是 Rh/CPOL-bp&Ph 催化剂的 2 倍左右，Rh/CPOL-bp&P 催化剂的戊醛正异比一直大于 61 且基本保持不变，而 Rh/CPOL-bp&Ph 催化剂的戊醛正异比在缓慢下降。稳定性测试结果说明，Rh/CPOL-bp&P 催化剂的活性和区域选择性远高于 Rh/CPOL-bp&Ph 催化剂。通过 ICP-AES 测试发现，反应前后，Rh/CPOL-bp&P 催化剂 Rh 负载量基本不变，而 Rh/CPOL-bp&Ph 催化剂 Rh 负载量急剧下降。值得一提的是，Rh/CPOL-bp&P 催化剂初活性的戊醛 TOF 值在 10000h⁻¹ 以上，200h 后 TOF 值基本保持稳定，连续进行 1000h 后，仍能维持在 1000h⁻¹ 左右（图 3.80）。以上实验数据证明 Rh/CPOL-bp&P 催化剂

具有高活性、高区域选择性及高稳定性，可能是因为聚合物骨架中 biphephos 和 PPh₃ 配体在与 Rh 物种配位时发生了协同作用，与 Rh 形成的独特配位键有利于获得高的活性及稳定性，而聚合物骨架中大空间位阻的 biphephos 配体有利于获得高区域选择性。Rh/CPOL-bp&Ph 催化剂则因聚合物骨架中膦浓度太低导致活性不稳定。

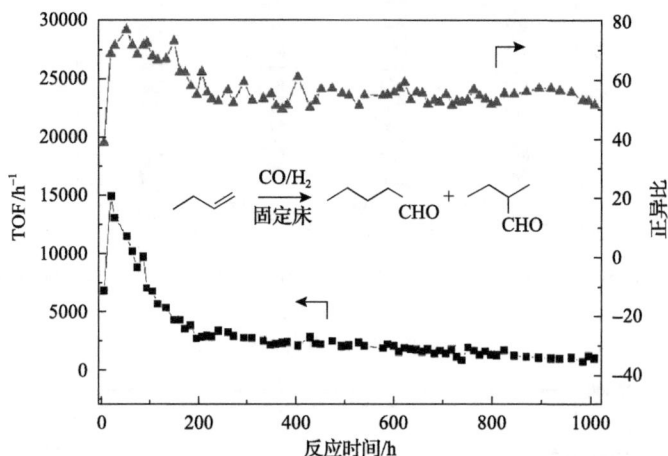

图 3.80　Rh/CPOL-bp&P 催化剂上 1-丁烯氢甲酰化稳定性能评价

反应条件：催化剂 0.10g，反应压力 2MPa（CO/H₂=1），反应温度 80℃，Rh 负载量 0.125wt%，气时空速 8000h⁻¹，1-丁烯进料量 3.6g/h

实际生产中，易得的是内烯烃原料如 raffinate Ⅰ～raffinate Ⅲ（丁烯异构体混合物）或者 C₈ 烯烃异构体混合物，都比端烯烃更加廉价，因此，通过内烯烃氢甲酰化反应制备价值较高的正构醛具有重要的实用意义。如图 3.81 所示，如果内烯烃经路线 b 直接发生氢甲酰化反应，主产物是支链醛；而内烯烃如果经异构化为端烯烃（路线 a），再发生氢甲酰化反应（路线 c）则可以制备直链醛产品[28]。为了获得较高的产品正异比，内烯烃催化体系需要具备烯烃异构化性能和氢甲酰化反应活性，且异构化反应必须先于氢甲酰化反应。

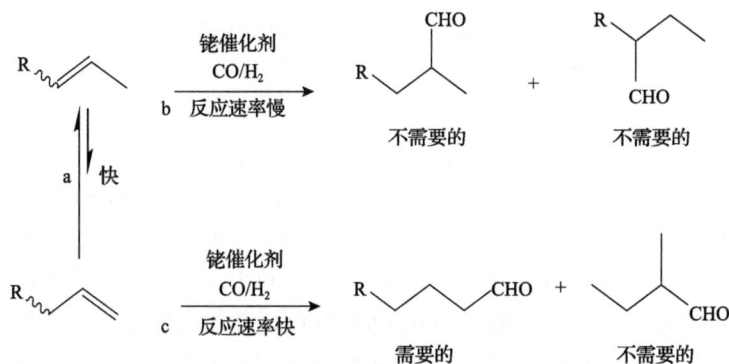

图 3.81　内烯烃异构化-氢甲酰化反应路线图

从正丁烯反应数据可以看出，Rh/CPOL-bp&P 催化剂的活性金属 Rh 周围具有较大的空间位阻，该催化剂不仅催化活性非常高，而且区域选择性较高，可以预见，该催化剂对内烯烃异构化氢甲酰化也是十分有利的。表 3.20 中 Rh/CPOL-bp&P 催化剂的 2-丁烯及混合 C$_4$ 烯烃氢甲酰化反应性能说明，1-丁烯、2-丁烯或者两者的混合物可以在 Rh/CPOL-bp&P 催化剂上获得高的戊醛正异比，远高于目前文献报道的 raffinate II 氢甲酰化的 19[94]。虽然 2-丁烯的氢甲酰化反应活性还不理想，但混合 C$_4$ 烯烃为底物时 TOF 值高达 3674h^{-1}。因此，Rh/CPOL-bp&P 催化剂在 C$_4$ 混合烯烃氢甲酰化反应中具有优异的活性和区域选择性，具有良好的工业应用前景。

表 3.20　Rh/CPOL-bp&P 催化剂上不同 C$_4$ 烯烃氢甲酰化反应性能 [a]

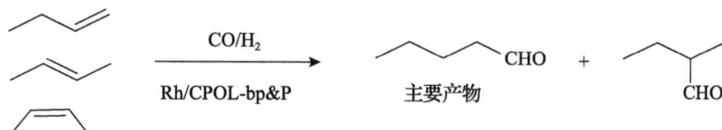

反应底物	TOF/h^{-1}	正异比	产物选择性/%		
			戊醛	2-丁烯	丁烷
1-丁烯	9020	58.6	93.6	4.0	2.4
2-丁烯	301	55.8	20.3	51.4[c]	28.3
混合 C$_4$ 烯烃 [b]	3674	56.0	92.6	—	7.4

　a. 反应条件：催化剂 0.10g，取样时间 12h，反应压力 2MPa(CO/H$_2$=1)，反应温度 80℃，Rh 负载量 0.125wt%，气时空速 8000h^{-1}，1-丁烯进料量 3.2g/h。

　b. 混合 C$_4$ 烯烃组成：60% 1-丁烯，20%顺-2-丁烯，20%反-2-丁烯。

　c. 2-丁烯异构化成 1-丁烯的选择性。

3.4.3　Rh/CPOL-bp&P(OPh)$_3$ 催化剂在 C$_4$ 烯烃氢甲酰化反应中的应用

　　与烷膦配体相比，亚磷酸酯配体合成步骤简单，不易被氧化，并且具有较强的 π-受体效应和较弱的 σ-供体效应，易于接受金属 Rh 给予的反馈电子，使 Rh 中心变为缺电子状态，反馈于 CO 配体的电子变少，Rh—CO 键减弱，利于 CO 解离，进而加快反应速率，因此在 Rh 基催化的均相氢甲酰化反应中得到广泛的应用。特别是自然咬合角在 120°左右的双齿亚磷酸酯配体(如 biphephos)具有优异的电子及空间效应，通常在氢甲酰化反应中表现出较高的反应活性和区域选择性。因此将均相 Rh-P(OPh)$_3$ 和 Rh-biphephos 配合物多相化，制备适合氢甲酰化的高效多相催化剂具有重要的研究意义。

　　鉴于多孔有机聚合物材料具有合成方法简单、多孔结构稳定、比表面积较大和热稳定性良好等优点，丁云杰等将均相的 P(OPh)$_3$ 和 biphephos 配体，通过乙烯基官能团化修饰，再利用溶剂热聚合法，制备出新型的含有 biphephos 和 P(OPh)$_3$ 配体的多孔有机聚合物材料。将其负载金属后，得到多相 Rh/CPOL-bp&P(OPh)$_3$ 催化剂，通过 XPS、固体 ^{31}P MAS NMR 和原位透射傅里叶变换红外光谱等表征，分析了催化剂中 Rh 物种的配位状态及聚合物骨架中 biphephos 和 P(OPh)$_3$ 基团的作用，揭示了催化反应性能与结构的关系，并在 1-丁烯氢甲酰化反应中进行了催化性能评测。

　　1. Rh/CPOL-bp&P(OPh)$_3$ 催化剂的制备

　　图 3.82 给出催化剂制备中用到的聚合单体结构图。图 3.83 给出了 CPOL-bp&P(OPh)$_3$

聚合物的合成路线图。Rh/CPOL-bp&P(OPh)₃催化剂采用浸渍法制备。

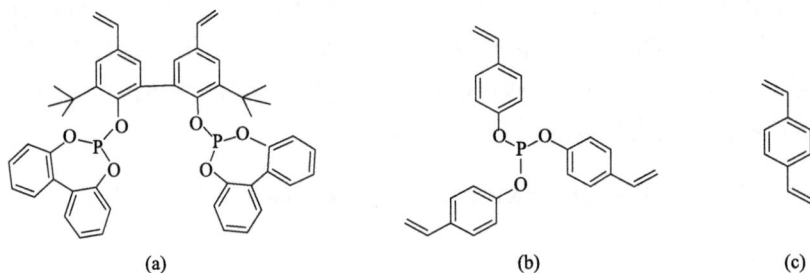

图 3.82   制备聚合物载体用到的单体
(a) vinyl biphephos；(b) 3v-P(OPh)₃；(c) DVB

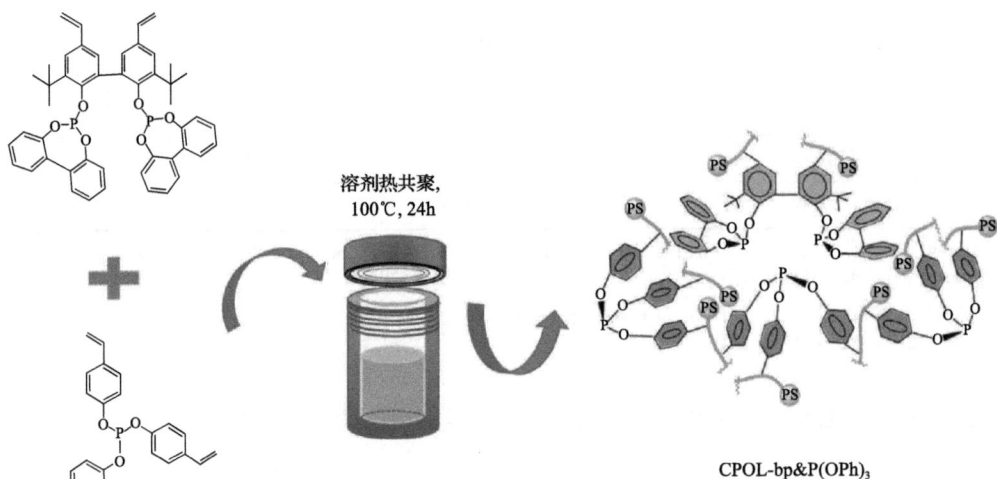

图 3.83   CPOL-bp&P(OPh)₃聚合物载体的合成路线图

2. Rh/CPOL-bp&P(OPh)₃催化剂的表征

图 3.84 给出了 CPOL-bp&P(OPh)₃聚合物的固体 ^{13}C MAS NMR 谱图。CPOL-bp&P(OPh)₃聚合物上，120～150ppm 处的宽峰对应聚合物骨架中芳环上的碳，29.7ppm 和 39.8ppm 处的峰是聚合物骨架中的 "—CH₂CH₂—" 单元，在 110～120ppm 处，没有观察到未聚合的乙烯基官能团单体，证明聚合物 CPOL-bp&P(OPh)₃的聚合度很高。

vinyl biphephos 和 3v-P(OPh)₃单体的液体 ^{31}P NMR 谱图见图 3.85(b) 和(c)，溶剂热聚合形成的 CPOL-bp&P(OPh)₃聚合物上分别在 144.6ppm 和 127.0ppm 处出现了峰，对应于聚合物骨架中的 biphephos 和 P(OPh)₃基团的双峰，证明 P 物种在聚合过程中没有变化。图 3.85(a)(2)的 0.14wt% Rh/CPOL-bp&P(OPh)₃催化剂中，没有观察到明显的峰值移动，原因是Rh含量太低。在 2wt% Rh/CPOL-bp&P(OPh)₃催化剂上，biphephos 和 P(OPh)₃基团对应的峰均向高场方向移动，表明两种 P 物种与 Rh 发生了配位作用，证明了Rh/CPOL-bp&P(OPh)₃催化剂中 Rh—P 配位键的存在。与新鲜的 0.14wt% Rh/CPOL-bp&P(OPh)₃催化剂相比，经过合成气[图 3.85(a)(4)]和丁烯合成气混合气[图 3.85(a)

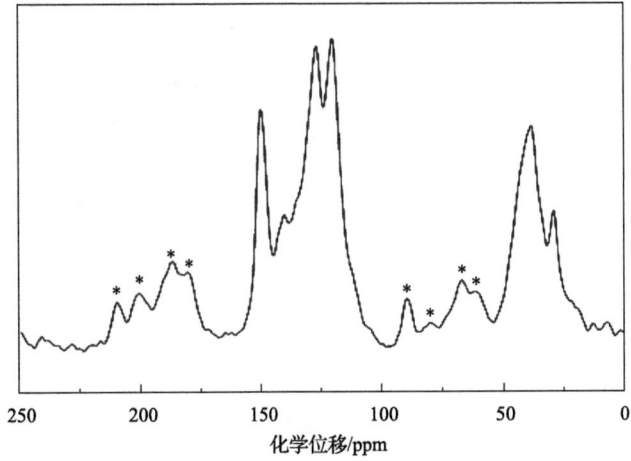

图 3.84　CPOL-bp&P(OPh)₃ 聚合物的固体 ¹³C MAS NMR 谱图

*处为相应峰的旋转边带

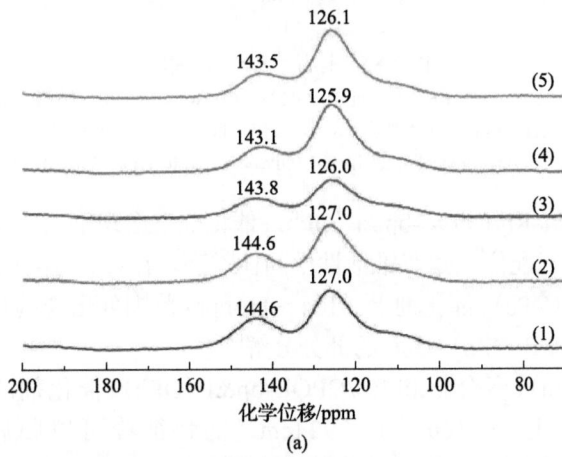

(a)

101.3MHz, ³¹P NMR, CDCl₃

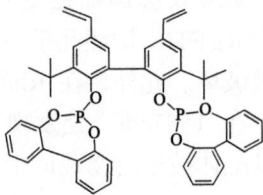

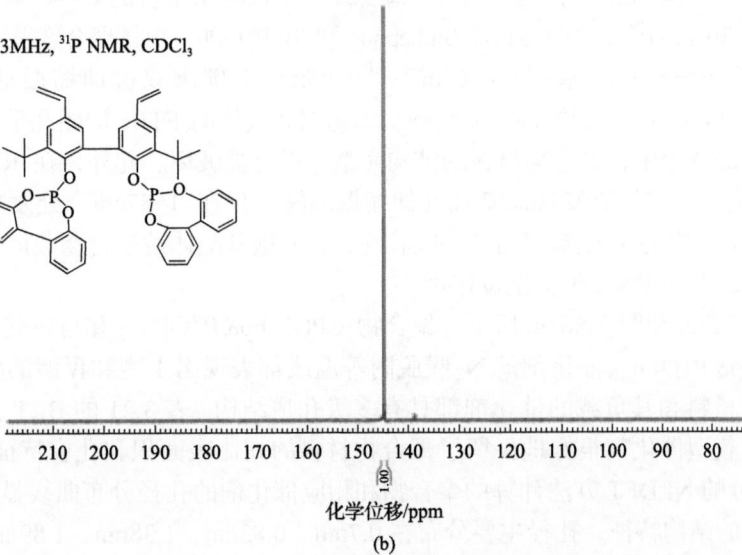

(b)

−127.48

161.8MHz, ^{31}P NMR, CDCl$_3$

化学位移/ppm

(c)

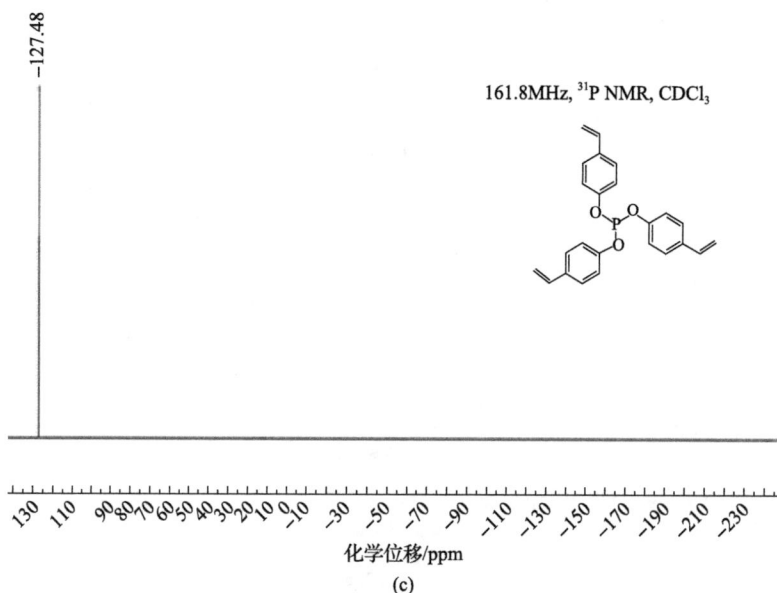

图 3.85　样品 ^{31}P NMR 谱图

(a)(1)CPOL-bp&P(OPh)$_3$、(2)0.14wt% Rh/CPOL-bp&P(OPh)$_3$、(3)2wt% Rh/CPOL-bp&P(OPh)$_3$、(4)合成气处理后的 0.14wt% Rh/CPOL-bp&P(OPh)$_3$、(5)预混合气处理后的 0.14wt% Rh/CPOL- bp&P(OPh)$_3$ 催化剂的固体 ^{31}P MAS NMR 谱图；(b、c)vinyl biphephos(b)和 3v-P(OPh)$_3$(c)单体的液体 ^{31}P NMR 谱图

(5)]处理后的 0.14wt% Rh/CPOL-bp&P(OPh)$_3$ 催化剂上出现了两个峰值更低的峰，可能是反应过程中形成了五配位三角双锥活性中间体[95,96]。在 CPOL-bp&P(OPh)$_3$ 聚合物载体及 Rh/CPOL-bp&P(OPh)$_3$ 催化剂上，104～116ppm 范围处出现的宽峰可能是由于聚合物骨架中 biphephos 和 P(OPh)$_3$ 单元的部分分解[97]。

CPOL-bp&P(OPh)$_3$ 聚合物和 Rh/CPOL-bp&P(OPh)$_3$ 催化剂的 FTIR 表征结果见图 3.86，图 3.86(a)中 2853cm^{-1} 和 2924cm^{-1} 的特征峰可以归属为聚合物骨架中"—CH$_2$CH$_2$—"单元的对称与不对称伸缩振动[98]，没有未聚合的 C＝C 双键所产生的红外振动峰(1630cm^{-1})[99]，表明 vinyl biphephos 和 3v-P(OPh)$_3$ 单体聚合度很高。图 3.86(b) 中观察到了 P—O—C 基团(1016cm^{-1})[100]和苯环上碳碳双键伸缩振动(1603cm^{-1}、1504cm^{-1} 和 1448cm^{-1})[101]的特征吸收峰。催化剂和载体的 FTIR 谱图几乎一样，说明负载金属 Rh 的过程中，聚合物材料的结构完整，没有被破坏。此外，在 Rh/CPOL-bp&P(OPh)$_3$ 催化剂上，没有发现羰基红外伸缩振动峰，仅在 1557cm^{-1} 处发现了金属前体 Rh(acac)(CO)$_2$ 中的 acac 基团的红外吸收峰，表明羰基配体被聚合物载体中的 P 配体挤掉，载体中的 P 与 Rh 发生了配位作用。

如图 3.87(a)和图 3.88(a)所示，聚合物 CPOL-bp&P(OPh)$_3$ 和自负载型的 0.14wt% Rh/CPOL-bp&P(OPh)$_3$ 催化剂的 N$_2$ 吸脱附等温线都表现出 I 型和IV型的叠加曲线，表明该聚合物材料和其负载的催化剂都具有多级孔道结构。表 3.21 的 BET 公式计算结果显示，自负载型催化剂很好地保留了聚合物材料的高比表面积和孔容特征。图 3.87(b) 和图 3.88(b)的 NLDFT 方法计算的聚合物和相应催化剂的孔径分布曲线显示，二者均具有多级孔道的结构特征，孔径主要分布在 0.7nm、0.85nm、1.38nm、1.89nm 和 2～10nm

处，这种多级孔道结构有利于活性金属与 P 配位，促进反应物和产物的传质扩散，提升催化剂的催化反应活性。

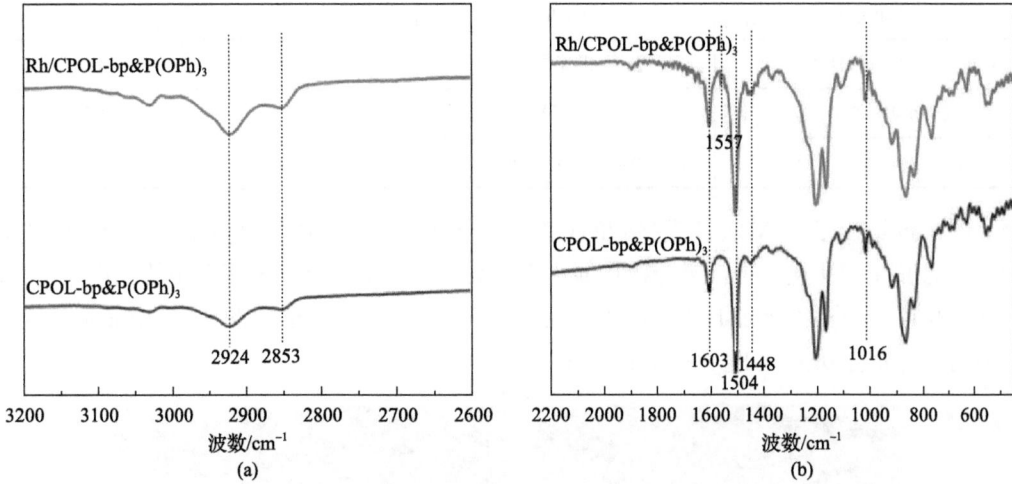

图 3.86　CPOL-bp&P(OPh)$_3$(a) 和 Rh/CPOL-bp&P(OPh)$_3$(b) 的 FTIR 谱图

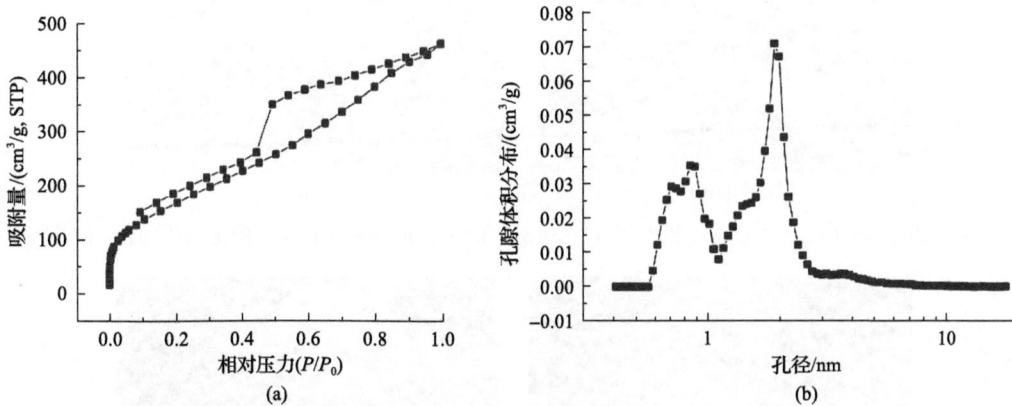

图 3.87　CPOL-bp&P(OPh)$_3$ 载体的 N$_2$ 吸脱附等温线(a) 和孔径分布曲线(b)

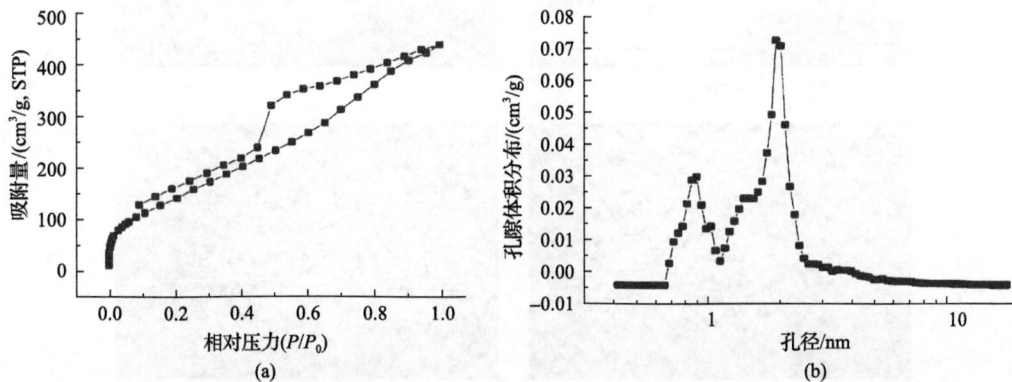

图 3.88　0.14 wt% Rh/CPOL-bp&P(OPh)$_3$ 催化剂的 N$_2$ 吸脱附等温线(a) 和孔径分布曲线(b)

表 3.21　各种多孔有机聚合物及 Rh/CPOL-bp&P(OPh)₃ 催化剂比表面积及孔容数据

样品	单体组分	比表面积/(m²/g)	孔容/(cm³/g)
POL-P(OPh)₃	P(OPh)₃	801	0.95
CPOL-bp&DVB	biphephos 和 DVB	1002	1.21
CPOL-bp&P(OPh)₃	biphephos 和 P(OPh)₃	635	0.72
Rh/CPOL-bp&P(OPh)₃	biphephos 和 P(OPh)₃	556	0.68

图 3.89 给出了 SEM 表征观察到的 CPOL-bp&P(OPh)₃ 载体和 Rh/CPOL-bp&P(OPh)₃ 催化剂的形貌和孔道特征。聚合物和催化剂都具有粗糙的表面、丰富无序的孔道结构(介孔和微孔)。另外,CPOL-bp&P(OPh)₃ 载体的 SEM-EDS mapping(图 3.90)中显示元素分布均匀,特别是功能性 P 元素分布均匀。

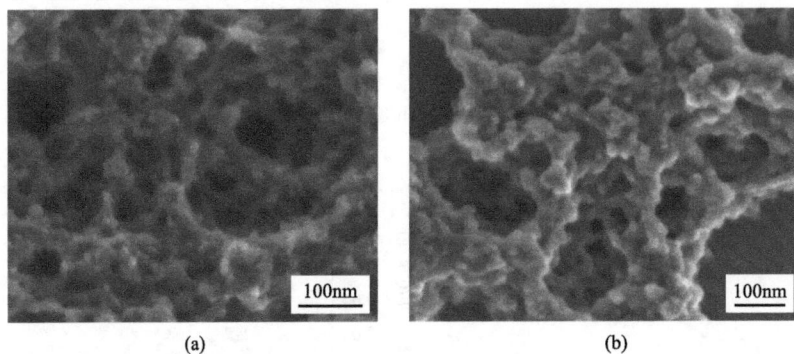

(a)　　　　　　　　　　　　(b)

图 3.89　CPOL-bp&P(OPh)₃ 载体(a)和 0.14wt% Rh/CPOL-bp&P(OPh)₃ 催化剂(b)的 SEM 图

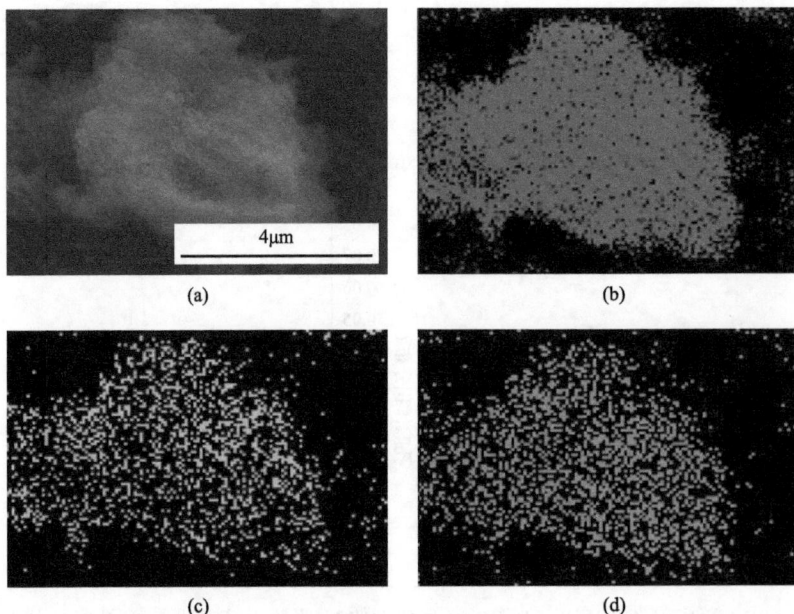

(a)　　　　　　　　　　　　(b)

(c)　　　　　　　　　　　　(d)

图 3.90　CPOL-bp&P(OPh)₃ 载体的 SEM 图(a)和 EDS mapping 图[(b)C;(c)P;(d)O]

图 3.91 中 CPOL-bp&P(OPh)₃ 聚合物和 0.14wt% Rh/CPOL-bp&P(OPh)₃ 催化剂的 TEM
图证实了聚合物和催化剂都具有多级孔道结构。图 3.92 中反应后的 0.14wt% Rh/CPOL-
bp&P(OPh)₃ 催化剂的 TEM 图与新鲜的催化剂类似，没有发现团聚的 Rh 颗粒，证明金
属 Rh 是高度分散的且是稳定的，这得益于催化剂中均匀分散且暴露的 P 位点较多，Rh
和 P 配位形成的铑膦配合物限制了 Rh 的团聚，稳定了活性金属 Rh。

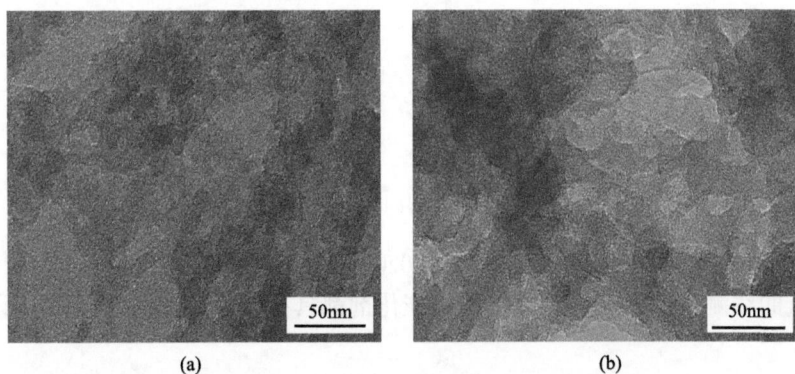

图 3.91　CPOL-bp&P(OPh)₃ 载体(a)和 0.14wt% Rh/CPOL-bp&P(OPh)₃ 催化剂(b)的 TEM 图

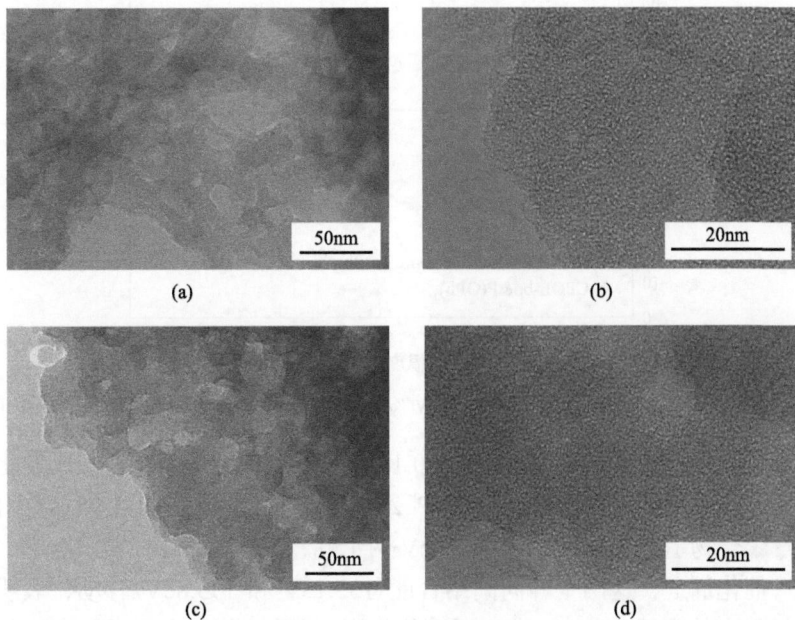

图 3.92　新鲜的[(a)、(b)]和反应 120h 后的[(c)、(d)]0.14wt% Rh/CPOL-bp&P(OPh)₃ 的 TEM 图

图 3.93 给出的 CPOL-bp&P(OPh)₃ 聚合物和 0.14wt% Rh/CPOL-bp&P(OPh)₃ 催化
剂的 XRD 谱图基本相似，扫描范围内未发现衍射峰，是典型的无定形材料。0.14wt%
Rh/CPOL-bp&P(OPh)₃ 催化剂上未发现 Rh 纳米粒子衍射峰，证明 Rh 物种高度分散在聚
合物载体上。

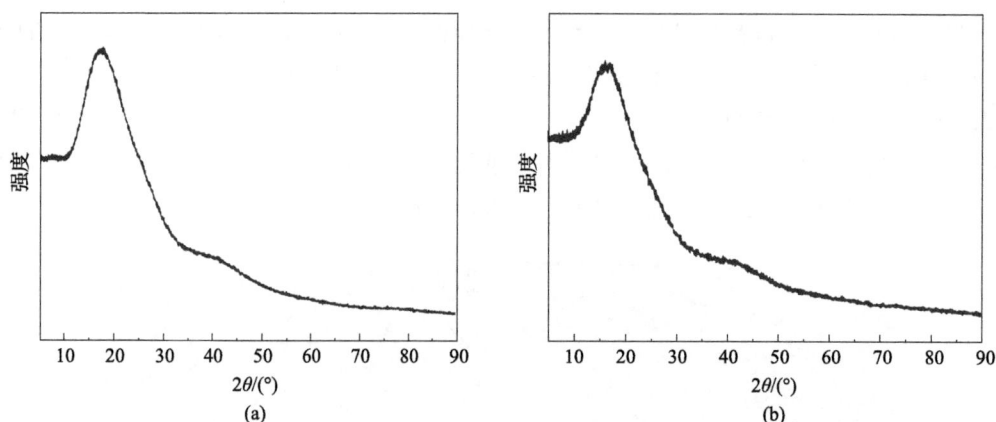

图 3.93　CPOL-bp&P(OPh)₃载体(a)和 0.14wt% Rh/CPOL-bp&P(OPh)₃催化剂(b)的 XRD 谱图

图 3.94 中 CPOL-bp&P(OPh)$_3$ 载体及 0.14wt% Rh/CPOL-bp&P(OPh)$_3$ 催化剂在 N$_2$ 氛围下热重曲线测试结果表明，聚合物和催化剂都具有良好的热稳定性，失重温度高于 400℃。

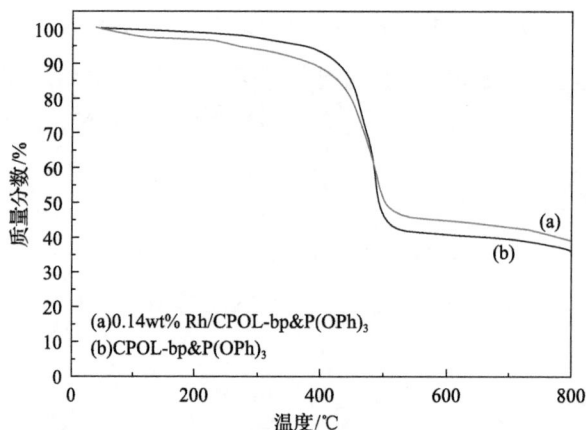

图 3.94　CPOL-bp&P(OPh)₃载体及 0.14wt% Rh/CPOL-bp&P(OPh)₃催化剂的热重曲线

图 3.95 给出了 CPOL-bp&P(OPh)$_3$ 和 0.14wt% Rh/CPOL-bp&P(OPh)$_3$ 催化剂的 P 2p XPS 光谱图。biphephos 和 P(OPh)$_3$ 的 P 2p 信号分别出现在图 3.95(a)中的 CPOL-bp&P(OPh)$_3$ 聚合物上的 134.8eV 和 133.6eV 两个峰，而图 3.95(b)的 0.14wt% Rh/CPOL-bp&P(OPh)$_3$ 催化剂上，这两个峰向高结合能(135.1eV 和 133.8eV)移动，表明金属负载后，聚合物材料中的两种 P 与 Rh 发生了配位作用，导致 P 物种上电子云密度相对减弱。

Rh/CPOL-bp&P(OPh)$_3$ 催化剂中 Rh 物种和 biphephos、P(OPh)$_3$ 配位状态、形成的活性物种及演变过程，可以通过合成气吸附的原位透射傅里叶变换红外光谱进行表征。图 3.96 中 0.14wt% Rh/CPOL-bp&P(OPh)$_3$ 催化剂在 2083cm^{-1}、2042cm^{-1}、2018cm^{-1}、2008cm^{-1} 和 1993cm^{-1} 处有五个吸收峰，可归属为原位形成的五配位三角双锥活性物种，其中 2008cm^{-1} 的吸收峰对应 Rh(acac)(CO)(bp&P(OPh)$_3$-PF)物种(PF 是聚合物的缩写)，经过 N$_2$ 吹扫后，该吸收峰消失了，说明此活性物种中 CO 容易被取代，键合过程是可逆的，与报道的均相催化剂的原位透射傅里叶变换红外表征结果相似[102]。随 N_2 吹扫时间延长，2018cm^{-1} 和 2083cm^{-1} 处吸收峰的强度逐渐减弱，2042cm^{-1} 和 1993cm^{-1} 处两个吸收峰的强度逐渐增加，说明 HRh(CO)$_3$(P(OPh)$_3$-PF) 物种在逐渐演化。图 3.97 给出 Rh/CPOL-bp&P(OPh)$_3$ 催化剂上合成气处理后形成的活性物种及演变过程，HRh(CO)$_3$(P(OPh)$_3$-PF)(A) 和 Rh(acac)(CO)(bp&P(OPh)$_3$-PF)(B) 物种逐渐转变为 HRh(CO)(bp&P(OPh)$_3$-PF)(C) 和 ea-HRh(CO)$_2$(bp&P(OPh)$_3$-PF)(D) 物种[103,104]，Rh 物种更倾向于同聚合物材料中的两种 P 物种同时配位。经过 N_2 吹扫 30min 再抽真空 45min 后，Rh/CPOL-bp&P(OPh)$_3$ 催化剂在 2013cm^{-1} 和 2066cm^{-1} 处出现了较弱的吸收峰，是 ee-HRh(CO)$_2$(bp&P(OPh)$_3$-PF)(E) 异构体[105]，且 ee 异构体的羰基吸收峰强度比 ea 异构

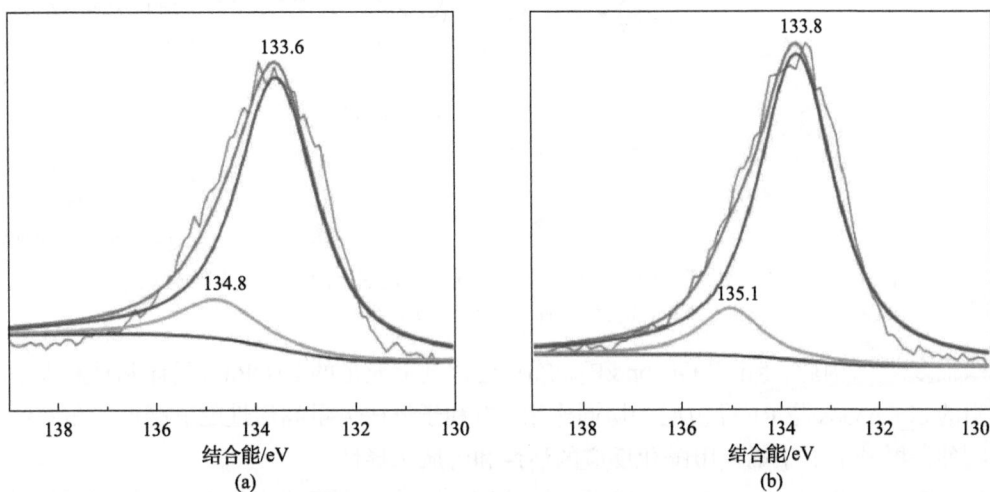

图 3.95　CPOL-bp&P(OPh)$_3$(a) 和 0.14wt% Rh/CPOL-bp&P(OPh)$_3$(b) 的 P 2p XPS 谱图

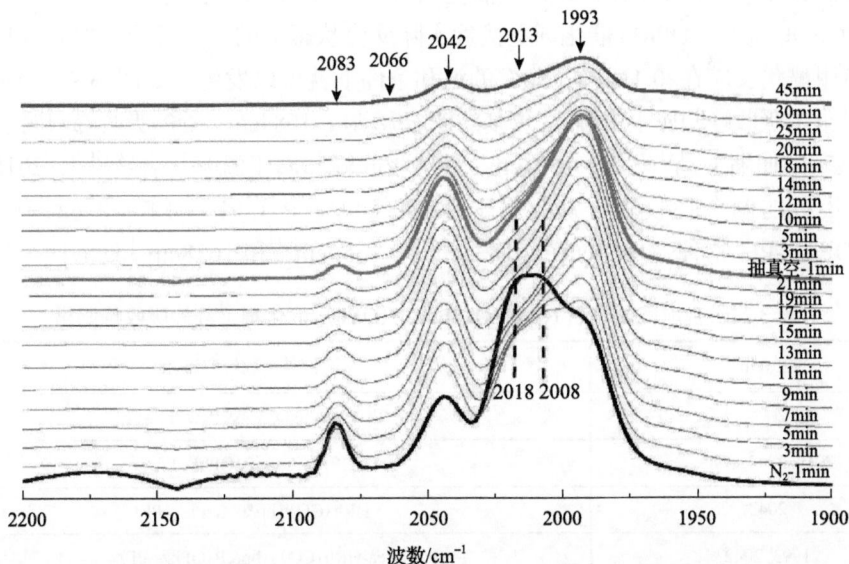

图 3.96　0.14wt% Rh/CPOL-bp&P(OPh)$_3$ 催化剂的合成气吸附原位 FTIR 谱图

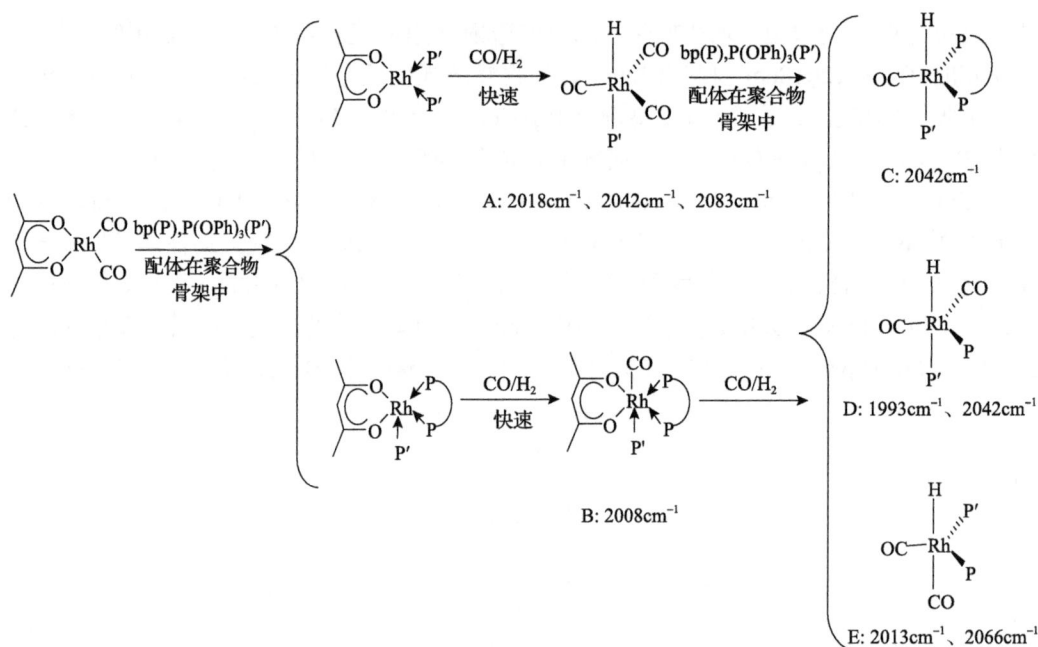

图 3.97 合成气处理后 Rh/CPOL-bp&P(OPh)$_3$ 催化剂上活性物种的形成及演变

P 和 P'分别代表 biphephos 和 P(OPh)$_3$ 配体的 P

体弱很多[106]。因此，Rh/CPOL-bp&P(OPh)$_3$ 催化剂上充足的 P(OPh)$_3$ 配体和具有大空间位阻的 biphephos 与 Rh 配位时的协同作用，有利于形成大量高活性的五配位三角双锥活性物种，提升了 1-丁烯氢甲酰化反应的活性和区域选择性。

表 3.22 归属了 Rh/CPOL-bp&P(OPh)$_3$ 催化剂上的红外吸收峰。丁云杰等使用预混合气(1-丁烯/CO/H$_2$=3/4/4，0.1MPa)处理催化剂后再进行原位透射傅里叶变换红外表征，以探究 Rh/CPOL-bp&P(OPh)$_3$ 催化剂上接近实际反应状态下的 1-丁烯氢甲酰化反应的机理。1-丁烯氢甲酰化反应在 0.1MPa、80℃的温和条件下就可以发生。如图 3.98(a)所示，在 1723cm^{-1} 处的吸收峰归属于戊醛(醛羰基的伸缩振动)，1684cm^{-1} 处的吸收峰归属于 Rh-CO 物种中羰基的伸缩振动[107,108]，1601cm^{-1} 处的吸收峰归属于酰基化合物[102]，2018cm^{-1} 和 1993cm^{-1} 处的两个吸收峰分别归属于 HRh(CO)$_3$(P(OPh)$_3$-PF) 和 ea-HRh(CO)$_2$(bp&P(OPh)$_3$-PF)物种，1839cm^{-1}、1825cm^{-1}、1656cm^{-1} 和 1638cm^{-1} 处的四个吸收峰归

表 3.22 合成气处理后 Rh/CPOL-bp&P(OPh)$_3$ 催化剂上红外吸收峰归属

波数/cm^{-1}	红外吸收峰归属
2008	Rh(acac)(CO)(bp&P(OPh)$_3$-PF)
2018, 2042, 2083	HRh(CO)$_3$(P(OPh)$_3$-PF)
2042	HRh(CO)(bp&P(OPh)$_3$-PF)
1993, 2042	ea-HRh(CO)$_2$(bp&P(OPh)$_3$-PF)
2066, 2013	ee-HRh(CO)$_2$(bp&P(OPh)$_3$-PF)

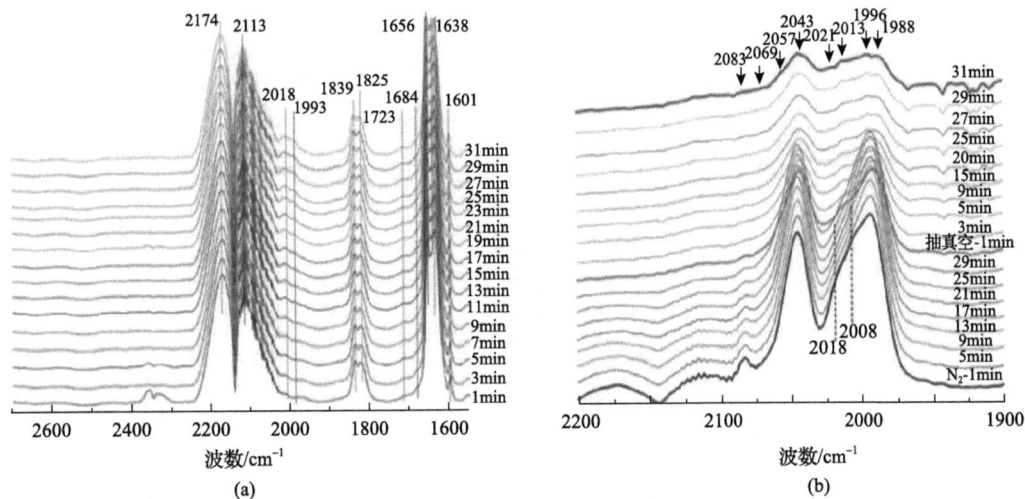

图 3.98 催化剂原位透射傅里叶变换红外光谱图

(a) 预混合气（1-丁烯/CO/H₂=3/4/4，0.1MPa）处理的 Rh/CPOL-bp&P(OPh)₃ 催化剂的原位透射傅里叶变换红外光谱；(b) 预混合气（1-丁烯/CO/H₂=3/4/4，0.1MPa）处理的 Rh/CPOL-bp&P(OPh)₃ 催化剂的端金属羰基区域的原位透射傅里叶变换红外光谱

属于 1-丁烯的伸缩振动[109-111]，2113cm⁻¹ 和 2174cm⁻¹ 处的两个吸收峰归属于气态 CO 分子。图 3.98(b) 中，1996cm⁻¹ 和 2057cm⁻¹ 处的吸收峰归属于 Rh-酰基中间体[95]（图 3.99 中的 **7**，正构醛形成路径），2021cm⁻¹ 处的吸收峰归属于 Rh-酰基中间体[112]（图 3.99 中的 **15**），1988cm⁻¹ 和 2043cm⁻¹ 处的两个吸收峰归属于 ea-HRh(CO)₂(bp&P(OPh)₃-PF) 物种，2013cm⁻¹ 和 2069cm⁻¹ 处的两个吸收峰归属于 ee-HRh(CO)₂(bp&P(OPh)₃-PF) 物种。与合成气处理后的催化剂上形成的活性物种相比，含有 1-丁烯的预混合气处理后催化剂上活性物种的峰值稍微降低[90,111]。

综合以上结果，丁云杰等提出了 Rh/CPOL-bp&P(OPh)₃ 催化剂上 1-丁烯氢甲酰化反应两种可能的反应机理，如图 3.99 所示。

3. Rh/CPOL-bp&P(OPh)₃ 催化剂上的 1-丁烯氢甲酰化反应性能

为了阐明 Rh/CPOL-bp&P(OPh)₃ 催化剂中 biphephos 和 PPh₃ 配体的作用，丁云杰等合成了只含有一种配体的 Rh/CPOL-bp&DVB 和 Rh/POL-P(OPh)₃ 催化剂作为参比。首先测试了不同类型催化剂在相同反应条件下固定床的 1-丁烯氢甲酰化性能，结果见表 3.23。反应 24h 时，Rh/CPOL-bp&P(OPh)₃ 催化剂上戊醛的 TOF 值为 2490.3h⁻¹，正异比为 40.0，化学选择性为 82.2%，远优于 Rh/POL-P(OPh)₃ 催化剂；Rh/CPOL-bp&DVB 催化剂上产品醛的正异比仅为 15.8，远低于 Rh/CPOL-bp&P(OPh)₃ 催化剂；而集成了 biphephos 和 P(OPh)₃ 基团的 Rh/CPOL-bp&P(OPh)₃ 催化剂，活性和区域选择性都明显高于 Rh/POL-P(OPh)₃ 和 Rh/CPOL-bp&DVB 催化剂，说明金属 Rh 物种与 biphephos 和 P(OPh)₃ 基团之间存在互相促进的协同作用。表 3.24 给出了不同类型催化剂上端烯烃氢甲酰化的反应结果，与文献报道的均相 Rh 配合物催化烯烃的反应数据相比，Rh/CPOL-bp&P(OPh)₃ 催化剂在 1-丁烯氢甲酰化反应中具有较好的催化性能。

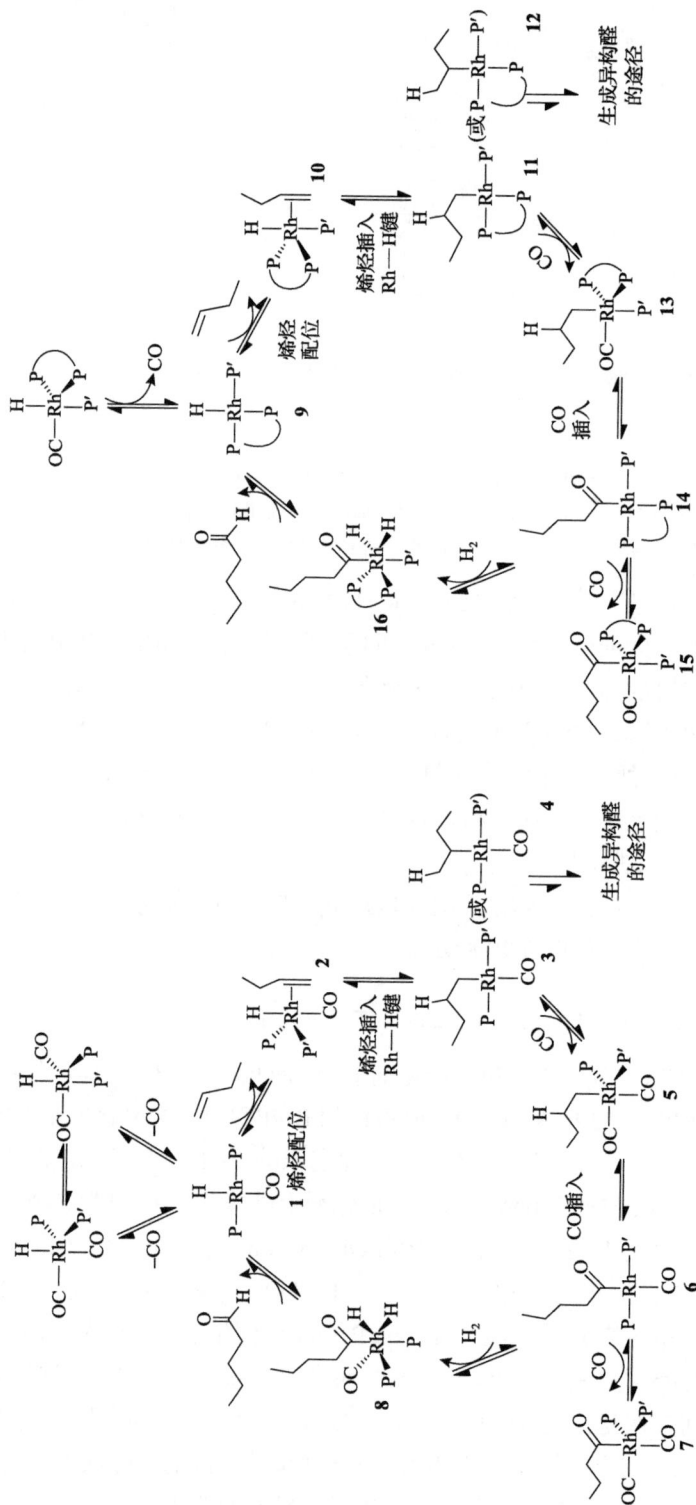

图 3.99 Rh/CPOL-bp&P(OPh)₃催化剂上 1-丁烯氢甲酰化反应两种可能的反应机理

表 3.23　不同种类多孔有机聚合物催化剂上 1-丁烯氢甲酰化的反应结果 [a]

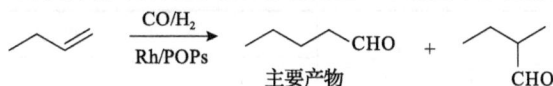

催化剂名称	TOF/h^{-1}	正异比	产物选择性/%		
			戊醛	2-丁烯	丁烷
Rh/POL-P(OPh)$_3$	983.2	6.3	63.4	28.3	7.8
Rh/CPOL-bp&P(OPh)$_3$	2490.3	40.0	82.2	11.3	6.5
Rh/CPOL-bp&DVB	2100.2	15.8	86.4	6.8	6.8

a. 反应条件：固定床反应器，Rh 负载量 0.14wt%，0.1g 催化剂，反应温度 80℃，反应压力 2MPa(CO/H$_2$=1)，取样间隔 24h，气时空速 10000h^{-1}，1-丁烯进料量为 3.3g/h。

表 3.24　不同类型催化剂上端烯烃氢甲酰化的反应结果

催化剂名称	反应底物	时间/h	温度/℃	Rh 的负载量(%)或配体/金属 Rh 比例(L/Rh)	TOF/h^{-1}	选择性/%	正异比
Rh/CPOL-bp&P(OPh)$_3$	1-丁烯	24	80	0.14%	2490.3	82.2	40.0
Rh/CPOL-bp&DVB	1-丁烯	24	80	0.14%	2100.2	86.4	15.8
Rh/POL-P(OPh)$_3$	1-丁烯	24	80	0.14%	983.2	63.4	6.3
Rh/P(OPh)$_3$	1-辛烯	0.8	90	7(L/Rh)	—		6.1
Rh/P(OPh-o-t-Bu)$_3$	1-庚烯	0.5~1	90	10(L/Rh)	7100		3.3
Rh/biphephos	1-辛烯	—	80	16(L/Rh)	3600	82	>100
Rh(acac)(CO)$_2$/PPyr$_3$	丙烯	0.5	80	13(L/Rh)	1230		10.2
Rh(acac)(CO)$_2$/PPyr$_3$	1-丁烯	1	80	13(L/Rh)	467		18.6
RhCl$_3$/P(OPh)$_3$	苯乙烯	6	80	2(L/Rh)			0.1

注："—"表示没有给出相关数据。

反应压力对 Rh/CPOL-bp&P(OPh)$_3$ 催化剂上 1-丁烯氢甲酰化反应的影响结果列于表 3.25。戊醛的 TOF 值随着反应压力的升高而逐渐增加，戊醛的正异比与化学选择性也随之增加。在最佳的反应压力 3.0MPa 时，戊醛的正异比高达 49.4，戊醛的选择性达到 89.03%。表 3.26 给出反应温度对催化反应性能的影响，可以看出温度对 Rh/CPOL-bp&P(OPh)$_3$ 催化剂上 1-丁烯氢甲酰化反应性能的影响很大。当反应温度从 60℃增加至 100℃时，戊醛的 TOF 值从 1088.5h^{-1} 增加到 4957.2h^{-1}，而戊醛的正异比从 40.0 降至 24.0，戊醛的化学选择性从 80.84%降至 79.09%。当反应温度从 100℃继续升高到 120℃时，戊醛的 TOF 值从 4957.2h^{-1} 迅速降至 3095.6h^{-1}。而副产物 2-丁烯的选择性随反应温度升高而逐渐增加。这是由于升高温度有利于 β-消除反应，加快烯烃异构化反应速率，因此会降低产品醛的化学选择性。鉴于低温有利于提高醛的化学选择性及区域选择性，选择 80℃为最佳反应温度。

表 3.25　压力对 Rh/CPOL-bp&P(OPh)₃ 催化剂上 1-丁烯氢甲酰化反应性能的影响 [a]

压力/MPa	TOF/h^{-1}	正异比	产物选择性/%		
			戊醛	2-丁烯	丁烷
1.5	2011.5	37.9	80.6	12.20	7.21
2	2490.3	40.0	82.2	11.29	6.51
2.5	3057.5	46.8	87.91	5.86	6.23
3.0	4626.3	49.4	89.03	7.31	3.66

　　a. 反应条件：固定床反应器，Rh 负载量 0.14wt%，0.1g 催化剂，取样间隔 24h，反应温度 80℃，气时空速 10000h^{-1}，1-丁烯进料量 3.3g/h。

表 3.26　温度对 Rh/CPOL-bp&P(OPh)₃ 催化剂上 1-丁烯氢甲酰化反应性能的影响 [a]

温度/℃	TOF/h^{-1}	正异比	产物选择性/%		
			戊醛	2-丁烯	丁烷
60	1088.5	37.3	80.84	8.69	11.09
80	2490.3	40.0	82.2	11.29	6.51
100	4957.2	24.0	79.09	15.68	3.27
120	3095.6	20.4	70.36	22.01	7.63

　　a. 反应条件：固定床反应器，Rh 负载量 0.14wt%，0.1g 催化剂，反应压力 2MPa(CO/H₂=1)，取样间隔 24h，气时空速 10000h^{-1}，1-丁烯进料量 3.3g/h。

　　在优化后的 80℃反应温度及 3.0MPa 压力条件下，测试了固定床中 Rh/CPOL-bp&P(OPh)₃ 催化剂的 1-丁烯氢甲酰化反应稳定性能。如图 3.100 所示，反应初期是一个诱导期，Rh 物种与 P 物种不断地调整配位状态，戊醛的 TOF 值先升高至 4626h^{-1} 后降低至 2806h^{-1} 左右，然后保持在 2900h^{-1} 左右。戊醛的正异比在初始的 24h 内，从 18.6 增加到 49.4，随后稳定在 60 左右。催化剂性能变化的规律与原位透射傅里叶变换红外光谱观

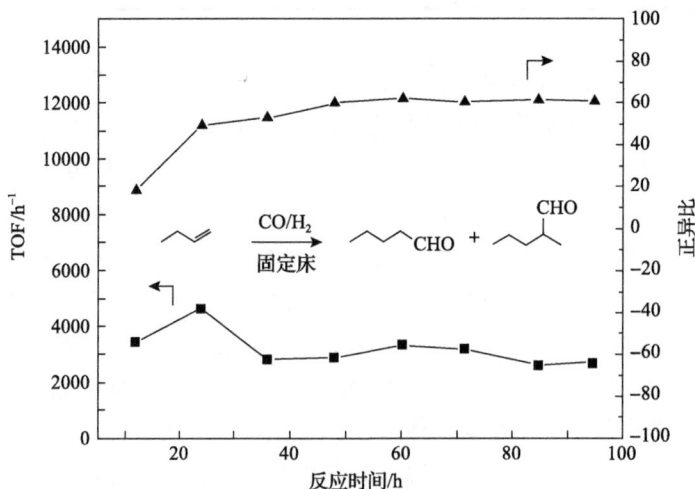

图 3.100　Rh/CPOL-bp&P(OPh)₃ 催化剂在 1-丁烯氢甲酰化反应中的稳定性测试

反应条件：Rh 负载量 0.14wt%，0.1g 催化剂，反应温度 80℃，反应压力 3.0MPa(CO/H₂=1)，气时空速 10000h^{-1}，1-丁烯进料量 3.3g/h

察的活性物种变化规律一致,即反应初始阶段生成 ea-HRh(CO)$_2$(bp&P(OPh)$_3$-PF)物种,抽真空操作后会转化为区域选择性高的 ee-HRh(CO)$_2$(bp&P(OPh)$_3$-PF)物种。反应前后 Rh/CPOL-bp&P(OPh)$_3$ 催化剂的 TEM 表征没有观察到 Rh 颗粒团聚的现象,表明金属 Rh 物种在聚合物载体上一直是单原子分散状态,没有团聚。

3.4.4 P(OPh)$_3$ 配体浓度对催化剂反应性能的影响

均相氢甲酰化的 Rh 基催化剂由金属和配体两部分组成,配体是催化剂的重要组成部分,决定了催化剂的反应性能。除了配体的电子效应和空间效应影响氢甲酰化催化剂性能,配体的浓度会影响活性物种中的配体配位数,从而影响配体的结构和构型。均相催化体系中,通常配体的浓度对反应速率的影响呈火山型曲线,反应速率随着 P 浓度的增加呈现先增加后降低的趋势。得益于多孔有机聚合物(POPs)的合成方法中单体浓度的调变范围很大,POPs 的组成具有很高的调控性,以 3v-P(OPh)$_3$ 和 vinyl biphephos 为功能单体,二乙烯基苯(DVB)或 1,3,5-(4-乙烯基苯)基苯(3v-PhPh$_3$)为结构单体,可以合成 P(OPh)$_3$ 配体含量不同的一系列聚合物材料,进而深入探究膦配体浓度对催化反应性能的影响规律。

1. 制备 P(OPh)$_3$ 配体浓度不同的催化剂

如图 3.101 所示,通过溶剂热聚合方法可以合成一系列含有不同 P(OPh)$_3$ 基团浓度的 CPOL-PhPh$_3$-xP(OPh)$_3$ 和 CPOL-PhPh$_3$-$x$bp&P(OPh)$_3$ 聚合物,其中,x 单位为 mmol/g,代表每克聚合物中 P(OPh)$_3$ 基的物质的量。然后再采用浸渍法制备了 Rh/CPOL-PhPh$_3$-xP(OPh)$_3$ 及 Rh/CPOL-PhPh$_3$-$x$bp&P(OPh)$_3$ 系列催化剂。

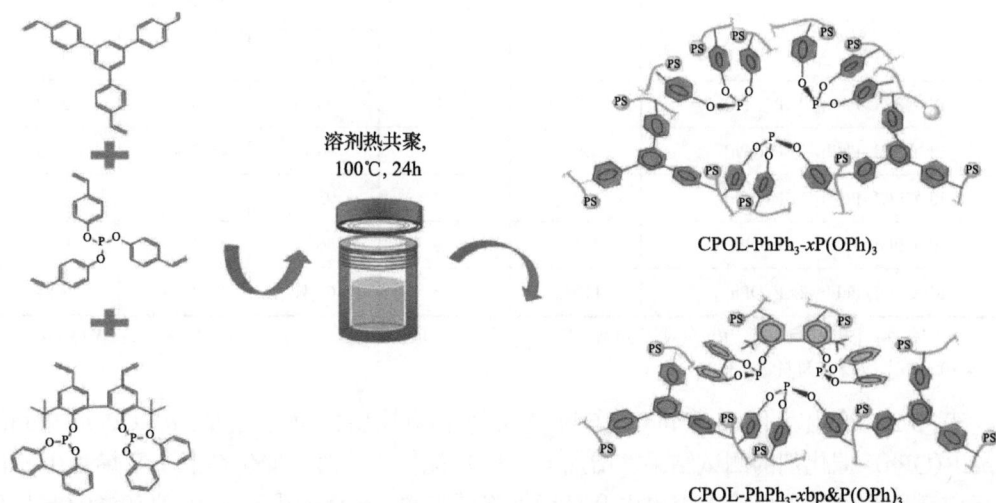

溶剂热共聚,
100℃, 24h

CPOL-PhPh$_3$-xP(OPh)$_3$

CPOL-PhPh$_3$-$x$bp&P(OPh)$_3$

图 3.101 CPOL-PhPh$_3$-xP(OPh)$_3$ 和 CPOL-PhPh$_3$-$x$bp&P(OPh)$_3$ 聚合物的合成路线示意图

首先,选取 DVB 和 3v-PhPh$_3$ 分别作为结构交联剂,合成了 P(OPh)$_3$ 配体浓度相同的聚合物,并测试了其负载的铑催化剂上 1-丁烯氢甲酰化反应性能,见表 3.27。Rh/CPOL-

PhPh₃-1.0P(OPh)₃催化剂上的 1-丁烯氢甲酰化催化活性及醛的化学选择性都比 Rh/CPOL-DVB-1.0P(OPh)₃催化剂高，因此，在后续测试中以 3v-PhPh₃作为交联剂，调控聚合物担载的催化剂中 P(OPh)₃配体浓度，并考察 P(OPh)₃配体浓度对催化性能的影响。

表 3.27　不同种类多孔有机聚合物催化剂上 1-丁烯氢甲酰化反应性能[a]

催化剂名称	TOF/h⁻¹	正异比	产物选择性/%		
			戊醛	2-丁烯	丁烷
Rh/CPOL-PhPh₃-1.0P(OPh)₃	5596.2	5.2	90.13	7.94	1.93
Rh/CPOL-DVB-1.0P(OPh)₃	4690.2	5.5	77.57	18.78	3.66
Rh/CPOL-PhPh₃-2.6P(OPh)₃	1101.2	6.3	63.41	28.74	7.84

a. 反应条件：固定床反应器，Rh 负载量 0.14wt%，0.1g 催化剂，取样间隔 24h，反应压力 2MPa，反应温度 80℃，气时空速 10000h⁻¹，1-丁烯进料量 3.3g/h。

2. P(OPh)₃配体浓度对催化性能的影响

如表 3.28 所示，选用 3v-PhPh₃作为交联剂时，Rh/CPOL-PhPh₃-xP(OPh)₃催化剂上 1-丁烯氢甲酰化反应活性，随着 P(OPh)₃配体浓度的增加而逐渐下降，戊醛的正异比却逐渐升高。原因是增加聚合物材料中膦配体浓度时，一方面会提升与 Rh 配位膦配体的数量，Rh 活性中心拥挤度增加，产生显著的立体效应，正构醛的选择性提高；另一方面，Rh 周围的空间效应限制了 1-丁烯的氧化加成配位，导致催化剂的催化反应活性降低。

表 3.28　Rh/CPOL-PhPh₃-xP(OPh)₃系列催化剂上 1-丁烯氢甲酰化反应性能[a]

催化剂名称	TOF/h⁻¹	正异比	产物选择性/%		
			戊醛	2-丁烯	丁烷
Rh/CPOL-PhPh₃-0.5P(OPh)₃	5703.6	4.0	93.84	3.88	2.28
Rh/CPOL-PhPh₃-1.0P(OPh)₃	5596.2	5.2	90.13	7.94	1.93
Rh/CPOL-PhPh₃-1.5P(OPh)₃	4623.8	5.4	93.03	4.07	2.91
Rh/CPOL-PhPh₃-2.1P(OPh)₃	2223.2	5.9	86.53	7.03	6.44
Rh/CPOL-PhPh₃-2.6P(OPh)₃	1101.2	6.3	63.41	28.74	7.84

a. 反应条件：固定床反应器，Rh 负载量 0.14wt%，0.1g 催化剂，取样间隔 24h，反应压力 2MPa，反应温度 80℃，气时空速 10000h⁻¹，1-丁烯进料量 3.3g/h。

表 3.29 给出了以 3v-PhPh₃作为交联剂来调控膦配体浓度的 Rh/CPOL-PhPh₃-xbp&P(OPh)₃催化剂的测试结果。增加 P(OPh)₃配体浓度时，催化剂上 1-丁烯氢甲酰化的反应活性和戊醛正异比表现出先升高后下降的趋势。最优的戊醛 TOF 值（9589.9h⁻¹）和正异比（60.4）是在 P(OPh)₃配体浓度为 0.94mmol/g 时。相同的 P(OPh)₃配体浓度时，与 Rh/CPOL-PhPh₃-xP(OPh)₃催化剂相比，Rh/CPOL-PhPh₃-xbp&P(OPh)₃催化剂的催化反应性能较优，得益于 biphephos 基团提升了氢甲酰化反应活性和正异比。图 3.102 给出了两

种催化剂的稳定性实验测试数据，可以看出，含有 biphephos 配体的催化剂的反应活性及戊醛的正异比均优于对应的不含 biphephos 配体的催化剂，且提高膦配体浓度能够提高 Rh/CPOL-PhPh$_3$-$x$bp&P(OPh)$_3$ 催化剂的稳定性。

表 3.29　Rh/CPOL-PhPh$_3$-$x$bp&P(OPh)$_3$ 系列催化剂上 1-丁烯氢甲酰化反应性能 [a]

催化剂名称	TOF/h^{-1}	正异比	产物选择性/%		
			戊醛	2-丁烯	丁烷
Rh/CPOL-PhPh$_3$-0.47bp&P(OPh)$_3$	6870.9	40.4	90.47	3.27	4.30
Rh/CPOL-PhPh$_3$-0.94bp&P(OPh)$_3$	9589.9	60.4	87.39	9.9	2.71
Rh/CPOL-PhPh$_3$-1.4bp&P(OPh)$_3$	6829.1	58.8	83.44	12.3	4.26
Rh/CPOL-PhPh$_3$-1.87bp&P(OPh)$_3$	3064.0	51.5	76.14	14.68	9.18
Rh/CPOL-PhPh$_3$-2.34bp&P(OPh)$_3$	2991.6	33.7	83.29	9.17	5.58

a. 反应条件：固定床反应器，Rh 负载量 0.14wt%，0.1g 催化剂，取样间隔 24h，反应压力 2MPa，反应温度 80℃，气时空速 10000h^{-1}，1-丁烯进料量 3.3g/h。

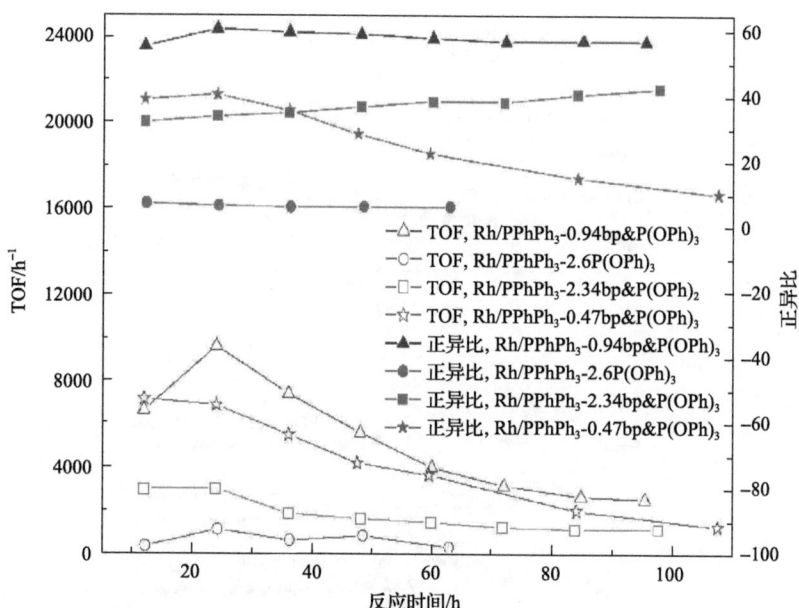

图 3.102　Rh/CPOL-PhPh$_3$-xP(OPh)$_3$ 及 Rh/CPOL-PhPh$_3$-$x$bp&P(OPh)$_3$ 催化剂上
1-丁烯氢甲酰化反应稳定性实验

反应条件：固定床反应器，Rh 负载量 0.14wt%，0.1g 催化剂，取样间隔 24h，反应压力 2MPa，反应温度 80℃，气时空速 10000h^{-1}，1-丁烯进料量 3.3g/h

3. P(OPh)$_3$ 配体浓度不同的催化剂的表征

如表 3.30 所示，随着 P(OPh)$_3$ 配体浓度的增加，CPOL-PhPh$_3$-xP(OPh)$_3$ 和 CPOL-PhPh$_3$-$x$bp&P(OPh)$_3$ 聚合物的比表面积和总孔容逐渐降低。如图 3.103 和图 3.104 所示，

表 3.30　不同 P(OPh)₃ 配体浓度的多孔有机聚合物的比表面积和总孔容数据

样品	比表面积/(m²/g)	总孔容/(cm³/g)	样品	比表面积/(m²/g)	总孔容/(cm³/g)
CPOL-PhPh₃-0.5P(OPh)₃	1209	1.32	CPOL-PhPh₃-0.47bp&P(OPh)₃	1133	1.39
CPOL-PhPh₃-1.0P(OPh)₃	1105	1.32	CPOL-PhPh₃-0.94bp&P(OPh)₃	900	1.03
CPOL-PhPh₃-1.5P(OPh)₃	950	1.11	CPOL-PhPh₃-1.4bp&P(OPh)₃	789	0.96
CPOL-PhPh₃-2.1P(OPh)₃	860	0.96	CPOL-PhPh₃-1.87bp&P(OPh)₃	749	0.85
CPOL-PhPh₃-2.6P(OPh)₃	838	0.94	CPOL-PhPh₃-2.34bp&P(OPh)₃	635	0.72

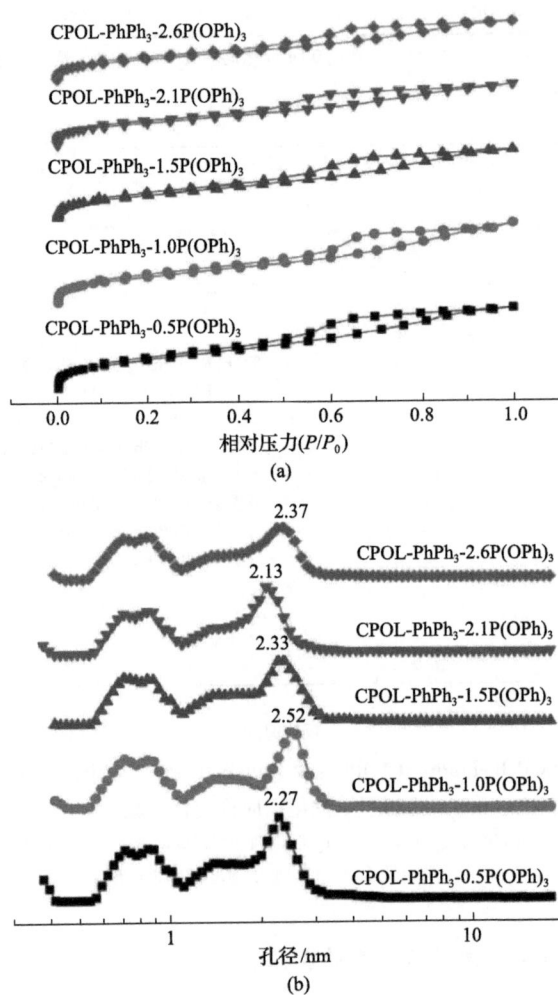

图 3.103　CPOL-PhPh₃-xP(OPh)₃ 系列聚合物的 N₂ 吸脱附等温曲线(a)和孔径分布曲线(b)

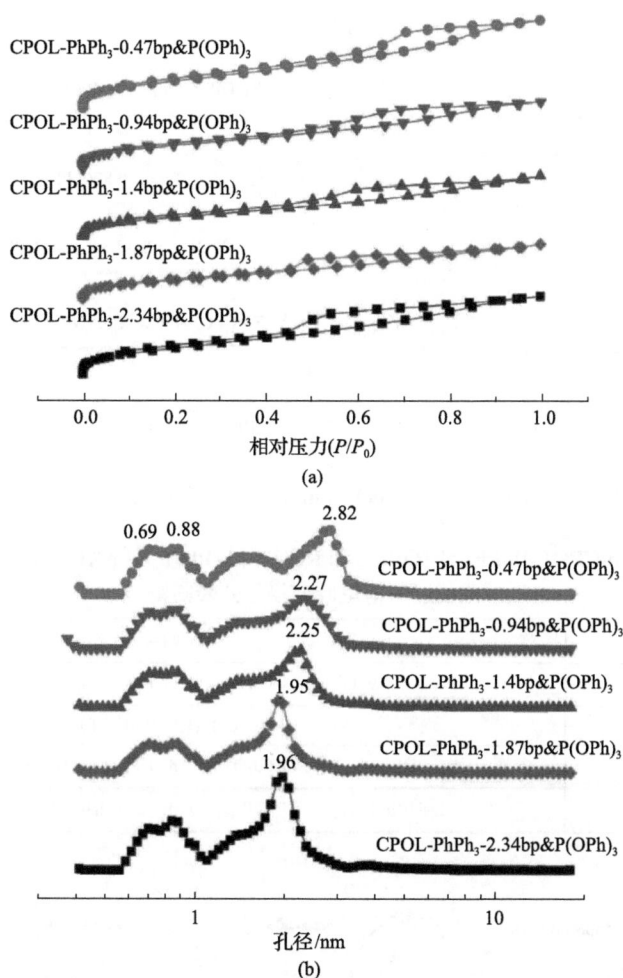

图 3.104　CPOL-PhPh$_3$-$x$bp&P(OPh)$_3$ 系列聚合物的 N$_2$ 吸脱附等温曲线(a)和孔径分布曲线(b)

CPOL-PhPh$_3$-xP(OPh)$_3$ 和 CPOL-PhPh$_3$-$x$bp&P(OPh)$_3$ 系列聚合物的 N$_2$ 吸脱附等温曲线均显示出了 I 型和 IV 型的叠加型，表明这些聚合物具有包括微孔和介孔的多级孔道结构。随着 P(OPh)$_3$ 配体浓度的增加，CPOL-PhPh$_3$-$x$bp&P(OPh)$_3$ 聚合物中的介孔含量有所减少。因此，膦配体浓度的变化在一定程度上影响了聚合物的孔结构。

　　Rh/CPOL-PhPh$_3$-xP(OPh)$_3$ 及 Rh/CPOL-PhPh$_3$-$x$bp&P(OPh)$_3$ 催化剂的合成气吸附原位透射傅里叶变换红外谱图如图 3.105 所示。当 Rh/CPOL-PhPh$_3$-xP(OPh)$_3$ 催化剂的 P 元素含量为 2.6mmol/g 时，观察到的 1993cm^{-1} 和 2044cm^{-1} 处的两个吸收峰归属于 ea-HRh(CO)$_2$(P(OPh)$_3$-PF)$_2$ 物种，2083cm^{-1}、2044cm^{-1} 和 2018cm^{-1} 处的吸收峰归属于 HRh(CO)$_3$(P(OPh)$_3$-PF) 物种，2044cm^{-1} 处的吸收峰归属于 HRh(CO)(P(OPh)$_3$-PF)$_3$ 物种。结合表 3.31 的原位透射傅里叶变换红外峰归属和图 3.106 的红外峰物种种类及动态平衡示意图，HRh(CO)$_3$(P(OPh)$_3$-PF) 物种中，与 Rh 配位形成活性位点的膦配体数目较少，CO 配体数目较多，因此反应活性高；而 ea-HRh(CO)$_2$(P(OPh)$_3$-PF)$_2$ 和 HRh(CO)(P(OPh)$_3$-PF)$_3$ 物种中，与 Rh 配位形成活性位点的膦配体数目较多，空间位

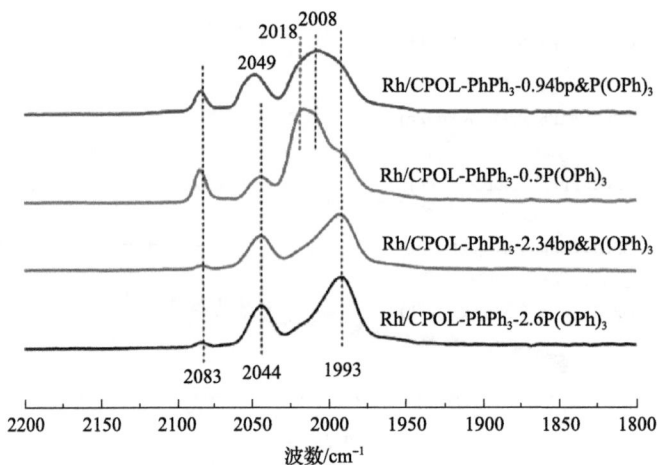

图 3.105　Rh/CPOL-PhPh$_3$-xP(OPh)$_3$ 及 Rh/CPOL-PhPh$_3$-$x$bp&P(OPh)$_3$的原位透射傅里叶变换红外谱图

表 3.31　Rh/CPOL-PhPh$_3$-xP(OPh)$_3$ 和 Rh/CPOL-PhPh$_3$-$x$bp&P(OPh)$_3$催化剂的
原位透射傅里叶变换红外峰归属

波数/cm^{-1}	谱带归属
2008	Rh(acac)(CO)(bp&P(OPh)$_3$-PF) 或 Rh(acac)(CO)(P(OPh)$_3$-PF)$_3$
2018, 2044/2049, 2083	HRh(CO)$_3$(P(OPh)$_3$-PF)
2049/2044	HRh(CO)(bp&P(OPh)$_3$-PF) 或 HRh(CO)(P(OPh)$_3$-PF)$_3$
1993, 2044/2049	ea-HRh(CO)$_2$(bp&P(OPh)$_3$-PF) 或 ea-HRh(CO)$_2$(P(OPh)$_3$-PF)$_2$

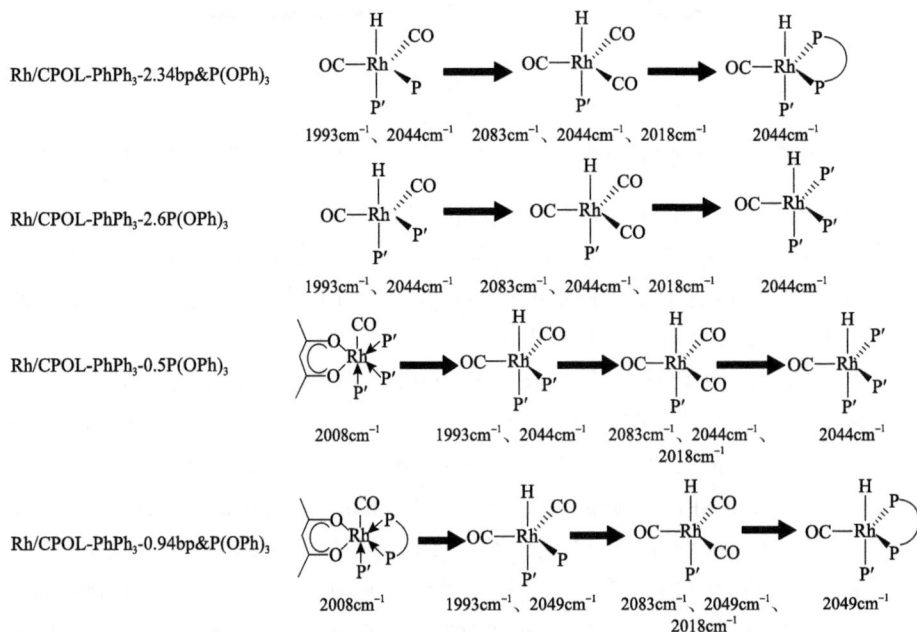

图 3.106　Rh/CPOL-PhPh$_3$-xP(OPh)$_3$ 和 Rh/CPOL-PhPh$_3$-$x$bp&P(OPh)$_3$催化剂的
合成气吸附原位透射傅里叶变换红外峰物种种类及动态平衡
P 和 P′分别代表 biphephos 和 P(OPh)$_3$配体中的 P

阻效应提高了产品醛区域选择性。鉴于吸收峰的强弱与浓度具有一定的对应关系，根据表征结果可以推断，Rh/CPOL-PhPh$_3$-2.6P(OPh)$_3$ 催化剂上形成的 HRh(CO)$_3$(P(OPh)$_3$-PF) 物种的浓度低于 ea-HRh(CO)$_2$(P(OPh)$_3$-PF)$_2$ 和 HRh(CO)(P(OPh)$_3$-PF)$_3$ 物种，所以该催化剂呈现了较高的区域选择性和较低的反应活性。随着膦配体含量的增加，Rh/CPOL-PhPh$_3$-xP(OPh)$_3$ 催化剂上 HRh(CO)$_3$(P(OPh)$_3$-PF) 逐渐减少，而生成的 ea-HRh(CO)$_2$(P(OPh)$_3$-PF)$_2$ 和 HRh(CO)(P(OPh)$_3$-PF)$_3$ 物种增多，因此催化剂的反应活性不断降低，区域选择性逐渐增加。

在 Rh/CPOL-PhPh$_3$-2.34bp&P(OPh)$_3$ 催化剂上，1993cm^{-1} 和 2044cm^{-1} 处的两个吸收峰可归属于 ea-HRh(CO)$_2$(bp&P(OPh)$_3$-PF) 物种，2083cm^{-1}、2044cm^{-1} 和 2018cm^{-1} 处的三个吸收峰可归属于 HRh(CO)$_3$(P(OPh)$_3$-PF) 物种，2044cm^{-1} 处的吸收峰可归属于 HRh(CO)(bp&P(OPh)$_3$-PF) 物种，且 ea-HRh(CO)$_2$(bp&P(OPh)$_3$-PF) 和 HRh(CO)(bp&P(OPh)$_3$-PF) 物种的含量多于 HRh(CO)$_3$(P(OPh)$_3$-PF) 物种。双齿 biphephos 配体具有较大的空间位阻和较强的 π-受体效应，有利于该催化剂获得较高的反应活性和正异比。在 Rh/CPOL-PhPh$_3$-0.94bp&P(OPh)$_3$ 催化剂上，2008cm^{-1} 处出现了新的吸收峰，可归属于 Rh(acac)(CO)(bp&P(OPh)$_3$-PF) 物种，其余的吸收峰与 Rh/CPOL-PhPh$_3$-2.34bp&P(OPh)$_3$ 催化剂相同，但各活性物种的含量都明显提高（与吸收峰的峰面积有关），使得该催化剂具有最高的催化反应活性及区域选择性。

3.4.5　小结

通过溶剂热聚合法，将 vinyl biphephos 和 3vPPh$_3$ 单体共聚可以得到 CPOL-bp&P 聚合物载体，并经过浸渍法制备出聚合物自负载 Rh/CPOL-bp&P 催化剂。该催化剂结合了 Rh 物种与聚合物骨架中两种 P 物种协同作用的优势，在 1-丁烯氢甲酰化反应中能获得非常高的催化活性及区域选择性，催化性能远优于单一膦配体的 Rh/POL-PPh$_3$ 和 Rh/CPOL-bp&Ph 催化剂。Rh/CPOL-bp&P 催化剂在 2-丁烯及 C$_4$ 混合烯烃的氢甲酰化反应中显示了较高的反应活性和区域选择性，且在 1-丁烯氢甲酰化反应连续运行 300h 未见催化性能明显下降。多种表征结果证明该催化剂具有高比表面积和多级孔道结构，有利于活性物种的高分散，以及反应物和产物的扩散。聚合物骨架中暴露的高浓度 P 易于与 Rh 物种配位，提高 Rh 物种的分散度，并提高催化活性。形成的多重 Rh—P 配位键，提高了催化剂的稳定性。

3v-P(OPh)$_3$ 单齿亚磷酸酯配体具有比 3vPPh$_3$ 配体更好的 π-受体效应，而且稳定易于合成，合成成本低，利于大规模应用。Rh/CPOL-bp&P(OPh)$_3$ 催化剂在 1-丁烯氢甲酰化中表现优异，具有较高的催化活性和区域选择性。与仅含有单一 P 物种的 Rh/POL-P(OPh)$_3$ 和 Rh/CPOL-bp&DVB 催化剂相比，Rh/CPOL-bp&P(OPh)$_3$ 催化剂中 biphephos 和 P(OPh)$_3$ 配体具有协同促进的作用。多种表征结果证明 Rh 物种与两种 P 物种都发生了配位作用，形成了三角双锥 Rh-P 活性物种，且随着 CO 浓度的变化进行动态平衡。聚合物骨架中两种 P 物种同时与 Rh 物种发生配位，提升了 Rh 周围的立体位阻效应，提高了区域选择性和催化活性。研究发现，P(OPh)$_3$ 配体浓度对催化剂的活性、选择性及稳定性都有影响。

3.5 高碳烯烃多相氢甲酰化

3.5.1 高碳烯烃多相氢甲酰化研究背景

高碳烯烃氢甲酰化的产品醛可经加氢后制备高碳醇，广泛应用于洗涤剂、增塑剂和添加剂的制备。高碳醇按碳链长短和最终用途可分为增塑剂醇($C_6 \sim C_{11}$)、洗涤剂醇($C_{12} \sim C_{20}$)和高级烷醇($C_{24} \sim C_{34}$)等。增塑剂醇具有优异的增塑性能，可作为聚氯乙烯、硝化纤维素、聚苯乙烯、乙基纤维素、丁腈橡胶等的增塑剂，改善人造革、壁纸等软质塑料制品的加工性和使用性。洗涤剂醇的主要市场是洗涤剂和表面活性剂，用高碳醇制得的洗涤剂洗涤范围宽，去污能力强，易生物降解，污染少，可配制各类性能优异的表面活性剂。碳链更长的高级烷醇具有重要的生理活性，在发达国家被广泛应用于功能性食品、营养制剂、医药、化妆品、高档饲料中[113]。

目前全球高碳醇年消费量约为 1500 万 t。我国是一个高碳醇消费大国，对高碳醇及其衍生物产品的需求量正在日益增长，国内高碳醇市场年均需求量超过 200 万 t，且以年均 10%速率递增。在当前石化产品普遍过剩、市场不景气的大背景下，高碳醇以其附加值高、产品供不应求而备受业界关注。高碳醇的生产技术主要有天然油脂酯化法、正构烷烃氧化法、齐格勒法、高碳烯烃氢甲酰化法等，其中高碳烯烃氢甲酰化法是目前工业上应用最多的生产工艺[114]。对于高碳烯烃氢甲酰化反应，由于原料高碳烯烃在水中的溶解度较小，并且产品长链的醛蒸馏分离时温度过高，会造成 Rh 基催化剂的热解失活，因而 RCH/RP 两相催化工艺和经典的 UCC 均相油溶性 $HRh(CO)(PPh_3)_3$ 催化剂均不适用于高碳烯烃的氢甲酰化反应，目前高碳烯烃氢甲酰化仍然使用高温高压操作条件的均相 Co 基催化剂。均相 Co 基催化剂活性较低，因而生产效率低；需要高温高压操作，因而生产操作成本较高；Co 基催化剂目标产品正构醛的选择性也较低；均相 Co 催化剂回收也较为困难，且会造成最终产品醛的金属污染。

目前，高碳烯烃氢甲酰化工业生产还是以传统的高压钴法为主(如埃克森美孚公司和三菱化成公司)，操作条件苛刻，反应温度在 200℃左右，反应压力为 6～10MPa[115]。为了使高碳醛(醇)的生产能够在比较温和的条件下进行，人们针对水/油两相传质速率和催化剂/产物分离等方面进行研究，开发了高碳烯烃氢甲酰化的几大反应体系，如改性配体/铑两相催化体系、加表面活性剂的水/油两相催化体系、固载催化体系、氟两相催化体系、离子液体体系和超临界氢甲酰化反应体系等，所有这些研究都极大地促进了高碳烯烃氢甲酰化以及均相催化多相化的发展。

水油两相体系主要适用于水溶性较好的低碳烯烃，但是反应时底物的传质较慢，反应往往还是受到动力学控制。而碳数大于 6 的高碳烯烃，受限于底物较差的水溶性，氢甲酰化收率一般很低。文献[116]中报道了通过加入季铵盐等相转移催化剂来改善高碳烯烃的水溶性，高碳烯烃的氢甲酰化收率会显著提升，但是相转移催化剂的加入也引起了体系乳化，从而造成分离困难，失去了两相催化的最大优势，同时金属的流失也变得较为严重，因而应用受限。

1994 年，Horváth 等[117,118]设计了一类无水的新型两相体系——氟两相体系(FBS)，并将其成功地应用于高碳烯烃的氢甲酰化。氟碳化合物由于微弱的分子间作用力的存在，与大部分有机溶剂是不溶的。在反应时，体系升到一定温度，有机相和氟相会形成均一的单相，催化剂与底物充分地接触反应。反应结束后，温度降至室温，氟相和有机相重新分层，催化剂是溶于氟相的，可较为方便地完成催化剂的分离回收。氟两相体系要求催化剂在氟相中有合适的溶解性，因此要将催化剂的配体用全氟化基团修饰，常用的全氟化基团为较少支链的 C_6F_{13} 和 C_8F_{17} 等基团。催化剂在氟相中的溶解性主要受到全氟化基团的长度和数量的影响。一般情况下会使用 2～3 个碳的亚甲基来间隔具有强烈吸电子效应的全氟化基团和膦配体中的 P 原子，以保持膦配体较好的配位能力。

氟两相体系虽然成功地将两相催化技术扩展到了高碳烯烃氢甲酰化反应，一定程度上解决了高碳烯烃在水油两相体系中溶解性不好、传质较慢的问题，但是由于氟两相体系使用对臭氧层造成极大破坏的全氟代烷作为溶剂，在环保意识和诉求愈发严苛的今天，氟两相体系工业化的可能性较小。

大连理工大学金子林等首次设计了温控相转移催化体系[119]，原理如下所述。具有浊点特性的温控配体在有机溶剂中存在临界溶解温度(CST)，温控配体和 Rh 形成配合物催化剂，在低于临界溶解温度时，其与有机溶剂是不相溶的。当体系温度高于临界溶解温度时两相是互溶的，形成均一相。反应时体系温度是高于临界溶解温度的，因而催化剂可以与反应底物充分地接触。待反应结束后，通过降低体系温度，溶有催化剂的水相和产品有机相再度分层，通过倾倒的方法即可将含产物的上层有机相简单地分离出来。

为了实现温控相转移催化，最关键的是合成温控配体及寻找相应的溶剂以实现高温均相反应、低温分离的效果。研究表明[120]，分子量合适的聚乙二醇(PEG)在室温下可以与某些有机溶剂(如苯、甲苯)或多组分混合溶剂不相溶，而高温下则会互溶为均一相，利用这个特征，在膦配体上也接上一定链段的聚乙二醇官能团，即可实现温控相转移催化，并且催化剂是可以循环使用的，Rh 的流失量在可接受的范围之内。

两相催化体系性能一般会受到反应底物溶解性的影响，超临界流体具有较强的溶解能力，如果将反应物、催化剂均溶于超临界流体，则可以实现真正意义上的超临界流体中的均相催化反应，提升催化性能。超临界 $CO_2(scCO_2)$ 是一种无毒、廉价易得的环境友好型介质，因而在超临界流体两相体系研究得最多。在具体的实施中，需要用全氟烃基对含芳烃取代的配体进行改性，从而大大提高了 $scCO_2$ 介质中金属配合物催化剂的溶解度，进而提高催化效率。Bhattacharyya 等[121]成功地合成了 $P[C_6H_4(CH_2)_2(CF_2)_6F]_3$ 配体，进而研究了 $scCO_2$ 介质中该配体与 Rh 形成的配合物催化剂对 1-辛烯的氢甲酰化反应的催化性能。结果表明，1-辛烯的转化率可达 92%，醛的选择性为 82%。而相同反应条件下，以 Rh 的三苯基膦配合物为催化剂时，1-辛烯的转化率仅为 26%。而在 Erkey 等的研究中，使用新型 $HRh(CO)[P-(3,5-(CF_3)_2-C_6H_3)_3]_3$ 催化剂，1-辛烯的 TOF 值高达 $15000h^{-1}$，并且催化剂是可以循环使用的，这表明超临界流体条件确实促进了传质的进行，进而使催化活性得到了提升。

近年来，离子液体的研究取得了较大的进展，它具有熔点高、挥发性小、溶解性强等优点。氢甲酰化领域也出现了离子液体两相的报道。

1995 年，Chauvin 等[122]将 $Rh(CO)_2(acac)$/PPh_3 催化剂溶于离子液体[BMIM][PF_6]和[EMMIM][BF_4]，研究了 1-戊烯的氢甲酰化反应。结果表明，在相对温和的反应条件（P=20bar，T=353K）下，戊醛的收率为 99%，产品醛正异比为 3，TOF 为 $333h^{-1}$。但是催化剂在反应底物和产品中也有一定的溶解度，反应过程中发生了少量 Rh 流失的现象。

Wasserscheid 等[123]考察了在[BMIM][PF_6]离子液体中，二茂 Co 双膦配体/$Rh(CO)_2(acac)$对 1-辛烯氢甲酰化反应的催化性能，1-辛烯的 TOF 可达 $810h^{-1}$，在催化剂的循环使用过程中，催化剂活性组分在有机相中的流失小于 0.5%。

Riisager 等[124]综述了离子液体两相氢甲酰化反应的研究进展，讨论了不同底物在不同离子液体体系中的溶解性差别等。值得一提的是，离子液体价格相对较高，尤其是高纯度离子液体的提纯更为复杂、生产成本高，使离子液体两相工业化应用受到一定的限制。但近年来随着离子液体合成和提纯技术的改进、需求量的增大，价格有所下降，已有首例工业应用的报道。

由 $scCO_2$ 和离子液体组合形成的超临界流体/离子液体两相体系是在超临界流体两相和离子液体两相体系的基础上发展而来的。在这一方面，Cole-Hamilton 课题组做了大量的工作[125,126]，他们利用超临界流体/离子液体两相，实现了连续的氢甲酰化反应。催化剂是溶解在离子液体中的，反应物烯烃和合成气被 $scCO_2$ 送入反应器，底物与催化剂充分反应后，溶解有产品的反应液同样被 $scCO_2$ 带出反应器，将 CO_2 挥发后即可得到相应的产品。

这些出色的工作是 RCH/RP 水油两相工艺的改进，部分地解决了两相催化工艺不适用于高碳烯烃氢甲酰化反应的难题，但是也造成另外的困难，如需要使用价格较为昂贵的离子液体和超临界流体，并且文献中也报道，两相催化工艺还是存在微量的活性金属 Rh 及配体的流失。

为了解决高碳烯烃氢甲酰化催化剂金属和配体流失的问题，科研工作者在均相催化多相化方面也做出了努力。从结构上分析，高性能的氢甲酰化催化剂主要由金属和配体组成，因而在文献中主要有三种固载化方案：配体固载化[图 3.107(a)]、金属固载化[图 3.107(b)]、配体和金属同时固载化[图 3.107(c)]。

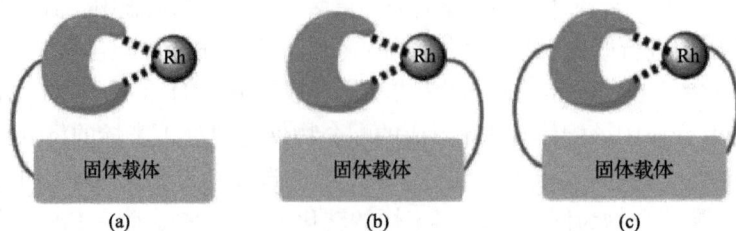

图 3.107　固载化的多相氢甲酰化催化剂结构示意图

常见的无机载体（SiO_2、活性炭、分子筛）和有机载体（聚苯乙烯等）均可作为固载化氢甲酰化催化剂的载体，国内外的研究人员在该领域做了大量的工作，清华大学的贺德华课题组[127]将三苯基膦配体嫁接在 SiO₂ 和 MCM 载体上，通过三苯基膦配体与活性金属 Rh 之间的配位键，实现了氢甲酰化均相催化剂的固载化[图 3.107(a)的固载化方案]。国外的 Reek 课题组[57]报道了将 xantphos 配体嫁接在 SBA-15 上实现 Rh-xantphos 催化剂的固载化，Yim、Alper、Jasra、Nozaki 和 Smith 等都在配体嫁接在有机无机载体上进而实现催化剂的固载化方面做了非常出色的工作[128]。

中科院大连化物所丁云杰课题组的严丽等[68]将 Rh 固载在 SiO₂ 载体上，首先制备出传统负载型的 Rh/SiO₂ 催化剂，后续用三苯基膦配体修饰负载型的 Rh/SiO₂ 催化剂，可原位形成氢甲酰化反应的活性物种[图 3.107(b)固载化方案]。为了进一步提升催化剂的稳定性，刘佳等[129]制备了活性金属 Rh 和配体同时固载化的催化剂[图 3.107(c)固载化方案]。李灿课题组[130]，利用 BINAP 修饰 Rh/SiO₂ 催化剂制备了具有手性氢甲酰化活性的多相催化剂。另外，Alex T. Bell 课题组制备了 xantphos 修饰的 Rh/SiO₂ 催化剂。

目前文献中报道了很多实现高碳烯烃氢甲酰化反应多相化的方法，但是催化剂活性组分的流失、催化剂易失活及产品醛选择性不高等依然是需要解决的问题，该类型的催化剂也无工业化的实例。将均相的氢甲酰化催化剂非均相化，制备出兼具均相催化剂高活性、高选择性和多相催化剂易于回收、操作简单、稳定性好双重优势的催化剂仍然是非常具有挑战性的，也一直是该领域化学工作者奋斗的目标[131]。

下面将介绍三种适用于高碳烯烃多相氢甲酰化反应的催化体系，重点介绍催化剂的制备、表征及高碳烯烃氢甲酰化反应性能。

3.5.2　Rh/CPOL-bp&PPh₃ 催化剂的制备、表征及高碳烯烃氢甲酰化反应性能

1. Rh/CPOL-bp&PPh₃ 催化剂的制备

CPOL-bp&PPh₃ 聚合物是在高压釜中用溶剂热聚合法合成的。具体合成步骤：在手套箱中，将 1.0g 3vPPh₃ 和 0.25g vinyl biphephos 配体放入含有聚四氟乙烯内衬的 50mL 高压釜中，加入 10mL 四氢呋喃(THF)充分溶解，搅拌均匀后加入 25mg 引发剂 AIBN，搅拌 10min，将釜密封好，再放入 100℃烘箱中静置 24h。冷至室温后，65℃真空抽除溶剂 THF，即可得到 CPOL-bp&PPh₃ 聚合物(图 3.108)。

Rh/CPOL-bp&PPh₃ 催化剂是通过浸渍法制备的。具体步骤：氩气氛围保护下，将 3.7mg Rh(CO)₂(acac)溶于 20mL THF，搅拌均匀后加入合成的 CPOL-bp&PPh₃ 聚合物 0.5g，室温下搅拌 24h，65℃真空抽除溶剂 THF，即可得到 Rh/CPOL-bp&PPh₃ 催化剂。催化剂合成步骤示意图如图 3.108 所示。催化剂上最终的金属 Rh 负载量用电感耦合等离子体原子发射光谱(ICP-AES)进行测试。

2. Rh/CPOL-bp&PPh₃ 催化剂上高碳烯烃氢甲酰化反应性能

高碳烯烃的氢甲酰化反应在 30mL 的高压釜中进行。将反应物高碳烯烃、催化剂、溶剂甲苯加入反应釜中，用合成气(CO/H₂=1)置换釜内气体 6 次。将反应釜 30min 内加热至反应温度，后充入一定反应压力合成气。反应过程中通过调压阀不断地补充气体，

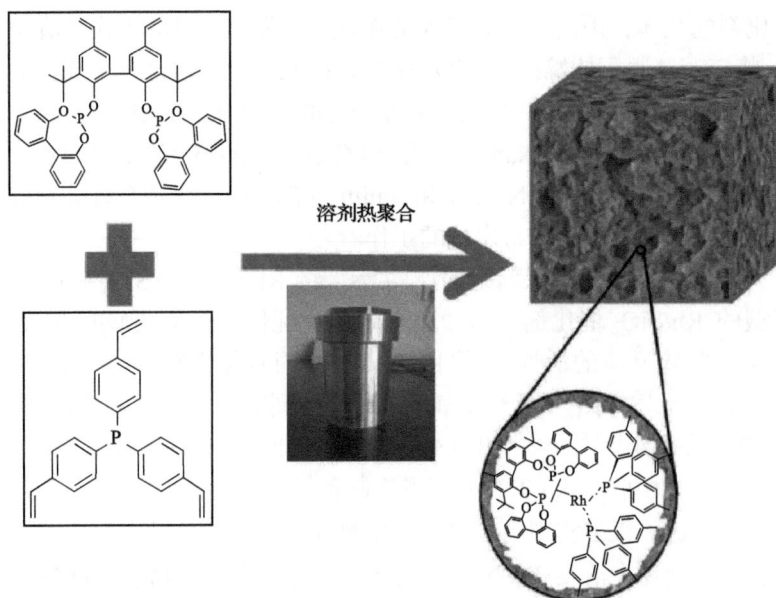

图 3.108　Rh/CPOL-bp&PPh₃ 催化剂合成路线示意图

维持反应压力不变。反应物磁力搅拌速率控制在 300r/min。反应结束后将釜水冷至室温，开釜，催化剂通过过滤或离心方法分离。加入内标后，反应液在配备 HP-5 毛细管柱(长 30m，内径 0.32mm)、氢火焰离子化检测器(FID)的 Aglient 7890A 气相色谱仪上进行分析。催化剂循环使用时，用甲苯将分离出来的催化剂清洗两次，直接用于下一步反应。

色谱具体运行参数如下。

柱箱温度：40℃保留 5min，5℃/min 升温至 100℃，保留 5min 后 10℃/min 升温至 175℃。使用 He 气作为载气。

进样器汽化室温度维持在 250℃，压力维持在 27.58kPa，分流比控制在 50∶1。柱前压控制在 27.58kPa。FID 温度控制在 220℃，氢气流速控制在 30mL/min，空气流速维持在 300mL/min。

以正丁醇作为内标分析反应产物，色谱预先用内标、原料、产品的纯品进行校正。

首先探究了合成气压力、反应温度对 Rh/CPOL-bp&PPh₃ 催化剂上 1-辛烯氢甲酰化反应性能的影响，以期优化出最优反应条件。

首先选取底物/催化剂比例(底物与 Rh 元素摩尔比)=20000,固定反应温度为 100℃，研究了合成气(CO/H₂=1)压力对 Rh/CPOL-bp&PPh₃ 催化剂上 1-辛烯氢甲酰化反应性能的影响，结果如表 3.32 所示。随着合成气压力由 0.5MPa 上升至 4.0MPa，烷烃的选择性由 10.4%降低至 5.1%，同时异构烯烃的选择性由 75.8%降低至 66.9%。这表明在所探究的合成气压力范围内，较高的合成气压力可以抑制烯烃的异构化和加氢副反应的发生。而随着合成气压力的提高，产品醛的选择性由 13.8%增加至 28.0%，较高的合成气压力有利于产品醛的产生。总体来说，由于较高合成气压力对异构化和加氢副反应的抑制作用比对醛生成的促进作用更强一些，因而随着合成气压力由 0.5MPa 上升至 4.0MPa，原料 1-辛烯的转化率是下降的。随着合成气的压力提升，产品醛的正异比由 97∶3 降低至

95∶5，即催化剂的氢甲酰化区域选择性略微下降。为了保持较高的产品醛选择性及较高的正异比，同时给其他反应条件的优化留出空间，选择 1.0MPa 的合成气压力进行进一步的探究。

表 3.32　合成气压力对 Rh/CPOL-bp&PPh₃ 催化剂上 1-辛烯氢甲酰化反应性能的影响[a]

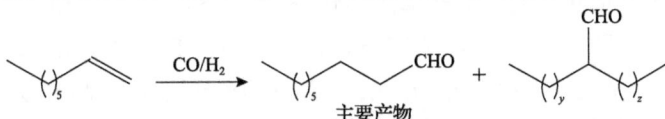

反应压力/MPa	转化率/%	醛选择性/%	异构烯烃选择性/%	烷烃选择性/%	正异比
0.5	94.4	13.8	75.8	10.4	97∶3
1.0	93.1	19.9	72.2	7.9	97∶3
2.0	92.9	18.0	74.7	7.3	97∶3
3.0	89.0	27.5	66.7	5.7	97∶3
4.0	77.0	28.0	66.9	5.1	95∶5

a. 反应条件：0.0612g Rh/CPOL-bp&PPh₃ 催化剂(Rh 负载量 0.14wt%)，底物与催化剂比例为 20000，溶剂甲苯 5.0g，100℃反应 1h，1.0MPa 合成气(CO/H₂=1)。

　　接着控制底物与催化剂的比例为 20000，反应时合成气(CO/H₂=1)压力为 1.0MPa，研究了反应温度对 Rh/CPOL-bp&PPh₃ 催化剂上 1-辛烯氢甲酰化反应性能的影响，结果如表 3.33 所示。随着反应温度由 60℃增加至 160℃，加氢副产物辛烷的选择性由 4.3%增加至 41.0%，异构化副产物异辛烯选择性由 38.1%增加至 48.1%，壬醛的选择性由 57.6%降低至 10.9%，同时 1-辛烯的转化率由 20.7%增加至 95.9%。这表明在所探究的温度范围内，较高的温度虽然有利于原料 1-辛烯转化率的增加，但是加氢及异构化副反应会随着温度的升高急剧增强。随着温度由 60℃增加至 160℃，产品壬醛的正异比也由 97∶3 迅速降低至 80∶20。综合考虑催化剂的活性及选择性的问题，100℃是比较理想的反应温度，此时

表 3.33　反应温度对 Rh/CPOL-bp&PPh₃ 催化剂上 1-辛烯氢甲酰化反应性能的影响[a]

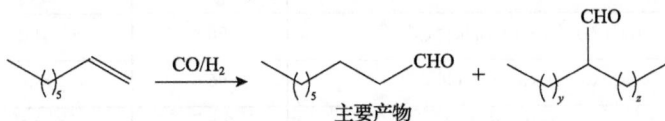

反应温度/℃	转化率/%	醛选择性/%	异构烯烃选择性/%	烷烃选择性/%	正异比
60	20.7	57.6	38.1	4.3	97∶3
80	66.9	58.0	37.8	4.1	98∶2
100	93.1	19.9	72.2	7.9	97∶3
130	96.0	11.7	55.1	33.2	86∶14
160	95.9	10.9	48.1	41.0	80∶20

a. 反应条件：0.0612g Rh/CPOL-bp&PPh₃ 催化剂(Rh 负载量 0.14wt%)，底物与催化剂比例为 20000，溶剂甲苯 5.0g，100℃反应 1h，1.0MPa 合成气(CO/H₂=1)。

1-辛烯的转化率较高，同时加氢和异构化副反应得到了有效的抑制，产品醛的选择性和正异比都比较高。

为了对不同催化体系上 1-辛烯氢甲酰化反应性能进行比较，选取已经优化好的温度 100℃、合成气（CO/H$_2$=1）压力 1MPa 进行探究。相关结果列于表 3.34。单独的金属前体 Rh(CO)$_2$(acac)作为催化剂时，1-辛烯的转化率为 98.5%，但是醛的选择性很差，只有 13.6%，同时醛的正异比也很低，只有 35:65。而金属前体 Rh(CO)$_2$(acac)+vinyl biphephos 均相催化体系中，1-辛烯的转化率为 97.4%，产品醛的正异比大大提升，为 94:6，产品醛的选择性为 40.3%。根据文献合成了 biphephos 配体，Rh(CO)$_2$(acac)+biphephos 均相催化体系与 Rh(CO)$_2$(acac)+vinyl biphephos 均相催化体系的 1-辛烯氢甲酰化性能类似，只是产品醛的选择性更低一些，为 31.2%。而金属前体与本研究团队姜森博士研究过的 3vPPh$_3$ 配体组成的 Rh(CO)$_2$(acac)+3vPPh$_3$ 均相催化体系，产品醛的选择性较高，为 89.0%，但是醛的正异比较低，为 77:23。非均相的 Rh/POL-PPh$_3$ 催化剂也保持了较高的醛的选择性(73.9%)，但是醛的正异比(53:47)不高。相同的氢甲酰化反应条件下，使用 Rh/CPOL-bp&PPh$_3$ 催化剂，1-辛烯转化率为 97.1%，产品壬醛的正异比为 98:2，比 Rh(CO)$_2$(acac)+vinyl biphephos 均相催化体系醛的正异比还要高，同时醛的选择性也维持在比较高的水平。归结起来，Rh/CPOL-bp&PPh$_3$ 催化剂充分综合了 Rh(CO)$_2$(acac)+vinyl biphephos 和 Rh(CO)$_2$(acac)+3vPPh$_3$ 两种均相反应体系的特点，同时又比这两种体系性能更优异一些，在维持比较高的醛选择性的情况下获得优异的醛正异比，同时醛的正异比比

表 3.34　不同类型催化剂上 1-辛烯氢甲酰化性能的探究 [a]

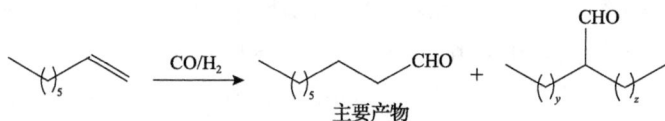

主要产物

序号	催化剂	转化率/%	醛选择性[b]/%	正异比
1	Rh(CO)$_2$(acac)[c]	98.5	13.6	35:65
2	Rh(CO)$_2$(acac) + vinyl biphephos[d]	97.4	40.3	94:6
3	Rh(CO)$_2$(acac) + biphephos[e]	96.8	31.2	94:6
4	Rh(CO)$_2$(acac) + 3vPPh$_3$[f]	96.6	89.0	77:23
5	Rh/POL-PPh$_3$[g]	98.3	73.9	53:47
6	Rh/CPOL-bp&PPh$_3$[h]	97.1	58.4	98:2

a. 反应条件：0.1224g 催化剂(Rh 负载量 0.14wt%)，CO/H$_2$=1(合成气压力 1.0MPa)，底物与催化剂比例为 5400，溶剂甲苯 5.0g，100℃反应 4h。

b. 副产物为异构烯烃，异构烯烃可以再次转化为端烯烃。

c. 0.42mg Rh(CO)$_2$(acac)，底物与催化剂比例为 5400。

d. 0.42mg Rh(CO)$_2$(acac)+24.48mg vinyl biphephos 单体，底物与催化剂比例为 5400。

e. 0.42mg Rh(CO)$_2$(acac)+24.75mg biphephos 单体，Rh 元素与 biphephos 摩尔比为 1/18.9，底物与催化剂比例为 5400。

f. 0.42mg Rh(CO)$_2$(acac)+97.92mg 3vPPh$_3$ 单体，底物与催化剂比例为 5400。

g. 0.1224g 催化剂(Rh 负载量为 0.14wt%)，底物与催化剂比例为 5400。

h. 0.1224g 催化剂(Rh 负载量为 0.14wt%)，底物与催化剂比例为 5400。

Rh(CO)$_2$(acac)+vinyl biphephos 均相催化体系的醛正异比还要高。

表 3.35 给出了 Rh/CPOL-bp&PPh$_3$ 催化剂的循环使用测试的实验结果，从表 3.35 中可以看出，5 次循环实验中产品醛的正异比变化不大。而异构烯烃的选择性由 28.7%略微上升至 32.4%，副产品辛烷的选择性由 12.9%下降至 8.4%，产品醛的选择性一直维持在 60%左右。5 次循环实验中 1-辛烯的转化率一直维持在 97%以上，显示出了较好的催化剂稳定性。

表 3.35　Rh/CPOL-bp&PPh$_3$ 催化剂循环使用性能的测试 [a]

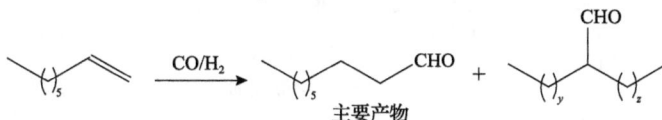

循环次数	转化率/%	醛选择性/%	异构烯烃选择性/%	烷烃选择性/%	正异比
1	97.1	58.4	28.7	12.9	98:2
2	97.5	59.3	30.8	9.9	97:3
3	97.4	60.1	31.2	8.8	94:6
4	97.4	61.5	30.9	7.6	96:4
5	97.4	64.3	29.3	6.4	94:6
6	97.7	59.2	32.4	8.4	96:4

　a. 反应条件：0.1224g 催化剂(Rh 负载量 0.14wt%)，CO/H$_2$=1(合成气压力 1.0MPa)，底物与催化剂比例为 5400，溶剂甲苯 5.0g，100℃下反应 4h。

最后，为了探究 Rh/CPOL-bp&PPh$_3$ 催化剂的底物适用性，选取了 1-己烯、1-庚烯进行拓展实验(表 3.36)，同样选取已经优化好的反应温度 100℃，合成气(CO/H$_2$=1)压力为 1.0MPa 进行实验。从 C$_6$ 到 C$_8$，随着碳链的增长，醛的选择性由 32.7%增加至 58.4%，同时醛的正异比由 96:4 略微升高至 98:2，底物 1-辛烯的转化率一直维持在 97%以上。实验证明，对于长链端基烯烃来说，Rh/CPOL-bp&PPh$_3$ 催化剂展示出了良好的底物适用性，产品醛的选择性较高，同时正异比维持在非常优异的水平。

表 3.36　C$_6$～C$_8$ 端烯烃在 Rh/CPOL-bp&PPh$_3$ 催化剂上的反应结果 [a]

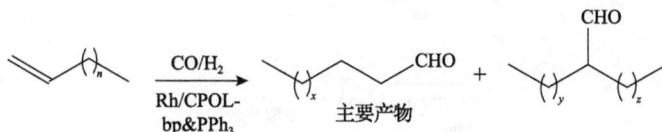

序号	烯烃	转化率/%	醛选择性[b]/%	正异比
1	1-己烯	98.7	32.7	96:4
2	1-庚烯	98.6	51.7	98:2
3	1-辛烯	97.1	58.4	98:2

　a. 反应条件：0.1224g 催化剂(Rh 负载量 0.14wt%)，CO/H$_2$=1(合成气压力 1.0MPa)，底物与催化剂比例为 5400，溶剂甲苯 5.0g，100℃反应 4h。

　b. 副产物为异构烯烃，异构烯烃可以再次转化为端烯烃。

如图 3.109 所示，内烯烃如果直接发生氢甲酰化反应(路线 b)，生成的都是支链醛产品。内烯烃必须先异构化为端烯烃(路线 a)，再发生氢甲酰化反应(路线 c)才可以得到直链的醛产品。工业上内烯烃比端烯烃价格要低很多。内烯烃的异构化-氢甲酰化串联反应制备价值较高的正构醛产品是非常有意义的。要想得到较高的产品醛的正异比，就要求催化体系不仅要有较高的氢甲酰化支链醛选择性，还要有优异的烯烃异构化性能。

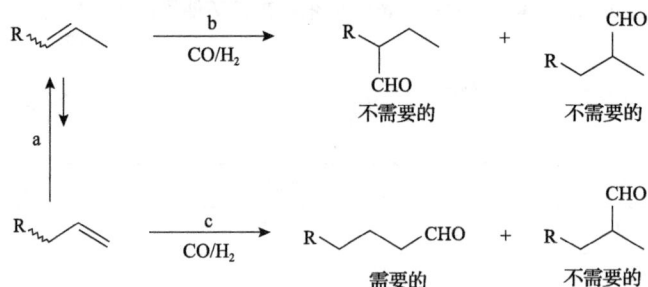

图 3.109　内烯烃氢甲酰化生成醛的示意图

从端烯烃氢甲酰化数据可以看出，Rh/CPOL-bp&PPh$_3$ 催化剂确实具有很高的烯烃异构化性能，端烯烃氢甲酰化反应的主要副产品为异构化的内烯烃，同时活性金属 Rh 周围具有较大的立体位阻，产品中直链醛的选择性较高。这些性能都是内烯烃氢甲酰化获得正构醛必备的。

Rh/CPOL-bp&PPh$_3$ 催化剂上内烯烃氢甲酰化的反应数据如表 3.37 所示。对于 2-辛烯和 2-庚烯来说，转化率分别为 70.3%和 34.7%，相同条件下低于相应的端烯烃氢甲酰化的结果，说明内烯烃的反应活性要低于端烯烃。2-辛烯和 2-庚烯的醛选择性分别为 54.7%和 41.4%，产品醛的正异比分别为 93∶7 和 92∶8，表明 Rh/CPOL-bp&PPh$_3$ 催化剂对于 2号位的内烯烃显示出了较高的正构醛选择性。而对于双键更靠近碳链中间位置的内烯烃来说，可想而知，异构化-氢甲酰化串联反应是更难以实现的。3-己烯的氢甲酰化反应数据也列在了表 3.37 中，转化率为 56.2%，醛的选择性和正异比分别为 42.4%和 93∶7，催

表 3.37　C$_6$～C$_8$ 内烯烃在 Rh/CPOL-bp&PPh$_3$ 催化剂上的反应结果 [a]

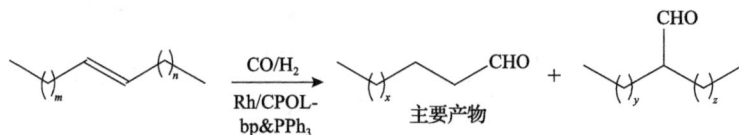

序号	烯烃	转化率/%	醛选择性[b]/%	正异比
1	2-庚烯	34.7	41.1	92∶8
2	2-辛烯	70.3	54.7	93∶7
3	顺-3-己烯	56.2	42.4	93∶7

a. 反应条件：0.1224g 催化剂(Rh 负载量 0.14wt%)，CO/H$_2$=1(合成气压力 1.0MPa)，底物与催化剂比例为 5400，溶剂甲苯 5.0g，100℃反应 4h。

b. 副产物为异构烯烃，异构烯烃可以再次转化为端烯烃。

化剂显示出了较高的活性、醛的选择性及醛的正异比。综上，Rh/CPOL-bp&PPh₃ 催化剂同样适合于内烯烃的异构化-氢甲酰化串联反应，对于难以活化的内烯烃也取得了较好的反应效果，产品醛的区域选择性（正异比为 98∶2 左右）较为优异。

3. Rh/CPOL-bp&PPh₃ 催化剂及其载体的表征

CPOL-bp&PPh₃ 聚合物的固体 ^{13}C MAS NMR 谱图如图 3.110 所示，$120\sim160$ppm 的宽峰归属为苯环上的碳，*位置为这个宽峰的边带。CPOL-bp&PPh₃ 聚合物在 $25\sim45$ppm 出现的峰归属为聚合物骨架中聚合的 "—CH₂CH₂—" 单元。CPOL-bp&PPh₃ 聚合物中 113ppm 位置的峰归属为未聚合的乙烯基，这个峰是非常小的，证明 CPOL-bp&PPh₃ 聚合物具有较高的聚合度。

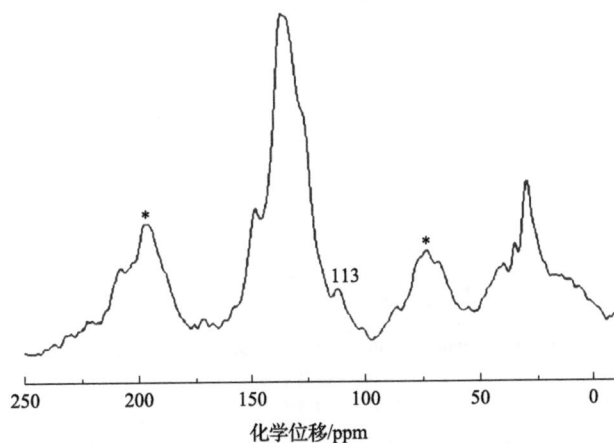

图 3.110　CPOL-bp&PPh₃ 的 ^{13}C MAS NMR 谱图

3vPPh₃ 和 vinyl biphephos 配体的 ^{31}P MAS NMR 谱图峰位置分别在 –6.7ppm 和 144.5ppm 处。聚合后，CPOL-bp&PPh₃ 聚合物在 –5.6ppm 和 146.3ppm 处有两个峰，分别对应于已经聚合在骨架中的 PPh₃ 和 biphephos 单元，证明含 P 物种在溶剂热聚合时是稳定的〔图 3.111（a）〕。另外，相比于未聚合前的单体，CPOL-bp&PPh₃ 聚合物在 23.9ppm 处出现了一个新峰，归属为聚合过程中 3vPPh₃ 的少量氧化。在制备出的 0.14wt% Rh/CPOL-bp&PPh₃ 新鲜催化剂上，23.7ppm 位置左右的峰比 CPOL-bp&PPh₃ 在此位置处的峰变高了〔图 3.111（b）〕。0.14wt% Rh/CPOL- bp&PPh₃ 新鲜催化剂在 23.7ppm 位置处的峰可以归属为与 Rh 配位的 PPh₃ 及少量氧化的 PPh₃ 单元。而 0.14wt% Rh/CPOL-bp&PPh₃ 新鲜催化剂在 144.8ppm 处的峰比 CPOL-bp&PPh₃ 在 146.3ppm 处的峰向高场移动了，这可以归因于 Rh 与 biphephos 单元的配位。为了比较，还制备了 2.0wt% Rh/CPOL-bp&PPh₃ 催化剂，如图 3.111（c）所示，24.0ppm 位置处的峰变得更高了，证明了更多的 PPh₃ 单元与 Rh 配位，而 144.6ppm 相比 CPOL-bp&PPh₃ 在 146.3ppm 的峰也是向高场移动了，进一步确认了 Rh/CPOL-bp&PPh₃ 中 Rh 与两种 P 物种的配位。

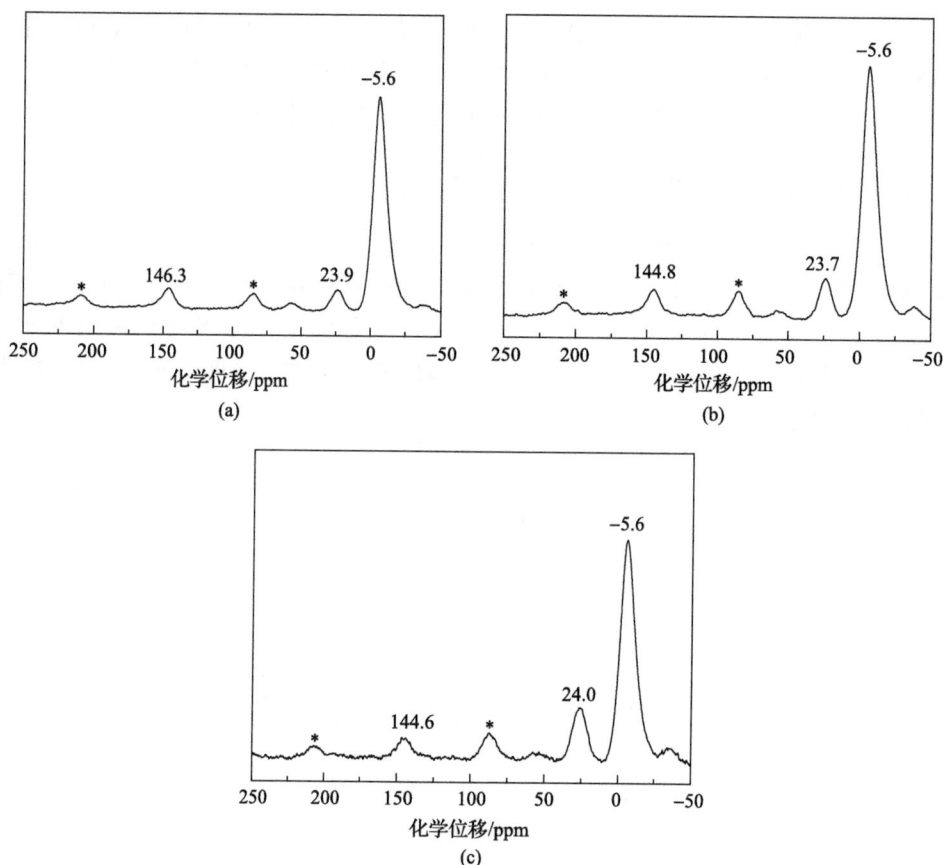

图 3.111　CPOL-bp&PPh$_3$(a)、0.14wt% Rh/CPOL-bp&PPh$_3$(b)、2.0wt% Rh/CPOL-bp&PPh$_3$(c)的固体 ^{31}P MAS NMR 谱图

为了进一步证明 Rh 与聚合物中两种 P 的配位，对 Rh/CPOL-bp&PPh$_3$ 催化剂进行了 X 射线光电子能谱(XPS)的表征，结果如图 3.112 所示。金属前体 Rh(CO)$_2$(acac) 的 XPS 图 [图 3.112(a)] 上有两个峰，分别是 Rh 3d$_{3/2}$ 的 314.0eV 和 Rh 3d$_{5/2}$ 的 309.2eV 的峰，而在 Rh/CPOL-bp&PPh$_3$ 催化剂上，这两个峰分别低移至 313.4eV 和 308.6eV，证明了 Rh 上电子云密度相对增强，这主要归因于 Rh 与两种 P 的配位。CPOL-bp&PPh$_3$ 聚合物的 XPS 图 [图 3.112(c)] 上可以分出来两个峰，分别是 PPh$_3$ 和 biphephos 单元的 P 2p 电子在 131.8eV 和 132.9eV 的峰。在 Rh/CPOL-bp&PPh$_3$ 催化剂上，这两个峰分别高移至 131.9eV 和 133.0eV，证明了两种 P 物种上电子云密度均相对减小，这主要归因于两种 P 物种与 Rh 的配位。综上，X 射线光电子能谱表征强有力地证明了 Rh/CPOL-bp&PPh$_3$ 催化剂中 Rh 与两种 P 物种的配位。

如图 3.113 所示，聚合物 CPOL-bp&PPh$_3$ 和自负载型的 Rh/CPOL-bp&PPh$_3$ 催化剂 N$_2$ 吸脱附等温线均显示出 I 型和 IV 型的叠加曲线，表明聚合物和催化剂均是包含多级孔道结构的。BET 公式计算聚合物 CPOL-bp&PPh$_3$ 的比表面积为 1088.0m^2/g，而在相对压力 P/P$_0$ 为 0.995 处计算的总孔容为 2.07cm^3/g。当负载上金属制备成聚合物自负载型

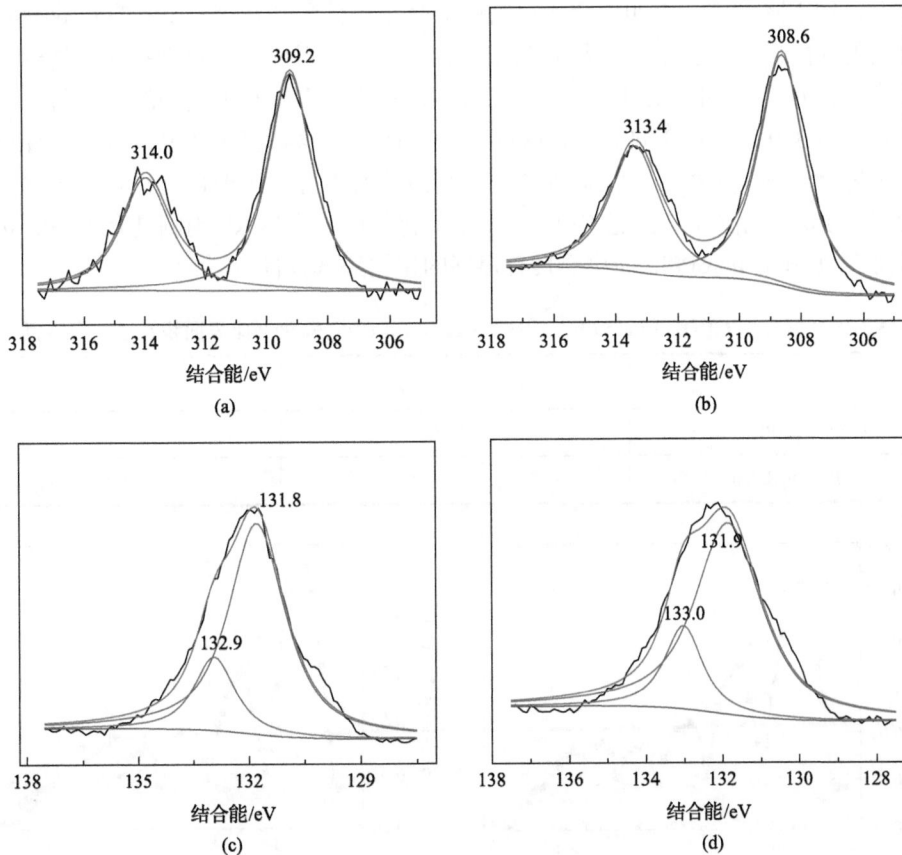

图 3.112　Rh/CPOL-bp&PPh₃ 催化剂的 XPS 表征

(a) Rh(CO)₂(acac) 的 Rh 3d XPS 谱；(b) 0.14% Rh/CPOL-bp&PPh₃ 的 Rh 3d XPS 谱；(c) CPOL-bp&PPh₃ 的 P 2p XPS 谱；
(d) 0.14% Rh/CPOL-bp&PPh₃ 的 P 2p XPS 谱

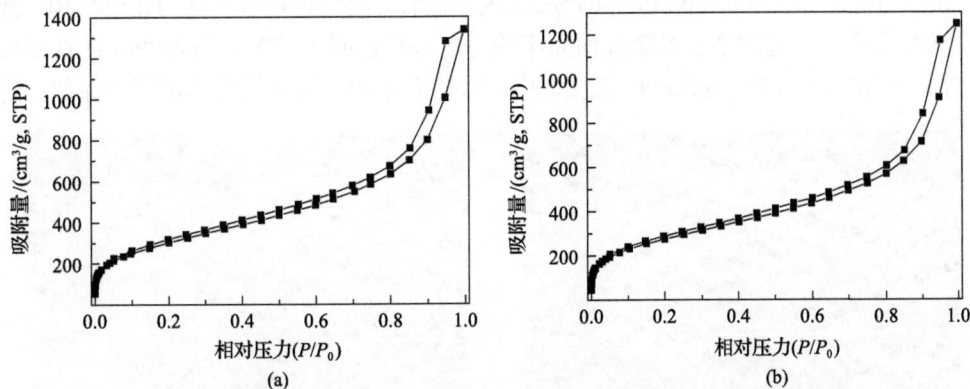

图 3.113　CPOL-bp&PPh₃ (a) 和 Rh/CPOL-bp&PPh₃ (b) 的 N₂ 吸脱附曲线

的 Rh/CPOL-bp&PPh$_3$ 催化剂后相应的比表面积和孔容数据分别为 985.3m^2/g 和 1.94cm^3/g，略微比聚合物下降一些，表明聚合物材料中的高比表面积和孔容特征在自负载型的催化剂中得到很好的保留(表 3.38)。接着利用 NLDFT 计算得出了聚合物及其自负载型催化剂的孔径分布曲线，如图 3.114 所示，二者均显示出了多级孔道结构的分布曲线，孔的直径主要分布在 0.70nm、0.84nm、1.38nm 及 2～18nm。这种多级孔道结构非常有利于反应时反应物及产物的扩散，进而促进了催化剂活性的提升。而聚合物骨架中同时存在着与 Rh 配位的双膦配体和单膦配体单元，使得催化剂中心金属 Rh 周围具有较大的立体位阻，因而 Rh/CPOL-bp&PPh$_3$ 催化剂具有很好的正构醛选择性。

表 3.38　聚合物 CPOL-bp&PPh$_3$ 及 Rh/CPOL-bp&PPh$_3$ 催化剂比表面积及总孔容数据

样品	比表面积/(m^2/g)	总孔容/(cm^3/g)
CPOL-bp&PPh$_3$	1088.0	2.07
Rh/CPOL-bp&PPh$_3$	985.3	1.94

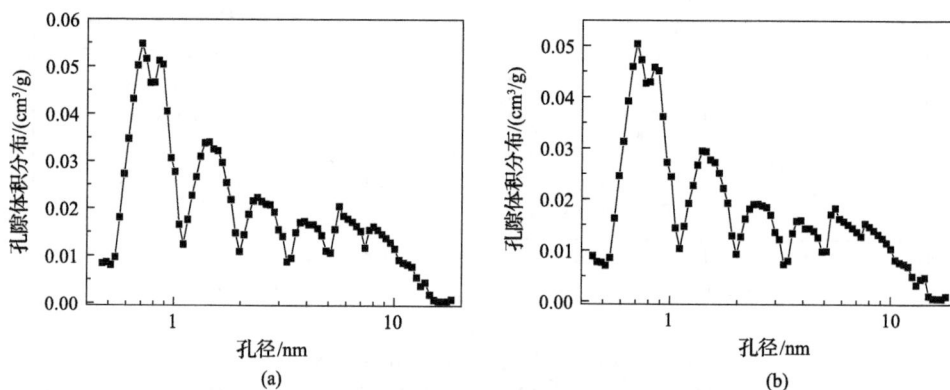

图 3.114　CPOL-bp&PPh$_3$(a) 及 Rh/CPOL-bp&PPh$_3$(b) 的孔径分布曲线

图 3.115(a) 为 CPOL-bp&PPh$_3$ 的 SEM 图，显示出聚合物具有丰富的孔道结构，既有大孔又有小孔，孔道的生长是杂乱而无序的，进一步证明了 CPOL-bp&PPh$_3$ 具有多级孔道结构。而在 Rh/CPOL-bp&PPh$_3$ 催化剂中，多孔无序的孔道结构得到很好的保留。使用

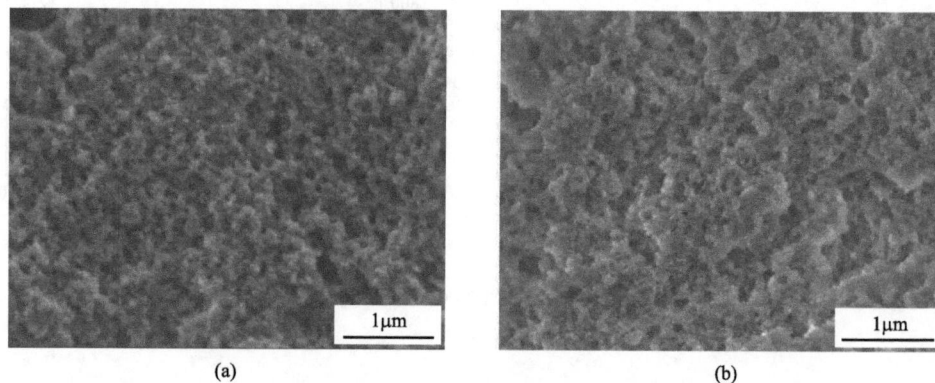

(a)　　　　　　　　　　　　　　　　　(b)

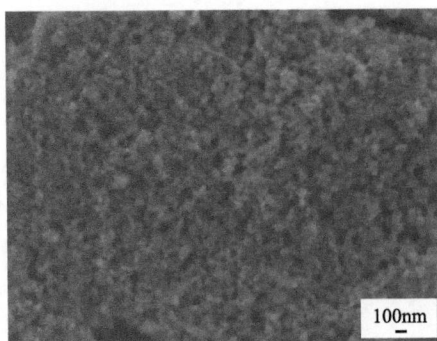

(c)

图 3.115　CPOL-bp&PPh₃(a)、Rh/CPOL-bp&PPh₃ 新鲜催化剂(b)、Rh/CPOL-bp&PPh₃ 使用后
催化剂(c)的 SEM 图

后的 Rh/CPOL-bp&PPh₃ 催化剂也未发生明显的孔结构变化，证明了催化剂的这种多级孔
道结构的稳定性。

图 3.116 给出了 CPOL-bp&PPh₃ 聚合物的 TEM 图，进一步展示了聚合物的多级孔
道结构的性质，TEM 下看到的颜色有深有浅是由样品的厚度不同造成的。而 Rh/CPOL-
bp&PPh₃ 催化剂的 TEM 图同样显示出多级孔道结构(图 3.117)，值得一提的是，无论低
倍还是高倍放大倍数下均未找到 Rh 颗粒，这可能是由于 Rh 呈现较高的分散状态，后续
的 XRD 表征会进一步证明。6 次反应后的 Rh/CPOL-bp&PPh₃ 催化剂的 TEM 图与新鲜催

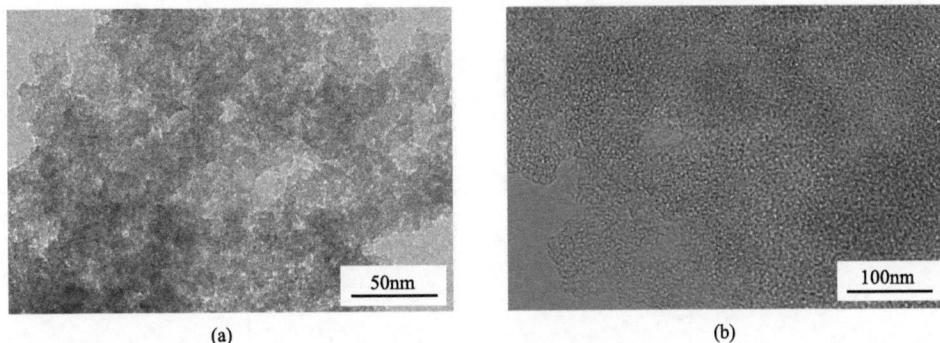

(a)　　　　　　　　　　　　　　(b)

图 3.116　CPOL-bp&PPh₃ 聚合物的 TEM 图

(a)　　　　　　　　　　　　　　(b)

图 3.117　Rh/CPOL-bp&PPh₃ 新鲜催化剂的 TEM 图

化剂的类似(图 3.118),显示催化剂具有多级孔道结构,同时低倍和高倍放大倍数下均未发现 Rh 的团聚现象。这可能是因为催化剂中具有较高的 P 浓度,同时金属 Rh 是与高度分散的 P 配位的,阻碍了 Rh 的团聚,同时阻碍了活性金属 Rh 的流失,因而催化剂循环使用过程中未见性能明显下降。

图 3.119(a)为 CPOL-bp&PPh$_3$ 的 XRD 谱图,5°~90°全角的扫描范围内未发现衍射

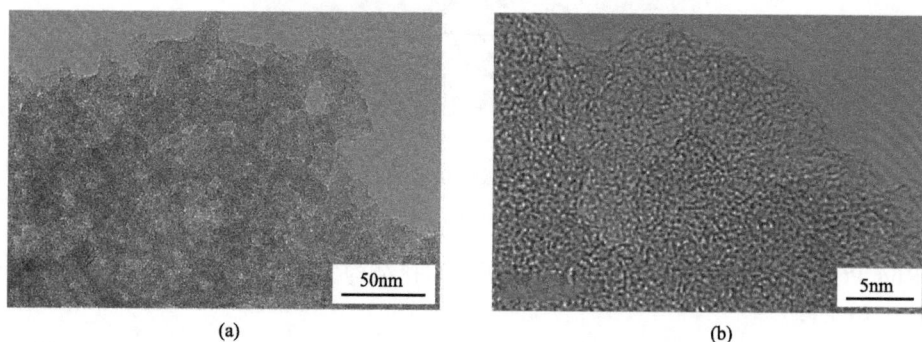

(a)

(b)

图 3.118 6 次使用后的 Rh/CPOL-bp&PPh$_3$ 催化剂的 TEM 图

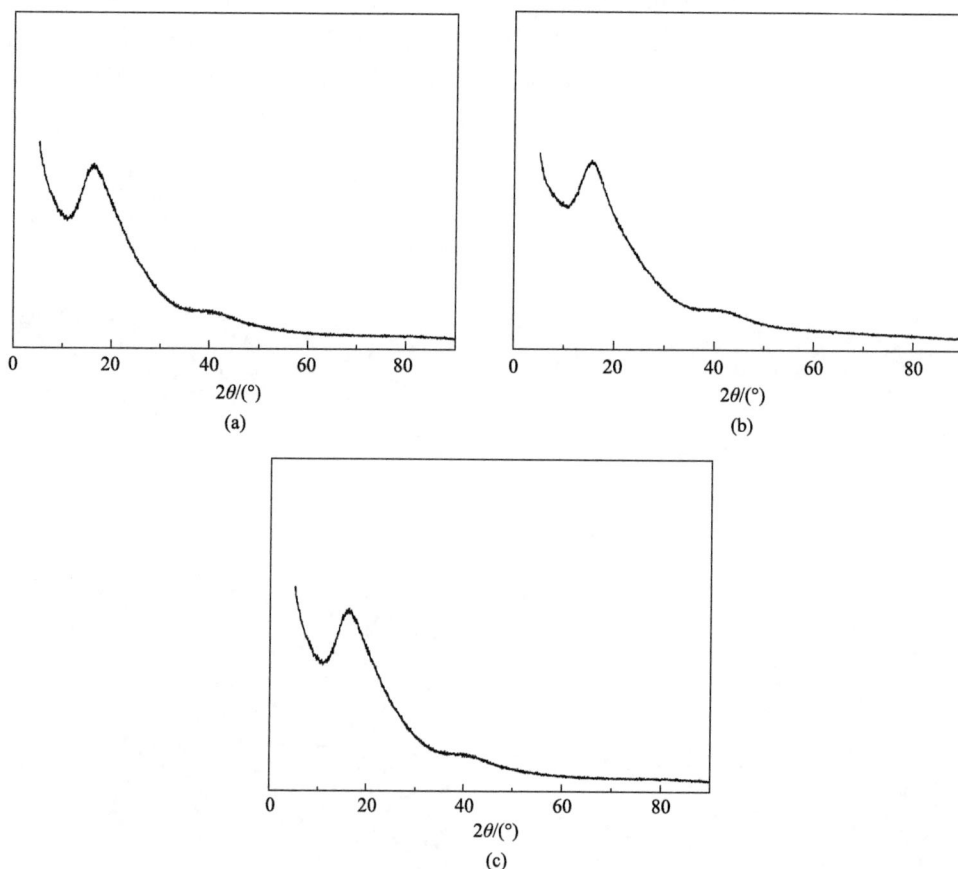

(a)

(b)

(c)

图 3.119 CPOL-bp&PPh$_3$(a)、Rh/CPOL-bp&PPh$_3$ 新鲜催化剂(b)及 6 次使用后的
Rh/CPOL-bp&PPh$_3$ 催化剂(c)的 XRD 谱图

峰，为典型的无定形材料的曲线，进一步说明了溶剂热聚合过程中材料生长方向的随机性。而 Rh/CPOL-bp&PPh$_3$ 新鲜催化剂及使用后催化剂的 XRD 谱图基本与 CPOL-bp& PPh$_3$ 的一致，也未发现衍射峰，说明催化剂也是无定形的，并且催化剂在循环使用过程中未发生 Rh 团聚成纳米粒子的现象。

为了了解制备材料及催化剂的热稳定性能，测试了 N$_2$ 氛围下 CPOL-bp&PPh$_3$ 材料的热重曲线，结果如图 3.120 所示。热重曲线显示出 CPOL-bp&PPh$_3$ 聚合物材料具有良好的热稳定性，420℃以下未发生任何失重，温度高于 420℃，材料才出现骨架的坍塌。由于使用的是非可逆的溶剂热聚合的方式来构建聚合物材料，因此获得的材料具有优异的热稳定性能。

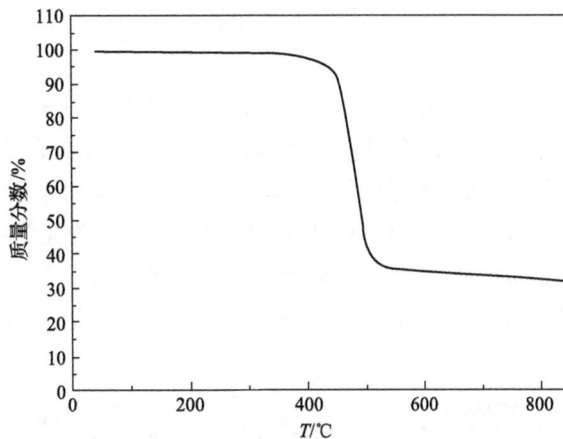

图 3.120　CPOL-bp&PPh$_3$ 材料的热重曲线

表 3.39 给出了新鲜的和 6 次使用后的 Rh/CPOL-bp&PPh$_3$ 催化剂中的 Rh 含量，测试时用王水和 H$_2$O$_2$ 在微波消解仪中将聚合物充分消解，后将溶液稀释至一定体积，再用 ICP-AES 测量溶液中的 Rh 含量，进而折算为聚合物中的 Rh 含量。从结果可以看出，新鲜催化剂中的 Rh 含量为 0.1385wt%，而 6 次使用后催化剂中的 Rh 含量为 0.1340wt%，未发生明显变化，这主要是由于聚合物中有较高含量的 P，Rh 与聚合物中浓度较高的 P 物种配位，较强的配位作用抑制了 Rh 物种的流失，因而催化剂在 6 次循环使用中未发现性能的明显下降。

表 3.39　Rh/CPOL-bp&PPh$_3$ 催化剂中的 Rh 含量测试

样品	Rh 含量/wt%
Rh/CPOL-bp&PPh$_3$（新鲜催化剂）	0.1385
Rh/CPOL-bp&PPh$_3$（6 次使用后样品）	0.1340

3.5.3　Rh/CPOL-xantphos&PPh$_3$ 催化剂的制备、表征及高碳烯烃氢甲酰化反应性能

1. 引言

xantphos 配体具有较大的立体位阻，与 Rh 形成的配合物催化剂具有较强的氢甲酰化

正构醛选择性[106]。并且由于 xantphos 二膦配体合成路径相对简单，可通过调节配体中的杂环结构，在最终合成的配合物催化剂中较为简易地获得可控的 P-Rh-P 咬合角。因此，在 xantphos 的配体合成方面及探索 xantphos 配体的结构与最终催化剂性能关系方面，科学家们做了较多的工作。

为了实现 Rh-xantphos 催化剂的分离使用，文献中研究最多的是将 xantphos 配体进行磺化处理，从而制得可溶于离子液体的功能化配体。基于这种思路开发的两相催化体系及负载离子液体的催化体系也见于很多的文献报道中。但是这些体系也存在着催化剂制备相对困难、工艺操作较为复杂的问题。本小节介绍丁云杰课题组关于 xantphos 固载化的工作。作者较为简易地合成了乙烯基官能团化的 4v-xantphos 配体，进而制备出聚合物自负载型的 Rh 基催化剂，探究其在高碳烯烃氢甲酰化中的反应性能，并用固定床测试催化剂的稳定性[51]。

4v-xantphos 配体的合成采用"一锅法"的方式，路线如图 3.121 所示。由于 9,9-二甲基氧杂蒽(图 3.121 中 1 号化合物)4 位和 5 位的 β 位置有杂原子 O，因此较容易发生去质子锂化作用生成双锂试剂 2。2 与双(二乙基氨基)氯膦反应可生成化合物 3。将浓硫酸与浓盐酸混合制备的 HCl(g) 通入 3 中，可使化合物 3 转化为化合物 4。对溴苯乙烯与 n-BuLi 反应制备出 Li 试剂，再滴入前面制备好的 4 号化合物，最终可得到乙烯基官能团化的 4v-xantphos 配体。四步总收率为 7%，制备过程中无需任何纯化分离步骤。

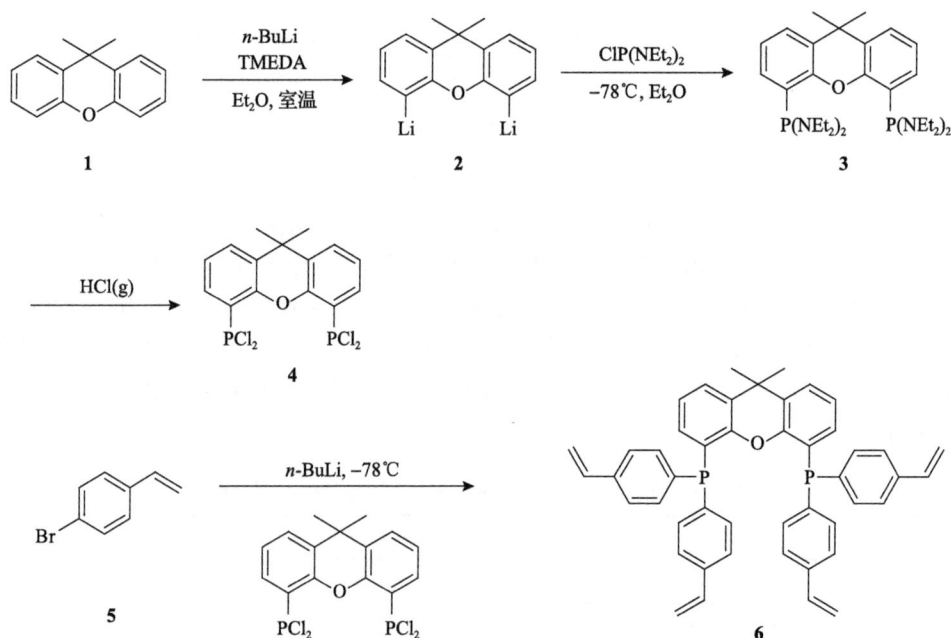

图 3.121　4v-xantphos 的合成步骤图

最终合成的 4v-xantphos 配体的核磁共振谱如图 3.122 和图 3.123 所示，证明了 4v-xantphos 的成功合成。4v-xantphos 配体的 $[M+H]^+$ 理论值为 683.2627，高分辨质谱(HRMS)测试显示分子量为 683.2628，进一步证明了 4v-xantphos 配体的成功合成。

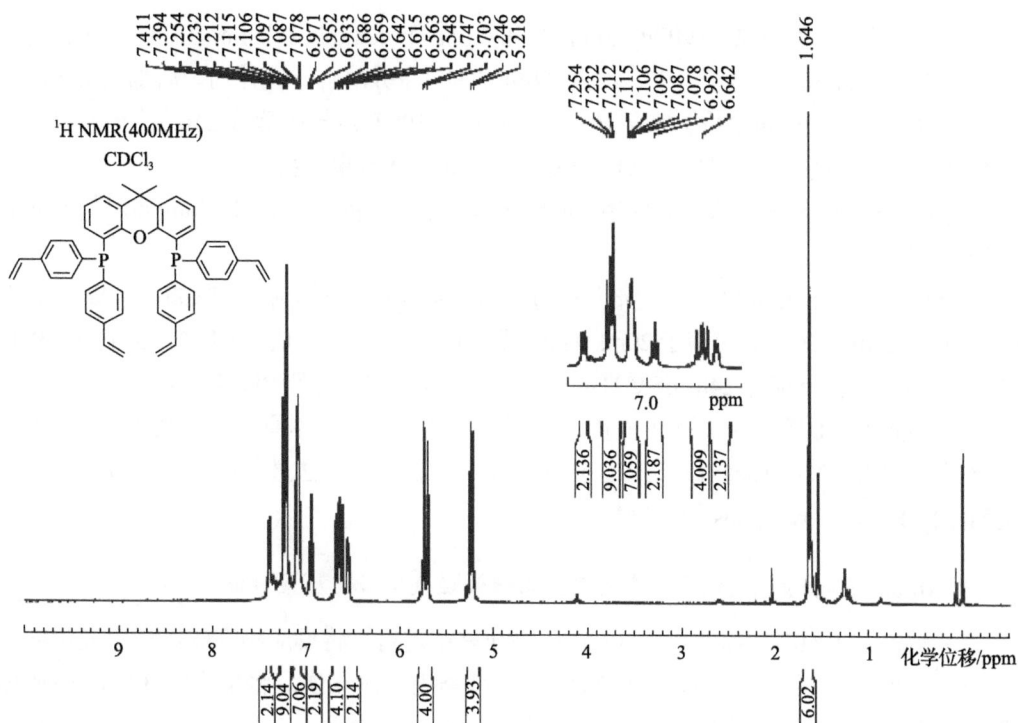

图 3.122 4v-xantphos 的 ^{1}H NMR 谱图

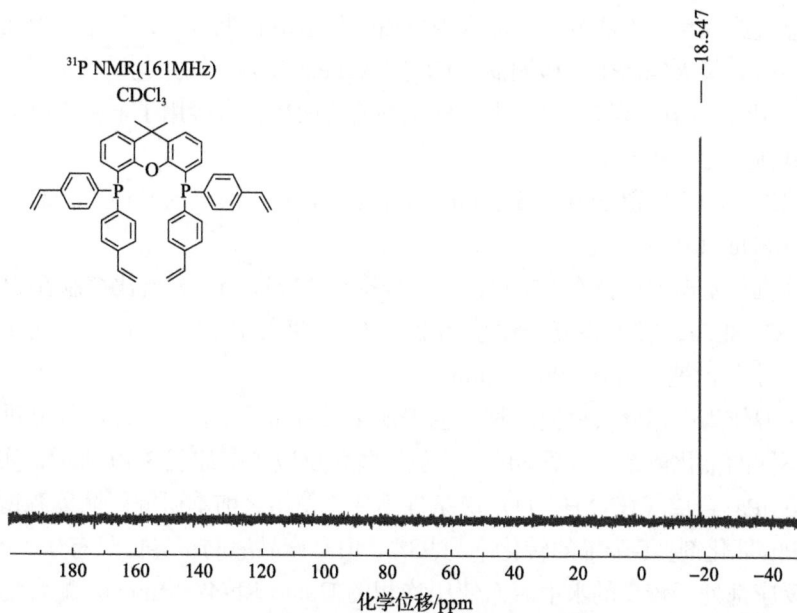

图 3.123 4v-xantphos 的 ^{31}P NMR 谱图

2. Rh/CPOL-xantphos&PPh$_3$ 及相关催化剂的制备

CPOL-xantphos&PPh$_3$ 聚合物是在高压釜中用溶剂热聚合法合成的。具体合成步骤如下：在手套箱中，1.7032g 3vPPh₃(5mmol)和 0.68g 4v-xantphos(1mmol)配体放入含有聚四氟乙烯内衬的 50mL 高压釜中，加入 24mL THF 充分溶解，搅拌均匀后加入 60mg 引发剂 AIBN，搅拌 10min，将釜密封好。聚合釜放入 100℃烘箱中静置 24h。冷至室温后，65℃真空抽除溶剂 THF，即可得到 CPOL-xantphos&PPh₃ 聚合物。

而 CPOL-xantphos&DVB 是使用相同的溶解热聚合法将 1mmol 4v-xantphos 与 5mmol DVB 共聚而成的。

Rh/CPOL-xantphos&PPh₃ 催化剂是通过浸渍法制备的。具体制备步骤如下：Ar 气氛保护下，1.9mg Rh(CO)₂(acac)溶于 20mL THF，搅拌均匀后，加入合成的 CPOL-xantphos&PPh₃ 聚合物 0.5g，室温下搅拌 24h，65℃真空抽除溶剂 THF，即可得到 Rh/CPOL-xantphos&PPh₃ 催化剂。催化剂上最终的金属 Rh 负载量用电感耦合等离子体原子发射光谱(ICP-AES)进行测试。Rh/CPOL-xantphos&DVB 催化剂按照类似的浸渍法进行制备，制备时保证催化剂体相中 Rh 与 xantphos 的比例相同。

3. Rh/CPOL-xantphos&PPh₃ 催化剂上高碳烯烃氢甲酰化反应性能

高碳烯烃的氢甲酰化反应在 30mL 的高压釜中进行。将反应物高碳烯烃、催化剂、溶剂甲苯加入反应釜中。合成气(CO/H₂=1)置换釜内气体 6 次。将反应釜 30min 内加热至反应温度，后充入一定压力合成气，以此压力作为起始反应压力。将反应釜 30min 内升温至反应温度，磁力搅拌速率控制在 300r/min。反应结束后将釜水冷至室温，开釜，催化剂通过过滤或离心方法分离。加入内标后，反应液在配备 HP-5 毛细管柱(长 30m，内径 0.32mm)、氢火焰离子化检测器(FID)的 Aglient 7890A 气相色谱仪上进行分析。催化剂循环使用时，用甲苯将分离出来的催化剂清洗两次，直接用于下一步反应。

色谱具体运行参数如下。

柱箱温度：40℃保留 5min，5℃/min 升温至 100℃，保留 5min 后 10℃/min 升温至 175℃。使用 He 气作为载气。

进样器汽化室温度维持在 250℃，压力维持在 27.58kPa，分流比控制在 50:1，柱前压控制在 27.58kPa，氢火焰离子化检测器(FID)温度控制在 220℃，氢气流速控制在 30mL/min，空气流速维持在 300mL/min。

以正丁醇作为内标分析反应产物，色谱预先用内标、原料、产品的纯品进行校正。

应用不同的催化体系，1-辛烯的釜式氢甲酰化反应结果如表 3.40 所示，实验时维持 100℃，1.0MPa 合成气(CO/H₂=1)反应条件不变，使用之前本研究团队姜森博士制备的 Rh/POL-PPh₃ 催化剂，1-辛烯的转化率为 98%，但是产品醛的正异比只有 45:55，异构化和加氢副反应都处于较高的水平。而使用均相的 Homo Rh-4v-xantphos 配合物催化剂，1-辛烯的转化率为 41%，而醛的选择性为 93%，烷烃选择性和异构烯烃选择性都维持在较低水平，产品醛的正异比可以达到 98:2，充分说明合成的 4v-xantphos 与 Rh 形成的配合物具有较大的咬合角，从而更有利于正构醛的产生，但是均相体系最大的问题是催化剂回收困难。将 DVB 与 4v-xantphos 共聚制备的自负载型的 Rh/CPOL-xantphos&DVB 催化剂，与均相的 Homo Rh-4v-xantphos 相比活性下降至 30%，产品中异构烯烃选择性明显增强，而产品醛的正异比下降为 78:22。很有意思的是，对于 Rh/CPOL-xantphos&PPh$_3$，1-辛烯的转化率为 37%，醛的化学选择性为 82%，产品醛的正异比为 90:10，烷烃选择性和异构烯烃选择性均维持在较低的水平。与 Rh/CPOL-xantphos&DVB 催化剂相比，随着催化剂骨架中单膦配体的引入，催化剂的活性和醛的选择性得到提升，而最明显的优势是产品醛的正异比由 78:22 提升至 90:10。

表 3.40　不同催化剂上 1-辛烯氢甲酰化反应结果

催化剂样品	转化率/%	醛选择性/%	烷烃选择性/%	异构烯烃选择性/%	正异比
Rh/CPOL-xantphos&PPh$_3$ [a]	37	82	4	14	90:10
Rh/CPOL-xantphos&DVB [b]	30	77	2	21	78:22
Rh/POL-PPh$_3$ [c]	98	46	9	45	45:55
Homo Rh-4v-xantphos	41	93	2	5	98:2

a. 0.0515g 催化剂，0.15wt% Rh 负载量，底物与催化剂比例为 5000，5g 甲苯作为溶剂，100℃，1.0MPa 合成气(CO/H$_2$=1)，反应 5h。

b. 0.0296g 催化剂，0.26wt% Rh 负载量，保证 Rh 与催化剂中的 xantphos 配体比例相同，底物与催化剂比例为 5000，100℃，1.0MPa 合成气(CO/H$_2$=1)，反应 5h。

c. 0.21wt% Rh 负载量，保证 Rh 与催化剂中的 PPh$_3$ 配体比例相同，底物与催化剂比例为 5000，100℃，1.0MPa 合成气(CO/H$_2$=1)，反应 5h。

反应温度、压力会强烈地影响 Rh/CPOL-xantphos&PPh$_3$ 催化剂上 1-辛烯氢甲酰化的性能。表 3.41 给出了反应温度对催化剂性能的影响，温度为 60℃时，1-辛烯的转化率为 4%，醛的选择性为 67%，烷烃选择性 4%，异构烯烃选择性较高，为 29%，产品醛的正异比为 91:9。温度由 60℃升高至 100℃，催化剂活性明显提升，醛的选择性增加至 82%，异构烯烃选择性降低至 14%，正异比略微降低，为 90:10。随着温度继续升高至 140℃，1-辛烯的转化率提高至 98%，而醛的选择性略微降低至 78%，烷烃选择性略微升高至 6%，而异构烯烃选择性维持在 15% 左右，产品醛的正异比基本维持在 91:9 左右。

表 3.41　反应温度对 Rh/CPOL-xantphos&PPh$_3$ 催化剂上 1-辛烯氢甲酰化反应的影响 [a]

温度/℃	转化率/%	醛选择性/%	烷烃选择性/%	异构烯烃选择性/%	正异比
60	4	67	4	29	91:9
80	9	75	5	19	90:10
100	37	82	4	14	90:10
120	76	80	4	15	92:8
140	98	78	6	16	91:9

a. 反应条件：0.0515g 催化剂，0.15wt% Rh 负载量，底物与催化剂比例为 5000，5g 甲苯作为溶剂，1.0MPa 合成气(CO/H$_2$=1)，反应 5h。

接着探究了合成气压力对 Rh/CPOL-xantphos&PPh$_3$ 催化剂性能的影响(表 3.42),在较低的合成气压力(0.5MPa)下,原料 1-辛烯的转化率为 42%,生成醛的选择性为 83%,副反应烷烃选择性和异构烯烃选择性分别维持在 3%和 14%,而产品醛的正异比为 94:6。随着合成气压力的升高,转化率降低,生成醛的选择性维持在 80%~90%,烷烃选择性和异构烯烃选择性变化不大,而产品醛的正异比下降为 83:7。

表 3.42　反应压力对 Rh/CPOL-xantphos&PPh$_3$ 催化剂上 1-辛烯氢甲酰化反应的影响[a]

压力/MPa	转化率/%	醛选择性/%	烷烃选择性/%	异构烯烃选择性/%	正异比
0.5	42	83	3	14	94:6
1.0	37	82	4	14	90:10
2.0	23	85	4	11	90:10
3.0	18	83	5	12	87:13
4.0	22	87	4	9	83:7

　a. 反应条件:0.0515g 催化剂,0.15wt% Rh 负载量,底物与催化剂比例为 5000,5g 甲苯作为溶剂,100℃,反应时间为 5h。

表 3.43 给出了 Rh/CPOL-xantphos&PPh$_3$ 催化剂底物拓展实验,从表中可以看出,对于 C$_6$~C$_8$ 的端烯烃,Rh/CPOL-xantphos&PPh$_3$ 催化剂均表现出了较好的活性和选择性。底物转化率为 28%~37%,醛的选择性维持在 82%~88%,加氢和异构化副反应均维持在较低的水平,而产品醛的正异比为 87:13~90:10。

表 3.43　Rh/CPOL-xantphos&PPh$_3$ 催化剂上不同烯烃氢甲酰化反应性能[a]

底物拓展	转化率/%	醛选择性/%	烷烃选择性/%	异构烯烃选择性/%	正异比
1-庚烯	28	88	3	9	89:11
1-己烯	34	88	2	10	87:13
1-辛烯	37	82	4	14	90:10

　a. 反应条件:0.0515g 催化剂,0.15wt% Rh 负载量,底物与催化剂比例为 5000,5g 甲苯作为溶剂,100℃,1.0MPa 合成气(CO/H$_2$=1),反应 5h。

表 3.44 给出了 Rh/CPOL-xantphos&PPh$_3$ 催化剂釜式反应的循环使用实验结果。从表中可以看出,5 次循环实验中催化剂的活性基本上是不变的,1-辛烯的转化率维持在 42% 左右,醛的选择性在 90%左右,而副反应加氢和异构化一直维持在较低水平,且随着反应进行有降低的趋势。而产品醛的正异比维持在 90:10 左右。为了对比,相同反应条件下测试了 Rh/CPOL-xantphos&DVB 催化剂的循环使用性能(表 3.45),发现催化剂第二次循环时即出现了明显的失活现象,反应液体为明显的黄色。经 ICP-MS 测试,流失到反应液体中的 Rh 有 7%左右。而 Rh/CPOL-xantphos&PPh$_3$ 催化剂第一次反应液中用 ICP-MS 测试未发现 Rh 的流失现象。

表 3.44　**Rh/CPOL-xantphos&PPh₃ 催化剂循环使用性能测试** [a]

循环使用次数	转化率/%	醛选择性/%	烷烃选择性/%	异构烯烃选择性/%	正异比
1	42	87	3	10	89:11
2	38	91	2	7	90:10
3	40	90	2	8	90:10
4	42	91	2	7	90:10
5	44	90	2	8	89:11

a. 反应条件：0.0515g 催化剂，0.15wt% Rh 负载量，底物与催化剂比例为 5000，5g 甲苯作为溶剂，100℃，1.0MPa 合成气（CO/H₂=1），反应 5h。

表 3.45　**Rh/CPOL-xantphos&DVB 催化剂循环使用性能测试** [a]

循环使用次数	转化率/%	醛选择性/%	烷烃选择性/%	异构烯烃选择性/%	正异比
1	30	77	2	22	78:22
2	20	67	2	31	78:22

a. 反应条件：0.0296g 催化剂，0.26wt% Rh 负载量，底物与催化剂比例为 5000，5g 甲苯作为溶剂，100℃，1.0MPa 合成气（CO/H₂=1），反应 5h。

最后，利用滴流床连续反应器对 Rh/CPOL-xantphos&PPh₃ 催化剂的稳定性进行了进一步的测试。测试时催化剂 Rh/CPOL-xantphos&PPh₃ 填装量为 0.2g，控制合成气（CO/H₂=1）空速为 2000h⁻¹，1-辛烯与甲苯配成混合溶液（90mL 甲苯与 10mL 1-辛烯混合）进料，液时空速控制在 6h⁻¹，反应温度控制在 100℃，反应压力 1.0MPa。最终的测试结果如图 3.124 所示，在 400h 的测试中，1-辛烯的转化率维持在 30% 左右，基本不变；生成醛的选择性为 80%～85%，有略微降低的趋势；而产品醛的正异比是非常稳定的，一直

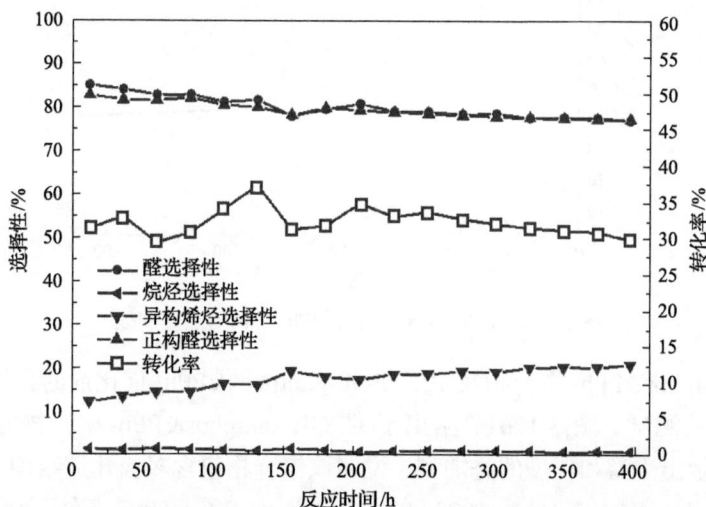

图 3.124　Rh/CPOL-xantphos&PPh₃ 催化剂的滴流床稳定性测试

维持在 80:20 以上。产品中烷烃的选择性一直维持在较低水平，几乎不变。异构化副反应在 10%～20%，随着反应时间的延长略微升高。可以看出滴流床反应器中 1-辛烯的转化率和产品醛的正异比要低于类似条件下釜式反应的结果（转化率为 37%，产品醛正异比为 90:10，见表 3.40），这可能是由滴流床反应器中反应底物与催化剂接触时间较短造成的。釜式反应不断搅拌下，反应底物与催化剂活性中心有更多的接触机会，而滴流床反应器中，底物较快地通过催化剂床层，反应底物和催化剂活性中心的接触时间相对来说短一些。

从上面的实验可以看出，Rh/CPOL-xantphos&PPh$_3$ 催化剂的优势是非常明显的，聚合物骨架中的单膦配体和双膦配体起到了很好的协同作用。与 DVB 交联构建起来的 Rh/CPOL-xantphos&DVB 催化剂相比，Rh/CPOL-xantphos&PPh$_3$ 催化剂体相中有更高的 P 浓度，催化剂的活性得到了提升，同时产品中醛的正异比也提高不少。最重要的是较高的 P 浓度阻碍了活性金属 Rh 的流失，使催化剂获得了较优异的稳定性，在滴流床的 400h 稳定性测试中，催化剂性能未发生明显的变化。

4. Rh/CPOL-xantphos&PPh$_3$ 催化剂及其载体的表征

图 3.125 给出了 CPOL-xantphos&PPh$_3$ 聚合物载体在 N$_2$ 气流中的热重曲线，在 430℃之前几乎没有任何失重，说明聚合物材料溶剂脱除得特别干净，在 430℃以上才出现了骨架的坍塌现象，证明这种聚合物材料具有良好的热稳定性，完全适合氢甲酰化反应的使用条件。制备出来的材料具有较好热稳定性的原因主要是采取不可逆的溶剂热聚合的手段来构建材料，制备出的材料骨架具有较高的交联度，三维的空间网状柔性结构使材料具有很好的热稳定性。

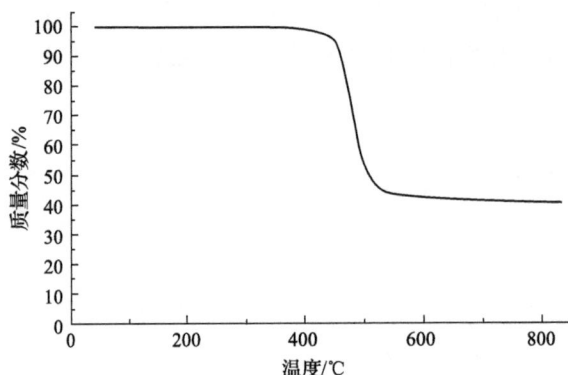

图 3.125　CPOL-xantphos&PPh$_3$ 材料的热重曲线

CPOL-xantphos&PPh$_3$ 聚合物及 Rh/CPOL-xantphos&PPh$_3$ 催化剂的孔结构性质用 N$_2$ 物理吸附的方法测试。图 3.126(a) 给出了 CPOL-xantphos&PPh$_3$ 聚合物的 N$_2$ 吸脱附曲线，该曲线显示出 I 型和 IV 型的叠加型，说明该聚合物包含多级孔道结构。用 BET 方法计算材料的比表面积（表 3.46）为 1022m^2/g，相对压力 P/P_0=0.995 条件下计算出材料的总孔容为 1.24cm^3/g。而图 3.126(b) 是通过非定域密度泛函理论（NLDFT）算法计算出的材料的孔径分布曲线，力证了材料中多级孔道结构的存在。对于聚合物自负载型的 Rh/CPOL-xantphos&PPh₃ 催化剂，N_2 吸脱附曲线并未发生明显的变化，依然显示的是 I 型和IV型的叠加型(图 3.127)，比表面积和总孔容略微降低，分别为 883.9m²/g 和 1.16cm³/g。而 NLDFT 算法计算出的孔径分布曲线显示催化剂也是多级孔道结构的，与 CPOL-xantphos&PPh₃ 聚合物类似，孔径主要分布在 0.5~10nm 范围内，丰富的孔结构为反应底物和产物的扩散提供了便利，有利于催化剂催化性能的提升。

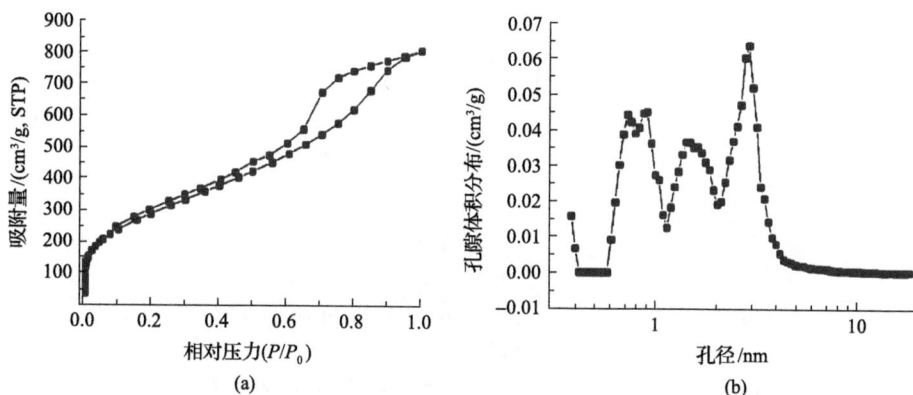

图 3.126 CPOL-bp&PPh₃ 聚合物的 N_2 吸脱附曲线(a)和孔径分布曲线(b)

表 3.46 聚合物 CPOL-xantphos&PPh₃ 及 Rh/CPOL-xantphos&PPh₃ 催化剂比表面积及总孔容

样品	比表面积/(m²/g)	总孔容/(cm³/g)
CPOL-xantphos&PPh₃	1022	1.24
Rh/CPOL-xantphos&PPh₃	883.9	1.16

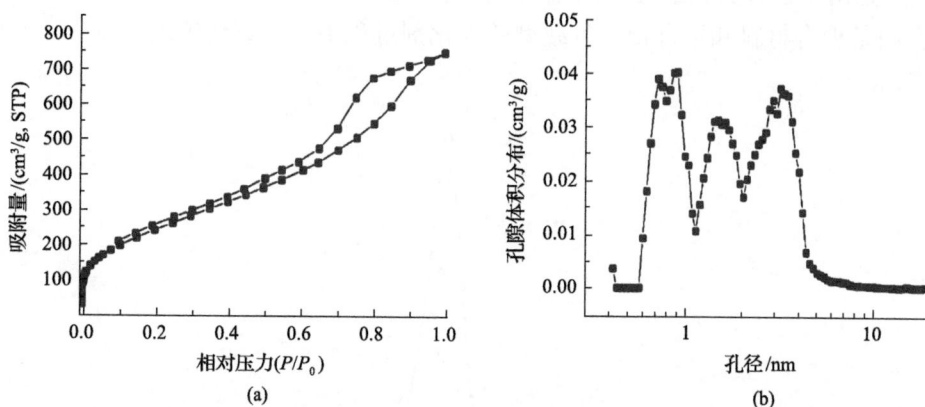

图 3.127 Rh/CPOL-bp&PPh₃ 催化剂的 N_2 吸脱附曲线(a)和孔径分布曲线(b)

CPOL-xantphos&PPh₃ 共聚物的 ¹³C 固体核磁谱如图 3.128 所示，在 120~150ppm 的较大的峰来源于聚合物骨架中丰富的苯环结构，而在两侧对称的*位置处的峰是 120~150ppm 大峰的边带。与乙烯基官能团化的 xantphos 和 PPh₃ 单体的 ¹³C 固体核磁谱相比，在 25～55ppm 处出现了新的较大的峰，归属为聚合物中已经聚合好的 "—CH₂CH₂—" 柔性链结构。110ppm 处较小的峰归属为未聚合的乙烯基上的 C，相比于 25～55ppm 处聚合的乙烯基，110ppm 未聚合的乙烯基的峰是非常小的，说明该聚合物聚合度较大，两种配体被聚合好的三维高分子链牢牢地拴在聚合物骨架中。

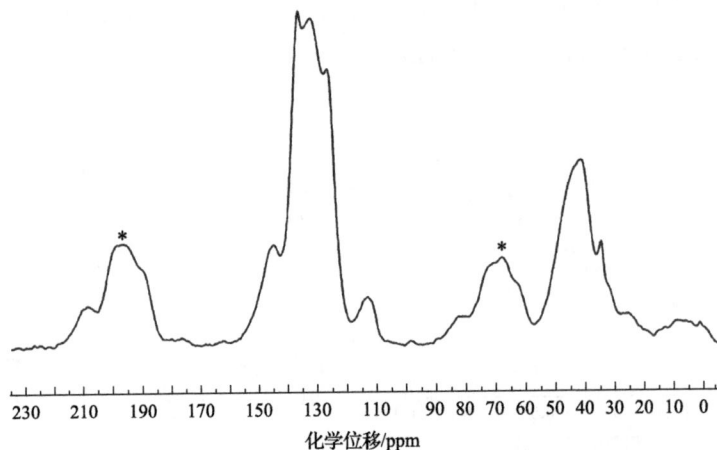

图 3.128　CPOL-xantphos&PPh₃ 聚合物的 ¹³C 固体核磁谱图

　　图 3.129（a）是 CPOL-xantphos&PPh₃ 聚合物的 ³¹P 固体核磁谱图，前面已经论述过，3vPPh₃ 单体的 ³¹P 的峰在–5.8ppm 左右，而 4v-xantphos 单体的 ³¹P 的峰在–18ppm 位置处，二者在 CPOL-xantphos&PPh₃ 聚合物中的摩尔比为 5:1，最终叠加为–30～10ppm 的大宽峰，而两侧对称分布的小峰归属为–30～10ppm 宽峰的边带。而图 3.129（b）是负载上金属后的新鲜 Rh/CPOL-xantphos&PPh₃ 催化剂的 ³¹P 固体核磁谱图，与图（a）基本是一致的，主要是由于金属负载量较低，因而未看出明显的配位后的 P 的峰。图 3.129 说明膦配体在制备聚合材料和聚合物自负载型的催化剂过程中没有氧化等现象发生，膦配体是稳定的。

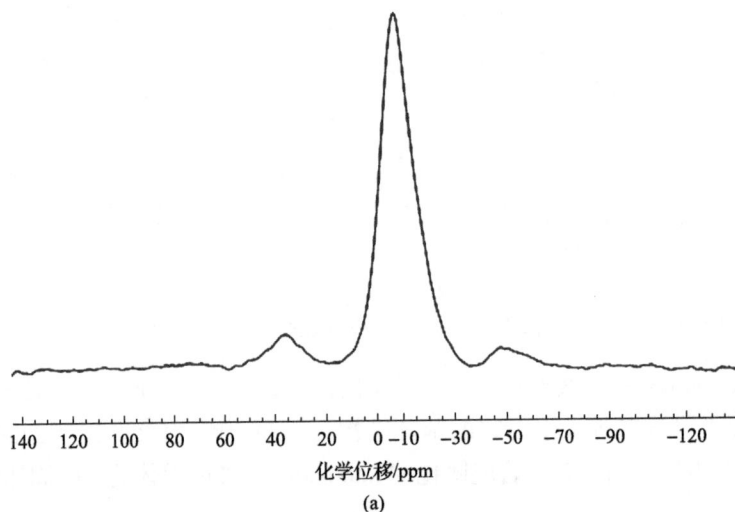

(a)

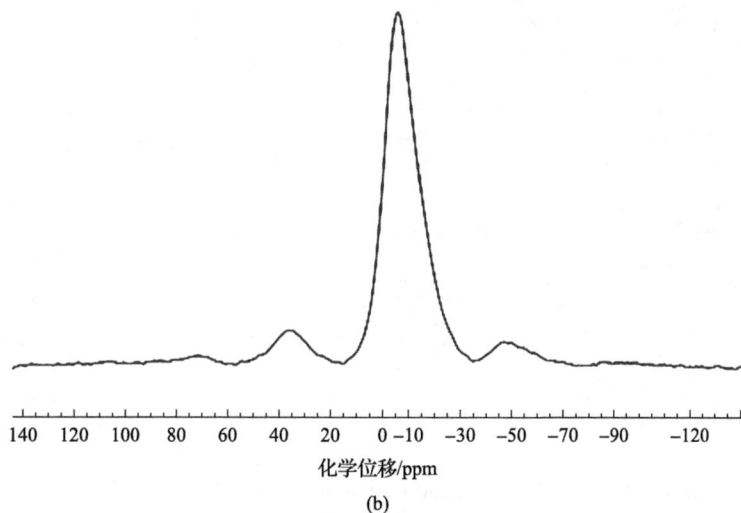

(b)

图 3.129　CPOL-xantphos&PPh₃ 聚合物(a)及 Rh/CPOL-xantphos&PPh₃ 催化剂(b)的 ³¹P 固体核磁谱图

图 3.130 给出了 CPOL-xantphos&PPh₃ 聚合物的 SEM 图，可以看出，在溶剂热聚合时，聚合物的生长是随机的，形成的聚合物形貌是无序的。而聚合物上既有大孔也有小孔，进一步证明了该类材料具有多级孔道结构。

图 3.130　CPOL-xantphos&PPh₃ 聚合物的 SEM 图

在新鲜的 Rh/CPOL-xantphos&PPh₃ 催化剂的 HAADF-STEM 图[图 3.131(a)]上，可以明显地看出 Rh 是呈现单原子分散状态的，因此活性金属 Rh 的利用率较高，催化剂的活性较高。另外，由于聚合物载体骨架中的较高浓度 P 对活性金属 Rh 有配位稳定作用，Rh 是被牢牢地负载在载体表面的，因此在循环实验和稳定性测试中均未发现 Rh 的流失，在 5 次循环使用后的催化剂上，Rh 的分散状态几乎未发生变化，还是呈现出单原子分散的状态[图 3.131(b)]。

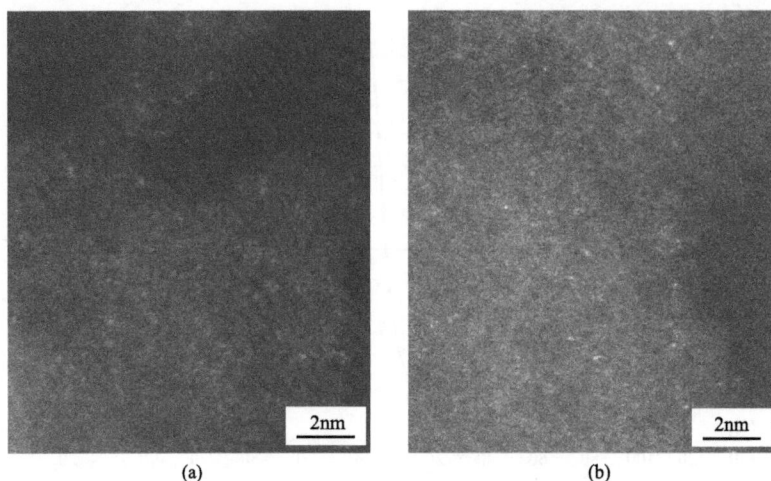

图 3.131　Rh/CPOL-xantphos&PPh$_3$ 催化剂的 HAADF-STEM 图

3.5.4　Rh/3vPPh$_3$-POL 催化剂的制备、表征及高碳烯烃氢甲酰化反应性能

1. 引言

如前所述，中科院大连化物所丁云杰课题组在氢甲酰化均相催化剂非均相化方面做了大量的工作，经过多年的研究，设计合成了乙烯基官能团化的三苯基膦（记为 p-3vPPh$_3$，与前文中 3vPPh$_3$ 指代相同）单体，通过溶剂热聚合，制备了一种多孔有机聚合物材料（记为 p-3vPPh$_3$-POL），并以其为载体，制备了非均相催化剂 Rh/p-3vPPh$_3$-POL。该催化剂在乙烯氢甲酰化反应中表现出了优异的催化活性和稳定性，并已实现工业化生产。然而该催化剂在高碳烯烃氢甲酰化反应中对产物醛的选择性不够高，为了解决此问题，将 biphephos 及 xantphos 等具有大空间位阻的双膦配体乙烯基官能团化，并通过共聚的策略与 p-3vPPh$_3$ 共聚制备了 Rh/CPOL-bp&PPh$_3$ 和 Rh/CPOL-xantphos&PPh$_3$ 催化剂，这一催化体系在烯烃氢甲酰化反应中表现出了优异的反应活性，同时弥补了 Rh/p-3vPPh$_3$-POL 在高碳烯烃氢甲酰化反应中选择性不佳的问题。然而，乙烯基官能团化的双膦配体合成路线复杂和收率低限制了该体系的进一步应用。

前期研究中发现，使用不同的交联剂与三苯基膦单体或者乙烯基三苯基膦单体可以形成具有不同结构的聚合物，这些聚合物在烯烃氢甲酰化反应中的催化性能也不尽相同。研究表明，交联剂的引入降低了聚合物骨架中膦配体浓度及分布，从而降低了催化活性与稳定性。受此启发，分别使用 4-溴苯乙烯、3-溴苯乙烯、2-溴苯乙烯作为原料制备格氏试剂，与 PCl$_3$ 反应合成了对应的乙烯基三苯基膦单体，进一步制备成对应的催化剂后，考察了所制备的催化剂在 1-辛烯氢甲酰化反应中催化性能的差异，并结合多种表征手段，深入研究了 Rh/3vPPh$_3$-POL 系列催化剂具有不同催化性能的原因[132]。

2. Rh/3vPPh$_3$-POL 系列催化剂的制备

3vPPh$_3$ 单体的合成路线及对应单体、聚合物的结构如图 3.132 所示。

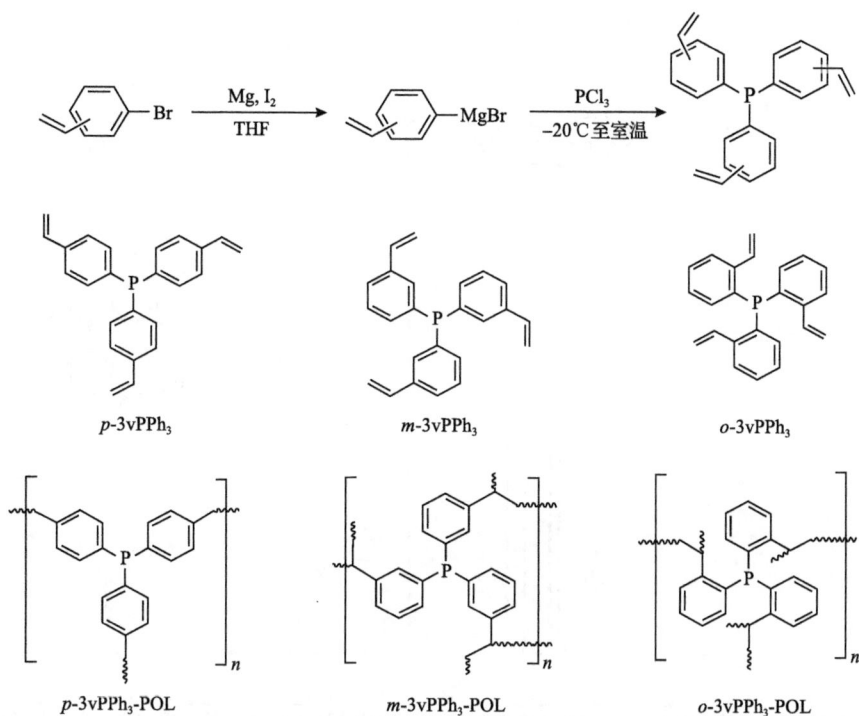

图 3.132　3vPPh$_3$ 的合成路线及对应单体、聚合物的结构

如图 3.133 所示，合成的 *m*-3vPPh$_3$ 和 *o*-3vPPh$_3$ 配体的 ^{1}H NMR、^{31}P NMR、^{13}C NMR

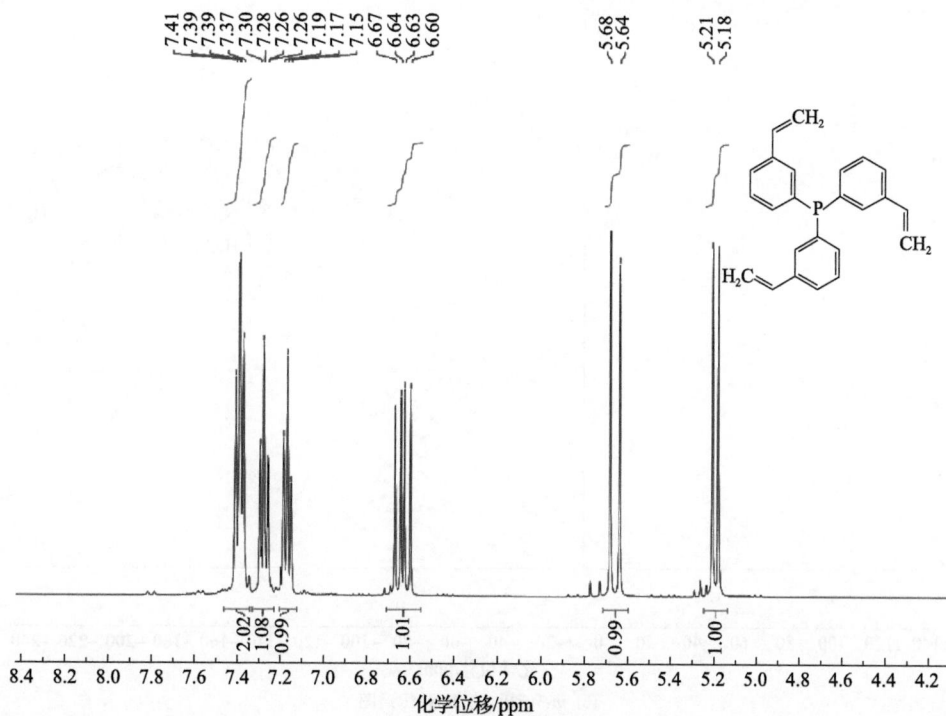

(a) *m*-3vPPh$_3$ 的 ^{1}H NMR 谱图

137.80
137.35
136.54
133.16
132.99
132.08
131.85
128.83
126.58

114.50

77.44 CDCl₃
77.12 CDCl₃
76.80 CDCl₃

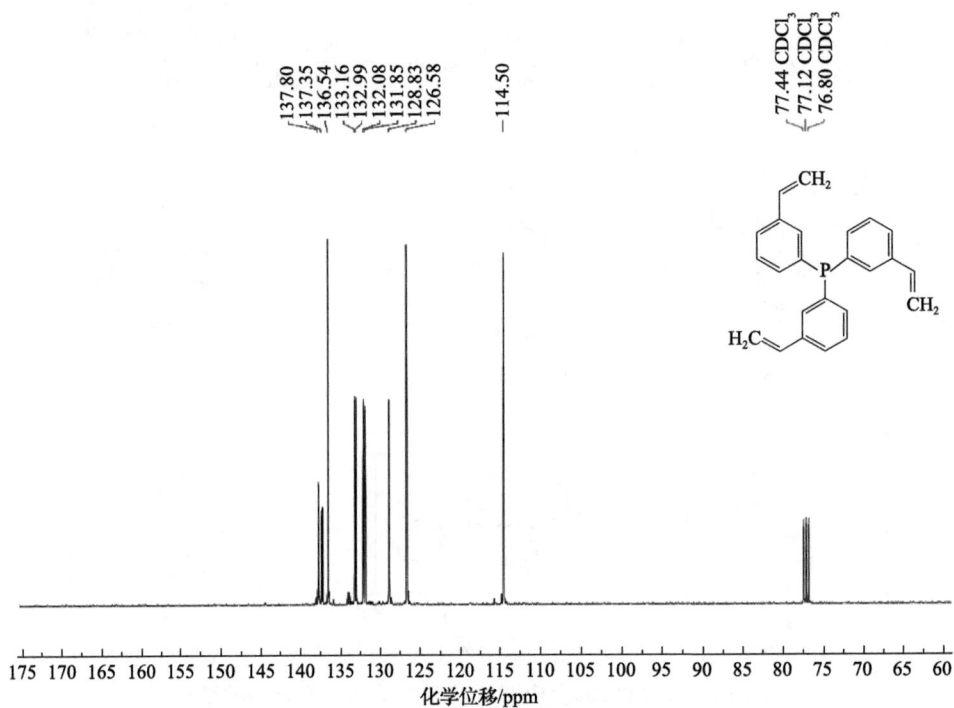

175 170 165 160 155 150 145 140 135 130 125 120 115 110 105 100 95 90 85 80 75 70 65 60
化学位移/ppm

(b) *m*-3vPPh₃的¹³C NMR谱图

―5.10

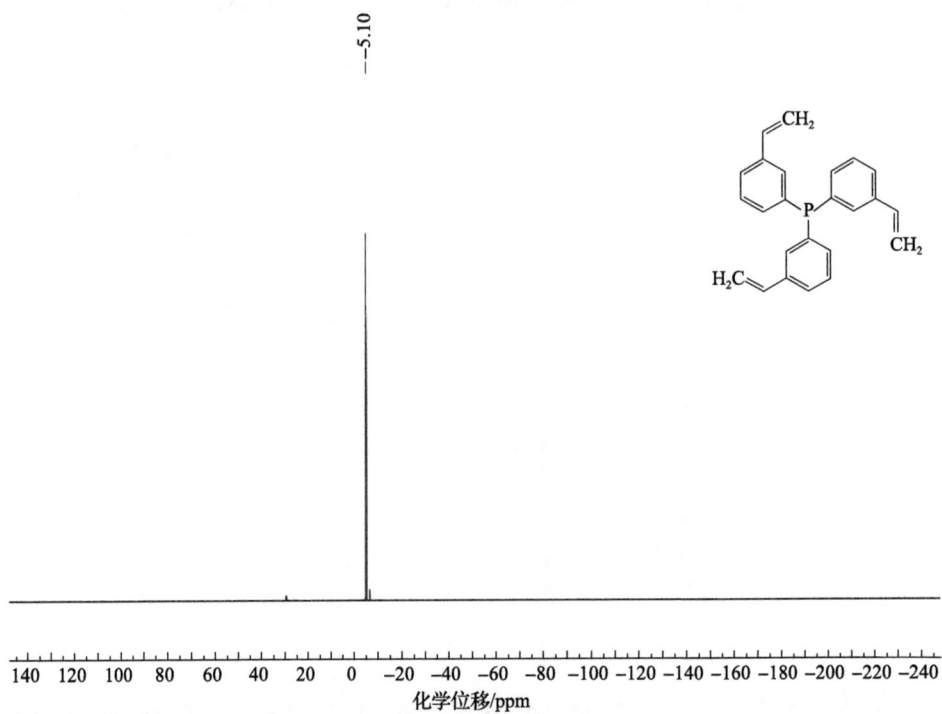

140 120 100 80 60 40 20 0 −20 −40 −60 −80 −100 −120 −140 −160 −180 −200 −220 −240
化学位移/ppm

(c) *m*-3vPPh₃的³¹P NMR谱图

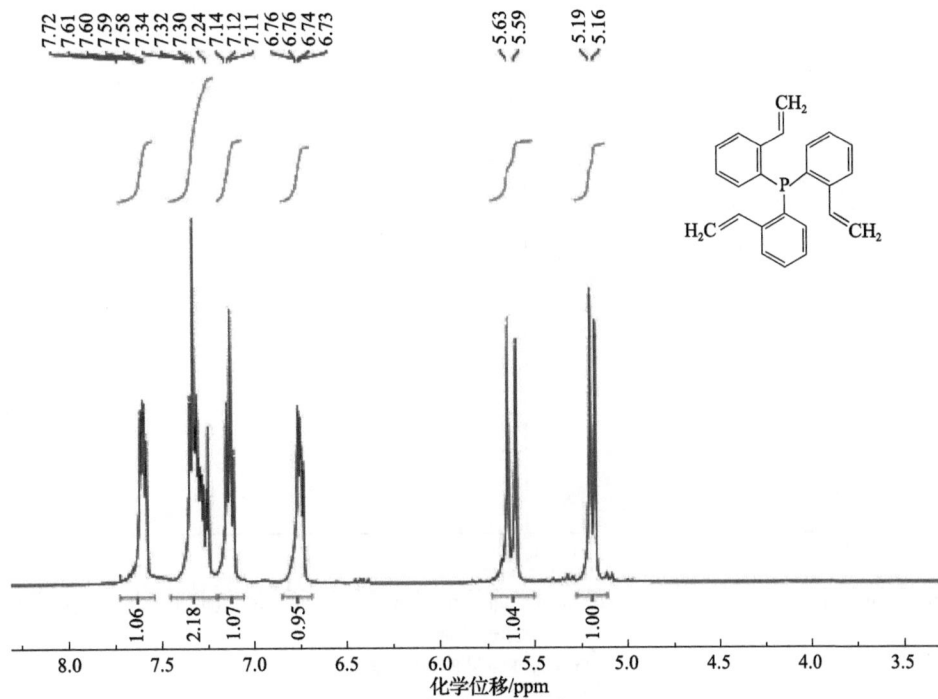

(d) *o*-3vPPh₃的¹H NMR谱图

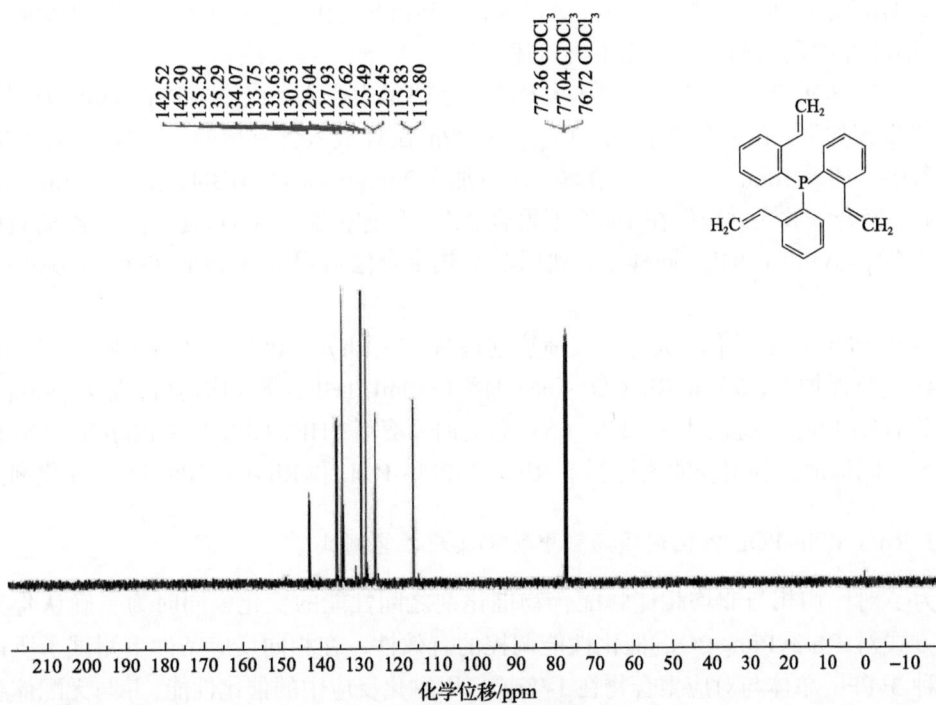

(e) *o*-3vPPh₃的¹³C NMR谱图

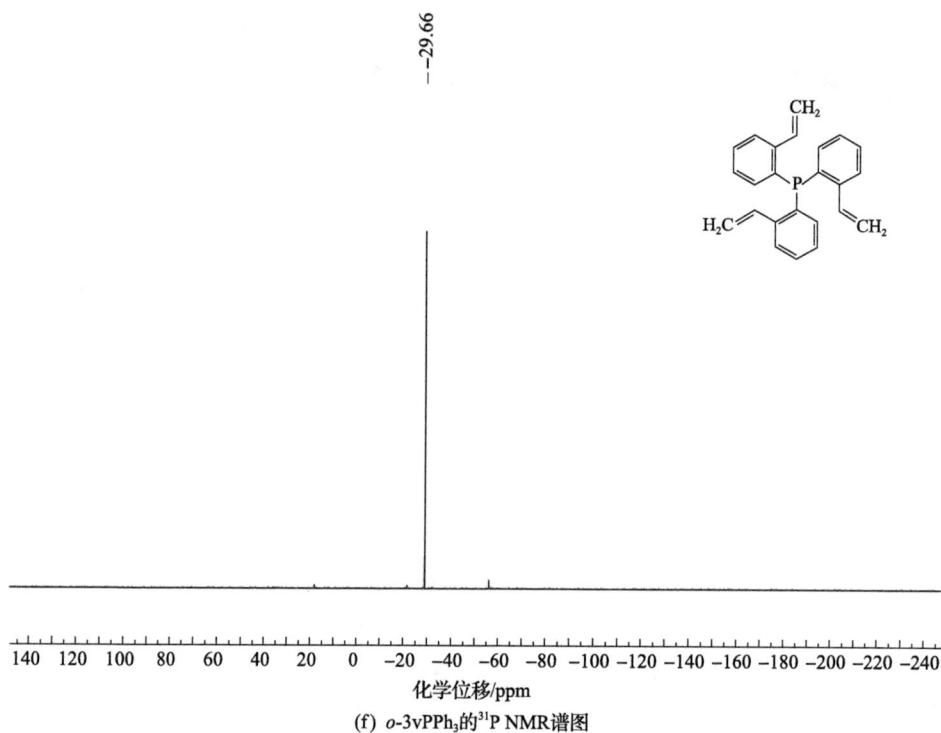

$—29.66$

(f) o-3vPPh$_3$的^{31}P NMR谱图

图3.133　m-3vPPh$_3$ 和 o-3vPPh$_3$ 的核磁共振谱图

谱图数据证明了两种新型单体的成功合成，p-3vPPh$_3$ 配体的 ^{1}H NMR、^{31}P NMR、^{13}C NMR 谱图在前面已列出，这里不再赘述。

3vPPh$_3$-POL 聚合物通过溶剂热聚合法在水热釜中合成。以 p-3vPPh$_3$-POL 为例，具体合成步骤如下：在手套箱中，将 1.0g p-3vPPh$_3$ 配体放入含有聚四氟乙烯内衬的 50mL 水热釜中，加入 10mL THF 充分溶解，而后加入 25mg 引发剂 AIBN，搅拌 20min，将釜密封好。聚合釜放入烘箱中在 100℃下聚合 24h。冷至室温后，65℃真空抽除溶剂 THF，即可得到 p-3vPPh$_3$-POL。同样地，利用溶剂热聚合法可得 m-3vPPh$_3$-POL 和 o-3vPPh$_3$-POL。

Rh/3vPPh$_3$-POL 催化剂是通过浸渍法制备的。以 Rh/p-3vPPh$_3$-POL 为例，合成步骤如下：Ar 气氛保护下，6.3mg Rh(CO)$_2$(acac)溶于 30mL THF，搅拌均匀后，加入 p-3vPPh$_3$-POL 聚合物 1.0g，室温下搅拌 24h，65℃真空抽除溶剂 THF，即可得到 Rh/p-3vPPh$_3$-POL 催化剂。同样地，利用浸渍法可制备 Rh/m-3vPPh$_3$-POL 和 Rh/o-3vPPh$_3$-POL 催化剂。

3. Rh/3vPPh$_3$-POL 催化剂烯烃氢甲酰化反应性能测试

为了对比均相与非均相铑膦配合物催化剂之间性能的变化，同时为了确认骨架调控的方式对 Rh/3vPPh$_3$-POL 催化性能调控的有效性，在相同反应条件下测试了所得到的 3 种 3vPPh$_3$ 单体与对应聚合物在 1-辛烯氢甲酰化反应中的催化性能，并与无配体状态下 Rh(acac)(CO)$_2$ 的催化性能进行对比。具体反应数据如表 3.47 所示。

表 3.47　1-辛烯氢甲酰化反应中不同催化剂的催化性能 [a]

催化剂名称	转化率/%	醛选择性/%	异构烯烃选择性/%	烷烃选择性/%	正异比
Rh(CO)$_2$(acac)[b]	99	8.5	74.7	16.8	0.6
Rh-p-3vPPh$_3$[c]	99	89.0	9.7	1.3	2.9
Rh-m-3vPPh$_3$[d]	98	93.1	6.2	0.7	4.0
Rh-o-3vPPh$_3$[e]	99	92.8	6.9	0.3	4.9
Rh/p-3vPPh$_3$-POL	98	65.5	21.7	12.8	3.0
Rh/m-3vPPh$_3$-POL	99	88.6	10.4	1.0	10.1
Rh/o-3vPPh$_3$-POL	99	47.1	49.8	3.1	2.3

a. 反应条件：0.060g 催化剂(Rh 负载量 0.25%)，底物与催化剂比例为 6000，溶剂甲苯 5.0g，110℃，1MPa，反应时间 12h，气体组成为 CO/H$_2$=1。

b. 0.38 mg Rh(CO)$_2$(acac)，底物与催化剂比例为 6000。

c. 0.38 mg Rh(CO)$_2$(acac) + 59.62 mg p-3vPPh$_3$，底物与催化剂比例为 6000。

d. 0.38 mg Rh(CO)$_2$(acac) + 59.62 mg m-3vPPh$_3$，底物与催化剂比例为 6000。

e. 0.38 mg Rh(CO)$_2$(acac) + 59.62 mg o-3vPPh$_3$，底物与催化剂比例为 6000。

由表 3.47 可知，无配位的 Rh(CO)$_2$(acac) 对产物醛的选择性只有 8.5%，且产物正异比只有 0.6。加入乙烯基官能团化的膦配体单体与 Rh 进行配位形成铑膦配合物后，催化剂对 1-辛烯氢甲酰化反应的选择性有显著提升(89.0%～93.1%)。同时，随着单体中乙烯基的位置逐渐靠近 P 原子，P 原子周围的环境逐渐拥挤，这种空间位阻作用使产物醛的正异比也有明显的提升(2.9～4.9)。与均相的铑膦配合物催化体系相比，非均相的 Rh/3vPPh$_3$-POL 催化体系在 1-辛烯氢甲酰化反应中催化性能差异十分明显。在 110℃、1MPa 的反应条件下，Rh/p-3vPPh$_3$-POL 对醛的选择性为 65.5%，产物壬醛的正异比为 3.0，Rh/m-3vPPh$_3$-POL 对醛的选择性为 88.6%，产物壬醛的正异比为 10.1，Rh/o-3vPPh$_3$-POL 对醛的选择性为 47.1%，产物壬醛的正异比为 2.3。与均相体系不同，由空间位阻最大的 o-3vPPh$_3$ 单体所制备的催化剂对醛的选择性及醛正异比都最低，空间位阻最小的 p-3vPPh$_3$ 单体所制备的 Rh/p-3vPPh$_3$-POL 对醛的选择性及醛正异比都高于 Rh/o-3vPPh$_3$-POL，而空间位阻居中的 m-3vPPh$_3$ 单体所制备的 Rh/m-3vPPh$_3$-POL 无论是醛选择性还是产物正异比都显著高于其余两者。

由于 Rh/m-3vPPh$_3$-POL 在 1-辛烯氢甲酰化反应中优异的催化活性，将其作为研究目标对其在氢甲酰化反应中的性能进行进一步研究。

首先考察了反应压力、反应温度对 Rh/m-3vPPh$_3$-POL 催化剂上 1-辛烯氢甲酰化反应性能的影响，以期优化出最优反应条件。

首先固定反应温度为 110℃，底物与催化剂比例为 6000，通过改变合成气(CO/H$_2$=1)压力研究 Rh/m-3vPPh$_3$-POL 催化剂上 1-辛烯氢甲酰化反应性能的变化，结果如表 3.48 所示。随着合成气压力由 0.5MPa 上升至 2.0MPa，壬醛的选择性由 83.2%上升至 90.9%，异构辛烯的选择性由 13.7%下降至 6.7%，烷烃的选择性则一直维持在较低水平(1%～3%)，这说明随着反应压力的升高，烯烃异构和加氢这两种副反应会受到抑制，在高的合成气压力下更有利于产物壬醛的生成。同时，随着合成气压力的提升，产品醛的正异比有明显下降。当反应压力由 0.5MPa 上升至 2.0MPa，产物壬醛的正异比由 15.7 下降至 8.1。即随着合成气压力的上升，反应的化学选择性会提升，但是区域选择性会下降。为了在活性、化学选择性和区域选择性之间寻找一个最佳值，同时也为优化其余反应条件留出余地，将合成气压力固定为 1.0MPa 进行进一步研究。

表 3.48　合成气压力对 Rh/*m*-3vPPh₃-POL 上 1-辛烯氢甲酰化反应性能的影响 [a]

反应压力/MPa	转化率/%	醛选择性/%	异构烯烃选择性/%	烷烃选择性/%	正异比
0.5	92	83.2	13.7	3.1	15.7
1.0	99	88.6	10.4	1.0	10.1
1.5	95	89.5	7.6	2.9	10.0
2.0	94	90.9	6.7	2.4	8.1

　　a. 反应条件：0.060g Rh/*m*-3vPPh₃-POL（Rh 负载量 0.25%），底物与催化剂比例为 6000，溶剂甲苯 5.0g，110℃，1MPa，反应时间 12h，气体组成为 CO/H₂=1。

　　接下来固定反应过程中合成气的压力为 1.0MPa，底物与催化剂比例为 6000，研究反应温度的变化对 Rh/*m*-3vPPh₃-POL 上 1-辛烯氢甲酰化反应性能的影响，反应结果如表 3.49 所示。随着反应温度由 100℃上升至 130℃，异构烯烃的选择性从 5.3%上升至 22.1%，辛烷的选择性从 2.2%上升至 6.2%，壬醛的选择性从 92.5%下降至 71.7%，同时随着温度的上升，底物 1-辛烯的转化率从 78%上升至 98%。这说明在研究的温度范围内，较高的反应温度虽然有利于反应原料转化率的提升，但是异构及加氢这两种副反应也随着温度的升高更容易发生。随着反应温度由 100℃上升至 130℃，产物壬醛的正异比始终保持在较高的水平（9.0～13.3），110℃是最为理想的反应温度，在此温度下，原料 1-辛烯几乎完全转化，同时产品醛的选择性和正异比也保持在较高的水平。

表 3.49　反应温度对 Rh/*m*-3vPPh₃-POL 上 1-辛烯氢甲酰化反应性能的影响 [a]

反应温度/℃	转化率/%	醛选择性/%	异构烯烃选择性/%	烷烃选择性/%	正异比
100	78	92.5	5.3	2.2	9.0
110	99	88.6	10.4	1.0	10.1
120	97	82.8	13.6	3.6	13.3
130	98	71.7	22.1	6.2	11.5

　　a. 反应条件：0.060g Rh/*m*-3vPPh₃-POL（Rh 负载量 0.25%），底物与催化剂比例为 6000，溶剂甲苯 5.0g，110℃，1MPa，反应时间 12h，气体组成为 CO/H₂=1。

　　为了探究 Rh/*m*-3vPPh₃-POL 催化剂对烯烃底物的适用性，选取 1-己烯和 1-庚烯进行底物拓展实验（表 3.50），反应条件为通过优化得出的反应温度 110℃和反应压力 1.0MPa，底物与催化剂比例为 6000。由实验结果可知，随着原料烯烃的碳链增长，Rh/*m*-3vPPh₃-POL 对烯烃的转化率逐渐提高，产物醛的选择性和醛的正异比略有下降，但是整体仍维持在较高的水平（醛选择性大于 88%，正异比大于 10）。由此可见，Rh/*m*-3vPPh₃-POL 催化剂具有良好的底物适用性，可以被应用于多种高碳烯烃的氢甲酰化反应中。

表 3.50　Rh/m-3vPPh$_3$-POL 底物拓展实验 [a]

底物	转化率/%	醛选择性/%	异构烯烃选择性/%	烷烃选择性/%	正异比
1-己烯	80.8	92.2	5.8	2.0	15.7
1-庚烯	88.5	91.8	5.4	2.8	13.3
1-辛烯	99	88.6	10.4	1.0	10.1

a. 反应条件：0.060g Rh/m-3vPPh$_3$-POL（Rh 负载量 0.25%），底物与催化剂比例为 6000，溶剂甲苯 5.0g，110℃，1MPa，反应时间 12h，气体组成为 CO/H$_2$=1。

催化剂的循环性能与稳定性是衡量催化剂性能的一个重要指标，为了确认 Rh/m-3vPPh$_3$-POL 是否具有优异的循环性与稳定性，同时使用反应釜与固定床对其进行评价。

首先使用反应釜对 Rh/m-3vPPh$_3$-POL 催化剂进行测试，表 3.51 给出了测试结果。从反应结果可以看出，Rh/m-3vPPh$_3$-POL 具有优异的循环性能，在循环使用 8 次以后仍能保持 10 左右的产物醛正异比。同时，随着循环使用次数增多，催化剂的转化率和醛的选择性逐渐上升，在测试范围内，Rh/m-3vPPh$_3$-POL 最终能达到 94.9% 的烯烃转化率和 95.6% 的产物醛选择性，作为副产品的异构辛烯选择性为 3.3%，辛烷选择性为 1.1%。造成这种情况的原因可能是在循环过程中未经干燥，而是直接将浆态的 Rh/m-3vPPh$_3$-POL 直接投入下一个反应循环而使其活性物种得到了保留的缘故。Rh/m-3vPPh$_3$-POL 在使用 8 次以后，通过 ICP-AES 对催化剂中 Rh 的流失情况进行了测试（表 3.52），结果显示 Rh 的流失量可以忽略不计，这说明 Rh/m-3vPPh$_3$-POL 具有优异的循环性能。

表 3.51　Rh/m-3vPPh$_3$-POL 循环性能测试 [a]

循环次数	转化率/%	醛选择性/%	异构烯烃选择性/%	烷烃选择性/%	正异比
1	89.8	90.4	7.1	2.5	9.9
2	89.7	86.9	10.5	2.6	9.6
3	90.5	91.2	6.4	2.4	9.8
4	91.8	92.6	5.5	1.9	10.0
5	91.2	89.1	8.7	2.2	9.7
6	92.9	93.6	4.7	1.7	9.9
7	94.7	95.4	3.4	1.2	10.4
8	94.9	95.6	3.3	1.1	10.4

a. 反应条件：0.060g Rh/m-3vPPh$_3$-POL（Rh 负载量 0.25%），底物与催化剂比例为 6000，溶剂甲苯 5.0g，110℃，1MPa，反应时间 12h，气体组成为 CO/H$_2$=1。

表 3.52　新鲜与使用过催化剂中 Rh 元素的含量

样品	Rh 含量/%
Rh/m-3vPPh$_3$POL（新鲜催化剂）	0.2656
Rh/m-3vPPh$_3$POL（使用后催化剂）	0.2615

接下来，使用固定床反应器对 Rh/m-3vPPh$_3$-POL 催化剂的催化性能稳定性进行了测试。反应温度为 110℃，反应压力为 1.0MPa，1-辛烯的空速为 0.4h^{-1}，合成气的空速为 500h^{-1}，评价结果如图 3.134 所示。催化剂在经过连续 500h 的测试后，能够保持稳定的催化性能，在反应评价过程中，壬醛的选择性可以维持在 85%以上，且产物醛中直链醛的占比在 90%以上。在测试过程中，作为副产物的异构辛烯选择性在 10%~12%浮动，加氢副产物辛烷的选择性低于 3%。同时，在测试时间段内，Rh/m-3vPPh$_3$-POL 催化剂生成醛的 TOF 值维持在 800h^{-1}以上。固定床反应器的数据测试证明 Rh/m-3vPPh$_3$-POL 具有优异的催化稳定性，以及在工业应用方面的巨大潜力。

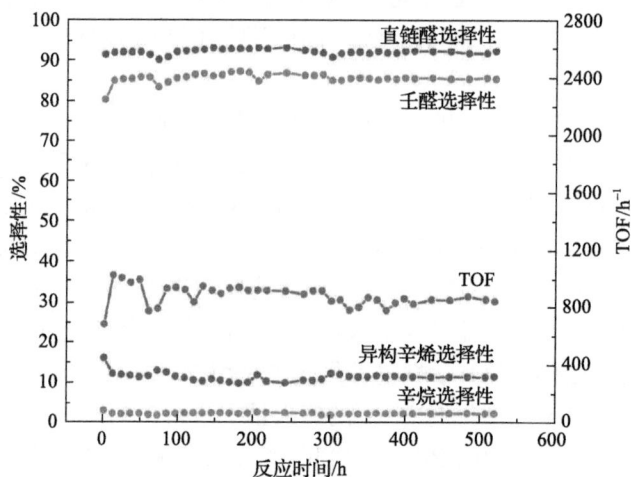

图 3.134　Rh/m-3vPPh$_3$-POL 催化 1-辛烯氢甲酰化固定床稳定性测试

4. Rh/3vPPh$_3$-POL 催化剂及对应载体的表征

为了研究 Rh/3vPPh$_3$-POL 系列催化剂和对应载体之间的结构差异及造成 Rh/m-3vPPh$_3$-POL 催化剂具有优异的催化性能的原因，采用多种手段对样品进行了表征。

首先使用 N$_2$ 物理吸附对 3vPPh$_3$-POL 系列聚合物进行测试。由图 3.135(a)可以看出，p-3vPPh$_3$-POL 和 m-3vPPh$_3$-POL 的物理吸附等温线是 I 和Ⅳ型的叠加曲线，而 o-3vPPh$_3$-POL 却不是。这说明前两者是具有微孔和介孔的多级孔道结构，而后者则没有这种多级孔道结构。图 3.135(b)中所展示出的孔径分布曲线也证明了这一点。p-3vPPh$_3$-POL、m-3vPPh$_3$-POL 和 o-3vPPh$_3$-POL 孔道结构的详细数据列在表 3.53 中。随着三苯基膦单体中乙烯基的位置逐渐靠近 P 原子，所形成的对应聚合物比表面积和总孔容快速减小。p-3vPPh$_3$-POL 的比表面积为 1583m^2/g，总孔容为 2.70cm^3/g；m-3vPPh$_3$-POL 的比表面积下降至 841m^2/g，总孔容降为 1.68cm^3/g；而 o-3vPPh$_3$-POL 的比表面积仅为 168m^2/g，总孔容只有 0.15cm^3/g。然而 m-3vPPh$_3$-POL 的微孔比例为 52.0%，是 p-3vPPh$_3$-POL 微孔比例(23.5%)的 2 倍以上，而 o-3vPPh$_3$-POL 则完全不含微孔，微孔比例的差异可能影响了 3vPPh$_3$-POL 的性能，从而使通过浸渍制得的 Rh/3vPPh$_3$-POL 展现了不同的催化性能。

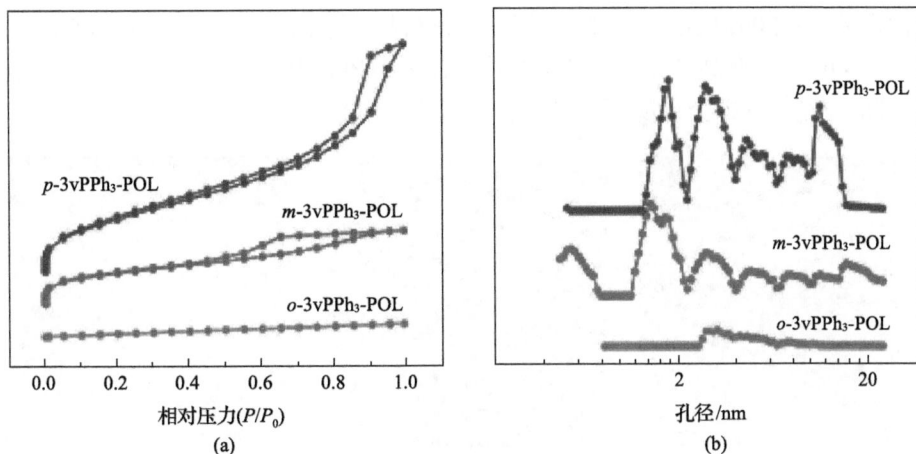

图 3.135　3vPPh₃-POL 系列聚合物的 N₂ 吸脱附曲线(a)和孔径分布曲线(b)

表 3.53　3vPPh₃-POL 系列聚合物的孔道结构

样品	比表面积/(m²/g)	孔容/(cm³/g)	微孔比例/%
p-3vPPh₃-POL	1583	2.70	23.5
m-3vPPh₃-POL	841	1.68	52.0
o-3vPPh₃-POL	168	0.15	0.0

　　为了了解 3vPPh₃-POL 系列聚合物的热稳定性能,测试了 N₂ 氛围下 3vPPh₃-POL 系列聚合物的热重曲线。如图 3.136 所示,p-3vPPh₃-POL 和 m-3vPPh₃-POL 的热稳定性相近,当温度升至 700K 时才出现骨架的坍塌,而 o-3vPPh₃-POL 的热稳定性较差,在 650K 就开始出现骨架坍塌。然而,在氢甲酰化反应的最佳反应温度范围内,这三者都十分稳定,足以满足 3vPPh₃-POL 系列聚合物作为载体制备催化剂的要求。

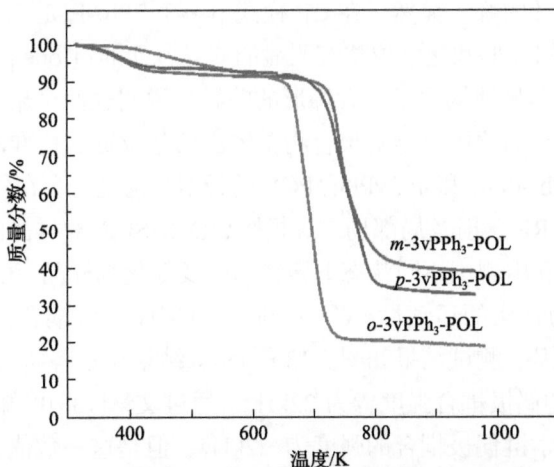

图 3.136　3vPPh₃-POL 系列聚合物的热重曲线

图 3.137(a)～(c)分别为 p-3vPPh₃-POL、m-3vPPh₃-POL 和 o-3vPPh₃-POL 的 SEM 图。

SEM 图显示，3vPPh₃-POL 聚合物均为无定形材料。从图中可以看出，p-3vPPh₃-POL 和 m-3vPPh₃-POL 均具有高度发达的孔道结构，而 o-3vPPh₃-POL 的孔道结构明显不如前两者。这种形貌结构的差异说明了三种聚合物骨架结构的差异性。

图 3.137　p-3vPPh₃-POL（a）、m-3vPPh₃-POL（b）、o-3vPPh₃-POL（c）的 SEM 图

在非均相反应中，底物会在催化剂体系内扩散，与活性位点接触发生吸附，继而被催化形成产物，所以具有高的比表面积与发达的孔道结构的材料更有利于反应物扩散，也更适合作为非均相催化剂载体。显而易见，p-3vPPh₃-POL 和 m-3vPPh₃-POL 更符合这一要求。

使用固体 ¹³C MAS NMR 对 p-3vPPh₃-POL 和 m-3vPPh₃-POL 的骨架结构进行表征，同时为了进一步探索它们骨架结构之间的差异性，使用 one pulse（单脉冲）与 CP（交叉极化）两种模式进行了测试，测试结果如图 3.138 所示。

通过 CP 模式可以看出，化学位移为 40ppm 附近的峰为交联起来的乙烯基的峰，在 110ppm 附近的峰为未聚合的乙烯基的峰，这两组峰证明 p-3vPPh₃-POL 和 m-3vPPh₃-POL 具有高度的交联度，其发达的孔隙结构正是由此而来。化学位移在 120～150ppm 之间的峰为聚合物骨架中苯环的峰。显然，在 CP 模式下 p-3vPPh₃-POL 和 m-3vPPh₃-POL 的固体 ¹³C MAS NMR 谱图峰形和化学位移有明显的差异，而通过 one pulse 模式对聚合物骨架结构更精细的测试明显地揭示了两者峰形的差异，说明这两个聚合物骨架结构有明显差异，而造成这一差异的原因就是对聚合物单体乙烯基位置的精准调控。

为了证明 p-3vPPh₃-POL 和 m-3vPPh₃-POL 的骨架结构是否会在外部环境下产生变化，通过 ¹³C{¹H} R-type RF 照射及局部场二维投影（2D R-SLF）对样品的骨架动力学性能进行了测试。该实验是利用测试不同状态下聚合物以及催化剂样品 ¹³C-¹H 所具有的偶极耦合强度来判断聚合物骨架的运动性。C—H 键的 ¹³C-¹H 偶极耦合强度来自骨架中的芳环和交联起来的乙烯基，测试结果如图 3.139 所示。结果显示各状态下 p-3vPPh₃-POL 和 m-3vPPh₃-POL 两者的偶极耦合强度皆为 22kHz，通过文献[133]可知，—CH 和—CH₂ 基团在刚性骨架中其化学键偶极耦合的强度为 22kHz，但是这一数值会随着骨架的运动性被平均化而降低。p-3vPPh₃-POL 和 m-3vPPh₃-POL 两者的偶极耦合强度说明聚合物骨架具有刚性结构，而其骨架的刚性在负载 Rh 甚至经过反应后都能维持，这种强大的结构

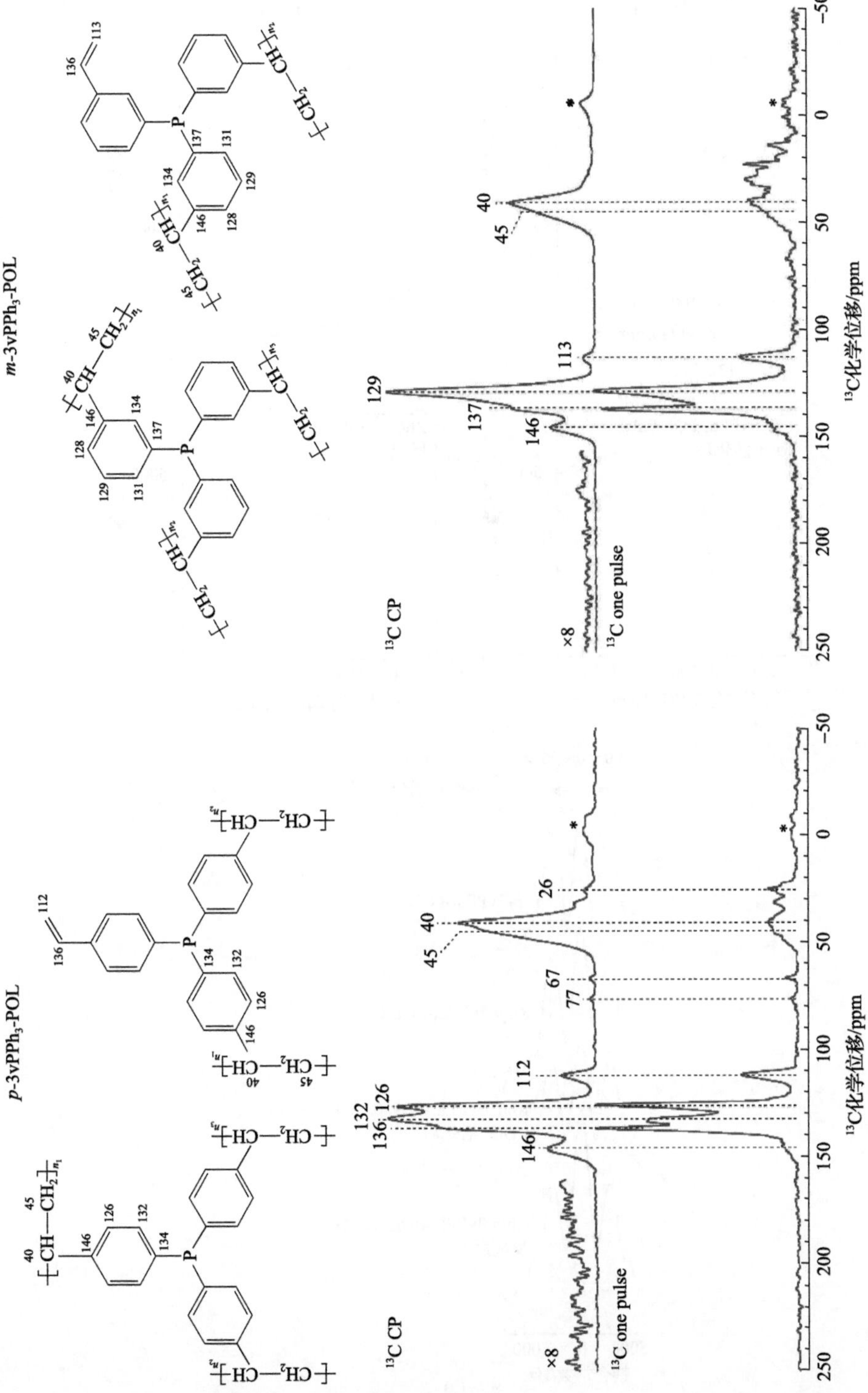

图 3.138　p-3vPPh₃-POL 和 m-3vPPh₃-POL 的固体¹³C MAS NMR 谱图

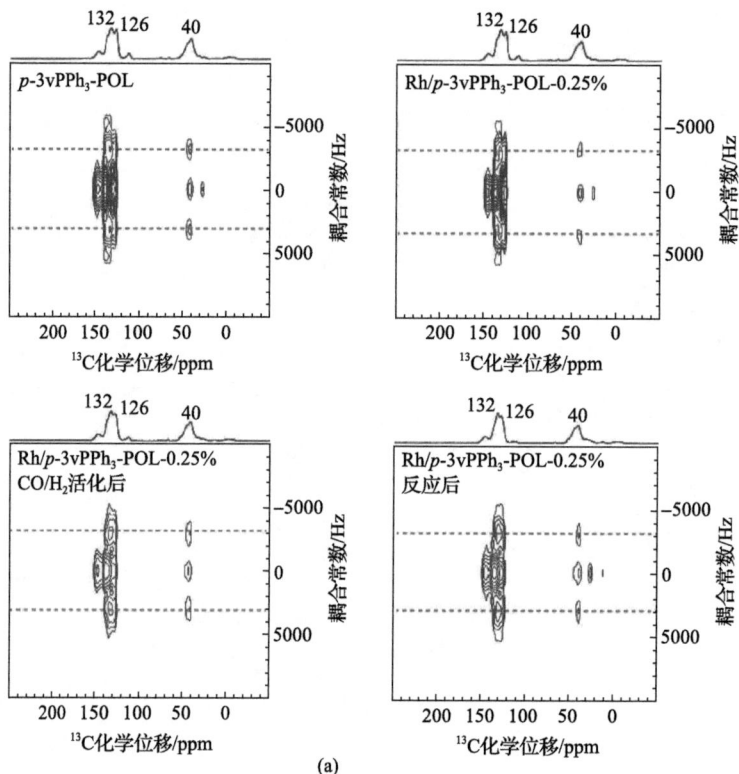

(a)

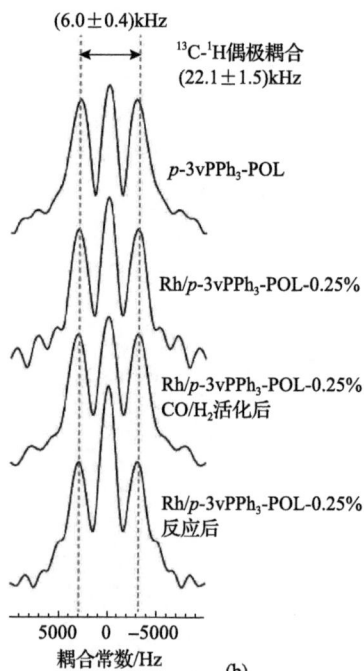

(b)

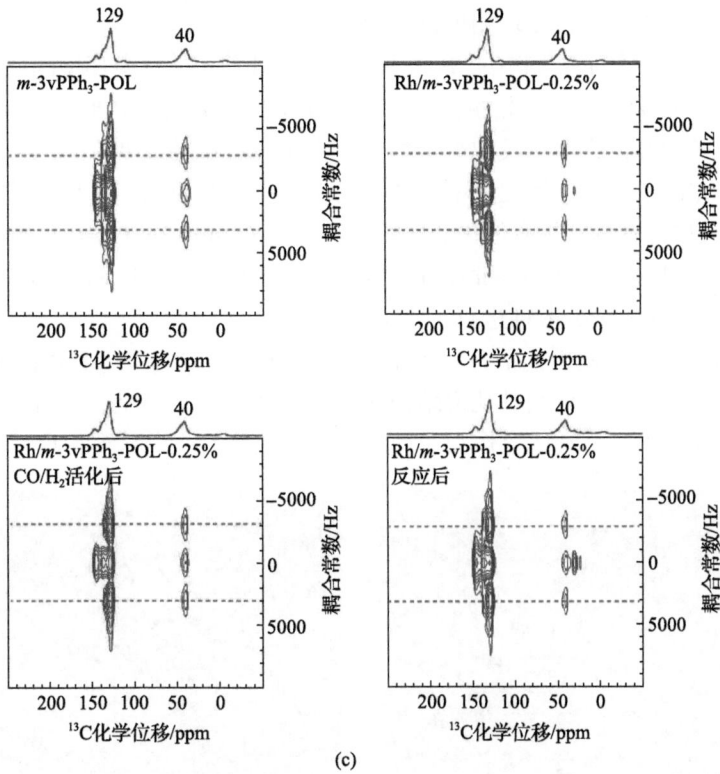

(c)

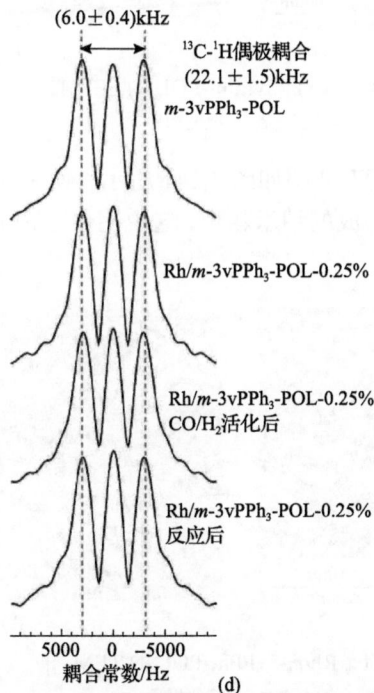

(d)

图 3.139 样品固体 NMR 谱图

(a) 不同状态下 *p*-3vPPh₃-POL 的 ¹³C{¹H} 2D R-SLF 谱图；(b) 图 (a) 的 ¹³C 在 132ppm 处的一维投影；(c) 不同状态下 *m*-3vPPh₃-POL 的 ¹³C{¹H} 2D R-SLF 谱图；(d) 图 (c) 的 ¹³C 在 132 ppm 处的一维投影

稳定性有利于其作为载体在非均相催化中使用。

在 3vPPh$_3$-POL 系列聚合物中，P 原子作为其功能位点，其微环境的变化与影响能清楚地体现在与 Rh 离子配位的能力上。因此，将 Rh 离子引入 3vPPh$_3$-POL 系列聚合物，利用其与 P 原子的配位作用，反映聚合物中 P 原子微环境的改变。

前期的研究证实多孔有机配体中，高的比表面积与大的孔容有利于暴露更多的 P 位点，有利于其分散并且锚定具有催化活性的金属。选取 Rh/m-3vPPh$_3$-POL 作为代表样品去研究 P 位点。通过 SEM、TEM 和 HADDF-STEM 对不同状态的 Rh/m-3vPPh$_3$-POL 催化剂的孔道结构及 Rh 离子分散性进行了表征。

如图 3.140 所示，使用前后的 Rh/m-3vPPh$_3$-POL 催化剂的 SEM 图都显示出了与聚合物相似的孔道结构，证明其孔道结构在负载 Rh 离子甚至是使用后都能够保持，这说明其结构十分坚固，是其适合作为非均相催化剂载体的一个显著特点。

图 3.140　Rh/m-3vPPh$_3$-POL 的 SEM 图
(a)新制备；(b)使用后

Rh/m-3vPPh$_3$-POL 催化剂的 TEM 图如图 3.141 所示，使用前后的 Rh/m-3vPPh$_3$-POL 催化剂都没有发现 Rh 离子团聚形成的纳米颗粒，这说明聚合物上的 P 原子锚定了 Rh 离子，使其具有高度的分散性。

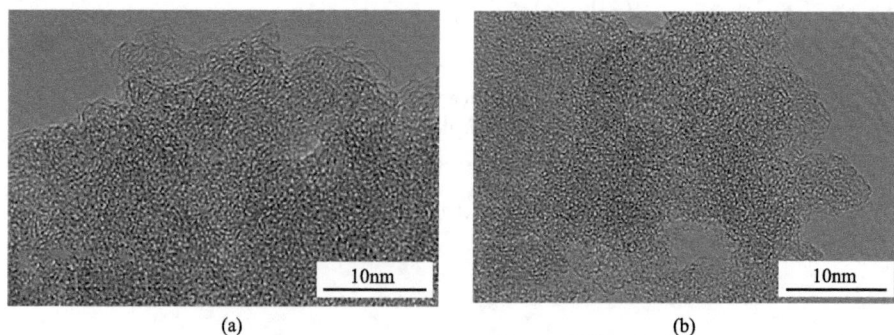

图 3.141　Rh/m-3vPPh$_3$-POL 的 TEM 图
(a)新制备；(b)使用后

为了进一步确定 Rh 离子在聚合物骨架上的分布状态，对使用前及使用后的 Rh/m-

3vPPh$_3$-POL 催化剂同时进行了 HADDF-STEM 表征(图 3.142)。由 HADDF-STEM 图及 EDS 能谱可以看出,Rh 离子以单原子形式均匀地分散在聚合物骨架上,这是由于聚合物骨架中丰富的 P 原子与 Rh 离子形成的配位键将 Rh 离子分散且锚定住,从而使 Rh 离子稳定地以单位点形式分散。

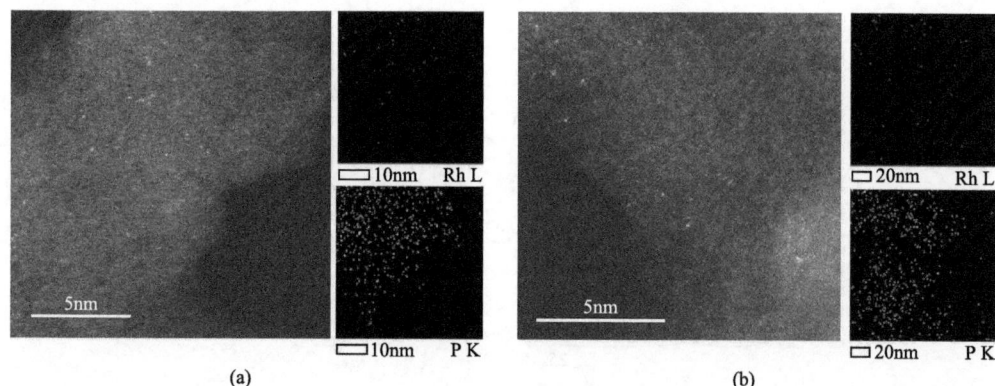

图 3.142 Rh/*m*-3vPPh$_3$-POL 的 HADDF-STEM 图及 EDS 能谱图
(a)新制备;(b)使用后

通过固体核磁表征,还得到了 *m*-3vPPh$_3$-POL 和 *p*-3vPPh$_3$-POL 聚合物及不同状态下 Rh/*m*-3vPPh$_3$-POL 和 Rh/*p*-3vPPh$_3$-POL 的固体 ^{31}P MAS NMR 谱图(图 3.143)。由图 3.143(a)可以发现,*m*-3vPPh$_3$-POL 展示出了两个比较强的信号,在–3ppm 处的峰归属于聚合物骨架中的+3 价 P 原子,而在 25ppm 处的峰归属于+5 价被氧化的 P(P=O),在负载 Rh 离子后,Rh/*m*-3vPPh$_3$-POL 在 30ppm 附近出现了信号,而使用合成气(CO/H$_2$=1)处理催化剂后,30ppm 处附近的信号加强了,这一信号在使用后的催化剂中也没有变化。通过对谱图进行拟合发现,在 29~34ppm 之间的峰归属于 Rh 与 P 的多重配位键,这种多重配位键形成的铑膦配合物有助于催化反应。与前者相比,*p*-3vPPh$_3$-POL 及不同状态下 Rh/*p*-3vPPh$_3$-POL 的固体 ^{31}P MAS NMR 谱图有所不同。由图 3.143(b)可以发现,*p*-3vPPh$_3$-POL 中+3 价 P 原子的峰出现在–6ppm 处,而被氧化的+5 价 P 的吸收峰出现在 23ppm 处。负载 Rh 离子后,在 28ppm 处出现了 Rh 与 P 的配位峰信号,以合成气(CO/H$_2$=1)处理后,峰信号移动至 30ppm 处,而当催化剂使用后,其位移又再次回到 28ppm 处。固体 ^{31}P MAS NMR 谱图证明在 *p*-3vPPh$_3$-POL 和 *m*-3vPPh$_3$-POL 聚合物骨架上,Rh 与 P 可以形成多重配位键,且由两者峰信号化学位移的差距可以看出,通过调控 3vPPh$_3$ 单体中作为交联基团的乙烯基的位置,聚合物的骨架结构也变得不同,这一差异改变了聚合物骨架中 PPh$_3$ 的微环境,最终反映在 P 原子上,这种差异可能会影响 Rh 与 P 之间的相互作用。

为了确认 Rh 与 P 原子之间的相互作用,通过 XPS 测试比较了 3vPPh$_3$-POL 系列聚合物负载 Rh 离子前后的 P 2p 结合能(图 3.144)。当 Rh 离子的负载量为 0.25wt%时,所有的 3vPPh$_3$-POLs 系列聚合物 P 2p 结合能均偏移了 0.1eV,这说明 3vPPh$_3$-POL 系列聚合物骨架中的 P 原子与 Rh 离子形成了配位键。

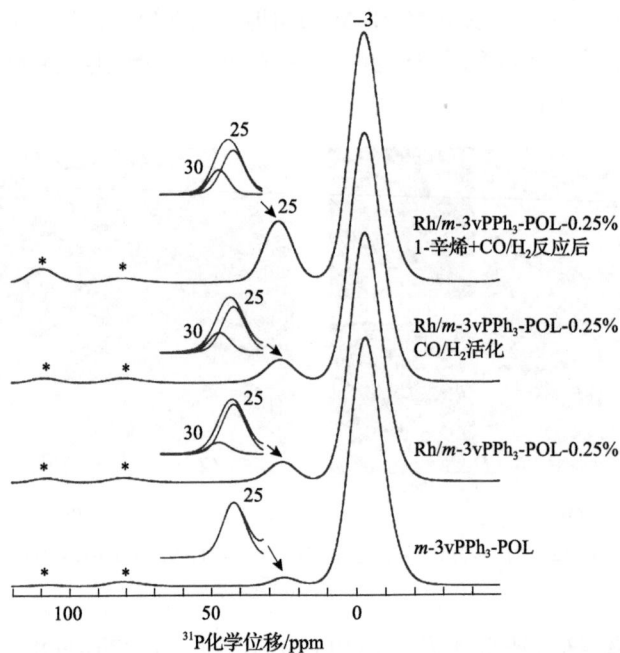

(a)

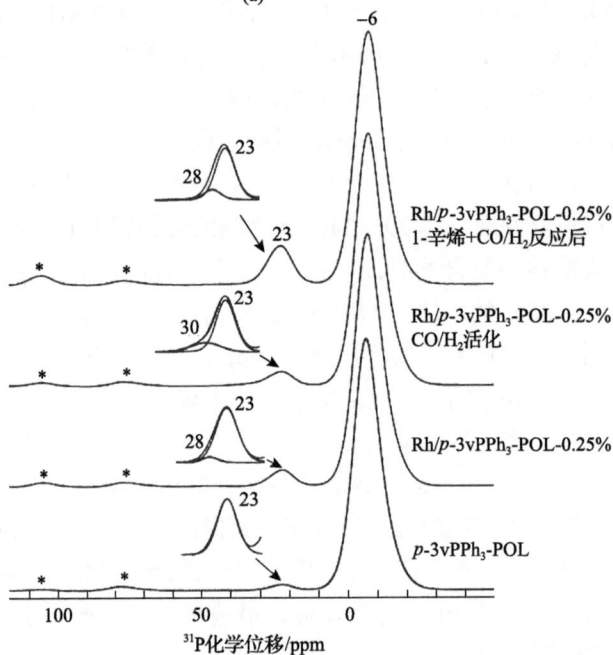

(b)

图 3.143　m-3vPPh$_3$-POL 和不同状态下 Rh/m-3vPPh$_3$-POL（a）以及 p-3vPPh$_3$-POL 和不同状态下 Rh/p-3vPPh$_3$-POL（b）的 ^{31}P MAS NMR 谱图

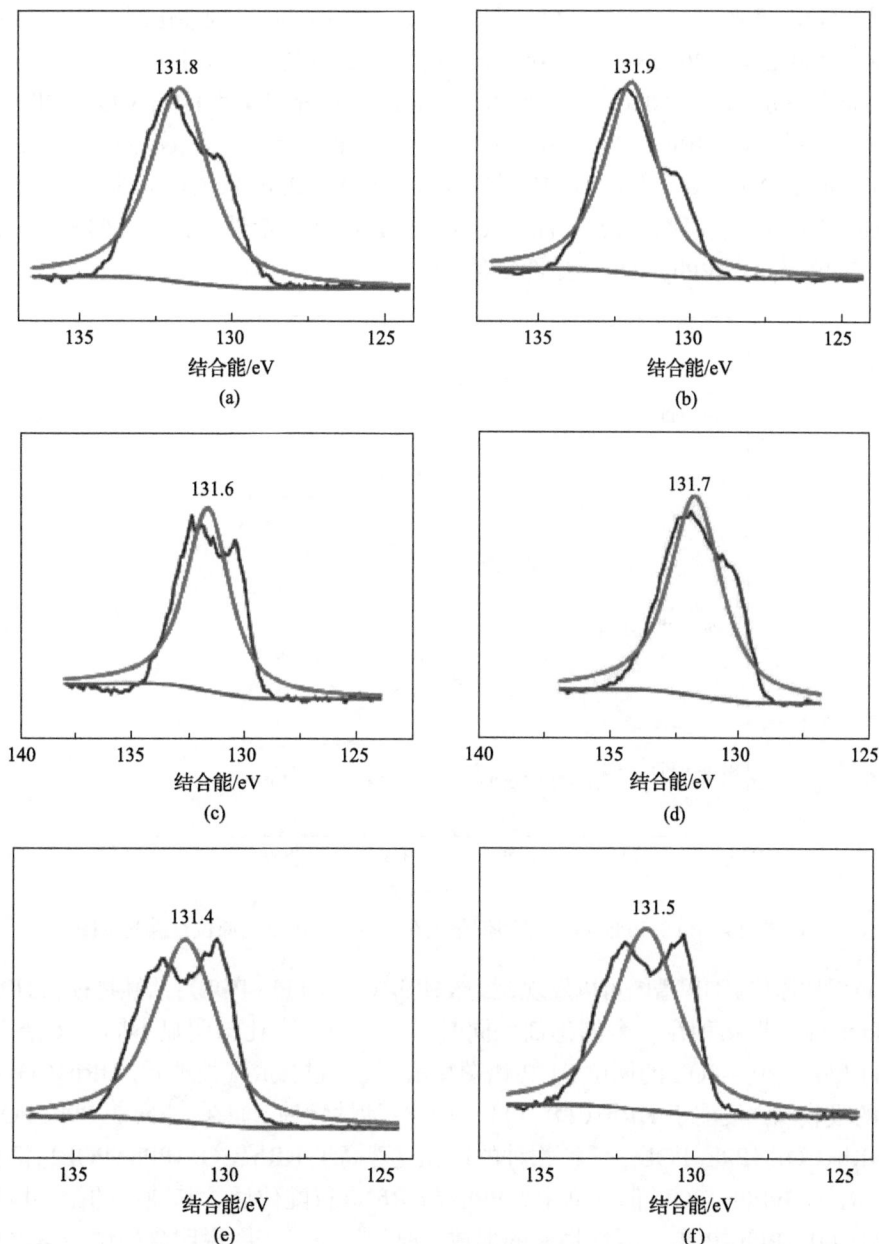

图 3.144　3vPPh$_3$-POL 和对应的 Rh/3vPPh$_3$-POL 的 P 2p XPS 谱图

(a) p-3vPPh$_3$-POL；(b) 0.25wt% Rh/p-3vPPh$_3$-POL；(c) m-3vPPh$_3$-POL；(d) 0.25wt% Rh/m-3vPPh$_3$-POL；
(e) o-3vPPh$_3$-POL；(f) 0.25wt% Rh/o-3vPPh$_3$-POL

在均相催化体系中，Rh 离子可以与 P 原子配位形成不同种类的铑膦配合物，而且这几种配合物以一种平衡的状态共存[134]。而在聚合物体系中，由于 P 被锚定在聚合物骨架中，其活性物种的形成与平衡就会受到聚合物骨架结构的影响。

　　为了确认在 Rh/3vPPh$_3$-POL 系列催化剂中铑膦配合物组成的差异性，在合成气氛围下测试了其原位红外光谱图。由图 3.145 可知，Rh/3vPPh$_3$-POL 系列催化剂主要在 1950cm^{-1}、1961cm^{-1}、2002cm^{-1}、2050cm^{-1} 和 2064cm^{-1} 处出现了吸收峰。通过比对文献[108]可知，在 1950cm^{-1}、1961cm^{-1}、2002cm^{-1} 和 2050cm^{-1} 处的吸收峰归属为 HRh(CO)$_2$(PPh$_3$-POL)$_2$ 活性物种的吸收峰。HRh(CO)$_2$(PPh$_3$-POL)$_2$ 活性物种具有 ea 和 ee 两种构型，其中，1950cm^{-1} 和 2002cm^{-1} 处的吸收峰归属为 ea-HRh(CO)$_2$(PPh$_3$-POL)$_2$ 活性物种，1961cm^{-1} 和 2050cm^{-1} 处的吸收峰归属为 ee-HRh(CO)$_2$(PPh$_3$-POL)$_2$ 活性物种。2064cm^{-1} 处的吸收峰归属于 HRh(CO)(PPh$_3$-POL)$_3$ 活性物种[72]。

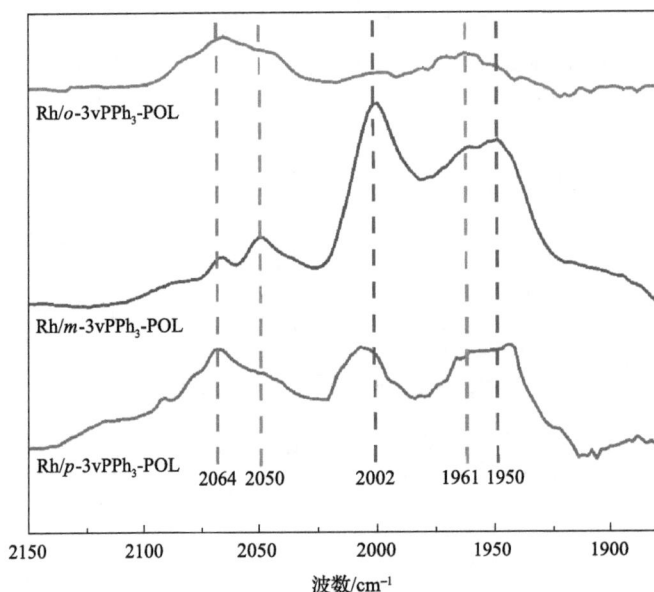

图 3.145　Rh/3vPPh$_3$-POL 系列催化剂在合成气氛围下的原位红外光谱图

　　通过对比原位 FTIR 谱图可以发现，虽然 HRh(CO)$_2$(PPh$_3$-POL)$_2$ 活性物种和 HRh(CO)(PPh$_3$-POL)$_3$ 活性物种在三个催化剂上同时存在，但是占比却明显不同。Rh/p-3vPPh$_3$-POL 和 Rh/o-3vPPh$_3$-POL 的原位 FTIR 谱图显示，在经过合成气处理后，HRh(CO)$_2$(PPh$_3$-POL)$_2$ 的吸收峰强度弱于 HRh(CO)(PPh$_3$-POL)$_3$ 活性物种。而在 Rh/m-3vPPh$_3$-POL 催化剂上，HRh(CO)$_2$(PPh$_3$-POL)$_2$ 活性物种的占比显著高于 HRh(CO)(PPh$_3$-POL)$_3$ 活性物种。即使在 Rh/m-3vPPh$_3$-POL 催化剂中，PPh$_3$ 与 Rh 进行配位后，其独特的微环境更有利于 HRh(CO)$_2$(PPh$_3$-POL)$_2$ 活性物种的形成。原位红外光谱图说明骨架调控策略成功地改变了聚合物骨架中 PPh$_3$ 部分的微环境，这种改变体现在引入 Rh 离子后，铑膦配合物的组成比例被改变，这种改变直接影响了 Rh/3vPPh$_3$-POL 系列催化剂的催化性能。

　　为了获得 3vPPh$_3$-POL 系列聚合物中 Rh-P 物种更加详细的配位情况，使用 EXAFS 测试了合成气处理前后的 Rh/3vPPh$_3$-POL 系列催化剂的配位情况。测试样品的 EXAFS 谱图如图 3.146 所示，EXAFS 谱图表明所有样品中都不存在 Rh—Rh 键，说明 Rh 离子被 3vPPh$_3$-POL 中的 P 物种以单位点形式分散。

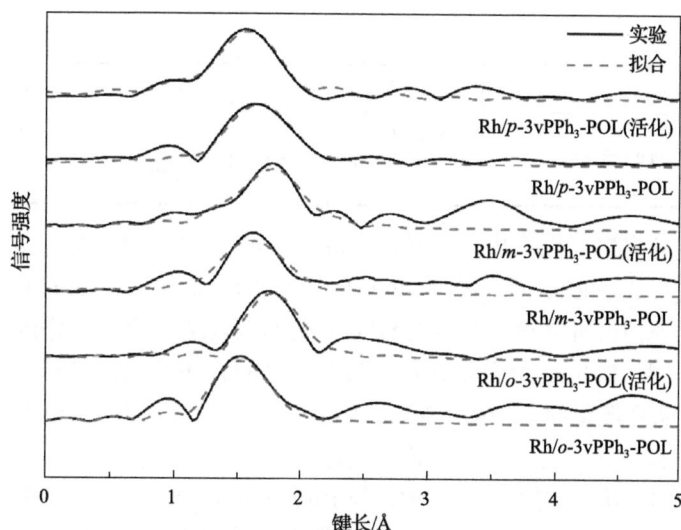

图 3.146　Rh/3vPPh₃-POL 系列催化剂的 EXAFS 测试与拟合谱图

　　样品的 EXAFS 谱图拟合结果(表 3.54)表明，在新鲜的 Rh/3vPPh₃-POL 系列催化剂中，Rh 与 P 和 O 原子进行配位，Rh—P 键由 Rh 离子与聚合物骨架中的 P 物种配位形成，而 Rh—O 键则是 Rh 离子与其前体 Rh(acac)(CO)₂ 中的乙酰丙酮(acac)的氧原子配位形成。经由合成气处理后，Rh/3vPPh₃-POL 系列催化剂中的 Rh 离子则变为与 P 和 C 原子配位。这是由于竞争吸附，乙酰丙酮被活化的 CO 替换所致。并且在经过合成气活化后，Rh/p-3vPPh₃-POL、Rh/m-3vPPh₃-POL 和 Rh/o-3vPPh₃-POL 的配位状态有较大差异。合成气活化后的 Rh/p-3vPPh₃-POL，每个 Rh 离子平均与 2.7 个 P 原子和 1.3 个 C 原子配位；合成气活化后的 Rh/o-3vPPh₃-POL，每个 Rh 离子平均与 2.8 个 P 原子和 1.3 个 C 原子配位。与前两者相比，合成气活化后的 Rh/m-3vPPh₃-POL 的配位状态与前两者显著不同，每个 Rh 离子平均与 2.2 个 P 原子和 1.9 个 C 原子配位。

表 3.54　Rh/3vPPh₃-POL 系列催化剂的 EXAFS 拟合数据

样品	化学键	配位数	键长/Å	$\sigma^2/10^{-3}\text{Å}^2$	R 值/%
Rh/p-3vPPh₃-POL	Rh—P	2.6	2.34	6.6	0.65
	Rh—O	1.9	2.08	3.5	
Rh/p-3vPPh₃-POL (活化)	Rh—P	2.7	2.24	4.0	1.81
	Rh—C	1.3	1.72	9.0	
Rh/m-3vPPh₃-POL	Rh—P	2.4	2.34	5.9	0.77
	Rh—O	2.0	2.08	4.2	
Rh/m-3vPPh₃-POL (活化)	Rh—P	2.2	2.31	3.8	1.73
	Rh—C	1.9	1.72	3.1	
Rh/o-3vPPh₃-POL	Rh—P	2.9	2.33	6.7	0.83
	Rh—O	1.7	2.08	4.5	

续表

样品	化学键	配位数	键长/Å	$\sigma^2/10^{-3}\text{Å}^2$	R 值/%
Rh/o-3vPPh$_3$-POL（活化）	Rh—P	2.8	2.31	3.8	1.45
	Rh—C	1.3	1.77	1.3	

通过原位红外光谱可以看出，在经过合成气处理后，Rh 离子会与聚合物骨架上的 P 物种以及合成气形成 HRh(CO)$_2$(PPh$_3$-POL)$_2$ 活性物种和 HRh(CO)(PPh$_3$-POL)$_3$ 活性物种，而将样品的原位红外光谱图与 EXAFS 谱图的拟合结果相结合分析，可以确认，由于骨架结构的不同，PPh$_3$ 部分在聚合物骨架上所处的微环境也有差异，这一差异导致在 Rh/3vPPh$_3$-POL 系列催化剂中 HRh(CO)$_2$(PPh$_3$-POL)$_2$ 活性物种和 HRh(CO)(PPh$_3$-POL)$_3$ 活性物种的占比有差异。通过对配位状态进行换算，得出了 Rh/3vPPh$_3$-POL 系列催化剂中两种活性物种的占比，如表 3.55 所示，与 Rh/p-3vPPh$_3$-POL 和 Rh/o-3vPPh$_3$-POL 相比，Rh/m-3vPPh$_3$-POL 上 HRh(CO)$_2$(PPh$_3$-POL)$_2$ 活性物种占比更多。结合 Rh/m-3vPPh$_3$-POL 在烯烃氢甲酰化反应中所表现出的优异催化性能，说明 HRh(CO)$_2$(PPh$_3$-POL)$_2$ 活性物种能直接影响烯烃氢甲酰化反应的产物醛的形成，越容易形成这种活性物种的催化剂，催化性能越优异，产物醛的收率也越高。

表 3.55　Rh/3vPPh$_3$-POL 系列催化剂中 HRh(CO)$_2$(PPh$_3$-POL)$_2$ 和 HRh(CO)(PPh$_3$-POL)$_3$ 活性物种占比

样品	活性物种比例分布/%	
	HRh(CO)$_2$(PPh$_3$-POL)$_2$	HRh(CO)(PPh$_3$-POL)$_3$
Rh/p-3vPPh$_3$-POL（活化）	30	70
Rh/m-3vPPh$_3$-POL（活化）	85	15
Rh/o-3vPPh$_3$-POL（活化）	25	75

3.6　多相氢甲酰化催化剂的工业应用

3.6.1　烯烃氢甲酰化工业应用现状

氢甲酰化反应虽然在 1938 年就被发现，并很快于 40 年代初建成了第一套工业装置，但该反应在被发现的初始 20 年间极少得到重视。直到 50 年代，烯烃氢甲酰化反应的研究才越来越受到人们的关注。

羰基合成是用烯烃生产高碳醛和醇的方法，因此，在工业上得到广泛的应用。图 3.147 给出了已经工业应用的有一定规模的氢甲酰化技术，这个图可能并不完整，由于缺乏公开的文献资料，一些小规模的工业应用技术可能会被遗漏。下面将简要讨论几个有特殊的工艺/催化剂特性和/或涉及新产品的领域，其中，中科院大连化物所（DICP）开发的多相氢甲酰化工业技术将在后面的章节中做详细介绍。

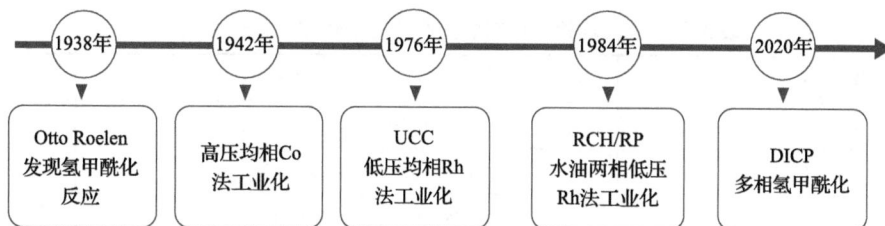

图 3.147 工业应用的氢甲酰化技术

羰基合成是强放热反应，反应热大约为 125kJ/mol，反应过程中热量的移除至关重要。羰基合成过程中的反应平衡常数，在一般反应温度范围内较大。从平衡观点来看，反应可以不加压；但为了保持催化剂的稳定性，反应须在加压下进行。实际过程条件与所使用的催化剂密切相关。

工业上适用于羰基合成过程的原料烯烃包括直链和支链的 $C_2 \sim C_{17}$ 单烯烃。其中直链烯烃主要是乙烯、丙烯、1-丁烯和 2-丁烯，以及 α-烯烃和内烯烃(双键不在链端)的混合物。支链烯烃主要是异戊烯，由 C_3、C_4 烯烃齐聚得到的己烯、辛烯、壬烯、十二烯，以及由异丁烯、1-丁烯和 2-丁烯二聚和共聚得到的庚烯等。使用铑催化剂时，丙烯等原料气的预处理是必要的，因为催化剂遇硫化物、卤化物和氰化物极易中毒。

随着人们生活水平的提高，与生活密切相关的工业，特别是塑料、涂料、洗涤剂等精细化工品对醛、醇原料的需求量日益增长，烯烃氢甲酰化反应已在化学工业中被广泛使用。烯烃氢甲酰化的主产品醛是很有用的化学中间体，它可以合成羧酸及其相应的酯，以及脂肪胺等。醛最重要的用途是可加氢转化成醇，醇本身可作为有机溶剂、增塑剂和表面活性剂等被广泛应用于精细化工领域。在烯烃氢甲酰化反应中，丙烯的氢甲酰化反应最为常用，其产物正丁醛占氢甲酰化反应总产量的 50wt%，是许多下游深加工产品的前体。例如，Eastman 公司、UCC、Celanese 公司和 BASF(巴斯夫)公司已经将其作为下游产品 2-乙基己醇(2-EH)和正丁醇(NBA)等的起始原料。2-EH 通过与邻苯二甲酸酐酯化生成增塑剂邻苯二甲酸二(2-乙基己基)酯(DEHP)，2-EH 主要用作一种增塑剂醇，在 PVC 中用 DEHP 作为增塑剂。同样由 OXO 工艺生产的 $C_5 \sim C_{13}$ 醇也用作增塑剂醇。这一族主要由异壬醇、异癸醇和线型 $C_7 \sim C_{11}$ 醇组成。正丁醇或其衍生物(即乙酸丁酯、丙烯酸丁酯或乙二醇丁酯)都用作溶剂或表面涂层添加剂。

3.6.2 烯烃均相氢甲酰化工艺的研究进展

除了 DICP 技术以外，目前几乎所有的氢甲酰化工业过程均以 Co 和 Rh 这两种金属作为催化剂，以均相催化工艺进行生产。在 20 世纪 40 年代发现的是 Co 体系，70 年代以后 Rh 体系有了迅速发展，新建装置几乎全部采用 Rh 催化体系。使用合适的金属前体在 CO 气体作用下生成金属羰基氢化物，称为未改性的 Co 或 Rh 催化剂系统；在许多工艺中，添加了更适宜的含有 P 原子作为给电子体的配体，这些被称为(配体)改性催化剂系统。

表 3.56 中列出了国外五代均相催化剂的生产工艺条件和催化性能比较。

表 3.56　五代均相催化剂的生产工艺条件和催化性能比较

催化剂代数及其专利商	金属	配体调变	活性物种	温度/K	压力/bar	液体流速/h^{-1}
第一代，巴斯夫公司	Co	无	$HCo(CO)_4$	423~453	200~300	0.5~2
第二代，壳牌公司	Co	有	$HCo(CO)_3L$	433~473	50~150	0.1~0.2
第三代，鲁尔化学公司	Rh	无	$HRh(CO)_4$	373~413	200~300	0.3~0.6
第四代，联合碳化物公司	Rh	有	$HRh(CO)L_3$	333~393	10~50	0.1~0.2
第五代，鲁尔化学/罗纳-普朗克公司	Rh	有	$HRh(CO)L_3$	383~403	40~60	>0.2
催化剂代数及其专利商	产品	醛的选择性	活性	正异比	对毒物的敏感性	
第一代，巴斯夫公司	醛	低	低	80:20	不敏感	
第二代，壳牌公司	醇	低	较低	88:12	不敏感	
第三代，鲁尔化学公司	醛	高	高	50:50	不敏感	
第四代，联合碳化物公司	醛	高	较高	92:8	敏感	
第五代，鲁尔化学/罗纳-普朗克公司	醛	高	较高	95:5	不敏感	

第一代，羰基 Co 催化剂。氢甲酰化反应最开始是以羰基 Co 为催化剂。研究认为氢甲酰化反应的催化活性物种是 $HCo(CO)_4$，但 $HCo(CO)_4$ 不稳定、容易分解，产品的正异比较低，须在高的 CO 分压下操作。为此进行了一些相应的研究改进工作，如改变配位基和中心原子，从而期望提高其稳定性和选择性。

第二代，叔膦改性的羰基 Co 催化剂。1950 年前后，通过改变配位基出现了膦羰基 Co 催化剂。用 PR_3 或 $P(OR)_3$ 来取代 $HCo(CO)_4$ 中的羰基，膦配体使催化剂的稳定性增加但活性降低。因为 PR_3 与羰基相比较是一个较强的 σ-给电子配位基和较弱的 π-受体配位基，能增加中心金属的电子密度，从而增强了中心金属的反馈电子能力，使金属-羰基键变牢固，可以在较低的 CO 分压下进行氢甲酰化反应，但整个反应速率减慢。

第三代，羰基 Rh 催化剂。由于羰基 Co 催化剂活性低、操作压力高、生成的副产物较多、原料烯烃利用率较低，且需要复杂的循环回收过程，因此研究者寻求其他元素代替 Co，集中研究的是羰基 Rh 催化剂。50 年代中期开始，人们逐渐认识到 Rh 基氢甲酰化反应催化剂的优点超过了 Co 基氢甲酰化反应催化剂。在元素周期表中，Rh 在 Co 的下面，比 Co 多 1 个 18 电子的壳层，最外层结构差别不大，在性质上相似。Rh 的原子体积大，易形成高配位数的化合物，因此羰基 Rh 的活性比羰基 Co 高很多。

在羰基 Rh 催化剂中，起活性作用的是 $HRh(CO)_4$。在高温高压下，Rh 的化合物与合成气（$CO+H_2$）反应，可得到羰基 Rh 催化剂。羰基 Rh 催化剂与羰基 Co 催化剂反应性能的差异主要有：①羰基 Rh 的催化活性是羰基 Co 的 $10^2 \sim 10^4$ 倍；②羰基 Rh 比羰基 Co 的产物正异比低；③羰基 Rh 比羰基 Co 对烯烃的异构化能力强；④羰基 Rh 反应条件温和，可在较低压力下操作；⑤羰基 Rh 的加氢活性低，因此醛醛缩合反应（或醇醛缩合反应）很少发生。

第四代，油溶性铑膦配合物催化剂。20 世纪 60 年代初期，Slaugh 和 Mulineaux 发现用叔膦配体修饰的 Rh 配合物作为烯烃氢甲酰化反应催化剂具有优异的反应性能。60 年代中期，Wilkinson 等研发了 HRhCO(PPh$_3$)$_3$ 催化剂，这种催化剂具有更高的催化活性，反应条件更温和。随后，人们从反应速率、选择性及价格方面对不同的叔膦配体进行研究，认为三苯基膦配体最佳。在相似的反应条件下，一个含三丁基膦的羰基 Rh 催化剂的反应活性为三苯基膦为配体时的 1/6，选择性少 10%。1976 年，UCC 以 HRh(CO)(PPh$_3$)$_3$ 作为催化剂的氢甲酰化反应实现了工业化。由于 Rh 的价格比 Co 的价格高出 3000 多倍，催化剂的损失必须限制到最低程度，这推动了 Rh 回收技术的发展。

第五代，水溶性铑膦配合物催化剂。对于油溶性铑膦配合物催化剂，因为产物与催化剂处于同一相，产物与催化剂的分离一般采用蒸馏方法，容易造成催化剂热解失活。1984 年，法国罗纳-普朗克(Rhone-Poulenc)公司和德国鲁尔化学(Ruhrchemie)公司合作，成功开发了水溶性铑膦配合物催化剂 HRh(CO)(TPPTS)$_3$[TPPTS=P(m-C$_6$H$_4$SO$_3$Na)$_3$]用于丙烯氢甲酰化反应的工业化。同均相催化相比较，两相催化工艺的优点是：用水作溶剂既安全又便宜；反应完成后静置，有机层与水层自动分层，倾出上层有机物即可简便地将产物与催化剂分离；避免了产物与催化剂分离过程中催化剂因加热而发生的降解失活，导致 Rh 的损失减少；选择性提高，更加节约原料烯烃和合成气。

烯烃氢甲酰化是均相催化反应工艺在工业应用中最成功的典范，工业装置主要有通过 Co 催化剂催化的高压工艺装置、膦配体改性 Rh 配合物催化的低压工艺装置和水溶性 Rh 配合物催化的两相氢甲酰化工艺装置。当前，氢甲酰化工业技术面临的主要问题为：催化剂和产物的分离难题；高碳烯烃只能采用 Co 基催化剂，直链醛选择性低且反应条件苛刻；采用非绿色工艺的甲苯等有机物为反应溶剂。

新型的均相催化多相化技术是解决上述问题的可行技术之一，其核心问题是解决催化活性组分的易流失问题，即多相化催化剂中的活性金属和配体在反应过程中的流失问题。将有机配体聚合为具有高比表面积、多级孔道结构的聚合物并作为载体来负载活性金属组分，通过在聚合过程中使配体中具有孤对电子的 P、N 原子最大限度地裸露，并与活性金属离子形成多重配位键来避免活性金属离子和配体的流失，可以获得高稳定性、高直链醛选择性和高效的新型均相催化多相化的单核金属配合物催化剂。另外，该固载化催化剂可采用径向反应工艺进行氢甲酰化反应，实现无溶剂工业化生产。

3.6.3　乙烯氢甲酰化工业化研发

1. 乙烯氢甲酰化工业研发背景

丙醛是一种重要的精细化工原料，主要用于生产正丙醇、丙酸、三羟甲基乙烷以及丙酮肟等化工中间体，在橡胶、油漆、塑料、医药、香料、农业、轻纺以及饲料等行业具有广泛的用途。丙醛生产方法主要有乙烯氢甲酰化法、丙醇氧化法、环氧丙烷异构化法、丙烯醛加氢法以及丙烯氧化制丙酮副产法，其中，乙烯氢甲酰化法是目前世界上工业化生产丙醛的主要方法。

乙烯氢甲酰化法是以乙烯、一氧化碳、氢气为原料，以钴和铑膦配合物为催化剂，生产丙醛。20 世纪 50 年代，工业化生产丙醛采用羰基钴或叔膦改性的钴作为催化剂的高压羰基合成法；70 年代中期，美国联合碳化物公司(UCC)、英国戴维公司、庄信万丰公司三家公司联合开发了以 HRh(CO)(PPh₃)₃ 为催化剂的低压羰基合成法，并且 UCC 于 1975 年采用此方法实现了工业化生产。低压羰基合成法具有反应条件温和、反应活性和选择性高、传热效果好等优点，但缺点是催化剂与产物的分离困难，产品蒸馏时催化剂易热解失活，工业生产成本较高。德国鲁尔化学公司和国内四川大学采用水油两相催化工艺，催化剂为水溶性铑膦配合物，在水溶液中催化烯烃生成醛类产品。这类水溶性的催化剂需要在氢甲酰化反应后，通过两相分离将溶解在水中的催化剂分离出来。在工业化生产中需要不断弥补反应过程中损失的催化剂水溶液。

目前已经实现工业化的乙烯氢甲酰化技术比较典型的有两类：国外的技术由美国联合碳化物公司、英国戴维公司及庄信万丰公司三家公司共同研发，催化剂为油溶性的铑膦配合物，采用均相催化工艺；国内的技术由四川大学研发，催化剂为水溶性铑膦配合物，采用水油两相催化工艺。

70 年代中期，美国联合碳化物公司、英国戴维公司和庄信万丰公司三家公司联合开发了以 HRh(CO)(PPh₃)₃ 为催化剂的均相催化工艺。

典型的操作工艺为：Rh 在反应液中的浓度为 250ppm，反应温度 81℃，H_2 分压 0.6MPa，CO 分压 0.2MPa，烯烃单程转化率为 84%，醛的选择性在 99% 以上。

对于该反应工艺，催化剂溶解在反应溶剂中，浓度均匀，具有反应活性和选择性高、传热效果好等优点，但是最大的缺点是催化剂与产物的分离困难，产品蒸馏时催化剂易热解失活，工业生产成本较高。虽然戴维公司与其他公司联合研发液相回收产品(降低产品蒸馏温度)及催化剂再生等工艺，但是该工艺依然面临着催化剂失活速度太快、贵金属铑流失、装置需要经常停工检修等问题。

四川大学的水油两相催化技术最早由李贤均教授研发，后期其团队成立了成都欣华源科技有限责任公司，与南京荣欣化工有限公司合作建成了 4 万 t/a "乙烯氢甲酰化生产丙醛/丙醇" 工业装置。查阅相关文献可知，其工艺由两级氢甲酰化反应单元完成，第一级为主反应，完成整个产能的 80% 以上，第一级主反应进料，CO 和 H_2 与烯烃的比例略高于 1，使得烯烃充分反应，第二级反应主要是提高反应原料利用率，第二级反应进料是根据第一级反应气相出口组成，加入烯烃和 CO、H_2，使第二级进料中三个组分摩尔比接近 1:1:1。值得一提的是，两个反应器需要不断地补充新鲜的催化剂水溶液，以弥补反应过程中损失的催化剂溶液。

典型的操作工艺为：所使用的催化剂三间磺酸基三苯基膦钠盐(TPPTS)与 Rh 的比例为 30:1，Rh 在水溶液中的浓度为 60ppm，反应温度为 95℃左右，一级反应釜反应压力为 2.2MPa，二级反应釜反应压力为 1.9MPa，最终产品中丙醛选择性为 98%。

2. 乙烯多相氢甲酰化工业化

由于均相催化乙烯氢甲酰化合成丙醛必须要有产物分离这一步骤，生产成本大大增加。为了解决这一问题，人们试图开发一种兼具均相催化和多相催化优点的均相多相化催化剂。近年来，大量的氢甲酰化均相多相化技术不断涌现，但其反应稳定性差和活性低的问题一直得不到解决，阻碍了其工业化应用。为了开发新的均相固载化催化剂，期望解决目前固载化体系存在的稳定性差和活性低的问题。

中科院大连化物所利用其在氢甲酰化催化剂技术方面的多年积累，于 2000 年开始乙烯氢甲酰化制丙醛的多相催化剂及其工艺的研究。2012 年起，大连化物所研究团队从分子水平上设计并合成出乙烯基官能团化的含磷或氮原子的有机配体单体，制备出以高度裸露的磷或氮原子的骨架为结构单元，具有大比表面积、多级孔结构特点的有机聚合物材料，此类聚合物材料具有载体和配体的双重功能，与氢甲酰化活性金属单原子(铑和钴)形成具有多重配位结构和高稳定性的单原子催化剂，并将此催化剂应用于乙烯多相氢甲酰化生产丙醛的固定床工艺的研究。

合成气与烯烃耦合反应，即烯烃氢甲酰化，是一种利用过渡金属催化剂将合成气和烯烃转化为醛类化合物的反应，具有 100%原子经济性，是化学工业领域重要的反应之一。由于醛可以方便地进一步转化为醇、酸和酯等化学品，而这些化学品是生成各种洗涤剂、增塑剂、表面活性剂、医药和香料等高附加值精细化学品的主要原料，因此氢甲酰化已发展成为迄今最重要的工业均相催化反应之一。

当前，工业化氢甲酰化技术面临四大问题：

(1)工业上都采用均相催化法，面临催化剂和产物的分离难题。

(2)由于高活性和高选择性的 Rh-P 催化剂体系无法适用于高碳烯烃，只能采用 Co 基催化剂，因此，直链醛选择性低，且反应条件苛刻，需要在高压(20MPa 以上)下反应。

(3)工业生产中多采用甲苯等有机物作反应溶剂，为非绿色工艺。

(4)强放热氢甲酰化产生的大量低品位的反应热没有得到利用。

解决上述问题的可行技术之一是新型的均相催化多相化技术。其核心问题是解决催化活性组分易流失的问题，即多相化催化剂中的活性金属和配体在反应过程中的流失问题。

2010 年起，中科院大连化物所开始研究三(4-乙烯基苯基)膦的合成，溶剂热聚合过程以及以高比表面积、多级孔结构的较高热稳定性含膦聚合物为载体的单点 Rh 基催化剂的研制，并将其应用于乙烯的多相氢甲酰化反应中。此催化剂经实验室小试评价后，立即升级为催化剂固定床单管放大试验的评价。采用该乙烯多相氢甲酰化 Rh/POL-PPh$_3$ 催化剂，在反应温度 T=100～120℃，反应压力 P=3.5MPa(克服阻力降)，C$_2$H$_4$/CO/H$_2$=1/1/1 (摩尔比)，空速 3000～4000h^{-1} 条件下，反应主要产物是丙醛(96%～98%)，副产物为丙醛聚合物和乙烷。丙醛加氢反应条件为：反应温度为 128～132℃，反应压力为 1.50MPa，丙醛液态的进料空速为 0.6h^{-1}，H$_2$ 的 GHSV 为 2000h^{-1}，丙醛单程转化率为 32%，总转化率为 96.5%左右，正丙醇选择性为 96%～98%。2018 年，实验室小试进行了 2000h 稳定性试验，结果表明催化剂具有很好的稳定性。此催化剂经过实验室小试和催化剂固定床单管放大试验的评价，大量的测试数据表明：采用工业性原材料，上述 POPs 配位键合的单核金属配合物催化剂，能采用固定床反应工艺，高选择性获得目标产物丙醛和正丙醇。烯烃多相氢甲酰化催化剂的双功能 POL-PPh$_3$ 成型放大制备也获得了成功，为烯烃多相氢甲酰化技术的工业应用奠定了坚实的基础。

乙烯多相氢甲酰化及其加氢制正丙醇工业装置是采用中科院大连化物所研发的乙烯多相氢甲酰化及其加氢制正丙醇技术，由上海寰球工程有限公司进行工程设计，宁波巨化化工科技有限公司投资建设，这是一项具有自主知识产权的产业化项目。该工业装置设计规模为5万t/a正丙醇，于2018年底开始建设，2020年6月建成，2020年8月底全流程一次开车成功，顺利生产出丙醛、正丙醇产品。项目采购工艺设备229台（套），国产化率100%。从2020年8月底投料开车至今，运行平稳。该工业装置包括乙烯氢甲酰化及精制单元、丙醛加氢及精制单元。装置全景如图3.148所示。

图3.148　规模为5万t/a的乙烯多相氢甲酰化及其加氢制正丙醇工业装置

乙烯多相氢甲酰化及其加氢技术生产正丙醇工业化装置的核心技术由中科院大连化物所丁云杰研究员、严丽研究员团队自主研发，创造性地采用了单原子催化的烯烃多相氢甲酰化技术。产品丙醛和正丙醇的质量均达到国际优级品标准，正丙醇中酸含量只有2～3ppm，远低于美国材料试验协会的标准规定（正丙醇中酸含量小于30ppm）。该装置采用使用单原子催化剂的多相催化技术，解决了80多年来均相催化多相化一直没有解决的配体和活性金属组分的流失等难题。该装置采用径向固定床反应工艺进行氢甲酰化反应，不仅实现了无溶剂工业化生产，而且实现了催化剂核心技术和工艺关键技术的有机集成，有效解决了大量低品位反应热利用等难题。

参 考 文 献

[1] Xu S J, Luo Y L, Tan B E. Recent development of hypercrosslinked microporous organic polymers[J]. Macromolecular Rapid Communications, 2013, 34(6): 471-484.

[2] Tsyurupa M P, Davankov V A. Porous structure of hypercrosslinked polystyrene: State-of-the-art mini-review[J]. Reactive and Functional Polymers, 2006, 66(7): 768-779.

[3] Zhang Y, Riduan S N. Functional porous organic polymers for heterogeneous catalysis[J]. Chemical Society Reviews, 2012, 41(6): 2083-2094.

[4] Dawson R, Cooper A I, Adams D J. Nanoporous organic polymer networks[J]. Progress in Polymer Science, 2012, 37(4):

530-563.

[5] Wu D C, Xu F, Sun B, et al. Design and preparation of porous polymers[J]. Chemical Reviews, 2012, 112(7): 3959-4015.

[6] McKeown N B, Budd P M. Polymers of intrinsic microporosity(PIMs): Organic materials for membrane separations, heterogeneous catalysis and hydrogen storage[J]. Chemical Society Reviews, 2006, 35(8): 675-683.

[7] Xu Y H, Jin S B, Xu H, et al. Conjugated microporous polymers: Design, synthesis and application[J]. Chemical Society Reviews, 2013, 42(20): 8012-8031.

[8] Côté A P, Benin A I, Ockwig N W, et al. Porous, crystalline, covalent organic frameworks[J]. Science, 2005, 310(5751): 1166-1170.

[9] Ding S Y, Wang W. Covalent organic frameworks(COFs): From design to applications[J]. Chemical Society Reviews, 2013, 42(2): 548-568.

[10] Ghanem B S, Hashem M, Harris K D M, et al. Triptycene-based polymers of intrinsic microporosity: Organic materials that can be tailored for gas adsorption[J]. Macromolecules, 2010, 43(12): 5287-5294.

[11] Yuan S W, White D, Mason A, et al. Improving hydrogen adsorption enthalpy through coordinatively unsaturated cobalt in porous polymers[J]. Macromolecular Rapid Communications, 2012, 33(5): 407-413.

[12] Dawson R, Ratvijitvech T, Corker M, et al. Microporous copolymers for increased gas selectivity[J]. Polymer Chemistry, 2012, 3(8): 2034-2038.

[13] Liebl M R, Senker J. Microporous functionalized triazine-based polyimides with high CO_2 capture capacity[J]. Chemistry of Materials, 2013, 25(6): 970-980.

[14] Del Regno A, Gonciaruk A, Leay L, et al. Polymers of intrinsic microporosity containing tröger base for CO_2 capture[J]. Industrial & Engineering Chemistry Research, 2013, 52(47): 16939-16950.

[15] Chang Z, Zhang D S, Chen Q, et al. Microporous organic polymers for gas storage and separation applications[J]. Physical Chemistry Chemical Physics, 2013, 15(15): 5430-5442.

[16] Xiang Z H, Cao D P. Porous covalent-organic materials: Synthesis, clean energy application and design[J]. Journal of Materials Chemistry A, 2013, 1(8): 2691-2718.

[17] Zou X Q, Ren H, Zhu G S. Topology-directed design of porous organic frameworks and their advanced applications[J]. Chemical Communications, 2013, 49(38): 3925-3936.

[18] Ben T, Shi K, Cui Y, et al. Targeted synthesis of an electroactive organic framework[J]. Journal of Materials Chemistry, 2011, 21(45): 18208-18214.

[19] Liu X, Xu Y, Jiang D. Conjugated microporous polymers as molecular sensing devices: Microporous architecture enables rapid response and enhances sensitivity in fluorescence-on and fluorescence-off sensing[J]. Journal of the American Chemical Society, 2012, 134: 8738-8741.

[20] El-Kaderi H M, Hunt J R, Mendoza-Cortés J L, et al. Designed synthesis of 3D covalent organic frameworks[J]. Science, 2007, 316(5822): 268-272.

[21] Feng X, Ding X S, Jiang D L. Covalent organic frameworks[J]. Chemical Society Reviews, 2012, 41(18): 6010-6022.

[22] Ding S Y, Gao J, Wang Q, et al. Construction of covalent organic framework for catalysis: Pd/COF-LZU1 in Suzuki-Miyaura coupling reaction[J]. Journal of the American Chemical Society, 2011, 133(49): 19816-19822.

[23] Xu H, Chen X, Gao J, et al. Catalytic covalent organic frameworks via pore surface engineering[J]. Chemical Communications, 2014, 50(11): 1292-1294.

[24] Germain J, Fréchet J M J, Svec F. Nanoporous polymers for hydrogen storage[J]. Small, 2009, 5(10): 1098-1111.

[25] Ahn J H, Jang J E, Oh C G, et al. Rapid generation and control of microporosity, bimodal pore size distribution, and surface area in davankov-type hyper-cross-linked resins[J]. Macromolecules, 2006, 39(2): 627-632.

[26] Macintyre F S, Sherrington D C, Tetley L. Synthesis of ultrahigh surface area monodisperse porous polymer nanospheres[J]. Macromolecules, 2006, 39(16): 5381-5384.

[27] Lee J Y, Wood C D, Bradshaw D, et al. Hydrogen adsorption in microporous hypercrosslinked polymers[J]. Chemical Communications, 2006, (25): 2670-2672.

[28] Germain J, Švec F, Fréchet J M J. Preparation of size-selective nanoporous polymer networks of aromatic rings: Potential adsorbents for hydrogen storage[J]. Chemistry of Materials, 2008, 20(22): 7069-7076.

[29] Germain J, Fréchet J M J, Svec F. Hypercrosslinked polyanilines with nanoporous structure and high surface area: Potential adsorbents for hydrogen storage[J]. Journal of Materials Chemistry, 2007, 17(47): 4989-4997.

[30] Germain J, Fréchet J M J, Svec F. Nanoporous, hypercrosslinked polypyrroles: Effect of crosslinking moiety on pore size and selective gas adsorption[J]. Chemical Communications, 2009, (12): 1526-1528.

[31] Jiang J X, Su F B, Trewin A, et al. Conjugated microporous poly(aryleneethynylene) networks[J]. Angewandte Chemie International Edition, 2007, 46(45): 8574-8578.

[32] Wood C D, Tan B E, Trewin A, et al. Hydrogen storage in microporous hypercrosslinked organic polymer networks[J]. Chemistry of Materials, 2007, 19(8): 2034-2048.

[33] Schwab M G, Lennert A, Pahnke J, et al. Nanoporous copolymer networks through multiple Friedel-Crafts-alkylation-studies on hydrogen and methane storage[J]. Journal of Material Chemistry, 2011, 21(7): 2131-2135.

[34] Li B Y, Gong R N, Wang W, et al. A new strategy to microporous polymers: knitting rigid aromatic building blocks by external cross-linker[J]. Macromolecules, 2011, 44(8): 2410-2414.

[35] Dawson R, Stevens L A, Drage T C, et al. Impact of water coadsorption for carbon dioxide capture in microporous polymer sorbents[J]. Journal of the American Chemical Society, 2012, 134(26): 10741-10744.

[36] Luo Y L, Li B Y, Wang W, et al. Hypercrosslinked aromatic heterocyclic microporous polymers: A new class of highly selective CO_2 capturing materials[J]. Advanced Materials, 2012, 24(42): 5703-5707.

[37] Jiang J X, Wang C, Laybourn A, et al. Metal-organic conjugated microporous polymers[J]. Angewandte Chemie International Edition, 2011, 50(5): 1072-1075.

[38] Zhou Y B, Wang Y Q, Ning L C, et al. Conjugated microporous polymer as heterogeneous ligand for highly selective oxidative heck reaction[J]. Journal of the American Chemical Society, 2017, 139(11): 3966-3969.

[39] Huang N, Xu Y, Jiang D L. High performance heterogeneous catalysis with surface-exposed stable metal nanoparticles[J]. Scientific Reports, 2014, 4(7228): 1-8.

[40] Chen L, Yang Y, Jiang D L. CMPs as scaffolds for constructing porous catalytic frameworks: A built-in heterogeneous catalyst with high activity and selectivity based on nanoporous metalloporphyrin polymers[J]. Journal of the American Chemical Society, 2010, 132(26): 9138-9143.

[41] Kundu D S, Schmidt J, Bleschke C, et al. A microporous binol-derived phosphoric acid[J]. Angewandte Chemie International Edition, 2012, 51(22): 5456-5459.

[42] Zhang Y A, Zhang Y, Sun Y L, et al. 4-(N,N-dimethylamino) pyridine-embedded nanoporous conjugated polymer as a highly active heterogeneous organocatalyst[J]. Chemistry: A European Journal, 2012, 18(20): 6328-6334.

[43] Mckeown N B, Hanif S, Msayib K, et al. Porphyrin-based nanoporous network polymers[J]. Chemical Communications, 2002, (23): 2782-2783.

[44] Budd P M, Ghanem B, Msayib K, et al. A nanoporous network polymer derived from hexaazatrinaphthylene with potential as an adsorbent and catalyst support[J]. Journal of Materials Chemistry, 2003, 13(11): 2721-2726.

[45] Xie Y, Zhang Z F, Jiang T, et al. CO_2 cycloaddition reactions catalyzed by an ionic liquid grafted onto a highly cross-linked polymer matrix[J]. Angewandte Chemie International Edition, 2007, 46(38): 7255-7258.

[46] Zhang Y L, Wei S, Liu F J, et al. Superhydrophobic nanoporous polymers as efficient adsorbents for organic compounds[J]. Nano Today, 2009, 4(2): 135-142.

[47] Sun Q, Jiang M, Shen Z J, et al. Porous organic ligands(POLs) for synthesizing highly efficient heterogeneous catalysts[J]. Chemical Communications, 2014, 50(80): 11844-11847.

[48] Jiang M, Yan L, Ding Y J, et al. Ultrastable 3V-PPh₃ polymers supported single Rh sites for fixed-bed hydroformylation of olefins[J]. Journal of Molecular Catalysis A: Chemical, 2015, 404-405: 211-217.

[49] Li C Y, Xiong K, Yan L, et al. Designing highly efficient Rh/CPOL-bp&PPh₃ heterogenous catalysts for hydroformylation of internal and terminal olefins[J]. Catalysis Science & Technology, 2016, 6 (7): 2143-2149.

[50] Li C Y, Yan L, Lu L L, et al. Single atom dispersed Rh-biphephos&PPh₃@porous organic copolymers: Highly efficient catalysts for continuous fixed-bed hydroformylation of propene[J]. Greem Chemistry, 2016, 18 (10): 2995-3005.

[51] Li C Y, Sun K J, Wang W L, et al. Xantphos doped Rh/POPs-PPh₃ catalyst for highly selective long-chain olefins hydroformylation: Chemical and DFT insights into Rh location and the roles of Xantphos and PPh₃[J]. Journal of Catalysis, 2017, 353: 123-132.

[52] Sun Q, Dai Z, Liu X L, et al. Highly efficient heterogeneous hydroformylation over Rh-metalated porous organic polymers: Synergistic effect of high ligand concentration and flexible framework[J]. Journal of the American Chemical Society, 2015, 137 (15): 5204-5209.

[53] Huangfu Y, Sun Q, Pan S X, et al. Porous polymerized organocatalysts rationally synthesized from the corresponding vinyl-functionalized monomers as efficient heterogeneous catalysts[J]. ACS Catalysis, 2015, 5 (3): 1556-1559.

[54] Sun Q, Dai Z, Meng X, et al. Task-specific design of porous polymer heterogeneous catalysts beyond homogeneous counterparts[J]. ACS Catalysis, 2015, 5 (8): 4556-4567.

[55] Franke R, Selent D, Börner A. Applied hydroformylation[J]. Chemical Reviews, 2012, 112 (11): 5675-5732.

[56] Marras F, Kluwer A M, Siekierzycka J R, et al. Phosphorus ligand imaging with two-photon fluorescence spectroscopy: towards rational catalyst immobilization[J]. Angewandte Chemie International Edition, 2010, 49 (32): 5480-5484.

[57] Marras F, Wang J A, Coppens M O, et al. Ordered mesoporous materials as solid supports for rhodium-diphosphine catalysts with remarkable hydroformylation activity[J]. Chemical Communications, 2010, 46 (35): 6587-6589.

[58] Shephard D S, Zhou W Z, Maschmeyer T, et al. Site-directed surface derivatization of MCM-41: Use of high-resolution transmission electron microscopy and molecular recognition for determining the position of functionality within mesoporous materials[J]. Angewandte Chemie International Edition, 1998, 37 (19): 2719-2723.

[59] Mukhopadhyay K, Sarkar B R, Chaudhari R V. Anchored Pd complex in MCM-41 and MCM-48: Novel heterogeneous catalysts for hydrocarboxylation of aryl olefins and alcohols[J]. Journal of the American Chemical Society, 2002, 124 (33): 9692-9693.

[60] Mukhopadhyay K, Mandale A B, Chaudhari R V. Encapsulated HRh (CO) (PPh₃)₃ in microporous and mesoporous supports: Novel heterogeneous catalysts for hydroformylation[J]. Chemistry of Materials, 2003, 15 (9): 1766-1777.

[61] Kecht J, Schlossbauer A, Bein T. Selective functionalization of the outer and inner surfaces in mesoporous silica nanoparticles[J]. Chemistry of Materials, 2008, 20 (23): 7207-7214.

[62] Li P, Kawi S. SBA-15-based polyamidoamine dendrimer tethered Wilkinson's rhodium complex for hydroformylation of styrene[J]. Journal of Catalysis, 2008, 257 (1): 23-31.

[63] Fiddy S G, Evans J, Neisius T, et al. Extended X-ray absorption fine structure (EXAFS) characterisation of the hydroformylation of oct-1-ene by dilute Rh-PEt₃ catalysts in supercritical carbon dioxide[J]. Chemical Communications, 2004, (6): 676-677.

[64] Chang J R, Lin H M, Cheng S W, et al. EXAFS investigation of the morphology of immobilized Rh (PPh₃)₃Cl on phosphinated MCM-41[J]. Journal of Molecular Catalysis A: Chemical, 2010, 329 (1-2): 27-35.

[65] Bianchini C, Burnaby D G, Evans J, et al. Preparation, characterization, and performance of tripodal polyphosphine rhodium catalysts immobilized on silica via hydrogen bonding[J]. Journal of the American Chemical Society, 1999, 121 (25): 5961-5971.

[66] Lan X J, Zhang W P, Yan L, et al. Structure, activity, and stability of triphenyl phosphine-modified Rh/SBA-15 catalyst for hydroformylation of propene: A high-resolution solid-state NMR study[J]. Journal of Physical Chemistry C, 2009, 113 (16):

6589-6595.

[67] Zhang J, Poliakoff M, George M W. Rhodium-catalyzed hydroformylation of alkenes using *in situ* high-pressure IR and polymer matrix techniques[J]. Organometallics, 2003, 22(8): 1612-1618.

[68] Yan L, Ding Y J, Lin L W, et al. *In situ* formation of HRh(CO)$_2$(PPh$_3$)$_2$ active species on the surface of a SBA-15 supported heterogeneous catalyst and the effect of support pore size on the hydroformylation of propene[J]. Journal of Molecular Catalysis A: Chemical, 2009, 300(1-2): 116-120.

[69] Walczuk E B, Kamer P C J, van Leeuwen P W N M. Dormant states of rhodium hydroformylation catalysts: Carboalkoxyrhodium complex formed from enones in the alkene feed[J]. Angewandte Chemie International Edition, 2003, 42(38): 4665-4669.

[70] Gerritsen L A, van Meerkerk A, Vreugdenhil M H, et al. Hydroformylation with supported liquid phase rhodium catalysts. Part I. General description of the system, catalyst preparation and characterization[J]. Journal of Molecular Catalysis, 1980, 9(2): 139-155.

[71] Evans D, Osborn J A, Wilkinson G. Hydroformylation of alkenes by use of rhodium complex catalysts[J]. Journal of the Chemical Society A: Inorganic, Physical, Theoretical, 1968: 3133-3142.

[72] Brown C K, Wilkinson G. Homogeneous hydroformylation of alkenes with hydridocarbonyltris-(triphenylphosphine) rhodium(I) as catalyst[J]. Journal of the Chemical Society A: Inorganic, Physical, Theoretical, 1970: 2753-2764.

[73] van der Slot S C, Kamer P C J, van Leeuwen P W N M, et al. Mechanistic studies of the hydroformylation of 1-alkenes using a monodentate phosphorus diamide ligand[J]. Organometallics, 2001, 20(3): 430-441.

[74] Hebrard F, Kalck P. Cobalt-catalyzed hydroformylation of alkenes: Generation and recycling of the carbonyl species, and catalytic cycle[J]. Chemical Reviews, 2009, 109(9): 4272-4282.

[75] 程光剑, 娄阳. 2,2,4,4-四甲基-1,3-环丁二醇的合成技术及应用现状[J]. 石化技术与应用, 2013, 31(4): 342-346.

[76] Bohnen H W, Cornils B. Hydroformylation of alkenes: An industrial view of the status and importance[J]. Advances in Catalysis, 2002, 47: 1-64.

[77] Kohlpaintner C W, Fischer R W, Cornils B. Aqueous biphasic catalysis: Ruhrchemie/Rhone-Poulenc oxo process[J]. Applied Catalysis A: General, 2001, 221(1-2): 219-225.

[78] Cuny G D, Buchwald S L. Practical, high-yield, regioselective, rhodium-catalyzed hydroformylation of functionalized α-olefins[J]. Journal of the American Chemical Society, 1993, 115(5): 2066-2068.

[79] Jana R, Tunge J A. A homogeneous, recyclable polymer support for Rh(I)-catalyzed C—C bond formation[J]. The Journal of Organic Chemistry, 2011, 76(20): 8376-8385.

[80] Jana R, Tunge J A. A Homogeneous, recyclable rhodium(II) catalyst for the hydroarylation of Michael acceptors[J]. Organic Letters, 2009, 11(4): 971-974.

[81] 李存耀, 丁云杰, 严丽, 等. 一种使用氧化膦聚合物负载型催化剂进行丙烯氢甲酰化反应的方法: CN202210233393.5[P]. 2022-07-22.

[82] Haumann M, Jakuttis M, Franke R, et al. Continuous gas-phase hydroformylation of a highly diluted technical C$_4$ feed using supported ionic liquid phase catalysts[J]. ChemCatChem, 2011, 3(11): 1822-1827.

[83] Billig E, Abatjoglou A G, Charleston B O, et al. Transition metal complex catalyzed processes: US4769498A[P]. 1988-09-06.

[84] Alsalahi W, Grzybek R, Trzeciak A M. *N*-Pyrrolylphosphines as ligands for highly regioselective rhodium-catalyzed 1-butene hydroformylation: Effect of water on the reaction selectivity[J]. Catalysis Science & Technology, 2017, 7(14): 3097-3103.

[85] Sun Q, Dai Z F, Meng X J, et al. Enhancement of hydroformylation performance via increasing the phosphine ligand concentration in porous organic polymer catalysts[J]. Catalysis Today, 2017, 298: 40-45.

[86] Jiao Y, Torne M S, Gracia J, et al. Ligand effects in rhodium-catalyzed hydroformylation with bisphosphines: Steric or electronic?[J]. Catalysis Science & Technology, 2017, 7(6): 1404-1414.

[87] How R C, Hembre R, Ponasik J A, et al. A modular family of phosphine-phosphoramidite ligands and their hydroformylation

catalysts: Steric tuning impacts upon the coordination geometry of trigonal bipyramidal complexes of type [Rh(H)(CO)$_2$(P^P*)][J]. Catalysis Science & Technology, 2016, 6(1): 118-124.

[88] Czauderna C F, Cordes D B, Slawin A M Z, et al. Synthesis and reactivity of chiral, wide-bite-angle, hybrid diphosphorus ligands[J]. European Journal of Inorganic Chemistry, 2014, (10): 1797-1810.

[89] Jörke A, Seidel-Morgenstern A, Hamel C. Rhodium-BiPhePhos catalyzed hydroformylation studied by operando FTIR spectroscopy: Catalyst activation and rate determining step[J]. Journal of Molecular Catalysis A: Chemical, 2017, 426: 10-14.

[90] Kubis C, Ludwig R, Sawall M, et al. A comparative in situ HP-FTIR spectroscopic study of Bi- and monodentate phosphite-modified hydroformylation[J]. ChemCatChem, 2010, 2(3): 287-295.

[91] Selent D, Franke R, Kubis C, et al. A new diphosphite promoting highly regioselective rhodium-catalyzed hydroformylation[J]. Organometallics, 2011, 30(17): 4509-4514.

[92] van Rooy A, Kamer P C J, van Leeuwen P W N M, et al. Bulky diphosphite-modified rhodium catalysts: Hydroformylation and characterization[J]. Organometallics, 1996, 15: 835-847.

[93] Buisman G J H, van der Veen L A, Kamer P C J, et al. Fluxional processes in asymmetric hydroformylation catalysts [HRhL^L(CO)$_2$] containing C_2-symmetric diphosphite ligands[J]. Organometallics, 1997, 16(26): 5681-5687.

[94] Beller M. Catalytic Carbonylation Reactions[M]. Berlin: Springer, 2006.

[95] Trezeciak A M, Ziolkowski J J, Aygen S, et al. Reactions of Rh(acac)(P(OPh)$_3$)$_2$ with H$_2$, CO and olefins[J]. Journal of Molecular Catalysis, 1986, 34(3): 337-343.

[96] Overend G, Iggo J A, Heaton B T, et al. The reaction of mixtures of [Rh$_4$(CO)$_{12}$] and triphenylphosphite with carbon monoxide or syngas as studied by high-resolution, high-pressure NMR spectroscopy[J]. Magnetic Resonance in Chemistry: MRC, 2008, 46: S100-S106.

[97] Zhang B X, Jiao H J, Michalik D, et al. Hydrolysis stability of bidentate phosphites utilized as modifying ligands in the Rh-catalyzed n-regioselective hydroformylation of olefins[J]. ACS Catalysis, 2016, 6(11): 7554-7565.

[98] Puthiaraj P, Chung Y M, Ahn W S. Dual-functionalized porous organic polymer as reusable catalyst for one-pot cascade C—C bond-forming reactions[J]. Molecular Catalysis, 2017, 441: 1-9.

[99] Wang L, Wang Z, Wang Y E, et al. Styrene-butadiene-styrene copolymer compatibilized interfacial modified multiwalled carbon nanotubes with mechanical and piezoresistive properties[J]. Journal of Applied Polymer Science, 2016, 133(5): 1-9.

[100] Zhang F Y, Dai J J, Wang A M, et al. Investigation of the synergistic extraction behavior between cerium(Ⅲ) and two acidic organophosphorus extractants using FT-IR, NMR and mass spectrometry[J]. Inorganica Chimica Acta, 2017, 466: 333-342.

[101] Wilson C, Main M J, Cooper N J, et al. Swellable functional hypercrosslinked polymer networks for the uptake of chemical warfare agents[J]. Polymer Chemistry, 2017, 8(12): 1914-1922.

[102] Trzeciak A M, Ziólkowski J J. Mechanistic studies on the rhodium complex catalyzed hydroformylation reaction of olefins[J]. Journal of Molecular Catalysis A: Chemical, 1983, 19(1): 41-55.

[103] Jongsma T, Challa G, van Leeuwen P W N M. A mechanistic study of rhodium tri(o-t-butylphenyl)phosphite complexes as hydroformylation catalysts[J]. Journal of Organometallic Chemistry, 1991, 421(1): 121-128.

[104] Trzeciak A M, Ziólkowski J J. Low pressure, highly active rhodium catalyst for the homogeneous hydroformylation of olefins[J]. Journal of Molecular Catalysis, 1986, 34(2): 213-219.

[105] Moasser B, Gladfelter W L, Roe D C. Mechanistic aspects of a highly regioselective catalytic alkene hydroformylation using a rhodium chelating bis(phosphite) complex[J]. Organometallics, 1995, 14(8): 3832-3838.

[106] van der Veen L A, Boele M D K, Bregman F R, et al. Electronic effect on rhodium diphosphine catalyzed hydroformylation: The bite angle effect reconsidered[J]. Journal of the American Chemical Society, 1998, 120(45): 11616-11626.

[107] Sivasankar N, Frei H. Direct observation of kinetically competent surface intermediates upon ethylene hydroformylation over Rh/Al$_2$O$_3$ under reaction conditions by time-resolved Fourier transform infrared spectroscopy[J]. The Journal of Physical Chemistry C, 2011, 115(15): 7545-7553.

[108] Jongsma T, vab Aert H, Fossen M, et al. Stable silica-grafted polymer-bound bulky-phosphite modified rhodium hydroformylation catalysts[J]. Journal of Molecular Catalysis, 1993, 83: 37-50.

[109] López Nieto J M, Concepción P, Dejoz A, et al. Selective oxidation of *n*-butane and butenes over vanadium-containing catalysts[J]. Journal of Catalysis, 2000, 189(1): 147-157.

[110] Barzan C, Groppo E, Quadrelli E A, et al. Ethylene polymerization on a SiH$_4$-modified Phillips catalyst: Detection of *in situ* produced α-olefins by operando FT-IR spectroscopy[J]. Physical Chemistry Chemical Physics, 2012, 14(7): 2239-2245.

[111] Güven S, Nieuwenhuizen M M L, Hamers D B, et al. Kinetic explanation for the temperature dependence of the regioselectivity in the hydroformylation of neohexene[J]. ChemCatChem, 2014, 6(2): 603-610.

[112] Kubis C, Selent D, Sawall M, et al. Exploring between the extremes: conversion-dependent kinetics of phosphite-modified hydroformylation catalysis[J]. Chemistry: A European Journal, 2012, 18(28): 8780-8794.

[113] 姜淑兰, 张威. 高碳醇的生产方法[J]. 河北化工, 1994, 17(2): 31-36.

[114] Xiang Y Z, Chitry V, Liddicoat P, et al. Long-chain terminal alcohols through catalytic CO hydrogenation[J]. Journal of the American Chemical Society, 2013, 135(19): 7114-7117.

[115] 宋金波, 叶春林, 罗杨, 等. 近年来国内高碳烯烃氢甲酰化反应研究进展[J]. 山东化工, 2004, 33(6): 16-18.

[116] Riisager A, Hanson B E. CTAB micelles and the hydroformylation of octene with rhodium/TPPTS catalysts: Evidence for the interaction of TPPTS with micelle surfaces[J]. Journal of Molecular Catalysis A: Chemical, 2002, 189(2): 195-202.

[117] Horváth I T, Rábai J. Fluorous multiphase systems: US 5463082[P]. 1995-10-31.

[118] Horváth I T, Rábai J. Facile catalyst separation without water: Fluorous biphase hydroformylation of olefins[J]. Science, 1994, 266(5182): 72-75.

[119] 金子林, 梅建庭, 蒋景阳. 温控相转移催化: 水/有机两相催化新进展[J]. 高等学校化学学报, 2000, 21(6): 941-946.

[120] Ritter U, Winkhofer N, Schmidt H G, et al. New cobalt catalysts for hydroformylations in two-phase systems[J]. Angewandte Chemie International Edition in English, 1996, 35(5): 524-526.

[121] Bhattacharyya P, Gudmunsen D, Hope E G, et al. Phosphorus(Ⅲ) ligands with fluorous ponytails[J]. Journal of the Chemical Society, Perkin Transactions 1, 1997, (24): 3609-3612.

[122] Chauvin Y, Mussmann L, Olivier H. A novel class of versatile solvents for two-phase catalysis: Hydrogenation, isomerization, and hydroformylation of alkenes catalyzed by rhodium complexes in liquid 1,3-dialkylimidazolium salts[J]. Angewandte Chemie International Edition in English, 1996, 34(23-24): 2698-2700.

[123] Wasserscheid P, Waffenschmidt H. Ionic liquids in regioselective platinum-catalysed hydroformylation[J]. Journal of Molecular Catalysis A: Chemical, 2000, 164(1-2): 61-67.

[124] Haumann M, Riisager A. Hydroformylation in room temperature ionic liquids(RTILs): Catalyst and process developments[J]. Chemical Reviews, 2008, 108(4): 1474-1497.

[125] Webb P B, Sellin M F, Kunene T E, et al. Continuous flow hydroformylation of alkenes in supercritical fluid-ionic liquid biphasic systems[J]. Journal of the American Chemical Society, 2003, 125(50): 15577-15588.

[126] Cole-Hamilton D J. Homogeneous catalysis: New approaches to catalyst separation, recovery, and recycling[J]. Science, 2003, 299(5613): 1702-1706.

[127] Zhou W, He D H. A facile method for promoting activities of ordered mesoporous silica-anchored Rh-P complex catalysts in 1-octene hydroformylation[J]. Green Chemistry, 2009, 11(8): 1146-1154.

[128] Li C Y, Wang W L, Yan L, et al. A mini review on strategies for heterogenization of rhodium-based hydroformylation catalysts[J]. Frontiers of Chemical Science and Engineering, 2018, 12(1): 113-123.

[129] Liu J, Yan L, Ding Y J, et al. Promoting effect of Al on tethered ligand-modified Rh/SiO$_2$ catalysts for ethylene hydroformylation[J]. Applied Catalysis A: General, 2015, 492: 127-132.

[130] Han D F, Li X H, Zhang H D, et al. Heterogeneous asymmetric hydroformylation of olefins on chirally modified Rh/SiO$_2$ catalysts[J]. Journal of Catalysis, 2006, 243(2): 318-328.

[131] Neves Â C B, Calvete M J F, Pinho e Melo T M V D, et al. Immobilized catalysts for hydroformylation reactions: A versatile tool for aldehyde synthesis[J]. European Journal of Organic Chemistry, 2012, 2012(32): 6309-6320.

[132] Ji G J, Li C Y, Xiao D, et al. The effect of the position of cross-linkers on the structure and microenvironment of PPh$_3$ moiety in porous organic polymers[J]. Journal of Materials Chemistry A, 2021, 9(14): 9165-9174.

[133] Dvinskikh S V, Zimmermann H, Maliniak A, et al. Measurements of motionally averaged heteronuclear dipolar couplings in MAS NMR using R-type recoupling[J]. Journal of Magnetic Resonance, 2004, 168(2): 194-201.

[134] Walczuk E B, Kamer P C J, van Leeuwen P W N M. Dormant states of rhodium hydroformylation catalysts: Carboalkoxyrhodium complex formed from enones in the alkene feed[J]. Angewandte Chemie, 2003, 115(38): 4813-4817.

第4章

钴催化的氢甲酰化反应

4.1 钴的简单介绍

钴(英文为 cobalt，来源于德语"kobold")的化学符号为 Co，在元素周期表中位于第四周期的Ⅷ族(铁族)，原子序数为 27，最外层有 9 个电子(分布为：$4s^2 3d^7$)，是一种在常温下具有六边形晶体结构的过渡金属，呈银灰色，有光泽，硬而较脆。与其同族的金属铑(Rh)、铱(Ir)相比，它们在地壳中的丰度之比为：$Co/Rh/Ir \approx 10^4/5/1$。目前地壳中钴的丰度仅为 25×10^{-6}，根据美国地质调查局(USGS)的相关数据，全球陆地钴资源储量和资源量分别约为 700 万 t 和 2500 万 t 钴金属量，且多以铜和镍的伴生形态出现。陆地钴资源分布区域十分集中，主要集中于非洲的刚果(金)(全球钴储量的 52%)、澳大利亚(全球钴储量的 17%)和古巴(全球钴储量的 7%)，其他国家和地区储量占比则较低。除此之外，海底钴资源远高于陆地，达到 1.2 亿 t。

在物理性质方面，钴拥有高硬度、高熔点、耐腐蚀性和较强的磁性。熔点和沸点分别高达 1495℃和 2870℃，在高温下能保持良好的强度，且具有较低的导热性和导电性，但加热到 1150℃磁性消失。在化学性质方面，常温下钴的化学性质较为稳定，不与水发生反应，但可溶于盐酸、硫酸和硝酸。加热后能与氯、氧、硫等元素发生作用，生产氧化钴、硫酸钴、氢氧化钴、碳酸钴、草酸钴等产品。人类早在公元前 2000 年前就开始使用钴作为着色剂，中国自唐朝起将钴作为陶瓷生产着色剂，但应用领域一直没有大的拓展。从 20 世纪起，随着工业的发展，尤其是近 30 年以来，钴的高硬度、耐高温、耐磨等优异性能才得以发掘，被广泛应用于电池、高温合金、硬质合金、催化剂等领域，成为不可或缺的金属材料。

钴具有丰富多变的化学性质，钴元素在催化剂中的价态形式涵盖了从−1、0、+1、+2 到+3 价，当形成配合物后，由于金属-配体作用，d 轨道变得更稳定，通常情况下 Co(0)电子构型变为 $4s^0 3d^9$，而 Co(Ⅲ)为 $4s^0 3d^6$，Co(Ⅲ)倾向于形成八面体配合物。正是由于钴特殊的结构和性质，其所形成化合物或配合物作为催化剂已经在众多的化学转化和能源催化方面发挥着重要的作用(图 4.1)[1,2]。

```
C—H活化、功能化
— 氢芳基化
— C—H对多重键的加成
— C—H活化、和亲电试剂的偶联
— C—H活化、和亲核试剂的氧化偶联
— 硼化、羰基化
— C—H氧化环化反应
— C—H胺化/酰胺化反应
```

```
氧化反应
```

```
能源相关催化
— 费-托反应
— 水分解反应
```

```
聚合/共聚反应
```

```
催化不对称反应
```

```
环化反应
— Diels-Alder反应
— Pauson-Khand反应
— [2+2]环加成
— [2+2+2]环加成
— Alder-ene反应
— 高级次环加成
```

钴催化剂

```
加成/氢化/还原
— 氢甲酰化
— 氢化
— 氢酰化
— 硅氢、硼氢加成
— 1,2-加成
```

```
偶联反应
— 交叉偶联
— 还原偶联
— 氧化偶联
```

```
不对称反应
```

```
自由基反应
```

```
羰基化
```

```
π配合物化学
```

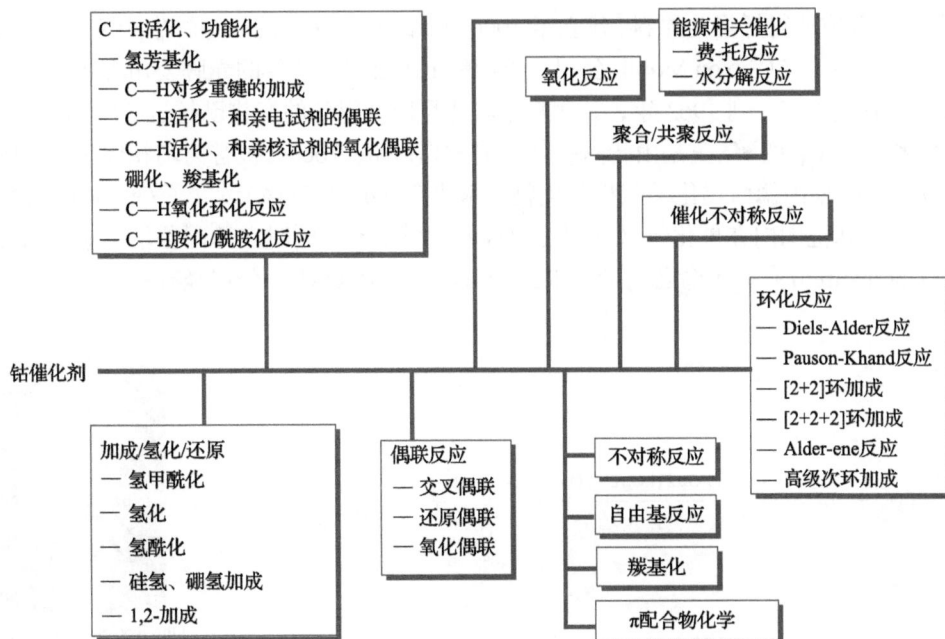

图 4.1　钴基催化剂在相关化学及能源催化领域的应用[2]

4.2　钴基催化剂在氢甲酰化反应中的应用

4.2.1　研究历史回顾

钴基金属催化剂应用于烯烃氢甲酰化反应最早出现在 20 世纪 30 年代，德国鲁尔化学公司(Ruhrchemie 公司，后经多次重组和收购，最终成为 OXEA 公司，2020 年 5 月更名为 OQ Chemicals，隶属于 Oman Oil 公司)的科学家 Otto Roelen 在研究费-托(Fischer-Tropsch, F-T)反应时发现产物中存在含氧化合物，随后采用标准的费-托反应催化剂 $30CoO/66SiO_2/2ThO_2/2MgO$，以乙烯和合成气为原料在 $150 \sim 200℃$ 和 15MPa 压力下进行相关反应，产物中有正丙醛、二乙基酮以及高沸点的醛缩合产物(图 4.2)。相对于烃类产物，由于丙醛和二乙基酮可以被看成次甲基上的两个氢原子被一个氧原子取代，所以最初这个过程也被称为"oxonation"、"oxo synthesis"或"Roelen reaction"。更加深入的研究表明，其他的钴盐也能有效催化乙烯和合成气生成丙醛反应的进行。在 1938 年 Otto Roelen 申请了题为 "Verfahren zur Herstellung von Sauerstoffhaltigen Verbindungen(Process for the Preparation of Oxygenated Compounds)" 的专利[3]，由于第二次世界大战等因素，这个专利在 1945 年才得到授权。随后，Adkins 和 Krsek 基于该反应的特点，即烯烃双键两端的碳原子上分别加上一个氢和一个甲酰基，提出了 "氢甲酰化反应"这个名称来命名该过程，并逐渐被学术界和工业界接受和认可[4,5]。这个偶然的发现是氢甲酰化反应研究的起源，同时也标志着均相催化的诞生[6-8]。利用这一重要的转化过程，1945 年鲁尔化学公司、巴斯夫公司和汉高(Henkel)公司在 Otto Roelen 的建议下，利用费-托合成所得烯烃为原料,建立了 10000 t/a 的 C_{11}~C_{17} 洗涤剂醇生产装置。随后,美国的埃克森美孚(Exxon Mobil)公司、英国的 ICI 公司、荷兰的壳牌公司等相继实现了该过程工业化生产,到 1963 年,利用氢甲酰化反应所得到的产物已超过 50 万 t/a,主要是丁醇和 C_7~C_{10} 的醇。正是由于这一伟大的发现,Otto Roelen 被誉为均相催化的先驱,自 1997 年起,德国德西玛化学工程与生物技术协会(DECHEMA)设立了 Otto Roelen 奖,用于奖励全球范围内在催化领域取得杰出成就的科学家,同时在德国鲁尔工业区的奥伯豪森(Oberhausen)有一条命名为 Otto Roelen 的街道,在 OXEA 公司竖有一块永久性的纪念碑。

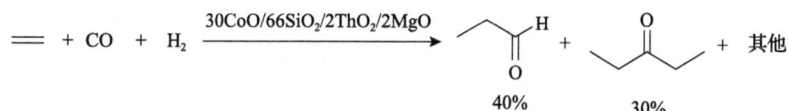

Otto Roelen (1897—1993)

图 4.2 Otto Roelen 发现的氢甲酰化反应

4.2.2 八羰基二钴研究

经过深入的研究,Wender 等[9,10]揭示了 Otto Roelen 采用负载型的钴或者钴盐催化剂在高温、高压合成气气氛下原位(*in situ*,原位指的是在反应体系加入金属粉末或者金属盐,在反应条件下转换为催化活性物种,起到催化作用。这种加入到反应体系中的金属化合物或者配合物被称为催化剂前体或母体)合成的可溶性的四羰基氢[$HCo(CO)_4$]催化活性物种。以钴盐作为催化剂前体形成催化活性中心的具体反应历程见图 4.3。首先 $Co(Ⅱ)$ 被还原成 $Co(0)$,$Co(0)$ 在一氧化碳气氛下形成八羰基二钴,随后八羰基二钴(Co 呈现 0 价、电子构型为 $4s^0 3d^7$)氢解得到四羰基钴氢(Co 呈现 −1 价、电子构型为 $4s^0 3d^6$)。一般在生产过程中,多采用钴金属或者钴盐直接在反应器中制备催化活性物种。

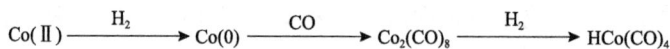

图 4.3 合成气压力下钴的转化

由于四羰基钴氢不稳定,易于分解成钴和 CO,这样不仅降低了反应体系中的羰基钴浓度,同时分解出的钴金属会沉积于反应器壁上,使得传热条件变差。为保证催化剂活性物种 $HCo(CO)_4$ 的稳定性(图 4.4、图 4.5)[11-13],原位形成羰基钴的氢甲酰化反应需要更加苛刻的合成气操作压力(反应压力 20~30MPa),同时氢甲酰化反应是放热反应(平均放热量约为 120kJ/mol),必须确保较高温度和催化剂浓度才能保证适当的反应速率(反应温度 110~200℃,催化剂浓度以钴计算,0.1mol%①~1.0mol%)。在这种操作条件下,

_____

① 为表示方便,本书用 mol%表示摩尔分数。

丙烯氢甲酰化产能可以达到 300000t/a，反应产物的正异比为 80∶20，还有多种副产物。由于反应条件苛刻，在反应过程中存在诸多副反应，包括：①烯烃加氢生成烷烃；②烯烃的异构化；③醛缩合成缩醛或者二醇；④生成甲酸盐[14,15]。

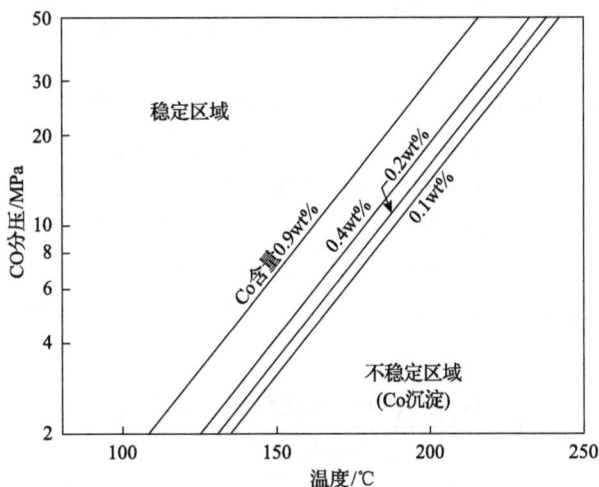

图 4.4　$Co_2(CO)_8$ 在不同温度以及 CO 分压下的稳定性

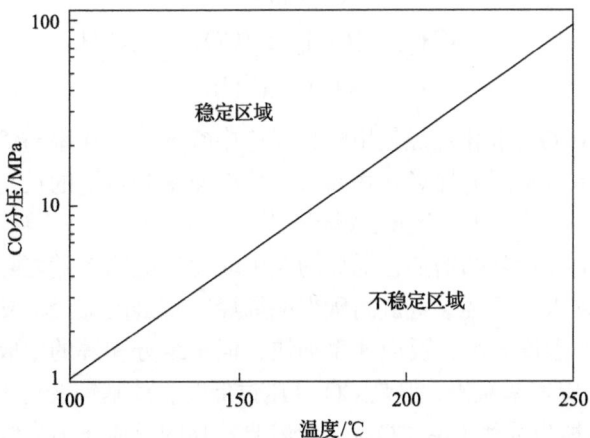

图 4.5　$HCo(CO)_4/Co_2(CO)_8$ 物种在 CO 分压下的稳定性（钴浓度为 0.4wt%）

自从 Otto Roelen 报道了氢甲酰化反应以后，在接下来的 20 年左右时间内，科学家们的研究精力主要集中于八羰基二钴催化的氢甲酰化底物作用机理，以及推进过程的工业应用，主要采用的烯烃是不同碳链的烯烃，而对于功能化的烯烃氢甲酰化合成功能化醛的反应涉及得相对较少。

1. 八羰基二钴催化的烯烃氢甲酰化反应动力学

烯烃氢甲酰化反应可以生产正构和异构两种结构的醛，总的来说，烯烃氢甲酰化过程是一个放热反应，放热量因烯烃结构的差异有所不同。因为反应的平衡常数很大，所以氢甲酰化反应在热力学上是有利的，反应主要由动力学因素控制。影响氢甲酰化反应速率的因素很多，包括反应温度、CO 分压、H_2 分压和总压、反应烯烃类型、反应溶剂等。Natta 等[16-18]采用丙烯、环己烯为模型底物，得到了典型的 $Co_2(CO)_8$ 催化的氢甲酰化反应的速率方程：

$$\frac{d[aldehyde]}{dt} = k[alkene][Co][H_2][CO]^{-1}$$

式中，k 为速率常数；[aldehyde]为醛浓度；[alkene]为烯烃浓度；[Co]为催化剂浓度。

Gholap 等[19,20]则更加详细地研究了丙烯氢甲酰化反应速率与一氧化碳压力、氢气压力以及 $Co_2(CO)_8$ 和丙烯初始浓度的函数关系。通过模拟工业操作条件，选择适用的压力和温度，测定了反应过程中合成气的消耗量以及生成的正丁醛和异丁醛的浓度。研究结果表明,丙烯氢甲酰化反应的总速率(r_h)与直链(r_n)和支链(r_{iso})醛生成速率之和大致相同。同时根据在大约 30 种不同实验条件下观察到的数值拟合，得出了这些速率的经验速率方程式：

$$r_h = \frac{k[H_2]^{0.6}[CO][Co_2(CO)_8]^{0.8}[C_3H_6]}{(1+k_B[CO])^2}$$

$$r_n = \frac{k_n[H_2]^{0.55}[CO][Co_2(CO)_8]^{0.75}[C_3H_6]^{0.87}}{(1+k_{nB}[CO])^2}$$

$$r_{iso} = \frac{k_{iso}[H_2]^{0.32}[CO][Co_2(CO)_8]^{0.62}[C_3H_6]}{(1+k_{isoB}[CO])^2}$$

一般来讲，$Co_2(CO)_8$ 催化烯烃氢甲酰化反应中醛的生产速率与烯烃浓度和催化剂浓度呈正比关系。但是就不同的烯烃底物而言，反应速率和碳链的长短、烯烃双键的位置等因素密切相关(表 4.1)[21-23]。直链低碳烯烃的反应速率较快，随着碳链的增长和双键位置的内移以及双键上取代基的增加，烯烃的氢甲酰化反应速率随之降低，一般基本遵循如下规律：直链低碳末端烯烃＞直链高碳末端烯烃＞直链内烯烃＞支链末端烯烃＞支链内烯烃＞环状烯烃。温度升高，反应速率加快，但重组分和醇的生成量增加。增加反应CO 的分压，会使反应速率减慢，但是 CO 分压过低时，羰基钴变得不稳定,易于析出金属而失去催化活性,所以采用$Co_2(CO)_8$一般需要较高的反应压力来维持催化剂的稳定。此外，反应速率还受到反应体系所用溶剂的影响。溶剂在反应中的主要作用是：①溶解催化剂；②当原料是气态烃时，使用溶剂能使得反应在液相中进行，对传质有利；③作为稀释剂可以带走反应热等。脂肪烃、环烷烃、芳烃、各类醚类、酯、酮和脂肪醇均可作为反应溶剂，但是为了方便起见，在工业生产中常用产品本身或者其高沸点副产物作溶剂或者稀释剂。

表 4.1 $Co_2(CO)_8$ 催化的各种常见烯烃的氢甲酰化反应速率对比 [a]

烯烃	反应速率 $k/10^3 min^{-1}$
A.直链末端烯烃	
1-戊烯	68.3
1-己烯	66.2

续表

烯烃	反应速率 $k/10^3\text{min}^{-1}$
1-庚烯	66.8
1-辛烯	65.6
1-癸烯	64.4
1-十四烯	63.0
B.直链内烯烃	
2-戊烯	21.3
2-己烯	18.1
2-庚烯	19.3
3-庚烯	20.0
2-辛烯	18.8
C.支链末端烯烃	
4-甲基-1-戊烯	64.3
2-甲基-1-戊烯	7.82
2,4,4-三甲基-1-戊烯	4.79
2,3,3-三甲基-1-丁烯	4.26
莰烯	2.2
D.支链内烯烃	
4-甲基-2-戊烯	16.2
2-甲基-2-戊烯	4.87
2,4,4-三甲基-2-戊烯	2.29
2,3-二甲基-2-丁烯	1.35
2,6-二甲基-3-庚烯	6.22
E.环状烯烃	
环戊烯	22.4
环己烯	5.82
环庚烯	25.7
环辛烯	10.8
4-甲基环己烯	4.87

a.反应条件：烯烃 0.50mol，$Co_2(CO)_8$ 8.2×10^{-3}mol，溶剂甲基环己烷 65mL，反应合成气压力 23.3MPa(H_2/CO=1)。

2. 八羰基二钴催化的烯烃氢甲酰化反应机理

由于烯烃双键的两端具有相同的反应机理，因此醛基和氢与双键连接位置的不同会生成不同结构的产物(图 4.6)。除了乙烯氢甲酰化反应只有丙醛一种产物外，其他烯

烃氢甲酰化的产物通常是醛的两种同分异构体的混合物——直链醛（也称为正构醛，
n-aldehyde 或 linear aldehyde）和支链醛（也称为异构醛，*iso*-aldehyde 或 branched aldehyde）。
随着烯烃链长的增加，由于内烯烃具有更高的热力学稳定性，因此在氢甲酰化催化反应
过程中，烯烃的双键倾向于发生异构化反应生成内烯烃，而内烯烃的氢甲酰化产物只有
支链醛，因此支链醛的种类随着烯烃碳链的增长而增加。

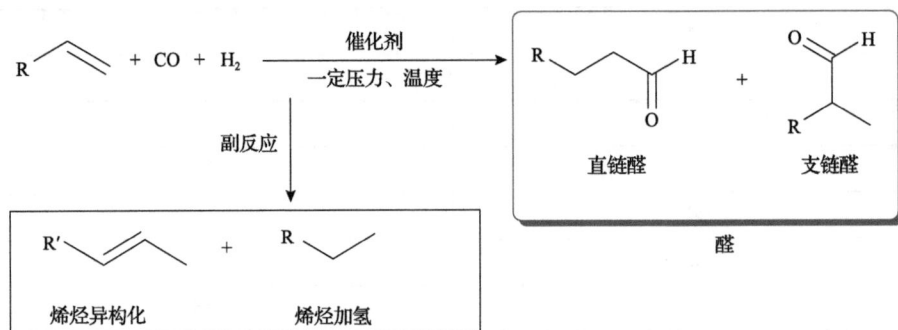

图 4.6　烯烃在合成气气氛下的相关反应

　　目前广泛被认可的八羰基二钴催化的烯烃氢甲酰化反应机理是 Heck 和 Breslow 在
1961 年提出的反应历程（图 4.7，该过程只给出了直链醛的形成过程）[24-27]。

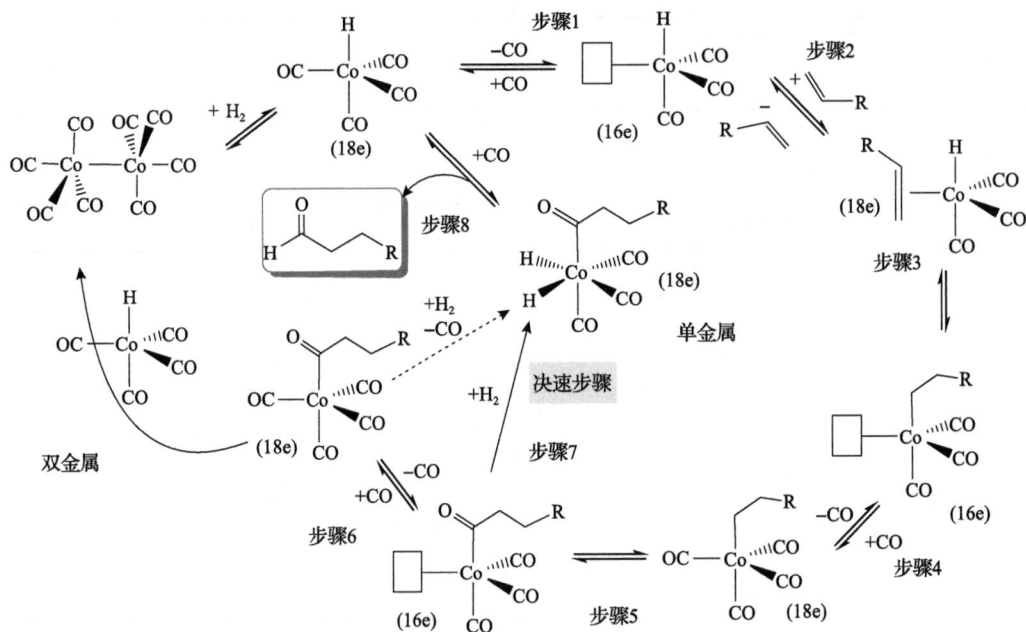

图 4.7　$Co_2(CO)_8$ 催化的烯烃氢甲酰化反应可能的机理

　　该过程主要经历如下基元步骤（生成直链醛的过程）。
　　步骤 1：催化活性母体 $HCo(CO)_4$ [由 $Co_2(CO)_8$ 和氢气反应形成]脱去一分子 CO 形
成真正的催化活性物种——带有空轨道 16e 的 $HCo(CO)_3$。
　　作为催化剂前体的钴，可以以金属钴、氧化钴、氢氧化钴和各种无机酸钴、有机酸

钴的形式加入反应体系。这些钴源在合成气气氛下，先生成 $Co_2(CO)_8$[在适当的条件下，可由反应体系中分离出 $Co_2(CO)_8$]。但是在氢甲酰化反应的条件下，$Co_2(CO)_8$ 发生氢解反应得到 $HCo(CO)_4$，这两种羰基钴之间存在快速的平衡。Ungváry 等、Rathke 等分别详细研究了 $Co_2(CO)_8$ 和氢气的热化学反应，得到了非常类似的结果，两种钴被认为是相当迅速地相互转化(表 4.2)[28-30]。

表 4.2　实验获得的八羰基二钴加氢的焓和熵

作者	介质	$\Delta H_m/(kcal/mol)$	$\Delta S_m/[cal/(mol \cdot K)]$
Ungváry 等[28]	正庚烷	4.3	−2.6
Rathke 等[29]	超临界 CO_2	4.0	−4.2
Ungváry 等[30]	正己烷	4.1	−3.1

$HCo(CO)_4$ 是钴催化烯烃氢甲酰化反应中真正起催化作用的活性结构，已经通过计量氢甲酰化学反应方式得到了证明[31-36]。在烯烃氢甲酰化反应条件下，$HCo(CO)_4$ 可以催化烯烃与合成气反应生成醛；若没有 H_2，只有 CO 存在时，$HCo(CO)_4$ 可以等分子地吸收烯烃和 CO 生成醛和双核的羰基钴 $Co_2(CO)_8$；如果没有 H_2 和 CO 存在，两分子的 $HCo(CO)_4$ 可以和烯烃反应生成醛和双核的羰基钴 $Co_2(CO)_7$(图 4.8)。实际上，在这个过程中还存在大量烯烃的异构化反应。

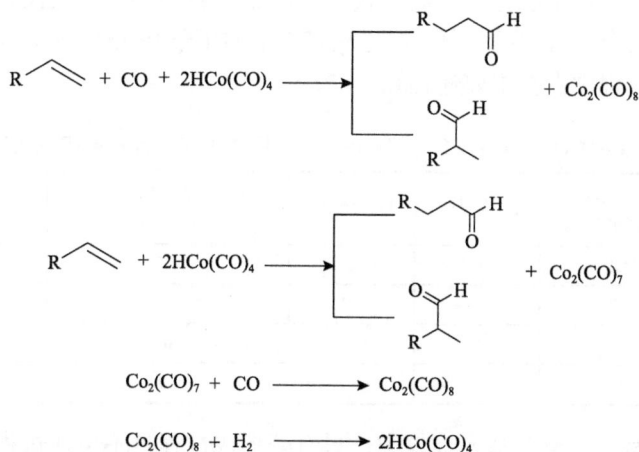

图 4.8　$HCo(CO)_4$ 和烯烃的化学计量反应

当不加入烯烃时，可以发现有 $HCo(CO)_4$，如果有烯烃存在，则 $HCo(CO)_4$ 通过红外光谱未能检测出，只有在全部烯烃都反应完后，过量的 $HCo(CO)_4$ 才被检测出。

步骤 2：$HCo(CO)_3$ 活性中心的空轨道与烯烃发生亲电加成反应，得到碳碳双键与 Co 配位的 π 配合物。

关于 $HCo(CO)_3$ 与烯烃的配位有两种看法，即缔合机理和解离机理，一般比较倾向于解离机理(图 4.9)。

步骤 3：烯烃双键打开形成 16e 的 σ 配合物：烷基-钴羰基配合物 $RCH_2CH_2Co(CO)_3$。

缔合机理(SN2)　HCo(CO)₄ $\xrightarrow{\text{烯烃}}$ HCo(CO)₄(烯烃) $\xrightarrow{-CO}$ HCo(CO)₃(烯烃) + CO

解离机理(SN1)　HCo(CO)₄ $\xrightarrow{-CO}$ HCo(CO)₃ $\xrightarrow{\text{烯烃}}$ HCo(CO)₃(烯烃)

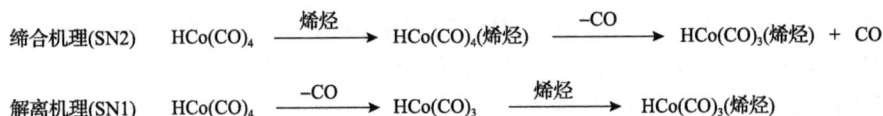

图 4.9　HCo(CO)₃ 和烯烃的配位过程

步骤 4：CO 与 16e 的烷基-钴羰基配合物配位形成 18e 的烷基-钴羰基配合物 RCH₂CH₂Co(CO)₄。在这一步，可能发生副反应：Co—C 键发生氢解得到烯烃加氢产物烷烃。

步骤 5：CO 迁移插入形成 16e 的酰基-钴羰基配合物 RCH₂CH₂C(O)Co(CO)₃。

步骤 6：CO 与 16e 的酰基-钴羰基配合物配位得到 18e 的酰基-钴羰基配合物 RCH₂CH₂COCo(CO)₄。

步骤 7：酰基-钴羰基配合物 RCH₂CH₂C(O)Co(CO)₄ 脱去 CO 得到 16e 的酰基-钴羰基配合物 RCH₂CH₂C(O)Co(CO)₃，进而 H₂ 与 16e 的酰基-钴羰基配合物发生氧化加成，也就是氢化的活化，该步骤被认为是整个氢甲酰化反应的决速步骤，形成 18e 的氢化的酰基-钴羰基配合物 RCH₂CH₂C(O)Co(CO)₃H₂。

步骤 8：发生还原消除得到产物醛和 HCo(CO)₄，或者 RCH₂CH₂C(O)Co(CO)₄ 和 HCo(CO)₄ 反应得到产物醛和 Co₂(CO)₈。

对于醛中的氢来自哪里的问题，Tannenbaum 等[37]以制备好的 HCo(CO)₄/DCo(CO)₄ 为催化剂，利用计量氢甲酰化的反应模式，通过加入 H₂ 和 D₂ 的氘代实验，证实形成醛所需的氢主要来自合成气中的氢气，这也从侧面证明了酰基-钴羰基配合物与氢气的氢解反应在氢甲酰化过程中占据主要途径（表 4.3）。

表 4.3　HCo(CO)₄/DCo(CO)₄ 催化的 3,3-二甲基-1-丁烯计量氢甲酰化反应结果

HCo(CO)₄ 含量/%	DCo(CO)₄ 含量/%	H₂ 含量/%	D₂ 含量/%	(CH₃)₃C(CH₂)₂CHO 含量/%	(CH₃)₃C(CH₂)₂CDO 含量/%
68	32	100	0	100	0
93	7	50	50	50	50
63	37	0	100	0	100
8	92	50	50	50	50

值得指出的是，在整个基元步骤中，只有醛形成过程是不可逆过程，其他的配位、迁移插入步骤均是可逆过程。其中的关键中间体如 RCH₂CH₂Co(CO)₄、RCH₂CH₂C(O)Co(CO)₃、RCH₂CH₂C(O)Co(CO)₄ 等通过高温高压的原位红外光谱和紫外光谱等手段已经被观测到且被分离出[38,39]。在整个循环过程中，不能通过谱学手段捕获的相关中间体和过渡态的几何构型和成键模式等通过理论计算的方式得以确定[40-44]。例如，Harvey 等[45]通过采用密度泛函理论、耦合团簇理论和过渡态理论建立了 Co₂(CO)₈ 催化丙烯氢甲酰化反应过程中的氢甲酰化反应和烯烃加氢反应动力学模型，该模型与实验结果吻合较好，能够确定影响催化剂选择性和催化速率的因素，烯烃与不饱和 HCo(CO)₃ 配合物的配位步骤是决定氢甲酰化反应的主要因素，在较低的 CO 分压下，烯烃的加氢与氢甲酰化存在竞争。

对于支链醛的形成过程，主要存在以下几个可能过程[46-48]：①反应中烯烃的异构化；②烯烃的碳碳双键配位形成的复合物的异构化；③酰基-钴羰基配合物的异构化。其中起主要作用的是 HCo(CO)₃ 活性中心的空轨道与烯烃的碳碳双键配位形成的复合物，转化为烷基-钴羰基配合物的过程中，发生的加成过程不同而导致支链醛的产生。当氢加到双键末端时(反马氏加成，anti-Markovnikov addition)，CO 的插入反应只能发生在双键的内端，因此生成产物支链醛。而氢加到双键内端时(马氏加成，Markovnikov addition)，CO 便能与双键的末端连接，从而生成直链产物(图 4.10)。

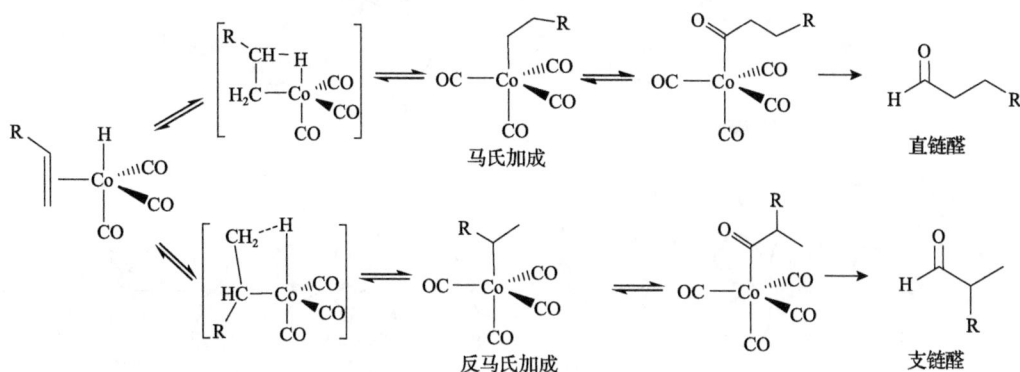

图 4.10　正构醛和异构醛的形成过程

4.2.3　膦改性的八羰基二钴研究

早期采用八羰基二钴(原位产生或者直接用)催化的氢甲酰化反应被认为是第一代氢甲酰化反应工艺——高压钴法。在这个过程中，羰基钴扮演着烯烃异构化和氢甲酰化两个过程的催化剂角色，尽管在热力学上内烯烃比端烯烃稳定，但是在反应过程中存在烯烃双键迁移到端位的现象，同时低温和高 CO 压力有利于正构醛的生产。所以到目前为止，高压钴法依然是工业在用的氢甲酰化工艺技术，特别是高碳烯烃的氢甲酰化过程，被 OXEA、BASF、埃克森美孚等公司所采用。

由于氢甲酰化过程中高压钴法的生产条件异常苛刻，随着配位化学的发展，20 世纪 60 年代，壳牌公司的 Slaugh 和 Mullineaux[49,50]率先通过采用膦化合物取代 CO，提出了经典高压钴催化剂的配体改性途径，并发展基于配体改性的第二代羰基钴催化烯烃氢甲酰化的低压钴法，使得氢甲酰化反应能够在较低的反应压力(5.0~10.0MPa)下进行。

1. 配体的作用原理及类型

通过引入其他配体代替羰基钴或羰基钴氢中一个或几个羰基配体，来增加羰基钴催化剂的稳定性，便于后处理直接循环，调节相对钴的酸碱软硬度、空间因素以改进活性、选择性(醛/醇比、正异比)。目前，所用到的配体大多是 VA 族元素的三价化合物，因为它们有可供使用的孤对电子，最有效的配体主要是膦(PR₃)、亚磷酸酯 P(OR)₃、NR₃ 等(各配位基中的 R 可以是烷基、芳基、环烷基、杂环基等)。磷原子基态的外层电子组态为 3s²3p³，它以不等性 sp³ 杂化轨道与 3 个取代基[烷基、芳基、烷(芳)氧基等]分别形成 3 个 σ 键，余下的一对孤对电子与中心金属原子配位形成配位键，磷原子的 3d 轨道可以和中心钴原子中适当的 d 轨道重叠，接受反馈电子 (图 4.11)。膦配体的立体效应对反应物烯烃和 CO 与中心原子的配位也有重要的影响，因此膦改性的羰基钴催化剂的反应活性、选择性和稳定性等都与膦配体的电子和立体效应密切相关。

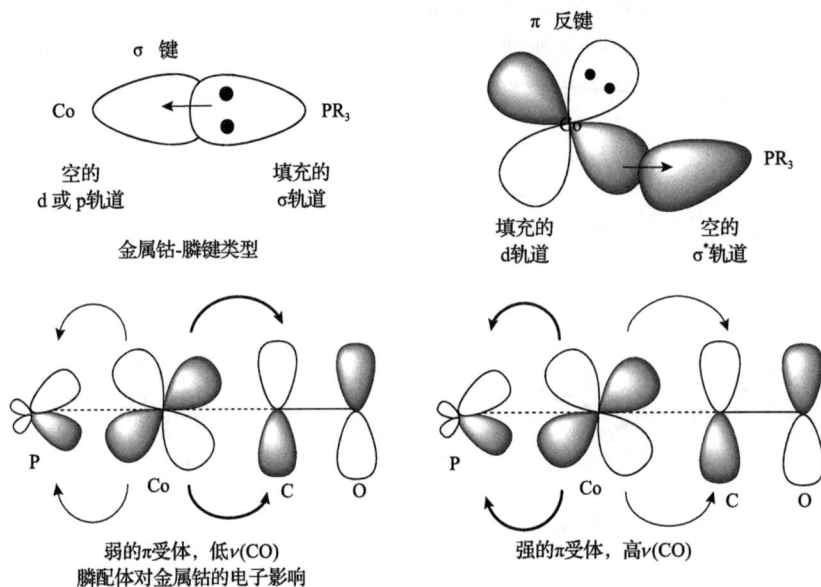

图 4.11 膦配体和羰基钴之间的相互作用

与羰基配体 (CO) 相比较，PR$_3$ 配体是一个较强 σ 给电子配体和较弱的 π 电子受体配体[51,52]，这可以简单地解释为磷的电负性 (2.1) 比碳的电负性 (2.5) 小，同时由于和磷相连的三个取代基通常为给电子基，配位后大大增强了中心金属钴原子的电子密度。由于磷上没有适当的轨道接受钴原子反馈的电子，因此改性后钴原子上负电荷密度增大，并通过 d-π 反馈键转移给其他的羰基配体，结果增强了钴和羰基配体之间的重键性，也就使得金属钴原子对羰基配体的配位能力增强，使 Co—CO 键变得更加牢固，也就加强了膦改性羰基钴的热稳定性，使其可以在较低 CO 分压下存在，并在反应后经得起直接蒸馏来和产物分开，不分解而直接循环回合成器。

不同膦配体的电子效应可用碱性强弱来衡量，一般来讲配体的碱性越强，σ 电子给予能力也越强，其 π 酸性越弱，所形成的羰基金属膦配合物越稳定。为衡量各种膦配体的碱性，Streuli 等[53-55]提出了 ΔHNP 指标，将其定义为膦配体与 N,N'-二苯基胍 (N,N' diphenylguanidine) 之间的半中和电位差，后者为弱碱，因此，ΔHNP 值越大则碱性越弱，表 4.4 列出了几种常见膦配体的 ΔHNP 值。

表 4.4 常见各种膦配体的 ΔHNP 值

膦配体	ΔHNP 值	膦配体	ΔHNP 值
PEt$_3$	111	P(n-Bu)$_3$	131
PMeEt$_2$	117	P(i-Bu)$_3$	167

续表

膦配体	ΔHNP 值	膦配体	ΔHNP 值
PEt₂Ph	232	P(MeOPh)₃	439
PMe₂Et	281	P(O-n-Bu)₃	520
PMe₂Ph	300	PPh₃	573
P(n-Bu)Ph₂	400	P(OPh)₃	873

由膦改性的羰基钴所得到的含膦羰基钴氢活性物种 $HCo(CO)_3L$ 与 $HCo(CO)_4$ 相比酸度系数(pK_a)有所增加,也就是酸性变弱[56-58]。例如,$HCo(CO)_4$($pK_a=1$)的酸性和常见的 HI、HBr、H_2SO_4 的酸性接近,而 $HCo(CO)_3PPh_3$($pK_a=6.96$)的酸性和磷酸($pK_a=6.92$)的酸性接近,$HCo(CO)_3P(OPh)_3$($pK_a=4.95$)的酸性和乙酸($pK_a=4.95$)的酸性接近。

早期,Slaugh 和 Mullineaux 所报道的膦配体主要是简单的三正丁基膦等短碳链的三烷基膦,由于这些短碳链的烷基膦配体沸点较低,在采用蒸馏方法进行产品和催化剂分离时易挥发;后又采用长链烷基、苯基等取代的膦配体,提高了催化剂的沸点和热稳定性,但是由于与烷基膦配体相比,苯基膦配体碱性较弱,与钴的配位能力较差,易发生配体的解离,造成产物中正构产物的选择性降低。因此,人们期望寻找到更加稳定且具有选择性的膦配体来替代简单的三烷基膦,主要途径如下。

(1)在烷基碳链上引入杂原子,如 Rosi 等[59]合成了具有不同官能团的烷基膦配体:$P(CH_2CH_2CN)_3$、$P(CH_2CH_2COOCH_3)_3$、$P(CH_2CH_2CH_2OCH_3)_3$、$P(CH_2CH_2CH_2OCH_2CH_3)_3$(图 4.12)。

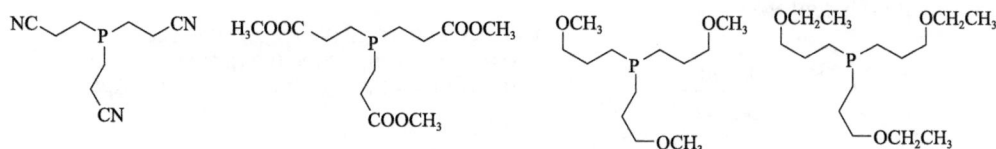

图 4.12 Rosi 等发展的具有不同官能团的烷基膦配体

(2)将三烷基中的两个烷基用环取代,得到含有直链的双环膦配体(图 4.13),例如,壳牌(Shell)公司的 Mason 等[60,61]、Carreira 等[62]和 Eberhard 等[63]发展的双环膦配体:9-烷基-9-磷杂二环[3.3.1]壬烷和 9-烷基-9-磷杂二环[4.2.1]壬烷的混合物(命名为 Phobanes配体);萨索尔(Sasol)公司的 Otto 等发展的 4,8-二甲基-2-磷杂二环[3.3.1]壬烷的烷基取代的膦配体(命名为 Lim 配体)[64-66]以及 2-磷杂二环[3.3.1]壬烷膦配体(命名为 Vch 配体)[67]。

(3)利用亚磷酸酯配体替代膦配体,亚磷酸酯配体与膦配体相比,其结构可调控性更大。另外,亚磷酸酯配体与有机膦配体相比,在空气中稳定性更好。目前已报道在钴催化烯烃氢甲酰化反应中应用的典型亚磷酸酯配体如图 4.14 所示[68,69]。

2. 配体改性羰基钴的催化反应性能

1)氢甲酰化活性和选择性[70-74]

膦改性的羰基钴催化剂由于膦配体的特性(PR_3 与羰基 CO 相比是一个较强的给电子配体和较弱的 π 电子受体配体,能增加中心金属钴的电子密度,从而增强中心金属钴的反馈

Shell公司的Phobanes配体

路径 2

路径 1：Pd(PPh₃)₄作为催化剂
R—I
R=C₆H₅,C₆H₁₁,C₂H₅,C₅H₁₁,C₁₀H₂₃,
C₂₀H₄₁,C₃H₆NMe₂,C₂H₄PPh₂

路径 4

路径 3　BuLi, R—F

R—PH₂　引发剂：VAZO[2,2'-偶氮双(2-甲基丁腈)]

Sasol公司的Lim配体

PH₃
引发剂：AIBN

(S)-(−)柠檬烯

烯烃
BuLi

引发剂：AIBN

R=(CH₂)₃CH₃(Lim-C₄),(CH₂)₄CH₃(Lim-C₅),
　　(CH₂)₉CH₃(Lim-C₁₀),(CH₂)₁₇CH₃(Lim-C₁₈),
　　(CH₂)₃C₆H₅(Lim-APh),(CH₂)₃CN(Lim-CN),
　　(CH₂)₃OCH₂C₆H₅(Lim-ABE),(CH₂)₃OCH₂CH₃(Lim-EVE)

Lim-R

Sasol公司的Vch配体

R—PH₂
引发剂：VAZO

R=C₁₀H₂₁(Vch-C₁₀),C₁₂H₂₅(Vch-C₁₂),C₆H₅(Vch-Ph),
C₆H₁₁(Vch-Cy),CH₂＝CHOC₂H₄(Vch-EVE),
(CH₃)₃CCH₂—CH₂(CH₃)—CH₂(Vch-2,4,4-三甲基戊基)

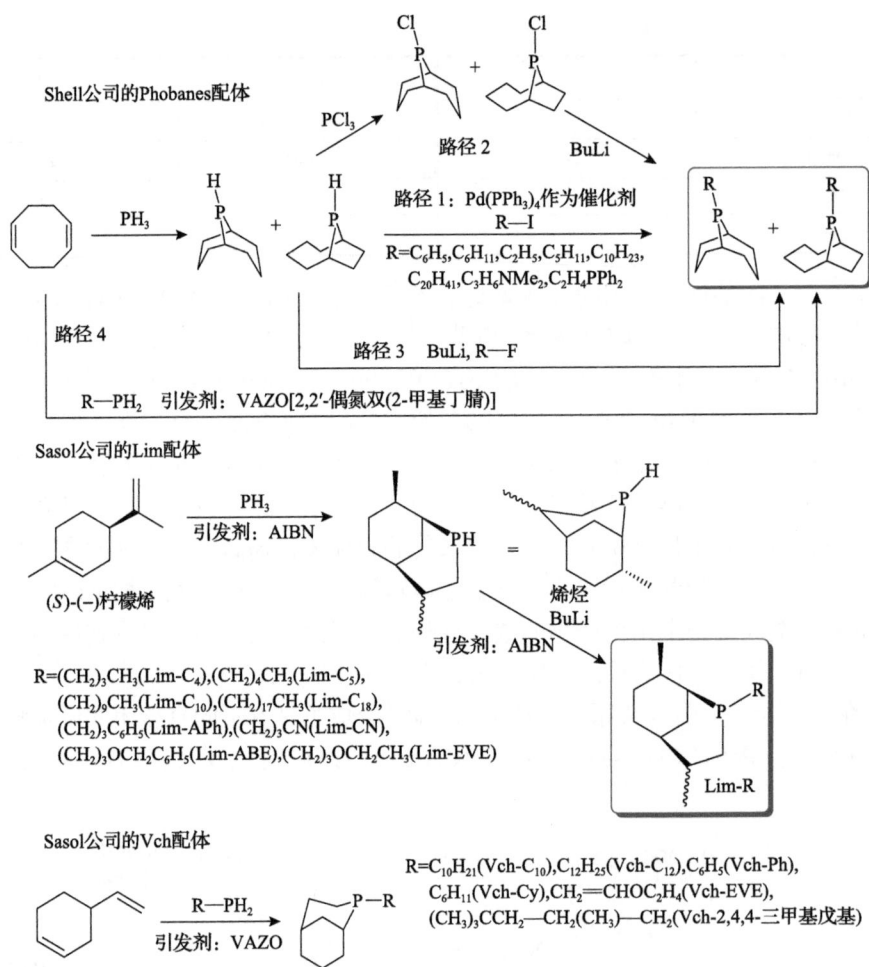

图 4.13　Shell 和 Sasol 公司发展的双环膦配体

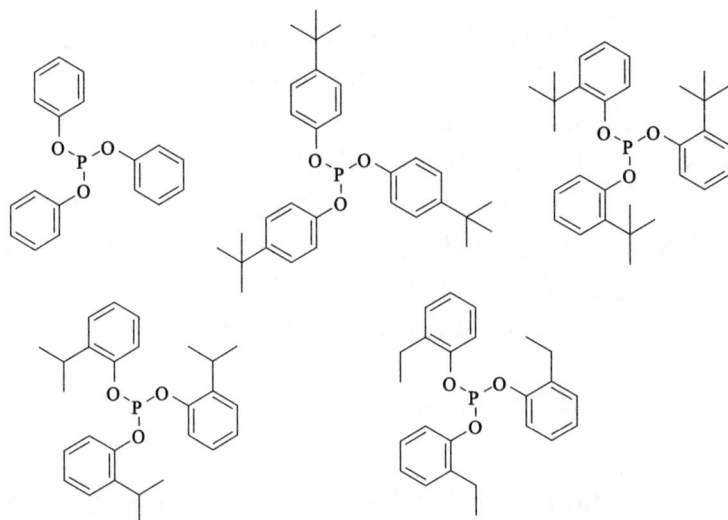

图 4.14　亚磷酸酯配体

电子能力)会导致钴和 CO 间的配位键增强,使得膦或羰基(CO)从催化活性 Co 中心脱出形成空配位轨道变得相对较难,这就使得烯烃氢甲酰化反应成醛速率比较慢,也就是降低了醛化的速率。相比未改性的羰基钴,膦改性的羰基钴催化的氢甲酰化速率约为未改性羰基钴速率的 1/5～1/3。

虽然有机膦配体改性对钴催化的烯烃氢甲酰反应具有抑制的负面作用,但是改性的羰基钴催化剂最突出的优点之一就是可提高直链产物的选择性,这主要是因为在膦配体给电子作用下,中心金属原子钴的电子云密度增加,氢的电负性也增加,更容易加到非键端的那个带正电荷的碳原子上形成正构醛。一般来说直链产物的选择性随所用膦配体碱性的增强而增加,也就是正异比增大。这是由于膦具有 sp^3 不等性杂化的构型,其与羰基钴配位后,形成的催化活性中心 $HCo(CO)_3L$ 是一个四面体结构,这比线型羰基(CO)配体体积大得多,由于配体的空间位阻效应和 Co—H 键的极化都有利于反应按照反马氏加成的方式进行,因此利于正构产物的形成。但是如果 $HCo(CO)_3L$ 体积过大时,能够改变 $HCo(CO)_3L$ 的 Co—H 键极化方式,使得反应按照马氏加成的方式进行,降低产物的正异比。

2) 加氢活性[75,76]

膦配体取代羰基配体会引起中心金属 Co 的电子密度增加,氢负离子电负性也增加,使得膦配体改性的氢甲酰化催化剂比未改性前的还原性升高,即加氢活性有所提高。这种催化剂加氢能力的提高会导致以下两点:①氢甲酰化的产物醛加氢得到醇。这是因为中心 Co 原子上电子密度的增加使得其对原料氢的活化更加容易,有利于发生氢的氧化加成反应。又因醛的加氢过程是典型的亲核加成反应,当所使用的膦配体碱性足够强时,可使氢甲酰化产物醛全部加氢转化成醇。膦配体碱性的强弱对烯烃加氢的影响不如对醛加氢的影响大。用烷基膦钴催化氢甲酰化反应的主要产物是醇,其加氢活性随配体碱性的增加而增大。同时膦配体的立体空间位置因素也影响醛加氢活性,当配体的体积很大时,催化剂与醛的配位就难以进行,当然就难发生加氢反应得到醇。②反应中部分烯烃直接加氢形成烷烃,所有氢甲酰化催化体系都具有催化烯烃加氢的性能,其中钴-膦配体体系的烯烃加氢活性最高,采用不同结构的膦配体,在氢甲酰化反应条件下,有 5%～20% 的烯烃发生加氢反应生成副产物烷烃。

经典的八羰基二钴以及膦修饰(膦配体的结构见图 4.15)的八羰基二钴催化的 1-戊烯、1-己烯、1-辛烯氢甲酰化反应的结果如表 4.5～表 4.8 所示。

表 4.5　$Co_2(CO)_8$ 催化的 1-戊烯氢甲酰化反应结果 a[50]

温度/℃	压力/MPa	1-戊烯转化率/%	C_6 醛收率/%	C_6 醇收率/%	产物的 L/B[b]
100	2.8(H_2/CO=1)	67	96.7	2.8	50/50
120	11.7(H_2/CO=1.9)	97.3	95.6	3.3	70/30
140	11.7(H_2/CO=1.9)	100	84	9.7	64/36
150	2.8(H_2/CO=1)	47	90.5	4.5	50/50

a. 反应条件:1-戊烯 65mmol,$Co_2(CO)_8$ 1mmol,溶剂正己烷或者正辛烷 20mL,反应时间约 1h。

b. L/B=(直链醛量+直链醇量)/(支链醛量+支链醇量)。

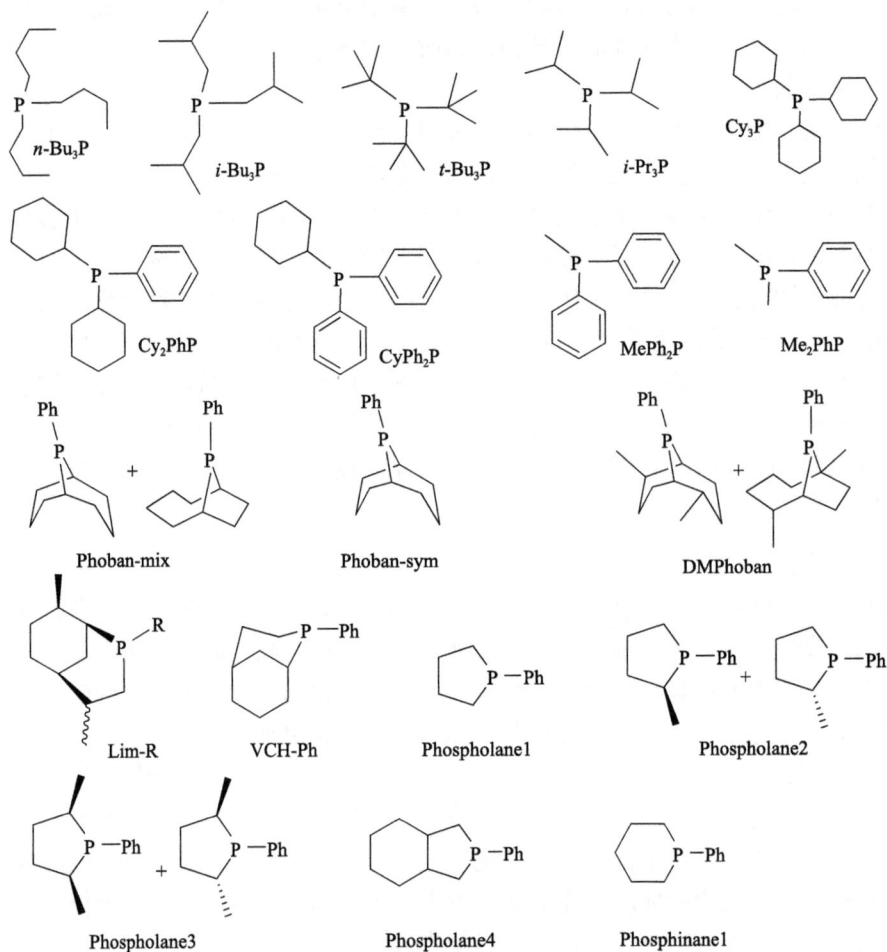

图 4.15　膦配体的结构

表 4.6　$Co_2(CO)_8/2P$ 催化的 1-戊烯氢甲酰化反应结果 [a][50]

配体	温度/℃	1-戊烯转化率/%	C_6醇收率/%	C_6醛收率/%	产物的 L/B[b]
PEt_3	195	100	79.8	0	80.9/19.1
$P(n\text{-}Bu)_3$	195	100	77.0	0	84.1/15.9
PCy_3	195	75.4	69.6	3.0	79.5/20.5
PPh_3	195	39.9	60.7	10.3	66.0/34.0
dppe	195	96.2	67.7	1.3	56.5/43.5
$AsBu_3$	150	82.8	51.9	28.7	67.8/32.2

a. 反应条件：1-戊烯 65mmol，$Co_2(CO)_8$ 1mmol，配体与 Co 的摩尔比为 1，溶剂正己烷或者正辛烷 20mL，反应 3.0h，合成气压力 3.1~3.5MPa（$H_2/CO=2$）。

b. L/B=（直链醛量+直链醇量）/（支链醛量+支链醇量）。

表 4.7　$Co_2(CO)_8/2P$ 催化的 1-己烯氢甲酰化反应结果 [76]

PR_3	pK_a	反应速率 $k/(10^3min^{-1})$	线型率 [b]/%
$P(i-Pr)_3$	9.4	2.8	85.0
PEt_3	8.7	2.7	89.6
PPr_3	8.6	3.1	89.5
PBu_3	8.4	3.3	89.6
PEt_2Ph	6.3	5.5	84.6
$PEtPh_2$	4.9	8.8	71.7
PPh_3	2.7	14.1	62.4

a. 反应条件: 1-己烯 1.0mol, $Co_2(CO)_8$ 5.85mmol, 膦配体 11.7mmol, 溶剂苯 100mL, 反应温度 160℃, 反应时间 3.0h, 合成气压力 6.9MPa(H_2/CO = 1.2)。

b. 线型率=(直链醛量+直链醇量)/(所有醛量+所有醇量)。

表 4.8　$Co_2(CO)_8/2P$ 催化的 1-辛烯氢甲酰化反应结果 [77]

配体	反应速率 k/h^{-1}	辛烷收率[b]/%	残余辛烯/%	C_9醛收率[b]/%	C_9醇的正异比	C_9醇的线型率/%
三烷基(芳基)膦						
n-Bu$_3$P	0.09	13.2	41.0	17.1	10.0	86.1
i-Bu$_3$P	0.27	7.6	15.3	12.7	3.5	68.5
t-Bu$_3$P	1.00	6.1	4.3	0.7	2.2	55.7
i-Pr$_3$P	0.10	20.5	39.5	10.9	6.0	78.3
Cy$_3$P	0.10	18.4	35.0	10.7	7.0	80.9
Cy$_2$PhP	0.24	11.8	12.7	14.6	4.6	73.2
CyPh$_2$P	0.39	8.4	8.7	6.7	3.4	66.8
MePh$_2$P	0.26	8.0	11.5	16.9	4.8	75.0
Me$_2$PhP	0.21	8.0	20.0	11.5	9.0	84.1
烷基取代的环状膦配体						
Phoban-C$_{20}$	0.36	6.7	7.5	5.2	10.6	85.3
Lim-C$_{18}$	0.63	5.2	2.2	1.2	4.1	70.5
苯基取代的环状膦配体						
Phoban-mix	0.60	5.7	4.7	2.3	7.2	79.2
Phoban-sym	0.44	7.4	5.1	2.6	11.6	86.8
DMphoban	1.55	5.5	4.4	1.8	2.3	57.1
VCH-Ph	0.19	9.3	26.7	14.2	8.3	82.9
Phospholane1	0.26	7.1	13.5	8.5	8.9	84.3
Phospholane2	0.22	8.8	15.2	10.9	7.6	81.9
Phospholane3	0.16	11.6	19.9	9.4	6.6	79.9
Phospholane4	0.22	6.2	13.7	9.4	9.6	85.0
Phosphinane1	0.16	9.6	24.7	10.8	10.5	86.2

a. 反应条件: [Co]=1000 ppm, P 与 Co 摩尔比为 2, 170℃, 合成气压力 8.5MPa(H_2/CO=2), 反应约 6h。

b. 以转化烯烃的百分比表示。

综合来看，反应过程中加氢的影响是：①一定量的烯烃被加氢还原成烷烃，损失了原料烯烃，使目标产品醇或醛收率降低；②醛被加氢得到醇，由于反应过程中生成的醛能及时被还原成醇，减少了产品中的高沸物产物(由醛基引起的副产物，如缩醛、酯和高级烯醛等)的产生。表4.9列出了高压钴法和膦改性的中压钴法的氢甲酰化反应相关比较。

表 4.9　八羰基二钴以及膦修饰的八羰基二钴催化的烯烃的氢甲酰化对比

过程	高压钴法	中压钴法
催化剂	$HCo(CO)_4$	$HCo(CO)_3L$
温度/℃	140～180	160～200
压力/MPa	20～30	5～10
生产烷烃量	少	多
产物	醛(主要)/醇(次要)	醇(主要)/醛(次要)
正异比	3～4	8～9

3. 改性后羰基钴存在形式以及反应机理

1) 改性后羰基钴的存在形式

在羰基钴催化的烯烃氢甲酰化过程中，羰基钴有多种存在形式。在高压钴法工艺中，羰基钴主要的存在形式包括 $Co_2(CO)_8$、$Co_4(CO)_{12}$、$HCo_3(CO)_9$、$HCo(CO)_4$、$RCo(CO)_4$、$RC(O)Co(CO)_4$ 等。在低压钴法工艺中，羰基钴主要的存在形式包括 $Co_2(CO)_7L$、$Co_2(CO)_6L_2$、$[Co(CO)_3L_2]^+[Co(CO)_4]^-$、$HCo(CO)_3L$、$RCo(CO)_3L$、$RC(O)Co(CO)_3L$ 等。而这些羰基钴配合物的相互转化过程如图4.16所示[78,79]，主要是利用高压原位红外光谱(HP-IR)技术以及原位核磁等手段来确定反应体系中这些羰基钴配合物的存在。

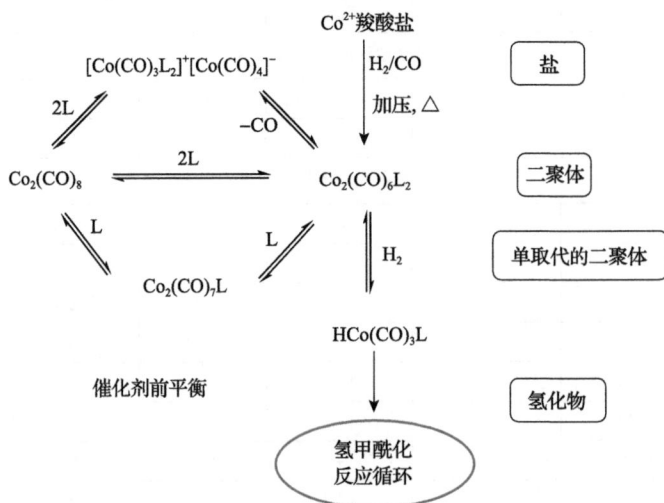

图 4.16　各种羰基钴物种之间的相互转化

1974 年，Whyman 等[80,81]利用高压原位红外光谱技术研究了 $Co_2(CO)_8$ 和 $Co_2(CO)_8$-

P(*n*-Bu)$_3$ 体系催化的烯烃氢甲酰化反应，结果表明，在反应操作条件下，二聚催化剂前体 Co$_2$(CO)$_8$ 和 Co$_2$(CO)$_6$(PBu$_3$)$_2$ 分别转化为羰基钴的氢化物 HCo(CO)$_4$ 和 HCo(CO)$_3$(PBu$_3$)。在没有膦配体的情况下，在 1-辛烯氢甲酰化反应的反应液中观察到 RC(O)Co(CO)$_4$ (R=C$_8$H$_{17}$) 和 Co$_2$(CO)$_8$ 的存在，而在内烯烃底物中只观察到 HCo(CO)$_4$ 和 Co$_2$(CO)$_8$ 的存在。在含膦的羰基钴催化体系中，1-辛烯氢甲酰化反应的反应液中 HCo(CO)$_3$(PBu$_3$) 是主要的活性物种，并且在高浓度和低浓度膦存在下体系中分别形成了 HCo(CO)$_2$(PBu$_3$)$_2$ 和 Co$_2$(CO)$_7$(PBu$_3$) 物种，但是在反应过程中并不能观察到 RC(O)Co(CO)$_3$(PBu$_3$) 或 RCo(CO)$_4$(PBu$_3$) 类配合物的存在，可能是因为这些中间物种的浓度较低。

Sasol 公司的 Crause 等[82-84]报道了 (*R*)-(+)-柠檬烯衍生出的双环膦 Lim-R 和 Co$_2$(CO)$_8$ 原位催化的 1-十二烯的氢甲酰化反应高压原位红外光谱结果，利用傅里叶反卷积(Fourier deconvolution)分离 HCo(CO)$_4$ 和 Co$_2$(CO)$_7$(phosphine) 的特征吸收峰，并且利用峰面积估算出混合物中"改性"的 Co$_2$(CO)$_7$(phosphine) 和"未改性"HCo(CO)$_4$ 的比值范围为 2～20。同时他们还发现，改性的 HCo(CO)$_3$(phosphine) 催化剂的活性较低，但是具有较高的线型产物选择性。

Roodt 等[68]同样采用 HP-IR 和 HP-NMR 研究了八羰基二钴/三苯基亚磷酸酯催化体系催化的烯烃氢甲酰化反应，发现在反应条件(140℃和 5.0MPa)下，不仅有单膦取代的 HCo(CO)$_3$P(OPh)$_3$ 活性物种，还存在双膦取代的活性物种 HCo(CO)$_2${P(OPh)$_3$}$_2$，同时还存在 HCo(CO)$_4$，其中的优势催化活性物种为 HCo(CO)$_2${P(OPh)$_3$}$_2$ 和 HCo(CO)$_4$。但是在高浓度 P(OPh)$_3$ 反应条件下，P(OPh)$_3$/Co 比大于 4 时，只有 HCo(CO)$_3$P(OPh)$_3$ 和 HCo(CO)$_2${P(OPh)$_3$}$_2$ 存在。

2) 改性羰基钴催化的氢甲酰化反应机理

膦配体改性的 Co$_2$(CO)$_8$ 催化的烯烃氢甲酰化机理和前面提及的纯 Co$_2$(CO)$_8$ 催化的反应机理类似，只不过反应中的活性前体是 16e 的 HCo(CO)$_2$L (L=CO 或 phosphine)，该活性组分 HCo(CO)$_2$L 是由 HCo(CO)$_3$L 解离一个羰基配体而形成的，其和 18e 的 HCo(CO)$_3$L 之间存在相互转化的平衡。由于膦改性羰基钴催化剂有较强的加氢活性，醛能够进一步加氢得到醇，所以得到的氢甲酰化产物主要是醇而不是醛。膦改性羰基钴催化烯烃氢甲酰化得到醛，再经过氢化得到醇的催化双循环过程如图 4.17 所示[85-87]。值得指出的是，由于羰基钴配合物自身特殊的性质，在反应中需要足够高的 CO 分压来稳定羰基钴配合物，另外，较低的 CO 分压能够促使 HCo(CO)$_2$L 与 HCo(CO)$_3$L 之间的平衡向活性物质 HCo(CO)$_2$L 移动，这意味着在反应阶段需要最佳 CO 浓度。换句话说，为了使反应速率最大化，反应阶段需要一个最佳的 H$_2$/CO。H$_2$/CO 在 2 左右是膦改性羰基钴催化烯烃氢甲酰化常用的合成气比例。

4.2.4 钴基催化剂在氢甲酰化反应中的工业应用情况

自 Otto Roelen 在 1938 年发现氢甲酰化反应以来，1945 年德国鲁尔化学(Ruhrchemie)公司就采用钴浆催化剂、利用费-托合成所得烯烃为原料，建立了 10000t/a 的 C$_{11}$～C$_{17}$ 洗涤剂醇生产装置。20 世纪 40～50 年代，先后有 BASF、ICI、Kuhlmann(PCUK)、Chemische

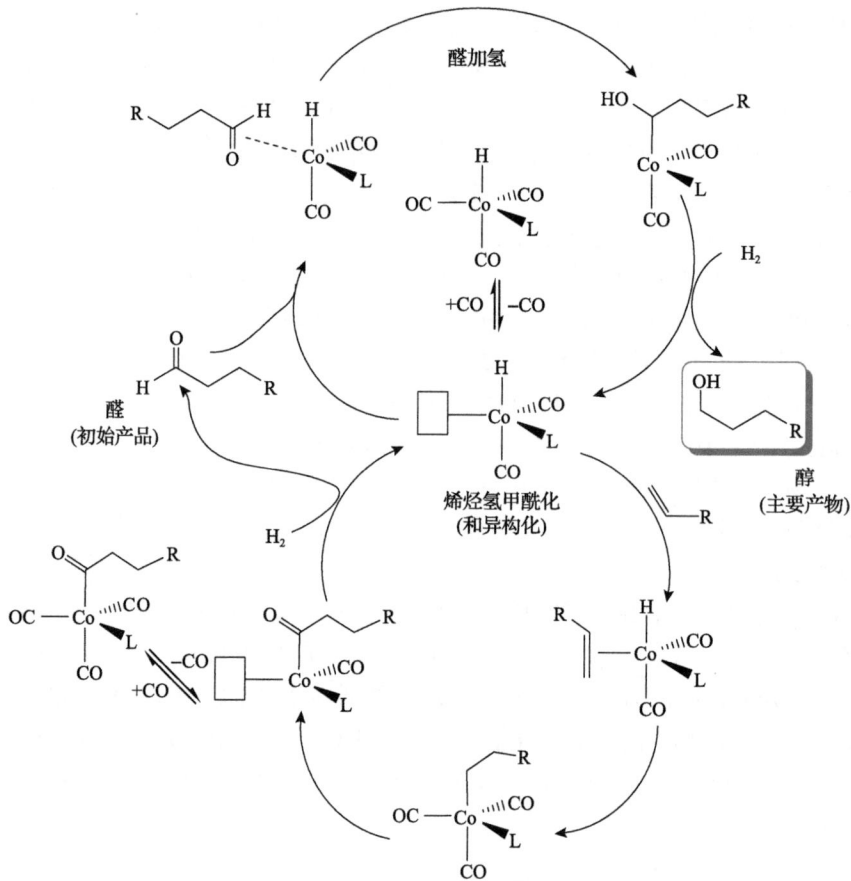

图 4.17　膦改性羰基钴催化烯烃氢甲酰化/氢化反应机理
R 为烷基(alkyl)或 H；L 为三烷基膦配体(trialkylphosphine ligands)

Werke Hüls AG、Eastman Kodak、Union Carbide、Mitsubishi 等多家公司发展了钴基催化剂的高压氢甲酰化技术[88-98]。

　　后来经过深入的研究发现，各种化学组成的钴在氢甲酰化反应条件下都能形成 HCo(Co)$_4$ 催化活性物种而起催化作用，但在工业装置上采用何种钴源为催化剂前体，如何实现钴催化剂的循环使用，是相当复杂的问题，除了与采用的操作条件、反应底物、反应溶剂等有关外，还取决于连续流程的钴回收工艺。在实际生产过程中，需要将羰基钴催化剂前体物溶解在系统的反应液中，在装置系统的工艺条件下活化，形成具有催化活性的形态。由于活化态的羰基钴催化剂易分解，需要对关键工艺参数进行控制，以保证活性催化剂的稳定性，主要方法是增加压力。此外，为了保持系统较高的反应速率，必须控制适当的反应温度，然而随着温度的增加，副产物会增加。

　　在氢甲酰化反应完成后，在反应混合液中分离产品之前，因降压会有部分 HCo(CO)$_4$ 分解。如何把钴全部分离并送回反应器，对整个过程的经济性影响很大，这一直是开发高压钴技术的研究重点，这是不同公司的核心部分。基于 HCo(CO)$_4$ 是一种易挥发的化合物、稳定性比较差易于分解、呈强酸性等特点，要实现钴催化剂从氢甲酰化合成产物中分离出来，再回到反应系统，就需要将羰基钴氢转化为稳定的形式，即需脱出并回收钴再用作催化剂，从而创造出各种各样的脱钴及回收钴的方法，也就产生了许多高压氢甲酰化的工艺路线。同时各个公司根据氢甲酰化反应的气液两相和放热的特点，设计了不同类型的反应器，一般均带有搅拌器、气体分布设备和冷却设备，以便于维持均匀的液相组分、合适的气含率(12%～18%)和及时移走反应热，例如，Ruhrchemie 发展的带高效冷却设备的搅拌槽反应器、BASF 发展的带分相区的喷射内环流反应器以及 Kuhlmann 公司发展的外环流反应器等。

氢甲酰化反应工业装置多以醛、醇为主要产品。各公司的反应流程基本类似，主要包括(图 4.18)[99-102]：①原料烯烃和合成气净化系统，除去对催化剂有毒的氧、氯、硫等杂质。②氢甲酰化反应系统。③脱钴及钴催化剂循环系统，从反应液中分离、回收钴金属催化剂，经补加后再生循环回反应器。④粗产品醛处理系统，氢甲酰化反应液脱气、脱催化剂和脱重组分后，若生产比底物烯烃多一个碳原子的醇，需分离正构、异构醛，再进行加氢后分离得到；若生产更长碳链的醇，则产物正构、异构醛分离后，醛醛缩合再进行加氢、分离得到长碳链的醇产物，也可利用分离得到的正构或异构醛进行其他的化学过程转化。同时各公司为追求更加经济合理地生产产品，根据催化反应类型和反应对原料及工艺条件的要求，设计并实施了具有不同特点的工艺流程。

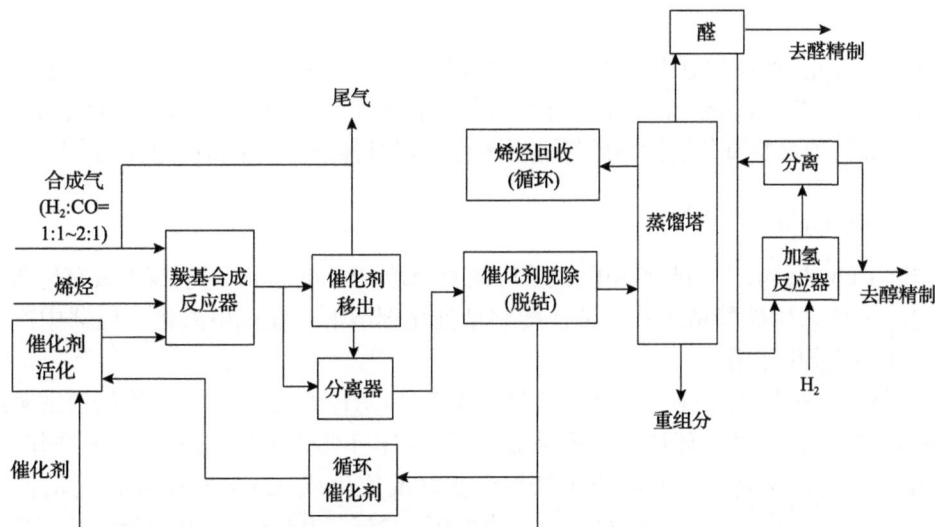

图 4.18　氢甲酰化反应的工业流程

在众多的氢甲酰化反应中，以丙烯的氢甲酰化反应过程最为重要和研究得最广泛(在这个过程中得到的产品是丁醇和辛醇，也被称为羰基合成丁辛醇过程)，得到的丁醛及其衍生物广泛应用于溶剂、增塑剂、精细化学品等相关领域[103]。丁醛可以衍生出丁醇/酸/酯、2-乙基己醇/酸/胺、2-乙基-1,3-己二醇、新戊二醇、甲基丙烯酸(MAA)、甲基丙烯酸甲酯(MMA)、2,2,4-三甲基-1,3-戊二醇(TMPD)、甲乙酮、泛酸钙、异丁酸酯、异丁腈等(图 4.19)。而以这些衍生产品为原料又可以合成更多的化工产品，同时其下游产品呈现出蓬勃发展和需求不断增加的趋势。

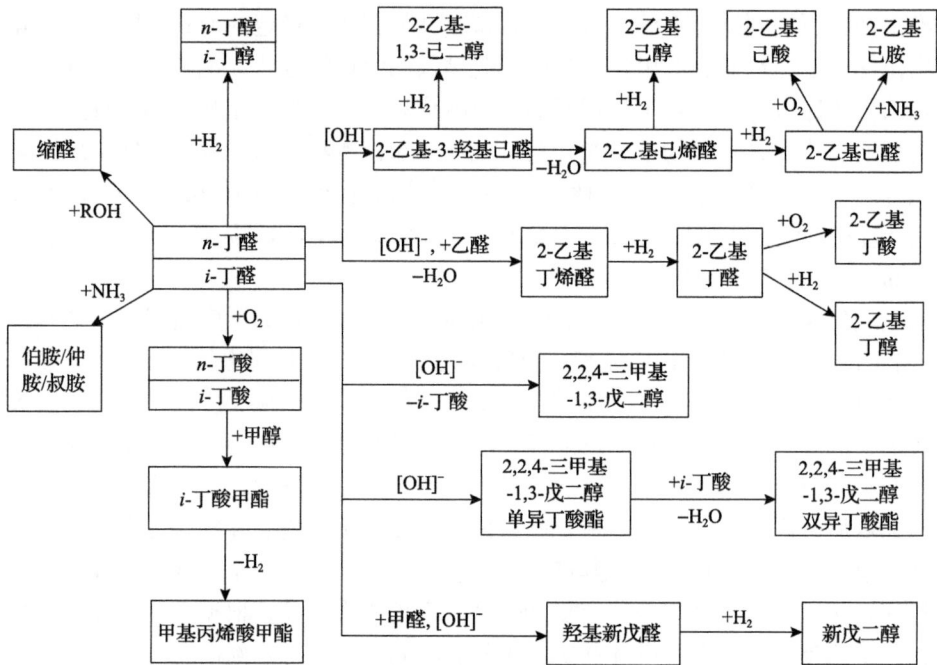

图 4.19 丁醛的衍生化反应

到目前为止,在用的氢甲酰化技术主要有基于高压羰基钴的 Ruhrchemie 工艺、BASF 工艺、Exxon 工艺、Mitsubishi 工艺,基于膦配体改性羰基钴的 Shell hydroformylation(SHF) 工艺,下面选取最具有代表性的丙烯氢甲酰化过程对各个工艺进行简单介绍[101,104-108]。

1. Ruhrchemie 工艺[101]

德国 Ruhrchemie 公司是氢甲酰化反应的发源地,Ruhrchemie 工艺技术具有悠久的研究历史。一般采用碳酸钴或其他钴盐配制钴催化剂溶液,在氢甲酰化反应器中产生的 $HCo(CO)_4$ 起催化作用。

(1)氢甲酰化反应过程。原料丙烯及合成气($CO/H_2=0.96\sim1.04$)、催化剂钴浆悬浮液(硬脂酸钴、油酸钴、环烷酸钴等钴盐,以氢甲酰化反应的重组分为溶剂)同时送入反应器,一定的反应条件下钴催化剂与合成气反应生成 $Co_2(CO)_8$ 和催化活性组分 $HCo(CO)_4$。在反应温度 130~160℃,合成气压力 25~30MPa 下催化氢甲酰化反应。反应器内设有冷却系统产生低压蒸汽带出反应热。丙烯转化率约 97%,醛类的正异比为 3.52~4[图 4.20(a)]。

同时 Ruhrchemie 公司不断改进反应器设计,以便提高传热效率,易于控制反应温度和有效回收反应热。

(2)钴催化剂回收过程。采用热分解方法回收钴催化剂,在氢甲酰化反应产物中直接通入蒸汽加热,在温度 160℃、压力 2.0MPa 下,减压分解羰基钴成钴粉。在这个过程中,只能采用水蒸气加热,否则沉积的钴会黏附在反应器壁上,严重时可能堵塞设备管线。沉淀中除了 Co 外,还有 CoO、$CoCO_3$、$Co(OH)_2$ 和 $Co(HCO_2)_2$ 等沉淀物,脱钴的关键影响因素为温度、压力和停留时间。同时脱钴产物组成与原料中硫含量有关，即硫多时生成 Co 和 CoO 多，否则生成 $Co(HCO_3)_2$ 多。经过热分解法所得的产物送入三相离心机，分离出的钴浆再制出钴浆溶液（悬浮于蒸馏后的重组分中），用泵循环返回反应器中循环使用[图 4.20(b)]。

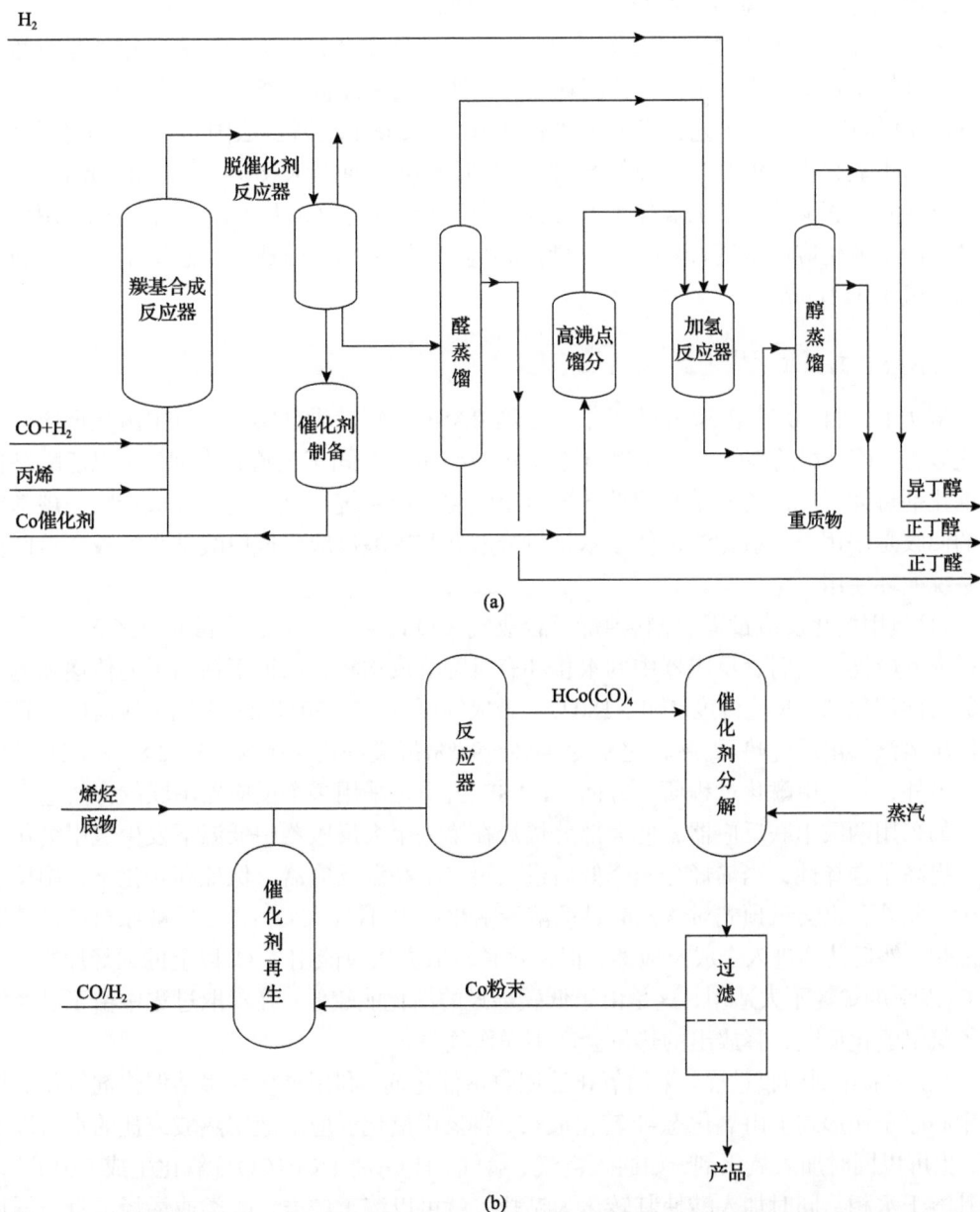

(a)

(b)

图 4.20 Ruhrchemie 氢甲酰化的工艺流程(a)以及热分解方法回收钴过程(b)

经过脱除钴催化剂后的反应产物主要为丁醛，同时还含有丁醇、甲酸酯和缩醛等副产物，丁醛经过缩合、加氢过程后就得到 2-乙基己醇产品和少量的丁醇产品，也可经过氧化得到酸产品。

此工艺的优点在于催化剂较为廉价且不易中毒，因此对原料的纯度要求较低。

该工艺的缺点如下：为保持体系中有一定量的催化活性成分 $HCo(CO)_4$，必须采用很高的合成气压力；为保持较高的反应效率必须采用较高的温度；同时所得产品正异比较低，副反应较多，高沸点副产物可达 3%～7%。

另外，在这个工艺过程中催化剂回收和再生过程复杂，钴浆的分离采用的是三相离心机，维修工作量较大。工艺整体能耗较高，涉及相关设备投资和运行费用较高。20 世纪 60～70 年代，采用该工艺技术的主要有德国 Ruhrchemie 公司、法国 Oxochimie 公司[现已被英力士氧化物(INEOS Oxide)公司收购]、日本协和油化(Kyowa Yuka)和 Chisso 公司等，这些企业相继建立了工业化生产装置，合计产能大于 60 万 t/a。后来未见采用该工艺技术的工业化应用报道。该工艺对原料气中杂质的要求为，合成气中总硫不大于 15ppm，丙烯中硫小于 1ppm。

2. BASF 高压工艺[109]

事实上，自 20 世纪 50 年代以来，德国 BASF 公司就设计实施了氢甲酰化反应的工业化装置，该公司的整体工艺流程与德国 Ruhrchemie 公司工艺流程类似，是以乙酸钴作为催化剂母体，配制乙酸钴水溶液送入氢甲酰化反应系统，氢甲酰化合成产物中羰基钴氢的回收是采用空气氧化法，使羰基钴氢分解并与甲酸反应生成甲酸钴水溶液，返回反应系统循环使用。

(1)氢甲酰化反应过程。原料丙烯及合成气($CO/H_2=1$)与钴盐(甲酸钴或乙酸钴)水溶液送入反应器，此时，反应器中的水相和有机物溶成均相，保证了钴离子的传递和迅速生成活性催化剂。反应温度 160～180℃，合成气压力 27～30MPa。采用反应器内套管产生低压蒸汽移出反应热。丙烯转化率为 94%～95%，醛类的正异比为 2.5～2.8[图 4.21(a)]。

另外，在氢甲酰化过程研究方面，BASF 公司也采用多个反应器串联的方式进行改性，如采用两级串联反应器，使大部分烯烃在第一个大反应器中低温下发生氢甲酰化反应，提高了选择性，当烯烃分压降低后进入第二个高温反应器，保证高转化率，副反应减少。此外，也尝试预先对含乙酸钴的溶液活化产生 $HCo(CO)_4$，之后被原料烯烃萃取入油相，然后共同进入合成反应器，但是这种萃取方法只能用于 C_5 以上的烯烃原料，对于 C_4 以下的烯烃不太适用，这是由于低碳烯烃的活化能较低，在萃取过程中由于已经发生了氢甲酰化反应，释放出的热量会产生操作危险。

(2)钴催化剂回收过程。采用氧化法回收钴催化剂，利用氧化剂将钴催化剂氧化破坏且中心原子在形式上由氧化态-1 转化成+2，将氢甲酰化反应溶液用热酸或盐的水溶液处理，也可以同时加入氧化剂，如通入空气、氧气、H_2O_2 将 $HCo(CO)_4$ 氧化生成 $Co(II)$，使其溶于水相，同时加入酸使其转化为钴盐，就可以溶于烃类、醇类或烯烃本身，循环回反应器[图 4.21(b)]。在整个循环中，钴中心原子上发生由-1 价至 0 价(金属)或+2 价化合价变化。这种钴循环方法的原理虽然简单，但实施起来问题相当复杂。关键是控制氧量，进而控制氧化过程，在这一步，既要把 $HCo(CO)_4$ 全部分解，又不能把醛氧化成酸(醛能自动催化氧化成酸，此过程放热，并且 $Co(II)$ 是催化剂)，而且得到的水溶液含有甲酸等有机酸类，是一个具有强烈腐蚀性的体系，对设备腐蚀较严重，需要特殊耐腐蚀材质，增加设备投资费用。这种方法是目前 BASF 公司氢甲酰化过程的专有技术。

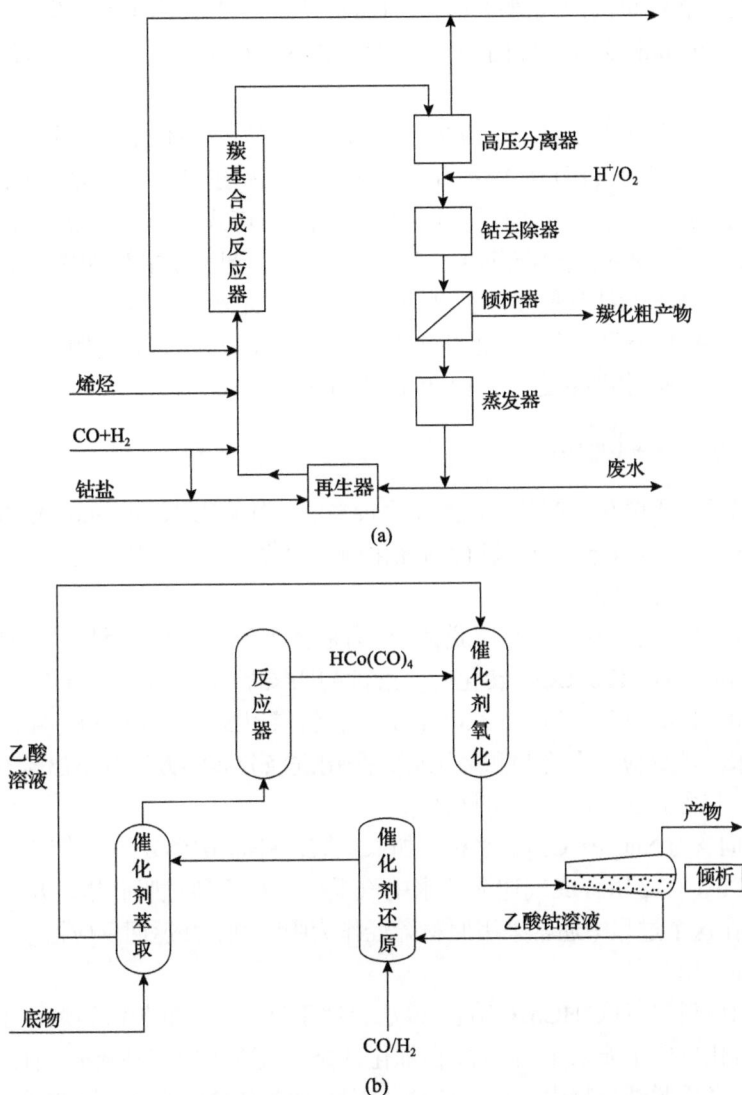

图 4.21　BASF 氢甲酰化的工艺流程(a)以及氧化法回收钴过程(b)

与 Ruhrchemie 工艺相比，BASF 工艺技术对原料气中杂质的要求：合成气中总硫小于 7ppm，含氧量小于 500ppm；丙烯中硫小于 5ppm，含氧量小于 5ppm，炔和双烯小于 50ppm。

BASF 工艺技术的优点是采用水溶性的小分子有机钴盐，溶于水后送入氢甲酰化反应器进行催化反应，因整个钴循环过程都是流体处理，在很大程度上能够简化催化剂的分离、再生及循环的过程。同时小分子有机钴盐作为催化剂，相较于油溶性钴催化剂(多为大分子有机钴盐)价格低，节约催化剂成本，降低运行费用。不利因素是采用水溶性的钴盐溶液不利于产生活性羰基钴，进而不利于反应的进行，同时也存在水相和有机相的均匀混合问题。为了尽可能减小传质阻力，保证有机相和水相的充分接触，BASF 公司发展了带分相区的喷射内环流反应器。

自 20 世纪 60 年代以来，BASF 公司相继在德国、西班牙、加拿大、中国等国家采用独资、合资或者许可的形式建设了多个 BASF 高压工艺技术工业化生产装置。此外，还许可法国 Oxochimie 公司、美国 Dow 公司等相继建设了工业化生产装置，合计产能超过 150 万 t/a。

国内的吉林化学工业公司(在 1976 年，该公司称为吉林化学工业公司，之后重组改造为中国石油吉林石化公司)在 1976 年从 BASF 公司引进高压丁辛醇技术，分为羰基合成反应、氧化法脱钴、丁醛分离(两塔)、正丁醛缩合(塔式缩合反应器)、辛烯醛加氢(液相两台串联加氢反应器)、辛醇蒸馏(三塔蒸馏)、重组分皂化精馏(四塔蒸馏)等工段，该套装置目前已经改造为铑基低压液相循环生产装置。此外，采用 BASF 公司的高压羰基合成醇工艺，BASF 公司与中国石油化工股份有限公司以 50∶50 比例合资，在广东茂名高新技术产业开发区建设并投产了 18 万 t/a 异壬醇生产装置。

3. Exxon 高压工艺[110,111]

Exxon 高压氢甲酰化生产装置也是建设较多的。其采用 Kuhlmann 或 PCUK 氧化法(Kuhlmann-or PCUK-oxo process)进行钴催化剂的回收与循环，其催化剂是以 $HCo(CO)_4$ 的形式进行循环的(图 4.22)。

Kuhlmann 循环的步骤一是高压脱钴，目的是将溶于氢甲酰化反应产物或者未反应完全的烯烃中的油溶性 $HCo(CO)_4$ 转化为水溶性的四羰基钴钠 $[NaCo(CO)_4]$。这一操作通常在高温(100~180℃)和高压(16~30MPa)下，将氢甲酰化反应产物与稀释的 NaOH 或者 Na_2CO_3 水溶液反应，在冷却和降压后，采用洗涤分离的方法分离出含有氢甲酰化粗产品的有机相和含有 $NaCo(CO)_4$ 的水相。

步骤二，向含有 $NaCo(CO)_4$ 的水相中加入硫酸，将 $NaCo(CO)_4$ 再生转化为 $HCo(CO)_4$，挥发性的 $HCo(CO)_4$ 用合成气逆流从水中汽提出，然后通过吸收塔，从汽提气中回收 $HCo(CO)_4$。在这个过程中通常采用原料烯烃作为吸收剂，并返回反应器，实现钴催化剂的回收与循环使用。

由于采用原料烯萃取 $HCo(CO)_4$，该法只适于反应性差的长链烯烃，工业上最重要的丙烯氢甲酰化反应不能采用。同时，在催化剂循环过程中要用到硫酸，有防腐蚀问题。另外，由于在高压脱钴步骤中，存在部分油溶性 $HCo(CO)_4$ 催化剂转变成钴(Ⅱ)盐，该盐不能再循环到氢甲酰化反应中，而是借助于酸性废水排到环境中，不仅造成钴的流失同时也带来了环境污染问题。

钴催化剂在氢甲酰化、分离和再循环至反应器的整个周期中以 $HCo(CO)_4$(在循环中钴催化剂中钴的价态为–1 价)的形式进行循环，是 Kuhlmann 法的特点，而对其方法的改进也不断有专利报道。

4. Mitsubishi 高压工艺[108]

日本三菱化成公司的高压钴法工业化应用报道比较少见。其特点是采用如马来酸钴

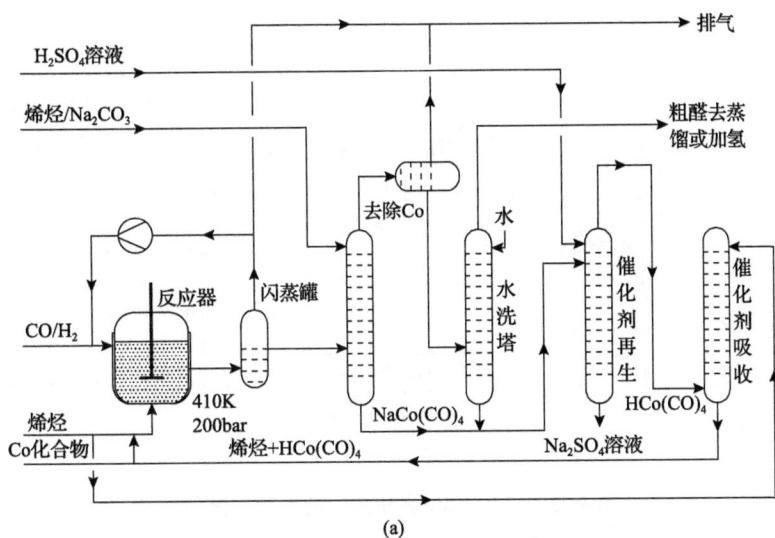

(a)

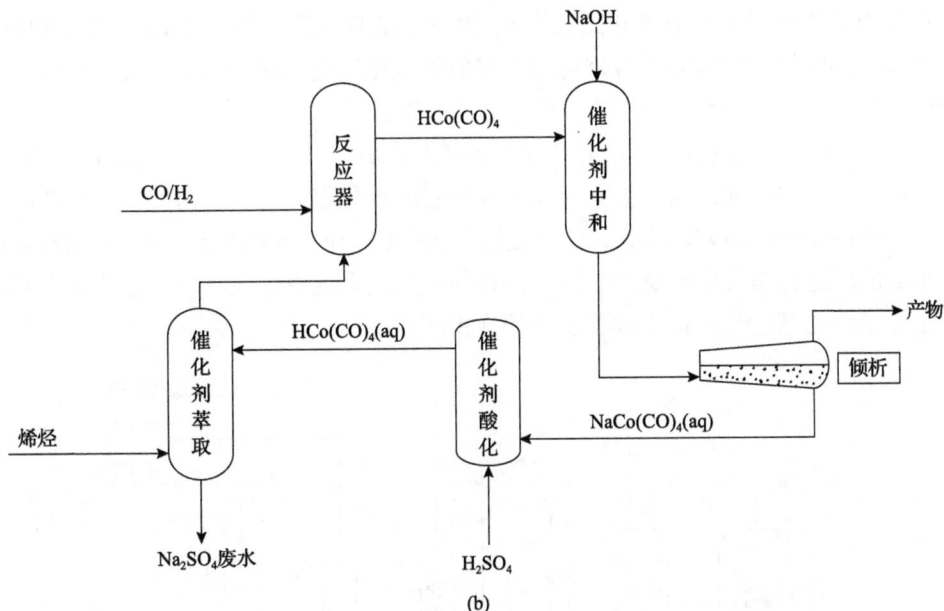

(b)

图 4.22　Exxon 氢甲酰化的工艺流程(a)以及 Kuhlmann 法回收钴过程(b)

为催化剂前体，预先在催化剂制备反应器中得到八羰基二钴和四羰基钴氢，以重组分为溶剂，进入氢甲酰化反应器中，采用稀酸分解的办法回收钴。Mitsubishi 氢甲酰化的工艺流程如图 4.23 所示。

5. Shell 中压工艺

20 世纪 50 年代末，壳牌(Shell)公司的 Slaugh 等率先发展的膦改性羰基钴催化剂，使得氢甲酰化反应压力由传统高压过程的 20.0～30.0MPa 降低到 7.0～10MPa，温度由传统高压法的 140～180℃提高到 160～200℃，而且活性组分可液相循环，并改进了反应的选择性。

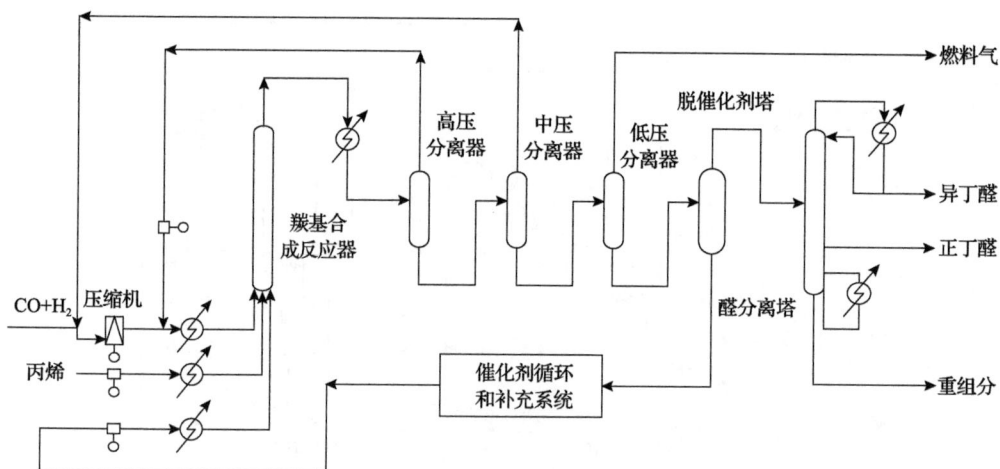

图 4.23 Mitsubishi 氢甲酰化的工艺流程

在以丙烯为原料的氢甲酰化过程[112]采用三丁基膦三羰基钴氢 $HCo(CO)_3(PBu_3)$ 作为催化剂，同时加入碱作为复合催化剂，将氢甲酰化反应、缩合和加氢反应在同一个反应器中进行，产品包括 C_4 和 C_8 醇。其主要过程如下。

(1) 氢甲酰化反应过程(图 4.24)。原料丙烯及合成气($H_2/CO=1.7$)、循环的溶剂、C_4 醛和配制的催化剂一起送入反应器，需要反应器的容积很大，一般由数个反应器串联操作，反应热以间接冷却方式除去，反应温度约 180℃，压力 8.0MPa。由于采用复合催化剂，生成的醛进行缩合反应及加氢反应都在同一反应系统中完成，一步生成所需要的醇类，主要是 2-乙基己醇、正丁醇和少量的异丁醇。

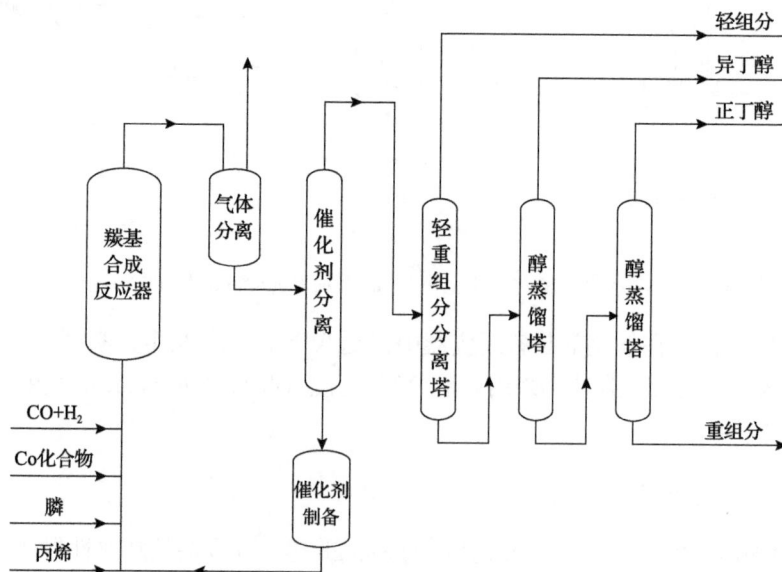

图 4.24 Shell 氢甲酰化的工艺流程

(2) 催化剂回收循环过程。产物离开最后一个反应器进入汽提塔，将未反应的 H_2/CO、丙烯、丙烷气体以及后系统分离出来的气体用压缩机升压后一起送入汽提塔，产物从塔顶汽提出去，催化剂溶液由塔底排出循环返回羰基合成第一反应器。该塔底分出部分有机高沸物送去焚烧处理。由于这种催化剂有较高的热稳定性，就可以采取简单蒸馏的方法回收循环。

(3) 醇类产品分离过程。对于汽提出来的产物，首先分离未反应的气体物料，再精馏出 C_4 醛和水，C_4 醛返回羰基合成反应器，其产物还需脱除重组分并加氢，使 C_8 醛全部转化为醇。进一步分馏 C_4/C_8 醇。C_4 醇共沸精馏脱除醚类，再精馏得到正丁醇和异丁醇产品。从 C_8 醇分离出轻、重组分后，需要经最后加氢消除不饱和物，保证 2-乙基己醇的产品质量。

Shell 公司在低碳烯烃氢甲酰化反应的基础上，将乙烯低聚、异构化、歧化和羰基合成有机结合并加以改进形成了独特的 SHF 工艺[113-116]，从而获得高收率、质量良好的 $C_{11} \sim C_{15}$ 的高碳洗涤剂醇。其基本过程分为以下几个步骤(图 4.25)。

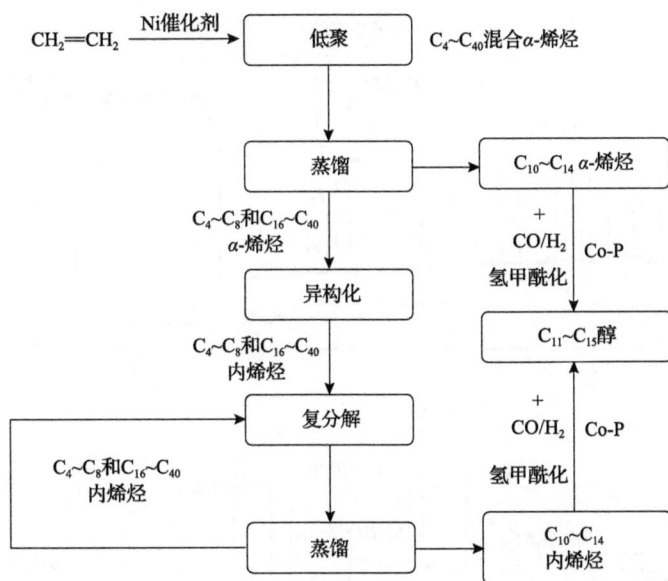

图 4.25　Shell 的 SHF 工艺流程

(1) 乙烯低聚过程。乙烯在镍-膦均相催化剂作用下，进行低聚反应生成一定分子量分布的 $C_4 \sim C_{40}$ 的 α-烯烃，经蒸馏获得产品 $C_{10} \sim C_{14}$ 的 α-烯烃、轻组分 $C_4 \sim C_8$ 的 α-烯烃和重组分 $C_{16} \sim C_{40}$ 的 α-烯烃。

(2) 异构化过程。将分离出的轻组分 $C_4 \sim C_8$ 的 α-烯烃和重组分 $C_{16} \sim C_{40}$ 的 α-烯烃经过异构化过程得到内烯烃。

(3) 烯烃复分解(歧化)过程。将上述得到的各种内烯烃与乙烯进行交叉复分解反应，得到重新组合的一定碳链长度的内烯烃，进行蒸馏获得产品馏分：$C_{10} \sim C_{14}$ 的内烯烃、轻组分 $C_4 \sim C_8$ 的内烯烃和重组分 $C_{16} \sim C_{40}$ 的内烯烃，在这个过程中会产生 10% $\sim$ 15% 的 $C_{10} \sim C_{14}$ 的内烯烃。

(4) $C_{10} \sim C_{14}$ 的内烯烃或端烯烃的氢甲酰化反应。将 $C_{10} \sim C_{14}$ 内烯烃进行氢甲酰化反应得到 $C_{11} \sim C_{15}$ 醇，在内烯烃合成中由于配体存在，氢甲酰化反应不在内烯烃双键上发生而是将内烯烃转化成 α-烯烃，再进行氢甲酰化合成。从内烯烃分离得到的轻、重馏分返回复分解过程，使内烯烃碳链长度重新分布，如此反复循环复分解、分离和氢甲酰化反应，直到全部物料转化成 $C_{11} \sim C_{15}$ 醇为止。

Shell 公司的高碳烯烃生产过程(Shell higher olefin process，SHOP)所得到 α-烯烃除用作氢甲酰化的原料外，还可以用于合成聚 α-烯烃润滑油以及线型低密度聚乙烯(LLDPE)等其他领域。Shell 公司在英国的斯坦洛(Stanlow)、美国的盖斯马(Geismar)建有多套生产烯烃的工业装置，总产能为 120 万 t/a 左右。

Shell 公司的中压氢甲酰化法生产高碳洗涤剂醇的技术主要包括：氢甲酰化合成反应、催化剂分离循环、加氢成醇和粗醇精制等工序(图 4.26)。国内中国石油抚顺石油化工公司合成洗涤剂厂在 1987 年引进一套 5 万 t/a 规模的装置，其工艺流程如下[117-119]。

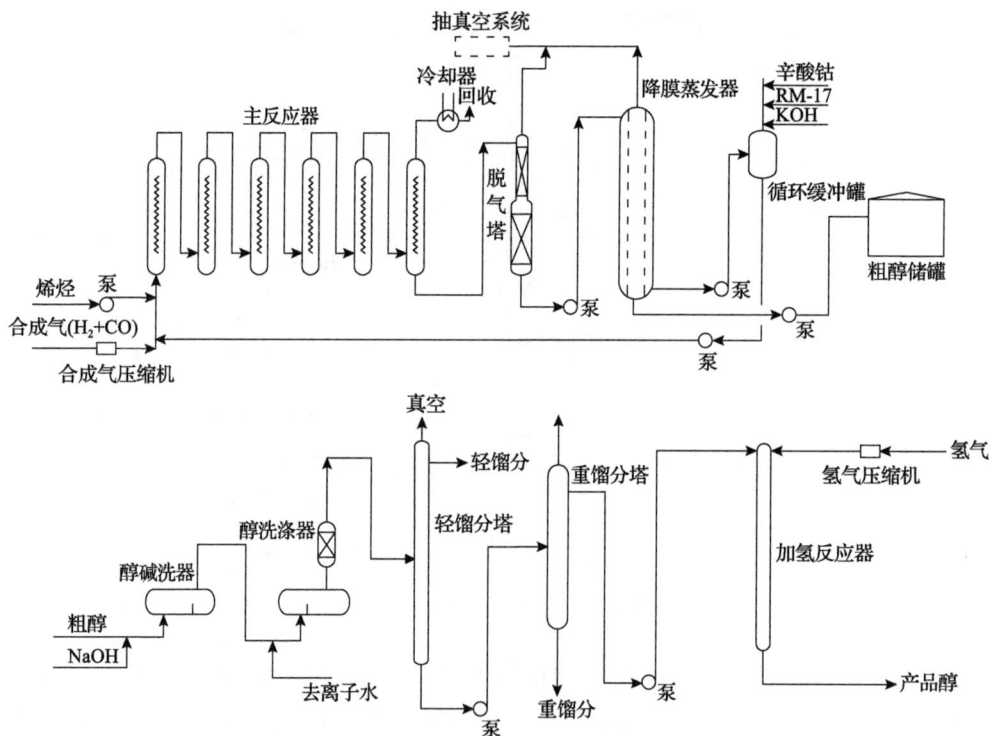

图 4.26　Shell 的高碳醇生产工艺流程

(1) 氢甲酰化反应过程。原料烯烃、合成气($H_2/CO = 2$)、催化剂(循环和补充)按比例进入氢甲酰化反应器，在 $5.6 \sim 10.5$MPa、$180 \sim 200$℃工艺条件下进行反应，生成以醇为主要成分的粗醇物料。由于反应是放热过程，为维持反应温度的稳定，冷却剂采用的是反应原料烯烃。反应中，物料中含钴量为 $0.1\% \sim 0.2\%$，膦/钴摩尔比为 1.5。

(2) 钴催化剂回收过程。氢甲酰化反应生成的物料进入气液分离器，排出未反应的合成气后进入脱气塔，在真空操作条件下除去不凝气和雾沫，塔底物料进入蒸发器中。依据醇与催化剂在真空条件下沸点的差别，采用真空蒸馏的方法将醇和催化剂进行分离，催化剂循环使用。

(3)产品精制过程。粗醇中含有醛、异构醇、甲酸酯、烷烃、二聚醇、乙缩醛及重质醇等杂质，须进行精制处理，精制工序按流程顺序依次为碱处理、醇蒸馏、加氢精制。得到的粗醇在醇碱洗器内用 NaOH 皂化，醇碱洗器内有一个静止区，在这里水相(水、盐和剩余碱)与有机相(粗醇)分离。有机物离开醇碱洗器后立即与去离子水混合并进到醇洗涤器；之后将混合物进行蒸馏，经过轻馏分塔，蒸馏分离出轻馏分和粗醇，粗醇在重馏分塔中真空条件下分离，重馏分由塔底经泵排入储罐，精馏出的醇则进入加氢反应器，在镍基催化剂催化下，将少量的醛加氢转化为醇。

在这个过程中，$C_{12} \sim C_{13}$ 醇产能 2.4 万 t/a，$C_{14} \sim C_{15}$ 醇产能 2.6 万 t/a，与 Shell 公司在丙烯氢甲酰化工艺过程中采用的三丁基膦配体不同，在高碳洗涤剂醇生产过程中采用的是钴盐-双环膦配体(RM-17)-氢氧化钾组成的复合催化剂体系，双环膦配体是 9-二十烷基-9-磷杂二环[4.2.1]壬烷和 9-二十烷基-9-磷杂二环[3.3.1]壬烷的混合物，以及八甲烯基-p, p'-对(9-磷杂二环[4.2.1]壬烷)、八甲烯基-p, p'-对(9-磷杂二环[3.3.1]壬烷)和八甲烯基-p-(9-磷杂二环[4.2.1]壬烷)-p'-(9-磷杂二环[4.2.1]壬烷)的混合物，并用氢氧化钾作稳定剂。

在氢甲酰化工段，采用的是 6 个串联的氢甲酰化反应器，同时为了防止反应器发生碱性脆化和应力腐蚀，与反应物料接触的金属材质为 Ni-Cr 合金材料；每个反应器内部设有冷却(加热)蛇管，蛇管的冷却面积从第一到第六反应器依次减少，反应器尽量初始阶段进行加热，以使氢甲酰化反应达到激发温度，反应启动后则需要通过冷却蛇管带走生成的反应热。

在催化剂回收工段，经过脱气的反应产物用泵送到四个并联的降膜蒸发器顶部，反应产物沿蒸发器内壁呈薄膜状下落，用蒸发器外表面的蒸汽夹套进行加热，在下落加热过程中，脂肪醇和轻组分被蒸发。沸点较高的催化剂和重组分在蒸发器底部收集并被泵送到循环缓冲罐，在此处与补充的新鲜催化剂(称循环催化剂)混合后打到反应工序的第一反应器。为平衡循环催化剂中的重馏分浓度，在蒸发器底部应排放一部分残液。降膜过程中被蒸发的脂肪醇和轻组分在降膜蒸发器内部冷凝器处被冷凝并落到底部，然后被泵送到粗醇储罐储存。

在加氢精制工段，采用镍基的活性加氢催化剂，反应器为并流式固定床，液相物流(脂肪醇)和氢气从顶部进反应器，在反应器内，氢气为连续相，脂肪醇为滴流相，加氢压力为 8MPa，温度为 120℃左右。

比较遗憾的是，这套引进装置仅仅经过短暂的试验，目前一直处于闲置状态。

Shell 公司的 SHF 技术，尽管通过膦配体改性在不同程度上克服了高压钴法的缺点，但也带来了新问题：①膦配体比较昂贵，增加了催化剂成本、产品精制和"三废"处理费用；②改性后催化剂活性与 $HCo(CO)_4$ 相比活性降低，物料停留时间长，因此反应器体积需增大 5~6 倍，一般是数个反应器串联操作；③催化剂的加氢活性强，在反应过程中10%～20%的丙烯加氢转化为丙烷(而传统钴法只有2%～3%的丙烯加氢转化为丙烷)，原料消耗较大；④产品正丁醇与辛醇的比例难以调节，同时过程中有少量醛，还需补充加氢精制装置；⑤由于催化剂长期循环，同时膦配体易于氧化，对原料气要求较高，如合成气总硫小于1ppm，丙烯中硫小于5ppm，氧小于1ppm。采用这种中压工艺技术仅在Shell公司内部建有五六套丙烯氢甲酰化的工业装置，估计今后在碳五以下烯烃为原料的氢甲酰化领域内，其也难有较大应用。采用Shell的SHF技术生产洗涤剂醇，具有醇直链率高达90%、分子量分布窄等优点。

整体而言，钴基催化剂在氢甲酰化反应研究进程中扮演了重要的角色，在氢甲酰化反应发现后的约30年时间内是氢甲酰化反应催化剂的主要选择。但在20世纪70年代中后期低压铑法工艺成功工业化应用以来，碳五以下烯烃的氢甲酰化工业化装置鲜有采用钴基催化剂的工艺，不过在高碳烯烃制备高碳醇的氢甲酰化反应过程中，钴基催化剂占据主导地位。这是因为在较高分子量烯烃的氢甲酰化反应中，生成的醛的沸点较高，催化剂与醛的分离困难，而钴基催化剂具有高催化活性，与烯烃双键的位置、支化结构和纯度无关。此外，钴基催化剂可较容易地从产物中分离并循环利用，钴相比铑而言价格低廉，可以更容易接受在处理过程中的催化剂损失。表4.10给出了已经工业化的钴基催化剂在氢甲酰化反应中应用参数的相关对比情况[120-126]。

4.3 钴基催化剂在氢甲酰化反应中应用的新进展

4.3.1 氮杂环卡宾稳定的羰基钴催化剂

作为优异的仿膦配体，氮杂环卡宾(NHC)具有很强的σ-给电子能力，可形成较强的配体-金属键，因此很多氮杂环卡宾金属配合物比其膦配体金属配合物更稳定。van Rensburg等[127]利用$Co_2(CO)_8$和氮杂环卡宾配体IMes[IMes = 1,3-bis(2,4,6-trimethylphenyl) imidazol-2-ylidene]反应，合成了首个钴-羰基-卡宾二聚体配合物$[Co(CO)_3(IMes)]_2$，同时在170℃、6.0MPa合成气压力下，用该化合物催化1-辛烯的氢甲酰化反应。结果未发现有醛类化合物，而是得到了一种深褐色油状化合物，他们推测在反应中$[Co(CO)_3(IMes)]_2$发生分解生成了离子型化合物$[Co(CO)_3(IMes)_2]^+[Co(CO)_4]^-$(图4.27)。

尽管存在不利的分解因素，Llewellyn等[128]通过采用氢气和酰基化的羰基钴物种$Co(CO)_3(COMe)IMes$反应，分离得到了稳定的Co-H配合物$Co(CO)_3HIMes$(图4.28)，这种含有卡宾配位基团羰基钴氢配合物在没有氧气和水分的情况下是固态稳定的，在溶液中7天后只有15%发生分解。采用这种稳定的Co-H配合物$Co(CO)_3HIMes$作为催化剂催化1-辛烯的氢甲酰化反应(1mol%，0.8MPa合成气、50℃，反应17h)，可以得到47%的烯烃转化率，其中醛产物中有83%的2-甲基辛醛。作者推测在$Co(CO)_3HIMes$的催化作用下1-辛烯迅速异构化为2-辛烯，然后进一步进行氢甲酰化反应。

表 4.10 已经工业化的钴基催化剂在氢甲酰化反应中应用参数的相关对比情况

公司	催化剂	配体	压力/MPa	温度/℃	催化剂循环方式	原料	产物
Ruhrchemie	采用 CoCO₃ 在羰基合成反应器中生成活性的 HCo(CO)₄，金属损耗后在同一发生器中补充	—	20~35 (CO/H₂=1/1.2)	140~180	热分解，以固体钴化合物的形式返回反应器循环	中长链支链烯烃、α-长链烯烃	丙醛、丁醛、2-乙基己醇、羧酸、胺等
BASF	采用 Co(OAc)₂ 在羰基合成反应器中生成活性 HCo(CO)₄，金属损耗后在同一发生器中补充	—	27~30 (CO/H₂=1/1)	150~170	化学分解(CH₃COOH+O₂)，以乙酸钴溶液形式返回。钴从 Co 返回到 Co²⁺ 形式(甲酸盐或乙酸盐)	中长链支链烯烃、α-长链烯烃	C₃~C₁₅ 的醛、醇等
Exxon	使用 CoO 在羰基合成反应器中生成活性的 HCo(CO)₄，金属损耗后在同一发生器中补充	—	25~30 (CO/H₂=1/1.16)	160~190	Kuhlmann 循环：①用碱流洗涤氢甲酰化产物，将 HCo(CO)₄ 转化为 NaCo(CO)₄；②采用硫酸酸化将 NaCo(CO)₄ 再生化为 HCo(CO)₄；③挥发性的 HCo(CO)₄ 用合成气逆流从水中汽提出，然后通过吸收塔，从汽提气中回收 HCo(CO)₄，在这个过程中通常采用原料烯烃作为吸收剂，并返回反应器，实现钴催化剂的回收与循环使用	中长链支链烯烃、α-长链烯烃	正丁醇、异丁醇、2-乙基-1-己醇、C₆~C₁₅ 的支链、直链醇等
Mitsubishi	使用马来酸钴在羰基合成反应器中生成 HCo(CO)₄，金属损耗后在同一发生器中补充	—	15~30 (CO/H₂=1/1)	100~150	化学分解(羧酸)，以油溶性钴皂形式返回	丙烯	正丁醇、异丁醇、2-乙基-1-己醇等
Shell	使用钴盐和膦配体在羰基合成反应器中生成活性 HCo(CO)₃L，钴、配体损失后在反应中进行补充	膦配体	5~10 (CO/H₂=1/2)	150~190	蒸馏方式加以回收，含有催化剂的溶液返回	C₃、C₈~C₁₄ 烯烃	正丁醇、异丁醇、2-乙基-1-己醇、C₉~C₁₅ 的醇等

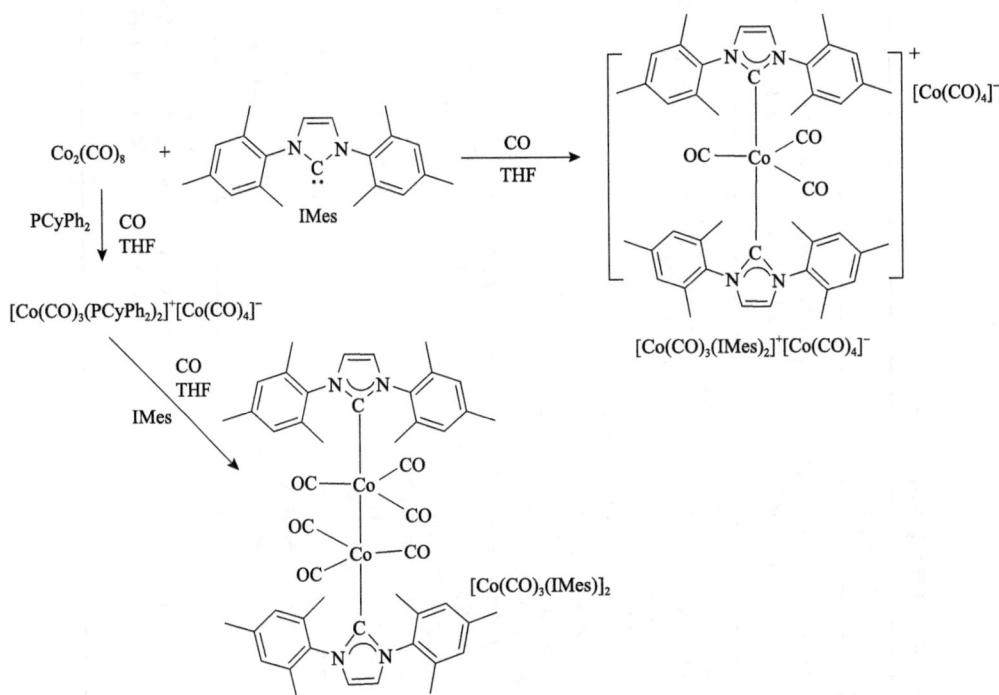

图 4.27 $[Co(CO)_3(IMes)]_2$ 和 $[Co(CO)_3(IMes)_2]^+[Co(CO)_4]^-$ 的合成过程

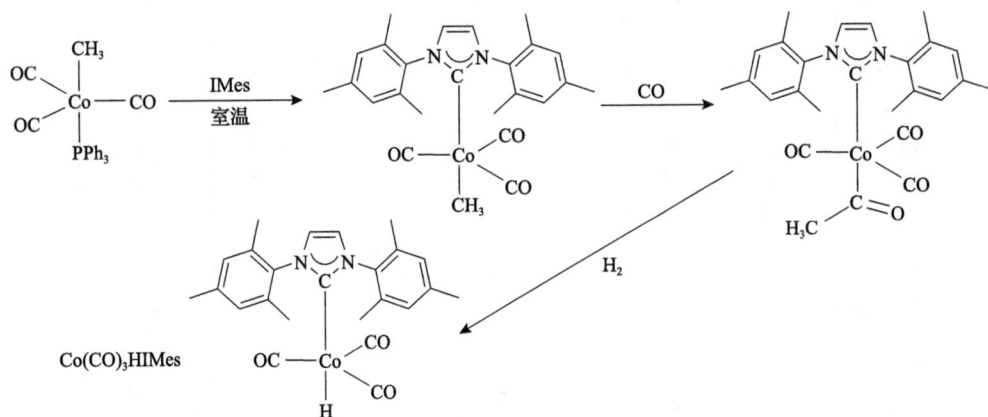

图 4.28 $Co(CO)_3HIMes$ 的合成过程

4.3.2 离子液体阳离子稳定的羰基钴金属有机离子液体催化剂

通过将羰基钴阴离子金属配合物片段嫁接到离子液体的策略,Rieger 等[129,130]合成了咪唑基以及胍基阳离子的羰基钴金属有机离子液体(图 4.29),并将这种含有四羰基钴阴离子催化活性片段的羰基钴金属有机离子液体催化剂用于 1-己烯的氢甲酰化反应,在120℃、3.0MPa($H_2/CO=2$)的反应条件下,庚醛的选择性可达到 99%,同时该催化剂能够重复使用 3 次。

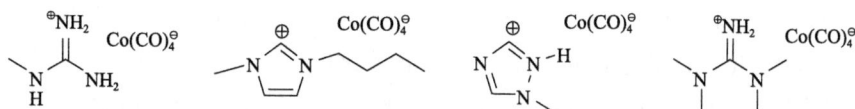

图 4.29 羰基钴金属有机离子液体

4.3.3 MOF 材料辅助的八羰基二钴催化剂

基于金属有机骨架(MOF)材料的化学柔性、孔径可调、化学稳定性和结构稳定性,其成为在分子水平上设计活性中心的理想材料。Ranocchiari 等[131]通过在八羰基二钴催化的反应体系中加入 MOF 材料,利用 MOF 材料作为纳米反应器,实现了烯烃高选择性氢甲酰化反应,生产支链醛的选择性最高可达 90%(表 4.11)。蒙特卡罗模拟和密度泛函理论模拟结合动力学模型表明,具有一定拓扑结构的 MOF 的微孔增加了烯烃的密度,同时部分阻止了合成气的吸附,这是导致支化醛选择性提高的主要原因。

表 4.11　MOF 添加剂对烯烃氢甲酰化反应的影响 [a]

烯烃	催化剂体系	烯烃转化率/%	醛收率/%	B/L[b]
	$Co_2(CO)_8$+MixUMCM-1-NH_2	75	60	83/17
	$Co_2(CO)_8$+MOF-74(Zn)	85	70	90/10
	$Co_2(CO)_8$	99	95	61/39
	$Co_2(CO)_8$+MixUMCM-1-NH_2	62	55	79/21
	$Co_2(CO)_8$+MOF-74(Zn)	86	75	89/11
	$Co_2(CO)_8$	97	95	52/48
	$Co_2(CO)_8$+MixUMCM-1-NH_2	84	80	84/16
	$Co_2(CO)_8$+MOF-74(Zn)	81	75	86/14
	$Co_2(CO)_8$	97	95	54/46
	$Co_2(CO)_8$+MixUMCM-1-NH_2	80	75	77/23
	$Co_2(CO)_8$+MOF-74(Zn)	71	65	83/17
	$Co_2(CO)_8$	>99	95	61/38
Ph	$Co_2(CO)_8$+MixUMCM-1-NH_2	15	10	70/30
	$Co_2(CO)_8$+MOF-74(Zn)	49	40	81/19
	$Co_2(CO)_8$	58	50	60/40

a. 反应条件:烯烃 500μL,$Co_2(CO)_8$ 1.5mol%,MixUMCM-1-NH_2 与 Co 摩尔比为 0.4 或者 MOF-74 与 Co 摩尔比为 3.3,合成气压力 3.0MPa(CO/H_2=1),100℃,17h。
b. B/L=支链醛量/直链醛量。

4.3.4 阳离子钴(Ⅱ)双膦配合物催化剂

自 1938 年 Otto Roelen 意外发现钴基催化剂能够催化烯烃和合成气反应得到醛这一

氢甲酰化反应以来，无论是早期的钴盐作为催化剂前体，抑或是 Shell 公司在 20 世纪 60 年代采用的钴盐-膦配体复合催化剂体系，在氢甲酰化的条件下均是羰基钴氢配合物 $HCo(CO)_4$ 或者 $HCo(CO)_3L$ 的催化活性物种起催化作用。早期的高压法需要高压高温的反应条件来抑制羰基钴催化剂的分解。尽管后来开发的含膦配体钴催化剂能在较低的压力下催化反应，然而较强的 Co—CO 键大大影响了反应的速率，因此需要更高的反应温度和超高的催化剂浓度，同时还会产生更多的副反应。

近 50 年以来，在钴基催化剂催化的烯烃氢甲酰化反应研究领域鲜有大的突破。最近，美国路易斯安那州立大学 Stanley 教授课题组[132-136]创新性地发展了一类新型的[钴(Ⅱ)双膦]⁺[BF₄]⁻配合物（图 4.30），该二价钴金属配合物在烯烃氢甲酰化反应中展示出了优异的性能。在温和条件下，单金属催化剂前体[Co(acac)(DPPBz)][BF₄]的氢甲酰化活性要比双核钴配合物更高，同时这种阳离子 Co(Ⅱ)催化剂具有较高的烯烃异构化催化活性，这一点与 Co(Ⅰ)催化剂体系非常类似。这样导致对简单烯烃的氢甲酰化反应产物中醛产物的直链/支链选择性低（L/B 在 0.9 左右）（表 4.12）。另外，这种新型的[钴(Ⅱ)双膦]⁺[BF₄]⁻配合物在不同的烯烃（包括端烯烃、多取代的端烯烃、多取代的内烯烃）的氢甲酰化反应中展示出了优异的催化性能（表 4.13）。特别是对于氢甲酰化反应难度更大的带支链内烯烃，由于该类阳离子新型的[钴(Ⅱ)双膦]⁺[BF₄]⁻配合物催化剂的异构化速率高，它对异常难发生的内部支链烯烃氢甲酰化发生显示出异常高的醛的正异比。其催化活性和经典的 $HCo(CO)_4$ 催化剂的活性几乎相当，但是其反应条件与 $HCo(CO)_4$ 催化剂相比更加温和，相比之下，铑膦催化剂对于带支链内烯烃的催化性能较差。

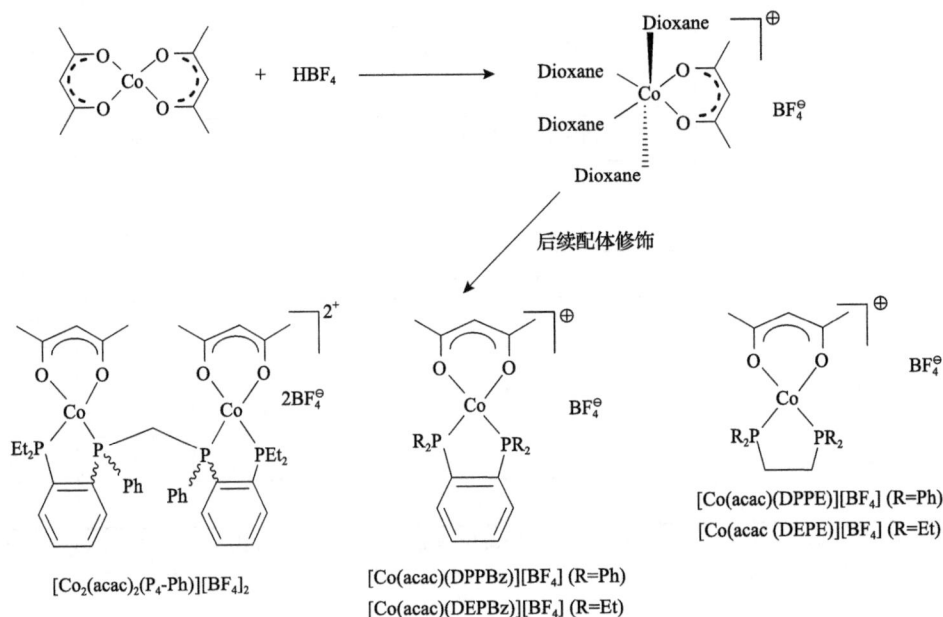

图 4.30 新型的[钴(Ⅱ)双膦]⁺[BF₄]⁻配合物结构

表 4.12 ［钴（Ⅱ）双膦］$^+$［BF$_4$］$^-$配合物结构及其催化 1-己烯氢甲酰化反应结果 [a]

催化剂	时间	L/B[b]	C$_7$醛收率/%	C$_7$醇收率/%	异构己烯收率/%	己烷收率/%
［Co（acac）（DEPBz）］［BF$_4$］	10min	0.9	42.5	1.0	51.8	1.1
	2h	0.95	77.9	11.4	8.4	2.0
［Co（acac）（DPPBz）］［BF$_4$］	10min	0.94	49.0	—	45.7	1.4
［Co$_2$（acac）$_2$（*meso*-P$_4$-Ph）］［BF$_4$］$_2$	10min	0.9	38.3	—	52.3	0.9
	2h	0.9	78.5	10.5	8.6	2.0
［Co$_2$（acac）$_2$（*rac*-P$_4$-Ph）］［BF$_4$］$_2$	10min	0.9	31.6	—	57.7	0.8
	2h	0.9	65.3	8.6	23.5	1.8

a. 反应条件：1-己烯 1mol/L，催化剂 1mmol/L（61ppm Co），四乙二醇二甲醚为溶剂，160℃，合成气压力 3.1MPa（H$_2$/CO=1）。
b. L/B=直链醛量/支链醛量。

表 4.13 ［钴（Ⅱ）双膦］$^+$［BF$_4$］$^-$配合物、HCo（CO）$_4$、Rh（acac）（CO）$_2$/P 体系催化不同烯烃的氢甲酰化反应结果

烯烃	催化剂	醛收率/%	醛正异比（L/B）	异构烯烃收率/%	烷烃收率/%
		α-烯烃			
1-己烯	［Co（acac）（DPPBz）］［BF$_4$］	76.8	1.1	18.9	1.4
1-辛烯	［Co（acac）（DPPBz）］［BF$_4$］	63.2	0.9	34.1	0
1-癸烯	［Co（acac）（DPPBz）］［BF$_4$］	58.2	0.8	36.9	0

反应条件：烯烃 1mol/L，催化剂 1mmol/L，四乙二醇二甲醚为溶剂，160℃，合成气压力 5.0MPa（H$_2$/CO=1），1h

	3,3-二甲基丁烯				
	［Co（acac）（DPPBz）］［BF$_4$］	60.0	58	—	0.8
	［Co（acac）（DEPBz）］［BF$_4$］	84.8	51	—	1.2
	［Co（acac）（DPPE）］［BF$_4$］	64.1	57	—	1.0
	［Co（acac）（DEPE）］［BF$_4$］	54	77.1	—	1.2
	Rh（acac）（CO）$_2$/biphenphos	96.4	全为直链醛	—	3.3
	Rh（acac）（CO）$_2$/PPh$_3$	91.1	34	—	0.3

反应条件：对于钴基催化剂，烯烃 1mol/L，［Co（acac）（2P）］［BF$_4$］1mmol/L，四乙二醇二甲醚为溶剂，140℃，合成气压力 3.0MPa（H$_2$/CO=1），2h。
对于 Rh（acac）（CO）$_2$ 催化剂，biphenphos 与 Rh 摩尔比为 3:1，120℃，合成气压力 1.5MPa（H$_2$/CO=1），2h；或者 PPh$_3$ 与 Rh 摩尔比为 400:1，120℃，合成气压力 1.03MPa（H$_2$/CO=1），20min

	支链内烯烃				
	［Co（acac）（DEPE）］［BF$_4$］	24.9	全为直链醛	10.0	0
	HCo（CO）$_4$	36.5	全为直链醛	4.8	0
	Rh（acac）（CO）$_2$/biphenphos	0	—	0	0
	Rh（acac）（CO）$_2$/PPh$_3$	0	—	0	0

续表

烯烃	催化剂	醛收率/%	醛正异比(L/B)	异构烯烃收率/%	烷烃收率/%
	[Co(acac)(DEPE)][BF₄]	26.9	全为直链醛	33.5	3.7
	HCo(CO)₄	28.6	全为直链醛	14.2	2.2
	Rh(acac)(CO)₂/biphenphos	0.8	全为直链醛	0	2.8
	Rh(acac)(CO)₂/PPh₃	0	—	0	0
	[Co(acac)(DEPE)][BF₄]	54.7	4.4	32.1	0
	HCo(CO)₄	77.7	6.2	10.4	—
	Rh(acac)(CO)₂/biphenphos	81.7	28	1.9	14.8
	Rh(acac)(CO)₂/PPh₃	62.0	0.4	0	8.4

反应条件：对于[Co(acac)(2P)][BF₄]催化剂，烯烃 1mol/L，[Co(acac)(2P)][BF₄]1mmol/L，四乙二醇二甲醚为溶剂，140℃，合成气压力 3.0MPa(H₂/CO=1)，6h。

对于 Rh(acac)(CO)₂ 催化剂，biphenphos 与 Rh 摩尔比为 3:1，或者 PPh₃ 与 Rh 摩尔比为 400:1，120℃，合成气压力 1.5MPa(H₂/CO=1)，6h。

对于 HCo(CO)₄，采用 Co₂(CO)₈ 或者 Co(hexanoate)₂ 原位产生，140℃，合成气压力 9.0MPa(H₂/CO=1)，6h

　　除此之外，这类[钴(Ⅱ)双膦]⁺[BF₄]⁻催化剂在烯烃的氢甲酰化反应中展现出了非常优异的稳定性。评估催化剂的稳定性，最好的方法是在中试或者工业试验装置上使用催化剂操作和回收一个月或更长时间，但是在实验室阶段这种方式往往难以实现，所以Stanley 教授课题组采用测试催化剂的转化数，同时采用红外光谱表征不同反应时间点上催化剂的变化情况，结果表明，该催化剂在 336h 后仍具有不错的活性，稳定性优异。

　　深入的原位傅里叶变换红外光谱研究表明，双膦配合物[Co(acac)(DPPBz)][BF₄]在合成气条件下，先转化为含羰基的双膦配合物[Co(acac)(CO)(DPPBz)]⁺[BF₄]⁻和[Co₂(μ-CO)₂(CO)(DPPBz)₂]²⁺[2(BF₄)]²⁻，进而转化为活性中间体[HCo(CO)ₓ(DPPBz)]⁺[BF₄]⁻(x=1~3)，这个 19 电子(19e)的活性中间体可能在催化中起重要作用。最后，作者提出了这类阳离子 Co(Ⅱ)双膦催化剂的可能氢甲酰化机理(图 4.31)。这个机理中基元步骤和传统的钴催化的氢甲酰化过程类似，第一步是将羰基配体从催化剂上解离出来，在金属中心上留出空间来配合烯烃，随后经历氢化物迁移插入形成烷基羰基钴、CO 迁移插入形成类酰基物种，最后经历氢气的氧化加成得到目标产物醛。与已报道的羰基钴催化剂的区别在于：阳离子 Co(Ⅱ)双膦催化剂中，钴金属中心上的阳离子电荷，造成了金属的 d 轨道收缩，使得钴中心上的羰基配体更加不稳定。

　　Wang 等[137]采用密度泛函理论(DFT)详细研究了 Stanley 等所发展的阳离子 Co(Ⅱ)催化剂[Coᴵᴵ(PP)(acac)]⁺(PP=diphosphine，acac=acetylacetonate)在氢甲酰化反应中的过渡态，得出该阳离子催化剂通过与 H₂ 和 CO 反应生成活性物种[HCoᴵᴵ(CO)₂(PP)]⁺。与常见的 18e 中性 Co(Ⅰ)催化物种 HCoᴵ(CO)₃(PR₃)相比，[HCoᴵᴵ(CO)₂(PP)]⁺物种具有独特的 17e 和方形金字塔结构，通过不同的基本步骤(如与烯烃配位、H₂ 活化裂解)激活所需的能量较低，在反应过程中线型醛产品的区域选择性是电子效应和空间效应造成的。同时作者通过 DFT 计算预测：添加 PMe₃ 配体将有助于预催化剂的引发，从而降低反应

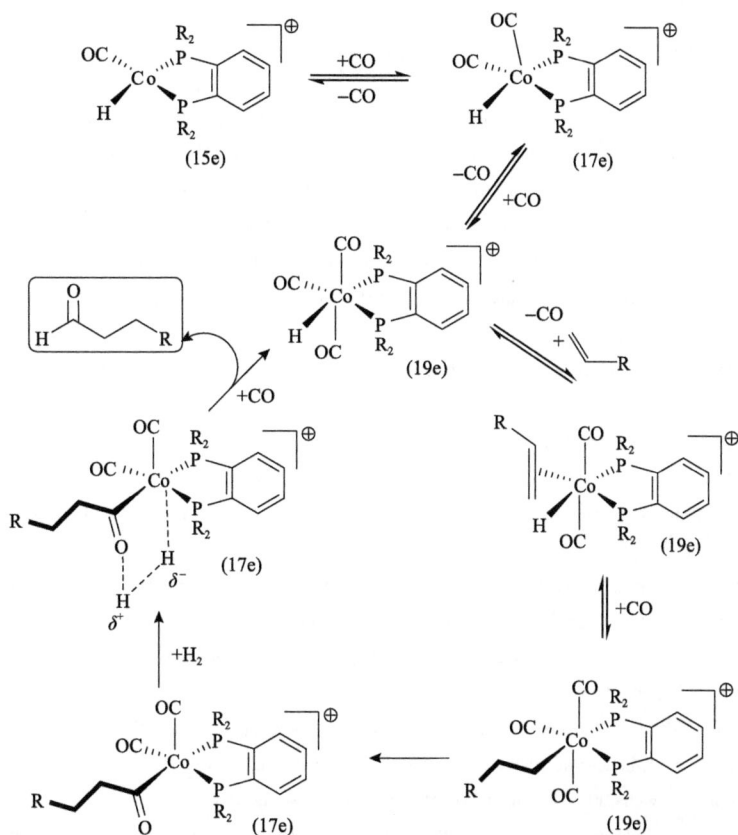

图 4.31　阳离子 Co(Ⅱ) 双膦配合物可能的氢甲酰化机理

温度或缩短诱导期。

　　毫无疑问，Stanley 等所发展的带正电的阳离子 Co(Ⅱ) 双膦氢甲酰化催化剂具有以下优势：①活性高、反应快，活性接近当前工业上使用的价格高昂的铑催化剂，并且对于反应难度更大的多支链内烯烃的氢甲酰化反应更具有优势；②无需高压和高温；③稳定性高，并且使用寿命非常长，没有迹象表明钴诱导的膦配体降解，并且不需要过量配体和催化剂；④TOF 较高，副反应少；⑤成本远低于铑催化剂。但是这个催化剂的异构化能力太强是其弱点。总体来讲，阳离子 Co(Ⅱ) 双膦氢甲酰化催化剂可以说是氢甲酰化工艺 50 年来的最大突破，如果能够实现这种阳离子 Co(Ⅱ) 双膦配合物的低成本规模化生产，该体系将会具有工业应用的光明前景。

　　钴基催化剂在烯烃，特别是高碳烯烃的氢甲酰化反应中扮演着不可或缺的角色，特别是与铑金属相比，钴金属的价格优势使其在最近的氢甲酰化反应研究中又焕发"第二春"。未来在钴催化烯烃氢甲酰化反应的基础研究方面，设计、合成性能更加优异的新型骨架结构配体(膦配体或氮配体)，同时借助现代的表征技术和理论计算深入理解反应的作用机理将是研究的热点之一；另外，通过合适的负载化策略实现钴基催化剂的固载化以及其在氢甲酰化反应中的应用也将是研究重点之一。在应用方面，开发新型结构的反应器、发展新颖的钴金属回收再利用技术将是未来的研究重点。

参 考 文 献

[1] 曹彦伟, 沈超仁, 夏春谷, 等. 从"精灵"到催化"多面手"的钴元素[J]. 化学教育(中英文), 2019, 40(6): 1-9.

[2] Hapke M, Hilt G. Cobalt Catalysis in Organic Synthesis: Methods and Reactions[M]. Weinheim: Wiley-VCH, 2020.

[3] Roelen O. Verfahren zur herstellung von sauerstoffhaltigen verbindungen: DE 849548[P].1938-09-20.

[4] Adkins H, Krsek G. Preparation of aldehydes from alkenes by the addition of carbon monoxide and hydrogen with cobalt carbonyls as intermediates[J]. Journal of the American Chemical Society, 1948, 70(1): 383-386.

[5] Adkins H, Krsek G. Hydroformylation of unsaturated compounds with a cobalt carbonyl catalyst[J]. Journal of the American Chemical Society, 1949, 71(9): 3051-3055.

[6] Cornils B, Herrmann W A, Rasch M. Otto Roelen, pioneer in industrial homogeneous catalysis[J]. Angewandte Chemie International Edition, 1994, 33(21): 2144-2163.

[7] Frey G D. 75 Years of oxo synthesis: The success story of a discovery at the OXEA site Ruhrchemie[J]. Journal of Organometallic Chemistry, 2014, 754: 5-7.

[8] Herrmann W A, Cornils B. Organometallic homogeneous catalysis: *quo vadis*[J]. Angewandte Chemie International Edition, 1997, 36(10): 1048-1067.

[9] Wender I, Orchin M, Storch H H. Mechanism of the oxo and related reactions: Ⅲ Evidence for homogeneous hydrogenation [J]. Journal of the American Chemical Society, 1950, 72(10): 4842-4843.

[10] Wender I, Sternberg H W, Orchin M. Evidence for cobalt hydrocarbonyl as the hydroformylation catalyst[J]. Journal of the American Chemical Society, 1953, 75(12): 3041-3042.

[11] van Leeuwen P W N M, Claver C. Rhodium Catalyzed Hydroformylation[M]. New York: Kluwer Academic Publishers, 2006.

[12] Falbe J. Carbon Monoxide in Organic Synthesis[M]. Berlin: Springer-Verlag, 1970.

[13] Falbe J. New Syntheses with Carbon Monoxide[M]. Berlin: Springer-Verlag, 1980.

[14] Bohnen H W, Cornils B. Hydroformylation of alkenes: An industrial view of the status and importance[J]. Advances in Catalysis, 2002, 47: 1-64.

[15] Bird C W. Synthesis of organic compounds by direct carbonylation reactions using metal carbonyls[J]. Chemical Reviews, 1962, 62(4): 283-302.

[16] Natta G, Beati E. L'ossosintesi e la sua cinetica[J]. Chimica e l'industria(Milan), 1945, 27(1): 84.

[17] Natta G, Ercoli R. Cinetica della reazione di ossosintesi[J]. Chimica e l'industria(Milan), 1952, 34(9): 503.

[18] Natta G, Ercoli R, Castellano S, et al. The influence of hydrogen and carbon monoxide partial pressures on the rate of the hydroformylation reaction[J]. Journal of the American Chemical Society, 1954, 76(15): 4049-4050.

[19] Gholap R V, Kut O M, Bourne J R. Hydroformylation of propylene using an unmodified cobalt carbonyl catalyst: A kinetic study[J]. Industrial & Engineering Chemistry Research, 1992, 31(7): 1597-1601.

[20] Gholap R V, Kut O M, Bourne J R. Hydroformylation of propylene using unmodified cobalt carbonyl catalyst: Selectivity studies[J]. Industrial & Engineering Chemistry Research, 1992, 31(11): 2446-2450.

[21] Tkatchenko I. Synthesis with carbon monoxide and a petroleum product// Wilkinson G, Stone F G A, Abel E W. Comprehensive Organometallic Chemistry[M]. Oxford: Pergamon Press, 1982: 101-224.

[22] Wender I, Metlin S, Ergun S, et al. Kinetics and mechanism of the hydroformylation reaction. The effect of olefin structure on rate[1][J]. Journal of the American Chemical Society, 1956, 78(20): 5401-5405.

[23] Vigranenko Y T. Influence of the olefin structure on the rate of hydroformylation and C=C bond hydrogenation in the presence of $Co_2(CO)_8$ as the catalyst precursor[J]. Kinetics and Catalysis, 2000, 41(4): 451-456.

[24] Heck R F, Breslow D S. The reaction of cobalt hydrotetracarbonyl with olefins[J]. Journal of the American Chemical Society, 1961, 83(19): 4023-4027.

[25] Heck R F. Addition reactions of transition metal compounds[J]. Accounts of Chemical Research, 1969, 2(1): 10-16.

[26] Franke R, Selent D, Börner A. Applied hydroformylation[J]. Chemical Reviews, 2012, 112(11): 5675-5732.

[27] Orchin M, Rupilius W. On the mechanism of the oxo reaction[J]. Catalysis Reviews, 1972, 6(1): 85-131.

[28] Ungváry F. Kinetics and mechanism of the reaction between dicobalt octacarbonyl and hydrogen[J]. Journal of Organometallic Chemistry, 1972, 36(2): 363-370.

[29] Rathke J W, Klingler R J, Krause T R. Thermodynamics for the hydrogenation of dicobalt octacarbonyl in supercritical carbon dioxide[J]. Organometallics, 1992, 11(2): 585-588.

[30] Tannenbaum R, Dietler U K, Bor G, et al. Fundamental metal carbonyl equilibria: V-1 Reinvestigation of the equilibrium between dicobalt octacarbonyl and cobalt tetracarbonyl hydride under hydrogen pressure[J]. Journal of Organometallic Chemistry, 1998, 570(1): 39-47.

[31] Wender I, Sternberg H W, Orchin M. Evidence for cobalt hydrocarbonyl as the hydroformylation catalyst[J]. Journal of the American Chemical Society, 1953, 75(12): 3041-3042.

[32] Orchin M, Kirch L, Goldfarb I. Evidence for the presence of cobalt hydrocarbonyl under conditions of the oxo reaction[J]. Journal of the American Chemical Society, 1956, 78(20): 5450-5451.

[33] Kirch L, Orchin M. On the mechanism for the oxo reaction[J]. Journal of the American Chemical Society, 1959, 81(14): 3597-3599.

[34] Kirch L, Orchin M. The intermediate cobalt hydrocarbonyl-olefin complex in the oxo reaction[J]. Journal of the American Chemical Society, 1958, 80(16): 4428-4429.

[35] van Boven M, Alemdaroglu N H, Penninger J M L. Hydroformylation with cobalt carbonyl and cobalt carbonyl-tributylphosphine catalysts[J]. Industrial & Engineering Chemistry Product Research and Development, 1975, 14(4): 259-264.

[36] Rupilius W, Orchin M. Isomerization of disproportionation of acylcobalt carbonyls[J]. Journal of Organic Chemistry, 1972, 37(7): 936-939.

[37] Tannenbaum R, Bor G. Isotope effects in the hydroformylation of olefins with cobalt carbonyls as catalysts[J]. The Journal of Physical Chemistry A, 2004, 108(34): 7105-7111.

[38] Mirbach M F. On the mechanism of the $Co_2(CO)_8$ catalyzed hydroformylation of olefins in hydrocarbon solvents. A high pressure UV and IR study[J]. Journal of Organometallic Chemistry, 1984, 26(2): 205-213.

[39] Caporali M, Frediani P, Salvini A, et al. In situ high pressure FT-IR spectroscopy on alkene hydroformylation catalysed by $RhH(CO)(PPh_3)_3$ and $Co_2(CO)_8$[J]. Inorganica Chimica Acta, 2004, 357(15): 4537-4543.

[40] Kégl T. Computational aspects of hydroformylation[J]. RSC Advances, 2015, 5(6): 4304-4327.

[41] Torrent M, Solà M, Frenking G. Theoretical studies of some transition-metal-mediated reactions of industrial and synthetic importance[J]. Chemical Reviews, 2000, 100(2): 439-494.

[42] Versluis L, Ziegler T, Baerends E J, et al. Energetics of intermediates and reaction steps involved in the hydroformylation reaction catalyzed by $HCo(CO)_4$: A theoretical study based on density functional theory[J]. Journal of the American Chemical Society, 1989, 111(6): 2018-2025.

[43] Versluis L, Ziegler T, Fan L Y. A theoretical study on the insertion of ethylene into the cobalt-hydrogen bond[J]. Inorganic Chemistry, 1990, 29(22): 4530-4536.

[44] Huo C, Li Y, Beller M, et al. $HCo(CO)_3$-catalyzed propene hydroformylation. Insight into detailed mechanism[J]. Organometallics, 2003, 22(23): 4665-4677.

[45] Rush L E, Pringle P G, Harvey J N. Computational kinetics of cobalt-catalyzed alkene hydroformylation[J]. Angewandte Chemie International Edition, 2014, 53(33): 8672-8676.

[46] Bianchi M, Piacenti F, Frediani P, et al. Hydroformylation of deuterated olefins in the presence of cobalt catalysts: I Experiments at high pressure of carbon monoxide[J]. Journal of Organometallic Chemistry, 1977, 135(3): 387-393.

[47] Piacenti F, Bianchi M, Frediani P, et al. Hydroformylation of [1-^{14}C]propene[J]. Journal of the Chemical Society, Chemical Communications, 1976, (19): 789.

[48] Taylor P, Orchin M. Vapor-phase olefin isomerization with cobalt hydrocarbonyl and the mechanism of the hydroformation reaction[J]. Journal of the American Chemical Society, 1971, 93 (24): 6504-6506.

[49] Slaugh L H, Mullineaux R D. Hydroformylation of olefins: US 3239569[P]. 1966-03-08.

[50] Slaugh L H, Mullineaux R D. Novel hydroformylation catalysts[J]. Journal of Organometallic Chemistry, 1968, 13 (2): 469-477.

[51] Moore D S, Robinson S D. Hydrido complexes of the transition metals[J]. Chemical Society Reviews, 1983, 12 (4): 415-452.

[52] Appleton T G, Clark H C, Manzer L E. The *trans*-influence: Its measurement and significance[J]. Coordination Chemistry Reviews, 1973, 10 (3-4): 335-422.

[53] Streuli C A. Titration characteristics of organic bases in nitromethane[J]. Analytical Chemistry, 1959, 31 (10): 1652-1654.

[54] Streuli C A. Determination of basicity of substituted phosphines by nonaqueous titrimetry[J]. Analytical Chemistry, 1960, 32 (8): 985-987.

[55] Henderson W A, Streuli C A. The basicity of phosphines[J]. Journal of the American Chemical Society, 1960, 82 (22): 5791-5794.

[56] Hieber W, Lindner E. Phosphinsubstituierte carbonylkobaltate (Ⅰ), methyl-und hydrogen-kobaltcarbonyle[J]. Chemische Berichte, 1961, 94 (6): 1417-1425.

[57] Moore E J, Sullivan J M, Norton J R. Kinetic and thermodynamic acidity of hydrido transition-metal complexes: 3 Thermodynamic acidity of common mononuclear carbonyl hydrides[J]. Journal of the American Chemical Society, 1986, 108 (9): 2257-2263.

[58] Abdur-Rashid K, Fong T P, Greaves B. et al. An acidity scale for phosphorus-containing compounds including metal hydrides and dihydrogen complexes in THF: Toward the unification of acidity scales[J]. Journal of the American Chemical Society, 2000, 122 (38): 9155-9171.

[59] Rosi L, Bini A, Frediani P, et al. Functionalized phosphine substituted cobalt carbonyls. Synthesis, characterization and catalytic activity in the hydroformylation of olefins[J]. Journal of Molecular Catalysis A: Chemical, 1996, 112 (3): 367-383.

[60] Mason R F, van Winkle J L. Bicyclic heterocyclic *sec*- and *tert*-phosphines: US 3400163[P]. 1968-09-03.

[61] van Winkle J L, Lorenzo S, Morris R C, et al. Single stage hydroformylation of olefins to alcohols: US 3420898[P]. 1969-01-07.

[62] Carreira M, Charernsuk M, Eberhard M, et al. Anatomy of phobanes. Diastereoselective synthesis of the three isomers of *n*-butylphobane and a comparison of their donor properties[J]. Journal of the American Chemical Society, 2009, 131 (8): 3078-3092.

[63] Eberhard M R, Carrington-Smith E, Drent E E, et al. Separation of phobane isomers by selective protonation[J]. Advanced Synthesis & Catalysis, 2005, 347 (10): 1345-1348.

[64] Bungu P N, Otto S. Bicyclic phosphines as ligands for cobalt catalysed hydroformylation. Crystal structures of [Co (Phoban[3.3.1]-Q) (CO) $_3$]$_2$ (Q=C$_2$H$_5$, C$_5$H$_{11}$, C$_3$H$_6$NMe$_2$, C$_6$H$_{11}$) [J]. Dalton Transactions, 2007, (27): 2876-2884.

[65] Bungu P N, Otto S. Evaluation of ligand effects in the modified cobalt hydroformylation of 1-octene: Crystal structures of [Co (L) (CO) $_3$]$_2$ (L= PA-C$_5$, PCy$_3$ and PCyp$_3$) [J]. Dalton Transactions, 2011, 40 (36): 9238-9249.

[66] Birbeck J M, Haynes A, Adams H, et al. Ligand effects on reactivity of cobalt acyl complexes[J]. ACS Catalysis, 2012, 2 (12): 2512-2523.

[67] Bungu P N, Otto S. Steric and electronic properties in bicyclic phosphines. Crystal and molecular structures of Se = Phoban-Q (Q = C$_2$, C$_3$Ph, Cy and Ph) [J]. Journal of Organometallic Chemistry, 2007, 692 (16): 3370-3379.

[68] Haumann M, Meijboom R, Moss J R, et al. Synthesis, crystal structure and hydroformylation activity of triphenylphosphite modified cobalt catalysts[J]. Dalton Transactions, 2004, (11): 1679-1686.

[69] Meijboom R, Haumann M, Roodt A, et al. Synthesis, spectroscopy, and hydroformylation activity of sterically demanding, phosphite-modified cobalt catalysts[J]. Helvetica Chimica Acta, 2005, 88 (3): 676-693.

[70] Neibecker D, Réau R. Phospholes as ligands for rhodium systems in homogeneously-catalysed hydroformylation reactions: Part 1. Stereoelectronic properties of the ligands and hydroformylation of 1-hexene[J]. Journal of Molecular Catalysis, 1989, 53(2): 219-227.

[71] 申文杰, 王常有, 周敬来, 等. 有机膦配体在氢甲酰化反应中的应用[J]. 天然气化工, 1996, 21(4): 32-38.

[72] Cornils. B, Herrmann W. Applied Homogeneous Catalysis with Organometallic Compounds[M]. Weinheim: Wiley-VCH, 2002.

[73] 姜汝泰. 石油化工的催化反应与催化剂(Ⅻ): 第八章 羰基化反应(上)[J]. 石油化工, 1979, 9(8): 647-655.

[74] 姜汝泰. 石油化工的催化反应与催化剂(Ⅷ): 第八章 羰基化反应(中)[J]. 石油化工, 1979, 10(8): 720-728.

[75] Whyman R. In situ infrared spectral studies on the cobalt carbonyl-catalysed hydroformylation of olefins[J]. Journal of Organometallic Chemistry, 1974, 66(1): C23-C25.

[76] Tucci E R. Hydroformylating terminal olefins[J]. Industrial & Engineering Chemistry Product Research and Development, 1970, 9(4): 516-521.

[77] van Rensburg H, van Rensburg W J, Tooze R P, et al. Phosphine modified cobalt hydroformylation[C]// Proceedings of the DGMK/SCI Conference "Synthesis Gas Chemistry", 2006: 247-254.

[78] Damoense L, Datt M, Green M, et al. Recent advances in high-pressure infrared and NMR techniques for the determination of catalytically active species in rhodium- and cobalt-catalysed hydroformylation reactions[J]. Coordination Chemistry Reviews, 2004, 248(21-24): 2393-2407.

[79] Klingler R J, Chen M J, Rathke J W, et al. Effect of phosphines on the thermodynamics of the cobalt-catalyzed hydroformylation system[J]. Organometallics, 2007, 26(2): 352-357.

[80] Whyman R. High pressure infrared spectroscopic studies of carbonylation reactions of olefins in the presence of group ⅧB metal carbonyls[J]. Journal of Organometallic Chemistry, 1975, 94(2): 303-309.

[81] Whyman R. The hydroformylation of olefins catalysed by cobalt carbonyls: a high pressure infrared spectral study[J]. Journal of Organometallic Chemistry, 1974, 81(1): 97-106.

[82] Crause C, Bennie L, Damoense L, et al. Bicyclic phosphines as ligands for cobalt-catalysed hydroformylation[J]. Dalton Transactions, 2003, (10): 2036-2042.

[83] Dwyer C L, Assumption H, Coetzee J, et al. Hydroformylation studies using high pressure NMR spectroscopy[J]. Coordination Chemistry Reviews, 2004, 248(7-8): 653-669.

[84] Wiese K D, Obst D. Hydroformylation// Beller M. Catalytic Carbonylation Reactions[M]. Berlin: Springer, 2006: 1-33.

[85] Hebrard F, Kalck P. Cobalt-catalyzed hydroformylation of alkenes: Generation and recycling of the carbonyl species, and catalytic cycle[J]. Chemical Reviews, 2009, 109(9): 4272-4282.

[86] Maitlis P M, Chiusoli G P. Metal-Catalysis in Industrial Organic Processes[M]. Cambridge: Royal Society of Chemistry, 2006.

[87] Mingos D M, Crabtree R H, Canty A. Comprehensive Organometallic Chemistry Ⅲ: From Fundamentals to Applications[M]. Amsterdam: Elsevier, 2007.

[88] Nienburg H J, Kummer R, Heinz H, et al. Production of mainly linear aldehydes: US 3929898[P]. 1975-12-30.

[89] Kniese W, Plueckhan J, Kummer R, et al. Method of continuously producing cobalt carbonyl hydride: US 3855396[P]. 1974-12-17.

[90] Hibbs F M. Hydroformylation: GB 1458375A[P]. 1976-12-15.

[91] Lemke H. Verfahren zur herstellung von aldehyden und alkoholen: DE 1443799[P]. 1969-06-12.

[92] Lemke H, Duval R. Process of producing butanals by oxo synthesis and its application to the manufacture of ethylhexanol: US 3763247D[P]. 1973-10-02.

[93] Kaufhold M, Wulf H D. Oxo process with recovery of cobalt hydrocarbonyl in solution for recycle: US 05/566523[P]. 1977-12-06.

[94] Gwynn B H, Pardee W A, Ward J V. Process for converting cobalt compounds to cobalt acetate and/or cobalt propionate: US 23096962A[P]. 1966-04-12.

[95] Eastman Kodak Co. Regenerating spent cobaltosic oxide-containing catalysts: GB 1100422[P]. 1968-01-24.

[96] Mertzweiller J K. Preparation of metallic hydrocarbonyls: US 2767048[P]. 1956-10-16.

[97] Schulz H W. Process for the production of aldehydes and alcohols: US 3014970[P]. 1961-12-26.

[98] Niwa M, Kiknchi Y. Process for preparing oxygen-containing organic compounds: US 2992275[P]. 1961-07-11.

[99] Billig E, Bryant D R. Oxo process// Kirk-Othmer Encyclopedia of Chemical Technology[M]. New York: John Wiley &Sons, 2000.

[100] Billig E, Bryant D R. Oxo process// Van Nostrand's Encyclopedia of Chemistry[M]. New York: John Wiley & Sons, 2005.

[101] 姜汝泰. 羰基合成醛的工业发展概况[J]. 石油化工, 1980, 9(9): 538-546.

[102] Stanley G G. Hydroformylation (OXO) catalysis// Kirk-Othmer Encyclopedia of Chemical Technology[M]. New York: John Wiley & Sons, 2017.

[103] Cornils B, Fischer R W, Kohlpaintner C. Butanals// Ullmann's Encyclopedia of Industrial Chemistry[M]. Weinheim: Wiley-VCH Verlag GmbH & Co. KGaA, 2000.

[104] 潘行高. 我国羰基合成工业的发展前景(上)[J]. 化工设计, 1996, (4): 1-6.

[105] 潘行高. 我国羰基合成工业的发展前景(下)[J]. 化工设计, 1996, (5): 14-19.

[106] 陈重. 羰基合成丁辛醇生产技术的进展[J]. 石油化工, 1982, 11(12): 806-809.

[107] Kummer R, Nienburg H J, Hohenschutz H, et al. New hydroformylation technology with cobalt carbonyls// Forster D, Roth J F. Homogeneous Catalysis-Ⅱ[M]. Washington: American Chemical Society, 1974: 19-26.

[108] Kuno K. Development in oxo synthesis technology[J]. Journal of Synthetic Organic Chemistry, 1977, 35(8): 683-688.

[109] Nienburg H J, Kummer R, Hohenschutz H, et al. Unbranched aldehydes-by hydroformylation of alkylenically unsatd cpds: DE 2139630A[P]. 1973-02-22.

[110] Lemke H. Procédé de récupération du cobalt contenu dans les-produits de la synthèse oxo: FR 1089983[P]. 1955-03-25.

[111] Demay C, Bourgeois C. Catalytic system for the hydroformylation of olefines; hydroformylation process: FR 2544713[P]. 1984-10-26.

[112] Jonhson T S. Hydroformylation process: US 4584411[P]. 1986-04-22.

[113] Lutz E F. Shell higher olefins process[J]. Journal of Chemical Education, 1986, 63(3): 202-203.

[114] Keim W. Oligomerization of ethylene to α-olefins: Discovery and development of the Shell higher olefin process (SHOP)[J]. Angewandte Chemie International Edition, 2013, 52(48): 12492-12496.

[115] Reuben B, Wittcoff H. Real world of industrial chemistry: The SHOP process: An example of industrial creativity[J]. Journal of Chemical Education, 1988, 65(7): 605-607.

[116] Sherwood M. Setting up shop at stanlow[J]. Chemistry and Industry, 1982, 24: 994-995.

[117] 胡莎士. SHF 工艺生产合成脂肪醇技术[J]. 日用化学工业, 1994, (6): 14-18.

[118] 宋沐, 李旭. 中压一步法羰基合成醇生产工艺及其特点[J]. 日用化学工业, 1994, (3): 13-15.

[119] 宋沐. 羰基合成脂肪醇工艺路线概述[J]. 精细石油化工, 1994, 11(6): 7-12.

[120] van Leeuwen P W N M. Homogeneous Catalysis: Understanding the Art[M]. Dordrecht: Kluwer Academic Publishers, 2004.

[121] Beller M, Cornils B, Frohning C D, et al. Progress in hydroformylation and carbonylation[J]. Journal of Molecular Catalysis A: Chemical, 1995, 104(1): 17-85.

[122] Weissermel K, Arpe H J. Industrial Organic Chemistry[M]. Weinheim: Wiley-VCH, 2012.

[123] Cornils B, Herrmann W A, Beller M, et al. Applied Homogeneous Catalysis with Organometallic Compounds: A Comprehensive Handbook in Four Volumes[M]. Weinheim: Wiley-VCH, 2017.

[124] Behr A, Neubert P. Applied Homogeneous Catalysis[M]. Weinheim: Wiley-VCH, 2012.

[125] Börner A, Franke R. Hydroformylation: Fundamentals, Processes, and Applications in Organic Systhesis[M]. Weinheim: Wiley-VCH, 2016.

[126] Gorbunov D N, Volkov A V, Kardasheva Y S, et al. Hydroformylation in petroleum chemistry and organic synthesis: Implementation of the process and solving the problem of recycling homogeneous catalysts (review)[J]. Petroleum Chemistry, 2015, 55(8): 587-603.

[127] van Rensburg H, Tooze R P, Foster D F, et al. The synthesis and X-ray structure of the first cobalt carbonyl-NHC dimer: Implications for the use of NHCs in hydroformylation catalysis[J]. Inorganic Chemistry, 2004, 43 (8): 2468-2470.

[128] Llewellyn S A, Green M L H, Cowley A R. Cobalt *N*-heterocyclic carbene alkyl and acyl compounds: Synthesis, molecular structure and reactivity[J]. Dalton Transactions, 2006, (34): 4164-4168.

[129] Dengler J E, Doroodian A, Rieger B. Protic metal-containing ionic liquids as catalysts: Cooperative effects between anion and cation[J]. Journal of Organometallic Chemistry, 2011, 696 (24): 3831-3835.

[130] Rieger B, Plikhta A, Castillo-Molina D A. Ionic liquids in transition metal-catalyzed hydroformylation reactions//Dupont J, Kollár L. Ionic Liquids (ILs) in Organometallic Catalysis[M]. Berlin: Springer, 2014: 95-144.

[131] Bauer G, Ongari D, Tiana D, et al. Metal-organic frameworks as kinetic modulators for branched selectivity in hydroformylation[J]. Nature Communications, 2020, 11 (1): 1059.

[132] Hood D M, Johnson R A, Carpenter A E, et al. Highly active cationic cobalt (Ⅱ) hydroformylation catalysts[J]. Science, 2020, 367 (6477): 542-548.

[133] Hood D M. Cationic cobalt (Ⅱ) hydroformylation[D]. Baton Rouge: Doctoral Dissertations of Louisiana State University, 2019.

[134] Johnson R A. Investigating cationic metal centers for hydroformylation[D]. Baton Rouge: Doctoral Dissertations of Louisiana State University, 2019.

[135] LSU. Study finds first major discovery in hydroformylation in 50 years[EB/OL]. 2020. https://www.lsu.edu/science/news_events/cos-news-events/2020/january/stanley-aaas-cobalt.php.

[136] X-MOL. Science:氢甲酰化 50 年来最大突破？关键要提升"钴"价[EB/OL]. 2020. https://www.x-mol.com/news/269175.

[137] Guo J, Zhang D, Wang X. Mechanistic insights into hydroformylation catalyzed by cationic cobalt (Ⅱ) complexes: In silico modification of the catalyst system[J]. ACS Catalysis, 2020, 10 (22): 13551-13559.

第5章

碳八烯烃氢甲酰化制备异壬醇技术

异壬醇作为羰基合成醇家族的重要成员，主要作为关键单体合成新型无毒邻苯二甲酸二异壬酯(DINP)增塑剂，DINP 作为邻苯二甲酸二辛酯(DOP)或邻苯二甲酸二(2-乙基己基)酯(DEHP)增塑剂的替代品需求量快速增加。目前异壬醇生产所需的原料碳八烯烃大多数来自炼厂叠合汽油抽提、炼厂及乙烯厂的副产碳四烃资源的叠合等工艺过程。本章将围绕碳四烃资源的利用特别是碳四烯烃的羰基合成转化、碳四烯烃叠合制碳八烯烃和其他获取碳八烯烃的路线、碳八烯烃氢甲酰化合成异壬醇的相关基础和技术进展情况展开讨论。

5.1　碳四烃资源的利用

5.1.1　碳四烃来源[1-3]

碳四烃顾名思义是指含 4 个碳原子的烷烃、烯烃、二烯烃和炔烃的混合物。炼厂副产碳四烃主要包含 1-丁炔、2-丁炔、烯基乙炔、1-丁烯、2-丁烯、异丁烯、1,3-丁二烯、1,2-丁二烯、正丁烷和异丁烷。碳四烃资源按照不同的来源分为：裂解碳四(蒸汽裂解制乙烯过程的副产碳四烃)、炼厂流化催化裂化(FCC)碳四[炼厂催化裂化装置的副产碳四烃，另外，减黏裂化、热裂化和焦化等也副产碳四烃]、煤基碳四[来自甲醇制烯烃(MTO)、甲醇制丙烯(MTP)装置的副产碳四烃]、油田气回收碳四(天然气和油田气回收碳四烃)以及其他来源(如乙烯齐聚制 α-烯烃过程中副产的 1-丁烯)。由于不同来源的碳四烃生产过程中的原料、设备、工艺技术和分离方式不同，所获得碳四烃的组成差别比较大，相比于炼厂 FCC 碳四，裂解碳四和煤基碳四具有烷烃含量低、烯烃含量高的特点。裂解碳四中的主要组分为 1,3-丁二烯和异丁烯，两者的含量可达 72%(质量分数)，炼厂 FCC 碳四中的主要组分为异丁烷、异丁烯和丁烯，三者的含量可达 90%(质量分数)；煤基碳四中的主要组分为 1-丁烯和 2-丁烯，两者的含量可达 90%(质量分数)；国内的油田气回收所得碳四烃中，主要组分是烷烃，95%以上为碳三及碳四烷烃(其中约 10%为异丁烷，15%为正丁烷，70%为丙烷)，表 5.1 为各副产碳四烃工艺的典型组成。

一般情况下，炼厂 FCC 碳四因裂化深度、催化剂而异，其质量分数为新鲜进料的 10%~13%；裂解碳四产量与裂解原料密切相关，若以石脑油为裂解原料，碳四烃产量为乙烯产量的 35%~40%。煤基碳四：按照 180 万 t/a 甲醇制 60 万 t/a 烯烃项目标准规模，碳四烃产量为 10 万 t/a；油气开采过程中，会副产含碳四烃组分的油田伴生气，其产量占油田气量的 1%~7%；乙烯齐聚制 α-烯烃过程中会副产 1-丁烯，其产量为 α-烯烃产量的 6%~20%。

表 5.1 各来源混合碳四烃的典型组成[1]

来源	质量分数/%						
	1-丁烯	顺-2-丁烯+反-2-丁烯	异丁烯	1,3-丁二烯	正丁烷	异丁烷	其他
裂解碳四	约 14	约 11	约 22	约 50	约 2	约 1	约 1
炼厂 FCC 碳四	约 13	约 28	约 15	—	约 10	约 34	—
煤基碳四	20~26	65~70	2~4	—	约 4	约 0.2	0

近年来，国内碳四烃总量随着炼油、制乙烯、MTO/MTP 工艺的发展而快速增长。目前我国碳四烃总产量超过 3000 万 t/a，其中炼厂碳四烃产量超 1300 万 t/a；裂解制乙烯副产碳四烃产量超 900 万 t/a，回收碳四烃产量约 600 万 t/a；甲醇制烯烃副产碳四烃产量超过 200 万 t/a。碳四烃是炼厂以及煤化工的重要副产物，近年来随着我国的石油开采、石油加工、天然气工业、煤制烯烃产业等迅猛发展，碳四烃资源日益丰富。在我国，大部分碳四烃都作为民用或工业燃料使用，特别是来自 FCC 装置的碳四烃中烷烃含量高，经甲醇洗回收异丁烯后，剩余产品(醚后碳四)作为市场上一般销售的石油液化气，但随着农村沼气、城镇天然气和家用电器的发展，碳四烃作为民用燃料的需求量正逐渐减少，这正好给碳四烃化工利用提供了契机。但是就国内碳四烃的化工利用来讲，其利用率不足 20%，而发达国家可达到 80% 以上。不同来源的碳四烃组成不同，其资源化利用途径也不尽相同，目前对于碳四烃的利用主要集中在三个方面：一是生产车用汽油的添加剂或者调和组分；二是作为增产乙烯和丙烯的原料；三是通过将其中各组分分离或裂解后作为化工原料，进行深加工生产高附加值的化工产品。

5.1.2 碳四烃生产车用汽油的添加剂或者调和组分[4]

车用汽油组分包含烃类组分、含氧化合物组分以及微量添加剂。烃类组分包含烷烃、烯烃和芳烃，烷烃包含环烷烃、正构烷烃和异构烷烃，烯烃包含环烯烃、正构烯烃和异构烯烃，芳烃包含苯、甲苯、二甲苯和 C_9 以上芳烃等，车用汽油组分碳数分布为 $C_4 \sim C_{12}$。含氧化合物组分主要是醚类和醇类含氧化合物，主要有乙基叔丁基醚、甲基叔丁基醚、叔戊基甲醚、二异丙醚、甲醇、乙醇、正丙醇、异丙醇、异丁醇和叔丁醇等。微量添加剂有抗氧化剂、抗腐蚀剂、抗结冰剂和清洁剂等。我国汽油最主要的来源是 FCC 汽油，占比达 75% 左右，重整汽油占 15% 左右。随着我国高硫原油加工量的增加以及 FCC 技术的普及，汽油含硫量超标及安定性差的现象变得较为突出，高的烯烃和硫含量一直是制约我国清洁汽油生产的瓶颈之一。目前降低 FCC 汽油中硫含量的常用技术有催化加氢、催化氧化、分馏、碱液处理、再裂化重汽油等，加氢精制技术是国内大规模生产清洁油品的有效方法，但是传统的加氢脱硫技术受资金和氢气源的限制。另外，采用加氢技术可以降低 FCC 汽油中的烯烃含量，但由于烯烃同时也是高辛烷值汽油组分，其含量的大幅降低将导致汽油辛烷值的严重损失，从而影响汽油的车用性能。虽然目前针对 FCC 汽油的选择性加氢脱硫技术和加氢脱硫保辛烷值技术有很多，但是随着汽油硫含量的下降，汽油辛烷值的损失仍不可避免。所以开发高性能的汽油调和组分十分必要。

目前，利用碳四烃为原料生产汽油的添加剂或者调和组分主要包括：烷基化汽油、芳构化汽油以及甲基叔丁基醚、乙基叔丁基醚等。

1. 烷基化汽油

烷基化汽油是由异构烷烃组成的混合烷烃，其中以异辛烷为主的 C_8 异构烷烃为主要成分。碳四烃的烷基化是生产清洁烷基化汽油的一种重要技术。主要是以异丁烷与轻烯烃（$C_3 \sim C_5$，目前使用最多的是 C_4 烯烃）为原料，在强酸催化剂（通常是硫酸、氢氟酸或者酸性离子液体）的作用下反应生成烷基化汽油。碳四烃烷基化工艺技术按照过程可分为直接烷基化和间接烷基化两大类[5,6]。直接烷基化是指在酸催化下异丁烷与 C_4 烯烃反应生成异辛烷为主的高辛烷值组分的过程。间接烷基化是指将丁烯（主要是异丁烯）叠合（二聚）生成混合异辛烯，随后异辛烯加氢生成异辛烷的过程。直接烷基化使用的催化剂主要有硫酸、氢氟酸、离子液体、固体酸等，间接烷基化叠合过程使用的催化剂主要是固体磷酸或酸性离子交换树脂，加氢反应主要采用负载型的 Ni、Co 等非贵金属催化剂和 Pd、Pt 等贵金属催化剂。自从 1938 年世界上烷基化工艺首次实现工业化以来，众多的企业如杜邦（DuPont）公司、美国环球油品（UOP）公司、美国埃克森美孚公司、鲁姆斯（Lummus）公司等跨国公司已经成功发展了多类碳四烃烷基化的工艺技术（工艺技术分类见图 5.1）。其中采用硫酸和氢氟酸为催化剂的工业化应用比较成熟，直接烷基化和间接烷基化的对比如表 5.2 所示。

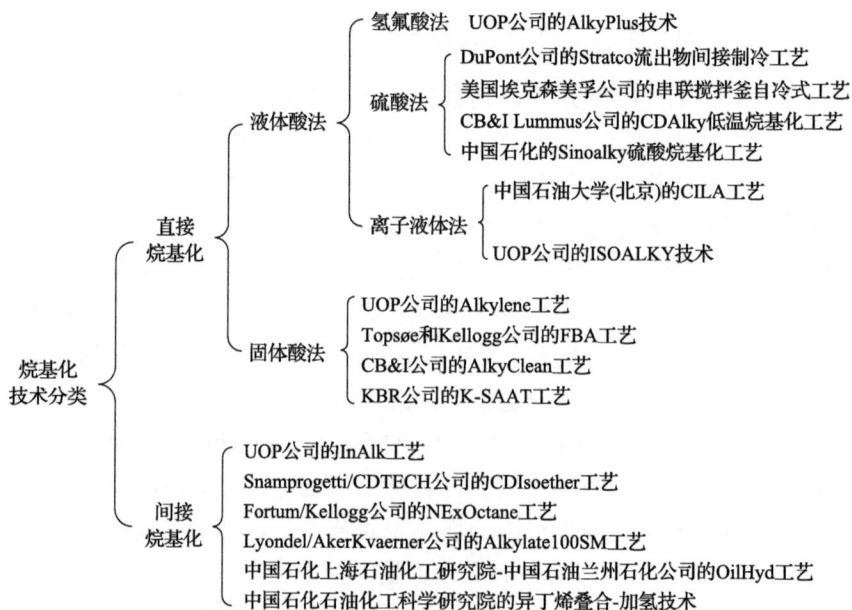

```
                                            ┌─ 氢氟酸法    UOP公司的AlkyPlus技术
                                            │              ┌─ DuPont公司的Stratco流出物间接制冷工艺
                                            │              │  美国埃克森美孚公司的串联搅拌釜自冷式工艺
                              ┌─ 液体酸法 ──┼─ 硫酸法 ───┤  CB&I Lummus公司的CDAlky低温烷基化工艺
                              │             │              └─ 中国石化的Sinoalky硫酸烷基化工艺
                              │             │              ┌─ 中国石油大学(北京)的CILA工艺
               ┌─ 直接 ──────┤             └─ 离子液体法 ─┤
               │   烷基化     │                             └─ UOP公司的ISOALKY技术
               │             │              ┌─ UOP公司的Alkylene工艺
               │             └─ 固体酸法 ──┤  Topsøe和Kellogg公司的FBA工艺
  烷基化 ──────┤                            │  CB&I公司的AlkyClean工艺
  技术分类     │                            └─ KBR公司的K-SAAT工艺
               │                            ┌─ UOP公司的InAlk工艺
               │                            │  Snamprogetti/CDTECH公司的CDIsoether工艺
               └─ 间接 ──────────────────── ┤  Fortum/Kellogg公司的NExOctane工艺
                   烷基化                    │  Lyondel/AkerKvaerner公司的Alkylate100SM工艺
                                            │  中国石化上海石油化工研究院-中国石油兰州石化公司的OilHyd工艺
                                            └─ 中国石化石油化工科学研究院的异丁烯叠合-加氢技术
```

图 5.1　烷基化工艺技术分类[5]

表 5.2　直接烷基化和间接烷基化对比[6]

项目	直接烷基化	间接烷基化
原料	异丁烷和C$_3$~C$_5$烯烃，烷烃、烯烃摩尔比最佳区间 5：1~15：1	异丁烯(以及少量 2-丁烯、1-丁烯)
反应过程	加氢(双烯烃选择加氢成单烯烃) 异构(1-丁烯异构为 2-丁烯) 烷基化(异丁烷和烯烃反应)	二聚(异丁烯二聚成异辛烯) 加氢(异辛烯加氢成异辛烷)
催化剂	硫酸、氢氟酸、固体酸、离子液体	固体磷酸或酸性树脂
主要工艺	DuPont 公司的 Stratco 流出物间接制冷工艺(硫酸法) CB&I Lummus 公司的 CDAlky 低温烷基化工艺(硫酸法) UOP 公司的 Alkylene 工艺(固体酸法) ⋮	UOP 公司的 InAlk 工艺 Snamprogetti/CDTECH 公司的 CDIsoehter 工艺 Fortum/Kellogg 公司的 NexOctane 工艺 ⋮
特点	(1)适合烷烃含量比较高的原料； (2)氢气消耗少	(1)多为 MTBE 装置改造，只需增加加氢部分， 催化剂不变； (2)辛烷值比直接烷基化略高
辛烷值	DuPont 公司的 Stratco 流出物间接制冷工艺：93.5~96 CB&I Lummus 公司的 CDAlky 低温烷基化工艺：95~95.5	UOP 公司的 InAlk 工艺：93.4~97.7
酸耗	DuPont 公司的 Stratco 流出物间接制冷工艺：36~60kg/t CB&I Lummus 公司的 CDAlky 低温烷基化工艺：41kg/t	—

　　据统计，截至 2016 年，全球共有硫酸法烷基化装置 110 余套，氢氟酸法烷基化装置 120 余套。美国的烷基化装置产能中，硫酸法和氢氟酸法占比基本相当；欧洲的烷基化装置产能中，约 80%采用氢氟酸法，20%采用硫酸法。国内烷基化装置硫酸法工艺占有绝对的主流(占 93%，工艺技术是 DuPont 公司的 Stratco 硫酸法技术、CB&I Lummus 公司的 CDAlky 硫酸法技术以及中国石化的 Sinoalky 硫酸法技术)，氢氟酸法工艺占 5%(主要是早期的烷基化装置)，其余的是采用中国石油大学(北京)的离子液体技术或者固体酸烷基化技术。关于碳四烃烷基化反应的催化体系、反应机理、工艺过程的特点、反应器的选择、工业化装置应用等方面，已有众多的综述文献[7-14]，在这里不再展开详述。

　　2. 芳构化汽油

　　向汽油中添加芳烃，可显著提高汽油的辛烷值。催化裂化装置和乙烯裂解装置副产的大量碳四烃中，除将异丁烯用于生产甲基叔丁基醚外，其余的丁烯或者丁烷一般作为民用液化石油气燃料。如果将这部分的碳四烃通过芳构化反应[15]转化为混合芳烃、高辛烷值汽油，将大大提升液化碳四液化气的经济价值。通常情况下，碳四烃芳构化通常采用乙烯裂解装置和催化裂化装置副产的醚后混合碳四(一般是烯烃体积分数高于 35%的液化石油气)为原料，以烯烃作为主要的转化原料。原料中的烯烃发生异构、环化、脱氢等反应，生成富含芳烃的汽油馏分，反应馏出物进入精馏工段，分离出芳构化汽油、低烯烃含量液化气和干气。汽油生产模式的芳构化汽油收率约为原料量的 45%，同时联产 35%的低烯烃含量的清洁液化气以及 1%的干气[16]。

　　碳四烃芳构化反应过程非常复杂，其反应机理主要是碳四烯烃及部分烷烃，经裂解、叠合(齐聚)、环化(芳构化)、脱氢、氢转移及烷基化等反应生成混合芳烃或者高辛烷值汽油组分[17,18]。

碳四烃芳构化反应主要采用分子筛催化剂。自20世纪80年代以来，国内外石化企业和研究机构，对碳四烃芳构化反应技术进行了大量研究，形成了不同的轻烃(包括液化石油气)芳构化工艺技术[19-22]：国外的英国石油(British Petroleum，BP)公司与美国UOP公司开发的Cyclar工艺、日本三菱石油和千代田公司的Z-Forming技术、德国鲁奇(Lurgi)公司的Zeoforming工艺等，国外的碳四烃芳构化技术主要目标产物是混合芳烃；中国石油兰州化工研究中心与大连理工大学联合开发的碳四临氢芳构化生产高辛烷值汽油组分技术(LAG)、中国石化广州工程有限公司开发的碳四芳构化生产BTX(苯-甲苯-二甲苯混合物，简称轻质芳烃)固定床工艺技术、中国石化石油化工科学研究院开发的芳构化技术(汽油型、芳烃型和丙烷型)、大连理工大学开发的固定床纳米分子筛芳构化技术等，国内的碳四烃芳构化技术可以实现生产高辛烷值汽油组分和混合芳烃之间的切换。

目前国内已建成的轻烃芳构化装置超过60套，总加工能力超过1200万t/a。轻质芳烃中的甲苯、二甲苯虽然是较高辛烷值和高热值清洁汽油的重要调和组分，但是芳烃燃烧会导致致癌物的形成，并易增加燃烧室的积炭而增大二氧化碳的排放。另外轻质芳烃是最基本的石油化工原料之一，随着合成橡胶、合成纤维、合成树脂三大合成材料的迅猛发展及国民经济对其他精细化学品需求的不断增长，轻质芳烃的需求急速增长。所以目前碳四烃芳构化主要是瞄准附加值较高、市场需求量大的轻质芳烃等目标产物。

3. 甲基叔丁基醚或者乙基叔丁基醚

甲基叔丁基醚(MTBE)是一种无色透明液体，具有醚的气味，是异丁烯与甲醇的醚化产物。MTBE具有高的辛烷值(其研究法辛烷值为117，马达法辛烷值为101)、合适的含氧量，是生产清洁汽油的理想添加剂[23]。MTBE的原料主要是碳四烃中的异丁烯和甲醇。基于碳四烃来源的多样化，通过不同的途径可以获得异丁烯资源，按照不同的异丁烯来源(炼厂混合碳四中的异丁烯、正丁烯异构化得到的异丁烯、丁烷脱氢获得的异丁烯、叔丁醇脱水得到的异丁烯等)，目前制备MTBE的过程主要分为以下几类[24]：①传统的混合碳四生产方法：混合碳四+甲醇══MTBE+醚后碳四，工艺方法是利用混合碳四中的异丁烯与甲醇进行醚化反应，生成MTBE及醚后碳四；②异构化生产方法：正丁烯异构成异丁烯+甲醇══MTBE+民用气，原料为醚后碳四和甲醇，工艺方法是利用醚后碳四中的正丁烯通过异构化反应转化成异丁烯，再与甲醇进行醚化反应生成MTBE；③异丁烷脱氢生产方法：异丁烷脱氢制异丁烯+甲醇══MTBE(包括混合烷烃脱氢中的异丁烷脱氢+MTBE路线)，原料为丁烷和甲醇，工艺方法是将油田气或炼厂气中的丁烷通过异构化反应转化成异丁烷，进而脱氢生成异丁烯，再与甲醇进行醚化反应生成MTBE；④异丁烷共氧化的生产方法：共氧化制环氧丙烷(PO)生产工艺中副产的叔丁醇+甲醇══MTBE，工艺方法是叔丁醇与甲醇的醚化反应，利用丙烯与异丁烷加氧气反应生成环氧丙烷与叔丁醇，叔丁醇再与甲醇反应生成MTBE。

异丁烯和甲醇的醚化过程[25]是一个酸催化的选择性加成反应，异丁烯中的叔碳原子在酸性催化剂的存在下形成碳正离子，再与甲醇结合形成MTBE。其反应是一个可逆放热反应。此外，在醚化反应过程中还有少量副反应发生，异丁烯和水反应生成叔丁醇，异丁烯自聚反应生成低聚物，甲醇缩合成二甲醚，1-丁烯异构化生成顺/反-2-丁烯等。通过控制原料的含水量，选择适当的反应条件，可减少副反应的发生。一般 MTBE 的选择性均大于 98%，叔丁醇的选择性小于 1.0%，并生成微量的 C_8、C_{12}。常用的催化剂主要有氢氟酸、硫酸、苯乙烯系阳离子交换树脂、固体酸、分子筛、杂多酸等，在工业上用得最多的是酸性树脂催化剂[26-28]。MTBE 的合成工艺一般由原料预处理、醚化反应、甲醇、残液和醚的分离等部分组成。其中醚化反应是整个过程的核心。醚化工艺中最主要的是反应器的形式，按照反应器划分制备 MTBE 的主要技术有：固定床反应技术、膨胀床反应技术、催化蒸馏反应技术、混相膨胀床-催化蒸馏组合工艺、混相反应技术和混相反应蒸馏技术等，其中催化蒸馏反应技术是目前使用最为广泛的技术[29-38]。基于国内炼油、丁烯异构化和异丁烷(或者混合烷烃)脱氢工艺的迅猛发展，国内建设有 100 多套 MTBE 装置，装置的总产能超过 2300 万 t/a(装置的开工率仅有 50%左右)。其中炼油装置配套产能 1250 万 t 左右，烯烃异构化配套产能 390 万 t 左右，异丁烷脱氢和混合烷烃脱氢配套产能 550 万 t，PO/MTBE 联产工艺产能 152 万 t。上面提及的 MTBE 生产技术均有采用，主流技术是中国石化齐鲁分公司研究院等单位开发的散装式催化蒸馏技术以及以催化蒸馏为核心的组合工艺技术。

然而从 20 世纪 90 年代末期开始，美国的相关机构在湖泊和溪流中陆续发现 MTBE 污染，并在地下水中也检测出 MTBE。由于 MTBE 极易溶于水，不易从水中挥发和萃取，被污染的地下水十年间渗透几百米而基本上不降解，比苯的降解时间还长。且其对人体黏膜及呼吸道有刺激作用，会引起呕吐、恶心、头晕等不适症状；对肾和肝脏有伤害作用，被人体吸收后可能导致癌症，被美国国家环境保护局暂定为致癌物质。MTBE 污染问题越来越受到美国国会和社会公众的关注，美国各州纷纷采取措施逐渐减少直至禁止 MTBE 的使用[39]。此后欧盟也陆续出台相应的法规来限制 MTBE 的使用。对我国而言，MTBE 并没有被限制，但是在 2017 年 9 月，国家发展和改革委员会、国家能源局、财政部等十五部委联合印发了《关于扩大生物燃料乙醇生产和推广使用车用乙醇汽油的实施方案》，标志着乙醇汽油政策的实施将逐步推进，所以国内 MTBE 未来在油品中的添加将受到极大的限制。其中乙醇汽油的发展有两条路径，一条是直接添加乙醇；另一条是添加乙基叔丁基醚(ETBE)，利用异丁烯和乙醇在酸性催化剂下反应生产 ETBE，其同样可以作为提高汽油辛烷值的一种添加剂[40,41]。与 MTBE 相比，ETBE 只有含氧量略低，其他性能指标均优于 MTBE，尤其是 ETBE 沸点较高、更易与汽油混溶，在水中的溶解度不到 MTBE 的 1/3，能够被好氧性微生物分解，对地下水污染很小。ETBE 在汽油中最大添加量为 17vol%(体积分数)，而乙醇在 ETBE 中占 45.1wt%，即采用 ETBE 形式将乙醇调和入汽油，可加入大约 8%的乙醇，略低于目前国内正在实施的乙醇汽油标准《车用乙醇汽油(E10)》的规定值(GB 18351—2017 中明确规定"乙醇体积分数为 10%±2%，不允许人为加入其他有机含氧化合物")。利用 MTBE 装置转产 ETBE 将是未来的一个选择，但是生产 ETBE 的原料乙醇价格昂贵，生产成本高将是主要的障碍。国外 ETBE 已实现了大规模工业化生产，拥有 ETBE 生产技术的公司主要有法国石油研究院(Institut Francais de Pétrole，简称 IFP，现为 Axens 公司)、美国催化蒸馏技术公司(CDTECH)、阿尔科化学公司(ARCO Chemical Company, 现并入 Lyondell Chemical Company)、霍尼韦尔旗下 UOP 公司、美国菲利普斯石油公司(Phillips Petroleum Company)。目前国内有关 ETBE 生产技术的研究不多, 且大多处于小试阶段。

5.1.3 碳四烯烃增产丙烯技术

丙烯是仅次于乙烯的最重要的基本有机原料之一, 拥有丰富的下游产业链条[42]。近年来, 伴随着下游聚丙烯、环氧丙烷、丙烯腈、丙烯酸及酯、异丙苯等产品的发展, 丙烯作为主要原料需求量持续增加。目前, 丙烯的生产工艺主要有原油催化裂化、石脑油蒸汽裂解、甲醇(煤)制烯烃、丙烷脱氢 4 种[43-45]。利用副产的碳四烃为原料, 可以通过催化裂解和烯烃歧化等过程进一步增产丙烯成为混合碳四利用的重要方向之一。

(1)混合碳四烯烃催化裂解制丙烯(同时联产乙烯)。烯烃催化裂解生成丙烯的关键在于设计与开发高选择性、高活性并具有优良稳定性的催化剂。目前, 已经开发的催化剂主要分为金属氧化物类和分子筛类。金属氧化物催化剂一般以 SiO_2、Al_2O_3、TiO_2、硅铝酸盐、ZrO_2 等作为载体, 金属(钙、钒、镍、铁、稀土等)氧化物为活性组分。但金属氧化物催化剂存在反应温度过高、低温活性差、易结焦、催化剂寿命短、对丙烯的选择性差等弊端, 限制其广泛应用。而分子筛催化剂由于具有规整的孔道结构、表面 B 酸和 L 酸酸性可调等优点成为碳四烯烃催化裂解催化剂的首选。对于催化裂解的反应机理, 学术界公认的主要有自由基机理和碳正离子机理两种, 一般认为金属氧化物催化剂以自由基反应机理为主, 分子筛催化剂则遵循碳正离子机理。关于碳四烯烃催化裂解增产丙烯的催化剂研究进展可参考相关的综述文献[46]。碳四烯烃催化裂解制丙烯的代表性工艺[47-49]主要有德国鲁奇(Lurgi)公司开发的 Propylur 技术, AtoFina/UOP 公司的烯烃裂解工艺(olefin cracking process, OCP), 美国埃克森美孚公司的烯烃相互转化(mobil olefin interconversion, MOI)技术, 阿尔科化学公司开发独家授权 KBR(Kellogg-Brown and Root)公司的 Superflex 工艺。国内中国石化上海石油化工研究院则采用全结晶多级孔 ZSM-5 分子筛催化剂, 发展了碳四烃为原料增产丙烯和乙烯的烯烃催化裂解技术(olefin catalytic cracking technology, OCC), 中国石化中原石油化工有限责任公司利用该技术建设了首套 6 万 t/a 碳四烯烃催化裂解制丙烯工业试验装置, 以 MTO 装置的 1-丁烯副产混合碳四以及 FCC 副产混合碳四为原料, 主要产品为粗乙烯, 副产品为粗裂解汽油、粗丁烷。此外, 旭化成株式会社开发了蒸汽裂解或者 FCC 装置副产碳四烃制丙烯的 OMEGA 新工艺, 以乙烯装置的 C_4 抽余液为原料, 建成了 5 万 t/a 丙烯的工业化装置, 并保持了稳定运行。

(2)碳四烯烃歧化制丙烯。碳四烯烃歧化制丙烯是通过烯烃间的歧化(又称复分解反应)或自歧化反应将含碳四的烯烃化合物转化为丙烯的过程。目前碳四烯烃歧化制丙烯的技术路线主要有:①碳四馏分中的 2-丁烯在催化剂的作用下与乙烯发生复分解反应制取丙烯;②以 1-丁烯、2-丁烯或其混合丁烯为原料的自歧化制丙烯, 在碳四烯烃自歧化反应过程中, 主要进行 1-丁烯自歧化、1-丁烯与 2-丁烯歧化、乙烯与 2-丁烯歧化及 1-丁烯异构化等反应, 并产生 3-己烯、2-戊烯等副产物。关于碳四烯烃歧化制丙烯的催化剂以及反应利用研究进展可参考相关的综述文献[50-57]。目前碳四烯烃歧化制丙烯主要技术是采用乙烯和 2-丁烯(顺式和反式)为原料的复分解反应制丙烯,该技术是早期菲利普斯石油公司菲利普斯三烯法工艺[将丙烯转化为乙烯和 2-丁烯(顺式和反式)]的逆过程,工艺由菲利普斯石油公司开发,由于当时丙烯需求量低于乙烯需求量,从 1966 年开始运行至 1972 年。由于乙烯需求量的不断增加,利用乙烯和 2-丁烯为原料生产丙烯的三烯法工艺过程的经济性不佳。基于三烯法工艺技术,Lummus 公司发展了乙烯和 2-丁烯歧化制丙烯工艺技术(OCT, olefin conversion technology),在 OCT 的第一阶段,由乙烯和 2-丁烯(顺式和反式)组成的原料气与回收的乙烯和丁烯混合,并通过保护床去除原料中的杂质。然后在进入复分解反应之前,将混合物加热至 250℃。反应在固定床反应器中进行,温度＞250℃,压力为 3.0～3.5MPa。复分解催化剂是一种混合氧化物(WO_3/SiO_2),它使乙烯和丁烯反应生成所需的丙烯产品。接下来,乙烯、丁烯和丙烯的混合物通过异构化催化剂(MgO),该催化剂将原料气中的 1-丁烯异构化为 2-丁烯。据报道,丁烯的转化率为每程 60%,丙烯的选择性大于 90%。OCT 是目前工业在用的碳四烯烃歧化制丙烯技术。不同于 OCT 工艺技术,法国石油研究院和台湾中油股份有限公司联合开发了一种乙烯和 2-丁烯歧化生产丙烯的工艺,称为 Meta-4。乙烯和 2-丁烯在 35℃和 6.0MPa 条件下,在 Re_2O_7/Al_2O_3 催化剂催化下进行液相中的歧化反应,2-丁烯的(平衡)转化率为 63%。该工艺尚未商业化,主要原因是催化剂的成本高和原料流的高纯度要求。碳四烯烃催化裂解或者歧化生产丙烯技术主要具有如下特点:①原料自由度大,可以直接以蒸汽裂解装置、催化裂化装置、甲基叔丁基醚/乙基叔丁基醚装置、甲醇制烯烃(MTO)装置等副产的碳四烯烃为原料。②生产方式灵活,可以与副产碳四烯烃的装置联合形成新工艺过程。例如,通过建设配套的 MTO 装置,与炼油厂副产的碳四烯烃进行歧化反应制备丙烯,可将炼油厂副产的碳四烯烃转化为高附加值的丙烯。③工艺流程简单,大多采用固定床反应器,设备投资少,投资回收率高,经济效益较好。

5.1.4　碳四烷烃生产高附加值化工产品

根据碳四烃的来源及组成不同,其加工利用途径也有所不同。工业上用途较广的主要是 1,3-丁二烯、异丁烯、1-丁烯、2-丁烯、正丁烷和异丁烷 6 种组分,通过不同途径的化学转化生产高附加值的化工产品。实现碳四烃的高附加值综合利用,最大的困难在于将碳四烃各组分有效分离以达到规定的纯度要求。碳四烃中的 1-丁烯、异丁烯和 1,3-丁二烯沸点接近(表 5.3),化学性质活泼,需要用特殊方法分离,正丁烷、异丁烷和 2-丁烯可以采用普通精馏方法分离[58,59]。

表 5.3　碳四烃中各组分的沸点

化合物	分子式	沸点/℃
异丁烷(isobutane)	C_4H_{10}	−11.8
异丁烯(isobutene)	C_4H_8	−6.8
1-丁烯(1-butene)	C_4H_8	−6.3
1,3-丁二烯(1,3-butadiene)	C_4H_6	−4.4
正丁烷(n-butane)	C_4H_{10}	−0.4

化合物	分子式	沸点/℃
反-2-丁烯 (trans-2-butene)	C_4H_8	0.9
顺-2-丁烯 (cis-2-butene)	C_4H_8	3.8
乙烯基乙炔 (vinylacetylene)	C_4H_4	5.2
乙基乙炔 (ethylacetylene)	C_4H_6	8.1
1,2-丁二烯 (1,2-butadiene)	C_4H_6	10.9

碳四烃中烷烃主要是正丁烷、异丁烷。正丁烷主要的化学利用包括：氧化生成顺丁烯二酸酐[该过程所采用的催化剂主要是钒磷氧(VPO)多相催化剂]，经过进一步加氢得到重要的聚酯单体 1,4-丁二醇[顺酐加氢包括直接加氢、顺酐酯化加氢两种工艺；直接加氢工艺是由日本三菱油化和三菱化成开发，过程中除生成 1,4-丁二醇之外，还可以同时生成四氢呋喃和 γ-丁内酯(GBL)等产品，设置不同的工艺条件可以改变产品的组成；酯化加氢工艺由英国 Dawy 工艺技术公司开发，该方法首先将顺酐与甲醇或乙醇进行酯化反应生成顺丁烯二酸二酯，然后进行加氢水解得到 1,4-丁二醇][60]。1,4-丁二醇单体是合成可降解塑料聚丁二酸丁二醇酯(PBS)和聚对苯二甲酸-己二酸丁二醇酯(PBAT)的重要原材料。正丁烷其他化工利用[61-63]包括脱氢异构制异丁烯(所用催化剂通常为分子筛或者金属氧化物负载的 Pt、Zn 或 Cr 等)、脱氢制丁烯(包括有氧催化脱氢：所用催化剂为 MgO、SiO_2、Al_2O_3 以及分子筛负载的氧化钒、钼酸盐、磷酸盐和焦磷酸盐等；无氧催化脱氢：所用催化剂为 Al_2O_3、MAl_2O_4 和分子筛等载体负载的 Pt 系、过渡金属的氮化物和碳化物等)和 1,3-丁二烯、异构化得到异丁烷(所用催化剂包括 Pt/Al_2O_3-Cl、负载贵金属的 SO_4^{2-}-ZrO_2、分子筛、杂多酸等)。上述正丁烷的化学转化已经成功实现工业应用。

异丁烷的化学利用主要是通过脱氢制异丁烯[64,65]这种重要的碳四烯烃，包括直接脱氢(DH)和氧化脱氢(ODH)两类过程。异丁烷直接脱氢反应是高度吸热的反应，需要供给足够的热源才能获得高转化率，此外，该反应受热力学限制，需要在高温下获得高转化率，反应通常在 530～650℃温度范围内进行，采用 Pt 基或 Cr 基催化剂。多个国外公司对直接脱氢过程进行了详细的研究，发展了多个工艺技术并且实现了工业化应用。例如，Lummus 公司发展的 Catofin 工艺(采用 CrO_x/Al_2O_3-Na_2O 催化剂体系)、UOP 公司发展的 Oleflex 工艺(采用 Pt-Sn/Al_2O_3-MgO/K_2O/ZrO_2 催化剂体系)、SNAMP ROGET TI 公司发展的 FBD-4 工艺(采用 CrO_x/Al_2O_3-SiO_2/K_2O 催化剂体系)、UHDE 公司发展的 STAR 工艺(采用 Pt-Sn/$ZnAl_2O_3$/$CaAl_2O_3$-SnO/SnO_2 催化剂体系)、LINDE 公司发展的 LINDE 工艺(采用最初：Cr-based-ZrO_2/K_2O 催化剂体系，目前是 nano-Pt/Mg(Al)O-ZrO_2/K_2O、Pt-Sn/ZrO_2-ZrO_2/K_2O 催化剂体系)等。异丁烷氧化脱氢过程中需加入一种适宜的氧化剂，通过选择性氧化将反应生成的 H_2 移除，从而促使反应平衡向右移动，反应是放热过程，反应温度低于直接脱氢反应的操作温度，而且氧化脱氢反应具有稳固的热力学优势，能够降低能耗，提高了原料转化率和产物选择性，降低了裂化产物以及焦炭的收率。尽管到目前为止已经发展了氧化钼基、氧化钒基、氧化铟基、镍基、碳基材料等多类异丁烷氧化脱氢的相关催化剂，但是氧化脱氢技术在许多方面仍存在较大的提升空间，氧化脱氢技术迄今尚未实现工业放大，如何控制裂化和反应产物的过度氧化仍是氧化脱氢技术发展的挑战。

5.1.5 碳四烯烃生产高附加值化工产品

1. 异丁烯生产高附加值化工产品

异丁烯在工业上最主要的应用是通过和甲醇的醚化反应制备甲基叔丁基醚（MTBE）。另外，异丁烯还是制备聚异丁烯（PIB）、丁基橡胶、甲基丙烯酸甲酯、异戊二烯、三甲基乙酸（特戊酸）、叔丁胺等高附加值精细化学品的关键原料。

聚异丁烯是由异丁烯经阳离子聚合制得的线型聚合物，异丁烯聚合生成聚异丁烯是典型的阳离子聚合反应，选用的原料主要有两种：一种是炼油厂催化裂化得到的混合碳四馏分；另一种是通过反应（如甲基叔丁基醚裂解）生成的纯异丁烯。异丁烯聚合合成聚异丁烯的催化体系[66]一般以 BF_3 或 $AlCl_3$ 两种路易斯酸作为主催化剂，同时还有一些其他体系，所得到的聚异丁烯分子量从数百至数百万，跨度很大。依据聚异丁烯的分子量大小，聚异丁烯可以分为超高分子量聚异丁烯（数均分子量 $M_n > 76000$）、高分子量聚异丁烯（HMPIB，M_n：$60000 \sim 75000$）、中分子量聚异丁烯（MMPIB，M_n：$20000 \sim 45000$）和低分子量聚异丁烯（LMPIB，M_n：$100 \sim 10000$），其中 M_n 在 $500 \sim 5000$、链末端 α-双键摩尔分数大于 60%且分子量分布较窄的低分子量聚异丁烯被称为高活性聚异丁烯（HRPIB）。其中以中分子量聚异丁烯和高活性聚异丁烯的应用最为广泛[67,68]，高分子量聚异丁烯可用作密封材料、橡胶制品、内衬防腐材料、防水卷材、绝缘材料、吸能材料及防辐射材料等，特别是可用于航空航天及武器装备等高端领域。中分子量聚异丁烯产品具有无色、无味、无毒、对皮肤无致敏性、抗氧化性和抗紫外线性能优良及与其他化妆品原料相容性良好等特点，主要应用于化妆品领域。高活性聚异丁烯可用于制备乳化剂、黏合剂、密封剂、电绝缘体、缠绕膜、润滑油添加剂、燃料添加剂、个人护理品等产品，此外，也可作为高黏度油的替代品。

丁基橡胶（isobutene-isoprene rubber，IIR）是由异丁烯和少量异戊二烯通过低温阳离子共聚合成的弹性体，由于分子链中侧甲基密集排列限制了分子的热运动，其透气率低、气密性好，其衍生物包括氯化丁基橡胶和溴化丁基橡胶两种（丁基橡胶卤化改性后的产品）。卤化丁基橡胶不仅保持了丁基橡胶优良的气密性，还克服了丁基橡胶硫化速度慢、与其他胶种相容性差等缺点。由于丁基橡胶和卤化丁基橡胶具有优异的耐热性、耐老化性、气体阻隔性和阻尼性等优点，在汽车工业、医疗器械、国防军工、航天航空等领域发挥着巨大作用，尤其在气体密封、阻尼减振等领域具有不可替代的优势[69-72]。目前工业化的丁基橡胶合成技术[73]包括淤浆法和溶液法，其中溶液法技术占主流，该技术是美国埃克森美孚公司和 Arlanxeo 公司所开发，采用三氯化铝/水作引发剂，氯甲烷作聚合介质（稀释剂），聚合温度一般控制在–100～–90℃，由异丁烯与少量异戊二烯共聚而成。按产品不饱和度的等级要求，异戊二烯的质量分数可为异丁烯的 1.5%～4.5%，异戊二烯转化率一般为 45%～85%，异丁烯转化率为 75%～95%。该工艺过程主要包括引发剂研制、聚合、产品精制、气体回收及反应釜清理等工序。溶液法工艺是由俄罗斯 Sibur 公司和意大利 PI 公司开发的，是以非极性的 $C_5 \sim C_7$ 烷烃(如异戊烷)为稀释剂，以烷基氯化铝和水的配合物为引发剂，在温度$-50 \sim -90 \, ℃$，工艺过程与淤浆法相似，由于溶液法所制备丁基橡胶的分子链存在支化现象，产品性能不及淤浆法产品，所以该工艺应用并不多。

甲基丙烯酸甲酯(MMA)是一种重要的基础有机化工原料，其最主要的用途为生产有机玻璃聚甲基丙烯酸甲酯(PMMA)、聚氯乙烯加工抗冲助剂丙烯酸酯类共聚物(ACR)、甲基丙烯酸甲酯-丁二烯-苯乙烯三元共聚物(MBS)、高性能涂料等，广泛应用于表面涂料、电子设备、树脂加工、润滑油助剂、纺织印染、汽车、医学、建筑等行业，是国民经济发展不可或缺的重要化工原料。国内 MMA 消费结构为：PMMA 对 MMA 的需求量约占总消费量的 65%，表面涂料占 13%，ACR 和 MBS 占 12%，其余(包括各种黏合剂、防水剂、合成橡胶改性剂等)占 10%。MMA 凭借优异的性能、广泛的用途，已成为极具市场价值的产品。自 1933 年罗门哈斯公司建成世界上第一套 MMA 工业化装置以来，不同公司对 MMA 生产工艺路线进行了大量的尝试与探索，形成了 C_2、C_3、C_4 多种工艺路线并行发展的格局[74-76]。C_2 路线是以乙烯为原料，通过羰基合成反应转化成丙醛、丙酸或丙酸甲酯中间体，再经过水解、酯化或者缩合工艺形成 MMA。目前已经产业化的工艺路线包括丙醛路线(BASF 法)、丙酸甲酯路线(Alpha 工艺)。C_3 路线是以丙烯、丙炔或丙酮为原料生产 MMA，共有 5 条路线，分别是传统丙酮氰醇路线(传统 ACH 法)、改进丙酮氰醇路线(MGC 法)、赢创 ACH 路线(Aveneer 工艺)、丙烯羰基化路线以及丙炔路线。C_4 路线是以异丁烯/烷或叔丁醇为原料，通过氧化等转化成甲基丙烯醛(MAL)中间体，再合成 MMA。截至 2019 年底，全球 MMA 装置总产能为 526.2 万 t/a，全球 MMA主流的生产工艺路线主要有丙酮氰醇工艺(包括传统工艺和改进型丙酮氰醇工艺)、异丁烯直接氧化法、乙烯羰基化法等，且均有运行的商业化装置。其中丙酮氰醇法生产的MMA 占全球总产能的 59%，异丁烯直接氧化法占 31%，乙烯羰基化法占 10%。国内MMA 生产工艺有 ACH 法和异丁烯法两种，占比分别为 70% 和 30%。合成 MMA 的各种工艺技术各有优劣，在此不展开详述，仅简要介绍以异丁烯为原料合成 MMA 的工艺过程，以异丁烯为原料合成 MMA 又分为三步法工艺和两步法工艺(图 5.2)[77]。①三步法工艺：首先，异丁烯(也可以采用叔丁醇)在 Mo-Bi(Mo-Bi-Fe-Co/Ni-A，A=碱金属、碱土金属、Ti) 催化剂的作用下，与空气氧经气相氧化反应制得甲基丙烯醛(MAL)；其次，甲基丙烯醛在 Mo-P(Mo、V 和磷基杂多酸) 催化剂的作用下进一步经催化氧化反应制得甲基丙烯酸(MAA)，最后甲基丙烯酸在酸催化下与甲醇发生酯化反应生成 MMA(酯化反应可以为液相和气相反应，液相反应可采用离子交换树脂或浓硫酸作为催化剂，气相反应则采用杂多酸作为催化剂)。在 20 世纪 80 年代，日本触媒株式会社(Nippon Shokubai Co., Ltd.)采用该技术建设了一套 1.5 万 t/a 的 MMA 工业装置。②两步法工艺：为了缩短工艺流程，日本旭化成株式会社将 MAL 氧化和 MAA 酯化在一个反应器中完成(即直接氧化酯化)，并于 1998 年最早实现了工业化。两步法较三步法而言，第一步相同，只是在第二步中，使 MAL、甲醇、空气混合进入釜式反应器发生氧化酯化反应最终得到 MMA，催化剂采用 Pd/Pb 基体系。目前，两步法已有多套生产装置，也有多家公司开发出了相似的工艺路线，主要分布在日本、中国、新加坡、韩国等亚洲国家。

三步法工艺

两步法工艺

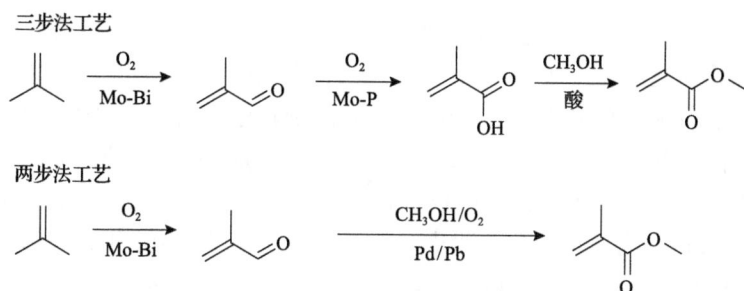

图 5.2　以异丁烯为原料合成 MMA 的工艺过程

异戊二烯具有典型的共轭双键结构，主要用作异戊橡胶(IR)、苯乙烯-异戊二烯-苯乙烯嵌段共聚物(SIS)和丁基橡胶等弹性体生产的单体。此外，还广泛应用于农药、医药、香料、合成润滑油添加剂、喷雾剂及黏合剂等领域。工业上生产异戊二烯的方法[78-80]有 3 种：C$_5$馏分萃取、异戊烷或者异戊烯脱氢法、化学合成法(包括异丁烯-甲醛法、乙炔-丙酮法、丙烯二聚法)等。其中采用大宗的异丁烯、甲醛为原料合成异戊二烯称为烯醛法，由于原料来源广泛且廉价，成为关注的重点。该法按工艺又可分为一步法和两步法。一步法：由异丁烯和甲醛经一步气相催化合成，所用催化剂主要为磷酸铬、磷酸钙、金属氧化物或特定结构的分子筛等固体催化剂。两步法：第一步，在酸性催化剂(稀硫酸)存在下，异丁烯与甲醛水溶液在液相中经 Prins 反应生成 4,4-二甲基-1,3-二氧六环(DMD)，在 70～100℃、0.7～0.8MPa 条件下，异丁烯的转化率可达 89%～98%，甲醛转化率为 92%～96%；第二步，缩合生成的 DMD 经蒸馏纯化后，用水蒸气稀释，以经磷酸活化的固体磷酸钙为催化剂，在移动床反应器中 250～280℃条件下裂解生成异戊二烯。DMD 转化率为 80%～90%，异戊二烯选择性为 48%～89%。烯醛法合成异戊二烯只有两步法实现了工业化应用。

特戊酸(pivalic acid)，又称新戊酸，三甲基乙酸，其分子内叔碳原子与羧基相接形成了稳定结构，其应用范围广阔，主要应用于合成聚合物引发剂特戊酰氯、农药中间体频那酮、医药中间体、涂料等。利用异丁烯、一氧化碳和水为原料在酸(如 H$_2$SO$_4$、HF、H$_3$PO$_3$、H$_3$PO$_4$ + BF$_3$ 或者 SbF$_3$、酸性离子液体等)催化下发生 Koch 羧基化反应制备特戊酸，由于该技术原料简单、获得的产物具有较高的收率和纯度，成为合成的首选[81-83]。国外 BASF 等公司已经实现该技术的工业化应用。

叔丁胺作为化工生产中重要的有机合成中间体，广泛应用于合成橡胶、医药、农药、染料、涂料、杀菌剂及润滑油添加剂等多个领域，其最主要的应用是用于合成橡胶促进剂 NS(N-叔丁基-2-苯并噻唑次磺酰胺)和 TBSI(N-叔丁基-2-双苯并噻唑次磺酰胺)。在众多的叔丁胺合成方法中[84,85]，利用异丁烯和氨为原料，通过催化烯烃胺化反应，从而实现氨与异丁烯不饱和 C=C 加成形成叔丁胺，该技术是原料简单、原子利用率 100%的绿色化工过程，具有很强的吸引力。该反应一般为气相、中等强度的放热反应，温度为 200～300℃，压力为 5～30MPa。通过催化剂活化氨分子使其更具亲核进攻性，或者活化烯烃双键以便于氨分子进攻是降低反应难度的有效方式。然而，由于氨分子和异丁烯分子均属于富电子的亲核试剂，二者相互排斥，同时反应过程动力学有利条件与热力学相悖，需要在高温高压下进行，反应过程需保持催化剂稳定活性，这就对反应的催化剂提出了更高要求。金属催化剂、铵盐催化剂、金属配合物催化剂及沸石分子筛催化剂等多种催化材料在胺化反应中均有报道，主要集中于分子筛催化剂方面。同时，众多的石化公司对相关分子筛催化剂以及工艺技术进行了深入研究，德国 BASF 公司成功开发出沸石分子筛催化异丁烯与氨的直接胺化制备叔丁胺的工艺技术，叔丁胺的选择性近乎 100%，1996 年 BASF 公司利用该技术在欧洲建设了工业示范装置，2010 年在国内的南京化学工业园建立了 1.0 万 t/a 的叔丁胺工业装置(2015 年产能扩产至 1.6 万 t/a)。

2. 1,3-丁二烯生产高附加值化工产品

1,3-丁二烯主要是利用溶剂萃取精馏的方式从混合碳四(特别是蒸汽裂解碳四)中分离并精制。溶剂萃取精馏是利用碳氢化合物对极性溶剂的亲和力，这直接取决于它们的不饱和度的特性，高度不饱和碳氢化合物更易溶于极性溶剂，同时溶剂的存在还能够降低碳氢化合物挥发性。所以通过有机溶剂萃取蒸馏的方式可以选择性地分离出 1,3-丁二烯，也就是裂解混合碳四通过抽提分离出 1,3-丁二烯纯品，这也是目前 1,3-丁二烯最经济的获取方式。

众多公司开发了从混合碳四中萃取蒸馏提取 1,3-丁二烯的工业化技术[86]。这些工艺中使用的常用溶剂有乙腈(如壳牌公司、美国 KBR 公司)、N-甲基吡咯烷酮[如巴斯夫(BASF)公司]、N,N-二甲基甲酰胺[如日本瑞翁化学品公司(Nippon Zeon Chemicals)]、N-甲酰吗啉[如德国蒂森克虏伯集团伍德公司(ThyssenKrupp Uhde)、糠醛[如康菲石油公司(ConocoPhillips)]、β-甲氧基丙腈/糠醛[如美国(Solutia)公司首诺]、N,N-二甲基乙酰胺(如陶氏化学公司)。这些工艺过程通常包括一个或两个萃取蒸馏步骤。在第一步中，1,3-丁二烯和对溶剂亲和力较高的组分，与对溶剂亲和力较低的丁烷和丁烯分离；在第二步中，所有亲和力高于 1,3-丁二烯的溶剂组分均被洗掉，剩余的粗 1,3-丁二烯可通过常规蒸馏进一步纯化。

1,3-丁二烯由于是一种共轭二烯烃，共轭双键的特殊性质使得其可以发生大量独特的反应，如取代、加成、加氢、氧化、环化、聚合反应等，可用来合成多种有机化工产品。1,3-丁二烯最主要的化学利用途径是利用双键的聚合作用得到众多的合成橡胶、弹性体或树脂，如苯乙烯-1,3-丁二烯橡胶(丁苯橡胶，SBR)、聚 1,3-丁二烯橡胶(BR)、丙烯腈-1,3-丁二烯橡胶(NBR)、氯丁橡胶(CR)、丙烯腈-苯乙烯-1,3-丁二烯共聚物(ABS 树脂)等。关于 1,3-丁二烯自聚或者与其他单体之间的共聚相关催化剂、工艺过程等可参考相关文献[87-90]。1,3-丁二烯的另一重要工业应用是在零价镍和含膦(磷)配体组成的催化剂作用下，通过两分子的氢氰酸与 1,3-丁二烯发生加成反应制备己二腈，之后己二腈加氢生产己二胺，然后己二胺再用于生产聚己二酰己二胺(尼龙 66)、1,6-己二异氰酸酯(HDI)及尼龙 610 等重要材料，关于 1,3-丁二烯直接氢氰化法制备己二腈的相关催化剂、工艺过程等可参考相关文献[91-98]。

在此主要介绍涉及采用 1,3-丁二烯为原料，通过羰基合成过程合成高附加值的化学品或者材料的相关进展情况。

1)1,3-丁二烯氢甲酰化合成 1,6-己二醛

1,3-丁二烯氢甲酰化合成 1,6-己二醛是 1,3-丁二烯羰基化反应中研究最为活跃的方向。这主要是由于产物 1,6-己二醛在日常生活以及聚酯、聚酰胺等工业中具有非常重要的应用[99]。例如，1,6-己二醛广泛用于医疗器械、食品器具、禽畜栏舍等的消毒灭菌，具有快速、高效、适用范围广、不腐蚀金属器械和玻璃及塑料制品等优点。另外，1,6-己二醛还可作为交联剂用于皮革处理、生物组织和人体器官的黏合与修复，具有活性高，反应快，结合量大，产物稳定，对水、酸、酶的抵抗力强等特点。在化学合成方面，可以利用 1,6-己二醛分子中醛基的活泼性质，进一步转化为重要、应用价值更高、市场需求量更大的聚合材料单体(图 5.3)：还原得到 1,6-己二醇(重要的聚酯合成单体)、氧化得到 1,6-己二酸(重要的聚酯材料单体、尼龙 66 合成单体)、胺化还原得到 1,6-己二胺(尼龙 66 合成单体)、胺化环化得到己内酰胺(尼龙 6 合成单体)等。

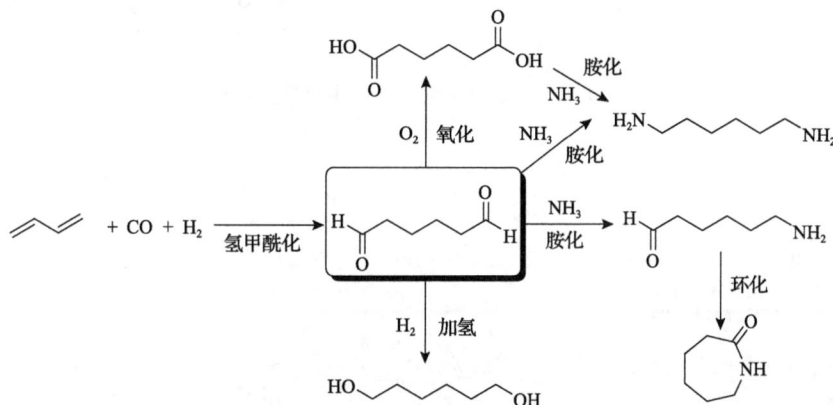

图 5.3　1,3-丁二烯氢甲酰化合成 1,6-己二醛以及 1,6-己二醛的衍生化

在 1,3-丁二烯的氢甲酰化反应中钴基和铑基催化剂均有报道，其中铑基催化剂研究得最为广泛。由于 1,3-丁二烯具有独特的共轭碳碳双键结构，在氢甲酰化反应中存在多种反应途径(图 5.4)，可发生 1,4-加成氢甲酰化、1,2-加成氢甲酰化、双键之间的相互异构化等多种反应路径，这就造成 1,3-丁二烯的氢甲酰化反应历程比较复杂，反应生成的产物包括不饱和的 4-戊烯醛(pent-4-enal)、3-戊烯醛(pent-3-enal)、2-戊烯醛(pent-2-enal)、1,6-己二醛、2-甲基-1,5-戊二醛、2-乙基-1,4-丁二烯、戊醛以及醛二次衍生化反应得到的不饱和或者饱和的单缩醛和支化二缩醛等重质物①。因此，1,3-丁二烯的氢甲酰化反应极具挑战性，如何控制反应选择性，得到 1,6-己二醛产物一直是难题。

铑基催化剂催化的 1,3-丁二烯氢甲酰化反应，相关膦(磷)配体的设计合成是关键，新型配体结构对催化反应的活性和产物的选择性起决定性的作用。早在 20 世纪 60～80 年代，Fell 等[100-103]先后报道了三烷基膦、三芳基膦、烷基(芳基)双膦、烷基芳基取代的膦、取代的膦烷等膦配体(图 5.5 中的膦配体)应用于 Rh_2O_3 催化的 1,3-丁二烯的氢甲酰化反应，但是在苛刻的反应条件下(温度大于 130℃，压力 20MPa)，1,6-己二醛的选择性不足 10%。Ohgomori 等[104]则采用 $Rh_4(CO)_{12}$ 与不同刚性和柔性的双齿膦配体(图 5.5 中的

---

① 重质物指的是在反应过程中由于醛的再次反应，生成的分子量比较大、结构不确定的副产物。

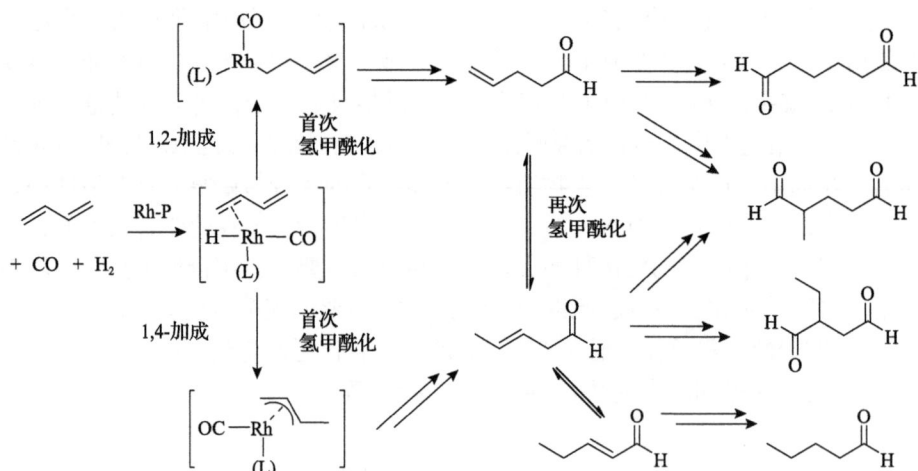

图 5.4 1,3-丁二烯氢甲酰化反应中可能的反应途径

膦配体

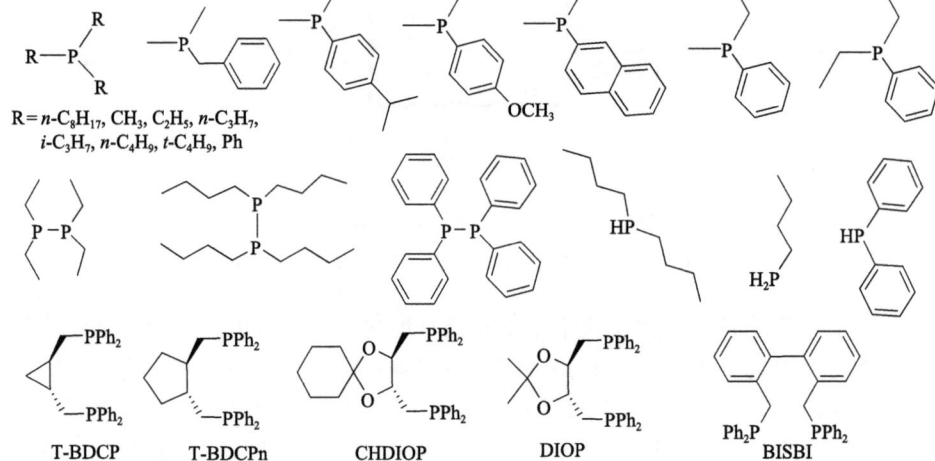

R = n-C₈H₁₇, CH₃, C₂H₅, n-C₃H₇,
i-C₃H₇, n-C₄H₉, t-C₄H₉, Ph

T-BDCP   T-BDCPn   CHDIOP   DIOP   BISBI

联苯骨架的亚磷酸酯配体

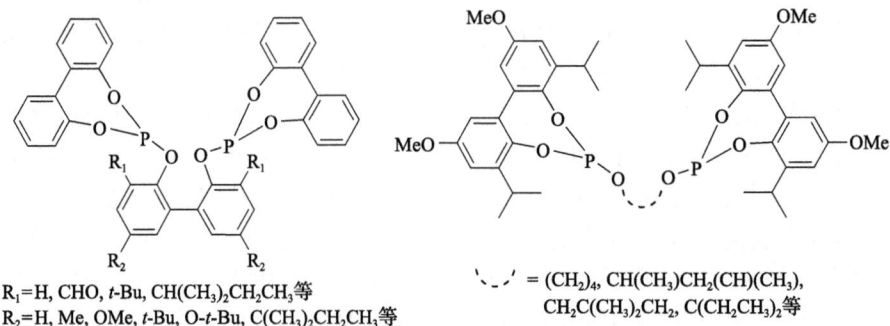

R₁=H, CHO, t-Bu, CH(CH₃)₂CH₂CH₃等
R₂=H, Me, OMe, t-Bu, O-t-Bu, C(CH₃)₂CH₂CH₃等

⌒ = (CH₂)₄, CH(CH₃)CH₂(CH)(CH₃),
CH₂C(CH₃)₂CH₂, C(CH₂CH₃)₂等

三联烯骨架的亚磷酸酯配体

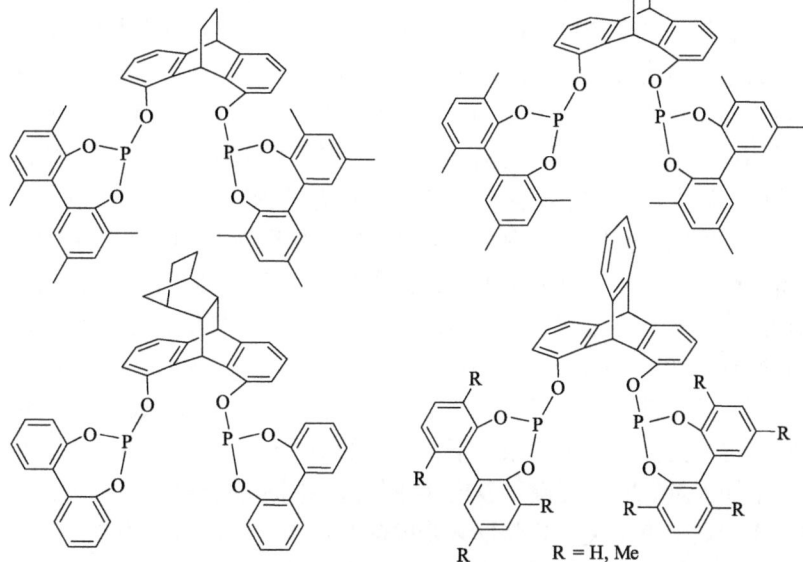

图5.5　1,3-丁二烯氢甲酰化反应中用到的膦配体、联苯衍生的亚磷酸酯配体、
三联烯衍生的亚磷酸酯配体

双膦配体)组成的催化剂,考察了 1,3-丁二烯的氢甲酰化反应性能,发现螯合角为 102°～113°的双齿膦配体能够很好地调控催化活性。采用双(二苯基膦甲基)-2,2-二甲基-1,3-二氧戊环(DIOP)配体,在[Rh]=0.1mol%,1,3-丁二烯浓度 0.8mol/L,DIOP/Rh=5,温度 80℃,压力 2MPa(CO/H$_2$=1),均三甲苯为溶剂的反应条件下,反应 8h,目标产物 1,6-己二醛的选择性可达 37%。Maji 等[105]通过实验以及计算化学的手段阐述了双膦配体 DIOP 调控铑催化 3-戊烯醛氢甲酰化过程中"异构化-氢甲酰化"现象,DFT 计算表明 3-戊烯醛异构化为 2-戊烯醛和 4-戊烯醛的能量分布是相似的。在反应中主要得到热力学上更加稳定的 2-戊烯醛异构化产物,反应过程中 2-戊烯醛很难异构化形成 4-戊烯醛,因此也导致进一步氢甲酰化合成 1,6-己二醛的难度增大。同时 Maji 等发现反应过程中的氢甲酰化反应速率要快于异构化速率。整个反应动力学不仅取决于异构化的障碍,还取决于铑膦中间体[(DIOP)Rh]结合的 3-戊烯醛和这些中间体之间的平衡。

在 20 世纪 90 年代,美国联合碳化物公司的 Packett 等[106-108]则将联苯类化合物衍生的亚磷酸酯配体(图 5.5 中的联苯类化合物衍生的亚磷酸酯配体)应用于 Rh(acac)(CO)$_2$ 催化的 1,3-丁二烯的氢甲酰化反应中,在相对温和的操作条件下,[Rh]=300ppm,温度 110℃,压力 5.95MPa(CO/H$_2$=4),目标产物 1,6-己二醛的选择性最高可达 30%。值得指出的是,这种亚磷酸酯配体同样可以催化 1,3-丁二烯的氢甲酰化反应中间产物 4-戊烯醛的氢甲酰化反应,1,6-己二醛的选择性最高可达 80%。

Hofmann 等[109,110]则利用三联烯衍生的刚性骨架和联苯侧翼骨架合成了系列的亚磷酸酯配体(图 5.5 中的三联烯衍生的亚磷酸酯配体),并详细考察了这些配体在以 Rh(acac)(CO)$_2$ 为催化剂,1,3-丁二烯的氢甲酰化反应中的作用,经过详细的配体的结构、配体与金属之间的比例、反应温度、合成气压力以及 H$_2$ 和 CO 的比例等因素筛选,在优化的反应条件下,即 1.2mol% Rh(acac)(CO)$_2$,1.2mol%膦配体,温度 90℃,合成气压力 4.0MPa,甲苯作为反应溶剂,目标产物 1,6-己二醛的选择性可达 50%,同时作者发现目标产物的选择性仅与配体的结构有关,而温度和压力对选择性没有显著影响。Hofmann 等认为 1,6-己二醛选择性对配体结构的依赖性主要是配体可变空间相互作用的结果。随后该研究组[111]对三联烯衍生的亚磷酸酯配体在 1,3-丁二烯氢甲酰化反应过程中的区域选择性以及决速步进行了研究,同时采用原位红外(IR)光谱和 NMR 实验以及动力学测量和氘甲酰化实验研究了反应中间体,发现在反应过程中 η^3-丁烯基配合物($κ^2$-L)Rh(η^3-crotyl)和($κ^2$-L)Rh(η^3-crotyl)(CO)(L 为膦配体)是重要的中间产物。同时采用 X 射线晶体衍射对其中的几种配合物进行了表征,($κ^2$-L)Rh(η^3-crotyl)配合物呈正方形平面构型,而其与 CO 的加合物($κ^2$-L)Rh(η^3-crotyl)(CO)为三角双锥形构型,并且双亚磷酸酯配体呈 ee 键合。在 CO 存在的条件下,η^3-丁烯基配合物($κ^2$-L)Rh(η^3-crotyl)(CO)是一种稳定的中间体,该中间体也是真实氢甲酰化条件下最稳定的中间体,在催化过程中以高浓度存在,当反应体系中加入氢气时会缓慢释放出 3-戊烯醛。同时在合成气气氛下,反应速率呈二级,与 1,3-丁二烯浓度无关,烯烃插入步骤部分可逆,与反应压力有关。另外,该研究组[112]通过密度泛函理论的手段考察了三联烯衍生的刚性骨架双膦配体调控铑催化的 1,3-丁二烯氢甲酰化,理论计算表明选择性生成 1,6-己二醛目标产物是比较困难的。在 1,3-丁二烯的氢甲酰化反应历程中,3-戊烯醛和 4-戊烯醛是最容易生成的两种醛中间体。由于铑膦催化剂体系对于端烯烃具有很好的氢甲酰化区域选择性,4-戊烯醛能够高区域选择性地转化为目标产物 1,6-己二醛。而 3-戊烯醛容易和铑-膦(η^2-1,3-丁二烯)Rh(H)活性物种配位形成类似烯丙基样式的 η^3-配位 π-甲基烯丙基配合物,同时这个配位过程需要较小的活化能垒,因而更容易发生。一旦形成这种 η^3-丁烯基配合物,对形成 1,6-己二醛变得非常不利。作者认为在铑金属中心引入合适的膦配体,通过微调配体的空间体积环境,应该可以相对得到不稳定的 π-甲基烯丙基配合物,进而阻止支链产物的形成。当然如果配体的空间位阻太大,那么它也可能阻止烯烃的配位,从而抑制整个催化过程。这类三联烯衍生的亚磷酸酯配体和 Rh(acac)(CO)$_2$ 组成的催化剂体系同样能够高效催化 4-戊烯醛的氢甲酰化反应[113],1,6-己二醛的选择性可达 95%。

在前期研究的基础上,Mormul 和 Hofmann 等[114]将联苯类化合物衍生的亚磷酸酯配体及三联烯衍生的刚性骨架和联苯侧翼骨架的亚磷酸酯配体应用于 1,3-丁二烯的氢甲酰化反应中,基于缩醛保护戊烯醛中醛基的策略,通过在反应体系内引入酸催化剂,将所得到的戊烯醛中间体原位缩合得到缩醛(由于 3-戊烯醛的异构化反应主要得到存在共轭体系的 2-戊烯醛产物,在典型的氢甲酰化条件下,2-戊烯醛很难发生氢甲酰化反应,而是发生双键的氢化转化为戊醛),所得到的己二酸二缩醛的选择性高达 73%,并且很容易转化为己二酸、1,6-己二醇和 1,6-己二胺(图 5.6)。

最近,Subramaniam 研究组[115]在已有的 1,3-丁二烯氢甲酰化所发展的配体基础上,采用间歇反应器中,在 80℃和 1.4MPa 合成气(CO/H$_2$=1)压力下,通过原位红外光谱研究了 Rh 金属配合物催化 1,3-丁二烯氢甲酰化反应过程的产物浓度随时间分布。同时作者系统地研究了操作条件和常见的八种商用配体对活性和选择性的影响。研究发现,1,6-己二醛的选择性与配体/Rh 比、铑浓度、1,3-丁二烯浓度和合成气压力无关,但与所用

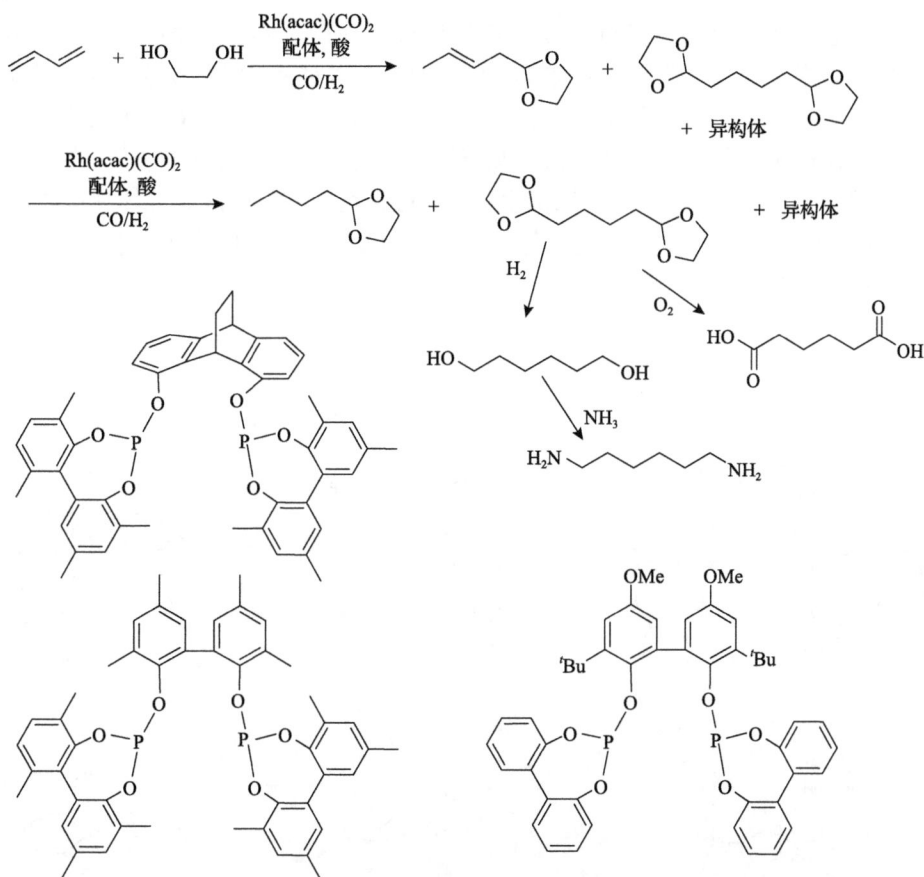

图 5.6 基于缩醛保护策略的 1,3-丁二烯氢甲酰化反应

配体的自然咬合角密切相关。例如，采用 Ohgomori 等[104]发展的 DIOP 双膦配体[DIOP/Rh(acac)CO)$_2$=3]，以 1,3-丁二烯为反应底物，己二醛选择性可达 40%；以 4-戊烯醛为底物，1,6-己二醛选择性可达 90%。另外，Subramaniam 研究组[116]采用二氧化碳膨胀的甲苯为反应介质，采用 1,3-丁二烯为反应底物，在 DIOP/Rh=5[0.1mmol DIOP，0.02mmol Rh(acac)(CO)$_2$]、80℃、2.0MPa 合成气(CO/H$_2$=1)和 3.0MPa CO$_2$ 压力下反应 8h，1,3-丁二烯转化率 95%，产物中 1,6-己二醛选择性为 31%，3-戊烯醛选择性为 51%，2-甲基戊二醛选择性为 10%，戊醛选择性为 7%。此外，作者还在 40~80℃、合成气 0.5~5.0MPa 条件下，用纯甲苯或者 CO$_2$ 膨胀甲苯作为溶剂，通过调变不同的配体/铑催化剂比例对 4-戊烯醛反应底物的氢甲酰化反应进行了系统研究。例如，采用 Rh/TPP(三苯基膦)催化剂体系[4-戊烯醛 6mmol，甲苯 10mL，Rh(CO)$_2$(acac)0.04mmol，TPP 4.8mmol]，在 80℃、1.0MPa 合成气(CO/H$_2$=1)和 5.0MPa CO$_2$ 压力下反应 4h，产物中 1,6-己二醛选择性为 85%，2-甲基戊二醛选择性为 15%；在同样的反应条件下，不加入 CO$_2$，产物中 1,6-己二醛选择性为 71%，2-甲基戊二醛选择性为 29%。如果采用 Rh/DIOP 催化剂体系[4-戊烯醛 6mmol，甲苯 10mL，Rh(CO)$_2$(acac)0.04mmol，DIOP 0.1mmol]，在 60℃、1.0MPa 合成气(CO/H$_2$=1)和 5.0MPa CO$_2$ 压力下反应 2h，产物中 1,6-己二醛选择性为 80%，2-

甲基戊二醛选择性为 20%；在同样的反应条件下，不加入 CO_2，产物中 1,6-己二醛选择性为 72%，2-甲基戊二醛选择性为 28%。CO_2 膨胀介质对氢甲酰化反应有益，这主要归因于在具有固定合成气进料成分的相中，通过加入 CO_2，使得 H_2/CO 的比率易调。

最近，国内中国科学院青岛生物能源与过程研究所的杨勇和王召占[117]在 Hofmann 等的研究基础上，发展了取代三联烯衍生的亚磷酸酯配体和亚磷酰胺配体(图 5.7)，该类配体和 Rh(acac)(CO)$_2$ 组成的催化剂体系在优化的反应条件下催化 1,3-丁二烯的氢甲酰化反应，己二醛的选择性可达 60%。

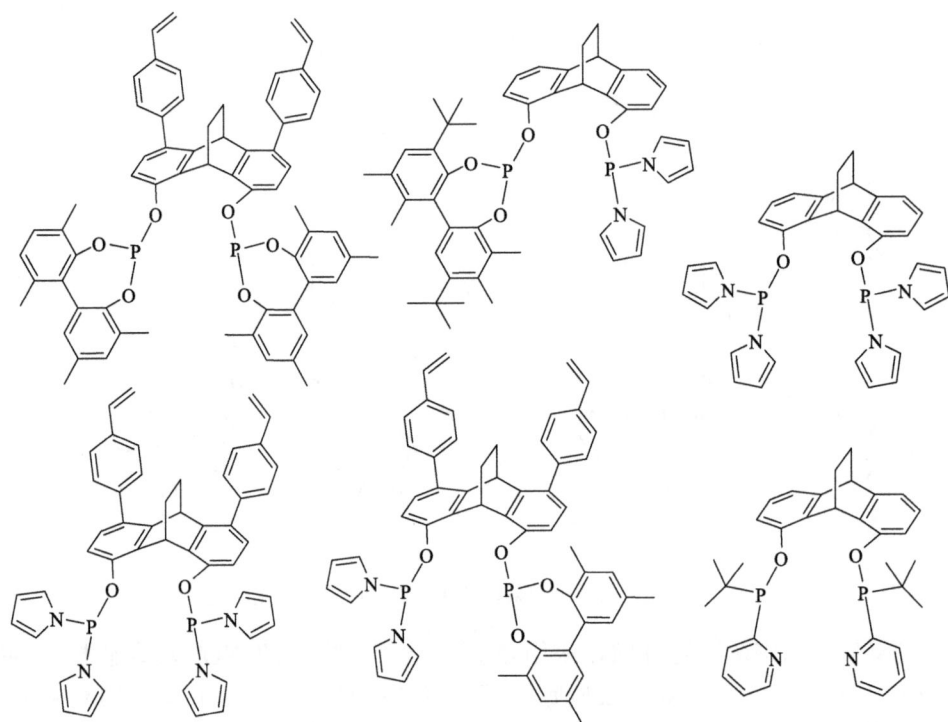

图 5.7　取代三联烯衍生的亚磷酸酯配体和亚磷酰胺配体

2)1,3-丁二烯氢羧基化合成 1,6-己二酸

己二酸是脂肪族二元酸中非常有应用价值的二元酸，在二元羧酸中仅次于对苯二甲酸，位居第二，能够发生成盐反应、酯化反应、酰胺化反应等，并能与二元胺或二元醇缩聚成高分子聚合物等，是一种重要的基础化工产品，主要用作聚酰胺(如尼龙 66)、聚酯(多种工程塑料)等多种聚合物材料的合成前体，还能在制备增塑剂、润滑剂、合成染料、香料等多个领域发挥功用[118]。目前，已工业化己二酸的合成方法[119,120]主要是基于苯原料的环己烷法[KA(环己醇和环己酮的混合物，即醇酮油)路线，纯苯加氢得到环己烷，环己烷氧化得到环己醇和环己酮，环己醇和环己酮在硝酸的作用下氧化得到己二酸]、环己醇法(纯苯部分加氢得到环己烯，环己烯水合得到环己醇，环己醇在硝酸的作用下氧化得到己二酸)、苯酚法(苯酚加氢得到环己醇，环己醇在硝酸的作用下氧化得到己二酸)，该工业路线的不利之处在于硝酸氧化生产过程中会产生大量的 NO、NO_2、N_2O 等气体，

尤其是温室气体 N_2O。2024 年，我国己二酸年产能达到 410 万吨左右，成为世界上己二酸产能最大的国家。采用 1,3-丁二烯为原料，通过氢羧基化的方法合成己二酸，由于原料 1,3-丁二烯、一氧化碳、水易得，有效避免使用硝酸和温室气体 N_2O 的排放，成为非常有潜力的己二酸合成工艺。该过程一般经历两步：1,3-丁二烯氢羧基化合成戊烯酸，戊烯酸进一步氢羧基化合成己二酸。

在早期的研究中，第一步氢羧基化中采用的主要是 $[Rh(CO)_2Cl]_2$、$[Rh(CO)_2I]_2$、$[Rh(COD)Cl]_2$(COD=1,5-环辛二烯) 等铑金属配合物，助催化剂 (简称助剂) 碘代甲烷 (或碘化氢)，以及加速剂乙腈组成的催化体系[121]，在乙酸或氯化甲烷用作反应溶剂，130~180℃、4.2~5.0MPa 的反应操作条件下，1,3-丁二烯的转化率为 86%~99%，各种戊烯酸的选择性相对于 1,3-丁二烯为 69%~87%。在第二步氢羧基化反应中，采用第一步氢羧基化得到的戊烯酸为反应物 (包括 2-戊烯酸、3-戊烯酸、4-戊烯酸等)，采用的催化剂体系可以与第一步相同，也可以是铱与相同的碘助剂组成的催化剂体系。例如，在杜邦公司的专利中[122]，采用 $IrCl_3$、$Ir(acac)CO_2$ 与 HI 组成的催化剂体系，以 3-戊烯酸为反应底物，在 190~210℃ 和 2.1~4.8MPa CO 下进行反应，目标产物己二酸在反应产物中占 50%~69%，其他的产物包括 2-戊烯酸、4-戊烯酸、γ-戊内酯，若使用 4-戊烯酸为反应物，己二酸在反应产物中占 50%；若使用 2-戊烯酸为反应物，己二酸在反应产物中占 30%。罗纳-普朗克化学 (Rhone-Poulenc Chimie) 公司的专利[123]采用 $[Rh(COD)Cl]_2$-$IrCl_3$-HI 复合催化剂体系，以 3-戊烯酸为反应底物，在相对温和的反应条件 (175℃ 和 0.5~2.5MPa CO) 下反应 30~45min，3-戊烯酸的转化率达到 100%，己二酸的收率在 63%~67%。采用 4-戊烯酸为反应物，Rh/Ir=1 (摩尔比)，175℃、1.0MPa CO 反应 30min，4-戊烯酸转化率为 100%，己二酸收率为 69%；采用 2-戊烯酸为底物，4-戊烯酸转化率为 100%，1,6-己二酸收率为 50%。

壳牌公司的 Drent 等[124-127]基于乙烯氢酯基化合成丙酸甲酯的高效双膦配体：1,2-双 (二叔丁基膦基甲基) 苯 [bis(ditertiarybutylphosphinomethyl)benzene，1,2-bis-di-tert-butylphosphin-oxylene，DTBPMB 或 dtbpx]，采用 $Pd(OAc)_2$-DTBPMB-己酸复合催化剂体系，研究了 1,3-丁二烯通过两步氢羧基化反应制备己二酸 (图 5.8)。在第一步氢羧基化步骤中，初始时催化剂活性比较高，当大部分 1,3-丁二烯已经转化，残存的少量 1,3-丁二烯的转化反应变得非常缓慢。在第二步氢羧基化步骤中，向第一步反应中所得到的含戊烯酸产品和催化剂的混合物中加入另外的水和一氧化碳，可以很方便地得到目标产物 1,6-己二酸。同时发现，通过在反应体系中引入少量的 H_2 可以加速反应的进行。

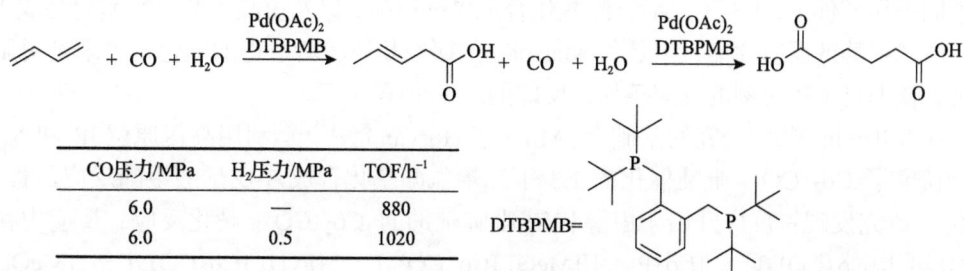

CO压力/MPa	H₂压力/MPa	TOF/h⁻¹
6.0	—	880
6.0	0.5	1020

图 5.8　$Pd(OAc)_2$-DTBPMB-己酸体系催化的 1,3-丁二烯两步氢羧基化反应

3) 1,3-丁二烯氢酯基化合成 1,6-己二酸二甲酯

1,6-己二酸二甲酯是一种重要的二元酯，溶于醇、醚，不溶于水，具有酯的典型化学性质，在酸或碱催化作用下可发生水解、醇解、氨(胺)解反应。1,6-己二酸二甲酯最主要的应用是加氢合成 1,6-己二醇(简称 1,6-HDO)，进而应用于聚氨酯、聚酯、增塑剂、农药、医药、染料、润滑剂等领域[128-130]。1,6-己二醇的需求量年增长率在 10%左右，2018年，国内 1,6-己二醇消费量达到 2.4 万 t。目前，1,6-己二醇工业化生产大多采用 1,6-己二酸二甲酯加氢法，1,6-己二醇需求的快速增长，使得 1,6-己二酸二甲酯的需求也快速增长。通过 1,3-丁二烯的氢酯基化反应合成 1,6-己二酸二甲酯是一条简洁的合成路线，与前述的氢甲酰化、氢羧基化反应类似，1,3-丁二烯的氢酯基化反应同样经历两个步骤(图 5.9)：1,3-丁二烯氢酯基化合成 3-戊烯酸甲酯，3-戊烯酸甲酯进一步氢酯基化合成 1,6-己二酸二甲酯。在第一步的氢酯基化过程中会生成 4-戊烯酸甲酯(4-MP)、顺/反-3-戊烯酸甲酯(3-MP)、顺/反-2-戊烯酸甲酯(2-MP)等戊烯酸甲酯异构体。这两步的氢酯基化反应，可以采用同一催化剂体系，也可采用不同的催化剂体系。

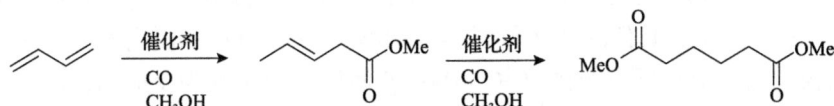

图 5.9 1,3-丁二烯两步氢酯基化合成 1,6-己二酸二甲酯

早期，1,3-丁二烯的氢酯基化反应主要采用的是钴基和含氮有机物组成的催化剂体系。例如，Matsuda[131]详细考察了各种含氮杂环化合物和 $Co_2(CO)_8$ 组成的催化剂体系，在不同的反应条件下，催化 1,3-丁二烯的氢酯基化反应效果。采用吡啶(pyridine，Py)为添加物[$Co_2(CO)_8$ 4mmol、吡啶 10g、1,3-丁二烯 0.1mol、甲醇 8g、乙腈 50mL]，在反应温度 140℃、CO 压力 30MPa 下反应 3h，1,3-丁二烯的转化率为 85%，3-戊烯酸甲酯的选择性为 70%；若采用 γ-甲基吡啶，1,3-丁二烯的转化率为 90%，3-戊烯酸甲酯的选择性为 86%；若不加含氮有机物则没有 3-戊烯酸甲酯生成。$Co_2(CO)_8$-吡啶组成的催化剂体系同样能够催化 3-戊烯酸甲酯的氢酯基化反应，在反应温度 200℃、CO 压力 30MPa 条件下反应 1h[$Co_2(CO)_8$ 2mmol、吡啶 127mmol、3-戊烯酸甲酯 0.05mol、甲醇 0.125mol、甲苯 10mL]，3-戊烯酸甲酯的转化率可达 100%，目标产物 1,6-己二酸二甲酯的选择性达到 68%。与 Matsuda 的研究相类似，BASF 公司[132]、三菱化学株式会社[133]、杜邦公司[134,135]、罗纳-普朗克化学公司[136]等公司的相关专利同样采用 $Co_2(CO)_8$-吡啶组成的催化剂体系，研究了不同操作条件下，1,3-丁二烯氢酯基化合成戊酸甲酯，以及戊酸甲酯氢酯基化合成 1,6-己二酸二甲酯的反应性能，但是与 Matsuda 的研究相比较所取得的催化效果未见明显的改观，依旧是采用苛刻的反应条件，反应的效率也不高。

在 Milstein 等[137]研究的基础上，Mika 和 Horváh 等[138,139]利用高压原位 IR 和 NMR 详细研究了 $Co_2(CO)_8$-吡啶催化的 1,3-丁二烯氢酯基化合成 3-戊烯酸甲酯反应历程(图 5.10)。研究发现：反应开始于甲醇和/或吡啶辅助的 $Co_2(CO)_8$ 歧化反应，反应中存在 $[Co(Py)_6]_2^+[Co(CO)_4]_2^-$、$[Co(Py)_6]^+[MeO]^-[Co(CO)_4]^-$、$[PyH]^+[Co(CO)_4]^-$、$[MeOH_2]^+[Co(CO)_4]^-$ 多种羰基钴离子物种的平衡。具体的反应过程如下：在反应过程中 $[MeOH_2]^+$

[Co(CO)₄]⁻对底物 1,3-丁二烯的 1,4-加成(1,3-丁二烯质子化，然后 C₄ 碳阳离子与四羰基钴阴离子反应)是形成 2-丁烯基四羰基钴中间体的唯一途径，在没有 CO 的情况下，2-丁烯基四羰基钴中间体失去配位的 CO，在可逆反应中形成(η³-C₄H₇)Co(CO)₃，在 CO 存在下，2-丁烯基四羰基钴中间体通过 CO 插入 2-丁烯基配体的 Co—C 键，然后与 CO 反应，转化为 2-戊烯酰基四羰基钴物种，之后该酰基四羰基钴物种在吡啶辅助作用下发生醇解反应生成产物 3-戊烯酸甲酯和[PyH]⁺[Co(CO)₄]⁻。

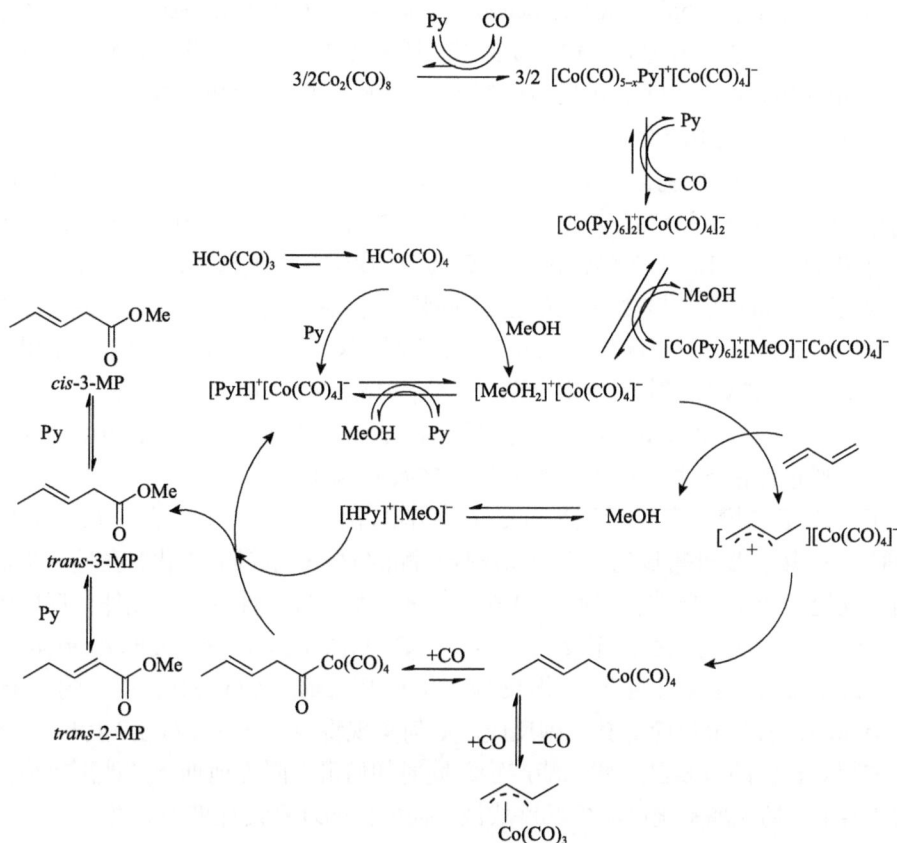

图 5.10　吡啶改性钴催化剂在甲醇中催化 1,3-丁二烯的氢酯基化反应机理

钯基的催化剂同样能够催化 1,3-丁二烯的氢酯基化反应，在 20 世纪 60 年代，Tsuji 等[140]发现 PdCl₂ 能够催化 1,3-丁二烯的氢酯基化反应生成 3-戊烯酸乙酯，但是收率较低(约 30%的收率)。Brewis 等[141]考察了 Na₂[PdX₄](X=Cl、Br、I)催化的 1,3-丁二烯的氢酯基化反应，在 70℃、CO 压力 100MPa 下，Na₂[PdI₄]催化剂表现出了相对高的反应活性，3-戊烯酸甲酯收率为 36%～40%，反应的转化数(TON)为 9～11(每摩尔钯产生的酯的摩尔数)；如采用 Na₂[PdCl₄]或者 Na₂[PdBr₄]，则 3-戊烯酸甲酯收率仅为 1%～2%，反应的 TON 为 0.6。当反应温度超过 70℃，催化剂部分分解生成钯金属。同时作者还发现膦配位的钯配合物(Bu₃P)₂PdX₂(X=Cl、Br、I)具有更高的温度耐受性，在 150℃、CO 压力 100MPa 下具有更高的反应活性，当 X=Cl 时，3-戊烯酸甲酯收率为 56%，反应的 TON

为 4；当 X=Br 时，3-戊烯酸甲酯收率为 73%，反应的 TON 为 67；当 X=I 时，3-戊烯酸甲酯收率为 71%，反应的 TON 为 60。随后，众多公司对钯基催化剂进行了研究。壳牌公司的 Drent 等[142,143]采用乙酸钯、1,4-双(二苯基膦基)丁烷[1,4-bis(diphenylphosphino)butane，dppb]、2,4,6-三甲基苯甲酸组成的催化剂体系，以二苯醚为溶剂，反应温度为 150～155℃，CO 压力为 3～6MPa，1,3-丁二烯的转化率大于 90%，戊烯酸甲酯的选择性为 30%～89%。杜邦公司的 Sielcken 等[144,145]则采用乙酸钯、1,1′-双(二异丙基膦基)二茂铁[1,1′-bis(diisopropylphosphino)ferrocene]、2,4,6-三甲基苯甲酸组成的催化剂体系，反应温度为 140℃，CO 压力为 8.0MPa，1,3-丁二烯的转化率 95%，戊烯酸甲酯产物选择性为：4-戊烯酸甲酯 0.2%，反-3-戊烯酸甲酯 64%，顺-3-戊烯酸甲酯 28%，反-2-戊烯酸甲酯 2.0%，顺-2-戊烯酸甲酯 0%。

台湾工业技术研究院的 Tsai 等[146]采用乙酸钯/α,α'-二苯基膦基邻二甲苯(α,α'-diphenylphosphino-o-xylene)双膦配体/苯甲酸衍生物催化剂体系，在 150℃和 CO 压力 6.0MPa 下进行反应，1,3-丁二烯转化率达 94%，3-戊烯酸甲酯选择性达 93%。

2002 年，Beller 等[147]考察了乙酸钯-不同膦配体-酸对 1,3-丁二烯氢酯基化合成 3-戊烯酸甲酯反应的影响，采用优化的 1,4-双(二苯基膦基)丁烷配体和 4-叔丁基苯甲酸，在 140℃和 CO 压力 5.0MPa 的操作条件下反应 16h[0.1mol% Pd(OAc)$_2$、90mmol 1,3-丁二烯、甲醇/1,3-丁二烯 =1.5、2.7mmol 4-叔丁基苯甲酸、20mL 甲苯]，3-戊烯酸甲酯的收率最高可达 69%。通过优化条件，可以实现反应的 TON 达到 1200。

由于 1,3-丁二烯本身的活泼性质，在氢酯基化反应条件下，存在众多的副反应(图 5.11)[147]：第一步氢酯基化反应产物戊烯酸酯的 C=C 双键异构化，在进一步氢酯基化时出现支链副产物，导致目标产物 1,6-己二酸二酯的选择性较差。此外，反应中存在 1,3-丁二烯和 CO 之间的交替共聚反应、1,3-丁二烯和醇之间的调聚(telomerization)反应、1,3-丁二烯和醇之间的氢烷氧基化反应、1,3-丁二烯、CO 和醇之间的羰化调聚(carboxytelomerization)反应等其他副反应。如何实现将两分子的 CO 分别引入 1,3-丁二烯的端位得到目标的 1,6-己二酸二酯产物，同时如何最大限度地抑制其他副反应途径，这使得 1,3-丁二烯氢酯基化反应极具挑战性。而配体的理性设计极为关键。

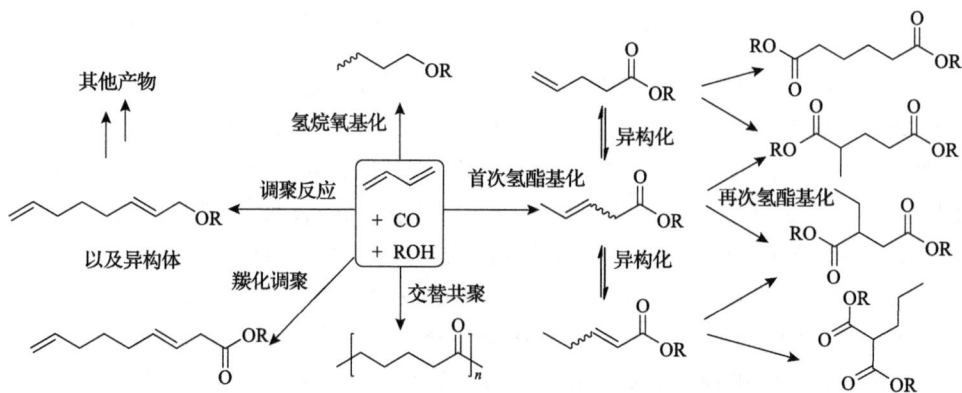

图 5.11　1,3-丁二烯氢酯基化反应过程中的副反应

基于在膦配体研究方面的深厚积累，直到 2019 年，Beller 课题组[148]经过大量配体筛选在该领域取得突破性进展，在已有商业化双膦配体 DTBPMB 的基础上，设计合成了单吡啶基团修饰的双膦配体(HeMaRaphos)，仅其中一个 P 原子修饰吡啶基团，另外一个 P 原子修饰两组叔丁基，既保留了配体空间位阻大且富电子的二叔丁基膦结构，可促进内烯烃异构化为端烯烃，又引入了碱性的吡啶基团，吡啶基团可作为良好的质子载体接受醇羟基的质子，可促进活性氢化钯物种形成，并加速促进酰基钯物种的醇解得到最终产物。该配体与三氟乙酸钯[Pd(TFA)$_2$]、一水合对甲苯磺酸(PTSA·H$_2$O)组成的复合催化体系在 1,3-丁二烯的氢酯基化反应中展现了极为优异的性能，具有高活性、高选择性等特点，解决了以往丁二烯双羰基化反应时选择性差、副反应严重的问题(图 5.12)。在 120℃和 CO 压力 4.0MPa 的操作条件下，目标产物 1,6-己二酸二酯的选择性高达 97%，收率高达 95%，反应的 TON 值大于 60000，并且能够实现 200g 规模产物的高效合成。同时该催化剂体系具有良好的底物普适性，对于其他一系列 1,2-二烯和 1,3-二烯合成二酯化合物也具有良好的普适性。特别是与已有的研究(多为两步工艺中)相对比，该过程中采用一种催化剂的"一锅法"，该法在不改变反应条件的情况下，直接一步得到高选择性、高收率的目标产物 1,6-己二酸二酯。

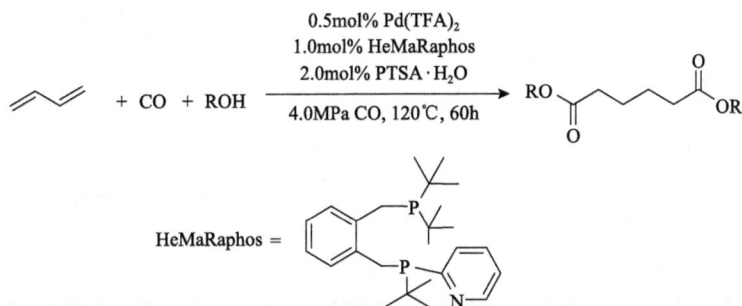

图 5.12　Pd(TFA)$_2$-HeMaRaphos-PTSA·H$_2$O 体系催化的 1,3-丁二烯一步氢酯基化反应

最近，Beller 课题组[149]又对 Pd(TFA)$_2$-DTBPMB-PTSA·H$_2$O 体系催化的 1,3-丁二烯氢酯基化反应进行了系统的研究[反应条件：2mol% Pd(TFA)$_2$、4.0mol% DTBPMB、8.0mol% PTSA·H$_2$O、4.0MPa CO、120℃，24h]，发现溶剂在该催化体系中扮演着非常重要的角色，如果采用甲醇既作为反应物之一，又作为反应的溶剂，无论是原位催化剂体系还是 PdCl$_2$ 与 DTBPMB 形成的钯-膦金属配合物，均不能催化 1,3-丁二烯底物的氢酯基化反应(未生成 3-戊烯酸甲酯和 1,6-己二酸二甲酯)；相反，在甲醇既作为反应物之一，又作为反应的溶剂的情况下，该催化剂体系能够高效催化 3-戊烯酸甲酯的氢酯基化反应进行(3-戊烯酸甲酯转化率为 100%，1,6-己二酸二甲酯的收率为 95%)。如果在反应体系中加入甲苯作为反应溶剂，则 1,3-丁二烯底物的氢酯基化反应能够顺利进行，可以一步以 97%的选择性、87%的收率得到 1,6-己二酸二甲酯。同时还探讨了 Pd(TFA)$_2$-DTBPMB-PTSA·H$_2$O 体系催化的 1,3-丁二烯氢酯基化反应的可能机理(图 5.13)。

最近，中国科学院过程工程研究所的 Han 等[150]采用(1,5-环辛二烯)二氯化钯[Pd(COD)Cl$_2$]/4,5-双二苯基膦-9,9-二甲基氧杂蒽(xantphos)/4-己基吡啶组成的催化剂体系

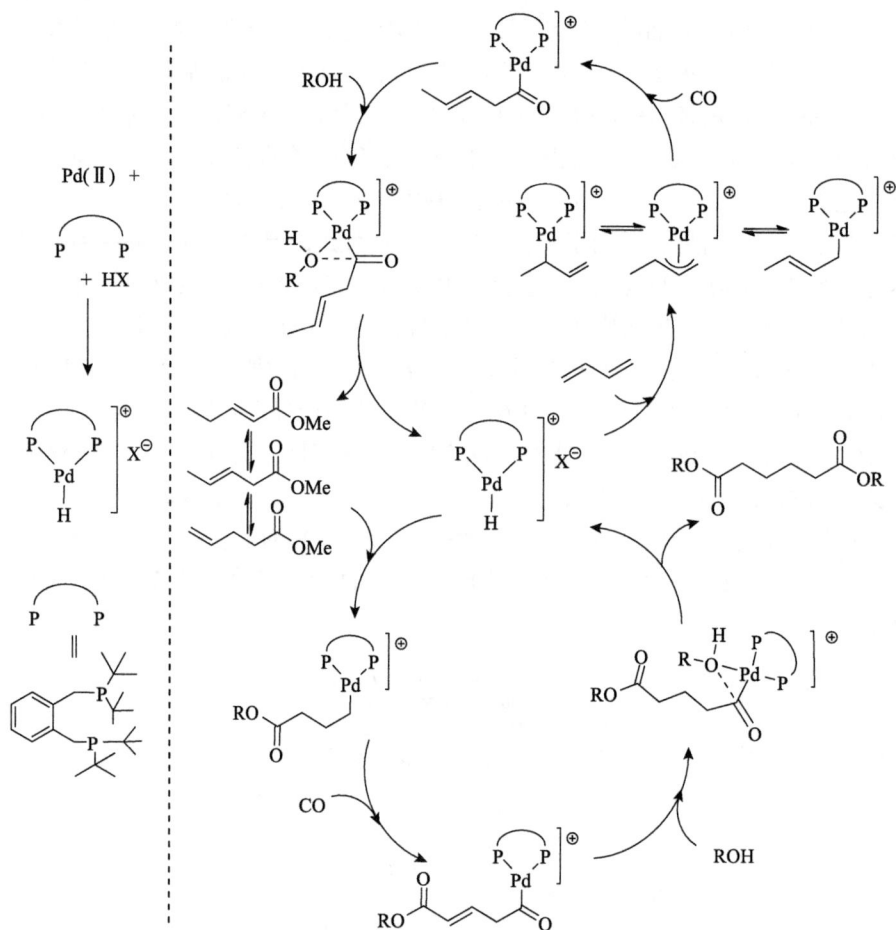

图 5.13　Pd(TFA)$_2$-DTBPMB-PTSA·H$_2$O 体系催化的 1,3-丁二烯氢酯基化反应的可能机理

研究了 1,3-丁二烯氢酯基化合成戊烯酸甲酯的反应，在优化的反应条件下，戊烯酸甲酯的收率达到 79%。机理研究表明，过量的 xantphos 配体及 4-己基吡啶参与了整个催化循环，并通过加速甲醇醇解步骤显著降低了反应活化能。同时，基于 Aspen Plus 对丁二烯氢酯基化合成戊烯酸甲酯进行了中试流程模拟(该工艺包括三个关键单元：一个连续搅拌釜式反应器、一个闪蒸器和两个分离塔)。

　　4) 1,3-丁二烯羰化调聚反应合成 C$_9$ 的酯或酰胺

　　C$_9$ 的酯或酰胺广泛应用于塑料、润滑油及尼龙等方面。传统的合成方法主要是通过 C$_8$ 酸与醇的酯化反应或者 C$_8$ 烯烃的氢酯基化等过程获取。1,3-丁二烯的羰化调聚反应是直接制备 C$_9$ 的酯或酰胺的一条便捷途径，具有高原子经济性和使用工业上可获得的反应物(如 1,3-丁二烯、CO、醇)等优点。调聚反应一般是指：钯-膦催化的 1,3-丁二烯二聚反应得到 C$_8$ 的烯烃，之后与亲核试剂(醇、酚、氨水等)发生加成反应，得到含有不饱和双键的 C$_8$ 衍生物。如果在反应过程中引入 CO，发生羰化调聚反应得到 C$_9$ 的酯、酸或酰胺(图 5.14)[151,152]。

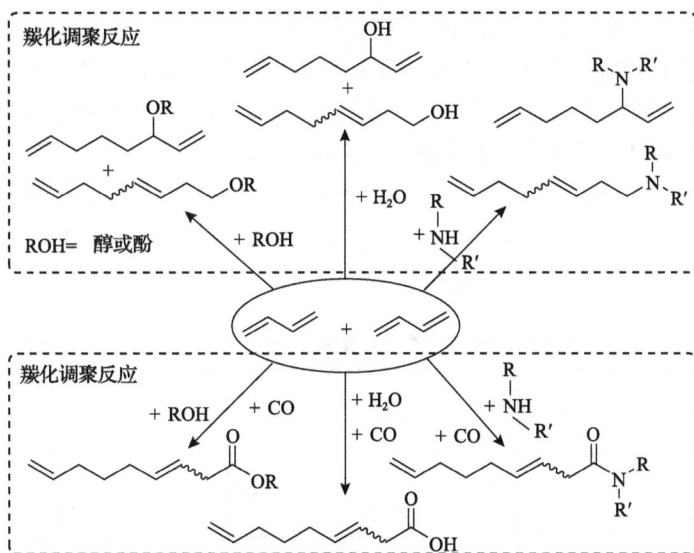

图 5.14 1,3-丁二烯羰化调聚反应合成 C₉ 的酯、酸或酰胺

1,3-丁二烯羰化调聚反应可以追溯到 20 世纪 70 年代，Billups 等[153]采用 Pd(acac)₂-PPh₃ 组成的催化剂体系[加入量：4mmol Pd(acac)₂、8mmol PPh₃、3mol 1,3-丁二烯、6mol 乙醇]，在 75～80℃、5.6MPa CO 下反应 4h，以大约 20%的收率得到 3,8-壬二烯酸乙酯（ethyl 3,8-nonadienoate）（顺、反构型的混合物）。Tsuji 等[154]则详细研究了 Pd(OAc)₂-PPh₃ 体系催化的丁二烯羰化调聚反应[加入量：0.3g Pd(OAc)₂、0.7g PPh₃、20g 1,3-丁二烯、30mL 醇（乙醇、异丙醇、叔丁醇）]，在 110℃、5.0MPa CO 下反应 16h，分别以 87.6%、89.7%、91.5%的收率得到 3,8-壬二烯酸乙酯、3,8-壬二烯酸异丙酯、3,8-壬二烯酸叔丁酯，此外，如果利用乙腈为反应溶剂，可以以 96.0%的收率得到 3,8-壬二烯酸甲酯[0.9g Pd(OAc)₂、4.19g PPh₃、43.2g 1,3-丁二烯、12.8g 甲醇、50mL MeCN，在 110℃、5.0MPa CO 下反应 16h]。

Kiji 等[155]还发现顺丁烯二酸酐的添加能够有效促进 Pd(OAc)₂-P(i-Pr)₃ 催化的 1,3-丁二烯羰化调聚反应进行，在 0.1mmol Pd、0.4mmol P(i-Pr)₃、30.4mmol 顺丁烯二酸酐、[Pd]∶[1,3-C₄H₆]∶[i-PrOH]=1∶1000∶1000、120℃、3.0MPa CO 下反应 15h，3,8-壬二烯酸异丙酯的收率和选择性分别可以达到 85.4%和 88.8%。

在不同的含氮有机溶剂中，Knifton[156]详细研究了 Pd(AcO)₂ 与不同结构的三烷基膦催化剂体系催化 1,3-丁二烯的羰化调聚反应（表 5.4），发现采用中等碱强度的喹啉或者 N,N'-二乙基苯胺作为溶剂，Pd(OAc)₂-2P(n-Bu)₃ 具有较好的催化性能，可以以 45%～66%的收率和>90%的选择性得到目标产物 3,8-壬二烯酸酯（nonadienoate ester）。同时 Knifton 对 Pd(OAc)₂-2PPh₃ 催化剂体系的循环使用性能进行了研究，发现仅采用 2-丙醇作为反应物和溶剂（即在没有叔胺溶剂的情况下），3,8-壬二烯酸异丙酯目标产物的收率在每个连续的催化剂循环中急剧下降，并且循环后形成不溶性的钯。相比之下，如果采用溶解在 N-杂环溶剂中的 Pd(OAc)₂-2PPh₃ 催化剂[反应条件：1.34 mmol Pd(OAc)₂、2.68mmol PPh₃、60mL 异喹啉/2-丙醇混合物（2∶1 体积比）、0.37mol（20g）1,3-丁二烯、110℃、4.8MPa CO、

18h]，每三个或四个循环后，通过真空蒸馏从粗液混合物中回收 3,8-壬二烯酸异丙酯，可以实现连续的 32 次循环反应。在整个循环过程中，不需要对钯催化剂再生，同时钯的有效活性似乎随着连续循环而提高。因为在 32 个循环中，机械处理、取样等原因，造成钯损失，这种机械损失几乎由提高的比活度补偿；整个循环过程中反应的总 TON 达到2000，同时对循环后的反应液进行分析发现三苯基氧膦的存在。另外，Pd(OAc)$_2$-2P(n-Bu)$_3$ 体系也可以在相当短的反应时间(5～6h)实现循环，3,8-壬二烯酸酯的收率在60%～65%，4 次循环后溶液中钯的回收率>95%。

表 5.4　含氮溶剂中不同钯盐-膦配体体系催化的 1,3-丁二烯羰化调聚反应 [a]

催化剂体系	胺类溶剂	醇	3,8-壬二烯酸异丙酯	
			收率/%	选择性[b]/%
Pd(OAc)$_2$-2P(n-Bu)$_3$	喹啉	2-丙醇	62	91.4
	4-甲基喹啉		66	96.2
	吡啶		55	94.3
	3,5-二甲基吡啶		62	92.6
	N-甲基吲哚		61	90.8
	N,N-二甲基苯胺		63	94.8
	N,N-二甲基对甲苯胺		64	96.7
	2-甲基吡嗪		55	94.0
	—		47	83.6
Pd(OAc)$_2$-2PPh$_3$	异喹啉	2-丙醇	45	96.8
	喹啉		48	96.8
	—		31	88.1
Pd(OAc)$_2$-2PEt$_3$	喹啉		63	90.8
Pd(NO$_3$)$_2$-2P(n-Bu)$_3$	喹啉		55	92.1
Pd(acac)$_2$-2P(n-Bu)$_3$	喹啉		41	91.1
Pd(OAc)$_2$-2P(p-CH$_3$-Ph)$_3$	喹啉		53	96.3
Pd(OAc)$_2$-2P(o-CH$_3$-Ph)$_3$	喹啉	2-丙醇	11	92.8
PdCl$_2$-2PPh$_3$	喹啉		14	22
Pd(OAc)$_2$-dppe	喹啉		13	32
Pd(OAc)$_2$-2P(OPh)$_3$	喹啉		8	82.6
Pd(OAc)$_2$-2P(OEt)$_3$	喹啉		8	99
Pd(OAc)$_2$-2P(n-Bu)$_3$	喹啉	甲醇	45	93.0
Pd(OAc)$_2$-2P(n-Bu)$_3$	喹啉	叔丁醇	45	93.0
Pd(OAc)$_2$-2P(n-Bu)$_3$	喹啉	水	50	80
Pd(OAc)$_2$-2PPh$_3$	喹啉	乙醇	44	95.5

a. 反应条件：1,3-丁二烯 0.37mol，[Pd] 1.34mmol，膦配体 2.68mmol，60mL 胺醇混合物[V(胺)∶V(醇)=2∶1]，110℃，4.8MPa CO，18h。

b. 选择性=3,8-壬二烯酸异丙酯量/(C$_9$酸甲酯量+C$_5$酸甲酯量)。

　　Dumont 和 Sauthier 等则发现通过在钯-膦体系中加入适量的苯甲酸或乙酸助剂，能够有效促进 1,3-丁二烯羰化调聚反应的进行[157]。通过各类条件优化确定了 Pd(OAc)₂-PPh₃-苯甲酸(benzoic acid)体系是最佳的催化体系，该体系能够高效催化丁二烯、CO、单醇或二醇或高级多元醇之间的羰化调聚反应，选择性地生成具有 C₉ 侧链的相应单酯、二酯或三酯(表 5.5)。该催化剂体系同样能够高效催化丁二烯、CO、各种酚类化合物(苯酚衍生物、双酚、木素酚等)之间的羰化调聚反应[158]，最高以 99%的收率获得各种芳基-3,8-壬二烯酸酯。

表 5.5　Pd(OAc)₂-PPh₃-苯甲酸体系催化丁二烯、CO、单醇或二醇或高级多元醇之间的羰化调聚反应

序号	醇	3,8-壬二烯酸酯收率/%
(a)		
1		82
2		81
3		13
4		94
5		81

反应条件：丁二烯 3.5mL(40 mmol)，醇 10mmol，Pd(OAc)₂ 11.1mg(0.05mmol)，PPh₃ 52.8mg(0.2mmol)，苯甲酸 1.5mmol，4.0MPa CO，溶剂二氧六环 3.0mL，90℃，20h

(b)		
6	HO⌒OH	97
7	HO⌒⌒OH	76
8	HO⌒⌒OH	86
9		81
10		94
11		94

反应条件：二元醇 10mmol，丁二烯 3.5mmol，Pd 的加入量为多元醇中醇羟基摩尔量的 0.15%，PPh₃ 与 Pd 摩尔比为 4，苯甲酸的加入量为多元醇中醇羟基摩尔量的 0.15，4.0MPa CO，溶剂二氧六环 3.0mL，90℃，20h

(c)	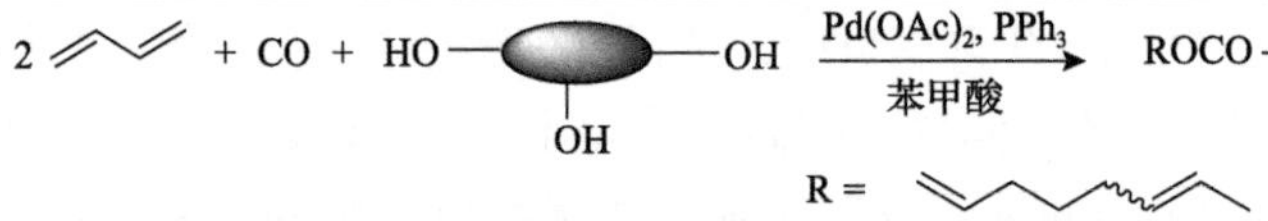 $2 \diagup\diagdown + CO + HO-\bigcirc-OH \xrightarrow[\text{苯甲酸}]{Pd(OAc)_2, PPh_3} ROCO-\bigcirc-OCOR$，$R = \diagup\diagdown\diagup\diagdown$	
11	$HO-CH_2-CH(OH)-CH_2-OH$（甘油结构，HO、OH、OH）	86
12	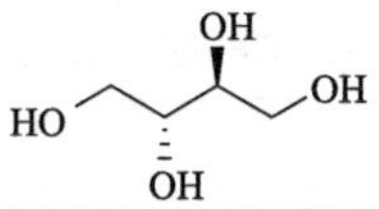 （赤藓糖醇结构，HO、OH、OH、OH）	36

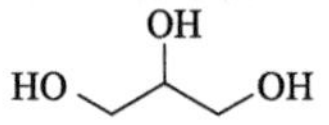

反应条件：多元醇 10mmol，丁二烯 3.5mmol，Pd 的加入量为多元醇中醇羟基摩尔量的 0.15%，PPh₃ 与 Pd 摩尔比为 4，苯甲酸的加入量为多元醇中醇羟基摩尔量的 0.15，4.0MPa CO，溶剂二氧六环 3.0mL，90℃，20h。

Vogelsang 和 Vorholt 等[159]研究了 1,3-丁二烯、一氧化碳和甲醇为原料，通过羰化调聚反应以及甲氧基羰基化反应的方法合成 α,ω-癸酸二酯（C_{10}-α,ω-dicarboxylic acid esters，重要的聚合物合成单体）的两种反应途径（图5.15）。采用 Pd(acac)$_2$-P(O-i-Pr)$_3$ 催化体系，以羰化调聚反应为基础通过辅助的串联催化（assisted tandem-catalysis）催化甲氧基羰基化（methoxycarbonylation）反应，在不分离中间体的情况下获得了 22% 的所需 C_{10} 双酯收率［反应条件：1,3-丁二烯 7.4mmol，6mol% Pd(acac)$_2$，18mol% P(O-i-Pr)$_3$，甲醇 75mmol，4.5MPa CO，110℃，2h，之后加入 5mol% 甲磺酸（MSA），再反应 18h，搅拌转速 500r/min］。而采用两段反应体系（第一步：羰化调聚反应，分离中间体后进行第二步：甲氧基羰基化反应），通过对第一步羰化调聚反应的优化，可以以接近定量的收率和良好的线型率（大于 99%）形成 3,8-壬二烯酸甲酯中间体［反应条件：1,3-丁二烯 6mmol，甲醇 2mmol，1.8mol% Pd(OAc)$_2$，3.6mol% P(t-Bu)$_3$，2.5mL 吡啶，4.0MPa CO，110℃，18h］。在第二个甲氧基羰基化反应步骤中，分离的 C_9 单酯通过甲氧基羰基化成功转化为所需的线型 C_{10} 双酯，总收率高达 84%［反应条件：3,8-壬二烯酸甲酯 2mmol，甲醇 2.5mL，0.5mol% Pd(OAc)$_2$，

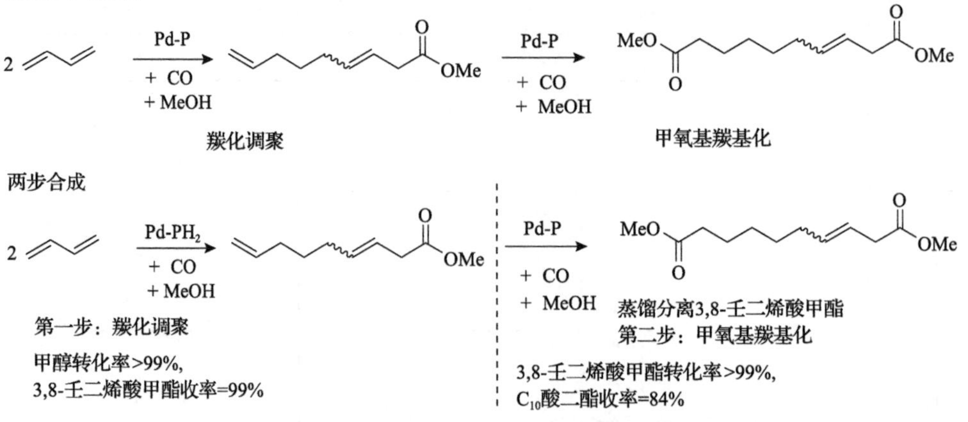

辅助的串联催化

$2 \diagup\diagdown \xrightarrow[\substack{+ CO \\ + MeOH}]{Pd-P} \text{（3,8-壬二烯酸甲酯）OMe} \xrightarrow[\substack{+ CO \\ + MeOH}]{Pd-P} MeO-\text{（} C_{10} \text{双酯）}-OMe$

羰化调聚 甲氧基羰基化

两步合成

$2 \diagup\diagdown \xrightarrow[\substack{+ CO \\ + MeOH}]{Pd-PH_2} \text{（3,8-壬二烯酸甲酯）OMe} \xrightarrow[\substack{+ CO \\ + MeOH}]{Pd-P} MeO-\text{（} C_{10} \text{双酯）}-OMe$

第一步：羰化调聚
甲醇转化率>99%，
3,8-壬二烯酸甲酯收率=99%

蒸馏分离3,8-壬二烯酸甲酯
第二步：甲氧基羰基化
3,8-壬二烯酸甲酯转化率>99%，
C_{10}酸二酯收率=84%

图 5.15　1,3-丁二烯羰基化合成 α,ω-癸酸二酯的两种途径

5mol% DTBPMB，15mol%甲磺酸，3.0MPa CO，90℃，24h，搅拌转速 500r/min]。

另外，Vorholt 等[160]还实现了 Pd-P 催化剂体系催化的 1,3-丁二烯、一氧化碳和仲胺的酰胺调聚(amidotelomerisation)反应[羰化调聚(carboxytelomerization)反应可以解释为 1,3-丁二烯一步二聚并进行羰基化，然后醇解，生成羧酸酯，而酰胺调聚反应可以理解为 1,3-丁二烯一步二聚并进行羰基化，然后胺解，生成酰胺]得到 C_9 的酰胺(图 5.16)。C_9 的酰胺及其衍生物是具有多种用途的化合物，如用作除草剂等。采用乙酸钯/二苯基膦乙烷催化体系，通过一步反应获得了高达 70%的理想 C_9 酰胺产物，同时在反应中生成 C_5 的酰胺化合物副产物[反应条件：1,3-丁二烯 9.24mmol，仲胺 2mmol，5mol% Pd(OAc)$_2$，Pd：dppe=1：2[dppe =1,2-双(二苯基膦基)乙烷]，甲苯 2.5mL，2.0MPa CO，110℃，18h]。而采用分离的辛二烯基胺(调聚反应的产物)为反应物，再进行羰基化反应(两步反应)，则可以 99%的收率得到 C_9 酰胺[第一步调聚反应条件：乙二胺 1.85mmol，1,3-丁二烯 9.24mmol(5eq)，5mol% Pd(OAc)$_2$，10mol% TPP，甲苯 2mL，2.0MPa CO，110℃，18h，通过蒸馏分离出辛二烯基胺。第二步羰基化反应条件：辛二烯基胺 0.96mmol，5mol% Pd(COD)Cl$_2$，Pd：dppe=1：2，10mol%甲磺酸，甲苯 2mL，2.0MPa CO，110℃，18h]。

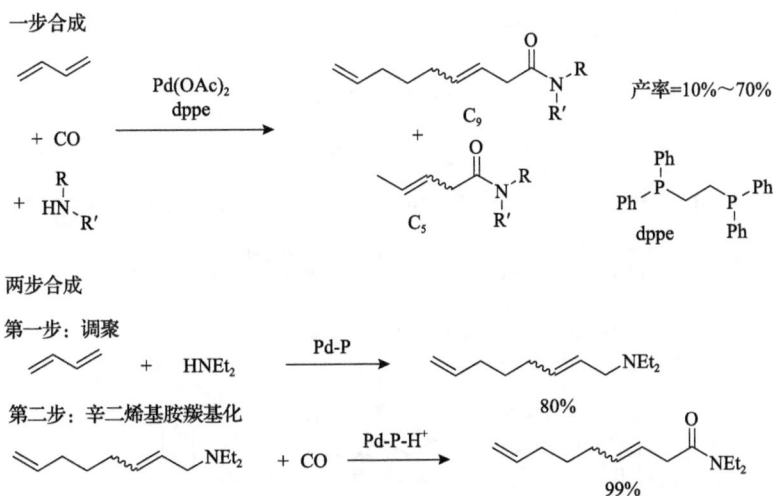

图 5.16　1,3-丁二烯羰基化合成 C_9 的酰胺的两种途径

5)1,3-丁二烯合成尼龙 9T 的关键单体壬二胺

壬二胺是合成高端聚对苯二甲酰壬二胺——尼龙 9T(聚酰胺-9T，PA9T)的关键单体。尼龙 9T 是由九个碳的壬二胺和对苯二甲酸经熔融缩聚制成，具有吸水性小(吸水率为 0.17%)，耐热性好(熔点为 308℃，玻璃化转变温度为 126℃)，焊接温度高达 290℃等众多的优点，在成型性、耐热性、尺寸稳定性等特性上超过了现有的其他尼龙树脂材料，随着电子电气元件向小型、薄壁、精密、轻质、消音、耐热等高性能化发展，尼龙 9T 在电子、电器、信息设备和汽车部件等领域的应用不断增长[161,162]。目前，国际上仅有日本可乐丽公司(Kuraray Co., Ltd)具备尼龙 9T 的制备能力，商品名：GENESTAR™，该公司在日本和泰国建设了相应的尼龙 9T 工厂，总产能达 26000t。

可乐丽公司的壬二胺生产技术[163-165]，主要由四个过程组成(图 5.17)：①1,3-丁二烯加水二聚(hydrodimerization)制备 2,7-二烯-1-辛醇(规模为 5000t/a)，使用的催化剂为水溶性的膦配体改性钯基催化剂，如单磺化三苯基膦钠盐[Ph$_2$P(m-C$_6$H$_4$SO$_3$Na)，TPPMS]或者三磺化三苯基膦钠盐[P(m-C$_6$H$_4$SO$_3$Na)$_3$，TPPTS]、双(6-甲基-3-磺化苯基)(2-甲基苯基)膦二铵盐[bis(6-methyl-3- sulphonatophenyl) (2-methylphenyl) phosphine diammonium salt]等；②2,7-二烯-1-辛醇异构化成 7-辛烯醛，该过程中常使用 CuCrO$_3$ 为催化剂；③7-辛烯醛在 Rh(CO)$_2$(acac)/TPPMS 催化下，通过水相氢甲酰化转化为壬二醛，④壬二醛经胺化-加氢还原得到壬二胺，该过程中采用 Ni 基加氢催化剂。

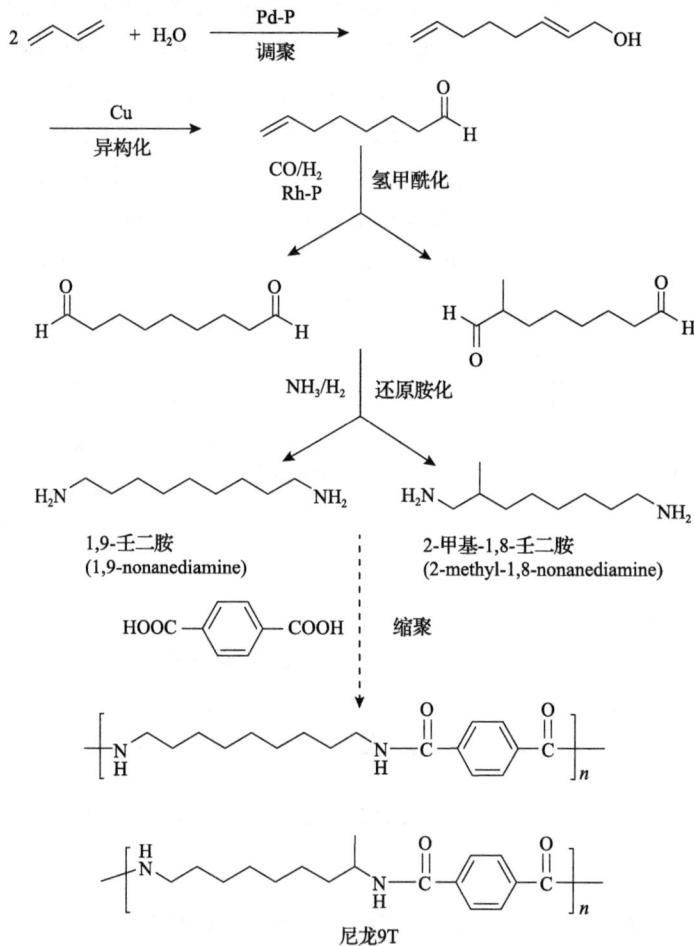

图 5.17 1,3-丁二烯经 2,7-二烯-1-辛醇中间体合成尼龙 9T 的关键单体壬二胺

3. 丁烯生产高附加值化工产品

丁烯又称正丁烯，主要包括 1-丁烯以及顺/反-2-丁烯。目前，我国丁烯的来源是以混合碳四分离为主，另外有少量的乙烯齐聚副产物[166,167]，主要是将来自蒸汽裂解、催化裂化以及煤化工装置的混合碳四脱除丁二烯、异丁烯后，再通过精馏工艺将其他组分分离，即得到丁烯产品。其中 1-丁烯传统用途主要是用作线型低密度聚乙烯(LLDPE)和聚 1-丁

烯等的共聚单体[168-171]，此外，通过催化剂的调变，同时配合其他的有机合成工艺可以得到 1-辛烯和十二碳烯（齐聚产物）、仲丁醇/甲乙酮（水合反应产物）、顺酐/1,2-环氧丁烷（氧化产物）、1,3-丁二烯（脱氢产物）、异丁烯（异构化产物）等重要的中间体[172]。在大多数反应中，2-丁烯为底物，得到和 1-丁烯转化相同的产物，具体来讲，2-丁烯为主的混合丁烯主要用来生产烷基化汽油、甲乙酮、2-甲基丁醇，与乙烯歧化生产丙烯，异构化生产 1-丁烯等。限于篇幅，在此主要介绍丁烯氢甲酰化合成戊醛的相关进展情况。

1）丁烯氢甲酰化合成戊醛研究进展

丁烯通过氢甲酰化反应合成戊醛，是丁烯资源增值利用的一条非常重要的途径。所得到的正戊醛或异戊醛在香料、润滑油、塑料等领域具有广泛的应用（图 5.18）[173]。例如，异戊醛是制造异戊酸的原料、合成香料的中间体、食品工业及制药工业中的原料，尤其是合成维生素 E 的原料。正戊醛加氢生成的正戊醇和氧化生成的正戊酸均是高附加值的精细化学品和药物中间体，戊醇主要用于生产磷酸二硫二戊酯（润滑油添加剂二戊基硫化磷酸盐的原料）和乙酸戊酯（涂料的优良溶剂及硝酸纤维素、醋酸纤维素混合溶剂的组成部分）；正戊酸与三羟甲基丙烷或季戊四醇酯化所得到的酯，是空调制冷系统使用的新型酯型润滑剂。特别是正戊醛在碱性催化剂、酸性催化剂等催化下经自缩合制 2-丙基-2-庚烯醛（2-PHEA）[174,175]，2-PHEA 在 Cu 基或者 Ni 基催化剂的作用下加氢制备 2-丙基庚醇（2-propyl-1-heptanol，2-PH，异癸醇）[176-181]，2-丙基庚醇主要用于合成邻苯二甲酸二（2-丙基庚）酯（DPHP）等酯类增塑剂。此外，2-丙基庚醇还可与环氧乙烷等反应合成表面活性剂，作为生产洗涤剂的组分；与丙烯酸发生酯化反应生成的 2-丙基庚基丙烯酸酯是一种新型高分子材料。以 2-乙基己醇（辛醇）为原料的传统增塑剂邻苯二甲酸二辛酯（DOP），由于安全问题，其应用范围逐渐受到限制，与 DOP 相比，用 DPHP 增塑的聚氯乙烯（PVC）制品具有更好的电绝缘性、低挥发性及低雾化性能、优良的抗老化性、高体积电阻、好的抗水/抗油性，并且其毒性小，可满足安全和环保的要求，目前，DPHP 已成为邻苯二

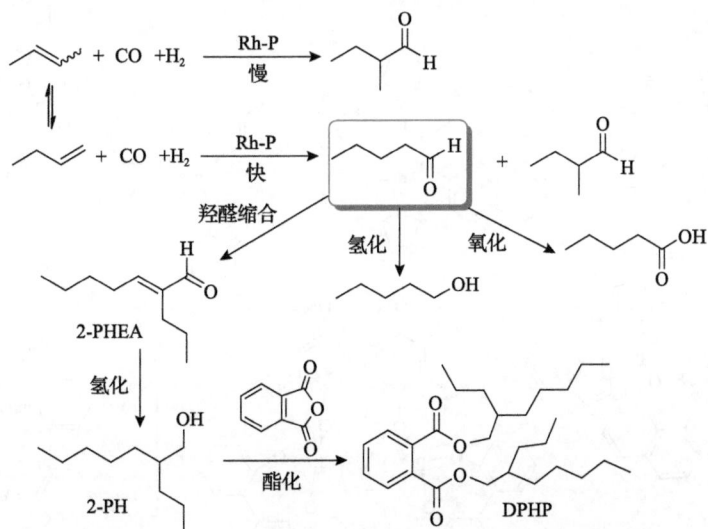

图 5.18　丁烯氢甲酰化反应以及产品戊醛的后续转化

甲酸酯类中性能最为优良的增塑剂品种之一，需求量快速增长，2-丙基庚醇是生产 DPHP 的关键原料，国内需求量超过 50 万 t/a。

与丙烯的氢甲酰化反应类似，常见的对于丙烯高活性的催化剂体系同样适用于 1-丁烯的氢甲酰化反应。由于工业上分离出的 1-丁烯资源主要用于合成聚丁烯或者线型低密度聚乙烯，其直接用作氢甲酰化反应的原料在经济上不合适，所以工业上用于氢甲酰化反应的主要是醚后碳四烯烃（碳四烃资源经过丁二烯抽提过程得到 raffinate Ⅰ，将 raffinate Ⅰ经过和甲醇的醚化反应去除其中的异丁烯得到醚后碳四 raffinate Ⅱ，再经过碳四烯烃和碳四烷烃的分离，得到醚后碳四烯烃），也就是 1-丁烯和 2-丁烯组成的混合丁烯。由于混合丁烯中 1-丁烯的反应活性高于 2-丁烯的反应活性，2-丁烯直接与合成气反应生成异戊醛，不能生成正戊醛，2-丁烯必须先异构成 1-丁烯，再与合成气直接反应才能生成正戊醛，这是 2-丁烯氢甲酰化反应与 1-丁烯氢甲酰化反应的主要区别，而这种区别就造成 2-丁烯氢甲酰化反应所使用的催化体系不仅具有氢甲酰化的功能，还要有异构的作用。如何实现 2-丁烯的氢甲酰化得到主要产物正戊醛，发展合适的配体是关键，到目前为止，丁烯氢甲酰化反应主要采用的是铑基-膦配体、亚磷酸酯或亚磷酰胺配体[182-189]催化剂体系，所发展的典型配体结构如图 5.19 所示。

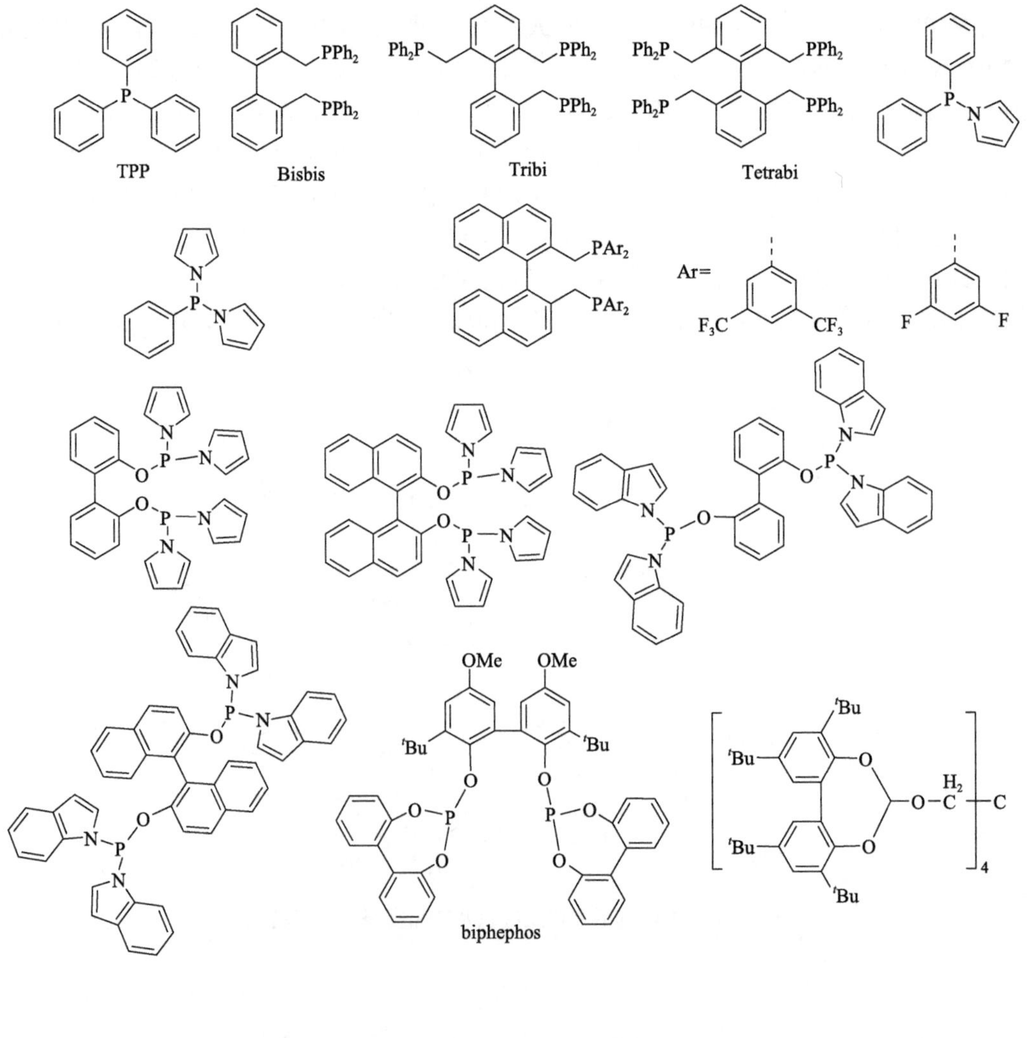

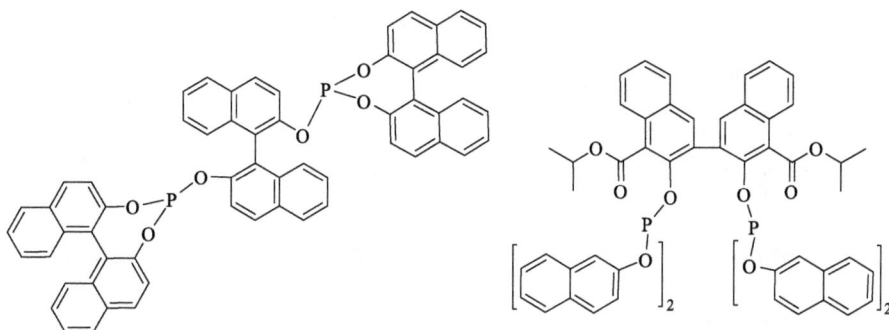

图 5.19　丁烯氢甲酰化反应所用到的膦、亚磷酸酯或亚磷酰胺配体

其中值得指出的是,张绪穆教授所发展的三膦配体(Tribi)与乙酰丙酮羰基铑[Rh(acac)(CO)$_2$]组成的催化剂体系在丁烯氢甲酰化反应中表现出优异的性能(表 5.6)[189],无论是1-丁烯、2-丁烯还是混合丁烯底物,反应的产物中正戊醛/异戊醛超过 15.2,正戊醛在所有 C$_5$ 醛中的含量超过了 93.8%。

表 5.6　Rh(acac)(CO)$_2$/Tribi 体系催化的丁烯氢甲酰化反应 [a]

烯烃	时间/h	转化率 [c]/%	L/B [d]	线型率 [e]/%	TOF [f]/h^{-1}
1-丁烯	3.5	81	29.9	96.8	3.0×10^3
顺-2-丁烯	4.5	80	15.2	93.8	2.3×10^3
反-2-丁烯	5	79	19.3	95.1	1.2×10^3
混合丁烯 [b]	4.5	81	21.2	95.5	1.9×10^3

a. 反应条件:烯烃 150g,烯烃/Rh = 4000,配体与 Pd 摩尔比为 5,正戊醛为溶剂,合成气压力 1.0MPa(CO/H$_2$ = 1),120℃。

b. 反-2-丁烯:顺-2-丁烯:1-丁烯 = 0.35:0.4:0.25。

c. 丁烯转化率基于消耗的 CO 量计算。

d. L/B=直链(线型)C$_5$ 醛/支链 C$_5$ 醛。

e. 直链 C$_5$ 醛在所有 C$_5$ 醛中所占的比例。

f. 转化频数(TOF)基于 CO 的消耗速率计算。

此外,四川大学的陈华等发现水溶性三苯基膦配体[TPPTS:P(m-C$_6$H$_4$SO$_3$Na)$_3$]以及水溶性 BISBIS 配体(结构见图 5.20)与 RhCl(CO)(TPPTS)$_2$ 组成的催化剂体系能够在水-有机两相中催化 1-丁烯的氢甲酰化反应,在 130℃、2.5MPa(合成气压力)、[Rh]=1.0×10^{-3}mol/L[5mL RhCl(CO)(TPPTS)$_2$ 的水溶液]、[BISBIS]/[Rh]=5、[1-丁烯]:[H$_2$]:[CO]=1:1:1、[1-丁烯]:[Rh]=10400 的条件下,反应的转化频数(TOF)可达 2987h^{-1},产物中正戊醛的选择性达到 98%[190]。特别是反应结束后,通过简单的倾倒就能实现催化剂的分离再利用,该水溶性催化剂的活性和线型正戊醛的选择性在三次催化循环后略有下降,主要原因是在催化剂溶液分离过程中,与空气接触的膦配体 BISBIS 被部分氧化。

Haumann 和 Wasserscheid 等则将 Rh(acac)(CO)$_2$ 与水溶性的膦配体 SulfoXantPhos(结构见图 5.20)溶解于离子液体[BMIM][n-C$_8$H$_{17}$OSO$_3$]中,之后通过浸渍的方法分散到 SiO$_2$ 载体上,制备出负载型离子液体相(SILP)催化材料 Rh-SulfoXantPhos-SILP,在固定

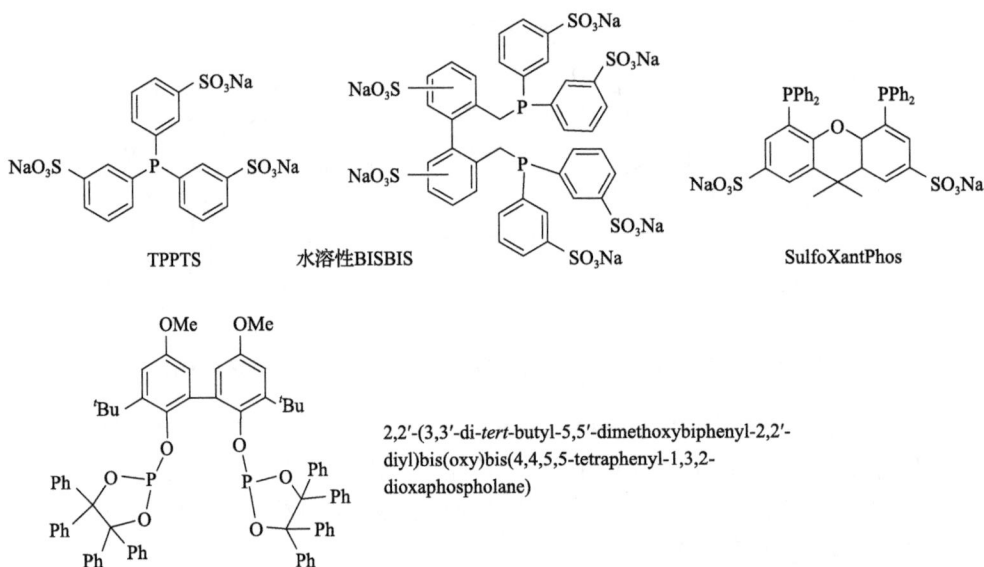

图 5.20 丁烯氢甲酰化反应用到的水溶性膦配体

床反应器上催化 1-丁烯的氢甲酰化反应的连续气相实验表明，该催化材料具有高活性（TOF 达到 564h^{-1}）、选择性和长期稳定性（达到 120h），同时通过温度、压力、合成气组成、底物和催化剂浓度的变化获得了动力学数据，发现反应不受从气体到液相的传质影响，氢分压对反应速率有积极影响，而一氧化碳分压对反应速率有轻微的消极影响，表明该负载型材料中真正起到催化作用的是均相的铑膦配合物[191]。然而，该催化材料不能催化 2-丁烯的氢甲酰化或异构化反应。在此基础上，该研究组[192]采用类似的制备过程，利用 Rh（acac）（CO）$_2$、亚磷酸酯配体（结构见图 5.20）、[EMIM][NTf$_2$]离子液体制备出负载型离子液体相催化材料，该材料能够催化 raffinate I 碳四烃资源（43.1%的异丁烯、25.6%的 1-丁烯、16.1%的 2-丁烯、14.9%的丁烷和 0.3%的丁二烯）的氢甲酰化反应，寿命超过 30 天，总周转数超过 350000，正戊醛选择性始终高于 99%，空时收率（STY）高达 850kg/（m^3·h）。另外，该研究组[193]还利用 Rh（acac）（CO）$_2$、亚磷酸酯配体 biphephos、[EMIM][NTf$_2$]制备的负载型离子液体相催化材料 Rh-biphephos-SILP，该材料能够催化丁烷稀释的 C$_4$烯烃（1.5% 1-丁烯、28.5% 2-丁烯和 70%惰性正丁烷）的氢甲酰化反应，在连续气相反应中，可以实现转化率高达 81%，正戊醛选择性大于 92%，催化剂使用时间超过 500h。反应后材料的核磁共振研究表明，在反应过程中，亚磷酸酯配体不会因配体氧化而发生显著损失。

2）丁烯氢甲酰化合成戊醛工业技术

除了上述的基础研究工作以外，利用铑-膦或者亚磷酸酯体系催化的混合碳四氢甲酰化生产戊醛的相关技术已经成功实现工业化应用，代表性的有德国 BASF 技术、德国 Hoechst 技术、美国 Dow-Davy 技术[194]。

（1）德国 BASF 技术[195,196]。

基于混合碳四中 1-丁烯和 2-丁烯的氢甲酰化反应不同的特点，BASF 公司开发了两步法工艺：第一步氢甲酰化反应后，将反应产物分离出来，之后将未反应的原料进行第二步的氢甲酰化反应，第一步反应采用铑-三苯基膦为催化剂，主要实现 1-丁烯的转化；第二步为铑-亚磷酰胺催化剂，主要实现 2-丁烯的转化。两步的操作条件类似，反应温度为 90℃，压力为 1.0MPa，经过两步反应后正戊醛的总选择性为 83%。此外，BASF 公司还开发了双釜串联的工艺，两个反应釜采用相同的铑-含氮的亚磷酸酯催化剂体系。第一反应釜反应条件为温度 70℃、压力 2.2MPa、合成气中 CO 与 H_2 的体积比为 1∶1，第二反应釜反应条件为温度 90℃、2.0MPa，同时向第二反应釜引入一股 H_2，目的是使 2-丁烯更多地转化为正戊醛。与前一种两步工艺相比，这种串联工艺虽然流程简单，但是因两段间不经分离而使得第一段未反应的烯烃以较低浓度进入第二反应段，这将影响第二段中烯烃的反应速率。另一方面，第一段生成的醛全部进入第二反应段，这将使戊醛发生缩合反应的机会增加，另外在第二段反应中丁烯加氢生成丁烷的副反应有所加剧。德国 BASF 公司的丁烯氢甲酰化技术不对外转让，只在公司内部使用。

(2) 德国 Hoechst 技术[197,198]。

1984 年 Ruhrchemie 公司（后合并到 Hoechst 公司，现为 OQ Chemicals 公司）实现了水溶性铑膦金属配合物催化丙烯氢甲酰化反应技术的工业化应用（被称为 Ruhrchemie/Rhone-Poulenc process，RCH/RP 工艺），在丙烯氢甲酰化的研究基础上，Hoechst 公司将该水溶性催化剂体系拓展到混合碳四的氢甲酰化反应合成戊醛。与 BASF 公司的工艺类似，Hoechst 技术同样采用两步工艺，在第一反应器中采用的是水/有机两相催化体系（铑+TPPTS），在 120～130℃、4.0～6.0MPa 的条件下，该反应器中 1-丁烯基本实现完全转化，正戊醛的选择性达到 92.5%；第一反应器所得到的反应液在分离戊醛产物后，剩余的含 2-丁烯的残液进入第二反应器，在该反应器中，采用高压钴基催化剂，在 130～150℃、20～30MPa 条件下进行进一步转化，在该工段，未反应的丁烯通过氢甲酰化和氢化反应生成异构戊醇。1995 年，Ruhrchemie 公司在德国的奥伯豪森（Oberhausen）建设了 1.2 万 t/a 产能的戊醛装置，采用醚后碳四 raffinate Ⅱ（1-丁烯和 2-丁烯的混合物）为原料，主要用于生产相应的戊醇和戊酸，德国 Hoechst 技术也仅在该公司内部使用。

(3) 美国 Dow-Davy 技术[199-201]。

该联合技术是联合碳化物公司（UCC）、戴维公司和庄信万丰（Johnson Matthey）公司在 20 世纪 70 年代联合开发的以铑-三苯基膦为催化剂的低压羰基合成技术（low pressure oxo' process，LP Oxo^{SM} 技术）。2001 年，联合碳化物公司成为陶氏化学公司（Dow Chemical Company）的全资子公司，2006 年戴维公司成为庄信万丰公司的一部分，所以陶氏化学公司和庄信万丰公司成为 LP Oxo^{SM} 技术的拥有者。基于 2-丙基庚醇（2-PH）的独特性能和优势，早期联合碳化物公司使用三苯基膦（TPP）改性铑催化剂 ROPAC [Rh(acac)(CO)PPh$_3$] 在实验室进行了 1-丁烯氢甲酰化试验，与典型的丙烯氢甲酰化产物丁醛正异比 10∶1～12∶1 相比，该体系可获得的正戊醛与支链戊醛产品的比例约为 20∶1。因此，在醛醛缩合和氢化步骤以及产品 2-PH 精制之前，省去了生产 2-PH 所需的昂贵的醛异构体分离步骤。基于 TPP 配体，随后在 90 年代联合碳化物公司又发展了专有的亚磷酸酯配体，一方面使得烯烃的反应速率和正构醛的选择性大大提高，另一方面对 2-丁烯具有较高的活性和选择性，使得反应体系可以适用于不同来源的碳四烯烃原料，特别是可以使含有大量反应活性较低的 2-丁烯(顺式和反式)组分转化为目标产物正戊醛。例如，C$_4$ 原料包括来自蒸汽石脑油裂解或者催化裂化装置去除异丁烯的抽余液 raffinate Ⅱ、抽余液 raffinate Ⅱ 中 1-丁烯被分离后富含 2-丁烯的抽余液 raffinate Ⅲ，来自费-托合成的 C$_4$ 原料，以及来自 MTO 过程的 C$_4$ 烃。2009 年采用 Dow-Johnson Matthey 的 LP Oxo^{SM} 技术的首家碳四烯烃氢甲酰化工厂在欧洲成功开车运行，随后多家亚洲的企业采用该技术建设了碳四烯烃氢甲酰化-缩合-加氢合成 2-丙基庚醇的工业装置。

国内的煤化工公司，如国能包头煤化工有限责任公司(原神华包头煤化工有限责任公司)、陕西延长石油延安能源化工有限责任公司，基于 MTO 装置的碳四烃原料，采用 Dow-Johnson Matthey 的 LP Oxo^{SM} 技术，分别建设了 7 万 t/a(2014 年开车成功)、8 万 t/a(2019 年开车成功)的 2-丙基庚醇工业装置。国能包头煤化工有限责任公司的 2-丙基庚醇的工艺流程[199-207]如图 5.21 所示。

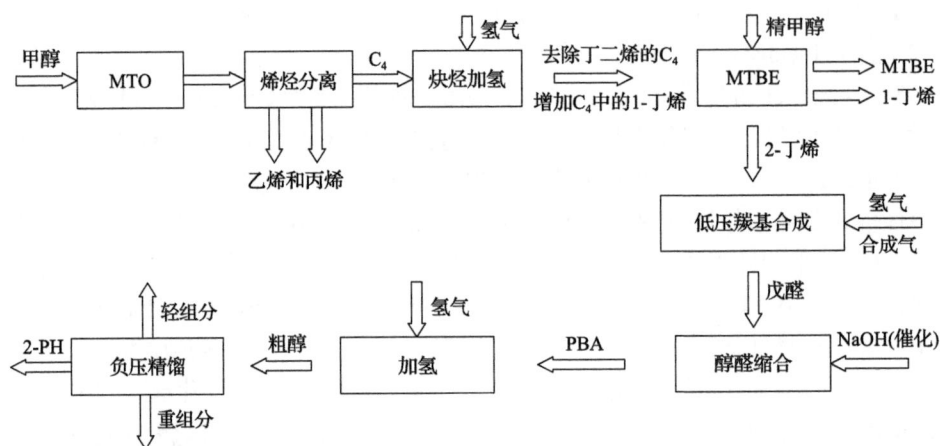

图 5.21　国能包头煤化工有限责任公司的 2-丙基庚醇的工艺流程

来自 MTO 装置的混合气(混合碳四约占 12%)经过乙烯和丙烯的分离，得到混合碳四组分；通过选择加氢反应将其中的 1,3-丁二烯转化为 1-丁烯；经过 MTBE 装置将异丁烯转化为 MTBE，同时将 1-丁烯组分提出用于聚合(不作为 2-PH 的原料)，之后使 MTBE 装置 1-丁烯精馏塔塔底的富含 2-丁烯的碳四烃(进料组成：0.002%异丁烯、2.4% 1-丁烯、4ppm 丁二烯、7%正丁烷、50.7%反-2-丁烯、39.8%顺-2-丁烯以及其他 0.1%)进入氢甲酰化反应装置，进行氢甲酰化反应；分离得到的正戊醛在 2% NaOH 溶液催化下缩合得到 2-丙基-2-庚烯醛；在 2-丙基-2-庚烯醛液相加氢单元，在 170℃及 2.8MPa 的条件下加氢生成粗 2-丙基庚醇，之后经过分离精制得到产品 2-丙基庚醇。

具体就氢甲酰化单元来讲，来自 MTBE 装置 1-丁烯精馏塔塔底的富含 2-丁烯的碳四烃原料进入羰基合成反应器(三个串联的反应釜，压力分别是 1.3MPa、1.2MPa、1.1MPa)，在铑金属化合物-联苯类双亚磷酸酯配体 NORMAX 的催化下，2-丁烯异构化为 1-丁烯，之后发生氢甲酰化反应，主要得到正戊醛，在该过程中同时会生成少量戊醛的同分异构体 2-甲基丁醛和 3-甲基丁醛(异丁烯氢甲酰化产物，微量)，另外发生副反应生成丁烷及少量重组分(戊醛的二聚体或三聚体，二聚体或三聚体又会分解生成一些醇类或酯类物质）。羰基合成结束后，从羰基反应器中出来的反应混合物，经过蒸发器进行分离，将戊醛和轻组分从催化剂溶液中分离出来，同时保证过程中温度不能过高，防止催化剂损失和失活，戊醛及轻组分通过顶部排出经冷凝后进入 C_4 分离系统进行分离，催化剂从底部排出，进入催化剂处理系统。处理后的催化剂继续返回羰基反应器内循环使用。

由于终端产品 2-丙基庚醇含量的要求，在羰基合成单元中，戊醛产品的正异比极为重要，在工业装置中要求戊醛产品的正异比需要 ≥15（由于原料混合碳四中异丁烯极其微量，羰基化生成的 3-甲基丁醛含量也就微乎其微，控制戊醛产品的正异比也就是控制 2-甲基丁醛的生成）。在国能包头煤化工有限责任公司的 7 万 t/a 工业装置上，通过实际生产情况，发现反应器温度控制、反应器中催化剂浓度控制、反应器中合成气的氢碳比控制是影响戊醛产品质量的主要因素。

（1）温度控制。温度是釜式羰基合成反应器重要的控制参数，如果反应温度控制低就会使催化剂的性能较差，原料浪费严重。温度控制过高会造成反应器飞温，导致温度急速上升难以控制，造成催化剂破坏，缩短催化剂的使用寿命，影响催化剂的催化效果，催生大量毒磷和重组分，而且由于丁烷的活化能大于正戊醛的活化能，温度升高也会增加丁烷的生成，从而导致产物的选择性降低。工业装置反应器的设计温度是 65～75℃。但是，在实际生产过程中当反应器温度达到 73℃ 时，温度急剧上升，反应难以控制，实际生产中反应器温度控制在 72℃ 以下时反应比较稳定。

（2）反应器中催化剂浓度控制。为了防止铑催化剂在反应过程中损失，反应系统内需要维持一定的过量亚磷酸酯 NORMAX "自由配体"。在实际操作中通过补加 NORMAX 配体，以补充配体在反应过程中的损失，保证反应体系自由配体的含量维持在一个稳定的量，从而维持戊醛的正异比。实际生产中铑磷催化剂和磷配体浓度分别控制在 2600～2900ppm 和 720～920ppm。

（3）合成气中的氢碳比控制。合成气的氢碳比是指合成气中 H_2 和 CO 的摩尔比，在羰基合成反应器中的气体包括 H_2、CO、丁烯、烷烃及微量的惰性气体等，反应结束后剩余气体会在反应器顶部的空间形成气相平衡（混合丁烯、CO、H_2 和丁烷组成）。在羰基化单元三个反应器通过合成气来控制反应压力，形成压力差来控制反应器液位和流速。特别是混合 C_4 进料负荷提高后，相应的合成气的负荷也要提高，那么控制合成气 H_2 与 CO 的比例稳定尤为重要。CO 作为原料气的一种，其分压是羰基合成反应器的关键控制指标，对反应活性及正异比均有影响。氢碳比低意味着 CO 分压高，反应活性低，正异比小（CO 分压高，使得催化剂中心的铑更倾向于与两个 CO 结合，催化剂活性物种的空位被 CO 占据，形成 18 电子饱和结构，该结构有利于支链产物的形成，从而影响了正异比），氢碳比高就意味着 CO 分压低，反应活性高，正异比大；但是带来的后果是丁烯加氢产物丁烷的生成速率升高、戊醛产物的选择性下降，并使生产负荷和温度难以控制（特别是高负荷混合 C_4 进料下，反应器内部会有未反应的混合 C_4 累积，累积过多时，反应剧烈，极易飞温）。在实际装置上，设计了额外补充氢气线路，通过对反应器进行额外的氢气补充，使得反应器中合成气的氢碳比控制在 1.0～1.01。

5.2 碳八烯烃资源介绍

碳八烯烃是重要的化工原料，常见的碳八烯烃包括单取代的甲基庚烯、双取代的二甲基己烯、多取代的二异丁烯(2,4,4-三甲基-1-戊烯、2,4,4-三甲基-2-戊烯)、直链线型辛烯(1-辛烯、2-辛烯、3-辛烯)以及其各类同分异构体。碳八烯烃具有广泛的应用，可用于制取高辛烷值汽油、合成橡胶增黏剂、各种表面活性剂、酚树脂和环氧树脂的改性剂、紫外线吸收剂、阻聚剂、聚氯乙烯稳定剂等，也可用来生产异壬醇及辛基二苯基胺、叔碳酸、叔辛胺等精细化学品的有机合成中间体等。辛烯目前主要是通过碳四烯烃二聚(叠合)、乙烯齐聚混合物分离、乙烯四聚、费-托合成的烯烃分离等过程所获得。

5.2.1 碳四烯烃二聚(叠合)

在前文中,对于碳四烯烃在油品以及精细高附加值化学品合成中的利用进行了简要的概述，在本小节将围绕碳四烯烃二聚合成碳八烯烃的相关研究进行归纳总结，主要原因是碳八烯烃在众多领域应用广泛且用量大，另外，由于石油化工、煤化工等的发展，碳四烯烃的来源更加广泛和多元化。碳四烯烃二聚(叠合)反应是烯烃齐聚(oligomerization)反应的一种，是指碳四烯烃在催化剂作用下生成碳八烯烃的过程，在二聚反应过程中，存在碳四烯烃的三聚体、四聚体等副产物[208]。齐聚反应和聚合反应在化学上表达的意义有所差别：聚合(polymerization)反应在化学工业上含义相当广泛。虽然它常被认为是指制备分子量相当高的聚合物，即分子量大于 50000 或更高的聚合物，但也可指低分子量聚合物，即分子量小于 50000 的聚合物。与此完全不同的是，专有名词"齐聚"所指的聚合物分子只是由相当少的单体单元构成的，因此常包括二聚、三聚或四聚。值得指出的是，丁烯的二聚反应可以利用丁烯全馏分在内的混合碳四或部分异构体(包括异丁烯、1-丁烯、顺/反-2-丁烯)为原料，同时工艺过程相对简单、设备费用和操作费用均较低、生产灵活性高，所以以丁烯二聚是提高碳四烯烃资源高值化利用水平并能产生可观经济效益的重要过程，是实现丁烯资源综合利用的有效手段之一。所以在近年来，在诸多丁烯利用方案中，以丁烯二聚反应为基础生产高附加值碳八烯烃产物的工艺过程越来越受到重视，而该工艺的关键是丁烯二聚催化剂的开发。截至目前，已经报道的丁烯齐聚催化剂主要分为均相催化剂(主要是镍基配合物催化剂)、多相催化剂(如固体磷酸催化剂、酸性树脂、沸石分子筛催化剂、负载型金属氧化物或金属盐催化剂等)、含镍离子液体催化体系。下面，按照催化剂体系的分类，对碳四烯烃的二聚反应的基础研究及应用研究方面的进展情况展开论述。

1. 碳四烯烃二聚(叠合)的均相镍基催化体系

得益于烯烃配位聚合所发展的众多均相多相催化剂体系包括齐格勒-纳塔(Ziegler-Natta)催化剂(如 $TiCl_4/AlEt_3$)、茂金属催化剂[如 $Cp_2Zr(CH_3)_2$-甲基铝氧烷(MAO)体系]、后过渡金属催化剂。特别是自 1955 年齐格勒(Ziegler)描述了"镍效应"后，烯烃的选择性二聚反应在 20 世纪下半叶引起了学术界和产业界的广泛关注[209-212]。后过渡金属催化剂含有的金属元素种类涉及Ⅷ族中的元素，目前研究得比较多的是 Ni、Pd、Fe、Co 四种金属，其他的如 Ru、Rh、Pt、Cu 等金属研究较少。催化的低碳烯烃齐聚反应能够顺利发生的关键在于这些后过渡金属的核外 d 电子层不满，可同烯烃双键的π电子云配位，催化烯烃聚合过程中更倾向于 β-H 消去，从而使烯烃二聚和齐聚化学转化发生，而不是生成高聚物。例如，壳牌公司所发展的 P-O 阴离子配体与 Ni^{2+} 形成的镍基金属配合物 $Ni(Ph)(PPh_3)[Ph(CO)CH_2PPh_2]$ 能够选择性地使乙烯二聚和齐聚获得 α-烯烃，也就是常说的壳牌高碳烯烃过程(Shell higher olefin process，SHOP)工艺技术，很容易使乙烯发生二聚和齐聚反应，产生 $C_4 \sim C_{20}$ 的线型乙烯齐聚物。

在均相Ⅷ族过渡金属催化剂存在下，烯烃特别是乙烯、丙烯的二聚和齐聚已被广泛研究。对于较长链的烯烃，如 C_4 烯烃，尤其是线型的碳四烯烃(如 1-丁烯、2-丁烯)二聚和齐聚的催化剂研究的确很少，线型 C_4 烯烃二聚产物通常由支链异构体的碳八烯烃混合物组成，这些 C_8 烯烃是生产 C_9 增塑剂的理想原料。

1979 年，在乙烯齐聚反应研究方面具有丰厚积累的 Keim 教授课题组[213]发展了一类特殊结构的 1-丁烯二聚反应的高效催化剂——一种基于方形平面 Ni-O,O'-螯合体系的催化剂，是具有环辛二烯和吸电子 F 取代的 β-二酮配位的镍金属配合物 $Ni(COD)(hfacac)$(hfacac=1,1,1,5,5,5-六氟乙酰丙酮)，该催化剂可以很方便地通过双(环辛二烯)镍配合物[$Ni(COD)_2$]与 hfacac 反应得到，结构中含有易于解离的环辛二烯基团，能够容易地生成镍-氢活性种 $Ni(H\text{-}COD)(hfacac)$(图 5.22)，进而催化 1-丁烯和 2-丁烯的二聚反应，所得到的线型二聚体 C_8 烯烃的收率为 70%～80%。在催化剂 $Ni(COD)(hfacac)$ 0.1mmol、C_4 烯烃 84mmol、甲苯 10mL 为反应溶剂、温度 70℃的反应条件下，以 1-丁烯为反应底物，1-丁烯转化率为 40%(反应 1h)，产物 C_8 烯烃收率为 90%，C_{12} 烯烃收率为 10%，C_8 烯中线型率达到 79%，反应的 TOF 达到 330h^{-1}；以 2-丁烯为反应底物，2-丁烯转化率为 15%(反应 2h)，产物 C_8 烯烃收率为 100%，线型率为 36%，反应的 TOF 达到 62h^{-1}。

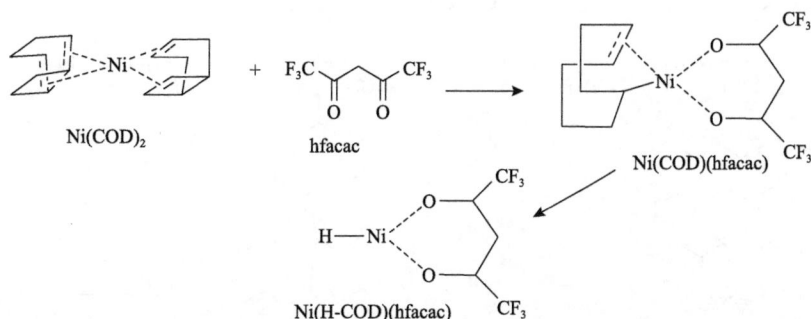

图 5.22　镍-氢活性种 $Ni(H\text{-}COD)(hfacac)$ 的合成机理及结构

随后，Keim 课题组[214]研究了 $Ni(COD)_2$ 和不同取代的二酮配体[环状 1,2-二酮(cyclic 1,2-diketones)、α-酰基环烷酮(α-acyl-cycloalkanones)、取代的 1,3-丙二酮(disubstituted 1,3-propanediones)]组成的催化剂体系催化 1-丁烯的二聚反应，主要得到线型率达 80%的 C_8

烯烃。配体的酸度是影响催化活性的主要因素，pK_a 和活性之间几乎呈线性关系，其中最好的配体是 hfacac，与原位生成的复合物相比，分离的复合物显示出更高的活性。

Wilke 等[215]早期发展了用于丙烯二聚反应的由烯丙基镍配合物、烷基铝和膦配体组成的高效催化剂（在丙烯的二聚过程中，该催化剂能产生 70%～80% 的 2-甲基戊烯、5% 的 2,3-二甲基丁烯和 10%～20% 的正己烯）。2015 年，Behr 等[216]利用甲基丙烯基氯化镍二聚体和 hfacac 组成的复合催化剂体系实现了低温（30℃）、低催化剂浓度下丁烯的二聚反应，证明 hfacac 作为烯丙基镍配合物的活化剂用于 1-丁烯齐聚是可能的，在反应中，作者发现只有 hfacac 与甲基丙烯基氯化镍二聚体的等摩尔比是实现高催化剂活性的最佳条件。在溶剂与 1-丁烯质量比为 2 时，采用二氯甲烷或二氯乙烷为反应溶剂，30℃ 的反应温度下，可以以 67% 的收率得到 1-丁烯的二聚 C_8 烯烃。以甲苯为溶剂时，镍金属配合物 Ni(COD)(hfacac) 和甲基丙烯基氯化镍二聚体的催化活性存在显著差异。在甲苯中，Ni(COD)(hfacac) 可获得 40% 的 C_8 烯烃收率，而甲基丙烯基氯化镍二聚体在甲苯中不能有效催化 1-丁烯的二聚反应，未能检测到 C_8 烯烃产物。特别值得指出的是，该反应体系只需将活化剂 hfacac 添加到甲基烯丙基氯化镍二聚体配合物溶液中即可形成活性催化剂，不需要复杂的合成或纯化过程。同时作者提出了镍催化的 1-丁烯的二聚反应机理（图 5.23），该机理与典型的丙烯或乙烯的低聚反应机理类似，包括以下几个典型

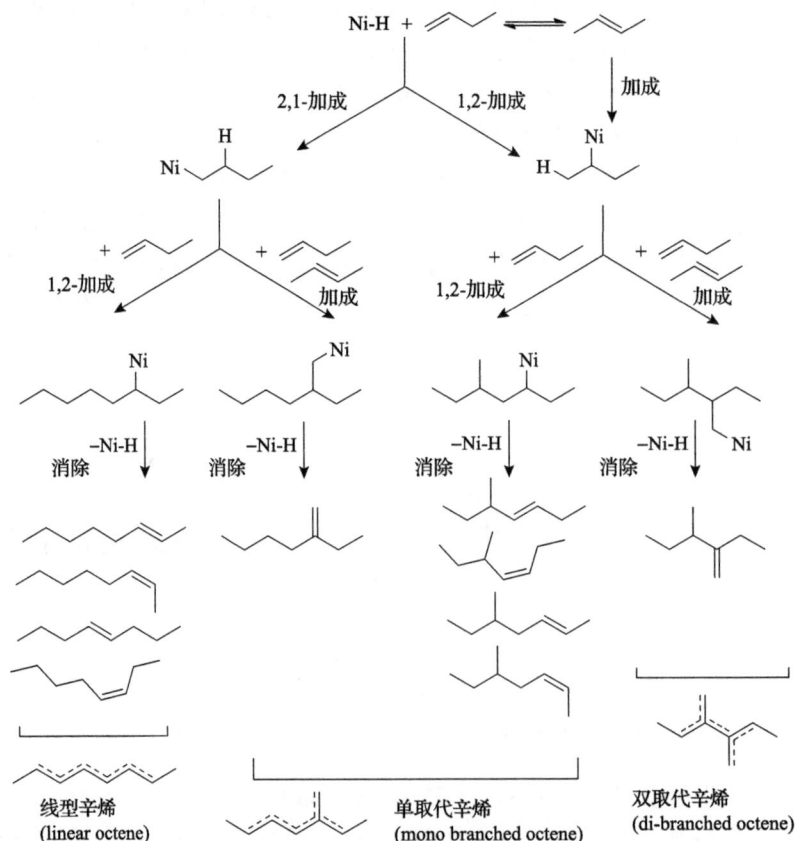

图 5.23　Ni-H 催化的 1-丁烯的二聚反应机理

步骤：①催化剂的活化，形成 Ni-H 催化活性物种；②烯烃的配位；③氢化物加成(存在 1,2-加成和 2,1-加成两种途径)；④第二个烯烃的配位；⑤烯烃插入；⑥β-氢化物消除，形成镍氢化物催化活性物种，得到二聚体；⑦通过添加另一个烯烃进行三聚。在丁烯的齐聚反应过程中，Ni-H 活性催化中间体和烯烃双键加成的位置差异，导致不同结构的辛烯形成，包括线型的辛烯、2-乙基己-1-烯、甲基庚烯和 2-乙基-3-甲基戊-1-烯，图 5.23 总结了在 1-丁烯二聚过程中 Ni-H 活性催化剂和烯烃双键所有可能的插入方式，以及如何形成线型辛烯及支链化的异构体，同时在反应过程中 1-丁烯不可避免地异构化为 2-丁烯，这只会导致支化二聚体的形成。同时值得指出的是，这些异构体非常复杂，无法通过气相色谱法分离，在实际工作中，常对二聚所得到的 C_8 烯烃进行进一步的氢化反应，通过得到的辛烷异构体——正辛烷 3-甲基庚烷和支链异构体 3,5-二甲基己烷的量反推反应过程中各烯烃分布情况。

在均相体系催化的碳四烯烃二聚反应应用研究方面，实际上早在 20 世纪 60 年代，法国石油研究院就开始了低碳烯烃二聚和齐聚方面的研究，并成功发展出基于均相镍催化体系的系列低碳烯烃齐聚或二聚的 Dimersol 技术[217-220]。Dimersol 技术所用的催化剂为齐格勒-纳塔催化剂，主要由烷基氯化铝化合物活化的镍盐组成，在反应环境下得到活性的[(L)NiR]$^+$[AlCl$_4$]$^-$的阳离子镍配合物(其中 L 是双电子给体配体，R 是烷基或氢化物)，反应在液相操作，无任何溶剂，反应条件温和。Dimersol 技术有以下几种：Dimersol-E，乙烯为原料，二聚合成 1-丁烯，或 FCC 催化裂化尾气中的乙烯、丙烯齐聚生产汽油；Dimersol-G，丙烯二聚或齐聚得到己烯或高辛烷值汽油；Dimersol-X，丁烯二聚或丁烯/丙烯二聚，正丁烯为原料二聚合成辛烯，或者丙烯/丁烯为原料聚合成二聚体 C_6 烯、C_8 烯或共二聚体 C_7 烯。其中 Dimersol-X 技术采用的是均相 Ni^{2+}/AlEtCl$_2$ 催化体系，主要步骤包括原料精制、二聚反应、催化剂分离和产品分馏等过程，其工艺过程如图 5.24 所示[217-220]：精制的正丁烯和反应催化剂溶液通过泵连续注入第一个反应器，反应在低压(一般反应压力为 1.5MPa 左右，以将所有反应物和产物保持在液相)和温和温度下进行，二聚反应段包括多个(三个或四个)级联反应器，所需的催化剂是镍有机盐和烷基氯化铝组成的复合催化剂体系，溶剂为烷烃，这两种组分可在反应条件下原位生成丁烯二聚所需的齐格勒镍-氢催化活性物种。同时利用外部热交换器系统实现反应过程中精确的温度

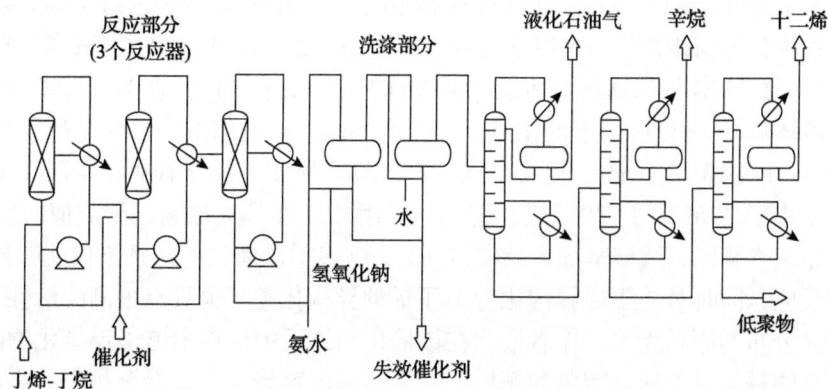

图 5.24 Dimersol-X 工艺流程

控制。反应结束后，为了确保催化剂与反应溶液完全分离，需要经过氢氧化钠中和和水洗步骤，失活的催化剂通过中和段的水洗从烃相中去除。之后通过蒸馏塔从低聚物中分离出非反应性碳氢化合物丁烷和未转化的丁烯(可作为液化石油气使用或送回裂解炉)，再进行进一步的蒸馏分离得到辛烯和三聚的 C_{12} 烯。

Dimersol-X 装置原料一般为去除异丁烯后的抽余液 raffinate Ⅱ，是丁烯含量为 60wt%～90wt%的 C_4 烃，其余部分为 C_4 烷烃。一般来讲，在反应中丁烯的转化与其初始浓度密切有关。当采用 70wt%的丁烯原料时，可以实现 80%的丁烯转化率，产物 C_8 辛烯选择性高达 85%，C_8 辛烯的异构体分布：正辛烯 7wt%左右，甲基庚烯 35wt%左右，二甲基己烯 58%左右。

目前 Dimersol-X 技术在全球已经授权许可了 5 套装置(主要是线型正丁烯为原料)，生产能力在 2 万～9 万 t/a。Dimersol-X 工艺仍存在一些局限性：①催化剂的回用困难，造成反应中镍和铝催化剂的大量损失和持续的废物处理。②对原料中丁烯的浓度比较敏感，不能用于正丁烯含量低(通常低于 60%)的进料。同时在丁烯转化率 85%以上时会造成形成更高分子量的低聚物，目标产物 C_8 烯烃的选择性降低。特别是，由于采用 $Ni^{2+}/AlEtCl_2$ 催化体系，该体系的特殊性对反应原料中二烯烃、炔烃、水、氧、氮、硫含量的要求比较高。③需要多个反应器，单个反应器尺寸为 $120m^3$。

$Ni(COD)_2$ 和 hfacac 组成的复合催化剂体系与法国石油研究院发展的 $Ni^{2+}/AlEtCl_2$ 催化体系的显著区别是：$Ni^{2+}/AlEtCl_2$ 催化体系中催化活性物种是通过镍与路易斯酸相互作用生成的，而 $Ni(COD)_2$-hfacac 体系中镍氢活性物种是通过 β-氢化物消除生成的。

2. 碳四烯烃二聚(叠合)的含镍离子液体催化体系

尽管均相镍基催化剂体系催化的正丁烯二聚过程已经成功实现工业应用，但是由于均相体系本身固有的催化剂的循环较为困难的缺点，基于烷基咪唑氯铝酸盐型离子液体较低的熔点以及对经典烯烃聚合 Ni 基配合物催化剂的良好溶解性的特点，de Souza 等[221]将$[Ni(MeCN)_6][BF_4]_2$、$[Ni(MeCN)_6][AlCl_4]_2$、$[Ni(MeCN)_6][ZnCl_4]$、$[Ni(PhCN)_6][BF_4]_2$、$NiCl_2(PBu_3)_2$ 等镍的金属配合物溶解于 1-丁基-3-甲基咪唑氯乙基铝酸盐离子液体($[BMIM][AlCl_4][EtAlCl_2]$，$[BMIM]Cl/AlCl_3/EtAlCl_2=1/1.2/0.25$)催化正丁烯的选择性二聚反应，在非常温和的反应条件下(0.11MPa 和 10℃)，辛烯的选择性达到 93%～96%(生成的辛烯产物中各异构体含量：二甲基己烯 39%左右、甲基庚烯 56%和正辛烯 5%)，反应的 TOF 在 $0.42\sim2.2s^{-1}$。该催化剂体系($[Ni(MeCN)_6][BF_4]_2$ + 1-丁基-3-甲基咪唑氯乙基铝酸盐离子液体)同样可以应用于催化醚后碳四 raffinate Ⅱ(其组成为：异丁烯 4.1wt%，丁烷 57.1wt%，1-丁烯 13.7wt%，反-2-丁烯 17.7wt%，顺-2-丁烯 7.4wt%，丙烷、丙烯和异戊烷的含量小于 1wt%)的二聚反应，得到与采用纯 1-丁烯为原料二聚类似的反应结果，二聚体分布基本相同，线型辛烯产品仅占 6%。这表明该催化剂体系不仅能够催化 1-丁烯的二聚反应，同时对 2-丁烯异构化为 1-丁烯的异构化过程也具有很高的活性，所得到的二聚产品分布与原料无关。作者推测在该催化剂体系中存在阳离子镍氢化物配合物作为催化活性物种。另外通过简单的倾析，二聚产品很容易从反应混合物中分离出来，回收的离子催化剂溶液可以重复使用 6 次(每次增加底物 1-丁烯的用量，分别为 33g、119g、

192g、273g、371g、474g），而催化活性没有显著降低。

　　Wasserscheid 等[222]则采用氮杂环卡宾镍金属配合物在氯铝酸盐离子液体（[BMIM]Cl/AlCl₃/N-甲基吡咯=0.45/0.55/0.1）中实现了 1-丁烯的二聚反应，目标产物 C₈辛烯的选择性超过 95%，收率最高可达 70.2%，反应的 TOF 达到 7020h⁻¹，氮杂环卡宾镍金属配合物反应活性要高于离子液体中的 NiCl₂(PCy₃)₂ 金属配合物（表 5.7）。相反在甲苯为反应溶剂时，氮杂环卡宾镍金属配合物通过咪唑阳离子的还原消除迅速分解，并不能催化丁烯的二聚反应的发生。

表 5.7　氯铝酸盐离子液体中氮杂环卡宾镍金属配合物催化 1-丁烯的二聚反应

催化剂		溶剂（反应条件）	辛烯收率	TON	TOF
NiCl₂(PCy₃)₂			29.5	1457	2950
结构式	R=Me, R′=n-Pr	[BMIM]Cl/AlCl₃/N-甲基吡咯 = 0.45/0.55/0.1（反应条件：Ni 0.1mmol, 溶剂 7.5g, 1-丁烯 0.1MPa, 30min）	56.3	2815	5630
	R=Me, R′=n-Bu		70.2	3510	7020
	R=Me, R′=i-Pr		38.2	1910	3820
	R=i-Pr, R′=i-Pr		50.7	2535	5070
结构式	R=Me, R′=n-Pr	甲苯（反应条件：Ni 0.1mmol, 溶剂 15mL, 1-丁烯 0.1MPa, 30min）	加入 Et₂AlCl(100eq)时，立即形成 Ni⁰；当 AlCl₃(40eq)或者 AlCl₃(35.2eq)＋吡咯(34.2eq)作为助催化剂，没有检测到二聚或低聚产物		
	R=Me, R′=n-Bu		甲基铝氧烷(50eq)作为助催化剂，镍配合物分解		
	R=Me, R′=i-Pr		一旦加入甲基铝氧烷(50eq)作为助催化剂，镍配合物快速分解，没有产物		
	R=i-Pr, R′=i-Pr		加入 Et₂AlCl(100eq)为助催化剂，Ni⁰缓慢形成，形成异构丁烯二聚体，TON 为 50h⁻¹		

　　基于 Keim 教授所发展的 Ni(COD)(hfacac)催化剂在不添加烷基铝助催化剂的情况下，在常规有机溶剂中能够高效催化 1-丁烯的二聚反应[213]。Wasserscheid 等[223]在微酸性氯铝酸盐离子液体中，实现了 Ni(COD)(hfacac)金属配合物催化 1-丁烯选择性二聚成线型辛烯双相催化过程（图 5.25）。从机理上讲，只有两个 1-丁烯分子的连接才能导致线型辛烯的形成，由于含有烷基铝的离子液体具有很强的异构化活性，因此在 1-丁烯选择性二聚成线型辛烯的过程中烷基铝的存在不利。作者发现需要在反应体系中加入适量的有机碱，得到有机碱缓冲的氯铝酸盐离子液体，碱的作用是捕获氯铝酸盐离子液体中可能引发阳离子副反应的任何游离酸。对碱性物质的选择具有严苛的条件：①碱度必须在适当的范围内，以提供足够的消除熔体中所有游离酸性物质的反应性。②在离子液体中具有很高的溶解度。在反应过程中，即使在有机层萃取离子液体相的情况下，碱也必须留在离子液体催化剂层中。③碱性物质对 1-丁烯原料和二聚产物具有惰性，同时也不能抑制镍基催化剂的二聚活性。通过详细的研究，发现吡咯和 N-甲基吡咯是首选的碱性物

质，通过 N-甲基吡咯的加入，所有的阳离子副反应都能被有效抑制，只得到镍催化的 1-丁烯的二聚产物。与采用甲苯溶剂的均相体系相比较，在微酸性氯铝酸盐离子液体中，1-丁烯的选择性二聚反应是双相体系，同时在离子液体中没有检测到镍基催化剂浸出。另外，在离子液体体系中，Ni(H-COD)(hfacac) 在 −10℃ 就能催化二聚反应的发生 (在甲苯溶剂中，需要 50℃ 的活化温度)。此外，在双相情况下，二聚体 C_8 烯烃的选择性更高，达到 98%(采用甲苯为溶剂，二聚体选择性 85%)。考虑到 C_8 烯烃产品在离子液体中的可溶性远低于丁烯原料 (约为 1/4)，在反应过程中，C_8 烯烃产物快速萃取到有机层中，从而防止连续聚合形成 C_{12} 烯，不利的是在离子液体双相体系中，C_8 烯烃产物中直链线型 C_8 烯烃的占比稍低 (达到 64%，采用甲苯溶剂，线型率为 75%)。基于在双相体系中催化剂易于分离和回收，为了验证双相离子液体催化剂的稳定性，作者在连续流环流反应器 (loop reactor) 中研究了 1-丁烯的选择性二聚反应[224]，在反应开始时，将离子液体催化剂溶液引入反应器回路，回路中充满反应物 (总体积 160mL)。进料连续进入回路，产品在沉降器中连续分离，反应 3h 后，反应的 TOF = 2700h^{-1}，产物 C_8 烯烃的选择性 >98%，其中线型 C_8 烯烃产物的选择性为 52%。

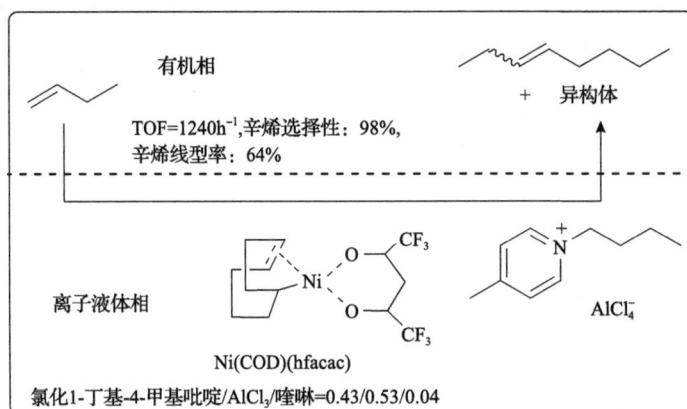

图 5.25　氯铝酸盐离子液体中 Ni(COD)(hfacac) 催化 1-丁烯选择性二聚成线型辛烯的双相催化过程

在含镍离子液体体系催化碳四烯烃二聚合成辛烯的工业技术研究方面，法国石油研究院的 Yves Chauvin(诺贝尔奖得主) 和 Hélène Olivier-Bourbigou 等在已有的 Dimersol-X 工艺基础上，发展了基于离子液体溶剂的丁烯二聚反应的 Difasol 双液相工艺[225-233]，该工艺的特点是使用与传统的 Dimersol-X 工艺一样的镍盐和烷基氯化铝催化剂，与传统的 Dimersol-X 工艺不同的是，Difasol 工艺以弱酸性氯铝酸盐离子液体为反应的溶剂，通过在离子液体中反应直接形成催化相 (即离子液体相)，其中的氯铝酸盐离子液体在反应中扮演镍催化剂活化剂 (或称助催化剂) 和溶剂的双重角色。同时由于丁烯二聚反应中镍的活性与反应体系的酸性密切相关 (图 5.26)[230]，需要准确调整 EtAlCl$_2$/AlCl$_3$ 的比例 (一般 [BMIM]Cl/AlCl$_3$/EtAlCl$_2$=1/1.2/0.25)，在碱性离子液体中二聚反应不会发生，主要是由于碱性氯离子阻止了镍催化剂上自由配位点的形成。特别值得指出的是，当氯铝酸盐离子液体与烷基氯化铝活化剂 (代表式：Et$_n$AlCl$_{3-n}$，n=0~3，如 EtAlCl$_2$) 结合时，形成阴离子为混合物的离子液体[阴离子可以为 $AlCl_4^-$、$Al_2Cl_7^-$、$Al_2Cl_{10}^-$、$(EtAlCl_2)Cl^-$、$(EtAlCl_2)_2Cl^-$、$(EtAlCl_2)_3Cl^-$、$(Et_2AlCl)Cl^-$、$(Et_2AlCl)_2Cl^-$、$(Et_2AlCl)_3Cl^-$、$(Et_3Al)Cl^-$、$(Et_3Al)_2Cl^-$等]。通过大量的实验发现采用复合离子液体[BMIM]Cl/AlCl$_3$/EtAlCl$_2$，EtAlCl$_2$ 的含量较低，组成的混合物能够取得较好的催化效果，同时 EtAlCl$_2$ 在反应中的损失率也比较低。如果离子液体中含有大量 EtAlCl$_2$，烷基铝的还原作用会影响镍催化剂的温度稳定性，在高烷基铝浓度下，观察到黑色金属镍的沉淀。

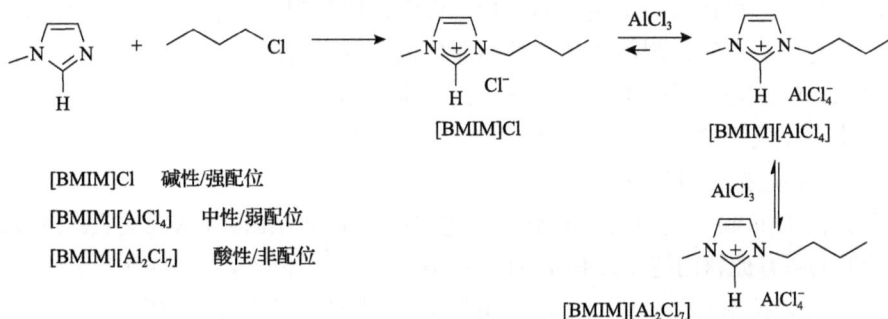

[BMIM]Cl　　碱性/强配位
[BMIM][AlCl$_4$]　　中性/弱配位
[BMIM][Al$_2$Cl$_7$]　　酸性/非配位

图 5.26　[BMIM]Cl 和 AlCl$_3$ 组成的离子液体体系的酸碱变化情况

Difasol 工艺的典型流程如图 5.27 所示[230]：原料正丁烯和离子液体相连续引入二聚反应器，反应结束后，由于镍催化剂溶解并保持固定在离子液体相中，而产物 C$_8$ 烯与离子液体混溶性差(不溶于离子液体)，通过简单的两相倾析，在相分离器(沉降器)中加以分离，从而能够实现催化相的连续循环使用。

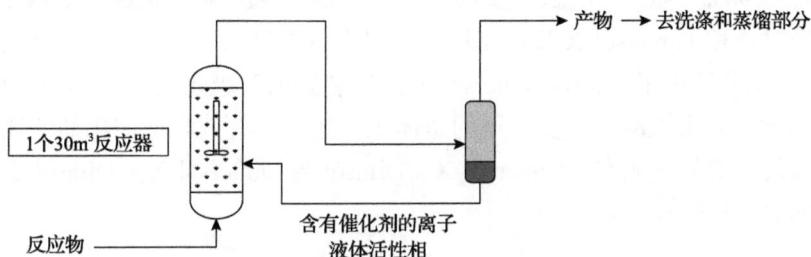

图 5.27　Difasol 工艺的典型流程

为了证明催化相的可回收性和使用寿命，Olivier-Bourbigou 等[230]搭建了一个连续流的中试反应装置，装置包含一个充分搅拌的反应器和一个相分离器，反应器中充满液体运行，流出物(两种液相的混合物)通过溢流离开反应器，并被转移到相分离器，离子液体(密度约为 1200g/L)和低聚物迅速进行完全分离(利用密度的差异)，含有镍催化剂的离子液体被循环到反应器中，同时产品被分离出来。采用镍盐和[BMIM]Cl-[EtAlCl$_2$+AlCl$_3$]组成的催化剂体系，具有代表性的工业 C$_4$ 抽余液 raffinate Ⅱ馏分为反应原料[该馏分含有 70wt%的丁烯(其中 27wt%为 1-丁烯)、1.5wt%的异丁烯、28.5wt%的 C$_4$ 烷烃(正丁烷和异丁烷)]，进行了连续 5500h 的试验，在整个试验过程中，无须额外补加新鲜离子液体，丁烯转化率保持在 70%以上，丁烯高选择性转化为辛烯(占总产物的95%)，同时在产品中未检测到离子液体的存在(利用氮分析证实)，连续运行 5500h 以后，离子液相的体积与启动时相比保持不变。这一连续的中试证明：镍基催化剂溶解并固定在离子液体相中，反应物在离子液体相的溶解性足以确保二聚反应的发生；提高混合效率可以提高反应速率，但不会改变二聚体的选择性，通过快速的传质可以确保离子催化剂与底物的有效相互作用；氯铝酸盐离子液体在二聚条件下具有较好的稳定性；未观察到辛烯产物与离子液体之间的混溶，产品分离可通过简单的两相倾析进行。另一方面，由于辛烯在离子液体中的溶解度低于原料丁烯，产物辛烯和原料丁烯之间进一步的聚合副反应比较少。值得指出的是在连续运行过程中，铝和镍催化剂组分有极少量的流失，需要适当补充一些镍催化剂前体和烷基铝催化剂，以保持原料中丁烯转化率相对稳定，但是，镍和铝的消耗量低于 Dimersol-X 工艺。同时 Difasol 工艺对原料中丁烯浓度要求不苛刻，使用较低丁烯浓度的原料时，同样能够获得优异的活性，丁烯转化率在 65%～70%，二聚产物选择性可达 90%～95%。

  基于双相 Difasol 工艺中丁烯转化率与进料中丁烯的初浓度无太大关联，可以用于丁烯含量较低的稀释原料的特点，Olivier-Bourbigou 等[230-233]提出将 Dimersol-X 工艺和 Difasol 工艺耦合的工艺技术（图 5.28），即将 Difasol 工艺整合至终末反应段的 Dimersol-X + Difasol 工艺，该耦合工艺包括均相 Dimersol 二聚反应、蒸发-冷凝和两相 Difasol 二聚三部分，首先将原料在 Dimersol-X 反应器中进行转化（主要作为原料预处理）；其次 Dimersol-X 反应器流出的物料进入蒸发-冷凝工段将未转化的 C_4 与辛烯分离（辛烯产品和催化剂被送至中和段）；最后气相被冷凝的未反应的 C_4 原料进入 Difasol 反应系统。这样做的目的是确保催化剂的充分利用并且提高产物 C_8 辛烯的收率，可以实现二聚体 C_8 烯选择性为 90%～92%，丁烯转化率为 80%～85%。在这种 Dimersol-X + Difasol 耦合工艺中，经过均相 Dimersol-X 反应工段，原料中可能对离子液体有害的杂质已被完全净化。该耦合工艺适用于现有的 Dimersol-X 工艺装置的升级改造，与现有的 Dimersol-X 工艺装置相比，它大大减小了反应器的总体积，还可以有效降低催化剂消耗，降低催化剂成本和催化剂处置成本。Dimersol-X、Difasol 与 Dimersol-X + Difasol 工艺之间的简单对比如表 5.8 所示。

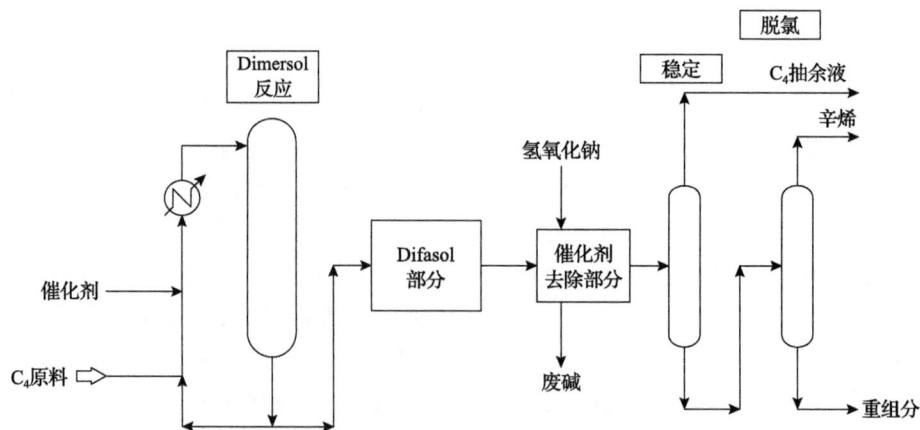

图 5.28　Dimersol-X + Difasol 耦合工艺的流程

表 5.8 丁烯二聚装置 Dimersol-X、Difasol 与 Dimersol-X + Difasol 工艺之间的对比 [a]

对比条目		Dimersol-X	Difasol	Dimersol-X + Difasol
反应器体积		$4 \times 120 m^3$	$30 m^3$	$120 m^3$ (Dimerol-X) + $30 m^3$ (Difasol)
丁烯转化率/%		80	75	82
选择性/%	辛烯	82	90	91
	十二碳烯	14	9	8.5
	十六碳烯	4	1	0.5
辛烯收率/%		66	68	73
相对镍消耗		100(基础值)	—	70
相对铝消耗		100(基础值)	—	大幅降低
每吨辛烯相对投资		1.5	1.5	1.4
每吨辛烯相对运营成本		1.5	1..0	1.3

a. C_4 原料(75wt%正丁烯)160000t/a,进料 20t/h,运行 8000h。

总的来讲,双相 Difasol 工艺的主要优点[230-233]是易于在后续步骤中进行产品分离,通过沉降分离产品,不需要加热,节省能源,减少催化剂消耗。其与均相的 Dimersol-X 工艺相比较:①在高丁烯转化率的情况下,依旧能够保持高的 C_8 辛烯选择性;②C_8 辛烯的总收率比均相法高约 10wt%;③Difasol 工艺适用于低浓度 C_4 烯烃进料(丁烯浓度低至 20wt%);④在运行过程中镍的损失远小于均相工艺中的消耗,虽然 $EtAlCl_2$ 有所损失,但比均相的 Dimersol-X 工艺中的损失要小得多;⑤在相同辛烯产量的情况下,反应器的尺寸要小很多;⑥Dimersol-X 工艺镍催化剂前体无需改性即可使用 Difasol 工艺;⑦原料要求和产品精制纯化与 Dimersol-X 工艺中的类似,但 Difasol 工艺中 NaOH 消耗和产生的废物要少得多。

3. 碳四烯烃二聚(叠合)的负载型镍基催化剂

除了均相的镍基催化剂和离子液体负载的镍基催化剂体系外,无机载体负载的镍催化剂在丁烯特别是正丁烯的二聚反应中也有许多报道,如镍负载在无定形 Al_2O_3、SiO_2、Al-MCM-41/ZSM-5、硅酸铝化合物、纯硅分子筛、层状硅铝化合物及丝光沸石、Y 型和 ZSM-5 型分子筛等载体上。其中负载型多相镍催化剂的制备方法有浸渍法、共沉淀法和离子交换法,目前倾向于认为共沉淀法制备的多相镍催化剂的齐聚活性最优,所用的镍源主要是常见的 $NiCl_2$、$NiSO_4$、$Ni(NO_3)_2$、$Ni(NH_3)_6Cl_2$、$Ni(acac)_2$、$Ni(Cp)_2$、$Ni(COD)_2$ 等。载体种类、载体的酸碱性、制备条件、镍的负载量以及分散度等均是影响催化丁烯二聚性能的重要因素。无机载体负载的镍催化剂研究始于 1938 年,Morikawa[234]发现 $NiO/SiO_2\text{-}Al_2O_3$ 催化剂对乙烯叠合反应表现出良好的活性,负载型催化剂自此开始走入人们的视野。

特别是在 20 世纪 80 年代,德国的 Hüls 公司和美国 UOP 公司联合开发了负载型 $NiO/SiO_2\text{-}Al_2O_3$ 催化正丁烯二聚合成 C_8 烯烃的 Octol 工艺技术(图 5.29,该工艺技术目前为赢创公司所拥有)[235,236],并于 1983 年在德国的马尔(Marl)建成产能为 10000t/a 的工业化装置,成功实现了工业化应用。该工艺技术采用固定床反应器,操作压力为 2.0～3.5MPa,理想原料是甲基叔丁基醚的抽余物,或是其他贫异丁烯的 C_4 馏分。由于负载型镍基催化剂对双烯烃、氮化物、硫化物和水较为敏感,容易中毒,因此需要对原料中的丁二烯、氮化物(碱性或非碱性的氮化物)、含氧化合物(如醇、酮、醚等)、硫化物(如硫醚、氢硫化物、羰基硫化物)等容易使催化剂中毒的杂质进行预处理。

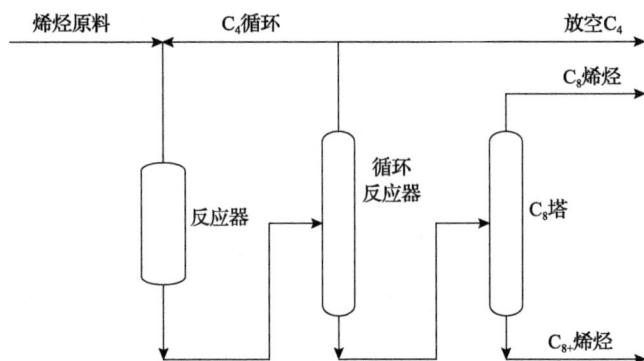

图 5.29　Octol 工艺的流程

　　Octol 工艺技术产品组成强烈依赖于催化剂的表面酸性,特别是载体中铝的存在对获得高活性催化剂起着至关重要的作用,其涉及布朗斯特(Brønsted)酸位点、活性镍位点的产生。低镍铝比的高酸性催化剂主要生成高支化的产物,如二甲基己烯和更多的低聚物,而高镍铝比的低酸性催化剂则使得正辛烯和甲基庚烯表现出高选择性,也就是说通过调变 Octol 工艺技术所用的催化剂可以实现产物中 C_8 烯烃分布的调整。造成这种差异的原因主要是在反应过程中遵循的反应机理不同。在 $NiO/SiO_2-Al_2O_3$ 催化中存在载体铝诱导的 Brønsted 酸位点和配位镍位点之间的竞争,配位镍位点催化形成具有更高线型率的产物。在高酸性的催化剂上遵循碳正离子机理(carbenium ion mechanism)(图 5.30)[237,238],所以在 Brønsted 酸催化正丁烯的二聚反应中,反应的引发步骤是通过 H^+ 加成到双键取代基较少的碳原子上形成稳定的碳正离子(遵循马尔科夫尼科夫定律)。Brønsted 酸中心的碳正离子中间体的稳定性按 2-丁烯＞1-丁烯的顺序降低,由于这种碳正离子具有更高的稳定性,其与第二个正丁烯分子的亲核进攻反应多数会发生在 α-烯烃的第二个碳原子上,同时也存在与 α-烯烃的第一个碳原子的加成。无论与正丁烯第一个或第二个碳原子发生反应,脱质子会生成两支链或单支链的 C_8 烯烃二聚体,其中带有两个支链的 C_8 烯烃为主要产物。

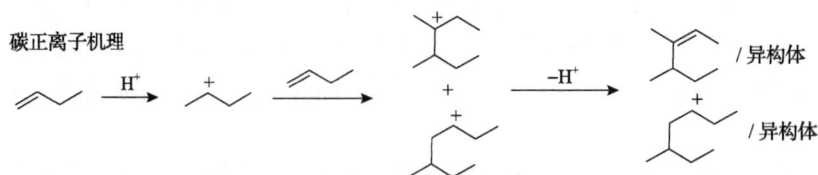

图 5.30　高酸性的催化剂上 1-丁烯二聚的碳正离子机理

在低酸性的催化剂上则遵循配位反应的机理[239-241]，也就是说烯烃和催化活性金属离子之间形成 π-配合物，其中 1-丁烯形成的 π-配合物的稳定性要高于 2-丁烯形成的 π-配合物。其反应历程如下（图 5.31）：镍氢物种（Ni-H 物种）与第一个丁烯分子配位后，烯烃 C=C 插入 Ni—H 键时形成镍烷基配合物，随后，另一个丁烯分子与镍烷基配合物配位并插入 Ni—C 键形成镍烷基（八个碳）配合物，之后通过 β-H 的消除反应得到 Ni-H 催化活性物种以及二聚体 C_8 烯烃。在该历程产物所有异构体（包括线型二聚体）的选择性主要由两个步骤决定：①第一个丁烯分子在烷基形成之前的配位取向，初始吸附可以是 C1原子（1'-吸附）或 C2 原子（2'-吸附）；②第二个丁烯分子在插入 Ni—C 键之前的配位取向，第二个丁烯的后续插入也可能发生在两个不同的位置：新鲜丁烯的 C1 原子（1'-插入）或 C2 原子（2'-插入）。具体形成线型辛烯、3-甲基庚烯或 3,4-二甲基己烯的过程可以参考前面提及的均相镍催化的 1-丁烯二聚反应机理。

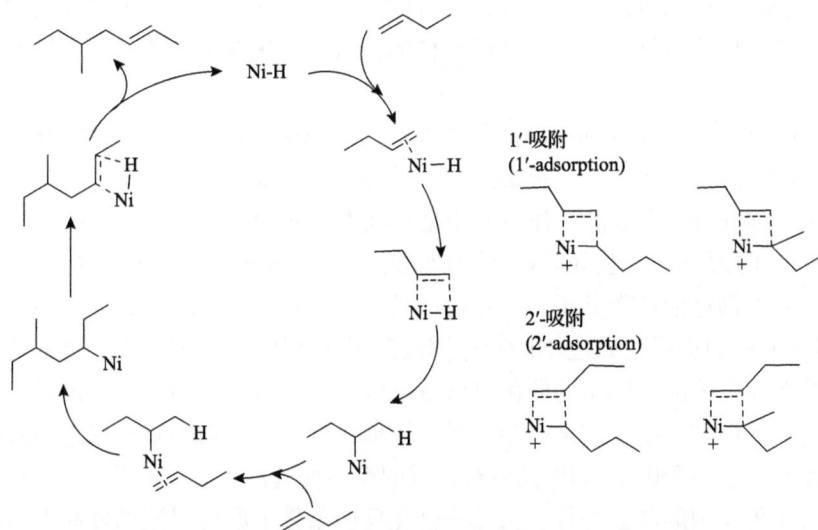

图 5.31　低酸性的催化剂上 1-丁烯二聚的配位反应机理

在实际的反应过程中，碳正离子二聚机理和配位机理同时存在，Wendt 等[242-244]发现负载型 NiO/SiO_2-Al_2O_3 催化剂的行为具有强烈的动态性，尤其是在运行的最初几小时内。反应初期的产物组成反映了一种主要的碳正离子机理，具有高的二甲基己烯选择性，随着反应的进行，产物的分布发生了变化，这表明反应中活性部位的性质也可能发生变化。

在优化多相 NiO/SiO_2-Al_2O_3 催化剂的过程中，Nierlich 等[245,246]发现镍含量和镍铝比的增加，会提高线型辛烯异构体的收率，这是由于镍含量的增加使正丁烯的酸催化转化的路径减少，但是不能完全抑制。由于残存酸的影响，反应中二聚物会在酸性催化剂的作用下发生双键和骨架异构化反应。经过优化的负载型 NiO/SiO_2-Al_2O_3 催化剂上的产物组成与均相丁烯二聚过程中获得的产物组成非常相似，镍催化的配位机理占主导地位，典型的 C_8 选择性在 45%～47% 的转化率下达到 80%，C_8 馏分通常由 13% 的正辛烯、62%的甲基庚烯和 25% 的二甲基己烯组成。

最近，Nadolny 等[247]通过用镍盐溶液浸渍酸性铝硅酸盐的方法，在工业规模上制备了用于正丁烯二聚反应的 NiO/SiO$_2$-Al$_2$O$_3$ 多相催化剂，详细研究了无定形铝硅酸盐酸性位对二聚反应的影响，研究结果表明：剩余的酸中心可以通过酸催化的碳正离子催化机理实现正丁烯的转化，从而影响二聚产物的产品分布。例如，在反应产物中存在的 4,4-二甲基己烯(4,4-DMH) 和 3-乙基-2-甲基戊烯(3E-2MP) 等组分，主要是由 3,4-二甲基己烯(3,4-DMH) 在强酸催化剂作用下甲基基团迁移形成的，这些产物的量取决于反应温度、空速和强酸中心的密度。关于强 Brønsted 酸中心失活的信息可以通过 3,4-DMH 与 4,4-DMH 的含量随时间的变化曲线获得。随着失活程度的增加，4,4-DMH 的相对含量降低。因此，可以预测工业运行中催化剂的活性。同时对于特定的酸性铝硅酸盐载体，可以通过在浸渍镍后使用这种铝硅酸盐进行丁烯的齐聚，利用 4,4-DMH 和/或 3E-2MP 的量来确认活性酸中心与镍离子的饱和程度。

但是，关于多相 NiO/SiO$_2$-Al$_2$O$_3$ 催化剂中酸中心在正丁烯二聚反应中的作用，Wendt 等[248,249]认为除了 Brønsted 酸位点外，邻近的铝离子也被认为是产生酸性活性位点的必要条件，这就意味着不仅是 Brønsted 酸性位的含量，催化剂中铝离子的含量可能对活性位的形成也有影响。

Nadolny 等[250]最近发现利用高温蒸汽处理 SiO$_2$-Al$_2$O$_3$ 载体材料，会强烈影响其酸性。随着蒸制温度升高，时间延长，观察到载体材料中 Brønsted 酸度降低，这是由硅铝网络中铝的连续去除(脱铝)造成的。作者利用吡啶吸附的 FTIR 光谱和 ^{27}Al-MAS NMR 证明在载体中形成了额外的、较弱的 Al^{3+}路易斯酸位点。尽管随着 Brønsted 酸度的降低，酸催化丁烯二聚的催化活性降低了，但在反应条件下，在不同处理的载体上活性镍位点的形成不受影响[镍的负载是通过 Ni(Cp)$_2$ 溶液沉积在载体上]，相应镍催化剂的活性基本相当。尽管在原位镍浸渍样品的催化测试后可检测到 Brønsted 酸位点，但是未检测到甲基转移产生的典型副产物。这进一步证实含镍催化剂上，丁烯齐聚过程遵循协同催化机理。利用低温下 CO 吸附的 FTIR 光谱对形成的镍物种进行表征，表明不同种类的镍物种的形成取决于催化剂的制备条件。虽然在催化反应条件下原位浸渍的样品上可以检测到 Ni^{2+}物种，但在非原位浸渍的样品上形成了 Ni$^+$位点，这表明在没有 C$_4$ 进料的情况下最初形成的 Ni$^+$物种(可能由剩余的 Cp 配体稳定)在存在 C$_4$ 进料的反应条件下会发生变化。这就是存在 C$_4$ 进料时产生的活性镍位点的动态氧化还原行为。

SiO$_2$-Al$_2$O$_3$ 介孔载体材料属于酸性的非晶态硅铝(amorphous silica-alumina)材料，具有高稳定性和较大的比表面积，能够使 Ni^{2+}阳离子高度分散并同时与载体和镍之间具有强烈的相互作用，然而，SiO$_2$-Al$_2$O$_3$ 载体材料中孤立的 Brønsted 酸位点能够促使 1-丁烯异构化为 2-丁烯，同时还能发生丁烯二聚反应得到两个支链的 C$_8$ 烯烃(碳正离子机理)。因此，为了提高 C$_8$ 烯烃产物中线型辛烯的选择性，Ehrmaier 和 Lercher 等[251]采用金属盐共浸渍法制备了不同阳离子(镁、钙、锂和钠)改性的非晶态负载镍催化剂，通过碱金属和碱土金属阳离子的离子交换来消除孤立的 Brønsted 酸位点，调节非晶态硅铝上的酸碱性质，进而降低丁烯的双键异构化，并抑制作为主要产物的二甲基己烯的形成。吡啶吸附红外光谱显示，所有浸渍催化剂上的 Brønsted 酸位点均被消除。镍的浸渍导致形成路易斯酸中心(碱金属和碱土金属阳离子作为弱路易斯酸位点)，而路易斯酸中心的强度随阳离子的性质而变化。1-丁烯二聚反应的催化活性位点为 NiO/SiO$_2$-Al$_2$O$_3$ 上的 Ni^{2+}，相反仅用 SiO$_2$ 负载的 NiO 中的 Ni^{2+} 并不能催化 1-丁烯二聚反应的发生，二聚活性直接取决于载体材料中镍的浓度，二聚产物 C$_8$ 烯烃的选择性与正丁烯转化率相关。不利之处在于，改性后，负载型 NiO 颗粒的粒径增大，降低了丁烯二聚反应中活性 SiO$_2$-Al$_2$O$_3$ 载体交换位置处的 Ni^{2+} 浓度，同时在较高转化率下，锂和镁共阳离子的存在导致 1-丁烯异构化为 2-丁烯的速率增加，从而对支化二聚体具有更高的选择性，这主要是异构化中间产物镍烯丙基配合物更稳定造成的。

与非晶态硅铝材料相比，沸石是高度结构化的 SiO$_2$-Al$_2$O$_3$ 材料，具有明确的孔径分布。为了实现在 1-丁烯二聚反应过程中对直链和单支链烯烃的高选择性，Ehrmaier 和 Lercher 等[252]提出必须将高浓度的分离 Ni^{2+} 与不含 Brønsted 酸位点的情况结合起来，通过选择 LTA 沸石(Linde type A zeolite)来负载 Ni^{2+}，调整其他交换阳离子，最小化或消除 Brønsted 酸位点的存在，同时调变 Ni^{2+} 的电子状态。利用 Ni^{2+} 交换 Ca-LTA 中 Ca 的方式制备不同镍含量的 Ni-Ca-LTA 催化剂，LTA 的窄孔仅允许在孔口或外表面进行丁烯的相关转化。在没有 Brønsted 酸位点的情况下，利用红外光谱和动力学测量对吸附物种的表征等手段，详细研究了 1-丁烯二聚和异构化之间的关系。研究发现该类催化材料在催化 1-丁烯二聚反应中对甲基庚烯和正辛烯的选择性可以达到 95%，同时两种二聚体的比例明显受到 1-丁烯到 2-丁烯的平行异构化的影响，随着转化率增加到 35%，甲基庚烯/辛烯的比例从 0.7 变为 1.4。2-丁烯转化生成甲基庚烯和二甲基己烯的速率比 1-丁烯的速率低 1 个数量级，较高浓度的 2-丁烯会增加甲基庚烯与辛烯的比例。由于进料中含有 2-丁烯，观察到二次产物二甲基己烯形成。Ni-Ca-LTA 中的 Ni^{2+} 也能够催化 1-丁烯的双键异构化，在异构化过程中，存在吸附-解吸平衡，反应物呈烯丙基过渡状态(利用红外光谱观察)，表明异构化反应是通过 π-烯丙基配合物进行的。同时也在反应中观察到镍烷基中间体的存在。此外，研究还表明，2-丁烯或其低聚物会形成不可逆吸附物，并堵塞镍位，导致催化剂失活。

由于 Ni^{2+} 与沸石的离子交换反应中导致两个铝骨架原子的电荷补偿，同时沸石骨架中的高铝浓度(硅铝比 1～3)导致具有高浓度的相邻 Al 位点，因此，理论上沸石也具有高浓度的能够交换 Ni^{2+} 的位点。然而，Ni^{2+} 不能补偿沸石中的所有交换位置，导致存在 Brønsted 酸性位点。Ehrmaier 和 Lercher 等[253]研究发现 Na$^+$、Li$^+$ 和 Mg^{2+} 等共阳离子的存在能够改变 Ni-Ca-LTA 的 1-丁烯二聚催化活性，正辛烯和甲基庚烯异构体的选择性均高于 90%。同时共阳离子的存在影响 1-丁烯双键异构化的速率，而镍浓度决定二聚的速率。随着阳离子电负性的增加，异构化的相对速率增加，对支化二聚体的选择性也随之增加。因此，镍交换沸石上烯烃二聚反应的选择性可以根据碱金属和碱土金属阳离子的酸碱性质来调整。

此外，Nkosi 等[254]将不同镍盐溶液和 NaY 型沸石通过离子交换反应制备了镍交换 NaY 催化剂(nickel exchanged NaY catalysts，NiNaY)，并用于催化 1-丁烯的二聚反应。研究发现所制备的 NiNaY 催化剂的酸度，与镍盐的类型息息相关，其中利用乙酸镍制备的催化剂具有最高酸强度，而利用氯化镍制备的催化剂具有最低的酸强度和最高的催化活性,同时在催化剂制备过程中添加卤化物会导致原始 NiNaY 催化剂中的酸位发生改变,氟化铵促进形成的催化剂显示出最高的活性、最佳的二聚体选择性和最低的失活率。同时发现溶剂对 NiNaY 催化剂的活化和失活起着重要作用。

Alscher 和 Nadolny 等[255]通过一锅法合成了同时含有介孔 Al-MCM-41 和微孔 ZSM-5 相的镍改性混合相催化剂。通过改变催化剂的组成,确定了硅铝比和镍含量的最佳平衡。研究发现,在混相催化剂中总镍含量的增加会导致线型二聚体的催化活性和选择性增加,与硅铝比增加的催化剂相比,低硅铝比的催化剂转化率降低,所得到的 C_8 烯烃的支链度增加,在混相催化剂中存在较强的金属-载体相互作用,镍/(铝+镍)比率与镍位分散性会影响活性镍位点的稳定性。同时作者提出了评价阳离子或配位反应机理对整个反应过程贡献的新方法。

碱金属或碱土金属阳离子改性的 NiO/SiO_2-Al_2O_3、Ni-Ca-LTA 材料、NiNaY 以及镍改性混合相催化材料在 1-丁烯的二聚反应中均有所应用,研究者也发现了强烈的金属-载体相互作用导致活性镍和酸中心的相互影响,从而为关联催化活性和选择性提供了选择。然而,这些催化剂的工业规模制备有非常多的挑战,尚未有任何迹象表明具备可能的工业应用。因此,非晶态硅铝材料负载的 NiO/SiO_2-Al_2O_3 催化剂仍然是首选的正丁烯二聚反应的多相催化材料。

在优化的负载型 NiO/SiO_2-Al_2O_3 催化剂上,正丁烯二聚反应的产物组成与均相正丁烯二聚过程中获得的产物组成非常相似,这表明在这两种情况下,反应机理和活性镍位点的性质也可能相似。一般来说,Ni-H 物种被认为是均相烯烃齐聚过程中的活性位点。但是对于正丁烯二聚的多相 NiO/SiO_2-Al_2O_3 催化剂,活性镍位点的结构和价态,以及前体物种形成活性镍位点的机理仍不清楚。

在 Wendt 等[248]早期关于乙烯二聚和 1-丁烯异构化反应的研究中,提出将层状镍铝硅酸盐作为活性相,配位不饱和 Ni^{2+} 作为活性中心。Barth 等[256]发现所制备的镍交换 Y 型沸石材料与 1-丁烯相互作用后,通过电子顺磁共振(EPR)波谱检测到 Ni^+ 和超顺磁性 Ni^0 物种。Bonneviot 等[257]通过离子交换的方式将 Ni^{2+} 高度分散在 X 型沸石和 SiO_2 上,制备出 NiCaX 沸石和 Ni/SiO_2 两类材料,经过氢气还原后可以得到 Ni^+ 分散在 X 型沸石或 SiO_2 上的材料。EPR 波谱显示,分散在 X 型沸石或 SiO_2 上的单体顺磁性 Ni^+ 物种可以可逆地结合 CO、C_2H_4 和 C_3H_6 等底物,从而产生各种 $Ni(L)_n^+$ 物种。同时所制备的催化材料在丙烯的二聚反应中表现出和均相体系类似的反应活性和选择性。Dyrek 等[258]用 EPR 波谱研究了丁烯与 NiO/SiO_2-Al_2O_3 催化剂表面的相互作用。研究发现,位于表面的 Ni^+ 表现出 D_{3h} 对称性,产生镍-丁烯配合物。Al_2O_3 的存在导致丁烯与 Al^{3+} 路易斯酸中心的相互作用。基于这些结果,推测 Ni^+ 或者 Ni^0 可能是丁烯二聚反应的活性位点。

为了阐明负载型镍催化剂 NiO/SiO_2-Al_2O_3 中 Ni^+ 和 Ni^0 的形成方式及其在多相正丁烯二聚反应过程中的作用。Brückner 等[259]采用与工业过程类似的操作条件,利用原位光谱和连续搅拌釜式反应器(CSTR)研究了工业用 20% NiO/SiO_2-Al_2O_3 催化剂和模型催化剂上各种活性镍的变化情况。工业催化剂的制备方法:含 20wt% NiO 的工业 NiO/SiO_2-Al_2O_3 催化剂,由碳酸镍在酸性硅铝载体(SiAl-1,硅铝比大约为 6)上沉淀,然后在 600℃的氮气气流中焙烧而制备得到。模型催化剂的制备方法：在 CSTR 试验期间，通过逐步添加双环戊二烯基镍（Ⅱ）$Ni^{II}(Cp)_2$ 或双环辛二烯基镍 $Ni^0(COD)_2$ 溶液，使用相同的 SiAl-1 载体以及具有较低酸度的二氧化硅-氧化铝载体(SiAl-2，硅铝比大约为 20)原位形成活性催化剂。工业 NiO/SiAl-1 催化剂在 180℃的氮气气流中的 EPR 波谱显示磁性 Ni^0 颗粒的特征，可能是在 NiO 部分还原后在氮气气流中焙烧时形成的。当使用 2.0MPa 的 C_4 抽余液 raffinate Ⅲ 对催化剂处理时，磁性 Ni^0 颗粒的 EPR 信号在开始运行的 4.5h 内几乎没有变化，在此期间，催化剂没有表现出任何活性，4.5h 后，1-丁烯峰的相对面积增加，表明开始出现异构化。与工业 NiO/SiAl-1 相比，模型催化剂 6.0Ni/SiAl-1[$Ni(Cp)_2$ 为镍源]在开始的情况下并未出现磁性 Ni^0 团簇的 EPR 信号，在使用 2.0MPa 的 C_4 抽余液 raffinate Ⅲ 处理时，磁性 Ni^0 团簇的 EPR 信号迅速增强，约 90min 后达到最大强度，并在适当的时候保持不变。然而，该模型催化剂催化的 C_4 产品组成的变化在 300min 后才变得明显，这清楚地表明，Ni^0 团簇不是催化丁烯二聚反应的活性点。

同时在该过程中，0.3Ni/SiAl-1[$Ni(Cp)_2$ 为镍源]催化剂中部分观察到 Ni^+ 的 EPR 信号[用相同的方法和相同量的镍对不同批次的载体进行多次浸渍，仅在一部分批次中观察到了 Ni^+，一些批次没有显示出 Ni^+ 信号。这可能与 $Ni(Cp)_2$ 配合物的相对稳定性有关]。以相同的方式制备的不同批次 0.3Ni/SiAl-1[$Ni(COD)_2$ 为镍源]催化剂均显示出相同的 Ni^+ 信号。可能的原因是：当 $Ni(Cp)_2$ 或者 $Ni(COD)_2$ 吸附在酸性 SiAl-1 载体上时，作为 Ni^0 化合物的 $Ni(COD)_2$ 不如 $Ni(Cp)_2$ 稳定，并且容易通过 C_8H_{12} 的释放得到 Ni^0，Ni^0 中间体与 Brønsted 酸进一步反应以形成 Ni^+，并且 C_8H_{12} 或者 $C_{10}H_{10}$ 仍然吸附在 Ni^+ 位置附近。

为了更详细地研究镍对丁烯二聚反应催化性能的影响，进行了 CSTR 试验。CSTR 试验表明，通过逐步添加极少量的镍有机金属配合物原位形成活性催化剂，催化剂在长时间使用后会失活。例如，比较 0.2Ni/SiAl-1[$Ni(Cp)_2$ 为镍源]催化剂的原位 EPR 光谱与相关产品成分时，发现催化剂在部分失活后，明显观察到磁性 Ni^0 团簇信号，而未失活的催化剂没有磁性 Ni^0 团簇信号出现。这表明，失活是由 Ni^0 的聚集导致的，而分散的 Ni^0 又会在载体上重新生成酸性表面位，导致了 C_8 产品组成的变化，表明在反应过程中，典型的金属催化的配位反应机理逐渐转变为酸催化的阳离子反应机理。如果采用酸性较低的二氧化硅-氧化铝载体材料 SiAl-2，原位制备的催化剂整体活性较低，失活速度较快，这可能是因为用于隔离 Ni 位的 Brønsted 酸位点的数量不足。

该研究工作表明：在负载型镍催化剂 $NiO/SiO_2-Al_2O_3$ 催化的丁烯齐聚过程中，获得线型 C_8 烯烃的活性和选择性位点为单一 Ni^{n+} 物种（n=1,2），其是由 Ni^0 前体物种被 Brønsted 酸位点氧化而形成的。Brønsted 酸位点在活性位点的形成中起着至关重要的作用。在反应开始时，它们以活性中心的形式占主导地位，以酸催化的阳离子机理产生不希望的多支链 C_8 产物。随着反应的进行，它们被消耗，并产生活性 Ni^{n+} 物种，产品组成从多支链烯烃转变为线型烯烃。

在随后的工作中，Brückner 等[260]采用原位电子顺磁共振(*operando* electron paramagnetic resonance)波谱和原位 X 射线吸收光谱(*in situ* X-ray absorption spectroscopy)，

在类似工业化的操作条件(80℃和1.6 MPa)下,研究了采用双环戊二烯基镍(Ⅱ)$Ni^{II}(Cp)_2$ 或双环辛二烯基镍(0)$Ni^0(COD)_2$ 所制备的负载型催化剂在丁烯二聚反应过程中镍的价态变化情况。所用的丁烯原料为: C_4 抽余液 raffinate Ⅲ(含0.1%异丁烯、25.3%正丁烷、26.6%反-2-丁烯、14.7%顺-2-丁烯、33% 1-丁烯)。详细的表征证实,单位点的 Ni^+/Ni^{2+} 的氧化还原循环体是反应的活性位点,在反应过程中存在 Ni^+/Ni^{2+} 之间的氧化还原,在反应过程中丁烯将初始 Ni^+ 转化为 Ni^{2+} 的速度明显快于通过还原消除 C_8 产物将 Ni^{2+} 再还原为 Ni^{2+} 的速度,并且活性单中心 Ni^+/Ni^{2+} 之间的氧化还原只能在较高的反应压力下稳定。在压力小于或等于0.2MPa时,Ni^+ 很容易形成非活性的 Ni^0 团簇,而失去催化活性,并且存在如下可能的丁烯二聚反应循环机理(图 5.32)。具体反应过程为: (a)在 Brønsted 酸位置附近有一个单一的 Ni^+ 作为活性物种,通过 Ni^+ 与丁烯 π 键和附近的表面 H^+ 相互作用,在反应的第一步开始形成碳正离子中间体; (b)碳正离子作为缺电子体,与 Ni^I 反应形成 Ni^{II}-R 中间体; (c)另一个丁烯分子配位; (d)通过还原消除形成 C_8 烯烃分子; (e)催化剂活性位再生,进行下一轮循环。

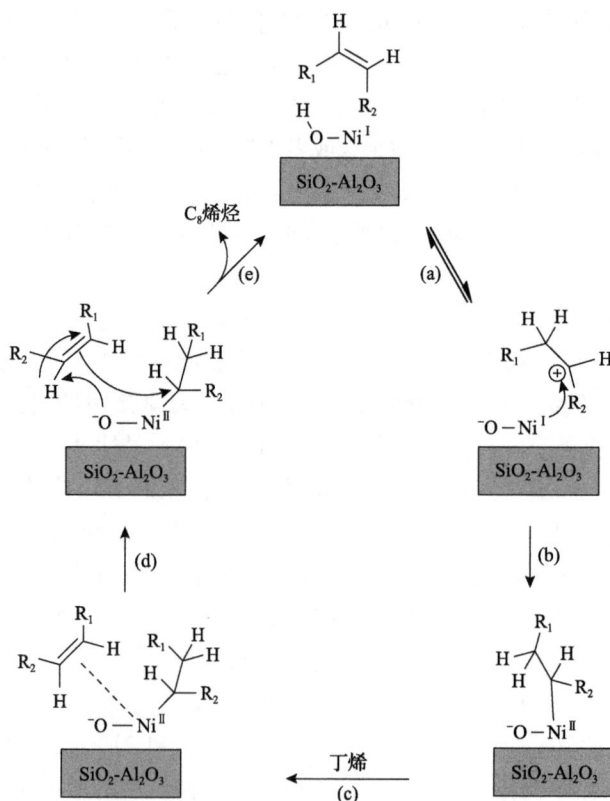

图 5.32 负载型 NiO/SiO_2-Al_2O_3 催化剂上丁烯的二聚反应机理

为了进一步研究负载型镍催化剂 NiO/SiO_2-Al_2O_3 中表面酸性位的影响,铝离子或者相邻铝离子和镍离子的结合均有可能产生酸性位,Brückner 等[261]以 $Ni(Cp)_2$ 为镍源,具有不同硅铝比的 SiO_2-Al_2O_3(同时含有 Brønsted 和路易斯酸位点)、SiO_2(无酸性)以及 Al_2O_3(只有路易斯酸位点)为载体,利用浸渍的方法制备了镍含量相同但表面酸性不同的催化剂；在丁烯二聚反应的工业条件下，采用原位和工作状态 EPR 波谱监测催化剂表面不同 Ni^+ 单点的形成，以及在反应条件下 Ni^0 团簇的形成，并将其相对数量与催化性能联系起来。同时基于 EPR 对 Ni^{2+} 不响应，采用 CO 吸附的 FTIR 光谱分析 +1 和 +2 价态中 Ni 单中心的相对数量和分布，采用吡啶吸附的傅里叶变换红外光谱(Py-FTIR)分析催化剂表面暴露的 Brønsted 和路易斯酸位点的相对数量，采用三种表征手段联合的方式来分析负载型镍催化剂中表面酸性性质、镍表面位置的形成和性质及催化丁烯二聚反应性能之间的关系。研究发现：采用不同硅铝比的 SiO_2-Al_2O_3 载体，Brønsted 酸中心在去除 Cp 基团的初始步骤中必须与 $Ni(Cp)_2$ 反应，以稳定活性 Ni^+ 单中心并防止它们团聚，在这个反应过程中，可以形成不同的 Ni^+ 单位点。在没有 Brønsted 酸位点(Ni/SiO_2)或只有路易斯酸位点(Ni/Al_2O_3)的催化剂上，活性 Ni^+ 单位点不稳定。催化剂表面的 Brønsted 酸性位在反应中既有积极作用，也有消极作用：①Brønsted 酸位点可以为其附近高活性 Ni^+ 单位点提供稳定条件；②Brønsted 酸位点也促进 1-丁烯异构化为 2-丁烯，并形成高度支化的 C_8 产物。因此，优化催化剂表面 Brønsted 酸位点的数量和分布可能是开发高效丁烯二聚催化剂的关键策略。最佳催化剂应在 Brønsted 酸表面中心附近包含最多数量的单一 Ni^+ 中心，而避免 Brønsted 酸过量，以抑制异构化。

国内在多相负载型镍催化剂研究方面的报道并不多，中国石化石油化工科学研究院的洪庆尧等[262]发展了丁烯二聚的 NiO/SiO_2-Al_2O_3(其组成为 Al_2O_3 34.5wt%，SiO_2 59.5wt%，NiO 6.0wt%)催化剂，采用抽出异丁烯后富含正丁烯的碳四烃为原料，在温度 100~140℃、压力 3.5~4.0MPa、液时空速(LHSV)1.0~1.5h^{-1} 条件下，进行了 1500h 的寿命实验，丁烯单程转化率和 C_8 烯烃选择性均在 70% 以上，催化剂经再生后，其活性可以恢复到新鲜催化剂水平。张先华等[263]将 $Fe_2(SO_4)_3$ 与 $NiSO_4$ 共同浸渍在 γ-Al_2O_3 载体上制备复合硫酸盐 $Fe_{(2/3)}Ni_{1-x}SO_4$-P_2O_5/γ-Al_2O_3 催化剂，详细考察了催化剂摩尔比 $n(Fe)/n(Fe+Ni)$、焙烧温度、负载量及载体等对催化性能的影响。结果表明，$n(Fe)/n(Fe+Ni)=0.72$ 的 $Fe_{0.53}Ni_{0.21}SO_4$ 复合盐，以 P_2O_5 为助催化剂、中孔 γ-Al_2O_3 为载体、用浸渍法负载、负载量为 2.36mmol/g 催化活性最高。催化剂的最佳活化条件为 450℃ 下 N_2 气流中活化 4h。1-丁烯叠合反应的最佳反应条件为反应压力 3.0MPa、反应温度 70~90℃、LHSV=1.0~2.0h^{-1}，1-丁烯转化率为 85%~95%，二聚体选择性为 80%~90%，三聚体选择性为 11%~26%，四聚体以上的选择性为 3%~9%，经 200h 稳定性实验，1-丁烯转化率保持在 90% 左右。封子艳等[264]则采用共浸法制备了 $Fe_{(2/3)}Ni_{1-x}SO_4$-P_2O_5/γ-Al_2O_3 催化剂，在反应压力 3.0MPa、反应温度 100℃、LHSV=2.0h^{-1} 的叠合反应条件下，对混合 C_4 烃(含 4.87% 异丁烷、7.91% 正丁烷、6.19% 反-2-丁烯、3.62% 顺-2-丁烯、75.08% 异丁烯+1-丁烯)进行催化叠合，其原料转化率为 50.7%，二聚体选择性可达 52.2%。

4. 碳四烯烃二聚(叠合)的固体磷酸催化剂

围绕正丁烯的二聚反应，除了上述提及的含镍的催化剂体系外，固体磷酸催化剂(solid phosphoric acid catalysts，SPAC)在该反应过程中也有报道[265,266]。固体磷酸属于中强酸，其在催化烯烃的叠合反应中具有催化活性高、对杂质要求低、生产成本低等优点。

固体磷酸催化剂的制备方法主要包括浸渍法和共混法。早期研究采用浸渍法比较多,但由于其制造周期长,制得的催化剂活性不高,未被广泛应用;共混法制备的催化剂由于具有物料混合均匀、活性比较理想的特点,是目前广泛采用的方法。共混法制备过程是将磷酸或多聚磷酸与硅藻土、硅胶和硅酸铝等载体进行共混反应,并引进其他活性组分,经过挤条、干燥、焙烧、活化制成,磷酸以正磷酸(盐)、焦磷酸(盐)、三聚或多聚磷酸(盐)等形式存在于催化剂上。形成的磷酸盐可以使磷酸牢固地附着在催化剂表面,使活性组分不易流失。催化剂上各种磷酸(盐)的相对含量取决于它们之间的平衡。固体磷酸催化的低碳烯二聚反应比较成功的工业催化剂是美国 UOP 公司 1935 年首创的固体磷酸硅藻土催化剂,该催化剂主要用于丙烯或者丙烯-丁烯混合物叠合生产叠合汽油(汽油范围为 $C_6 \sim C_{10}$ 烃),也就是现在提及的非选择性烯烃齐聚工艺[267,268]。该工艺中,$NaHPO_4$ 处理后的烯烃原料经换热后进入装填催化剂的固定床反应器发生齐聚反应,反应产物再经闪蒸、脱低碳烷烃即得所需汽油产品,低碳烷烃经分离后再作为冷激料分段返回反应器(共 5 个床层),同时发生反应副产更多的汽油产品。随后 UOP 公司研究人员通过改进分步浸渍和分段煅烧等催化剂合成方法,大大地提高了催化剂强度,同时通过精确控制进料中的水含量有效地抑制了催化剂泥化速度,最终使催化剂寿命达半年以上。因此,UOP 公司开发的固体磷酸催化剂(SPAC)工艺也是目前应用最为广泛的烯烃齐聚工艺,全球采用该非选择性叠合汽油工艺的生产装置总数达到 370 套以上。另外,该固体磷酸催化剂在催化丙烯齐聚制备三聚体(壬烯)与四聚体(十二烯)的过程也有工业应用的例子。尽管后来的研究者在催化剂活性结构的研究(固体磷酸催化剂的活性和稳定性与磷酸负载量、磷酸类型和性质密切相关)、催化剂制备工艺(磷酸/载体比、晶化温度、晶化时间、晶化过程中水蒸气的量等因素影响催化剂上各种磷酸(盐)的分布和催化剂的性质,从而可改变催化剂的活性和稳定性)以及载体改变、齐聚工艺技术改进等方面进行了诸多有效的探索,为研制性能优异的催化剂及生产工艺最佳化提供了一定依据,但是综合来讲,所发展的新型固体磷酸催化剂整体综合性能尚未突破美国 UOP 公司在用的工业化催化剂。

在 20 世纪 90 年代左右,中国石化上海石油化工研究院的姚亚平等利用在传统的固体磷酸催化剂中添加助催化剂硼等元素的策略,并改进制备方法研制了用于丙烯齐聚反应的固体磷酸 T-49 催化剂[269],主要由 $Si_3(PO_4)_4$、SiP_2O_7、BPO_4 和无定形 SiO_2 组成,其中 BPO_4 具有稳定骨架的作用。T-49 催化剂于 1996 年底至 1997 年 11 月在中国石化兰州炼油化工总厂 15kt/a 丙烯齐聚装置上进行工业试验。工业应用结果表明:与进口 SPAC 相比,T-49 催化剂的反应活性高,达到相同丙烯单程转化率时,齐聚反应温度低 10℃。同时在反应过程中裂解反应和结焦的倾向小,具有催化活性高、选择性好、不易泥化、不易结焦等特点,性能优于进口的同类催化剂。在 T-49 催化剂研究的基础上,通过添加新型组分并对催化剂的制备工艺进行优化,制备出用于 2-丁烯二聚反应的 T-99 催化剂[270,271],同时该研究院又研究和开发了超临界和近临界相态结合的反应技术,成功地解决了混合丁烯齐聚过程中因不同丁烯异构体之间反应速率相差悬殊而引起的催化剂失活问题。采用在中国石化兰州炼油化工总厂丙烯齐聚工业装置基础上改造的混合丁烯齐聚装置(图 5.33),所发展的 T-99 催化剂在催化混合丁烯(原料 2-丁烯浓度 85%)的二聚反应中表现出初活性高、稳定性高和产物选择性高等性能,通过调节反应的温度,可以有效提高混合丁烯的转化率(180℃时转化率为75%，230℃时转化率为94%)，二聚物异辛烯选择性在78%~91%，十二烯选择性在6%~10%。改造的混合丁烯齐聚装置工艺过程与 UOP 公司的 SPAC 烯烃齐聚工艺合成汽油的过程非常相似：原料在预处理塔 2 经过 NaH_2PO_4 溶液除去碱性物质后进入原料罐 3，泵 4 输送进料，经过热交换后进入列管反应器 5，反应后的产物经过脱丁塔 6 除去丁烷和未反应的丁烯后，依次经过轻汽油塔 7、辛烯塔 8、重汽油塔 9、十二烯塔 10，得到相应的产物。反应热在罐 12 中的高压水作用下被带走，在位差的作用下，水流经过壳体下部，以此来维持反应器稳定在非等温非绝热的状态。

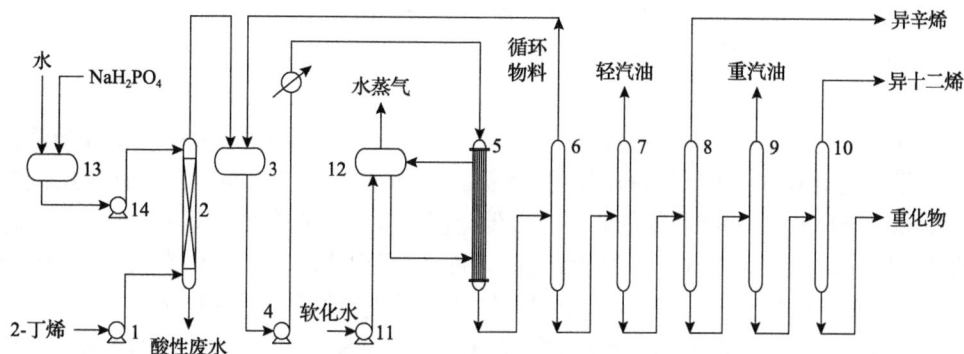

图 5.33　中国石化兰州炼油化工总厂丙烯齐聚工业装置基础上改造的混合丁烯齐聚装置

1. 丁烯输送泵；2. 预处理塔；3. 丁烯原料罐；4. 进料泵；5. 列管反应器；6. 脱丁塔（脱除丁烷、丁烯）；7. 轻汽油塔；
8. 辛烯塔；9. 重汽油塔；10. 十二烯塔；11. 软化水泵；12. 平衡蒸汽-取热水罐；13. NaH_2PO_4 溶液罐；
14. NaH_2PO_4 溶液进料泵

Malaika 等[272]则利用浸渍的方法制备了活性炭(AC)负载的磷酸(H_3PO_4/AC)催化剂，并应用于连续气相操作条件下异丁烯的气相二聚反应，研究结果表明：H_3PO_4/AC 催化剂在常压下具有活性和稳定性，活性取决于活性相在 AC 载体上的数量，通常情况下，催化剂的酸度越高，获得的结果越好。在所制备的样品中 40% H_3PO_4/AC 样品的催化性能最好，在 180℃的反应温度下，200min 的连续反应时间内，异丁烯的转化率维持在 75%，二异丁烯和三异丁烯的平均选择性分别为 90%和 10%，同时在反应后的混合物中未检测到高分子量低聚物。作者推测制备样品的高催化性能可能与它们的酸性和结构性质有关，强的、热稳定的酸性中心以及大尺寸孔的存在，可以促进产品从催化剂表面扩散，有利于实现高且非常稳定的异丁烯转化率、高的二异丁烯选择性和催化剂稳定性。

遗憾的是，尽管 UOP 公司开发的固体磷酸催化剂在丙烯齐聚制备三聚体(壬烯)与四聚体(十二烯)等化工品的过程中已成功实现工业应用，固体磷酸催化的异丁烯二聚反应也有相关报道，但是截至目前，正丁烯二聚合成 C_8 烯烃，尚未有采用固体磷酸催化剂的工业应用装置。值得指出的是，在丙烯齐聚生产叠合汽油的固体磷酸硅藻土催化剂长期的工业实践中，反应过程中要注入水，同时存在催化剂机械强度低、操作使用过程中易磨损和泥化的缺点，导致催化剂床层压力降上升较快、生产装置催化剂拆装频繁、使用寿命短等问题。同时由于固体磷酸催化剂不可再生，所带来的含磷废催化剂的处理问题也不容忽视。

5. 碳四烯烃二聚(叠合)的分子筛催化剂

分子筛作为一类具有分子大小孔径、高度结晶的水合铝硅酸盐，其典型特点之一是孔道结构独特，呈现出对有机分子的筛分能力。在烯烃齐聚催化特别是合成以汽油或柴油液体燃料为目标产品的反应中，分子筛催化剂具有齐聚活性高，产物中汽油、柴油等选择性好，并且催化剂无腐蚀、无污染、抗毒化能力强等独特的优点[273]。特别是，在 20 世纪 70 年代，美国埃克森美孚公司基于 ZSM-5 分子筛开发的 Mobil 烯烃制汽油和馏分油(Mobil olefins to gasoline and distillate，MOGD)工艺过程，利用 $C_2 \sim C_5$ 的烯烃为原料生产高辛烷值汽油调和组分和副产部分煤油馏分，引发了分子筛催化剂催化低碳烯烃齐聚反应研究的热潮[274]。但是就分子筛催化的丁烯二聚得到 C_8 烯烃的反应而言，相关的文献并不多。

美国埃克森美孚公司的 Verrelst 等[275]发展了具有特殊结构的 ZSM-22 分子筛催化剂，该催化剂具有沸石核和沸石层，其晶粒有相同结构的芯和外层，并且外层硅铝摩尔比(SiO_2：Al_2O_3)大，该催化剂能够有效催化混合 C_4 烃(65%的丁烯和 35%的丁烷)原料的低聚反应，在 $205 \sim 235$℃、7.0MPa 反应条件下，可以实现丁烯转化率 72.7%~96.1%，C_8 烯烃选择性 31.7%~61.1%，其中单甲基取代的低支链度烯烃占到 50%左右。

O'Connor 等[276]采用氯化铵交换的方式制备了不同 NH_4/Na 含量的 NaHY 分子筛催化材料，在 5.0MPa 的条件下研究了混合丁烯的低聚反应，所得到的液体产物主要由支化二聚体和三聚体组成。并且发现所制备的催化材料中酸性位点分布不均，位点的数量几乎与交换程度呈线性关系，产物的分布与采用的催化剂或反应条件关系不大。同时在反应中焦炭的形成和催化剂失活很严重，焦炭的形成与交换程度、反应温度无关。

Chiche 等[277]利用有序介孔含铝胶束模板二氧化硅(micelle templated silicas，MTS，一类新的无机分子筛，具有可控的窄孔径分布)分子筛、H-beta 分子筛(硅铝比为 26)、HZSM-5(硅铝比为 25)为催化剂，研究了 1-丁烯在 150℃、1.5~2.0MPa 条件下的低聚反应。研究发现微孔的 H-beta 分子筛和 HZSM-5 催化剂在反应进行数小时后基本上没有活性(主要是烯烃在催化剂表面齐聚成强吸附残渣，堵塞孔隙，导致快速失活)，相反孔径接近 3nm 的中孔铝硅酸盐在生产支化二聚体时表现出高选择性和良好的稳定性，运行约 8h 后，二聚体的选择性高于 98%，剩余的产物为三聚体以及微量的异丁烷和异丁烯。根据共吸附乙腈和丁烯的原位红外光谱，作者推测：MTS 型催化剂独特的催化性能与介孔结构中酸性中心的中等强度和高度分散有关。这些独特的酸特性，在开放孔隙而没有扩散限制的情况下，将导致表面上活性物种浓度低，停留时间短，并有利于辛基的脱质子和解吸阳离子。

Kondo 等[278]用红外光谱研究了 1-丁烯在 HZSM-5(硅铝比为 50)上的吸附和反应。在真空条件下，吸附的 1-丁烯在 250K 以下转化为顺式和反式 2-丁烯，并在室温下观察到吸附的 2-丁烯的二聚(得到的产物暂定为 3,4-二甲基-3-己烯)，由于空间位阻，生成的二聚体的 C=C 键与 Brønsted 酸位点的 OH 基团之间的氢键相互作用受阻。因此，二聚体不会发生质子化，齐聚和聚合等进一步反应也不会进行。

Zhang 等[279,280]考察了不同类型的 H 型分子筛 HZSM-5(硅铝比为 60)、HZSM-5(硅铝比为 320)和 H-beta(硅铝比为 32)以及镍掺杂的分子筛 1-NiHZSM-5(硅铝比为 320，镍含量为 1%)、1-NiH-beta(硅铝比为 32，镍含量为 1%)在混合烃(54wt%丁烷、15wt% 1-丁烯、25wt% 2-丁烯和 6wt%丙烷)低聚反应中的性能。结果表明：HZSM-5 分子筛具有较好的丁烯二聚反应活性(丁烯转化率在 50%左右，低聚物中 C_8 烯烃的选择性在 90%左右)，而镍掺杂的分子筛催化剂则显示了良好的丁烯三聚反应性能，作者认为分子筛中镍的掺杂改变了其结构和酸性，在掺杂的分子筛催化剂外表面上具有适当数量的酸中心和适当的 Brønsted 酸位点与路易斯酸位点比例，从而提高了丁烯三聚反应中的催化性能。

Lobo 等[281]采用工业相关温度和压力的操作条件，研究了 H-beta 分子筛(硅铝比为 17)上 1-丁烯低聚的反应动力学，测量出二聚体 C_8 烯烃形成的表观活化能为 28kJ/mol，同时丁烯在沸石微孔中的传输不受低聚物形成速度或双键异构化速率的控制，二聚体的形成速率受到传质的限制，反应物(丁烯)在沸石微孔内的传输速率比表面双键异构化反应速率快得多，双键异构化速率比齐聚速率快得多。

Ke 等[282]利用 LiOH、NaOH、KOH 和 CsOH 水溶液处理 HZSM-5 分子筛获得碱改性的 HZSM-5 催化剂，并应用于丁烯齐聚反应。通过 X 射线衍射(XRD)光谱、X 射线荧光(XRF)光谱、氮吸附-脱附测量、透射电子显微镜(TEM)和扫描电子显微镜(SEM)研究证实，碱处理可以有效地改变 HZSM-5 催化剂的酸性和层次结构，同时在丁烯齐聚过程中，具有相互连通的开放中孔、较小的晶粒尺寸和适宜酸度的分级催化剂，可以更好地延长催化剂的使用寿命。特别是采用经 CsOH 水溶液处理的 HZSM-5 催化剂，在 12h 内丁烯转化率约为 99%，但是得到的主要是选择性为 85% C_{8+} 产物而非二聚产物。

分子筛除了催化正丁烯的低聚反应外，还能催化异丁烯二聚得到二异丁烯或三异丁烯。张宏宇[283]对未改性的 NaY 和 beta 分子筛原粉进行了评价，发现只有反应温度达到 200℃后分子筛才具有一定的活性，但 NaY 分子筛经过 HCl 或者 NH_4NO_3 离子交换处理在 80℃时就表现出较高的活性，beta 分子筛分别采用 HCl、NH_4NO_3 或者稀土金属离子交换在 40℃时就达到交换前在 20℃时的反应活性，采用稀土交换的 H-beta 型分子筛作为催化剂，在 180℃条件下，质量空速(WHSV)为 3 h^{-1} 时，异丁烯的转化率为 85%左右，二异丁烯选择性可达 90%以上。段红玲等[284]考察了 NH_4NO_3 离子交换处理的丝光沸石在异丁烯齐聚反应中的性能，发现分子筛酸中心的量以及强弱与离子交换次数和交换离子的浓度相关，进而影响反应的转化率和产物选择性，酸中心量过多或过少均不利。在 100℃、2.0～4.0MPa 反应条件下，异丁烯的转化率在 68%左右，二聚产物二异丁烯选择性在 80%左右。鲁亚琳[285]采用水热法合成了新型多孔材料 MCM-22 分子筛，并将其用于混合丁烯齐聚反应。在 250～280℃、2MPa 条件下，丁烯转化率在 80%以上，C_8 烯烃的选择性大于 70%。董平平等[286]详细考察了制备条件对 MCM-22 分子筛催化异丁烯气相齐聚性能的影响，发现硅铝比对 MCM-22 分子筛催化异丁烯气相齐聚反应活性的影响较小，合适的晶化温度为 175℃，晶化时间为 72h，焙烧温度为 500℃。所制备的催化剂在反应温度 225℃和空速 240h^{-1} 条件下催化异丁烯底物的气相齐聚反应，异丁烯转化率大于 50%，C_8 烯烃的选择性大于 95%。宋伟红等[287]通过杂原子掺杂的方式将杂原子引入 ZSM-5 分子筛的骨架，在一定反应条件下，丁烯的转化率为 85.4%，C_8 烯烃的选择性为 78.5%。Yoon 等[288,289]在研究不同分子筛催化异丁烯低聚反应中发现：商品化的分子筛镁碱沸石(Zeolyst-914C，铵型，SiO_2/Al_2O_3=20，比表面积为 $400m^2/g$)、ZSM-5(Zeolyst-CBV5524，铵型，SiO_2/Al_2O_3=50，比表面积为 $425m^2/g$)、丝光沸石(Zeocat-FM-8H，氢型，SiO_2/Al_2O_3=25，比表面积 $500m^2/g$)、beta(25)分子筛(CP814E，SiO_2/Al_2O_3=25，比表面积为 $680m^2/g$)中，丝光沸石分子筛在反应初期能够高效催化异丁烯的二聚反应发生，C_8 烯烃的选择性在 90%左右；但是随着反应时间的延长，二聚体 C_8 烯烃的选择性在不断地下降。而镁碱沸石、beta(25)分子筛则显示出非常稳定的异丁烯转化率和对三聚体的高选择性。在质量空速为 $10h^{-1}$ 时，异丁烯的转化率接近定量，三聚体的选择性接近 60%，并且具有长期稳定性、定量转化率高、选择性高、易再生等优点。另外，Yoon 等[290]通过蒸汽处理 NH_4Y 分子筛(SiO_2/Al_2O_3=2.75)得到了脱铝的 HY 分子筛催化剂，发现在 600℃下蒸制的沸石显示出相对稳定的异丁烯转化，对三聚体和四聚体具有高选择性。作者认为通过蒸汽处理增加了分子筛中的路易斯酸中心，还发现物理混合所制备的负载 $AlCl_3$ 的 USY 沸石催化剂[291]同样能够催化异丁烯的低聚反应，主要得到二聚体、三聚体和四聚体。这主要是由于负载 $AlCl_3$ 的 USY 沸石具有高路易斯酸中心与 Brønsted 酸中心，而且通过简单煅烧可以很容易恢复催化剂的活性，再生催化剂在 120h 的寿命测试表明异丁烯的转化率稳定，三聚体和四聚体的选择性高。此外，美国埃克森美孚公司 Dakka 等[292]申请的专利报道，脱铝的 H-beta 型分子筛可以在 1.0MPa、40℃的反应条件下，实现 C_4 烃原料(12wt%异丁烷、19wt%正丁烷、14wt% 1-丁烯、20.2wt%异丁烯、20.5wt%反-2-丁烯和 13.1wt%顺-2-丁烯)中异丁烯的选择性二聚，异丁烯的转化率可以达到 93%，二异丁烯的选择性为 60%，三异丁烯的选择性为 30%。

总的来说，分子筛或者改性的分子筛催化剂催化正丁烯的二聚反应研究较少，在催化异丁烯的低聚反应中，得到的主要是二聚体、三聚体、四聚体的混合产物，并且相关催化剂的使用寿命并不乐观。目前采用分子筛催化剂的丁烯二聚反应尚未有相关的工业应用。

6. 碳四烯烃二聚(叠合)的酸性树脂催化剂

树脂是利用聚合反应所制备的一种有机聚合物，可以分为苯乙烯系、丙烯酸系、环氧系、酚醛系及脲醛系等，其性能不仅受单体性质、聚合和交联度的影响，还受聚合物基质中加入的特定官能团(调变酸性、碱性、氧化还原性，引入金属配合物等)的影响，以提供催化活性[293-299]。例如，磺酸基团可以通过共聚物与浓硫酸或氯磺酸的磺化或通过与含有磺酸基团的芳香族化合物的共聚锚定到树脂上。作为树脂家族的重要一员，离子交换树脂是一种带有官能团，即具有交换离子的活性基团且具有网状结构、不溶性的高分子化合物，它的一部分分子结构作为树脂的基本骨架，另一部分由固定离子和可交换离子组成的活性基团构成。根据骨架的不同可分为凝胶型(外观呈干态无孔，吸水后产生微孔的为凝胶型)和大孔型(树脂结构无论干态、湿态、收缩、肿胀都存在更多更大的孔)两种；按功能基团离子交换树脂可分为强酸阳离子交换树脂(如磺酸基)、强碱阴离子交换树脂(季铵基团)、弱酸阳离子交换树脂(羧酸基、苯氧基)、弱碱阴离子交换树脂(伯、仲、叔氨基)、两性树脂、螯合树脂、氧化还原树脂等。自 1935 年首次报道有机(聚合物)离子交换剂的合成以来,在过去的几十年里,离子交换树脂特别是大孔型的离子交换树脂已成功应用于各种工业过程(如水处理、冶金、化学工业、食品工业和医药等领域)。最常见的大孔离子交换树脂是聚苯乙烯型,是利用芳香族乙烯基化合物作为单体(乙烯基甲苯、乙烯基萘、乙烯基乙苯、甲基苯乙烯、乙烯基氯苯和乙烯基二甲苯),在存在扩相剂或成孔剂(如庚烷等溶剂)的情况下,与交联剂(如二乙烯基苯)发生聚合反应形成的具有长分子主链及交联横链的网络骨架结构的聚合物。大孔离子交换树脂与早期的聚苯乙烯树脂(没有真正孔隙率的凝胶)相比,大孔树脂具有永久性的发达多孔结构,其尺寸可以通过精确的聚合条件控制,树脂通常以凝胶微粒聚集体组成的球形珠(颗粒)形式提供,孔隙度源自骨架之间和骨架内部的孔隙,形成了一个由相互连接的微孔隙和大孔隙组成的系统。此外,交联剂的类型和用量对多孔结构有很大影响,交联剂高负载降低了聚合物的膨胀效应,并增加了结构的刚度、总孔隙体积、平均孔径和比表面积。由于大多数磺酸基阳离子交换树脂的催化位点位于树脂内,反应物必须扩散通过颗粒外膜,然后通过大孔,最后渗透到微粒的凝胶基质中才能发生反应。因此,大孔树脂的催化性能不仅取决于酸度,也取决于比表面积、孔隙率、孔径分布等。

在众多的离子交换树脂中,酸性离子交换树脂特别是强酸性磺酸基阳离子交换树脂(其制备主要是将二乙烯基苯交联的苯乙烯聚合物小球用浓硫酸磺化,并通过调节其中二乙烯基苯的用量来控制其比表面积和孔分布)作为固体酸催化剂已在众多的酸催化反应中得到了商业应用[299],包括烯烃与醇的醚化反应、烯烃低聚、酸与醇的酯化、醇脱水成烯烃或醚、酚的烷基化反应生成烷基酚、缩合反应、烯烃水合反应等众多的化学转化过程,其中最具代表性的就是异丁烯与甲醇偶联生成甲基叔丁基醚(MTBE)的过程,这也是酸性离子交换树脂在催化领域应用量最大的一种。在酸性离子交换树脂催化的 MTBE 的合成过程中,常会出现其催化的异丁烯的二聚反应得到二异丁烯的副反应[300]。

一般来讲,酸性离子交换树脂催化的异丁烯的二聚反应符合传统的碳正离子反应机理[301-303],反应过程主要有三步(图 5.34):①异丁烯在催化剂 Brønsted 酸性活性中心上的吸附,催化剂表面提供的质子与烯烃的双键加成生成碳正离子;②碳正离与异丁烯分子在 π 键上结合生成二聚体碳正离子;③二聚体碳正离子失去质子生成二聚产物。但是在二聚的过程中伴随着众多的副反应,二聚体碳正离子也可继续反应生成多聚体,如三聚物、四聚物等。纯异丁烯的叠合反应过程具体如图 5.34 所示:两个异丁烯二聚生成的碳八碳正离子可脱去氢质子生成目标产物二异丁烯,包括 2,4,4-三甲基-1-戊烯和 2,4,4-三甲基-2-戊烯,也可进一步与异丁烯加聚生成三聚体碳正离子,三聚体碳正离子可脱去氢质子生成三聚体,或进一步发生加成反应生成四聚体。如果采用的丁烯原料中除含有异丁烯,还有 1-丁烯和 2-丁烯,那么 1-丁烯和 2-丁烯也会与异丁烯发生低聚反应,生成的产物主要有 2,5-二甲基己烯、5,5-二甲基己烯、2,3,3-三甲基戊烯、2,3,4-三甲基戊烯、3,4,4-三甲基戊烯等,同样这些低聚产物也可继续与异丁烯进行加成,生成 C_{12} 烯烃和 C_{16} 烯烃。

由于在众多的丁烯二聚产物中,只有异丁烯的二聚产物是理想的汽油组分,同时由于 MTBE 对饮用水和地下水资源造成污染,以及近年来国内大力推广"乙醇汽油",众多的 MTBE 企业将生产装置改造为异丁烯的选择性叠合得到二异丁烯,之后通过加氢得

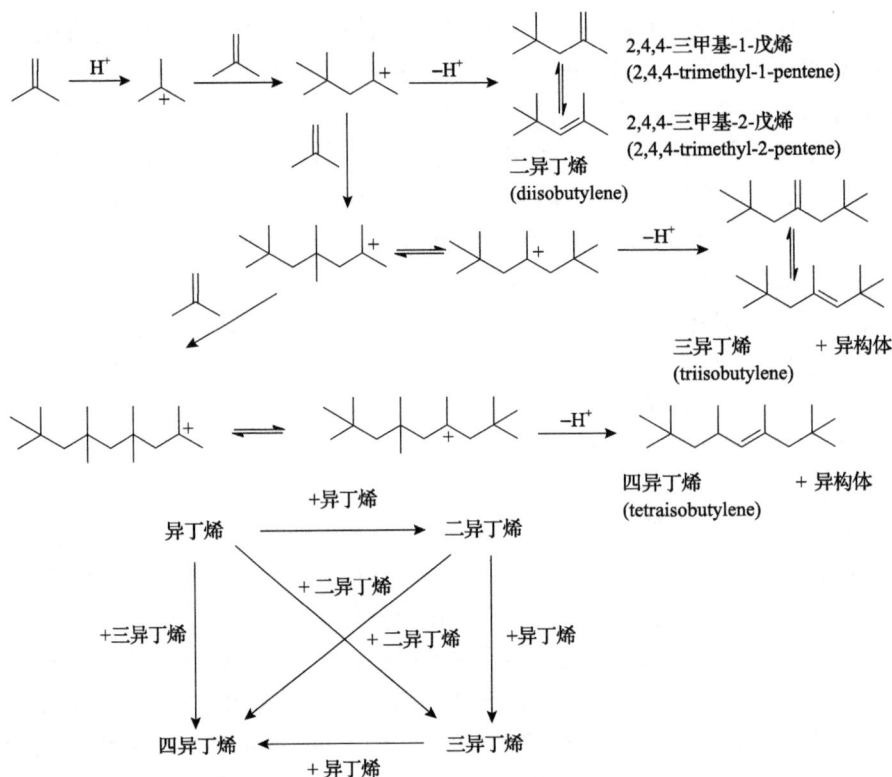

图 5.34　酸性离子交换树脂催化的异丁烯的二聚、三聚、四聚反应

到异辛烷[304]，也就是间接烷基化过程。基于酸性离子交换树脂催化剂酸强度均匀、酸容量定量且容易调节、催化效果稳定、价格低廉以及已经在 MTBE 合成中广泛使用等独特的优势，成为 C_4 烯烃选择性叠合反应的首选催化剂。

事实上，早在 1967 年，Haag[305]就报道了酸性离子交换树脂用于催化异丁烯的低聚反应，提出在缺乏极性组分的情况下，异丁烯的二聚反应具有低初始异丁烯浓度和低转化率，相对于异丁烯浓度而言是二级的。由于酸催化的异丁烯的二聚反应是放热过程，反应最好在低温、液相下发生，以避免热失控，并防止形成较重的低聚物(如三聚体和四聚体)。同时酸性的离子交换树脂具有较高的异丁烯叠合催化活性，很容易造成局部反应热点，引起多聚产物的增加并引起催化剂失活。所以通常需要在反应体系中加入极性化合物作为二异丁烯选择性的增强剂[306]，极性化合物组分的添加可有效抑制树脂催化剂的活性，降低异丁烯转化率，使叠合反应平稳进行，二聚产物二异丁烯的选择性提高。目前已报道的极性组分主要有水、甲醇、乙醇、叔丁醇、MTBE、二丁醇等。

Izquierdo 等[307]利用大孔磺酸树脂(拜耳公司的 Lewatit K-2631，含 14%～25% DVB)在研究异丁烯的二聚反应中发现：在 40～80℃和 1.6MPa 的氮气压力下，在甲醇和 MTBE 等极性组分存在下，未检测到三聚体和四聚体的形成，相反在没有极性组分的情况下，获得了大量三聚体和四聚体。同时作者指出 Langmuir-Hinshelwood 型和改良 Eley-Rideal 型(异丁烯浓度的一级)的动力学模型适用于该反应过程。

Di Girolamo 等[308]考察了强酸性阳离子交换树脂对异丁烯二聚和醚化反应的催化性

能。通过在反应液中加入甲醇，可以明显抑制异丁烯的齐聚物生成速率，从而得到以 MTBE 和二异丁烯为主的反应产物，并且通过改变甲醇的投料量可以调节 MTBE 和二异丁烯的比例。

周晓龙等[309]利用 Amberlyst-15 酸性离子交换树脂作催化剂，考察了 MTBE 和甲醇的添加对异丁烯叠合反应选择性的影响，当反应物中 MTBE 与异丁烯摩尔比为 0.2 时，二异丁烯选择性提高至 81%，当反应物中甲醇与异丁烯摩尔比为 0.6 时，二异丁烯选择性提高至 96.9%。

Talwalkar 等[310]在温度范围为 65～95℃，采用酸性离子交换树脂为催化剂时，考察了水对异丁烯二聚反应的影响。通过温度、催化剂负载量、水浓度和异丁烯初始浓度等参数的调整，给出了反应的动力学模型，由于在酸性树脂作用下水与异丁烯水合生成叔丁醇，阻止了其他副反应的发生，二异丁烯收率得以提高。Honkela 等[311]采用商品化的酸性磺酸基阳离子交换树脂为催化剂，在 77～117℃、1.5MPa 反应条件下，以叔丁醇为选择性增强剂，以纯 1-丁烯和顺-2-丁烯为原料及以异丁烯和顺-2-丁烯混合物为原料，分别研究了直链烯烃的异构化和二聚反应。结果表明，在高温和低叔丁醇浓度下，1-丁烯和顺-2-丁烯都经双键移动异构成反-2-丁烯，并且在异丁烯和顺-2-丁烯混合物的实验中形成了异丁烯和 2-丁烯的共二聚体。同时混合料中异丁烯转化率略高于纯异丁烯进料的转化率，但是二聚体的选择性大致相同。Honkela 等[312]进一步考察了极性组分对酸性离子交换树脂催化异丁烯二聚反应的影响，发现在反应物中加入甲醇、叔丁醇和 MTBE 等含氧化合物后，虽然二聚反应的转化率降低，但都可以有效提高二异丁烯的选择性，特别是叔丁醇的加入量较低的情况下可以实现高的二异丁烯选择性。并且随着含氧化合物加入量的增加，异丁烯的转化率增加，二异丁烯的选择性降低，表明二聚反应中的极性成分会导致催化剂的活性降低。选择性的提高是由催化活性的降低引起的。由于在酸性离子交换树脂催化剂催化的异丁烯二聚反应中，发挥功能的主要是—SO$_3$H 官能团或者说反应活性位为—SO$_3$H 官能团所提供的 H$^+$，其活性主要与树脂催化剂表面的—SO$_3$H 官能团的浓度、强度以及分布等密切相关。Honkela 等[313]使用各种离子交换树脂(单磺化的：Amberlyst-15、Amberlyst-16；超磺化的：Amberlyst-35、Amberlyst-36、Amberlyst-39；表面磺化的：Amberlyst-XE586 和 Amberlyst-XN1010)研究了异丁烯的二聚反应。在存在叔丁醇的情况下，单磺化(Amberlyst-15 和 Amberlyst-16)和超磺化(Amberlyst-35 和 Amberlyst-36)树脂的选择性和转化率相似，对于表面磺化树脂，Amberlyst-XE586 的转化率较低，但选择性较高，作者认为活性随着交联度(即决定孔径分布的二乙烯基苯含量)的增加而增加，这可能是因为扩散限制较低，反应物更容易接近活性中心，而适度交联树脂的选择性更好。为了进一步研究酸度的影响，使用经氢氧化钠溶液处理的离子交换树脂 Amberlyst-15 来钝化部分活性中心，发现活性和选择性都随着酸容量的降低而降低，这表明钠离子和极性添加剂(选择性增强剂)对催化剂的影响是不同的。事实上，钠离子强烈吸附在活性位点上，从而降低质子迁移率和树脂膨胀(增加扩散限制)，并抑制选择性增强剂叔丁醇的积极作用。Honkela 等[314]采用叔丁醇为选择性增强剂，在 60～120℃、不同进料浓度的连续搅拌釜式反应器中，对商品化的磺酸基阳离子交换树脂催化的异丁烯二聚反应动力学进行了深入研究，以获得用于反应器设计目的的动力学数据。通过常规试验(搅拌速率和粒度的影响)排除了外部和内部传质限制，通过降低树脂磺酸位点的活性来提高对二异丁烯的选择性，推导了二聚和三聚反应是表面反应为限速步骤的Langmuir-Hinshelwood 型动力学模型(内扩散和外扩散传质并非反应的控制步骤)。其中二异丁烯使用两个活性位点形成，三异丁烯通过二异丁烯使用三个活性位点形成。二聚体和三聚体的吸附与异丁烯和叔丁醇(选择性增强剂)的吸附相比可以忽略不计。同时利用实验数据和模拟结果(异丁烯转化率、二异丁烯选择性和反应器最高温度)之间的良好相关性证实了动力学的模型。

Song 等[315,316]通过离子交换法制备了一系列钠离子交换 Amberlyst-15 树脂催化剂，在固定床反应器上液相条件下反应，考察了钠离子交换率、反应工艺条件以及原料组成对异丁烯叠合性能的影响。结果表明，随着钠离子交换率的提高，异丁烯转化率逐渐降低，二聚产物的选择性迅速升高，异丁烯转化率与催化剂上酸中心的数量呈线性关系。提高反应温度，不同钠离子交换率的树脂催化剂上的异丁烯转化率升高，二聚选择性降低，较高的钠离子交换率使树脂上二聚产物的选择性随温度的变化幅度降低。在 30～50℃，钠离子交换率为 47%的 Amberlyst-15 树脂上二聚产物的选择性保持在 93%以上。提高空速，二聚产物的选择性增加，异丁烯转化率降低。反应压力对异丁烯二聚性能没有明显影响。随后该课题组又考察了不同钠离子交换容量的钠离子交换 Amberlyst-15 树脂(20～40 目)催化异丁烯的二聚反应,在 50℃、2.0MPa 和 LHSV 为 2h^{-1} 的反应条件下，通过钠离子交换率有效控制树脂的酸容量，可以显著提高二聚体的选择性。当催化剂的酸容量控制在 <2.45 mmol/g 时，C_8 烯烃中的 2,4,4-三甲基戊烯含量接近 100%。

徐泽辉等[317]以强酸性阳离子交换树脂为催化剂，在高压釜内考察了异丁烯二聚反应工艺条件对二异丁烯选择性的影响。在加入叔丁醇后，异丁烯二聚反应速率变慢，二异丁烯选择性增加。在反应温度为 90℃、原料中异丁烯质量分数为 17%～20%、叔丁醇质量分数为 0.6%、反应时间为 3.5h 的条件下，异丁烯的转化率为 60%，二异丁烯的选择性在 80%左右。

葛跃娜等[318]以炼厂 FCC 裂解气(混合 C_4)为原料，对大孔磺酸基阳离子交换树脂DH-2 催化剂催化 C_4 烯烃选择性叠合进行工艺条件等方面的评价。结果表明，反应温度降低、空速增大和催化剂酸量降低均导致异丁烯和 1-丁烯转化率下降，C_8 烯烃选择性升高。另外，添加乙醇抑制剂可大大降低 1-丁烯转化率，提高 C_8 烯烃选择性，在 50℃、乙醇与异丁烯摩尔比为 1：2 的条件下，异丁烯转化率为 75.6%，1-丁烯转化率为 6.5%，C_8 烯烃选择性为 88.6%。

各种极性组分在异丁烯的二聚反应中对反应的影响方式不同[319,320]。采用甲醇为增强剂，甲醇优先以 $MeOH_2^+$ 的形式吸附在酸性离子交换树脂的活性位点上，由于 $SO_3\text{-}MeOH_2^+$ 的酸性低于 H^+，因此催化剂的酸强度降低，从而异丁烯齐聚速率降低。同时，甲醇和异丁烯反应生成 MTBE，从而减少了可用于齐聚的异丁烯数量，然而 MTBE 很难从低聚物(二聚体和三聚体)混合物中去除。采用乙醇为增强剂，其与异丁烯之间的醚化反应不太利于进行。采用叔丁醇为增强剂，由于空间位阻的影响，叔丁醇与异丁烯之间不会形成醚，同时异丁醇在酸催化剂的作用下会发生脱水反应得到异丁烯和水，水是酸性树脂催化剂不可分割的一部分［大多数商用离子交换树脂以湿形式提供，即含水量（质量分数）为 20%～50%］；最为主要的是叔丁醇对酸性树脂催化剂中的—SO$_3$H 活性中心具有很强的吸附性，由于叔丁醇所具有的强极性和较大的空间位阻，只需在反应体系中加入少量叔丁醇，就可使酸性树脂催化剂表面环境发生变化，极性的增加和空间位阻的增大使催化剂表面对非极性的异丁烯和二异丁烯的吸附显示出不同的选择性，即容易极化且分子较小的异丁烯更易被吸附，而对不易极化且分子较大的二异丁烯则有较低的吸附能力。另外，叔丁醇进入树脂孔道及树脂聚合链之间的孔隙后，树脂体积发生溶胀，在降低树脂强度的同时，还起到了对树脂进行扩孔的作用，而树脂孔径的增大可以消除内扩散对反应的影响，缩短中间产物在催化剂表面的停留时间，从而减少多聚物的生成。采用水为增强剂，水和异丁烯发生水合得到叔丁醇，叔丁醇脱水是可逆平衡反应，反应体系中水、异丁烯和叔丁醇的含量在稳态下会达到平衡分布。因此，在异丁烯的二聚反应过程中常使用叔丁醇、水或两者作为选择性增强剂。

目前从现有的文献报道来看，以强酸性的磺酸基阳离子交换树脂为催化剂，加入含氧化合物作为二异丁烯选择性促进剂工艺，已成为异丁烯选择性叠合生产二异丁烯最重要的工艺路线。但加入含氧化合物后，催化剂的活性降低，所以反应体系中未反应的异丁烯需回收后再循环使用。因此包括釜式、固定床、全混流、平推流以及膜反应器等新型技术在该反应中均有研究，并对现有工艺条件进行了多方面的优化，表 5.9 给出了常见酸性离子交换树脂催化异丁烯二聚反应性能之间的对比[321]。

表 5.9 酸性离子交换树脂催化异丁烯二聚反应性能之间的对比

催化剂	反应器	增强剂	溶剂	温度/℃	压力/MPa	转化率/%	选择性/%
Tulsion T-63	间歇釜、反应蒸馏	—	异辛烷	60～90	1.0	99.6	85.7
	间歇釜	水、叔丁醇	异辛烷	65～95	—	~36	96.7～98.1
离子交换树脂	固定床	—	叔丁醇-异辛烷	44～75	2.5	21～63	83～98
	反应蒸馏	—			1.5	90～99	80～95
	平推流式反应器	—		90	>1.5	50～95	85～96
	全混流反应器	叔丁醇	异戊烷	60～120	1.48	40～60	80～90
Amberlyst-15	全混流反应器和间歇釜	甲醇、叔丁醇、MTBE、2-丁醇	异戊烷	60～90	1.3～1.5	10～100	25～100
Amberlyst-36	全混流反应器	叔丁醇	异戊烷	70～110	1.5～1.8	30～70	97
Nafion SAC	膜催化反应器	—	异辛烷	30～50	3.5～4.4	22～98	20～86
Amberlite IR-120	固定床反应器和间歇釜	—		60	0.6～0.7	0～10	40～100

到目前为止，围绕异丁烯二聚过程，利用大孔磺酸基阳离子交换树脂为催化剂，已经发展了众多的工业化生产技术（表 5.10）[6,322-327]，主要是用于现有 MTBE 装置的改造。

其中各工艺技术关键在于具有适宜比表面积、比孔容、活性及稳定性的树脂催化剂的开发。例如，可以通过调整苯乙烯和二乙烯苯的交联配比，优化磺化工艺条件等过程，优选造孔剂和调整工艺参数，有效提高大孔磺酸基阳离子交换树脂催化剂的交换容量；采用多元制孔技术，优化出催化剂的最佳孔结构，使得高分子聚合物的大孔型结构更有利于 $C_8 \sim C_{12}$ 组分在树脂颗粒内部的扩散，在保持其催化活性高、选择性好的基础上，提高产品的抗污染性能，减轻物料中带有的胶质及低聚物在树脂催化剂颗粒内部的沉积，延长催化剂的使用寿命。

表 5.10　异丁烯二聚具体技术对比

技术简称	开发者	催化剂	反应器	增强剂	应用状态
InAlk	UOP	酸性离子交换树脂或固体磷酸催化剂	固定床	低碳醇	工业应用
NExOctane	Fortum Oil、Gasoy、Kellogg Brown & Root	耐高温树脂	绝热固定床	通过加水生成叔丁醇	工业应用
CDIsoether	Snamprogetti、CDTECH	耐高温树脂	水冷管状反应器、泡点反应器或催化蒸馏塔反应器	—	工业应用
Alkylate100SM	Lyondel Chemica、Aker Kvaerner	耐高温树脂	外循环固定床	叔丁醇或仲丁醇	工业应用
叠合-醚化技术	中国石化石油化工科学研究院	大孔磺酸基阳离子交换树脂	固定床	—	工业试验
叠合技术	丹东明珠特种树脂有限公司/中石油华东设计院有限公司	大孔磺酸基阳离子交换树脂	固定床	叔丁醇	工业应用

在异丁烯的选择性二聚研究方面，国内的两种相关技术已成功实现工业试验或者工业应用。

中国石化石油化工科学研究院成功开发出以混合 C_4(可来源于 FCC、蒸汽裂解或异丁烷脱氢装置)为原料的异丁烯选择性叠合技术，在中国石化石家庄炼化公司原有的 MTBE 装置上进行改造，在 2018 年完成了 3 个月以上的连续试验，异丁烯转化率为 90%～92%，二异丁烯选择性大于 90%。该技术采用的催化剂是凯瑞环保科技股份有限公司生产的专用 KC110 型大孔磺酸基阳离子交换树脂。在该催化剂的制备过程中，通过引入特殊定位功能基团，提高了磺酸基团的稳定性，从而提高了催化剂的耐温性；通过调整催化剂的孔径和孔容，并通过实验优化对比，优选出最适宜的孔结构，得到最优选择性和耐堵塞性催化剂制造工艺；通过加入适宜的添加剂，提高催化剂的选择性。同时 KC110 型叠合催化剂具有较好的机械强度。

2019 年初，丹东明珠特种树脂有限公司和中石油华东设计院有限公司合作，成功开发出异丁烯选择性叠合的工业技术，采用丹东明珠特种树脂有限公司的 DH-01 型大孔磺酸基阳离子交换树脂催化剂，利用淄博齐翔腾达化工股份有限公司的 1000t/a 的 MTBE 装置改造 6000t/a 的碳四烯烃叠合装置，碳四烯烃叠合装置分为三个单元，分别为反应器单元、反应精馏单元和抑制剂回收单元。采用异丁烯质量分数分别为 10%、15%、20% 左右的三种工业原料完成了工业中试，C_8 烯烃的选择性在 90%以上。利用该技术，洛阳炼化宏力化工有限责任公司将其 MTBE 装置改造转产二异丁烯装置（产能 3.6 万 t/a），装置采用三段固定床外循环冷却反应器，同时包含催化蒸馏塔、叔丁醇水洗塔、叔丁醇回收塔、二异丁烯脱重塔等，采用催化裂化装置的混合 C_4 为原料，异丁烯转化率达到 98%，二异丁烯在叠合产品中的质量分数为 91%。

5.2.2　辛烯的其他生产方法

前面在 C_4 烯烃二聚（叠合）合成 C_8 烯烃部分，所得到的主要是含有支链的各种 C_8 烯烃。对于直链的 C_8 烯烃特别是 1-辛烯的合成而言，目前发展的技术主要有乙烯非选择性齐聚混合物分离、乙烯选择性四聚、费-托合成产物萃取分离、1-己烯氢甲酰化-加氢-脱水、丁二烯调聚-加氢-裂解等。

1. 乙烯非选择性齐聚混合物分离得到 1-辛烯

乙烯齐聚是石油化工生产中的重要过程之一，通过乙烯齐聚反应可以将乙烯转化为具有较高附加值的线型 α-烯烃[328-330]。通常乙烯齐聚过程制得的是 $C_4 \sim C_{30}$ 的线型偶数碳 α-烯烃，根据碳数的不同，其具有不同的用途：$C_4 \sim C_8$ 部分主要用作共聚单体生产高密度聚乙烯（HDPE）和线型低密度聚乙烯（LLDPE）；$C_6 \sim C_{14}$ 部分可以转化为直链醇，用作 PVC 增塑剂或用于生产具有良好生物降解性的洗涤剂、表面活性剂、化妆品等；$C_8 \sim C_{12}$ 部分可用来生产具有凝固点低、黏度指数高、对添加剂的亲和性好和高温下稳定等优点的高级合成润滑油；$C_{12} \sim C_{24}$ 部分可用于生产润滑油添加剂等。与传统的蜡裂解、烷烃催化裂解、烷烃脱氢等 α-烯烃制备方向相比，乙烯齐聚在产品质量方面和工业化流程方面均具有长足优势，是当前应用最广泛和工艺最先进的 α-烯烃生产方法之一。通过乙烯齐聚反应得到的高碳烯烃 $C_4 \sim C_{30}$ 混合物深度分离，可以获得高纯度的线型 1-辛烯。

传统的乙烯齐聚反应使用的催化剂主要有金属铝系、镍系、钛系、锆系、铁系、钴系的均相或者多相体系等[331]。这些体系催化乙烯齐聚反应主要遵循 Cossee-Arlman 机理[332-334]，如图 5.35 所示。反应是从乙烯分子在金属氢化物空位上的 π 配位开始的，然后第二个乙烯分子插入金属氢化物键，形成烷基金属键，乙烯分子在催化剂金属中心配位插入导致线型链增长，进而发生碳链的 β-氢迁移和脱除，生成 α-烯烃。但在反应过程中，每个单体插入步骤之后，催化剂可以催化另一个乙烯分子插入（链增长）或 β-氢化物消除（链终止），也就是说 β-氢转移而发生的还原消去反应（链终止）与乙烯的插入链增长反应（链增长）形成竞争，链增长速率只是在一定程度上大于链脱除速率（也称链转移速率）或与其相当。所以在乙烯齐聚催化反应中，碳链的增长有一定限度，所得到的齐聚产物碳数在 4～30 之间变化，分布取决于链增长速率（α）和/或链终止速率（$1-\alpha$），生成的 α-烯烃往往符合 Schulz-Flory（SF）分布或泊松（Poisson）分布[335-338]，其中处于这些正态分布的峰值表明某些特定的 α-烯烃在所有 α-烯烃产物中具有较高的含量。研究表明，传统的乙烯齐聚催化得到的线型 α-烯烃的分布由催化剂的组成（主催化剂、助催化剂、第三组分、配体）和结构决定，同时聚合反应条件如采用的反应溶剂、温度、压力、浓度等也会有很大的影响。

目前全球消费的所有线型 α-烯烃中，高达 90%由乙烯齐聚的混合物分离得到，目前已有众多的均相催化体系催化乙烯齐聚合成线型 α-烯烃过程实现了工业化应用，如 Ethyl 工艺、Gulfene 工艺和 SHOP 工艺等典型的工艺过程以及法国石油研究院的 AlphaSelect 工艺、UOP 公司的 Linear-1 工艺、SABIC-Linde 的 α-Sablin 工艺等[219,339-342]，各工艺技术的简单对比如表 5.11 所示。

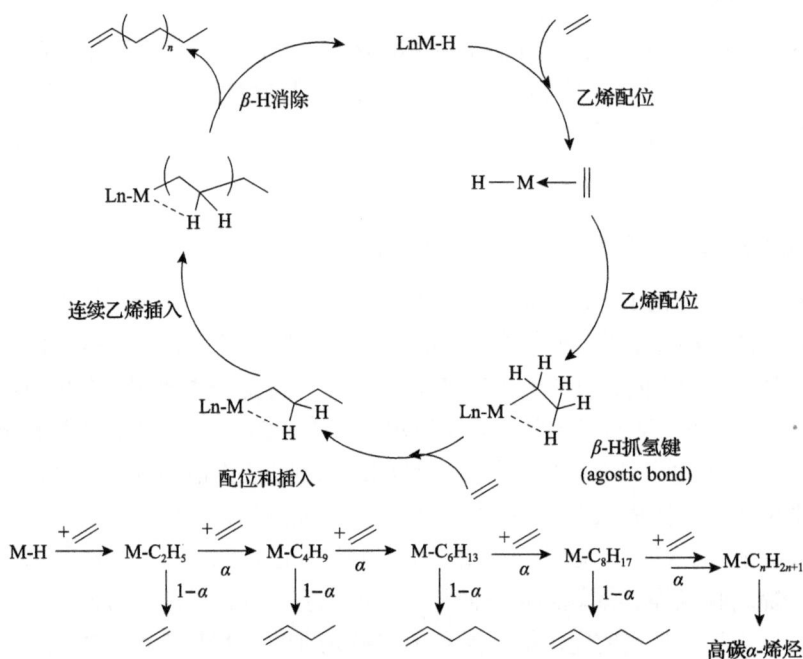

图 5.35　乙烯齐聚反应的 Cossee-Arlman 机理

表 5.11　已工业化的乙烯非选择性齐聚反应的关键数据对比

公司	工艺	催化剂体系	稳定温度/℃	操作压力/MPa	产物	分布（α）
Ineos	Ethyl	修饰的 AlR₃	100～120	10～12	C₄～C₃₀₊	泊松分布
BP Amoco	—	AlR₃	130～140	19	C₄～C₁₈	—
Chevron-Phillips	Gulfene	有机铝+镍配合物	40～100	3～6	C₄～C₃₀₊	SF（α=0.5～0.75）
Idemitsu	—	有机锆+有机铝+噻吩衍生物	100～150	—	C₄～C₂₀	—
Shell	SHOP	镍配合物[Ni(P,O)(PR₃)R']	50～120	2～15	C₆～C₃₀₊	SF（α=0.75～0.8）
IFP-Axens	AlphaSelect	改进的有机锆+改进的有机铝	40～150	0.5～15	C₄～C₁₀	SF（α=0.2～0.5）
UOP	Linear-1	镍配合物	30～80	6～14	C₄～C₁₀	SF（α=0.55～0.67）
SABIC-Linde	α-Sablin	有机锆+有机铝	60～100	2～3	C₄～C₁₈	SF（α=0.4～0.8）

由于传统乙烯非选择性齐聚工艺对特定产品的选择性差，烯烃的碳数分布较宽，同时 1-辛烯的含量(质量分数)通常不足 15%，需要通过高耗能的分离过程才能得到较高纯度的线型 1 辛烯。

2. 乙烯选择性四聚得到 1-辛烯

与乙烯的非选择性齐聚相比，乙烯的选择性齐聚反应，由于具有产品选择性好、分离成本低和产品质量好等优点成为合成特定碳链 α-烯烃的新选择。目前，乙烯选择性齐聚反应的催化体系主要有 Ti 系、Ta 系、Cr 系等，其中 Cr 系催化剂体系因具有优越的活性和选择性成为研究的热点。乙烯选择性齐聚 Cr 系催化剂最早是由 Union Carbide 公司的 Manyik 等[343]在 1967 年发现，以 Cr(Ⅲ)-2-乙基己酸酯为催化剂，部分水解的 3-异丁基铝作为助催化剂，在乙烯聚合产物中发现了丁基支链，这标志着在该体系催化乙烯聚合过程中原位形成了 1-己烯，这个发现引发了人们对乙烯选择性齐聚 Cr 系催化剂体系的研究热潮。在 20 世纪 90 年代，Chevron-Philips 公司的 Baralt 等[344]对乙烯三聚的反应体系进行了改进，通过引入吡咯基配体，并调变助催化剂，优化出 2-乙基己酸铬、2,5-二甲基吡咯、Et_2AlCl 和 $AlEt_3$ 为助催化剂与电子对给予体所组成的催化剂体系。2002 年，英国石油(BP)公司的 Carter 等[345]发现由三氯化铬、PNP 配体 $Ar_2PN(Me)PAr_2$(Ar=ortho-methoxy-substituted aryl group)、甲基铝氧烷(MAO)组成的体系，在甲苯溶剂中，80℃和 2.0MPa 压力下能够高选择性催化乙烯三聚反应，生成近 90% 1-己烯，活性达到 1.03×10^6g/(g Cr·h)。2003 年，Chevron-Philips 公司在卡塔尔建设了一套乙烯三聚合成 1-己烯的 5 万 t/a 工业化装置[346,347]。

基于 Chevron-Philips 公司所开发的催化乙烯选择性三聚制 1-己烯技术的成功工业化应用，众多的研究者对乙烯选择性四聚定向制备 1-辛烯的反应投入了大量的精力。与三聚反应过程类似，乙烯选择性四聚的催化剂体系也主要由铬化合物、配体、助催化剂和/或促进剂组成。2004 年，Sasol 公司的 Bollmann 等[348]在英国石油公司 Carter 等[345]的研究基础上，将 PNP 配体中磷原子上芳基上的取代基由甲氧基变换为氢或烷基基团，与 $Cr(THF)_3Cl_3$ 和甲基铝氧烷组成催化剂体系，在甲苯溶剂中 65℃和 3.0MPa 压力下或 45℃和 4.5MPa 压力下选择性催化乙烯四聚的反应发生，得到 1-辛烯为主导的产物，其中 C_8烯烃含量达 45.2%~68.3%，1-辛烯的选择性大于 93%，活性为 4400~272400g/(g Cr·h)。进一步的研究表明，使用其他有机铝化合物，如改性的甲基铝氧烷(MMAO-3A)、乙基铝氧烷/三甲基铝(EAO/TMA)或 SiO_2 辅助的 MAO/TMA，几乎不会改变 1-辛烯的选择性，但是会影响副产物聚合物的收率和催化剂的活性。在 EAO 存在下，催化剂活性和聚合物收率降低。在有氢存在的齐聚反应中，也观察到聚合物含量的降低，但催化剂活性没有损失。用环己烷代替甲苯作为溶剂可使催化剂活性提高 2 倍。在 Sasol 公司的 Bollmann 等[348]的研究基础上，众多的研究者针对乙烯的选择性四聚反应展开了深入的研究，发现在反应过程中配体、助催化剂、溶剂等在反应中均发挥着重要的作用[349]。配体在乙烯四聚催化体系中主要作用是与铬配位形成铬金属配合物，同时稳定 Cr 金属中心过渡态。另外，配体还影响乙烯四聚催化体系的活性和选择性，一般来讲，随着配体吸电子能力增强，催化剂活性升高，产物倾向于形成低碳烯烃。这是由于配体吸电子能力增强，中心金属原子上电子云密度下降，使金属中心原子更易与乙烯的π电子发生相互作用，从而提高了反应速率和催化活性。同时，金属中心的路易斯酸性增大有利于β-H 的消除。总的来说，配体的空间位阻、取代基、配位角和骨架的刚性等都是影响催化体系活性和选择性的关键因素。截至目前已发展了众多的基于 P、N、O、S 等配位原子的双齿以及多齿的配体，包括 PP、PNN、PNP、PNPN、SNS、NNZ、NZN（Z 为 P、N、O、S 原子）、PNPN-H 等类型的配体，其中以具有$(R_1R_2P)_2$N-R_3结构的 PNP 配体研究得最多也最深入。助催化剂在乙烯四聚中的作用：①作为还原剂用来还原 Cr^{3+} 以及用来与乙酰丙酮铬中的氧进行配位，将铬的活性位活化，将其转化为活性物种，从而使之具备活性进行乙烯四聚；②消除反应系统中残存的氧、水等杂质。在乙烯四聚过程中，常用的助催化剂是甲基铝氧烷和有机硼化合物[如 $B(C_6F_5)_3$/AlR_3 和[Ph_3C][$B(C_6F_5)_4$]/AlR_3 等]等。关于乙烯的选择性四聚反应相关研究，已有多篇综述可参考[349-356]，在此不展开详述。

对于铬系催化剂催化的乙烯选择性四聚合成 1-辛烯的反应机理，目前公认是通过金属环的机理进行（图 5.36）[356-361]。形成的第一个金属环状物是结合了 2eq 的乙烯而形成的五元金属环，这个五环结构相对的热稳定性高，当与乙烯接触足够的时间之后又插入当量的乙烯形成七环结构，在金属七元环中间体上再插入一个乙烯分子形成金属九元环，金属九元环发生β-H 转移和消除形成 1-辛烯，这种消除比乙烯进一步插入形成更高碳的金属环化物更容易进行。另外，甲基环戊烷和亚甲基环戊烷是乙烯四聚反应过程中主要的副产物，两者摩尔比是 1∶1。其生成机理主要是金属七元环重排生成环戊甲基氢化铬中间体，再发生β-H 消除形成甲基环戊烷和亚甲基环戊烷。

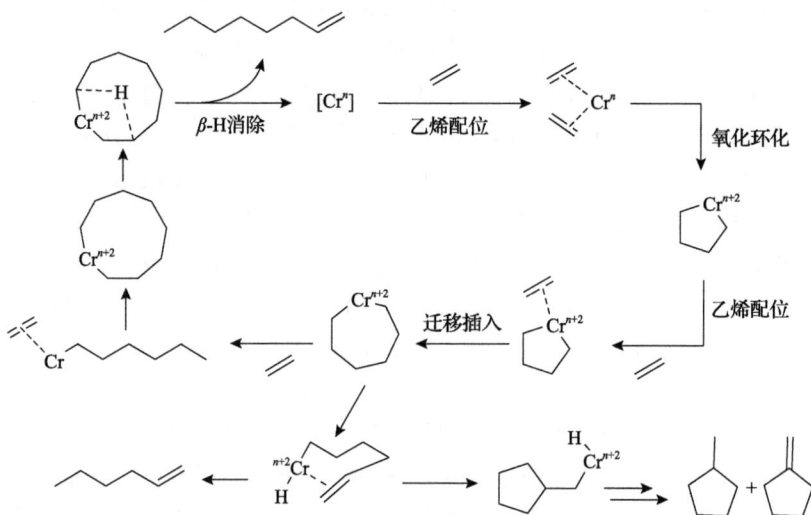

图 5.36　乙烯选择性四聚合成 1-辛烯的金属环机理

在工业应用方面，采用自主发展的 Cr/PNP/MAO 催化剂，南非的 Sasol 公司在其位于美国路易斯安那州莱克查尔斯(Lake Charles)生产基地建设了世界上第一套商业化乙烯四聚装置，1-辛烯/1-己烯产能 10 万 t/a[362]。

国内的中国石油大庆石化公司采用与中国寰球工程有限公司大庆公司、中国石油石油化工研究院大庆化工研究中心联合开发的乙烯齐聚技术，在原有产能 5000t/a 1-己烯装置的基础上进行改造，通过改变催化剂，可以实现 2500t/a 1-辛烯的生产[363]。据了解，该乙烯四聚工艺，采用 Cr 的催化剂（共包括 4 种组分），反应溶剂为环己烷，反应温度 55℃±5℃、反应压力 4.5MPa±0.05MPa，反应时间 1h，反应所得混合物中含有 45% 1-辛烯、6% 1-己烯、2% 甲基环戊烷、2% 亚甲基环戊烷、约 12% C_{10} 以上烯烃；反应所得中间混合物料经过粗分，塔底得到 C_8 及以上产品，再经进一步分离得到 1-辛烯产品，乙烯、反应溶剂经分离循环使用，目前该乙烯四聚合成 1-辛烯的工业试验装置正在建设中。

3. 费-托合成产物萃取分离 1-辛烯

费-托合成所得到的产物中碳数分布较窄、烯烃含量更高，特别是 α-烯烃含量高，若采用先进的分离提纯技术分离得到 α-烯烃，不仅能达到费-托合成轻质油增值利用的目的，还将对全球 α-烯烃的产能及市场产生积极的影响。在费-托合成研究方面具有多年工业应用积累的南非 Sasol 公司开发出了利用费-托合成的轻质油分离 1-辛烯的技术，并建立了 2 条工业化的生产线[364,365]。第一条 1-辛烯的抽提生产线于 1999 年建成，产能 5 万 t/a，采用的是萃取蒸馏技术[图 5.37(a)]，由于和 1-辛烯的共沸物含有羧酸，因此首先利用碳酸钾溶液中和费托轻油（C_7～C_{10} 烃进料）中的羧酸并通过水洗步骤去除（废碳酸盐溶液可以再生）；然后，无酸碳氢化合物经过预分馏，去除轻烃和重烃，得到 C_8 粗馏分；再以 N-甲基吡咯烷酮（N-methyl-2-pyrrolidone，NMP）为重沸溶剂，通过萃取蒸馏从 C_8 粗馏分中去除酮和醛等含氧化合物（含氧化合物可以从 NMP 中分离出来，NMP 被回收利用）；最后通过一系列超精馏除去馏分中的正辛烷及异辛烯，并用 NMP 作为萃取剂精馏除去环烯烃，最终得到 1-辛烯产品。在该过程中由于羧酸钾盐的两亲性性质，微量（百万分之几）丙酸钾和丁酸钾最终进入有机相，这容易导致在 1-辛烯萃取装置下游的石脑油加氢处理装置（NHT）中严重的压降问题，给操作带来不利。第二条生产线采用新的共沸蒸馏工艺[图 5.37(b)]，利用乙腈-水混合物或者三氟乙酸-水混合物为夹带剂，将 C_8 粗馏分的碳氢化合物从酸和其他含氧化合物中分离出来。其优势是将第一条生产线中酸脱除过程和含氧化合物脱除过程两个单独的处理步骤合并，省略碳酸钾中和步骤，同时在提取过程中产生的所有富含氧化合物的馏分没有单独处理，而是与碳氢化合物重新混合返回到精炼系统，从而节省设备及操作费用。

4. 1-己烯氢甲酰化-加氢-脱水合成 1-辛烯

在 2007 年南非的 Sasol 公司以费-托合成的 1-庚烯为原料，建成了 10 万 t/a 的 1-辛烯工业化装置，将 1-庚烯转化为 1-辛烯的化学反应如图 5.38 所示[366-369]。经历三个步骤：①1-庚烯氢甲酰化转化为辛醛；②将辛醛氢化为 1-辛醇；③将 1-辛醇脱水为 1-辛烯。其中的氢甲酰化和加氢采用的是 Dow-Johnson Matthey-Davy 的低压铑基氢甲酰化工艺技术，脱水采用的是改性 γ-Al_2O_3 催化剂，最终得到的 1-辛烯纯度大于 95%。

(a)

(b)

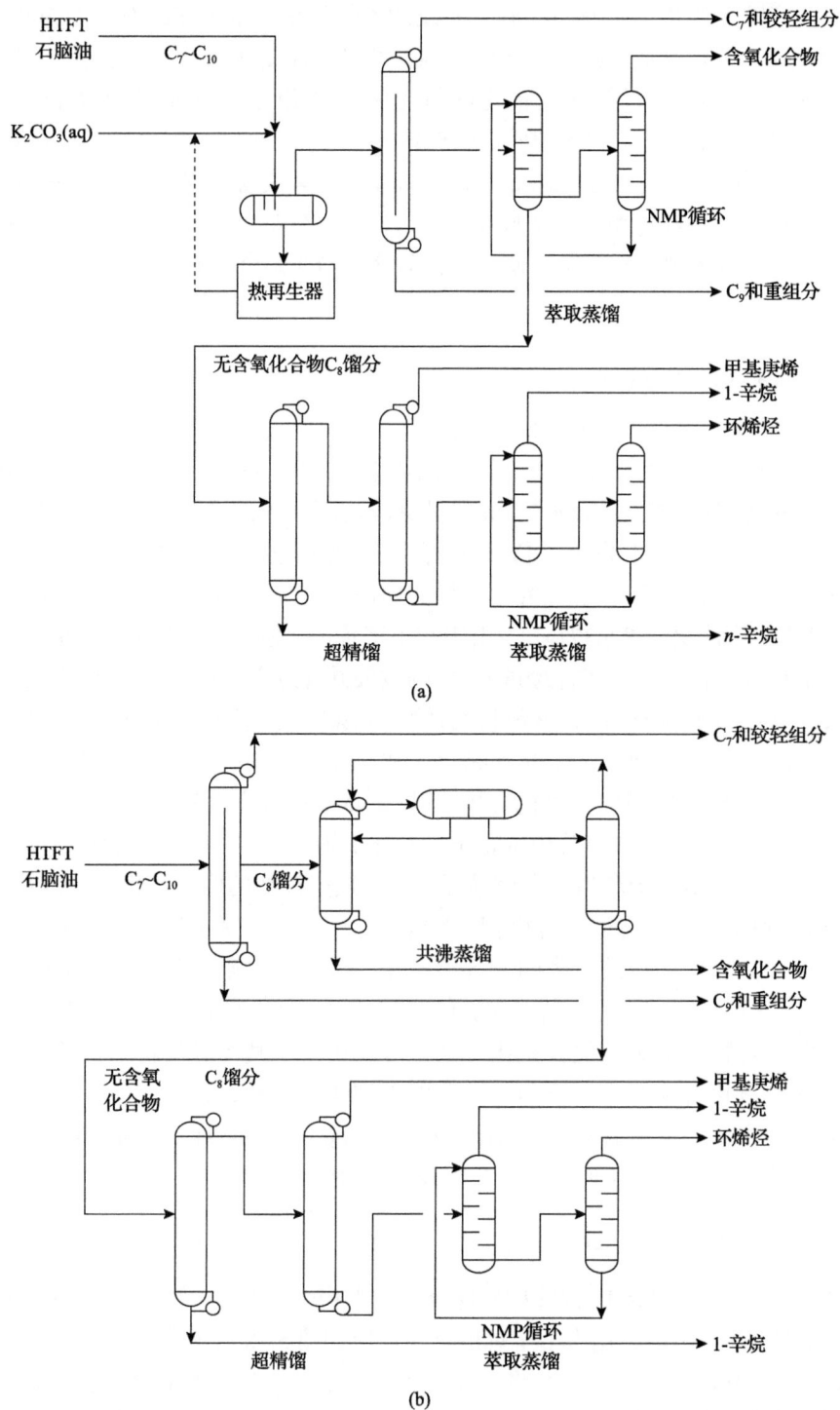

图 5.37 南非 Sasol 公司开发出的利用费−托合成轻质油分离 1-辛烯的技术流程
(a)萃取蒸馏工艺；(b)共沸蒸馏工艺

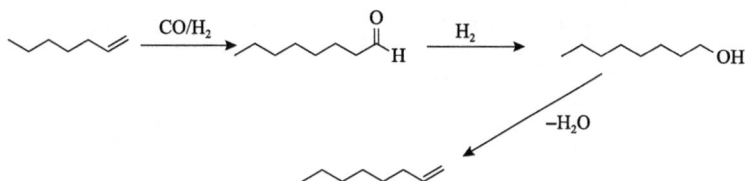

图 5.38　1-庚烯氢甲酰化-加氢-脱水合成 1-辛烯

5. 丁二烯调聚-加氢-裂解合成 1-辛烯

利用大宗的 1,3-丁二烯为原料，通过调聚反应得到 1-甲氧基-2,7-辛二烯，之后通过加氢得到 1-甲氧基辛烷，随后，1-甲氧基辛烷在高温下裂解，得到 1-辛烯(蒸馏后高达97%)，甲醇供循环使用(图 5.39)[370]。该工艺的第二步和第三步过程是常规的反应(第二步使用经典的多相钯基氢化催化剂，第三步使用酸性氧化铝基催化剂)。其中第一步是整个过程中最为关键的步骤，采用的主要是钯基催化剂，由于在调聚反应过程中存在多个副反应过程，得到 3-甲氧基-1,7-辛二烯、1,3,7-辛三烯(由线型丁二烯二聚形成)和 4-乙烯基环己烯(由两个丁二烯分子的 Diels-Alder 反应形成)等副产物。需要通过添加合适的配体来调整反应的活性、目标产物 2,7-辛二烯基甲基醚的选择性，目前所发展的配体包括：各种经典的烷基(芳基)单、双膦配体，水溶性膦配体，双齿(或螯合)膦氮(PN)配体，氮杂环卡宾配体等。众多的国外大公司，如陶氏化学公司、赢创(Evonik)公司等相继对采用甲醇、乙醇、甲酸等为亲核试剂的 1,3-丁二烯调聚反应开展了相关的开发，其中陶氏化学公司[371]以 1,3-丁二烯和甲醇为原料，采用钯与芳基膦组成的催化剂体系，在 70℃下以 90% 的收率得到 1-甲氧基-2,7-辛二烯，该公司通过调聚-加氢-裂解生产 1-辛烯的工艺过程成功实现了工业应用，并于 2007 年在西班牙塔拉戈纳(Tarragona)建设了产能 10 万 t/a 的工业化装置。赢创公司采用氮杂环卡宾钯金属配合物Pd(IMes)(dvds)(IMes=1,3-dimesity limidazol-2-ylidene, dvds=η^2,η^2-1,1,3,3-tetramethyl-1,

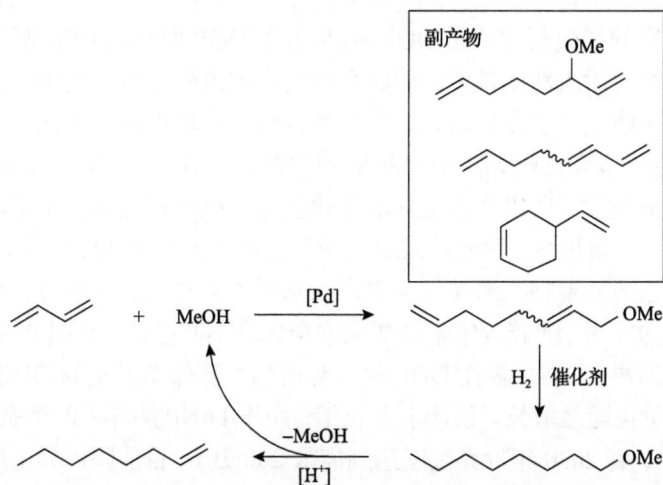

图 5.39　丁二烯调聚-加氢-裂解合成 1-辛烯

3-divinyl-disiloxane)为催化剂,在中试规模上开展了 1,3-丁二烯调聚反应,以极低的催化剂负载量成功生产了超过 25t 的产品[372]。关于 1,3-丁二烯调聚反应的相关催化剂体系、机理等研究可以参考相关的文献[152,373,374],在此不再详述。

5.3 碳八烯烃羰基化合成异壬醇

5.3.1 异壬醇简介

异壬醇(INA)是一类非常重要的高碳醇,最主要的用途是通过和苯酐反应制备邻苯二甲酸二异壬酯(DINP)增塑剂,用于聚氯乙烯(PVC)加工行业。PVC 是由氯乙烯聚合所得到的一种广泛使用的热塑性塑料,由于生产成本低、易于制造、化学稳定性高、耐污染性高、机械性能好,广泛应用于电缆绝缘、管道、玩具、涂料、包装、窗型材和汽车内饰材料、农用薄膜、人造革、医用管材、电气和电子等领域[374,375]。然而由于 PVC 材料中存在 C—Cl 键,链间偶极相互作用导致 PVC 具有刚性和脆性,阻碍了链的流动性,因此在 PVC 加工过程中需要使用增塑剂作为添加剂,以降低 PVC 加工过程中的熔体黏度和玻璃化转变温度,从而增强产品的耐久性、拉伸能力、柔韧性、密度、黏度、弹性模量和伸长率等性能。增塑剂[376-380]通常是具有低分子量的非挥发性化学品,其作用是使得 PVC 中的链间偶极相互作用减弱,导致材料不仅具有流动性和柔韧性。目前已有近300 种化学材料可用作 PVC 的增塑剂,其中邻苯二甲酸酯、偏苯三甲酸酯、对苯二甲酸酯、己二酸二甲酯等是主流,如邻苯二甲酸二(2-乙基己基)酯(DEHP,又称邻苯二甲酸二辛酯,商品名 DOP)、邻苯二甲酸正丁酯(DBP)等,用量约占整个增塑剂消耗量的90%。我国是世界上最大的塑料单体加工和消费市场,国内 PVC 树脂产能和产量均居世界第一位(2023 年产量达 2238 万 t),增塑剂作为 PVC 中用量最大的一种助剂,国内年需求量在 400 万 t 左右。

目前我国现有的增塑剂主要是 DOP,但是由于 DOP 增塑的 PVC 制品具有致雾性、耐高温性能、耐油、耐水性能较差,同时存在潜在的致癌危险,美国、欧洲、日本等国家和地区规定与人体、卫生食品相关的所有塑料制品中禁止使用 DOP。与 DOP 相比,更长碳链的 C$_9$ 醇与邻苯酸酐反应得到的新一代高端、通用、无毒型 DINP 增塑剂,由于分子量更大,碳链更长,所以拥有更好的老化性能、抗迁移性能、抗萃取性能,更高的耐高温性能,优良的耐热性、耐光性及电绝缘性,被认为是 DOP 理想的替代品,用于制备聚氯乙烯、氯乙烯共聚物、醋酸纤维素、乙基纤维素和合成橡胶等,在玩具、电线、电缆中得到广泛的应用。随着近年来增塑剂安全标准不断趋严,我国 PVC 增塑剂产品结构调整步伐必将加快,DINP 替代 DOP 是大势所趋,环保型增塑剂 DINP 的需求大幅增加,异壬醇消费量也随之增长。预计未来几年,用于 DINP 的异壬醇消费量将保持 2%~3%的年均增长率,到 2030 年世界范围达到需求 200 万 t。目前国内异壬醇的年需求量超过 100 万,而仅有一套中国石化与 BASF 公司在广东茂名合资建设的 18 万 t 异壬醇装置,大量的异壬醇仍需进口。

在增塑剂领域所用的异壬醇[381]，通常主要是低支链度（slightly branched）的异壬醇，包括 6-甲基壬醇、4-甲基壬醇、2-甲基壬醇、3-乙基庚醇、2-乙基庚醇、4,5-二甲基庚醇、2,5-二甲基庚醇、2,3-二甲基庚醇、2-丙基己醇、3-乙基-4-甲基己醇、2-乙基-4-甲基己醇等。

另外，除了在增塑剂领域应用外，异壬醇尤其是高支链度的异壬醇——3,5,5-三甲基己醇在高端个人护肤品、高端润滑油行业也有着非常重要的应用。

在个人护肤品方面，主要是通过氧化过程获得 3,5,5-三甲基己酸进行下游应用。例如，由 3,5,5-三甲基己酸所衍生的异壬酸异壬酯是出色的润肤剂，有"合成蚕丝油"之称，具有独特的多甲基支链结构，赋予皮肤丝般、干爽和极度柔软的手感，是极佳的润肤剂；异壬酸异壬酯与硅油相溶性佳，可解决硅油低温析出的问题，是硅油类的稳定剂和偶联剂；对色料有很好的分散能力；异壬酸异壬酯可作为有机防晒剂、增溶剂等。异壬酸异壬酯还在口红的分散剂及基础油脂，唇膏的亮泽剂，护发类产品中的滋润油脂，各种乳膏、乳液等护肤产品，改善香皂泡沫、滋润性及外观的改良剂，定型水、香波等护肤品领域得到广泛的应用。

在高端润滑油方面，主要是合成冰箱和空调用冷冻机油[382,383]，未来制冷剂发展的基本要求是环保和节能，氯氟烃（CFCs）和氢氯氟烃（HCFCs）制冷剂破坏大气臭氧层并引起温室效应，正逐步被淘汰。氢氟烃（HFCs）被公认为是替代 CFCs 的理想制冷剂。但 HFCs 与传统的非极性矿物油不相溶。因此开发与之相匹配的冷冻机油是必然的趋势。酯类合成油中的多元醇酯具有与 HFCs 有良好的相溶性，可靠的润滑性能，优异的热稳定性、化学稳定性、电绝缘性及材料的兼容性，且安全与环保性能好等优势，已成为与 HFCs 制冷剂配伍的首选润滑油。在此方面，多元醇酯可以采用 3,5,5-三甲基己醇或者 3,5,5-三甲基己酸作为原料制备得到。

5.3.2　C_8 内烯烃氢甲酰化合成异壬醛的基础研究进展情况

目前，异壬醇主要是通过 C_8 烯烃的氢甲酰化-氢化反应制备，包括两个步骤，第一步是 C_8 烯烃氢甲酰化反应生成异壬醛，第二步是异壬醛加氢还原反应制得异壬醇。其中氢甲酰化反应是关键，截至目前在基础研究方面，已有众多的钴、铑、钌、铱、铁、铂或钯的过渡金属配合物应用于 C_8 烯烃的氢甲酰化反应。其中以铑基催化剂体系研究最多，主要是采用线型的辛烯为反应底物来考察相关催化剂的性能，已发展了众多的有机单齿三烷基（芳基）膦、双齿三烷基（芳基）膦、多齿三烷基（芳基）膦、磷酰亚胺和亚磷酸酯等膦（磷）配体（具体骨架如图 5.40 所示）来调变铑催化剂的反应活性、化学选择性和区域选择性（直链/支链醛的比率 L/B）。另外为了实现催化剂的循环使用，发展了水溶性有机膦配体、离子液体-有机相、超临界 CO_2-有机相体系、有机或无机载体负载的膦（磷）配体等两相或者多相的反应体系，关于 2000 年以前的相关研究情况可以参考 van Leeuwen 教授所编著的《铑催化的烯烃氢甲酰化》[384]。

由于 C_8 烯烃原料中，特别是在工业原料中多数含有内烯烃，在这里仅简要介绍 2000 年以来，铑催化混合辛烯或者内辛烯氢甲酰化反应的代表性例子，该过程涉及内烯烃异构化为端烯烃，然后进一步进行氢甲酰化反应（图 5.41）。

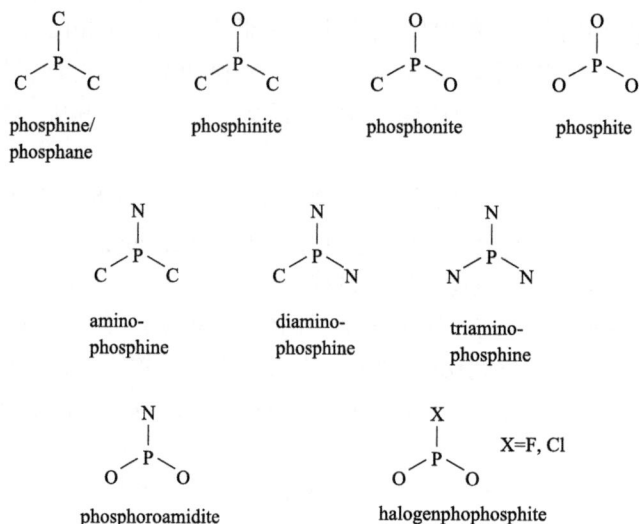

图 5.40　膦（磷）配体的结构

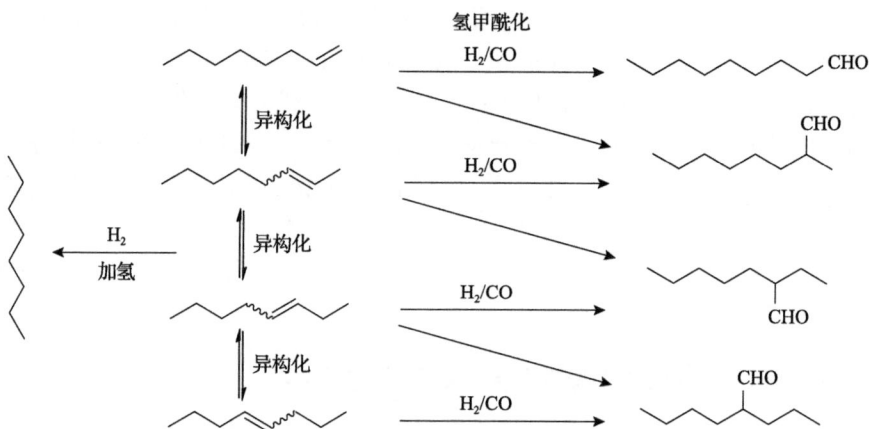

图 5.41　C_8 内烯烃氢甲酰化反应网络

Albers 等[385]采用[Rh(COD)(PPh₃)₂]BF₄作催化剂，研究了压力对 1-辛烯和 4-辛烯的氢甲酰化反应的影响（表 5.12）。以 1-辛烯为底物，在低压下，正壬醛和 2-甲基辛醛以 1.5：1 的比例形成，同时在反应中存在 1-辛烯的异构化反应，得到少量的支链醛，当反应在 500MPa 的合成气压力下进行时，则完全抑制了 1-辛烯双键迁移，正壬醛和 2-甲基辛醛的生成量几乎相等。以 4-辛烯为底物，则生成多种氢甲酰化产物，证实了 4-辛烯异构化为热力学稳定性较差的烯烃。

van Leeuwen 等[386-388]对其发展的 xantphos 型配体进行改进得到了膦环 xantphos 配体（phosphacyclic diphosphines）：配体 POP-xantphos（dibenzophospholyl substituted xantphos）、DBP-xantphos（phenoxaphosphino substituted xantphos），这两个双膦配体在反-2-辛烯和反-4-辛烯氢甲酰化反应中展现出优秀的区域选择性（图 5.42，表 5.13），在所得到的 C_9 醛中，反-2-辛烯为底物 1-壬醛的含量可达到 90%，反-4-辛烯为底物 1-壬醛的含量可达到 86%，其高的区域选择性主要是由于配体较低的碱度和较宽的自然咬合角（β_n），咬合角

表 5.12　[Rh(COD)(PPh$_3$)$_2$]BF$_4$ 催化的 1-辛烯和 4-辛烯氢甲酰化反应 [a]

反应压力/MPa	烯烃	转化率/%	C$_9$醛收率/%	异构辛烯选择性/%	选择性/%					L/B [b]
					α CHO	β CHO	γ CHO	δ CHO	辛烷	
6.4	1-辛烯	>99.9	>99.9	0.0	54.5	37.0	6.3	2.2	0.0	1.5
500	1-辛烯	68.4	73.2	4.8	51.8	48.1	0.1	0.0	0.0	1.1
7	4-辛烯	99.9	99.9	0.0	0.9	12.7	31.1	55.2	0.0	—
500	4-辛烯	63.7	67.8	4.1	0.3	5.2	26.1	68.4	0.0	—

a. 反应条件：Rh(COD)(PPh$_3$)$_2$BF$_4$，70℃，溶剂 CH$_2$Cl$_2$，合成气 H$_2$/CO=1。
b. L/B=1-壬醛/所有支链壬醛。

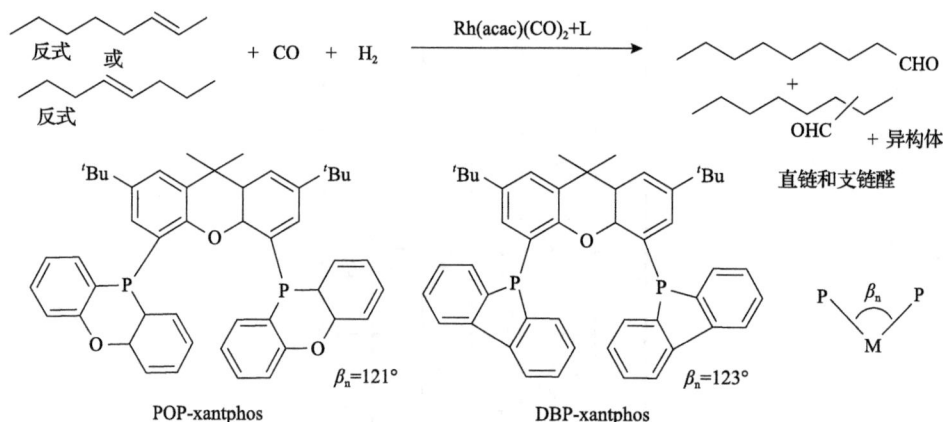

图 5.42　膦环 xantphos 配体在辛烯氢甲酰化反应中的应用

表 5.13　Rh(CO)₂(dipivaloylmethanoate)/改性 xantphos 型配体体系催化的反-2-辛烯和反-4-辛烯氢甲酰化反应[a]

烯烃	配体	时间/h	转化率/%	L/B[b]	1-壬醛含量[c]/%	TOF/h⁻¹
反-2-辛烯	PPh₃	1	8.5	0.9	46	39
	DBP-xantphos	1	10	9.5	90	65
	POP-xantphos	1	22	9.2	90	112
反-4-辛烯	PPh₃	17	9	0.3	23	2.4
	DBP-xantphos	17	54	6.1	86	15
	POP-xantphos	17	67	4.4	81	20

a. 反应条件: [Rh]=1.0mmol/L, Rh：P：octene=1：10：673, 120℃, 初始合成气压力 0.2MPa(CO/H₂=1), 甲苯为溶剂。

b. L/B=1-壬醛/所有支链壬醛。

c. 1-壬醛在除异辛烯外的反应产物中的含量。

范围在 120°～125°之间时对直链醛的选择性有利。

　　Klein 和 Beller 等[389]合成了含有强吸电子氟基团的联萘结构的双膦配体(结构见图 5.43)，并将其与 Rh(CO)₂(acac)组成的催化体系用于催化 2-辛烯和 4-辛烯的异构化-氢甲酰化反应。通过仔细研究发现，由于 4-辛烯的空间位阻比 2-辛烯大，异构化速度要慢，故而 4-辛烯的转化率及产物的线型选择性均比 2-辛烯低。以 2-辛烯为反应底物，采用含有三氟甲基基团的双膦配体，C₉醛的收率可以达到 51%，L/B 为 86/14，反应的 TOF 达到 319h⁻¹；如果采用含有氟基团的双膦配体，C₉醛的收率为 48%，L/B 为 91/9，反应的 TOF 为 300h⁻¹(反应条件: 2-辛烯为 73mmol，[Rh]为 20.7ppm，P/Rh=5，苯甲醚和甲苯混合溶剂为 28.5mL，CO 为 0.5MPa，H₂ 为 0.5MPa，120℃，16h)。以 4-辛烯为反应底物，采用含有氟基团的双膦配体，C₉醛的收率仅为 14%，L/B 为 66/34，反应的 TOF 为 88h⁻¹(反应条件: 2-辛烯为 73mmol，[Rh]为 20.7ppm，P/Rh=5，苯甲醚和甲苯混合溶剂为 10mL，CO 为 0.5MPa，H₂ 为 0.5MPa，120℃，16h)。另外通过仔细研究烯烃转化率、C₉醛选择性随时间的变化发现，采用 2-辛烯底物，在反应气氛下，2-辛烯向 1-辛烯的异构化明显快于向 3-辛烯的异构化(L/B 从 2h 后的 94/6 降至 56h 后的 88/12)；而采用 4-辛烯为底物，在反应气氛下异构化反应要慢得多(对于 4-辛烯，L/B 从 3h 后的 45/55 增加到 31h 后的 70/30，然后保持大致恒定)，优先进行内部双键的氢甲酰化反应。有趣的是，4-辛烯的氢甲酰化反应在 80h 后仍在进行，这突出了催化剂的高稳定性。

含有强吸电子氟基团的双膦配体

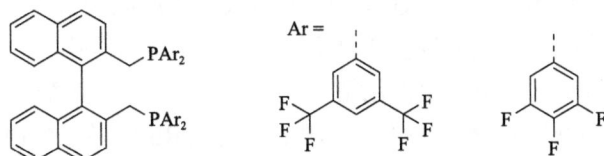

含有强吸电子氟基团的四膦配体

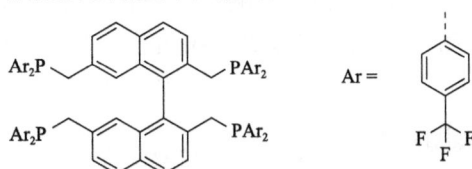

图 5.43　含有强吸电子氟基团的双膦和四膦配体

张绪穆等[390]考察了含有强吸电子氟基团的联萘结构的四膦配体(结构见图 5.43)，在铑催化的碳八线型内烯烃的氢甲酰化反应性能(表 5.14)，结果表明，所得到的四膦配体在 2-辛烯的氢甲酰化反应中具有很高的选择性，线型 1-壬醛的选择性可以达到 98%；当采用反-4-辛烯与反-3-辛烯进行比较时，反-4-辛烯获得了更好的醛转化率和线型选择性。3-辛烯中双键的迁移可以在两个方向上发生，从 γ 位迁移到 δ 位是热力学上有利的

表 5.14　Rh(CO)$_2$(acac)/联萘结构四膦配体体系催化的内构辛烯氢甲酰化反应 [a]

C$_8$ 烯烃底物	时间/h	转化率/%	异构辛烯选择性/%	醛选择性 [b]/%		
				α (CHO)	β (CHO)	$\gamma + \delta$ (CHO)
	2	84	16	98	2	0
(24%顺式+76%反式)	12	98	4	92	4	4
	2	55	48	40	33	27
	2	59	46	47	29	24
	2	60	42	66	18	16

　　a. 反应条件：辛烯与 Rh 摩尔比为 1000，Rh(CO)$_2$(acac) 为 1.0 mmol/L，四膦配体与 Rh 摩尔比为 4，125℃，初始合成气压力为 1.0MPa(CO/H$_2$=1)，甲苯为溶剂。

　　b. α-醛、β-醛、γ-醛或 δ-醛在所有 C$_9$ 醛中的含量。

过程，而双键向内侧方向的迁移实际上减缓了氢甲酰化过程。然而对于 4-辛烯，双键可以在两个方向上从中间位置向末端位置均匀迁移，因此线型醛的收率更高。

　　同时，作者推测了内烯烃异构化为端烯烃存在两种可能的路径(图 5.44)：①Rh-H 加成及 β-H 消除；②η^3-烯丙基配合物的还原消除过程，进而将内烯烃的双键转移到末端。与端烯烃相比，内烯烃的双键需要迁移一次或多次才能形成线型醛。例如，4-辛烯需要连续三次双键迁移才能生成线型醛。在这个连续的异构化过程中，每个 Rh/烯烃中间配合物都有机会开始自身的氢甲酰化催化循环。因此，会产生支链醛。对于 β-内烯烃底物 2-辛烯，异构化速率和端烯烃氢甲酰化速率相比，支化 Rh/烯烃配合物的氢甲酰化速率足够慢，从而线型醛作为主要产物。对于 γ-内烯烃底物 3-辛烯，3-辛烯具有更大的空间位阻和更难接近的双键，结果受底物的空间位阻影响较大。对于 δ-内烯烃(顺-4-辛烯或反-4-辛烯)，三次连续异构化所花费的时间并不比支链氢甲酰化所花费的时间短，从而产生大量支链醛和烯烃异构体。

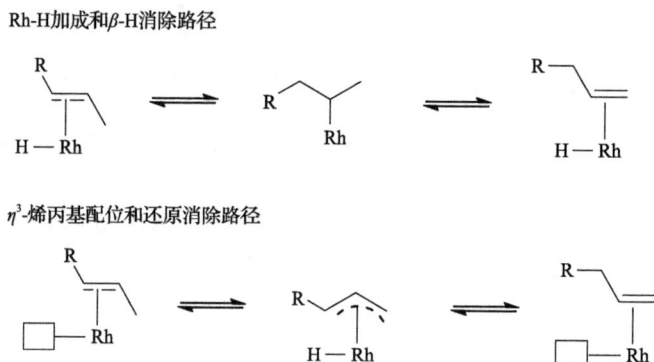

图 5.44　内烯烃异构化为端烯烃

　　Selent 等[391,392]基于亚磷酸酯配体的 P 为弱 σ-电子给予体、强 π-电子接受体，可以促进催化物种中金属中心的 CO 解离的特点，自主设计合成了含有单齿的 phosphonite 配体、含有 phosphonite 和 phosphite 的双齿配体，并与[Rh(acac)(COD)](acac=acetylacetonate)组成的催化剂体系，能够高效催化混合正辛烯的氢甲酰化反应(图 5.45)，正壬醛的选择性最好可以达到 69%，反应的 TOF 为 3000~7000h^{-1}。

　　Behr 等[393,394]则将在丙烯、丁烯等低碳烯烃氢甲酰化反应具有优异性能的商品化配体 biphephos 与 Rh(acac)(CO)$_2$ 组成的催化剂体系，应用于反-4-辛烯的氢甲酰化反应(图 5.46)，采用甲苯为反应溶剂，在 125℃和 2.0MPa 合成气压力下反应 4h，可以 89%的选择性得到线型正壬醛，反应的 TOF 为 46h^{-1}，仅获得少量饱和烃和支链 C$_9$醛。另外，以甲苯为溶剂，正壬醛的收率强烈依赖于催化剂浓度。当铑浓度为 0.1mol%时，烯烃转化率为 86%，正壬醛收率为 29%；当铑浓度为 0.25mol%时，烯烃转化率为 85%，正壬醛收率为 65%；当铑浓度为 0.5mol%时，烯烃转化率为 82%，正壬醛收率为 75%。如果采用碳酸丙烯酯为反应溶剂，在 125℃和 1.0MPa 合成气压力下反应 4h，正壬醛的选择性可以从 89%(甲苯溶剂)提高到 95%。采用碳酸丙烯酯溶剂能够提高反应的选择性，同时构建了两相的反应体系，使得催化剂能够重复利用。在五次循环实验中，反应的活性以及正壬醛选择性几乎没有下降，反应的 TOF 为 46h^{-1}，TON 为 866。

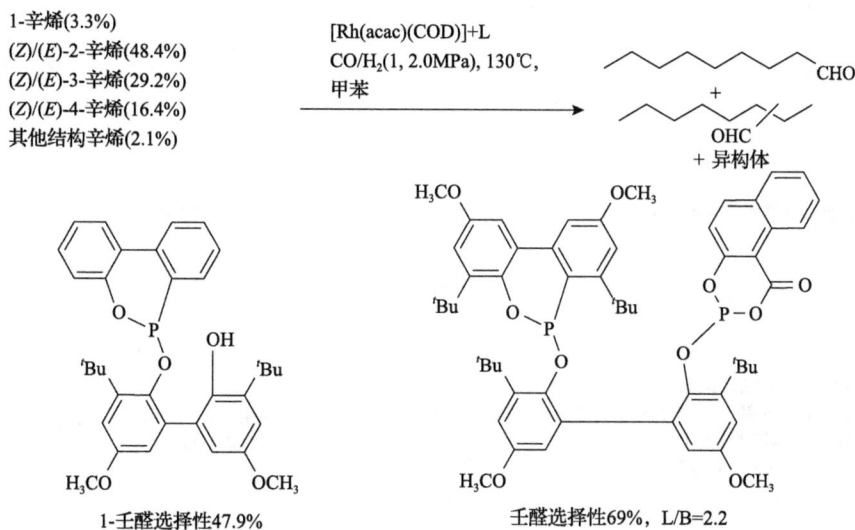

图 5.45　Rh(acac)(CO)$_2$/单齿 phosphonite、含有 phosphonite 和 phosphite 双齿配体催化混合辛烯的氢甲酰化反应

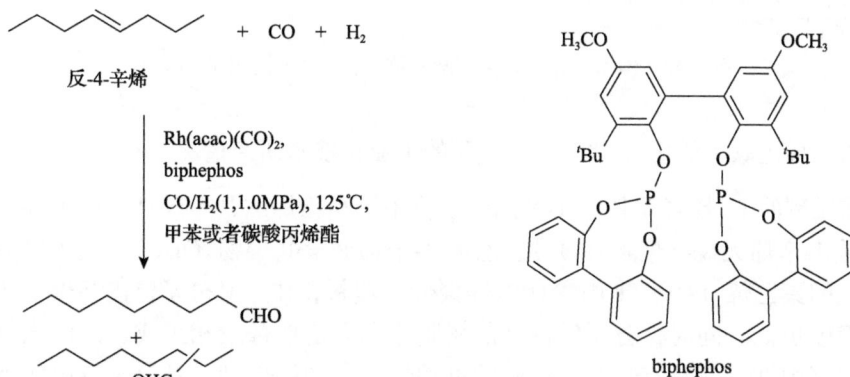

图 5.46　Rh(acac)(CO)$_2$/biphephos 催化混合辛烯的氢甲酰化反应

张绪穆等基于四膦配体具有更好的螯合能力，且与相应的双膦配体相比具有更好的区域选择性的特点，设计合成了含有吡咯基团的四齿亚磷酰胺(tetraphosphoramidite)配体[395]、联苯四齿亚磷酸酯配体[396]，并将其成功应用于 2-辛烯的氢甲酰化反应(图 5.47)，直链 1-壬醛的线型率(1-壬醛在所有 C$_9$醛中所占的比例)可以达到 90%以上，这主要是由于四齿膦配体结构，可以通过多种螯合方式增强四膦配体的螯合能力，同时增强与金属配位的能力，提高局部金属中心磷浓度，故而在内烯烃异构化-氢甲酰化反应中具有很高的直链选择性。

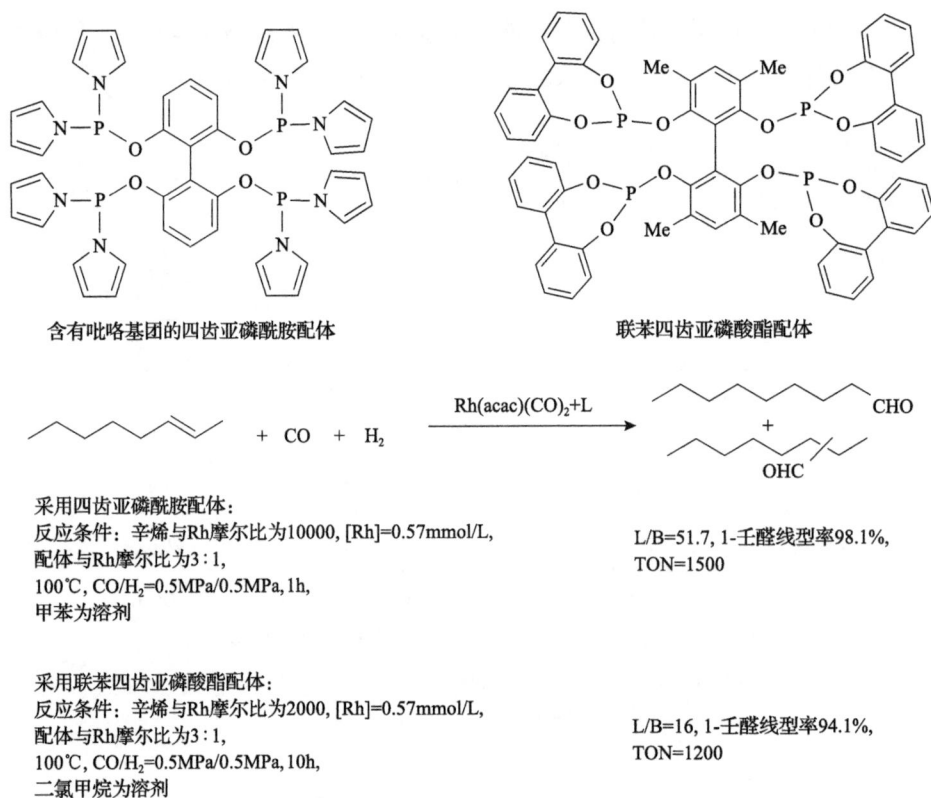

含有吡咯基团的四齿亚磷酰胺配体

联苯四齿亚磷酸酯配体

采用四齿亚磷酰胺配体：
反应条件：辛烯与Rh摩尔比为10000，[Rh]=0.57mmol/L，
配体与Rh摩尔比为3∶1，
100℃，CO/H$_2$=0.5MPa/0.5MPa，1h，
甲苯为溶剂

L/B=51.7, 1-壬醛线型率98.1%，
TON=1500

采用联苯四齿亚磷酸酯配体：
反应条件：辛烯与Rh摩尔比为2000，[Rh]=0.57mmol/L，
配体与Rh摩尔比为3∶1，
100℃，CO/H$_2$=0.5MPa/0.5MPa，10h，
二氯甲烷为溶剂

L/B=16, 1-壬醛线型率94.1%，
TON=1200

图 5.47　Rh(acac)(CO)$_2$/四膦配体催化 2-辛烯氢甲酰化反应

5.3.3　碳八烯烃氢甲酰化-氢化合成异壬醇的工业化技术研究情况

目前线型的 C$_8$ 烯烃尤其是 1-辛烯，主要用于和乙烯的共聚改性合成聚烯烃类弹性体：乙烯-1-辛烯无规共聚物(POE)、乙烯-1-辛烯嵌段共聚物(OBC)，这类聚烯烃弹性体与传统的聚乙烯(PE)、聚丙烯(PP)等聚烯烃塑料相比，其分子链内共聚单体的含量更高，密度更低。同时，分子链由结晶树脂相和无定形橡胶相组成，因而该材料既具有橡胶的高弹性，又具有热塑性树脂的可塑性，易加工成型。且分子链由非极性的饱和单键组成无极性基团，因此产品具有优良的耐水蒸气性、耐腐蚀性、耐老化性及耐热性，可广泛应用于汽车、建材、医疗器械、电线电缆及儿童玩具等领域。鉴于目前线型 C$_8$ 烯烃的来源有限，用于异壬醇生产的辛烯，主要是以工业大量的 C$_4$ 烯烃为原料，通过二聚(叠合)过程获取的带有支链的混合 C$_8$ 烯烃，如炼厂催化裂化(FCC)装置、蒸汽裂解制乙烯、MTO 等过程的混合 C$_4$ 烯烃、抽余 C$_4$ 烯烃、醚前 C$_4$ 烯烃、醚后 C$_4$ 烯烃、异丁烯等 C$_4$ 烯烃。关于 C$_4$ 烯烃二聚(叠合)制备 C$_8$ 烯烃的相关技术进展在 5.2 节已有详尽的描述。

工业化的异壬醇生产主要通过氢甲酰化-氢化两步过程来实现，其中均相的 C$_8$ 烯烃氢甲酰化反应合成异壬醛过程是整个异壬醇生产环节中最为重要的部分。就 C$_8$ 烯烃的氢甲酰化反应而言，钴基和铑基催化剂体系均有成功的工业化应用，尽管铑基催化剂的活性与钴基催化剂体系相比要高很多，但是由于底物 C_8 烯烃和得到的氢甲酰化产物壬醛（以及其异构体）的沸点高，反应结束后难以将未反应的烯烃和产物从反应液中简单地蒸馏出来，进而回收昂贵的铑基催化剂，导致催化剂循环利用困难，另外铑基催化剂也存在高温下分解流失的缺点（工业要求铑基催化剂在产物中的含量一般仅为几 ppm）。与铑基催化剂体系相比，钴基催化剂的成本较低，所以钴基催化剂体系在工业化的异壬醇生产过程中所占的比例较高。

在均相氢甲酰化反应的工业应用过程中，催化剂体系以及钴、铑金属的回收是长期以来重点研究者以及相关国外大型公司关心的问题，到目前为止已经发展了众多的 C_8 烯烃氢甲酰化反应合成异壬醛工艺技术，如德国 BASF 公司的高压羰基钴反应工艺技术、荷兰壳牌公司的改性羰基钴反应工艺技术、美国埃克森美孚公司的改性高压羰基钴工艺技术、德国赢创（Evonik）公司的高压羰基钴工艺技术、Johnson Matthey 的高压铑基工艺技术、日本三菱化学株式会社的高压铑-氧膦工艺技术。关于钴基催化剂体系的相关氢甲酰化工艺过程以及钴金属回收工艺的详细描述，可以参考第 4 章的相关内容。在此主要介绍铑基催化体系的相关工艺技术。

Johnson Matthey 的高压铑基工艺技术[199]源于 ICI 公司的高压氢甲酰化工艺。2002年，ICI 将其 Synetix 的催化剂业务出售给 Johnson Matthey，2006 年 Johnson Matthey 收购了戴维公司，进而形成了其高压铑基羰基醇的合成工艺技术。该工艺技术适合生产 C_6~C_{14} 的高碳烯烃的羰基化反应，尤其适于以异辛烯和异壬烯为原料生成异壬醇和异癸醇。该工艺采用无配位体的铑为催化剂，在铑金属回收方面利用碱性离子交换树脂与羰基铑的配体交换，使得金属键合到树脂上，煅烧树脂得到含有金属和金属氧化物的灰分，再从灰分中分离铑金属和/或其氧化物，然后将分离的铑或其氧化物转化为氢甲酰化反应中的均相铑基催化剂，进而实现氢甲酰化反应液中铑的"收集、回收"。该高效的铑回收技术，使得工艺灵活性很强，可根据需要连续地在 C_6~C_{14} 烯烃之间实现无缝切换，大大减少了投资成本。

近年来，陶氏化学公司和 Johnson Matthey 合作开发了一种新的铑催化的氢甲酰化合成异壬醛工艺（LP-Oxo[SM] INA），通过添加专用的配体，可采用混合辛烯（通常是丁烯二聚工艺）为原料。该工艺将钴基工艺的生产能力与 LP Oxo[SM] 技术相关的经济效益结合起来，除了满足催化剂性能（速度、选择性、稳定性、分离度）的要求外，所得到的 C_9 醛产物与现有异壬醛商业装置产物相当，总体运营成本低于其他商用的异壬醛工艺。

日本三菱化学株式会社的高压铑-氧膦工艺技术[397-399]：20 世纪 80 年代，基于在烯烃氢甲酰化反应中，改进的铑基催化剂应该具有优于不添加配体的铑基催化剂活性和选择性的思路，日本三菱化学株式会社的研究人员发现，在氢甲酰化反应后将一定数量的三苯基膦加入反应混合物中，能明显提高羰基铑的稳定性。经蒸馏分离出醛后，留在高沸点残余物中的三苯基膦铑配合物不需将催化剂中的铑变为金属而可再生。另外，还发现，由于三苯基氧膦对羰基铑有弱的配位效应，在反应体系中添加过量的三苯基氧膦能够加速辛烯的氢甲酰化反应的进行；同时还发现三苯基膦和三苯基膦铑配合物在适当的条件下，被氧化剂氧化成三苯基氧膦和三苯基氧膦铑配合物，而不会使其中的铑变成金属。这种氧化态的铑催化剂在辛烯氢甲酰化反应中与新鲜的铑催化剂具有同样优异的催化性能。正是在该研究基础上，利用氧化膦的弱配位效应，该公司开发出三苯基氧膦铑配合物催化支链辛烯(正丁烯二聚的混合支链辛烯)氢甲酰化合成异壬醛的技术。该工艺技术采用的催化剂为 $RhH(CO)(Ph_3P=O)_3/Ph_3P=O$(Rh/P 摩尔比为 10～11)，Rh 浓度为 10～100ppmw(ppmw 是以质量计的浓度)；反应在约 130℃和 17～20MPa 合成气压力的条件下进行，辛烯的转化率在 90%以上，异壬醛的选择性在 95%～98%。

三菱化学株式会社的高压铑-氧膦工艺技术流程如图 5.48 所示。辛烯、三苯基氧膦铑配合物催化剂(包含过量的三苯基氧膦)、合成气一同进入氢甲酰化反应器，在压力 17～20 MPa、温度 130℃左右下反应；反应后分离未反应气体，反应液体混合物中添加少量的三苯基膦，混合物进入蒸馏塔，醛与催化剂溶液分离，之后催化剂溶液经氧化剂氧化成三苯基氧膦铑配合物催化剂溶液后再循环至反应器，之后得到的异壬醛进入加氢反应器，经加氢提纯而得到异壬醇。

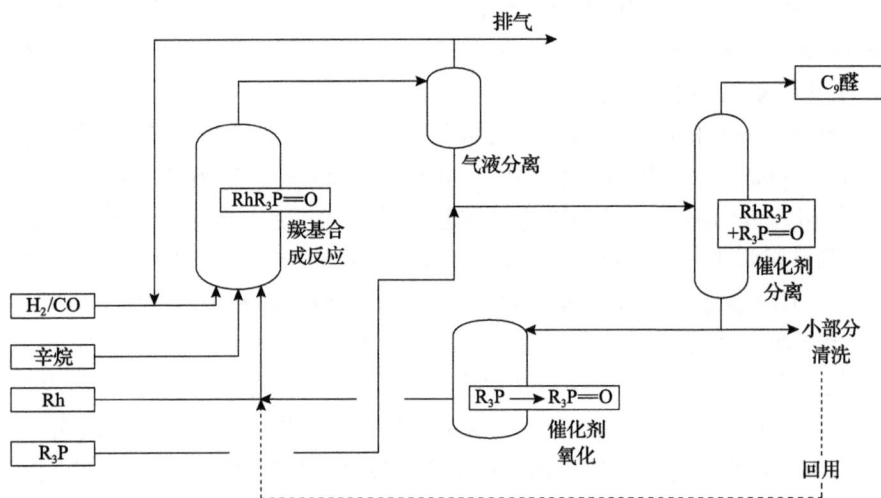

图 5.48　日本三菱化学株式会社的高压铑-氧膦工艺技术流程

该工艺技术的显著特点是：在反应混合物蒸馏前添加三苯基膦(1～10mol/mol Rh)，以防止出现在真空蒸馏期间(在约 130℃的底部温度下)羰基铑转变为金属铑的镀膜现象，同时三苯基膦一部分在蒸馏过程中通过空气入口被氧化，另一部分在蒸馏后通过空气或过氧化氢(由烯烃进料的空气氧化形成)被氧化转变成三苯基氧膦(图 5.49)。

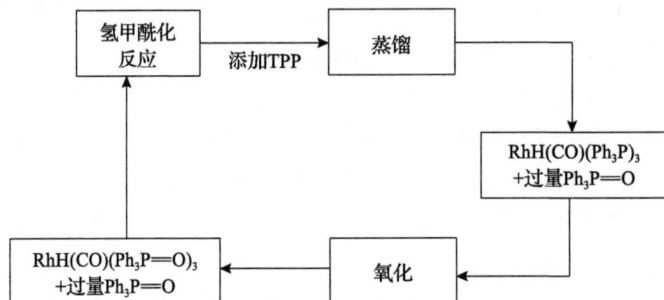

图 5.49　日本三菱化学株式会社的高压铑-氧膦工艺中的制备系统

1987 年，日本三菱化学株式会社采用这种新型的氢甲酰化工艺技术建设了一套工业化异壬醛生产装置，产能 3 万 t/a。尽管该工艺技术的异壬醛收率高、建设费用相对较低，同时废水的排放也较少，但由于长期以来，铑金属价格居高不下（催化剂成本、回收催化剂的成本），同时该工艺技术的操作压力比较高（17～20MPa），导致该工艺的吸引力并不是特别强，除日本三菱化学株式会社外，尚未有其他企业采用该技术生产异壬醇。

就目前全球的异壬醇生产而言，工业化技术主要掌握在少数几个大型跨国公司手中，相关的异壬醇生产企业包括德国 BASF 公司、美国埃克森美孚公司、德国赢创（Evonik）公司、日本协和株式会社（KH Neochem Co. Ltd，原 Kyowa Yuka 公司）和中国台湾南亚塑胶工业股份有限公司（Nan Ya Plastics）等少数几家企业（具体见表 5.15）[400-404]。生产异壬醇的原料辛烯，主要来自碳四烯烃的二聚以及叠合油产物分离等过程。例如，全球最大的异壬醇生产商美国埃克森美孚公司的装置是以叠合汽油 C_8 支链烯烃为原料，得到高度支化的 C_9 醇（主要是二甲基-1-庚醇），商品名 Exxal9S。中国台湾南亚塑胶工业股份有限公司的异壬醇生产装置是以丁烯二聚物为原料，得到轻度支化的 C_9 醇，所需正丁烯就是乙烯装置副产抽余 C_4 烯烃。

表 5.15　异壬醇的主要生产企业

公司	装置所在地	生产能力/万 t	催化剂	原料	其他
美国埃克森美孚公司	美国	12	Co 基	炼厂叠合汽油抽提物或二异丁烯	装置总产能为 42.5 万 t/a，还可生产异庚醇、异辛醇、异癸醇、十二烷基醇、十三烷基醇产品
	荷兰	8.5	Co 基	炼厂叠合汽油抽提烯烃	装置总产能为 30 万 t/a，其中异壬醇 8.5 万 t/a，异庚醇、异辛醇、异十一烷基醇及十三烷基醇 13 万 t/a
	新加坡	2.2	Co 基	炼厂叠合汽油抽提烯烃	装置总产能为 18 万 t/a。初始产能为 15 万 t/a，2005 年增至 18 万 t/a，2007 年扩产至 22 万 t/a
德国赢创公司	德国	34	Co 基	正丁烯二聚物	—
茂名-巴斯夫公司	中国茂名	18	Co 基	正丁烯二聚物	采用 BASF 高压钴工艺
德国巴斯夫（BASF）公司	德国	15	Co 基	正丁烯二聚物	装置总产能为 31 万 t/a，其中 2-丙基庚醇 6.5 万 t/a，C_9～C_{11} 线型醇、十三烷基醇 8.5 万 t/a
中国台湾南亚塑胶工业股份有限公司	中国台湾	11.5	Rh 基	正丁烯二聚物	采用 Johnson Matthey 工艺，2002 年 5 月投产，异壬醇初始产能 10 万 t/a，2005 年增至 11.5 万 t/a
荷兰壳牌（Shell）公司	美国	4.5	Co 基	正丁烯二聚物	装置总产能 63kt/a，其他产品产能 18kt/a
西班牙雷普索尔（Repsol-YPF）公司	阿根廷	34	Co 基	正丁烯二聚物	以丙烯和正丁烯为原料，同时还可生产异辛醇、异癸醇、十三烷基醇。美国埃克森美孚公司独享营销权，全部出口

续表

公司	装置所在地	生产能力/万 t	催化剂	原料	其他
日本三菱化学株式会社	日本	3.0	Rh 基	正丁烯二聚物	独创的三苯基氧膦与铑工艺
日本协和株式会社	日本	10	Co 基	正丁烯二聚物或二异丁烯	采用 Johnson Matthey 工艺，装置总产能 13 万 t/a，异癸醇和十三烷基醇 3 万 t/a，自 2004 年起停止生产异壬醇
淄博齐翔腾达化工股份有限公司	中国淄博	20	Rh 基	正丁烯二聚物	装置在建设中，采用 Johnson Matthey 工艺

5.3.4 中国科学院兰州化学物理研究所碳八烯烃一步羰基化合成异壬醇的技术开发情况

有效利用碳四烃生产化工产品是发展低碳工业的要求，同时能缓解资源短缺问题，国内碳四烃类的化工综合利用率约为 20%，而发达国家可达到 80% 以上。目前国内异丁烯主要用于合成甲基叔丁基醚(MTBE)，作为高辛烷值汽油的调和组分，混合丁烯(1-丁烯、2-丁烯)主要是在液体酸或固体酸催化剂作用下经过烷基化反应生成异辛烷或者丁烯二聚生成异辛烯，经加氢生成异辛烷，作为高辛烷值汽油的调和组分。其余大部分碳四烃主要作为石油液化气产品出售，经济性值得考虑。另外，由于乙醇汽油政策的实施，全国范围内推广使用车用乙醇汽油，且基本实现全覆盖。这意味着甲基叔丁基醚将不能作为高辛烷值汽油调和组分使用，同时由于甲基叔丁基醚对环境的威胁，在国内将逐渐被禁用。由于国内 90% 以上的异丁烯用来生产甲基叔丁基醚(2017 年国内甲基叔丁基醚产能已突破 1800 万 t，涉及将近 1000 万 t 的异丁烯碳四资源)，大量的异丁烯需要寻找新的突破或转型升级。

近年来，随着我国炼油加工能力和乙烯生产能力的提高，加上近年来蓬勃发展的煤化工产业，碳四烃资源量的不断增长，为进一步开发碳四烃资源的深加工利用技术、提高产品附加值提供了广阔的空间。如何利用碳四烃资源生产高附加值的下游产品，受到炼化及煤化工企业的广泛关注。目前，国内异丁烯选择性叠合制备二异丁烯技术、煤间接液化技术已经成功实现了商业化运行，同时 2-丁烯的选择性叠合、正丁烯和异丁烯非选择性叠合制备辛烯的技术已经成功实现工业示范，为碳八烯烃的获取提供了便利，同时为异壬醇的生产提供了原料。

另外，异壬醇主要用于生产邻苯二甲酸二异壬酯(DINP)、丁二酸二异壬酯等新一代环保型增塑剂，随着市场对 DINP 使用安全性的逐步认可，其需求量快速增长，可以预见，DINP 的未来发展前景非常乐观。异壬醇是生产 DINP 的关键原料，2018 年，国内以异壬醇为原料的新型增塑剂需求量达 60 万 t，预计至 2027 年将增长到 130 万 t。但目前国内异壬醇产能严重不足，只能通过大量进口满足快速增长的市场需求。同时国外的异壬醇技术拥有方对技术在国内的许可实施设定了诸多的限制。因此，发展具有自主知识产权的异壬醇技术势在必行。

中国科学院兰州化学物理研究所(简称中国科学院兰化所)是国内最早开展羰基合成

研究的单位之一，在羰基合成领域具有深厚的积累，先后开发了钴基、铑基催化剂，应用于低碳烯烃(C_2～C_5)的氢甲酰化反应，已完成吨级的模拟试验；尤其是围绕蜡裂解烯烃氢甲酰化制高碳醇，开发出钴基催化剂，催化剂 LD-604 各项指标均达到 Shell RM-17 的指标[即烯烃转化率≥98.5%，总醇收率≥85mol%]，并完成放大制备研究，完成了氢甲酰化工艺和工程研究及中试全流程试车，形成多项专有技术，实现了催化剂结构、制备方法及关键特殊设备三方面的创新，开展了钴盐合成及添加剂的放大工艺过程研究，作为国家引进高碳醇技术的筹码，节约大量外汇。

基于国内乙醇汽油政策实施导致的碳四烃利用的转型升级、异壬醇技术及产品的迫切需求，中国科学院兰化所采用碳四烯烃衍生物——异丁烯经叠合二聚生产的二异丁烯(DIB)为原料，针对二异丁烯资源的增值转化，通过先进的羰基化技术，将氢甲酰化反应和氢化反应耦合，一步合成优质、高端的多支链异壬醇产品(图 5.50)。

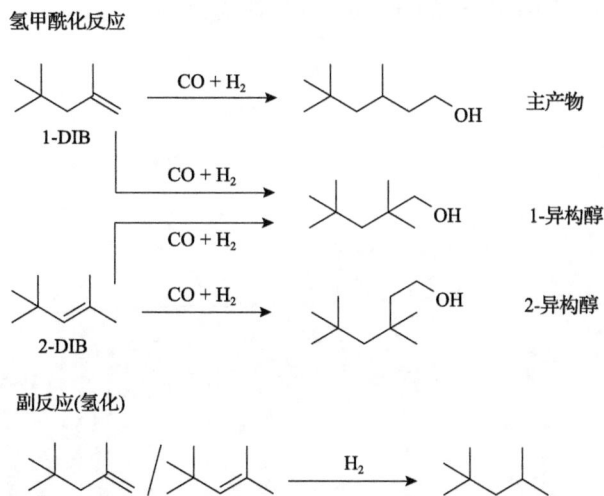

图 5.50　二异丁烯一步羰基化合成多支链异壬醇

在羰基化催化剂研究方面：①通过改变配体的结构来调节二异丁烯均相羰基化一步合成异壬醇的活性和选择性，实现了二异丁烯转化率>99%，异壬醇选择性>75%，完成催化剂制备过程中各种反应因素的影响规律考察，实现稳定制备。②对催化剂制备过程中所得到的各种 Co-P 配合物进行了定性分析，在反应条件下，体系中出现 $HCo(CO)_2P_2$ 和 $HCo(CO)_3P$ 的催化活性物种。同时采用原位红外光谱跟踪了制备过程中各物种的变化情况。考察原位制备的催化剂溶液的稳定性，采用原位红外监测制备的催化剂溶液，在 160℃、6.2MPa 压力下连续搅拌，定期分析红外结果及钴含量结果，连续搅拌 209h 后再进行反应评价。从分析结果看，连续搅拌过程中钴含量基本没有下降，实验的催化剂溶液反应结果与新制催化剂溶液反应结果相同。③在此基础上，开展了原位制备催化剂的连续釜式循环研究，采用商品化的二异丁烯为原料原位制备的催化剂，反应结束后利用薄膜蒸发器蒸馏分离，实现了连续超 100 次循环。开展反应过程中重组分的分析研究：由于二异丁烯羰基化合成异壬醇过程经历异壬醛中间体，醛性质活泼，很容易造成副反应的发生，中国科学院兰化所分别采用醛投料、醛加二异丁烯投料的投料方式推测重组分的生成原因，判断其生成与反应体系中的哪种物料有关。同时基于环状三分子缩醛的性质，利用水解的方式使其在反应液中的浓度大幅度减少，基于此，通过原位引入微量水的策略，采用薄膜蒸发的方式，有效实现催化剂的超 100 次循环(图 5.51)。此外，采用柱分离的策略，实现重组分中钴的回收，近 50% 的钴得到回收(主要是以金属配合物的形式)，回收催化剂和新鲜催化剂反应结果无差别。④催化剂的普适性研究：采用所发展的催化剂，研究了直链辛烯、费-托合成的 $C_8 \sim C_9$ 混合烯烃、混合碳四叠合的支链 C_8 烯烃等不同原料一步羰基化合成异壬醇。对于直链辛烯原料，钴-膦原位制备的体系，形成的活性催化剂具有较强的异构化能力，内烯烃异构化为端烯烃占优势；对于费-托合成原料的 $C_8 \sim C_9$ 烯烃，反应 6h，可以先实现 1-辛烯、1-壬烯的完全转化，同时烷烃的选择性不足 10%；对于醚前 C_4 叠合的混合 C_8 烯烃，产物中 C_9 的醇和醛超过 70%。因此，通过切换原料，可以获得不同用途的异壬醇产品(高支链度、低支链度)。

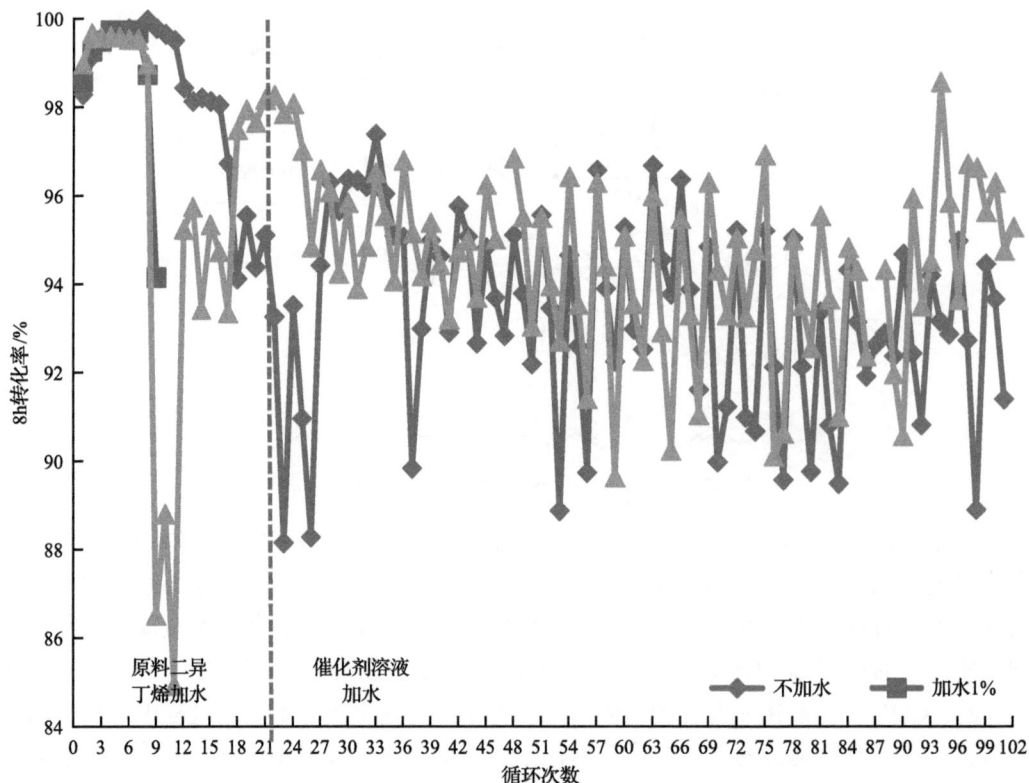

图 5.51 二异丁烯一步羰基化的釜式反应连续循环试验

在羰基化工艺基础研究方面，中国科学院兰化所完成催化剂活化条件的筛选，发现采用单一的金属配合物，低压长时间活化比较有利，而采用混合配合物，高压短时间活化相对比较有利，同时完成催化剂循环使用性能的考察。采用实验并结合模拟的方式详细研究了二异丁烯一步氢甲酰化合成异壬醇过程中的反应动力学行为，动力学计算与实验数据基本吻合，推测反应中可能存在二异丁烯-2 异构为二异丁烯-1 的情况。同时完成反应热值的测定，与理论值基本吻合，发现反应的放热主要集中在氢甲酰化过程。考察催化剂在整个过程中的稳定性，发现催化剂流失主要发生在反应过程，在蒸馏过程中流失很少。在 2L 的连续管式反应器中，采用所发展的一代催化剂完成了长周期催化性能考察，累计试验超过 3000h。同时作为对照，采用釜式反应装置（与管式相同催化剂浓度）进行了平行评价。釜式转化率均在 99%左右，套用 25 次；采用管式反应装置，得到了与釜式反应装置几乎一样的反应结果。在此基础上，开发出二代催化剂，其在二异丁烯的羰基化合成异壬醇反应中表现出优异的性能，目前已完成釜式反应超过 50 次的连续循环评价，同时在自行搭建的 2L 连续管式反应器上完成了 700h 的寿命评价（图 5.52）。

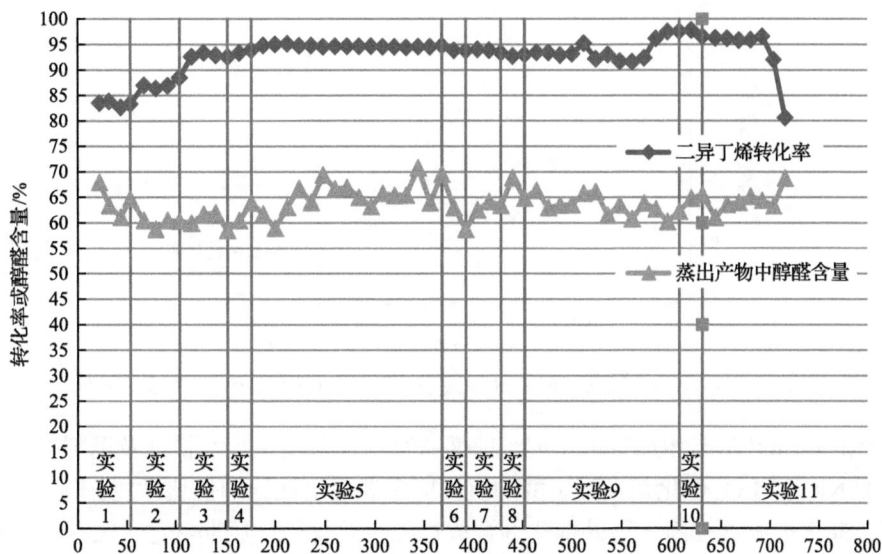

图 5.52　二代催化剂的连续管式寿命评价结果

在微量醛加氢精制研究方面，中国科学院兰化所针对一步过程羰基化所得到反应液中存在微量醛中间体的特点，围绕微量醛的加氢精制，发展了双金属的多相氢化反应催化剂。

（1）NiCu-Al$_2$O$_3$ 基多相加氢催化剂。利用共沉淀法、沉积沉淀法、沉淀-浸渍法和浸渍法制备 Ni 基双元催化剂，发现采用共沉淀法合成的 NiCu-Al$_2$O$_3$ 催化剂和沉积沉淀法制备的 NiCu-Al$_2$O$_3$ 催化剂分散度高、热稳定性好，异壬醛液相加氢活性也更高，因前者制备过程更简便也更容易挤条成型，故选用前者作为异壬醛液相加氢催化剂。采用共沉淀法对催化剂进行了千克级放大合成，合成的催化剂结构和性能与克级小试结果相近。研究催化剂挤条成型方法，初步确定了催化剂成型工艺和水粉比、胶溶剂、黏结剂、助挤剂等相关参数，催化剂的侧压强度可达 100N/cm 以上。

在研究催化剂各组分的作用时，发现单元 Ni、Cu 组分均表现出一定的异壬醛加氢活性，但二者组成的双金属催化剂还原活化后形成了更高活性的 NiCu 合金相，同时也比单元 Ni 催化剂更易还原活化，比单元 Cu 催化剂更抗烧结。Al$_2$O$_3$ 载体起到了分散稳定活性金属的作用。基于这些研究和认识，完成了加氢催化剂的结构组成优化及定型。

考察反应温度、压力、氢醛比、进料质量空速和物料浓度等反应工艺参数的影响，取得较完备的加氢反应基础工艺数据，研究发现对于质量分数≥20%的壬醛溶液，升高温度有利于提高转化率，但目标产物的选择性降低；提高反应压力可以较明显地提高选择性；提高进料质量空速，转化率下降，产物选择性基本不变，在10：1～30：1范围氢醛比对催化剂活性和选择性影响不明显；催化剂对质量分数≤40%的异壬醛溶液具有较高的加氢活性和选择性，转化率大于99%，异壬醇选择性大于95%(图5.53)。

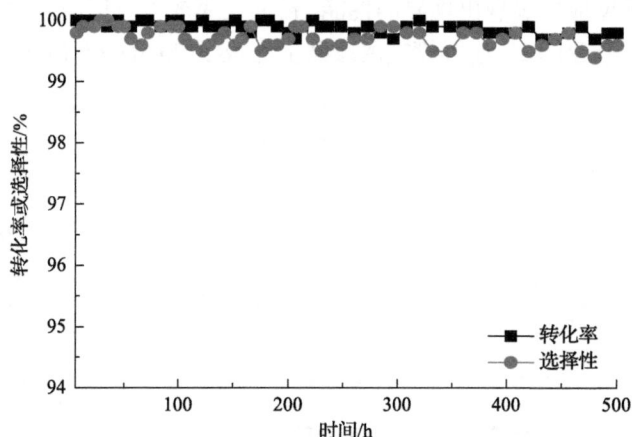

图 5.53　Cu-Al$_2$O$_3$基催化剂 30mL 固定床异壬醛加氢寿命评价(寿命＞500h)

(2)NiCu-SiO$_2$基多相加氢催化剂。前期研究发现采用铝盐与镍盐及助剂铜盐共沉淀法合成的 NiCu-Al$_2$O$_3$催化剂在异壬醛加氢反应中表现出优异的催化性能，但铝盐消耗量大，导致催化剂成本较高，另外催化剂合成过程时间较长，后期洗涤也较慢，改用价廉易得的拟薄水铝石为载体共沉淀法也能制备高分散、高异壬醛加氢活性的纳米 NiCu 双金属加氢催化剂，催化剂合成效率显著提高，成本也明显下降，但该催化剂热稳定性较差，随焙烧温度升高，催化剂晶粒快速长大，不利于催化剂长寿命稳定性。改用价廉的纳米 SiO$_2$粉体为载体，采用共沉淀法合成 NiCu 双金属催化剂，显著提高催化剂的热稳定性，同时兼顾了催化剂合成效率、成本和性能。

为了进一步提高 NiCu-SiO$_2$基纳米催化剂的异壬醛加氢性能，考察了多个不同酸、碱性氧化物助剂和金属助剂的影响。酸性助剂对催化剂的加氢活性和选择性提升总体不是很明显，但碱性助剂对催化剂活性和选择性提升十分明显，与不加助剂的 NiCu 催化剂相比，加入适当碱性助剂后，催化剂的转化率和选择性同时提高约8%(图5.54)。对比Fe、Co 和 Cu 助剂影响，发现 Cu 助剂对 Ni 催化剂的性能提升更加明显，为较为理想的金属助剂，可能与催化剂中形成纳米 NiCu 合金有关。

在确定了催化剂的制备方法和主要组分组成后，系统考察了催化剂制备关键过程工艺参数(如沉淀方式和物料浓度、沉淀温度、焙烧温度和盐种类等)的影响。掌握了催化剂制备过程的关键控制因素后，对催化剂合成方法进行了重现性研究，发现无论是催化剂的织构结构还是反应活性和选择性都具有很好的重现性。值得指出的是，以工业原料合成的催化剂与试剂级原料合成的催化剂表征结果和反应结果都具有很好的一致性。

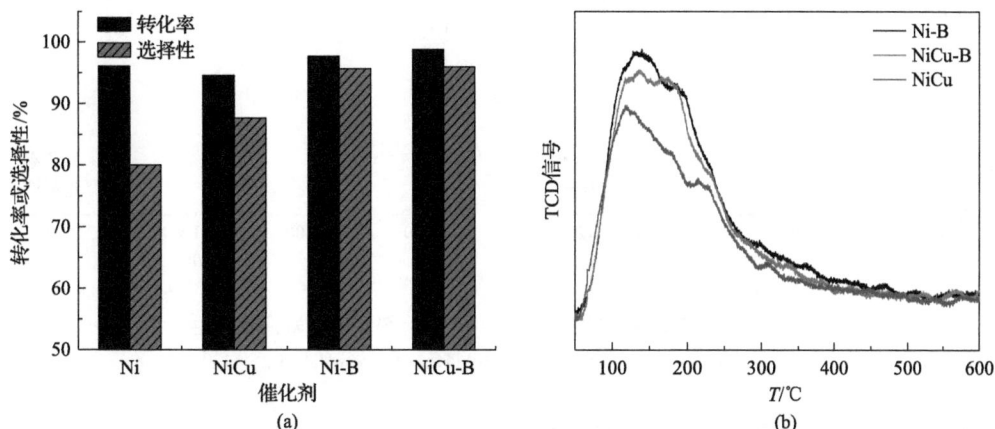

图 5.54　碱性助剂对 NiCu-SiO$_2$ 基催化剂异壬醛加氢性能的影响(a)及 CO$_2$-TPD 表面碱性表征(b)

在前期稳定合成工艺的基础上，对催化剂进行了逐级放大合成，实现催化剂千克级稳定合成，千克级合成催化剂的结构和催化性能与十克级基本一致，说明催化剂合成工艺具有很好的可放大性，为催化剂的规模化工业放大生产奠定了良好的基础。以千克级合成的催化剂研究了成型影响，特别是拟薄水铝石黏结剂与催化剂原粉比例对催化剂强度和异壬醛加氢活性、选择性的影响。黏结剂比例高有利于提高催化剂侧压强度，但对催化剂活性和选择性不利，适当的黏结剂比例可以兼顾催化剂的强度和活性。同时，催化剂的强度还需结合其他成型条件如水粉比、黏结剂比例等调整提高。

采用固定床考察了千克级合成催化剂的长周期稳定性(图 5.55)，催化剂原粉压片催化高浓度异壬醛加氢，表现出优异的活性(转化率≥99.9%)、选择性(>95%)和稳定性，反应 1200h 未见明显失活。进一步采用固定床考察了挤条成型催化剂的长周期稳定性，因成型时在催化剂原粉中加入30wt%拟薄水铝石作黏结剂，催化剂活性略有降低(120℃时转化率略低于99%)，故在 130℃考察了高浓度异壬醛加氢活性和稳定性。如图 5.55 所示，成型催化剂同样表现出优异的性能，高浓度异壬醛转化率≥99.9%，选择性>95%，反应 1500h 未见明显失活。XRD 和 TEM 表征结果显示成型催化剂较原粉表现出更好的抗烧结稳定性，催化剂晶粒仅从 3.4nm 长大至 5.3nm(图 5.56)。

在产品检测方面，通过精馏实现了产品的精制，所得到的样品经化学工业助剂质量监督检验中心测试，产品各项指标达到目前市场进口商品标准，同时产品在国内某企业初步进行试用，性能优异。

在实验室小试和管式模式详细研究的基础上，基于中国科学院兰州化学物理研究所的实验室小试、中国石化石油化工科学研究院和中国科学院兰州化学物理研究所合作完成的管式模拟试验的研究，中国石化石油化工科学研究院编制了 5 万 t/a 碳八烯烃羰基化合成异壬醇工艺包(包含原料处理、氢甲酰化反应、催化剂分离、循环再生、产物加氢精制等 5 个关键单元)。2020 年 11 月 26 日，联合开发的"碳八烯烃氢甲酰化制备异壬醇"技术通过了由中国化工学会组织的项目评价。

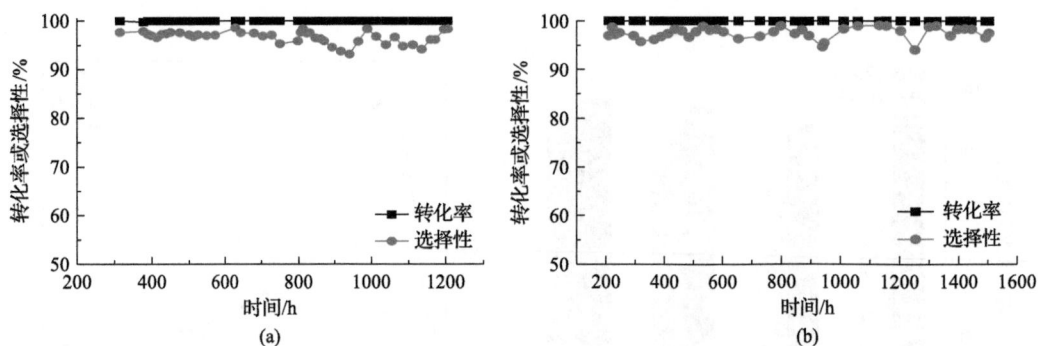

图 5.55　千克级合成的 NiCu-SiO₂ 基催化剂固定床寿命稳定性
(a)原粉压片，90wt%异壬醛，120℃；(b)挤条成型，90wt%异壬醛，130℃

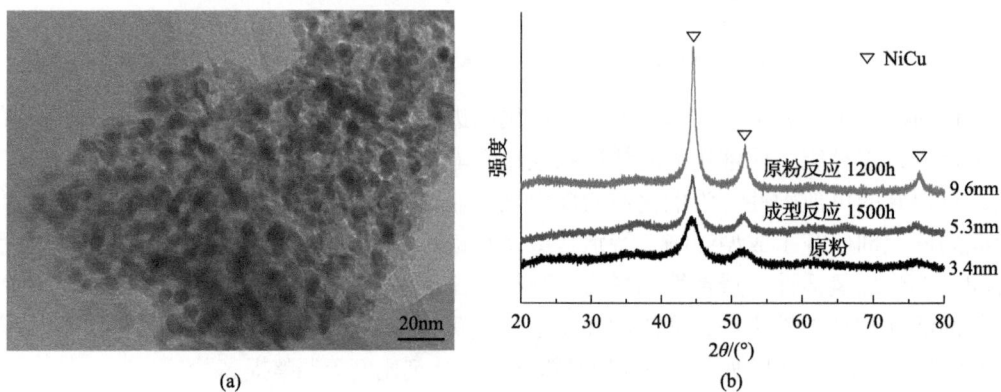

图 5.56　反应后 NiCu-SiO₂ 基催化剂 TEM(a)和 XRD(b)表征

中国科学院兰州化学物理研究所发展的钴基体系催化的均相羰基化一步合成异壬醇技术具有以下优越性：

(1)100%原子经济过程；

(2)一步过程，步骤简单，氢甲酰化反应和氢化反应耦合；

(3)体系具有普适性，二异丁烯、直链辛烯、费-托合成的 $C_8 \sim C_9$ 混合烯烃、混合碳四的叠合碳八烯烃等均可以适用；

(4)通过切换原料，获得不同用途的异壬醇(高支链度、低支链度)产品。

该技术不仅可有效提升我国增塑剂醇的品位，实现碳四烯烃的增值利用，为众多石油化工企业经济效益的提高提供了一条新途径，同时还解决了国内异壬醇技术及产品依赖进口的双重压力，具有非常重要的现实和经济意义。目前，正在积极推进该技术的工业放大应用。

参 考 文 献

[1] 邢爱华，张新锋，索娅，等. 碳四烃类资源综合利用现状及展望[J]. 洁净煤技术，2015, 21(5): 66-70.

[2] 兰秀菊，李海宾，姜涛. 煤基混合碳四深加工方案的探讨[J]. 乙烯工业，2011, 23(1): 12-16.

[3] 张变玲，徐瑞芳，张世刚，等. 碳四市场及下游综合利用技术前景分析[J]. 广州化工，2016, 44(17): 42-46.

[4] 孟隆，曲振峰. C₄烃生产汽油组分的工艺技术进展[J]. 炼油与化工，2017, 28(2): 4-7.

[5] 曹东学, 杨秀娜, 曹国庆. 碳四烷基化技术发展趋势[J]. 当代石油石化, 2020, 28(8): 29-37.

[6] 赵燕, 王景政, 李琰, 等. 国内 C₄ 烃叠合-加氢工艺制异辛烷技术进展及应用前景分析[J]. 化工进展, 2019, 38(12): 5314-5322.

[7] Kore R, Scurto A M, Shiflett M B. Review of isobutane alkylation technology using ionic liquid-based catalysts: Where do we stand[J]. Industrial & Engineering Chemistry Research, 2020, 59(36): 15811-15838.

[8] Díaz Velázquez H, Likhanova N, Aljammal N, et al. New insights into the progress on the isobutane/butene alkylation reaction and related processes for high-quality fuel production. A critical review[J]. Energy & Fuels, 2020, 34(12): 15525-15556.

[9] Feller A, Lercher J A. Chemistry and technology of isobutane/alkene alkylation catalyzed by liquid and solid acids[J]. Advances in Catalysis, 2004, 48: 229-295.

[10] Christensen P J, 杨永泰. 炼厂烷基化技术的未来: 安全与辛烷值之间的平衡[J]. 中外能源, 2015, (5): 80-84.

[11] 张英杰, 王冬梅, 李学, 等. 烷基化装置产能及技术进展[J]. 炼油与化工, 2020, 31(3): 1-3.

[12] 朱庆云, 郑丽君, 任文坡. 烷基化油生产技术新进展[J]. 石化技术与应用, 2016, 34(6): 511-515.

[13] 党晓峰, 石凤勇, 王亚波. 硫酸法与氢氟酸法烷基化技术对比[J]. 石油规划设计, 2018, 29(4): 14-17.

[14] 杨英, 肖立桢. 固体酸及离子液体烷基化生产工艺进展[J]. 石油化工技术与经济, 2018, 34(4): 50-54.

[15] 廖宝星. 轻烃芳构化生产芳烃技术进展[J]. 化学世界, 2009, 50(6): 373-376.

[16] 马会霞, 周峰, 乔凯. 利用清洁气资源开发液化气新产品研究[J]. 当代化工, 2020, 49(8): 1767-1771.

[17] 王小强. 轻烃芳构化技术进展[J]. 当代化工, 2018, 47(9): 1956-1960.

[18] 吴冰峰, 王子健, 马爱增, 等. 低碳烷烃芳构化反应机理研究进展[J]. 石油学报(石油加工), 2021, 37(3): 690-699.

[19] 王小强, 程亮亮, 马应海. 混合碳四临氢芳构化技术工业应用[J]. 当代化工, 2019, 10: 2366-2369.

[20] 李吉春, 景丽, 王小强, 等. 碳四烯芳构化生产混合芳烃技术开发及工业应用[J]. 石油炼制与化工, 2019, 50(5): 52-56.

[21] 赵建国, 金光旭, 吴飞, 等. 轻烃芳构化工艺技术介绍及其应用规划[J]. 乙烯工业, 2015, 27(2): 5-10.

[22] 郝代军, 刘丹禾. 轻烃芳构化工业技术进展[J]. 天然气与石油, 2001, 19(3): 17-21.

[23] 朱玉琴, 陆春龙. 甲基叔丁基醚(MTBE)的研究现状及展望[J]. 辽宁化工, 2012, 41(11): 1183-1185.

[24] 陈勇. 浅谈中石化甲基叔丁基醚装置的生存状况及发展[J]. 化工管理, 2016, (29): 1-3.

[25] 陈晶晶. 甲基叔丁基醚生产工艺安全性提升发展研究[J]. 当代化工, 2018, 47(9): 1965-1968.

[26] 沈鹏飞, 侯文杰, 许明杰, 等. 甲基叔丁基醚的市场现状及工艺技术进展[J]. 化学工程师, 2018, 32(1): 50-53.

[27] 董满祥, 马智, 常侃. MTBE 生产技术及市场前景分析[J]. 石油化工应用, 2007, 26(1): 6-9.

[28] 申文杰, 胡津仙. 甲基叔丁基醚(MTBE)的合成[J]. 合成化学, 1997, 5(4): 331-337.

[29] 房刚, 吴斐, 李斌, 等. MTBE 膨胀床反应器换剂方法探讨[J]. 炼油技术与工程, 2007, 37(7): 20-23.

[30] 李斌, 吴斐, 房刚, 等. 膨胀床低醇烯比 MTBE 装置的扩能改造[J]. 炼油技术与工程, 2008, (1): 19-22.

[31] 张淑蓉, 金福江, 陈伯伦. 化工型膨胀床合成 MTBE 的技术[J]. 石油炼制与化工, 1998, 29(7): 24-27.

[32] 杨宗仁, 郝兴仁. MTBE 催化蒸馏技术开发[J]. 齐鲁石油化工, 1997, 25(1): 13-18.

[33] 郝兴仁, 杨宗仁. 中国 MTBE 生产技术现状及展望[J]. 炼油设计, 1999, 29(6): 46-48.

[34] 贾宝碌. 膨胀床-催化蒸馏合成 MTBE 工艺设计[J]. 石油化工设计, 2000, 17(2): 6-8.

[35] 顾长生. 混相膨胀床-催化蒸馏组合工艺在 MTBE 装置的生产运用[J]. 化工管理, 2020, (8): 190-191.

[36] 朱艳杰, 白振江. 浅谈混相膨胀床-催化蒸馏组合工艺在 MTBE 合成中的应用[J]. 化工管理, 2016, (2): 163.

[37] 孙守华, 路蒙蒙. 混相床-催化蒸馏组合技术在甲基叔丁基醚装置的应用[J]. 能源化工, 2015, 36(3): 10-14.

[38] 沙沙利, 王传真, 朱学军. 炼油型 MTBE 装置混相床-催化蒸馏组合工艺设计[J]. 石油化工设计, 2008, 25(1): 4-6.

[39] 王萍. 禁用 MTBE 后的应对措施分析[J]. 化工中间体, 2005, (2): 16-18.

[40] 谢小莉, 张睿, 段超, 等. 乙基叔丁基醚合成研究进展[J]. 工业催化, 2015, 23(8): 595-600.

[41] 吕爱梅, 王伟, 郝兴仁. 乙基叔丁基醚合成技术进展[J]. 现代化工, 2001, 21(9): 18-21.

[42] 马龙. 全球丙烯供需分析与预测[J]. 世界石油工业, 2021, 28(5): 47-53.

[43] 陈浩, 詹小燕, 郭振宇. 丙烷脱氢工艺发展趋势分析[J]. 炼油技术与工程, 2020, 50(11): 9-13.

[44] 侯雨璇, 王红秋, 鲜楠莹. 世界丙烯生产技术进展与经济性分析[J]. 现代化工, 2020, 40(10): 60-65.

[45] Lavrenov A V, Saifulina L F, Buluchevskii E A, et al. Propylene production technology: Today and tomorrow[J]. Catalysis in Industry, 2015, 7(3): 175-187.

[46] 唐志诚, 张海涛, 季东, 等. C₄烃催化裂解增产丙烯催化剂研究进展[J]. 分子催化, 2009, (6): 564-573.

[47] 刘俊涛, 谢在库, 徐春明, 等. C₄烯烃催化裂解增产丙烯技术进展[J]. 化工进展, 2005, 24(12): 1347-1351.

[48] Wang X Q, Xie C G, Li Z T, et al. Catalytic processes for light olefin production//Chang S H, Robinson P R. Practical Advances in Petroleum Processing[M]. New York: Springer, 2006.

[49] Tsunoda T, Sekiguchi M. The omega process for propylene production by olefin interconversion[J]. Catalysis Surveys from Asia, 2008, 12(1): 1-5.

[50] Hulea V. Direct transformation of butenes or ethylene into propylene by cascade catalytic reactions[J]. Catalysis Science & Technology, 2019, 9(17): 4466-4477.

[51] Blay V, Epelde E, Miravalles R, et al. Converting olefins to propene: Ethene to propene and olefin cracking[J]. Catalysis Reviews, 2018, 60(2): 278-335.

[52] 代跃利, 赵铁凯, 刘剑, 等. C₄烯烃自歧化制丙烯催化剂研究进展[J]. 精细石油化工进展, 2017, 18(1): 41-46.

[53] 徐泽辉, 顾超然, 王佩琳. 非均相催化烯烃交叉复分解反应[J]. 化学进展, 2009, 21(4): 784.

[54] Dimian A C, Bildea C S, Kiss A A. Applications in Design and Simulation of Sustainable Chemical Processes[M]. San Diego: Elsevier, 2019.

[55] 张昕, 王建伟, 钟进, 等. C₄烯烃催化转化增产丙烯研究进展[J]. 石油化工, 2004, 33(8): 781-787.

[56] 张惠明. C₄烯烃催化转化增产丙烯技术进展[J]. 石油化工, 2008, 37(6): 637-642.

[57] 李影辉, 曾群英, 万书宝, 等. 碳四烯烃歧化制丙烯技术[J]. 现代化工, 2005, 25(3): 23-26.

[58] Mantingh J, Kiss A A. Enhanced process for energy efficient extraction of 1,3-butadiene from a crude C₄ cut[J]. Separation and Purification Technology, 2021, 267: 118656.

[59] Mathias P M, Richard Elliott J Jr, Klamt A. Butadiene purification using polar solvents. Analysis of solution nonideality using data and estimation methods[J]. Industrial & Engineering Chemistry Research, 2008, 47(15): 4996-5004.

[60] 曹红忠. 1,4-丁二醇工艺技术路线选择和分析[J]. 煤炭与化工, 2019, 42(10): 123-128.

[61] 崔丹丹, 周广林, 陈志伟, 等. 正丁烷脱氢异构制异丁烯的研究进展[J]. 工业催化, 2014, 22(12): 900-904.

[62] 胥月兵, 陆江银, 王吉德. 正丁烷脱氢制正丁烯催化剂[J]. 化学进展, 2007, 19(10): 1481-1487.

[63] 周金波, 李修仪, 杨淑萍, 等. 正丁烷异构化工艺与催化剂研究进展[J]. 化学反应工程与工艺, 2021, 37(4): 375-384.

[64] 刘洋, 柯明. 异丁烷氧化脱氢制异丁烯催化剂研究进展[J]. 化工进展, 2017, 36(3): 909-917.

[65] Otroshchenko T, Jiang G, Kondratenko V A, et al. Current status and perspectives in oxidative, non-oxidative and CO₂-mediated dehydrogenation of propane and isobutane over metal oxide catalysts[J]. Chemical Society Reviews, 2021, 50(1): 473-527.

[66] 邓帅, 刘帅, 房德仁, 等. 不同催化体系引发高活性聚异丁烯阳离子聚合反应研究进展[J]. 山东化工, 2020, 49(4): 82-84.

[67] 张文学, 贾军纪, 黄安平, 等. 高活性聚异丁烯的生产状况及最新合成方法[J]. 石油化工, 2014, 43(2): 226-232.

[68] 魏绪玲, 徐典宏, 龚光碧, 等. 国内外聚异丁烯生产现状[J]. 合成橡胶工业, 2020, 43(6): 521-526.

[69] 赵燕, 李楠, 徐典宏, 等. 国内丁基橡胶产业现状及发展建议[J]. 合成橡胶工业, 2021, 44(1): 76-79.

[70] 刘莹雪, 韩杨, 王孝海, 等. 高不饱和丁基橡胶的合成与制备技术研究进展[J]. 高分子通报, 2021, (5): 14-28.

[71] 韩琪. 我国卤化丁基橡胶产业发展面临的挑战及发展建议[J]. 当代石油化工, 2021, 29(6): 27-31.

[72] 仇国贤. 丁基橡胶: 市场竞争加剧 需从高端发力[J]. 中国石油和化工, 2021, 5: 64-65.

[73] 钱伯章. 丁基橡胶的技术进展与市场分析[J]. 现代橡胶技术, 2016, 42(5): 1-7.

[74] 王宁. 甲基丙烯酸甲酯(MMA)工艺技术进展及技术经济分析[J]. 上海化工, 2020, 45(3): 25-29.

[75] 张大洲, 卢文新, 陈风敬, 等. 甲基丙烯酸甲酯生产技术现状及国内发展趋势[J]. 化肥设计, 2018, 56(5): 6-10.

[76] 双玥. 甲基丙烯酸甲酯生产工艺及其经济性比较[J]. 化学工业, 2014, 32(7): 27-31.

[77] Nagai K, Ui T. Trends and future of monomer-MMA technologies[J]. Sumitomo Chemical, 2004, 2: 4-13.

[78] 常慧, 曹强. 异戊二烯制备及精制技术概述[J]. 石油化工技术与经济, 2016, 32(6): 53-56.

[79] 景文, 赵存胜, 何龙, 等. 烯醛一步法合成异戊二烯固体催化剂研究进展[J]. 山东化工, 2016, 45(2): 43-45.

[80] 吴红飞. 异戊二烯的生产方法[J]. 精细石油化工, 2012, 29(5): 77-82.

[81] 杨红波. 特戊酸工业合成方法及技术改进[J]. 中国石油和化工标准与质量, 2013, (10): 32-33.

[82] 段练. 国外以 Koch 反应合成三甲基乙酸的工艺[J]. 四川化工, 2008, (1): 22-23.

[83] 赵丽梅, 王秉臣. 特戊酸的产业现状[J]. 化工科技市场, 2006, 29(2): 13-15.

[84] 潘嘉晟, 王耀锋, 马爽爽, 等. 脂肪伯胺的合成及工业化研究进展[J]. 过程工程学报, 2021, 21(8): 905-917.

[85] 姜睿, 霍稳周, 吕清林, 等. 异丁烯直接胺化制备叔丁胺研究进展[J]. 合成橡胶工业, 2020, 43(3): 260-265.

[86] Gerhartz W. Ullmann's Encyclopedia of Industrial Chemistry[M]. Weinheim: Wiley-VCH, 1988.

[87] Ricci G, Pampaloni G, Sommazzi A, et al. Dienes polymerization: Where we are and what lies ahead[J]. Macromolecules, 2021, 54(13): 5879-5914.

[88] Kerns M, Henning S, Rachita M. Butadiene polymers//Mark H F, Kroschwitz J I, Peppas N A. Encyclopedia of Polymer Science and Technology[M]. 4th ed. New York: John Wiley & Sons, 2002.

[89] Ricci G, Leone G. Recent advances in the polymerization of butadiene over the last decade[J]. Polyolefins Journal, 2014, 1(1):43-60.

[90] Richards D H. The polymerization and copolymerization of butadiene[J]. Chemical Society Reviews, 1977, 6(2): 235-260.

[91] 琚裕波, 童明全, 潘蓉, 等. 己二腈合成工艺路线研究进展[J]. 河南化工, 2017, 34(1): 12-15.

[92] 闵东辉. 我国丁二烯的生产现状及下游产业链分析[J]. 石油化工技术与经济, 2019, 35(3): 21-25.

[93] 石广雷, 王文强, 段继海, 等. 己二腈生产技术的研究进展[J]. 化工进展, 2016, 35(9): 2861-2868.

[94] 吕洁. 丁二烯直接氰化法生产己二腈工艺技术进展[J]. 炼油与化工, 2016, 27(5): 4-6.

[95] Bini L, Müller C, Vogt D. Ligand development in the Ni-catalyzed hydrocyanation of alkenes[J]. Chemical Communications, 2010, 46(44): 8325-8334.

[96] Tolman C A, McKinney R J, Seidel W C, et al. Homogeneous nickel-catalyzed olefin hydrocyanation[J]. Advances in Catalysis, 1985, 33: 1-46.

[97] 孙兴燊. 螺双二氢茚双齿镍催化剂催化 3-戊烯腈氢氰化反应研究[D]. 青岛: 青岛科技大学, 2018.

[98] 刘佳, 卢文新, 刘强, 等. 己二腈的市场前景和生产技术[J]. 化肥设计, 2019, 57(5): 1-4.

[99] 王鹏, 杨姐, 刘欢. 1,3-二烯烃的羰基化反应研究进展[J]. 有机化学, 2021, 41(9): 3379-3389.

[100] Fell B, Rupilius W. Dialdehydes by hydroformylation of conjugated dienes[J]. Tetrahedron Letters, 1969, 10(32): 2721-2723.

[101] Fell B, Bahrmann H. The hydroformylation of conjugated dienes: Ⅴ Aliphatic tertiary phosphines and p-substituted phospholanes as cocatalysts of the rhodium-catalysed hydroformylation of 1,3-dienes[J]. Journal of Molecular Catalysis, 1977, 2(3): 211-218.

[102] Bahrmann H, Fell B. The hydroformylation of conjugated dienes: Ⅵ Tertiary aryl- and arylalkyl-phosphines and secondary alkyl- and arylphosphines as ligands in the rhodium catalyzed hydroformylation reaction of conjugated dienes to dialdehydes[J]. Journal of Molecular Catalysis, 1980, 8(4): 329-337.

[103] Falk B, Fell B. Die hydroformylierung konjugierter diene: Ⅶ Hydroformylierung von cycloheptatrien mit rhodiumcarbonyl/t-phosphan-komplexkatalysatoren[J]. Journal of Molecular Catalysis, 1983, 18(1): 127-134.

[104] Ohgomori Y, Suzuki N, Sumitani N. Formation of 1,6-hexanedial via hydroformylation of 1,3-butadiene[J]. Journal of Molecular Catalysis A: Chemical, 1998, 133(3): 289-291.

[105] Maji T P, Mendis C H, Thompson W H, et al. Evidence for isomerizing hydroformylation of butadiene: A combined experimental and computational study[J]. Journal of Molecular Catalysis A: Chemical, 2016, 424: 145-152.

[106] Packett D L. Hydroformylation process for producing 1,6-hexanedials: US 5312996[P]. 1994-05-17.

[107] Packett D L, Briggs J R, Bryant D R, et al. Processes for producing alkenals and alkenols: US 5886237[P]. 1999-03-23.

[108] Packett D L, Briggs J R, Bryant D R, et al. Processes for producing 1, 6-hexanedials and derivatives: US 5892127[P]. 1999-04-06.

[109] Smith S E, Rosendahl T, Hofmann P. Toward the rhodium-catalyzed bis-hydroformylation of 1,3-butadiene to adipic aldehyde[J]. Organometallics, 2011, 30(13): 3643-3651.

[110] Schmidt S, Baráth E, Prommnitz T, et al. Synthesis and characterization of crotyl intermediates in Rh-catalyzed hydroformylation of 1,3-butadiene[J]. Organometallics, 2014, 33(21): 6018-6022.

[111] Schmidt S, Baráth E, Larcher C, et al. Rhodium-catalyzed hydroformylation of 1,3-butadiene to adipic aldehyde: Revealing selectivity and rate-determining steps[J]. Organometallics, 2015, 34(5): 841-847.

[112] Schmidt S, Abkai G, Rosendahl T, et al. Inter- and intramolecular interactions in triptycene-derived bisphosphite hydroformylation catalysts: Structures, energies, and caveats for DFT-assisted ligand design[J]. Organometallics, 2013, 32(4): 1044-1052.

[113] Mormul J, Mulzer M, Rosendahl T, et al. Synthesis of adipic aldehyde by *n*-selective hydroformylation of 4-pentenal[J]. Organometallics, 2015, 34(16): 4102-4108.

[114] Mormul J, Breitenfeld J, Trapp O, et al. Synthesis of adipic acid, 1,6-hexanediamine, and 1,6-hexanediol via double-*n*-selective hydroformylation of 1,3-butadiene[J]. ACS Catalysis, 2016, 6(5): 2802-2810.

[115] Yu S M, Snavely W K, Chaudhari R V, et al. Butadiene hydroformylation to adipaldehyde with Rh-based catalysts: Insights into ligand effects[J]. Molecular Catalysis, 2020, 484: 110721.

[116] Tenorio M J, Chaudhari R V, Subramaniam B. Rh-catalyzed hydroformylation of 1,3-butadiene and pent-4-enal to adipaldehyde in CO_2-expanded media[J]. Industrial & Engineering Chemistry Research, 2019, 58(50): 22526-22533.

[117] 杨勇, 王召占. 一种用于1,3-丁二烯氢甲酰化反应的膦配体及其制备方法: CN113004326A[P]. 2021-06-22.

[118] 郝敬泉, 华卫琦, 查志伟, 等. 己二酸生产技术进展及市场分析[J]. 现代化工, 2012, 32(8): 1-4.

[119] van de Vyver S, Román-Leshkov Y. Emerging catalytic processes for the production of adipic acid[J]. Catalysis Science & Technology, 2013, 3(6): 1465-1479.

[120] Rios J, Lebeau J, Yang T, et al. A critical review on the progress and challenges to a more sustainable, cost competitive synthesis of adipic acid[J]. Green Chemistry, 2021, 23(9): 3172-3190.

[121] 冯美平. 1,3-丁二烯法制己二酸[J]. 合成纤维工业, 1999, 22(2): 22-25.

[122] Bruner H S, Jr. Process for the manufacture of adipic acid: US 5166421[P]. 1992-11-24.

[123] Denis P, Metz F, Perron R. Preparation of adipic acid by hydrocarboxylation of pentenoic acids: US 5268505[P]. 1993-12-07.

[124] Drent E, Ernst R, Jager W W, et al. Process for the carbonylation of a conjugated diene: US 11884107[P]. 2008-10-30.

[125] Drent E, Ernst R, Jager W W, et al. Process for the preparation of a dicarboxylic acid: US 11884113[P]. 2008-10-30.

[126] van Broekhoven J A M, Drent E, Ernst R, et al. Process for the preparation of a dicarboxylic acid: US 2009131630[P]. 2009-05-21.

[127] 德伦特 E, 范金克尔 R, 亚格 W W. 烯属不饱和羧酸加氢羧基化的方法: CN 1795159A[P]. 2006-06-28.

[128] 王新龙, 王晓东, 雷小楠, 等. 1,6-己二醇制备工艺进展[J]. 石油化工, 2019, 48(5): 513-521.

[129] 伊帆, 周春兵, 魏浩. 我国1,6-己二醇的产业化现状与发展建议[J]. 山西化工, 2019, 39(6): 21-22.

[130] 吕国辉. 1,6-己二醇国内产业情况及其应用[J]. 河南化工, 2018, 35(8): 12-14.

[131] Matsuda A. The cobalt carbonyl-catalyzed hydroesterification of butadiene with carbon monoxide and methanol[J]. Bulletin of the Chemical Society of Japan, 1973, 46(2): 524-530.

[132] Kummer R, Schneider H W, Weiss F J. Preparation of butanedicarboxylic acid esters: US 4259520[P]. 1981-03-31.

[133] Isogai N, Hosokawa M, Okawa T, et al. Process for producing 3-pentenoic esters: US 4332966[P]. 1982-06-01.

[134] D'amore M B, Ellefson R R. Manufacture of butanedicarboxylic acid esters: US 4618702[P]. 1986-10-21.

[135] Bruner H S Jr. Carboalkoxylation of butadiene to form dialkyl adipate: US 4692549[P]. 1987-09-08.

[136] Denis P, Grosselin J M, Jenck J, et al. Preparation of alkyl adipates: US 5670701[P]. 1997-09-23.

[137] Milstein D, Huckaby J L. Cobalt-catalyzed carbalkoxylation of olefins: A new mechanism[J]. Journal of the American Chemical Society, 1982, 104(22): 6150-6152.

[138] Mika L T, Tuba R, Tóth I, et al. Molecular mapping of the catalytic cycle of the cobalt-catalyzed hydromethoxycarbonylation of 1,3-butadiene in the presence of pyridine in methanol[J]. Organometallics, 2011, 30(17): 4751-4764.

[139] Tuba R, Mika L T, Bodor A, et al. Mechanism of the pyridine-modified cobalt-catalyzed hydromethoxycarbonylation of 1,3-butadiene[J]. Organometallics, 2003, 22(8): 1582-1584.

[140] Tsuji J, Kiji J, Hosaka S. Organic syntheses by means of noble metal compounds. Ⅴ. Reaction of butadienepalladium chloride complex with carbon monoxide[J]. Tetrahedron Letters, 1964, 5(12): 605-608.

[141] Brewis S, Hughes P R. The synthesis of β,γ-unsaturated esters from conjugated dienes[J]. Chemical Communications (London), 1965, (8): 157-158.

[142] Drent E. Process for the selective preparation of alkenecarboxylic acid derivatives: US 5028734[P]. 1991-07-02.

[143] Drent E, Jager W W. Carbonylation of conjugated dienes: US 5350876[P]. 1994-09-27.

[144] Sielcken O E, Agterberg F P W, Haasen N F. Process for the preparation of a pentenoate ester: US 5495041[P]. 1996-02-27.

[145] Sielcken O E, Hovenkamp H. Process for the preparation of a mixture of alkyl pentenoates: US 5693851[P]. 1997-12-02.

[146] Tsai J C, Chang W S, Liu C P, et al. Catalyst composition for preparing 3-pentenoic ester from butadiene: US 6010975[P]. 2000-01-04.

[147] Beller M, Krotz A, Baumann W. Palladium-catalyzed methoxycarbonylation of 1,3-butadiene: Catalysis and mechanistic studies[J]. Advanced Synthesis & Catalysis, 2002, 344(5): 517-524.

[148] Yang J, Liu J W, Neumann H, et al. Direct synthesis of adipic acid esters via palladium-catalyzed carbonylation of 1,3-dienes[J]. Science, 2019, 366(6472): 1514-1517.

[149] Yang J, Liu J W, Ge Y, et al. Efficient palladium-catalyzed carbonylation of 1,3-dienes: Selective synthesis of adipates and other aliphatic diesters[J]. Angewandte Chemie International Edition, 2021, 133(17): 9613-9619.

[150] Han L J, Rao C S, Ma S S, et al. Palladium-catalyzed methoxycarbonylation of 1,3-butadiene to methyl-3-pentenoate: introduction of a continuous process[J]. Journal of Catalysis, 2021, 404: 283-290.

[151] Faßbach T A, Vorholt A J, Leitner W. The telomerization of 1,3-dienes: A reaction grows up[J]. ChemCatChem, 2019, 11(4): 1153-1166.

[152] Behr A, Becker M, Beckmann T, et al. Telomerization: Advances and applications of a versatile reaction[J]. Angewandte Chemie International Edition, 2009, 48(20): 3598-3614.

[153] Billups W E, Walker W E, Shields T C. The palladium-catalysed carbonylation-dimerization of butadiene[J]. Journal of the Chemical Society D: Chemical Communications, 1971, (18): 1067-1068.

[154] Tsuji J, Mori Y, Hara M. Organic syntheses by means of noble metal compounds. XLVIII. Carbonylation of butadiene catalyzed by palladium-phosphine complexes[J]. Tetrahedron, 1972, 28(14): 3721-3725.

[155] Kiji J, Okano T, Odagiri K, et al. Improvement in the activity of palladium catalysts for the dimerization-carbonylation of butadiene[J]. Journal of Molecular Catalysis, 1983, 18(1): 109-112.

[156] Knifton J. Syngas Reactions. Ⅰ. The catalytic carbonylation of conjugated dienes[J]. Journal of Catalysis, 1979, 60(1): 27-40.

[157] Wilson E, Dumont C, Drelon M, et al. The palladium-catalyzed carboxytelomerization of butadiene with agrobased alcohols and polyols[J]. ChemSusChem, 2019, 12(11): 2457-2461.

[158] Dumont C, Belva F, Gauvin R M, et al. The palladium-catalyzed carbonylative telomerization reaction with phenols, polyphenols and kraft lignin[J]. ChemSusChem, 2018, 11(22): 3917-3922.

[159] Vogelsang D, Raumann B A, Hares K, et al. From carboxytelomerization of 1,3-butadiene to linear α,ω-C$_{10}$-diester combinatoric approaches for an efficient synthetic route[J]. Chemistry: A European Journal, 2018, 24(9): 2264-2269.

[160] Vogelsang D, Vondran J, Vorholt A J. One-step palladium catalysed synthetic route to unsaturated pelargonic C$_9$-amides directly from 1,3-butadiene[J]. Journal of Catalysis, 2018, 365: 24-28.

[161] 邹盛欧. 耐热性聚酰胺 9T[J]. 现代塑料加工应用, 2000, 12(6): 62-64.

[162] 冯美平, 吴雷. 耐热性聚酰胺新品种 PA9T[J]. 工程塑料应用, 2002, 30(2): 58-60.

[163] Cornils B, Herrmann W A. Aqueous-Phase Organometallic Catalysis: Concepts and Applications[M]. 2nd ed. Weinheim: Wiley-VCH, 2004.

[164] Tokitoh Y, Yoshimura N. Method for production of α,ω-dialdehydes: US 4808756[P]. 1989-02-28.

[165] Honda E, Yoshikawa T, Tsuji T, et al. Bis（6-methyl-3-sulphophenyl）（2-methylphenyl）phosphine, ammonium salt thereof, and method for producing same: US 14779581[P]. 2016-02-25.

[166] 任万忠, 徐世艾, 王立新, 等. 从混合 C₄ 中分离正丁烯的研究进展[J]. 齐鲁石油化工, 1998, 26（2）: 95-99.

[167] 付玉川, 陈翠翠. 1-丁烯生产工艺及其应用概述[J]. 西部煤化工, 2013,（1）: 73-75.

[168] 张文学, 贾军纪, 黄安平, 等. 聚丁烯-1 生产状况及应用[J]. 化工新型材料, 2014, 42（3）: 191-193.

[169] Chatterjee A M. Butene polymers//Mark H F, Kroschwitz J I, Peppas N A. Encyclopedia of Polymer Science and Technology[M]. 4th ed. New York: John Wiley & Sons, 2002.

[170] Resconi L, Camurati I, Malizia F. Metallocene catalysts for 1-butene polymerization[J]. Macromolecular Chemistry and Physics, 2006, 207（24）: 2257-2279.

[171] 孙宝余, 贺爱华. 高等规聚丁烯-1 合成工艺研究进展[J]. 高分子通报, 2015,（2）: 1-9.

[172] 姜涛, 兰秀菊. 煤制烯烃混合碳四的利用探讨[J]. 煤化工, 2011, 39（3）: 5-9.

[173] 刘焱楠, 张林松, 丁国荣. 戊醛市场分析及预测[J]. 化学工业, 2014, 32（7）: 45-47.

[174] 张超, 徐显明, 李智芳, 等. 正戊醛自缩制癸烯醛催化剂的研究进展[J]. 炼油与化工, 2020, 31（2）: 1-3.

[175] 柴文正, 傅送保, 王凯. 戊醛缩合制 2-丙基-2-庚烯醛研究进展[J]. 山东化工, 2021, 50（20）: 50-52.

[176] 赵丽丽, 安华良, 赵新强, 等. 正戊醛自缩合合成 2-丙基-2-庚烯醛催化剂的研究进展[J]. 精细石油化工, 2015, 32（2）: 71-74.

[177] 孙陆晶, 任宪梅, 吴华. 2-丙基 1-庚醇市场分析[J]. 石油化工技术与经济, 2012, 28（6）: 22-25.

[178] 胡世昌. 新型增塑剂醇 2-丙基-庚醇及其应用[J]. 精细石油化工进展, 2000, 1（9）: 25-28.

[179] 钱伯章. 二丙基庚醇的市场、原料和技术综述[J]. 精细化工原料及中间体, 2011, 9: 14-20.

[180] 郭浩然, 朱丽琴. 增塑剂醇的新选择: 2-丙基庚醇[J]. 石油化工技术经济, 2006, 22（6）: 20-25.

[181] 张丽, 赵文明. 增塑剂邻苯二甲酸二 (2-丙基庚) 酯(DPHP)[J]. 塑料助剂, 2012, 91（1）: 51-52.

[182] 王金山. 2-丁烯氢甲酰化制戊醛工艺研究[D]. 北京: 中国石油大学 (北京), 2016.

[183] 闫鑫. 新型四齿膦配体的合成及其在混合碳四氢甲酰化中的应用[D]. 哈尔滨: 哈尔滨工业大学, 2020.

[184] Chen C Y, Li P, Hu Z M, et al. Synthesis and application of a new triphosphorus ligand for regioselective linear hydroformylation: A potential way for the stepwise replacement of PPh₃ for industrial use[J]. Organic Chemistry Frontiers, 2014, 1（8）: 947-951.

[185] 廖本仁, 范曼曼, 龚磊, 等. 双亚磷酸酯和双膦混合配体在丁烯氢甲酰化反应中的应用研究[J]. 分子催化, 2015, 29（1）: 19-26.

[186] Mo M, Yi T, Zheng C Y, et al. Highly regioselective and active rhodium/bisphosphite catalytic system for isomerization-hydroformylation of 2-butene[J]. Catalysis Letters, 2012, 142（2）: 238-242.

[187] Alsalahi W, Grzybek R, Trzeciak A M. N-Pyrrolylphosphines as ligands for highly regioselective rhodium-catalyzed 1-butene hydroformylation: effect of water on the reaction selectivity[J]. Catalysis Science & Technology, 2017, 7（14）: 3097-3103.

[188] Tang S B, Jiang Y X, Yi J W, et al. Highly regioselective homogeneous isomerization-hydroformylation of 2-butene with water- and air-stable phosphoramidite bidentate ligand[J]. Molecular Catalysis, 2021, 508: 111598.

[189] Zhang R T, Yan X, Bai S T, et al. Examination of milstein Ru-PNN and Rh-tribi/tetrabi dual metal catalyst for isomerization-linear-hydroformylation of C₄ raffinate and internal olefins[J]. Green Synthesis and Catalysis, 2022, 3（1）: 40-45.

[190] Yuan M L, Chen H, Li R X, et al. Hydroformylation of 1-butene catalyzed by water-soluble Rh-BISBIS complex in aqueous two-phase catalytic system[J]. Applied Catalysis A: General, 2003, 251（1）: 181-185.

[191] Haumann M, Dentler K, Joni J, et al. Continuous gas-phase hydroformylation of 1-butene using supported ionic liquid phase (SILP) catalysts[J]. Advanced Synthesis & Catalysis, 2007, 349（3）: 425-431.

[192] Jakuttis M, Schönweiz A, Werner S, et al. Rhodium-phosphite SILP catalysis for the highly selective hydroformylation of mixed C$_4$ feedstocks[J]. Angewandte Chemie International Edition, 2011, 50 (19): 4492-4495.

[193] Haumann M, Jakuttis M, Franke R, et al. Continuous gas-phase hydroformylation of a highly diluted technical C$_4$ feed using supported ionic liquid phase catalysts[J]. ChemCatChem, 2011, 3 (11): 1822-1827.

[194] 刘佳, 陈凤敬, 卢文新, 等. 混合碳四制戊醛的市场与技术研究[J]. 化肥设计, 2017, 55 (6): 1-4.

[195] Ahlers W, Paciello R, Zeller E, et al. Two-stage hydroformylation: WO 2005009934[P]. 2005-04-07.

[196] Volland M, Mackewitz T, Ahlers W, et al. Method for the continuous production of aldehydes: US 7615645[P]. 2009-11-10.

[197] Bahrmann H, Frohning C D, Heymanns P, et al. N-Valeric acid: Expansion of the two phase hydroformylation to butenes[J]. Journal of Molecular Catalysis A: Chemical, 1997, 116 (1-2): 35-37.

[198] Bahrmann H, Greb W, Heymanns P, et al. Decyl alcohol mixtures, Phthalic esters obtainable therefrom, and their use as plasticizers: US 5369162[P]. 1994-11-29.

[199] Tudor R, Shah A. Industrial low pressure hydroformylation: Forty-five years of progress for the LP Oxo^{SM} process[J]. Johnson Matthey Technology Review, 2017, 61 (3): 246-256.

[200] Tudor R, Ashley M. Enhancement of industrial hydroformylation processes by the adoption of rhodium-based catalyst: Part I [J]. Platinum Metals Review, 2007, 51 (3): 116-126.

[201] Tudor R, Ashley M. Enhancement of industrial hydroformylation processes by the adoption of rhodium-based catalyst: Part II [J]. Platinum Metals Review, 2007, 51 (4): 164-171.

[202] 高云波. 煤基混合丁烯制戊醛纯度优化调整[J]. 化学工程与装备, 2019, 6: 31-32.

[203] 蒋志魁. 2-丙基庚醇生产过程中的产品质量控制[J]. 中国化工贸易, 2018, 10 (27): 253-256.

[204] 马智超. 混合 C$_4$ 生产 2-丙基庚醇工艺及难点研究[J]. 中国化工贸易, 2016, 8 (12): 33.

[205] 鲍柏松. 低浓度丁烯-1 混合碳四生产二丙基庚醇的纯度调节[J]. 工程技术 (全文版), 2017, (1): 214-215.

[206] 张庆云. 煤基混合碳四制 2-丙基-1-庚醇羰基反应优化调整[J]. 云南化工, 2018, 45 (6): 116-117.

[207] 颜文革. 煤化工 C$_4$ 生产 2-丙基庚醇的优势[J]. 内蒙古石油化工, 2013, 39 (24): 41-44.

[208] 张昕, 王建伟, 钟进. 丁烯齐聚反应催化剂及其工艺的研究进展[J]. 石油化工, 2004, 33 (3): 270-276.

[209] Bogdanovlć B. Selectivity control in nickel-catalyzed olefin oligomerization//Stone F G A, West R. Advances in Organometallic Chemistry[M]. New York: Academic Press, 1979.

[210] Peuckert M, Keim W. A new nickel complex for the oligomerization of ethylene[J]. Organometallics, 1983, 2 (5): 594-597.

[211] Keim W, Kowaldt F H, Goddard R, et al. Novel coordination of (benzoylmethylene) triphenylphosphorane in a nickel oligomerization catalyst[J]. Angewandte Chemie International Edition in English, 1978, 17 (6): 466-467.

[212] Skupinska J. Oligomerization of α-olefins to higher oligomers[J]. Chemical Reviews, 1991, 91 (4): 613-648.

[213] Keim W, Hoffmann B, Lodewick R, et al. Linear oligomerization of olefins via nickel chelate complexes and mechanistic considerations based on semi-empirical calculations[J]. Journal of Molecular Catalysis, 1979, 6 (2): 79-97.

[214] Keim W, Behr A, Kraus G. Influences of olefinic and diketonate ligands in the nickel-catalyzed linear oligomerization of 1-butene[J]. Journal of Organometallic Chemistry, 1983, 251 (3): 377-391.

[215] Wilke G, Bogdanović B, Hardt P, et al. Allyl-transition metal systems[J]. Angewandte Chemie International Edition in English, 1966, 5 (2): 151-164.

[216] Behr A, Bayrak Z, Peitz S, et al. Oligomerization of 1-butene with a homogeneous catalyst system based on allylic nickel complexes[J]. RSC Advances, 2015, 5 (52): 41372-41376.

[217] Chauvin Y. Oligomerization of monoolefins//Mortreux A, Petit F. Industrial Applications of Homogeneous Catalysis. Catalysis by Metal Complexes[M]. New York: Springer, 1988.

[218] Bogdanović B, Henc B, Karmann H G, et al. Olefin transformations catalyzed by organonickel compounds[J]. Industrial & Engineering Chemistry, 1970, 62 (12): 34-44.

[219] Forestière A, Olivier-Bourbigou H, Saussine L. Oligomerization of monoolefins by homogeneous catalysts[J]. Oil & Gas Science and Technology-Revue de l'IFP, 2009, 64 (6): 649-667.

[220] Favre F, Forestiere A, Hugues F, et al. From monophasic dimersol to biphasic difasol[J]. Erdöl Erdgas Kohle, 2005, 121 (6): 83-87.

[221] Simon L C, Dupont J, de Souza R F. Two-phase *n*-butenes dimerization by nickel complexes in molten salt media[J]. Applied Catalysis A: General, 1998, 175 (1-2): 215-220.

[222] McGuinness D S, Mueller W, Wasserscheid P, et al. Nickel (II) heterocyclic carbene complexes as catalysts for olefin dimerization in an imidazolium chloroaluminate ionic liquid[J]. Organometallics, 2002, 21 (1): 175-181.

[223] Ellis B, Keim W, Wasserscheid P. Linear dimerisation of but-1-ene in biphasic mode using buffered chloroaluminate ionic liquid solvents[J]. Chemical Communications, 1999, (4): 337-338.

[224] Wasserscheid P, Eichmann M. Selective dimerisation of 1-butene in biphasic mode using buffered chloroaluminate ionic liquid solvents-design and application of a continuous loop reactor[J]. Catalysis Today, 2001, 66 (2-4): 309-316.

[225] Chauvin Y, Olivier H, Wyrvalski C N. Oligomerization of *n*-butenes catalyzed by nickel complexes dissolved in organochloroaluminate ionic liquids[J]. Journal of Catalysis, 1997, 165 (2): 275-278.

[226] Chauvin Y, Einloft S, Olivier H. Catalytic process for the dimerization of olefins: US 5550306[P]. 1996-08-27.

[227] Olivier H, Commereuc D, Forestiere A, et al. Process and unit for carrying out a reaction on an organic feed, such as dimerisation or metathesis, in the presence of a polar phase containing a catalyst: US 6284937[P]. 2001-09-04.

[228] Commereuc D, Forestiere A, Hughes F, et al. Sequence of processes for olefin oligomerization: US 6444866[P]. 2002-09-03.

[229] Lecocq V, Olivier-Bourbigou H. Catalyst composition for dimerizing, Co-dimerizing, oligomerizing and polymerizing olefins: US 6951831[P]. 2005-10-04.

[230] Gilbert B, Olivier-Bourbigou H, Favre F. Chloroaluminate ionic liquids: From their structural properties to their applications in process intensification[J]. Oil & Gas Science and Technology-Revue de l'IFP, 2007, 62 (6): 745-759.

[231] Olivier-Bourbigou H, Favre F, Forestière A, et al. Ionic liquids and catalysis: The IFP biphasic difasol process//Anastas P T. Handbook of Green Chemistry[M]. Weinheim: Wiley-VCH, 2010: 101-126.

[232] Cornils B, Herrmann W A, Horváth I T, et al. Multiphase Homogeneous Catalysis[M]. Weinheim: Wiley-VCH Verlag, 2005.

[233] Olivier-Bourbigou H, Breuil P A R, Magna L, et al. Nickel catalyzed olefin oligomerization and dimerization[J]. Chemical Reviews, 2020, 120 (15): 7919-7983.

[234] Morikawa K. Ethylene polymerization with NiO/kieselguhr[J]. Kogyo Kagaku Zasshi, 1938, 41: 694-699.

[235] Nierlich F, Neumeister J, Wildt T, et al. Oligomerization of olefins: US 5177282A[P]. 1993-01-05.

[236] Nierlich F. Oligomerize for better gasoline[J]. Hydrocarbon Processing, 1992, 71 (2): 45-46.

[237] Sarazen M L, Iglesia E. Stability of bound species during alkene reactions on solid acids[J]. Proceedings of the National Academy of Sciences, 2017, 114 (20): E3900-E3908.

[238] Sarazen M L, Iglesia E. Experimental and theoretical assessment of the mechanism of hydrogen transfer in alkane-alkene coupling on solid acids[J]. Journal of Catalysis, 2017, 354: 287-298.

[239] Kiessling D, Wendt G, Jusek M, et al. Reduction of an amorphous NiO-Al$_2$O$_3$/SiO$_2$ catalyst by different olefins and hydrogen[J]. Reaction Kinetics and Catalysis Letters, 1991, 43 (1): 255-259.

[240] Wendt G, Hagenau K, Dimitrova R, et al. Dimerization of *n*-butenes on nickel mordenite catalysts[J]. Reaction Kinetics and Catalysis Letters, 1986, 31 (2): 383-388.

[241] Kiessling D, Wendt G, Hagenau K, et al. Dimerization of *n*-butenes on amorphous NiO-Al$_2$O$_3$/SiO$_2$ catalysts[J]. Applied Catalysis, 1991, 71 (1): 69-78.

[242] Wendt G, Finster J, Schöllner R. Untersuchungen an nickeloxid-mischkatalysatoren: VIII Katalytische eigenschaften von NiO- Al$_2$O$_3$/SiO$_2$-katalysatoren[J]. Zeitschrift für Anorganische und Allgemeine Chemie, 1982, 488 (1): 197-206.

[243] Wendt G, Jusek M, May M. Untersuchungen an nickeloxid-mischkatalysatoren: XVI Reduktionsverhalten amorpher NiO-Al$_2$O$_3$/SiO$_2$-katalysatoren[J]. Zeitschrift für Anorganische und Allgemeine Chemie, 1987, 550 (7): 177-185.

[244] Wendt G, Jusek M, Schöllner R. Untersuchungen an nickeloxid-mischkatalysatoren: VII Strukturelle eigenschaften von NiO-Al$_2$O$_3$/SiO$_2$-katalysatoren[J]. Zeitschrift für Anorganische und Allgemeine Chemie, 1982, 488 (1): 187-196.

[245] Nierlich F, Neumeister J, Wildt T. The oligomerization of lower olefins by heterogenous catalysis[J]. Preprints-American Chemical Society. Division of Petroleum Chemistry, 1991, 36: 585-595.

[246] Albrecht S, Kießling D, Wendt G, et al. Oligomerisierung von *n*-butenen[J]. Chemie Ingenieur Technik, 2005, 77(6): 695-709.

[247] Nadolny F, Alscher F, Peitz S, et al. Influence of remaining acid sites of an amorphous aluminosilicate on the oligomerization of *n*-butenes after impregnation with nickel ions[J]. Catalysts, 2020, 10(12): 1487.

[248] Wendt G, Finster J, Schöellner R, et al. Structural and catalytic properties of NiO-Al$_2$O$_3$/SiO$_2$ catalysts for the dimerization and isomerization of olefins[J]. Studies in Surface Science and Catalysis, 1981, 7: 978-992.

[249] Wendt G, Hentschel D, Finster J, et al. Studies on nickel oxide mixed catalysts. Part 12. Characterization of NiO/Al$_2$O$_3$-SiO$_2$ catalysts[J]. Journal of the Chemical Society, Faraday Transactions, 1983, 179: 2013.

[250] Nadolny F, Bentrup U, Rockstroh N, et al. Oligomerization of *n*-butenes over Ni/SiO$_2$-Al$_2$O$_3$: Influence of support modification by steam-treating[J]. Catalysis Science & Technology, 2021, 11(14): 4732-4740.

[251] Ehrmaier A, Löbbert L, Sanchez-Sanchez M, et al. Impact of alkali and alkali-earth cations on Ni-catalyzed dimerization of butene[J]. ChemCatChem, 2020, 12(14): 3705-3711.

[252] Ehrmaier A, Liu Y, Peitz S, et al. Dimerization of linear butenes on zeolite-supported Ni^{2+}[J]. ACS Catalysis, 2019, 9(1): 315-324.

[253] Ehrmaier A, Peitz S, Sanchez-Sanchez M, et al. On the role of co-cations in nickel exchanged LTA zeolite for butene dimerization[J]. Microporous and Mesoporous Materials, 2019, 284: 241-246.

[254] Nkosi B, Ng F T T, Rempel G L. The oligomerization of 1-butene using NaY zeolite ion-exchanged with different nickel precursor salts[J]. Applied Catalysis A: General, 1997, 161(1-2): 153-166.

[255] Alscher F, Nadolny F, Frenzel H, et al. Determination of the prevailing *n*-butenes dimerization mechanism over nickel containing Al-MCM-41/ZSM-5 mixed-phase catalysts[J]. Catalysis Science & Technology, 2019, 9(10): 2456-2468.

[256] Barth A, Kirmse R, Stach J. EPR-spektroskopischer nachweis von Ni$^+$ bei der wechselwirkung Ni^{2+}-ausgetauschter zeolithe mit but-1-en[J]. Zeitschrift für Chemie, 1984, 24(5): 195-196.

[257] Bonneviot L, Olivier D, Che M. Dimerization of olefins with nickel-surface complexes in X-type zeolite or on silica[J]. Journal of Molecular Catalysis, 1983, 21(1-3): 415-430.

[258] Dyrek K, Kiessling D, Łabanowska M, et al. Interaction of butenes with NiO-Al$_2$O$_3$/SiO$_2$ catalyst studied by electron paramagnetic resonance[J]. Colloids and Surfaces A: Physicochemical and Engineering Aspects, 1993, 72: 183-190.

[259] Brückner A, Bentrup U, Zanthoff H, et al. The role of different Ni sites in supported nickel catalysts for butene dimerization under industry-like conditions[J]. Journal of Catalysis, 2009, 266(1): 120-128.

[260] Rabeah J, Radnik J, Briois V, et al. Tracing active sites in supported Ni catalysts during butene oligomerization by operando spectroscopy under pressure[J]. ACS Catalysis, 2016, 6(12): 8224-8228.

[261] Vuong T H, Rockstroh N, Bentrup U, et al. Role of surface acidity in formation and performance of active Ni single sites in supported catalysts for butene dimerization: A view inside by operando EPR and *in situ* FTIR spectroscopy[J]. ACS Catalysis, 2021, 11(6): 3541-3552.

[262] 洪庆尧, 谢红霞, 盖月庭, 等. 由丁烯二聚制 C$_8$、C$_{12}$ 烯烃的研究[J]. 石油化工, 2001, 30(12): 899-903.

[263] 张先华, 樊宏飞, 张贺, 等. 硫酸铁-硫酸镍复合系列烯烃叠合催化剂的研究: Ⅲ Fe$_{(2/3)x}$Ni$_{1-x}$SO$_4$-P$_2$O$_5$/γ-Al$_2$O$_3$ 催对 1-丁烯叠合的催化性能[J]. 石油学报 (石油加工), 2000, (6): 65-69.

[264] 封子艳, 刘雪暖, 李青松, 等. 混合丁烯齐聚 Fe$_{(2/3)x}$Ni$_{(1-x)}$SO$_4$-P$_2$O$_5$/γ-Al$_2$O$_3$ 催化剂制备及性能研究[J]. 燃料化学学报, 2012, 40(3): 359-363.

[265] 陈光峰, 刘姝, 臧树良. 丁烯齐聚酸性催化剂的研究进展[J]. 工业催化, 2009, 17(3): 12-17.

[266] 黄福贤. 烯烃齐聚用固体磷酸催化剂的研究动向[J]. 当代石油石化, 1996, (11): 21-27.

[267] Lavrenov A V, Karpova T R, Buluchevskii E A, et al. Heterogeneous oligomerization of light alkenes: 80 Years in oil refining[J]. Catalysis in Industry, 2016, 8(4): 316-327.

[268] Nicholas C P. Applications of light olefin oligomerization to the production of fuels and chemicals[J]. Applied Catalysis A: General, 2017, 543: 82-97.

[269] 陈永福, 姚亚平, 袁梅卿, 等. T-49 固体磷酸催化剂研制及其工业应用[J]. 精细石油化工进展, 2001, 2(6): 1-5.

[270] 姚亚平, 徐菁, 袁梅卿, 等. 混合丁烯齐聚催化剂及其工艺研究(上)[J]. 上海化工, 2000, 25(21): 12-13.

[271] 姚亚平, 徐菁, 袁梅卿, 等. 混合丁烯齐聚催化剂及其工艺研究(下)[J]. 上海化工, 2000, 25(22): 19-20.

[272] Malaika A, Rechnia-Gorący P, Kot M, et al. Selective and efficient dimerization of isobutene over H_3PO_4/activated carbon catalysts[J]. Catalysis Today, 2018, 301: 266-273.

[273] 纪华, 吕毅军, 胡津仙, 等. 烯烃齐聚催化反应研究进展[J]. 化学进展, 2002, 14(2): 146-155.

[274] 苏雄, 段洪敏, 黄延强, 等. 低碳烯烃齐聚合成液体燃料研究进展[J]. 化工进展, 2016, 35(7): 2046-2056.

[275] Verrelst W H, Martens L R M, Verduijn J P. Catalyst having a zeolitic core and zeolitic layer and the use of the catalyst for olefin oligomerization: US 6300536[P]. 2001-10-09.

[276] O'Connor C T, Fasol R E, Foulds G A. The oligomerization of C_4-alkenes with calcined NaHY-zeolites[J]. Fuel Processing Technology, 1986, 13(1): 41-51.

[277] Chiche B, Sauvage E, Di Renzo F, et al. Butene oligomerization over mesoporous MTS-type aluminosilicates[J]. Journal of Molecular Catalysis A: Chemical, 1998, 134(1-3): 145-157.

[278] Kondo J N, Liqun S, Wakabayashi F, et al. IR study of adsorption and reaction of 1-butene on H-ZSM-5[J]. Catalysis Letters, 1997, 47(2): 129-133.

[279] Zhang X, Zhong J, Wang J W, et al. Trimerization of butene over Ni-doped zeolite catalyst: effect of textural and acidic properties[J]. Catalysis Letters, 2008, 126(3): 388-395.

[280] Zhang X, Zhong J, Wang J W, et al. Catalytic performance and characterization of Ni-doped HZSM-5 catalysts for selective trimerization of *n*-butene[J]. Fuel Processing Technology, 2009, 90(7-8): 863-870.

[281] Wulfers M J, Lobo R F. Assessment of mass transfer limitations in oligomerization of butene at high pressure on H-β[J]. Applied Catalysis A: General, 2015, 505: 394-401.

[282] Zhang L, Ke M, Song Z, et al. Improvement of the catalytic efficiency of butene oligomerization using alkali metal hydroxide-modified hierarchical ZSM-5 catalysts[J]. Catalysts, 2018, 8(8): 298.

[283] 张宏宇. 分子筛催化法合成二聚异丁烯的研究[J]. 云南化工, 2006, 33(4): 26-29.

[284] 段红玲, 刘雪暖, 王坊宏. 以丝光沸石为载体的异丁烯齐聚反应催化剂的研究[J]. 中国石油大学学报(自然科学版), 2007, 31(2): 121-125.

[285] 鲁亚琳. MCM-22 分子筛催化丁烯齐聚反应研究[J]. 工业催化, 2006, 14(3): 14-18.

[286] 董平平, 王晓军, 侯凯湖. 制备条件对 MCM-22 分子筛催化异丁烯气相齐聚性能的影响[J]. 化学反应工程与工艺, 2009, 25(2): 170-174.

[287] 宋伟红, 金照生, 顾志华, 等. 丁烯齐聚分子筛催化剂的制备[J]. 石油化工, 2004, 33(21): 408-409.

[288] Yoon J W, Lee J H, Chang J S, et al. Trimerization of isobutene over zeolite catalysts: Remarkable performance over a ferrierite zeolite[J]. Catalysis Communications, 2007, 8(6): 967-970.

[289] Yoon J W, Chang J S, Lee H D, et al. Trimerization of isobutene over a zeolite beta catalyst[J]. Journal of Catalysis, 2007, 245(1): 253-256.

[290] Yoon J W, Jhung S H, Choo D H, et al. Oligomerization of isobutene over dealuminated Y zeolite catalysts[J]. Applied Catalysis A: General, 2008, 337(1): 73-77.

[291] Yoon J W, Lee J S, Jhung S H, et al. Oligomerization of isobutene over aluminum chloride-loaded USY zeolite catalysts[J]. Journal of Porous Materials, 2009, 16(6): 631-634.

[292] Dakka J M, Geelen M O J, Mathys G M, et al. Process for the selective dimerization of isobutene: US 6914166[P]. 2005-07-05.

[293] Abrams I M, Millar J R. A history of the origin and development of macroporous ion-exchange resins[J]. Reactive and Functional Polymers, 1997, 35(1-2): 7-22.

[294] Antunes B M, Rodrigues A E, Lin Z, et al. Alkenes oligomerization with resin catalysts[J]. Fuel Processing Technology, 2015, 138: 86-99.

[295] Harmer M A, Sun Q. Solid acid catalysis using ion-exchange resins[J]. Applied Catalysis A: General, 2001, 221 (1-2): 45-62.

[296] Di Girolamo M, Marchionna M. Acidic and basic ion exchange resins for industrial applications[J]. Journal of Molecular Catalysis A: Chemical, 2001, 177 (1): 33-40.

[297] Chakrabarti A, Sharma M M. Cationic ion exchange resins as catalyst[J]. Reactive Polymers, 1993, 20 (1-2): 1-45.

[298] 蔡红, 周斌. 离子交换树脂在有机催化反应中的应用进展[J]. 化工进展, 2007, 26 (3): 386-391.

[299] 何罡, 赵青平, 管秀明, 等. 离子交换树脂在工业催化中的应用[J]. 辽宁化工, 2019, 48 (3): 262-265.

[300] Vila M, Cunill F Iiquierdo J F. et al. The role of by-products formation in methyltert-butyl ether synthesis catalyzed by a macroporous acidic resin[J]. Applied Catalysis A: General, 1994, 117 (2): L99-L108.

[301] Kamath R S, Qi Z, Sundmacher K, et al. Process analysis for dimerization of isobutene by reactive distillation[J]. Industrial & Engineering Chemistry Research, 2006, 45 (5): 1575-1582.

[302] 葛跃娜. C₄烯烃选择性叠合工艺的研究[D]. 上海: 华东理工大学, 2019.

[303] Hauge K, Bergene E, Chen D, et al. Oligomerization of isobutene over solid acid catalysts[J]. Catalysis Today, 2005, 100 (3-4): 463-466.

[304] Kolah A K, Qiu Z W, Mahajani S. Dimerized isobutene: An alternative to MTBE[J]. Chemical Innovation, 2001, 31 (3): 15-21.

[305] Haag W O. Oligomerization of isobutylene on cation exchange resins[C]//Chemical Engineering Progress Symposium Series, New York, 1967.

[306] Alcántara R, Alcántara E, Canoira L, et al. Trimerization of isobutene over Amberlyst-15 catalyst[J]. Reactive and Functional Polymers, 2000, 45 (1): 19-27.

[307] Izquierdo J F, Vila M, Tejero J, et al. Kinetic study of isobutene dimerization catalyzed by a macroporous sulphonic acid resin[J]. Applied Catalysis A: General, 1993, 106 (1): 155-165.

[308] Di Girolamo M, Lami M, Marchionna M, et al. Liquid-phase etherification/dimerization of isobutene over sulfonic acid resins[J]. Industrial & Engineering Chemistry Research, 1997, 36 (11): 4452-4458.

[309] 周晓龙, 谢宇, 陈微微, 等. 异丁烯二聚制备高品质航空汽油调和组分[J]. 天然气化工 (C1 化学与化工), 2016, 41 (3): 43-47.

[310] Talwalkar S, Chauhan M, Aghalayam P, et al. Kinetic studies on the dimerization of isobutene with ion-exchange resin in the presence of water as a selectivity enhancer[J]. Industrial & Engineering Chemistry Research, 2006, 45 (4): 1312-1323.

[311] Honkela M L, Krause A O I. Influence of linear butenes in the dimerization of isobutene[J]. Industrial & Engineering Chemistry Research, 2005, 44 (14): 5291-5297.

[312] Honkela M L, Krause A O I. Influence of polar components in the dimerization of isobutene[J]. Catalysis Letters, 2003, 87 (3): 113-119.

[313] Honkela M L, Root A, Lindblad M, et al. Comparison of ion-exchange resin catalysts in the dimerisation of isobutene[J]. Applied Catalysis A: General, 2005, 295 (2): 216-223.

[314] Honkela M L, Krause A O I. Kinetic modeling of the dimerization of isobutene[J]. Industrial & Engineering Chemistry Research, 2004, 43 (13): 3251-3260.

[315] 杜铭, 陈微微, 宋月芹, 等. 钠交换 Amberlyst 15 催化异丁烯叠合制二异丁烯[J]. 石油学报 (石油加工), 2017, 33 (3): 419-425.

[316] Liu J, Ge Y N, Song Y N, et al. Dimerization of iso-butene on sodium exchanged Amberlyst-15 resins[J]. Catalysis Communications, 2019, 119: 57-61.

[317] 徐泽辉, 叶军明, 瞿卫国, 等. 叔丁醇对异丁烯二聚反应选择性的影响[J]. 化学反应工程与工艺, 2007, 23 (2): 152-156.

[318] 葛跃娜, 刘静, 丁宁, 等. DH-2 催化 C₄烯烃选择性叠合的研究[J]. 现代化工, 2019, 39 (7): 117-121.

[319] Popovič M, Deckwer W D. Absorption and reaction of isobutene in sulfuric acid: Ⅰ The effect of *tert*-butanol on the absorption rate in a bubble column[J]. Chemical Engineering Science, 1975, 30(8): 913-920.

[320] 徐泽辉, 房鼎业. 异丁烯二聚反应[J]. 化学进展, 2007, 19(9): 1413-1418.

[321] Mahdi H I, Muraza O. Conversion of isobutylene to octane-booster compounds after methyl *tert*-butyl ether phaseout: The role of heterogeneous catalysis[J]. Industrial & Engineering Chemistry Research, 2016, 55(43): 11193-11210.

[322] 白尔铮. 间接烷基化工艺及其技术经济评估[J]. 精细石油化工进展, 2003, 4(4): 24-28.

[323] 温朗友, 吴巍, 刘晓欣. 间接烷基化技术进展[J]. 当代石油石化, 2004, 12(4): 36-40.

[324] 毕建国. 烷基化油生产技术的进展[J]. 化工进展, 2007, 26(7): 934-939.

[325] 黄镇, 夏玥穜, 温朗友, 等. 异丁烯选择性叠合技术研究开发进展[J]. 石油炼制与化工, 2019, 50(9): 108-115.

[326] 吕晓东, 刘成军, 赵实柱, 等. 碳四烯烃叠合技术及工业应用[J]. 精细与专用化学品, 2021, 29(4): 22-26.

[327] 孟隆, 王雅. MTBE转产二异丁烯生产技术及工业实践[J]. 现代化工, 2021, 41(3): 222-226.

[328] Kaminsky W. Metalorganic Catalysts for Synthesis and Polymerization: Recent Results by Ziegler-Natta and Metallocene Investigations[M]. Berlin, Heidelberg: Springer, 1999.

[329] Kissin Y V. Alkene Polymerization Reactions with Transition Metal Catalysts[M]. Amsterdam: Elsevier, 2008.

[330] Kaminsky W. Polyolefins: 50 Years after Ziegler and Natta Ⅰ: Polyethylene and Polypropylene[M]. Berlin: Springer, 2013.

[331] Hoff R E, Mathers R T. Handbook of Transition Metal Polymerization Catalysts[M]. New York: John Wiley & Sons, 2010.

[332] Cossee P. Ziegler-Natta catalysis. Ⅰ. Mechanism of polymerization of α-olefins with Ziegler-Natta catalysts[J]. Journal of Catalysis, 1964, 3(1): 80-88.

[333] Arlman E J. Ziegler-Natta catalysis. Ⅱ. Surface structure of layer-lattice transition metal chlorides[J]. Journal of Catalysis, 1964, 3(1): 89-98.

[334] Arlman E J, Cossee P. Ziegler-Natta catalysis. Ⅲ. Stereospecific polymerization of propene with the catalyst system TiCl₃ AlEt₃[J]. Journal of Catalysis, 1964, 3(1): 99-104.

[335] Bryliakov K P, Talsi E P. Frontiers of mechanistic studies of coordination polymerization and oligomerization of α-olefins[J]. Coordination Chemistry Reviews, 2012, 256(23-24): 2994-3007.

[336] Ghosh R, Bandyopadhyay A R, Jasra R, et al. Mechanistic study of the oligomerization of olefins[J]. Industrial & Engineering Chemistry Research, 2014, 53(18): 7622-7628.

[337] Britovsek G J P, Malinowski R, McGuinness D S, et al. Ethylene oligomerization beyond Schulz-Flory distributions[J]. ACS Catalysis, 2015, 5(11): 6922-6925.

[338] 刘睿, 肖树萌, 钟向宏, 等. 基于[PNP]配体的铬催化剂体系选择性催化乙烯齐聚的研究进展[J]. 有机化学, 2015, 35(9): 1861-1888.

[339] Belov G P. Catalytic synthesis of higher olefins from ethylene[J]. Catalysis in Industry, 2014, 6(4): 266-272.

[340] Belov G P, Matkovsky P E. Processes for the production of higher linear α-olefins[J]. Petroleum Chemistry, 2010, 50(4): 283-289.

[341] Breuil P A R, Magna L, Olivier-Bourbigou H. Role of homogeneous catalysis in oligomerization of olefins: Focus on selected examples based on group 4 to group 10 transition metal complexes[J]. Catalysis Letters, 2015, 145(1): 173-192.

[342] Speiser F, Braunstein P, Saussine L. Catalytic ethylene dimerization and oligomerization: Recent developments with nickel complexes containing P, N-chelating ligands[J]. Accounts of Chemical Research, 2005, 38(10): 784-793.

[343] Manyik R M, Walker W E, Wilson T P. Continuous processes for the production of ethylene polymers and catalysts suitable therefor: US 3300458[P]. 1967-01-24.

[344] Baralt E J, Carney M J, Cole J B. Olefin oligomerization catalyst and process employing and preparing same: US 5780698[P]. 1998-07-14.

[345] Carter A, Cohen S A, Cooley N A, et al. High activity ethylene trimerisation catalysts based on diphosphine ligands[J]. Chemical Communications, 2002, (8): 858-859.

[346] Salian S M, Bagui M, Jasra R V. Industrially relevant ethylene trimerization catalysts and processes[J]. Applied Petrochemical Research, 2021, 11 (3): 267-279.

[347] Dixon J T, Green M J, Hess F M, et al. Advances in selective ethylene trimerisation: A critical overview[J]. Journal of Organometallic Chemistry, 2004, 689 (23): 3641-3668.

[348] Bollmann A, Blann K, Dixon J T, et al. Ethylene tetramerization: A new route to produce 1-octene in exceptionally high selectivities[J]. Journal of the American Chemical Society, 2004, 126 (45): 14712-14713.

[349] Alferov K A, Belov G P, Meng Y Z. Chromium catalysts for selective ethylene oligomerization to 1-hexene and 1-octene: Recent results[J]. Applied Catalysis A: General, 2017, 542: 71-124.

[350] Rosenthal U. PNPN-H in comparison to other PNP, PNPN and NPNPN ligands for the chromium catalyzed selective ethylene oligomerization[J]. ChemCatChem, 2020, 12 (1): 41-52.

[351] Zhu F, Wang L, Yu H J. Recent research progress in preparation of ethylene oligomers with chromium-based catalytic systems[J]. Designed Monomers and Polymers, 2011, 14 (1): 1-23.

[352] 宋闯, 毛国梁, 刘振华, 等. 均相 Cr 系催化剂催化乙烯选择性齐聚反应机理研究进展[J]. 有机化学, 2016, 36 (9): 2105-2120.

[353] 宁英男, 薛秋梅, 毛国梁, 等. 乙烯四聚催化体系双膦胺配体的结构与性能[J]. 化工进展, 2011, 30 (5): 1003-1007.

[354] 董博, 孙月明, 王媚, 等. 乙烯四聚合成 1-辛烯研究新进展[J]. 高分子通报, 2013, (12): 38-43.

[355] 范昊男, 曹晨刚, 姜涛. 乙烯四聚合成 1-辛烯助催化剂研究进展[J]. 高分子通报, 2021, 6: 73-80.

[356] Bariashir C B, Huang C B, Solan G A, et al. Recent advances in homogeneous chromium catalyst design for ethylene tri-, tetra-, oligo- and polymerization[J]. Coordination Chemistry Reviews, 2019, 385: 208-229.

[357] Tembe G. Catalytic *tri*- and *tetra*merization of ethylene: A mechanistic overview[J]. Catalysis Reviews, 2023, 65 (4): 1412-1467.

[358] Alferov K A, Babenko I A, Belov G P. New catalytic systems on the basis of chromium compounds for selective synthesis of 1-hexene and 1-octene[J]. Petroleum Chemistry, 2017, 57 (1): 1-30.

[359] McGuinness D S. Olefin oligomerization via metallacycles: Dimerization, trimerization, tetramerization, and beyond[J]. Chemical Reviews, 2011, 111 (3): 2321-2341.

[360] Overett M J, Blann K, Bollmann A, et al. Mechanistic investigations of the ethylene tetramerisation reaction[J]. Journal of the American Chemical Society, 2005, 127 (30): 10723-10730.

[361] Meijboom N, Schaverien C J, Orpen A G. Organometallic chemistry of chromium (VI): Synthesis of chromium (VI) alkyls and their precursors. X-ray crystal structure of the metallacycle Cr (NBu-*tert*)₂{o- (CHSiMe₃)₂C₆H₄}[J]. Organometallics, 1990, 9 (3): 774-782.

[362] Belov P G. Tetramerization of ethylene to octene-1: A review[J]. Petroleum Chemistry, 2012, 52 (3): 139-154.

[363] 黑龙江大庆市龙凤区大庆石化分公司. 辛烯等 α-烯烃合成成套技术工业试验项目环评报告[R]. http://www.doc88.com/p-07316970180735.html. 2020-03-09.

[364] De Klerk A. Fischer-Tropsch Refining[M]. New York: John Wiley & Sons, 2012.

[365] Diamond D, Hahn T, Becker H, et al. Improving the understanding of a novel complex azeotropic distillation process using a simplified graphical model and simulation[J]. Chemical Engineering and Processing: Process Intensification, 2004, 43 (3): 483-493.

[366] de Bruyn C J, de Wet E W, Botha J M, et al. Method of increasing the carbon chain length of olefinic compounds: US 20050065389[P]. 2005-03-24.

[367] de Klerk A. Contributions of burtron H. Davis to Fischer-Tropsch refining catalysis: Dehydration as applied to processes for 1-octene production[J]. Topics in Catalysis, 2014, 57 (6): 715-722.

[368] Makgoba N P, Sakuneka T M, Koortzen J G, et al. Silication of γ-alumina catalyst during the dehydration of linear primary alcohols[J]. Applied Catalysis A: General, 2006, 297 (2): 145-150.

[369] Kim Y E, Jung U, Song D, et al. Effect of ba impregnation on Al₂O₃ catalyst for 1-octene production by 1-octanol dehydration[J]. Fuel, 2020, 281: 118791.

[370] van Leeuwen P W N M, Clément N D, Tschan M J L. New processes for the selective production of 1-octene[J]. Coordination Chemistry Reviews, 2011, 255(13-14): 1499-1517.

[371] Bohley R C, Jacobsen G B, Pelt H L, et al. Process for producing 1-octene: US 1992010450[P]. 1992-06-25.

[372] Clement N D, Routaboul L, Grotevendt A, et al. Development of palladium-carbene catalysts for telomerization and dimerization of 1,3-dienes: From basic research to industrial applications[J]. Chemistry: A European Journal, 2008, 14(25): 7408-7420.

[373] Jackstell R, Harkal S, Jiao H J, et al. An industrially viable catalyst system for palladium-catalyzed telomerizations of 1,3-butadiene with alcohols[J]. Chemistry: A European Journal, 2004, 10(16): 3891-3900.

[374] Zhang H R, Shen C R, Xu Z S, et al. Improving the performance of palladium-catalysed telomerization of 1,3-butadiene by metallocene-based phosphine ligand[J]. Molecular Catalysis, 2021, 515: 111883.

[375] Wypych G. Effect of plasticizers on properties of plasticized materials//Wypych G. Handbook of Plasticizers[M]. New York: ChemTec Publishing, 2004: 193-272.

[376] Godwin A D. 24-Plasticizers in Applied Plastics Engineering Handbook: Processing, Materials, and Applications Plastics Design Library[M].2nd ed. Amsterdam: Elsevier, 2017.

[377] Moulay S. Chemical modification of poly(vinyl chloride)-still on the run[J]. Progress in Polymer Science, 2010, 35(3): 303-331.

[378] Cadogan D F, Howick C J. Plasticizers//Othmer D F. Kirk-Othmer Encyclopedia of Chemical Technology[M]. 5th ed. New York: John Wiley & Sons, 2000.

[379] Cadogan D F, Howick C J. Plasticizers, Ullmann's Encyclopedia of Industrial Chemistry[M]. Weinheim: Wiley-VCH, 2000.

[380] 石万聪, 石志博, 蒋平平. 增塑剂及其应用[M]. 北京: 化学工业出版社, 2002.

[381] Grossman R F. Handbook of Vinyl Formulating[M]. 2nd ed. New York: Whiley-Interscience, 2008.

[382] Raabe G. Molecular simulation studies on refrigerants past-present-future[J]. Fluid Phase Equilibria, 2019, 485: 190-198.

[383] Remigy J C, Nakache E, Brechot P D. Structure effect of refrigeration polyolester oils for use in HFC-134a compressors[J]. Journal of Synthetic Lubrication, 1997, 14(3): 237-247.

[384] van Leeuwen P W N M, Claver C. Rhodium Catalyzed Hydroformylation[M]. New York: Kluwer Academic Publishers, 2002.

[385] Albers J, Dinjus E, Pitter S, et al. High-pressure effects in the homogeneously catalyzed hydroformylation of olefins[J]. Journal of Molecular Catalysis A: Chemical, 2004, 219(1): 41-46.

[386] van der Veen L A, Kamer P C J, van Leeuwen P W N M. Hydroformylation of internal olefins to linear aldehydes with novel rhodium catalysts[J]. Angewandte Chemie International Edition, 1999, 38(3): 336-338.

[387] van der Veen L A, Kamer P C J, van Leeuwen P W N M. New phosphacyclic diphosphines for rhodium-catalyzed hydroformylation[J]. Organometallics, 1999, 18(23): 4765-4777.

[388] Bronger R P J, Bermon J P, Herwig J, et al. Phenoxaphosphino-modified Xantphos-type ligands in the rhodium-catalysed hydroformylation of internal and terminal alkenes[J]. Advanced Synthesis & Catalysis, 2004, 346(7): 789-799.

[389] Klein H, Jackstell R, Wiese K D, et al. Highly selective catalyst systems for the hydroformylation of internal olefins to linear aldehydes[J]. Angewandte Chemie International Edition, 2001, 40(18): 3408-3411.

[390] Cai C X, Yu S L, Liu G D, et al. Highly regioselective isomerization-hydroformylation of internal olefins catalyzed by rhodium/tetraphosphine complexes[J]. Advanced Synthesis & Catalysis, 2011, 353(14-15): 2665-2670.

[391] Selent D, Wiese K D, Röttger D, et al. Novel oxyfunctionalized phosphonite ligands for the hydroformylation of isomeric n-olefins[J]. Angewandte Chemie International Edition, 2000, 39(9): 1639-1641.

[392] Selent D, Hess D, Wiese K D, et al. New phosphorus ligands for the rhodium-catalyzed isomerization/hydroformylation of internal octenes[J]. Angewandte Chemie International Edition, 2001, 40(9): 1696-1698.

[393] Behr A, Obst D, Schulte C, et al. Highly selective tandem isomerization-hydroformylation reaction of *trans*-4-octene to *n*-nonanal with rhodium-BIPHEPHOS catalysis[J]. Journal of Molecular Catalysis A: Chemical, 2003, 206(1-2): 179-184.

[394] Behr A, Obst D, Schulte C. Kinetic of isomerizing hydroformylation of *trans*-4-octene[J]. Chemie Ingenieur Technik, 2004, 76(7): 904-910.

[395] Yan Y J, Zhang X W, Zhang X M. A tetraphosphorus ligand for highly regioselective isomerization-hydroformylation of internal olefins[J]. Journal of the American Chemical Society, 2006, 128(50): 16058-16061.

[396] Zhang Z P, Chen C Y, Wang Q, et al. New tetraphosphite ligands for regioselective linear hydroformylation of terminal and internal olefins[J]. RSC Advances, 2016, 6(18): 14559-14562.

[397] Sato K, Miyazawa C, Wada K, et al. Development of a new catalyst process for manufacturing isononyl alcohol[J]. Nippon Kagaku Kaishi, 1994, (8): 681-689.

[398] Tano K, Sato K, Okoshi T. Hydroformylation process for preparation of aldehydes and alcohols: US 4528403[P]. 1985-07-09.

[399] Onoda T. Staying ahead in hydroformylation technology[J]. Chemtech, 1993, 23(9): 34-37.

[400] 李涛. 增塑剂醇异壬醇的生产工艺及开发前景[J]. 石油化工技术与经济, 2018, 34(5): 59-62.

[401] 聂颖, 燕丰. 异壬醇的生产技术及市场前景[J]. 精细化工原料及中间体, 2012, (7): 38-40.

[402] 梁晓霏. 异壬醇的发展现状及市场分析[J]. 石油化工技术与经济, 2008, 24(2): 23-28.

[403] 张传兆. 异壬醇的发展现状及市场分析[J]. 齐鲁石油化工, 2010, 38(4): 341-345.

[404] 白尔铮. 高碳支链增塑剂醇的生产技术进展[J]. 当代石油石化, 2002, 10(10): 15-19.

第6章
其他金属催化的烯烃氢甲酰化反应

过渡金属催化的烯烃氢甲酰化反应中，未被膦配体修饰过的过渡金属催化剂催化活性顺序[1,2]为 Rh>Co>Ir、Ru>Os>Pt>Pd>Fe>Ni，其中，铑基和钴基催化剂占据支配的地位，并且已经成功实现工业应用。由于铑基催化剂高昂的价格和有限的来源促使人们不断地研究其他过渡金属配合物来替代铑，自然而然，研究者把目光投向了其他的Ⅷ族金属配合物，其中以钌、铱、铂、钯、铁的研究相对较多。

6.1 钌催化的烯烃氢甲酰化

钌（ruthenium，Ru），在元素周期表中属于Ⅷ族，原子序数 44，原子量为 101.07，密度为 12.30g/cm³，熔点为 2310℃，沸点为 3900℃。钌是发现最晚的铂族稀有贵金属，直到 1844 年才被俄国科学家克劳斯（Klaus）发现。由于钌的 $4d^7 5s^1$ 电子结构，在周期表所有元素中具有最多的氧化态，每一种氧化态又具有多种几何结构，就使得以钌为中心金属的配合物具有丰富的结构和性能，如含氧类、羰基类、叔膦类、环戊二烯基类、芳香烃和二烯类、氮杂环卡宾类等配体与钌形成的钌基金属配合物已经在众多的加氢、氢转移、氧化、异构化、C—H 键功能化、烯烃复分解等反应中得到广泛的应用，具有化学/对映体选择性、活性高、转化率高、反应条件温和等诸多的特点[3-7]。近年来基于钌基金属配合物的相关研究工作先后 2 次获得诺贝尔化学奖，日本的 Ryoji Noyori 教授因在二膦配体 BINAP 的钌配合物催化的不对称氢化反应方面的杰出成就获得 2001 年诺贝尔化学奖，美国的 Grubbs 教授则由于成功开发了一系列钌卡宾配合催化剂应用在烯烃复分解反应中而获得 2005 年诺贝尔化学奖。在多相催化领域，钌基的多相催化剂在苯加氢制环己烯、氨合成、生物质加氢、苯胺加氢制环己胺、二氧化碳甲烷化、催化湿式氧化等众多具有重要工业价值的化工过程中得到应用。例如，日本旭化成株式会社开发的以精苯为原料，在钌系催化剂作用下部分加氢得到环己烯和环己烷混合物（蒸馏后，环己烷被分离出来并作为副产品销售）[8]，环己烯则在一定条件下进一步水合得到环己醇。环己醇可用于己二酸和尼龙 66 的生产，也可脱氢生成环己酮，进一步生产己内酰胺和尼龙 6，该工艺路线已经成为国内广泛采用的己二酸、己内酰胺生产的主流路线。在氨合成方面[9]：英国石油（BP）公司和美国凯洛格（Kellogg）公司联合开发了钌系氨合成催化剂，应用于KAAP（Kellogg advanced ammonia process）流程，并在加拿大首次实现工业化，KAAP 流程合成效率高，催化剂用量少，反应条件温和，大大降低了设备投资和操作费用，催化剂寿命预测可达 15 年以上，而且催化剂中贵金属钌可再生利用，这是合成氨工业重大的技术革命，钌系氨合成催化剂也被誉为第二代氨合成催化剂。2019 年，国内采用由福州大学、中国石油石油化工研究院和北京三聚环保新材料股份有限公司等单位共同开发的新一代钌基氨合成催化剂及安全高效"铁钌接力催化"低温低压氨合成套技术[10]，江苏禾友化工有限公司的以煤为原料、国内首套年产 20 万 t "铁钌接力"低温低压合成氨装置一次性开车成功，通过采用新一代钌基氨合成催化剂，以"铁钌接力催化"的方式，可大幅降低氨合成过程的压力和温度，从而有效降低能耗、物耗。

除了上述的催化转化外，钌基催化剂在氢甲酰化反应研究方面也有应用[11]，下面按照单核钌配合物以及多核钌配合物的分类对该方面的研究工作展开论述。

6.1.1 单核钌基催化剂

钌基催化剂在氢甲酰化反应中的应用最早出现在 1965 年，Wilkinson 等[12]发现在 10.0MPa 合成气($CO/H_2=1$)压力下，以苯为反应溶剂，反应 15h，羰基钌配合物 $Ru(CO)_3(PPh_3)_2$ 能够催化 1-戊烯的氢甲酰化反应，以 80%的收率得到己醛(正构和异构的混合物)，但是文献中没有关于产物醛的 L/B 和副产物的相关阐述。随后，Wilkinson 等[13]又详细研究了多种单核钌配合物在 1-己烯氢甲酰化反应中的性能，如 $Ru(CO)_3(PPh_3)_2$、$Ru(H)_2(CO)_2(PPh_3)_2$、$Ru(H)_2(CO)(PPh_3)_2$、$Ru(H)(NO)(PPh_3)_2$、$Ru(H)_2(PPh_3)_4$、$Ru(H)_4(PPh_3)_3$、$Ru(CO_2CH_3)_2(PPh_3)_2$、$Ru(CO_2CF_3)_2(PPh_3)_2$、$Ru(CO_2CMe_3)_2(PPh_3)_2$ 等配合物表现出较为优异的催化性能，1-己烯的转化率最高可达88%，己醛的选择性为100%，产物中 L/B 为 2.9，同时没有观察到烯烃的加氢和异构化副反应发生。由于在这些配合物为催化剂的反应中，均在反应过程中回收得到了 $Ru(H)_2(CO)_2(PPh_3)_2$ 配合物，因此作者认为，它们的催化活性物种是相同的 $Ru(H)_2(CO)_2(PPh_3)_2$。在基本相同的实验条件下，$[Ru(Cl)_3(PPh_3)_3]\cdot MeOH$ 可以实现 44%的 1-己烯转化，而 $Ru(Cl)_2(PPh_3)_3$ 几乎没有活性，这是由于在反应中得到的是不溶性的 $Ru(Cl)_2(CO)_2(PPh_3)_2$ 配合物。其他的钌配合物，如 $[Ru(CO)_3(dppe)_2][dppe=1,2-bis(diphenylphosphino)ethane，1,2-双(二苯基膦基)乙烷]配合物的催化活性很低(<15%)，$Ru(CO)_2(C_6Cl_4O_2)(PPh_3)_2$($C_6Cl_4O_2$=tetrachloro-*o*-benzoquinon，四氯-邻苯醌)、(η-C_6H_5)$Ru(H)(PPh_3)_2$、$Ru(dmt)_2(PPh_3)_2$(dmt=dimethyldithiocarbamate，二甲基二硫代氨基甲酸酯)等几乎不能催化氢甲酰化反应的进行，这可能是由于这些配合物在反应条件下形成配位饱和的化合物，从而导致氢甲酰化过程不能顺利进行。

对 $Ru(CO)_3(PPh_3)_2$ 催化 1-己烯氢甲酰化反应的各种因素，如催化剂浓度、反应压力、反应温度进行深入研究表明，氢甲酰化反应的速率与催化剂浓度呈一级线性关系，线型醛与支链醛的比例不随催化剂浓度而明显变化；氢的高分压显著提高了氢甲酰化的速率，但一氧化碳的高分压却显著抑制了氢甲酰化的速率；当反应温度低于 80℃时，氢甲酰化非常慢，几乎不进行(转化率<5%)，当反应温度高于 150℃时，转化率也会降低，可能是在高温下生成了活性较低或惰性的钌配合物，并且可以从反应液中分离得到这些配合物。该反应的最佳温度为 100～120℃，在此温度范围内，正庚醛与 2-甲基己醛的比

例几乎保持不变。同时额外在反应体系中加入膦配体，则对氢甲酰化反应具有抑制作用，这一点与铑催化的氢甲酰化反应结果完全不同，铑基催化剂在过量 PPh₃ 配体存在下，不会降低反应速率，同时得到线型醛的选择性更高。

同时作者还研究了 Ru(CO)₃(PPh₃)₂ 配合物对氢甲酰化反应中其他有关反应的活性，如烯烃的氢化和异构化以及醛的还原和脱羰反应等，在此基础上提出了 Ru(CO)₃(PPh₃)₂ 催化的烯烃氢甲酰化反应机理(图 6.1)[14]。首先，氢氧化加成到 Ru(CO)₃(PPh₃)₂ 配合物的 Ru 金属中心上并脱去羰基配体得到不饱和 Ru(H)₂(CO)₂(PPh₃)₂ 活性的催化物种(如果单独采用 Ru(H)₂(CO)₂(PPh₃)₂ 配合物为催化剂，氢甲酰化反应没有诱导期，反应的产物分布与采用 Ru(CO)₃(PPh₃)₂ 配合物几乎相同,这个过程可能是氢甲酰化反应的决速步骤；之后发生膦配体的解离和烯烃的配位，形成烷基钌物种；随后将 CO 插入 Ru-烷基键以产生相应的酰基物种；最后转移第二个氢分子导致醛的形成和活性物质的再生。在整个过程中，膦配体的配位增加了金属中心上的电子密度并增强了钌-氢(Ru—H)键的极化。结果有利于反马氏加成反应的发生，有利于线型烷基金属配合物，从而导致正构醛的选择性增加。同时膦配体的电子和空间效应均使得烯烃的配位-氢转移形成烷基钌物种步骤以及 CO 插入烷基钌物种形成酰基钌物种的基元步骤非常迅速(CO 插入速度远大

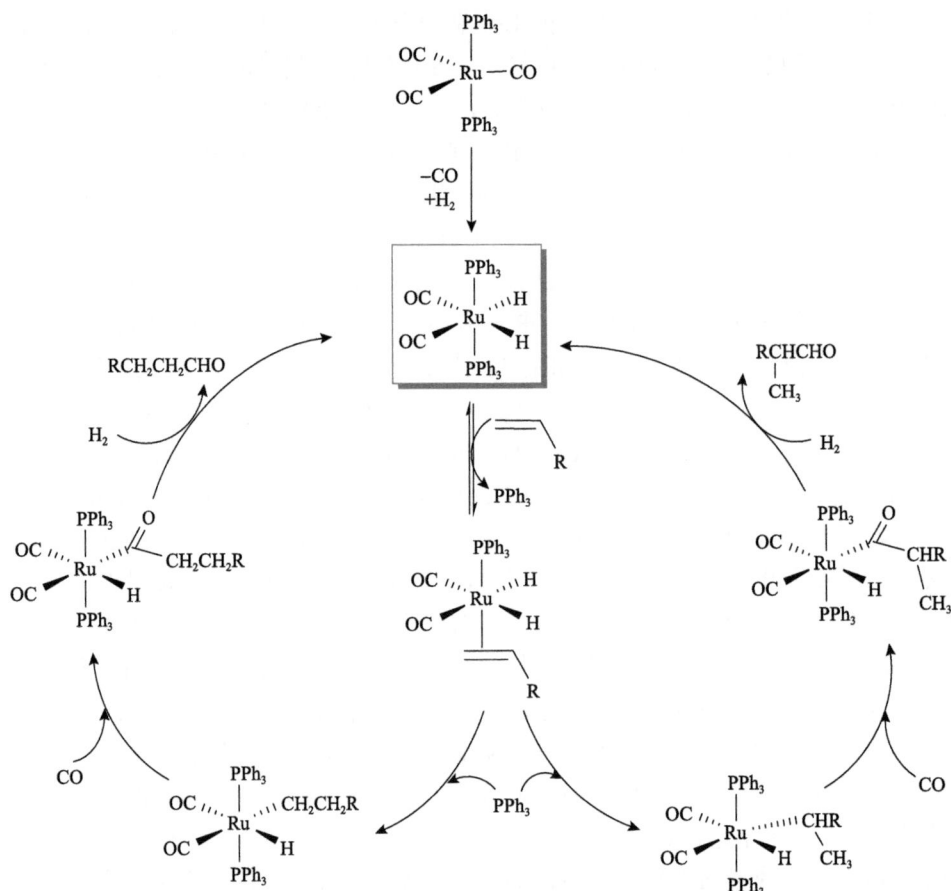

图 6.1　Ru(CO)₃(PPh₃)₂ 催化烯烃氢甲酰化可能的反应机理

于 β-氢化消除过程），所以在 Ru(CO)$_3$(PPh$_3$)$_2$ 配合物催化的烯烃氢甲酰化过程几乎没有伴随烯烃异构化或加氢反应的发生。另外，Ru(CO)$_3$(PPh$_3$)$_2$ 配合物催化的氢甲酰化反应活性与烯烃的结构密切相关，直链端烯反应可以很好地进行，苯乙烯、反-2-戊烯等烯烃反应的转化率在 20% 左右，而对于环己烯和丁二烯，氢甲酰化反应几乎不能进行。

Ugo 等[15]则采用含环戊二烯基钌配合物[(η-C$_5$H$_5$)Ru(CO)$_2$]$_2$ 为催化剂，在 5.0～20MPa 合成气压力、120～150℃的反应条件下研究了 1-辛烯的氢甲酰化反应，在最佳的条件下，40h 内达到的 1-辛烯转化率约为 80%，所得的反应产物中包含 C$_9$ 醛、异构化的烯烃和加氢产物 C$_8$ 烷烃以及醛加氢的相应 C$_9$ 醇等。采用[(η-C$_5$H$_5$)Ru(CO)$_2$]$_2$ 为催化剂，在反应过程中会发生烯烃的异构化、加氢等副反应以及醛加氢成相应的醇的过程，总体的结果表明：含环戊二烯基钌配合物并不是优秀的氢甲酰化反应催化剂，在 5.0MPa 合成气压力、135℃下，仅有大约 15% 的醛生成（正构醛/异构醛：L/B=77/23），45% 的 1-辛烯发生了异构，5% 的 1-辛烯发生了加氢反应。作者认为在 150℃以下，[(η-C$_5$H$_5$)Ru(CO)$_2$]$_2$ 配合物中环戊二烯基配体保持与钌连接，在 H$_2$ 存在下[(η-C$_5$H$_5$)Ru(CO)$_2$]$_2$ 配合物容易与 H$_2$ 发生作用得到活性的单核钌氢物种(η-C$_5$H$_5$)Ru(CO)$_2$H。当反应温度超过 150℃时，[(η-C$_5$H$_5$)Ru(CO)$_2$]$_2$ 配合物很容易失去环戊二烯基，形成[Ru$_3$(CO)$_{12}$]为主要成分的配合物，这种羰基钌配合物的催化活性较差。

随后的研究显示[16]，单核钌配合物 (η-C$_5$H$_5$)Ru(CO)$_2$X(X=Cl,Br,I) 表现出了较 [(η-C$_5$H$_5$)Ru(CO)$_2$]$_2$ 配合物好的氢甲酰化反应性能（1-辛烯底物，8.5MPa 合成气压力、135℃），但是在反应过程中，依旧观察到烯烃氢化为烷烃并仍发生异构化（尽管与 [(η-C$_5$H$_5$)Ru(CO)$_2$]$_2$ 配合物相比，(η-C$_5$H$_5$)Ru(CO)$_2$X 导致不足 1% 的烯烃异构，而 [(η-C$_5$H$_5$)Ru(CO)$_2$]$_2$ 配合物约有 10% 的烯烃发生异构反应），形成的醛被氢化为相应的醇及醛缩合产物。这可能是由于 (η-C$_5$H$_5$)Ru(CO)$_2$X 更容易与 H$_2$ 发生作用得到活性的单核钌氢物种(η-C$_5$H$_5$)Ru(CO)$_2$H（在反应过程中采用叔胺捕获生成的 HX，同时通过 NMR 证明了单核钌氢物种的生成）。同时作者尝试通过引入五甲基或五苯基-环戊二烯基配体来调节钌金属中心电子密度，但是发现反应的活性降低，这可能是由空间位阻造成的。

Wilkinson 等[17]采用单磺化三苯基膦配体 dpm(dpm=Ph$_2$PC$_6$H$_4$SO$_3$Na) 与氯化钌进行配位所得到的水溶性钌配合物 RuHCl(dpm)$_3$ 为催化剂，以 1-己烯为底物，在 6.0MPa 合成气压力、90℃的温度下反应 24h，约有 30% 的 C$_7$ 醛生成(L/B=75/25)。另外，RuCl$_3$ 和 Ph$_2$P(4-CO$_2$H-C$_6$H$_4$) 原位组成的催化剂体系[18]可以催化 1-十二烯的氢甲酰化反应，转化率为 90%，产物 C$_{13}$ 醛的 L/B=7。

此外，Pinke[19]发现 RuCl$_2$(PBu$_3$)$_3$ 和 AlHEt$_2$ 组成的催化剂体系，在 10.4MPa(H$_2$/CO=1/2)、150℃、24h 内将 1-庚烯转变为辛烷和 1-辛醇。

Haukka 等[20]采用苯环上邻位取代的三苯基膦配体与[RuCl$_2$(CO)$_3$]$_2$ 形成的钌金属配合物（图 6.2）为催化剂，研究了 1-己烯的氢甲酰化反应，发现三苯基膦配体的苯环上邻位强配位能力取代基（如二甲氨基、甲硫基或甲氧基取代基）的存在，抑制了钌配合物催化活性（氢甲酰化产物醇和醛的选择性小于 20%）。事实上，带有非配位烷基取代基的三苯基膦配体对氢甲酰化反应具有中等的催化活性（高达 78% 的氢甲酰化产物）。

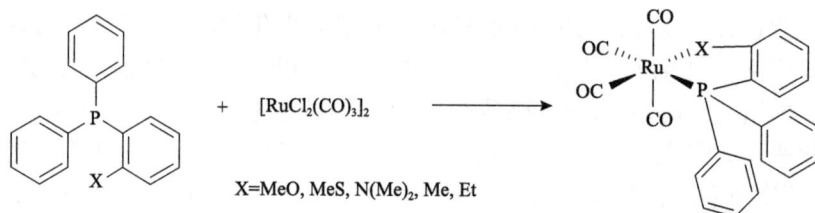

图6.2 邻位取代的三苯基膦配体与[RuCl₂(CO)₃]₂形成的钌金属配合物

Sanchez-Delgado 等[21]则研究了 RuHCl(CO)(PPh₃)₃与 NaBF₄在乙腈溶剂中反应所制备的离子型钌化合物[RuH(CO)(NCMe)₂(PPh₃)₂]BF₄ 催化的 1-己烯的氢甲酰化反应，以甲苯为溶剂，在 150℃和 10.0MPa 的合成气压力(H₂/CO=2)下，反应 24h，可以实现 100%的 1-己烯的转化，产物中庚醛选择性为 10%，庚醇选择性为 60%，内烯烃和己烷的选择性为 30%。在反应体系中额外加入 P(OPh)₃、PPh₃、PCy₃等膦配体，则反应转化率和氢甲酰化产物(庚醛+庚醇)选择性下降。

Rosales 等[22]采用[RuH(CO)(NCMe)₂(PPh₃)₂]BF₄与羧酸钠反应所制备的氢化羧酸钌配合物[RuH(CO)(κ³-OCOR)(PPh₃)₂]为催化剂，以甲苯为反应溶剂，研究了 1-己烯的氢甲酰化反应(图 6.3)，发现羧酸盐的类型影响着氢甲酰化反应的结果，通常带有给电子取代基的羧酸盐配合物在氢甲酰化中表现更好，反应的 TOF 最高可达 180h⁻¹。

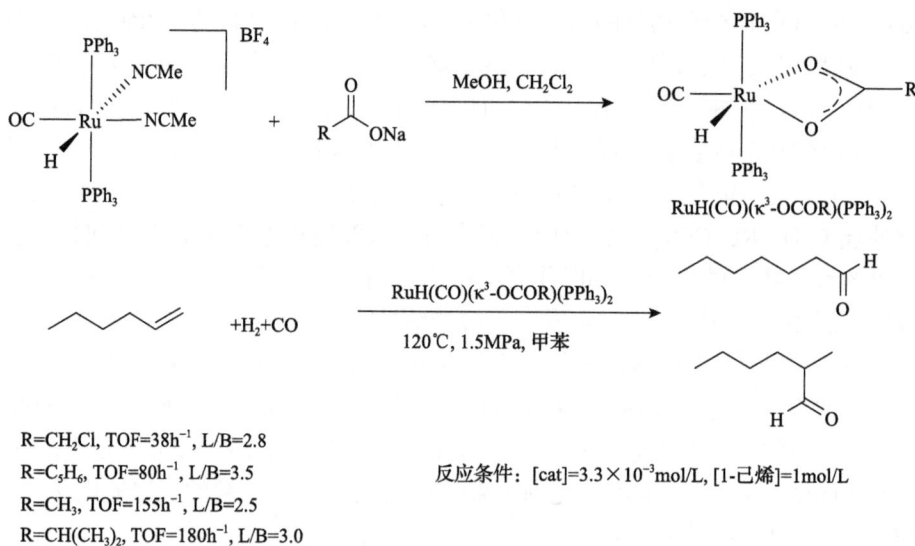

R=CH₂Cl, TOF=38h⁻¹, L/B=2.8
R=C₅H₆, TOF=80h⁻¹, L/B=3.5
R=CH₃, TOF=155h⁻¹, L/B=2.5
R=CH(CH₃)₂, TOF=180h⁻¹, L/B=3.0

反应条件：[cat]=3.3×10⁻³mol/L, [1-己烯]=1mol/L

图6.3 羧酸钌配合物[RuH(CO)(κ³-OCOR)(PPh₃)₂]催化的 1-己烯氢甲酰化反应

2012 年，日本东京大学的 Takahashi 和 Nozaki 等[23]基于二氢钌[LnH₂Ruᴵᴵ]是氢甲酰化反应中烯烃加氢反应催化活性物种的特点，设计出环戊二烯取代的[LnCpRuᴵᴵH]氢化物，该配合物不能很好地催化烯烃的加氢反应进行，从而可以有效提高氢甲酰化反应的选择性。通过这一策略调变，作者发现{Cp*Ru(acac)}₂(Cp*=C₅Me₅)与双膦配体或者双亚磷酸酯配体组成的催化剂体系能够高选择性催化丙烯或者 1-癸烯的氢甲酰化反应(图 6.4)，对于丙烯反应底物(表6.1)，产物丁醛的 L/B 最高可达 34，对于 1-癸烯底物(表6.2)，产物十一醇的 L/B 最高可达 79。同时作者分离出了活性物种 Cp*Ru(xantphos)H，并对反应机理进行了探讨。尽管该反应速率仍远低于工业上应用的铑基催化剂体系(3~4 个数量级)，然而，获得的产物 L/B 是可以接受的，[Cp*Ru]配合物有望为开发具有高选择性氢甲酰化反应钌基催化剂的开发提供新的方向。

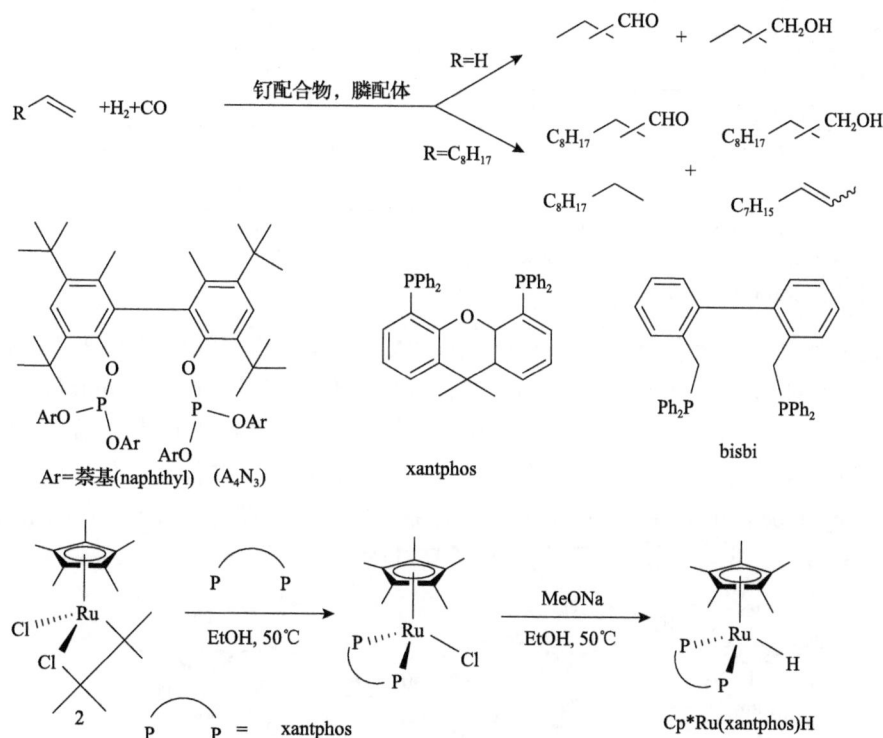

图 6.4　{Cp*Ru(acac)}₂(Cp*=C₅Me₅)-配体体系催化丙烯或者 1-癸烯的氢甲酰化反应

表 6.1　丙烯氢甲酰化反应结果[a]

催化剂	溶剂	温度/℃	时间/h	醛		醇	
				TOF/h^{-1}	L/B	TOF/h^{-1}	L/B
{Cp*Ru(acac)}₂/A₄N₃	甲苯	160	24	1.3	17	0.29	14
{Cp*Ru(acac)}₂	甲苯	160	24	0.92	1.8	0.07	2.5
Ru₃(CO)₁₂	甲苯	160	24	8.3	1.7	8.5	1.9
Ru₃(CO)₁₂/A₄N₃	甲苯	160	24	0.03	8.0	0.85	8
{Cp*Ru(acac)}₂/xantphos	二氧六环	160	24	1.7	13	0.05	>100
{Cp*Ru(acac)}₂/bisbi	二氧六环	160	24	0.6	14	0.04	>100
{Cp*Ru(acac)}₂/A₄N₃	甲苯	120	24	0.48	43	0.06	>100

a. 反应条件：丙烯 0.38MPa，2.0MPa 合成气(CO/H₂=1)，溶剂 2mL，[Ru]=25μmol，配体为 50μmol。

表 6.2 1-癸烯氢甲酰化反应结果[a]

催化剂	温度/℃	时间/h	未转化底物/%	醛		烷烃选择性/%	异构烯烃选择性/%
				TOF/h^{-1}	L/B		
{Cp*Ru(acac)}$_2$/A$_4$N$_3$	100	18	13	66	79	1.5	19
{Cp*Ru(acac)}$_2$/xantphos	160	21	15	56	27	2.5	19
{Cp*Ru(acac)}$_2$	160	12	0	13	5.5	10	81
Cp*Ru(Xantphos)H/xantphos [b]	160	24	60	29	31	1.2	8.5
Cp*Ru(Xantphos)H/xantphos [b]	160	48	23	60	28	3.2	8.4
Ru$_3$(CO)$_{12}$/xantphos	160	18	9	20	14	10	56
Cp*Ru(Xantphos)H/xantphos	160	24	86	<0.1	—	1.4	4.6
Cp*Ru(Xantphos)H/xantphos [c]	160	24	23	58	28	5.6	15

a. 反应条件: 1-癸烯 1mmol, 2.0MPa 合成气(CO/H$_2$=1), 甲苯 2mL, 2.5mol% [Ru], 5.0mol%配体。
b. (Z)-2-癸烯[纯度 95%, 癸烷 1.6%, (E)-2-癸烯 2.5%, 其他 C$_{10}$烯烃 0.9%]为反应底物。
c. 1-二十烯(1-eicosene)为反应底物。

在对一锅法 Rh 催化氢甲酰化-Ru 催化加氢串联反应进行深入机理研究的基础上，Takahashi 和 Nozaki 等[24]还将具有高选择性氢甲酰化反应的 Cp*Ru(xantphos)H 与具有高选择醛加氢反应的 1-羟基四苯基-环戊二烯基(四苯基-2,4-环戊二烯-1-酮)-μ-氢四羰基二钌(又称 Shvo 催化剂)有效耦合，发展了具有氢甲酰化和氢化反应双功能的 Ru(CO)$_3$(cyclopentadienone)/xantphos 催化体系，能够高效催化 1-癸烯的氢甲酰化反应(图 6.5，表 6.3)，主要产物十一醇的 L/B 最高可达 32。

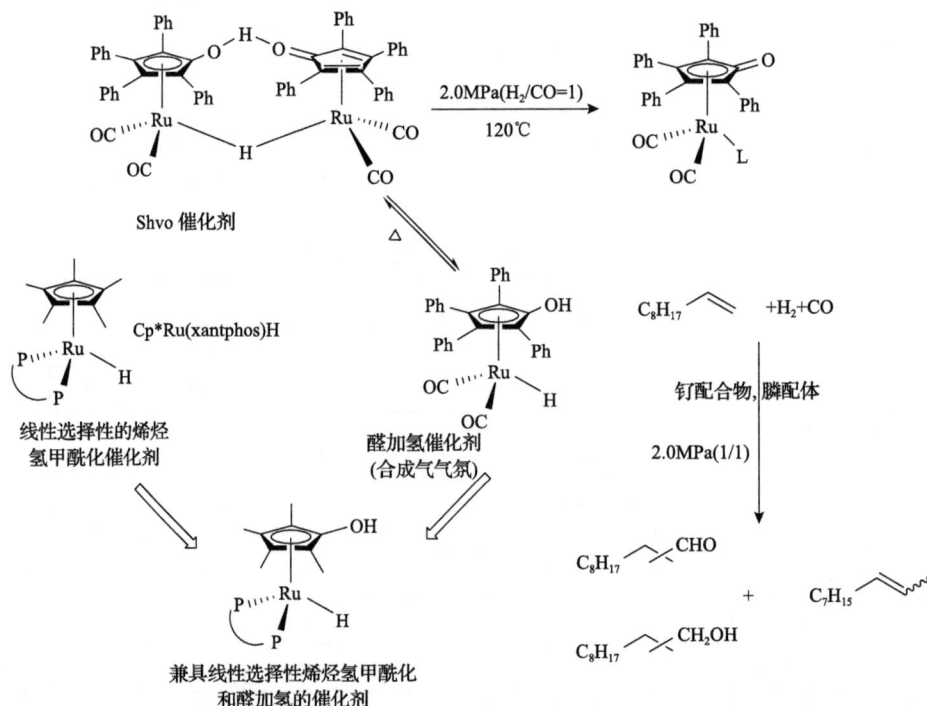

图 6.5 双功能 Ru(CO)$_3$(cyclopentadienone)/xantphos 体系催化 1-癸烯氢甲酰化反应

表 6.3　Ru(CO)₃(cyclopentadienone)/xantphos 体系催化 1-癸烯氢甲酰化反应的结果ᵃ

催化剂	转化率/%	醛ᵇ		醇ᵇ		内烯烃选择性/%
		TOF/h⁻¹	L/B	TOF/h⁻¹	L/B	
Shvo 催化剂　/xantphosᶜ	71	0.2	—	47	32	13
(结构图) /xantphos	100	17	29	50	26	24
(结构图) /xantphos	60	7.0	32	<1	—	50
(结构图) /xantphosᶜ	98	1.2	—	73	29	12

a. 反应条件：1-十二烯 1.0mmol，钌化合物 25μmol(以 Ru 原子计)，配体 xantphos 50μmol，甲苯 2.0mL，2.0MPa 合成气(CO/H₂=1)，24h。

b. L/B=直链醛/支链醛(醛产物)，或者直链醇/支链醇(醇产物)。

c. 配体 xantphos 25μmol。

Le Goanvic 等[25]采用简单的钌配合物［如 RuCl₂(PPh₃)₃、RuCl₂(DMSO)₄、RuCl₂(p-cymene)］与 biphephos 配体原位形成的催化剂体系，实现了十一碳-10-烯腈(undec-10-enenitrile)底物的高效氢甲酰化反应(图 6.6)，以甲苯或乙腈为反应溶剂，在低催化剂负载量(sub./[Ru]=20000)、biphephos 与[Ru]的摩尔比为 20、120℃、2.0MPa(CO/H₂=1)下，反应的 TON 高达 15000，在优化条件下，对目标产物醛的选择性可达 75%，对线型醛的区域选择性很高(L/B=99)。通过调变反应温度和 CO/H₂ 压力，可以降低醇的生成量(醇是由醛的还原得到的)。减少 biphephos 配体的用量(与 Ru 相比降低到 2.5eq)不影响反应的化学和区域选择性，但对反应活性的影响较大。同时作者发现与铑基催化剂体系不同的是钌/biphephos 催化体系，在氢甲酰化的条件下不能促进内部烯烃的异构化进行。

值得指出的是，作者尝试利用减压蒸馏的方式将该体系进行循环利用，结果表明，在循环过程中需要较长的反应时间（124～190h），以实现十一碳-10-烯腈底物的高转化率。在至少三次的循环中，无须额外补加 biphephos 配体（尽管在反应过程中，利用 ^{31}P NMR 发现配体在反应条件下缓慢降解），产物线型醛具有良好的化学选择性和区域选择性，反应总的 TON 高达 55000。

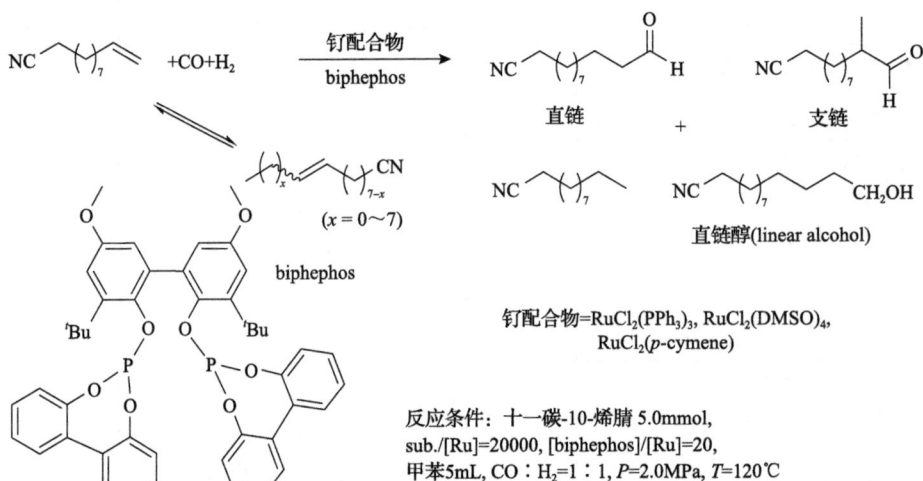

图 6.6　钌配合物和 biphephos 原位体系催化十一碳-10-烯腈的氢甲酰化反应

除了含膦配体外，Taqui Khan 等[26-28]报道了含氮乙二胺四乙酸(ethylenediaminetetraacetic acid，EDTA)所制备的水溶性钌基配合物 K[Ru^{III}(EDTA-H)Cl]可以催化 1-己烯的氢甲酰化反应，在 5.0MPa 合成气压力（CO/H$_2$=1）、130℃、乙醇-水（80：20）为溶剂的条件下，1-己烯可以 100%转化为 1-庚醛，未发现异构体支链醛生成，反应的转化数（TON）为 11.83。在反应过程中催化剂前体 K[Ru^{III}(EDTA-H)Cl]可以转化为 K[Ru^{III}(EDTA)(H$_2$O)]、K[Ru^{III}(EDTA)(CO)]、[Ru^{II}(H)(CO)(EDTA)]$^{2-}$等钌物种。反应的高区域选择性可能是由于催化活性中间体[Ru^{II}(H)(CO)(EDTA)]$^{2-}$特殊的结构引起——与钌金属中心配位的 EDTA 配体空间结构影响烯烃与钌金属中心配位。钌基配合物 K[Ru^{III}(EDTA-H)Cl]同样可以催化烯丙基醇底物的氢甲酰化反应（CO/H$_2$ 为羰基源），生成的氢甲酰化产物主要有 γ-羟基丁醛、γ-丁内酯、二氢呋喃以及 1,4-丁二醇等。采用 CO/H$_2$O 为羰基源，利用水煤气变换过程原位产生 H$_2$，该钌基配合物同样能够催化烯丙基醇底物的氢甲酰化反应，获得了类似的异构体分布结果。

Haukka 等[29]利用[Ru(CO)$_3$Cl$_2$]$_2$ 与 2-取代吡嗪反应所得到的单核羰基钌配合物 Ru(CO)$_3$Cl$_2$(R-pz)（R=Cl、OMe、SMe、CN、NH$_2$）为催化剂，考察了 1-己烯的氢甲酰化反应性能，发现与未取代的吡嗪相比，在吡嗪杂环的 2-位上引入取代基对氢甲酰化反应有促进作用，不同取代基催化活性顺序如下：Ru-(2-Cl-pz)＞Ru-(2-Ome-pz)＞Ru-(2-Sme-pz)＞Ru-(2-CN-pz)＞Ru-(pz)＞Ru-(2-NH$_2$-pz)。通过 ^{13}C NMR 对氢甲酰化反应液进行定量分析表明：氢甲酰化产物主要是 C$_7$ 的醛和醇，没有发现 1-己烯的氢化反应产物己烷。同时作者推测未取代的吡嗪单核羰基钌配合物 Ru(CO)$_3$Cl$_2$(pz)在氢甲酰化反应中显示出较差的催化活性，主要原因是该单核钌配合物倾向于生成二聚桥联的 Ru-pz-Ru 配合物，而二聚桥联配合物的稳定性导致其反应性更低。相反，取代基的存在会阻碍单核羰基钌配合物 Ru(CO)$_3$Cl$_2$(R-pz) 形成二聚体。基于计算以及 FTIR 和 NMR 光谱分析，作者给出了钌-吡嗪配合物催化乙烯氢甲酰化可能的反应历程(图 6.7)。

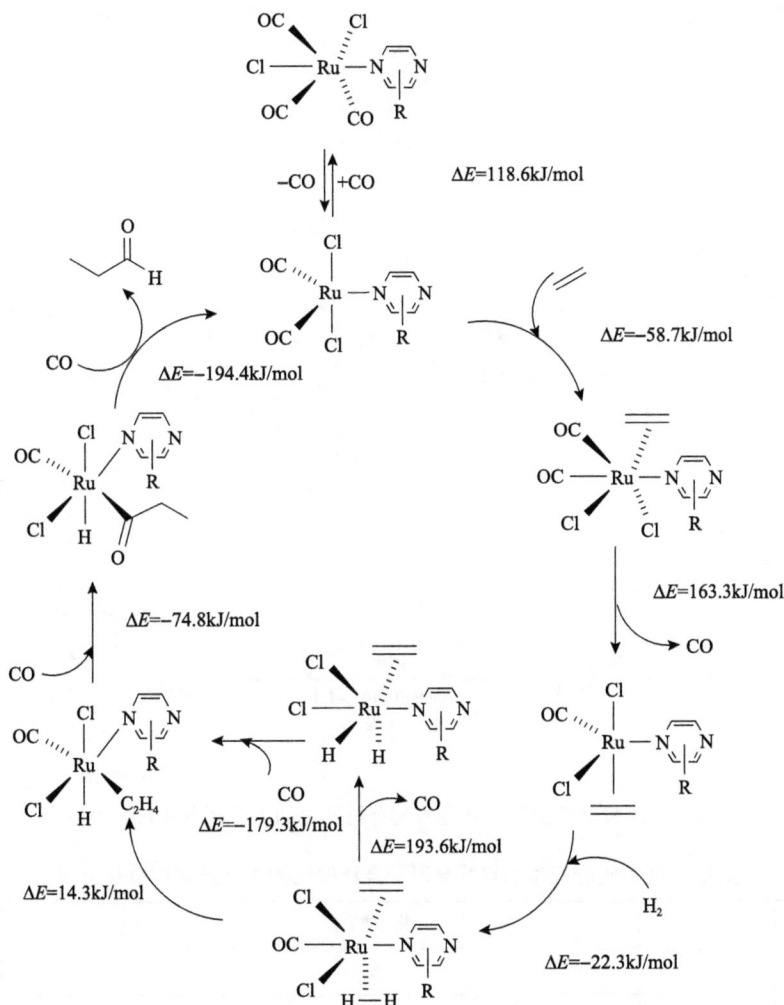

图 6.7 Ru(CO)$_3$Cl$_2$(R-pz) 催化乙烯氢甲酰化可能的反应历程

采用乙烯代替 1-己烯作为模型底物，Dragonetti 等[30]利用密度泛函理论(DFT)对 Ru(CO)$_3$Cl$_2$(R-pz) 催化的乙烯的氢甲酰化反应进行了计算，发现相对于吡嗪环在顺式位置的羰基配体的释放是活性物种形成的关键步骤，并且在能量上比反式配位羰基的释放更有利。同时 DFT 还揭示了钌二聚体{Ru(CO)$_3$Cl$_2$}$_2$及其相应乙腈复合物的活化是通过溶剂分子的交换而不是羰基配体的释放进行的。

Mapolie 等[31]采用亚氨基吡啶衍生物为配体，制备了系列的亚氨基吡啶配位的钌基金属配合物(图 6.8)，并考察其在 1-辛烯氢甲酰化反应中的催化性能(表 6.4)，遗憾的是所制备的金属配合物的氢甲酰化反应性能较差，反应过程中有大量的 1-辛烯异构化为辛烯内烯烃，目标产物 C_9 醛的选择性不足 50%。

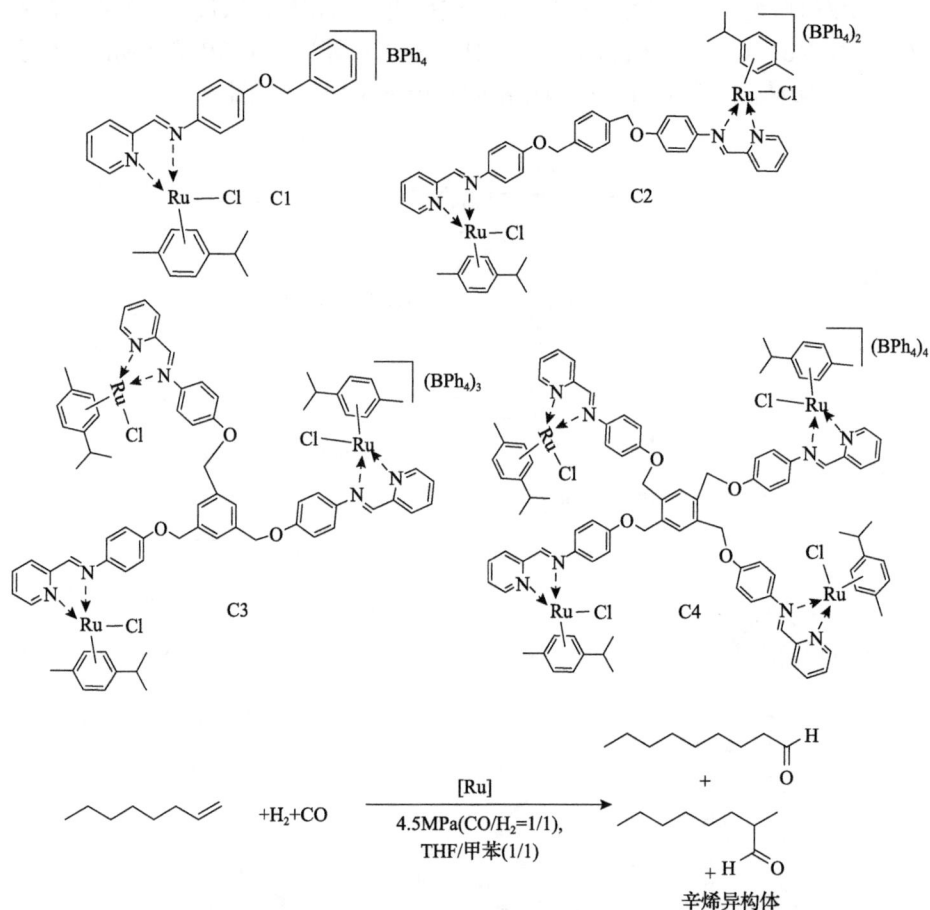

图 6.8　亚胺吡啶配位钌基金属配合物催化的 1-辛烯氢甲酰化反应

表 6.4　亚胺吡啶配位的钌基金属配合物催化的 1-辛烯氢甲酰化反应[a]

催化剂	转化率/%	产物分布/%			L/B	TON
		异构辛烯	辛烷	醛		
C1	52	53	5	42	2.93	105
C2	63	48	4	48	2.89	126
C3	20	50	11	39	2.85	41
C4	21	61	11	29	2.92	43

a. 反应条件：1-辛烯 3.8mmol，4.5MPa 合成气（CO/H$_2$=1），溶剂 10mL（四氢呋喃/甲苯=1），0.5mol% [Ru]，120℃，24h。

6.1.2　双核或多核钌基催化剂

除了单核的钌配合物外，更加易于制备的钌基簇合物在烯烃氢甲酰化反应中的报道相对比较多。

1973 年，Schulz 等[32]利用氯化钌（Ⅲ）水合物 RuCl$_3$·3H$_2$O 或者氧化钌水合物

$RuO_2(H_2O)_x$ 与一氧化碳反应原位制备的 $Ru_3(CO)_{12}$ 为催化剂[在氢甲酰化条件下，$Ru_3(CO)_{12}$ 可以转化为活性 $H_4Ru_3(CO)_{12}$ 或 $H_4Ru_3(CO)_{10}$]，在 30.0MPa 合成气压力（CO/H$_2$=1/2）、90℃的温度下可以实现丙烯的氢甲酰化反应，得到14.7%的丙烷、75%的丁醛和4.7%的丁醇，反应的副产物为丁酸丁酯、甲酸酯、二丙基酮以及痕量的 2-乙基己醛和 2-乙基己醇。将反应温度升至 150℃，反应中的加氢过程明显增加，得到 23.3%的丙烷、35.3%的丁醇和8.7%的甲酸酯，但是所得到丁醛的 L/B 没有显著变化，通常约为 2.2。同样提高反应的压力（10.0～100MPa），有利于加氢产物丙烷及丁醇的生成。此外，反应过程中氢甲酰化产物丁醛和丁醇的选择性很大程度上取决于钌催化剂的用量，当钌催化剂浓度高于 $3×10^{-2}$mol% 时，反应液中几乎不存在 C_4 醛，主要是形成丁醇。

Ojima 等[33]则研究了 $Ru_3(CO)_{12}$ 催化的氟取代的烯烃的氢甲酰化反应性能，发现烯烃上强吸电子基团的存在极大地改变了氢化物转移到碳-碳双键上的区域选择性，从而优先生成支链醛的产物。例如，采用 3,3,3-三氟丙烯为底物，以甲苯为溶剂，3,3,3-三氟丙烯与 Ru 的摩尔比为 33，在 100℃、13.0MPa 的合成气压力（H$_2$/CO=1）下反应 16h，得到 61%的目标醛产物（L/B=15/85），同时伴有 38%的加氢烷烃产物；如果向反应体系中额外添加 PPh$_3$ 配体，即使反应 39h，也仅有 25%的目标醛产物生成（L/B= 8/92）。采用 5-氟苯乙烯（pentafluorostyrene）为底物，以甲苯为溶剂，5-氟苯乙烯与 Ru 的摩尔比为 33，在 90℃、8.0MPa 的合成气压（H$_2$/CO=1）下反应 17h，得到 22%的目标醛产物（L/B=26/74），同时伴有 25%的加氢烷烃产物。

Sanchez-Delgado 和 Wilkinson 等[13]在研究单核钌配合物 $Ru(CO)_3(PPh_3)_2$ 的氢甲酰化性能过程中，对比了三核的钌配合物 $Ru_3(CO)_{12}$ 的相应氢甲酰化性能，仅采用 $Ru_3(CO)_{12}$，在 120℃和 10.0MPa 的合成气压力下反应 20h，1-己烯的转化率为 24%，所得到的庚醛的 L/B 为 82/18。但是向反应体系中额外添加磷配体则对反应活性和选择性产生了显著影响，发现烷基膦和烷基亚磷酸酯、双膦配体 1,2-双（二苯基膦基）乙烷的加入降低了反应转化率（从 24%到 10%），而芳基膦和芳基亚磷酸酯则大大提高了转化率（从 24%到 88%以上）。例如，PPh$_3$ 和亚磷酸酯 $P(OPh)_3$ 配体联合添加有效提高了 1-己烯的转化率和 C_7 醛的选择性，得到约 50%的庚醛和 36%～42%的 2-甲基己醛。可能是由于配体的碱性以及位阻因素造成多核钌配合物可能与烯烃底物相互作用不同，在这个过程中，$H_4Ru_4(CO)_8L_4$（L=膦或者亚磷酸酯配体）被认为是可能的反应活性催化剂。

Jenck 等[34]发现叔膦或亚磷酸酯配体取代的二羧基二钌配合物 $Ru_2(\mu\text{-OOCR})_2(CO)_4L_2$ [R=Me、Ph、CF$_3$、CMe$_3$，L=PBu$_3$、PPh$_3$、$P(OPh)_3$、$P(OMe)_3$]可在低压下催化 1-辛烯的氢甲酰化反应（表 6.5）。例如，采用 $Ru_2(\mu\text{-OOCMe}_2)(CO)_4L_2$ 配合物，当配体为 PBu$_3$ 时氢甲酰化反应几乎不发生（80℃、3.0MPa 的合成气压力下反应 20h，1-辛烯转化率 3.2%）；而在相同的反应条件下，配体为 PPh$_3$ 时，1-辛烯的转化率则可达到 96%，得到壬醛的 L/B 为 72.4/23.5，同时没有观察到加氢产物辛烷和异构的辛烯产物。配体为 $P(OPh)_3$ 时，1-辛烯的转化率则可达到 95.9%，同时观察到有少量加氢产物辛烷（5.5%），其余主要是目标产物 1-壬醛和 2-甲基辛醛。但是反应需要碱性促进剂（KOH 或 NEt$_3$ 水溶液）存在下进行，在反应过程中没有发生烯烃的异构化或氢化反应，反应直链醛产物的选择性保持在中等水平(醛的 L/B 大约为 3)。作者认为碱性促进剂的主要作用是通过 OH$^-$ 物种的亲核进攻二钌配合物 $Ru_2(\mu\text{-}OOCCH_3)_2(CO)_4L_2$,从而生成羟羰基阴离子配合物 $[Ru_2(\mu\text{-}OOCCH_3)_2(COOH)(CO)_3L_2]^-$,该复合物失去了 CO_2 分子,产生$[Ru_2(\mu\text{-}OOCCH_3)_2$ $H(CO)_3L_2]^-$阴离子活性中间体。

表 6.5　$Ru_2(\mu\text{-}OOCR)_2(CO)_4L_2$ 和不同配体体系催化的 1-辛烯氢甲酰化反应 [a]

R	配体	时间/h	醛收率/%	产物分布/%			
				1-壬醛	2-甲基辛醛	辛烷	2-辛烯
Me	PPh$_3$	20	96.0	72.4	23.5	0	0
	P(OPh)$_3$	17	95.9	65.2	25.2	5.5	0
	P(OMe)$_3$	20	97.1	73.3	23.8	0	0
	PBu$_3$	20	3.2	2.7	0.8	0	0
CMe$_3$	PPh$_3$	18	15.2	11.3	3.9		
	P(OPh)$_3$	22	100.0	64.0	18.3	16.0	1.7
Ph	PPh$_3$	16	81.7	63.2	18.5		
	PPh$_3$	20	99.5	69.1	28.6	1.8	0
CF$_3$	PPh$_3$	16	58.7	44.9	13.8	0	0

　　a. 反应条件:$Ru_2(\mu\text{-}OOCR)_2(CO)_4L_2$ 0.1mmol,1-辛烯 40mmol,3.0MPa 合成气(CO/H$_2$=1),三乙胺 3×10^{-4}mol,2mL 水和 25mL 甲苯,80℃。

　　Gao 等[35]则采用水溶性且空气稳定的羰基钌配合物 $Ru_3(CO)_9(TPPMS)_3$(TPPMS= 单磺化三苯基膦钠盐)研究了丙烯或者乙烯的氢甲酰化反应。以丙烯为反应底物,在 120℃、4.7MPa(丙烯、CO 和 H$_2$ 分压分别为 0.7MPa、2.0MPa 和 2.0MPa)的条件下,主要产物为正丁醛(89.5%),副产物是异丁醛(3.0%)和少量的正丁醇(4.6%)及异丁醇 (2.9%),反应的 TON 达到 489.6,产物 L/B[L/B=(正丁醛+正丁醇)/(异丁醛+异丁醇)] 为 15.9。对于乙烯的氢甲酰化主要产物是丙醛,副产物是 3-戊酮、1-丙醇和 2-甲基-2-戊 烯醛,同时发现在反应体系中添加卤化物或碱金属阳离子促进剂可提高催化活性,并导 致形成更多的副产物 3-戊酮。

　　Süss-Fink 等[36]采用大位阻的双(二环己基膦基)甲烷(dcpm)和双(全氟二苯基膦基)- 乙烷(F-dppe)双膦配体与 $Ru_3(CO)_{12}$ 反应所制备的钌簇合物 $Ru_3(CO)_{10}(dcpm)$、 $Ru_3(CO)_{10}(F\text{-}dppe)$、$Ru_3(CO)_8(dcpm)_2$ 和 $Ru_3(CO)_8(F\text{-}dppe)_2$ 为催化剂,在 DMF(N,N- 二甲基甲酰胺)溶剂中研究了催化乙烯和丙烯的氢甲酰化性能(表 6.6),得到了相应的 醛产物,发现二取代羰基钌簇合物的催化活性比单取代簇合物的低,但选择性更高。

　　Lavigne 等[37]采用 $Ru_3(CO)_{12}$ 和 2-(甲基氨基)吡啶反应所制备的钌簇合物 $Ru_3(\mu\text{-}H)(\mu_3\text{-}MeNPy)(CO)_9$[MeNpy=2-(methylamino)pyridyl]为催化剂,实现了二苯乙 炔的氢甲酰化反应生成 α-苯基肉桂醛,在 70℃、2.0MPa 合成气压力下(CO/H$_2$=1/3)反应 24h,反应的 TON 为 8。

表 6.6 大位阻膦配位的羰基钌簇合物催化的乙烯/丙烯的氢甲酰化反应性能 [a]

催化剂	乙烯压力/MPa	丙烯压力/MPa	TON	L/B
Ru₃(CO)₁₀(dcpm)	1.0	—	274	—
	—	0.9	130	71/29
Ru₃(CO)₁₀(F-dppe)	1.0	—	429	—
	—	0.9	145	57/41
Ru₃(CO)₈(dcpm)₂	1.0	—	127	—
	—	0.9	72	83/17
Ru₃(CO)₈(F-dppe)₂	1.0	—	143	—
	—	0.9	130	67/33
Ru₃(CO)₁₂	1.0	—	157	—
	—	0.9	63	85/5

续表

催化剂	乙烯压力/MPa	丙烯压力/MPa	TON	L/B
Ru₃(CO)₁₀(dppe)	1.0	—	289	—
	—	0.9	128	63/37

a. 反应条件：0.01mmol 钌配合物，N,N-二甲基乙酰胺 10mL，2.0MPa 合成气(CO/H$_2$=1)，80℃，24h。

Mitsudo 等[38]则研究了[Ru$_3$(CO)$_{12}$]含氮配体体系催化 α-烯烃的氢甲酰化反应，发现强 σ-给电子配体 1,10-菲咯啉(1,10-phenanthroline)具有最佳的催化活性。以 N,N-二甲基乙酰胺为溶剂，在 120～130℃、8.0MPa 的合成气压力下(CO/H$_2$=1)，以丙烯为反应底物(表 6.7)，氢甲酰化产物醛的收率为 65%～93%，正构 C$_4$ 醛的选择性高达 95%(L/B=19)；以 1-辛烯为底物，C$_9$ 醛产物的收率中等(49%～55%)，正构 C$_9$ 醛的选择性 95%～97%，反应过程中底物加氢产物辛烷量小于 5%。以乙烯为反应底物，在 110℃、10.0MPa 的合成气压力(CO/H$_2$=1)下反应 20h，反应的 TON 达到 461。遗憾的是，该催化剂体系对 2-辛烯或者 3-辛烯底物的活性较差。以 2-辛烯为底物，仅得到 20%的 C$_9$ 醛；以 3-辛烯为底物，氢甲酰化、异构化、加氢等反应几乎不发生。

表 6.7 [Ru$_3$(CO)$_{12}$]含氮配体体系催化的丙烯的氢甲酰化反应 a

配体	丁醛总收率/%	正构醛选择性/%
无配体	25	84
1,10-菲咯啉(1,10-phenanthroline)	73	95
2,9-二甲基-1,10-菲咯啉(2,9-dimethyl-1,10-phenanthroline)	76	92
Me$_2$N(CH$_2$)$_2$NMe$_2$	31	95
Me$_2$N(CH$_2$)$_3$NMe$_2$	33	96
Me$_2$N(CH$_2$)$_4$NMe$_2$	57	96
Me$_2$N(CH$_2$)$_6$NMe$_2$	62	96
2,2′-联吡啶(2,2′-bipyridyl)	24	93
PPh$_3$	0	—
吡啶(pyridine)	79	91
1,10-菲咯啉(1,10-phenanthroline)^b	93	95

a. 反应条件：[Ru$_3$(CO)$_{12}$]0.11mmol，丙烯 40mmol，N,N-二甲基乙酰胺 10mL，双齿配体 1.33mmol 或者单齿配体 2.66mmol，8.0MPa 合成气(CO/H$_2$=1)，120℃，20h。

b. 反应温度 130℃。

Ru$_3$(CO)$_{12}$/1,10-菲咯啉配体体系同样能够催化苯乙烯以及丙烯酸酯的氢甲化反应[39]。

以苯乙烯为底物，120℃、8.0MPa 的合成气压力（CO/H$_2$=1）下反应 20h，苯乙烯的转化率可达 96%，苯丙醛的收率为 76%（L/B = 34/66），苯丙醇的收率为 4%（L/B=26/74），还有 8%左右的加氢产物乙苯生成。以丙烯酸酯为底物，主要得到 4-烷氧基-4-甲基-δ-戊内酯（4-alkoxy-4-methyl-δ-valerolactone）产物。

Knifton 等[40-43]利用氧化钌（Ⅳ）水合物（RuO$_2$·xH$_2$O）、乙酰丙酮钌 Ru（acac）$_3$ 或者 Ru$_3$（CO）$_{12}$ 分散在低熔点的季磷盐（如 Bu$_4$PBr、Bu$_4$PI、Bu$_4$POAc 等）的分散体作为钌"熔融"催化剂（ruthenium 'melt' catalysis），研究了各种辛烯内烯烃（2-辛烯、3-辛烯和 4-辛烯）的氢甲酰化反应性能（表 6.8），发现氢甲酰化反应可以在中等的合成气压力下进行，所得到的产物主要是壬醇产物。通过详细的红外研究证实[HRu$_3$（CO）$_{11}$]⁻钌阴离子是反应物溶液中主要的羰基金属片段（IR 特征吸收：1957cm^{-1}、1990cm^{-1} 和 2016cm^{-1}），同时还存在[Ru（CO）$_3$Br$_3$]⁻和 Ru（CO）$_5$ 片段。

表 6.8 不同钌源分散在低熔点的季磷盐体系催化的辛烯氢甲酰化反应 [a]

| 底物 | 催化剂 | 转化率 | 产物分布 [b]/mol% | | | | C$_9$醇+C$_9$醛的收率 [c]/mol% |
| | | | C$_9$醇 | | C$_9$醛 | | |
			收率	线型率	收率	线型率	
2-辛烯	RuO$_2$	98	66	49	5.1	46	72
内辛烯 [d]	Ru$_3$（CO）$_{12}$	>99	65	42	0.8	50	66
	Ru（acac）$_3$	>99	65	40	1.0	50	66
	RuCl$_3$	7	n.d	—	n.d	—	n.d
	RuO$_2$-2Bu$_3$P	>99	73	47	0.2		73
	RuO$_2$-5Bu$_3$P	4	n.d.		0.1		n.d.
	RuO$_2$-2,2'-bipy	52	35	69	5.4	68	79
	RuO$_2$-TDPEP	36	21	63	0.5	63	62
	RuO$_2$-dppe	29	15	55	2.0	55	59
	RuO$_2$+Co$_2$（CO）$_8$+Bu$_3$P [e]	53	9.1	46	25	46	64
	Co$_2$（CO）$_8$	3	n.d.	—	0.2	n.d.	

a. 反应条件：辛烯 200mmol，[Ru] 6.0mmol，Bu$_4$PBr 10.0g，8.3MPa 合成气（CO/H$_2$=1/2），180℃，4h。2,2'-联吡啶（2,2'-bipy=2,2'-bipyridyl）6.0mmol，三[2-（二苯基膦基）乙基]膦 [TDPEP=tris（2-diphenylphosphinoethyl）phosphine] 6.0mmol，dppe 6.0mmol。

b. 基于烯烃原料的转化计算，线型率=线型 C$_9$醇（或者 C$_9$醛）/所有的 C$_9$醇（或者 C$_9$醛）。

c. 基于烯烃的转化计算得到。

d. 混合 C$_8$内烯烃（含量：1-辛烯 2.5%，反-2-辛烯 25%，顺-2-辛烯 12%，顺-3-辛烯 9%，反-3-辛烯 29%，顺-4-辛烯 6%，反-4-辛烯 17%）。

e. Ru 0.19mmol，Co 0.19mmol，P 0.28mmol，Bu$_4$PBr 0.63g，混合 C$_8$内烯烃 200mmol。

Knifton[44]同样利用低熔点的季磷盐（如 Bu$_4$PBr、Bu$_4$PI、Bu$_4$POAc 等）为反应介质，采用不同结构的氮或者膦配体（图 6.9）改性的 RuO$_2$·xH$_2$O、Ru（acac）$_3$ 或者 Ru$_3$（CO）$_{12}$ 为催化剂，在 160～180℃、8.2MPa 的合成气压力（CO/H$_2$=1/2）下，考察了其催化丙烯、1-辛烯或者内烯烃的氢甲酰化反应性能，得到相应的氢甲酰化醛和醇产物（醇产物为主）。

例如，采用丙烯为反应物，以 $Ru_3(CO)_{12}$-2,2'-联吡啶为催化剂，生产6.4%丁醛和89.5%丁醇产物(L/B>100)。不同配体对1-辛烯氢甲酰化反应结果的影响如表6.9所示。

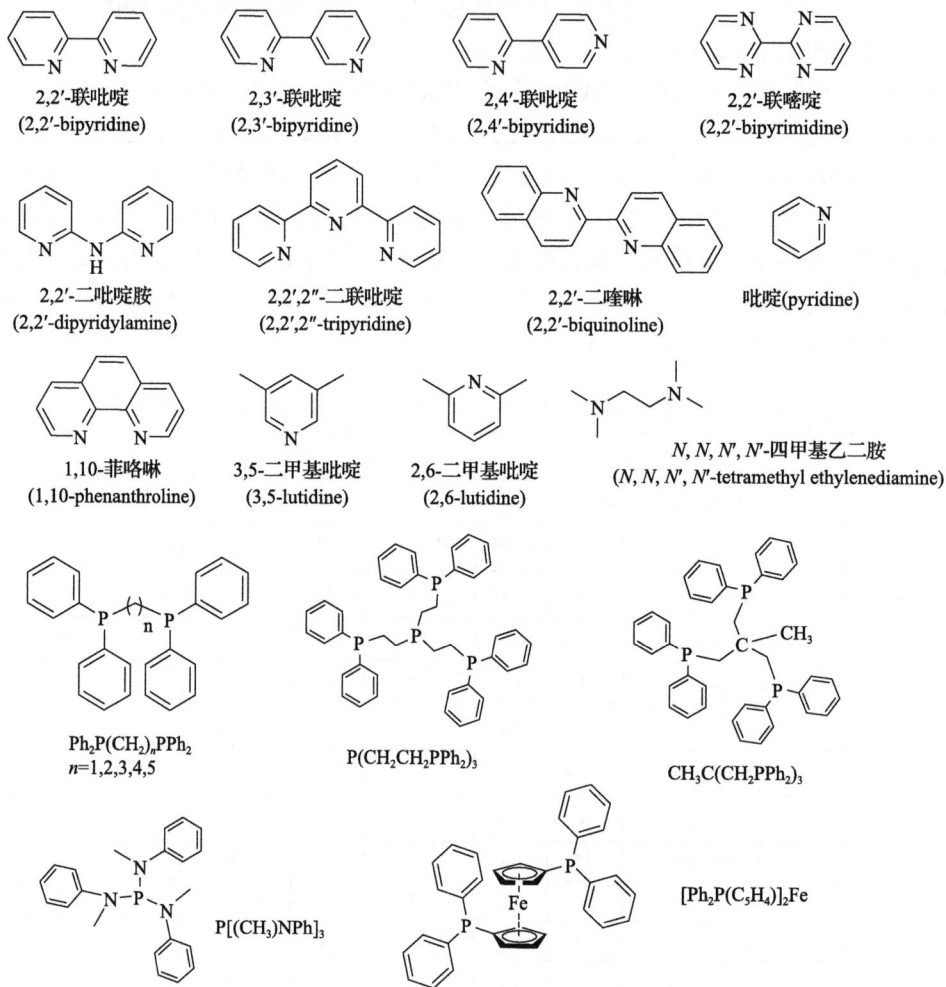

2,2'-联吡啶 (2,2'-bipyridine)	2,3'-联吡啶 (2,3'-bipyridine)	2,4'-联吡啶 (2,4'-bipyridine)	2,2'-联嘧啶 (2,2'-bipyrimidine)
2,2'-二吡啶胺 (2,2'-dipyridylamine)	2,2',2''-二联吡啶 (2,2',2''-tripyridine)	2,2'-二喹啉 (2,2'-biquinoline)	吡啶(pyridine)
1,10-菲咯啉 (1,10-phenanthroline)	3,5-二甲基吡啶 (3,5-lutidine)	2,6-二甲基吡啶 (2,6-lutidine)	N, N, N', N'-四甲基乙二胺 (N, N, N', N'-tetramethyl ethylenediamine)

$Ph_2P(CH_2)_nPPh_2$
$n=1,2,3,4,5$

$P(CH_2CH_2PPh_2)_3$

$CH_3C(CH_2PPh_2)_3$

$P[(CH_3)NPh]_3$

$[Ph_2P(C_5H_4)]_2Fe$

图6.9　不同结构氮配体或者膦配体

表6.9　不同配体添加对 RuO_2 或者 $Ru_3(CO)_{12}$ 催化的 1-辛烯的氢甲酰化反应影响 [a]

序号	催化剂配体	反应介质	液体产物分布/%						壬醇线型率/%
			辛烯	辛烷	壬醛 [b]		壬醇 [c]		
					L	B	L	B	水	
1	RuO_2-2,2'-bipyridine	Bu_4PBr	9	9.1	0.2	0.2	68.7	10.9	2	86
2	RuO_2-2,2'-bipyridine	—	34.5	11.7	0.1	—	37.4	8.6	4	81
3	RuO_2	—	1.8	33.5	0.3	0.2	38.2	22.1	1.3	63
4	RuO_2	Bu_4PBr	0.6	12.3		0.1	50.7	29.1	0.5	64
5	RuO_2-1,10-phenanthroline	Bu_4PBr	4.2	11.4	0.3	1.7	55.7	18.9	0.6	75
6	RuO_2-2,3'-bipyridine	Bu_4PBr	<1	16.4	0.3	1.5	47.9	22.1	0.6	68

续表

序号	催化剂配体	反应介质	液体产物分布/%								壬醇线型率/%
			辛烯	辛烷	壬醛[b]		壬醇[c]		水		
					L	B	L	B			
7	RuO$_2$-2,4'-bipyridine	Bu$_4$PBr	<1	22.4	0.1	0.1	38.5	28.6	0.3		57
8	RuO$_2$- 2,2'-dipyridylamine	Bu$_4$PBr	9.7	8.4	10.6	8.7	42.5	7.9	2.2		84
9	RuO$_2$- 2,2',2''- tripyridine	Bu$_4$PBr	6	12	10.3	6.4	40.2	14	2.1		74
10	RuO$_2$-2,2'-bipyrimidine	Bu$_4$PBr	16.6	5.8	0.6	0.3	52.2	9.4	0.4		85
11	Ru$_3$(CO)$_{12}$-2,2'-bipyrimidine	Bu$_4$PBr	27.2	5.1	0.1	—	57.2	3.6	0.1		94[d]
12	Ru$_3$(CO)$_{12}$-2,2'-bipyridine	Bu$_4$PBr	9.6	11.3	4.2	4.5	44.9	7.5	1.3		86
13	Ru(acac)$_3$-2,2'-bipyridine	Bu$_4$PBr	9.3	12	0.1	0.2	43.5	16.9	0.9		72
14	Ru$_3$(CO)$_{12}$-2,2'-bipyridine	Bu$_4$PI	19.8	5.2	30.9	5.3	23.5	2.4	3.5		91[d]
15	Ru$_3$(CO)$_{12}$-2,2'-bipyridine	Bu$_4$POAc	20.4	5.2	4.3	0.2	44.8	9	0.6		83[d]
16	RuO$_2$-pyridine	Bu$_4$PBr	9.8	0.1	—	0.2	40.8	24.7	0.3		62
17	RuO$_2$-3,5-lutidine	Bu$_4$PBr	12.1	0.1	0.1	0.2	47.3	25	0.4		65
18	RuO$_2$-2,6-lutidine	Bu$_4$PBr	0.4	17.4	0.2	0.1	40.3	26.3	0.4		61
19	RuO$_2$-2,2'-biquinoline	Bu$_4$PBr	<1	13.5	0.4	0.3	42.4	29.3	0.7		59
20	RuO$_2$-2,4,6-tri (2-pyridyl)-s-triazine	Bu$_4$PBr	14.4	7.5	0.9	2	43.1	14.3	2.2		75
21	RuO$_2$-N,N,N',N'-tetramethylethyl-enediamine	Bu$_4$PBr	5	13	6.8	3.6	48.2	13.6	1.6		78
22	RuO$_2$-Ph$_2$P(CH$_2$)PPh$_2$	Bu$_4$PBr	36.9	16.6	4.5	2.4	29.9	4.6	1.4		87
23	RuO$_2$-Ph$_2$P(CH$_2$)$_2$PPh$_2$	Bu$_4$PBr	30.1	10.8	1.7	0.7	40.9	7.5	1.3		85
24	RuO$_2$-Ph$_2$P(CH$_2$)$_3$PPh$_2$	Bu$_4$PBr	28.2	17.4	0.6	0.4	42.4	8	1.2		84
25	RuO$_2$-Ph$_2$P(CH$_2$)$_4$PPh$_2$	Bu$_4$PBr	19	10.5	4.1	2.8	38	19.3	1.1		66
26	RuO$_2$-Ph$_2$P(CH$_2$)$_5$PPh$_2$	Bu$_4$PBr	13.9	9.8	4.3	2.3	38.1	21.6	1.3		64
27	Ru$_3$(CO)$_{12}$-Ph$_2$P(CH$_2$)$_4$PPh$_2$	Bu$_4$PBr	18.4	38.9	0.7	0.6	30.4	8.4	0.2		78
28	Ru(acac)$_3$-Ph$_2$P(CH$_2$)$_4$PPh$_2$	C$_{16}$H$_{33}$Bu$_3$PBr	5.3	46.1	0.7	—	28.6	6.9	1		81
29	RuO$_2$-CH$_3$C(CH$_2$PPh$_2$)$_3$	Bu$_4$PBr	61.7	6.7	0.9	1	22	4.2	1.3		84
30	RuO$_2$-P(CH$_2$CH$_2$PPh$_2$)$_3$	Bu$_4$PBr	36.2	10.9	0.4	0.2	38.2	8.7	1.2		81
31	RuO$_2$-P[(CH$_3$)NPh]$_3$	Bu$_4$PBr	87.3	9.6	0.9	0.5	2	1	0.1		
32	RuO$_2$-[Ph$_2$P(C$_5$H$_4$)]$_2$Fe	Bu$_4$PBr	26.8	6.1	5.5	3.1	29.4	8	2.1		79
33	RuO$_2$-PPh$_3$	Bu$_4$PBr	1.9	16.2	—	0.1	45.2	30.4	0.4		60
34	RuO$_2$-PBu$_3$	Bu$_4$PBr	4.3	14.9	0.3	0.4	42.1	27.5	0.5		60

a. 反应条件：1-辛烯200mmol，[Ru] 6.0mmol，Ru/N 或 Ru/P=1/2，Bu$_4$PX(X=Br,I,OAc) 10.0g，8.3MPa合成气(CO/H$_2$=1/2)，180℃，4h。

b. L=1-壬醛(1-nonanal)，B =2-甲基辛醛(2-methyloctanal)、2-乙基庚醛(2-ethylheptanal)、2-丙基己醛(2-propylhexanal)。

c. L=1-壬醇(1-nonanal)，B =2-甲基辛醇(2-methyloctanal)、2-乙基庚醇(2-ethylheptanal)。

d. 160℃下反应。

深入的动力学和光谱数据研究表明含膦或者含氮配体体系，氢甲酰化过程中，形成醛或者醇为主要产物，主要受到反应温度的影响[44]。在低于 140℃时，主要产物是醛；在高于 180℃时，主要产物是醇。最终的醛（或者醇）产物的线型率受到氮或者膦螯合配体的影响。例如，当 Ru 与 2,2'-联吡啶摩尔比在 1：1～1：1.5 范围内时，可获得最高线型率。同时在反应过程中醛形成的决速步骤可能是钌配合物与烯烃反应物的缔合过程，或者氢化物钌物种转移至配位烯烃以形成烷基钌簇。采用红外光谱和核磁共振手段，证实了在反应过程中存在簇合物[Ru₃(CO)₁₂(L-L)]，反应过程中同样是以阴离子羰基钌化合物的形式参与氢甲酰化反应，在此基础上，作者推测了钌"熔融"催化剂催化烯烃的氢甲酰化反应可能的机理（图 6.10）。

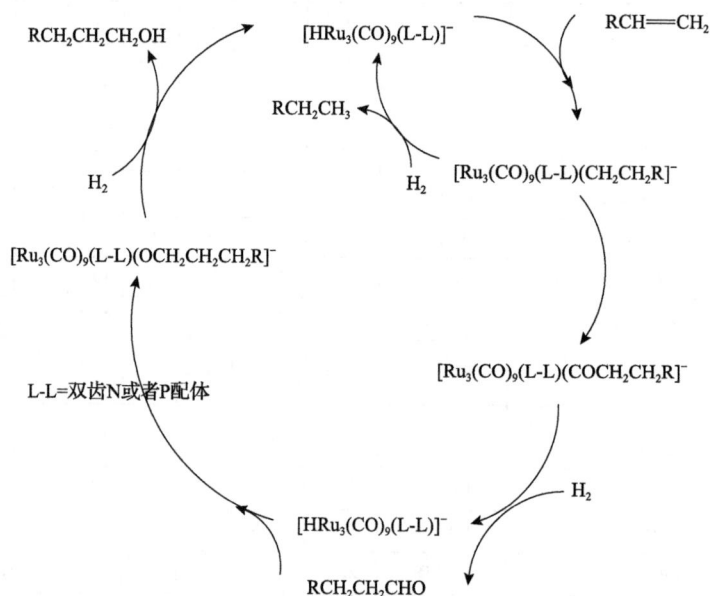

图 6.10　钌"熔融"催化剂催化烯烃氢甲酰化反应的可能机理

Hidai 等[45,46]发现 Ru₃(CO)₁₂ 和 Co₂(CO)₈ 组成的催化剂体系同样能够催化环己烯、1-己烯、苯乙烯的氢甲酰化反应，这种双金属催化剂的氢甲酰化反应受到所用溶剂性质的显著影响，在所用溶剂中甲醇和乙醇是最好的选择。例如，在四氢呋喃溶剂中，110℃、8.0MPa 的合成气压力（CO/H₂=1）下反应 4h，用 Ru₃(CO)₁₂ 和 Co₂(CO)₈ 双金属催化剂（Ru/Co=1）进行环己烯氢甲酰化的起始速率是使用 Co₂(CO)₈ 催化剂的 19 倍。在甲苯溶剂中在 110℃、8.0MPa 的合成气压力（CO/H₂=1）下反应 4h，用 Ru₃(CO)₁₂ 和 Co₂(CO)₈ 双金属催化剂（Ru/Co=0.99）进行 1-己烯氢甲酰化的起始速率是使用 Co₂(CO)₈ 催化剂的 3 倍；同样条件下，Ru₃(CO)₁₂ 和 Co₂(CO)₈ 双金属催化剂苯乙烯的氢甲酰化反应起始速率是使用 Co₂(CO)₈ 催化剂的 2 倍。通过采用模型反应，作者研究了己酰基四羰基钴与几种金属羰基氢化物（包括 HCo(CO)₄、[HRu₃(CO)₁₁]⁻和[HRu(CO)₄]⁻）的反应，发现与 HCo(CO)₄ 相比，氢化物[HRu(CO)₄]⁻与酰基钴配合物反应更容易形成己醛，基于此，作者推测在钴-钌混合金属催化剂的氢甲酰化反应中，钌可能参与醛的形成步骤。

2013 年，德国莱布尼茨催化研究所（Leibniz Institute for Catalysis）的 Fleischer 和 Beller

等[47-49]通过理性设计 2-膦取代的咪唑双功能配体，实现了十二羰基三钌配合物 Ru₃(CO)₁₂ 或者双-(2-甲基烯丙基)环辛-1,5-二烯钌[Ru(methylallyl)₂(COD)]催化的 1-辛烯的氢甲酰化反应，通过大量的配体筛选，作者优选出了两个性能优异的配体 2-(二环己基膦)-1-甲基-1*H*-咪唑[2-(dicyclohexylphosphino)-1-methyl-1*H*-imidazole]和 2-(二环己基膦)-1-(2-甲氧苯基)-1*H*-咪唑[2-(dicyclohexylphosphino)-1-(2-methoxyphenyl)-1*H*-imidazole]，作者发现通过调变反应的条件(如钌催化剂用量、添加组分、反应中氢分压、反应溶剂等)，可以选择性地获得壬醛或者壬醇为主的氢甲酰化产物。例如，在反应体系中添加氯化锂和水，主要得到醇产物，这主要是因为氯化锂可以促进醛的进一步加氢反应，而水则有效抑制了羟醛副产物的形成(表 6.10)。此外，Ru₃(CO)₁₂ 或者 Ru(methylallyl)₂(COD)与膦取代的咪唑配体组成的催化剂体系显示出了广泛的底物适用性，同样能够催化不同取代的端烯烃或者内烯烃的氢甲酰化反应获得醇为主要产物(表 6.11 和表 6.12)。

表 6.10　Ru₃(CO)₁₂ 以及其他钌配合物/膦取代的咪唑原位体系催化 1-辛烯的氢甲酰化反应产物分布结果对比

[Ru]/配体	收率/%			
	C₉ 醛 (L/B)	C₉ 醇 (L/B)	辛烷	内构辛烯
Ru₃(CO)₁₂/ (2-(dicyclohexylphosphino)-1- (2-methoxyphenyl)-1*H*-imidazole)	<1	81 (91/9)	3	—
Ru₃(CO)₁₂/ (2-(dicyclohexylphosphino) -1-methyl-1*H*-imidazole)	<1	86 (91/9)	11	—
[Ru(COD)Cl₂]ₙ/	—	15 (40/60)	43	40
Ru(methylallyl)₂(COD)/	<1	87 (92/8)	9	—

反应条件：1-辛烯 3.20mmol，[Ru] 0.60mol%，0.66mol%配体，甲苯 2.0mL，CO 压力 1.0MPa，H₂ 压力 5.0MPa，130℃，20h。

Ru₃(CO)₁₂/ (a)	<0.5	76 (86/14)	7	—
Ru₃(CO)₁₂/ (a)	<0.5	74 (84/16)	5	—

[Ru]/配体	收率/%			
	C$_9$醛(L/B)	C$_9$醇(L/B)	辛烷	内构辛烯
Ru$_3$(CO)$_{12}$/ (b)	1	90(88/12)	3	—
Ru$_3$(CO)$_{12}$/ (c)	54(85/15)	37(95/5)	7	—

反应条件: (a)1-辛烯 20.0mmol, Ru$_3$(CO)$_{12}$ 40.0μmol, LiCl 5.00mmol, 配体 132mmol, 水 0.5mL, 溶剂 N-甲基吡咯烷酮 4mL, 6.0MPa 合成气(CO/H$_2$=1), 160℃, 5h。

(b)使用 280mol%水, 130℃, 20h, 其他条件同(a)。

(c)不添加 LiCl, 130℃, 20h, 其他条件同(a)。

[Ru]/配体	C$_9$醛(L/B)	C$_9$醇(L/B)	辛烷	内构辛烯
Ru$_3$(CO)$_{12}$/ (a)	80(94/6)	—	—	—
Ru$_3$(CO)$_{12}$/ (b)	79(95/5)	—	—	—
(c)	75(95/5)	—	—	—
(d)	77(95/5)	—	—	—

反应条件: (a)1-辛烯 50.0mmol, Ru$_3$(CO)$_{12}$(0.1mol% Ru), 配体 0.33mol%, 碳酸丙烯酯 25mL, CO 2.0MPa, H$_2$ 4.0MPa, 60℃, 72h。

(b)0.1mol% Ru, 0.11mol%配体, 100℃, 3h, 其他条件同(a)。

(c)0.1mol% Ru, 0.11mol%配体, 100℃, 20h, 其他条件同(a)。

(d)0.1mol% Ru, 0.11 mol%配体, 100℃, 10h, 其他条件同(a)。

表 6.11 Ru$_3$(CO)$_{12}$/2-(二环己基膦)-1-甲基-1H-咪唑催化端烯烃氢甲酰化反应的结果[a]

底物	收率[b]/%			
	醇(L/B)	醛(L/B)	异构烯烃	烷烃
(结构式)$_5$	90(88/12)	1	0	3
(结构式)$_2$	82(89/11)	2	—	—
(结构式)$_7$	85(89/11)	4(75/25)	2	6
(结构式)$_9$	88(89/11)	3(67/33)	3	6
(结构式)[c]	83(85/15)	15(73/27)	—	—
(结构式)	>99(>99/1)	0	—	—
(环己烯)	79	3	1	0
(环辛二烯)	28	8	41	2
(结构式)$_4$	59(66/34)	14(57/43)	10	5
(苯乙烯)	83(40/60)	0	0	10

a. 反应条件：烯烃 20.0mmol，Ru$_3$(CO)$_{12}$ 40.0mmol，LiCl 5.00mmol，配体 132mmol，水 56mmol，N-甲基吡咯烷酮 3mL，6.0MPa 合成气(CO/H$_2$=1)，130℃，20h。

b. 采用异辛烷为内标测定，L/B=直链醛(醇)/所有支链醛(醇)。

c. 1-丁烯 103mmol，Ru$_3$(CO)$_{12}$ 200mmol，LiCl 25.0mmol，配体 660mmol，水 275mmol，N-甲基吡咯烷酮 15mL，反应釜连续通入合成气 6.0MPa(CO/H$_2$=1)，130℃，20h。

表 6.12 Ru(methylallyl)$_2$(COD)/2-(二环己基膦)-1-甲基-1H-咪唑催化的内烯烃氢甲酰化反应结果[a]

底物	主要产物	收率[b]/%	L/B[c]
(结构式)$_3$	(结构式)$_6$CH$_2$OH	82	86/14
(结构式)	(结构式)$_3$CH$_2$OH	73	77/23
(结构式)	(结构式)$_4$CH$_2$OH	88	86/14
(结构式)	(结构式)$_4$CH$_2$OH	85	82/18
(结构式)	(结构式)$_6$CH$_2$OH	14	57/43
HO(结构式)	HO(结构式)$_4$CH$_2$OH	72	83/17
NC(结构式)	NC(结构式)$_2$CH$_2$OH	50	53/47
(环己烯)	(环己基)CH$_2$OH	81	—

续表

底物	主要产物	收率[b]/%	L/B[c]
(2,5-二氢呋喃结构)	O—CH₂OH + O—CH₂OH	78	67/33
(2,3-二氢呋喃结构)	O—CH₂OH + O—CH₂OH	66	33/67
(N-Boc-2,5-二氢吡咯)	Boc-N—CH₂OH + —CH₂OH(N-Boc)	47	89/11
(β-甲基苯乙烯/反式苯丙烯)	CH₂OH + CH₂OH + CH₂OH	88	62/8/30
(柠檬烯/异丙烯基环己烯)	—CH₂OH	70	99/1

a. 反应条件：烯烃 3.20mmol，Ru(methylallyl)₂(COD) 1.20mol%，2.64mol%配体，甲苯 2.0mL，CO 1.0MPa，H₂ 5.0MPa，160℃，24h。

b. 采用异辛烷为内标测定。

c. L/B=直链醛(醇)/所有支链醛(醇)。

Kubis 等[50]采用原位红外光谱和原位核磁共振光谱研究了 Beller 等发展的 Ru₃(CO)₁₂/咪唑取代单膦催化剂体系在氢甲酰化反应过程中的催化活性物种的具体变化情况，以 3,3-二甲基-1-丁烯为反应底物，在反应条件下，Ru(CO)₄L 型单核钌羰基配合物(L=咪唑取代的单膦)是氢甲酰化反应中的主要活性物种。同时配体结构的变化对配体的配位行为有重要影响，从而影响催化性能。对于具有催化活性的单核钌化合物，^{15}NNMR、ESI-MS 和 IR 光谱证明咪唑基片段未取代氮原子可以与钌金属配位。

为了实现钌基催化剂的循环使用，如果在极性有机溶剂中实现钌催化的氢甲酰化反应，在反应结束后通过添加非极性萃取溶剂，实现极性催化剂相和非极性产物相的有效分离，这样就可以将含有催化剂的极性相再循环利用。基于这个思路，Kämper 和 Behr 等[51]采用 Ru₃(CO)₁₂/2-(二环己基膦)-1-(2-甲氧苯基)-1H-咪唑催化剂体系，详细研究了碳酸丙烯酯(PC)和 N-甲基吡咯烷酮(NMP)、N,N-二甲基甲酰胺(DMF)和二甲基亚砜(DMSO)这几种溶剂对 1-辛烯氢甲酰化反应的影响(表 6.13)，发现底物转化率高达 90%以上。异构化反应在 PC 和 DMSO 中活性较低，在 DMF 中醛的收率为 76%，1-壬醇的收率仅为 4%。DMF、DMSO 和 PC 溶剂中羰化产物的选择性超过 80%，产物醛的区域选择性均＞95%。在对照实验中，在不添加配体的情况下底物转化率低和羰化产物的选择性低，为了增加催化体系的极性，从而在随后的萃取步骤中潜在地增加其在极性相中的保留，作者还在反应中测试了单磺化的三苯基膦配体（TPPMS），以及羧基功能化的咪唑取代的膦配体的效果，证明咪唑取代的膦配体确实是钌催化氢甲酰化反应中的首选配体。

表 6.13　不同极性溶剂对 $Ru_3(CO)_{12}$/膦配体催化剂体系反应性能的影响[a]

配体	溶剂	转化率[b]/%	收率[b]/%				羰化产物选择性[b]/%	L/B[c]
			C_9醛	C_9醇	辛烷	n-辛烯		
	碳酸丙烯酯	96	77	9	2	8	90	94/6
	N-甲基吡咯烷酮	95	70	1	2	22	75	95/5
	N,N-二甲基甲酰胺	95	76	4	2	13	82	96/4
	二甲基亚砜	90	76	1	3	10	88	95/5
——	N,N-二甲基甲酰胺	33	9	1	1	22	30	99/1
	N,N-二甲基甲酰胺	33	12	1	1	19	36	99/1
	N,N-二甲基甲酰胺	95	69	2	6	18	75	93/7
	碳酸丙烯酯	85	70	3	4	8	86	93/7

a. 反应条件：1-辛烯 8.91mmol，0.2mol% $Ru_3(CO)_{12}$，配体/Ru=1.1，溶剂 4g，3.0MPa 合成气（CO/H_2=1/2），100℃，5h。

b. 基于气相色谱（GC）。

c. L/B=直链醇/所有支链醇。

之后，通过对钌金属以及膦配体在烷烃溶剂中的浸出值、反应体系中钌金属的浓度、配体与钌的比例、不同烷烃萃取剂及添加量、压力和温度等因素的进一步优化，作者筛选出了连续操作试验的工艺参数，并且在连续化自动化的小型工厂（continuous miniplant）装置上进行了连续反应（小型锥形反应器，设计有叶片搅拌器，反应混合物由异辛烷萃取实现催化剂的循环），通过优化的反应条件，实现了钌催化的 1-辛烯氢甲酰化反应在 90h 的时间范围的连续运行。在最初的 38h 内，氧化产物的转化率和收率显著下降，作者推测钌在最初 30h 内的损失接近 20%。通过补加钌催化剂和配体（每小时定期补加，补加量为 0.5%初始量），到反应 52h 后，每小时钌前体和配体的补充量增加到初始量的 1%，使得反应工艺稳定，反应的区域选择性为 94/6，反应的 TOF 为 41h^{-1}，时空产量 63kg/（$m^3 \cdot h$）。

6.1.3 羰基钌阴离子化合物催化剂

除了前面提及的羰基钌金属配合物外，羰基钌阴离子化合物在烯烃的氢甲酰化反应中也有相关应用。1985 年 Chang 申请的专利中[52]报道了使用双阴离子钌化合物催化烯烃的氢甲酰化反应，主要得到线型醛或醇产物，发现采用中性羰基钌配合物和单阴离子钌化合物为催化剂，产物的选择性与采用 $Ru_3(CO)_{12}$ 或单核羰基钌配合物选择性相当，而双阴离子钌化合物为催化剂，产物的 L/B 高达 99。例如，在四氢呋喃溶剂中，以 1-戊烯为底物(4.6mmol)，160℃、11.0MPa 的合成气压力(CO/H_2=1)下反应 1h，采用单阴离子钌化合物$[(PPh_3)_2N][HRu_4(CO)_{13}]$为催化剂(0.0058mmol)，1-戊烯的转化率为 14%，产物 1-己醛选择性为 75.7%，2-甲基戊醛选择性为 24.3%，L/B 为 3.12。而采用双阴离子钌化合物$[(PPh_3)_2N]_2[Ru_4(CO)_{13}]$为催化剂(0.006mmol)，1-戊烯的转化率为 27.3%，产物 1-己醛选择性为 97.5%，2-甲基戊醛选择性为 2.5%，L/B 为 39。特别值得指出的是，采用双阴离子钌化合物$[(PPh_3)_2N]_2[Ru_6(CO)_{18}]$为催化剂(0.044mmol)，在四氢呋喃溶剂中，以 1-戊烯为底物，所得到的己醛产物的 L/B 受时间的影响比较明显，反应时间为 30min，产物 1-己醛选择性为 99.0%，2-甲基戊醛选择性为 1.0%，L/B 为 99；反应时间为 28.5h，产物 1-己醛选择性为 89.7%，2-甲基戊醛选择性为 10.3%，L/B 为 8.71。采用甲苯为反应溶剂，$[(PPh_3)_2N]_2[Ru_6(CO)_{18}]$催化的 1-戊烯氢甲酰化反应产物的 L/B 受时间的影响同样也比较明显(反应 1h，L/B 为 99；反应 11.5h，L/B 为 24.6)。采用 $K_4[Ru_4(CO)_{12}]$、$K_4[H_2Ru_4(CO)_{12}]$、$[(PPh_3)_2N][H_3Ru_4(CO)_{13}]$为催化剂，得到的产物主要有 1-己醛、2-甲基戊醛、1-己醇、2-甲基戊醇等，其中醛为主要产物。$K_4[H_2Ru_4(CO)_{12}]$、$[(PPh_3)_2N]_2[H_2Ru_4(CO)_{12}]$同样可以催化 1-辛烯的氢甲酰化反应得到 C_9 醛，例如在乙二醇二甲醚溶剂中，以 1-辛烯为底物(19.1mmol)，140℃、3.45MPa 的合成气压力(CO/H_2=1)下反应 1h，$[(PPh_3)_2N]_2[H_2Ru_4(CO)_{12}]$为催化剂(0.068mmol)，1-辛烯的转化率为 10.7%，产物 1-壬醛选择性为 99.3%，2-甲基辛醛选择性为 0.7%，L/B 为 142。

$[(PPh_3)_2N]_2[H_2Ru_4(CO)_{12}]$ 和 $Co_2(CO)_8$ 组成的复合催化剂体系同样能够催化 1-辛烯的氢甲酰化反应[53]，在以二甲氧基乙烷为溶剂，180℃、5.7MPa 的合成气压力(CO/H_2=1)下反应 1h，1-辛烯的转化率为 31.1%，产物 1-壬醛选择性为 97.1%。另外采用异核的簇合物 $[(PPh_3)_2N][CoRu_3(CO)_{12}]$ 化合物为催化剂，100℃、6.9MPa 的合成气压力(CO/H_2=1)下反应 5h，1-辛烯的转化率为 25.6%，产物 1-壬醛选择性为 56.0%，2-甲基辛醛选择性为 43.0%，1-壬醇选择性为 1.0%。

在随后的专利中[54]通过采用强的还原剂，如双(正丁基)硼氢化钾、二苯甲酮钾或氢化钾处理阴离子钌前体，可以实现催化剂的循环使用。例如，首次使用 $[(PPh_3)_2N][H_3Ru_4(CO)_{12}]$催化 1-辛烯的氢甲酰化反应，产物 1-壬醛的选择性为 83.9%，反应的 TON 为 10.2，蒸馏除去溶剂和产物后，在氩气中用二苯甲酮钾处理残余物得到重复使用的催化剂前体，在二甲氧基乙烷为溶剂，180℃、6.9MPa 的合成气压力(CO/H_2=1)下进行第二次反应，在 2h 内 1-辛烯转化率为 23.7%，1-壬醛的选择性为 95.7%，反应的 TON 为 17.7。

Süss-Fink 等[55-57]利用单阴离子钌化合物[Et$_4$N][HRu$_3$(CO)$_{11}$]为催化剂，在 N,N-二甲基甲酰胺溶剂中，实现了乙烯和丙烯的氢甲酰化反应。以乙烯为反应底物，在 100℃、5.2MPa(乙烯、H$_2$ 和 CO 分压分别为 1.3MPa、1.3MPa 和 2.6MPa)的条件下反应 5h，乙烯的转化率达到 74%，反应的转化数 TON 为 315。以丙烯为反应底物，在 100℃、4.9MPa(丙烯、H$_2$ 和 CO 分压分别为 1.0MPa、1.3MPa 和 2.6MPa)的条件下反应 60h，丙烯的转化率达到 63%，反应的转化数 TON 为 195。产物正丁醛选择性 95.5%，异丁醛选择性 4.5%，产物 L/B 为 21.2。由于其离子性质，催化剂[HRu$_3$(CO)$_{11}$]$^-$可以从反应混合物中回收并循环使用，并且氢甲酰化活性未见明显下降。在 H$_2$ 4.0MPa 压力下，三核的[HRu$_3$(CO)$_{11}$]$^-$可以转化为四核阴离子[H$_3$Ru$_4$(CO)$_{12}$]$^-$，该四核阴离子在 CO 4.0MPa 压力下恢复为三核的[HRu$_3$(CO)$_{11}$]$^-$，[H$_3$Ru$_4$(CO)$_{12}$]$^-$四核阴离子前体催化乙烯和丙烯的氢甲酰化反应结果与采用三核阴离子[HRu$_3$(CO)$_{11}$]$^-$的结果并没有明显的差异。作者推测在反应过程使用的合成气(H$_2$/CO=1/2)是保留[HRu$_3$(CO)$_{11}$]$^-$结构的有利因素。这种合成气比例也不利于丙烯或丁醛的氢化反应。

对[Et$_4$N][HRu$_3$(CO)$_{11}$]催化的丙烯氢甲酰化反应选择性影响因素更详细的研究表明[58]，反应的区域选择性受所用溶剂的影响很大，并且与压力和温度有关。例如，使用二乙二醇二甲醚(diglyme)作为反应溶剂，在 75℃、1.0MPa(乙烯、CO 和 H$_2$ 分压比例为 5.0/3.3/1.7)的条件下反应 66h，反应的 TON 为 57.4，产物正丁醛选择性为 98.6%，异丁醛选择性 1.4%，产物 L/B 为 70.4。尽管作者并未揭示催化转化率与 L/B 之间的关联性，但区域选择性高与较低的转化率有关。

值得指出的是，早在 1979 年 Johnson 等[56]利用 X 射线晶体对阴离子簇[HRu$_3$(CO)$_{11}$]$^-$进行了表征。为了进一步深入了解簇阴离子[HRu$_3$(CO)$_{11}$]$^-$催化的烯烃氢甲酰化反应可能的反应历程，Süss-Fink 等[59]利用同位素标记的手段，在不同溶剂(如 DMF、THF、CH$_3$CN、CD$_3$CN)中研究了乙烯的氢甲酰化反应，采用 D$_2$/CO(D$_2$/CO=1/2)为合成气源，发现在生产氘代的氢甲酰化产物 CH$_2$D-CHD-CDO 中，在 1-位碳(甲酰碳原子)上氘代率达到 97%或 98%。在此基础上，作者提出簇阴离子[HRu$_3$(CO)$_{11}$]$^-$催化烯烃的氢甲酰化过程经历了三核金属钌簇过程(图 6.11)，在该循环过程中存在 μ_2-η^2-(C,O)-丙酰基(propionyl)配体配位的阴离子中间体(利用 CF$_3$COOD 为酸化试剂，[HRu$_3$(CO)$_{11}$]$^-$催化乙烯的氢甲酰化反应可以分离得到已知的中性配合物结构[Ru$_3$(μ_2-D)(μ_2-η^2-OCCH$_2$CH$_3$)(CO)$_{10}$]，通过该间接过程证实在反应过程中存在阴离子配合物。

Hanes 申请的专利[60]报道了采用 Ru$_3$(CO)$_{12}$ 和 KBH$_4$ 原位生成的钌阴离子化合物 K[HRu$_3$(CO)$_{11}$]为催化剂，以环丁砜(sulfolane)为溶剂，以 8-甲氧基-1,6-辛二烯(8-methoxy-1,6-octadiene)为反应底物，在 135℃、13.8MPa 的合成气压力(CO/H$_2$=1)下反应 3h，转化率达到 51%，产物 9-甲氧基-7-壬烯醛(9-methoxy-7-nonenal)选择性为 81%。特别值得指出的是，在反应结束后采用正己烷萃取的方式可以有效实现催化剂的 4 次循环使用，转化率在 41%~51%，产物 9-甲氧基-7-壬烯醛的选择性在 74%~86%。

Laine 等[61-65]则利用 KOH 促进剂来加速 Ru$_3$(CO)$_{12}$ 或 H$_4$Ru$_4$(CO)$_{12}$ 催化 1-戊烯的氢甲酰化反应(采用 CO/H$_2$O 为合成气源)，以甲醇为反应溶剂，通过添加 KOH 水溶液，在

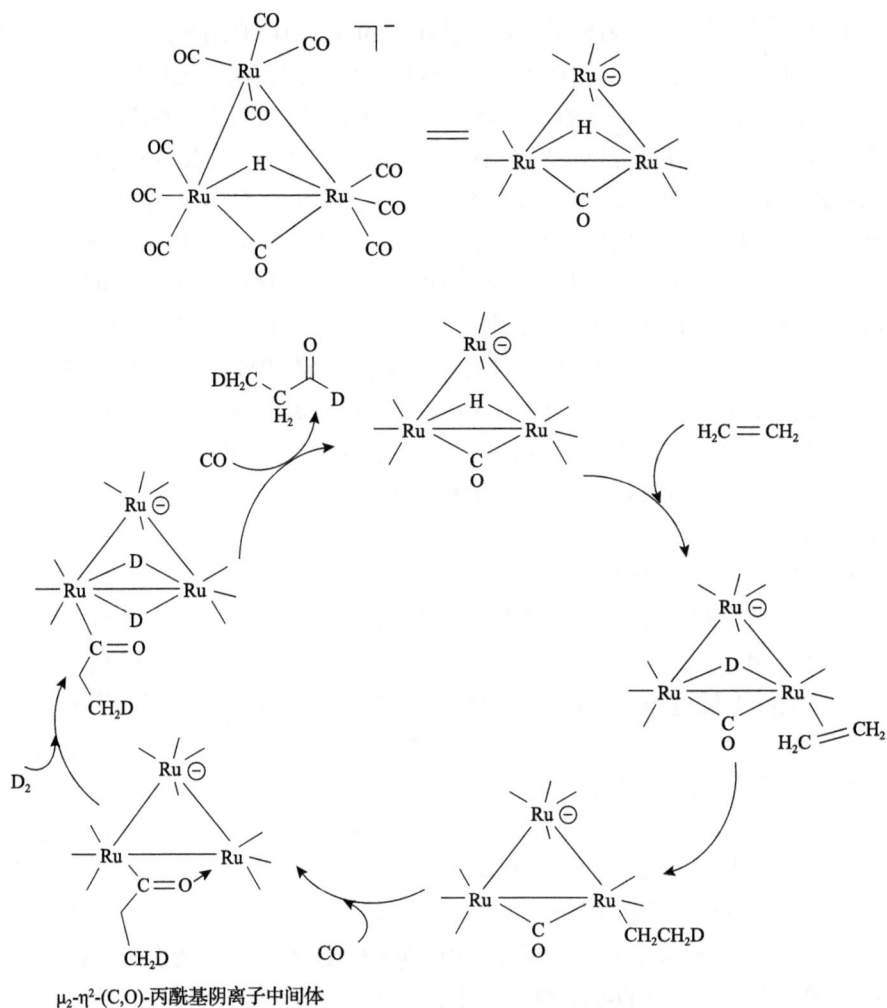

μ₂-η²-(C,O)-丙酰基阴离子中间体

图 6.11　簇阴离子[HRu₃(CO)₁₁]⁻催化烯烃的氢甲酰化过程

5.5MPa 的 CO 压力、130℃（或者 150℃）下，可以得到 98% 的 1-己醛选择性，由于溶液中存在碱，发生了醛醇缩合副反应。阴离子钌簇[H₃Ru₄(CO)₁₂]⁻很可能是氢甲酰化反应的活性物质。此外，发现随着 Ru₃(CO)₁₂ 总浓度的增加，氢甲酰化反应的催化活性增加，表明钌簇在氢甲酰化反应中起催化作用，而不是 Ru₃(CO)₁₂ 转化成的单核羰基钌配合物 Ru(CO)₅。

　　Tanaka 等[66]对比了[PPN][HRu₃(CO)₁₁]、Ru₃(CO)₁₂ 和单核[PPN][HRu(CO)₄]三种钌催化剂在 1-戊烯、苯乙烯以及丙烯酸乙酯底物中的氢甲酰化反应性能（表 6.14），发现单核[PPN][HRu(CO)₄]催化剂表现出较为优异的催化活性。例如，以 1-戊烯为底物，该催化剂可以以优异的选择性得到线型的己醛产物，同时由于其强的还原能力，还检测到了少量的己醇。同样该单核催化剂可以催化苯乙烯的氢甲酰化反应得到支链的 2-苯基丙醛和 2-苯基丙醇，总收率为 95%，选择性高达 96%，然而苯乙烯的氢甲酰化反应性能在温度 100℃下急剧下降。

表 6.14 ［PPN］［HRu$_3$（CO）$_{11}$］、Ru$_3$（CO）$_{12}$ 和单核［PPN］［HRu（CO）$_4$］催化的
1-戊烯、苯乙烯以及丙烯酸乙酯氢甲酰化反应对比

Ru	温度/℃	转化率/%	选择性/%			
			C$_6$醛（线型率）	C$_6$醇（线型率）	戊烷	2-戊烯
［PPN］［HRu（CO）$_4$］		90.5	61.7（90.1）	2.9（93.9）	3.6	15.4
［PPN］［HRu$_3$（CO）$_{11}$］	150	90.8	60.6（94.8）	0.1（100）	2.2	22.8
Ru$_3$（CO）$_{12}$		94.3	42.7（84.9）	0.8（94.9）	5.9	32.1
［PPN］［HRu（CO）$_4$］		39.3	30.6（92.0）	1.3（100）	1.3	54.6
［PPN］［HRu$_3$（CO）$_{11}$］	100	96.4	3.2（95.5）	0（—）	0	93.8
Ru$_3$（CO）$_{12}$		71	20.4（89.2）	0（—）	1.6	77.8

反应底物：1-戊烯
反应条件：0.1mg-atom Ru，1-戊烯 20mmol，N,N-二甲基甲酰胺 10mL，16.5h，初始合成气压力 30.0MPa（CO/H$_2$=1）；
如果在 100℃下反应，1-戊烯 5mmol，N,N-二甲基甲酰胺 5mL

Ru	温度/℃	转化率/%	选择性/%		
			苯丙醛（线型率）	苯丙醇（线型率）	乙苯
［PPN］［HRu（CO）$_4$］		98.4	43.6（4.1）	52.3（6.8）	2.8
［PPN］［HRu$_3$（CO）$_{11}$］	150	90.1	75.7（19.5）	0.4（—）	3.9
Ru$_3$（CO）$_{12}$		76.3	65.8（36.8）	0.6（24.8）	31.0
［PPN］［HRu（CO）$_4$］		9.9	84.4（6.8）	1.2（—）	1.2
［PPN］［HRu$_3$（CO）$_{11}$］	100	7.1	61.0（12.0）	0（—）	1.2
Ru$_3$（CO）$_{12}$		10.2	73.3（26.0）	0（—）	7.5

反应底物：苯乙烯
反应条件：0.1mg-atom Ru，苯乙烯 20mmol，N,N-二甲基甲酰胺 10mL，16.5h，初始合成气压力 30.0MPa（CO/H$_2$=1）

Ru	温度/℃	转化率/%	选择性/%			
			2-甲酰丙酸乙酯	2-(羟甲基)丙酸乙酯	丙酸乙酯	副产物（A/B）
［PPN］［HRu（CO）$_4$］		100	15.0	15.1	23.4	4.5/27.9
［PPN］［HRu$_3$（CO）$_{11}$］	100	100	57.8	0.9	23.4	2.3/0
Ru$_3$（CO）$_{12}$		100	46.4	1.2	45.4	0.2/0
［PPN］［HRu（CO）$_4$］		90.7	30.9	2.9	15.2	38.2/18.2
［PPN］［HRu$_3$（CO）$_{11}$］	70	60.9	67.1	1.9	16.5	26.4/2.6
Ru$_3$（CO）$_{12}$		10.0	60.9	0.3	38.1	0.8/0

反应底物：丙烯酸乙酯
反应条件：0.1mg Ru，丙烯酸乙酯 5mmol，N,N-二甲基甲酰胺 5mL，16.5h，初始合成气压力 30.0MPa（CO/H$_2$=1）；如果
在 70℃下反应，丙烯酸乙酯 20mmol，N,N-二甲基甲酰胺 10mL。副产物指 diethyl 2-formyl-2-methylglutarate（A）和
4-ethoxycarbonyl-4methyl-&valerolactone（B）

6.1.4 负载型钌催化剂

Alvila 等[67,68]发现将 Ru$_3$（CO）$_{12}$/2,2′-联吡啶负载在硅材料或玻璃上所制备的催化剂，

能够催化 1-己烯氢甲酰化合成 C_7 醇，其中采用 silica f22 为载体，产物醇的收率在 40%～97% 之间，L/B 为 1.5～1.1，几乎没有 C_7 醛，同时该负载材料同样能够催化 trans-2-己烯以及 1-癸烯等底物的氢甲酰化反应得到相应的 C_7 醇（收率为 33%～97%，L/B 为 1.1～0.9）和 C_{13} 醇（收率为 87%，L/B 为 0.7）。如果将 $Ru_3(CO)_{12}$/2,2'-联吡啶负载在硅酸镁载体上，则主要生成 C_7 醛（42%）和 C_7 醇（16%）。

Haukka 等[69,70]同样制备了 $Ru_3(CO)_{12}$/2,2'-联吡啶/SiO_2 负载型的钌催化剂，通过有机溶剂浸渍（impregnation from organic solvent）法、脉冲浸渍（pulse impregnation）法和原子层外延气相法[atomic layer epitaxy（ALE）-derived gas-phase method] 等不同制备方法以及不同制备条件进行了详细考察，发现 $Ru_3(CO)_{12}$/2,2'-联吡啶/SiO_2 负载型的钌催化剂的氢甲酰化反应活性受到浸渍过程中溶剂的影响，该材料在烯烃异构化和醛加氢制醇等过程中具有很高的活性，在反应中易于得到醇产物，遗憾的是 $Ru_3(CO)_{12}$/2,2'-联吡啶/SiO_2 负载型的钌催化剂的重复性能较差。采用漫反射 FTIR 光谱法研究发现在所有制备方法中，负载型的钌催化剂是通过 SiO_2 表面物理吸附 $Ru_3(CO)_{12}$ 和 2,2'-联吡啶而获得的，在反应过程中原有的团簇 $Ru_3(CO)_{12}$ 丢失，并形成新的钌单联吡啶表面物种。同时溶剂在液相法中起着关键作用。使用诸如二氯甲烷之类的氯化溶剂有利于形成活性较低的氯化表面物种 $\{Ru(bpy)(CO)_2Cl_m\}_n$/SiO_2（m=1,2 和 $n \geqslant 1$），而使用非氯化溶剂或气相方法则产生活性较高的 $\{Ru(bpy)(CO)_2\}_n$/SiO_2（$n \geqslant 1$）。同时负载型单核 $Ru(bpy)(CO)_2Cl_2$、$Ru(bpy)(CO)_2Cl(CO)OCH_3$ 和 $Ru(bpy)(CO)_2ClH$ 配合物是研究 $Ru_3(CO)_{12}$/2,2'-联吡啶/SiO_2 催化剂的有用模型化合物，它们能产生与 $\{Ru(bpy)(CO)_2Cl_m\}_n$/SiO_2 类似的 IR 光谱。遗憾的是 $Ru_3(CO)_{12}$/2,2'-联吡啶/SiO_2 负载型的钌催化剂在氢甲酰化反应中未见循环利用的报道。

另外，Oresmaa 和 Haukka 等[71]还研究了羰基钌聚合物 $[Ru(CO)_4]_n$ 对 1-己烯氢甲酰化反应的催化活性。与常用的钌羰基催化剂 $Ru_3(CO)_{12}$ 相比，线型链聚合物 $[Ru(CO)_4]_n$ 表现出更高的活性水平。特别是 $[Ru(CO)_4]_n$ 本身在催化条件下只能微溶于水，并且本身具有多相催化作用。同时作者还通过 $RuCl_3 \cdot 3H_2O$ 的还原羰基化反应直接在载体材料上生长聚合物的策略，制备了系列载体 SiO_2、Al_2O_3、分子筛沸石和多壁碳纳米管（MWCNT）等负载的 $[Ru(CO)_4]_n$/载体催化材料，通过对比所制备的催化材料的性能，发现无载体和负载的 $[Ru(CO)_4]_n$ 催化剂都有利于 1-己烯的氢甲酰化反应得到庚醇、庚醛产物（其中庚醇占主要）（表 6.15）。此外，在反应中同样发生了 1-己烯加氢生成己烷的反应。使用负载型或非负载型催化剂，所得到的线型醛和支链醛的生成程度几乎相同。然而，就醇类而言，线型醇类占主导地位。这可能是由空间位阻效应导致（在氢化步骤中，催化剂与末端醛的相互作用在空间上比与支链醛的相互作用更容易进行）。同时作者发现由于羰基钌聚合物 $[Ru(CO)_4]_n$ 在配有聚四氟乙烯衬里的间歇式反应器中，倾向于在聚四氟乙烯表面形成膜。而载体负载的 $[Ru(CO)_4]_n$ 在催化反应后可以更容易地回收而不损失。当 $[Ru(CO)_4]_n$ 分散负载在 SiO_2、Al_2O_3、ZMS-5 等传统氧化物载体上时，氢甲酰化反应活性比无载体催化剂有所降低。然而，负载在 MWCNT 上则使得氢甲酰化反应的收率有所提高，而且没有观察到 1-己烯的异构化现象。作者对于不同载体导致的催化性能的差异进行了深入的研究，发现载体结构具有决定性的影响，SiO_2、Al_2O_3、ZMS-5 等载体由具有特定孔径和深度的圆形颗粒组成，而 MWCNT 是具有相当长径比的同心管状结构，这种特殊结构可以提供类型非常不同的表面积。另外，大多数传统的氧化物载体在中微米尺度上都有孔隙。$[Ru(CO)_4]_n$ 聚合物在生长过程中，容易沉积在孔内造成堵塞。碳纳米管的表面没有正式的孔可以堵塞，同时长管状可以更有效地分布$[Ru(CO)_4]_n$ 聚合物，同时纳米管束通过物理相互作用来改善$[Ru(CO)_4]_n$ 的分散性，另外纳米管还可以促进$[Ru(CO)_4]_n$ 聚合物在其表面更有序地生长。作者采用扫描电镜分析了$[Ru(CO)_4]_n$ 在 MWCNT 上的分散情况，发现$[Ru(CO)_4]_n$ 聚合物颗粒分布相对均匀，没有形成团聚体，直径通常小于 10nm。此外，EDS 分析证实了钌的存在，同时在碳纳米管表面还发现了氯残留。另外，导致氧化铝、二氧化硅和沸石负载催化剂活性降低的另一个因素是$[Ru(CO)_4]_n$ 聚合物的羰基和载体表面的羟基之间可能发生化学相互作用。这些相互作用可以稳定$[Ru(CO)_4]_n$ 聚合物，使得其催化活性降低。而 MWCNT 具有相对惰性的化学性质，不易与$[Ru(CO)_4]_n$ 聚合物发生化学作用。遗憾的是，作者未给出羰基钌聚合物$[Ru(CO)_4]_n$ 或者负载型羰基钌聚合物$[Ru(CO)_4]_n$ 在氢甲酰化反应中的重复循环性能。

表 6.15 $[Ru(CO)_4]_n$ 以及 $[Ru(CO)_4]_n$/载体催化的 1-己烯氢甲酰化反应 [a]

催化剂	收率/%				C_7醛+C_7醇收率/%
	己烷	异构己烯	C_7醛 (L/B)	C_7醇 (L/B)	
$[Ru(CO)_4]_n$ [b]	5	7	11 (1.2)	77 (1.7)	88
$[Ru(CO)_4]_n$ [c]	4	4	0	92 (1.7)	92
$[Ru(CO)_4]_n$/SiO$_2$ [d]	6	12	31 (1.2)	51 (1.9)	82
$[Ru(CO)_4]_n$/Al$_2$O$_3$ [d]	7	11	37 (0.9)	45 (1.8)	82
$[Ru(CO)_4]_n$/ZSM-5 [d]	5	16	33 (0.9)	46 (2.7)	79
$[Ru(CO)_4]_n$/MWCNT [d]	5	—	25 (1.2)	70 (2.7)	95
$Ru_3(CO)_{12}$ [b]	8	55	35	2	37
$Ru_3(CO)_{12}$ [c]	16	28	52	4	56

a. 反应条件：1-己烯 0.5mL，溶剂 5mL (4mL 甲苯+1mL N-甲基吡咯烷酮)，5.0MPa 合成气 (CO/H$_2$=1)，150℃，17h。

b. $n(Ru)=0.17$mmol。

c. $n(Ru)=0.26$mmol。

d. 最大的负载量 Ru 10.4%，$n(Ru)=0.26$mmol。

Wada 等[72]通过煅烧钌配合物和氨基倍半硅氧烷配体的混合物,制备了具有高比表面积和均匀控制微孔的氧化钌纳米颗粒，在 $P(CO)=2.0$MPa、$P(H_2)=2.5$MPa 和 130℃的温度下，将这些催化剂应用于 1-辛烯的氢甲酰化反应，66h 后得到 31%的 C_9醛收率(其中 94%的线型醛)，重复使用一次，得到 29%的 C_9醛收率和 95%的线型醛区域选择性。

除了使用无机的载体负载羰基钌外，Pittman 等[73]采用二苯基膦化苯乙烯与二乙烯苯交联共聚得到的交联树脂为载体，以 $Ru(CO)_3(PPh_3)_2$ 为前体，在 CO 气氛下制备了聚合物负载的钌材料，该负载型催化材料在催化 1-戊烯的氢甲酰化反应中展现出一定的催化性能，1-戊烯的转化率最高达 72.4%，产物 L/B 为 3.2，与均相的 $Ru(CO)_3(PPh_3)_2$ 催化剂相比较，负载型的催化材料在反应过程中不催化烯烃的异构化反应。同时作者根据载体材料中(聚合物-PPh$_2$)$_2$RuH$_2$(烯烃)(CO)和(聚合物-PPh$_2$)RuH$_2$(烯烃)(CO)$_2$之间的相互平衡关系，发现产物的 L/B 与载体中膦负载、P/Ru、配体迁移率和溶胀等因素有关。

Haukka 等[74]则以 25%二乙烯基苯(DVB)为交联剂，将钌配合物[Ru(CO)$_3$Cl$_2$]$_2$微胶囊化到 4-乙烯基吡啶和二乙烯基苯的交联共聚物(poly-P4VP-DVB)中，作为 1-己烯氢甲酰化反应的新型负载型催化剂。在 150℃时，催化活性最高，1-己烯转化率为 93%，醛和醇的收率分别为 44%和 26%。另外，该负载型的催化剂可循环使用至少四次，催化活性损失适中。

6.1.5 CO$_2$ 为羰基源钌催化的氢甲酰化反应

二氧化碳(CO$_2$)是温室气体的主要成分，同时也是重要、丰富、廉价易得、环境友好的 C$_1$ 资源。通过化学方式将 CO$_2$ 转化为燃料和高附加值化学品，其由于能够有效减少温室气体排放，符合绿色化学与可持续发展的要求而备受关注。然而，由于其碳原子处于最高氧化态+4 价、热力学稳定等特殊的性质，目前 CO$_2$ 资源化的途径主要是通过非还原性转化与氨、氯化钠、苯酚钠和环氧化物等反应生产尿素、纯碱、水杨酸和碳酸酯类产品，以及作为超临界溶剂使用[75]。如何拓宽基于 CO$_2$ 还原性转化的化学品合成新路线是其资源化利用的热点。近年来通过热催化方式将 CO$_2$ 还原转化为甲醇、甲酸及其衍生物、烯烃、甲烷等的相关过程研究得如火如荼，事实上如果能采用清洁的 H$_2$ 作为还原剂，通过逆水煤气变换(reverse water gas shift, RWGS)过程将 CO$_2$ 转化为一氧化碳(CO)，再利用原位生成的 CO 嫁接羰基合成过程来制备具有广泛应用的醛/醇、羧酸、酯、酰胺等化学品，将会有效避免有毒 CO 的直接使用，同时极大地丰富和扩展 CO$_2$ 资源化利用的新途径。近年来，利用过渡金属催化 CO$_2$/H$_2$ 参与的多种羰基化反应生成高附加值化学品的反应过程已有很好的综述发表[76-78]。限于篇幅，在此着重讨论 CO$_2$/H$_2$ 替代合成气在烯烃氢甲酰化反应研究中的进展情况。

在以 CO$_2$/H$_2$ 为气源的氢甲酰化反应过程中，用于氢甲酰化反应的合成气可通过逆水煤气变换反应原位生成，其中 CO$_2$ 用作 CO 的替代来源，在 CO$_2$ 被 H$_2$ 还原形成 CO 之后，可以与烯烃发生氢甲酰化反应，之后醛可以发生进一步的氢化反应转化为醇(图 6.12)。在这个过程中，面临的主要挑战是如何使得逆水煤气变换反应和氢甲酰化在同一催化剂以及在同一系统内发生，同时如何避免烯烃的氢化反应发生；另外，当 CO$_2$ 原位被还原生成 CO 时，其分压比以 CO 为原料的工艺要低，造成氢甲酰化反应的速率也较低。因此，寻找优异的催化体系、配体和添加剂成为以 CO$_2$/H$_2$ 为气源的氢甲酰化反应过程中研究的重点。

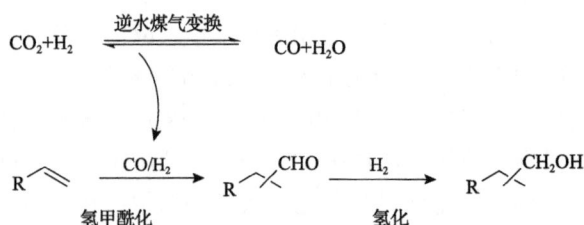

图 6.12　RWGS 反应原理及其与氢甲酰化反应的关系

以 CO_2/H_2 为气源的氢甲酰化反应过程中，吸热的逆水煤气变换反应产生 CO 是烯烃氢甲酰化反应得以顺利进行的前提，均相的 Ru 配合物在 RWGS 反应中已经有多例报道：1993 年 Tominaga 等[79]发现 $Ru_3(CO)_{12}$ 在碘化物为助剂条件下，能够催化 CO_2 和 H_2 还原生成甲烷，反应过程中检测到 CO 和甲醇。其中碘化物的加入能够有效抑制金属钌的沉积，提高反应的活性。次年，同课题组[80]在上述催化体系的基础上，引入 LiCl 或双(三苯基正膦基)氯化铵([PPN]Cl)为添加剂，不仅使 CO_2 高效选择性转化为 CO，同时成功抑制了甲烷和甲醇的生成，反应温度也显著下降，该研究组[81-83]后续又先后报道了单核钌配合物 $[PPN][RuCl_3(CO)_3]$ 以及离子液体载体材料固载的 $[PPN][RuCl_3(CO)_3]$ 催化的 RWGS 反应。钌配合物催化 RWGS 反应的特性为利用 CO_2/H_2 为气源的氢甲酰化反应提供了可能。

2000 年，Tominaga 等[84]将该体系拓展至烯烃的氢甲酰化反应中，首次实现了 CO_2/H_2 参与的 RWGS 反应与烯烃氢甲酰化/氢化反应的耦合。采用 $Ru_3(CO)_{12}$ 或者 $H_4Ru_4(CO)_{12}$ 为催化剂，LiCl 为添加剂，N-甲基吡咯烷酮(NMP)为溶剂，采用不同的烯烃(环己烯、丙烯、2-异丙烯苯)与 CO_2/H_2(CO_2 4.0MPa，H_2 4.0MPa)进行氢甲酰化反应，主要得到醛加氢的产物醇。例如，采用环己烯为反应底物(图 6.13)，在 140℃的温度下反应 30h，可以以 88%收率得到环己基甲醇主要产物，反应过程的主要产物是环己基甲醛还是环己基甲醇在很大程度上取决于反应的温度。即使在 80℃的低温下，也能观察到环己基甲醛的形成，120℃时其收率达 50%；使在 140℃的反应温度下，环己烯加氢反应的环己烷产物生成量也比较少。同时作者采用 $H_4Ru_4(CO)_{12}$/LiCl 催化剂体系在 CO/H_2(CO_2 4.0MPa，H_2 4.0MPa)的反应条件下，可以得到和 CO_2/H_2 气源类似的反应结果，环己基甲醇收率为 82%，环己基甲醛收率为 3%，环己烷收率为 4%。相反，如果采用 $RuCl_2(PPh_3)_3$ 则不能够催化环己烯氢甲酰化反应的进行，没有氢甲酰化产物环己基甲醛或者环己基甲醇，而是以 93%的收率得到烯烃加氢反应的产物环己烷。

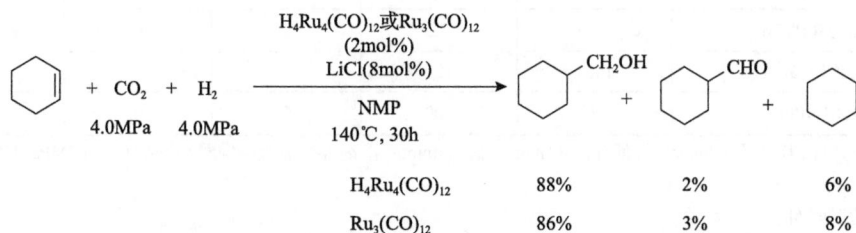

$H_4Ru_4(CO)_{12}$	88%	2%	6%
$Ru_3(CO)_{12}$	86%	3%	8%

图 6.13　$Ru_3(CO)_{12}$ 或 $H_4Ru_4(CO)_{12}$/LiCl 体系催化环己烯的氢甲酰化反应

Tominaga 等[85]后续又对该过程进行了更加细致的研究，发现添加剂中不同的卤原子对氢甲酰化反应活性有很大的影响(反应速率顺序：$I^- < Br^- < Cl^-$)，正好和四核钌配合物 $HRu_4(CO)_{12}$ 催化 CO_2 加氢制 CO 的活性一致。在该反应体系下，烯烃(如环己烯)的氢化反应是在无盐的情况下发生的，即在钌羰基配合物的金属沉淀时发生的，而钌羰基配合物的金属沉淀是在配合物释放羰基配体时发生的。当添加盐时，钌配合物稳定，并且防止金属沉淀。特别地，只有卤化物盐表现出这种作用，其他盐对氢甲酰化反应没有促进作用。氯化锂是最活跃的盐，这表明锂离子是最有效的。同时作者还考察了 $Ru_3(CO)_{12}$/

LiCl 体系催化的其他烯烃(环辛烯、3-己烯、2-己烯、1,1-二苯基乙烯和苯乙烯等)的氢甲酰化反应(表 6.16),得到醇和醛以及底物加氢的烷烃的混合物,其中氢甲酰化产物醇占主要,特别是 3-己烯和 2-己烯的氢甲酰化并没有得到简单的氢甲酰化产物 2-乙基-1-戊醇,而是 2-甲基-1-己醇和 1-庚醇的混合物,这与 1-己烯的氢甲酰化反应形成的产物相同。这表明该体系能够很好地催化 3-己烯和 2-己烯双键异构化为 1-己烯。遗憾的是,该催化剂体系在 1-己烯氢甲酰化反应中的区域选择性很低(庚醇收率 70%,L/B = 59/41)。

表 6.16 不同钌配合物及盐对 CO_2 为羰基源的环己烯氢甲酰化反应的催化活性影响 [a]

催化剂	盐	转化率/%	收率/%		
			环己基甲醇	环己基甲醛	环己烷
[HRu₄(CO)₁₂]	无 [b]	100	0	0	92
	LiCl	100	88	2	6
	LiCl [c]	100	82	3	4
	LiBr	100	76	1	13
	LiI	100	29	0	61
	[PPN]Cl	100	82	0	15
	NaCl	99	72	8	18
	KCl	97	66	11	13
	Li₂CO₃	18	0	0	14
	LiOAc	73	0	0	68
Ru₃(CO)₁₂	LiCl	100	86	0	12
[PPN][Ru(CO)₃Cl₃]	LiCl	100	82	7	7
Ru₃(CO)₁₀(bpy)	LiCl	94	31	2	56
Ru₃(CO)₁₀(dppm)	LiCl	92	66	0	23
Ru₂(CO)₈Cp*₂	LiCl	32	2	0	28
RuCl₃·3H₂O	LiCl	100	0	0	100
RuCl₂(PPh₃)₃	LiCl	100	0	0	92

a. 反应条件: 环己烯 5.0mmol, 钌配合物 0.1mmol, 盐 0.4mmol, 溶剂 *N*-甲基吡咯烷酮 8.0mL, CO_2 4.0MPa, H_2 4.0MPa, 140℃, 30h。

b. 反应时间 5h。

c. 4.0MPa CO 替代 CO_2。

同时作者借助 ESI-MS 分析发现四种活性物种:$[HRu_3(CO)_{11}]^-$、$[H_3Ru_4(CO)_{12}]^-$、$[RuCl_3(CO)_3]^-$ 和 $[RuCl_2(CO)_3(C_6H_{10})]^-$,结合对照实验提出可能的机理(图 6.14)。外圈循环代表了该催化过程的第一步即四核阴离子物种 $[H_3Ru_4(CO)_{12}]^-$ 催化的 CO_2 加氢制 CO,首先一个关键步骤是氢化物 $[H_2Ru_4(CO)_{12}]^{2-}$ 与 Cl^- 脱质子得到无氢配合物 $[Ru_4(CO)_{12}]^{4-}$;随后与 CO_2 的配位作用下生成 $[Ru_4(CO)_{12}(CO_2)]^{4-}$,质子亲核进攻进一步地将配位的 CO_2 转化成 CO 配体,形成 $[Ru_4(CO)_{13}]^{4-}$;后者在 H_2 辅助下脱去 CO,同时再生为 $[H_2Ru_4(CO)_{12}]^{2-}$。原位生成的 CO 随后参与内圈的第二步的氢甲酰化反应。烯烃首先与催化活性中心 $[RuCl_3(CO)_3]^-$ 生成烷基钌配合物 $[(RCH=CH_2)RuCl_2(CO)_3]$,随后 CO 插

入，在 HCl 辅助下脱去醛，催化剂$[RuCl_3(CO)_3]^-$循环再生；第三步是醛加氢成醇，这可以通过两种钌配合物的结合来催化。由图可以看出，卤素离子的主要作用是脱除质子，从而生成具有反应活性的催化中心羰基钌阴离子$[Ru_4(CO)_{12}]^{4-}$。

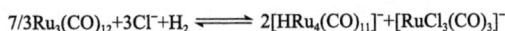

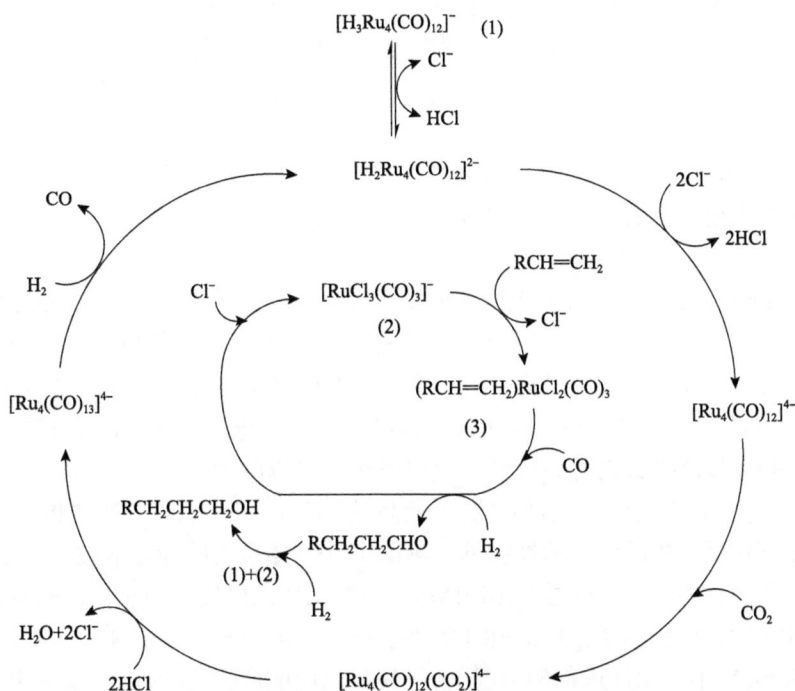

$$7/3Ru_3(CO)_{12}+3Cl^-+H_2 \rightleftharpoons 2[HRu_4(CO)_{11}]^-+[RuCl_3(CO)_3]^-$$

$$3[H_3Ru_4(CO)_{12}]^-+9CO \rightleftharpoons 3[HRu_3(CO)_{11}]^-+Ru_3(CO)_{12}+3H_2$$

$$7/3[H_3Ru_4(CO)_{12}]^-+9CO+Cl^- \rightleftharpoons 3[HRu_3(CO)_{11}]^-+1/3[RuCl_3(CO)_3]^-+2H_2$$

图 6.14　$Ru_3(CO)_{12}$/LiCl 体系催化的烯烃氢甲酰化反应的可能机理

采用类似的反应条件，Fujita 等[86]以 $Ru_3(CO)_{12}$ 为催化剂，NMP 为溶剂，LiCl 为添加剂，研究了 CO_2 和 H_2 压力对环己烯氢甲酰化反应的影响。他们发现，当 RWGS 反应被促进时，增加 CO_2 和 H_2 的总压会导致环己烷甲醛的收率增加。当仅增大 H_2 压力时，则促进了醛的加氢反应生成环己基甲醇产物，而当仅增大 CO_2 压力时，则抑制了醛的加氢反应生成醇。增加 CO_2 压力也阻止了环己烯直接加氢产物环己烷。

Haukka 等[87]则以 1-己烯为模型反应物，研究了不同钌基催化剂[$Ru_3(CO)_{12}$、$H_4Ru_4(CO)_{12}$、$Ru_2(CO)_6Cl_2$、$Ru(bpy)(CO)_2Cl_2$]和促进剂(LiCl 或 Li_2CO_3)在 CO_2/H_2 参与 RWGS 反应与烯烃氢甲酰化中的影响[在 6.0MPa 合成气(CO/H_2=1)，150℃的温度下反应 17h]。例如，采用 $Ru_3(CO)_{12}$、$H_4Ru_4(CO)_{12}$、$Ru_2(CO)_6Cl_2$ 钌羰基簇合物的催化活性非常相似，使用促进剂 LiCl 时，1-庚醇的收率分别为 80%、75%、74%；然而 $Ru(bpy)(CO)_2Cl_2$/LiCl 则在氢甲酰化反应中没有表现出相应的催化活性，主要得到己烷(9%)和异构化的己烯(15%)产物。然而，仅使用 $Ru_3(CO)_{12}$ 不加促进剂时，1-庚醇的收

率仍为 21%，说明氢甲酰化反应仍有部分发生。同时 $Ru_3(CO)_{12}$ 催化剂的活性随着碱金属卤化物和碱土金属卤化物(如 $MgCl_2$、$CaCl_2$、$BaCl_2$ 和 $SrCl_2$)的使用而有所提高。值得注意的是，$H_4Ru_4(CO)_{12}$ 与 Li_2CO_3 组成的催化剂体系，对氢甲酰化反应没有活性(100%生产己烷)，相反 $Ru_2(CO)_6Cl_2$ 或者 $Ru(bpy)(CO)_2Cl_2$ 与 Li_2CO_3 组成的催化剂体系，则表现出一定的催化氢甲酰化活性(采用 $Ru_2(CO)_6Cl_2$ 与 Li_2CO_3 催化剂体系，1-庚醇收率85%，己烷收率 15%；采用 $Ru(bpy)(CO)_2Cl_2$ 与 Li_2CO_3 催化剂体系，1-庚醇收率 15%，1-庚醛收率 22%，己烷收率 26%，异构己烯收率 28%)。同时在该研究中，作者还发现当使用 NaCl 和 KCl 添加剂时，氢甲酰化催化活性较采用 LiCl 添加剂时有所降低，1-庚醇收率分别为 62% 和 65%，这可以解释为这些阳离子与 NMP(最常用的溶剂)的不混溶性造成的。重要的是，即使是浓盐酸水溶液为添加剂，也显示出促进 CO_2 转化为 CO 的活性，1-庚醇的收率 46%，己烷收率 47%。

因此，在钌催化的以 CO_2/H_2 为气源的烯烃氢甲酰化反应过程中，氯离子在反应体系中的存在至关重要，其必须存在于促进剂中或催化剂本身中才能够促进氢甲酰化反应的进行。

随后，Kontkanen 和 Haukka 等[88]又研究了聚合一维金属原子链$[Ru(CO)_4]_n$催化的以 CO_2 为 CO 源的 1-己烯氢甲酰化反应，结果表明，$[Ru(CO)_4]_n$ 前体的钌配合物能有效地催化逆水煤气变换反应和氢甲酰化反应。细致的红外光谱研究发现：$[Ru(CO)_4]_n$ 的线型骨架单元之间的金属-金属键在反应条件下被破坏并部分重排。催化剂被分解成具有催化活性的单核和多核羰基钌物种；得到的氢甲酰化产物以醇为主。以 DMF 为溶剂，LiCl为促进剂时，氢甲酰化产物庚醇的收率最高达 65%(L/B=1.2)。ESI-MS 分析表明，$[Ru(CO)_4]_n$ 催化反应中的催化活性物种与 $Ru_3(CO)_{12}$ 体系中的催化活性物种基本相同。同时作者发现含有离子液体促进剂[BMIM]Cl 的氯化物是更传统的氯化锂的有效替代物。例如，NMP 作为溶剂，采用[BMIM]Cl 为促进剂，庚醇收率 60%；采用 LiCl 为促进剂，庚醇收率 50%。在不使用促进剂的情况下，己烷是反应的产物(没有庚醇或者庚醛形成)。

为了实现催化剂的循环使用，离子液体作为一种新的反应介质与许多有机溶剂不混溶，使其成为两相体系中的非水替代溶剂的理想选择。正是基于这一点，Tominaga 课题组[89,90]采用 1,3-二烷基咪唑氯化物离子液体和有机溶剂组成的双相体系，实现了 $Ru_3(CO)_{12}$ 催化的以 CO_2/H_2 为合成气源的烯烃氢甲酰化反应，在优化的甲苯/[BMIM]Cl([BMIM]Cl=1-丁基-3-甲基咪唑氯盐)溶剂体系中，以 1-己烯为反应底物，可以得到收率为 84%的正庚醇和 2-甲基己醇的混合物(L/B = 1)。特别值得指出的是，一旦反应完成，反应的混合物被自发地分离成有机和离子液体层，通过乙醚萃取的方式可以很好地将生产的醇萃取出，还有钌配合物的[BMIM]Cl 离子液体相可以很便捷地实现循环使用，第二次使用时，庚醇的收率为 82%，而在第四次循环使用时庚醇的收率为 60%，可能是由于反应过程中生成水的积聚抑制了 CO 的形成。同时作者发现反应中烯烃底物转化率和氢甲酰化产物醇醛的选择性在很大程度上取决于两相的混溶性，而混溶性受共溶剂的极性、芳香性、1,3-二烷基咪唑氯化物烷基链长等因素的影响。该双相体系与原先的 NMP溶剂相比较，无须额外添加氯盐，溶剂本身就能提供高浓度的氯离子，从而有利于反应中氢甲酰化反应的化学选择性提高，此外，双相体系中产品的分离和催化剂的回收利用变得更加容易。

尽管使用离子液体/有机溶剂双相催化体系，钌催化剂物种大部分保留在离子液体层中，通过简单的萃取过程分离生成的醇后，可以使催化剂重复使用，然而，该催化体系仍然需要挥发性有机溶剂。为了避免有机溶剂的使用，Tominaga 等[91]又发展了采用[BMIM]Cl/[BMIM][NTf$_2$]([BMIM][NTf$_2$]=1-丁基-3-甲基咪唑双三氟甲磺酰亚胺盐)混合离子液体为溶剂的反应体系，实现了 CO_2/H_2 为气源 1-己烯的氢甲酰化反应，同时由于这种混合离子液体与产物庚醇完全混溶，采用蒸馏的方法可以实现分离庚醇。在蒸馏过程中，反应中生成的其他有机物(如烷烃)和水也可以从离子液体相中去除，含有离子液体的催化剂相进行循环使用。连续运行循环四次后，催化活性仅略有下降(表 6.17)。

表 6.17　[BMIM]Cl/[BMIM][NTf$_2$]体系中 Ru$_3$(CO)$_{12}$ 催化 CO$_2$ 为羰基源
1-己烯的氢甲酰化反应重复利用性能 [a]

转化率/%	收率/%		
	C$_7$醇	C$_7$醛	己烷
94	82	0	8.5
98	75	0	11.5
97	78	0	16
97.5	77.5	0	13.5
96.5	75.5	0	13.5

a. 反应条件：1-己烯 20.0mmol，Ru$_3$(CO)$_{12}$ 0.1mmol，[BMIM]Cl 4.7mmol，[BMIM][NTf$_2$] 4.7mmol，CO$_2$ 4.0MPa，H$_2$ 4.0MPa，160℃，10h。

2014 年，Ali 和 Dupont 教授等[92]采用[BMIM]Cl 和[BMMI]Cl([BMMI]Cl=3-丁基-1,2-二甲基咪唑氯化物)离子液体研究了 Ru$_3$(CO)$_{12}$ 催化的 CO$_2$ 基氢甲酰化反应，主要得到的产物是醇(表 6.18)。特别是，采用[BMMI]Cl 离子液体，H$_3$PO$_4$ 酸性添加剂的添加可以有效促进反应的进行，环己烯转化率从 51%提高到 99%以上，可能是因为 H$_3$PO$_4$ 的加入促进了 CO$_2$ 加氢生成 CO 反应的进行。同时作者利用 NMR 光谱，证实了在氢甲酰化反应条件下，[BMIM]Cl 和 Ru$_3$(CO)$_{12}$ 可以原位形成羰基配位的卡宾钌氢化物(Ru-hydride-carbonyl-carbene complexes)，该卡宾钌氢化物是逆水煤气变换/氢甲酰化/加氢级联反应的有效催化剂。同时[BMMI]Cl-Ru$_3$(CO)$_{12}$-H$_3$PO$_4$ 催化剂体系还能催化不同烯烃[如环辛烯、降冰片烯、1,3-环辛二烯、1,5-环辛二烯、2-甲基-2-丁烯、香芹酮、1-甲基苯乙烯、(R)-(+)-柠檬烯等]的氢甲酰化反应生成醇，醇选择性最高 93%，转化率最高达 99%。遗憾的是，对于 1-己烯底物，虽然转化率很高，但是庚醇的选择性仅有 38%。苯乙烯底物未能得到羰基化产物，只得到氢化的苯乙烷产物。

Beller 教授及其同事[93]则发展了以 Ru$_3$(CO)$_{12}$/亚磷酸酯配体/LiCl 催化剂系统，实现了 CO$_2$ 为羰基源的烯烃氢甲酰化反应(图 6.15)。利用 1-辛烯为反应模型底物，作者发现与 1/1 的比例相比，2/1 和 1/2 的 CO$_2$/H$_2$ 都会使羰基化反应产物的收率降低；在整个反应过程中，CO 和醛一直是可以观察到的产物，LiCl 添加剂是整个反应成功进行的关键。同时在反应中配体对逆水煤气变换反应的影响较小，氢甲酰化反应和醛加氢反应的速率低于初始逆水煤气变换反应。该体系同样也适用于不同烯烃的氢甲酰化反应得到相应的醇(表 6.19)。

表 6.18 离子液体结构对 $Ru_3(CO)_{12}$ 催化 CO_2 为羰基源环己烯氢甲酰化反应的影响 [a]

离子液体	添加物 [b]	转化率 [c]/%	选择性 [c]/%	
			环己基甲醇+环己基甲醛/ 环己基甲醇+环己基甲醛+环己烷	环己基甲醇/环己基甲醇+环己基甲醛
[BMIM]Cl	—	96	83	97
[BMIM]Cl	$P(OEt)_3$	92	82	93
[BMIM]Cl	H_3PO_4	85	95	99
[BMMI]Cl	—	51	98	93
[BMMI]Cl	$P(OEt)_3$	93	93	93
[BMMI]Cl	H_3PO_4	>99	97	98

a. 反应条件:环己烯 20.0mmol,[BMIM]Cl 5.1mmol,环己烯/Ru=64(1.6mol%),[BMIM]Cl/Ru=16.3,气体压力 6.0MPa($CO_2/H_2=1$),120℃,17h。

b. 添加物与 Ru 摩尔比为 3.0。

c. 基于气相色谱计算。

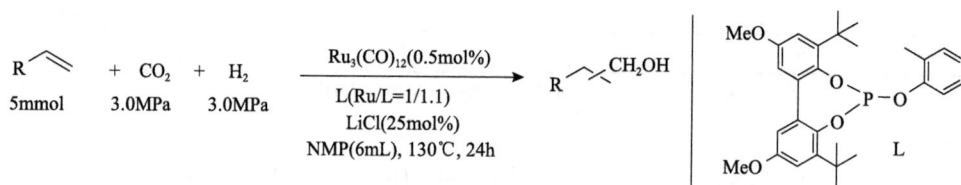

图 6.15 $Ru_3(CO)_{12}$/亚磷酸酯配体/LiCl 系统催化 CO_2 为羰基源的烯烃氢甲酰化反应

表 6.19 $Ru_3(CO)_{12}$/亚磷酸酯配体/LiCl 系统催化 CO_2 为羰基源的不同烯烃氢甲酰化反应结果 [a]

烯烃	醇收率 [b]/%	L/B [b]
	76	49/51
	75	49/51
	88	57/43
	45	>99/1
	51	—
	80	—
	90	—
	68	—

续表

烯烃	醇收率[b]/%	L/B[b]
	48	—

a. 反应条件：烯烃 5.0mmol，Ru$_3$(CO)$_{12}$ 25mmol，配体 82mmol，LiCl 1.2mmol，溶剂 N-甲基吡咯烷酮 6mL，反应压力 6.0MPa(CO$_2$/H$_2$=1)，130℃，24h。

b. 基于气相色谱计算。

最近，Tominaga 课题组[94]采用 Ru$_3$(CO)$_{12}$、离子液体 [C$_2$C$_1$Im]Cl(1-ethyl-3-methylimidazolium chloride)和硅胶制备的负载型钌配合物催化剂 SILP-Ru，在固定床反应器上实现了 CO$_2$ 为羰基源的丙烯连续氢甲酰化反应，在 170℃、8.6MPa(丙烯/CO$_2$/H$_2$=4.0/23.7/72.3) 和 1.13×10^{3}h^{-1} 的气时空速(GHSV)下反应 495min，丙烯转化率为 81.6%，氢甲酰化产物选择性为 66.2%(丁醇/丁醛 = 60.1/1.1)，反应的 TOF 达到 50h^{-1}，是均相体系的 10 倍左右。动力学分析表明，在 170℃下，CO 生成和氢甲酰化反应速率几乎相同，表明 CO 是由反向水生成的，气体变换反应很容易用于随后的氢甲酰化反应。离子液相的 ESI-MS 分析在离子液体膜中形成单核和三核钌配合物，其中前者是逆水煤气变换的活性物种，后者是氢甲酰化的活性物种。

尽管羰基钌配合物催化的 CO$_2$/H$_2$ 为气源的氢甲酰化反应已经取得了一些进展，但是与采用合成气为气源的氢甲酰化相比，催化剂的活性比较低，这是这个反应体系的一个固有问题，因为原位逆水煤气变换这一步骤中的 CO 浓度相对较低，另外在该反应中生成水也是不可避免的一个缺点(在反应条件下，选择性氢甲酰化反应中常用的亚磷酸配体很容易分解)。

6.2　铂催化的烯烃氢甲酰化

铂(platinum，Pt)，又称白金，周期表中Ⅷ族铂元素，原子序数为 78，原子量为 195.09，密度为 21.45g/cm^3，熔点为 1769℃，沸点为 3800℃。纯铂具有良好的高温抗氧化性和化学稳定性，易加工成形。在化学领域中，铂常用作化工炼油、制药、汽车等领域的催化剂[95]。例如，在石油炼制工业中的催化重整过程(将石油中的 C$_6$～C$_8$ 烷烃馏分分离出来，经过重整，转化成 C$_6$～C$_8$ 芳烃，即苯、甲苯、二甲苯的过程)中，所用催化剂为以铂为金属活性组分的催化剂，活性组分铂起到加速直链的烷烃脱氢及芳构化反应的作用；在硝酸工业生产的氨气氧化流程中，氨与空气经铂铑丝网催化剂，在 850～900℃反应生成一氧化氮和水，一氧化氮再被氧化成二氧化氮，经水吸收生成硝酸。此外，在各类特种有机硅产品生产过程中也需要使用铂基的催化剂。铂也被应用于制造汽车尾气净化的催化剂。

6.2.1　铂基催化剂

铂基催化剂应用于烯烃的氢甲酰化反应可以追溯到 20 世纪 60 年代中期，Wilkinson[96]

采用 PtCl$_2$(AsPh$_3$)$_2$ 为催化剂，在 4.0～4.5 MPa 合成气压力、70℃的反应条件下，1-己烯可以进行氢甲酰化反应得到庚醛。Slaugh 和 Mullineaux 等[97]则采用 PtCl$_2$ 和 P(n-Bu)$_3$ 组成的催化剂体系，在 3.5MPa 合成气压力、190℃的反应条件下，1-戊烯可以进行氢甲酰化反应得到己醛(收率不足 50%)。早期所报道的铂基催化剂在氢甲酰化中具有良好的选择性，但烯烃转化率却很低。

1973 年，Schwager 和 Knifton[98,99]首次发现通过添加氯化锡(Ⅱ)作为助催化剂的方式，可以使得铂催化的烯烃氢甲酰化反应的区域选择性得到提升。之后通过详细研究不同ⅣB 族金属卤化物、膦配体配位的氯化铂 PtCl$_2$(PR$_3$)$_2$ 原位组成的催化剂体系在不同反应温度、合成气压力、反应物浓度和溶剂以及不同烯烃(丙烯、1-庚烯、1-十一碳烯、1-二十碳烯、2-甲基-1-戊烯、2-庚烯、环己烯)的氢甲酰化反应性能，发现优选的催化剂组合：氯化双(三苯基膦)铂(Ⅱ)/氯化锡(Ⅱ)催化直链 α-烯烃的氢甲酰化反应，得到相应醛的收率高达 85%～90%，而所需的线型直链醛的选择性高达 85%～93%。例如，以 1-庚烯为反应物，以甲基异丁基酮为溶剂，1-庚烯/SnCl$_2$/PtCl$_2$(PPh$_3$)$_2$ = 200/5/1(摩尔比)，反应压力 10.4MPa(CO/H$_2$=1)，反应温度选择性为 66℃，反应 3h，1-庚烯的转化率达到 100%，醛的选择性达到 85%，1-辛醛选择性为 90%，异构烯烃选择性为 3.6%，加氢产物选择性为 2.7%。

Hsu 等[100]则采用 $trans$-PtH(SnCl$_3$)(PPh$_3$)$_2$ 或者 $trans$-PtHCl(PPh$_3$)$_2$ 与过量 SnCl$_2$·2H$_2$O 反应所制备的羰基铂配合物 PtH(SnCl$_3$)(CO)(PPh$_3$)$_2$ 为催化剂，催化 1-戊烯的氢甲酰化反应，在 20.7MPa 合成气压力(CO/H$_2$=1)、100℃的反应条件下反应 2.5h，可以得到 95%的正己醛和 5%的 2-甲基戊醛，该 PtH(SnCl$_3$)(CO)(PPh$_3$)$_2$ 为催化剂的氢甲酰化反应速率是相同反应条件下 Co$_2$(CO)$_8$ 催化剂反应速率的 5 倍。

自 20 世纪 80 年代以来，众多的研究工作者对 Pt/Sn 催化剂体系进行了深入和细致的研究，着重设计新型的膦配体来发展更加高效的氢甲酰化反应体系，同时对烯烃由简单的端烯烃进一步延伸到功能化的烯烃及内烯烃等。

在采用 cis-PtCl$_2$(PPh$_3$)$_2$/SnCl$_2$·2H$_2$O 体系催化的丙烯、苯乙烯或 1-己烯的氢甲酰化反应中，Toniolo 等[101-104]成功地分离出活性中间体 $trans$-PtCl(COC$_3$H$_5$-n)(PPh$_3$)$_2$(丙烯为底物)、$trans$-PtCl(COC$_6$H$_{13}$-n)(PPh$_3$)$_2$(1-己烯为底物)、$trans$-PtCl(COCH$_2$CH$_2$Ph)(PPh$_3$)$_2$·EtOH(苯乙烯为底物)，$trans$-PtCl(COCH$_2$CH$_2$Ph)(PPh$_3$)$_2$·EtOH 中间体在催化苯乙烯氢甲酰化反应中得到醛的 L/B=35/65，$trans$-PtCl(COC$_6$H$_{13}$-n)(PPh$_3$)$_2$ 中间体在催化 1-己烯氢甲酰化反应中得到醛的 L/B=93/7。如果以 3-丁烯酸乙酯为反应底物，以 cis-PtCl$_2$(PPh$_3$)$_2$/SnCl$_2$·2H$_2$O 组成催化体系，在芳烃以及甲乙酮为反应溶剂时，表现出优异的氢甲酰化反应性能，如果采用乙醇为溶剂，则氢甲酰化反应受到抑制(甲乙酮为溶剂，目标醛收率达 83%；加入甲乙酮量 7%的乙醇和甲乙酮组成的混合溶剂，目标产物醛收率仅为 13%；完全采用乙醇为溶剂则氢甲酰化反应不能进行)，作者认为乙醇具有路易斯碱的能力，可以将 SnCl$_2$ 从活性物种中去除。同样活性的酰基物种 $trans$-PtCl(COCH$_2$CH$_2$CH$_2$COOEt)(PPh$_3$)$_2$ 也在反应过程中被分离出来。

Davies 等[105]详细研究了 cis-Pt(ER$_3$)(CO)Cl$_2$(E=P，As；R=烷基，芳基)和 SnCl$_2$·2H$_2$O 组成的催化剂体系，在不同溶剂、不同铂锡比、不同温度、不同合成气压力下催化 1-己烯的氢甲酰化反应性能，发现溶剂对反应的影响较大，采用四氢呋喃和甲醇溶剂时没有目标产物醛生成，比较好的溶剂是丙酮和乙腈。而在 Knifton 等[99]研究的 $PtCl_2(PR_3)_2$-$SnCl_2 \cdot 2H_2O$ 催化体系中，乙腈对氢甲酰化反应具有抑制作用。在优化的反应条件下：采用 cis-Pt(Pn-Bu₃)(CO)Cl₂ 和 2eq 的 $SnCl_2 \cdot 2H_2O$ 组成催化剂体系，Pt/烯烃=1/910，反应温度 80℃，反应压力 4.14MPa(CO/H_2=1)，反应时间 2h，1-己烯可以以 L/B 为 11 的优异结果得到庚醇，1-己烯的转化率仅为 49%，此时反应的 TON 为 223。遗憾的是，该体系对环己烯、苯乙烯、trans-3-己烯等底物的氢甲酰化反应效果欠佳，反应的 TON 低于 50。

　　Hayashi 等[106,107]则采用双膦和 $PtCl_2(PhCN)_2$、SnX_2 组成的催化剂体系，详细研究了双膦配体的结构（图 6.16）、P/Pt 原子比、卤化锡（Ⅱ）或溶剂的种类、反应时间对 1-戊烯氢甲酰化反应相对速率和产物分布的影响（表 6.20，配体代号见图 6.16）。在优化的反应条件下目标产物中正庚醛的比例高达 99%。

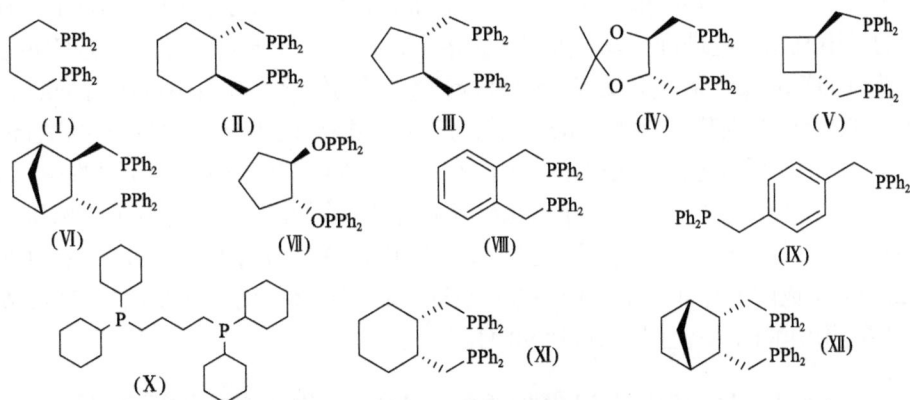

图 6.16　双膦配体结构

表 6.20　$PtCl_2(PhCN)_2$-双膦配体-$SnCl_2$ 体系催化 1-戊烯的氢甲酰化反应 [a]

配体	时间/h	转化率/%	产物分布/%		
			C₆醛(线型率)[b]	戊烷	2-戊烯
Ⅰ	10	100	79(92)	8	13
Ⅱ	18	100	91(91)	14	15
Ⅲ	4	100	73(96)	9	19
Ⅳ	5	100	75(96)	9	16
Ⅳ	1	100	75(95)	10	15
Ⅴ	3	100	79(99)	6	14
Ⅴ	1	100	53(97)	9	14
Ⅵ	2	100	72(99)	8	20
Ⅶ	5	99	55(94)	12	33
Ⅷ	10	95	68(91)	10	22
Ⅸ	6	94	62(85)	5	33
Ⅹ	17	76	63(91)	5	25

续表

配体	时间/h	转化率/%	产物分布/%		
			C$_6$醛(线型率)[b]	戊烷	2-戊烯
XI	2.5	100	71(90)	8	21
XII	1	100	42(92)	8	22
PPh$_3$	5	87	84(91)	5	11
PPh$_2$Et	4	100	79(89)	7	15

a. 反应条件: 1-戊烯 3mL, 苯 18mL, PtCl$_2$(PhCN)$_2$ 3.2×10^{-6}mol, SnCl$_2$·2H$_2$O 1.6×10^{-5}mol, Pt/P(摩尔比)=1/2, 合成气压力 10.0MPa(CO/H$_2$=1), 100℃。

b. 线型率=正构己醛/所有己醛。

van Leeuwen 等[108-110]则发现采用 Pt(COD)/PPh$_3$ 或 dppe(dppe=Ph$_2$PCH$_2$CH$_2$PPh$_2$)或 PCy$_3$(Cy=cyclohexyl)/Ph$_2$POH 三者组成的复合催化剂体系(三者摩尔比为 1/1/1),有利于 1-庚烯的氢甲酰化反应进行,以苯或甲苯为溶剂,在合成气压力 5.0MPa(H$_2$/CO=2)、反应温度为 100℃的操作条件下反应 1h,反应速率(平均转化率(turnover frequency,简写为 TOF,TOF=mol(羰基化产物)/[mol(催化剂)·h])最高可达 27mmol(C$_8$-醛+醇)/[mmol 催化剂)·h]。同时在反应过程中成功分离出了 Pt(H)(Ph$_2$PO)(Ph$_2$POH)(PPh$_3$)活性中间体,该中间体在催化 1-庚烯和 2-庚烯的氢甲酰化反应中线型产物的比例分别达到了 90%和 60%。

Tang 等[111]则研究了不同膦配体与铂形成的配合物[PtCl(CO)(PR$_3$)$_2$]ClO$_4$ 与 SnCl$_2$·2H$_2$O 组成的催化体系催化内烯烃(反-5-癸烯、2-己烯)的氢甲酰化反应(表 6.21),所得到的产物中醛的选择性最高可达 98.4%。

表 6.21 [PtCl(CO)(PR$_3$)$_2$]ClO$_4$-SnCl$_2$·2H$_2$O 催化内烯烃的氢甲酰化反应 [a]

底物	PR$_3$	转化率/%	选择性/%		醛的线型率/%	n-醛收率/%	TOF/h^{-1}
			醛	烷烃			
反-5-癸烯(trans-5-decene)	P(n-Bu)$_3$	36.3	91.9	2.8	15.6	5.2	13
	PPh$_3$	37.6	95.0	5.0	14.6	5.2	13
	P(PhCl)$_3$	22.9	98.4	1.6	10.4	2.3	8
	P(OPh)$_3$	72.5	84.1	15.9	17.3	10	26
	P(OPhCl)$_3$	50.8	87.1	12.9	17.2	7.6	18
2-己烯(hexene-2)	P(n-Bu)$_3$	39.1	88.8	8.3	26.9	9	21
	P(m-CH$_3$C$_6$H$_4$)$_3$	31.7	83.6	14.0	34.0	9.0	18
	PPh$_3$	35.2	89.4	10	34.3	11	19
	P(OPh)$_3$	65.2	68.0	27.2	35.6	16	36

a. 反应条件: 烯烃 5mL(26.4mmol), [PtCl(CO)(PR$_3$)$_2$]ClO$_4$ 0.25mmol, SnCl$_2$·2H$_2$O 1.24mmol, 溶剂 CH$_2$Cl$_2$ 39mL, 合成气压力 13.8MPa(CO/H$_2$=1), 100℃, 3h。

此外,Tang 等[112]还通过利用强酸性的 XN1010 树脂(网状磺化苯乙烯-二乙烯基苯树脂)为载体,以[PtCl$_2$(PBu$_3$)]$_2$、[PtCl(CO)(PPh$_3$)$_2$]ClO$_4$ 等为铂源,SnCl$_2$ 为助催化剂,实

现了铂与锡的同步负载，制备了系列负载型的铂基催化剂。其中[PtCl(CO)(PPh$_3$)$_2$]ClO$_4$为铂源所得到的负载型铂基催化剂在催化 1-己烯的氢甲酰化反应中，在 100℃，20.7MPa(CO/H$_2$=1)的操作条件下反应，可以实现 36%的 1-己烯转化，庚醛选择性达97.2%(其中线型庚醛选择性 91%)，反应的速率达 200mol/[mol(催化剂)·h]。尤其值得指出的是：该催化剂用于两个连续的批量氢甲酰化反应，在 80~100℃下共反应了 88h，未观察到铂、膦及锡的流失浸出。同样该负载型催化剂在流动管式试验中展现出了良好的稳定性，采用 1-戊烯和苯所配成的原料(体积比为 1∶1)，在 100℃、合成气压力10.35MPa(CO/H$_2$=1)、LHSV 为 1 的操作条件下，1-戊烯的转化率为 20%，醛选择性超过 95%(其中 92%为线型的醛)，连续运行近 50h 未发现活性及选择性的显著降低。

van der Vlugt 等[113]则发展了基于三联苯骨架结构的刚性双膦配体 1,2-双[3-(二苯基膦基)-4 甲氧基苯基]苯(1,2-bis[3-(diphenylphosphino)-4-methoxyphenyl]benzene) 和 1,2-双(2-二苯基膦基)[1,2-bis(2-diphenylphosphino)benzene]，该双膦配体与 PtCl$_2$-SnCl$_2$ 组成催化体系，催化 1-辛烯的氢甲酰化反应，在合成气压力 12MPa(H$_2$/CO= 2)、60~100℃的反应条件下，产物壬醛的选择性为 93.3%~99%，醛的 L/B 在 2.1~45.3 之间，反应的 TOF 在 7~70h^{-1} 之间。

Vogt 等[114]将有较大咬合角的 xanthene 基的双膦用于丁二烯羰基化的中间体——3-戊烯酸甲酯(methyl 3-pentenoate，M3P)的氢甲酰化反应(图 6.17)，该过程之所以引起重视主要是因为 5-醛基戊酸甲酯(5-formyl methyl pentanoate，5-FMP)可以进一步转化为己二酸、氨基己酸酯等重要单体，进而用于具有广泛用途的尼龙-66、尼龙-6、聚酯等重要材料的合成。由于 3-戊烯酸甲酯特殊的性质，其在氢甲酰化过程中存在诸多的不利因素，所得到的产物中成分比较复杂。作者详细研究了不同的双膦配体、不同温度、不同压力等反应条件对 L$_2$PtCl$_2$-SnCl$_2$ 组成的催化剂体系的影响，在优化的反应条件下，反应的 L/B可以达到 11.1(表 6.22，配体见图 6.17)。

表 6.22 L$_2$PtCl$_2$-SnCl$_2$ 体系催化 3-戊烯酸甲酯的氢甲酰化反应 [a]

| 催化剂 | 压力/MPa | 温度/℃ | 时间/h | 产物分布 [b]/% | | | L/B[d] | TOF/h^{-1} |
				氢甲酰化产物	氢化产物 [c]	其他产物 [e]		
(TPP)$_2$PtCl$_2$-SnCl$_2$ (Sn/Pt=5)	5.0	120	2	90	10	0	0.7	45
(dppe)PtCl$_2$-SnCl$_2$ (Sn/Pt=5)	5.0	120	16	45	50	5	1.8	11
(dppp)PtCl$_2$-SnCl$_2$ (Sn/Pt=5)	5.0	120	16	12	38	50	0.5	31
(thixantphos)PtCl$_2$-SnCl$_2$ (Sn/Pt=5)	5.0	120	16	70	2	28	3.2	22
(sixantphos)PtCl$_2$-SnCl$_2$ (Sn/Pt=2)	5.0	120	16	95	1.3	3.7	2.7	18
	3.0	100	16	91	1.7	7.3	4.8	19
	1.0	100	16	82	9.6	8.4	9.9	15
(sixantphos)PtCl$_2$-SnCl$_2$ (Sn/Pt=1)	1.0	60	16	99	0.7	0.3	7.6	5.3

续表

催化剂	压力/MPa	温度/℃	时间/h	产物分布 [b]/%			L/B [d]	TOF/h⁻¹
				氢甲酰化产物	氢化产物 [c]	其他产物 [e]		
(sixantphos)PtCl₂-SnCl₂ (Sn/Pt=1)	1.0	80	16	98	1.9	0.5	11.1	13.3
	1.0	100	16	89	10.2	0.8	10.5	13.7
	1.0	120	16	76	23.1	1.0	8.8	14.5

a. 反应条件：M3P 16mmol，L₂PtCl₂ 0.032mmol，CH₂Cl₂ 10mol，CO/H₂=1。

b. 氢甲酰化产物指的是 3-戊烯酸甲酯以及其异构体发生氢甲酰化反应得到 FMP（醛基戊酸甲酯，醛基在 2 或 3 或 4 位碳上）。

c. 氢化产物指的是 3-戊烯酸甲酯以及其异构体发生氢化反应得到戊酸甲酯（methyl pentanoate，MP）。

d. L/B=(5-FMP)/(4-FMP+3-FMP+2-FMP)。

e. 副产物指的是氢甲酰化得到的醛产物进一步发生氢化以及羟醛缩合的产物。

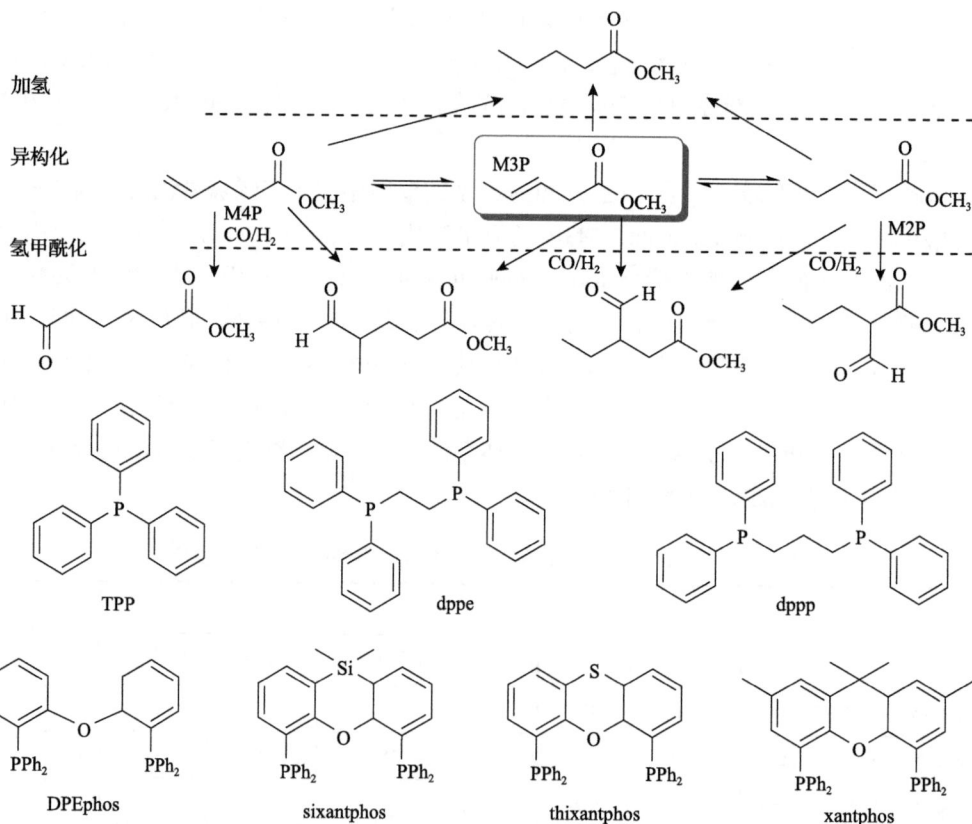

图 6.17　3-戊烯酸甲酯的氢甲酰化反应以及相关的膦配体

van Leeuwen 等[115]同样考察了具有较大咬合角的 xanthene 基的双膦、双砷、双氮、N-P、As-N、As-P 等配体在氢甲酰化反应中的应用（表 6.23），这列双膦配体在铂-锡复合体系催化的 1-辛烯和反-3-戊烯酸甲酯（methyl *trans* 3-pentenoate，*trans*-M3P）的氢甲酰化反应展现出优异的性能（在反应过程中没有观察到烯烃氢化反应的发生），反应的 TOF 高达 720h⁻¹，所得醛的 L/B 超过 250。

表 6.23　PtCl₂(COD)-xanthene 双膦配体-SnCl₂ 体系催化 1-辛烯和反-3-戊烯酸甲酯的氢甲酰化反应

配体	底物(反应条件)	L/Bᵃ	线型醛/%	异构化产物ᵇ/%	TOF/h⁻¹
PPh₂　PPh₂ 自然咬合角(β_n): 110.1° 柔性范围: 98°~134°		230	95	4.5	18
NPh₂　NPh₂		1.9	8.5	87	<1
AsPh₂　AsPh₂ 自然咬合角(β_n): 112.9° 柔性范围: 98°~132°	1-辛烯 反应条件: [Pt]=2.50mmol/L, 配体/SnCl₂/PtCl₂(COD)=2/2/1, 1-辛烯/Pt=255, 合成气 4.0MPa(CO/H₂=1/1), 60℃	>250	92	8.0	210
NPh₂　PPh₂		3.9	23	71	6.5
AsPh₂　PPh₂ 自然咬合角(β_n): 111.4° 柔性范围: 97°~130°		200	96	3.1	350
PPh₂　PPh₂ 自然咬合角(β_n): 102.0° 柔性范围: 92°~120°		>250	88	12	720
AsPh₂　AsPh₂ 自然咬合角(β_n): 112.9° 柔性范围: 98°~132°	反-3-戊烯酸甲酯 反应条件: [Pt]=2.50mmol/L, 配体/SnCl₂/PtCl₂(COD)=2/2/1, 反-3-戊烯酸甲酯/Pt=326, 合成气 4.0MPa(CO/H₂=1), 80℃, 16h	2.9	69	27	4.5
AsPh₂　PPh₂ 自然咬合角(β_n): 111.4° 柔性范围: 97°~130°		3.7	69	29	3.9

续表

配体	底物(反应条件)	L/B[a]	线型醛/%	异构化产物[b]/%	TOF/h^{-1}
 PPh$_2$　　PPh$_2$ 自然咬合角(β_n): 102.0° 柔性范围: 92°～120°	反-3-戊烯酸甲酯 反应条件: [Pt]=2.50mmol/L, 配体/SnCl$_2$/PtCl$_2$(COD)=2/2/1, 反-3-戊烯酸甲酯/Pt=326, 合成气 4.0MPa(CO/H$_2$=1), 80℃, 16h	3.4	65	19	10

a. L/B=直链醛/所有支链醛。

b. 异构化产物指的是 1-辛烯异构化为 2-辛烯或 3-戊烯酸甲酯异构化为 2-戊烯酸甲酯异构化。

Wasserscheid 等[116]利用 SnCl$_2$ 和 1-丁基-3-甲基氯化咪唑鎓 (1-butyl-3-methylimidazolium chloride, [BMIM]Cl) 或者 1-丁基-4-甲基氯化吡啶鎓 (1-butyl-4-methylpyridinium chloride, [4-MBP]Cl) 所形成的室温下呈现液体状的路易斯酸性氯锡酸离子液体[BMIN][SnCl$_3$]或[4-MBP][SnCl$_3$]为溶剂, 考察了 Pt(TPP)$_2$Cl$_2$ 催化剂配合物催化的 3-戊烯酸甲酯和 1-辛烯的氢甲酰化反应性能(表 6.24), 在 3-戊烯酸甲酯的氢甲酰化反应中只有加氢甲酰化和氢化产物生成, 同时在离子液体溶剂中表现出较 CH$_2$Cl$_2$ 溶剂高的氢化活性, 这可能是由合成气的 H$_2$ 在氯锡酸根离子液体中的溶解度比 CO 高造成的。在 1-辛烯的氢甲酰化反应中, 采用氯锡酸根离子液体溶剂, 反应呈两相, 反应的 TOF 高达 126h^{-1}, 区域选择性 L/B =19, 特别值得指出的是, 反应结束后, 通过相分离的手段可以实现催化剂相的回收。

表 6.24　氯锡酸根离子液体中 Pt(TPP)$_2$Cl$_2$-TPP 体系催化的 3-戊烯酸甲酯和 1-辛烯的氢甲酰化反应

底物: 3-戊烯酸甲酯				
溶剂	转化率/%	5-FMP 选择性/%	MP 选择性/%	TOF/h^{-1}
[BMIM]Cl/SnCl$_2$	6.3	56.5	9.8	37
[4-MBP]Cl/SnCl$_2$	5.4	56.5	9.6	31
CH$_2$Cl$_2$	1.5	44.4	4.6	9

反应条件: 3-戊烯酸甲酯 20mmol, PtCl$_2$(PPh$_3$) 0.02mmol, PPh$_3$ 0.1mmol, 溶剂 5mL, 合成气压力 5.0MPa(CO/H$_2$=1), 120℃, 2h。5-醛基戊酸甲酯(5-FMP)选择性 =5-FMP 量/所有氢甲酰化产物量。戊酸甲酯(MP)选择性 =MP 量/所有反应产物量

底物: 1-辛烯				
溶剂	转化率/%	1-壬醇选择性/%	辛烷选择性/%	TOF/h^{-1}
[BMIM]Cl/SnCl$_2$	22.3	95.0	41.7	126
[4-MBP]Cl/SnCl$_2$	19.7	96.0	29.4	103
CH$_2$Cl$_2$	25.7	98.3	9.4	140

反应条件: 1-辛烯 20mmol, PtCl$_2$(PPh$_3$) 0.02mmol, PPh$_3$ 0.1mmol, 溶剂 5mL, 合成气压力 9.0MPa(CO/H$_2$=1), 120℃, 2h。1-壬醇选择性 =1-壬醇量/所有氢甲酰化产物量。辛烷选择性 =辛烷量/所有反应产物量

van Duren 等[117]将 sixantphos 配体与 PtCl$_2$ 在乙腈中回流或者与 sixantphos 配体等摩尔量的 PtCl$_2$(COD) 反应的方式制备了 Pt(sixantphos)Cl$_2$ 金属配合物 (图 6.18), ^{31}P{^{1}H}NMR

表明该配合物是顺式结构。原位紫外-可见光谱研究表明，与 SnCl$_2$ 反应后，相应的 Pt-锡酸盐配合物(platinum-stannate species)快速形成，而高压原位红外光谱显示形成了 Pt-CO 物种和寿命短的 Pt-H 物种。在合成气下在红外高压釜中向预成型催化剂中添加 1-辛烯后，醛产物快速释放。

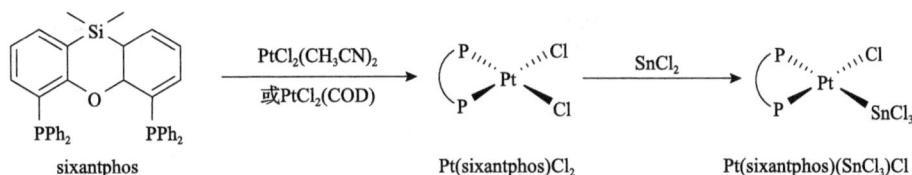

图 6.18 Pt(sixantphos)Cl$_2$ 金属配合物的合成过程

通过原位形成的方式，作者考察了 Pt-锡酸盐配合物催化的 1-辛烯的氢甲酰化反应随温度的变化趋势，40℃的反应温度对于氢甲酰化反应是一个突变点，在低温(20～40℃)下计算得出的氢甲酰化(表观)活化焓 $\Delta H^{\ddagger}$=107kJ/mol，(表观)反应熵 $\Delta S^{\ddagger}$=318J/(mol·K)。在高温(40～120℃)下计算得出的氢甲酰化(表观)活化焓 $\Delta H^{\ddagger}$=36kJ/mol，(表观)反应熵 $\Delta S^{\ddagger}$=90J/(mol·K)。另外，氢甲酰化产物的 L/B 随着温度的升高呈下降趋势，可能是由于线型 Pt-烷基化物的异构化(包括脱除 β-氢化物并随后重新插入以形成类似的支链 Pt-烷基化物)在较高温度下是可逆的。

对于反应过程中的氢化副反应，在反应温度 70℃以下时，几乎不会发生底物的氢化，醛是反应过程形成的主要产物。温度高于 70℃时，氢化加剧。通过计算得出氢化反应的(表观)活化焓和熵。在低温态(20～40℃)下，$\Delta H^{\ddagger}$=18kJ/mol，(表观)反应熵 $\Delta S^{\ddagger}$= 46J/(mol·K)。在高温态(70～120℃)下，$\Delta H^{\ddagger}$=48kJ/mol，(表观)反应熵 $\Delta S^{\ddagger}$=149J/(mol·K)。当采用内辛烯作氢甲酰化反应的底物时，与 1-辛烯相比，内烯烃具有较低的活性，但是在反应液中检测到线型壬醛的存在，表明内烯烃底物经历了异构化的过程生产 1-辛烯进而进行进一步的氢甲酰化反应。

Kollár 课题组[118,119]将丙二酸酯或者丙二醇衍生的单膦配体和半不稳定的 N,P-配体，以及双齿的 P-N 配体或者三齿的 P-N-P 配体(图 6.19)应用于铂-SnCl$_2$ 催化的苯乙烯的氢甲酰化反应中。采用丙二酸酯或丙二醇衍生的单膦配体与 PtCl$_2$ 所形成的配合物为主催化剂，借助 SnCl$_2$ 的助催化作用，在苯乙烯的氢甲酰化反应中主要得到的产物是支链的 2-苯基醛(2-phenyl-propionaldehyde)。例如，采用丙二醇衍生的 1,3-dihydroxy-2-methyl-2-diphenylphosphinopropane 配体，以甲苯为溶剂，在合成气压力为 12.0MPa(CO/H$_2$=1)、反应温度 100℃的条件下反应 24h，苯乙烯的转化率为 53%，产物中只有支链的 2-苯基醛，并没有苯乙烯的加氢反应发生。采用 P-N 配体或者三齿的 P-N-P 配体与 PtCl$_2$(PhCN)$_2$-SnCl$_2$ 组成的催化体系，催化苯乙烯的氢甲酰化反应，在合成气压力为 8.0MPa(CO/H$_2$=1)、反应温度 100℃的条件下反应，苯乙烯的转化率不超过 35%，产物中氢甲酰化产物醛的选择性最高可达 82%，同时以几乎等摩尔的比率形成了两种醛区域异构体。同时在反应体系中添加对甲苯磺酸可以提高支链醛 2-苯基丙醛的区域选择性。

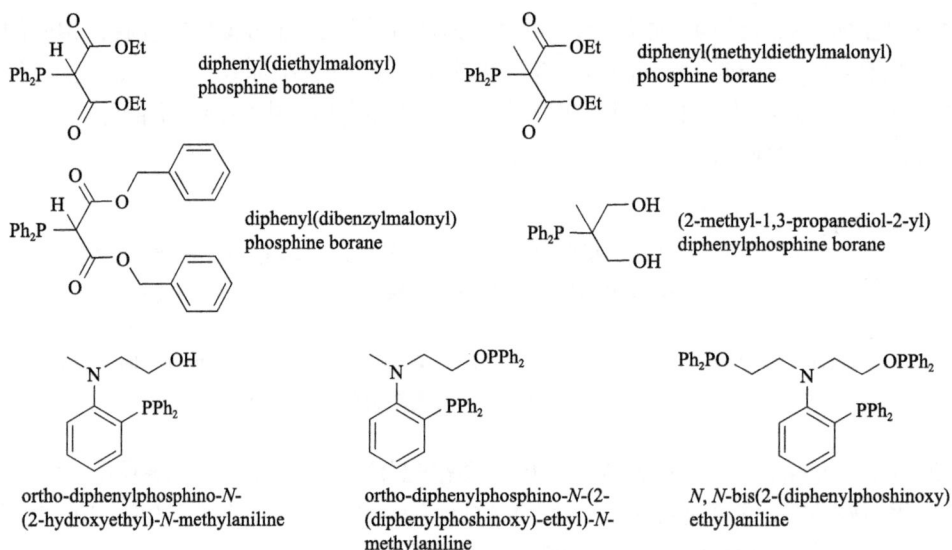

图 6.19　丙二酸酯或丙二醇衍生的配体

Coles 等[120]尝试将 N-杂环亚锡基衍生的 Pt-Sn 金属配合物(图 6.20)应用于 1-己烯的氢甲酰化反应中，遗憾的是该类配合物在甲苯为溶剂、合成气压力为 4.0MPa(CO/H₂=1)、反应温度 90℃的条件下反应 3h，得到的主要是 1-己烯的异构化烯烃，加氢产物己烷占 13%～17%，氢甲酰化产物庚醇不足 5%。

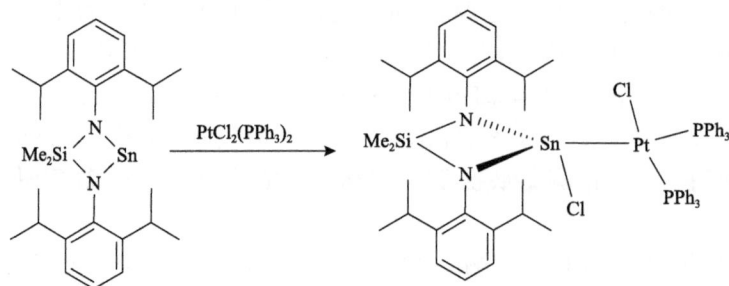

图 6.20　N-杂环亚锡基衍生的 Pt-Sn 金属配合物

为了实现催化剂的循环使用，Scarso 等[121]采用阳离子型的三氟甲磺酸铂配合物 [P₂Pt(H₂O)₂](OTf)₂ 为催化剂，在水性胶束介质中实现了多种端烯烃和内烯烃的氢甲酰化反应，发现表面活性剂的使用对于确保催化剂和底物在水中的溶解是至关重要的，并且催化剂位于胶束的阴离子表面上，得到目标产物醛的 L/B 高达 99。苯乙烯及其衍生物的氢甲酰化反应除了目标的产物苯丙醛、2-甲基苯乙醛外，还通过 β-芳基消除步骤得到了大量的苯甲醛，在氢甲酰化反应条件下烯烃的加氢副反应没有发生(表 6.25)。采用乙烯基环己烷作为模型底物、水为溶剂、十二烷基磺酸钠 SDS 为表面活性剂，合成气压力为 8.0MPa(CO/H₂=1)、70℃下反应 22h，反应结束后采用己烷萃取的方式将反应产物与催化剂进行分离，并且将含有催化剂的水相用于下一个催化循环，在循环使用 4 次后，未见反应活性的下降，同时产物的 L/B 保持不变(大于 99)。这是目前唯一一例实现铂基催化剂在氢甲酰化反应中循环利用的报道。

表 6.25 阳离子型三氟甲磺酸铂配合物催化苯乙烯的氢甲酰化反应

催化剂	反应条件	收率/%	产物选择性/%		
		43	33/54/23		
	[苯乙烯]=8.6×10⁻²mol/L，铂金属配合物 1mol%，[SDBS]=7.5×10⁻²mol/L，H₂O 10mL，合成气压力 8.0MPa(H₂/CO=1)，70℃，22h。SDBS=十二烷基苯磺酸钠	16	54/41/5		
		0	0		
		59	4/73/23		
	[苯乙烯]=8.6×10⁻²mol/L，铂金属配合物 1mol%，[SDBS]=7.5×10⁻²mol/L，H₂O 10mL，合成气压力 8.0MPa(H₂/CO=1)，70℃，22h。SDBS=十二烷基苯磺酸钠	88	18/72/10		
		75	100/0/0		

续表

催化剂	反应条件	收率/%	产物选择性/%
			见下
	[苯乙烯]=8.6×10⁻²mol/L，铂金属配合物 1mol%，[SDBS]=7.5×10⁻²mol/L，H₂O 10mL，合成气压力 8.0MPa(H₂/CO=1)，70℃，22h。SDBS=十二烷基磺酸钠	6	59/26/15
	[苯乙烯]=8.6×10⁻²mol/L，铂金属配合物 1mol%，[SDS]=7.5×10⁻² mol/L，H₂O 10mL，合成气压力 8.0MPa(H₂/CO=1)，70℃，22h。SDS=十二烷基硫酸钠	99	9/82/9
		99	7/83/10

6.2.2 铂基催化剂催化氢甲酰化反应机理

1. 公认的反应机理

事实上，自发现卤化锡的添加能够有效促进铂催化的烯烃氢甲酰化反应进行不久，人们就开始了对铂-锡催化体系催化的烯烃氢甲酰化反应机理的研究。1976 年，Schwager 和 Knifton[99]首次提出了端烯烃区域选择性氢甲酰化的反应机理(图 6.21)，该机理假定只有一个磷原子与中心铂原子配位，该机理能够解释化学选择性对氢分压的依赖性，并可以解释烯烃异构化的发生。该机理清楚地显示了烯烃插入的步骤，即烯烃的配位(物种 1 至物种 2)和随后的较慢的插入步骤(物种 2 至物种 3)。但是，某些反应步骤(物种 3 至物种 4)过分简化或似乎需要围绕铂(物种 5 和物种 6)进行六重配位，而铂(Ⅱ)不太可能具有六配位的形式。随后 Kégl 等[122]的研究清楚地表明，二膦的配位很容易实现，甚至最多三个磷原子可以连接到铂中心。

Petrosyan 等[123]随后更详细地探讨了通过烷基铂物种 3(A)和 3(B)观察到的烯烃异构化现象，他们观察到仲烷基铂配合物是不稳定的，容易异构化为正常的烷基配合物。Castonguay 等[124]通过计算发现线型直链烷基铂配合物比支链烷基铂配合物稳定，这与实验发现的 99%选择性非常吻合。

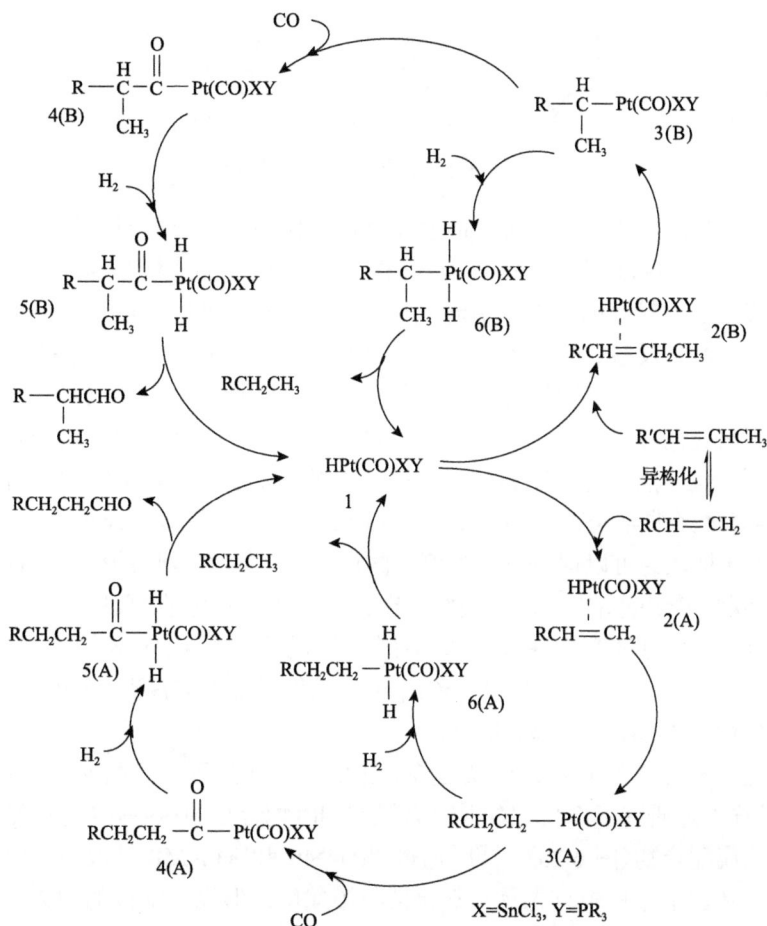

图 6.21 Schwager 和 Knifton 提出的铂/锡催化的烯烃氢甲酰化、氢化、异构化反应机理

由于从烷基的 γ 位上发生 β-消除有助于烯烃异构化的进行，因此，在氢甲酰化反应条件下，烷基-铂配合物很容易发生 β-消除得到末端烯烃和内烯烃的平衡混合物。此外，发现对于二烷基铂配合物，反应的决速步骤是膦从配合物顺式-$[PtR_2(PR'_3)_2]$的离解，这表明在异构化过程中需要空位。事实证明，降低一氧化碳分压会增加异构化反应，因为羰基插入之前的异构化步骤将以较高的速率发生。

下面就铂-锡催化的烯烃氢甲酰化中的各个步骤进行更详细的讨论。

第一步是烯烃的配位和插入。Clark 等[125-127]研究了阳离子中间体在烯烃插入铂-氢键中的作用，结果表明膦的吸电子性质激活了配位的乙烯，同时还使得铂-氢键的断裂更容易，从而促进乙烯的插入反应进行。之后的研究表明，在乙烯插入之前先快速可逆地取代溶剂分子，然后再缓慢插入氢化铂键中，他们认为最后一步是通过五配位过渡状态进行的(图 6.22)。

Thorn 等[128]、Rocha 等[129]、Creve 等[130]针对烯烃和铂配合物之间的配位、插入过程进行了详细的理论研究，研究表明：在乙烯插入过程中发生了四中心过渡态，Fernández 等[131]使用更长链的烯烃进行计算，证实了四中心过渡态的出现，乙烯的配位主要在铂-氢

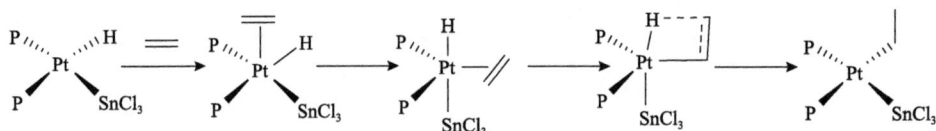

图 6.22　铂/锡催化作用下乙烯的配位和插入反应

键减弱且存在良好的 π 受体作为配体时发生（SnCl$_3$ 作为配体），并且乙烯以五重配位模式与铂进行配位。在 Rocha 的研究中发现：消除氢原子所需的能量是烯烃插入所需能量的 2 倍。这解释了需要较高的温度来引起异构化，同时在较低的温度下可以进行烯烃的插入和后续的氢甲酰化反应，此外还显示了 P-Pt-P 角从方形平面复合物中的 180°变为五配位复合物中的大约 120°。从具有四个磷原子键合到铂的[Pt(PP$_3$)(SnCl$_3$)]$^+$的五配位配合物开始，氢甲酰化的速度比双齿膦配体慢，这种较低的反应性主要是由于缺乏烯烃和一氧化碳的自由配位位点，这表明在烯烃的插入中既需要配位位点又需要进行五重配位，这一点和铑-膦体系非常类似。例如，van Leeuwen 等开发的咬合角约为 120°的刚性 xantphos 型配体被认为可以促进五重过渡态的形成[132-136]。在烯烃的插入过程中会产生区域选择性的问题。Carbó 等[137]在分子轨道/分子力学研究中发现，反应过程中的区域选择性主要由烯烃插入的过渡态决定，如由膦配体的空间效应对区域选择性的影响。Wesemann 等[138]的工作也显示，其中[SnCl$_3$]$^-$被空间位阻更大的锡硼酸酯[SnB$_{11}$H$_{11}$]$^-$取代，可将区域选择性(L/B)从 1.7 提高到 7.8。

　　第二步是一氧化碳的插入，也就是烷基铂的羰基化过程产生酰基铂物种。1976 年 Garrou 等[139]详细地研究了卤代（双配体）有机铂（Ⅱ）配合物的羰基化反应，发现可产生稳定的酰基铂金属配合物（图 6.23），同时通过 ^{31}P NMR 和 ^{1}H NMR 手段对反应中的中间体进行了检测。在这个过程中首先是一氧化碳与铂配位，形成五配位的铂物种。羰基插入的另一种可能性是用一氧化碳代替烷基铂中的配位卤离子。

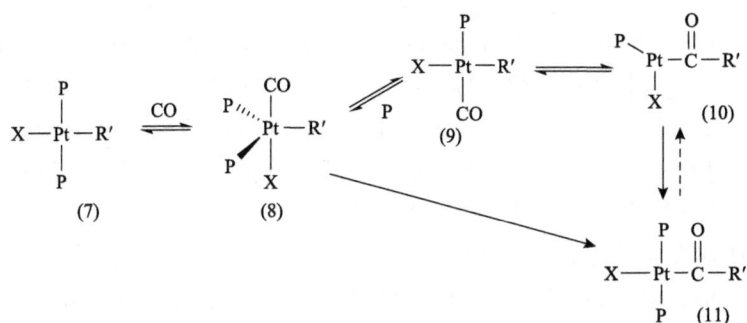

图 6.23　卤代（双配体）有机铂（Ⅱ）配合物的羰基化反应

　　Anderson 等[140]发现当使用单齿膦配体时，离解机理起主要作用，物种 11 可以通过物种 9 和物种 10 产生，或者直接由物种 8 产生。对于顺式-双齿配体，离解途径不太可能具有非常稳定的螯合环。因此对于刚性双齿配体，如 xantphos 等配体，则物种 8 发生烷基或芳基 R'迁移至羰基形成物种 11。

　　Toth 等[141]采用双齿膦配体，同时 SnCl$_3^-$ 代替 Cl$^-$所制备了双膦配位的烷基铂 13，利

用高压膦谱 ^{31}P NMR，在室温和 0.6MPa CO 压力下，研究了烷基铂 13 发生羰基化各物种的存在状态，发现羰基铂物种 13 与三配位的乙酰基化合物 14 处于平衡状态（图 6.24）。不稳定的三配位物种通过一氧化碳的快速配位，得到以 $SnCl_3^-$ 作为稳定的抗衡离子的物种 15。Scrivanti 等[142]在苯乙烯的不对称氢甲酰化反应中也观察到了类似的结果。Rocha 等[143]利用 $Pt(SnCl_3)(PH_3)_2(CO)(CH_3)$ 为模型分子，计算了羰基插入 Pt—C 键的中间物种，发现实际的插入步骤是通过三中心过渡状态进行的（图 6.24），通过观察键的长度和键的角度，表明甲基向羰基移动。键角 Sn-Pt-Me 从 181°（16）变为 142°（17），而 Sn-Pt-CO 在 16 和 19 中仅从 90°偏离了 5°（17）。最后一步（18 至 19）是缓慢的分子内重排。P-Pt-P′键几乎恒定的值在 101°～97°之间变化，这表明刚性宽咬合角配体的可行性。

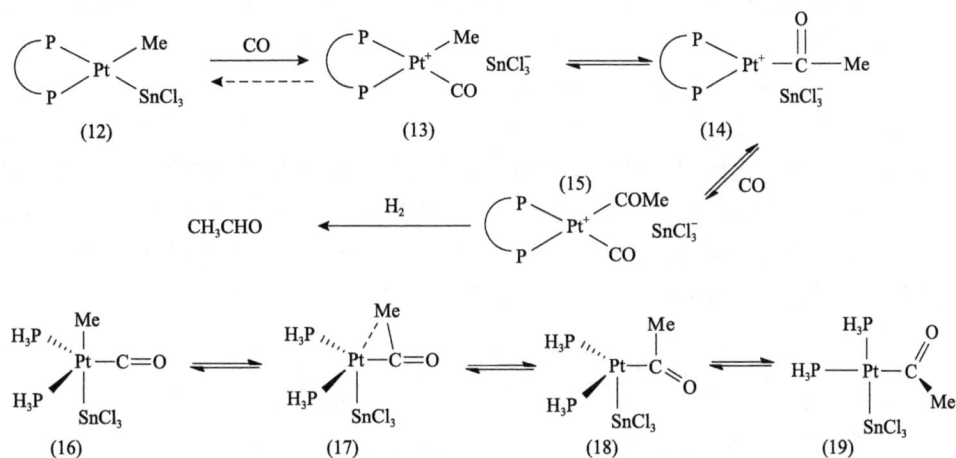

图 6.24　$SnCl_2$ 存在下铂化合物的羰基化反应

氢甲酰化反应的最后一步是酰基铂物种的氢解。该氢解步骤是不可逆的，通常认为这最后一步是氢甲酰化反应中决定速率的步骤。Rocha 等[144]以 *trans*-HPt(PPh₃)₂(SnCl₃) 催化丙烯的氢甲酰化反应为模型，通过 DFT 量子力学计算的结果发现醛的还原消除，使催化剂以其原始构型再生，是整个催化循环的决速步骤，计算出的 18.1kcal/mol 的活化自由能与实验值[114,141]基本保持一致。与之前的步骤不同，氢解需要氯化锡（Ⅱ）的存在。氢解步骤涉及通过氧化加成过程将氢加成到活性铂中心上，Il'inich 等[145]利用[(P-P)Pt(CO)X]⁺ 在 60℃下与氢气反应，得到了反式的[HPt(P-P)(CO)]⁺物种，该物种同样可以采用相应的氢化铂[H(P-P)Pt]⁺与一氧化碳反应得到，详细的氢解过程如图 6.25 所示。

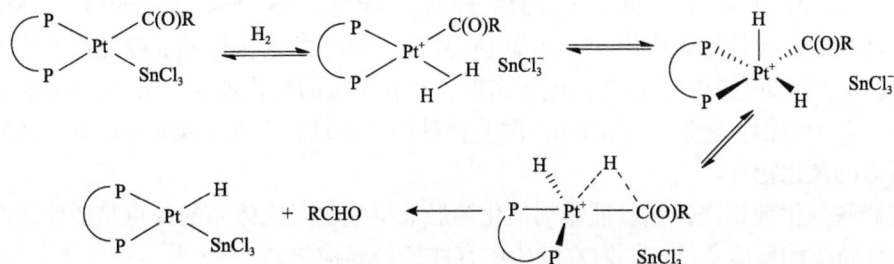

图 6.25　酰基铂物种的氢解

2. 氯化锡的作用

Chatt 等[146]早期的研究表明，*trans*-[PtHCl(PEt$_3$)$_2$]中氯化锡的取代使铂更具反应性或不稳定性。Lindsey 等[147]利用 *trans*-[(PEt$_3$)$_2$]$_2$PtHCl 与 SnCl$_2$·2H$_2$O 进行定量反应得到 *trans*-hydrido(trichlorotin)bis(triethylphosphine)-platinum(II)，证实 trichlorostannate(SnCl$_3$) 具有稳定五配位铂的非凡能力，这主要归因于 SnCl$_3$ 是弱的 σ 供体和强的 π 受体，强的反式导向基团，可减少电子在中心金属铂周围的聚集，从而降低在中心金属原子的电子密度。Schwager 和 Knifton[99]在对铂/锡催化的烯烃加氢甲酰化的详细研究中发现，SnCl$_3$ 具有充当配体的能力，发挥配体的空间作用和 π 酸性作用，空间作用会导致烯烃以直链 σ-烷基形式插入，Wesemann 等[138]发现通过添加空间立体要求更高的锡硼酸酯 SnB$_{11}$H$_{11}$ 后，产物醛的区域选择性增加时证实了这一点。Petrosyan 等[123]证实 π 酸性作用增加了氢化铂键的极性，并导致将氢化物通过马尔科夫尼科夫加成至烯烃中，从而产生了支链的 σ-烷基。Kehoe 等[148]、Scrivanti 等[149]、Ruegg 等[150] 和 Anderson 等[151]则详细研究了氯化锡(II)的功能，发现氯化锡(II)可以充当路易斯酸(图 6.26)并与酰基物种配位(通过 IR 和 NMR 光谱观察到了与酰基配位的氯化锡)，氯化锡(II)铂金属上的氯可以形成 SnCl$_3$ 从而扮演配体的角色(在 SnCl$_3$ 作为配体时，烯烃插入氢化铂键中变得容易)，在氢甲酰化的条件下，可以观察到 SnCl$_3$ 作为配体的酰基铂物种。

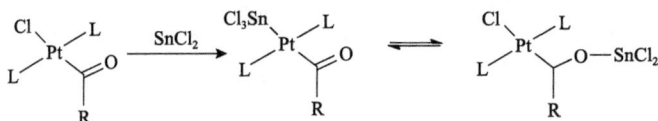

图 6.26　SnCl$_2$·2H$_2$O 作为路易斯酸的作用

SnCl$_3$ 作配体主要有以下的有益功能：①SnCl$_3$ 作半不稳定的配体，有助于在铂中心形成空位，利于烯烃插入铂-氢键中，同时有益于羰基迁移插入铂-烷基键中。例如，在 PtI(SnCl$_3$)[(2S,4S)-2,4-双(二苯基-膦基)戊烷]配合物的 X 射线衍射中，铂具有 SnCl$_3$ 作为配体之一的正方形平面构象，Rocha 等[144,152,153]的计算表明，氯化锡(II)插入氯化铂键中没有任何能量垒，在形成的配合物中，SnCl$_3$ 显示出比膦配体更强的反式导向剂功能，从 η^2-烯烃向烷基的过渡态的能量降低,这从过渡态21中双键的延长可以看出(图6.27)。配位的 η^2-烯烃在三角双锥体配合物 20 的平面中具有双键，而过渡态 21 显示出垂直于该平面的双键。SnCl$_3$ 稳定的配合物 20 仅为 38kcal/mol，仅是类似氯配合物(70cal/mol)的一半。因此，使用 SnCl$_3$ 降低了 η^2-烯烃键的旋转能量，从而导致更快的插入。SnCl$_3$ 在氢气的活化中也起到重要作用。SnCl$_3$ 的独特特征，即弱的 σ 供体和 π 受体都促进了氢气的活化。σ 供体功能增加了铂上的电子密度，有利于氢的氧化加成。另外，SnCl$_3$ 作为配体可稳定五配位铂。此外，形成的铂-酰基物种的氢解过程仅在 SnCl$_3$ 存在下才能发生，生成所需的氢化物种。

与铑基催化剂相比，铂基催化剂催化烯烃氢甲酰化反应体系的缺点是活性较低，这需要更加苛刻的反应条件，同时在反应中存在烯烃异构化。

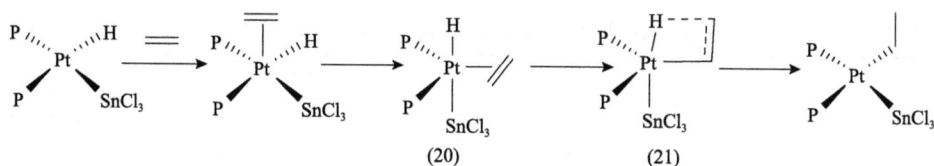

图 6.27 SnCl₃ 作为配体的作用

6.3 铱催化的烯烃氢甲酰化

铱(iridium，Ir)属于周期表Ⅷ族过渡元素，原子序数 77，是一种稀有的贵金属。铱化合物的氧化态介于−3～+6，最常见的有+3 和+4。含铱的金属配合物能够高效催化 C=O、C=N、C=C 等的(不对称)加氢反应、氢转移反应、不对称烯丙基取代反应、环化反应、碳-氢键活化反应等众多有机转化，负载型的铱催化剂已经在肼分解、CO 氧化、CO_2 加氢、水分解、水氧化等多相反应中得到应用[154,155]。值得指出的是，美国石油(BP)公司发展的铱催化甲醇羰基合成乙酸过程(Cativa™ process)已经成功实现工业应用[156]。

与价格高昂的 Rh([Ar]$4d^8 5s^1$)相比，同族元素金属 Ir([Xe]$4f^{14} 5d^7 6s^2$)有类似的价电层结构，二者有相似的化学性质和催化性能。铱基催化剂在氢甲酰化反应中的研究不是特别多。加拿大渥太华大学的 Alper 教授等[157]研究了钴基、铑基、铱基催化剂在乙烯基三乙基硅烷氢甲酰化反应中区域选择性的差异，发现铑基催化剂 Rh(COD)[BPh₄]得到的氢甲酰化产物主要是支链醛(L/B=30/70)，通过在体系中添加 PPh₃，可以有效调变产物的组成，当额外加入 2eq 的 PPh₃ 配体时，产物以线型的醛为主(L/B=30/70)。采用钴配合物[Co₃(η^6-C₆H₆)₃(μ^3-CO)₂]BPh₄ 为催化剂得到线型的醛(L/B=76/24)。而采用铱催化剂，无需额外加入膦配体，主要得到线型的 3-(三烷基甲硅烷基)丙醛产物，其中，以 IrCl₃ 作为催化剂(在 160℃下预活化后)，直链线型醛的选择性大于 98%；同样，铱的阳离子配合物[Ir(COD)₂][BF₄]作为催化剂，直链醛的选择性在 95%～97%之间，收率为 75%～80%。值得注意的是，在铱催化的乙烯基三乙基硅烷氢甲酰化反应中，通过增加混合气体中的 CO 量来抑制烯烃的加氢反应(CO/H₂ = 7)。其他的铱配合物，如[Ir(CO)₃Cl]和[Ir(CO)(COD)]₂ 同样展示了类似的催化性能。与铑体系不同(铑体系中添加膦配体对氢甲酰化有促进作用)，在铱体系中过量 PPh₃ 的添加则完全抑制了氢甲酰化反应能力。Trzeciak 等[158]发现铱(Ⅰ)硅氧化合物如[{Ir(μ-OSiMe₃)(COD)}₂]和[Ir(COD)(PCy₃)(OSiMe₃)]同样能够催化乙烯基硅烷的氢甲酰化反应，得到氢甲酰化和氢化反应的混合产物。

Franci 等[159]发现虽然 trans 构型的羰基二(三苯基膦)氯化铱[Vaska's complex，Ir(CO)Cl(PPh₃)₂]在苯乙烯氢甲酰化反应中的催化活性几乎可以忽略，但是通过将三苯基膦配体中的一个苯环改为吡啶，所得到的 trans 构型的羰基二(吡啶二苯基膦)氯化铱催化剂[Ir(CO)Cl(Ph₂PPy)(Py = 吡啶基)]，在催化苯乙烯的氢甲酰化反应中的活性明显增加(表 6.26)。作者认为催化活性的明显增加，是由 Ph₂PPy 侧链配体中存在碱性未配位的吡啶氮原子引起的(Ph₂PPy 对铱的半不稳定配位，并且吡啶中氮的质子化/去质子化现象，详见图 6.28 机理)。

表 6.26 *trans-*Ir(CO)Cl(PPh₃)₂ 和 *trans-*Ir(CO)Cl(Ph₂PPy) 催化的苯乙烯氢甲酰化反应对比 [a]

催化剂	反应压力(MPa)/温度(℃)	转化率[b]/%	产物选择性[b]/%			L/B[c]	TOF/h⁻¹
			支链醛 (2-甲基苯乙醛)	直链醛 (苯丙醛)	乙苯		
*trans-*Ir(CO)Cl(PPh₃)₂	8.0/80	6.5	83.0	9.2	7.8	10/90	203
	6.0/80	1.5	66.2	0.4	33.4	1/99	47
*trans-*Ir(CO)Cl(PPh₃)₂ +Py(1∶1)	6.0/80	2.6	65.0	0.4	34.6	1/99	81
*trans-*Ir(CO)Cl(Ph₂PPy)₂	8.0/80	45.8	56.9	5.3	37.8	8/92	1431
	8.0/60	9.8	53.8	3.0	43.2	5/95	306
	6.0/80	56.2	40.1	3.8	46.1	9/91	1756
*trans-*Ir(CO)Cl(Ph₂PPy)₂ +Ph₂PPy(1∶3)	8.0/80	42.3	52.3	6.0	41.7	10/90	1322

a. 反应条件：催化剂与苯乙烯摩尔比=1/500，溶剂苯 10mL，CO/H₂=1。
b. 基于气相色谱分析所得。
c. L/B=苯丙醛/2-甲基苯乙醛。

作者提出了可能的催化循环机理(图 6.28)，Ir(CO)Cl(PPyPh₂) 催化剂和氢气作用转化为二氢的 Ir(Ⅲ) 物种 Ir(CO)(H)₂(Ph₂PPy)₂Cl，由于邻近的吡啶氮原子可能有助于 HCl 的还原消除和空位配位点的产生，所得二氢 Ir(Ⅲ) 物种在平衡条件下容易反应形成四配位的[Ir(CO)(H)(Ph₂PPyH)(Ph₂PPy)]⁺中间体(在酸性条件下检测到吡啶鎓离子)或者相应的二羰基五配位物种可以与苯乙烯反应，得到五配位物种[Ir(CO)(H)(styrene)(Ph₂PPyH)(Ph₂PPy)]⁺，然后，相邻的 CO 配体迁移到铱-烷基键中，生成相应的酰基配合物(支链或直链)，最后，通过 N-质子化的 P-单齿配体 Ph₂PPyH⁺对铱(Ⅰ)酰基物种进行质子分解，生成 3-苯基丙醛和 2-苯基丙醛，体系中的氯化物与金属中心配位得到活性的铱(Ⅰ)配合物 Ir(CO)Cl(PPyPh₂)，完成催化循环。在催化循环中，加氢产物乙苯可以通过 P-单齿配体 Ph₂PPyH⁺对直链或支链的 α-烷基衍生物中间体进行质子分解而形成，因为在 CO 插入之前，Ir—P 键足以使质子保持在 Ir—C(烷基)键附近，以得到相应的酰基衍生物。乙苯与醛的比例取决于 CO 插入和质子分解步骤的相对速率。原则上，Ph₂PPyH⁺的质子分解可以发生在 Ir-酰基或 Ir-烷基键上。因此，质子分解步骤确定化学选择性和催化循环的总反应速率。

值得指出的是，在催化循环的最后一步，在平衡条件下不会发生酰基的质子分解，表明在 Ph₂PPy 侧基中吡啶氮原子的质子化不是化学计量的。因此，在催化条件下，将游离吡啶添加到 Vaska 的配合物中不会显著提高苯乙烯的转化率。

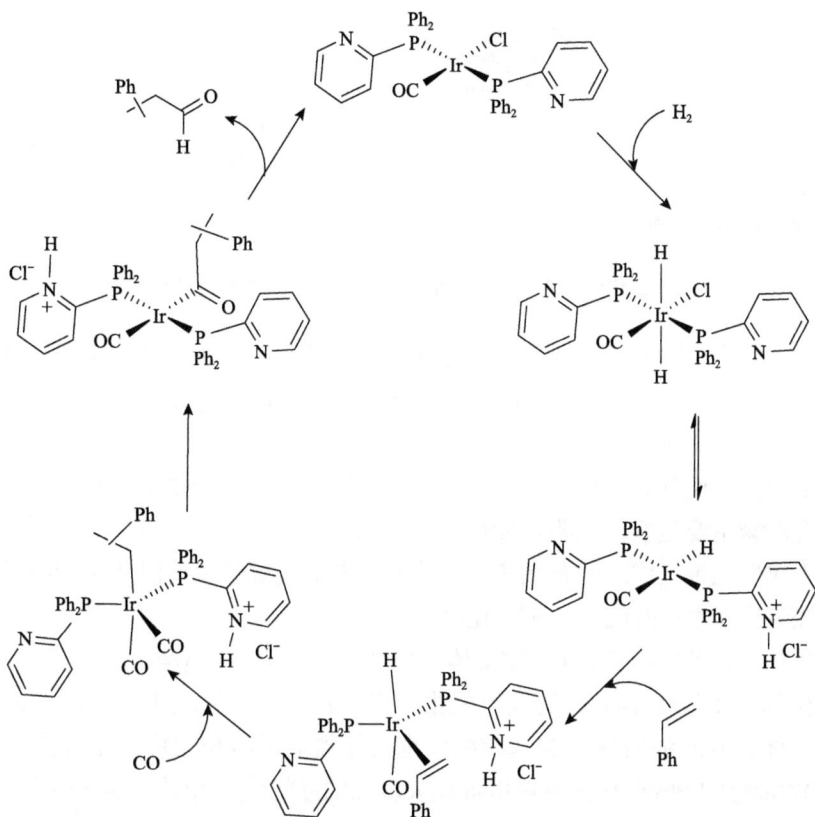

图 6.28　*trans*-Ir(CO)Cl(PPyPh$_2$) 催化苯乙烯氢甲酰化反应的可能机理

　　Haukka 等[160]研究了金属盐对 Ir$_4$(CO)$_{12}$、IrCl$_3$ 和[Ir$_3$(CO)$_3$]$_n$ 催化 1-己烯氢甲酰化反应的影响，发现在反应体系中加入无机盐(如 LiCl、LiBr、NaCl、Li$_2$CO$_3$、KCl、CaCl$_2$等)对有机铱金属催化剂的活性和化学选择性有较大的影响，可降低氢化作用并提高氢甲酰化产物的收率。其中因为阳离子可以稳定铱金属最活跃的氧化态，所以可以影响催化剂的化学选择性，且化学选择性和碱金属阳离子的大小相关，按照 K$^+$<Na$^+$<Ca^{2+}<Li$^+$的顺序增加。同时发现选择合适的阴离子(CO$_3^{2-}$<Br$^-$<Cl$^-$)对催化剂活性物种的生成和减少副反应的发生非常关键。因此，作者优选在体系中加入 LiCl 来提高烯烃的化学选择性，生成需要的醛类产物，抑制加氢反应的发生。例如，采用 Ir$_4$(CO)$_{12}$ 作催化剂，加入稍过量(相对于 Ir)的 LiCl 就可以以 66%的收率得到混合醛(L/B = 68/32)(图 6.29)。

　　采用和 Haukka 课题组类似的研究思路，邓前军[161]研究了 IrCl$_3$·2H$_2$O、HIrCl$_6$·nH$_2$O、[IrCl(CO)$_3$]$_n$、Ir$_2$(CO)$_8$ 等铱基催化剂在 1-己烯氢甲酰化反应中的催化性能，发现 Ir$_2$(CO)$_8$的活性最佳。在反应体系中加催化改性剂 LiCl、NaCl、KCl、Li$_2$CO$_3$、LiBr 等能促进烯烃反应氢甲酰化反应得到目标醛，而抑制烯烃的氢化和烯烃一步氢甲酰化得到醇的反应，改性效果受阴阳离子半径大小影响，离子半径越小，醛的转化率越高。选择 LiCl 作改性剂，在 120℃、1.2MPa(H$_2$/CO = 1)、Ir$_2$(CO)$_8$/LiCl 改性剂摩尔比为 1、反应 10h 条件下，醛的选择性能达到 71.1%、产物醛的 L/B 为 2.4。然而在铱催化苯乙烯的氢甲酰化

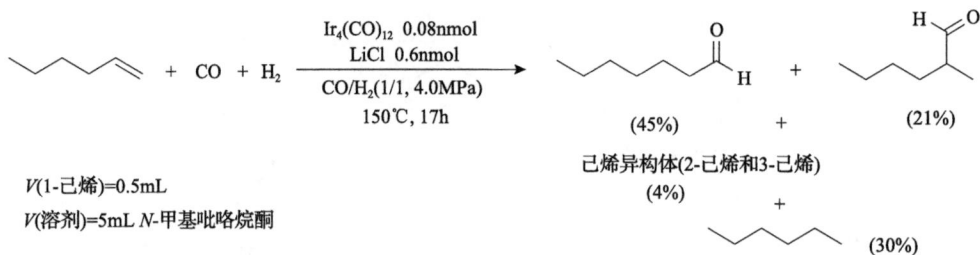

图 6.29 氯化锂对 $Ir_4(CO)_{12}$ 催化 1-己烯氢甲酰化反应的促进作用

反应中[162]，无机盐改性的羰基铱基配合物 $Ir_2(CO)_8$ 催化剂体系却展示出了较高的异构醛选择性。在 NaCl 与 $Ir_2(CO)_8$ 摩尔比为 1、100℃、5.0MPa（$H_2/CO=1$）下，在甲苯溶液中对苯乙烯进行氢甲酰化反应，苯基丙醛的收率能达到 64.5%，产物醛的 B/L 为 2.48。同时作者还发现无改性剂时，反应产物主要是醇和烷烃，无醛产物生成；在有改性剂的条件下，反应产物主要是醛，说明在烯烃氢甲酰化生成醛、烯烃加氢生成烷烃、烯烃一步氢甲酰化生成醇三种反应之间存在竞争，改性剂能促进烯烃氢甲酰化生产醛反应的进行而抑制烯烃氢化和生产醛的进一步氢化反应。

Piras 和 Beller 等[163]研究了单齿膦配体、双齿膦配体以及亚磷酸酯配体与 Ir(COD)(acac) 组成的催化剂体系催化 1-辛烯的氢甲酰化反应（表 6.27），发现单齿膦配体的性能要优于双齿膦配体，同时强碱性的烷基膦配体也会使得氢甲酰化反应的活性降低。同时，该 Ir(COD)(acac)-PPh₃ 催化体系可以催化大多数的端烯烃（苯乙烯、3-丙烯基芳烃、环辛烯、环己基乙烯、环己烯乙烯、直链的 α-烯烃）的氢甲酰化反应进行。将反应后的混合物冷却析出金属盐，经 X 射线分析为双核的铱配合物 $Ir_2(CO)_6(PPh_3)_2$。用该配合物继续催化氢甲酰化反应，仍具有温和的催化活性（46%），且产物醛的 L/B 没有改变。同时为了与铑基催化剂进行对比，采用具有类似结构的金属前驱体 $Ir(COD)(CO)_{12}$、$Rh(COD)(CO)_{12}$ 和 PPh₃ 组成的催化剂体系，在相同反应条件下（1-辛烯：10.2mmol；金属催化剂：0.02mol%；PPh₃：8eq；$CO/H_2=2$；2.0MPa；THF：6mL；100℃），发现采用铱催化剂，反应的 TOF 为 $163h^{-1}$（反应 20h），C_9 醛的收率 65%（L/B = 76/24），异构碳八烯烃 2%，C_8 烷烃 19%；采用铑催化剂，反应的 TOF 为 $1255h^{-1}$（反应 3h），C_9 醛的收率 75%（L/B= 60/40），异构碳八烯烃 21%，C_8 烷烃 3%。

表 6.27 Ir(COD)(acac)/不同配体体系催化 1-辛烯氢甲酰化反应对比 [a]

配体（或配合物）	L/Ir	时间/h	C_9醛收率[b]/%	L/B	辛烷收率[b]/%
	—	16	30	52/48	65
	1	16	44	72/28	43
	4	16	61	76/24	13
	3	20	81	76/24	12
	2.2	20	83	76/24	12

续表

配体(或配合物)	L/Ir	时间/h	C$_9$醛收率[b]/%	L/B	辛烷收率[b]/%
	2.2	20	43	86/14	37
	2.2	20	38	71/29	52
	1	20	41	74/26	9
	2.2	20	85	72/28	12
	2.2	20	26	67/33	55
	2.2	20	7	74/26	3
	2.2	20	58	77/23	16
Ir$_2$(CO)$_6$(PPh$_3$)$_2$	—	20	46	74/26	41
HIr(CO)(PPh$_3$)$_3$		20	80	74/26	13

a. 反应条件：1-辛烯 10.2mmol，Ir(COD)(acac) 或 HIrCO(PPh$_3$)$_3$ 或 Ir$_2$(CO)$_6$(PPh$_3$)$_2$ 0.2mol%，压力 2.0MPa[室温下充入 0.7MPa CO，在 100℃充入 1.3MPa 的合成气(CO/H$_2$=2)]。

b. 基于气相色谱分析所得。

Behr 教授等[164]研究了不同盐添加到 Ir(COD)(acac)-PPh$_3$ 催化体系中对氢甲酰化反应结果的影响，得到与 Haukka 教授相似的研究结论：无机盐的添加(如 LiCl、LiBr 或 NaCl)对铱催化氢甲酰化中的氢化副反应具有抑制作用，能够有效增加氢甲酰化产物的收率，即使是添加少量的 LiCl(LiCl/Ir=2)，在 7h 内 1-辛烯转化率为 90%时，壬醛的选择性也可达 94%。通过优化反应参数，还可以将其他底物(如 1-戊烯、1-十二碳烯和 3,3-二甲基-1-丁烯)高收率转化为目标醛。

Börner 等[165]采用 HP-FTIR 和 HP-NMR 光谱、DFT 计算和氘代实验手段，以 Beller 小组所发展的 Ir(COD)(acac)-PPh$_3$ 催化体系为模型，在氢甲酰化反应条件下对所有可观察到的铱配合物、一氧化碳、三苯膦和氢的平衡反应进行了详细的研究，并通过动力学参数进行表征。发现在典型的氢甲酰化反应条件下并没有 HIr(CO)(PPh$_3$)$_3$ 配合物。在较高的 $P(H_2)/P(CO)$ 下，会生成三氢化物配合物 H$_3$Ir(CO)(PPh$_3$)$_2$。在$-80\sim90℃$温度范围内，通过化学计量学方法处理 FTIR 光谱数据，对中间铱配合物 HIr(CO)$_2$(PPh$_3$)$_2$ 的两种构型异构体 e,e-HIr(CO)$_2$(PPh$_3$)$_2$[v(CO)=1948cm^{-1}、1996cm^{-1}] 和 e,a-HIr(CO)$_2$(PPh$_3$)$_2$ [v(CO)=1939cm^{-1}、1985(obscured)cm^{-1}]之间平衡与温度之间的关系进行了研究。该结果为进一步利用红外光谱研究氢甲酰化反应中反应物浓度对氢甲酰化动力学和铱配合物组成的影响，奠定了良好的基础。

为了实现催化剂的循环使用，Behr 研究小组[166]首次利用基于二甲基甲酰胺(DMF)和碳酸丙烯酯(PC)作为极性溶剂，详细研究了 Ir(COD)(acac)和单磺化三苯膦配体(TPPMS)组成的催化体系在 1-辛烯氢甲酰化过程中的循环利用性能。结果表明：该催化体系在 6h 的反应时间内辛烯的转化率高达 90%，氢甲酰化产物的选择性超过 90%，使用 TPPMS 配体可以有效地分离催化剂配合物和氢甲酰化产物。同时该催化体系与适当的极性溶剂 PC 或 DMF 和非极性溶剂(如 2,2,4-三甲基戊烷)的组合可用于不同的再循环系统：两相体系、热定型溶剂体系(thermomorphic solvent systems)。通过优化发现：DMF-H$_2$O-2,2,4-三甲基戊烷组成的溶剂系统既可以实现 1-辛烯的高选择性氢甲酰化反应，又可以有效地从产物中分离出催化剂。在 5 次循环过程中证实了铱催化剂的稳定性和活性。

在前面研究的基础上，Behr 研究小组[167]设计了一种新型的多功能微型装置，成功实现了 Ir(COD)(acac)-TPPMS 催化体系催化烯烃氢甲酰化过程的连续操作。以 1-辛烯为模型底物的实验表明，该催化体系在 90h 内具有高的长期催化稳定性和活性，而无需催化剂更新，通过对各种关键参数(如反应温度和 CO/H$_2$ 比)的优化，可以实现 83%的转化率和 88%的醛选择性。在优化的 CO/H$_2$ 为 2 的情况下，可以有效地抑制烯烃的氢化反应，同时将温度提高到 120℃，可以显著提高催化性能。此外，采用 1-戊烯为反应底物，催化剂的浸出(铱为 0.04%/h，磷为 0.09%/h)非常低，产物分离率仅为 50%，这是由于己醛比 1-辛烯加氢甲酰化生成的壬醛更具极性，己醛在非极性产物相和极性催化剂相中具有较高混溶性。总而言之，这种 Ir(COD)(acac)-TPPMS 催化体系在氢甲酰化反应中展示了工业规模上试验和应用的巨大潜力。

　　华东师范大学的刘晔教授课题组[168]设计合成了新型具有较强 π-受电子能力的咪唑基膦配体、相应的咪唑鎓盐离子型的膦配体[其特征在于带有正电性的咪唑鎓与 P(Ⅲ)原子毗邻]，咪唑鎓的强吸电子效应使得对应的离子型膦配体具有较强的π-受电子能力，并在此基础上，构建出多种结构新颖的铱金属配合物，并对其进行了 X 射线单晶衍射表征，其中包括典型的单齿膦配体配位的四配位 Ir(+1) 配合物、PCP(phosphine-carboanion-phosphine)三齿配体螯合的四配位 Ir(+1) 配合物和 PCC(phosphine-carboanion-carbene)三齿配体螯合的五配位 Ir(+2) 配合物。最后，考察了合成的膦配体和铱配合物对 1-辛烯氢甲酰化反应的催化作用(表 6.28)。实验结果表明，膦配体中具有强吸电子效应的咪唑鎓基的存在明显改变了膦配体的配位能力，从而改变了相应铱配合物的催化性能。实验结果表明含有中等程度 π-受电子能力配体对应的配合物对产物醛的化学选择性较高；具有相似结构和相同的 Ir(+1) 中心的配合物，当所含咪唑鎓配体具有较强的σ供电子能力时，配合物对烯烃氢甲酰化反应的催化活性较高，而由较弱σ供电子能力的配体构成的配合物更倾向于发生烯烃加氢反应。

表 6.28　离子型膦配体和铱配合物催化的 1-辛烯的氢甲酰化反应 [a]

Ir 配合物	配体	L/Ir	转化率 [b]/%	选择性 [b]/%			L/B [c]	TON [d]
				C₉ 醛	辛烷	异构辛烯		
	—	2	42	68	31	1	3.3	143
	—	2	89	62	26	11	3.3	276
	—	2	35	45	35	20	2.7	80
	—	2	91	30	50	20	2.6	140

Ir 配合物	配体	L/Ir	转化率[b]/%	选择性[b]/%			L/B[c]	TON[d]
				C$_9$醛	辛烷	异构辛烯		
Ph$_2$P—Ir(Ⅰ)—PPh$_2$ (Cl, OC) 咪唑间苯结构	咪唑 N–PPh$_2$, N–苯基	5	88	83	11	6	2.7	365
	咪唑 N$^{\oplus}$–PPh$_2$, N–苯基 OTf$^{\ominus}$	5	85	70	19	11	3.3	299
Ph$_2$P—Ir(Ⅰ)—PPh$_2$ (Cl, OC) 双咪唑鎓间苯结构 2OTf$^{\ominus}$	咪唑 N–PPh$_2$, N–苯基	5	75	80	14	6	2.9	300
	咪唑 N$^{\oplus}$–PPh$_2$, N–苯基 OTf$^{\ominus}$	5	21	51	44	5	3.1	54
Rh(CO)(PPh$_3$)$_2$Cl[e]	咪唑 N–PPh$_2$, N–苯基		84	72	5	23	1.2	1512

a. 反应条件：1-辛烯 10.0mmol，Ir 配合物 0.02mmol，溶剂 NMP 2mL，合成气压力 4.0MPa(CO/H$_2$=2)，120℃，6h。

b. 基于气相色谱分析所得。

c. L/B=正壬醛/所有支链壬醛。

d. TON=壬醛与 Ir 摩尔比。

e. Rh(CO)(PPh$_3$)$_2$Cl 0.04mol%。

　　由于铱基催化剂具有较强的加氢能力，因此在以合成气为原料的氢甲酰化反应中不可避免地存在烯烃加氢生成烷烃副反应。刘烨教授课题组[169]通过使用水煤气变换原位产氢的方式(利用 CO/H$_2$O 合成气源替代传统的 CO/H$_2$)，使得反应体系中氢气的浓度得到有效降低，同时 Ir(Ⅰ)-催化剂与 Rh(Ⅰ)-催化剂相比：①Rh(Ⅰ)离子是硬酸，Ir(Ⅰ)离子是软酸，软酸容易与软碱(膦配体)配位而不易与硬碱(氮配体)配位；②弱的 Ir(Ⅰ)-路易斯酸中心对烯烃的异构化作用较弱，从而提高了氢甲酰化的选择性。通过设计具有不同电子效应和空间效应的咪唑基膦配体及其对应 Ir(Ⅰ)配合物，从而有效实现了以 H$_2$O 为氢源的 Ir(Ⅰ)-催化的 1-己烯的氢甲酰化-胺化-氢化反应(氢氨甲基化反应)(图 6.30 和表 6.29)。采用优化的离子型双齿膦配体 L6，1-己烯氢氨甲基化反应的转化率为 93%，目标(直链/支链)有机胺的选择性大于 99%，加氢产物选择性＜1%。在相同反应条件下，当以合成气(CO/H$_2$=3)代替 CO/H$_2$O 时，得到 92%的 1-己烯转化率，81%的目标产物(直链/支链)胺选择性，而 1-己烯加氢产物选择性高达 19%，表明 H$_2$O 为氢源不仅可以避免使用较危险气体 H$_2$，又可以有效抑制烯烃加氢副反应的发生。高压原位红外表征进一步表明，L6 修饰的 Ir(Ⅰ)催化体系可以保证 Ir-H(2078cm^{-1})活性物种稳定存在，从而促进反应高效进行，而其对应的中性膦配体修饰的 Ir(Ⅰ)催化体系则不能捕获到稳定存在的

Ir-H 活性物种。另外，由于离子型膦配体 L6 的强极性，该配体修饰的 Ir(Ⅰ)催化剂可以从正己烷中析出，进而对催化剂进行回收和循环使用。

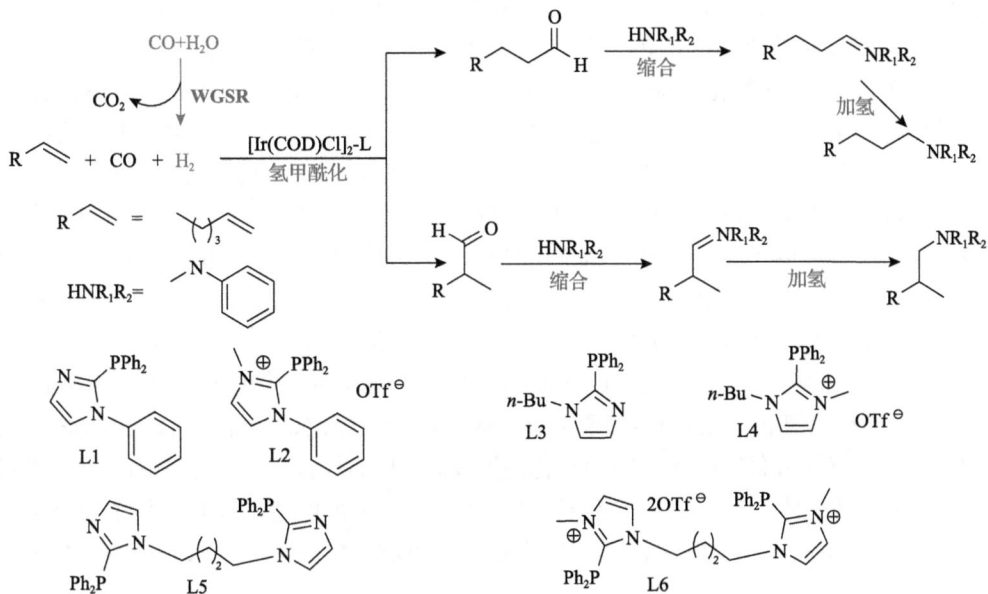

图 6.30　Ir-配体体系催化的 1-己烯氢氨基甲基化反应

表 6.29　Ir-配体体系催化 1-己烯与 N-甲基苯胺的氢氨基甲基化反应结果（以水为氢源）[a]

配体	转化率 [b]/%	选择性 [b]/%			L/B [c]
		胺	异构己烯	己烷	
L1	32	>99	—	<1	88/12
L2	86	>99	—	<1	84/16
L3	33	>99	—	<1	93/7
L4	85	>99	—	<1	85/15
L5	32	>99	—	<1	92/8
L6	93	>99	—	<1	84/16
L6 [d]	92	81		19	85/15
L6 [e]	99			15	
PPh₃	55	>99	—	<1	87/13
—	10	>99	—	<1	88/12

a. 反应条件：1-己烯 5.0mmol，[Ir(COD)Cl]₂ 0.025mmol（Ir 1.0mol%），单膦 0.05mmol（如用双膦 L5、L6 则加入 0.025mmol），P 与 Ir 摩尔比为 1，N-甲基苯胺 8.0mmol，溶剂 N-甲基吡咯烷酮 2mL，22h，140℃，H₂O 0.3mL，CO 4.0MPa。

b. 基于气相色谱分析所得。

c. L/B＝直链 N-庚基-N-甲基苯胺/支链 N-庚基-N-甲基苯胺。

d. CO/H₂＝3（合成气压力 4.0MPa），8h。

e. 采用[Rh(COD)Cl]₂。

最近，刘烨教授课题组[170]通过将具有较强 π-受电子能力的咪唑基膦配体和高价态 Ir(Ⅲ)化合物 IrCl₃·3H₂O 复合，成功构建了具有双功能特点的高效氢甲酰化-缩醛化串联反应催化剂体系(图 6.31 和表 6.30)，其中膦配体配位修饰的高价态 Ir(Ⅲ)配合物在该过程中扮演过渡金属催化剂的角色(催化氢甲酰化反应)，Ir(Ⅲ)金属配合物扮演路易斯酸催化剂的角色(催化缩醛化反应)。通过调控合成气的体积比例(CO/H₂=5)，具有较强 π-受电子能力的 L5 结合 IrCl₃·3H₂O 能高效催化烯烃的"氢甲酰化-缩醛化"串联反应，1-己烯的转化率为 97%，缩醛的选择性高达 92%。该催化体系表现出较好的底物普适性。通过将低价态的 Ir[Ir(COD)Cl]₂、路易斯酸(FeCl₃)和高价态 Ir(IrCl₃·3H₂O)分别应用于催化该串联反应，证明了膦配体配位修饰的高价态 Ir(Ⅲ)配合物作为双功能催化剂即可以形成过渡金属 Ir(Ⅲ)-P 催化位点，又具有 Ir(Ⅲ)-路易斯酸催化位点。而且该双功能催化剂 Ir(Ⅲ)-L4 能协同催化该串联反应，其催化效果远优于两种催化剂的物理混合[Ir(Ⅰ)配合物+FeCl₃(路易斯酸)]。合成的 Ir(Ⅲ)-L4 配合物的单晶结构解析证明，强缺电子性膦配体 L4 能够与高价态 Ir(Ⅲ)-离子配位形成稳定的六配位结构配合物，可以完全避免膦配体和高价态的 Ir(Ⅲ)离子之间的氧化还原反应，从而保证了金属中心的路易斯酸性。另外，离子型膦配体 L6 参与的反应经过延长反应时间也可以达到较好的收率(83%)。而且在离子液体[BMIM]PF₆参与下，可以实现离子型膦配体 L6 结合 IrCl₃·3H₂O 体系的 6 次循环。

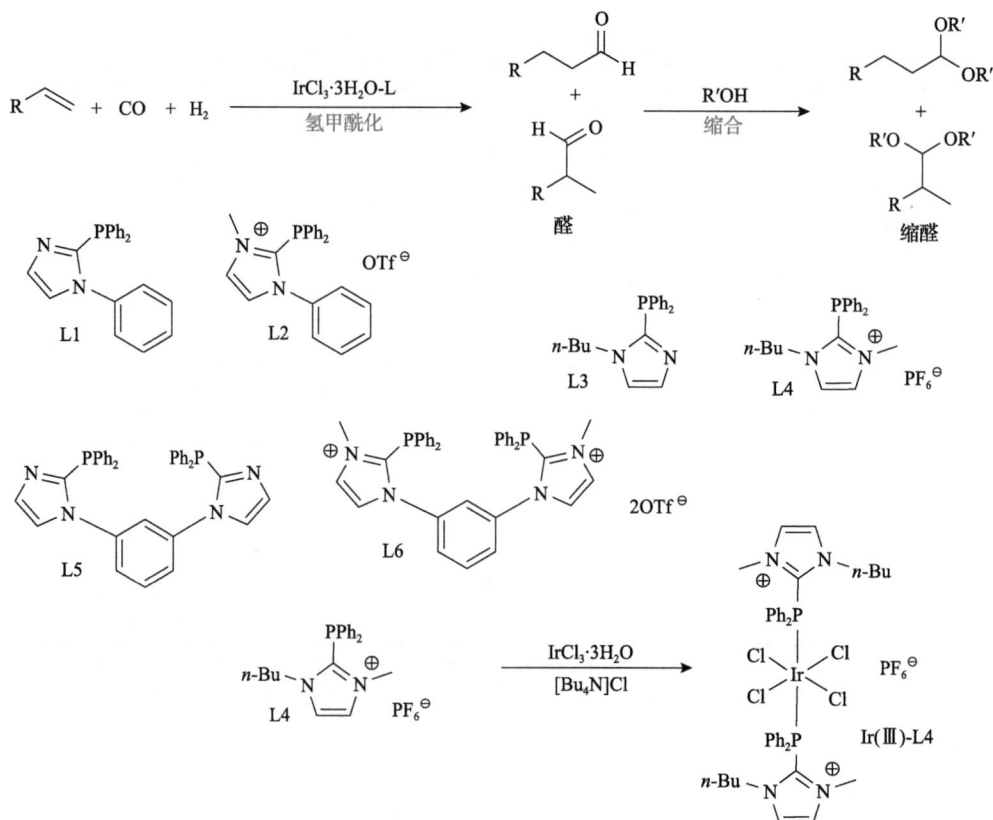

图 6.31　Ir-配体体系催化的氢甲酰化-缩醛化串联反应

表 6.30 不同膦配体修饰 IrCl₃·3H₂O 催化的 1-己烯的串联氢甲酰化-缩合反应 ᵃ

配体	转化率/%ᵇ	选择性ᵇ/%				L/Bᶜ
		C₇醛	缩醛	己烷	异构己烯	
—	66	<1	73	26	<1	78/22
L1	96	<1	89	10	<1	78/22
L2	81	<1	86	13	<1	78/22
L3	94	<1	88	11	<1	78/22
L4	79	<1	81	12	<1	78/22
L5	97	<1	92	7	<1	78/22
L6	82	<1	87	12	<1	79/21
PPh₃	78	<1	79	20	<1	80/20
L4ᵈ	80	<1	86	13	<1	80/20
Irᴵᴵᴵ-L4ᵉ	79	<1	85	14	<1	79/21

a. 反应条件：1-己烯 5.0mmol，IrCl₃·3H₂O 0.01mmol（Ir 0.2mol%），P/Ir（摩尔比）=1，甲醇 5mL，溶剂 N-甲基吡咯烷酮 2mL，合成气 4.0MPa（CO/H₂=5），110℃，8h。

b. 基于气相色谱分析所得。

c. L/B = 直链缩醛/支链缩醛。

d. P/Ir（摩尔比）=2。

e. 采用 Irᴵᴵᴵ-L4 配合物。

6.4 钯催化的烯烃氢甲酰化

钯（Pd）作为元素周期表中的第 46 号元素，位于第二过渡周期，其原子半径介于镍和铂之间，钯是典型的后过渡金属，倾向于生产 d¹⁰ 和 d⁸ 的配合物，分别对应 0 和+2 两个低氧化态。Pd 能够形成相对稳定的 16 电子或者更少最外层电子数的配合物，这类配位不饱和的配合物可以提供至少一对价层空轨道和被占有的非键轨道。作为 LUMO 的价层空轨道可以提供路易斯碱性和亲电空位，而被占有的非键轨道可以作为 HOMO 提供路易斯酸性和亲核空位。因此，Pd 可以很容易地参与协同那些活化能较低的有机反应。事实上，Pd 的配位性质使得其所形成的金属盐或者金属配合物在众多的有机化合物转化反应中有着举足轻重的地位[171-175]，如我们所熟知的 PdCl₂-CuCl₂ 催化的乙烯直接氧化制乙醛的 Wacker 反应、钯-膦配体（或氮配体）催化的众多交叉偶联反应（Heck、Suzuki、Tsuji-Trost、Negishi、Stille、Sonogashira 等偶联反应）、醇/烯烃氧化、羰基化、烯烃聚合等。同样负载型的钯多相催化剂在众多的石油化工过程中也得到了广泛的应用。例如，Pd/C、Pd/SiO₂、Pd/Al₂O₃ 等负载型钯催化的乙烯气相法合成乙酸乙烯、烯烃或对苯二甲酸精制、双氧水合成等大宗化学品合成过程。

事实上，钯催化剂在烯烃、炔烃、胺类化合物、硝基化合物、酚类化合物、卤代芳烃化合物的羰基化反应中已经得到非常广泛的应用[176]。但是在烯烃的氢甲酰化反应领域，钯类催化剂应用得并不广泛。1994 年 Consiglio 等[177]发现 Pd(O₂CCF₃)₂(dppp) [dppp=1,3-双(二苯基膦基)丙烷]可以催化苯乙烯的氢甲酰化反应，在 4.0MPa 合成气的压力下，转化率达到 97%，2-苯基丙醇或 3-苯基丙醇的选择性达到 80%，同时发现反应的选择性与反应中采用的配体和阴离子密切相关，采用其他配体，则产物中生成了大量的酮二聚体和低聚物。

Drent 等[178,179]详细研究了 Pd(Ⅱ)二膦配合物组成的催化体系催化的烯烃氢甲酰化反应中各种因素的影响规律，发现配体、阴离子和溶剂的微妙变化会导致反应途径的变化，生成醇/醛、酮或低聚酮等各种产物(图 6.32)。其中 Pd-酰基活性物种在反应过程中扮演着重要的角色，其可插入烯烃形成酮和低聚酮(hydroacylation)或进行氢解生成醛(hydroformylation)。弱或非配位抗衡阴离子和芳基膦配体的条件下主要产生(低聚)酮产物，而增加配体的碱性或阴离子配位强度则得到醛和醇产物。另外，一个重要的因素是金属中心的亲电性。如果金属中心亲电性太强，烷基会插入 Pd-酰基中间体中，但是如果金属中心不亲电，如加入强的配位阴离子不会发生反应。因此，要使钯催化的烯烃选择性氢甲酰化能够进行，需要适度的亲电 Pd 中心，这可以通过使用强碱性的配体[如 1,3-双(二仲丁基膦)丙烷]和不太弱的配位阴离子(如三氟甲磺酸阴离子)获得。

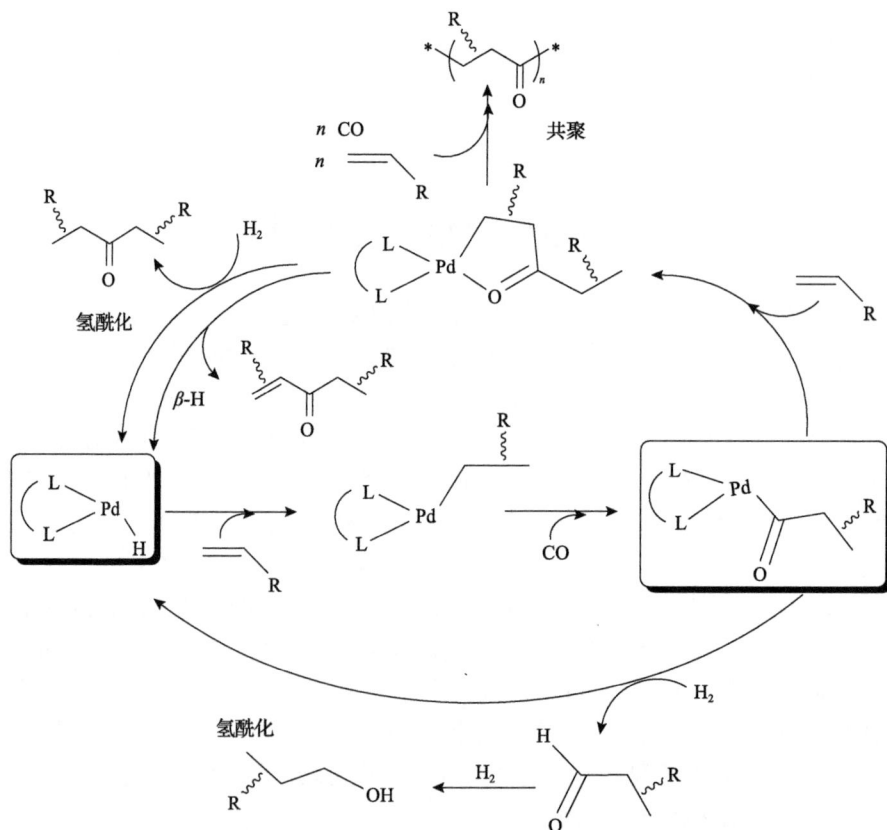

图 6.32　Pd-双膦配合物催化的烯烃氢甲酰化反应中的各种副反应

之后，Drent 等[180-182]研究发现，在乙酸钯-双膦配体-三氟甲磺酸组成的反应体系中引入卤化物阴离子(通过向反应体系中加入卤化物盐的方式实现),可以在温和的反应条件下实现端烯烃和内烯烃的高效氢甲酰化反应得到醇(表 6.31)。结果表明在反应过程中卤化物阴离子对氢甲酰化反应的速率、化学选择性、区域选择性具有促进作用。在存在氯化物/溴化物的情况下,内烯烃的氢甲酰化反应速率提高了 6~7 倍,而碘化物作用下的氢甲酰化反应速率则提高了 3~4 倍。值得注意的是,卤化物阴离子对线型醇的区域选择性以相反的顺序增加,即碘化物>溴化物>氯化物。这些研究证实了钯-膦体系对内烯烃具有较强的异构化能力,可以实现内烯烃异构化为端烯烃,进而发生氢甲酰化反应得

表 6.31 卤化物阴离子对钯催化的烯烃氢甲酰化反应影响 [a]

P-P	Cl/Pd(摩尔比)	底物($C_n^=$)	TOF/h^{-1}	产物选择性 [b]/mol%		
				烷烃	醇(C_nCH_2OH)(线型率/%) [c]	酮(C_nCOC_n)
	0	1-辛烯	40	7	4(51)	88
	0	i-C_8~C_{10} [d]	<10	—	—	—
	0.4	1-辛烯	40	7	7(55)	86
	0.4	i-C_8~C_{10} [d]	<10	—	—	—
	0	1-辛烯	130	2	88(68)	10
	0	i-C_8~C_{10} [d]	150	8	89(65)	3
	0.4	1-辛烯	1000	1	95(79)	4
	0.4	i-C_8~C_{10} [d]	1000	<1	99(72)	<1
	0	1-辛烯	50	6	41(69)	53
	0	i-C_8~C_{10} [d]	50	9	83(66)	7
	0.4	1-辛烯	900	2	95(81)	3
	0.4	i-C_8~C_{10} [d]	800	2	96(81)	1
	0	1-辛烯	30	15	23(66)	62
	0	i-C_8~C_{10} [d]	20	20	40(nd)	40
	0.4	1-辛烯	200	1	87(84)	11
	0.4	i-C_8~C_{10} [d]	300	1	96(84)	2
	0	1-辛烯	30	12	8(57)	81
	0	i-C_8~C_{10} [d]	20	10	20(63)	70
	0.4	1-辛烯	50	4	50(71)	46
	0.4	i-C_8~C_{10} [d]	40	5	60(75)	35

注:nd 表示未检测到。

a. 反应条件:烯烃 20mL,Pd(OAc)₂ 0.25mmol,0.35mmol(1.4eq)双膦配体(L/Pd = 1.4),HOTf 0.5mmol,溶剂 9.6mL(环丁砜/水=99),H₂O 0.4mL(其中含有氯盐,Cl/Pd=0.4),105℃,反应压力 5.8MPa(CO/H₂ = 9/20)。

b. 基于气相色谱分析所得。

c. 醇的线型率是指直链醇在所有醇产物中所占的比例。

d. i-C_8~C_{10} 指 C_8~C_{10} 内烯烃(含 12% C_8 烯、44% C_9 烯、44% C_{10} 烯)。

到线型的醇产物。详细的机理研究表明，$L_2Pd(OTf)_2$ 与 H_2 作用所得到的三配位的 Pd(II)配合物$[L_2PdH]^+$是具有催化功能的活性物种，在反应过程中卤化物阴离子渗透到 Pd-酰基的配位域中，进而实现 H_2 的有效杂化活化和离解，以及随后形成加氢甲酰化产物。此外，Arnoldy 等[183,184]发现水的添加（同时加入卤化物阴离子），同样对乙酸钯-双膦配体-甲磺酸组成的反应体系催化的烯烃的氢甲酰化反应具有促进作用。

另外，Drent 等[185]采用乙酸钯(0.25mmol)、双膦配体[0.6mmol，1,2-*P*,*P*′-bis(9-phosphabicyclononyl)ethane 或 1,2-*P*,*P*′-bis(dimethyl-9-phosphabicyclononyl)ethane，或 1,3-*P*,*P*′-bis(9-phosphabicyclononyl)propane，或 1,3-*P*,*P*′-bis(dimethyl-9-phosphabicyclononyl)propane]、甲磺酸或三氟甲磺酸(1mmol)组成的催化体系，以二乙基己醇-环丁砜(25～10mL)为溶剂，通过加入水(5mL)，在 150℃、$P(CO)=4.0MPa$ 的反应条件下反应 10h，异构的碳十四烯烃能够以最高 200mol/(mol·h)的速率转化为 C_{15} 的直链醇（比例接近 99%）。特别令人感兴趣的是，该催化体系具有较强的异构化能力，能够通过顺序的异构化-氢甲酰化-加氢反应过程将仲醇和叔醇转化为伯醇，如 2-丁醇以 70%的选择性转化为 1-戊醇，3-己醇以 70%的选择性转化为 1-庚醇。此外，Drent 等[186,187]所申请的相关专利显示若把乙酸钯-双膦-1,2-*P*,*P*′-二(9-磷杂双环[3.3.1]壬基)乙烷、1,2-*P*,*P*′-二(9-磷杂双环[4.1.1]壬基)乙烷]-甲磺酸组成的催化体系，用于混合碳八辛烯的氢甲酰化反应中，通过蒸馏的方式可以实现 5 次循环使用，但是在循环过程中有钯黑生成。

Jennerjahn 和 Beller 教授等[188]采用 $Pd(acac)_2$-双膦或者含氮的双膦-酸（如对甲苯磺酸、甲磺酸、三氟甲磺酸、十二烷基磺酸、樟脑磺酸以及 HBF_4、HCl、$ZnCl_2$、$FeCl_3$ 等酸）组成的催化剂体系，研究了 1-辛烯的氢甲酰化反应合成壬醛，发现在反应条件下，产生了大量的 1-辛烯异构化产物碳八内烯烃（最高可达 68%）。显然与氢甲酰化反应相比，原位生成的氢化钯配合物异构化 1-辛烯的速度要快得多。对照试验表明：即使在无氢气，室温下，该催化剂体系能够快速催化 1-辛烯的异构化反应。另外，$ZnCl_2$ 或 $FeCl_3$ 以及其他典型的 Brønsted 酸（如 HCl）不会促进氢甲酰化反应的进行。通过优化各种反应条件，1-辛烯的转化率可达 99%，其中有 23%的 1-辛烯异构化为内烯烃，72%的 1-辛烯转化为壬醛，此外反应体系中还检测到醛的羟醛反应的副产物。在优化的反应条件下，$Pd(acac)_2$-含吡咯环的双膦-对甲苯磺酸组成的催化剂体系能够很好地催化不同芳族烯烃的氢甲酰化反应（表 6.32）。

表 6.32 $Pd(acac)_2$-含吡咯环的双膦-对甲苯磺酸体系催化不同烯烃的氢甲酰化反应 [a]

烯烃	产物	转化率[b]/%	收率[b]/%	L/B[c]
		99	72	81/19
		96	88	85/15

续表

烯烃	产物	转化率[b]/%	收率[b]/%	L/B[c]
		89	89	>99/1
		100	99	>99/1
		—	53	>99/1
		15	15	—
		57	57	—
		100	>95	98/2

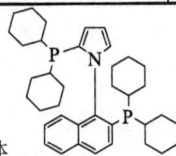

a. 反应条件: 烯烃 5.1mmol, Pd(acac)$_2$ 0.2mol%, 配体 0.8mol%, 对甲苯磺酸(p-toluenesulfonic acid)0.8mol%, 溶剂二甘醇二甲醚(diglyme)2mL, 合成气 6.0MPa(CO/H$_2$=1)(对于 1-辛烯底物, 合成气压力 8.0MPa), 100℃, 16h。

b. 基于气相色谱或者 ^{1}H NMR 分析所得。

c. L/B=直链醛/支链醛。

　　最近, 来自英国帝国理工学院的 Tay 和 Britovsek 教授等[189]合成了一系列具有 C3 桥联的双齿双(二苯基膦基)丙烷配体的钯金属配合物, 该配体在中心 C2 碳上具有变化的空间体积和不同的取代基团, C3 桥联的双齿 dppp 配体中间 C2 位上取代基的大小会影响配体中的 C—C—C 键角, 进而影响 P-M-P 配体的咬合角。这种取代的双(二苯基膦基)丙烷配体和乙酸钯以及三氟甲磺酸组成的原位催化体系能够催化辛烯的氢甲酰化反应(表 6.33), 发现随着 C2 位上二烷基取代基大小的增加, 对壬醛的氢甲酰化活性降低。

通过 XRD 和 DFT 研究表明，取代基尺寸的增加会导致六元金属配体椅构型向舟型构型变形，从而避免键角应变。

表 6.33　取代的双(二苯基膦基)丙烷配体对乙酸钯催化辛烯氢甲酰化反应的影响 [a]

序号	烯烃	配体	转化率/%	产物分布/%				活性 [b]
				异构化烯烃	辛烷	C_9 醛	C_9 醇	
1	1-辛烯	PPh₂ PPh₂	99	28	0	67	2	600
2	1-辛烯	PPh₂ PPh₂	99	41	0	51	2	550
3	1-辛烯	PPh₂ PPh₂	99	51	1	34	9	550
4	1-辛烯	PPh₂ PPh₂	99	53	0	30	9	550
5	反-4-辛烯	PPh₂ PPh₂	58	66	0	27	1	300
6	反-4-辛烯	PPh₂ PPh₂	48	75	0	14	1	250
7	反-2-辛烯	PPh₂ PPh₂	37	78	4	18	<1	200
8	反-2-辛烯	PPh₂ PPh₂	27	86	4	7	<1	100

a. 反应条件：对于 1～6，烯烃 32.2mmol，Pd(OAc)₂ 0.05mmol，L/Pd(摩尔比)=1.1，三氟乙酸(CF₃CO₂H) 2.5mmol，溶剂二甘醇二甲醚(diglyme) 30mL，反应压力 6.0MPa(CO/H₂=1)，125℃，24h。对于 7、8，烯烃 12.7mmol，Pd(OAc)₂ 0.025mmol，L/Pd(摩尔比)=2.4，三氟乙酸 1.25mmol，溶剂二甘醇二甲醚 15mL，反应压力 6.0MPa(CO/H₂=1)，125℃，5h。

b. 活性=异构化、羰基化产物与 Pd 摩尔比。

为了解决目前钯催化的烯烃氢甲酰化需要酸性助催化剂和较高的反应温度等问题，Zhang 和 Dydio 等[190]发展了相对温和的操作条件,无需任何酸性助催化剂,即 PdX₂/xantphos 体系催化的烯烃和炔烃的氢甲酰化反应，发现钯源 PdX₂ 中阴离子对反应有决定性的影响，采用 1-癸烯为反应底物(反应条件：1mmol 1-癸烯，1.0mol% PdX₂，1.1mol% 9,9-二甲基-4,5-双二苯基膦氧杂蒽(xantphos)，2.0/8.0MPa CO/H₂，2mL 二氧六环，100℃，16h)，当 X=AcO⁻、TFA⁻、acac⁻、TfO⁻、BF₄⁻ 时，氢甲酰化反应基本上不发生；当 X=Br⁻、Cl⁻ 时，C_{11} 醛的收率分别达到 25% 和 11%，特别是当采用 PdI₂ 时，C_{11} 醛的收率>99%(其中 L/B = 58/42)。随后，以苯乙烯为反应底物，采用 1mol% PdI₂/xantphos 催化体系，可以实现苯乙烯转化率>99%，由于反应中存在齐聚和氢化副反应，只有 11%的醛氢甲酰化醛产物，β,α 位点的选择性为 76/24(也就是苯丙醛/2-甲基苯乙醛=76/24)。为了调控氢甲酰化反应的发生位置(也就是反应在烯烃的 α 或 β 位点发生,烯烃中带有大取代基的碳为 α 位,两个氢取代的碳为 β 位),作者通过加入路易斯酸等添加剂对氢甲酰化反应进行了选择性控制,发现当 1mol% PdI$_2$/xantphos 催化体系中额外加入 0.2mol% Pd(OAc)$_2$,在 70℃的甲苯中进行反应时,可以实现苯乙烯 99%的转化率,氢甲酰化产物的选择性为 100%,产物醛 β,α 位点的选择性为 78/22(也就是苯丙醛/2-甲基苯乙醛=78/22);当额外加入 0.4mol% Pd(OAc)$_2$,在 50℃中进行反应时,氢甲酰化产物的收率 62%,产物中 β,α 位点的选择性为 85/15。该 PdI$_2$-xantphos/Pd(OAc)$_2$ 催化体系同样适用于各种官能团取代底物的氢甲酰化反应得到相应的醛(图 6.33 和表 6.34),包括对酸敏感的 N-Boc、(硅基)醚、缩醛、酯、醛、酰胺取代烯烃;特别对于内烯烃的氢甲酰化反应,如 β-甲基苯乙烯(其通常在 Rh 催化下形成 α-醛或 γ-醛),优先得到 β-醛。

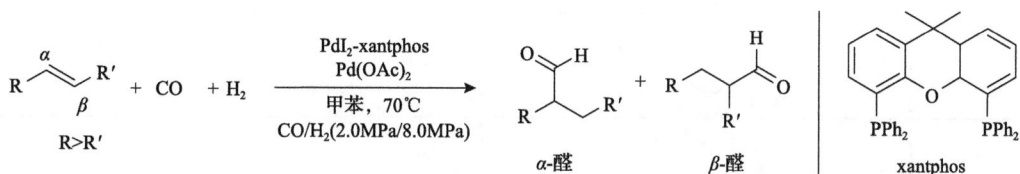

图 6.33　PdI$_2$-xantphos/Pd(OAc)$_2$ 体系催化各种官能团取代底物的氢甲酰化反应

表 6.34　PdI$_2$-xantphos/Pd(OAc)$_2$ 体系催化各种官能团取代底物的氢甲酰化反应结果 [a]

序号	底物	醛选择性 [b]/%		醛收率 [b]/%
		β	α	
1		78	22	99
2		90	10	92
3		75	25	84
4		99	1	99
5		99	1	92
6		99	1	99
7		94	6	81

续表

序号	底物	醛选择性[b]/%		醛收率[b]/%
		β	α	
8	TIPSO⟋⟍	73	27	22
9		73	27	22
10[c]	MeO⟍MeO	69	31	77
11[c]		62	28	99
12[c]	MeO⟍MeO α β	61	35	42
13[c]		34	11	97

a. 反应条件：烯烃 0.125mmol/L，xanpthos-PdI$_2$ 1.0mol%，Pd(OAc)$_2$ 0.2mol%，合成气压力 10.0MPa(CO/H$_2$=2.0/8.0)，溶剂甲苯，70℃，16h。

b. 基于气相色谱或者 ^{1}H NMR 分析所得。

c. 其他醛是 γ-醛异构体。

在深入研究 PdI$_2$-xantphos/Pd(OAc)$_2$ 体系催化的烯烃氢甲酰化反应机理过程中，发现 PdI$_2$-xantphos 催化剂在 CO/H$_2$ 合成气气氛(在 22～60℃)中能够生成 Pd$_2$-hydride$^+$ 中间体物种，并且得到了该中间体物种的结构，通过 D$_2$/CO 实验验证了该物种能够活化 H$_2$ 分子。在此基础上，作者提出了双核 Pd(Ⅰ)-Pd(Ⅰ) 催化的反应机理(图 6.34)，该反应需要借助碘负离子(I$^-$)作为反离子进行辅助，钯-酰基$^+$ 是催化循环的静止状态，不直接与 H$_2$ 反应。相反，钯-酰基$^+$ 与活性 Pd-H 氢化物反应生成 Pd(Ⅰ)-Pd(Ⅰ) 中间体和醛产物。

最近，Sigrist、Zhang 和 Dydio 等[191]在经过优化筛选的基础上，采用更加简单的三环己基膦[P(Cy)$_3$，tricyclohexylphosphine]配体和 PdI$_2$ 组成的催化剂体系，实现了丙烯的氢甲酰化反应(反应条件 2.5mmol/L PdI$_2$，5mmol/L PCy$_3$，CO/H$_2$=2.0/8.0，2mL 苯甲醚(anisole)，80～120℃，4h)，产物 L/B 达到 1/50。同时该体系在长链烯烃的氢甲酰化反应中表现出优异的性能，主要生成的是支链的醛产物(表 6.35)。深入的研究同样发现 PdI$_2$ 和 PCy$_3$(2eq)能够形成双膦 Pd(Ⅱ)配合物(PCy$_3$)$_2$PdI$_2$，该配合物在 80℃以上的温度下与合成气反应，能够形成活性的单核反式双膦二氢化碘配合物(PCy$_3$)$_2$PdHI，用 D$_2$/CO 进行的实验同样获得了类似的钯-氘化物。通过对比发现含有其他强配位或弱配位阴离子(溴、乙酸盐、三氟乙酸盐、四氟硼酸盐)的钯配合物反应中，没有形成钯氢化物，表明 PdI$_2$ 中碘阴离子能够对催化活性和选择性起到积极的正效应。

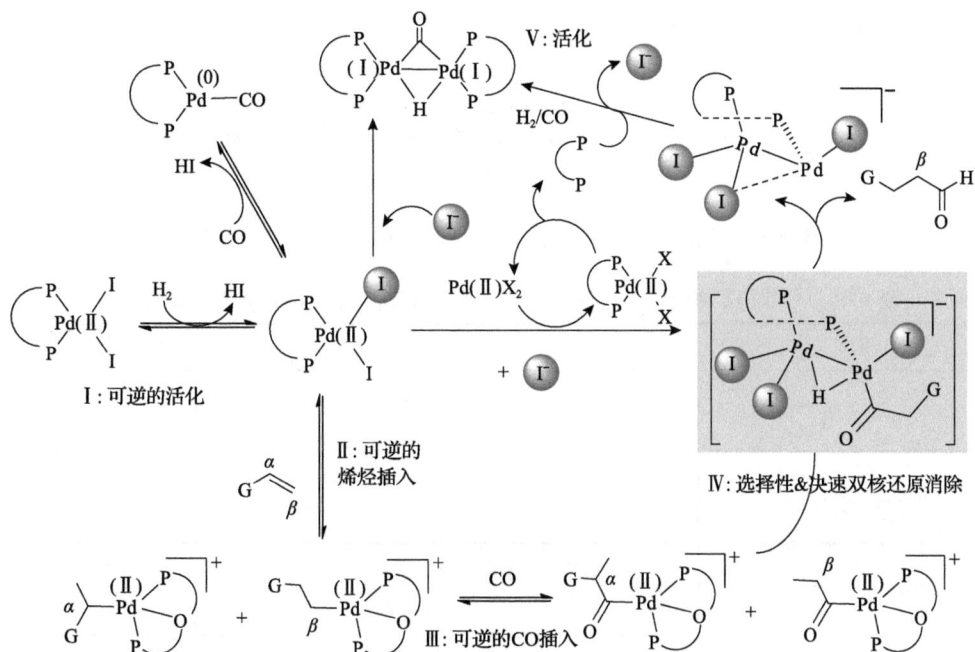

图 6.34　碘离子辅助钯催化烯烃氢甲酰化反应的双核机理

表 6.35　PdI₂-P(Cy)₃体系催化烯烃的氢甲酰化反应 [a]

序号	烯烃	主要产物	醛的收率/%	L/B[c]
1		CHO	95	1/2.6
2[b]			80	1/2.6
3		CHO	94	1/2.8
4[b]			78	1/2.7
5		CHO	92	1/2.4
6[b]			85	1/4.6
7		CHO	91	1/2.4
8[b]			82	1/4.6
9		CHO	91	1/2.4
10[b]			75	1/4.0

a. 反应条件:烯烃0.5mol/L(溶于1,2-二氯甲苯),PdI₂ 10mmol/L,PCy₃ 20mmol/L,合成气压力10.0MPa(CO/H₂=2.0/8.0),100℃,16h。

b. 额外加入 40mmol/L LiOTf(5mol%)。

c. L/B=直链醛/支链醛。

南京大学的史一安教授等[192]利用甲酸(HCOOH)和乙酸酐(Ac₂O)作为羰基源代替合成气,采用乙酸钯为钯源,dppp 作配体,四丁基碘化铵(Bu₄NI)作为添加剂、1,2-二氯乙烷(DCE)作溶剂,在 80℃的温和反应条件下,实现了烯烃(苯环上带有各种取代基的苯乙烯类底物或脂肪族的链状烯烃和环状烯烃)的高区域选择性(L/B 大于 20)制备一系列直链醛类化合物(图 6.35 和表 6.36)。例如,采用苯乙烯为底物,能够以 93%的收率得到线型的氢甲酰化产物苯丙醛。

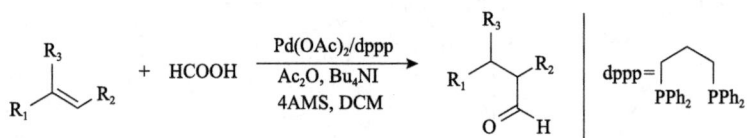

图 6.35　甲酸和乙酸酐作为合成气源钯催化烯烃的氢甲酰化反应

表 6.36　甲酸和乙酸酐作为合成气源 Pd(OAc)₂/dppp 催化的烯烃氢甲酰化反应 [a]

烯烃	产物	分离收率/%	L/B
		65	7
		52	9
		65	9
		93	>20
		79	>20
		81	>20
		89	>20
		90	>20
		85	>20
		88	>20

续表

烯烃	产物	分离收率/%	L/B
		78	>20
		80	>20
		86	>20
		67	>20
		79	—
		65	—

a. 反应条件：烯烃 0.5mmol，Pd(OAc)₂ 0.025mmol，二(二苯基膦)丙烷 0.05mmol，四丁基碘化铵 0.0125mmol，4Å 分子筛 10mg，甲酸 1.95mmol，乙酸酐 1.50mmol，1,2-二氯乙烷 0.50mL，80℃，24h。

　　根据对照实验以及氘代的对照实验结果，作者也提出了可能的反应机理(图 6.36)，零价钯首先和甲酸乙酸混合酸酐发生氧化加成得到中间体 A，重排产生化合物 B，对烯烃发生氢钯化反应得到 C，C 发生迁移插入得到复合物 D，D 和碘负离子发生配体交换得到 E，再发生配体交换得到 F，F 释放出二氧化碳得到钯复合物 G，G 发生还原消除得到醛，再生零价钯进入新的循环。

　　钯基催化剂除了能催化烯烃的氢甲酰化反应外，还能催化炔烃的氢甲酰化反应合成 α,β-不饱和醛。例如，Hidai 等[193]发现钯配合物 PdCl₂(PCy₃)₂ 和三乙胺组成的催化剂体系能够高效、高区域和高化学选择性地催化对称或者非对称内炔烃的氢甲酰化反应生成相应的 α,β-不饱和醛。以 4-辛炔为反应底物，催化剂 PdCl₂(PCy₃)₂ 用量 2mol%，在 150℃ 和 7.0MPa(CO/H₂=1)的反应条件下，获得最佳结果，转化率可达 84%，目标醛收率 83%。此外，在反应体系中加入 Co₂(CO)₈ 和 PdCl₂(PCy₃)₂ 组合使用能够显著提高催化活性，在较短的时间内提供了更高的转化率，而选择性几乎没有变化。

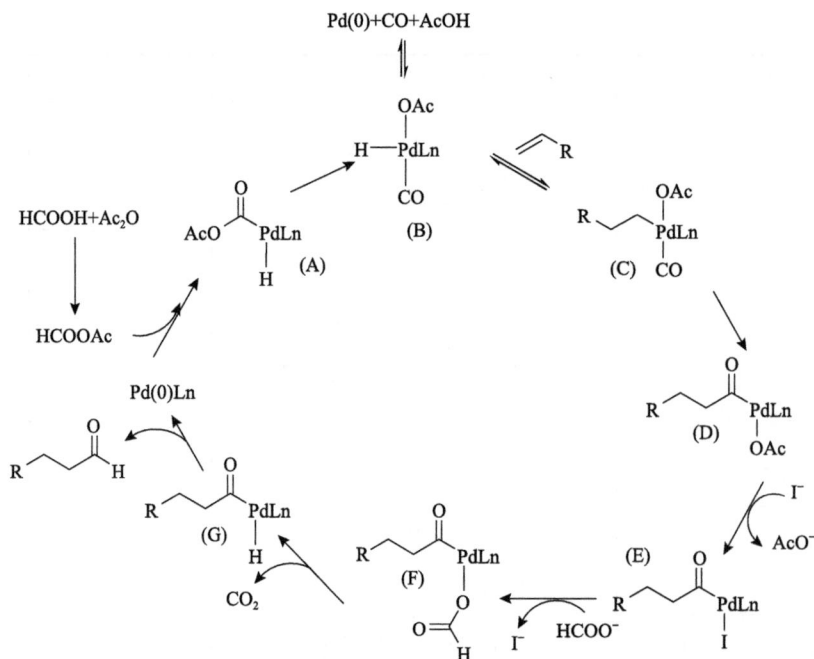

图 6.36 采用甲酸和乙酸酐为合成气源钯催化烯烃氢甲酰化反应的可能机理

Fang 和 Beller 等[194]则采用 Pd(acac)₂-含吡咯环双膦-对甲苯磺酸组成的催化剂体系,实现了不同内炔烃的氢甲酰化反应得到相应的 α,β-不饱和醛(图 6.37 和表 6.37)。遗憾的是该体系对于末端的直链炔烃底物的催化性能欠佳。

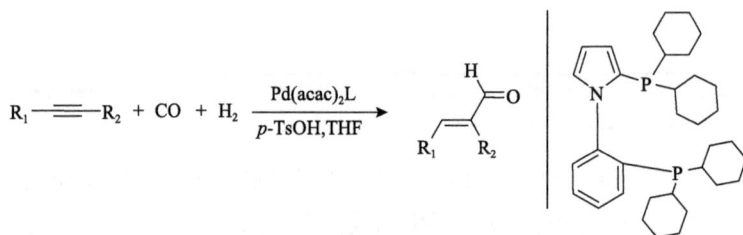

图 6.37 Pd(acac)₂-含吡咯环双膦-对甲苯磺酸体系催化内炔烃的氢甲酰化反应

表 6.37 **Pd(acac)₂-含吡咯环双膦-对甲苯磺酸体系催化内炔烃的氢甲酰化反应结果** [a]

序号	产物(收率[b])	E : Z[c]	序号	产物(收率[b])	E : Z[c]
1	(90%)	95 : 5	2	(88%)	94 : 6

续表

序号	产物(收率[b])	E∶Z[c]	序号	产物(收率[b])	E∶Z[c]
3	Bu　　Bu(89%)	95∶5	9	(55%)	80∶20
4	F　　F(82%)	96∶4	10	(49%)	95∶5
5	Br　　Br(81%)	96∶4	11	(88%)	91∶9
6	(82%)	>20∶1	12	(70%)	95∶5
7	F₃C　　CF₃ (91%)	96∶4	13	OMe (53%)	>20∶1
8	(68%)	>20∶1	14	MeO (74%)	>20∶1

续表

序号	产物(收率[b])	$E:Z$[c]	序号	产物(收率[b])	$E:Z$[c]
15	(93%)	96:4	19	(86%)	94:6
16	(67%)	96:4	20	(52%)	>20:1
17	(91%)	96:4	21	(17%)	—
18	(87%)	96:4			

a. 反应条件：序号 1～15，烯烃 0.5mmol，Pd(acac)$_2$0.5mol%，配体 1mol%，对甲苯磺酸(p-TsOH)2mol%，溶剂四氢呋喃(THF)2mL，反应压力 5.0MPa(CO/H$_2$=1)，80℃，20h。序号 16～21，烯烃 7.5mmol，Pd(acac)$_2$ 1mol%，配体 4mol%，对甲苯磺酸 4mol%，溶剂四氢呋喃 30mL，反应压力 4.0MPa(CO/H$_2$=1)，100℃，10h。

b. 分离收率。

c. 利用 GC-MS 分析得到。

华东理工大学的陶晓春教授课题组[195]利用廉价易得且安全稳定的乙醛酸作为氢甲酰化反应中的合成气原料，采用 PdCl$_2$(PPh$_3$)$_2$-三苯基膦(PPh$_3$)和 dppp 组成的催化剂体系，成功实现了末端炔烃的氢甲酰化反应，合成了一系列苯环上带有各种取代基以及杂环的肉桂醛类化合物，所得到的醛产物具有高度的 E 式选择性，并对反应的机理做了较深入的研究。前面提及的 Zhang 等[190]发展的 PdI$_2$-xantphos/Pd(OAc)$_2$体系同样能够催化炔烃的氢甲酰化反应得到 β 位占主要成分的 α,β-不饱和醛。

除了上述钯基催化剂均相氢甲酰化反应体系中的应用外，多相的钯催化剂在氢甲酰化反应中的应用也有少量报道，Sachtler 等[196]采用 Y 分子筛负载的三甲基膦羰基钯(TMPC)簇合物为催化剂，研究了丙烯在中等压力下的氢甲酰化反应，对反应中丁醛以及庚酮异构体形成的反应和选择性进行了详细的阐述，反应中丁醛的选择性较差。

Takahashi 等[197-199]则以 Pd(NO$_3$)$_2$、Pd(NO$_2$)$_2$(NH$_3$)$_2$为钯源，制备了多相 Pd(0)/SiO$_2$纳米催化材料，以乙烯的固定床氢甲酰化反应为模型，研究了纳米钯的尺寸对反应的影响，可能的原因是金属在载体上的更大分散，发现在纳米 Pd(0)尺寸小于 2nm 时，反应的 TOF = $16.1 \times 10^{-2} min^{-1}$，而当纳米 Pd(0)的尺寸在 5～7nm 时，反应的 TOF = $1.77 \times 10^{-2} \sim 2.23 \times 10^{-2} min^{-1}$，但是反应的主要产物是乙烷。同时发现用镧系元素或者 Rh 对 Pd/SiO$_2$ 进行修饰，可以有效提高氢甲酰化的反应性能。

Maeda 等[200]发现，通过高温 500℃氢气还原的多相 Pd/Nb$_2$O$_5$ 催化材料，可以有效催化乙烯的氢甲酰化反应，但是得到的羰基化产物主要是通过丙醛缩合形成的 2-甲基-2-戊烯醛[速率 $4.77 \times 10^{-3} mol/(mol \cdot s)$]，而低温(200℃)还原的多相 Pd/Nb$_2O_5$ 催化材料，在氢甲酰化反应条件下只要生产乙烷，无羰基化产物生成。Maeda 等[200]将这种现象归结为：高温还原后，表面 Pd 原子的结构发生了变化，即 Pd 的位点隔离(几何效应)，随着还原温度的升高，NbO$_x$ 对 Pd 表面部位产生物理阻挡，使得由相邻 Pd 原子组成的桥接 CO 位点可能会迫使吸附的 CO 分子进入"顶部"或"线型"位置，从而产生与 NbO$_x$ 相邻的线型 CO 的位点，使得氢甲酰化反应中 CO 的插入增强，所以能够得到氢甲酰化产物。

Moroz 和 Semikolenov 等[201-204]利用硅胶表面的羟基和偶联剂 (EtO)Si(CH$_2$CH$_2$CH$_2$ PCy$_2$)$_3$(Cy = cyclohexyl)反应得到含膦的载体材料，进一步与钯配合物、八羰基二钴反应得到锚固在二氧化硅表面的异核钯-钴配合物材料，在丙烯的气相氢甲酰化反应中该类催化材料的催化活性大大超过了锚固在二氧化硅表面的同核 Co 和 Pd 配合物的催化活性。此外，Pd-Fe 双金属羰基簇合物催化的烯烃氢甲酰化反应也有报道，得到的是醇和醛的混合氢甲酰化产物[205]。

6.5 铁催化的烯烃氢甲酰化

铁是地球上最丰富、最廉价的过渡金属，而且无毒，不会对环境造成危害。同时铁基催化剂在合成氨、费-托合成、烯烃聚合、硝基化合物及烃类选择性还原、光电催化 CO$_2$ 还原、C—C 键构筑等众多反应中已经得到了广泛的应用[206]，有些过程已经成功实现工业化。然而与其他金属配合物的烯烃氢甲酰化相比，铁基催化剂在氢甲酰化领域的研究比较少。

事实上，早在 1953 年 Reppe 和 Vetter[207]就率先报道了首例五羰基铁 Fe(CO)$_5$配合物催化的烯烃氢甲酰化反应(图 6.38)，在这个过程中气体并不是采用合成气，而是仅用了 CO，利用水煤气变换过程原位产生 H$_2$；通过加入碱的水溶液(叔胺碱或碱金属氢氧化物)使得活性的 H$_2$Fe(CO)$_4$ 重新进入催化循环，同时利用碱与 CO$_2$ 之间的反应将 CO$_2$ 以碳酸盐的形式从反应中移除[208,209]。在这个过程中二氢羰基铁配合物 H$_2$Fe(CO)$_4$ 被认为是氢甲酰化反应的催化活性物种。

1982 年，利用和 Reppe 报道相类似的氢甲酰化反应条件，Palágy 等[210]采用 Fe$_3$(CO)$_{12}$、NEt$_3$ 和 NaOH 组成的催化体系，在 60～140℃和 10.0～20.0MPa 的 CO 压力，H$_2$O/MeOH 溶液中，研究了苯乙烯的氢甲酰化反应。作者发现产物分布对 H$_2$O/MeOH 比具有强烈依赖性，当水的含量高(H$_2$O/MeOH = 3)时主要生成的产物是苯丙醇，降低水的含量(H$_2$O/ MeOH = 1/2)得到的主要产物是烷烃乙苯。但是总体而言，醇的收率不超过 30%。

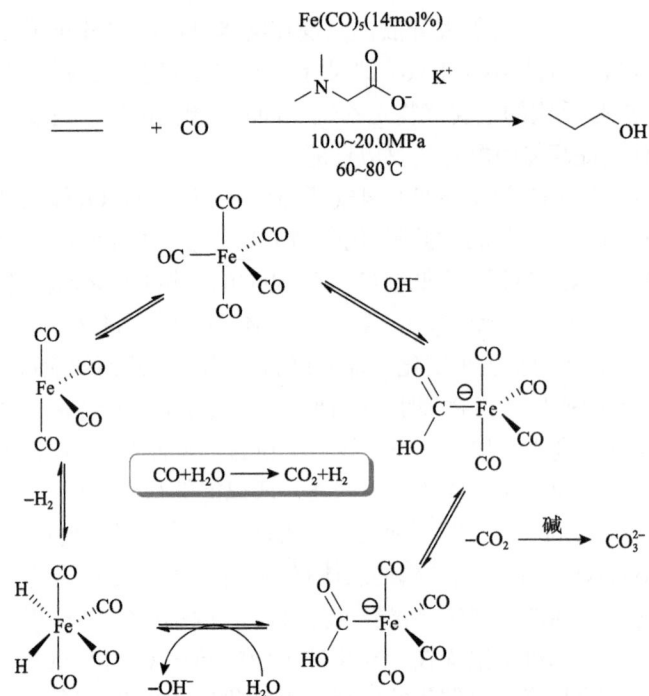

图 6.38 首例五羰基铁 Fe(CO)₅ 配合物催化的烯烃氢甲酰化反应

2000 年，意大利的科学家 Breschi 等[211]报道了零价的铁金属配合物 Fe(η^6-CHT)(η^4-COD)(CHT=1,3,5-环庚三烯；COD = 1,5-环辛二烯)催化的 1-己烯和苯乙烯的氢甲酰化反应(表 6.38)，醛的选择性最高可达 98%。但是反应产物中醛的 L/B 并不高，同时没

表 6.38 零价铁金属配合物催化的烯烃氢甲酰化反应 [a]

(a)1-己烯					
催化剂	时间/h	转化率/%	反应物组成/%		
			1-己烯	1-庚醛	2-甲基己醛
Fe(η^6-CHT)(η^4-COD)	6	60	40	36	24
	12	84	16	50	34
	24	96	4	58	38
Fe(CO)₅	24	38	32	35	21
(b)苯乙烯					
催化剂	时间/h	转化率/%	反应物组成/%		
			苯乙烯	苯丙醛	2-甲基苯乙醛
Fe(η^6-CHT)(η^4-COD)	6	18	82	5	13
	12	34	66	9	25
	24	65	35	17	48
	48	98	2	26	72
Fe(CO)₅	48	9	91	3	6

a. 反应条件：烯烃 17.6mmol，催化剂 0.117mmol，甲苯 10mL，反应压力 10.0MPa(CO/H₂ = 1)，100℃。

有观察到端烯烃的异构化现象。采用 Fe(CO)$_5$ 为催化剂，在 1-己烯的氢甲酰化反应中出现了烯烃的异构化，同时其反应的活化不及 Fe(η^6-CHT)(η^4-COD)配合物。

2018 年，来自印度的 Chikkali 及其同事[212]报道了[HFe(CO)$_4$][PPN][PPN=bis(triphenylphosphine)iminium]与膦配体[PPh$_3$/P(OPh)$_3$]组成的催化体系，在温和的反应条件下（低于 100℃，1.0～3.0MPa 合成气压力，MeOH 为溶剂），能够高效催化链状端烯烃、苯乙烯及其衍生物等烯烃的氢甲酰化反应（图 6.39 和表 6.39），反应中醛的收率最高可达 99%。值得注意的是，在反应体系中添加 1mol%的乙酸可促进苯乙烯和其他乙烯基芳烃氢甲酰化反应的进行。通过[HFe(CO)$_4$][PPN]与三苯基膦、乙酸的计量反应、Fe(CO)$_3$(PPh$_3$)$_2$ 与氢气的计量反应、DFT 计算、自由基清除剂、铁催化剂中 Rh 杂质的讨论、循环伏安法(CV)和 NMR 等研究表明，反应过程中经历 Fe(0)-Fe(Ⅱ)之间的转化，其中氢甲酰化反应的催化活性物种是二氢化铁配合物 H$_2$Fe(CO)$_2$(PPh$_3$)$_2$，在此基础上，作者推测了[HFe(CO)$_4$][PPN]/PPh$_3$ 体系催化的烯烃氢甲酰化反应的可能机理（图 6.40）。

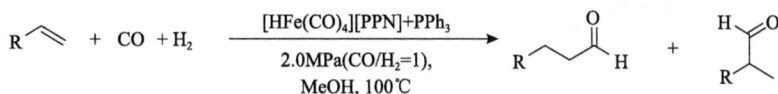

图 6.39　[HFe(CO)$_4$][PPN]/PPh$_3$ 体系催化的烯烃氢甲酰化反应

表 6.39　[HFe(CO)$_4$][PPN]/PPh$_3$ 体系催化的烯烃氢甲酰化反应结果[a]

序号	烯烃	醛收率[b]/%	L/B[c]	序号	烯烃	醛收率[b]/%	L/B[c]
1		50	72/28	9		62	3/97
2		95	66/34	10		99	8/92
3		97	61/39	11		45	13/87
4		97	61/39	12		15	28/72
5		87	48/52	13		46	7/93
6		85	5/95	14		96	11/89
7		49	67/33	15		68	2/92
8		10	50/50	16		97	4/96

续表

序号	烯烃	醛收率 b/%	L/B c	序号	烯烃	醛收率 b/%	L/B c
17	Cl—C₆H₄—CH=CH₂	72	8/92	19	HOOC—C₆H₄—CH=CH₂	26	1/99
18	NC—C₆H₄—CH=CH₂	19	10/90	20	C₆H₅—CH₂—CH=CH₂	22	64/36

a. 反应条件：烯烃 7.7×10^{-3} mmol，[HFe(CO)₄][PPN] 7.7×10^{-5} mmol，PPh₃ 1.925×10^{-4} mmol，溶剂甲醇 1mL，合成气压力 2.0MPa(CO/H₂=1)，100℃，24h。

b. 基于气相色谱或者 ^{1}H NMR 分析所得。

c. L/B=直链醛/支链醛。

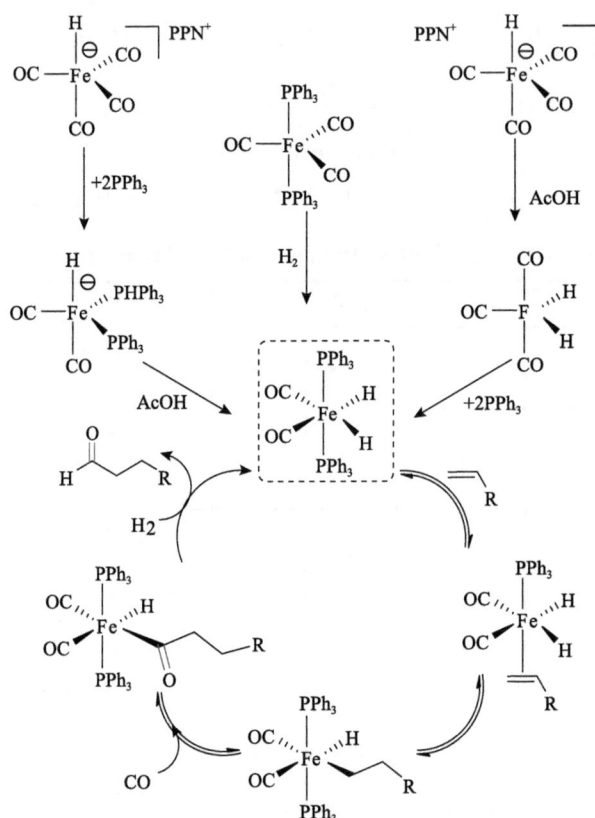

图 6.40   [HFe(CO)₄][PPN]/PPh₃ 体系催化烯烃氢甲酰化反应的可能机理

值得指出的是，最近，印度的科学家 Joshi 等[213]利用廉价的 Fe(NO₃)₃ 和尿素为原料，通过快速燃烧的方式，制备了碳、氮掺杂的氧化铁复合材料 FeOCN，FTIR、拉曼光谱、粉末 XRD、XPS、FESEM 等表征结果证实，在 FeOCN 复合材料中铁以 Fe₂O₃ 的形式存在，残留的碳和痕量的氮以氮化碳(CN)的形式存在。这种多孔的复合材料 FeOCN 在以甲苯为反应溶剂，1-辛烯的氢甲酰化反应中展现出了一定的催化效果(表 6.40)，在氢甲酰化反应过程中，这种铁基催化剂的异构化能力较强，1-辛烯超过 50% 被异构化为内烯烃，所得到的醛中的 L/B 在 3～6.7 之间。作者基于 Fe(NO₃)₃ 的空白实验以及相关的报道认为复合材料 FeOCN 中各个组分间的协同作用是氢甲酰化反应的主要推动力。遗憾的是文献中未见催化剂循环使用的相关结果。

表 6.40 FeOCN 催化的 1-辛烯氢甲酰化反应

温度/℃	合成气压力(CO/H₂=1)/MPa	1-辛烯/Fe	转化率/%	选择性/%		L/B
				C₉醛	异构辛烯	
75	5.0	100	87	23	77	76/24
95	3.0	100	70	21	79	87/13
95	4.0	100	60	39	61	75/25
95	5.0	50	82	42	58	75/25
95	5.0	72	88	44	56	75/25
95	5.0	100	80	46	53	75/25
95	5.0	150	79	45	55	75/25
120	5.0	100	87	23	77	76/24

此外，含铁的羰基簇合物或者离子化合物同样在烯烃的氢甲酰化反应中展示出一定的催化性能[214-218]，但是总体而言，这些含铁的杂金属配合物的催化性能效果并不佳（表 6.41）。另外，Trzeciak 等[219]发现在 Rh(acac)(CO)L 配合物[L=PPh₃，P(OPh)₃，P(NC₄H₄)₃]催化的 1-己烯氢甲酰化反应体系中，适量添加 Fe(CO)₅ 使反应速率和醛收率增加。IR 和 ¹H NMR 详细结果证实，在反应中形成了不稳定的双金属中间体(H)(PPh₃)₃Rh(μ-CO)₂Fe(CO)₄，这个 Rh-Fe 双金属中间体的存在促进了 H₂ 的活化，并增强了 Rh-H 键的稳定性。但是产物醛的 L/B 不会改变，同时作者认为在铑体系中添加的 Fe(CO)₅ 仅起到类似于配体的改性作用。

表 6.41 含铁的杂金属簇合物催化的氢甲酰化反应

烯烃	催化剂	烯烃/催化剂	收率/%	L/B	TOF/h⁻¹
苯乙烯 2.0MPa(CO/H₂=1)，120℃，23h	(CO)₃Ru(μ-PPh₂)₂Fe(CO)₃	217	42	1/58	4.0
	(CO)₃Fe(μ-PPh₂)₂Fe(CO)₃	240	9	1/44	0.9
	(CO)₃Ru(μ-PPh₂)₂Ru(CO)₃	307	3	1/60	0.4
1-戊烯 6.0MPa(CO/H₂=1)，100℃	[PPh₄]⁺[Fe₅RhC(CO)₁₅]⁻	—	70	2.7	
	Fe₅Rh₂C(CO)₁₆	610	100	1	102
	[PPh₄]⁺[Fe₄RhC(CO)₁₄]⁻	—	65	2.7	
	[PPh₄]⁺[Fe₃Rh₃C(CO)₁₅]⁻	457		1	
	(2[PPh₄])²⁺[Fe₅RhN(CO)₁₅]²⁻	—	10	66/33	26
	[PPh₄]⁺[Fe₅Rh₂N(CO)₁₅]⁻	—	70	36/64	351

尽管钌、铱、铂、钯、铁等金属配合物在烯烃的氢甲酰化反应中已经有所报道，但是铑基或者钴基催化体系相比，由于这些金属在氢甲酰化反应中存在自身难以克服的活

性较低的缺点，使得研究仅停留在基础的实验室阶段，难以实现工业应用。未来在钌、铱、铂、钯、铁等金属配合物催化的烯烃氢甲酰化反应方面，研究者将更加聚焦在通过新型结构配体的设计，调变其在氢甲酰化反应中的催化性能，同时利用活性中间体分离辅助理论计算等手段加深对反应机理的认识，这将会有效地丰富烯烃氢甲酰化反应的研究。在替代合成气研究方面，CO_2 作为羰基源用于氢甲酰化反应将会引起研究者的极大兴趣，如何设计双功能或多功能的催化剂体系，有效提升 CO_2 作为羰基源的氢甲酰化反应催化性能，或者构建 CO_2 还原为 CO 之后嫁接烯烃氢甲酰化反应的串联反应将是未来的研究热点。

参 考 文 献

[1] Pruchnik F P. Organometallic Chemistry of the Transition Elements[M]. New York: Springer, 1990.

[2] Pospech J, Fleischer I, Franke R, et al. Alternative metals for homogeneous catalyzed hydroformylation reactions[J]. Angewandte Chemie International Edition, 2013, 52(10): 2852-2872.

[3] Murahashi S I. Ruthenium in Organic Synthesis[M]. Weinheim: Wiley-VCH, 2006.

[4] Bruneau C, Dixneuf P H. Ruthenium Catalysts and Fine Chemistry[M]. Berlin, Heidelberg, New York: Springer-Verlag, 2004.

[5] Seddon E A, Seddon K R. The Chemistry of Ruthenium[M]. Amsterdam: Elsevier, 1984.

[6] Ishida H. Ruthenium: An Element Loved by Researchers[M]. London: IntechOpen, 2022.

[7] 吴松, 熊晓东, 王胜国. 钌催化剂在有机合成中的应用[J]. 稀有金属, 2007, 31(2): 237-244.

[8] 周伟, 王克明, 王红琴, 等. 苯选择性加氢钌催化剂的研究及应用进展[J]. 工业催化, 2017, 25(5): 1-5.

[9] 袁明. KAAP 氨合成工艺技术特点及应用概况[J]. 大氮肥, 2002, 25(2): 91-92.

[10] 佚名. 我国合成氨技术获突破性创新 首套铁钌接力催化氨合成工业装置通过大考[J]. 纯碱工业, 2020, 4: 29.

[11] Kalck P, Peres Y, Jenck J. Hydroformylation catalyzed by ruthenium complexes//Stone F G A, West R. Advances in Organometallic Chemistry[M]. Academic: Elsevier, 1991, 32: 121-146.

[12] Evans D, Osborn J A, Jardine F H, et al. Homogeneous hydrogenation and hydroformylation using ruthenium complexes[J]. Nature, 1965, 208(5016): 1203-1204.

[13] Sanchez-Delgado R A, Bradley J S, Wilkinson G. Further studies on the homogeneous hydroformylation of alkenes by use of ruthenium complex catalysts[J]. Journal of the Chemical Society, Dalton Transactions, 1976, (5): 399-404.

[14] Evans D, Osborn J, Wilkinson G. Hydroformylation of alkenes by use of rhodium complex catalysts[J]. Journal of the Chemical Society A: Inorganic, Physical, Theoretical, 1968: 3133-3142.

[15] Cesarotti E, Fusi A, Ugo R, et al. Homogeneous catalysis by transition metal complexes: Part V Hydroformylation of 1-octene catalysed by $[\eta^5\text{-}C_5H_5M(CO)_2]_2$ species (M=Fe, Ru)[J]. Journal of Molecular Catalysis, 1978, 4(3): 205-216.

[16] Fusi A, Cesarotti E, Ugo R. Homogeneous catalysis by transition metal complexes: Part VI Hydroformylation of 1-octene catalysed by $[\eta^5\text{-}C_5R_5M(CO)_2X]$ and $[\eta^5\text{-}C_5R_5M(CO)_2]_2$ species (R= H, CH$_3$, C$_6$H$_5$; M= Fe, Ru; X= Cl, Br, I)[J]. Journal of Molecular Catalysis, 1981, 10(2): 213-221.

[17] Borowski A F, Cole-Hamilton D J, Wilkinson G. Olefine wie hexene-1, hexene-2 and cyclohexen zu hydrieren und mit hilfe des katalysators (VI) auch zu hydroformylieren[J]. Nouveau Journal de Chimie, 1978, 2(2): 137-144.

[18] Russell M J H, Murrer B A. Catalytic process: US 4399312[P]. 1983-08-16.

[19] Pinke P A. Manufacture of linear primary aldehydes and alcohols: US 4210608[P]. 1980-07-01.

[20] Moreno M A, Haukka M, Jääskeläinen S, et al. Synthesis, characterization, reactivity and theoretical studies of ruthenium carbonyl complexes containing ortho-substituted triphenyl phosphanes[J]. Journal of Organometallic Chemistry, 2005, 690(16): 3803-3814.

[21] Sanchez-Delgado R A, Rosales M, Andriollo A. Chemistry and catalytic properties of ruthenium and osmium complexes. 6.

Synthesis and reactivity of [RuH(CO)(NCMe)$_2$(PPh$_3$)$_2$][BF$_4$], including the catalytic hydroformylation of hex-1-ene[J]. Inorganic Chemistry, 1991, 30(6): 1170-1173.

[22] Rosales M, Alvarado B, Arrieta F, et al. A general route for the synthesis of hydrido-carboxylate complexes of the type MH(CO)(κ^3-OCOR)(PPh$_3$)$_2$[M= Ru, Os; R= CH$_3$, CH$_2$Cl, C$_6$H$_5$, CH(CH$_3$)$_2$] and their use as precatalysts for hydrogenation and hydroformylation reactions[J]. Polyhedron, 2008, 27(2): 530-536.

[23] Takahashi K, Yamashita M, Tanaka Y, et al. Ruthenium/C$_5$Me$_5$/bisphosphine- or bisphosphite-based catalysts for normal-selective hydroformylation[J]. Angewandte Chemie International Edition, 2012, 51(18): 4383-4387.

[24] Takahashi K, Yamashita M, Nozaki K. Tandem hydroformylation/hydrogenation of alkenes to normal alcohols using Rh/Ru dual catalyst or Ru single component catalyst[J]. Journal of the American Chemical Society, 2012, 134(45): 18746-18757.

[25] Le Goanvic L, Couturier J L, Dubois J L, et al. Ruthenium-catalyzed hydroformylation of the functional unsaturated fatty nitrile 10-undecenitrile[J]. Journal of Molecular Catalysis A: Chemical, 2016, 417: 116-121.

[26] Taqui Khan M M, Halligudi S B, Abdi S H R. An efficient water-soluble ruthenium hydroformylation catalyst for the exclusive formation of 1-heptaldehyde from 1-hexene[J]. Journal of Molecular Catalysis, 1988, 48(2-3): 313-317.

[27] Khan M M T, Halligudi S B, Abdi S H R. Hydroformylation of allyl alcohol catalyzed by water-soluble Ru(Ⅲ)-EDTA complex[J]. Journal of Molecular Catalysis, 1988, 45(2): 215-224.

[28] Taqui Khan M M, Halligudi S B, Abdi S H R. Hydroformylation of allyl alcohol catalyzed by Ru(Ⅲ)-EDTA complex using carbon monoxide and water as a source of hydrogen[J]. Journal of Molecular Catalysis, 1988, 48(1): 7-9.

[29] Moreno M A, Haukka M, Turunen A, et al. Monomeric ruthenium carbonyls containing 2-substituted pyrazines: From synthesis to catalytic activity in 1-hexene hydroformylation[J]. Journal of Molecular Catalysis A: Chemical, 2005, 240(1-2): 7-15.

[30] Dragonetti C, Pizzotti M, Roberto D, et al. The synthesis and behaviour of pyrazine mononuclear carbonyl complexes of Rh(Ⅰ), Ir(Ⅰ), Ru(Ⅱ) and Os(Ⅱ)[J]. Inorganica Chimica Acta, 2002, 330(1): 128-135.

[31] October J, Mapolie S F. Synthesis and characterization of novel rhodium and ruthenium based iminopyridyl complexes and their application in 1-octene hydroformylation[J]. Journal of Organometallic Chemistry, 2017, 840: 1-10.

[32] Schulz H, Bellstedt F. Hydroformylation of propene with ruthenium catalysts[J]. Industrial & Engineering Chemistry Product Research and Development, 1973, 12(3): 176-183.

[33] Fuchikami T, Ojima I. Remarkable dependency of regioselectivity on the catalyst metal species in the hydroformylation of trifluoropropene and pentafluorostyrene[J]. Journal of the American Chemical Society, 1982, 104(12): 3527-3529.

[34] Jenck J, Kalck P, Pinelli E, et al. Dinuclear ruthenium complexes as active catalyst precursors for the low pressure hydroformylation of alkenes into aldehydes[J]. Journal of the Chemical Society, 1988, (21): 1428-1430.

[35] Gao J X, Xu P P, Yi X D, et al. Hydrogenation and hydroformylation of olefins with water-soluble Ru$_3$(CO)$_9$(TPPMS)$_3$ catalyst[J]. Journal of Molecular Catalysis A: Chemical, 1999, 147(1-2): 99-104.

[36] Diz E L, Neels A, Stoeckli-Evans H, et al. New Ru$_3$(CO)$_{12}$ derivatives with bulky diphosphine ligands: Synthesis, structure and catalytic potential for olefin hydroformylation[J]. Polyhedron, 2001, 20(22-23): 2771-2780.

[37] Paul N, Noël L, Bruno D, et al. Cluster-mediated conversion of diphenylacetylene into α-phenylcinnamaldehyde. Construction of a catalytic hydroformylation cycle based on isolated intermediates[J]. Organometallics, 1999, 18(2): 187-196.

[38] Mitsudo T A, Suzuki N, Kondo T, et al. Ru$_3$(CO)$_{12}$/1,10-phenanthroline-catalyzed hydroformylation of α-olefins[J]. Journal of Molecular Catalysis A: Chemical, 1996, 109(3): 219-225.

[39] Mitsudo T A, Suzuki N, Kobayashi T A, et al. Ru$_3$(CO)$_{12}$/1,10-phenanthroline-catalyzed hydroformylation of styrene and acrylic esters[J]. Journal of Molecular Catalysis A: Chemical, 1999, 137(1-3): 253-262.

[40] Knifton J F, Grigsby R A Jr. Process for preparing alcohols from olefins and synthesis gas: US 4469895[P]. 1984-09-04.

[41] Knifton J F, Lin J, Grigsby R A Jr, et al. Alcohols and aldehydes prepared from olefins and synthesis gas: US 4451679[P]. 1984-05-29.

[42] Knifton J F. Alcohols prepared from olefins and synthesis gas: US 4451680[P]. 1984-05-29.

[43] Knifton J F. Syngas reactions: Part Ⅺ. The ruthenium 'melt' catalyzed oxonation of internal olefins[J]. Journal of Molecular

Catalysis, 1987, 43(1): 65-77.

[44] Knifton J F. Syngas reactions: Part XIII. The ruthenium 'melt'-catalyzed oxonation of terminal olefins[J]. Journal of Molecular Catalysis, 1988, 47(1): 99-116.

[45] Hidai M, Matsuzaka H. Chemistry of cobalt-ruthenium mixed metal complexes: Carbonylation and metalloselective substitution reactions[J]. Polyhedron, 1988, 7(22-23): 2369-2374.

[46] Hidai M, Fukuoka A, Koyasu Y, et al. Homogeneous multimetallic catalysts: Part 6. Hydroformylation and hydroesterification of olefins by homogeneous cobalt-ruthenium bimetallic catalysts[J]. Journal of Molecular Catalysis, 1986, 35(1): 29-37.

[47] Wu L P, Fleischer I, Jackstell R, et al. Ruthenium-catalyzed hydroformylation/reduction of olefins to alcohols: Extending the scope to internal alkenes[J]. Journal of the American Chemical Society, 2013, 135(38): 14306-14312.

[48] Fleischer I, Wu L P, Profir I, et al. Towards the development of a selective ruthenium-catalyzed hydroformylation of olefins[J]. Chemistry: A European Journal, 2013, 19(32): 10589-10594.

[49] Fleischer I, Dyballa K M, Jennerjahn R, et al. From olefins to alcohols: Efficient and regioselective ruthenium-catalyzed domino hydroformylation/reduction sequence[J]. Angewandte Chemie International Edition, 2013, 52(10): 2949-2953.

[50] Kubis C, Profir I, Fleischer I, et al. *In situ* FTIR and NMR spectroscopic investigations on ruthenium-based catalysts for alkene hydroformylation[J]. Chemistry: A European Journal, 2016, 22(8): 2746-2757.

[51] Kämper A, Kucmierczyk P, Seidensticker T, et al. Ruthenium-catalyzed hydroformylation: From laboratory to continuous miniplant scale[J]. Catalysis Science & Technology, 2016, 6(22): 8072-8079.

[52] Chang B. H. Process for the hydroformylation of olefins to produce linear aldehydes and alcohols: US 4506101[P]. 1985-03-19.

[53] Chang B H. Use of mixed metal catalysts in the hydroformylation of olefins to produce linear aldehydes and alcohols: US 4539306[P]. 1985-09-03.

[54] Chang B H. Method of reactivating group VIII anionic hydroformylation catalysts: US 4547595[P]. 1985-10-15.

[55] Süss-Fink G. Das clusteranion [HRu$_3$(CO)$_{11}$]$^-$ als katalysator bei der hydroformylierung von ethylen und propylen[J]. Journal of Organometallic Chemistry, 1980, 193(1): C20-C22.

[56] Johnson B F G, Lewis J, Raithby P R, et al. The triruthenium cluster anion [Ru$_3$H(CO)$_{11}$]$^-$: Preparation, structure, and fluxionality[J]. Journal of the Chemical Society, Dalton Transactions, 1979, (9): 1356-1361.

[57] Süss-Fink G, Reiner J. The cluster anion [HRu$_3$(CO)$_{11}$]$^-$ as catalyst in hydroformylation, hydrogenation, silacarbonylation and hydrosilylation reactions of ethylene and propylene[J]. Journal of Molecular Catalysis, 1982, 16(2): 231-242.

[58] Süss-Fink G, Schmidt G F. Selectivity studies on the hydroformylation of propylene catalysed by the cluster anion [HRu$_3$(CO)$_{11}$]$^-$[J]. Journal of Molecular Catalysis, 1987, 42(3): 361-366.

[59] Süss-Fink G, Herrmann G. Isotope labelling studies on the ruthenium-catalysed hydroformylation of ethylene: Indirect evidence for catalysis at intact clusters[J]. Journal of the Chemical Society, Chemical Communications, 1985, (11): 735-737.

[60] Hanes R M. Olefin hydroformylation: US 4633021[P]. 1986-12-30.

[61] Laine R M. Applications of the water-gas shift reaction. Hydroformylation and hydrohydroxymethylation with carbon monoxide and water[J]. Journal of the American Chemical Society, 1978, 100(20): 6451-6454.

[62] Laine R M. Further studies on hydroformylation and hydrohydroxymethylation with CO and H$_2$O: Applications of the water-gas shift reaction 3[J]. Annals of the New York Academy of Sciences, 1980, 333(1): 124-140.

[63] Laine R M, Rinker R G, Ford P C. Homogeneous catalysis by ruthenium carbonyl in alkaline solution: The water gas shift reaction[J]. Journal of the American Chemical Society, 1977, 99(1): 252-253.

[64] Laine R M. Criteria for identifying transition metal cluster-catalyzed reactions[J]. Journal of Molecular Catalysis, 1982, 14(2): 137-169.

[65] Laine R M. Catalysis of the aminomethylation reaction. Enhanced catalytic activity with mixed-metal catalysts: Applications of the water-gas shift reaction 5[J]. Journal of Organic Chemistry, 1980, 45(16): 3370-3372.

[66] Hayashi T, Gu Z H, Sakakura T, et al. High catalytic activity of [HRu(CO)$_4$]$^-$ for hydroformylation of olefins[J]. Journal of

Organometallic Chemistry, 1988, 352 (3): 373-378.

[67] Alvila L, Pakkanen T A, Krause O. Hydroformylation of olefins catalysed by supported Ru$_3$(CO)$_{12}$ with 2, 2'-bipyridine or with other heterocyclic nitrogen base[J]. Journal of Molecular Catalysis, 1993, 84 (2): 145-156.

[68] Alvila L, Pursiainen J, Kiviaho J, et al. Ru$_3$(CO)$_{12}$/2,2'-bipyridine supported on inorganic carriers as 1-hexene hydroformylation catalysts[J]. Journal of Molecular Catalysis, 1994, 91 (3): 335-342.

[69] Haukka M, Alvila L, Pakkanen T A. Catalytic activity of ruthenium 2,2'-bipyridine derived catalysts in 1-hexene hydroformylation and 1-heptanal hydrogenation[J]. Journal of Molecular Catalysis A: Chemical, 1995, 102 (2): 79-92.

[70] Haukka M, Venäläinen T, Hirva P, et al. FT-IR studies on the catalyst Ru$_3$(CO)$_{12}$/2, 2'-bipyridine/SiO$_2$ and related ruthenium-bipyridine surface complexes[J]. Journal of Organometallic Chemistry, 1996, 509 (2): 163-175.

[71] Oresmaa L, Moreno M A, Jakonen M, et al. Catalytic activity of linear chain ruthenium carbonyl polymer [Ru(CO)$_4$]$_n$ in 1-hexene hydroformylation[J]. Applied Catalysis A: General, 2009, 353 (1): 113-116.

[72] Wada K J, Tomoyose R, Kondo T, et al. Preparation of porous ruthenium catalysts utilizing a silsesquioxane ligand; catalytic activity towards hydroformylation of 1-octene[J]. Applied Catalysis A: General, 2009, 356 (1): 72-79.

[73] Pittman C U Jr, Wilemon G M. 1-Pentene hydroformylation catalyzed by polymer-bound ruthenium complexes[J]. Journal of Organic Chemistry, 1981, 46 (9): 1901-1905.

[74] Kontkanen M L, Haukka M. Microencapsulated ruthenium catalyst for the hydroformylation of 1-hexene[J]. Catalysis Communications, 2012, 23: 25-29.

[75] Aresta M. Carbon Dioxide as Chemical Feedstock[M]. Weinheim: Wiley-VCH, 2010.

[76] 华凯敏, 刘晓放, 魏百银, 等. 过渡金属催化 CO$_2$/H$_2$ 参与的羰基化研究进展[J]. 物理化学学报, 2021, 37 (5): 141-156.

[77] 张雪华, 曹彦伟, 陈琼遥, 等. 均相催化 CO$_2$/H$_2$ 还原羰基化合成高值化学品研究进展[J]. 物理化学学报, 2021, 37 (5): 89-102.

[78] 潘茵茵, 宋广杰, 薛宽荣, 等. 非合成气法烯烃、炔烃氢甲酰化研究进展[J]. 分子催化, 2021, 35 (2): 166-177.

[79] Tominaga K I, Sasaki Y, Kawai M, et al. Ruthenium complex catalysed hydrogenation of carbon dioxide to carbon monoxide, methanol and methane[J]. Journal of the Chemical Society, Chemical Communications, 1993, (7): 629-631.

[80] Tominaga K I, Sasaki Y, Hagihara K, et al. Reverse water-gas shift reaction catalyzed by ruthenium cluster anions[J]. Chemistry Letters, 1994, 23 (8): 1391-1394.

[81] Tsuchiya K, Huang J D, Tominaga K I. Reverse water-gas shift reaction catalyzed by mononuclear Ru complexes[J]. ACS Catalysis, 2013, 3 (12): 2865-2868.

[82] Yasuda T, Uchiage E, Fujitani T, et al. Reverse water gas shift reaction using supported ionic liquid phase catalysts[J]. Applied Catalysis B: Environmental, 2018, 232: 299-305.

[83] Hatanaka M, Uchiage E, Nishida M, et al. Low-temperature reverse water-gas shift reaction using SILP Ru catalysts under continuous-flow conditions: letter[J]. Chemistry Letters, 2021, 50 (8): 1586-1588.

[84] Tominaga K I, Sasaki Y. Ruthenium complex-catalyzed hydroformylation of alkenes with carbon dioxide[J]. Catalysis Communications, 2000, 1 (1-4): 1-3.

[85] Tominaga K I, Sasaki Y. Ruthenium-catalyzed one-pot hydroformylation of alkenes using carbon dioxide as a reactant[J]. Journal of Molecular Catalysis A: Chemical, 2004, 220 (2): 159-165.

[86] Fujita S I, Okamura S, Akiyama Y, et al. Hydroformylation of cyclohexene with carbon dioxide and hydrogen using ruthenium carbonyl catalyst: Influence of pressures of gaseous components[J]. International Journal of Molecular Sciences, 2007, 8 (8): 749-759.

[87] Jääskeläinen S, Haukka M. The use of carbon dioxide in ruthenium carbonyl catalyzed 1-hexene hydroformylation promoted by alkali metal and alkaline earth salts[J]. Applied Catalysis A: General, 2003, 247 (1): 95-100.

[88] Kontkanen M L, Oresmaa L, Moreno M A, et al. One-dimensional metal atom chain [Ru(CO)$_4$]$_n$ as a catalyst precursor—hydroformylation of 1-hexene using carbon dioxide as a reactant[J]. Applied Catalysis A: General, 2009, 365 (1): 130-134.

[89] Tominaga K I, Sasaki Y. Biphasic hydroformylation of 1-hexene with carbon dioxide catalyzed by ruthenium complex in ionic liquids[J]. Chemistry Letters, 2004, 33(1): 14-15.

[90] Tominaga K I, Sasaki Y. Hydroformylation with carbon dioxide using ionic liquid media[J]. Studies in Surface Science and Catalysis, 2004, 153: 227-232.

[91] Tominaga K I. An environmentally friendly hydroformylation using carbon dioxide as a reactant catalyzed by immobilized Ru-complex in ionic liquids[J]. Catalysis Today, 2006, 115(1-4): 70-72.

[92] Ali M, Gual A, Ebeling G, et al. Ruthenium-catalyzed hydroformylation of alkenes by using carbon dioxide as the carbon monoxide source in the presence of ionic liquids[J]. ChemCatChem, 2014, 6(8): 2224-2228.

[93] Liu Q, Wu L P, Fleischer I, et al. Development of a ruthenium/phosphite catalyst system for domino hydroformylation-reduction of olefins with carbon dioxide[J]. Chemistry: A European Journal, 2014, 20(23): 6888-6894.

[94] Hatanaka M, Yasuda T, Uchiage E, et al. Continuous gas-phase hydroformylation of propene with CO_2 using SILP catalysts[J]. ACS Sustainable Chemistry & Engineering, 2021, 9(35): 11674-11680.

[95] Lewis L, Stein J, Gao Y L, et al. Platinum catalysts used in the silicones industry[J]. Platinum Metals Review, 1997, 41(2): 66-75.

[96] Wilkinson M G. Procédé d'hydrogénation, d'hydroformylation et de carbonylation à l'aide de complexes halogénés: FR 1459643[P]. 1966-11-18.

[97] Slaugh L M, Mullineaux R D. Hydroformylation of olefins: US 3239571[P]. 1966-03-08.

[98] Schwager I, Knifton J F. Verfahren zur herstellung von aldehyden durch hydroformylierung von olefinen: DE 2322751[P]. 1973-11-22.

[99] Schwager I, Knifton J F. Homogeneous olefin hydroformylation catalyzed by ligand stabilized platinum(II)-group IVB metal halide complexes[J]. Journal of Catalysis, 1976, 45(2): 256-267.

[100] Hsu C Y, Orchin M. Hydridotrichlorostannatocarbonylbis(triphenylphosphine) platinum(II), PtH(SnCl₃)(CO)(PPh₃)₂, as a selective hydroformylation catalyst[J]. Journal of the American Chemical Society, 1975, 97(12): 3553.

[101] Graziani R, Cavinato G, Casellato U, et al. The isolation and molecular structure of trans-[PtCl(COCH₂CH₂Ph) (PPh₃)₂]·EtOH, an intermediate in the hydroformylation of styrene promoted by the cis-[PtCl₂(PPh₃)₂]/SnCl₂ catalytic system[J]. Journal of Organometallic Chemistry, 1988, 353(1): 125-131.

[102] Bardi R, Piazzesi A M, Del Pra A, et al. Metals in organic syntheses: IX The isolation and molecular structure of trans-[PtCl(COC₆H₁₃-n)(PPh₃)₂], an intermediate precursor in the catalytic hydroformylation of 1-hexene[J]. Journal of Organometallic Chemistry, 1982, 234(1): 107-115.

[103] Bardi R, Piazzesi A M, Cavinato G, et al. Metals in orgranic syntheses: VII The isolation of trans-[PtCl(COPr-n)(PPh₃)₂](I) and trans-[Pt(SnCl₃)(COPr-n)(PPh₃)₂](II), active intermediates in the hydroformylation of propene catalyzed by a [PtCl₂(PPh₃)₂]-SnCl₂, precursor. The crystal and molecular structure of complex i and a comparison with its palladium analog[J]. Journal of Organometallic Chemistry, 1982, 224(4): 407-420.

[104] Moretti G, Botteghi C, Toniolo L. Metals in organic syntheses: XV Hydroformylation of ethyl 3-butenoate catalyzed by platinum-tin complexes[J]. Journal of Molecular Catalysis, 1987, 39(2): 177-183.

[105] Clark H C, Davies J A. The hydroformylation reaction: Catalysis by platinum(II)-tin(II) systems[J]. Journal of Organometallic Chemistry, 1981, 213(2): 503-512.

[106] Hayashi T, Kawabata Y, Isoyama T, et al. Platinum chloride-diphosphine-tin(II) halide systems as active and selective hydroformylation catalysts[J]. Bulletin of the Chemical Society of Japan, 1981, 54(11): 3438-3446.

[107] Kawabata Y, Hayashi T, Ogata I. Platinum-diphosphine-tin systems as active and selective hydroformylation catalysts[J]. Journal of the Chemical Society, Chemical Communications, 1979, (10): 462-463.

[108] van Leeuwen P W N M, Roobeek C F, Wife R L, et al. Platinum hydroformylation catalysts containing diphenylphosphine oxide ligands[J]. Journal of the Chemical Society, Chemical Communications, 1986, (1): 31-33.

[109] van Leeuwen P W N M, Roobeek C F. A process for the hydroformylation of olefins: EP 0082576[P]. 1983-06-29.

[110] van Leeuwen P W N M, Roobeek C F. Hydroformylation and hydrogenation with platinum phosphinito complexes// Moser W R, Slocum D W. Advances in Chemistry[M]. Washington: American Chemical Society, 1992.

[111] Tang S C, Kim L. Homogeneous hydroformylation of internal olefins by platinum/tin cationic complexes[J]. Journal of Molecular Catalysis, 1982, 14(2): 231-240.

[112] Tang S C, Paxson T E, Kim L. Heterogenization of homogeneous catalysts: The immobilization of transition metal complexes on ion-exchange resins[J]. Journal of Molecular Catalysis, 1980, 9(3): 313-321.

[113] van der Vlugt J I, van Duren R, Batema G D, et al. Platinum complexes of rigid bidentate phosphine ligands in the hydroformylation of 1-octene[J]. Organometallics, 2005, 24(22): 5377-5382.

[114] Meessen P, Vogt D, Keim W. Highly regioselective hydroformylation of internal, functionalized olefins applying Pt/Sn complexes with large bite angle diphosphines[J]. Journal of Organometallic Chemistry, 1998, 551(1-2): 165-170.

[115] van der Veen L A, Keeven P K, Kamer P C J, et al. Wide bite angle amine, arsine and phosphine ligands in rhodium- and platinum/tin-catalysed hydroformylation[J]. Journal of the Chemical Society, Dalton Transactions, 2000, (13): 2105-2112.

[116] Wasserscheid P, Waffenschmidt H. Ionic liquids in regioselective platinum-catalysed hydroformylation[J]. Journal of Molecular Catalysis A: Chemical, 2000, 164(1-2): 61-67.

[117] van Duren R, van der Vlugt J I, Kooijman H, et al. Platinum-catalyzed hydroformylation of terminal and internal octenes[J]. Dalton Transactions, 2007, (10): 1053-1059.

[118] Petőcz G, Rangits G, Shaw M, et al. Platinum complexes of malonate-derived monodentate phosphines and their application in the highly chemo-and regioselective hydroformylation of styrene[J]. Journal of Organometallic Chemistry, 2009, 694(2): 219-222.

[119] Pongrácz P, Kostas I D, Kollár L. Platinum complexes of P,N- and P,N,P-ligands and their application in the hydroformylation of styrene[J]. Journal of Organometallic Chemistry, 2013, 723: 149-153.

[120] Day B M, Dyer P W, Coles M P. Hydroformylation by Pt-Sn compounds from N-heterocyclic stannylenes[J]. Dalton Transactions, 2012, 41(25): 7457-7460.

[121] Gottardo M, Scarso A, Paganelli S, et al. Efficient platinum(Ⅱ) catalyzed hydroformylation reaction in water: unusual product distribution in micellar media[J]. Advanced Synthesis & Catalysis, 2010, 352(13): 2251-2262.

[122] Kégl T, Kollár L, Szalontai G, et al. Novel diphosphine platinum cations: NMR and mössbauer spectra and catalytic studies[J]. Journal of Organometallic Chemistry, 1996, 507(1-2): 75-80.

[123] Petrosyan V S, Permin A B, Bogdashkina V I, et al. Alkyl derivatives of platinum and rhodium as intermediates in homogeneous reactions of olefin hydrogenation and isomerisation[J]. Journal of Organometallic Chemistry, 1985, 292(1-2): 303-309.

[124] Castonguay L A, Rappé A K, Casewit C J. π-Stacking and the platinum-catalyzed asymmetric hydroformylation reaction: A molecular modeling study[J]. Journal of the American Chemical Society, 1991, 113(19): 7177-7183.

[125] Clark H C, Kurosawa H. Chemistry of metal hydrides: Ⅻ Role of cationic intermediates in olefin insertions into the platinum-hydrogen bond[J]. Inorganic Chemistry, 1972, 11(6): 1275-1280.

[126] Clark H C, Jablonski C, Halpern J, et al. Mechanism of insertion of olefins into platinum-hydrogen bonds[J]. Inorganic Chemistry, 1974, 13(6): 1541-1543.

[127] Clark H C, Jablonski C R. Insertion of ethylene into a cationic hydrido(acetone)platinum(Ⅱ) complex. Kinetics and mechanism[J]. Inorganic Chemistry, 1974, 13(9): 2213-2218.

[128] Thorn D L, Hoffmann R. The olefin insertion reaction[J]. Journal of the American Chemical Society, 1978, 100(7): 2079-2090.

[129] Rocha W R, de Almeida W B. Theoretical study of the olefin insertion reaction in the heterobimetallic $Pt(H)(PH_3)_2$ $(SnCl_3)(C_2H_4)$ compound[J]. Organometallics, 1998, 17(10): 1961-1967.

[130] Creve S, Oevering H, Coussens B B. Substituent and solvent effects in the insertion and isomerization of olefins by platinum (bis-phosphine)complexes: An ab initio study of the $Pt(PR_3)_2H(propene)^+$ model systems[J]. Organometallics, 1999, 18(10):

1967-1978.

[131] Fernández D, García-Seijo M I, Kégl T, et al. Preparation and structural characterization of ionic five-coordinate palladium (Ⅱ) and platinum (Ⅱ) complexes of the ligand tris[2-(diphenylphosphino)ethyl]phosphine. Insertion of SnCl₂ into M—Cl bonds (M = Pd, Pt) and hydroformylation activity of the Pt-SnCl₃ systems[J]. Inorganic Chemistry, 2002, 41(17): 4435-4443.

[132] Kranenburg M, van der Burgt Y E M, Kamer P C J, et al. New diphosphine ligands based on heterocyclic aromatics inducing very high regioselectivity in rhodium-catalyzed hydroformylation: effect of the bite angle[J]. Organometallics, 1995, 14(6): 3081-3089.

[133] Kranenburg M, Kamer P C J, van Leeuwen P W N M. The effect of the bite angle of diphosphane ligands on activity and selectivity in palladium-catalyzed allylic alkylation[J]. European Journal of Inorganic Chemistry, 1998, (1): 25-27.

[134] van der Veen L A, Boele M D K, Bregman F R, et al. Electronic effect on rhodium diphosphine catalyzed hydroformylation: The bite angle effect reconsidered[J]. Journal of the American Chemical Society, 1998, 120(45): 11616-11626.

[135] van der Veen L A, Kamer P C J, van Leeuwen P W N M. New phosphacyclic diphosphines for rhodium-catalyzed hydroformylation[J]. Organometallics, 1999, 18(23): 4765-4777.

[136] Bronger R P J, Kamer P C J, van Leeuwen P W N M. Influence of the bite angle on the hydroformylation of internal olefins to linear aldehydes[J]. Organometallics, 2003, 22(25): 5358-5369.

[137] Carbó J J, Maseras F, Bo C, et al. Unraveling the origin of regioselectivity in rhodium diphosphine catalyzed hydroformylation. A DFT QM/MM study[J]. Journal of the American Chemical Society, 2001, 123(31): 7630-7637.

[138] Wesemann L, Hagen S, Marx T, et al. Reactivity of platinum stanna-closo-dodecaborate complexes: first hydroformylation studies[J]. European Journal of Inorganic Chemistry, 2002, 2002(9): 2261-2265.

[139] Garrou P E, Heck R F. The mechanism of carbonylation of halo (bis ligand) organoplatinum (Ⅱ), -palladium (Ⅱ), and -nickel (Ⅱ) complexes[J]. Journal of the American Chemical Society, 1976, 98(14): 4115-4127.

[140] Anderson G K, Cross R J. The effects of stereochemistry at platinum and the nature of the organic group on carbonyl insertion at [PtCl(R)(CO)(PMePh₂)][J]. Journal of the Chemical Society, Dalton Transactions, 1979, (7): 1246-1250.

[141] Toth I, Kegl T, Elsevier C J, et al. CO insertion in four-coordinate cis-methyl (carbonyl) platinum-diphosphine compounds. An ionic mechanism for platinum-diphosphine-catalyzed hydroformylation[J]. Inorganic Chemistry, 1994, 33(25): 5708-5712.

[142] Scrivanti A, Beghetto V, Bastianini A, et al. Asymmetric hydroformylation of styrene catalyzed by platinum (Ⅱ)-alkyl complexes containing atropisomeric diphosphines[J]. Organometallics, 1996, 15(22): 4687-4694.

[143] Rocha W R, de Almeida W B. Carbonyl insertion reaction into the Pt—C bond in heterobimetallic Pt(SnCl₃) (PH₃)₂(CO)(CH₃) compound: Theoretical study[J]. Journal of Computational Chemistry, 2000, 21(8): 668-674.

[144] Dias R P, Rocha W R. DFT study of the homogeneous hydroformylation of propene promoted by a heterobimetallic Pt-Sn catalyst[J]. Organometallics, 2011, 30(16): 4257-4268.

[145] Il'inich G N, Zudin V N, Nosov A V, et al. The mechanism of the catalytic behaviour of platinum triphenylphosphine complexes in the ethylene hydrocarbonylation[J]. Journal of Molecular Catalysis A: Chemical, 1995, 101(3): 221-235.

[146] Chatt J, Shaw B L. Hydrido-complexes of platinum (Ⅱ)[J]. Journal of the Chemical Society (Resumed), 1962: 5075-5084.

[147] Lindsey Jr R V, Parshall G W, Stolberg U G. SnCl₃⁻: A strongly trans-activating ligand[J]. Journal of the American Chemical Society, 1965, 87(3): 658-659.

[148] Kehoe L J, Schell R A. Production of linear acids or esters by the platinum-tin-catalyzed carbonylation of alpha-olefins[J]. Journal of Organic Chemistry, 1970, 35(8): 2846-2848.

[149] Scrivanti A, Berton A, Toniolo L, et al. Metals in organic syntheses: ⅩⅣ NMR, IR, and reactivity studies on the olefin hydroformylation catalyzed by Pt-Sn complexes[J]. Journal of Organometallic Chemistry, 1986, 314(3): 369-383.

[150] Ruegg H J, Pregosin P S, Scrivanti A, et al. Platinum (Ⅱ) trichlorostannate chemistry. On the importance of the Pt-Sn linkage in hydroformylation chemistry and a novel PtC(OSnCl₂)R-carbene[J]. Journal of Organometallic Chemistry, 1986, 316(1-2): 233-241.

[151] Anderson G K, Clark H C, Davies J A. Role of the trichlorostannate ligand in homogeneous catalysis. Mechanistic studies of the carbonylation of phenylplatinum (Ⅱ) complexes[J]. Organometallics, 1982, 1 (1): 64-70.

[152] Rocha W R, De Almeida W B. Carbonyl insertion reaction into the Pt-C bond in heterobimetallic Pt (SnCl₃) (PH₃)₂(CO) (CH₃) compound: Theoretical study[J]. Journal of Computational Chemistry, 2000, 21 (8): 668-674.

[153] Rocha W R, de Almeida W B. Reaction path for the insertion reaction of SnCl₂ into the Pt—Cl bond: An *ab initio* study[J]. International Journal of Quantum Chemistry, 1997, 65 (5): 643-650.

[154] Oro L A, Claver C. Iridium Complexes in Organic Synthesis[M]. Weinheim: Wiley-VCH, 2009.

[155] Jones J H. The cativa™ process for the manufacture of acetic acid[J]. Platinum Metals Review, 2000, 44 (3): 94-105.

[156] Sunley G J, Watson D J. High productivity methanol carbonylation catalysis using iridium: the cativa™ process for the manufacture of acetic acid[J]. Catalysis Today, 2000, 58 (4): 293-307.

[157] Crudden C M, Alper H. The regioselective hydroformylation of vinylsilanes: A remarkable difference in the selectivity and reactivity of cobalt, rhodium, and iridium catalysts[J]. Journal of Organic Chemistry, 1994, 59 (11): 3091-3097.

[158] Mieczyńska E, Trzeciak A M, Ziółkowski J J, et al. Hydroformylation and related reactions of vinylsilanes catalyzed by siloxide complexes of rhodium (Ⅰ) and iridium (Ⅰ)[J]. Journal of Molecular Catalysis A: Chemical, 2005, 237 (1-2): 246-253.

[159] Giancarlo F, Rosario S, Grazia A C, et al. IrPd, IrHg, IrCu, and IrTl binuclear complexes bridged by the short-bite ligand 2-(diphenylphosphino) pyridine: Catalytic effect in the hydroformylation of styrene due to the monodentate P-bonded 2-(diphenylphosphino) pyridine ligands of *trans*-[Ir (CO) (Ph₂PPy)₂Cl][J]. Organometallics, 1998, 17 (3): 338-347.

[160] Moreno M A, Haukka M, Pakkanen T A. Promoted iridium complexes as catalysts in hydroformylation of 1-hexene[J]. Journal of Catalysis, 2003, 215 (2): 326-331.

[161] 邓前军. 铱基催化 1-己烯氢甲酰化反应的研究[J]. 化学研究与应用, 2005, 17: 97-99.

[162] 邓前军. 苯乙烯氢甲酰化反应铱基催化剂的改性研究[J]. 应用化工, 2004, (6): 47-49.

[163] Piras I, Jennerjahn R, Jackstell R, et al. A general and efficient iridium-catalyzed hydroformylation of olefins[J]. Angewandte Chemie International Edition, 2011, 50 (1): 280-284.

[164] Behr A, Kämper A, Nickel M, et al. Crucial role of additives in iridium-catalyzed hydroformylation[J]. Applied Catalysis A: General, 2015, 505: 243-248.

[165] Kubis C, Baumann W, Barsch E, et al. Investigation into the equilibrium of iridium catalysts for the hydroformylation of olefins by combining *in situ* high-pressure FTIR and NMR spectroscopy[J]. ACS Catalysis, 2014, 4 (7): 2097-2108.

[166] Behr A, Kämper A, Kuhlmann R, et al. First efficient catalyst recycling for the iridium-catalysed hydroformylation of 1-octene[J]. Catalysis Science & Technology, 2016, 6 (1): 208-214.

[167] Kämper A, Warrelmann S J, Reiswich K, et al. First iridium-catalyzed hydroformylation in a continuously operated miniplant[J]. Chemical Engineering Science, 2016, 144: 364-371.

[168] Zhang H, Li Y Q, Wang P, et al. Effect of positive-charges in diphosphino-imidazolium salts on the structures of Ir-complexes and catalysis for hydroformylation[J]. Journal of Molecular Catalysis A: Chemical, 2016, 411: 337-343.

[169] Liu H, Yang D, Wang D L, et al. An efficient and recyclable ionic diphosphine-based Ir-catalyst for hydroaminomethylation of olefins with H₂O as the hydrogen source[J]. Chemical Communications, 2018, 54 (57): 7979-7982.

[170] Liu H, Liu L, Guo W D, et al. Phosphine-ligated Ir (Ⅲ)-complex as a bi-functional catalyst for one-pot tandem hydroformylation-acetalization[J]. Journal of Catalysis, 2019, 373: 215-221.

[171] Molnár Á. Palladium-Catalyzed Coupling Reactions: Practical Aspects and Future Developments[M]. Weinheim: Wiley-VCH, 2013.

[172] Tsuji J. Palladium Reagents and Catalysts: New Perspectives for the 21st Century[M]. New York: John Wiley & Sons, 2006.

[173] Tsuji J. Palladium Reagents and Catalysts: Innovations in Organic Synthesis[M]. New York: John Wiley & Sons, 1995.

[174] Li J, Gribble G. Palladium in Heterocyclic Chemistry: A Guide for the Synthetic Chemist[M]. Amsterdam: Elsevier, 2006.

[175] Heck R F. Palladium Reagents in Organic Syntheses[M]. London: Academic Press, 1985.

[176] Colquhoun H M, Thompson D J, Twigg M V. Carbonylation, Direct Synthesis of Carbonyl Compounds[M]. New York: Plenum Press, 1991.

[177] Pisano C, Consiglio G. Carbonylation of styrene and other olefins to keto compounds with cationic palladium complexes[J]. Gazzetta Chimica Italiana, 1994, 124(10): 393-401.

[178] Drent E, Budzelaar P H M. The oxo-synthesis catalyzed by cationic palladium complexes, selectivity control by neutral ligand and anion[J]. Journal of Organometallic Chemistry, 2000, 593: 211-225.

[179] Drent E, Mul W P, Budzelaar P H M. Teaching a palladium polymerizationcatalyst to mono-oxygenate olefins[J]. Comments on Inorganic Chemistry, 2002, 23(2): 127-147.

[180] Konya D, Almeida Leñero K Q, Drent E. Highly selective halide anion-promoted palladium-catalyzed hydroformylation of internal alkenes to linear alcohols[J]. Organometallics, 2006, 25(13): 3166-3174.

[181] Baya M, Houghton J, Konya D, et al. Pd(I) phosphine carbonyl and hydride complexes implicated in the palladium-catalyzed oxo process[J]. Journal of the American Chemical Society, 2008, 130(32): 10612-10624.

[182] Drent E. Opportunities in homogeneous catalysis[J]. Pure and Applied Chemistry, 1990, 62(4): 661-669.

[183] Bolinger C M, Arnoldy P, Mul W P. Hydroformylation process: US 6127582[P]. 2000-10-03.

[184] Arnoldy P, Bolinger C M, Mul W P. Hydroformylation process: EP 0900776[P]. 1999-03-10.

[185] Drent E, Jager W W. Hydroformylation reactions: US 5780684[P]. 1998-07-14.

[186] Arnoldy P, Bolinger C M, Drent E, et al. Hydroformylation process: EP 0903333[P]. 1999-03-24.

[187] Drent E, Jager W W. Process for the hydroformylation of ethylenically unsaturated compounds in the presence of an acid and a mono *tert*-phosphine: WO 2004054947[P]. 2004-07-01.

[188] Jennerjahn R, Piras I, Jackstell R, et al. Palladium-catalyzed isomerization and hydroformylation of olefins[J]. Chemistry: A European Journal, 2009, 15(26): 6383-6388.

[189] Tay D W P, Nobbs J D, Romain C, et al. Gem-dialkyl effect in diphosphine ligands: Synthesis, coordination behavior, and application in Pd-catalyzed hydroformylation[J]. ACS Catalysis, 2020, 10(1): 663-671.

[190] Zhang Y, Torker S, Sigrist M, et al. Binuclear Pd(I)-Pd(I)catalysis assisted by iodide ligands for selective hydroformylation of alkenes and alkynes[J]. Journal of the American Chemical Society, 2020, 142(42): 18251-18265.

[191] Sigrist M, Zhang Y, Antheaume C, et al. Isoselective hydroformylation of propylene by iodide-assisted palladium catalysis[J]. Angewandte Chemie International Edition, 2022, 61(17): e202116406.

[192] Ren W, Chang W, Dai J, et al. An effective Pd-catalyzed regioselective hydroformylation of olefins with formic acid[J]. Journal of the American Chemical Society, 2016, 138(45): 14864-14867.

[193] Ishii Y, Hidai M. Carbonylation reactions catalyzed by homogeneous Pd-Co bimetallic systems[J]. Catalysis Today, 2001, 66(1): 53-61.

[194] Fang X J, Zhang M, Jackstell R, et al. Selective palladium-catalyzed hydroformylation of alkynes to α,β-unsaturated aldehydes[J]. Angewandte Chemie International Edition, 2013, 52(17): 4645-4649.

[195] Liu Y, Cai L Z, Xu S, et al. Palladium-catalyzed hydroformylation of terminal arylacetylenes with glyoxylic acid[J]. Chemical Communications, 2018, 54(17): 2166-2168.

[196] Karpiński Z, Zhang Z, Sachtler W M H. Hydroformylation of propene over palladium trimethylphosphinecarbonyl clusters engaged in zeolite Y[J]. Journal of Molecular Catalysis, 1992, 77(2): 181-192.

[197] Sakauchi J, Sakagami H, Takahashi N, et al. Comparison of dinitrodiamminepalladium with palladium nitrate as a precursor for Pd/SiO$_2$ with respect to catalytic behavior for ethane hydroformylation and carbon monoxide hydrogenation[J]. Catalysis Letters, 2005, 99(3): 257-261.

[198] Takahashi N, Tobise T, Mogi I, et al. Effects of Pd dispersion on the catalytic activity of Pd/SiO$_2$ for ethylene hydroformylation[J]. Bulletin of the Chemical Society of Japan, 1992, 65(9): 2565-2567.

[199] Takahashi N, Sakauchi J, Kobayashi T, et al. Effects of modification of Pd/SiO$_2$ with Rh on catalytic activity for ethene hydroformylation[J]. Journal of the Chemical Society, Faraday Transactions, 1995, 91(8): 1271-1276.

[200] Maeda A, Yamakawa F, Kunimori K, et al. Effect of strong metal-support interaction(SMSI) on ethylene hydroformylation over niobia-supported palladium catalysts[J]. Catalysis Letters, 1990, 4(2): 107-112.

[201] Moroz B L, Semikolenov V A, Likholobov V A, et al. Catalytic properties of a heteronuclear palladium-cobalt complex anchored on phosphinated silica: Synergetic effects in propylene hydroformylation[J]. Journal of the Chemical Society, Chemical Communications, 1982, (22): 1286-1287.

[202] Moroz B L, Moudrakovski I L, Likholobov V A. Heterogenized catalysts for olefin hydroformylation containing cobalt and palladium-cobalt complexes anchored on phosphinated SiO_2: A ^{13}C solid-state NMR study[J]. Journal of Molecular Catalysis A: Chemical, 1996, 112(2): 217-233.

[203] Semikolenov V A, Mihailova D K, Sobchak Y V, et al. Effect of dentate number of anchored phosphine ligands on the composition and catalytic properties of their palladium complexes[J]. Reaction Kinetics and Catalysis Letters, 1979, 10(1): 105-110.

[204] Semikolenov V A, Moroz B L, Likholobov V A, et al. On the conditions of existence of a silica-anchored carbonylphosphinecobalt complex as a heterogenized catalyst for propylene hydroformylation[J]. Reaction Kinetics and Catalysis Letters, 1981, 18(3): 341-345.

[205] Fukuoka A, Kimura T, Kosugi N, et al. Bimetallic promotion of alcohol production in CO hydrogenation and olefin hydroformylation on RhFe, PtFe, PdFe, and IrFe cluster-derived catalysts[J]. Journal of Catalysis, 1990, 126(2): 434-450.

[206] Bauer E. Iron Catalysis II[M]. Switzerland: Springer, 2015.

[207] Reppe W, Vetter H. Carbonylierung Ⅵ. Synthesen mit metallcarbonylwasserstoffen[J]. Justus Liebigs Annalen der Chemie, 1953, 582(1): 133-161.

[208] Kang H C, Mauldin C H, Cole T, et al. Reductions with carbon monoxide and water in place of hydrogen: 1 Hydroformylation reaction and water gas shift reaction[J]. Journal of the American Chemical Society, 1977, 99(25): 8323-8325.

[209] Sternberg H W, Markby R, Wender I. Binuclear iron carbonyls and their significance as catalytic intermediates[J]. Journal of the American Chemical Society, 1957, 79(23): 6116-6121.

[210] Palágyi J, Markó L. Hydroformylation and hydrogenation of styrene with carbon monoxide and water catalyzed by iron carbonyls[J]. Journal of Organometallic Chemistry, 1982, 236(3): 343-347.

[211] Breschi C, Piparo L, Pertici P, et al. (η^6-Cyclohepta-1,3,5-triene) (η^4-cycloocta-1,5-diene) iron(0) complex as attractive precursor in catalysis[J]. Journal of Organometallic Chemistry, 2000, 607(1-2): 57-63.

[212] Pandey S, Raj K V, Shinde D R, et al. Iron catalyzed hydroformylation of alkenes under mild conditions: Evidence of an Fe(Ⅱ) catalyzed process[J]. Journal of the American Chemical Society, 2018, 140(12): 4430-4439.

[213] Srivastava A K, Ali M, Siangwata S, et al. Multitasking FeOCN composite as an economic, heterogeneous catalyst for 1-octene hydroformylation and hydration reactions[J]. Asian Journal of Organic Chemistry, 2020, 9(3): 377-384.

[214] Della Pergola R, Cinquantini A, Diana E, et al. Iron-rhodium and iron-iridium mixed-metal nitrido-carbonyl clusters. Synthesis, characterization, redox properties, and solid-state structure of the octahedral clusters$[Fe_5RhN(CO)_{15}]^{2-}$, $[Fe_5IrN(CO)_{15}]^{2-}$, and $[Fe_4Rh_2N(CO)^{15}]^-$: Infrared and nuclear magnetic resonance spectroscopic studies on the interstitial nitride[J]. Inorganic Chemistry, 1997, 36(17): 3761-3771.

[215] He Z L, Lugan N, Neibecker D, et al. Synthesis and evaluation of the catalytic properties of homo- and hetero-bimetallic complexes containing bridging diphenylphosphido ligands[J]. Journal of Organometallic Chemistry, 1992, 426(2): 247-259.

[216] Attali S, Mathieu R. $[Fe_{c3}(\mu_3\text{-}CR)(CO)_{10}]^-$ Cluster anions as building blocks for the synthesis of mixed-metal clusters: Ⅱ Synthesis of $HFe_3Rh(\mu_4\text{-}\eta^2\text{-}CCHR)(CO)_{11}$ clusters (R = H or C_6H_5) and study of their catalytic activity (R =C_6H_5) under hydroformylation and hydrogenation conditions[J]. Journal of Organometallic Chemistry, 1985, 291(2): 205-211.

[217] Richmond M G. 1-Pentene hydroformylation using the mixed-metal cluster $Fe_2Co_2(Co)_{11}(\mu_4\text{-}PPh)_2$: Cylindrical internal reflectance evidence for cluster catalysis[J]. Journal of Molecular Catalysis, 1989, 54(2): 199-204.

[218] Alami M K, Dahan F, Mathieu R. Transformation of $[PPh_4][Fe_5RhC(CO)_{16}]$ under hydroformylation conditions: Synthesis and crystal structure of $[PPh_4][Fe_3Rh_3C(CO)_{15}][J]$. Journal of the Chemical Society, Dalton Transactions, 1987, (8):

1983-1987.

[219] Trzeciak A M, Mieczyńska E, Ziółkowski J J. The new organometallic rhodium-iron homogeneous catalytic system for hydroformylation[J]. Topics in Catalysis, 2000, 11 (1) : 461-468.

第 7 章

氢甲酰化产品深加工

7.1 引　言

　　虽然 1938 年就发现了氢甲酰化反应，并很快于 40 年代初建成第一套工业装置[1]，但在发现该反应的初始 20 年，氢甲酰化极少得到重视，直到 20 世纪 50 年代，烯烃氢甲酰化反应的研究才越来越受到人们的关注。氢甲酰化反应的不断发展主要得益于石油化学工业的推动，在裂解工艺中大量形成或者通过费-托合成获得的烯烃，为氢甲酰化反应提供了廉价的合成原料，使其工业化具备了物质基础；塑料、涂料、洗涤剂等这些同人们密切相关的精细化工品，对醛、醇的需求量日益增长，为氢甲酰化工业的发展提供了市场条件；最重要的是，催化理论的发展和催化剂开发的进步，尤其是 Co-P 系和 Rh-P 系配合催化剂的合成与工艺开发为氢甲酰化反应工业的发展打下了坚实的技术基础。如今，烯烃氢甲酰化反应在化学工业中已被广泛使用。氢甲酰化的主要产品是醛，醛几乎全部用于进一步加工。

　　氢甲酰化技术之所以成为最重要的石化技术之一，主要是因为它的产品醛是很有用的化学中间体，它可以进一步深加工制备醇、羧酸及其相应的酯以及脂肪胺等，这一类物质共同称为"OXO 产品"。其中最重要的用途是它可加氢转化成醇，醇本身可作为有机溶剂、增塑剂和表面活性剂等广泛应用于精细化工领域[2]，如图 7.1 所示。

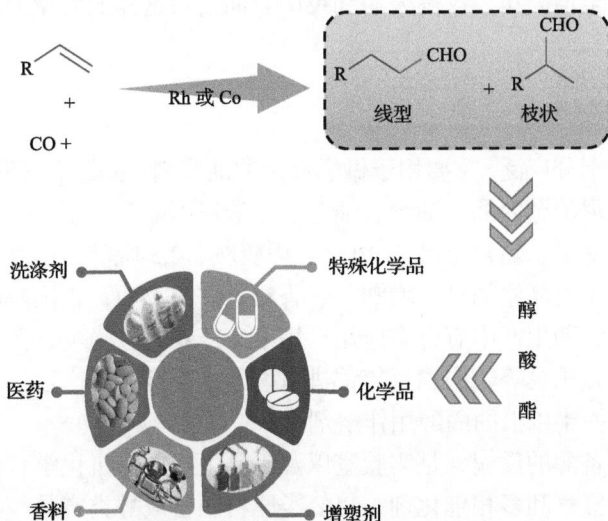

图 7.1　氢甲酰化产品深加工示意图

7.2 氢甲酰化产品醛加氢合成醇类产品

通过氢甲酰化产品醛加氢合成醇类产品通常是包含氢甲酰化反应的最终目标,所使用的原料是从 C_2 乙烯开始一直到长链 C_{17} 的烃类。为简化起见,可以将这一产品所覆盖的最大的市场分成 3 类:

(1)加工短链醇($C_{3\sim4}$)以生产溶剂。例如,丁醇和乙酸反应生成乙酸丁酯。

(2)将中等链长的醇($C_{5\sim12}$)转化成增塑剂。例如,异壬醇(INA)和邻苯二甲酸酐反应生成邻苯二甲酸二异壬酯(DINP)。

(3)将长链醇($C_{13\sim17}$)转化成表面活性剂。例如,这些醇与环氧乙烷反应得到相应的乙氧基化物。

在烯烃氢甲酰化反应中,丙烯的氢甲酰化反应最为常用,其产物正丁醛占据了氢甲酰化反应总产量的 50wt%。这个重要的氢甲酰化反应产品是许多深加工产品的前体。例如,Eastman 公司、UnionCarbide(UCC)公司、Celanese 公司和 BASF 公司已经得到配套的下游产品。正丁醛主要用作生产 2-乙基己醇(2-EH)和正丁醇(NBA)的起始原料[3]。2-EH 与邻苯二甲酸酐酯化生成的邻苯二甲酸二(2-乙基己基)酯(DEHP)主要用作一种增塑剂,如 PVC 中就用 DEHP 作为增塑剂。同样由 OXO 工艺生产的 $C_{5\sim13}$ 醇也用作增塑剂醇。这一族主要由异壬醇、异癸醇和线型 $C_{7\sim11}$ 醇组成。正丁醇或其衍生物(即乙酸丁酯、丙烯酸丁酯或乙二醇丁醚)都用作溶剂或表面涂层添加剂。大约 50% 的异丁醛转化成各种缩合物和酯类产品。Eastman 公司在这一领域起主导作用。异丁醛还用于与甲醛缩合生成新戊二醇(NGP)。NGP 用来生产聚酯和醇酸树脂。

长链 OXO 醇主要转化成用作洗衣清洁剂添加剂的乙氧基化物,如三菱化成株式会社、壳牌公司等在这一领域占有优势。由于洗衣清洁剂中磷的使用减少,近年来这种添加剂的市场需求量增加了。尽管如此,其仅占 OXO 产品总市场份额的约 5%。这些长链醇的生产商正与如宝洁公司、汉高公司和英国石油公司这样的使用天然油或齐格勒醇的生产商相竞争。

7.2.1 丙醛加氢反应概述

正丙醇的用途十分广泛,主要用于做燃料油的助溶剂、农药及医药原料、香料原料、红霉素、溴丙烷、尼泊金丙酯、油漆、油墨、乙酸正丙酯等。正丙醇在医药工业中用于生产丙戊酸钠、红霉素、黏合止血剂 BCA、丙硫胺、2,5-吡啶二甲酸二丙酯等;正丙醇合成的各种酯,用于食品添加剂、增塑剂、香料等许多方面;正丙醇的衍生物,特别是二正丙胺在医药、农药生产中有许多应用,用来生产农药胺磺灵、菌达灭、异丙乐灵、灭草猛、磺乐灵、氟乐灵等。中国每年都进口丙醇,直接在生产乙二醇醚、乙酸丙酯等时用作溶剂,国内一半以上的丙醇用作溶剂。

醛催化加氢制备醇的反应,是实验室以及工业生产中有机化学合成最重要的一类催化反应,通过气态氢气和多相催化剂,将醛类原料制备成醇类产品。我国在催化加氢技术方面也取得了一些突破,这些技术不仅在石油的进一步加工处理中有重要的作用,在精细化工中的应用也越来越广泛。然而，很多催化加氢的生产工艺，依然沿用 50～60 年代较落后的技术，这与发达国家有很大的差距。催化加氢技术改造的核心是改善催化剂的架构。催化剂的好坏关系着整个反应效能的好坏，好的催化剂可以在较低能耗、少污染、安全、可靠的条件下实现工艺的进程。醛加氢反应对原料醛转化率和产物醇选择性要求较高，为减少返回反应器进行二次加氢的醛的量和副反应产生的酯类、醚类等杂质的量，提高目的产品醇类的收率，醛加氢催化剂必须有较高的加氢活性和加氢选择性。

7.2.2　丙醛加氢反应催化剂

醛加氢反应最早采用的是钯、钌、铂贵金属系列催化剂。由于这些催化剂价格昂贵，现已逐渐被替代。20 世纪 80 年代末至 90 年代初，以 Cu-Cr 为活性组分的新型醛类加氢催化剂先后问世，这类催化剂的最大缺点是催化剂中重铬酸盐、铬酸盐、铬化合物会产生环境污染问题。镍基催化剂以其加氢活性高、温度低、操作能耗少的特点，在醛类加氢领域得到了广泛的应用。早期的高压法制备丁辛醇的工艺中 Ni 系催化剂多用于液相加氢，其操作压力较高，随着化学工业的发展，在 1990 年前后先后开发了一系列以 Ni 为主要活性组分的醛类中压加氢催化剂。

很多高校、科研院所和公司等对醛类加氢催化剂进行过研究。德国 Hoechst 公司专利 EP 421196 中介绍的 Ni 系 Ni-ZrO$_2$/SiO$_2$ 醛类加氢催化剂[4]，该公司另外一个专利 CN 94103353.8 中介绍的 Ni 系醛类加氢催化剂[5]，是采用碱土金属 Mg 作为助剂，可用于丙醛加氢制正丙醇反应，其加氢产物中含 0.7%未转化的醛和少量副产物。德国 BASF 专利 DE 4310053 中介绍的 Ni 系醛类加氢催化剂[6]，除加入 Cu 外，还加入了第三组分 Zr 和第四组分 Mo。德国 Huels 公司专利 EP 394842 中提到的 Ni 系醛加氢催化剂[7]，除加入 Cu 作为第一助剂，又加入了 Cr 作为第二助剂。EP 326674 介绍了两步法生产丁辛醇工艺及催化剂[8]，其 Ni 系液相加氢精制催化剂中加入 Cr 作为助剂。CN 200810014135.8 中所述丙醛加氢是在 Cu-Zn 系催化剂上进行气相加氢[9]，所述的 Cu-Zn 系催化剂的主要质量组成为氧化铜 29.4%～50%、氧化锌 49.4%～70%，而在 CN 200810014134.3 中指出采用该项催化剂加氢的粗产物中含有 0.3%～4%的丙酸丙酯副产物[10]。CN 87108109.1[11]和 CN 90107602.3[12]公开了一种 Cu 基醛加氢催化剂，其丙醛加氢的产物中含 0.2%的丙酸丙酯，该催化剂是在 Cu 基催化剂基础上加入选择性改进剂，改进剂包括选自碱金属和 Ni、Co 等中的一种或组合。欧洲专利 EP 470344 提供了一种醛类加氢制备醇类产品的生产工艺[13]，采用两种催化剂复配而成，其一为碱性催化剂，用 Cr 载于二氧化硅上，其二为酸性催化剂，用 Cu^{2+}和 Ni^{2+}载于二氧化硅上，两种催化剂加入比例为 6∶4。德国专利 DE 4127318 提供了一种 CuO-ZnO-Al$_2$O$_3$ 催化剂[14]，在其中加入 Mn、Mo、V、Zr 及碱土金属的氧化物作为助剂进行改性。波兰专利 PL 161223 提供了一种催化剂[15]，其中各组分含量分别为 Cu 20%～45%、Ni 2.8%和硅铝酸盐 52%～78%，硅铝酸盐中 SiO$_2$/Al$_2$O$_3$ 比为 3∶1。德国专利 DE 19754848[16]和世界专利 WO 9921812[17]分别提供了一种骨架钴基催化剂用于醛类原料加氢反应。

上述文献中所提供的醛加氢合成醇的方法具有通用性，其缺点在于醛加氢的低温反应活性不理想，或醛加氢制备产物醇时会生成酯类和醚类等副产物。醛类加氢催化剂需要具有低温反应活性优异，反应温度高容易导致原料醛聚合和醇醛缩聚反应的发生，产物醇选择性降低且易造成工业生产装置的管路堵塞等问题。醛加氢反应中虽副产物酯类和醚类数量较少，但在生产过程中涉及主产品醇的精馏，尤其对于醚类副产物，将醚类产品从醇类主产品中分离是十分困难的，所需的设备投入和能耗较大。醛加氢制备醇的反应具有优异的低温活性和产品醇选择性是十分重要的。因此，本技术所研发的新型镍基多相催化剂具有优异的低温活性以及产物醇选择性，醇类产品后续纯化分离成本降低，有效提高了醛类加氢生产醇类反应过程的经济效益。

7.2.3 丙醛加氢制正丙醇小试研究

丙醛加氢反应主要采用了 Ni 基催化剂，主产品为正丙醇，副产品有丙醚、丙酸丙酯和 2-甲基-1-戊醇。该催化剂在温和的条件下，实现了高转化率、高选择性和高稳定性地将丙醛转化为正丙醇。

催化剂小试反应评价在固定床微型反应器上进行(图 7.2)。反应器由内径为 9mm 的 316L 不锈钢制成，催化剂装量为 4mL，催化剂床层的上下部装填石英砂以固定催化剂。在一定的反应条件下，催化剂在固定床反应器中催化反应。反应生成的产物在 Agilent7890A 型气相色谱仪上，使用配有 HP-5 毛细柱的氢火焰检测器(FID)分析；生成的甲烷、乙烷、丙烷与未反应的原料气一起由十通阀取样进入 Agilent7890A 型气相色谱仪，通过 Porapark QS 填充柱进行分离，使用热导池检测器(TCD)分析。

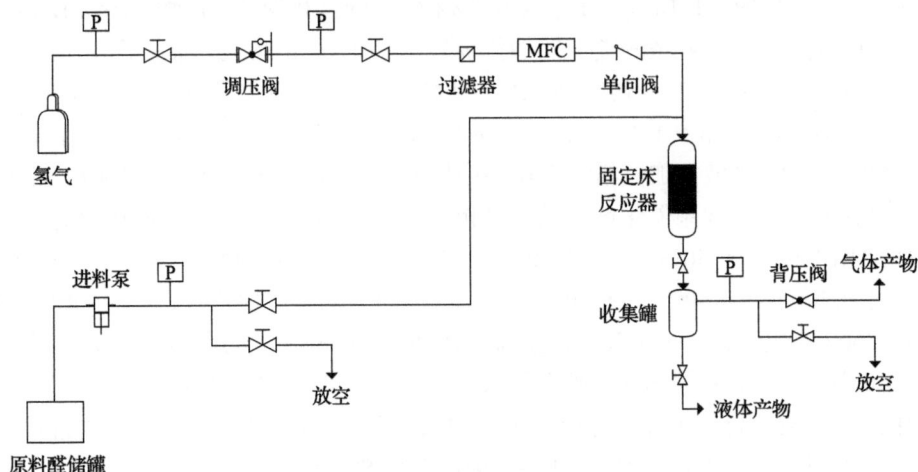

图 7.2 固定床实验装置示意图

丙醛转化率计算公式(以产品摩尔数计算的百分数)：

$$转化率 = 1 \times 100\% - M_{丙醛} \times C_{丙醛} / [M_{丙醛} \times C_{丙醛} + \sum(M_i \times C_i)] \times 100\%$$

产物的选择性用下式计算(以产品摩尔数计算的百分数)：

$$S_i = [M_i \times C_i / \sum(M_i \times C_i)] \times 100\%$$

式中，C_i 为产物 i 所含碳数；M_i 为产物 i 的物质的量。

表 7.1 和表 7.2 分别是反应压力为 0.35MPa 和 1.0MPa 时，催化剂加氢性能随丙醛液时空速的变化。当反应压力为 0.35MPa 时，随着丙醛液时空速从 1.72h^{-1} 增加到 3.56h^{-1}，丙醛转化率从 99.95%降到 97.15%，但是正丙醇的选择性变化不大。反应压力提高到 1MPa 时，丙醛转化率和正丙醇的选择性随丙醛液时空速的变化都不大。

表 7.1　催化剂加氢性能随丙醛液时空速的变化（压力为 0.35MPa）

液时空速/h^{-1}	转化率/%	产物选择性/%				
		正丙醇	丙醚	丙酸丙酯	2-甲基-1-戊醇	C$_{1\sim3}$烷烃
1.72	99.95	99.13	0.04	0.06	0.66	0.11
2.71	99.96	99.20	0.02	0.01	0.67	0.10
3.35	98.91	99.19	0.05	0.10	0.58	0.08
3.56	97.15	99.05	0.07	0.15	0.65	0.08

注：反应条件：P=0.35MPa，H$_2$/丙醛=10，T=128℃。

表 7.2　催化剂加氢性能随丙醛液时空速的变化（压力为 1.0MPa）

液时空速/h^{-1}	转化率/%	产物选择性/%				
		正丙醇	丙醚	丙酸丙酯	2-甲基-1-戊醇	C$_{1\sim3}$烷烃
1.69	99.95	98.52	0.12	0.04	1.22	0.10
2.48	99.93	98.02	0.15	0.14	1.63	0.06
4.34	99.92	98.08	0.13	0.10	1.63	0.06

注：反应条件：P=1.0MPa，H$_2$/丙醛=10，T=128℃。

表 7.3 和表 7.4 是丙醛液时空速为 1.7h^{-1} 和 2.7h^{-1} 时，催化剂加氢性能随反应温度的变化。从反应结果来看，随着反应温度的升高，丙醛转化率略有提高，当反应温度从 122℃提高到 132℃时，丙醛转化率提高约 1 个百分点，但是正丙醇的选择性却随着反应温度的升高而略有下降。

表 7.3　催化剂加氢性能随反应温度的变化（液时空速为 1.7h^{-1}）

反应温度/℃	转化率/%	产物选择性/%				
		正丙醇	丙醚	丙酸丙酯	2-甲基-1-戊醇	C$_{1\sim3}$烷烃
122	99.23	99.50	0.03	0.06	0.36	0.05
127	99.56	99.35	0.02	0.06	0.48	0.09
132	99.84	98.90	0.06	0.11	0.80	0.13

注：反应条件：LHSV(丙醛)=1.7h^{-1}，H$_2$/丙醛=10，P=0.35MPa。

表 7.5 和表 7.6 分别是丙醛液时空速为 1.7h^{-1} 和 2.5h^{-1} 时，催化剂加氢性能随反应压力的变化，从反应结果来看，随着反应压力的提高，丙醛转化率变化不大，都是 99%以上，但是正丙醇的选择性却随着反应压力的升高而略有下降。

表 7.4　催化剂加氢性能随反应温度的变化(液时空速为 2.7h⁻¹)

反应温度/℃	转化率/%	产物选择性/%				
		正丙醇	丙醚	丙酸丙酯	2-甲基-1-戊醇	$C_{1\sim3}$烷烃
122	98.25	99.45	0.03	0.06	0.42	0.04
127	99.17	99.35	0.05	0.06	0.45	0.09
132	99.64	99.05	0.06	0.09	0.67	0.13

注：反应条件：LHSV(丙醛) = 2.7h⁻¹，H_2/丙醛 = 10，P = 0.35MPa。

表 7.5　催化剂加氢性能随反应压力的变化(液时空速为 1.7h⁻¹)

反应压力/MPa	转化率/%	产物选择性/%				
		正丙醇	丙醚	丙酸丙酯	2-甲基-1-戊醇	$C_{1\sim3}$烷烃
0.35	99.95	99.16	0.04	0.06	0.66	0.08
0.70	99.86	99.03	0.02	0.06	0.80	0.09
1.00	99.95	98.61	0.12	0.04	1.13	0.10

注：反应条件：LHSV(丙醛) = 1.7h⁻¹，H_2/丙醛 = 10，T = 128℃。

表 7.6　催化剂加氢性能随反应压力的变化(液时空速为 2.5h⁻¹)

反应压力/MPa	转化率/%	产物选择性/%				
		正丙醇	丙醚	丙酸丙酯	2-甲基-1-戊醇	$C_{1\sim3}$烷烃
0.35	99.96	99.22	0.02	0.01	0.67	0.08
0.70	99.74	98.87	0.04	0.06	0.94	0.09
1.00	99.93	98.21	0.15	0.14	1.43	0.07

注：反应条件：LHSV(丙醛) = 2.5h⁻¹，H_2/丙醛 = 10，T = 128℃。

催化剂加氢性能的 1000h 稳定性试验结果如图 7.3 所示。催化剂在 1000h 的稳定测试中，由于摸索试验条件的影响，正丙醇的选择性和转化率略有起伏，但是没有明显变

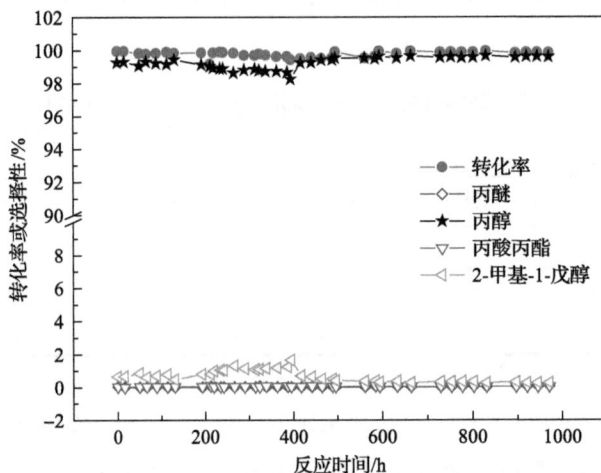

图 7.3　催化剂加氢性能的 1000h 稳定性试验结果

化。排除摸索试验条件的影响，在反应温度为 122~132℃，反应压力为 0.35~1MPa，丙醛进料液时空速为 1.7~4.3h^{-1}，H$_2$/丙醛=10/1 的反应条件下，该 Ni 基催化剂加氢性能的 1000h 稳定性试验结果证明该催化剂稳定性优异。在 1000h 稳定性测试过程中，催化剂上的丙醛转化率和正丙醇的选择性都高于98%。

7.2.4 丙醛加氢制正丙醇催化剂的表征

如表 7.7 所示，首先对 Ni 基加氢催化剂进行了元素含量分析，催化剂的主要成分是 Ni，XRF 分析结果表明，反应前后的丙醛加氢催化剂上金属含量没有明显变化，说明催化剂未发生金属流失现象。

表 7.7 Ni 基加氢催化剂元素含量分析

含量组成/%	新鲜 Ni 基催化剂	反应后 Ni 基催化剂
NiO	65.952	65.173
SiO$_2$	24.291	25.239
MgO	5.448	5.620
Al$_2$O$_3$	1.673	1.512
Na$_2$O	1.383	1.143
Fe$_2$O$_3$	0.634	0.668
CaO	0.252	0.244
CuO	0.085	0.069
TiO$_2$	0.063	0.069
K$_2$O	0.054	0.088
MnO	0.035	0.026
ZnO	0.028	0.043
SO$_3$	0.027	0.030
P$_2$O$_5$	0.025	0.021
Co$_3$O$_4$	0.025	0.022
Cl	0.018	0.023
SrO	0.007	0.004

表 7.8 和图 7.4 和图 7.5 所示，N$_2$ 物理吸附结果表明，反应前后的加氢催化剂比表面积在 210~230m^2/g 之间，吸附曲线和孔结构分布都没有明显变化，说明在丙醛加氢反应过程中，催化剂的孔道结构稳定。

表 7.8 Ni 基催化剂比表面积

催化剂名称	BET 比表面积/(m^2/g)
新鲜 Ni 基催化剂	211.5
反应后 Ni 基催化剂	230.2

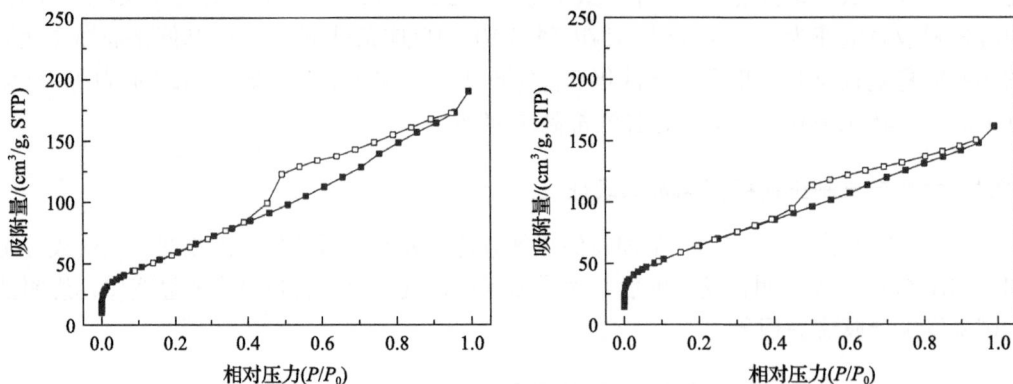

图 7.4 新鲜 Ni 基催化剂和反应后 Ni 基催化剂 N_2 吸附-脱附曲线

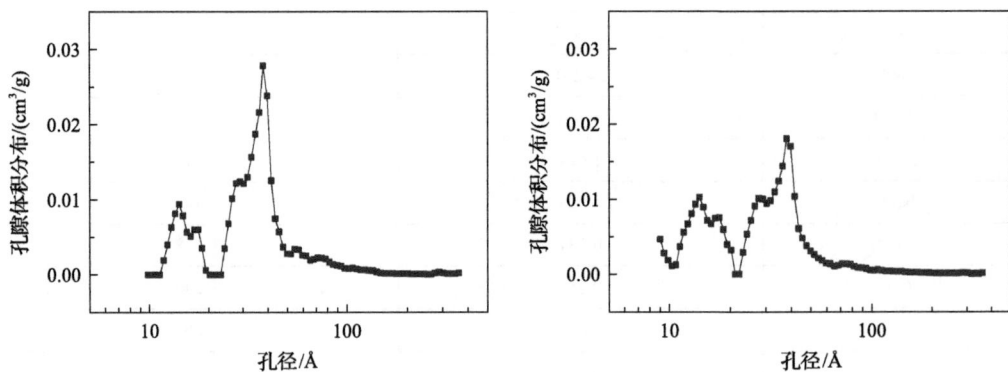

图 7.5 新鲜 Ni 基催化剂和反应后 Ni 基催化剂孔径分布曲线

图 7.6 给出了新鲜 Ni 基加氢催化剂热重曲线，催化剂的失重温度在 600K 以上，因此，在 130℃左右的反应条件下，Ni 基加氢催化剂具有很高的热稳定性。

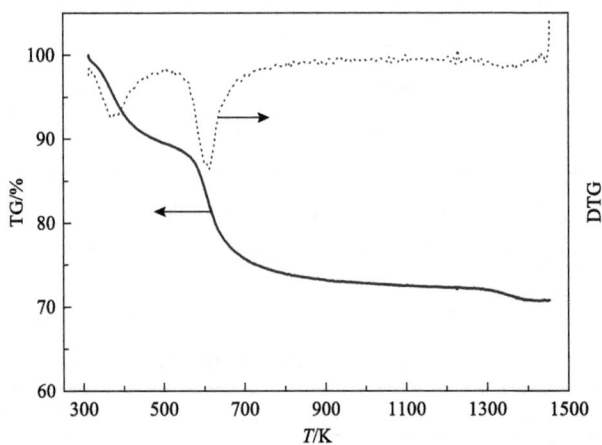

图 7.6 新鲜 Ni 基催化剂热重曲线

7.3　氢甲酰化产品醛氧化合成羧酸

由丙醛液相氧化制丙酸的生产技术已被工业上广泛采用。丙酸(propanoic acid)，又称初油酸，是一种短链饱和脂肪酸，化学式为 CH_3CH_2COOH。丙酸是无色、有腐蚀性的液体，有刺激性气味。丙酸主要用作食品防腐剂和防霉剂，也可用作啤酒等中的黏性物质抑制剂、硝酸纤维素溶剂和增塑剂，还可用于镀镍溶液的配制、食品香料的配制以及医药、农药、防霉剂等的制造。用丙酸可制取有机化工原料及中间体丙酸酐、丙酰氯、α-氯丙酸、2,2-二氨基丙酸和α-溴丙酸等。丙酸的主要生产方法是丙醛氧化法，即丙醛在丙酸锰-丙酸钴溶液催化剂存在下，与空气或氧气反应生成丙酸。

丙酸是一种弱酸，与碱的水溶液反应能转化为丙酸盐，用无机酸酸化，又可转化为原来的羧酸。丙酸碳链上的α-氢，在光和热的引发下，可以进行自由基的卤化反应。在酸或碱的催化下，丙酸与醇反应可制备一系列酯类产品，也可形成酰卤、酸酐、酰胺；在催化剂的作用下，也可氢化还原为丙醇。

丙酸的合成方法较多，早期的合成方法有丙腈水解法、丙烯酸加氢法、正丙醛氧化法和正丙醇脱氢制丙醛再氧化为丙酸的方法，但在工业生产中都没有得到应用。实现工业化生产的只有轻烃氧化合成乙酸副产法、乙烯羰基合成法、丙醛氧化法三种方法。而我国仅有采用轻烃氧化法生产少量丙酸。

采用丙醛氧化法生产丙酸工艺成熟，是世界上生产丙酸的最主要方法，以该法生产的丙酸已占美国丙酸产量 90%以上。在工业生产中，它将来自丙醛生产工段的丙醛氧化生成丙酸。催化剂体系为乙酸钴-乙酸锰盐，在反应原料液中的含量为 0.1wt%～0.2wt%，助剂为六偏磷酸钠，在反应原料液中的含量为 0.1wt%～0.2wt%。

反应条件如下：反应温度 90～100℃，反应压力 0.5～2.0MPa，反应时间 1.5～2.0h。反应后反应液中丙酸含量 93%左右，其他组分为 3%～5%丙醛，1.5%～2%水分(来自原料中的水，其含量取决于丙醛中的水含量)，3%左右的其他杂质，主要是丙酸酐、过氧丙酸(少量，催化剂存在时微量)、丙酸乙酯和乙酸、微量高沸物。

7.4　氢甲酰化产品其他深加工技术

7.4.1　丙醛缩合制烯醛

C—C 键的形成为有机化合物从简单到复杂提供了基础，羟醛缩合反应是形成 C—C 键的重要手段之一。丙醛的自身羟醛缩合产物是 2-甲基-2-戊烯醛，分子式是 $C_6H_{10}O$，是一种有机合成中间体，以它为原料可以合成几十种香料。其中，1-炔基-2-甲基-2-戊烯醇是合成农药烯炔菊酯的原料，该农药的蒸气压高，是蚊、蝇、蟑螂、衣类害虫的忌避剂。2-甲基-2-戊烯酸是一种具有甜的浆果样水果香气的食用香料，具有草莓香味的特征，因此可用于各种需要草莓香型的食品中。

2-甲基-2-戊烯醛的现有生产方法是丙醛缩合。将氢氧化钠溶液加入反应锅内冷却至20℃，滴加丙醛。加毕，升温至 40℃搅拌 15min，再冷至 20℃。静置分取有机层，常压蒸馏，收集 125～140℃馏分，得到 2-甲基-2-戊烯醛，收率接近 90%[18]。这种工艺路径不环保，存在诸多缺点，如需要大量碱、废液废碱后处理过程复杂等。

Wagh 等[19]研究了沸石、氧化铝、碱处理氧化铝和不同 Mg/Al 摩尔比的水滑石等各种固体碱催化剂，采用苯甲醛与丙醛的 Claisen-Schmidt 缩合反应合成了 2-甲基-3-苯基-2-丙烯醛（α-甲基肉桂醛），用于生产各种香脂化合物、化妆品、香精等，也作为制作药物中间体。该研究以负载型固体碱为催化剂。研究发现采用镁锆摩尔比（1∶1、2∶1 和 3∶1）的 Mg-Zr 混合氧化物负载在六方介孔二氧化硅（HMS）的催化剂是最佳催化剂，在苯甲醛与丙醛的摩尔比为 1∶1.5、70℃条件下苯甲醛转化率为 71%，α-甲基肉桂醛的选择性为92%，并利用实验数据提出了机理和动力学推导，反应符合二级动力学，表观活化能为9.54kcal/mol。

丙醛与甲醛进行交叉羟醛缩合反应可以得到高级脂肪醛——甲基丙烯醛，甲基丙烯醛是合成甲基丙烯酸甲酯（MMA）的重要中间体，广泛用于生产丙烯酸塑料或油漆和涂料的聚合物分散体。该反应非常复杂，易生成副产物，如加入的碱过量，会在促进羟醛缩合的同时，发生分子内的氧化还原，生成大量的三羟甲基乙烷副产物。Li 等[20]以水为溶剂，利用胺盐催化剂（二乙胺/乙酸）改善 pH，提高该反应的选择性，获得了 99%丙醛转化率和 97%甲基丙烯醛选择性。因此水含量对该反应有重要影响，它不仅影响了反应体系的 pH，并且影响界面及键能的相互作用。

7.4.2　丙醛氧化酯化

酯化反应是将醇和含氧化合物转化为燃料和化工中间体的重要催化途径。早期的文献报告中，利用 Pb 掺杂 Pd/Al$_2$O$_3$ 的催化剂催化丙醛和甲醇发生氧化酯化反应生成丙酸甲酯，但掺杂的重金属 Pb 对环境有害，限制了其大规模利用。Sugiyama 等[21]研究了负载型钯催化剂在无重金属 Pb 和加压氧条件下丙醛氧化酯化制丙酸甲酯的反应，发现高压氧存在的环境能极大地提高 Pd/C 和 Pd/Al$_2$O$_3$ 催化丙醛与甲醇氧化酯化合成丙酸甲酯的催化活性。以 5wt% Pd/Al$_2$O$_3$ 催化剂为例，在 1.5MPa 氧气、60℃条件下，丙醛转化率为98.3%，丙酸甲酯选择性为 75.3%，丙酸收率为 74.0%。

参 考 文 献

[1] Beller M, Cornils B, Frohning C D, et al. Progress in hydroformylation and carbonylation[J]. Journal of Molecular Catalysis A: Chemical, 1995, 104 (1): 17-85.

[2] 张南麟, 吴凤翔. 国外醇系表面活性剂概况[J]. 日用化学工业, 1985, 15 (5): 36-38.

[3] 王桂茹. 催化剂与催化作用[M]. 大连: 大连理工大学出版社, 2000.

[4] Gerhardt H, Dieter F C. One-step process for the preparation of alcohols: EP 421196[P]. 1993-03-17.

[5] 德克尔斯 G, 戴克豪斯 G, 多斯基 B, 等. 加氢催化剂, 其制备方法及其应用: CN 94103353.8[P]. 1994-09-28.

[6] Gregor D, Gerhard D, Bernd D, et al. Hydrogenation catalyst, a process for their preparation and use: EP 4310053[P]. 1994-09-29.

[7] Herbert T, Juergen S, Heinz G, et al. Catalyst for the hydrogenation of unsaturated aliphatic compounds: EP 394842[P].

1993-08-18.

[8] Gerd L H, Uwe T, Wilhelm D, et al. Process for the preparation of 2-ethylhexanol by liquid phase hydrogenation of 2-ethylhexenal and catalyst for the preparation: EP 326674[P]. 1991-07-03.

[9] 王安军, 崔深贤, 周立亮, 等. 铜锌催化剂下丙醛加氢制备正丙醇的生产工艺: CN 200810014135.8[P]. 2010-02-17.

[10] 王安军, 崔深贤, 周立亮, 等. 丙醛加氢制备正丙醇工艺中副产物丙酸丙酯的去除方法: CN 200810014134. 3[P]. 2009-12-02.

[11] 约翰. L.洛格斯登, 理查德. 阿伦. 洛克, 杰伊. 斯图尔特. 梅里亚姆, 等. 改性的醛加氢催化剂及方法: CN 87108109.1[P]. 1991-01-16.

[12] 约翰. L.洛格斯登, 理查德. 阿伦. 洛克, 杰伊. 斯图尔特. 梅里亚姆, 等. 用于醛加氢的改性的铜-氧化锌催化剂: CN 90107602.3[P]. 1993-07-21.

[13] Gerhand H, Lothar F, Dieter. Process for the preparation of saturated alcohols by gas-phase hydrogenation of aldehydes over alkaline copper catalysts and acidic nickel catalysts: EP 470344[P]. 1995-04-12.

[14] Gerhard H, Dieter F C. Copper-zinc oxide-aluminum oxide-containing catalysts, their preparation, and their use: DE 4127318[P]. 1993-02-18.

[15] Jacek K, Zbigniew B, Boguslaw T, et al. Preparation of butyl alcohols from C_4 aldehydes: PL 161223[P]. 1993-06-30.

[16] Dieter F C, Wolfgang Z, Hans L. Process and catalysts for the preparation of alcohols by the gas-phase hydrogenation of aldehydes: DE 19754848[P]. 2003-06-18.

[17] Unruh J D, Ryan D A, Dugan S L. Process and cobalt hydrogenation catalysts for the production of high-purity *n*-butanol from *n*-butanal: WO 9921812[P]. 1999-05-06.

[18] 唐斯萍, 李谦和, 郑清云, 等. 丙醛缩合制 2-甲基-2-戊烯醛的研究[J]. 常德师范学院学报 (自然科学版), 2000, 12 (4): 71-73.

[19] Wagh D P, Yadav G D. Green synthesis of *α*-methylcinnamaldehyde via Claisen-Schmidt condensation of benzaldehyde with propanal over Mg-Zr mixed oxide supported on HMS[J]. Molecular Catalysis, 2018, (459): 119-128.

[20] Li Y C, Yan R Y, Wang L, et al. Synthesis of methacrolein by condensation of propionaldehyde with formaldehyde[J]. Advanced Materials Research, 2012, (396): 1094-1097.

[21] Sugiyama S, Bando T, Seno Y, et al. The oxidative esterification of propionaldehyde to methyl propionate in the liquid-phase using a heterogeneous palladium catalyst[J]. Journal of Chemical Engineering of Japan, 2013, 46 (7): 455-460.